U0411321

国家自然科学基金委员会
建设部科学技术司 联合资助

中国古代建筑史

第五卷

清代建筑

（第二版）

孙大章 主编

中国建筑工业出版社

图书在版编目（CIP）数据

中国古代建筑史．第5卷：清代建筑/孙大章编著．—2版．北京：中国建筑工业出版社，2009.10（2024.1重印）
ISBN 978-7-112-09104-1

Ⅰ.①中… Ⅱ.①孙… Ⅲ.①建筑史-中国-清代 Ⅳ.①TU-092.2

中国版本图书馆CIP数据核字（2009）第198170号

责任编辑：王莉慧
整体设计：冯彝诤
版式设计：王莉慧
责任校对：王雪竹

国家自然科学基金委员会
建设部科学技术司 联合资助

中国古代建筑史

第五卷

清代建筑

（第二版）

孙大章 主编

*

中国建筑工业出版社出版、发行（北京西郊百万庄）
各地新华书店、建筑书店经销
北京红光制版公司制版
天津翔远印刷有限公司印刷

*

开本：880×1230毫米 1/16 印张：35¾ 字数：1140千字
2009年12月第二版 2024年1月第五次印刷
定价：**116.00**元
ISBN 978-7-112-09104-1
（14483）

《中国古代建筑史》(五卷集)

第二版出版说明

用现代科学方法进行我国传统建筑的研究，肇自梁思成、刘敦桢两位先生。在其引领下，一代学人对我国建筑古代建筑遗存进行了实地测绘和调研，写出了大量的调查研究报告，为中国古代建筑史研究奠定了重要的基础。在两位开拓者的引领和影响下，近百年来我国建筑史领域的几代学人在中国建筑史研究这一项浩大的学术工程中，不畏艰辛，辛勤耕耘，取得了丰硕的研究成果。20世纪60年代由梁思成与刘敦桢两位先生亲自负责，并由刘敦桢先生担任主编的《中国古代建筑史》就是一个重要的研究成果。这部系统而全面的中国古代建筑史学术著作，曾八易其稿，久经磨难，直到“文革”结束的1980年代，才得以出版。

本套《中国古代建筑史》(五卷)正是在继承前人研究基础上，按中国古代建筑发展过程而编写的全面、系统描述中国古代建筑历史的巨著，按照历史年代顺序编写，分为五卷。各卷作者或在梁思成先生或在刘敦桢先生麾下工作和学习过，且均为当今我国建筑史界有所建树的著名学者。从强大的编写阵容，即可窥见本套书的学术地位。而这套书又系各位学者多年潜心研究的成果，是一套全面、系统研究中国古代建筑史的资料性书籍，为建筑史研究人员、建筑学专业师生和相关专业人士学习、研究中国古代建筑史提供了详尽、重要的参考资料。

本套书具有如下特点：

(1) 书中大量体现了最新的建筑考古研究成果。搜集了丰富的建筑考古资料，并对这些遗迹进行了细致的描述与分析，体现了深厚的学术见解。

(2) 广泛深入地发掘了古代文献，为读者提供了具有深厚学术价值的史料。

(3) 丛书探索了建筑的内在规律，体现了深湛的建筑史学观点，并增加了以往研究所不太注意的建筑类型，深入描述了建筑技术的发展。

(4) 对建筑复原进行了深入探索，使一些重要的古代建筑物跃然纸上，让读者对古代建筑有了更为直观的了解，丰富了读者对古代建筑的认知。

(5) 图片丰富，全套书近5000幅的图片使原本枯燥的建筑史学论述变得生动，大大地拓宽了读者对中国古代建筑的认识视野。

本套书初版于2001～2003年间，这套字数达560余万字的宏篇大著面世后即博得专业读者的好评，并传播到我国的台湾、香港地区以及韩国、日本、美国等国家，受到海内外学者的关注，成为海内外学者研究中国古代建筑的重要资料。之后，我社组织有关专家对本套图书又进行了认真审读，更正了书中不妥之处，替换了一些插图，并对全套书重新排版，在装祯和版面设计上更具美感，力求为读者提供一套内容与形式同样优秀的精品图书。

中国建筑工业出版社
2009年10月

《中国古代建筑史》（五卷集）

第一版出版说明

中国古代建筑历史的研究，肇自梁思成、刘敦桢两位先生。从20世纪30年代初开始，他们对散布于中国大地上的许多建筑遗迹、遗物进行了测量绘图，调查研究，发表了不少著作与论文；又于60年代前期，编著成《中国古代建筑史》书稿（刘敦桢主编），后因故搁置，至1980年才由中国建筑工业出版社出版。本次编著出版的五卷集《中国古代建筑史》，系继承前述而作。全书按照中国古代建筑发展过程分为五卷。

第一卷，中国古代建筑的初创、形成与第一次发展高潮，包括原始社会、夏、商、周、秦、汉建筑，东南大学刘叙杰主编。

第二卷，传统建筑继续发展，佛教建筑传入，以及中国古建筑历史第二次发展高潮，包括三国、两晋、南北朝、隋唐、五代建筑，中国建筑技术研究院建筑历史研究所傅熹年主编。

第三卷，中国古代建筑进一步规范化、模数化与成熟时期，包括宋、辽、金、西夏建筑，清华大学郭黛姮主编。

第四卷，中国古代建筑历史第三次发展高潮，元、明时期建筑，东南大学潘谷西主编。

第五卷，中国古代建筑历史第三次发展高潮之持续与向近代建筑过渡，清代建筑，中国建筑技术研究院建筑历史研究所孙大章主编。

晚清，是中国古代建筑历史发展的终结时期，接下来的就是近、现代建筑发展的历史了。但古代建筑历史的终结，并不是古典建筑的终结，在广阔的中华大地上，遗存有众多的古代建筑实物与古代建筑遗迹。在它们身上凝聚着古代人们的创造与智慧，是我们取之不尽的宝藏。对此，研究与继承都仍很不足。对古代建筑的研究，对中国古建筑历史的研究，是当今我们面临的一项重大课题。

本书的编著，曾得到国家自然科学基金委员会与建设部科技司的资助。

中国建筑工业出版社
二〇〇〇年一月

前　　言

由中国自然科学基金委员会和建设部科学技术司联合资助研究的“中国建筑史”研究项目，自从1987年开题以来，至今已经八年了，虽然研究过程中遇到不少外界干扰与困难，但总算圆满完成了。这也是继1964年刘敦桢先生领衔主编，全国各单位合作撰写的《中国古代建筑史》以后，又一次采用集体合作，分工负责的方式编写中国建筑史的重要活动。作为编者的主观愿望，希望这次编写的稿件质量能有所前进、提高，能更准确地反映历史真实，给读者以有益的启发，但是否能达到这种企盼，尚有待出版后社会各界对此书的评价。

在编写过程中，深深感到历史科学是一项穷毕生精力也不能做到完美无憾的科学。自第一次编史至现在，由于史学界诸位专家的发掘，探索，研究，应该说史料比以前大大丰富，探讨的问题更多更全面，但是愈扩展愈觉得史料之不足，甚至有的方面仍为空白。例如，清代城市的新发展，川甘青地区的藏传佛教建筑，南传佛教建筑，清代工匠事迹，民间祠庙等方面都不够深入；至于书院、文庙、作坊、仓廪、风水、地方性崇拜建筑等则根本没有力量在本卷编写中涉及。这些只能留待同行及后人逐步补充完善了。

根据全书各位主编商定，各卷编写体例仍以建筑类型为主线展开叙述，便于掌握资料，叙述全面，避免遗漏。但是这种体例也有不足之处，即是对历史上综合问题及共性问题的研究则较困难，虽然作者在各章节的叙述中，力求与社会整体发展及相关建筑发展相互联系，以期揭露建筑变化的根本因素，但因体例的局限，其论述仍嫌薄弱。另外，有关本卷的编写内容尚有两点需要说明。其一，虽然中国古代史以道光二十年（1840年）鸦片战争的爆发作为时代的终结，但是建筑的发展并不以政治事件的发生而突然终止和转化，它需要在较长的一段时间内，随着社会结构、经济及技术的发展，民众思想的转化，而逐步转为新时期的建筑。因此，本卷叙述为维持建筑现象的完整性，所选取的资料并不完全以1840年为界，如园林、民居、店面、民间祠庙等实例，有许多是清代末期的建筑。另外，有些建筑本身就是在不断改造、续建的过程，如北京紫禁城，颐和园等都是在整个清代陆续建造的实例，一直持续到清末。其二，在中国古代建筑发展中，明清两代是十分密切相关的，有的建筑就是明清两代陆续增建扩建才完成的。如北京紫禁城宫殿、天坛、文庙、牛街清真寺、湟中塔尔寺、呼和浩特席力图召、西安华觉巷清真寺等。为了避免与第四卷（元明建筑）重复，所有明清相续建筑的总体布局与建筑艺术俱在第四卷中叙述，本卷只着重论述该建筑在清代的总平面更动和改建增建的单体建筑，以与上卷相续。

本卷编写过程中得到各方面友人的鼎力支持，才会有今日之成绩。如本卷第七章第一节的藏传佛教建筑中的藏族地区佛教建筑是由本研究所陈耀东研究员友情撰写的；全部照片的印放，半数墨线图的绘制及文字誊写工作是由本所于文洪建筑师完成的；董开瑾同志还为本书复印了大部稿件及图纸；本书选用的插图除本所的资料外，还得到建筑史学界许多友人的支持，允诺引用已发表的图版。当此书即将付梓之际，谨对上述同志的热情支持表示衷心的感谢。

中国建筑技术研究院
建筑历史研究所
孙大章
1995年11月

目　录

第一章　清代建筑发展概述

第一节　社会背景

清代是以少数民族统治人数众多的汉族及广大地域的一个历史时期；是版图扩展，人口急剧增加的历史时期；也是封建经济经历了最后的繁荣，然后走向瓦解，资本主义经济逐渐发展的历史时期。清代社会历史特点对清代的物质文化及精神文化的建设与发展产生了巨大的影响，这里也包括了建筑的发展，直接影响到其规模、数量、技术、艺术风格诸方面。

明崇祯十七年（1644年）四月，农民起义军李自成在山海关石河口被清兵击败以后，放弃北京，西走西安。五月睿亲王多尔衮率军入京，十月清世祖福临即皇帝位，建元为顺治元年。历经十帝，至宣统三年（1911年）辛亥革命，清帝逊位为止，共计统治中国268年。若以道光二十年（1840年）中英鸦片战争，中国沦为半封建半殖民地社会，步入近代历史为界范，则清代所历经的古代社会的时间不过197年。但这近二百年间的历史变化及建筑事业的演进是十分巨大的，而且极富特色，是了解中国古代演变为近代历史的重要环节，而且遗存的建筑实物众多，内容丰富，可视性强，亦是研究建筑物质文化发展史必不可少的资料。可以说，今天人们心目中的中国传统建筑艺术形象，大部分是从清代建筑中获得的。

清朝统治阶级核心是崛起于东北建州卫的满族，即明代的女真族。传至努尔哈赤时代统一了女真各部落，形成为强大的军事集团。明万历四十四年（1616年）正式建国称帝，国号金（史称后金），建元天命，与明朝廷相对抗。传至其子皇太极时，又改国号为清，族名改为满洲。满族的统治和扩展基于其军事力量，采用兵民合一，全民皆兵的制度，即“八旗制度”。这种制度是“以旗统人，即以旗统兵”[1]，“出则备战，入则务农”。将所辖人民编为八旗，各立旗色，分为黄、白、红、蓝，正、镶各四旗，称为满洲八旗；后又将归附的蒙古族、汉族人编入，另设蒙古八旗、汉军八旗。按规定每三丁抽一从军，军备由旗人供给，军令政令皆统一于旗主手中。清军入关定鼎中原，按当时满洲八旗的建制推算，当时满族不过六十万人[2]，以此力量统治中原数千万汉族及各族人民决非易事，故清代统治阶级实行了一系列有特色的军事、政治、经济政策。

在军事上为巩固八旗体制，入关后曾在京畿地区圈占土地分给八旗兵士作为份地，并发给带甲士兵月饷，分配住房，增加了国家对八旗官兵的供应，旗民成为享受特殊待遇的居民。同时将归降的汉兵编为绿营兵，协同作战，在消灭江南明代政权及平定吴三桂、尚之信、耿精忠三藩之乱中起了很大作用。八旗兵除拱卫京师以外，还分驻全国冲要城市中，包括江宁、杭州、福州、西安、荆州、成都、归化等十三处。在这些城中划定特区，建造满城，设将军府以总督地区军事活动，以少制多。当然八旗制度在后来走向其反面，旗民仰赖世袭供应，坐吃皇粮，游手好闲，训练松懈，完全丧失了战斗力。在清代末期的战争中，完全依靠汉人地方武装——团练来应付局面，八旗军的军事作用全无，至此，清朝统治也走向了崩溃边缘，这是当初始料不及的。清初由于军事政策的正确，经顺治、康熙两朝即迅速消灭了南明政权，平定了三藩之乱，收复了台湾。从政权更迭的军事行动来看应该说较为顺利，中原城乡的军事破坏范围也较小，对恢复生产有利。乾隆时期用兵西北，击败准噶尔部和南疆回部，平定大小金川，驻兵西藏，军事活动皆在边陲之地，对中原影响不大。

清代在政治上大力吸收汉族制度，任用汉人为官，参加行政管理，中央政府各部、司分设满汉大臣，标榜“满汉一体”，当然实权皆握在满洲贵族手中。行政管理方面维持明代的行政区划，建立直隶及行省，每省设巡抚、布政、按察、学政、道台等官职，使行政体制迅速运转。选举方面依然实行科举制度。顺治二年即开科取士，康熙十七年又开博学宏词科，为青老士子广辟进身之阶，使清政权很快得到地主士绅的支持。从建筑上来看，京师紫禁城仍然沿用明城，依原规划制度加以恢复。京城内广建王府。地方上的府、州、县的治城皆依明旧不变，另建新城的实例很少。城市布局也多沿明城之旧，仅局部改造，衙署、仓场等充分利用旧屋，连许多满城也是依附旧城而建。汉族建筑艺术风格及技术工艺仍然传承下来，并对满蒙贵族高级建筑产生巨大影响。

经济上大力恢复农业生产，免除明代末年所增的一切苛捐杂税，皆按亩征收租税，有些遭受战乱的地方还减收若干。清初并规定“丁随地派”的制度，即原按劳动人口（丁数）摊派的徭役，折价摊入地亩田赋之中，农民可免受差徭之困扰，而地主大量兼并土地的趋势也有所收敛，使大量自耕农得以维持下去。同时清政府大力提倡垦荒与屯田，耕地面积有所扩大，使农业经济迅速恢复并有所增长。清政府在商税方面亦较宽松，有助于物品运转流通，至乾隆时期社会经济实力大增。经济增长导致官私建筑数量大增，民间有余力追求高质量的享受型建筑及礼仪性、宗教性建筑，如厅堂、楼阁、园林、戏馆、寺观、祠庙等都发展很快。商业的发展也带动了会馆、行会、作坊、典当、票号等类型建筑的产生与发展。

在文化上除了推行科举制度，以笼络知识阶层以外，还大力推行宗教信仰，特别是藏传佛教在元明的基础上进一步兴盛起来。有清一代敕建藏传寺庙众多。政府还在职官中设置僧录司、道录司，府道衙署内设僧纲司、道纪司，由政府参与管理宗教事宜[3]。藏传佛教特别对徕远西藏、怀柔蒙古具有特殊的意义[4]。西藏达赖五世早就与清廷有来往，顺治二年还受到册封，后来依附准噶尔的噶尔丹对抗清廷，关系一度恶化。清政府在康熙五十九年（1720年）派兵入藏，立噶桑嘉措为达赖六世（后称七世）。雍正三年（1725年）又派驻藏大臣，协同达赖、班禅办理西藏事务，并主持金瓶掣签确定达赖及各地活佛转世的制度[5]，有效地控制了西藏的政教权力。蒙古各部族早就内附，在清廷理藩院中，设旗籍、王会、典属等清吏司，掌内外蒙古各旗的朝会、封爵、绥抚之事，并在蒙族地区推行藏传佛教，康熙时代敕封内蒙古的章嘉呼图克图及外蒙古的哲布尊丹巴呼图克图为转世活佛，总统内外蒙古宗教事务。为了表示政府对宗教的支持，在蒙古地区广建寺院。自康熙时在多伦建汇宗寺开始，续建善因寺、庆宁寺，以及五当召、席力图召、大召、贝子庙，最多时达到1000余处。另外藏青川甘地区的藏族寺院亦得到发展，如著名的黄教六大寺院皆有重大的扩建与改建，其中甘肃拉卜楞寺则完全是清代兴建的。同时中原地区的五台山、承德、北京亦修建出一批汉、藏式藏传寺庙，并以北京城内的雍和宫为藏传寺院的管理中心。据康熙六年统计，全国敕建大寺庙达6073处，其中绝大多数为藏传寺院[6]。

清代在文化上另一举措是尊孔读经，宣扬程朱理学，同时并对关羽的忠义行为大加褒扬，所以清代的孔庙及关帝庙十分兴盛，遍布全国城乡。此时又对全国的礼制建筑加以整顿，形成完整的以天、地、日、月、自然神祇及宗庙、祠堂的人文鬼神为主题的祭祀系列。

当然清初大兴文字狱，实行海禁，维护满族特权等措施对当时的生产有一定的不利影响，但总的来说，国家政治经济形势稳定，并逐步上升。

乾隆时期生产恢复已达高潮，人口迅增，加之版图扩大，拓地千里，此时社会产生新的问题，主要反映在屯田、工商业及民风诸方面。迅增的人口多集中在京畿及江南一带，分布极不平衡，因此政府多次移民晋北、甘青、四川等地。平定新疆准部以后，又在伊犁、迪化（乌鲁木齐）一带建城实行军屯，携眷定居垦荒，屯田达30余万亩。另外为开发沿海滩涂荒地，制定了奖励垦植政策，使劳动力分布有了一定调整。大规模的移民活动使全国的建筑技艺得到了交流、融会与提高。如川南建筑带有两湖风格，内蒙部分地区受晋陕建筑影响明显。生产的发展带动工商业的兴旺，出现了一批富商巨贾，特别是盐商、票号更是清代商业中独有的特色行业。此外窑业、铸钱、纺织、井盐、印刷等工业项目亦十分发达。经济的繁荣及财富相对集中也使民风逐渐向奢靡享乐方面发展[7]，从皇帝、八旗贵族到中小地主、富商巨子、皆追求锦衣玉食、楼台馆舍的生活享受，所以这时的园林建筑、日常工艺用品都十分精致。帝室经营北京西郊园林及热河避暑山庄，官僚地主广建私园，这些宫廷建筑、园林建筑及官邸大宅中的内外檐装修质量皆有突出的提高，讲求审美观赏艺术价值。如苏州地主宅院一座砖刻门楼，动辄使用二千余工。扬州为恭迎乾隆南巡，盛饰城市园林，自天宁门至平山堂，沿瘦西湖一路行来，十里楼台衔接，笙歌不断[8]。当时宫廷建筑装修、家具、陈设皆由内务府造办处承办，处内集聚各行能工巧匠，此外还特别令江宁、苏州、广州等地织造署特旨承应贡品，说明当时官私建筑的奢侈程度。但从另一方面讲，清代中期也是中国传统建筑装饰艺术的大发展大创新时期，为古代建筑增添了异彩。

嘉庆以后清朝政治腐败，政局动荡，国内农民起义不断。道光二十年（1840年）中英鸦片战争，以清廷失败而告终。闭关自守的封建王朝被打开大门，资本主义经济进入中国，中国开始走向半封建半殖民地社会。清朝统治者，在内部农民战争，外部帝国主义侵略以及统治阶级日益腐败的状况下，走向崩溃。从建筑上讲，因循守旧、修补维持、崇慕洋风、华靡繁琐是其特点，清朝从此再也没有出现过规模庞大，气势辉煌，蓬勃向上的建筑景象了。

第二节　建筑概况

依据清代建筑的恢复、极盛、衰颓的发展过程，可分为三个历史时期。

一、恢复时期

约为顺治初年至雍正朝，当时国内初定，国力不裕，清初三代皇帝在建造方面皆极为节俭，以实用为主。例如恢复明代北京宫殿方面，仅将坐朝理政、后妃居住的前三殿、后二宫及东西六宫、天安门、午门等处恢复，其他嫔妃、皇子居住的宫室及宗教、宴游的建筑皆未复建，紫禁城仅可说是初具规模。北京城中大量建造王府亦是巩固政权的需要。清代与明代不同，同姓王、异姓王皆不分封外地，而在京城中集中建府居住，即所谓“建国之制不可行，分封之制不可废”，仅有封号而无领土，帝辇之下集中管理[9]。清初封亲王、郡王的共有六十人，但因早卒、战死、无后等原因实际在京城建府的并不足此数。此外还有不少贝勒、贝子、镇国公、辅国公等次等封爵的府第。至乾隆时有封爵的王公有四十七人，府第四十二处，至嘉庆时增至九十二处[10]，如此集中的王府建筑群是历代帝京所不曾有过的。北京内城改为满城，驻防八旗官兵亦是京城一大变化。由于供应旗民口粮的增加[11]，故京师、通县张家湾一带皆增加了仓场[12]。促进北京变化最大的是外城的繁荣，汉民官商尽迁外城，使前门外、崇文门外、宣武门外一带迅速繁荣起来，大宅、会馆、客栈，鳞次栉比，形成前门商业大街、琉璃厂文化街、宣外会馆街等。

此时期的园林建造亦有所恢复，顺治时在北海建永安寺及白塔，开辟了南苑，康熙年间改建了西苑的南台，建造了勤政殿、涵元殿、丰泽园等建筑，正式形成北海、中海、南海三海联并的新西苑格局。康熙二十三年（1684年）在西郊建畅春园，四十二年（1703年）在热河建造避暑山庄，成为清廷最大的离宫，奠定了清代宫廷苑囿发展的基础。清初的园林有两个特点：一是建筑装修简素，追求自然风趣；二是多数苑囿修建皆有一定政治目的。例如南苑建造是为了行围、狩猎、大阅官兵，以不忘操练武备之重要性；整修北海白塔山，建立号炮、旗纛，是为了巡城防变，警戒京师之用意；修整畅春园是为了供养皇太后；建造避暑山庄是为了木兰秋狝[13]，练兵习武，警备北方外族的侵扰，兼有第二政治中心的设想。

宗教建筑方面，虽然顺治、雍正皆对汉传佛教有深入的了解与信仰，但是占据宗教界统治地位的仍是藏传佛教。早在入关前，于崇德七年（1642年）西藏的达赖、班禅即派遣使者到盛京与皇太极联系，相互支持。清帝也在盛京四座城门外建造了四座喇嘛塔[14]，“象征统一”。入关以后，在北京建北海永安寺，顺治九年（1652年）建西黄寺以迎接五世达赖，作为他入京驻锡之所。康熙三十年（1691年）在内蒙多伦建汇宗寺。四十八年（1709年）甘肃夏河的拉卜楞寺开始建造。五十二年（1713年）在承德建溥仁寺、溥善寺。雍正时在多伦又建善因寺，在库伦建庆宁寺，在打箭炉建惠远庙，在北京建嵩祝院。顺治、康熙两帝皆曾朝礼山西五台山，将其中十座寺院改为藏传佛教寺院，称为黄寺。至此初步奠定了内地北京、承德、五台山三处藏传佛寺中心地位。

清代陵寝建造方面亦遵循明陵制度，采取集中陵区的方式，形成规模庞大的气势。清初三陵（永陵、福陵、昭陵）在关外，为清帝爱新觉罗氏的祖陵。顺治进关后于十三年（1656年）选定河北遵化马兰峪为清陵兆域（俗称清东陵）。继之雍正八年（1730年）又选定河北易县永宁山为万年吉地（俗称清西陵）。这两处的陵域选址皆为山环水绕，风景绝佳之处，反映出风水堪舆理论在建筑环境学方面的成就。

礼制建筑方面基本沿用明代的各坛庙，仅在雍正六年至七年间（1728～1729年）增设风神、云师、雷师之庙，使自然神祇坛庙系列化。其中最突出的是广建各地文庙及关帝庙。顺治元年（1644年）就敕封关羽为“忠义神武大帝”，康熙年间又在关羽家乡山西解州按帝王规制复建成全国最大的关帝庙。雍正二年（1724年）曲阜孔庙大火，全庙被毁，清廷出国帑恢复了全部建筑，并将大成殿、大成门原来的绿色琉璃瓦改为黄色琉璃瓦。说明清代统治者利用儒家的礼教精神与关羽的忠义气节为其思想教化服务的政治目的。

雍正时期内政趋于平稳，朝廷在整顿吏治的同时又着手建立一系列规章制度。在建筑方面较突出的事例是雍正十二年（1734年）颁布的清工部《工程做法》，将当时通行的27种建筑类型的基本构件作法、功限、料例逐一开列出来，目的是统一房屋营造标准，加强宫廷内外的工程管理。《工程做法》一书基本上是明末清初北方官式建筑技术与艺术的总结，反映了当时的建筑水平，同时此书也为下一步乾隆时期的建筑大发展准备了技术条件。

二、极盛时期

约为乾隆时代。当时全国上下、宫廷内外大兴土木，一大批质量上乘，规模宏巨的建筑产生了。这是封建社会最后一次建筑发展高潮，在艺术上形成突出的时代风格，有的专家认为，若要探寻清代建筑的艺术风格，应以乾隆时期为代表，亦可称之为乾隆风格。

乾隆时期建筑大发展是有其经济基础的。当时耕地面积已由清初的500余万顷，增至800余万顷。人口接近三亿大关（中国历代皆未超出过一亿人口，均在五六千万人之间徘徊）。政府仓储四千五百万万石，而清初每年仅有六百万万石存粮。乾隆三十七年（1772年）统计户部库存银两达七千八百余万两与顺治时入不敷出的状况不可同日而语了。故当时称“是为国藏之极盛”[15]。

乾隆时期的建筑活动涉及各个方面，乾隆即位最初的十年，营缮范围多在北京宫城内外，如修缮太庙、孔庙、雍和宫；改建紫禁城内的乾西五所，将其建为重华宫、迎春阁、西花园，成为一组居住、听政、游宴的建筑；确定圆明园四十景；乾隆十年（1745年）开始营建圆明园东的长春园及香山静宜园等。此后，建筑工程量大增，十一年（1746年）建北海阐福寺，十三年（1748年）扩建西郊碧云寺，增建中路金刚宝座塔，十四年（1749年）改建天坛圜丘坛，使其建筑艺术面貌大为改观，十五年（1750年）扩建玉泉山静明园，同年开始结合北京西郊水利开发建造万寿山清漪园。从乾隆十六年（1751年）开始先后六次南巡江南[16]，将江南名园胜景绘图写仿在北京西郊园林中，大大提高了皇家苑囿的艺术质量。康熙南巡大部分目的是考察河工，巡视吏治、民情，而乾隆南巡则完全是为了游宴观赏名山胜景，陶情自娱。十六年（1751年）开始大规模扩建热河避暑山庄，历时40年，于乾隆五十五年（1790年）完工，完成了三字命题的三十六景，以与康熙三十六景相对应。十九年（1754年）还在山庄万树园内大宴五日，接见新归附的厄尔伯特蒙古三策凌。同年还建成河北盘山“静寄山庄”行宫。可以说，皇家离宫园苑的建造全面铺开，全国上下一片升平之象。二十年（1755年）又进一步改造北海东岸，建画舫斋，濠濮涧一组建筑，使北海四面成景，改变了明代西苑琼岛孤立的景象。从二十年（1755年）起至四十五年（1780年）止的25年间，在承德避暑山庄东面、北面山坡上，相继修建了普宁寺、安远庙、普乐寺、普陀宗乘庙、殊像寺、罗汉堂、须弥福寿庙等寺庙。结合康熙时建的溥仁、溥善寺，合称外八庙，成为京外的又一藏传佛教中心。这些寺庙的建造皆带有一定的政治目的，如纪念击败准部，统一天山南北；庆祝达什达瓦部族内迁；或欢迎班禅内觐；或为乾隆六十寿辰接待各民族王公贵族而建，故这些建筑皆有模仿各地民族建筑的特点，对各民族建筑间的技术交流汇合产生积极影响。此时期还命天主教传教士蒋友仁、郎世宁等人在长春园北建造一区欧式宫殿及西洋水法（喷泉），建造了清漪园万寿山巅的三层佛香阁，北海北岸的小西天观音殿，增辟圆明园绮春园（后改万春园），至此圆明园三园规模已完全形成。三十七年（1772年）又将康熙时建成的紫禁城东路宁寿宫重建，加大规模，增加内容，提高建筑装修质量，形成皇极殿、宁寿宫、养性殿、乐寿堂中路建筑的前朝后寝规制，东路畅音阁戏台及佛堂，西路宁寿宫花园。整个宁寿宫自成格局，乾隆皇帝准备作为归政后颐养之所。宁寿宫的建造是清代对紫禁城规划的重大改造。三十九年（1774年）以后，因编纂收藏《四库全书》的需要在北京、热河、盛京、杭州、镇江、扬州共修建文渊阁等七座藏书楼，俗称“清代七阁”。四十三年（1778年）建盛京天坛、地坛，四十七年（1782年）建香山静宜园大昭庙，四十八年（1783年）建盛京宫殿内的戏台、斋堂等建筑。乾隆五十年（1785年）以后建筑活动明显减少，因其年逾古稀，游观之兴已减，所以敕建土木工程也就随着减少[17]。

乾隆时期全国各地的土木建筑亦有巨大的发展。如私家园林修建的热潮，迅速遍及江南地区，以苏州、杭州、扬州为盛，尤其是扬州因盐商丛集，享乐之风蔓延，又借乾隆南巡之机，故城西瘦西湖至平山堂一带，私园相衔，相互渗透，而且皆向水面敞开，终日湖中画舫鱼贯，笙歌不断，湖光映色，楼台含情，从园林环境艺术上讲，可称达封建社会之顶峰。

乾隆时期的宗教建筑除上述敕建的大批藏传佛教寺院外，尚有西黄寺为班禅六世所建的清净化城塔，它是一座颇具特色的金刚宝座式塔。清朝统一新疆以后，在伊犁建普化寺，在科布多建众安庙等处寺庙。此时在一些明代始建的大寺中扩建工程亦很多，如塔尔寺的大经堂扩成具有144根内柱的大建筑，西藏拉萨大昭寺亦大规模扩建，布达拉宫自17世纪中叶扩建至乾隆时期也已基本完成，甘肃夏河拉卜楞寺基本上是乾隆时期完成的。至于其他宗教建筑方面如银川海宝塔，鹿港龙山寺，吐鲁番额敏塔礼拜寺，亦都是有特色的建筑。

乾隆时期的工程技术亦有较大的进步，如利用木材包镶技法将小料拼接成大料，以解决木材缺乏的困难。结构方面亦有创意，此时已不再重视千百年传留下来的以斗栱为特征的构架方式，而用框架法构造出较大型的高层建筑，如颐和园佛香阁、普宁寺大乘阁、安远庙普渡殿、热河避暑山庄清音阁大戏台、北海小西天观音殿等建筑。乾隆时期建筑上的巨大成就很大程度表现在建筑装饰方面。雕刻技艺（砖、木、石三雕）十分发达，不仅宫廷建筑应用，也推延到民间庙宇、祠堂、大宅以及商业建筑中。雕刻技法不仅是线刻、浮雕、透雕，而且创造了叠雕、套雕、缕空雕、嵌刻等技法。这时的建筑装饰还大量引进工艺美术的技法及构图，如嵌镶类就有玉石、景泰蓝、骨蚌、嵌竹、硬木贴络等诸种，裱糊用纸不下数十种，装饰性织物有锦、绫、绸、绢、纱、缎六十类，并表现出各种织法及图案，可称美轮美奂。乾隆时的建筑彩画已形成和玺、旋子、苏式三大类，艺术表现力大为增强，且富于色调感和图案美。乾隆时宫廷内设立如意馆，集中全国绘画、雕琢、玉器、装裱、器皿制造各方面的能工巧匠，专门负责宫廷陈设及装饰品制造，精工巧构，不惜工本，大大提高了陈设用工艺美术品的水平。宫廷内务府造办处特设楠木作，专门造作内檐装修、花罩及小器物，征用南匠制作，作工细腻，花样繁多，有些装修花罩在江宁当地制作开雕，成型后运至北京。总之，乾隆时将具有高度水平的工艺品技艺与建筑结合起来，将南方北方建筑风格融合在一起，开辟了建筑装饰艺术繁荣的新途径。

三、衰颓时期

嘉庆、道光时期清朝衰颓迹象已见，绝少建造较大规模的工程，大部分为修缮整理。嘉庆十四年（1809年）扩大圆明园绮春园，仅是将附近公主、亲王的赐园并入而已，并无新的兴建。此时敕建工程几乎停止，仅局限在皇陵、宫殿的建造上。由于经济困扰，民生转艰，故追求精神寄托的民间宗教建筑仍在发展。富商地主的纸醉金迷享乐生活加剧[18]，促使私园数量增加，如扬州个园，苏州寒碧山庄、北京恭王府花园皆是这时期的佳作。同时游乐性的戏园也进一步发展，北京内城为旗人居地，原有禁令不准设园，但道光时也出现了泰华轩、隆福寺、景泰园，至于外城正阳门外更是戏园、饭庄林立，大栅栏的庆和轩、肉市的广和楼皆为著名者，演出除岔曲、说书之外，已盛行京戏[19]。演戏之风亦影响到会馆建筑，馆内皆增设戏台，以为酬神、祭祀、联络乡情之用。此时期的民间住宅的密度增加，规模变小，但装修考究，装饰繁多，流于庸俗。

道光二十年（1840年）中英鸦片战争，在帝国主义的坚船利炮之下，清廷的腐败暴露无遗，结果清廷战败，签订了中英江宁条约，割地赔款，准允五个沿海口岸通商，中国开始了半封建半殖民地社会，标志着中国古代社会的终结。但是作为中国古代传统的建筑活动，并没有随着社会经济的变革而中止，它的许多方面仍在继续着。主要表现在：民居建设方面，除沿海、京畿等地区吸收西洋土木建筑技术，开始砖木、砖石、钢筋混凝土建筑以外，大部内陆地区仍沿用传统建造方式，以木构架为主。民间的桥梁工程大部分也是传统构造，如江西建昌万年桥为双孔的石拱桥，浙江泰顺县横跨为31米的泗溪下桥，以及西南地区大量的铁索桥等。城市的地区性会馆也向行业性会馆转变，如上海的木商会馆等。由于商品流通量增大，贸易活动增多，城市消费扩展，引起城市中店铺的店面大为改观，用牌坊、装修、挑木、招幌来装修门面，以广招徕。在宫廷建筑方面除因火灾重修紫禁城的武英殿、太和门、天坛祈年殿以外，最大的举措是慈禧太后那拉氏为游宴之需，重修被英法联军烧毁的清漪园，并更名颐和园，建园资金全部为挪用海军建设经费。工程进行了十年，自光绪十四年至二十四年（1888～1898年）除后山以及其他少数景点以外，基本恢复了乾隆时的面貌。但也作了局部修改，如增建了东宫门区的宫殿建筑，建造了德和园大戏台等。此外，慈禧太后还动用巨大的财力，为自己营造了清东陵的定东陵园寝，其建筑中的楠木装修，片金和玺彩画、刻砖贴金等建筑装饰极尽奢靡之能事。当时清廷已内外交困，朝不保夕。这种大兴土木现象仅是其灭亡前夕的回光返照而已。

研究分析古代建筑发展历史（指清代建筑言），不能不将鸦片战争以后的近代建筑史中的若干内容一并叙述，因为建筑的发展是相关相辅，承传连接，不能割裂的，如北京紫禁城的发展变化，西郊皇家园林的兴废，各地寺庙的改建扩建，以及私家园林的易主增添改造等，都有前后相承的关系，至于广大的民居建筑，虽然现存的多为咸、同以后，甚至民国初年的实物，但是其工程技法及建筑艺术皆是以前较长历史时期经民间匠师衣钵传授而形成的，甚至包括清代中叶的建筑技艺，所以不应单以建造年代来决定其历史价值。

注释

[1]《清朝文献通考》　卷一七九　兵考一。

[2]参见《中国通史简编》中篇资料　东北书店印行　1947年。

[3]《清史稿》　卷一百十五　职官二。

[4]乾隆《喇嘛说》对黄教“不可不保护之，以为怀柔之道而已!”

[5]当西藏达赖或班禅圆寂以后，将选出的转世灵童数人的姓名，生年月日各写一签，置于大昭寺内的金瓶中，由活佛会同驻藏大臣公同掣签选定继任者，称为金本巴（瓶）制度。各地活佛转世亦实行此制。

[6]《大清会典事例》　卷五零一　礼部　方伎、儒道　“康熙六年通计直省敕建大寺庙共六千零七十三，小寺庙六千四百零九，私建大寺庙八千四百五十八，小寺庙五万八千六百八十二。”

[7]乾隆时宠臣和珅，在嘉庆四年获罪赐死，查抄其家产，金碗碟四千余件，金珠首饰二万八千余件，当铺七十五座，银号四十二座，其他衣物器皿库存无数，田地八千余顷，仅对其四分之一家产估价，已达白银2亿余两，可见当时社会资财集中的程度。

[8]见《扬州画舫录》卷首题词　沈业富“广陵从古繁华地，遗跡欧苏幸此留，一自六飞巡幸后，湖光山色冠南州。”

[9]《清史稿》　卷二百一十五　诸王一　“有明诸藩，分封而不锡土，列爵而不临民，食禄而不治事，史称其制善。清兴……诸王不锡土，而其封号但予嘉名，不加郡国，视明尤善。然内襄政本，外领师干，与明所谓不临民，不治事者乃绝相反。”

[10]《啸亭续录》　卷四　京师王公府第。

[11]八旗兵饷规定，步军每人每年支米24石，炮手36石，前锋、亲军、护军、领催、骁骑48石。

[12]《日下旧闻考》　卷六十三　官署　“朝阳门内有禄米仓、南新仓、旧太仓、富新仓、兴平仓，东直门内有海运仓、北新仓，朝阳门外有太平仓、万安西仓、储济仓，东便门外有裕丰仓、万安东仓，德胜门外有本裕仓、丰益仓”。

[13]木兰在承德市以北200公里，今围场县境内，该地林木葱郁、水草茂盛，群兽丛聚。康熙时定为行围狩猎之区，每年秋天，举行规模巨大的围猎活动，除八旗亲军以外，尚有蒙古、喀尔沁诸藩王参加。行围、合围皆有一定制度，带有典礼性质。一般称之为“木兰秋猕”。

[14]沈阳四面城门外，建造了永光寺（俗称东塔）、延寿寺（俗称西塔）、法轮寺（俗称北塔）、广慈寺（俗称南塔），每寺皆建白塔一座，象征国家四方一统。

[15]《圣武记》　卷十一　魏源。

[16] 乾隆六巡江南各地，分别在十六年、二十二年、二十七年、三十年、四十五年、四十九年。

[17]《乾隆时期的建筑活动与成就》 方咸孚《古建园林技术》第5期。

[18]《道咸以来朝野杂记》 崇彝 "咸、同之际，京朝诸贵公子，多以豢饮征歌为乐…… 。可见当时社会风尚之一般。

[19]《道咸以来朝野杂记》 崇彝 "道光时，京城所称四大徽班，曰三庆、曰四喜、曰春台、曰和春。……盖三庆最早，乾隆八旬万寿自安徽来京，……四喜班起于嘉庆朝……和春称王府班……春台亦以武戏见长。"

参考书目

《中国古代建筑史》 刘敦桢主编 中国建筑工业出版社 1980年

《中国建筑史》 梁思成著 油印稿 1951年

《中国建筑简史·第一册》 中国建筑史编辑委员会 中国建筑工业出版社 1962年

《中国建筑史（高校教材）》 中国建筑史编写组 中国建筑工业出版社 1982年

《中国大百科全书·建筑园林城市规划卷》 中国大百科全书出版社 1988年

《清史稿》 赵尔巽等撰 中华书局 1977年

第二章　城市及集镇建设

第一节　城市建设的一般特色

一、新城市涌现较少

清代大部分城市皆沿袭明代城市之旧稍有改造。从《明史》地理志与《清史稿》地理志中记载的中原各省明清两代府州县城数目来看，直隶、山东、河南、浙江、江苏、江西、福建等省基本上数目相等；山西、四川、两湖、广东略有增加；广西，云南因改土归流集中管理的影响，府州县数尚有减少（见表2-1）。造成这种现象的原因是多方面的。首先，清代全国的交通格局没有

明清各省城市数目比较　　表2-1

		城市数			注
		府	州	县	
直隶	明	8	19	116	
	清	11	20	104	
南直隶	明	14	21	97	清代析为江苏、安徽两省，分别记之
	清	8+8	11+9	60+51	
山东	明	6	15	89	
	清	10	10	96	
山西	明	5	19	79	
	清	9	28	85	
河南	明	8	12	96	
	清	9	11	96	
陕西	明	8	21	95	清代析出一部分记入甘肃
	清	7	17	73	
四川	明	13	21	111	
	清	15	34	118	
湖广	明	15	19	108	清代析为湖南、湖北
	清	10+9	2+12	60+64	
浙江	明	11	1	75	
	清	11	3	75	
江西	明	13	1	77	
	清	13	6	74	
福建	明	8	1	57	
	清	9	3	57	

续表

		城市数			注
		府	州	县	
广　东	明 清	10 15	8 15	75 79	
广　西	明 清	11 11	48 27	50 49	
云　南	明 清	58 14	75 47	55	
贵　州	明 清	10 12	9 28	14 34	

重要的变化，水陆交通已经定型，不像明代因开发运河漕运而带动了沿河城市的发展。清初实行海禁，故因商贸而兴起的沿海城市的发展受到制约。其次是政治比较稳定，清王朝全面接收了明代政治机构及行政体制，中原各省基本上是沿用明代十三布政使司管辖的行中书省的建制，省治、府治乃至县治仍因其旧，所以没有因政治变革而另建的新城。再者三藩乱后，中原地区没有大的战争破坏，因此没有毁城现象。相反中原过剩人口通过移民，迁往边疆人口空虚之处，有助于人口布局的平衡。中原北境的蒙古已统一在版图之内，东南沿海的倭寇已戢消，故城防卫所亦无增建。还有手工业及商业经济在明代已初具规模，而且有了一定的分工与交易特色，清代多是进一步发展的问题，它刺激了城市内部结构的变化，但并未改变城市地位和位置。商人和作坊皆愿聚行而居，不愿另辟新地，故已有的商业手工业基础反而更能保证城市的稳定。

二、旧城市改造现象日趋明显

清代宣统年间人口统计达4亿，与明万历时代的6千万相比较，增加了6倍，当然还包括了国家地理版图的增加因素在内。人口增加的大部分来源仍是中原各地，一般省份皆增加3～5倍，个别省区如四川、两湖、福建等达10余倍[1]。城市人口密集的程度尤以经济发达的东南地区尤甚[2]，大量人口密集于城市中，首先影响的是住宅，即平面密度增加，层数加高，甚至出现联排式住宅，这一点在清代民居一章中详述之。大量商业挤占道路，使得街道宽度变窄，最明显的例子是北京前门大街，由于两侧商店添建而形成了珠宝市至粮食店及布巷子胡同两条并行胡同，而使前门大街宽度缩小了很多。南京城也有这类现象。旧城的发展首先多在原城廓内的空闲地上，如北京的外城，苏州的城南，南京的城北一带。或者把城市发展用地安排在城门外的关厢一带，成为城外之区。如山西大同在北、东、南三面关厢发展，苏州在金阊门外山塘街一带发展（图2-1）。正因为清代城市多为扩建，新发展用地多有自发建造的特点，因此从道路布局上较原来的母城（多为明代城池）更为自由，或斜行，或疏密不匀，反映出商业经济在封建末期的发展痕迹。

三、城市建筑内容构成上的变化

封建社会早期城市的建造多受政治、军事因素的影响，因此人为的成分很大，按行政体制规定除国都以外，把全国城市分为三级，即府城、州城、县城，这种分类也反映了城市的大小及组成内容。在这些城市中，衙署或军署及代表儒学的孔庙是主体，然后掺配布置庙宇、宫观，以及居民生活有关的集市、草场等，从谯楼演变而来的钟鼓楼也是城市的重要景观。这种按政治、军事意图建立的城市，大多有完整的格局，在地形允许的情况下，多取规整的形状，城内道路呈井字或十字格状，便于安排民居用房，衙署位于中心，统领全城。

图 2-1 清《盛世滋生图》(乾隆时苏州山塘街景象)

清代，资本主义经济成分逐渐增加，除手工业以外，商业、服务业在城市生活中占有很大比重，在某些城市甚至成为主体。如陶瓷业中心的江西景德镇、江苏宜兴，纺织业中心的苏州，制盐业中心的四川自贡，钱业中心的山西平遥、太谷，交通运输中心的江苏淮阴、山东济宁、九省通衢的武汉三镇，海外贸易中心的广州及宁波等。这些城市不仅是行政中心，而且兼为经济中心，其扩建往往突破了原来的规划模式，并且在建筑内容上也有很大不同。如手工业作坊、货栈、会馆、票号、典当、戏园、旅店、外商商馆，以及随之而来的天主教堂等都在古老的城市中出现。在城市某些地段形成商业集中的商业街，与定期的集市贸易互为补充。可以说此时的城市性质类型更繁多，内容更丰富，以封建礼制为序的规划格局愈来愈被突破。

四、满城与军屯

明代军事重点在北边及沿海边防，军事城堡多分布在沿北东边界线上。清代以数十万八旗兵统驭数千万汉族民众，其军事重点转而向内，所以清初在京师及各行省省治城市专辟一地，营建满城，使满洲官员及士兵同居一处，内以自强，外以镇民。清代回族的政治地位较低，多从事农商，他们为了团结互助，相互依持，也往往聚居在一处，或在城内自成一坊，或在郊外另建一庄，俗称回庄。清代康雍乾三朝开拓西域，建新疆行省，为保持军事优势，长期固守，多建设军屯城市于此地。可以说满城、回庄、军屯是清代有特殊含义的城市，是政治与军事需要在城建中的反映。

第二节　清代北京城的改建与扩建

清顺治元年（1644年）五月清军占领北京，睿亲王多尔衮居紫禁城武英殿治事，十月福临由关外入居北京，即皇帝位，封王，赐赏，诏令天下，至此清世祖正式定鼎北京。北京虽经三月李自成攻城之役，五月清军入京之役，除大内宫殿被焚以外，城区基本未受到破坏，所以城内很快恢复了城市生活秩序，政治、经济活动迅速运转起来。清代北京城基本继承了明代格局，仅局部作了改造、更动（图2-2）。其建设集中在两个方面：一是充实、调整、改造旧城；二是开发西北郊及南郊园林用地。在这两方面有几项突出的发展变化。

一、撤销明代皇城

明代在紫禁城以外尚有一圈皇城，南为长安街，东为玉河（今南北河沿大街），北为皇城北大街（今地安门大街），西为西皇城根，形状近方形，城周十八里多。皇城内除宫城，西苑及西宫、南内等宫殿以外，绝大部分为内府各监司衙门、作坊及仓库，是宫廷的主要服务机构用地。清代改革了宫廷内府的服务机构，裁撤明代二十四衙门[3]，将皇城撤销，其东北部大部分用地改为庙宇或民居[4]。其太液池以西用地除保留西什库及大光明殿以外，亦改为胡同民居。甚至紧临中海的蚕池口还允许洋人建了一座天主教堂。皇城东南角为明朝南内旧址[5]曾建有重华宫、洪庆宫、崇质宫、皇史宬等，清初仅保留了皇史宬、缎库及嘛哈噶喇庙，余地亦改为民居。皇城的裁撤实际扩大了城市用地。

二、调整明代衙署、府第、仓场，改变使用性质

如天安门千步廊西侧的五军都督府旧址改为民居。东城诸粮仓中，除海运仓、南新仓、禄米仓保留外，其余改为民居。其余如明智坊草场，红罗厂、安民厂、王恭厂、盔甲厂、山西大木厂、柴炭厂、外城的琉璃厂、抽分厂等处亦拆改为民居用地。王府大街一带明代有名的十王府改为怡亲王府，以后又改为贤良寺（民国初年的东安市场前身）。同时还利用一部分厂、库用地改作王府，如台基厂改作裕王府，诸王馆改为信郡王府，西城太平仓改为庄王府，广平库改为果王府、慎郡王府，原天师庵草场改为咸亲王府（在今宽街取灯胡同北），利用明代南内重华宫旧址改建为睿亲王多尔衮的王府（后改为嘛哈噶喇庙），明光

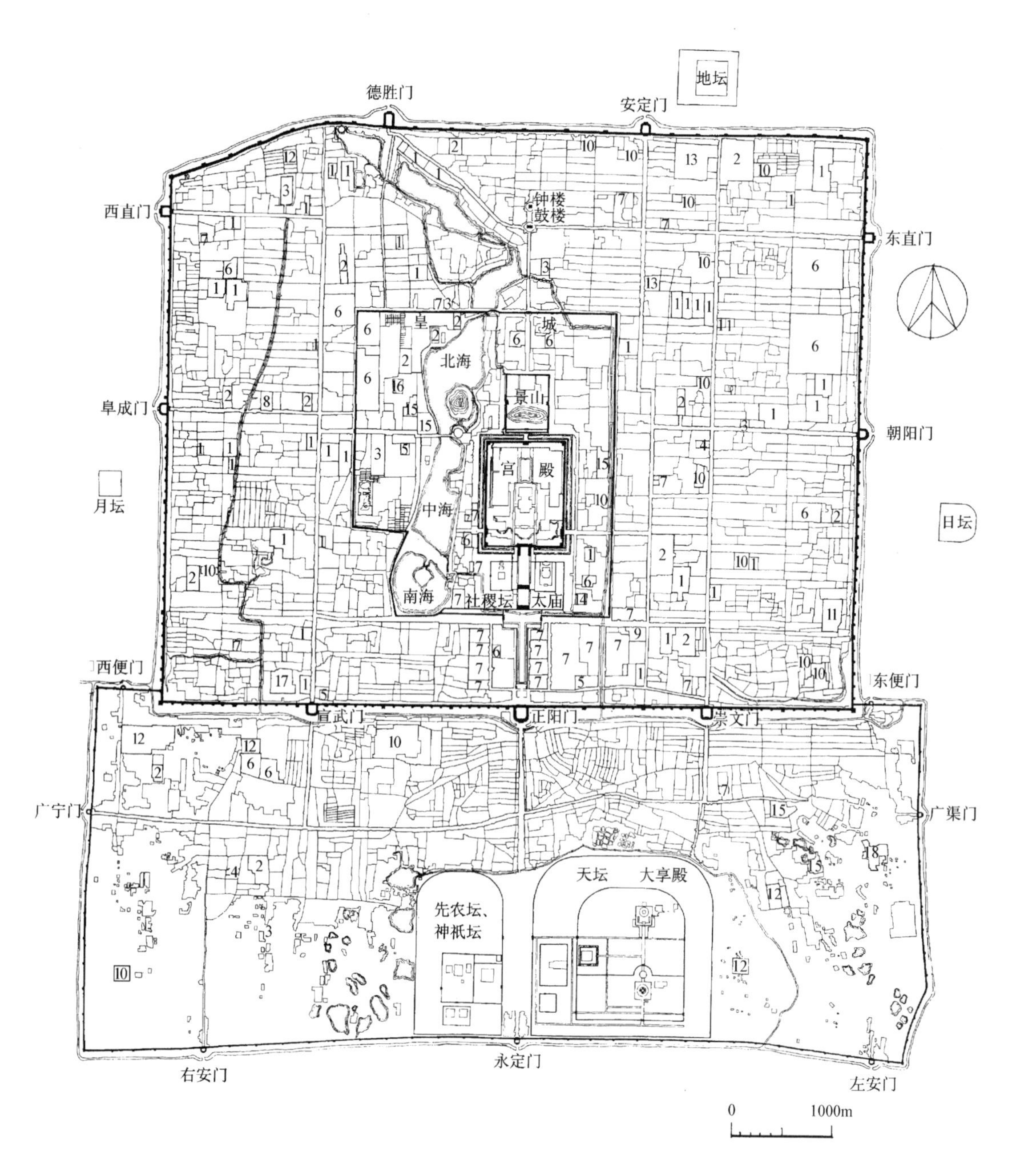

图 2-2 清代北京城平面图（乾隆时期）

1. 亲王府 2. 佛寺 3. 道观 4. 清真寺 5. 天主教堂 6. 仓库
7. 衙署 8. 历代帝王庙 9. 满洲堂子 10. 官手工业局及作坊 11. 贡院 12. 八旗营房
13. 文庙 学校 14. 皇史宬 15. 马圈 16. 牛圈 17. 驯象所 18. 义地 养育堂

禄寺址改为英亲王府。同时又利用一部分大宅院或空地建造了一批王府，如雍亲王府（乾隆时改建为雍和宫）、履亲王府（在城东北角羊管胡同北，今俄罗斯大使馆处）、康亲王府（西城大酱房胡同）、简亲王府（在今大木仓，原为郑王府）、恂郡王府（西直门内半壁街）、和亲王府（清末改建为陆军部、海军部）、恒亲王府（朝内烧酒胡同）、怡亲王府（朝内北小街）等。至乾隆时城内王府（包括亲王、郡王、贝勒、贝子、镇国公、辅国公等）已达40余处（图 2-3），清代后期的恭王府（在前海西街）、醇王府老府（在太平湖）、摄政王府（又称醇王新府，在后海北沿，今卫生部）等（图 2-4～2-6），都是著名的王府。光绪二十五年统计，经二百余年更替尚有王府 50 座。总之王府的建造成为北京内城的重要建筑内容。

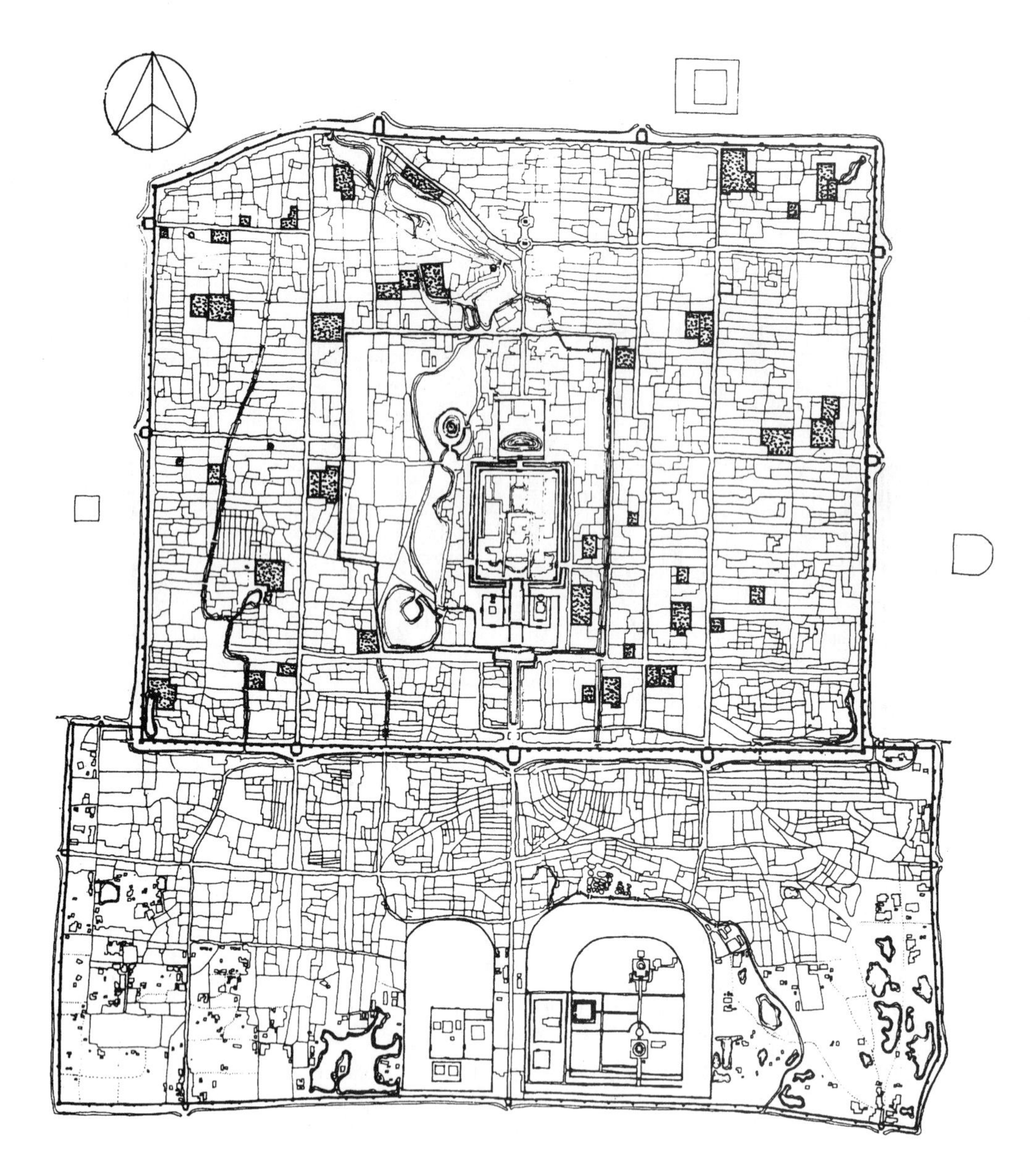

图 2-3 清代北京王府位置图

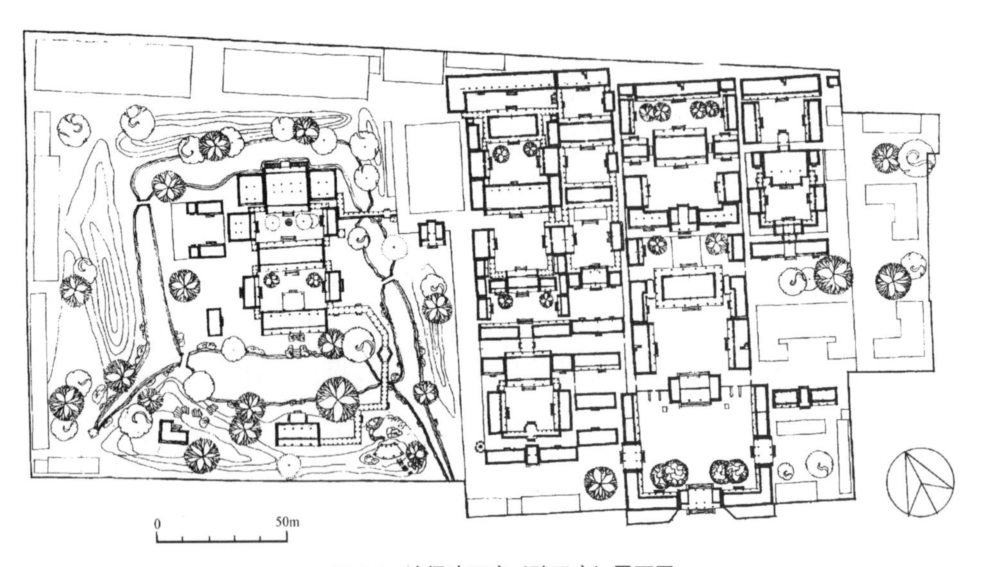

图 2-4 清摄政王府（醇王府）平面图

图 2-5　清代摄政王府大门

图 2-6　清代摄政王府后楼

三、外城进一步繁荣，商业发达，会馆林立

清初实行八旗兵驻城措施，将北京内城改为满城，按方位分别布置八旗官兵居住，因此汉民、回民多移居外城，促进了外城的开发。其胡同及街巷数目大量增加，荒凉空阔的地域也开始热闹起来。东西横穿外城的广安门至广渠门的主干道也形成了，沿线的菜市口、虎坊桥、珠市口、三里河、蒜市口等皆成了商业集中地区。沿太行山东路进京的陆路大道，进广安门，入宣武门，因此宣外形成重要的商业区，同时进京赶考的举子多停居于此地，因而宣武门外的会馆、商会十分多，并在明代琉璃厂的旧址开辟成文房旧书古玩业的商业街。清代由水路大运河运来的货物、粮食多在通州南的张家湾上岸，沿大通河可至蒜市口，转由崇文门进城，故崇文门设税关及户部税课司。同时还可经由东三里河至正阳门外大街，所以外城的崇外大街、前门大街及宣外大街迅速变为店铺栉比，百货云集，摩肩接踵，交易喧嚣的闹市区，其繁盛程度甚至比明代形成的内城东单、西四、鼓楼前大街的原商业区有过之而无不及。

明代北京城原划分为内城二十八坊、外城八坊[6]的城市分区规制，此时的里坊制已无坊墙，仅为行政管理上的一级建制。清初实行八旗驻城，按旗划分，使原来城内原本脆弱的里坊制彻底瓦解。为了加强城内治安，除设立巡察岗哨、堆拨房以外，又在胡同出口处设立栅栏[7]。栅栏顶部写明街道胡同名目，入夜后栅栏即行关闭，除“有奉旨差遣及紧要军务应及时启门”外，“自王以下官民人等概禁行走”，实际为宵禁的措施。有些胡同往往以栅栏为名，如著名的前门外大栅栏即为一例。

四、宗教建筑中的佛教建筑进一步扩展

清代北京城内原有元明建造的寺观基本上保存下来，如西城的白塔寺、广济寺、护国寺、都城隍庙，北城的广化寺、显佑宫，东城的柏林寺、隆福寺、智化寺，外城的法源寺、报国寺等。但也有衰颓而破败的，如西城元代的天师府，明宣德年间曾大加扩建形成前后十一进的大型道教宫观——朝天宫。天启六年（1626 年）大火焚毁后，再也没有复建，清代对道观采取排挤政策，一代名观遂析为民居用地。

图 2-7 北京西黄寺清净化城塔

清代对藏传佛教大力推崇，在西苑琼华岛上建永安寺及白塔。雍正十二年（1734 年）将皇城内的怡亲王府改为贤良寺。乾隆九年（1744 年）将内城东北角的雍亲王府改为雍和宫（藏传佛寺），并成为清政府管理全国藏传佛教事务的中心寺院。早在顺治九年（1652 年）曾在北郊德胜门外，建西黄寺为西藏黄教领袖达赖五世在京驻锡之所，乾隆四十七年（1782 年）又因班禅六世来京觐见时，在此寺内病逝，故又添建了“清净化城塔”塔院以示纪念（图 2-7）。此外在清代尚建了觉生寺，寺内以保存永乐大钟而著名（图 2-8）。乾隆二十七年还仿照五台山殊像寺形制，在西郊香山建宝相寺，寺内有砖拱券结构的旭华之阁。

有些明代遗留的寺庙在清代也大加扩建与复建。如西郊碧云寺于乾隆十三年（1748 年）在寺后建金刚宝座塔一座及罗汉堂等。西直门外万寿寺因濒临长河，为去西山游览的游船驻泊之处，故乾隆时曾两次修葺。此外，大觉寺、潭柘寺、戒台寺等处也有不少扩建，总之清代北京城的佛教建筑又有了新发展。

图 2-8 北京觉生寺大钟楼

五、礼制建筑的改造

清代继承了明代祭天神、祖宗的天坛、地坛、日坛、月坛、先农坛、太庙以及历代帝王庙等一系列祠庙建筑。但又进行了不同的改造，最显著的是天坛的形制。天坛之建始于明代，永乐十八年（1420 年）建天地坛于南城，合祭天地于大祀殿。嘉靖九年（1530 年）明世宗以天地合祭及在屋下祭天不合古制，乃在大祀殿南另建三层圆台式的圜丘坛以祭天，在北郊安定门外建地坛以祭地，天地分别祭祀。二十四年（1545 年）又将长方形的大祀殿改建为圆形三层檐的泰享殿，以祭谷神。泰享殿的屋檐琉璃瓦为三种颜色，从上至下依次为蓝、黄、绿，分别代表昊天、皇帝、庶民，至此天坛布局骨架基本形成。北为圆形立轴构图的泰享殿，后为天库，前两侧分列配殿，为供奉配祀的日、月、星辰、山川、雷雨诸神。南半部为圆形立轴构图的蓝色琉璃砖制成的祭天圜丘坛，后为皇穹宇以供皇天上帝木主之处。两组建筑以丹陛桥相连，形成既独立又有联系的建筑组群。同时改造了外坛墙，向西南两面扩展，增建了内坛墙。至清代乾隆时期，天坛已历经了二百余年，琉璃砖地面、台面、围墙墙身、墙顶损坏甚巨，所以乾隆十四年（1749 年）又大规模改造，主要有两方面：一是改换瓦件，围墙墙身包砖。如将祈年殿（泰享殿）的三色琉璃瓦改为纯青色琉璃瓦（图 2-9），皇穹宇、皇乾殿、祈谷坛门楼、祈年殿两庑、圜丘外壝墙等处绿色瓦也改为青色瓦，整个圜丘坛原用青琉璃的地面及栏板俱改为艾叶青石及汉白玉石筑造。二是改变圜丘坛的平面尺寸，使之更符合礼制数理要求。如三层台径皆取一三五七九阳数数列，每层台面铺地皆为

图 2-9 北京天坛祈年殿

九环，每环为九的倍数，取阳数之极。三层台基栏板共360块，以应周天三百六十度之意，此外每层台基踏步皆为九步，整个设计充满了表示帝王统驭天下的阳极之数[8]。天坛经乾隆朝改建，其平面构图的数字象征意义更为加强。相应地坛的瓦色、坛面尺寸及用砖数亦有改变，多取八数为则。

雍正时还在紫禁城东西侧添建了宣仁庙（风神庙）、凝和庙（云神庙）、昭显庙（雷神庙），以补山川坛之缺。清代北京的孔庙及国子监仍沿用城东北隅的元明之旧制，呈“左庙右学”之制。特别是乾隆四十八年（1783年），仿古明堂、辟雍泮水之制，建四面环水、每面七间的方形攒尖建筑——辟雍（图2-10）。每位皇帝即位，皆要在国子监辟雍讲学一次称之为临雍。这些措施将京师国学提高到特别重要的地位。

清代北京尚有一种特殊的神庙，称为“堂子”，是供奉萨满教天神的处所。主神是纽欢台吉和武笃本贝子。每逢元旦、出征、凯旋等大事，或月祭、浴佛祭时由神巫边舞边歌，举行特殊的仪式。这种仪式仅许满族人参加，汉族官民不得参与。堂子内主要建筑为祭神殿及南向的拜天圆殿，圆殿前立有主神竿。主神竿两侧各立六行皇子、王公、大臣的致祭神竿。堂子内建筑物并不高大[9]。清朝建都北京后于顺治初年建堂子于长安左门外御河桥东，清末移至南河沿（图2-11）。

图2-10　北京国子监辟雍

图2-11　北京堂子

六、开发南苑，使之成为狩猎为主的皇家苑囿

南苑在北京南郊，杂草丛生，湖沼成片，元代时称为飞放泊，明永乐时“缭以周垣百六十里，育养禽兽，又设二十四园以供花果”，有汉代上林苑的作用。清代初年继续经营，改称南苑，又称南海子（图2-12）。园内置海户1600人守护，放养野兽其间，有麋鹿、黄羊、四不像、雉兔等，帝王经常在此行围狩猎，有时还举行阅兵仪式[10]。为此在南苑内陆续建有四座行宫，即旧衙门行宫（在小红门西南，原为明宫，顺治十五年重修）、南宫门行宫（南红门内，康熙五十二年建）、新衙门行宫（镇国寺门内，原明宫，乾隆重修）、团河行宫（黄村门内，乾隆四十二年（1777年）建）。其中团河行宫最为宏大，占地400亩，以大小两个团泊为中心，周围造山植树、湖山掩映。宫内建筑分东西两部，西部为湖泊区，以水景取胜，东部为宫殿区，有二进院，其内布置议事建筑及后妃寝宫等，宫殿区后为东湖，湖边有钓鱼台、群玉山房等。团河行宫反映出清初行宫建筑园林化的倾向。此外南苑内尚建有元灵宫、永佑庙、永慕寺、德寿寺、关帝庙、宁佑庙等佛道寺观。清代南苑与元明时代相比，其建筑化、园林化的人工艺术改造成分明显增加，自然风貌有所减弱。

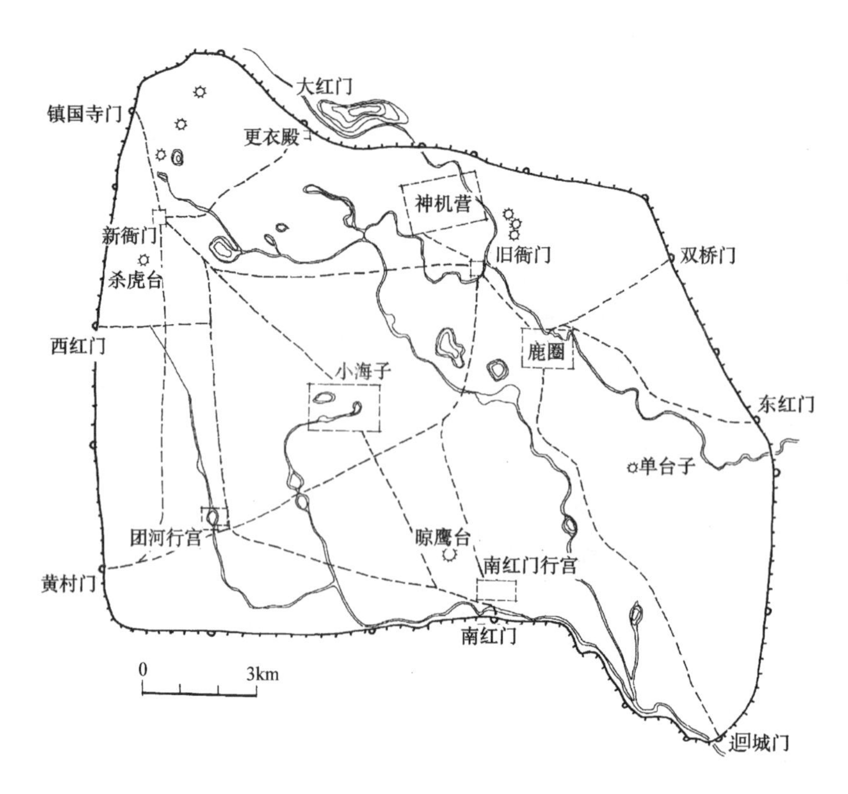

图 2-12 清代北京南苑平面示意

七、开发西郊水利，经营皇家园林，形成离宫苑囿群

北京西郊西山、香山、玉泉山、瓮山、海淀镇一带，山清水秀，泉水汇聚，自辽金以来即为游憩之地。清康熙时进一步开发，首先在海淀经营畅春园及一部分王子赐园，继之雍正时开始经营圆明园。至乾隆时又结合西郊水利建设，引水挖湖，建造离宫，先后建造了香山静宜园、玉泉山静明园、万寿山清漪园，同时扩建圆明园，连同畅春园共称“三山五园”。清初北京城内宫廷园林用水全仗西郊昆明湖水，沿高粱河引入城内。但由于水源减少，水田增加，供水日趋紧张。故乾隆年间进行大规模的水利综合工程，包括建造清漪园东堤，扩大昆明湖湖区，引西山泉水至玉泉山，开通北长河，沟通玉泉山高水湖与昆明湖水系的联系，整治长河沿途闸坝等。这样就形成了水流充沛，次第蓄泄，综合配套的完整的水利工程，兼有供水、灌溉、水运及园林建设各方面的效益[11]。有了可靠的水源才使西郊山地园、山水园、水景园等各类园林皆有充分发展的条件，开创清代造园艺术蓬勃发展的局面。同时由于帝王每年在西郊离宫园居时间甚长，朝官为随班需要，亦多在西郊置购住屋及私园。拱卫皇居的八旗军校亦在园林附近设置营房，环布四周，所以西郊一带成为都门之外的另一个政治中心。

总的来讲，清代北京城的结构布局、道路系统，大多仍依明旧，没有大的变化，某些新区的道路结构尚存在逐步发展的自发成长的现象。但城市建筑内容有了较大的调整、开拓了外城及西郊用地，改善了城市供排水设施，出现了新的商业街。此外，大量的王府、会馆，以及成片的离宫群的出现，也是清代北京的特色。这一切使北京的城市内容更加丰富，更具有生活气息及艺术魅力。

第三节　工商城市及集镇的发展

一、工商城市的发展

清代因工商业之发展而带动城市的发展，通商大埠、交通要道城市发展变化较大。如北京、武汉三镇、南京、广州及沿运河的扬州、淮阴、济宁、临清等城市。除此之外也发展了一些有特点的城市，如北方的山西平遥、太谷，南方江西的景德镇等。

平遥城系明洪武三年扩建，方形，周长13里余，东西城门各二，南北城门各一，城内主要街道为丁字形，衙署在城西南部，南大街中部建有市楼，为全城的构图中心。平遥为京陕交通要道，故出外经商者较多，来往资金周转，仅靠镖局解银十分不便，于是在清中叶出现了票号业，后称银庄，即今日之银行。票号发行银票，作为各地分号存取银两的凭证。道光四年（1824年），平遥李姓首营日升昌票号，专营汇兑，其分号遍布全国20个大城市，是为票号之首家（图2-13、2-14）。以后又陆续有蔚泰厚票号、范氏票号等13家营业。太谷城与平遥城类似，城市平面亦为方形，丁字街，同样以票号业著称，最盛时达22家，此外其附近的郊县亦有票号19家。票号建筑是从旧住宅形制蜕变而成，一般布局是沿街为店面房3～5间，店面后为内院，正房、厢房为经管商人办公处。再后为居住内院，为客人住室。有的票号为了防盗，往往将院落建为二层楼房，屋面为向内的单坡屋顶，四周不开外窗，甚至在天井院上方加设铁丝网罩[12]。由于票号的影响，平遥、太谷的民居亦多采用类似形式，外观封闭，内檐装修考究，雕饰甚多。这些以金融业而繁盛的城市，并未对城市生产及生活引起根本的变化，亦未改变城市布局，只反映在城市建筑上的封闭性、高墙深院、内部豪华装饰、争奇斗富上。这一点与徽商致富以后导致徽州住宅风格向奢靡方向发展是一致的。

图2-13　山西平遥“日升昌”票号门面房

图2-14　山西平遥票号内院

景德镇是因制瓷业而发展起来的城市，明以前城市分散，多为就地取瓷土的民窑。明代在珠山设御器厂，建官窑，烧造御瓷，宣德时（1426～1435年）官窑增至58座，民窑亦多内迁，围绕官窑厂形成景德镇市区。清顺治十一年（1654年）改御器厂为御窑厂，设员驻厂督造，经几届督陶官的工作，改革窑务，放宽措施，使景德镇瓷业进一步繁荣，官窑、民窑竞放异彩，人口猛增达10万户。清初仅围绕珠山形成的市区，至嘉庆时，已发展到北至观音阁，南达南河口的小港嘴，沿昌江东岸，长达13里的狭长形市区，故有“陶阳十三里”之称。珠山之北形成龙缸弄、师主弄、斗富弄等若干条民居古巷。经营陶瓷买卖的瓷器街位于珠山之东的中街，清后期又发展到其南的陈家街。牙侩（经纪人）及脚工、船工多聚居在珠山之西的昌江东岸的八卦图、泗王庙一带，此地靠近中渡口码头。商人拥聚，业务相联，也促成了会馆的建造。至清代中期已建成有徽州、南昌、苏湖、饶州、都昌、临江等 20 余所会馆。此外市区内还建有若干书院，天后宫、关帝庙等建筑。以手工业为主形成的景德镇市区布局与一般府、县城市有很大的不同，城市道路不严整规则，多为自发形成的弯曲小巷，街巷狭窄，官府、庙宇布置分散，没有形成城市中心。城市周围也没有防御性城墙，商业街却十分发达，店铺栉比，热闹异常（图 2-15）。

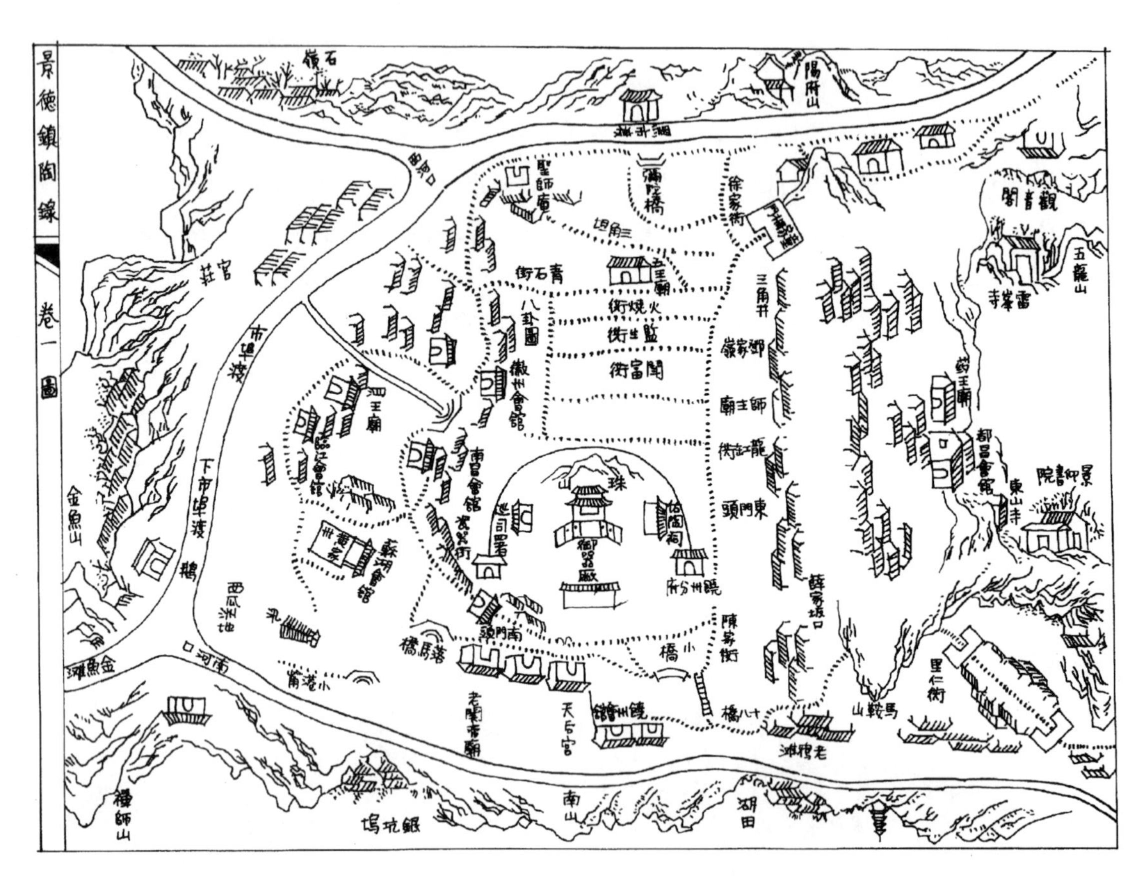

图 2-15　清代景德镇图（摹自《景德镇陶录》）

二、集镇居民点

清代迅速增长的人口，除了表现在农村及城市人口密度增加以外，突出的特点是大量集镇居民点形成或扩大，容纳了大量工商业及其他人口。例如上海地区在宋代仅有 9 个城镇，明代又发展了 63 个城镇，而清代在明之基础上又产生了 82 个城镇，其中康雍乾时期就占 68 个，说明集镇规模及数量扩大的速度极快[13]。集镇形成的因素随着社会经济及结构的增长亦产生众多的变化。在早期封建社会集镇多以定期集市贸易为成长点，但清代集镇的孕育发展却有多种因素。例如地区货物集散的批发行业，常年交易往来，都促成集镇的发展，如成都黄龙溪为川西粮食、辣椒的集散地；犍为罗城为牛肉、酒、米的转运场所；江西樟树镇为药材市场等。也有的是借地方物产发展起来，如吴江盛泽的丝织业，四川乐山五通桥的盐业，都是有特色的产业。还有的是以优越的交通地位发展的如绍兴的斗门镇，宁波鄞江镇等。在少数民族地区，大的宗教寺庙亦是形成集镇的主导因素，如甘肃夏河是因拉卜楞寺而发展起来的，青海湟中鲁沙尔镇是依塔尔寺而建。其他如贵族庄园，头人官寨附近也往往形成为大居民点。

清代集镇的布局形式是多种多样的，虽然大部分是自发形成，带有一定的随意性，但其结构也反映了地区特色及某种规律性（图 2-16）。例如北方地区地形平坦处居多，四合院式房屋盛行，注意纳阳避风，面南布置朝向，故集镇布局多为棋盘形的大街小巷组合，街巷距为两个标准住宅院落的长度，以使每个住宅都可临街。如吉林船厂镇为满族聚居的住宅，为东西向的胡同布置。陕西关中集镇也多呈东西向街道布局，住宅成排列置。而南方水道纵横，山冈丘壑地形复杂，集

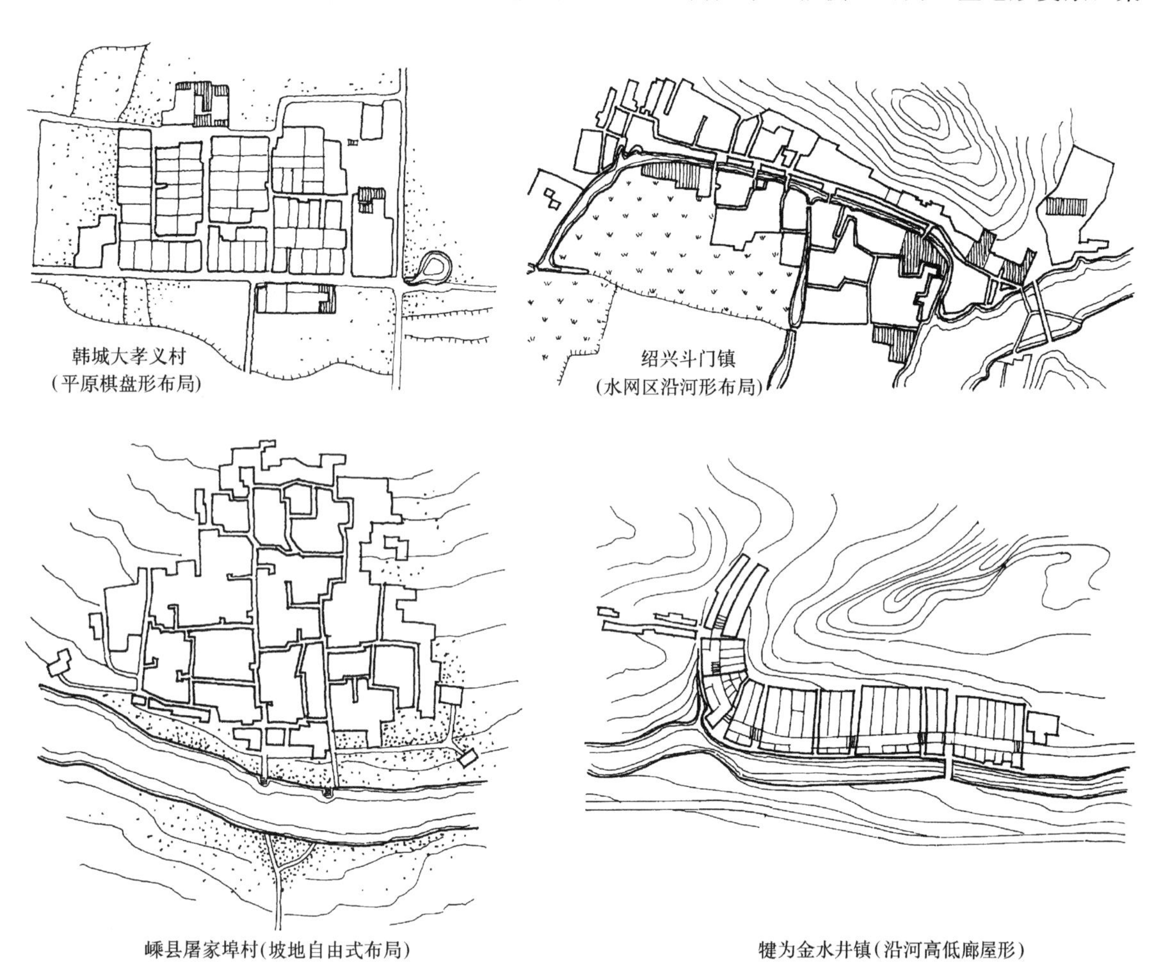

图 2-16　清代集镇布局形式

镇布局多取自由式配置，沿山滨水，顺应地势，自然伸展，不拘一格。如成都黄龙溪、绍兴斗门镇都是傍水而建的集镇。自由式布局集镇的具体形制又各不相同。例如水乡地区，水网纵横，河滨湖渠为交通的主要通道，所以街巷多沿河而建，设码头，跨河建桥，互通两岸。河街一般设宽敞的路廊，店面开设在廊内。镇内皆有一个或多个广场，以为货物交易集散之处。这类小镇的建筑多为二层，地形平坦的集镇立体轮廓变化不大，但水曲路折，桥廊穿插，粉墙青瓦，倒影涟漪，具有十分美妙的景观变化及空间动感。湖、广、川、黔沿河而建的集镇亦是水陆结合，廊道宽阔，且因地形高差变化甚大，形成踏步连续高低上下的巷道、廊屋，空间变化丰富，如犍为金水井、重庆磁器口等地。此外四川犍为罗城镇是一个很特殊的山区集镇布局（图 2-17），它坐落在山冈之上，结合地形沿等高线布置成一个梭状船形平面。镇中主街长约 200 米，宽 10 米，而在街道中腹扩为 32 米，居中设戏台、牌坊及水池，相当于船的中舱。梭形广场随地形开展为层层台地，形成天然的观剧场。街的东端以灵官庙为对景，是为船头。主街两侧有 5 米宽的行廊，一般行路、交

易、休息皆在廊下，类似广东的骑楼。这个条形广场就是全镇的“活动带”。罗城镇布局不但在有限的面积地形条件下，综合了商业、生产、休闲、文娱、宗教各种活动于一个广场，而且以其独特的向东行驶的船形平面，寄托了清代迁居四川的移民的某种思绪[14]。广东沿海地区集镇的梳式布局亦是地区特有的，它将房屋南北向排列成行，每行并排两户，长度不限，可接建许多户。行间有2米宽的南北巷道，总体看来像一把梳子（图2-18）。集镇的住宅多采用高密度的单开间竹筒屋或双开间的明字屋组成[15]。梳式布局的形成是因为广东沿海夏季炎热，季节风向为南风，布置南北向阴凉的巷道，可引风入居住区，调整微小气候。这种布局也用于农村，但住宅多用三合院式的爬狮类型。村前有池塘，背后有岗地、树木，村中设祠堂为布局中心，反映宗族村落的特征。

图2-17　四川犍为罗城镇鸟瞰图

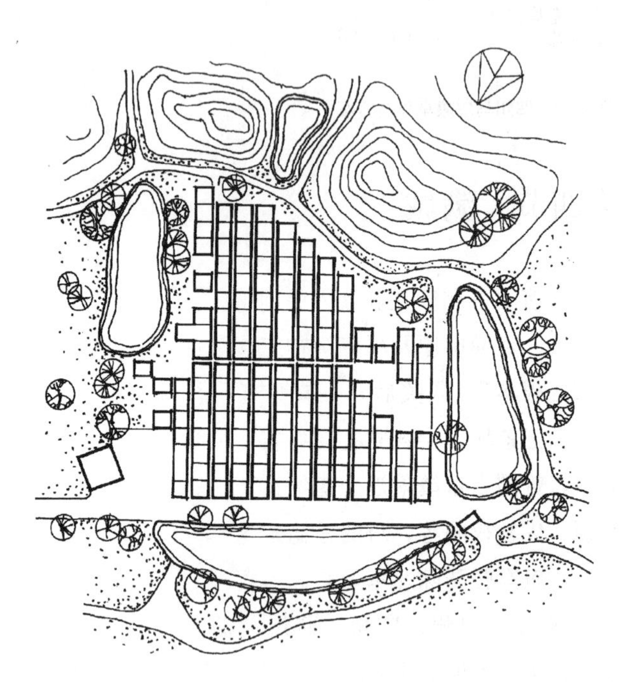

图2-18　广东开平蚬岗横石乡梳式布局（摹自《广东民居》）

西北、西南民族地区的集镇，很多与宗教与社会组织因素有极大关系，如藏、川、青、甘的藏族集镇即是如此。藏族以游牧为主业，逐水草而居，故集镇不发达，规模较大的居民点较少，其城镇的形成主要有两类：一类为以寺院为主体的城镇，如拉萨、日喀则、江孜等地区的中心城市，又如拉萨哲蚌寺、青海塔尔寺、夏河拉卜楞寺、四川甘孜寺等寺庙集镇，都是由一座或几座大寺庙及若干农户或手工业者的住房形成的。另一类为官寨或庄园，如拉萨的雪康庄园、查隆庄园、山南的凯松溪卡（溪卡即庄园）、四川阿坝的松岗官寨、马尔康卓克基官寨等[16]（图2-19）。它们是由农奴主或土司、头人的大宅及周围农奴、佃户的简陋住房组成。庄园及官寨居民点是藏族农奴社会所特有的，其主要特点是，选址多在坡地，布局上贵族及头人住宅占据高坡，居高俯视农户的住宅，具有统驭势态，而且便于排水；另一特点是防御措施严密，全寨或贵族宅院四周碉堡林立，战时可据堡自守；三是住宅体量质量反差强烈，农奴住户低矮简陋，贵族头人住宅高大多层，这种宅院内部除居住外尚包括贮藏、会议、佛堂、办事、马厩、晒场等。

以宗教建筑为集镇的构图主体的布局也反映在伊斯兰教民族集镇上，如甘肃临夏南关外的八坊，为回民聚居区，原即以八座清真寺为主干而形成，由各寺所属教民住宅组成为一坊（图2-20）。傣族的村寨亦是以佛寺为主导的布局。

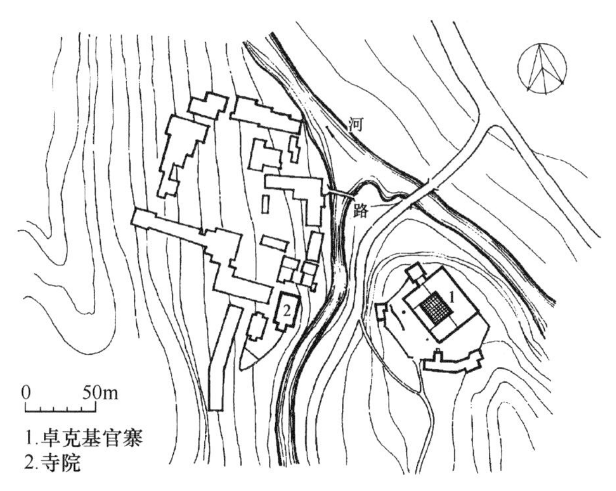

图 2-19 四川马尔康卓克基官寨平面图（摹自《四川藏族住宅》）

图 2-20 甘肃临夏八坊居住区鸟瞰

第四节 满城

八旗军事制度是满族入关前努尔哈赤所定，是军政合一、兵民合一、全民皆兵的制度，对清军入关、定鼎中原及平定清初三藩之乱起了很大的作用[17]。故雍正、乾隆诸帝皆称“八旗兵丁乃国家之根本”。入关后，八旗兵（包括满洲八旗、蒙古八旗、汉军八旗）半数驻扎京城，拱卫皇居，宿卫禁城；半数驻扎在各省重要城镇成为保卫清政权的主要支柱。为巩固八旗军事体制，入关后，曾圈占京畿附近土地给兵丁，为带甲士兵发放月饷及官房，增加八旗编制，扩大各级都统、参领、佐领权限等，目的是稳定这个军民合一的八旗制度。

八旗军驻防除北京及东北三省外，各地直隶驻防军还有江宁（南京）、西安、杭州、宁夏（银川）、西宁、福州、广州、荆州、成都、青州、济南、太原、潼关、京口（镇江）、德州、开封、绥远、伊犁等地，重要之处各设将军统辖之。各地八旗驻军皆在城中圈围出一座小城作为营地，称之为满城，对城内汉民居住的其他用地则称之为汉城。

北京的满城是圈定在原明朝内城部分。据顺治元年议准“（燕京城内）分置八旗，拱卫皇居；镶黄旗居安定门内，正黄旗居德胜门内，并在北方；正白旗居东直门内，镶白旗居朝阳门内，并在东方；正红旗居西直门内，镶红旗居阜成门内，并在西方；正蓝旗居崇文门内，镶蓝旗居宣武门内，并在南方，以寓制胜之意。”[18]。驻军全部占据了内城，并且各旗皆在所驻城门外设总教场、演武厅，以操演骑射。驻区内设立都统署、护军统领署等（图 2-21）。旗军官兵皆按标准发给公房居住[19]，据估计内城总计居住了约 30 万旗民男丁。至康熙三十四年（1695 年）又大规模建造营房，以供无房的旗丁居住，每旗两千间，大部分建在城外教场附近如天坛东北的正蓝旗营房及西便门内的镶蓝旗营房。雍正、乾隆时期，旗丁日增，房屋不够居住，又在城外及圆明园附近增设旗营。乾隆以后，旗人居住的限制逐渐松弛，满城之设，渐归湮灭。

各地驻军所营建的满城，在城市中的位置各有不同。如西北重镇西安的满城占据明代西安城的东北角，东、北面为城墙，西为钟楼北面的北大街，南面为东大街。东西约 2 公里，南北 1.5 公里，把明秦王府包在满城中心，改为八旗教场，将军署布置在今后宰门街以南。八旗驻军营地布置在教场与左翼署之间，从北向南依次为正黄和镶黄、正红和正白、镶红和镶白、正蓝和镶蓝。满城驻军三千余，加上眷属约 2 万余人[20]。此外在城的东南修筑了一座汉军驻防城（即绿营兵），四至为东大街、南大街、南城墙、东城墙。满、汉两驻军城占据了西安城一半面积（图 2-22）。

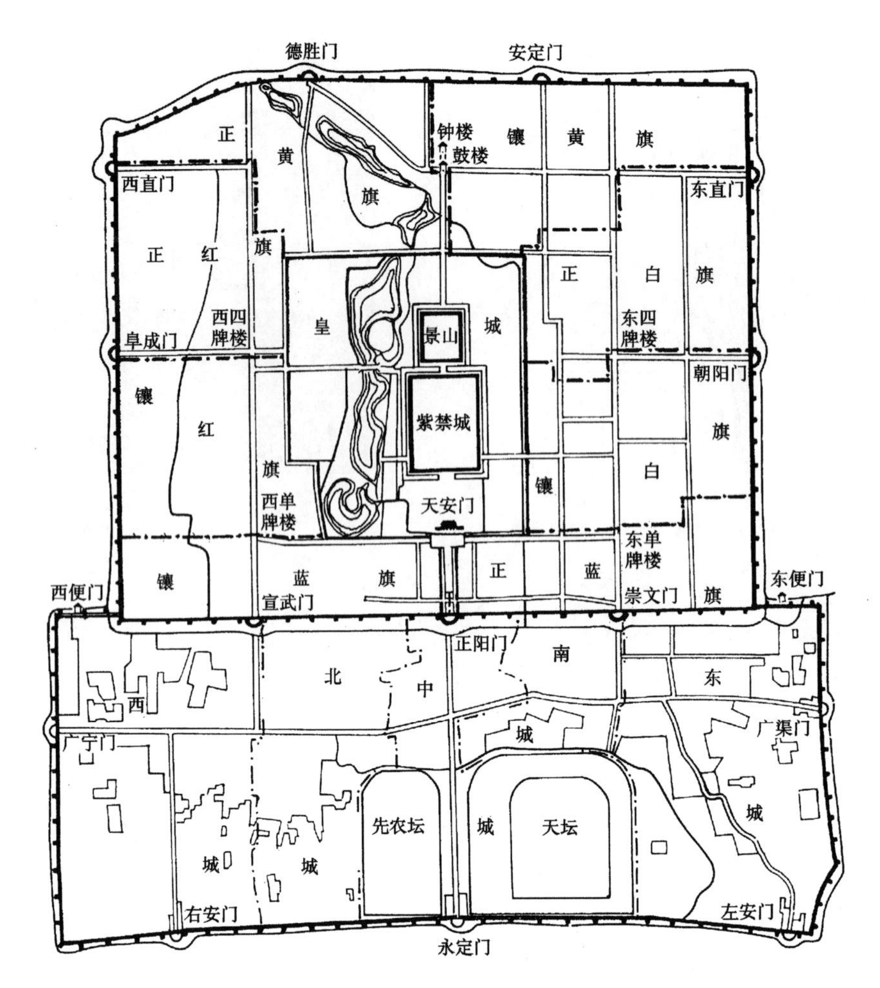

图 2-21 清初北京满城八旗分布图

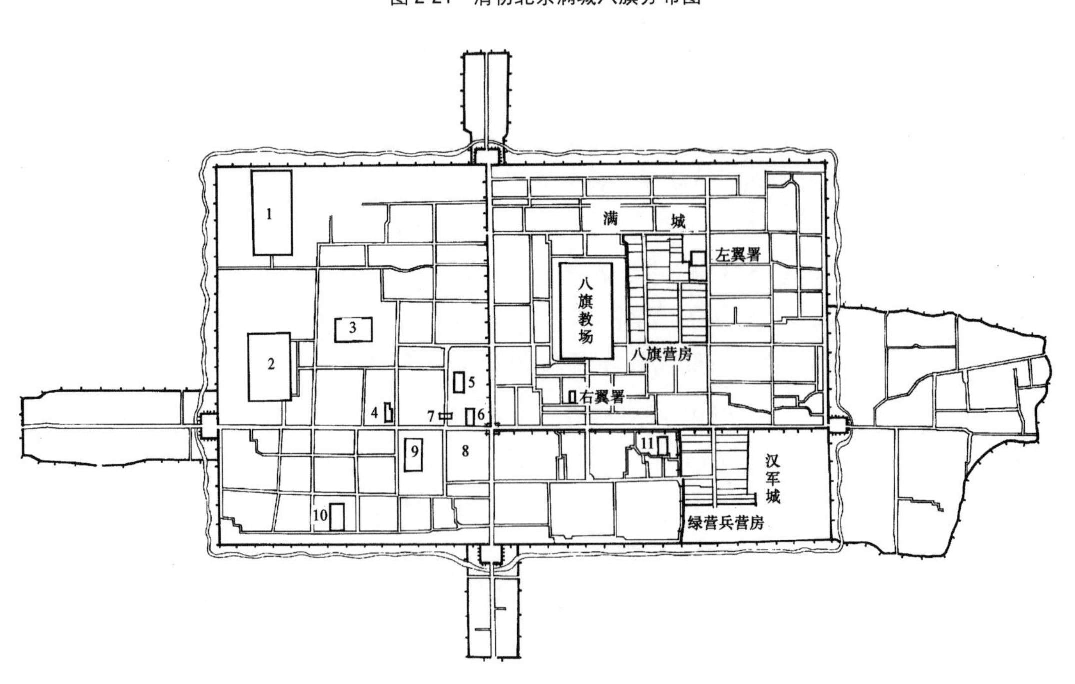

图 2-22 清初西安府满城平面图

1. 北教场 2. 贡院 3. 永丰仓 4. 长安县署 5. 布政使司署 6. 西安府署 7. 鼓楼 8. 钟楼 9. 巡抚部院 10. 镇标教场 11. 咸宁县署

湖北江陵的满城设置亦类似西安，康熙十五年（1676 年）在江陵龙洲击败吴三桂以后，于二十二年（1683 年）在江陵置湖北驻防将军府，并在明城中筑一南北向城墙，其位置约在今玄妙观以东，将城区划分为东西两城，东城为满城，屯驻八旗兵士。满城内有将军府、鼓楼、文庙、都统府等[21]（图 2-23）。

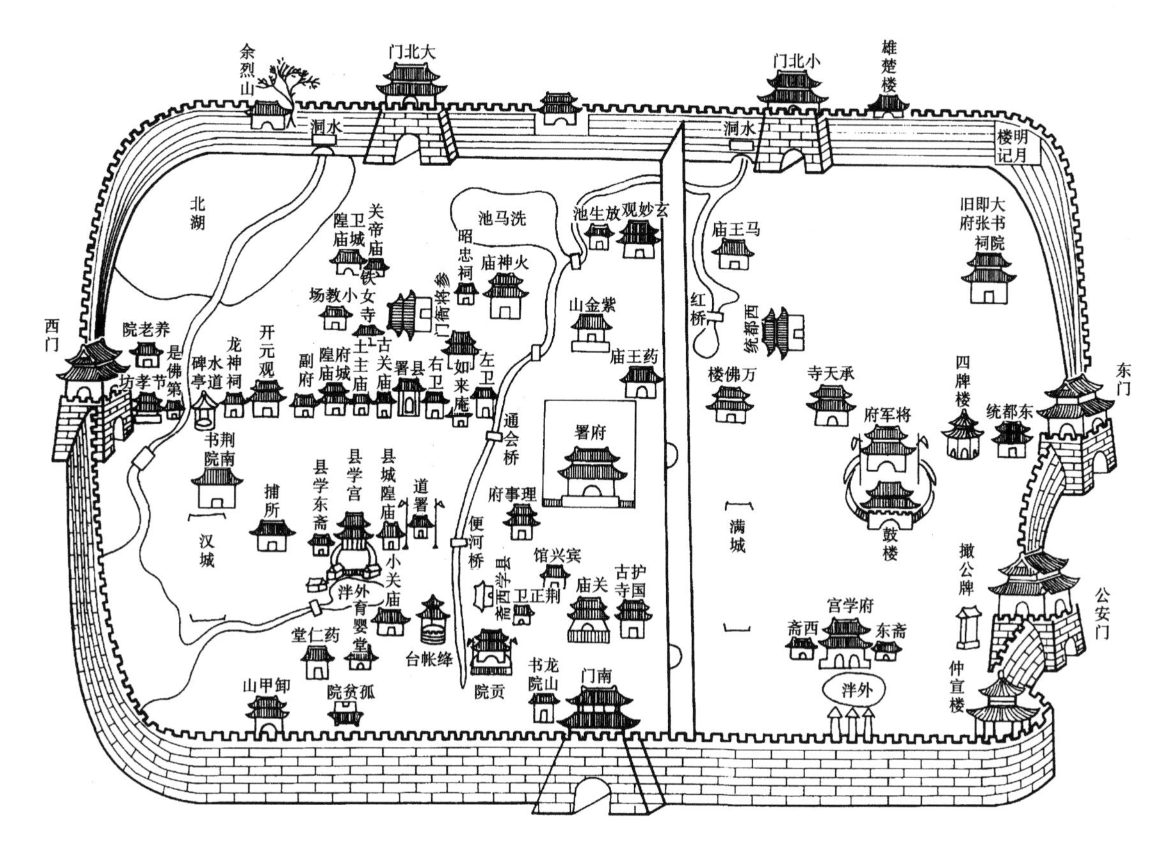

图 2-23 江陵（荆州）满城图

清帝以浙江杭州为“江海重地，不可无重点驻防”，乃于顺治七年（1650 年）营筑满城，屯驻八旗兵士。该城用地占据了杭州城中风景最好的核心地段，即北近今法院路，南达今开元路，东到今岳王路，西为沿湖的府城城墙，等于将纵长的杭州城临湖的心脏部分分割出来[22]。城周 5 公里，东北南开设城门五座，城内设将军府等（图 2-24）。

太原城的满城位于西南角，西南背倚城墙，北墙为水西门街，东墙为大南门街，面积不大。而成都的满城与太原类似，即在城中心的皇城西南角隔出一城，作为屯军之所。

还有些城市的满城是脱离母城另建新城。如宁夏满城在府城外东北 5 里处，后移于府城西 15 里处。又如伊犁屯军是在惠远城营筑满城。绥远满城建于雍正十三年（1735 年），亦是在归化城东北 2.5 公里处另建新城，命名为绥远。

清代满城内是八旗军民共居，实际上不是军事营垒，是居住城，而且限定旗人不许离旗另居，以维持原来的八旗户籍的完整准确。满城选择在城市内用地，多利用原有城市设施及服务机构。用地占角占边亦是为了减少城防经费。但这种落后的部落式的军事组织形式，与封建经济关系并不相容，养成八旗子弟游手好闲，坐吃公粮。加之人口繁衍，闲员日多，屈居满城，谋生无计，所以渐产生逃亡出旗，与汉民通婚杂居之事，最后导致八旗瓦解。清中期以后，各地城市中满城的划隔已渐废弛。

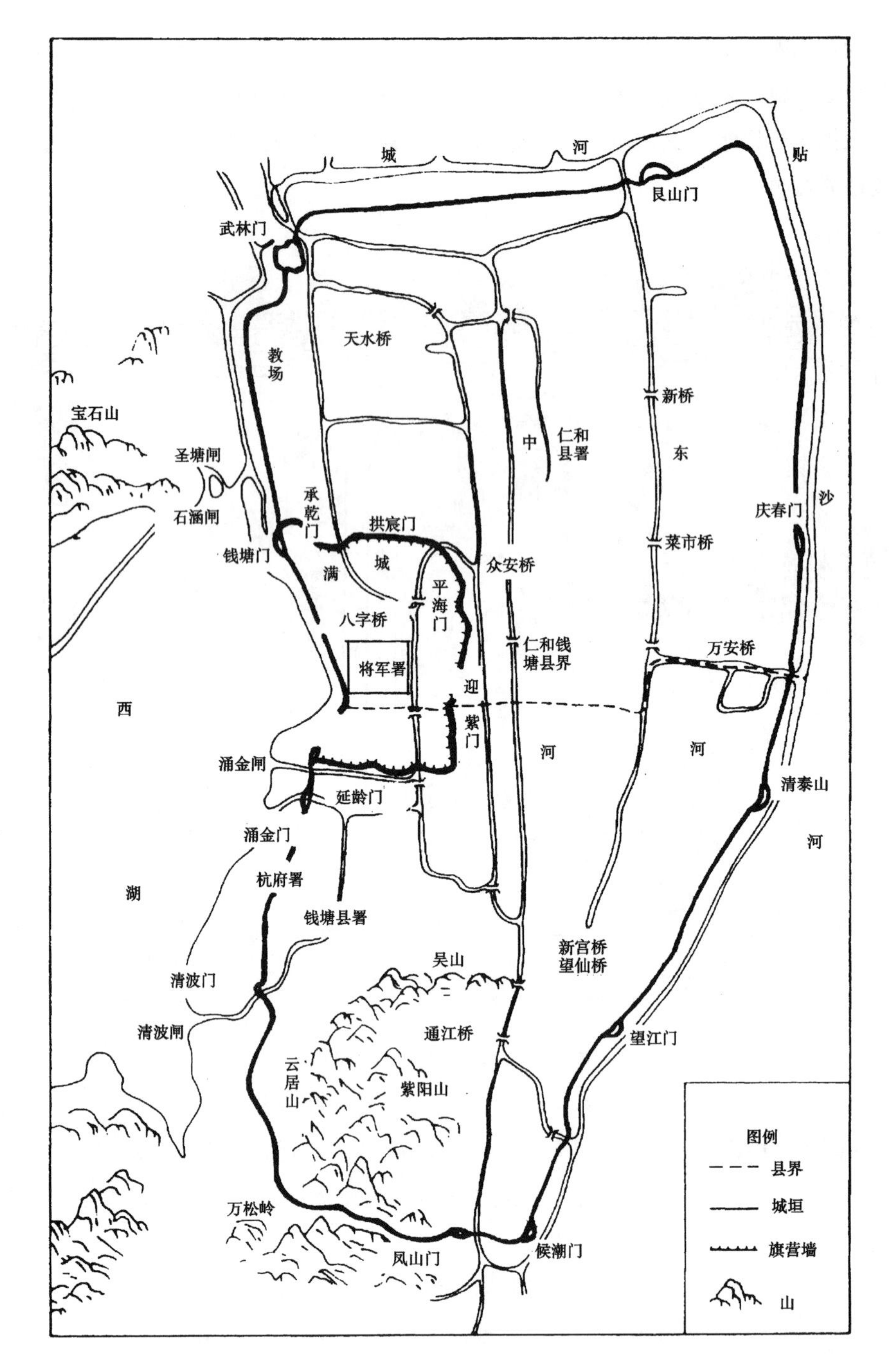

图 2-24　杭州满城图（摹自《杭州与西湖史话》）

第五节　会馆及戏园的兴起

一、会馆

会馆是同乡或同行商人联谊之处。“会”为聚会之意，“馆”则是供宾客住宿的馆舍，所以大部分会馆兼有寓居的性质。虽然设立馆舍的起源甚久，但皆为国家设立或私人营利性质，与以联络乡情为目的的会馆还不相同。会馆之兴起约始于明代末年，兴盛时期约在清乾隆时代。促进其发展的有两个原因：一是资本主义经济逐渐萌芽，手工业分工日细，商业流通进一步扩展，国内各地物资交流规模增大，因此同行业的商业、手工业者需要交流、互补、协同，需要建立行会组织及聚会之处；二是科举制度形成的官僚体制，讲求门生故吏、乡里情谊，同乡之人相互提携照应，故有同乡会的创立，也需要会馆作为基地。另外，每年一度的乡试及三年一度的会试在北京举行，造成大批士子麇集京城，每次应试举子达万人。其住宿往往亦以同乡之谊，投宿于会馆内。所以会馆按性质可分为同乡会馆及工商会馆两类（当然也有兼有两类性质的会馆），但也有专门为试子居留的试馆。

初期会馆多为单独设计建造的，如北京四川会馆，则是为纪念四川女杰秦良玉，在其驻军处所建造的一处会馆。又如四川自贡西秦会馆为陕西商人经营盐业致富后创建的。中后期多为旧有住宅或祠庙改造建成的，如北京南昌会馆为南昌移民熊氏将私宅捐赠扩建而成。又如北京安徽会馆原为明末学者孙承泽住宅后归翁方纲、刘位坦所居，同治时李鸿章购得此宅，改建为会馆。会馆的建筑布局无一定规格，大凡同乡会馆多以居住为主，采用四合院形制，院落相套，大的会馆达十余套跨院，小的仅有一座三合院。为适应文人活动，会馆内还辟有吟诗作赋的文聚堂，纪念本乡名人的乡贤祠，以及纪念孔子、关公的文祖殿、武圣庙等，有的同乡会馆内还在西南角建有魁星楼，供奉文昌帝君，以主持本乡文运，如北京的四川会馆、安徽会馆皆建有魁星楼。工商会馆的建筑则以聚会为主，多设厅堂。同时供奉神祇，祈求经营有成。如钱庄业供“财神”，药业供“神农”，缫丝业供“嫘祖”，每行皆有保护神。祀神活动也影响到同乡会馆，如福建会馆内多供奉海运保护神妈祖（天后）。工商会馆因多以聚会及祭神为主要内容，故其布局多类似祠堂庙宇。清代是地方戏剧繁荣的时期，一些较大的会馆内皆设戏楼，观戏成为会馆聚会的重要内容。如北京安徽会馆戏楼、正乙祠戏楼、天津广东会馆戏台、四川西秦会馆戏台，都很有特色。

1. 北京的会馆

北京的会馆兴起于明嘉靖年间，清乾隆、嘉庆时大盛。因清政府实行旗、汉分居制度，汉回官吏、商人、手工业者皆聚居于外城，故会馆亦设在外城。同时由于货物多从大运河运来，经通州、广渠门，进崇文门；而应试举子由南方入京，多入广安门，至宣武门，所以形成会馆分布上宣武门外多同乡会馆和试子会馆，崇文门外多工商同业会馆的布局。乾隆时外城会馆已达 182 座[23]，至清末光绪年间已发展到 400 余所[24]。有些街道的会馆比邻皆是，几乎成为会馆街。如宣外大街有会馆 22 所，珠市口大街 17 所，广内大街 9 所，米市胡同 12 所，贾家胡同 11 所[25]。会馆成为清代北京的城市特色之一。但由于时代变迁，目前尚保留的会馆建筑仅有 20 余座。

北京较著名的会馆中，属同乡会馆方面有全浙会馆、江西会馆、湖广会馆、四川会馆、安徽会馆、阳平会馆等，其中以湖广、四川、安徽会馆规模较大，设施齐全；属工商会馆的有长春会馆（玉行）、延邵会馆（纸行）、晋冀会馆（布行）、临汾会馆（杂货行）、颜料行会馆（为平遥人开办）等。北京的四川会馆有多处，包括四川会馆、四川新馆、四川老馆、南馆、中馆、东馆。现今保存的是宣外储库营路北的四川新馆（图 2-25、2-26），该馆约创建于清朝中叶，占地 6000 平方米，正中偏东开门，内分三路，中路主体建筑为戏楼、客厅、佛堂组成，东西路为宿舍院及服务房间，西南角设两层带平台的魁星楼一座。该会馆戏楼为宽七间深五间的两层高大建筑，屋顶为双卷勾连搭，前后加廊披，楼内有周圈走马廊以为观戏处，楼内池院偏南设戏台，戏台无顶。湖广会馆在今虎坊桥路南，现在建筑始建于嘉庆年间，完成于咸丰年间，占地近 8000 平方米，入口设在东部。全馆亦分为三路，中路自南至北安排戏楼、客楼、正厅，东西侧有行廊将三座建筑相互联络；东西路分为若干跨院，作为宿舍及服务房间用。戏楼东偏有小跨院，有门通向东街，

图 2-25 北京四川会馆戏楼外景

图 2-26 北京四川会馆戏楼内景

使戏楼的演出可单独对外开放。湖广会馆戏楼坐北面南，南北九间，东西六间，其结构与四川会馆相同，但雕饰较多，且戏台上部建构有仙楼及天井，可演出上下呼应的戏剧（图 2-27）。此外银号会馆的戏楼，又称正乙祠戏楼，构造亦十分精美，戏台上下有通口，下有通道，可设升降机关等。这些会馆中的戏台不仅反映了清代戏剧艺术的发展，也说明外城已成为北京商业、服务业、娱乐业的中心。

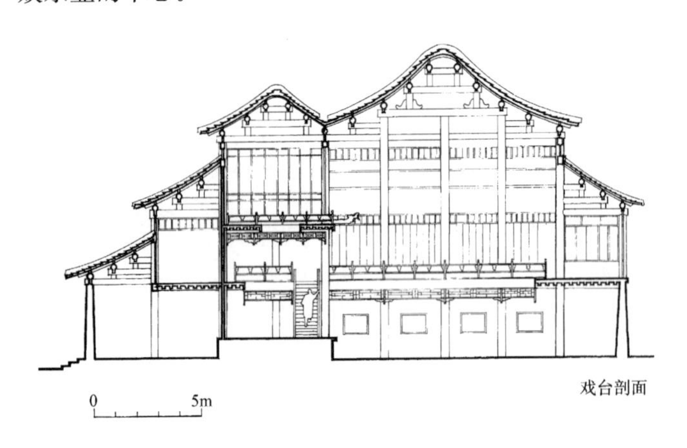

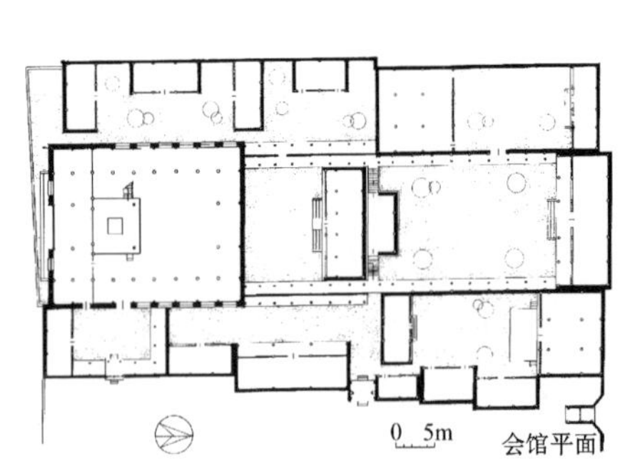

图 2-27 北京湖广会馆平面及戏台剖面图

2. 各地会馆

在通商大埠、经济发达的城市亦开设有不少会馆，例如苏州一地即有会馆 132 处。这些会馆多是为工商业服务而建立的，虽冠名为地区会馆，但实质是行业会馆。如扬州挟盐业及漕运之优势，清代时城市经济迅速发展，南北货物交易繁盛，因此各地商人广建会馆以互通信息，联手经营。如湖南会馆、江西会馆、湖北会馆、安徽会馆、山西会馆、都是比较著名的。这些会馆都有其本乡商业特色与经营范围，如山西为钱业、江西为瓷器、湖北为木业、湖南为刺绣业等[26]。景德镇的会馆是由于瓷业发展而带动建设起来的，各地采办瓷器及经营手工业品的商人云集此地，于是同乡民众建造会馆互助互济。在清代计有会馆 20 余座，大部分是地区性会馆，如福建会馆、湖北会馆、南昌会馆等，也有的是两地合办的如广（州）肇（庆）会馆、苏（州）湖（州）会馆[27]。这些会馆因多属工商会馆，故其建筑形制为祠庙形式，主殿为五开间神殿，殿内供奉的为地方神祇，如福建会馆供天后、南昌祭许真君、婺源供朱熹、山西供关帝等。景德镇的会馆受皖南徽派建筑影响，比较重视雕刻装饰及厅堂的气派，建筑造型十分华丽，有些会馆还带有地方建筑风格。四川省成渝之间几乎每县皆有数座会馆，其中以湖广会馆最多。蜀地会馆有两个特点：一是戏台前庭院有踏步，使地坪抬高数级，便于观戏；二是会馆内常建有名人祠庙，如湖广的禹王宫、福建的天后宫、广东的南华宫、江西的万寿宫等[28]。河南洛阳的山陕会馆、潞泽会馆都是地方会馆，但以商业活动为主要内容。其建筑布局类似祠庙，有正殿、配殿、戏楼等。潞泽会馆的正殿为五间重檐绿琉璃剪边屋顶，前有宽大的月台及石刻栏杆，俨然为寺院的佛殿样式。其他如天津、上海、武汉、开封、济南、烟台、自贡等地皆有会馆建筑，其中保存较好的有四川自贡西秦会馆、天津广东会馆等。

自贡西秦会馆为陕籍商人在自贡经营盐业致富，于乾隆元年(1736年）建造，因其正殿供奉关圣帝君，故又称关帝庙或武圣宫(图2-28)。其平面布局为中轴对称布置，前为大门，门背后为倒座戏楼，再北为抱厅、中殿、正殿，两侧有贲鼓、金镛两阁。后部有客廨、内轩、神庖等。大部分为楼房，前院宽敞，适于观剧、聚会，后部紧凑、曲折，带有几分神秘性。西秦会馆的建筑艺术特点，主要表现在屋顶组合及雕刻上。其大门入口与献技楼结合为一座建筑，实为四个结构层，底层为入口通道，二层为献技楼戏台，三层为大观楼，四层为福海楼。但入口外观与献技楼内观分别采用两个复杂的组合屋顶，入口为四重檐的牌楼式，而且中部采用四川常用的“破中”[29]及博风抹斜的做法，使立面造型显露出来，而不致被层层檐口所掩盖，形成一个丰富、多变、飞翘、奇特的入口立面（图2-29)。献技楼为三层屋顶，亦采用“破中”的办法，将通道、戏台及三层的大观楼联系在一起。一座建筑有如此丰富的屋顶组合是传统建筑中十分罕见的实例，这也是清代民间建筑将中国传统屋顶变通发展使其更富于装饰性的一种趋势。此外会馆中的金镛、贲鼓二阁及参天阁、客廨等，亦有复杂的屋顶组合。会馆的雕饰基本集中在正院四周建筑的衬枋、额枋、楼栏、吊瓜、撑栱、雀替等处。题材多为历史故事、社会生活场景、花卉静物等。其中人物雕刻数量甚多，雕刻技法十分精细，细部欣赏价值较高，但建筑整体艺术效果并不成功。

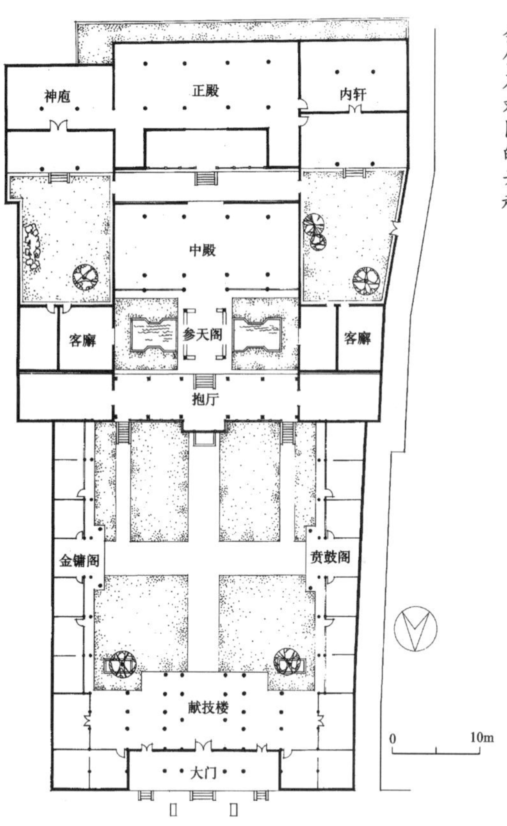

图2-28 四川自贡西秦会馆平面图

天津广东会馆建于光绪二十九年（1903年)，已近清代末期，但从其建筑做法上仍属传统建筑范畴（图2-30)。广东会馆是由在津的广东商人集资建造的，它融汇了南北两种手法，瓦顶与墙体为北方做法，而石柱、曲枋、六角窗、内檐装修、五花山墙及精美的雕刻，又都反映广府建筑做法，是建筑艺术交流糅合的产物（图2-31、2-32)。类似的现象在其他会馆建筑中也时有反映，如北京的汀州会馆、烟台的福建会馆皆为闽南式建筑。天津广东会馆由两进院组成。前院为正厅院，后院为带罩棚顶的戏楼院，布局与一般

图 2-29 四川自贡西秦会馆大门

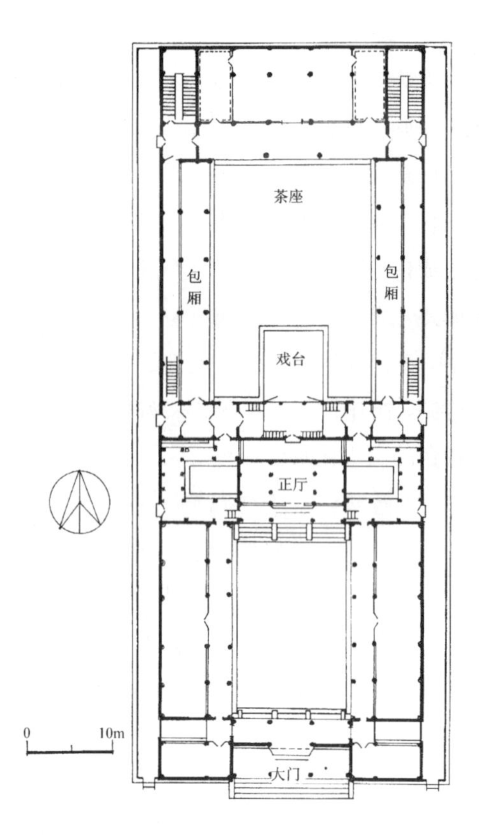

图 2-30 天津广东会馆平面图

图 2-31 天津广东会馆戏台

图 2-32 天津广东会馆戏楼内池座及楼座

会馆戏台相同，三面为楼廊供观戏，院中为池座，南边设舞台。但其舞台上部有雕饰华美的罩顶，以钢条吊固在两侧楼顶上，形成无柱的罩顶。罩顶中心为涡旋式的贴金藻井，两侧为木雕花罩，是一座设计十分巧妙的戏台建筑。

清末的中国沦为半封建半殖民地社会，清政府废科举，行新学，取消举子乡试，同时西方资本主义国家的洋货冲击传统市场，中国商界势衰，故清初兴盛起来的会馆亦渐衰败，不少会馆转租为商店，或变为廉价的旅店。以封建地缘关系为根基的会馆建筑，在新的形势下已失去作用而衰落。

二、戏台及戏园

清代，戏剧十分发达，观戏为城乡生活中一项重要内容，作为娱乐性建筑的戏台也逐渐成熟起来。元代在寺庙中已有戏台（乐台），往往与山门结合在一起。再有即是乡间村镇的独立式戏台，作为节日集会时演戏用，如山西临汾东羊村东岳庙戏台等。此时期的戏台形制多为在高台上建造一幢三开间的敞厅式建筑，观众露天观戏。明代戏台状况与元代类似，但在宫廷及官僚地主宅第内常设有戏厅，自养家班，内部演戏娱乐[30]。至清代，宫廷内的剧目更加繁多，凡是月令节气、喜庆寿诞之日，皆需在宫廷内上演祥瑞吉利的剧目，平日还上演一些歌功颂德的历史大戏，并组成内监的南府和民间艺人的外学两类戏班，宫廷戏班规模迅速扩大。此时各地地方剧种也已经成熟，常往来于各地城乡，作商业性演出。特别是乾隆末年四大徽班（安徽地方剧种黄梅戏）进京，走红京师。继之楚剧（湖北地方剧种，又名汉剧）亦来到北京，与徽班融合，形成一新剧种“京剧”，把中国戏剧推向新的高潮。清代在戏剧娱乐建筑方面有两方面是非常突出的：一方面是宫廷戏台的高级化及会馆府第广建戏台；另一方面是戏剧商业化引发出城市戏园的兴起（图 2-33）。

图 2-33　清代演戏图

清代宫廷有五座大戏台都是历史所无的巨构，它们是乾隆年间建的热河行宫东宫福寿园清音阁、北京紫禁城寿安宫戏台、宁寿宫畅音阁、北京圆明园同乐园戏台及光绪年间建造的北京颐和园的德和园大戏楼，其中寿安宫、同乐园、清音阁皆已毁坏，仅余畅音阁、德和园戏台仍保存至今。这两座戏台都是三层，构架基本类似，进深面阔皆为三间。以德和园戏台为例，三层戏台分别称福、禄、寿三台，层间楼板可拆卸，上设滑车，演出神仙剧目时演员可自天空飞降。台面下有五口地井，亦可将扮演鬼怪的演员由地下托出。一些场面恢弘，包括天上、地下皆有表演的剧目，如安天会等，则可利用三层舞台共演。有些剧目的大道具亦可在戏台上布置，如“罗汉渡海”的大切末（道具）做成鳌鱼状，内藏数十人，鳌鱼口中尚可喷水[31]，说明当时宫廷戏台不仅规模巨大，多台层叠，而且有机关道具，烘托剧情的展开（图 2-34、2-35）。此外在紫禁城中尚有重华宫漱芳斋戏台、风雅存室内小戏台、宁寿宫倦勤斋室内小戏台及颐和园听鹂馆戏台（图 2-36），以供演出一般剧目及说唱岔曲等。在奉天宫殿的西路文溯阁南尚建有嘉荫堂戏台。

清代会馆建造戏台以酬神唱戏、联络乡谊的活动亦十分普遍。据考证北京的江西会馆、湖广会馆、粤东会馆、中山会馆、安徽会馆、福建会馆、福建延平郡馆、湖南会馆、全浙会馆、江西南昌会馆、甘肃商馆、山西阴平会馆、山西河东会馆、山西洪洞会馆、浙绍乡祠、银号会馆正乙祠、梨园会馆、四川会馆新馆等均建有大小不一，形态各异的会馆戏楼或戏台[32]。此外分布在各地的会馆如天津广东会馆、自贡西秦会馆、上海木商会馆、上海商船会馆、苏州全晋会馆、苏州钱江会馆、宁波福建会馆、济南山陕会馆、聊城山陕会馆、郏县山陕会馆、社旗山陕会馆、景德

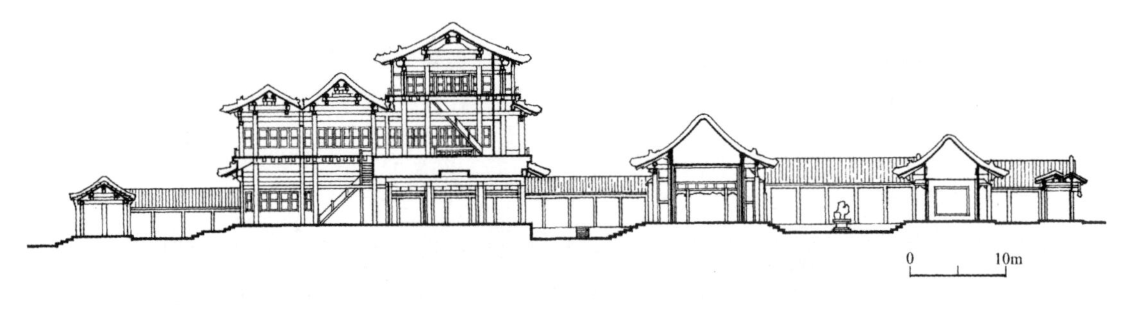

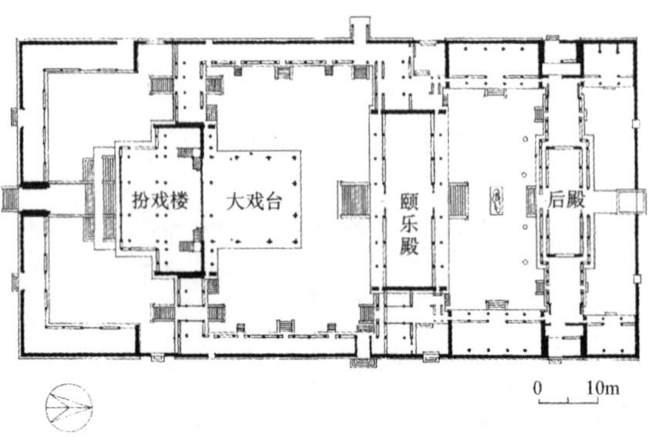

图 2-34 北京颐和园德和园大戏台平剖面图

图 2-35 北京颐和园德和园大戏台

图 2-36 北京颐和园听鹂馆戏台

镇各会馆等亦皆有戏台设置（图 2-37）。至于民间村镇的戏台在晋、陕、冀、豫、皖、鲁、赣等地方戏剧繁盛的地区也多有修建，其规模数量远较元明时为大为多，仅江西一省即达千座，甚至位于偏僻的山西清漳河源头的和顺县也有 34 座戏台。赣西北的乐平县，几乎村村皆建有戏台，现存的古今戏台尚有 200 余座。其中大部分为祠堂台和万年台（露天台），有些祠堂台作成两面台口，一面向祠外广场，民众可露天观剧，一面向祠堂内院，供族内士绅在厅堂内观剧，故又称晴雨台[33]。此外在江南水乡地区尚有水上戏台，或水陆戏台，以浙江绍兴最多。至于府邸中的戏台规模形制不一，如北京摄政王府戏台规模较小，而北京恭王府的戏台则是一座 5×9 开间的大建筑，包括池座，女眷观剧厢座、戏台、扮戏房等，观剧活动完全在室内进行。清代官僚那宅也有大型戏楼。

清代官私戏台建筑除简陋的露天台以外，可分两种类型。一为四合院式，在南房之北向加设有顶的戏台，主人（或皇帝）坐正房观剧，女眷、族人（或王公大臣）在厢房观剧，三面观赏，庭院中不设座位，如颐和园德和园大戏楼。民间祠堂戏台演戏，乡里村民多站立在庭院中看戏，

图 2-37 江苏苏州全晋会馆戏台

有的为增加观众容量，将正房、厢房改为楼厅。总之，这是由四合院的形制演化出的戏台形制。清代中晚期为改善观剧质量，增加观众席位，在庭院的上方加设顶棚，改造成为池座，可以设案饮茶，并可就近观赏。如北京湖广会馆、天津广东会馆以及北京恭王府戏楼等，皆为实例，至此慢慢形成了新的戏楼雏形。

清代由于工商业的发展，人员辐辏的通商之地，一般市民消费娱乐活动加多，因此原民间非定时活动的戏台，转变为昼夜营业的剧场。最初的剧场称茶园、茶楼，多集中在工商市集附近，如北京前门外、南京秦淮河夫子庙、上海宝善街、天津南市一带。以北京为例，因清初实行旗、汉分居，汉回官民工商皆居外城，同时内城"永禁开设戏园"，所以戏园集中在前门外。最早出现的是大栅栏以东的查家茶楼，以后又出现了三庆、庆乐、广德、中和等戏园，咸丰时徽班进京皆在这些戏园公演过。此时的戏园建筑布置仍是采用后期私家戏台的模式：即戏台在一侧，三面环以厢楼，以楼上两侧包厢为最佳席位，楼上正面的散座次之，楼下广庭为池座，为一般市井观众座位。为了维持长进深，戏园屋顶多做勾连搭式，或两卷或三卷，四周加披檐。清末才出现的新的布置，如沈阳出现按传统木构法修成纵长构架，以山面为入口，以适应观众席的安置。天津广东会馆采用轻型罩棚顶盖于池座上方亦是一种改进方式。

第六节 民间化的祠庙建筑

作为礼制建筑的坛庙经历代调整裁并至清代最终形成系列。据《大清通礼》记载，按儒家《天地君亲师》五伦的要求，清代设置的坛庙可分为两大类：属于自然神祇的坛庙有天、地、日、月、先农、先蚕、社稷诸坛，风、云、雷、雨诸神庙，皆设于京师；五岳、五镇、四海、四渎神庙建于各地。又特别崇奉东岳泰山，各地广建东岳庙。此外尚有城隍、火神、龙神等特定神祇庙宇。清代自然神祇坛庙绝大部分是继承明代遗构，稍有增添与改动。属于人文神祇的庙宇有太庙（天子的家庙）、孔庙（又称文庙）、关帝庙（又称武庙）、历代帝王庙、昭忠祠、贤良祠以及历代有影响的先贤哲人的祠庙，和豪门巨族祭祖的家庙和祠堂等。现存祠庙绝大多数是清代建筑，从坛庙总数量来说，人文祠庙，特别是民间建造的，占了大多数。这些民间祠庙，在广大的城乡市民生活中产生巨大影响。兹将著名清代祠庙分述如下：

解州关帝庙，位于山西运城市解州镇，相传三国时蜀将关羽为解州人，故建庙于此。关羽一生以正直、忠义、勇猛著称，为历代帝王所推崇，被封为侯、王，清代又敕封为"关圣帝君"。该庙占地

1.85公顷，是全国最大的关帝庙，现存庙宇为清康熙四十一年（1702年）重建（图2-38）。庙坐北朝南，分为前后两部分：前朝部分，安排端门、雉门、午门、御书楼、崇宁殿，构成多层次的中轴主体，两侧配以牌坊、钟鼓楼、钟亭、碑亭等。后部为娘娘殿及春秋楼，相当于祠庙的后寝部分（图2-39、2-40）。该庙是以天子宫殿规格建造的，为三朝五门制度，廊院形式，龙壁、角楼、龙柱等都是帝王建筑规格。庙中又采用了一系列牌坊，以烘托祠祭气氛。春秋楼的设置也是模仿孔庙的尊经阁形制。总之，在这座庙宇中融会了各类建筑中表示尊贵的手法，来达到“帝君”祠庙的建筑要求。

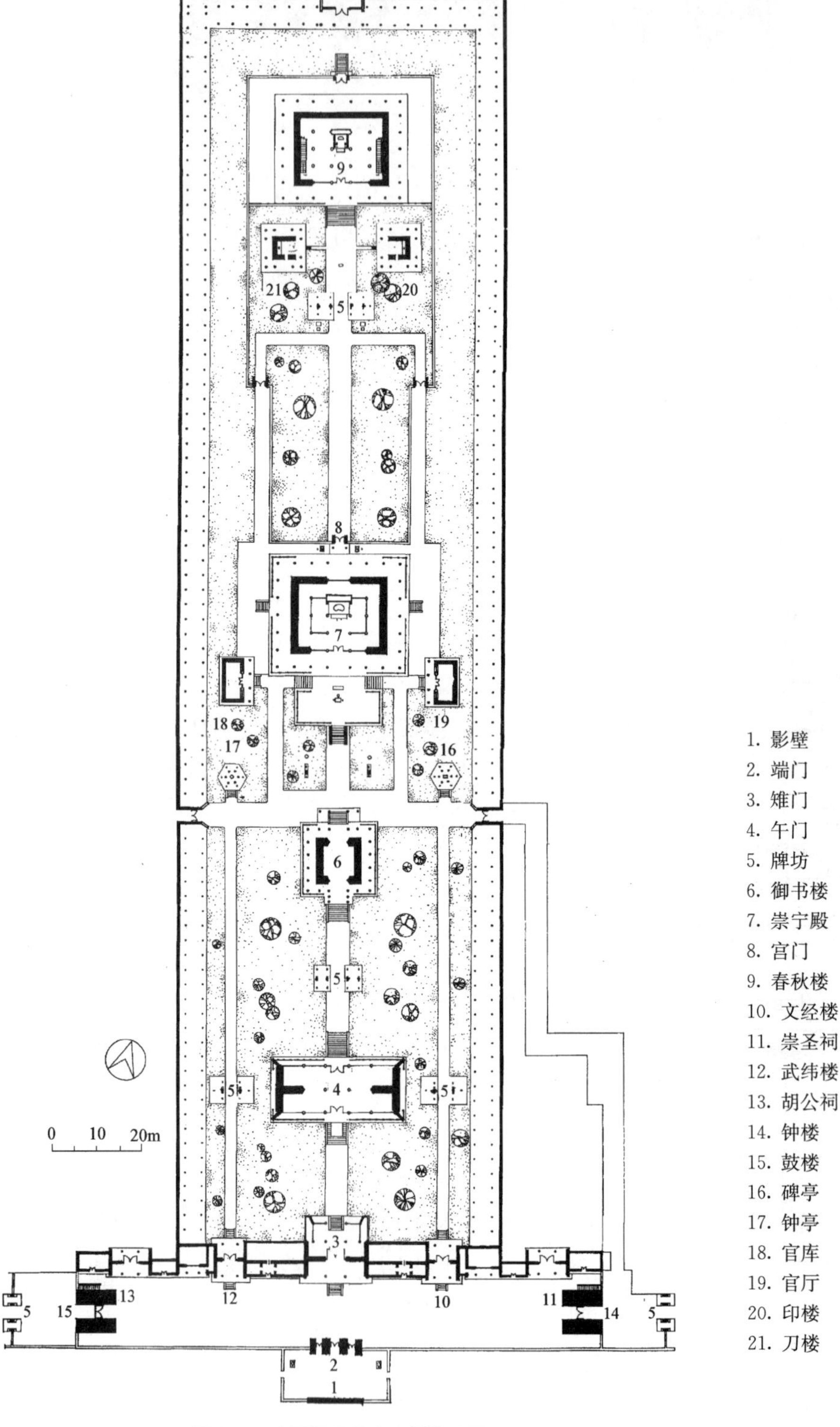

图2-38 山西解县关帝庙总平面图

图 2-39 山西运城解州镇关帝庙西牌坊

图 2-40 山西运城解州镇关帝庙春秋楼

清代各地文庙建筑几乎已成定制，一般由棂星门、泮池、大成门、大成殿、尊经阁组成中轴线，两厢配以廊庑。大成殿前有宽广的月台。大成殿前檐柱多仿效曲阜孔庙，亦做成云龙石柱。此外尚可增建各式牌坊，万仞宫墙、照壁、碑亭、仪门、乡贤祠等建筑。在此规制下，各地文庙多能建构出地方风格，如四川资中文庙的雕塑大照壁，福建安溪文庙大成殿的藻井，河南郏县文庙大成殿前檐四根木雕龙柱，江西萍乡文庙殿前的三重宫门，以及天津文庙的府、县两座文庙并列，贵州安顺文庙、四川富顺文庙的棂星门等，皆有一定的艺术特色（图 2-41～2-43）。

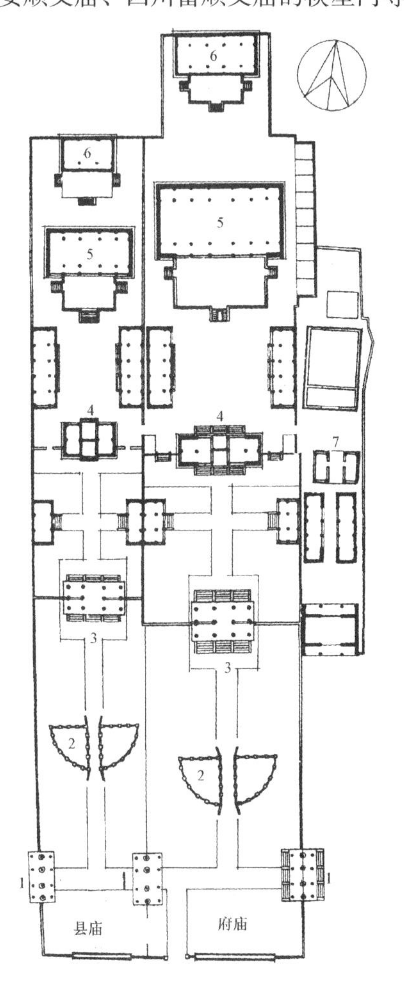

图 2-41 天津文庙平面图

1. 牌楼 2. 泮池 3. 棂星门 4. 大成门
5. 大成殿 6. 崇圣祠 7. 明伦堂

图 2-42 贵州安顺文庙棂星门

图 2-43 四川富顺文庙棂星门

图 2-44 安徽黟县西递村某宅祠堂正堂

图 2-45 福建南靖书洋乡塔下村张氏祠堂德远堂

图 2-46 广东广州陈家祠堂

宗祠建筑明清以来大量建造。清代对祠庙建筑曾作过详尽的规定，从亲王的七间、丹陛、彩绘、绿琉璃瓦，至八九品官员的三间家庙[34]，等级森然，尊卑有序，以示“积厚者流泽广，积薄者流泽狭也”[35]，至于一般庶民只能家祭于寝堂之北，祖龛置于堂屋之上方。清代宗祠建筑数量巨大，而且多取地方建筑样式，在设计质量上亦是民间最高级的（图 2-44、2-45）。如安徽歙县一带祠堂，金柱、大梁的断面硕大，空间广阔，雕饰繁丽，有的还附设戏台。清代祠堂在砖、木、石雕饰方面有惊人的发挥，突出的实例是广州的陈家祠堂，雕刻满布于建筑的各个部位，几乎成为一座雕刻博物馆，雕刻技法确属精湛，但从建筑整体艺术效果上看，反有繁琐累赘的弊病（图 2-46）。

先贤祠庙很多在清代进行过扩建或重建，甚至新建。这类祠庙与自然神祇坛庙与宗庙家祠建筑不同，神祇坛庙是通过象征性的设计构思及雄伟的环境创设，以宣扬上天威严，引发人们对虚幻境界的崇敬；宗庙家祠是通过堂寝设置，形成肃穆氛围，达到对祖先创业功绩之寄托与哀思；而先贤祠庙则是发扬历史名人的高尚精神与杰出贡献，以激励后人，建筑中带有更多的文化气质与教化内容。这类祠庙多设在先贤的家乡或其建功立业之地，有些就是先贤的故居遗址。如四川眉山三苏祠，为苏洵父子的家乡；扬州史可法祠为名臣报国之地；四川灌县二王庙为李冰治水处（图 2-47、2-48）；福州林则徐祠为林氏故居等。这些祠庙其建筑造型简朴，不拘一格，带有民居风格。而且入乡随俗，采用地方建筑构造技法，外形特点十分鲜明，绝无雷同。如阆中张桓侯庙（图 2-49）。建筑艺术上多密切结合环境，如云阳张桓侯祠、留坝张良庙。且多附有园林，成为市民休闲、欣赏、受教的地方、如眉山三苏祠、成都杜甫草堂、合肥包公祠等处。先贤祠庙中大量运用文学手法，充分发挥中国传统题刻、楹联对景点的渲染作用，以颂扬名人事迹，有些联对文字及书法本身就是艺术品。如三苏祠中对联“一门父子三词客，千古文章四大家”，成都武侯祠对联“能攻心则反侧自消，从古知兵非好战；不审势即宽严皆误，后来治蜀要深思。”及“前后出师表”的壁刻等皆有极深的艺术魅力。

清代尚发展了另外一种民间信仰，即将有功于乡里的历史人物作为地方神祇而加以信奉崇拜。它不属于任何宗教，也不受官方的管理，如漳州的开漳圣王、湖州的安济圣王、广东德庆的龙母祖庙[36]，其中影响最大的是天后。天后是指五代时福建莆田的一位渔家女，名林默，曾受仙人传授密法，能博晓天象，驱邪济世，飞行海上，平波息浪，救护船民，故受到历代航运商贾、船民、水师官兵的敬重，建立天后宫（北方称娘娘庙，闽台一带称妈祖庙），作为

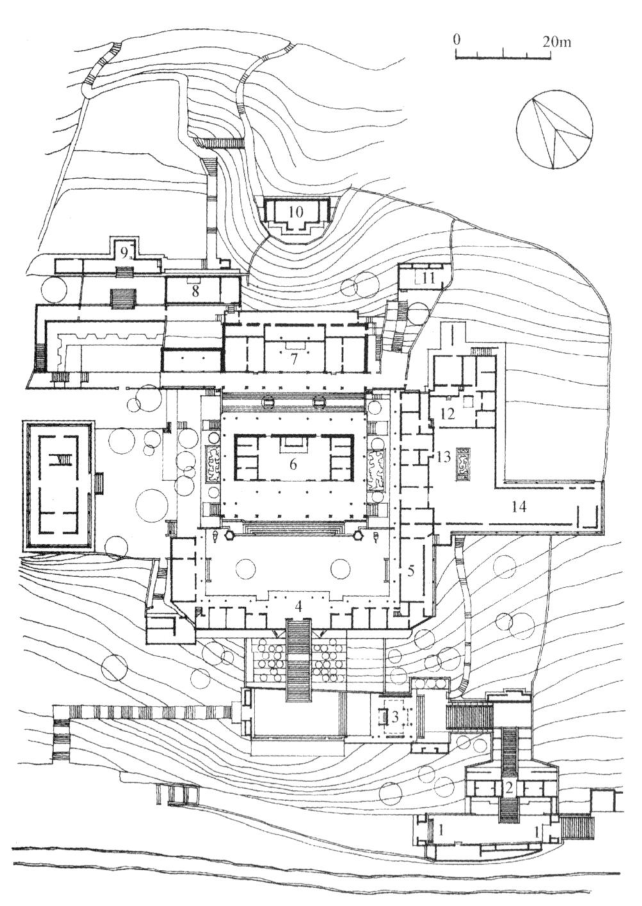

图 2-47 四川灌县二王庙平面图（摹自《建筑史论文集》）

图 2-48 四川灌县二王庙王庙门

图 2-49 四川阆中张桓侯庙大殿

神灵供奉。自宋代以来，累世封赠尊号，称天妃、天后、天上圣母或妈祖，在东南沿海一带城镇，广泛建造天后宫，尤以闽台为甚。清代南粮北运供应京师，运河漕运发达，故沿运河城镇也建有不少天后宫，天后宫同时也是船工帮会集会之所。现有实例较著名的有莆田湄州天后宫、天津天后宫、台湾云林北港妈祖庙等。广东德庆龙母祖庙虽为清末光绪时建筑物，但其设计中的石雕龙柱，山面外移的歇山屋顶，很有地方祠庙色彩（图 2-50）。

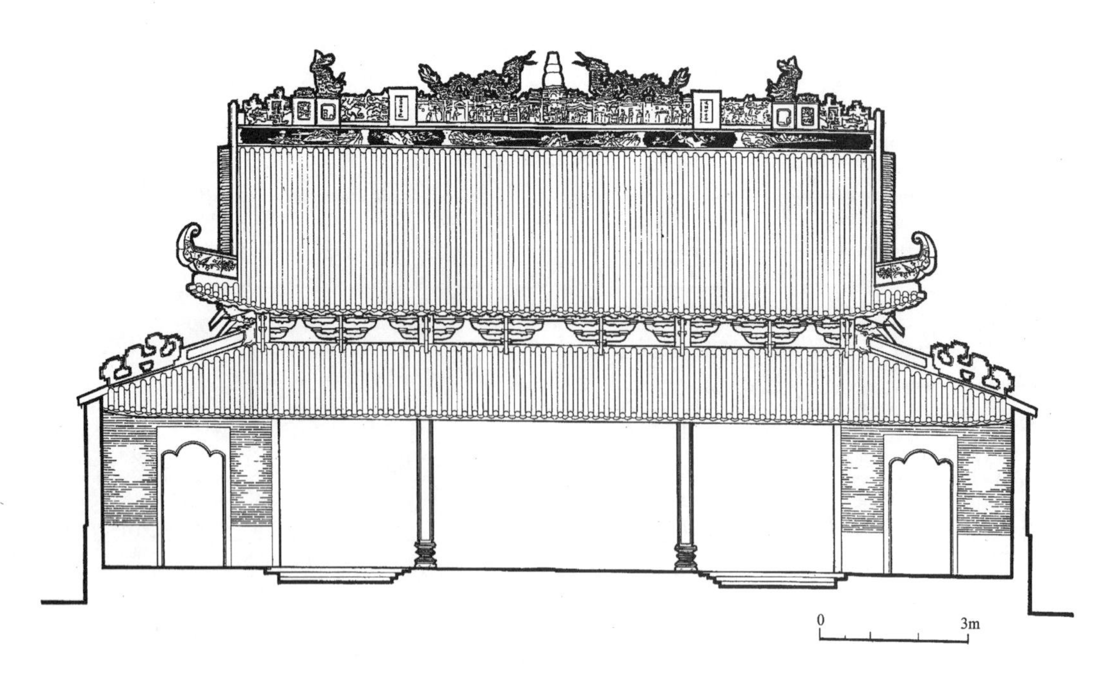

图 2-50 广东德庆龙母祖庙大殿立面图

注释

[1] 四川明代万历时人口为310万，清宣统时达5284万。湖广明代人口为439万，清宣统时达4596万，其他如山东、河南、广东亦增加不少。

[2] 据《中国城市建设史》资料，东南地区的人口占全国3/5以上，较大城市数目占全国70%以上。

[3] 明宫内府二十四衙门是指：司礼监、御用监、内官监、御马监、司设监、尚宝监、神宫监、尚膳监、尚衣监、印绶监、直殿监、都知监等十二监；惜薪司、宝钞司、钟鼓司、混堂司等四司，兵仗局、巾帽局、针工局、内织染局、酒醋面局、司苑局、浣衣局、银作局等八局，总称“二十四衙门”。此外，尚有内府供用库、司钥库、内承运库等库舍。

[4]《日下旧闻考》 卷三十九 皇城“皇城以内，前明悉为禁地，民间不得出入。我朝建极宅中，四聪悉达，东安、西安、地安三门以内，紫禁城以外，牵车列阓，集止齐民，稽之古昔，前朝后市，规制允符。”

[5]《日下旧闻考》 卷四十 皇城“东苑久废，考燕地当在今东华门外之东南，（明）景泰间英宗居之，称曰小南城，盖东苑中之一区耳，复辟后又增置三路宫殿，因统谓之南城”。

[6] 内城二十八坊为：中城：南薰、澄清、仁寿、明照、保泰 、大时雍、小时雍、安福、积庆等九坊；东城：明时、黄华、思成、居贤、朝阳等五坊；西城：阜财、金城、鸣玉、朝天、关外等五坊；北城：崇教、昭回、清泰、灵椿、登祥、金台、教忠、日中、关外九坊。

外城（南城）八坊为：正东、正西、正南、宣南、宣北、崇南、崇北、白纸。

[7] 据《大清会典事例》 卷九三四 工部 桥道节统计，内城共用栅栏1199座，皇城内栅栏116座，外城440座。

[8]《大清会典事例》卷八百六十四 工部 坛庙规制 乾隆十四年谕“圜丘坛上张幄次及陈祭品处过窄，可将圜丘三层坛面仍九五之数，量加展宽……依圣祖仁皇帝御制律吕正义所载古尺，上成（层）径九丈，取九数，二成径十有五丈，取五数，三成径二十一丈，取三七之数……以全一三五七九天数，且合九丈、十五丈、二十一丈共成四十五丈，以符九五之义。至坛面砖数，原制上成九重，二成七重，三成五重，上成砖取阳数之极，自一九起，递加环砌，以至九九，二成三成围砖不拘，未免参差。今坛面既加展宽，二成三成亦应九重递加环砌，二成自九十至百六十二，三成百七十一至二百四十三。四周栏板原制上成每面用九，二成每面十有七，取除十用七之义，三成每面积五、用二十五，虽各成均属阳数，而各计三成数目并无所取义。今坛面丈尺既加展宽，请成三成栏板之数，共用三百六十，以应周天三百六十度，上成每面十有八，四面计七十二，各长二尺三寸有奇；二成每面二十七，四面计有百有八，各长二尺六寸有奇；三成每面四十五，四面计百八十，各长二尺二寸，总计三百六十，取义尤明……”。

[9]《啸亭杂录》 卷八 “堂子”条。

[10]《日下旧闻考》 卷七十四 国朝苑囿 “康熙二十四年，圣祖仁皇帝幸南苑大阅，择南苑西红门内旷地，八旗官兵、枪炮，按旗排为三队，圣祖仁皇帝率皇子等擐甲，前张黄盖……周阅八旗兵阵，阅毕驾还行宫……”。

[11] 参见《北京古运河与城市供水研究》 蔡蕃 北京出版社 1987。

[12] 参见《中国城市建设史》 “清代的票号业中心城市——平遥、太谷”一节。

[13]《上海市大陆地区城镇的形成与发展》王文楚 “历史地理”第三辑。

[14]《川南三个小城镇——五通桥、罗城、金水井》成城 何干新 建筑学报 1981年10期。

[15] 竹筒屋为单开间、纵长形房屋，山墙不开窗，邻户可并联建造。住户的采光、通风完全靠屋顶天窗、亮瓦或挖出小天井来解决。局部设计为两层，用室内楼梯联系上下层，是十分节省用地的住宅类型。明字屋为双开间纵长形房屋，构造原理同竹筒屋，因其为两间，故在处理平面，开设天井，平屋楼房搭配方面，较竹筒屋更为灵活。

[16]《中国古代建筑技术史》 第十一章 少数民族建筑技术 第一节藏族建筑。

[17]《清史稿》 卷一百三十 兵志 “有清以武功定天下，太祖高皇帝崛起东方，初定旗兵制，八旗子弟人尽为兵，不啻举国皆兵焉。太宗征藩部，世祖定中原，八旗兵力最强，圣祖平南服，世祖征青海、高宗定西疆，以旗兵为主……”。

[18]《大清会典事例》 卷一千一百一十二。

[19]《大清会典事例》 卷一千一百二十 顺治五年规定“一品官给房二十间，拨什库（领催）、护军、披甲（骁骑、步甲）二间”顺治十六年又议准“拨什库、护军各二间，披甲人各一间。”

[20]《西安》 中国历史文化名城丛书 雷行、余鼎章 中国建筑工业出版社 1986。

[21]《江陵》 中国历史文化名城丛书 萧代贤 中国建筑工业出版社 1992。

[22]《杭州》 中国历史文化名城丛书 吴承棪 中国建筑工业出版社 1992。

[23] 据《宸垣识略》记载“东城会馆之著者，东河沿曰奉新、浮梁、句容，打磨厂曰粤东、临汾、宁浦……”等共有82座。“西城会馆之著者、西河沿排子胡同曰江夏，三眼井曰婺源，延寿寺街曰潮州，长元，吴柴儿胡同曰鄱阳……”等100座。

[24]《清稗类抄》记载“或省设一所、或府设一所，或县设一所，大都视各地京官之多寡贫富而建造之，大小凡四百余所”。又据汤锦程著《北京的会馆》中附录所列北京会馆数目达457所。

[25] 据《北京的会馆》一书资料。

[26]《扬州》 中国历史文化名城丛书 刘流 中国建筑工业出版社 1991。

[27]《景德镇》 中国历史文化名城丛书 林景梧 汪宗达 中国建筑工业出版社 1989。

[28]“四川成渝道上祠庙会馆建筑初步调查”辜其一 1958年（油印稿）。

[29] 古代建筑中有一种造型手法，即是将多檐建筑的下层檐割断，露出部分柱枋结构，安排棂窗，板壁及匾牌，改变了长屋檐的沉闷感。这种手法无技术专名词，姑且名之为“破中”，多流行于四川、湖北等地。

[30] 红楼梦中描写的贾府戏班即是属于私家戏班，专为府内演唱。北京安徽会馆原为明代末年官僚兼学者孙承泽的私宅，其宅内即有戏楼一座。

[31] 参见《中国会堂剧场建筑》中“中国剧场建筑发展简史” 清华大学建筑系剧院建筑设计组 1960。

[32]《北京的会馆》 P.81 汤锦程著 1994。

[33]《乐平传统戏台》 第五届民居学术会议交流论文 黄浩等人著 1994。

[34]《大清通礼》记载“亲王、郡王庙制为七间，中央五间为堂，左右二间为夹室，堂内分五室，供养五世祖，左右夹室供祧迁的神主，东西两庑各三间，南为中门及庙门，三出陛，丹陛绿瓦，门绘五色花草等；贝勒、贝子家庙为五间，中三间为堂；一至三品官员家庙五间，中央三间为堂；四至七品官员家庙为三间，一堂二夹；八九品官员亦为三间，但明间阔，两夹窄。”

[35]《史记·礼书》

[36] 漳州开漳圣王是指唐朝时漳州刺史陈元光，因其有功于漳州人民，故世代奉祀。潮州安济圣王又称青龙老爷，原身是四川永昌太守王伉，有德于潮州人民，故奉为水神。德庆龙母为战国时德庆程溪温氏，传说曾养育五个龙子，福佑乡里，保护百姓，历代帝王封其为龙母。

参考书目

《北京古建筑》建工部建筑科学研究院建筑理论与历史研究室　文物出版社　1959年

《中国城市建设史》同济大学城市规划教研室　中国建筑工业出版社　1982年

《京师坊巷志稿》朱一新　北京古籍出版社　1982年

《中国历史文化名城丛书》西安卷、景德镇卷、江陵卷、杭州卷、扬州卷　中国建筑工业出版社　1987～1990年

第三章 宫　　殿

第一节 北京紫禁城宫殿的复建与改建

一、清代紫禁城复建过程

北京紫禁城是明朝大内的宫城，居北京城之中心，其规制仿明南京皇宫布局。是明成祖朱棣于永乐四年（1406年）开始修建[1]，于十八年十一月（1420年）竣工，次年元旦正式启用。全城南北长961米，东西宽753米，呈纵长形，总面积达72公顷余，总建筑面积为17万平方米，是世界现有最大、历史最久的宫殿建筑。紫禁城四面设城门，南为午门，北为玄武门（清代改称神武门），东为东华门、西为西华门，城四隅设角楼。禁城内分为外朝与内廷两大部分，外朝中为三大殿（奉天、华盖、谨身三殿，后改为皇极、中极、建极三殿），左右为文华殿、武英殿及内阁、库廐、值房及慈宁宫、慈庆宫；内廷中为后两宫、东西六宫、乾东西房五所及太后居处咸安宫、后妃居住的养心殿、仁寿殿、哕鸾宫、喈凤宫、宗庙建筑奉先殿、佛寺英华殿、道观钦安殿、隆德殿等[2]，全城布局井然、规整有序，轴线明确，是集中国历代宫殿建筑精华于一身的杰作（图3-1）。明紫禁城宫殿的建筑布局特色突出表现在下列各点。

突出天子的至尊地位，择中立国、立宫，以轴线建筑艺术烘托帝王无上威仪。紫禁城以中心轴线为布局基础，贯穿了一系列门、阙、殿、阁。在轴线上安排外朝内廷的主殿——三大殿、后两宫，前面以午门、端门、承天门（清改天安门）为入口，后部以御花园、景山为屏蔽，前面并连接千步廊、大明门（后改大清门）、正阳门、永定门，后部以地安门、钟鼓楼为终结。前后全长8000米的轴线一气呵成，而紫禁城宫殿是其高潮。主轴两侧还安排了若干副轴以为陪衬，益发显露中心朝寝的重要地位。

紫禁城布局中，充分反映了封建礼仪规制及阴阳五行思想。不仅“周礼”中规定的“前朝后市，左祖右社”在紫禁城中得到反映，“前朝后寝”更是禁城宫阙的主导形制。以乾清门为界在内外分别布置施政部分及宴寝部分，同时又按古代的“五门三朝”制度，在轴线上安排从大明门至乾清宫等一系列门殿。至于数列中用九、五以象征天子的例子更不胜枚举。屋顶形式、台基高度、彩画制度、梁架数目、斗栱踩数等也都浸透着封建等级制度，突出天子的至高地位。禁城宫殿的数目布列命名多取阴阳五行之意，如乾坤、日月、春秋、文武、左右等。东西各六宫以象征后妃的“六宫六寝”，总共十二，又符一年之月令。乾东西房五所为皇子所居。五属阳，为男子之象；六属阴，又为后妃之象。各宫所在之方位，也是按五行、五色、五方的对应关系安排，如前朝位南，从火属长，后寝位北，从水属藏。文治建筑在东，从木，从春，有滋生之气；武功建筑在西，从金、从秋，有肃杀之气。禁城用水自西方引入，流经大内，称金水河，西方属金，金能生水。

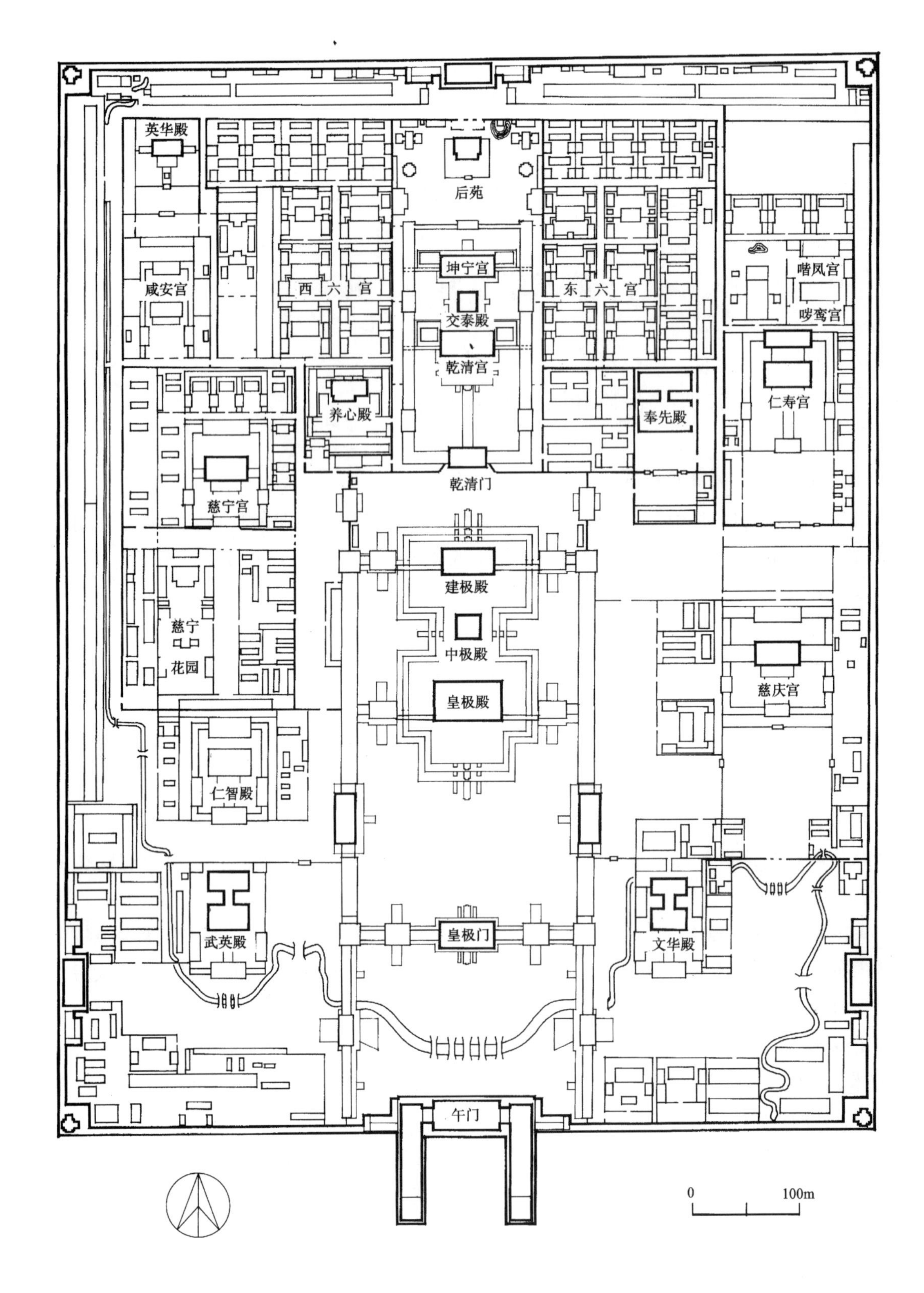

图 3-1 明代紫禁城总平面图（天启七年）

禁城北面以景山为屏，遮风引阳，形成背山面水的风水格局。

紫禁城宫殿又是空间变化异常丰富的群体组合，以门殿、廊庑划分出的庭院空间千变万化，充分体现中国传统建筑空间艺术的魅力。以中轴线为例，大明门为起点，内为长 550 米，宽仅 60 米的狭长广庭，两侧为千步廊房，左右夹峙，至承天门前突然展宽，豁然开朗，以衬托禁城大门——承天门的雄伟，这是建筑布局上的“蓄势”而后“突放”的手法（图 3-2）。承天门至午门间又是两个最小的狭长庭院，高峻的五凤楼，复压于前（图 3-3）。进入午门后，空间为之一变，皇极门前广庭宽达 200 余米，深达 140 米，金水河如玉带般环绕于前，空间开阔而雄伟（图 3-4）。再进至皇极门内，廊庑周回，围成一个宽 234 米，长 437 米的广庭，中央三层汉白玉石高台基上，耸立着三座大殿堂，主殿奉天殿为重檐庑殿顶金黄琉璃瓦的巨型建筑。廊庑四角有崇楼，两翼有雄阁，显示天子之尊的博大气势，把空间感受引向最高潮（图 3-5～3-7）。三大殿后乾清宫一组建筑又以较小的空间，反映后寝的生活气息。寝宫之北御花园的花木亭榭更增加了阴柔之美（图 3-8、3-9）。最后，在玄武门之北以景山隔断轴线空间（图 3-10），形成终结。这种利用空间系列的轻重、收放、大小，以渐次扩展、起伏跌宕的方式形成的空间艺术，在紫禁城宫殿建筑中达到了前所未有的水平（图 3-11）。

图 3-2　北京皇城天安门

图 3-3　北京紫禁城午门广场

图 3-4　北京紫禁城太和门及金水桥

图 3-5　北京紫禁城前朝三大殿

图 3-6　北京紫禁城太和殿

图 3-7　北京紫禁城太和殿内景

图 3-8　北京紫禁城御花园

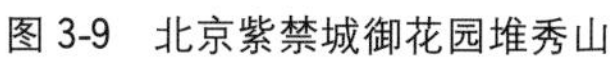
图 3-9 北京紫禁城御花园堆秀山

图 3-10 北京景山万春亭

图 3-11 北京紫禁城鸟瞰

紫禁城宫殿也反映出中国封建时代高超的建筑技术水平，如护城河、金水河以及纵横交错的阴沟组成的宫内排水系统，坡度适宜，使宫内无洪涝之患，仅地下沟道总长达 10000 米，工程巨大。宫内各殿区皆有水井供饮用水。各寝宫内设有火地、火炕，冬季烧火取暖，灰烟不进室内。夏天寝宫庭院搭设凉棚，宫内还设有冰窖，宫廷用花皆取自西苑的南花园。紫禁城内聚集着当时全国最高大的建筑，如皇极殿、午门、奉先殿等，它们都代表着当时的最高木构技术水平。大量的琉璃制品、金砖、金铜饰件、砖石雕刻等都是当时工程材料技术水平的代表之作。近年建筑史学者对明代紫禁城宫殿的规划手法进行研究，还发现其平面构图具有规律性布置，保证了整体的节奏韵律与谐调感。如前三殿的庭院是后两宫庭院的四倍，皆为 6∶11 的相似矩形，以此印证东西六宫与东西五所用地比例及大小亦同乾清宫。同时庭院主体建筑一般位于矩形院落的几何中心[3]。同时从大的方面来研究还可发现，整座紫禁城是景山的四倍，是社稷坛、太庙的十六倍，且皆为7∶9相似矩形，以长、宽增倍的办法确定各部分面积（图 3-12）。这些发现说明明代以来大型建筑群规划已经运用相似形及模数排比的手法。但遗憾的是这样一座艺术性极高的明代古典建筑群，却遭到了严重的破坏。明崇祯十七年（1644 年）三月，农民军李自成攻入北京，明思宗朱由检（崇祯帝）吊死于煤山，结束了统治中国近三百年的明王朝，其后山海关总兵吴三桂引清兵入关，在石河口击败李自成。李自成回京后即在紫禁城武英殿登基称帝，当晚焚烧北京宫殿，率军趋西安[4]，使绝代名宫，毁于一旦。

当时北京宫殿焚毁程度，没有明确的文史记载，据专家考证，可能武英殿、谨身殿（保和殿）、宫后苑（御花园）的钦安殿及亭阁、禁城西北角的英华殿、西南角的南薰殿、宫城四角的角楼、皇极门（今太和门）未毁，其他前三殿、后两宫及门阙，东西六宫及慈宁、慈庆、仁寿诸宫及文华、养心、奉先诸殿皆焚毁，也就是前明宫阙十不存一，尽成瓦砾，所以同年九月清顺治皇帝车驾入北京，只能在皇极门颁诏大赦，作为临时的常朝之所[5]。

自顺治朝开始，在原宫殿建筑基址上逐步复建宫阙（图 3-13）。大致可分为三个阶段。顺治元年至十四年（1644～1657 年），为了恢复朝仪，以帝居及嫔妃居处为主要内容，复建了大内前部之午门、天安门、外朝太和门及前三殿，内廷中央的乾清宫、交泰殿、坤宁宫，东路钟粹、承乾、

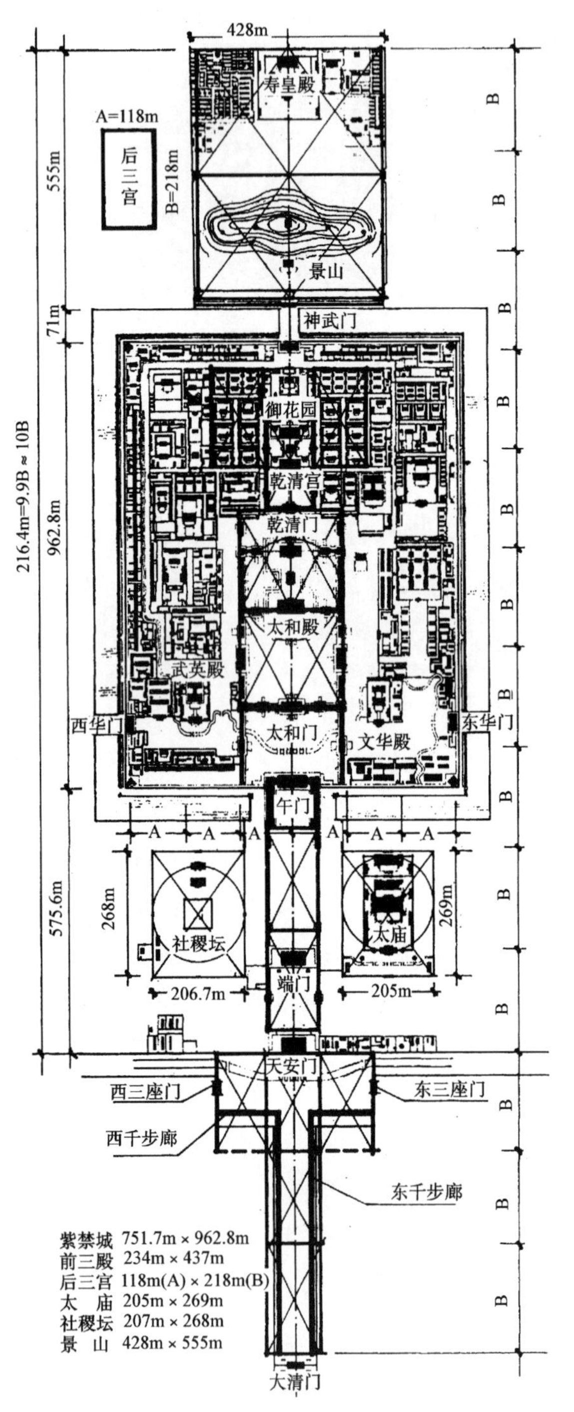

图 3-12　北京紫禁城平面规划构图分析

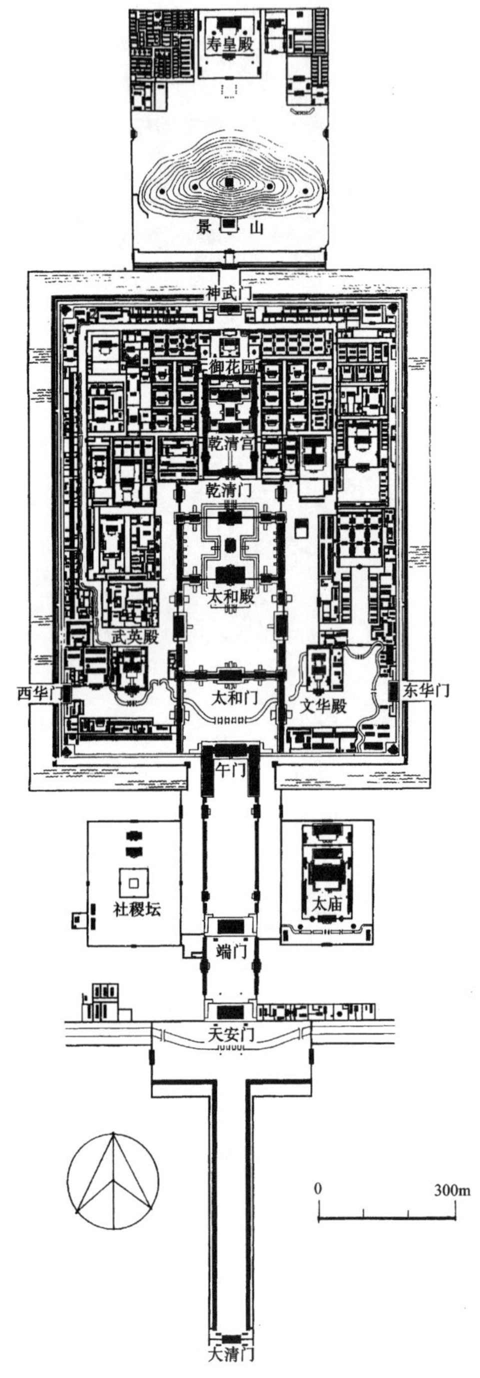

图 3-13　清代北京宫殿总平面图

景仁，西路储秀、诩坤、永寿等六宫，以及慈宁宫、奉先殿等，使紫禁城稍具观瞻之雄，外朝内寝皆有其所。此时的建筑大部按明宫旧式建造，概从简朴[6]，没有什么重要更动。刘敦桢与单士元先生在抗战前所发现的内廷皇城宫殿衙署图，可表现出顺治、康熙之际的紫禁城建筑状况[7]（图 3-14）。康熙践祚，前期因幼龄登基，又加三藩之乱，国家多事，故紫禁城宫殿之修筑工事暂停了一段时期。至康熙二十二年至三十四年间（1683～1695 年），才又开始了大规模复建，此时期

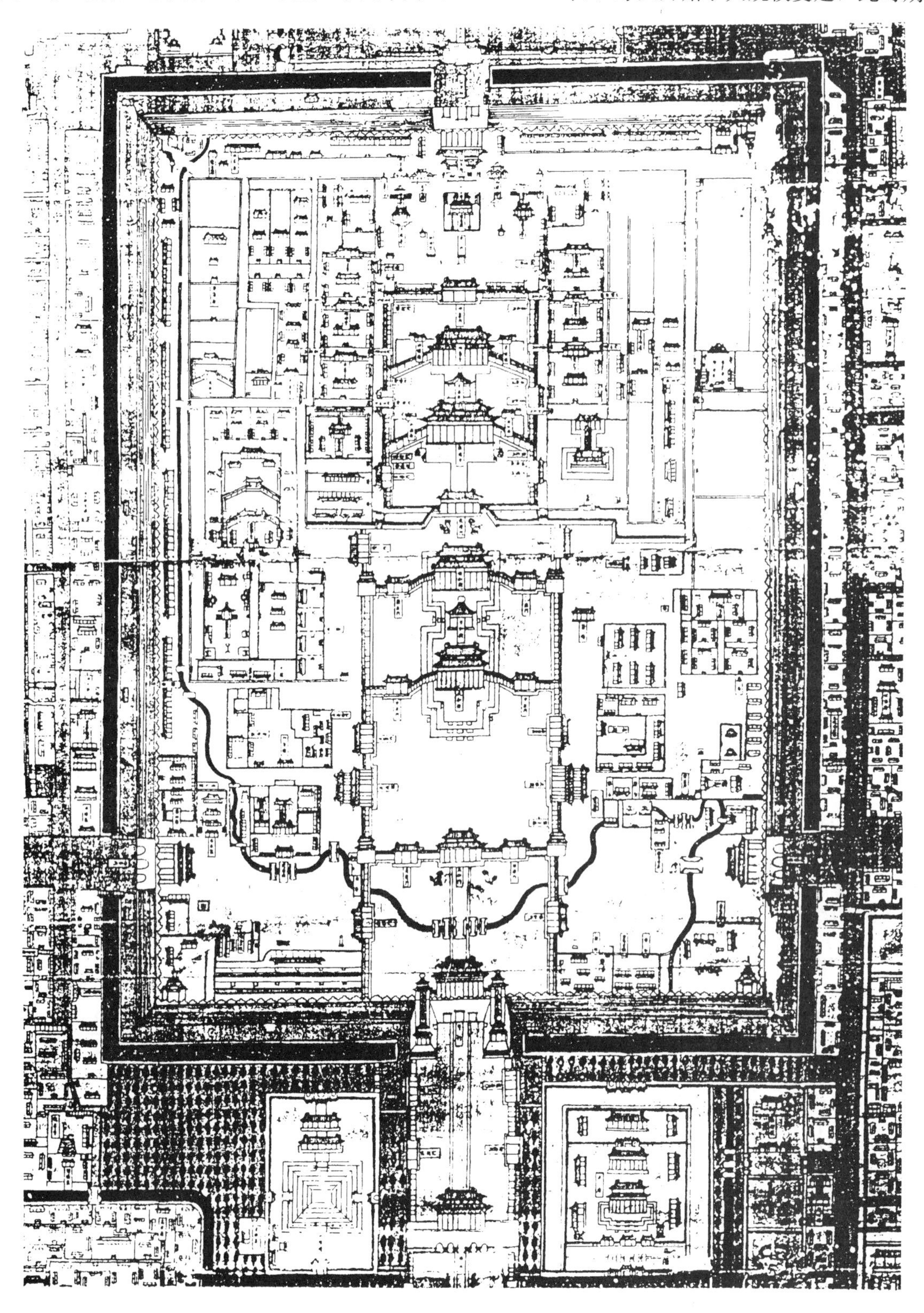

图 3-14　清《皇城宫殿衙署图》中的紫禁城部分（康熙十八年）

计营建了经筵用的文华殿、传心殿，太后居住的咸安宫、宁寿宫，后妃住的东路景阳、永和、延祺三宫，西路咸福、长春、启祥三宫，皇子居住的乾东头所、二所，乾西五所及撷芳殿、毓庆宫等。重建了太和殿及乾清宫、坤宁宫、奉先殿，使宫寝建筑更为完备，而且还设置了上驷院、造办处、内务府等服务性建筑，至此时紫禁城宫殿群已基本恢复到前明时的规制，《乾隆京城全图》中所绘的宫城平面图[8]，反映出这个时期的状貌（图 3-15）。进入乾隆时代，经济状况逐渐丰厚，紫禁城的建造不仅仅局限在恢复旧貌上，而且有诸多改造。如乾西五所，改造为重华宫、建福宫；宁寿宫添建大殿及后寝养性殿、乐寿堂、戏台、花园；撷芳殿改建为南三所；新建寿康宫、寿安宫、雨华阁、文渊阁。景山上添建五亭，山前建绮望楼，移建寿皇殿于景山之北中轴线上等。总

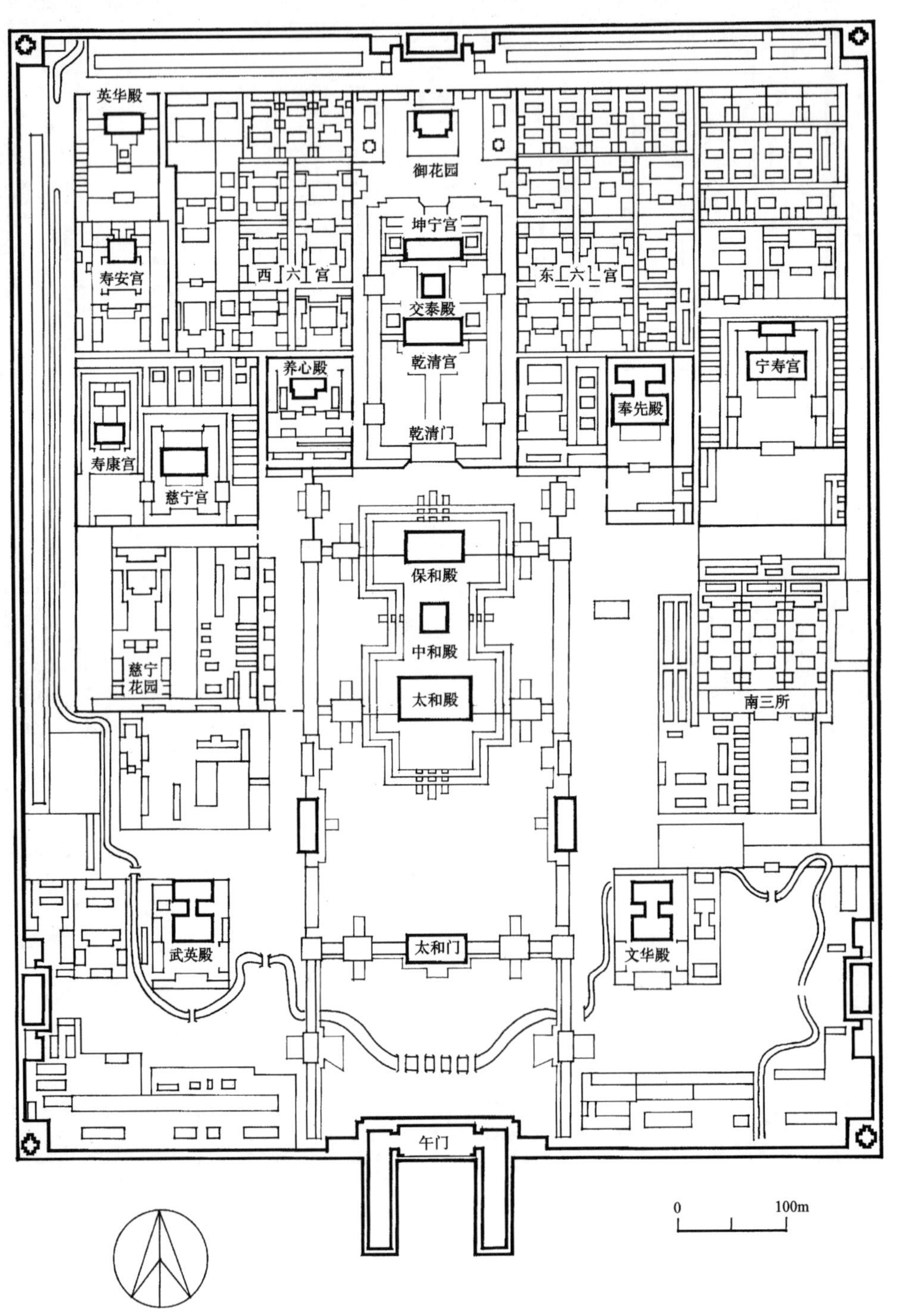

图 3-15 清代紫禁城总平面图（乾隆初年）

之，在进一步加强紫禁城轴线艺术的空间效果的同时，又将明代形成的宫殿格局有所改动，以适应当时宫廷之需要。乾隆时期的宫廷建筑在形式及内容上完全走出明代建筑的窠臼，装修上亦追求宏丽，使紫禁城的风格更为丰富（图 3-16）。乾隆以后，各朝增建很少，皆为修补或重建，甚至有空闲不用、毁圮不修的宫室。此时北京西郊及承德离宫苑囿已经十分壮美，每年帝王园居听政时间达半年以上，所以也影响到对大内禁宫的建设不再投入较多的力量。清代紫禁城历年宫殿建设情况见表 3-1。

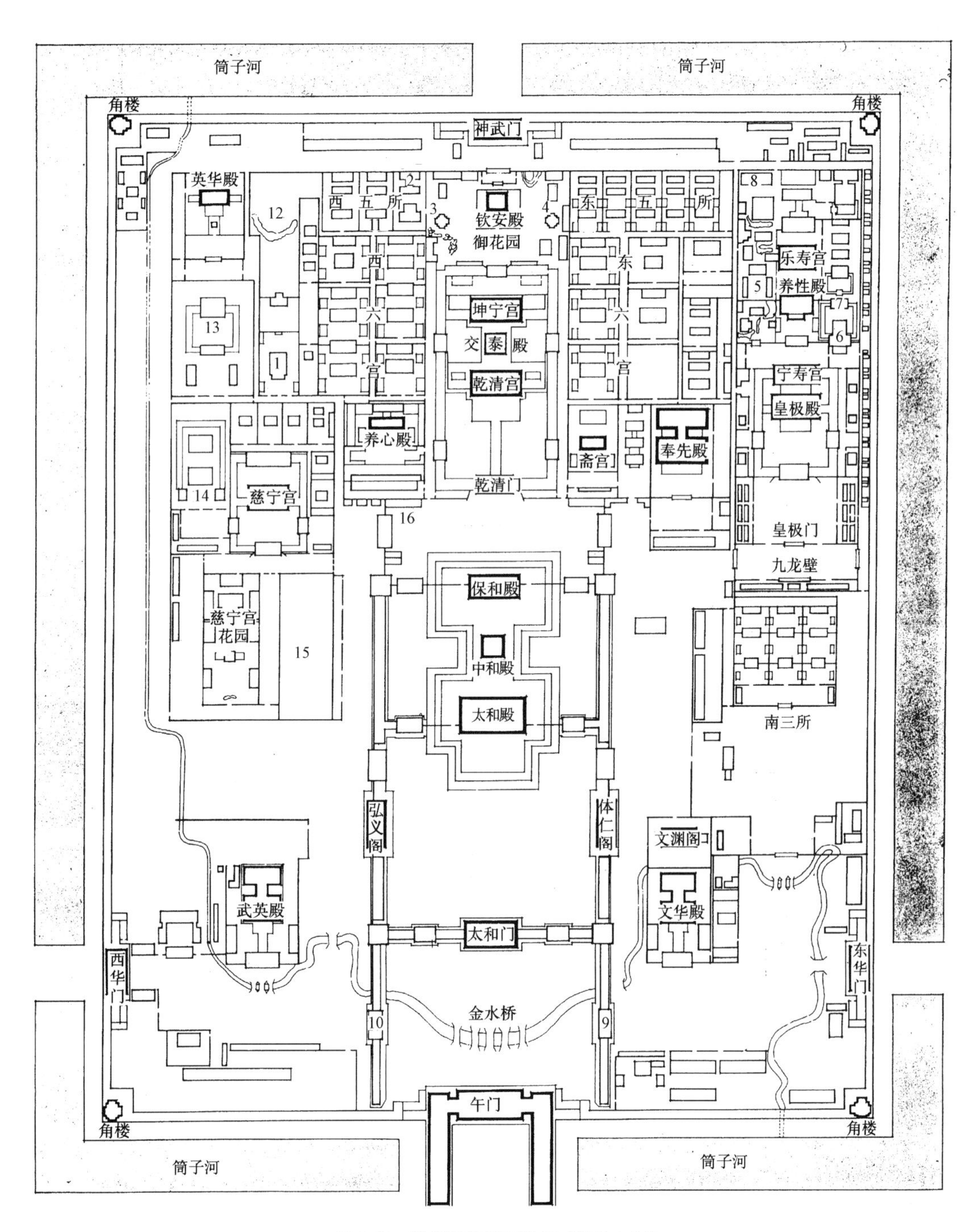

图 3-16　清代紫禁城宫殿图（乾隆末年）

1. 雨花阁　2. 漱芳斋　3. 千秋亭　4. 万春亭　5. 宁寿宫花园　6. 畅音阁戏楼　7. 阅是楼　8. 倦勤斋
9. 协和门　10. 熙和门　11. 重华宫　12. 建福宫花园　13. 寿安宫　14. 寿康宫　15. 内务府　16. 军机处

清代紫禁城历年宫殿建设一览表 **表 3-1**

名称	建造年代	用途	备注
天安门	顺治八年（1651年）重建	国家大庆，覃恩，宣诏书于此。	明之承天门
端门	康熙六年（1667年）重建	仪门。	明之端门
午门	顺治四年（1647年）重建	颁朔，宣旨，出征，献俘。	明之午门
协和门	顺治三年（1646年）重建		明之会极门
熙和门	顺治三年（1646年）重建		明之归极门
太和门	明遗构，顺治三年（1646年）修，光绪十四年（1888年）灾，十五年（1889年）重建	颁诏，受贺，赐宴。	明之皇极门，未大毁，清代沿用多年
体仁阁	顺治三年（1646年）重建乾隆四十八年（1783年）灾，依式重建	策试博学宏词科，兼缎库。	明之文昭阁
弘义阁	顺治三年（1646年）重建	为银库。另太和殿前两庑尚设武备甲库、毡库、鞍库、皮库、瓷库、衣库、茶库。	明之武成阁
太和殿	顺治二年（1645年）重建，康熙十八年（1679年）灾，康熙三十四年（1695年）重建	元旦、冬至、万寿三大节庆典，大朝会，燕飨，出师，策士，除授谢恩。太和殿后东西二庑为内库。	明之皇极殿
中和殿	顺治二年（1645年）重建	大朝时准备，宫内耕耤之礼，阅玉牒。	明之中极殿
保和殿	顺治二年（1645年）重建	赐宴外藩，经筵大典、御试博学宏词科，殿试大考。	明之建极殿清初称位育宫、清宁宫，后改保和殿，按该殿构架，可能为明代嘉靖四十一年（1562年）遗构
文华殿	康熙二十二年（1683年）重建	经筵之礼，使臣上国书。	明之文华殿
传心殿	康熙二十四年（1685年）建	祭三皇五帝、周公、孔子。	明之神祠
文渊阁	乾隆三十九年（1774年）建	储“四库全书”“古今图书集成”。	刻漏房及明圣济殿旧址
上驷院	康熙时	养御马。	明之御马监
箭亭	顺治四年（1647年）建	习箭之所。	
南三所（撷芳斋）	乾隆十一年（1746年）改建，当时称东三所前此于康熙时曾建撷芳斋	皇子居所，理密亲王允礽，嘉庆、咸丰为皇子时皆居此。	明之慈庆宫旧址（后改端本宫）
会典馆	建于康熙二十三年（1684年）年以前	修撰大清会典。	清初鹰狗房
御茶膳房	乾隆十三年（1748年）改外库房为之	供茶膳。	明之御用监库清初改为东外库房
国史馆	乾隆三十一年（1766年）重开国史馆	编清史。	明之马神庙旧址
銮驾库	清建	銮驾储藏。	明“古今通集库”遗址
武英殿	明代遗构，同治八年（1869年）灾，同年（1869年）建	书局，纂辑印刷书籍。	明之武英殿
方略馆回子馆、缅子馆	清建，现不存		
内务府公署	清初设立	掌内务府一切事务，凡三院七司。	明仁智殿旧址
造办处	康熙三十年（1765年）由慈宁宫茶饭房150楹改作	掌宫内工艺品制作。	明南北司房，外膳房旧址
咸安宫	约建于乾隆八年（1743年）左右	为制御服之所，附近设尚衣监，三通馆、实录馆、文颖馆、咸安宫官学。	明之太庖厨，尚膳监，“民国”三年于咸安宫旧址建宝蕴楼
南薰殿	明代遗存	储历代帝王像。	明之南薰殿
乾清门	顺治十二年（1655年）重建	御门听政（康、雍、乾、嘉、道、咸时期）。	明之乾清门
景运门	顺治十二年（1655年）重建		明之景运门

续表

名称	建造年代	用途	备注
隆宗门	顺治十二年（1655年）重建		明之隆宗门
乾清宫	顺治元年（1644年）敕建乾清宫，顺治十二年（1655年）重建，嘉庆二年（1797年）灾，嘉庆三年（1798年）工成	皇帝寝兴之所，内朝周围设上书房、南书房、敬事房批本处、御药房、御茶房、内奏事处、尚乘轿等。康熙六十一年（1722年），乾隆五十年（1785年）千叟宴在此举行。	明之乾清宫
交泰殿	顺治十二年（1655年）重建，嘉庆二年（1797年）灾，嘉庆三年（1798年）工成	皇后千秋节及其他宴会，保存帝后印玺。	明之交泰殿
坤宁宫	顺治十二年（1655年）重建，东西暖殿康熙三十六年（1771年）建	仿沈阳清宁宫建制，举行祭神礼，皇帝大婚。	明之坤宁宫
御花园	明代遗存略加改作皆为嘉靖、万历时建筑	大内花园，为内廷四座花园中最大者。	明之宫后苑
钦安殿	明代遗存，明嘉靖十四年（1535年）建	祀玄天上帝。	明之钦安殿
钟粹宫	顺治十二年（1655年）重建一说为明代遗存	居太后，咸丰时皇太妃、同治时慈安皇太后、光绪时皇后居此。	明之钟粹宫
承乾宫	顺治十二年（1655年）重建，康熙三十六（1771年）重建	居后妃，顺治董鄂妃、咸丰时琳贵太妃居此。	明之承乾宫
景仁宫	顺治十二年（1655年）重建	居太后乾隆时皇太后、道光时皇太后、光绪时珍妃居此。	明之景仁宫
景阳宫	康熙二十五年（1686年）重建	为储藏书画之所。	明之景阳宫
永和宫	康熙二十五年（1686年）重建	居后妃，雍正时皇太后、光绪瑾妃居此。	明之永和宫
延禧宫	康熙二十五年（1686年）重建，道光二十五年（1845年）灾，宣统元年（1909年）修成水殿	原居后妃，康熙妃、道光妃居此。宣统时改为游憩建筑水晶宫。	明诞祺宫
天穹宝殿	约顺治时	道观，祀昊天上帝。	明之玄穹宝殿
乾东五所	初始建于康熙，仅头所，乾隆二十八年（1763年）以前完成五所	先居皇子皇孙，后改为敬事房、四执库、古董房、寿药房、如意馆，可能在光绪时。	明之乾东房五所
斋　宫	雍正九年（1731年）建	南郊祀、北郊祀前皇帝致斋处。	明内东裕库旧址宏孝殿旧址
毓庆宫	康熙十八年（1679年）建	皇太子居宫，乾隆、嘉庆、光绪皆曾居此。	明神霄殿遗址
储秀宫	顺治十二年（1655年）重建，嘉庆七年（1802年）重修一说为明代遗存	住后妃，嘉庆后、咸丰懿妃、光绪慈禧皇太后居此。	明之储秀宫
翊坤宫	顺治十二年（1655年）重建，光绪十年（1884年）重作装修，约在嘉庆时此宫与储秀宫开通一处，储秀门改建为体和殿	住后妃。	明之翊坤宫
永寿宫	顺治十二年（1655年）重建，康熙三十六年（1697年）重建	住后妃，顺治恪妃、嘉庆如妃、乾隆时皇太后居此。	明之永寿宫
咸福宫	康熙二十二年（1683年）重建	住后妃。	明之咸福宫
长春宫	康熙二十二年（1683年）重建	住后妃，雍正皇后、同治时慈安、慈禧同住此宫，光绪时慈禧皇太后居此。	明之长春宫
启祥宫	康熙二十二年（1683年）重建，约在嘉庆时此宫与长春宫开通一处，长春门改建为体元殿	住后妃。	明之启祥宫
建福宫	乾隆五年（1740年）建，嘉庆七年（1802年）重修	为游憩之地，将原西四所、五所改建为建福宫、静怡轩、敬胜斋、延春阁等一组建筑，后称建福宫花园，1923焚毁，为内廷花园之一。	原为乾西房五所，之四所，乾西五所约建于康熙末年
重华宫（包括漱芳斋）	建于康熙，乾隆时改建，称重华宫	原为皇太子宫，乾隆居此，乾隆登基后改为重华宫，同时将一所改为漱芳斋戏台，三所改为厨房。	原为乾西房五所之二所

续表

名称	建造年代	用途	备注
养心殿	约建于清初顺治时，雍正时缮修改造，乾隆时又修，同治时改换内檐装修	雍正后用为内朝，批阅、召见、宴赏。雍正七年（1729年）在隆宗门内设军机处，以备随时召见，同治、光绪朝两宫垂帘听政即在此殿。	明之养心殿
奉先殿	顺治十三年（1656年）建，康熙十八年（1679年）重建将七楹改为九楹	祭清室列圣列后，为宫内太庙。	明之奉先殿
宁寿宫	康熙二十八年（1689年）重建，乾隆三十七年（1772年）添建、改建	原为皇太后居地，康熙时皇太后居此，乾隆改建后定为太上皇居地。乾隆六十年（1795年）千叟宴于此举行。乾隆时将宁寿宫前殿改建皇极殿，添建皇极门及九龙壁等。	明外东裕库仁寿殿、哕鸾宫、喈凤宫旧址
乐寿堂	乾隆三十七年（1772年）改建	定为太上皇居宫，将原宁寿宫后部景福宫，改建为三路、中路为乐寿堂，东为畅音阁，西路为宁寿宫花园，为内廷花园之一，光绪时慈禧太后居此。	就康熙时景福宫旧址改建
畅音阁	乾隆三十七年（1772年）初建，嘉庆二十四年（1819年）重建		
景福宫	乾隆三十七年（1772年）改建		
宁寿宫花园	乾隆三十七年（1772年）改建		
符望阁	乾隆三十七年（1772年）改建		
倦勤斋	乾隆三十七年（1772年）改建		
慈宁宫	顺治十年（1653年）重建，乾隆三十四年（1769年）改建	为皇太后居地，康熙时，乾隆时，皇太后居此。	明之慈宁宫
慈宁宫花园	就明代规模，清初修整，乾隆三十四年（1769年）改建尤多。	为内廷花园之一。	明之慈宁宫花园
寿康宫	雍正十三年（1735年）建	为皇太后居地，乾隆时皇太后、嘉庆、咸丰皇太妃居此。	
寿安宫	乾隆十六年（1751年）建	为皇太后居此，乾隆皇太后、咸丰皇贵太妃居此。内有戏台。	明之咸安宫及清康熙二十一年（1682年）的咸安宫旧址
英华殿	明代遗构	供佛处。	明之英华殿
雨华阁	乾隆十四年（1749年），三十二年（1767年）补建	供西天梵像。	明隆德殿旧址
中正殿	可能为乾隆十四年（1749年）重建，1933焚毁，今不存	供奉藏传佛教。	明隆德殿旧址

明清北京宫城的总体布局形成于明，但现有绝大部分建筑为清代建筑，有些还做了适当的改动。清王朝定鼎中原，继承、尊重明宫遗址，并逐步加以恢复完善，为后人留下了这份可贵的遗产，而没有步历代改朝换代时新统治者拆毁旧宫，迁址另建的覆辙，在当时固有其社会政治原因，但在思想上推崇汉文化，模拟汉制度亦有很大影响，这也是清代统治者思想进步之处。

清代紫禁城的建设，除依照明制度恢复的宫室殿堂以外，又有若干变化与改动，表现出明清两代的不同，兹分别叙述。

二、中轴线上外朝及内廷建筑

外朝宫殿、门庑基本依明朝旧制恢复，但有微小更动。例如：由于接受了外朝三大殿在明代以及清初数次失火相互延烧，殿阁门廊俱毁的历史教训[9]，对于传统宫殿建筑所采用的廊院制及以斜廊通达主要殿堂，而使全部木构建筑相互串联一起的形制产生了反思。故在康熙十八年火灾后，于三十四年（1695年）重建时，将太和殿及保和殿两侧的斜廊改为阶梯状封火墙，而且将保和殿前东西连庑中加设封火山墙七道，将连庑分割成六段，太和殿前东西连庑在加设封火墙的同时，又将左翼门、右翼门、体仁阁、弘义阁等门阁独立出来，两侧连庑至此中断，改为厚墙连接。以上这些措施皆是出于避免火灾延烧的原因，基于同样原因，乾清宫、坤宁宫两侧的斜廊亦取消，改为封火墙（图3-17、3-18）。

布局中亦有局部改动之处，如太和门前东西庑的进深改小了[10]，间数增多。明代东西庑共四十间，在协和门、熙和门南北各十间[11]，而现今各为十三间。三大殿中的中和殿、保和殿的位置疑亦有更动，现存中和殿位于工字形三层大台基的中心偏北，殿堂两侧与台基踏步中心没有对中，保和殿位置亦推至台基北边沿。而明代三大殿在建极殿（保和殿）后尚有一座重要宫门——云台门[12]。云台门左右称云台左、右门，其地亦称平台，明代朝对阁臣等官常于平台处，该门坐落在三层台基之上。以目前保和殿的布局，根本无法布置此门，估计明代建极殿的位置可能南移若干，与工字形台基平面呈对称关系（图3-19）。三大殿位置的改动虽然改变了平面构图的严整性，但从使用角度来说，增加了三殿前广场空间，安排朝典仪仗更宽敞一些，亦有益处。另外，明代后宫坤宁门的位置在今顺贞门位置，即将宫后苑包在后宫宫墙之内，宫苑连为一体，在今坤宁门位置为一围廊，称游艺斋[13]。而清代改建时将坤宁门内移至围廊处，门左右添建东西板房为太监值宿处所。使御花园成为一独立的宫内园林。

清代后两宫在使用上亦发生重大变化，最重要的变化是坤宁宫。明代坤宁宫为皇后的日常居处[14]，其平面形制亦颇多变化。在坤宁宫主殿周围尚有"东露（盝）顶曰贞德斋，西露（盝）顶曰养正轩，东披檐曰清暇居"，其布置形式较为灵活。清顺治十二年（1655年）建坤宁宫时依据奉天行宫清宁宫旧制，将其改为祀神、皇帝大婚的处所（图3-20）。坤宁宫平面为七开间带周围廊，呈不对称布置，东尽两间的东暖阁为皇帝喜房，西尽间为夹屋，中部四间为神堂。大门开在东次间，改槅扇门为木板门。神堂内按满族习俗，沿北西南三面设万字坑，俗称"口袋居"。

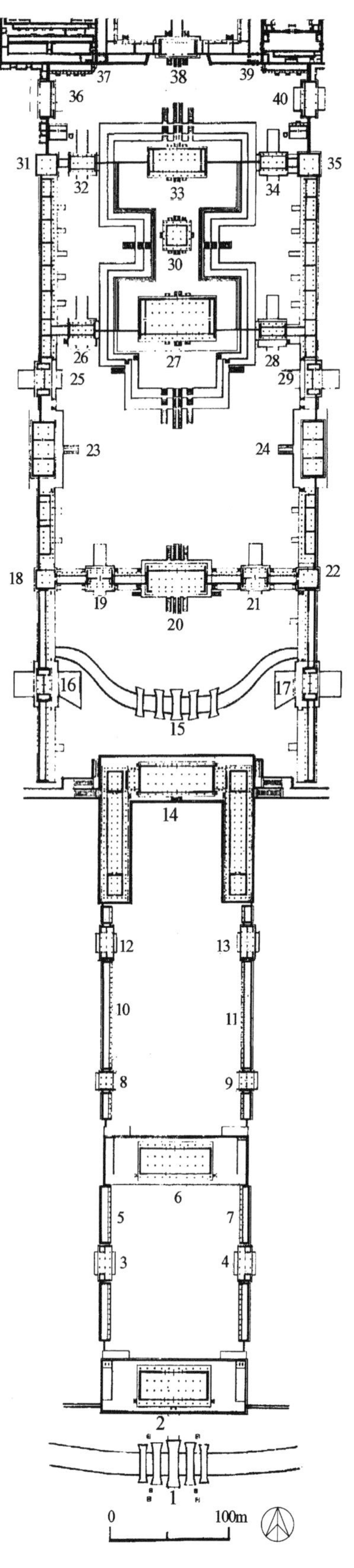

图3-17 清代北京宫殿外朝平面图

图 3-18 北京紫禁城中和殿及保和殿

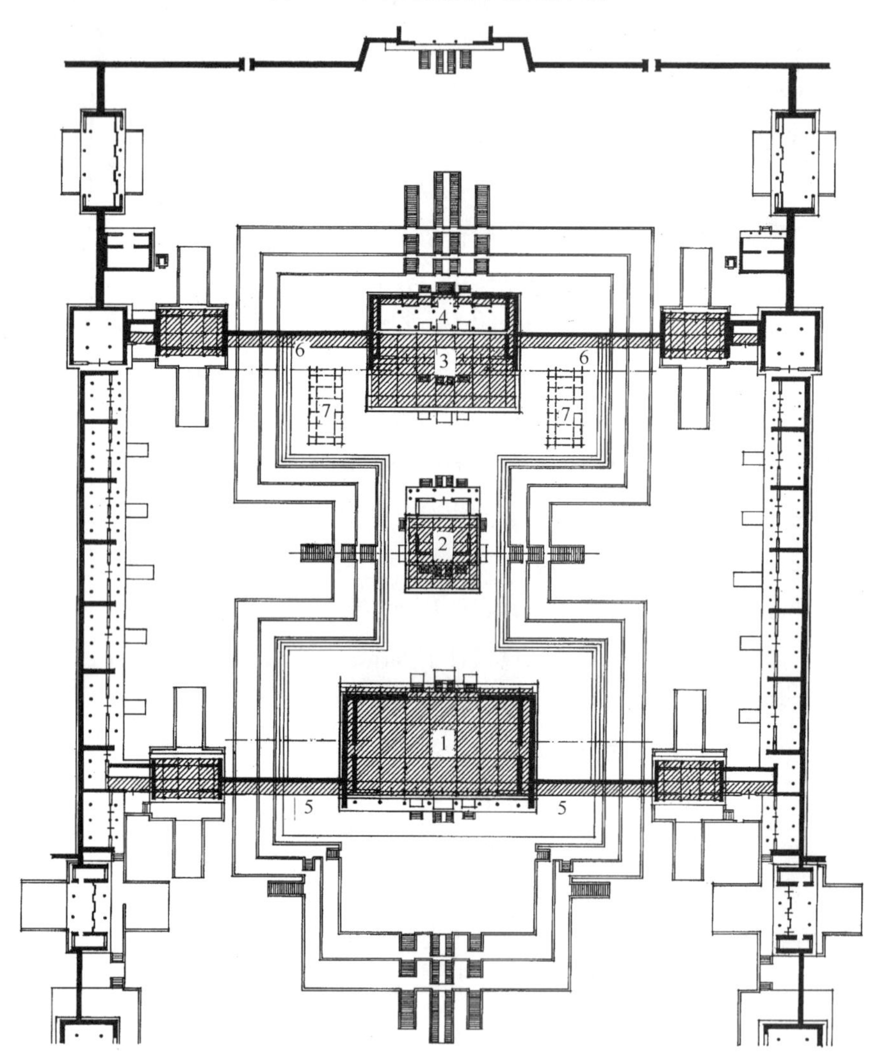

图 3-19 明清北京紫禁城外朝宫殿位置变更示意图

1. 明皇极殿　2. 明中极殿　3. 明建极殿　4. 明云台门
5. 皇极殿两侧平廊及斜廊　6. 建极殿两侧平廊及斜廊　7. 清初位育宫东西配殿

北墙东侧设煮祭肉的大锅及肉案，窗户亦改为吊搭窗。宫前月台东侧立有四公尺高的祭神杆。每年元旦次日及春秋两季（四月、十月）举行大祀神于坤宁宫，用大锅煮胙肉，内外藩王及诸大臣皆入宫行礼，皇帝坐南炕，众官分班席坐于侧，分食胙肉，食毕赐茶[15]，皇后则于东暖阁内率贵妃以下同受胙分尝。大祭次日为还愿日，以牲颈角、精肉及酒米贮挑于祭神杆上[16]，随鸟禽啄食，以答天恩。此外平日尚有朝祭及夕祭，皆由司祝按仪进行。满族萨满教信奉的天神名纽欢台吉、武笃本贝子，但后来又进一步容纳了各类神祇，如穆哩罕神、蒙古神、释迦牟尼、观世音、关圣帝君等，皆有神位列于宫内北、西面的炕上，说明清代满族习俗信仰亦在变化。皇帝大婚礼例于坤宁宫东暖阁举行，并在此住二日，然后移居乾清宫或养心殿。所以说清代坤宁宫已不是寝宫，而是一座神堂建筑。

另一点要说明，虽然外朝内寝布局保持明代形制，但在使用上却有很大改变，也影响到局部建筑的增减。如清初，因宫廷大部分焚毁，曾以建极殿（保和殿）为寝宫，改称位育宫，有左右配殿，形成为一个三合院[17]，与奉天宫殿的清宁宫类似，将寝宫置于高台之上。这可能就是清代保和殿位置北移的原因。这种情况持续到顺治十三年（1656年）乾清宫坤宁宫建成才将寝宫移居乾清宫。十八年顺治死后，康熙继位又移回位育宫，改称清宁宫，直到康熙八年才又移回乾清宫[18]，可能此时才将位育宫东西配殿拆掉恢复三大殿的规制。康熙以乾清宫为内廷理事之所，所以围绕乾清宫安排了一系列办公、学习、生活、服务用房，如帝王御门听政改在乾清门[19]，而明代是在奉天门（皇极门、清代太和门），从康熙至咸丰等六朝一直遵循勿改，在此听政（图3-21、3-22)。乾清门外安排有外奏事处、大臣值班处、侍卫值房、内务府值房。乾清门内四周庑房，安排了上书房（皇子及近支王公读书处）、南书房（皇帝文学侍从之书房）、敬事房、内奏事处、批本处、祀孔处、御药房、御茶房、端凝殿（存冠袍、衣物）、懋勤殿（皇帝书房）等办公服务用房。乾清宫及东西暖阁为听政、受贺、赐宴、召对臣工之常朝所在。其东西侧的昭仁殿、弘德殿分别为藏书、侍讲处。乾清宫一组建筑实为清宫内的政治、起居中心。康熙六十一年（1722年）在乾清宫广庭设千叟宴、召六十岁以上大臣、职官、近畿之民七百三十余人与宴，一时传为盛事。后乾隆五十年（1785年）依康熙旧例，再次举行千叟宴，与宴者达三千人，共设八百桌，布满殿廊下、月台、甬道、丹陛下广庭，规模空前[20]。春节前后，尚在乾清宫前张灯数万盏，数丈高的

图3-20　北京紫禁城坤宁宫

图3-21　北京紫禁城乾清宫外景

天灯两座，以示昇平景象。以乾清宫为内廷中心只持续到康熙末年，雍正帝即位后，将内廷中心移至西路养心殿[21]，相应地又作了部分改造（图3-23、3-24）。如在养心门南的明代祥宁宫旧址增建御膳房及南库，在内右门西设立军机处，军机章京值房等[22]。雍正时变动最大的是养心殿的布置，养心殿座作工字形，前殿七间，后殿五间，中间以穿堂连接，亦为五间。后殿东西朵殿各三间，前面东西配殿各五间。前殿正中三间为当阳正座，设宝座屏风，北墙设书格，为听政之所。东两间为东暖阁，原为皇帝起居之处，悬有“寄所托”、“随安室”、“明窗”匾额，东北角还隔出一间寝室，沿西北至东南皆有两层的仙楼。嘉庆以后东暖阁的装修又有改变，南墙为明窗，取消仙楼，北部以联排格扇碧纱橱分为前后间，前间为听政之处。同治、光绪年间两宫皇太后垂帘听政，即在此处。后间为休息室，故现有室内装修可能为同治时更

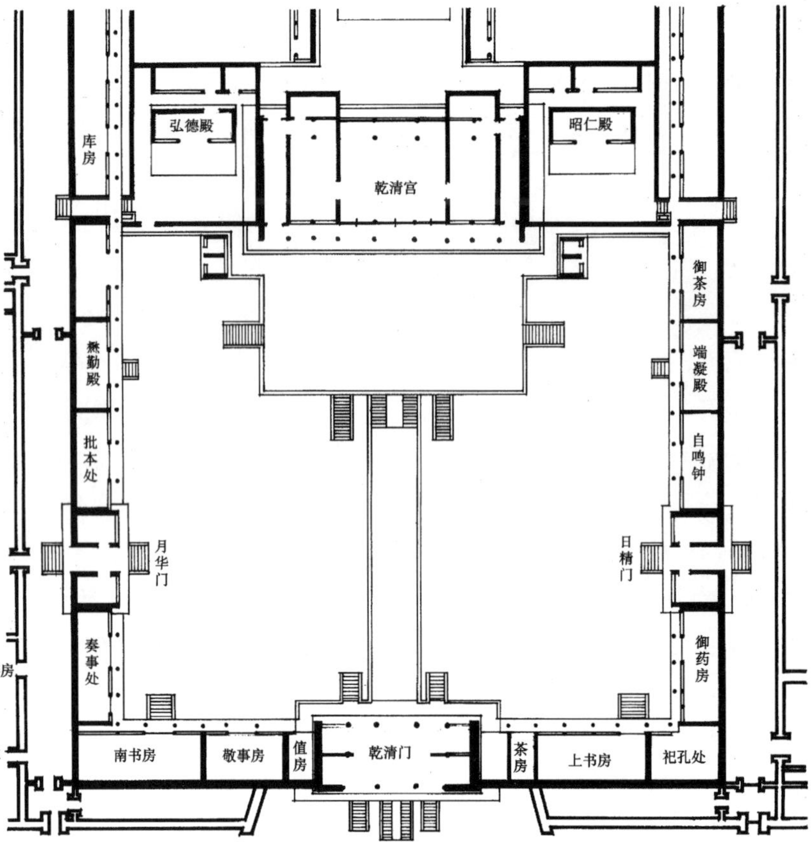

弘德殿 昭仁殿 库房 乾清宫 御茶房 端凝殿 懋勤殿 批本处 自鸣钟 月华门 日精门 御药房 奏事处 御膳房 南库 南书房 敬事房 值房 乾清门 茶房 上书房 祀孔处

图 3-22　北京紫禁城乾清宫服务用房布置

图 3-23　北京紫禁城养心殿养心门

图 3-24　北京紫禁城养心殿东暖阁

改的。前殿的西两间为西暖阁，其内又以墙、罩划分为重室，雍正时为召对臣工之处，乾隆以后改作收藏鉴赏书画的地方，悬有“勤政亲贤”、“三希堂”、“无倦斋”等匾额。后殿为寝宫，内有精美的花罩及装修。养心殿空间布置极为巧妙，富于变化[23]，生活气氛浓厚，空间体量适当，使用功能上远较乾清宫为佳，故雍正以后一直到清末，历代帝王皆以此处为施政、生活中心。从清代内廷中心的数次变化，说明清帝王汉化程度的加深，以及建筑实用要求远较礼仪规制的影响要更为重要。

三、乾西五所改建为重华宫

明朝宫城内廷以乾清宫、坤宁宫为紫微正中，左右各有东西六宫以为辅翼。在东西六宫之北，各有五所供皇子、皇孙居住的次要宫室称为乾东房五所，乾西房五所。平面规划上在乾清宫左右，原拟以九宫格方式划出九宫，九宫之北设五所皇子居室，可能是为表现天子为九五之尊，而凑成九五之数。但实际建成仅为东西六宫，合为十二，象征十二月令，其余地则改建其他宫室。明末内廷宫室焚毁，东西六宫是在顺治十二年（1655 年）及康熙二十二年（1683 年）分两次陆续复建完成。至于乾东西五所的复建状况没有明确的文史记载，据成图于康熙十八年（1679 年）的《清皇城宫殿衙署图》所示，当时乾东五所，仅有头所完整，二所仅有配房、三、四、五所均未建；乾西五所亦仅有头所完整，二所仅有配房，而三、四、五所另成一区，且用地狭长，已不是明代规制了。又据成图于乾隆十五年（1750 年）的《京城全图》所示，乾东五所已经完全建成，如今日规制，而乾西五所已在康熙时代的建筑基础上，改建为重华宫、漱芳斋、建福宫等宫室建筑，变化较大。

乾东五所为皇子、皇孙居处，嘉庆帝为太子时曾住过。其中头所、二所至嘉庆十四年时尚为皇子居处[24]，但此后改变使用性质，分别为如意馆、寿药房、敬事房、四执库、古董房等。如意馆为宫廷中的画院，原在西路慈宁花园东侧造办处内，可能光绪时，慈禧太后喜欢美术，大力恢复如意馆，移来乾东头所。

乾西五所，约在康熙二十二年重建咸福、长春、启祥三宫同时改建了头、二、三所。乾隆为皇子时即住在西二所，并举行大婚礼于此[25]。乾隆继帝位后，因该所为龙潜之地，故升格为宫，命名为重华宫。平面改动不大，仅将前殿崇敬殿加筑三间卷篷，主殿重华宫亦加三间卷篷，东西庑改名葆中殿，浴德殿。重华宫作为皇帝新年受贺，茶宴，接见外藩与文臣赋诗联句之地。从乾隆御制诗可以看出终乾隆之世，经常临御此宫，是一座利用频繁的宫室（图 3-25）。

随着重华宫的建立，继之开始了对乾西五所的全面改造。大约在乾隆五年至七年（1740～1742 年）之间，将西一所改为漱芳斋作为宫殿附属听戏的地方[26]。在庭院中，面对正殿设一重檐歇山顶戏台，每面三间，中央一间稍宽，台后为扮戏间，皇帝元旦受贺或宴请王公大臣时在此看戏。另外在漱芳斋后殿的“金昭玉粹”室内亦有一个坐西朝东规制极小的亭式小戏台，四角攒尖顶，周围墙壁绘作园林状及斑竹花架等，犹如室外空间，台前题有“风雅存”小匾，帝后往往在此用膳，同时由南府太监（亦称内学，不同于外边传呼的戏班）演唱“岔曲”，亦称“伺候戏”。西三所因紧临重华宫，故改为御膳房，专门供应茶膳。西四所及五所合改为建福宫（乾隆五年建，1740 年）及静怡轩、延春阁等[27]，并占用了英华殿的东厢一部分用地（图 3-26）。这是一座兼有宴赏、集会及园林性质的宫室。在东半部布置有前殿抚辰殿及建福宫，以回廊连接成院，宫后为三间见方的惠风亭，亭后为寝宫静怡轩，这是一座三卷勾连搭式的建筑，再后为慧曜楼。西半部的主体为延春阁，这是一座七间带周围廊两层的方形大阁。阁前叠石为山，岩洞磴道，幽邃曲折，间以古木丛篁，饶有林岚佳致。假山西南侧有一静室小楼，供大士像。延春阁北为敬胜斋五间，斋西为碧琳馆，斋东为两层的吉云楼，与慧曜楼相接。延春阁之西为凝晖堂。各建筑间皆以回廊相连，曲径通达。宫内俗称之为西花园[28]。园内延春阁的牡丹、碧琳馆的竹子、静怡轩的梅树，皆为名种，乾隆皆有题咏，尤其静怡轩一带夏日比较凉爽，乾隆原拟在此守制，并有逊位之后居此养老之意[29]，可惜的是这样一座精美的园林式宫室，因“民国”十二年（1923 年）敬胜斋失火，延烧静怡轩、延春阁、中正殿、香云亭等，所有建筑及收藏古物焚烧殆尽，今仅余大假山一座。

重华宫及其周围建筑之改建，对清代紫禁城规划有着一定的影响，即在不违背规整严肃的礼制布局的基础上，力求创造具有生活气息，舒适合用，并有园林意境的宫室空间，这是第一次尝试。它对乾隆三十七年（1772 年）改建东路宁寿宫有着直接的影响。在重华宫改建中出现的戏台、

图 3-25 北京紫禁城重华宫宝座

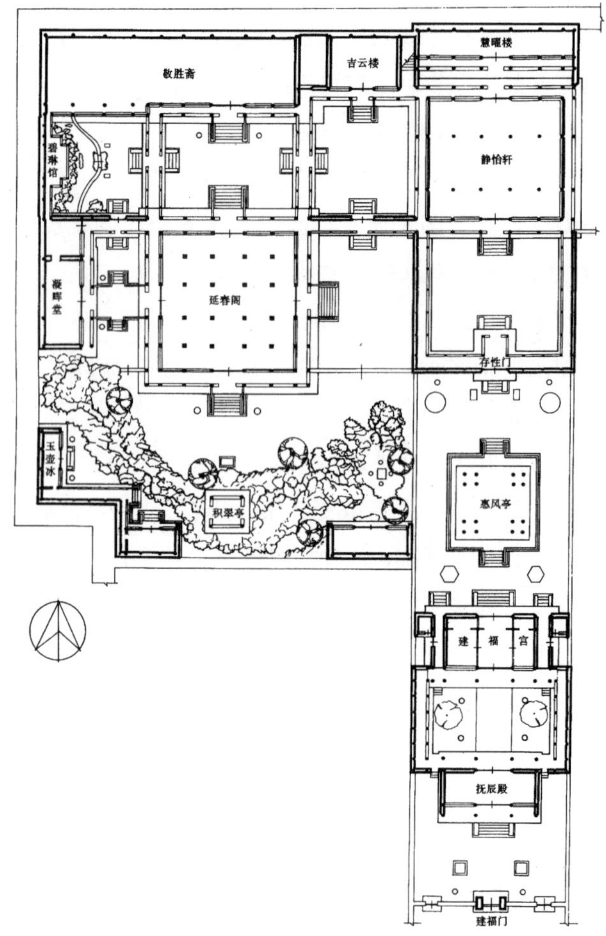

图 3-26 北京紫禁城建福宫及花园复原平面图

假山、自然花木、连卷勾连搭殿堂及大阁等也都突破了明代宫室的格式。

乾西五所改为宫室以后，皇子居室减少，促使将外廷东路康熙时代建的撷芳殿改造为新的皇子居室，共有三所，故称南三所。嘉庆、咸丰帝为皇子时皆居住过，这种布置也符合东宫居太子之制度。

四、宁寿宫之改建

宁寿宫位于内廷外东路，占据了宫城东北城角，东西宽 120 米，南北长 395 米，面积达 4.74 公顷，为一纵长形平面，故有诗咏之为“左倚城隅直似弦”。此地原为明代外东裕库与仁寿殿旧址，北部为居住老年宫妃的哕鸾宫、喈凤宫旧址。清初此地区建筑全毁，仅存今衍祺门一带少量辅助服务用房，康熙二十八年（1689 年）改建成为宁寿宫，作为太皇太后、皇太后的寝宫[30]。又据文献记载在未改建宁寿宫以前，此处即已有旧宫[31]，但不知始建年代。二十八年改建的新宫，《国朝宫史》卷十三记载称“（宁寿）宫正殿二重，前为宁寿门，列金狮二，门内东为凝祺门，西为昌泽门，再西为履顺门，门外即夹道直街也。……宁寿宫之后，为景福宫，前为景福门，门内正殿二重。……宫西有花园，门榜曰“衍祺门”。又西为蹈和门，门外即夹道直街也。……景福宫之后为兆祥所，今为皇子所居。……”又据《乾隆京城全图》所示，可知其布局状况。即前半部为宁寿宫，前、后两殿，前七间，后五间，廊院周回，殿前为宁寿门，门外有一大片广庭；宁寿宫北并列两区，东区为景福宫，亦是正殿二重，各五间，东西配殿各五间，前为景福门；西区为一座花园，园门为衍祺门，花园布局规整，中间为歇山顶花厅三间，东西各有一以花墙分隔的独立小院，院内有休闲建筑，西北角有一座高基座亭阁，东北角不详，正北有假山一座，杂植花木。总之，该花园尚未脱明代宫廷御园对称严谨之风格，空间变化少，没有形成特定的有含意的景观，充其量不过是一座休息用的花园。在景福宫及花园之北为并列的三座小宫室，平面一致，皆为一正两厢，标示称东宫、中宫（图中缺漏）、西宫。再北则为并列四座小院，每院皆三排房屋，可能即为住皇子的兆祥所。再北紧靠北围墙下为宁寿宫值房，宁寿宫茶饭房等服务用房。

宁寿新宫的平面布局有两座宫殿，（宁寿及景福）可能是延续旧宫的遗制，因康熙初年，其祖母孝庄皇后、母孝惠皇后皆在世，故设两宫以处之[32]，同时在西部设花园，可以两宫并用。二十八年改建新宫时，太皇太后已去世两年，但总的布局未改，仍维持两宫制度。景福宫后三座宫室，可能为太妃、太嫔的居室。总之，宁寿宫的平面规划是康熙时考虑居住太皇太后、皇太后等而设计建造的。雍正朝、乾隆朝皇太后、妃等皆住乾清宫。

乾隆三十七年（1772 年）再一次大规模改建宁寿宫，前后工程进行了约六年，至四十二年（1777 年）完成。当时乾隆原意准备晚年归政以后，作为尊养的太上皇宫[33]（图 3-27），所以工程质量及规模皆不同于一般宫殿，可称是清代宫廷建筑的代表作。宁寿宫工程分为前后两部分，后三路殿宇于三十七年开工，工程预算为 76 万余两白银；前路宁寿宫改造工程于三十八年开工，预算 53 万余两白银，总计达 130 万两。

后路殿宇是在原景福宫、花园、三宫、兆祥所（兆祥所改在宫垣之外的城墙之下另建），值房之地域重建为宁寿宫寝宫，共分东、中、西三路。

中路为寝宫主体，前为养性门，后为前殿养性殿及后殿乐寿堂，再后为颐和轩和景祺阁，两建筑间以穿廊相连呈工字形。养性殿为正殿、正中设宝座，接见大臣，赐宴外藩皆在此处，其制度全仿养心殿，如其东暖阁曰明窗，阁后曰随安室，西暖阁后为长春书屋，北为佛堂等皆是按养心殿规制布置并命名的，前檐亦添设五间抱厦。此殿虽不像养心殿内有珍藏字画的三希堂，但其西暖阁因藏一传世古墨而名墨云室[34]，亦颇富雅意。殿内多用楠木柱，紫檀木包镶门口、栏杆、供柜、夹纱格扇窗等，内檐装修十分精美。乐寿堂的平面规制是仿圆明园中长春园的淳化轩，面阔七间带围廊。进深较宽，故室内以装修分为前后两部，东西又隔出暖阁，平面灵活自由，具有江南园林中鸳鸯厅的风格（图 3-28、3-29）。内部碧纱橱、落地罩、仙楼等装修皆硬木制作，并以玉石，景泰蓝饰件装饰，天花全部为楠木井口天花，天花板雕刻卷叶草，完全表现了乾

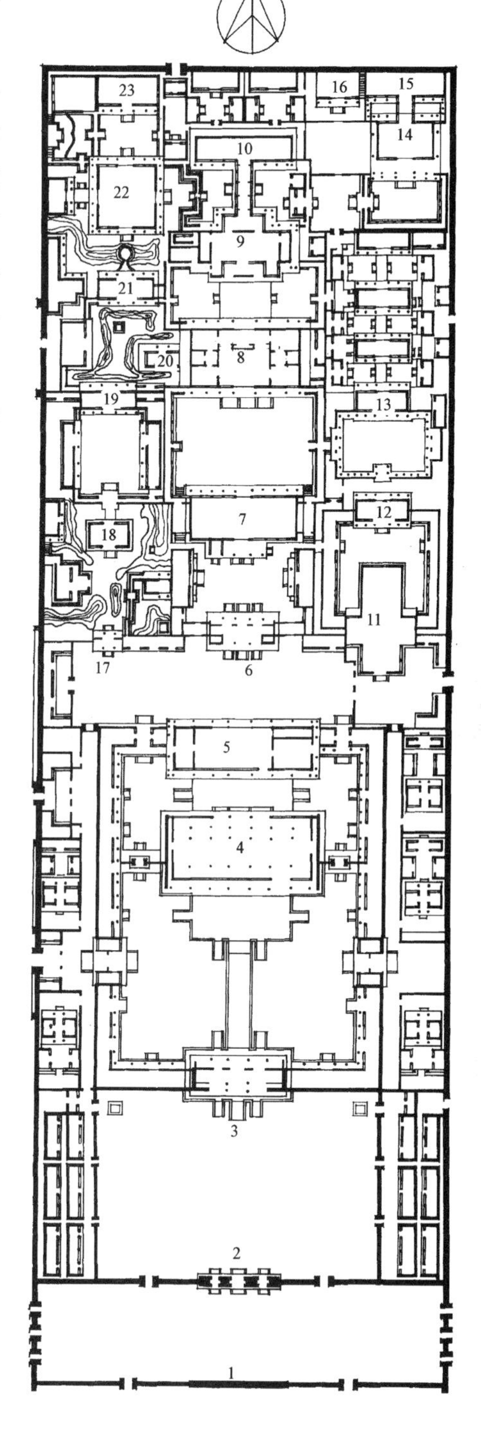

图 3-27　北京紫禁城宁寿宫平面图

1. 九龙壁　2. 皇极门　3. 宁寿门
4. 皇极殿　5. 宁寿宫　6. 养性门
7. 养性殿　8. 乐寿堂　9. 颐和轩
10. 景祺阁　11. 畅音阁　12. 阅是楼
13. 寻沿书屋　14. 景福宫　15. 梵华楼
16. 佛日楼　17. 衍祺门　18. 古华轩
19. 遂初堂　20. 三友轩　21. 萃赏楼
22. 符望阁　23. 倦勤斋

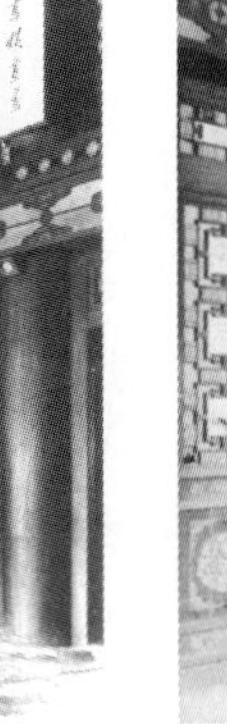

图 3-28　北京紫禁城宁寿宫乐寿堂内景之一

图 3-29　北京紫禁城宁寿宫乐寿堂内景之二

隆时代的建筑装饰风格，是清宫廷内精美的室内装饰实例之一。最后部以颐和轩、景祺阁的工字形建筑为结尾，同时该建筑的左右院又是联络东路景福宫，西路符望阁的中转之处。

东路为五间三层的戏台畅音阁，此戏台为宫城内最大的戏台。戏台北为阅是楼，是帝后观剧处，周围有转角楼 32 间围护，为群臣的看戏房，组成一独立院落。阅是楼北为寻沿书屋，屋前亦为回廊环抱，是一座书房建筑。其北为庆寿堂等三排房屋是一般宫室，光绪时慈禧常接王公贵胄之女眷来此居住。东路最后部为景福宫，及供佛的梵华楼、佛日楼。景福宫是乾隆四十一年（1776 年）重新修葺的，其形制是仿建福宫之静怡轩，因四十九年乾隆又得玄孙，同堂五世，故又称此殿为五福五代堂，主要用于娱老，并陈设西洋天文仪器。

西路为宁寿宫花园，俗称乾隆花园（图 3-30、3-31）。园基地宽 37 米，长 160 米，轮廓狭长，西边为夹道墙高耸，为造园设计带来很大困难。其总体布局采用纵向串联式，自南向北安排了四进院落，每进院落皆在北面安排主体建筑，院落间似分似隔，但又互为因借，空间渗透。第一进院落南门为衍祺门，进门以左右夹峙的假山构成影壁山，正北为三间花厅古华轩。轩西为仿曲水流觞修禊故事的禊赏亭，轩东为小巧玲珑的抑斋及矩亭，西北角山上有旭辉亭，东边假山上有承露台。全院以轩、亭、斋、廊相间，共同构成一南向的封闭幽深小院，其间隔以假山花木，将空间以大化小，平面灵活自由，园林意境以“幽”为题。第二进院落为一三合院式平面，正房遂初堂，配以东西厢房，正南为垂花门，以抄手游廊互相串通。院内仅石盆景一座及少量花木，空间

图 3-30　北京紫禁城宁寿宫花园（乾隆花园）

图 3-31　北京紫禁城宁寿宫花园(乾隆花园)倦勤斋前院

通敞，视野开阔，是一处以“敞”为意境的生活空间。第三进院落中庭全部布满假山，主体建筑萃赏楼及西配属建筑延趣楼，回抱在北西两面，两楼以游廊相接。假山东面为三友轩，假山上偏西北处建耸秀亭一座。这座院落的游赏空间从平面向立体发展，除了建楼阁、山亭以外，又利用叠石造山之巧妙，经由曲折的山涧、山洞、磴道通达各处建筑，忽宽忽窄，忽明忽暗，在不大的面积内，延伸成无尽的游览路线，达到园林中“变”的意境。最后一进院落以中间的五间两层大阁——符望阁为主体。符望阁的形制是仿建福宫西花园的延春阁。阁北以九间的倦勤斋为结束，而倦勤斋亦是仿建福宫的敬胜斋建造的。该两建筑间联以围廊，西面并以弓形围墙包围假山上的“竹香馆”，构成一座小巧的点景建筑。符望阁的下层，用各类落地罩、格扇门窗、板墙等纵横间隔成很多房间，并且地面标高不同，还设有夹层，各房之间交通穿插、复杂，故有“迷楼”之称。二层为三开间见方的大统间，中设宝座，登临周围外廊，可以北望景山诸亭，西望北海琼岛，南望紫禁城殿阁，晨昏四季，景色不同，是观景胜地（图 3-32）。这第四进院落的园林气氛，可以“雄”字为特色。

整座乾隆花园景色贯穿联通，一气呵成，幽、敞、变、雄，奇景互异，完全摆脱了明代御园对称工整的呆板构图，转而注重对丰富有趣的风景环境的创造上，是清代宫廷园林营造上的重要转变。乾隆花园在平面构图上十分重视轴线安排，如前两院的纵轴与后两院的纵轴位移约 4 米多，因正交汇于第三进院落的大假山，所以并不觉得突然。另外，符望阁东立面中轴与中路颐和轩后院对应；三友轩东面正对乐寿堂；遂初堂院东西轴正对乐寿堂前院等，这些措施不但增加了景色的对应关系，而且也便于使用上的联系。当然乾隆花园亦有不尽如人意之处，因用地限制，建筑过于密集，空间过于郁闭。

宁寿宫前路系改建性质，根据乾隆三十八年内务府奏折，可知除康熙年建造的旧宁寿宫以外，又将宫门外移 60 余米，建红墙一道，中间为随墙三间七楼琉璃券门皇极门。皇极门对面建五色琉

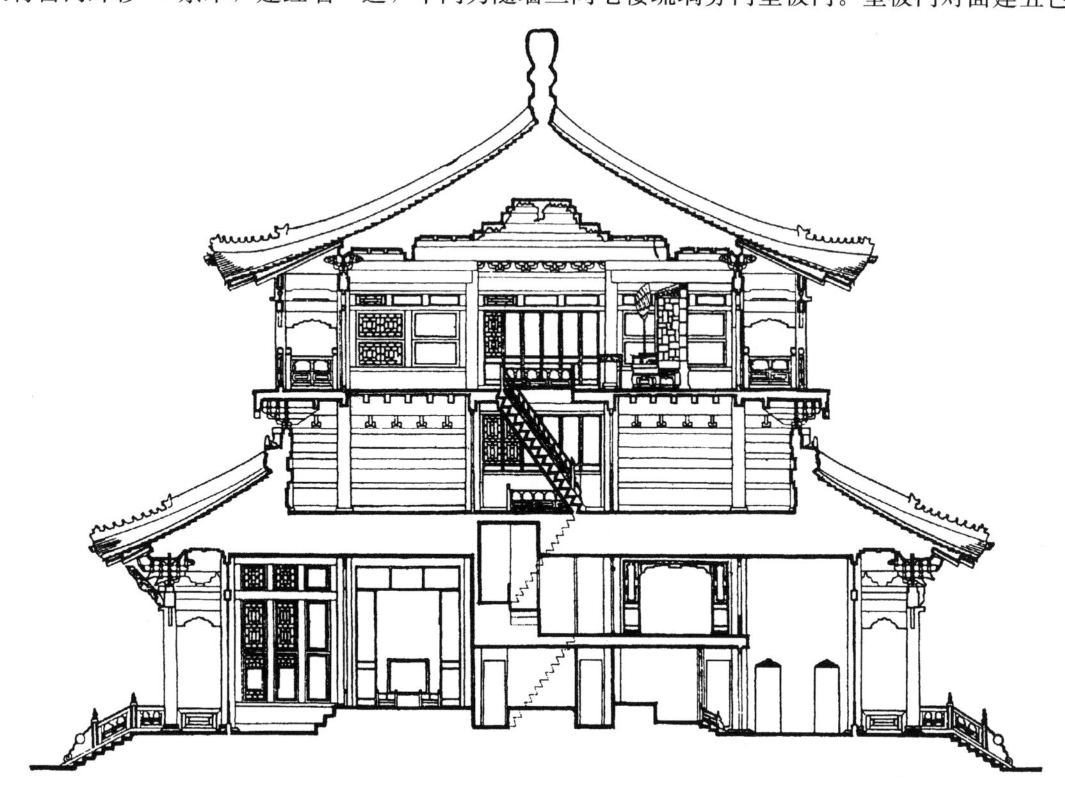

图 3-32　北京紫禁城宁寿宫花园符望阁剖面图

璃九龙影壁一座（图 3-33）。门内原宁寿宫门仍保留，但将原宁寿宫前殿改建为皇极殿，仿外朝保和殿规制，为九间带前后廊、重檐庑殿式建筑，周围汉白玉栏杆台基，前设月台、甬路，拟作为乾隆归政后临御之所（图 3-34）。原宁寿后宫改悬宁寿宫匾，规模增为七间，内部按坤宁宫的制度分隔室内空间，改建为祭神所。西大间设煮肉大锅、木炕，东间为暖阁。西间为夹室，准备以后将坤宁宫之祭神礼移至此宫[35]。此外，与宫殿相配尚建造了敛禧、锡庆、履顺、凝祺、昌泽等门、转角围房 62 间、东西各三所、茶膳房十二座，还有库房、值房、诸旗房等，总计 80 座建筑，317 间房屋。

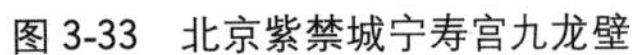

图 3-33　北京紫禁城宁寿宫九龙壁

图 3-34　北京紫禁城宁寿宫皇极殿

乾隆三十七年的宁寿宫改建工程规模巨大，估算造价 130 万两白银，尚不包括鼎、炉、缸、座，院内陈设的日晷、月影、铜龟鹤、铜鹿、铜狮及装修用颜料、硬木、铜锡金属等造办处内部供应的价款，例如宁寿宫共用铜缸 30 口，用黄铜约 15 万斤。仅宁寿宫门前一对镀金铜狮，镀金 5 次，用黄金 334 两[36]。宁寿宫改建工程虽然称作改建，但实际已类似新建。

这样一组规模宏大的宫殿群，自建成以后并没有充分利用，仅在嘉庆元年（1796 年）元旦乾隆授玺于皇帝大典礼成以后，于四日在此举行第二次千叟宴以庆昇平（第一次在乾隆五十年在乾清宫举行）。这一次规模更大，60 岁以上的与宴王公大臣，文武官员及近畿庶民达 3056 人[37]，宴席遍布殿内、廊下、丹陛甬路、丹墀左右庭院、宁寿门外。又过了三年乾隆就去世了。乾隆遗言宁寿宫永作太上皇宫[38]，传之永久，不作他用。但实际上并未实现，因乾隆以后再也没有颐年永寿，传位于子的太上皇帝出现，直到光绪年间，才又以 60 万两白银重修，作为慈禧皇太后的寝宫。

宁寿宫的建设是吸取了清初百余年宫殿、园林建设的经验而成，其中借鉴了保和殿、养心殿、坤宁宫、长春园淳化轩等处的优点，特别是乾隆早期改建的重华宫、建福宫一组建筑对其影响尤大，许多殿堂设计构思及命名多取自已建成的这些建筑，故宁寿宫建筑带有清代初期建筑的总结的含意。宁寿宫占地规模大，建筑类型齐全，朝、寝、宫、苑以及服务房屋皆备，就像一座小型的紫禁城。其平面布局反映了乾隆皇帝对宫城建筑的创意，即前朝后寝，左为游宴、佛事，右为亭阁、园林。这种布局在重华宫、建福宫建筑中已然实践过，但限于用地条件，布局较零散，气势不够宏伟，而在宁寿宫建筑中得到了充分的发挥，这种构思应该说较明代一味强调轴线对称，规整如棋的呆板宫城构图是一种进步。

五、文渊阁及其他建筑的建造

文渊阁

明代即有文渊阁，原建于文华殿之南，宫城南墙根下的内阁院中，为木构，毁于火，以后又为建砖殿十间，专门收藏各地搜集来的古籍珍本，明末李自成退出北京时，大部分书籍被焚毁。乾隆三十八年（1773年）开《四库全书》馆，以纪昀为总裁，编制《四库全书》，翌年（三十九年）新建文渊阁于外东路文华殿之北，以备庋藏《四库全书》，至四十一年（1776年）建成（图3-35、3-36）。

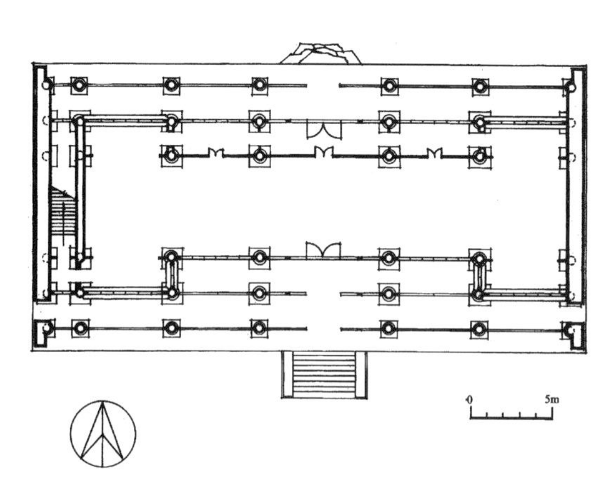

图3-35　北京紫禁城文渊阁平面图

图3-36　北京紫禁城文渊阁

文渊阁在文华殿、主敬殿之北，阁前有长方形水池及石桥，阁后叠石假山回环，阁东御碑亭内立乾隆御制《文渊阁纪》碑。文渊阁面宽六间，西尽间为楼梯间，两层楼中有夹层，黑琉璃瓦绿剪边歇山顶，下层前后出廊。总面阔33米，进深14.77米。内檐平面配置为下层中三间为广厅，中央置宝座，是经筵礼毕在此赐茶之处。两侧以书橱隔为东西暖室，室内亦列书橱。东暖室之南窗下设榻，可能为观书之处。中层为冂字形平面，中空部分为下层广厅之上部。层内全列书橱，东梢间南铃下亦设榻。上层全部列书橱，只明间正中设书槅，书槅两面置御榻[39]。

文渊阁建筑形制是仿照明代宁波著名藏书家范钦的天一阁建造的，造阁之前预派官员前往宁波查看，绘图，依样仿制[40]。书籍最怕失火，因此天一阁设计皆从此点出发，阁名天一，面阔六间，是取《易经》大衍郑注“天一生水，地六成之”之义，以水克火。另外建筑中高下、深广、书橱数目尺寸俱含六数亦为此义。天一阁前有水池、假山，亦为救火、隔火而设。北京文渊阁仿此式，但前为水池，后为假山。文渊阁的外部色彩以寒色为主，一反宫廷建筑的金朱丽色，如柱及栏杆为深绿，格扇槛窗为黑色，额枋为以青绿为主的苏式彩画，而且使用白色之处尤多，屋顶为黑瓦绿剪边，正脊、垂脊皆为云水游龙雕饰，其用意亦为厌胜之意。实际上明代天一阁所以未遭回禄，延年健在，关键是范氏书阁有一套严密的科学管理制度，才能使得古籍不受风雨虫蚀之害，建筑无灾火之虞。

《四库全书》共计36000册，共容书3460种，又择其中重要者辑为《四库荟要》12000册，另有《古今图书集成》、《四库全书总目》、《四库全书考证》亦庋藏于文渊阁内。阁内按经、史、子、集分类藏书，并标以不同颜色，每册书面用绢以香枬木夹板夹存，外用木匣贮之[41]。

随着文渊阁的建造，兴起了国家藏书阁建造的高潮。《四库全书》编成以后，敕令一式缮写七份，分藏各地，皆仿天一阁制式建阁藏贮。除大内文渊阁以外，圆明园称文源阁、热河行宫称文津阁、盛京宫殿称文溯阁，扬州大观堂称文汇阁、镇江金山寺称文宗阁、杭州圣因寺称文澜阁，史称“七阁”，而天一阁的建筑模式也得到了广泛的承传。

图 3-37　北京紫禁城雨花阁

雨花阁

西路延庆殿与寿安宫之间有一组佛教建筑，正南主体称雨花阁，阁后为昭福门，门内宝华殿，殿后为秀云亭、中正殿，都供奉藏传佛教的西天梵像。是乾隆时兴建的宫内的佛教中心之一（图 3-37）。乾隆时接见蒙、藏王公，多在建福宫张幄召见，以其近雨花阁、中正殿等佛事建筑之故。

雨花阁、中正殿是在明代隆德殿建筑组群的旧址上改建而成的。明代，隆德殿原为内廷道教建筑中心，供三清上帝诸尊神[42]，清代将此区改为佛教重地，这说明宫廷内佛、道两教之消长与帝王倡导的变化。雨花阁建于乾隆十四年（1749 年）是一座很精美的建筑，平面呈南北纵长矩形，带围廊。阁分三层，下层四面出抱厦，中层为歇山顶黄琉璃瓦蓝剪边屋面，上层改为正方形平面的四角攒尖顶，用镀金铜瓦覆盖，四条垂脊各饰以金龙，以金宝塔结顶。雨花阁外观三层，但加上暗层实为四层，每层供奉不同佛祖坛城，由下至上称智行层、行德层、瑜伽层、无上瑜伽层，分别代表密教四续部佛祖。在阁内底层安置有三座珐琊制作的坛城模型，称大曼荼罗。坛城安置在汉白玉雕花石座上，外有硬木亭式外罩，坛体以嵌银丝珐琊烧造，是很华美的工艺品。紫禁城中皆为黄琉璃瓦的矩形宫室，像雨花阁这样精巧、空透、高峻、蓝金色调屋面的亭阁突兀在黄色屋面海洋之中，不仅调节了整个宫殿的天际构图，并增加了其艺术魅力。

其他建筑

清代紫禁城尚有不少复建、改建的宫室。如西路慈宁宫及慈宁宫花园，虽然是继承明代规制，但亦有改易。如乾隆三十四年将慈宁宫大殿改建为重檐，挪盖后殿，拆盖宫门，取消大殿两侧斜廊等皆为重大的修理工程[43]。慈宁花园中亦添建了一些佛事建筑。乾隆元年（1763 年）又在慈宁宫西侧建寿康宫[44]，为皇太后兴居之所。乾隆十六年（1751 年）又于慈宁宫北将原明代咸安宫改建为寿安宫，为皇太后六旬、七旬大寿庆祝之所。在寿安前后殿的广庭中央处有三层的大戏台一座，这应是宫城中最早的戏台建筑了，但这座戏台于嘉庆四年（1799 年）已拆去。至此，西路三座皇太后宫完全建成，形成组群，改变了明代皇太后宫东西分置的状况。

外朝东路文华殿之东北有一处皇子居地，名南三所，建于乾隆十一年（1746 年）。明代此地为居住皇太后的慈庆宫（端本宫），康熙时改建为撷芳殿，乾隆时又改建为三所。嘉庆、咸丰为皇子时皆曾住此。这样南三所、乾东五所以及宁寿宫墙外的兆祥所，形成了东路数处皇子所居地，以符合东宫之义。

明代宫内人员众多，故管理内廷诸般事务的内府规模亦很庞大，计有十二监、四司、八局合称内府二十四衙门，其办公服务地点占据了皇城东北一大片地方，还不算有关厂、库用地。清初，精简机构，成立内务府衙门统管内府诸事，顺治十三至十八年期间一度分置十三衙门，后又裁撤，并为七司三院[45]。撤皇城旧二十四衙门办事用地，改在宫城外朝西路仁智殿旧址，建内务府分署，前后五重建筑，房 43 间。为了联系方便，所属司院官署皆设在宫城内或西华门外南北长街，而且大量内府储库皆移在宫城之内，如广储司（即明代的承运库）的银、皮、瓷、缎、衣、茶六库，除部分瓷库在武英殿南，其余皆移至太和殿前后廊庑配房内，便于管理与清查。承办内务府器物、陈设、装饰用品的造办处（即明代的御用监），原在养心殿，是一处较小的机构。康熙以后，内廷装饰陈设日益豪华，工作日增，于康熙三十年（1691 年）移至外西路，以慈宁宫茶饭房 150 间改作造办处。其内分工细密，并有不少南方工匠供役，成为清代宫廷具有特色的大型服务机构。此外，在造办处附近，还增加了果房、冰窖等。内务府和造办处等内廷服务机构迁入宫城之内，是清代紫禁城的一大特色。

清代官修史志书最盛，除《四库全书》、《古今图书集成》以外，还有《国史》、《清实录》、《玉牒》、《皇清文颖》、《三礼》、《三通》、《一统志》、《八旗通志》、《八旗满洲氏族通谱》等书，皆设馆派员专修。除国史、会典馆在东华门内，其余大部分设在西华门内，如三通馆、实录馆、文颖馆等。同时西华门武英殿内设书局，设员专司刊校，并在此处用木刻单字组成活版印刷，史称“殿版”，又称“聚珍版”。武英殿后有方略馆，其他还有回子学、缅子学、咸安宫官学、蒙古官学等一大批学堂。清代在武英殿周围形成一片书刊编辑、出版、学堂机构的集中区，这是清代宫城的一个新特色。

六、清代紫禁城宫殿的主要发展变化

综上所述，可见清宫虽然是在明宫基础上复建而成，但布局与形制上亦有许多创新与变化。而单体宫室建筑方面则绝大部分为清代所建，今日所见的紫禁城宫殿艺术面貌，应该说是清代建筑风格，总括二百余年清代宫城建设较明代宫城有几方面明显的变化与进步。

首先是紫禁城雄伟宏大的中轴线艺术群体得到进一步加强。清代几代帝王严格按照明宫规划完整地恢复了中轴线上三大殿，后两宫、东西六宫及一系列门阙建筑，再现了天子至尊的建筑气派，对一些有碍布局的建筑则予以摒弃（如明末在养心殿南建的隆道阁即未恢复）。同时在乾隆十四年（1749 年）将景山东偏的寿皇殿移建至中轴线上来，殿前添建品字形三座木牌坊（图 3-38），乾隆十六年（1751 年）在景山五峰上添建五亭，中峰万春亭，前俯禁城，后瞻鼓楼，成为欣赏雄伟的北京轴线的绝佳处。景山前还建了绮望楼，使宫城中轴布局进一步得到延伸与加强。

其次，分区布局上突破了明代讲求东西对称的方式，组织设计了养心殿、重华宫、宁寿宫等次一级的行政中心，并且实用性很强。还形成了外廷东路皇子居住区、西路皇太后居住区、武英殿书刊学馆区、西华门内服务机构区、西北隅的佛殿区。使分区更明显集中，使用管理更为方便。各区布局多较自由，按实际需要采用了合宜灵活的平面。

再者，清代禁城宫殿的生活气息加浓，许多建筑采用小体量精致的外形，不以高大为目标。

而且为了追求生活舒适将宫、寝、书斋鉴赏合建为一座建筑，内部相互分隔勾连，如养心殿、乐寿堂、倦勤斋等处，或拆改合并为一区如储秀宫、翊坤宫等，或与园林结合，讲求环境艺术。宫内还经常举行宴会、灯会，年节挂门神、门对，室内贴福字及贴络画等，总之，宫廷建筑在礼制的基础上尽力增加常人的生活意趣。

最后应该提到清代宫殿建筑技术与艺术亦有重要的进步。如午门明间跨距达 9.15 米，天安门明间跨距 8.52 米，太和殿内当心间为了摆放宝座，明间跨距 8.44 米，内金柱高达 12.63 米（图 3-39、3-40）。但这些高大结构都通过一系列的构造设计及材料帮拼技术而得以解决。清代宫殿建筑的施工速度亦较明代为快。最值得称道的是清代宫廷建筑装饰艺术达到空前的繁复，如彩画种类增加了特为皇家宫殿选用的和玺彩画，乾隆时还将南方包袱彩画引入宫廷，都是属于更为富丽的彩画形式。内檐装修中引入南方园林建筑中的花罩，各种棂花格扇及雕刻工艺，并调入南方工匠，成立造办处，如意馆等，专司建筑装修及装饰工艺品的制作，其华丽程度远胜往昔（图 3-41）。如养心殿、乐寿堂、储秀宫、漱芳斋、三友轩、倦勤斋皆为内檐设计精品。内檐隔断也为室内空间增加了无穷的变化，可以创造出像符望阁那样复杂的建筑。乾隆以后，引入净片玻璃，使用镏金铜瓦，借鉴“周制”家具的镶嵌技术，皆为建筑装饰增色不少。总之，清代紫禁城宫殿的单体建筑艺术比明代要更为丰富、华丽、精美、辉煌。

图 3-38　北京景山寿皇殿前牌楼群

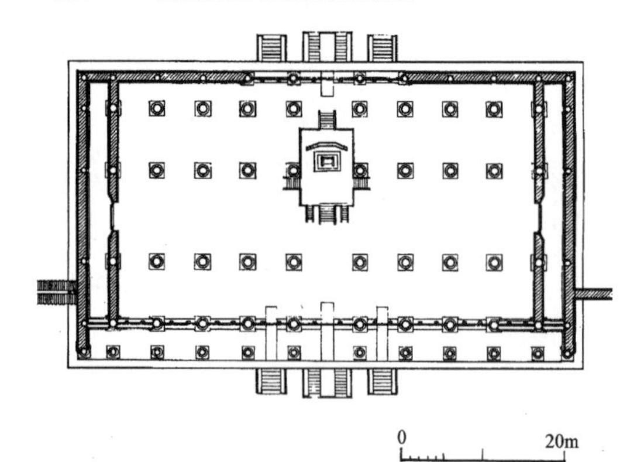

图 3-39　清代北京宫殿太和殿平面图

图 3-41　北京紫禁城储秀宫东梢间八方罩

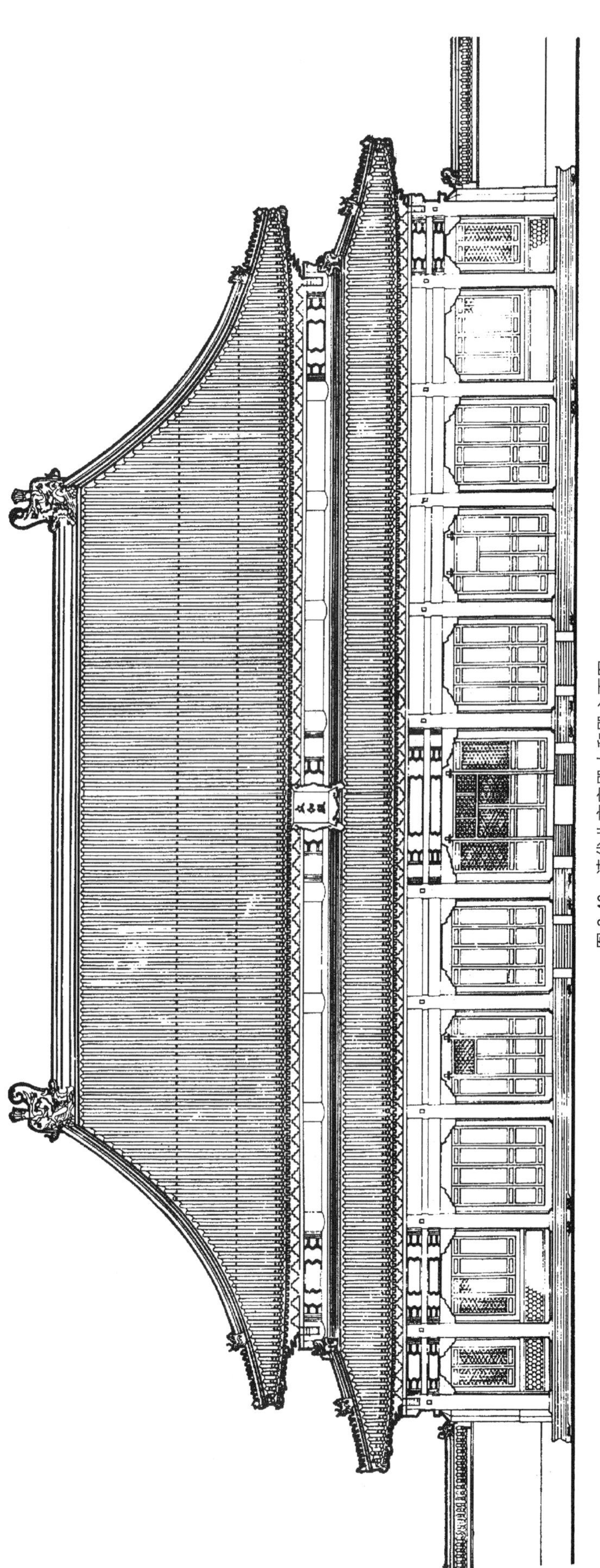

图 3-40 清代北京宫殿太和殿立面图

第二节　盛京宫殿

努尔哈赤于1616年建立后金政权后，曾先后在建州（今辽宁省新宾县）、赫图阿拉、界藩山、萨尔浒（今辽宁抚顺县）经营过宫室，一般皆为青砖民房形式，栅木为墙，宫室混居，稍后才建立办事建筑“大衙门”。自进入辽沈地区，首先营造辽阳城，在城区山冈上修建了琉璃瓦的八角殿和汗宫[46]，开始初具宫殿雏形。天命十年（1625年）定都沈阳，改名盛京，一方面从东、南、西三个方面扩展旧城，一方面在沈阳城中心偏北处建造宫室，历史上称之为盛京皇宫。清兵入关以后，盛京改为留都，称留都宫殿，或奉天行宫，今俗称沈阳故宫。

盛京宫殿是清代入关以前的施政中心，是肇业重地，基本规模形成于清代初期，距今已有370年的历史，它反映了清初建筑艺术及技术风貌，具有特定的历史价值。

盛京宫殿的总体布局分为东、中、西三路，占地面积63000余平方米，共有房间419间，规模虽没有北京故宫宏钜，但也算是一组大建筑群了。沈阳故宫是分为三期陆续建造起来的，东路大政殿及十王亭始建于天命十年（1625年），努尔哈赤时代；中路大清门、崇政殿、凤凰楼及后五宫始建于天聪六年（1632年），即努尔哈赤之子皇太极初年；中路两侧的东西两所行宫及崇政殿配套建筑建于乾隆十年（1745年），西路文溯阁及嘉荫堂戏台建于乾隆四十六年（1781年）。沈阳故宫三路的规划布局及建筑皆各有特色。反映不同历史时期的建筑思想取向，在建筑史学上有着重要的价值（图3-42）。

东路建筑为早期皇帝临朝举行大典之处，主体建筑大政殿为一重檐八角攒尖亭式建筑，黄琉璃

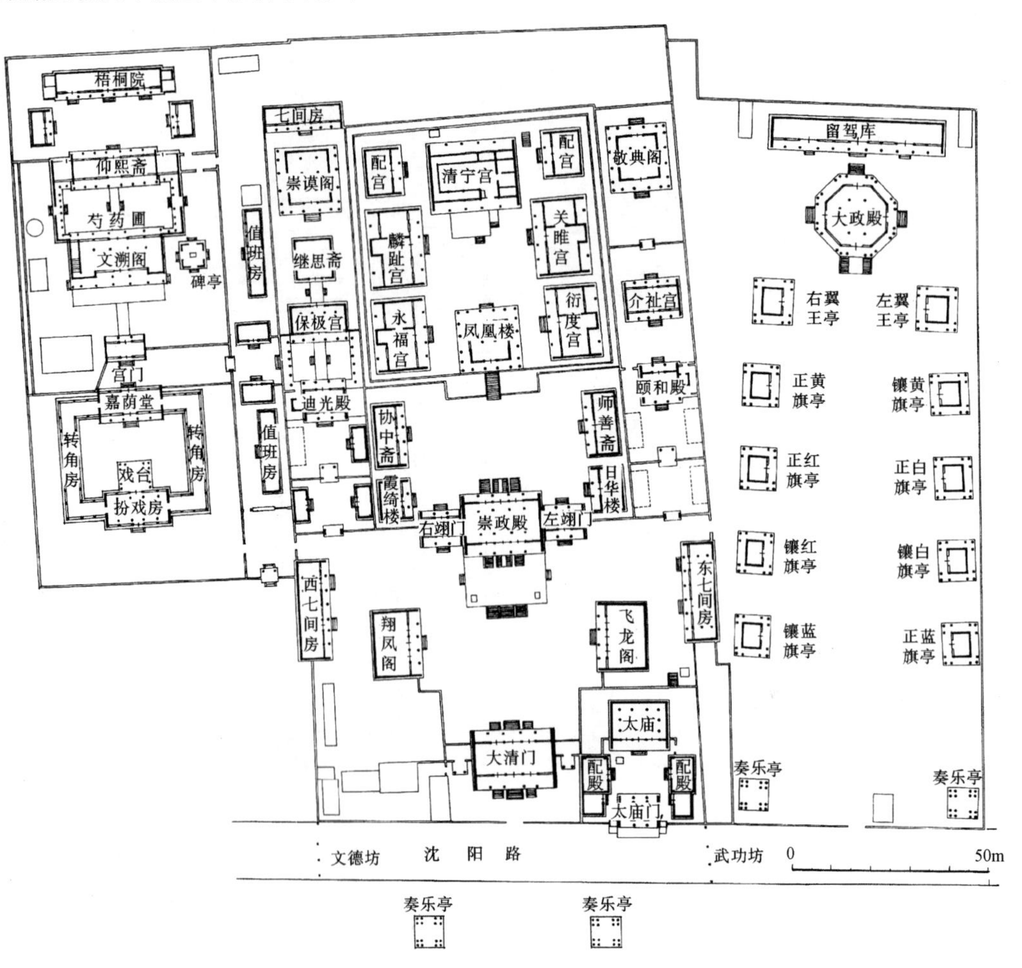

图3-42　辽宁沈阳盛京宫殿平面图（据曹汛先生图稿）

瓦绿剪边的屋面。以八角为主殿的宫殿历史实例尚未出现过，这种形式可能借鉴于早期辽阳城八角殿的形制，也可能与游牧时期的帐房形式有某种联想（图3-43、3-44）。大政殿正面前檐柱有两根木雕涂金蟠龙围绕，益增殿堂的雄伟。大殿的彩画、藻井皆以龙为题材，以强调君临天下的帝王气概。大政殿前为一纵长广场，长约140余米，两侧排列着造型相同的十座方形亭阁建筑，其总平面略呈八字形开敞布置，这十座建筑称为“十王亭”，是左右翼王及八旗旗主办公的地方。其排列次序按八旗序列安排，以左为上，两侧分置，左翼、右翼、镶黄、正黄、正白、正红、镶白、镶红、正蓝、镶蓝。最南边东西置奏乐亭。八字布局使广场的深远感更为增强，是巧妙利用视感错觉的一种布局方式。八旗是后金政权早期建立的一种军制，各旗皆是统管地方行政、军政权力的部落政权实体，每遇大事，努尔哈赤都在王殿两侧支搭八座帐幕，与八旗诸王共商国事，具有联合政体的性质。沈阳故宫大政殿的布局正是这种临时帐篷演化成固定的建筑的变体，是清代早期政治制度的体现[47]。皇太极即位后，为加强中央集权，削弱诸旗大臣权力，设立三院六部衙门，八旗朝典逐渐废弛。大政殿建筑组群一反传统横长形建筑围合院落的空间模式，而完全采用点式建筑组合，在尺度、比例、色彩、装饰繁简方面都有精心的创意，整体效果十分协调，气势凝重，是很成功的宫廷建筑实例。

图3-43　辽宁沈阳盛京宫殿大政殿及十王亭

中路建筑布局是太宗皇太极时代的宫廷中心，采用前朝后寝的布局形式。前朝主体为听政、理事的崇政殿（图3-45），正南为大清门，是群臣候朝之所，左右有飞龙阁，翔凤阁。后寝主体建筑是供帝后居住的寝殿清宁宫，两侧各有两座妃子居住的宫殿，名为关雎、衍庆、麟趾、永福，合称五宫。在五宫前面建有一座三层高阁——凤凰楼，作为后寝的入口（图3-46）。全部寝宫建筑建在一个3.8米高，62米见方的高台上，四周围有重墙更道，保卫森严。中路建筑的体量皆不甚大，最宏阔的崇政殿不过五开间，且为硬山山墙。建筑皆为黄瓦绿剪边，说明后金时代经济实力尚不充裕，但建筑装饰却极繁丽，正脊、垂脊、博风板、墀头腿子墙，皆为雕饰复杂的五彩琉璃面砖贴面[48]。内檐建筑彩画多为类似金龙和玺式样，以及行龙流云包袱图案。大殿的石栏雕刻亦十分富丽，与清昭陵的石刻风格类似。清宁宫内檐完全是按满族习俗布置的，该宫五间十一檩，入口不居中，而开在东次间。入门至西山墙为一统间，为萨满教祭祀时的神堂，围南西北三面设炕，称万字炕。北炕东端有两口大铁锅，南炕东端有案台，用以杀猪、煮祭肉。每当举行祭神仪式完毕以后，君臣围坐万字炕共食祭肉。清宁宫前左侧庭院中还设立索伦杆，顶端有锡斗置肉祭天。清宁宫的东尽间为暖阁，用落地罩分为南北两小间，设有南北炕，为皇帝寝卧起居之处。清宁宫这种寝宫制度，在入关以后传入北京紫禁城，并据此式改建了坤宁宫。中路建筑体量虽小，但布局紧凑，尺度合宜，凤凰楼高耸的造型成为联系前朝后寝的过渡点，高差错落，变化有致。中路建筑在气势上虽然稍逊历史上朝寝建筑，但艺术上却也独有魅力。

图 3-44　辽宁沈阳盛京宫殿大政殿

图 3-46　辽宁沈阳盛京宫殿凤凰楼

图 3-45　辽宁沈阳盛京宫殿崇政殿

中路两侧在乾隆年间增建了东所、西所两处行宫建筑，以为皇帝巡视盛京驻跸之所。东所有颐和殿、介祉宫、敬典阁，为皇太后居住及收藏玉牒的处所；西所有迪光殿、保极宫、继思斋、崇谟阁是皇帝及后妃居住的地方。其中尤以介祉宫及继思斋的装修最为精丽。继思斋面积不大，进深面阔均为三间，内部却分成九个小间，“室不过丈，皆席地”，中间为皇帝寝处，后妃寝处及书房、佛堂、盥洗等休闲用房环列四周，小巧玲珑，居住气氛极佳。

西路建筑是以庋藏《四库全书》副本的文溯阁为契机，而兴建的一组读书、娱乐的建筑群，分为两部分。南部为嘉荫堂、戏台，与两侧转角房共同组成闭合院落，是皇帝观戏之处；北部为文溯阁，仰熙斋及梧桐院一组书房建筑，为读书之所。文溯阁建于乾隆四十六年（1781 年）是存放《四库全书》及《古今图书集成》两大部类书的地方。建筑全仿宁波大藏书家范钦所建天一阁形制，六开间，两层，硬山黑琉璃瓦顶，绿色调彩画，以寓以水制火，灭灾护书的意义。

从盛京宫殿这座清代早期建筑中，可以看到若干有意义的建筑现象：

首先，它反映出女真族的民族特色，这些特色在入关以后的建筑中慢慢消退，而不为人们所了解。如大政殿一组建筑选用点式布置建筑，带有游牧民族的帐房特点。在以后历代清帝每年至围场举行木兰秋狝或行军驻跸时，黄布城内的行幄，即是帐房的形式。乾隆在避暑山庄万树园接见各部族首领宴请观戏，亦是在草地上搭制一批大帐，作为接见场所，都说明了对往昔女真族游牧生活的怀念。十王亭的布局是反映后金政权初期的八旗军制特色，是政治上实行八和硕贝勒共治国政的具体反映[49]，是权力特质的象征。清入关以后，八旗仅作为一种军事组织形式，不参与政治，因此这种别开生面，独具一格的朝宫形式再也没有出现过。清宁宫一组寝殿建筑建在高台上，亦是符合满族先人女真族渔猎生活习惯的建筑手法，为便于猎兽，女真族人多居于山地。努尔哈赤初期所建的几座都城如建州老营、赫图阿拉、辽阳城等皆是将宫室建于山地或山坡之上，一脉承传至沈阳皇宫。高台建宫还有一定的瞭望与防卫的性质，这也是后金政权多年争战所形成的警戒心理的折射。此外清宁宫是按满族习俗布局的，入口开在东次间，四间明间呈口袋形，三面设万字炕、大锅、肉案，槛墙外有烧火口，以攀缘式烟道贯通所有火炕及火地，排烟的烟囱独立设在墙外地面上，而不像汉族民居依附在山墙上。这都是居住在寒冷地区的女真族民居特色，当地人称之为“口袋房，蔓枝炕，烟囱立在地面上”。在沈阳故宫中还设立储有肉类的肉楼、储干鲜果品的果楼及熬蜜房、蜜库、炭楼等建筑，皆与满族的生活习惯有关。清宁宫内祭神活动及宫前索伦杆等皆为按满族信奉的萨满教的宗教要求而设。甚至宫殿的满汉文匾额，满文在左，汉文在右，也是后金时代突出本族语言的措施，而入关后进一步汉化，才将满汉字位置互调。以上种种可见，在沈阳故宫建筑中，反映出相当多的满族民族特色。

其次，盛京宫殿反映出满族帝王逐渐接受汉文化的过程。从三个时期建造的三路宫殿得到充分的印证。东路大政殿十王亭是后金时期军政一致，联合政权的体现。而且朝寝分开，不设在一处[50]。这些与汉族传统封建礼制的要求是不相吻合的，说明当时社会尚处于奴隶制转化的时代。而皇太极时期，大量任用汉人为官，接受汉文化，在宫殿建筑中，按汉族礼仪的前朝后寝之制另建中路宫室，将原来东路大政殿撇在大内之外。同时效仿汉人政治机构建立三院六部衙门于大内之外，众官皆在大清门晨夕候朝。此时建造的宫室多为硬山屋顶，基台低矮，体量亦不甚宏钜，说明建筑艺术上的追求尚不严格。而乾隆时期对沈阳宫殿的扩建进一步完成了对宫廷建筑的礼制化，如建造东、西所行宫完善了后妃寝居系统，大清门左侧增建太庙，是依《周礼》“左祖右社”的要求建立的。特别是西路文溯阁及嘉荫堂两组建筑更增加了宫殿的书卷气与游乐气氛。在文溯阁、仰熙斋间的小院布置成芍药圃，以及后院的梧桐院更说明这组建筑是起了御花园的作用。至此沈阳故宫中殿、寝、庙、宫、书阁、戏台、花园皆备，组成完整的封建帝王居处，而且建筑华丽，歇山式屋面增多，廊庑周回，雕饰及彩画增繁，室内应用硬木装修花罩，庭院叠石栽花，有园林化气氛，表现出较高的建筑艺术趣味。上述三组建筑可以明晰地展示出清代帝王汉化的全过程。

第三，盛京宫殿融合了汉、满、蒙、藏各族艺术风格，形成艺术的综合体。后金女真族崛起东北，形成寒冷地区游牧特色的满族文化。同时在与明朝长期对峙中，汉族移民、战俘、工匠大量融入满族地区，带来了汉族物质文化及精神文明，包括建筑技术。皇太极时期更注意录用明代降官，招募各族工匠艺人等。后金政权初期为联合安抚蒙古各部族，主动与喀尔喀王公联姻，并吸收蒙古部族参加后金政权，成立蒙古八旗，以扩大势力对抗明朝。在联蒙的过程中，亦注意推广崇奉蒙族信仰的藏传佛教，实行建造寺院，优礼传教的大喇嘛，与西藏达赖、班禅建立联系等项措施。清代初期的社会文化涵盖了满、汉、蒙、藏各族的文化因素，这一点在盛京宫殿建筑中显示得特别清晰。例如宫殿木构的基本技术是汉族形制，梁枋、斗栱、装修、藻井、琉璃、室内陈设等，估计皆出自汉族工匠之手。乾隆时期建筑的内檐装修皆为北京宫廷内工所造，如介祉宫、颐和殿内的藤枝花叶天然罩及宝座屏风，其工艺水平不亚于北京紫禁城内宫装修，甚至装饰纹样中大量用龙纹，更是受汉文化的影响所致，可以说沈阳故宫的基本格调是汉族建筑艺术风格的。但局部处理及细部作法却糅合许多兄弟民族的技艺，如清宁宫万字火炕以西炕为上，一码三箭直棂式大支窗，独立式烟囱及火地，宫室高台基，装饰性的腿子墙等为满族建筑惯例，而建筑中使用方柱，方形复莲石础，柱头兽面装饰，龙形抱头梁等则是蒙族木构建筑中常用的手法。而彩画中的梵字，大清门檐柱的柱帔雕刻、托斗、大替木，刻镂额枋看面，以及大清门、崇政殿等处门枋上用的由莲瓣、金刚结、短椽、云纹组成的装饰带，都是藏传佛教艺术中常见的做法（图 3-47）。这种诸种艺术的混合现象，在乾隆时期大规模建设中曾再度出现，而盛京宫殿建筑应是启端。

盛京宫殿是满族建筑文化逐渐汉化的佐证，也是兼收并蓄，陶冶各族建筑文化于一体的范例，同时又是反映清初建筑概貌的实体，故其在清代建筑史中有着特殊的地位。

图 3-47　辽宁沈阳盛京宫殿崇政殿蒙藏风格的细部装饰

注释

[1]《明史·成祖纪》称：永乐四年，诏以明年五月建北京宫殿；《明史·地理志》称：永乐四年闰七月建北京宫殿。实际只是开始整理场地、备料、集工、修建城垣、宫墙等项工作，真正大规模开始兴建紫禁城宫殿工程是在十五年动工。故《春明梦余录》六载“北京宫殿悉仿其制（南京宫殿制度）永乐十五年起工，至十八年三殿工成。”《永乐实录》亦有如是记载。

[2] 见《明宫史》金集“宫殿规制”刘若愚著。

[3] 见《建筑历史研究》第三辑，建筑历史研究所编“关于明代宫殿坛庙等大建筑群总体规划手法的初步探讨”傅熹年。

[4]《明史·李自成传》卷三百零九：“（四月）二十九日丙戌僭帝号于武英殿，追尊七代皆为帝后，立妻高氏为皇后，自成被冠冕，列仗受朝，金星代行郊天礼。是夕，焚宫殿及九门城楼，诘旦，挟太子、二王西走……”。

[5]《蒋氏东华录》“顺治元年九月，车驾自正阳门入宫御皇极门颁诏大赦”。《圣武记》“（顺治元年）十月朔……上御皇极门授吴三桂平西王敕印”。《张文贞公集》“顺治元年十月，上御皇极门，晋多罗豫郡王多铎为和硕豫亲王”。《清世祖实录》“（顺治元年十月初十日）上御皇极门颁即位诏于天下，以多尔衮功多，加封为叔父摄政王”。

[6]《日下旧闻考》卷三十三：“我朝定鼎，凡前明弊政划除务尽。宫殿之制，概从简朴，间有兴葺，或仅改易其名。”

[7] 据刘敦桢先生考证皇城宫殿衙署图约成图于康熙十八—十九年间。见“清皇城宫殿衙署图年代考”中国营造学社汇刊六卷二期。

[8]《乾隆京城全图》据考证成图于乾隆十五年。

[9] 明清两代宫城三大殿失火达五次，第一次，明永乐十九年（1421 年）（距建成仅一年）；第二次，明嘉靖三十六年（1557 年）（延烧所有门廊及午门等）；第三次，万历二十五年（1597 年）（延烧至后两宫及文昭、武成二阁周围廊房）；第四次，顺治元年（1644 年）（李自成焚明宫）；第五次，康熙十八年（1679 年）（三大殿全部焚毁）。

[10] 两庑台基宽度与太和门内两庑宽度相等，而房屋进深缩小甚多，改动之迹十分明显。

[11]《日下旧闻考》卷三四，宫室，明二。

[12]《日下旧闻考》卷三四,宫室,明二“建极殿居中,向后高踞三缠白玉石栏杆之上者云台门也”。相同记载又见于《芜史》。

[13]《宸垣识略》卷二，大内“明宫室坤宁宫北有围廊曰游艺斋，与御园相接，其钦安殿后顺贞门即坤宁门，今改围廊为坤宁门，而界御园于外。”

[14]《日下旧闻考》卷三十三引《春明梦余录》“坤宁宫皇后所居”。引《北略》“（李自成围攻城破）周皇后（思宗后）还坤宁宫自经”。

[15]《啸亭杂录》“续录”卷一“派吃跳神肉及听戏王大臣”条。

[16]《清宫述闻》引《国朝宫史续编联句》注。

[17]《清宫述闻》引《清世祖实录》“位育宫连廊共九间，左右配殿连廊各七间”。

[18]《清宫述闻》“康熙八年正月谕工部‘奉太皇太后旨：皇帝现居清宁宫，即保和殿也。以殿为宫，于心不安，可将乾清宫、交泰殿修理，皇帝移居彼处，’朕谨遵懿旨移居，尔部即选择吉日修理。”

[19] 御门听政是古代留传下来理政的一种形式，在宫门听各部院奏知重要的国家大事，皇帝听毕降旨，内阁承旨办理。但后来御门听政在礼仪上的作用远大于实际处政的作用。

[20]《清宫述闻》引清乾隆帝《圣祖千叟宴》诗跋语。又见《养吉斋从录》。

[21]《清宫述闻》引《清嘉庆‘养心殿联句’注》“我皇祖世宗宪皇帝雍正年间始缮葺养心殿，为寝兴常临之所，一切政务如批章阅本，召对引见，宣谕筹机，一如乾清宫……”。

[22] 军机处是雍正时新设置的由皇帝直接管辖的机构，禀圣意负责处理军国大事。因为当时用兵西北，怕泄漏军机，贻误时日，乃于寝宫近地设此机构，便于宣召。

[23]《清宫述闻》引《清嘉庆‘养心殿联句’注》“正殿十数楹，合两序配殿及围房直舍亦不过数十楹，其中为堂、为室、为斋、为明窗、为层阁、为书屋。所用以界隔者或屏、或壁、或纱橱、或绮栊、上悬匾牓以为区别。”

[24]《清宫述闻》引《嘉庆十四年谕旨》“东头所、二所，嘉庆十四年尚为皇子等所居”。

[25]《养吉斋从录》卷十七“重华宫，旧为乾西二所，高宗潜邸也，当赐居时，成大婚礼于此。登极后，升为宫，屡经缮治，耀以璿题。”

[26]《清宫述闻》引《清乾隆六十年谕旨》“重华宫为朕藩邸时旧居，朕颇加修葺，增设观剧之所，以为新年宴赉廷臣，赋诗联句，蒙古回部番众赐宴之地。”

[27] 同上，引《清乾隆五十五年谕旨》“朕为皇子时，于雍正五年大婚，自毓庆宫迁居西二所，践阼之后，升为重华宫，其后渐次将四五所构为建福宫、敬胜斋等处，以为几余游憩之地。”

[28]《国朝宫史》卷十三　宫殿三　建福宫条。

[29]《日下旧闻考》卷十六　国朝宫室　建福宫条，《乾隆四十四年御制建福宫题句》“……图兹境清凉，结宇颇幽邃，庶可逭烦暑，以为日后备……”注曰“后葺建福宫，以其地较养心殿稍觉清凉，构为邃宇，以备慈寿万年之后居此守制……。”

[30]《国朝宫史》卷八，典礼四“太皇太后……皇太后居慈宁、寿康、宁寿等宫，奉太妃、太嫔等位随居”。

《清稗类钞》“宁寿宫为奉太后所居，每晨后妃均往候起居，谓之跪安”。

[31]《清宫述闻》引《清圣祖实录》“康熙二十八年十一月，上谕大学士、内务府总管等‘朕因皇太后所居宁寿旧宫，历年已久，将建新宫，比旧更加弘敞辉煌，今已先成，应即恭奉皇太后移居’云云。”

[32] 孝庄皇后为清太宗皇太极之后，死于康熙二十六年（1687）享年 75 岁，在康熙御制《宁寿宫颂》中亦多用“天开寿域”、“南极添筹”、“福祉永绥”、“恭献长寿”等词，显然宁寿宫是居住年岁极高的老人。而《景福宫颂》中则用“慈颜懿教，祗奉铭箴。”“淑德纯嘏，萱枝茂林”等，显系恭颂母后之词。另《日下旧闻考》中引《乾隆景福宫五福颂》序中说“宁寿宫后曰景福宫，我皇祖奉孝惠皇太后所居也”。

[33]《国朝宫史续编》“宁寿宫乾隆壬辰敕葺，备归政后万年尊养之所。洎丙申落成，奉皇太后称庆。”

[34]《清宫述闻》引《墨云室注》“‘古墨记’中载明，毕沅所进，长盈尺，博二寸，厚十分寸之二，匣刻晁氏记，僧法一所藏，南唐李廷珪之物。”

[35]《清宫述闻》引《清乾隆‘宁寿宫铭’引》“国初定鼎燕京，则于乾清宫后殿坤宁宫行祀神礼，一如（奉天）清宁宫之制，至今遵循旧章。余将来归政时，自当移坤宁宫所奉之神位，神竿于宁寿宫，仍依现在祀神之礼。”

[36]《清宫述闻》引《内务府奏销档》。

[37] 另据《啸亭杂录》续录卷一"千叟宴"载嘉庆元年千叟宴，予宴者达5900余人。

[38]《清宫述闻》引《清高宗实录》"乾隆五十九年谕，'宁寿宫，乃朕称太上皇后颐养之地，在禁垣之左。日后尤不应照雍和宫之改为佛宇。其后之净室、佛楼，今有之，亦不必废也。其宫殿，永当依今之制，不可更改。若我大清亿万斯年，我子孙仰膺天眷，亦能如朕之享图日久，寿届期颐，则宁寿宫仍作太上皇之居。"

[39] 文渊阁平面规制参见《清文渊阁实测图说》刘敦桢 梁思成《中国营造学社汇刊》6卷2期。

[40]《清高宗实录》乾隆三十九年六月二十五日乙未查勘天一阁上谕"丁未谕军机大臣等，浙江宁波府范懋柱家所进之书最多，……闻其家藏书处曰天一阁，……自前明相传至今，并无损坏，其法甚精，著传谕寅著亲往该处看其居间制造之法若何，是否专用砖石，不用木植，并其书架款式若何，详细询察，烫成准样，开明丈尺呈览。"

[41] 文渊阁贮书情况：下层中三间广厅两侧十二架贮《古今图书集成》，左右两楹共贮经部二十架，中层贮史部三十三架，上层中部贮子部二十二架，两侧贮集部二十八架。每册书面绢色不同，经用黄，经解用绿，史用赤，子用蓝，集用灰，夹板绸带及匣上书签俱同。

[42]《明宫史》金集 宫殿规制"其两旛杆插云而建者，隆德殿也，旧名玄极宝殿，隆庆元年夏更曰隆德殿，供安玄教三清上帝诸尊神，万历四十四年十一月初二日毁，天启七年三月初二日重修，崇祯五年九月内将诸像移送朝天等宫安藏。六年四月十五日更名中正殿，东配殿曰春仁，西配殿曰秋义。"

[43]《清宫述闻》引《清乾隆三十四年英廉奏折》。

[44] 据康熙十八年《清皇城宫殿衙署图》中，此处尚无建筑。

[45]《日下旧闻考》卷七十一官署"总管内务府大臣，无定员，于满洲文武大臣或王公内简用，掌内务府一切事务。奉宸院、武备院，上驷院并隶焉，所属广储、会计、掌仪、都虞、慎刑、营造、庆丰七司。"

[46] 据《盛京皇宫》一书记载，"辽阳东京城的宫与殿分设两处。努尔哈赤的殿堂，即办事的"大衙门"为八角形，俗称"八角殿"。内外有排柱十六根，柱径45厘米，殿顶系用黄绿两色琉璃瓦铺成，殿内和丹墀上满铺六角形绿釉砖。"

[47] 乾隆曾有诗赞颂大政殿的布局称"一殿正中居，十亭左右分，同心筹上下，合志立功勋，辛苦缅相共，规模回不群，世臣胥效落，宗事更摅勤"。清仁宗颙琰（嘉庆）亦有诗赞称"大政居当阳，十亭两翼张，八旗皆世胄，一室汇宗璜"。

[48] 清代初年未进关前，即有山西琉璃匠人定居在辽宁海城侯家窑村（又称黄瓦窑）。沈阳故宫所用大量琉璃件即产于海城。辽阳城八角殿龙砖彩瓦亦为该窑供应，努尔哈赤时曾因其有功于宫室建设，特封侯氏传人侯振举为五品守备官。

[49] 据《满文老档》卷九，天命四年三月条称，努尔哈赤立国之初，凡遇军国大事必于"殿之两侧搭八幄，八旗之诸贝勒、大臣于八处坐"，共商之。说明君臣共治的制度早就实行了。

[50] 据第一历史档案馆所藏"盛京宫阙图"标注努尔哈赤居住之宫室位于北城墙根，与沈阳故宫有数条街巷之距离。这与早期建造的辽阳城的宫与殿（大衙门）分开是一致的。

参考书目

《中国美术全集·建筑艺术编·宫殿建筑》于倬云 楼庆西编 中国建筑工业出版社 1987年

《中国古建筑大系·宫殿建筑》茹競华 彭华亮编 中国建筑工业出版社、光复书局 1993年

《盛京皇宫》铁玉钦 王佩环著 紫禁城出版社 1989年

《清代内廷宫苑》天津大学建筑系编 天津大学出版社 1986年

《明清两代宫苑建置沿革图考》朱偰 商务印书馆 1947年

《中国宫殿建筑》赵立瀛 何融 中国建筑工业出版社 1992年

《故宫建筑》故宫博物院 文物出版社 1959年

《紫禁城宫殿》故宫博物院 商务印书馆香港分馆 1982年

《国朝宫史》鄂尔泰 张廷玉编 北京古籍出版社 1987年

《日下旧闻考》于敏中等编 北京古籍出版社 1981年

《清宫述闻》章乃炜 王蔼人编 紫禁城出版社 1990年

《紫禁城宫殿》于倬云编 商务印书馆香港分馆 1982年

《故宫札记》单士元 紫禁城出版社 1990年

第四章 园　　林

第一节 概述

清代园林建设可以说是中国古典园林艺术的集大成时期，也是中国古代社会园林发展史最后一个繁盛时期。在中国园林史上曾出现过秦汉时代基于狩猎、种植为造园意趣的自然苑囿类型的园林；也有过两晋至唐反映农业经济的山庄式园林；以及宋元以来受山水诗画影响，完全以怡情养性为目的的写意式山水园；明代以来，官僚富商等市民上层人物喜欢建造观赏性的小型缩微式山水私家园林。延至清代，可以说中国传统造园艺术已经积累了丰富的经验与理论，有过相当广泛的实践，为进一步发展园林艺术奠定了丰厚的基础。园林是一项深刻而细致的文化建设，又是一项耗资巨万，旷日持久的土木工程，因此没有一定的政治稳定条件与雄厚的物质基础，是不易获得发展的，故宋人李格非在《洛阳名园记后》中曾说过“天下之治乱，候于洛阳之盛衰可知；洛阳之盛衰，候于园囿之兴废而得”。园林的建设程度与水平直接反映出综合国力的厚薄。清代园林的发展同样是由各方面的社会经济因素所决定的。

清兵入关，定鼎中原，继之削平三藩之乱，统一全国。康熙朝击败噶尔丹的叛乱，乾隆朝又平定了新疆回部及川西大小金川的叛乱，开拓疆土，形成中国历史上版图最大的统一集权大帝国，一直持续到嘉庆朝，前后约有150年的政治稳定时间，为经济文化建设的发展开创了局面。清代主要的园林建设皆形成于这个时期。

清初鉴于明末封建经济的衰颓，而采取积极的农业政策，以恢复农业生产。减免赋税，奖励垦荒，修治黄河，改革赋役制度，造成清初耕地面积的增加和农业人口的增殖，小农经济有所恢复与发展。同时也带动了手工业及商业的繁荣，社会财富有了一定的积累，为官僚、地主、富商修造园林提供了经济保证。

由于清初文字狱的禁锢，思想界的开拓精神受到压抑，守成之风、考据之风盛行，因此怀古的思想笼罩学术界，游宴之乐成为士大夫向往的生活享受。同时经济发展又培育了一批市民阶层，因此追求实用目的及生活趣味的思想倾向影响着文化的各方面。作为文化表现形态之一的园林艺术也呈现出丰富多彩、绮丽纤巧的风格，而豪放、豁达之风却日渐消失。

另外，清初几代帝王如玄烨、弘历等人积极吸收汉文化，推崇礼乐儒术，醉心诗文，而且以其高水平的文化修养，形成了自己一套园林观点，对皇家苑囿的建设也起了积极的影响。就是一般士流及退隐官宦也是亲自参加造园构思及建造，以寄托情怀。就连盐商富贾也往往附庸风雅，接交文士，并礼聘文人参加其私园的营造。因此文人园林在清代仍得到一定的发展。由于知识阶层的介入，使清代园林中尚能表现出浓厚的艺术趣味。

当然，处于封建制度行将解体时期的清代园林也同其他封建文化形态一样，正处于改革转变之际。作为中国古典园林精粹的园林山水意境逐渐削弱，园林手法趋于程式化，世俗生活意趣逐渐增多，导致建筑空间艺术在园林中的比重加大。同时为适应市民阶层的文化要求，带有公共性质的寺观园林、郊野地及风景区的景点建设逐渐增加。随着资本主义因素的增加，一些欧洲建筑形制也糅合在中国园林中，预示着中国园林将走向一个新时期。

清代园林的发展大致可分为三个阶段，即清初的恢复期，乾嘉的鼎盛期，道光以后的衰颓转化期。

一、恢复期

包括清初顺治、康熙、雍正三朝（1644～1735 年）约百年时间。此时期虽然是全国一统局面，但为恢复明末战乱的创伤，解决内部诸王纷争，平息民族离异情绪及叛乱，仍需做大量工作，无暇进行大规模的游宴苑囿的建设，以提倡简朴、务实、休养生息为主旨。清王朝入关定都北京，基本沿用原明代的宫殿、坛庙、苑囿，稍加裁撤调整。就园林方面说，大内御苑内的景山、御花园、慈宁宫花园均为明代旧貌。明代的小南城的东苑已改为王府及佛寺，不复存在。西苑的规模则大为缩小，原明代北海，中海两岸的大量宫殿，如凝和殿、嘉乐殿等皆已废毁。顺治八年（1651 年）在琼华岛明代广寒殿旧址上建白色喇嘛塔及永安寺，初步改变了西苑景观面貌。而南海则作了较重大的修缮及增建，新建了勤政殿、丰泽园、瀛台一大批建筑，成为康熙朝处理日常政务，接见臣僚的视朝之地。与明代西苑相比较，三海御苑的政治生活内容明显增多。

清初在政局基本稳定之后，皇家园林建设逐步转移到行宫及离宫苑囿建造方面来。这一点与清代初期帝王多为马上天子，久经战阵，驰骋疆场，接触自然山川环境较多，对山林风景寄予极大的感情有关。清初除将南苑扩建成狩猎演武之地以外，康熙帝选中了具有优良的自然条件及地理位置的北京西北郊及承德地区作为建设离宫的所在地。

北京西山为燕山余脉。环抱在北京西北，腹心之内又有两座山峰，即玉泉山及瓮山，再往内收则为海淀镇。镇附近泉水丛聚，湖泊连属。所谓“风烟里畔千条柳，十里清阴到玉泉”[1]。这样一片山水相连、林木茂盛的郊野形胜地，历来为帝王游憩之最佳处所，辽、金时代即建有香山行宫、玉泉行宫等。明代建于海淀镇北的皇亲李伟的清华园、富商米万钟的勺园，皆是脍炙人口的名园。故北京西北郊的园林建设早就有一定的历史基础。香山为西山山脉北端转折处的一个小山系，峰峦秀丽，有幽静的山谷，也有登高望远的山峰，背后西山如屏，前视则河湖岗阜连属。康熙十六年（1677 年）就在原香山金代行宫基础上建香山行宫，作为游憩之行宫御苑。十九年（1680 年）又在香山之东的玉泉山南坡建“澄心园”行宫，后改名“静明园”。这两处行宫的规模都比较小，建筑亦较简朴，仅为短期休息之所。康熙二十三年（1684 年）在海淀镇北的明代清华园旧址修建了一座大型的人工山水园——畅春园[2]。参加此园规划建造的有江南叠山名家张然，并由江南青浦画家叶洮绘制成“畅春园图”，因此在这座大型水景园的叠山理水方面引进了不少江南造园艺术的成功经验。畅春园建成后，康熙帝大部分时间居住于此理政，开清代帝王园居之先例。

康熙二十九年（1690 年）御驾亲征，在塞外的乌兰布通地区大败厄鲁特蒙古准噶尔首领噶尔丹叛军，维护了国家的统一。为训练士伍，防备边疆，怀柔蒙古，故定期北巡，并在塞外的木兰地区举行大型狩猎活动，“木兰秋狝”。届时召见赏赍蒙古王公及勋臣，对维护国家安全起了很大作用。康熙帝为了贯彻巩固北疆的政治意图，在四十二年（1703 年）选定了北巡中驻跸的一系列行宫之一的“上营行宫”（今承德地区），建造了比畅春园大得多的第二座离宫“避暑山庄”，于四十七年建成（1708年），共完成了四字命题的三十六处景点建设，称为康熙三十六景。避暑山庄是大型自然山水园，园中概括了山地、平原、湖泊三种地形，应用了苑囿、宫室、写意山水、缩微山水、模拟胜境等各种造园意匠，是中国古典园林的一次大兴造、大总结（图4-1）。

图4-1 清冷枚绘避暑山庄图（康熙时状貌）

雍正即帝位以后，忙于皇室内部的纷争，无暇顾及皇家园林建设，仅将其为太子时的赐园“圆明园”加以扩建，作为居住的离宫。自雍正三年（1725年）开始，终雍正之世，在园内大约完成了二十八处景点建设，形成以“九洲清晏”为中心的前湖后湖园林建筑布局（图4-2）。雍正时期还扩建了香山行宫及西郊不少赐园。

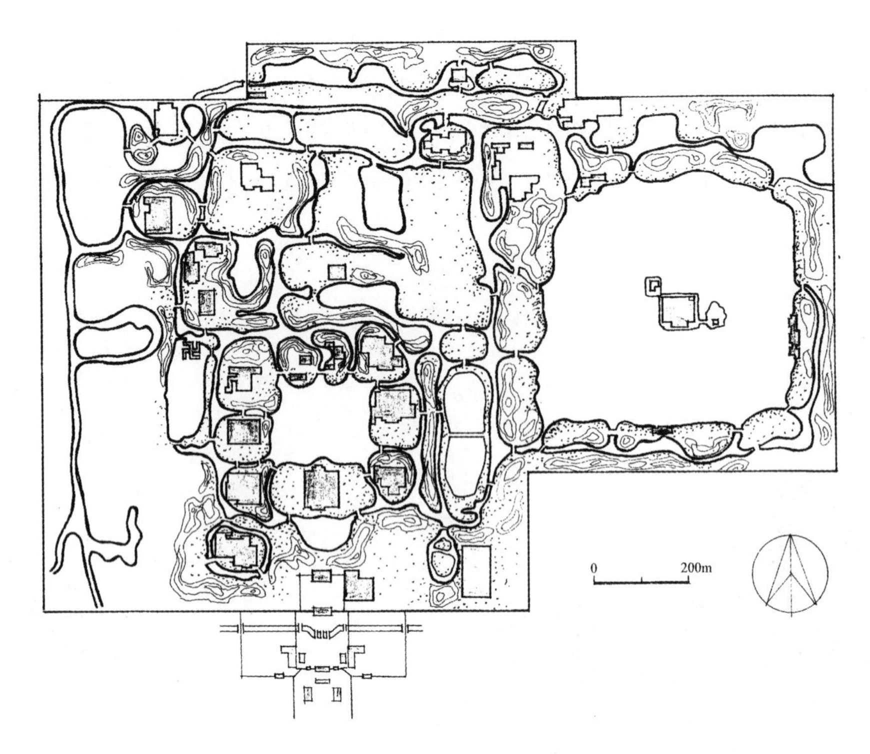

图 4-2　雍正时期北京圆明园平面图

清初宫苑建设一般都反映出简约质朴的艺术特点，不论畅春园还是避暑山庄皆是如此。整理地形要“依高为阜，即卑成池，相体势之自然，取石甓夫固有”，不作大规模的土石方工程。对于园林建筑设计也要“永惟俭德，捐泰去雕”，“曲房邃宇以贮简编，茅屋涂次略无藻饰，于焉架以桥梁，济以舟楫，间以篱落，周以缭垣，如是焉而已矣”[3]。在畅春园及避暑山庄的园林建筑中一律用青瓦屋面，不施彩绘，有些建筑还用草顶、原木，不施雕凿，不用贵重的汉白玉石料，就地取材，墙垣为块石砌造，与一般民间建筑不二。

清初私家园林亦有恢复，根据当时政治经济形势，多集中在江南和北京两地，江南又以扬州、苏州两城为最。扬州早就为东南繁盛的大都会之一，隋大运河开通以后，扬州成为江淮交通要冲，粮盐的集散地，经济地位日趋重要，沿运河大兴土木，楼台歌馆星罗棋布，一派升平气象。私家园林的建造亦复不少，如唐代樱桃园，宋代的郡圃、丽芳园、壶春园等皆是名园。金元以后城市衰落，至明永乐间，疏通大运河，重开漕运，扬州再度繁荣，成为江南最大的商业中心。经济繁荣带动文化的发展，巨商富贾的私园又空前兴盛起来，如梅花岭、郑氏四兄弟的四处园林等。同时造园活动又吸收了一部分文人参与，使园林的文学意境更为浓厚，如“园冶”的作者计成即参与了郑元勋的影园的设计。清初扬州城内宅园密布，至康熙年间，因皇帝南巡，园林逐渐向城西北保障湖一带发展，如当时的八大名园的王洗马园、卞园、员园、贺园、冶春园、南园、郑御史园、筱园等，皆在保障湖至平山堂一带近水之处[4]。这种现象为扬州水景园的发展提供了条件，也为下一阶段乾隆时期瘦西湖的水域园林集群的形成打下基础。苏州地处太湖水网地区，鱼米丰饶，气候温润，山清水秀，树木繁茂，自古即为消费休闲的胜地，官宦致仕还乡，购置田产，建园墅以为养老之处。同时苏州一地文风甚盛，明清以来显官名臣、诗文巨子极多，因此苏州宅园仍保持着士流园林的格调。清初苏州园林虽经战乱的破坏，但大致仍保持着明代以来的格局，如拙政园、艺圃、留园、西园等皆是明代遗留下来的旧园。又如无锡的寄畅园亦为明万历年间遗留的旧园，康熙年间再度改筑修整，延聘叠山家张钺重新堆筑假山，引泉水流注园中，成为一座蜚声江南的名园。北京为帝居之地，园林之设更盛于他处。北京的宅园大致有三类：一类为文人、官僚的宅园，如纳兰性德的绿水园、贾胶侯的半亩园、王熙的怡园、冯溥的万柳堂、朱竹坨宅园、汪由敦宅园、孙承泽宅园等。这些园林虽然面积不大，但主人为士流，构思雅逸，皆具林泉之美。同时一部分显官亦受秀美幽静的江南园林的影响，聘请江南文士或园林技工参加营造，故使北京园林亦达到较高水平，如半亩园即由“一家言”的作者李渔参加规划，园中假山亦出李渔之手（图 4-3）。另一类为王府花园。清初分封各王，北京城内王府占据很大的用地，其附设的花园要比一般的宅园大，如郑王府花园，礼王府花园等。再一类即是由皇帝将内务府掌管的明代封没的旧园，赏赐给皇室、姻亲及勋臣，供其使用，称之为赐园。这类赐园多集中在西北郊畅春园一带，如含芳园、澄怀园、自怡园、熙春园等。这类园林可借西郊水系的方便，因水设景，灵活流畅，与城内宅园、府园风格有所不同。

園營畝半

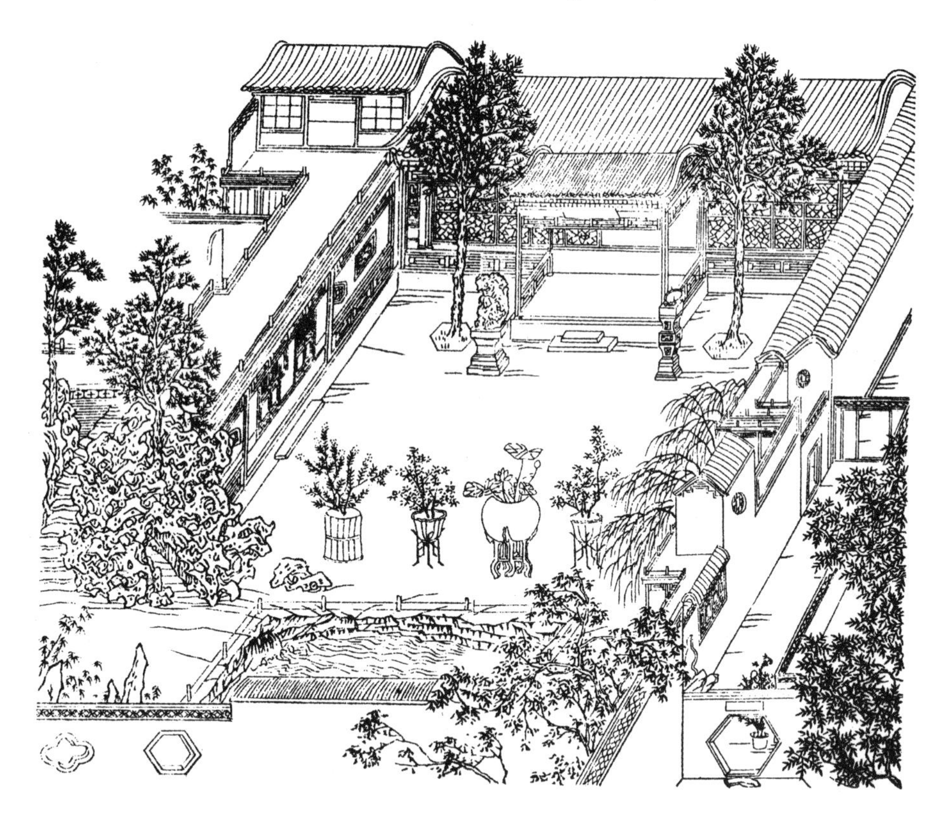

图 4-3　鸿雪因缘图记中的北京半亩园图

综观清初园林有如下几个特色。第一，清廷皇家园林多继承明代园林之遗物，未作大的改造，而加以利用，采取了一种积极的接受汉族文化的态度，为进一步发展皇家园林建立了起始点。第二，提倡简朴，追求自然风貌，野趣村风，表现出清代统治者骑射的传统，与大自然亲和的欲望，成为清代大规模建造离宫苑囿的契机。第三，文人参与造园及园主人的园林观念的深化，都较明代更为明显，促进了中国古典园林中文人园一派极盛的局面。第四，开始了江南园林的北渐，通过帝王南巡，南士入京为官，聘用江南画家文士、园林技艺工匠等渠道，使得南北园林得到交流，成为园林进一步发展的推动力。

二、鼎盛期

是指乾隆、嘉庆间（1736～1820 年）约百年时间，园林事业得到巨大的发展，显示了中国古

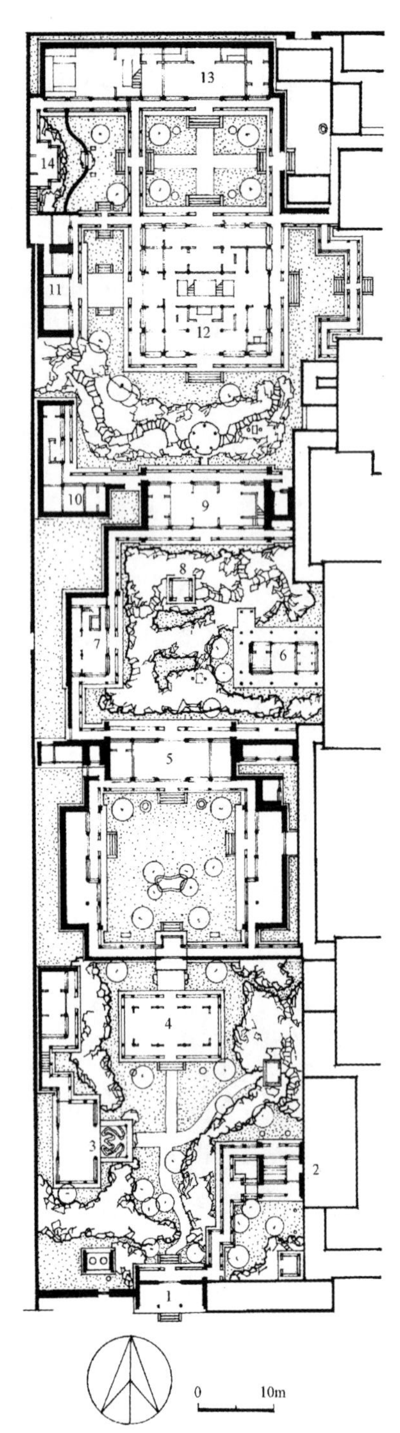

图 4-4 北京紫禁城宁寿宫花园平面图

1. 衍祺门 2. 抑斋 3. 禊赏亭
4. 古华轩 5. 遂初堂 6. 三友轩
7. 延趣楼 8. 耸秀亭 9. 萃赏楼
10. 养和精舍 11. 玉粹轩 12. 符望阁
13. 倦勤斋 14. 竹香阁

典园林的辉煌成就。乾隆皇帝挟百余年来休养生息所积累的物质财富及西征的十全武功，使清王朝达到前所未有的繁荣，史称“乾隆盛世”。不但政治经济发达，而且掀起一个皇家建园的高潮。乾隆帝弘曆有较高的汉文化修养，喜欢诗文书画，又喜游山玩水，在位时曾六下江南巡视，足迹遍于扬州、无锡、苏州、海宁、杭州，对江南如画的风景及精巧的园林十分醉心，所到之处均命御前画工将美景胜境描绘成粉本，以备建造皇家苑囿时参考。整个乾隆时期的建园活动几乎没有间断过，大小园林分布在宫城、皇城御苑、近郊、远郊、畿辅及承德等处。有些地区已经联络成片，为宋、明以来所未曾见的宏阔场景。

大内御苑方面，除了乾隆十五年（1750 年）增建景山五亭以外，重点是改造西苑，建造宁寿宫花园。西苑的面积较明代时的规模大为缩小，西部大部分用地变成民宅。乾隆时在北海琼华岛的西坡东坡北坡又增建了不少的建筑，经此次改建，琼岛的建筑比重增加，仙山琼阁的意境更为明显，作为全园构图中心的地位更为增强。与此同时，也注意到北海四面景色的建设，在北岸增建了镜清斋、西天梵境等六组建筑；东岸建造了画舫斋等一组景点；南岸改造了团城，留有西岸敞开，以便观赏西山层峦。此外，在中海西岸还整修了紫光阁，在南海南岸增建了宝月楼，成为瀛台岛的对景建筑。西苑经乾隆整顿以后，虽然面积缩小了，疏朗开阔的野趣减弱，但成景之处增多。以琼岛为中心，内观外视皆宜，且园中套园，空间转移，平添无数变幻。苑内佛寺增多，相应增添了浓郁的宗教气氛。宁寿宫是宫城外围东路的一组大建筑群，是乾隆三十六年至四十一年（1771～1776 年）经过改建，作为乾隆临政六十年后归老休闲之处所。宁寿宫花园在宁寿宫西侧（图 4-4）。这样大内除原有的御花园、慈宁宫花园以外，又新建了建福宫花园和宁寿宫花园，但这些花园仅是帝王后妃日常游览观赏的小型园林。

乾隆时期大规模的园林建设是在行宫、离宫御苑方面。乾隆三年（1738 年）扩建北京南苑，以后又在苑内新建团河行宫及衙署，专供狩猎阅武之用。乾隆初年至九年（1744 年）扩建北京西郊圆明园，增设景点，完成“圆明园四十景”的建设。乾隆十年（1745 年）扩建香山行宫，次年改名静宜园。乾隆十五年（1750 年）扩建静明园，把玉泉山山麓地段及周围河湖全部圈入园内，扩大了静明园的景观。同年又开始建造清漪园（颐和园前身），将瓮山改名万寿山，西湖改名昆明湖，工程进行了 14 年，至乾隆二十九年完工。在建设清漪园、静明园的同时，为彻底解决京城宫廷用水及通惠河水源问题，同时防止西山山洪水涝之灾，发展西郊水稻生产，对北京西北郊水系做了大规模的整治。将西山香山一带山泉导入玉泉湖，再通至昆明湖；在玉泉湖之侧开凿高水湖和养水湖；并在昆明湖之西侧拦截大坝，提高昆明湖水位，扩大湖区面积，作为蓄水库，可蓄可调，同时形成前湖后山的景观；沟通圆明园水系；疏通长河，安设闸涵；沟通城内御河及通惠河。经此一番整顿，不但保证了宫城用水，接济了水运水源，兼顾了农业灌溉，同时为发展西北郊的苑囿建设提供了水源保证。乾隆十六年（1751 年）在圆明园之东建成长春园及绮春园，三者互通，同属圆明园总理大臣管辖，故又称“圆明三园”。圆明园附近尚建有不少赐园及官僚的私园。这样西起香山，东到海淀，南界长河，一个巨大的园林区开始形成。范围之内水泉错落，馆阁相属，名园胜景，连绵不绝，对其中最大的五座苑囿——圆明园、畅春园、香山静宜园、玉泉山静明园、万寿山清漪园，总称之为“三山五园”（图 4-5）。乾隆十六年又开始扩建承德避暑山庄，历时 39 年，至乾隆五十五年（1790 年）完工，共计增加以三字命题的乾隆三十六处景点，成为全国最大的离宫苑囿。同时在山庄东北两侧宫墙外建造了 11 座宏伟的藏传佛寺，环拱在山庄周围，形成跨山越谷，逶迤于

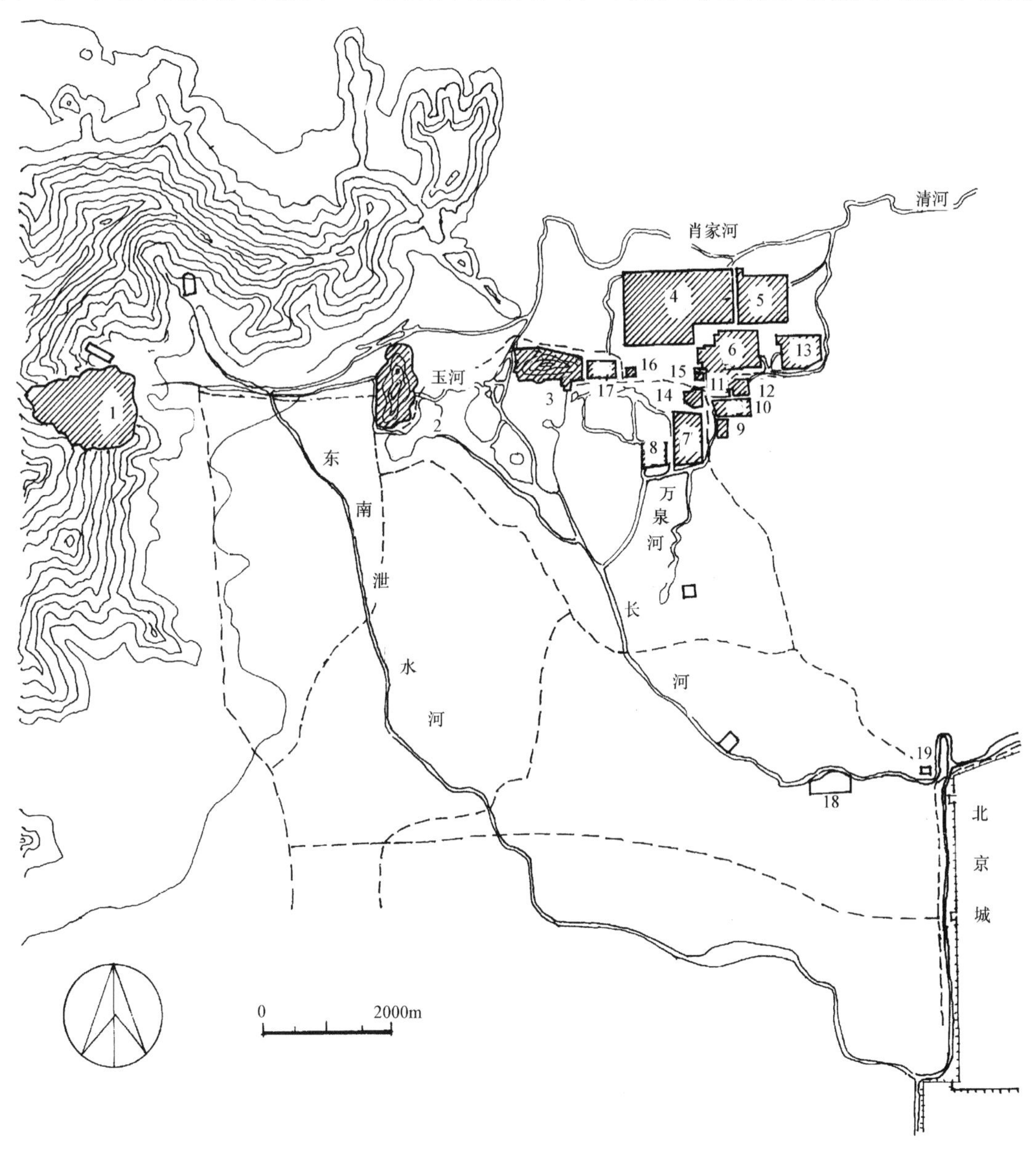

图 4-5 乾隆时期北京西北郊园林分布图（摹自《北京颐和园》）

1. 香山静宜园 2. 玉泉山静明园 3. 万寿山清漪园 4. 圆明园 5. 长春园 6. 绮春园 7. 畅春园 8. 西花园 9. 宏雅园 10. 淑春园 11. 鸣鹤园 12. 朗润园 13. 熙春园 14. 蔚秀园 15. 翰林花园 16. 一亩园 17. 自得园 18. 乐善园 19. 倚虹堂

峻岭丛山之间气势恢弘的巨大建筑群组。乾隆十九年（1754 年）又在京东蓟县盘山经营大型离宫“静寄山庄”，这是一座以山景为主的离宫。

嘉庆时代仍然维持着创于康熙，成于乾隆的北京及承德离宫群，还适当地有所增建。如嘉庆六年（1801 年）在绮春园内添建敷春堂、展诗应律两组建筑。嘉庆十四年（1809 年）在圆明园东部将庄敬和硕公主赐园含晖园和西爽村成亲王的寓园，及傅恒、福康安父子赐园一并合入绮春园西路，使该园面积进一步扩大。但总的讲，只不过是修补增饰，没有布局和结构上的变化。

这个时期的私家园林亦日趋成熟，并且根据地方的自然气候特点及经济特征而形成具有地方特色的私园。基本上可分为三大类，即以畿辅北京地区为中心的北方园林。以扬州、苏州为代表的江南园林；和以珠江三角洲为中心的岭南园林。由于造园者多为知识层人士，所以这时期的私园风格仍以文人山水园为主，但同时因园主成分的变化，而掺入相当多的享乐、世俗情调。如北方多贵族官僚，扬州多富商，苏州多文人及休闲官吏，岭南多商人，他们的处世观念多反映为封建末期追逐功名，寄情享乐的特点，而宋明以来文人园林中的隐逸避世格调逐步减退，炫财斗富、游乐纵情之风日渐抬头。这时期尤以扬州瘦西湖两岸的水景园具有很大的创造性。瘦西湖原为城河的一部分，因与大运河相连，水运交通便利，特别是乾隆屡次南巡，瘦西湖是天宁寺行宫到城北大明寺平山堂的必由之路，因此地方官吏在此一带大事建造亭台阁园，地方绅商为争宠于皇室，也大事修建私园[5]，可称“两堤花柳全依水，一路楼台直到山。”瘦西湖园林不仅是私家占有，同时因其背依水道，景观敞开，又是一处水上游览的风景点，这一点在封闭的古典私园中是很特殊的。乾隆三十年将瘦西湖沿岸景色命名为二十四景，可称达于极盛。嘉庆以后，盐商中落，沿湖楼台相继衰灭。此时期城内宅园除清初旧园之外，尚有小玲珑山馆、片石山房。至嘉庆时仍有建设，如个园、棣园皆建于此时期。其他江南各地私园皆有兴建，如海宁陈氏安澜园、杭州小有天园、金陵袁枚的随园、常熟燕园、苏州樸园、河园、秀野园，上海豫园等。私园建造之风在乾嘉时代成为热潮。

北方私园又呈另一种情况，因大量王公、贵戚、官僚集居日久，宗族繁衍，析宅而居，故官邸宅园增多。再者皇帝大部分时间园居在西郊御苑，围绕御苑地区大量小园林皆作为赐园，由朝廷分赠皇室和重臣。如一亩园、自得园、蔚秀园、淑春园、春熙院、熙春园、近春园等。此外，城内具有一定规模的私家园林亦有百座以上，如纪晓岚的阅微草堂，吴梅村园，尹文端园等。

岭南经济比较发达，官宦富商亦开始大量置构园林，如顺德清晖园等。西藏自清初归入清政府管辖，与内地交往日深，达赖喇嘛受清帝园居的影响，于乾隆年间在拉萨之西开始建造罗布林卡，做为夏日沐浴休闲之处，实际具有离宫性质。

总之，乾嘉时期是中国古典园林发展的最后一个高潮，值得借鉴之处甚多。其发展特点表现在，第一，基于清初百余年积累的雄厚的经济实力及造园传统的历史经验，造成这时期的造园规模及质量超过了历史上任何时代。第二，由于承平日久，公私上下迷漫着一种享受游逸的风气，促使园林内容向生活方面转化，造园意境及手段更为丰富，实用建筑增多，装饰性更为加强，相应，这些因素也促成了各地区地方风格的显露。第三，造园活动向全国各地区展开，地区间、民族间的交流十分广泛，形成互为因借，渗透交融的现象，特别是皇家苑囿吸收民间园林艺术，为其发展带来新的生机。第四，由于受江南造园的影响，这个时期的水景园大量建造，在园林艺术上有着突出的贡献。

三、衰落转化期

是指道光以后持续到清末（1821 年～ ）。这段时期国内外局势急转直下，危机四伏，直接动摇着封建社会体制。道光六年（1826年）发生新疆张格尔叛乱，道光二十年（1840年）发生鸦片战争，咸丰元年（1851年）发生太平天国运动，至光绪时代又续发中日战争和英法联军、八国联军入侵，在帝国主义的坚船利炮面前，腐败的清廷完全屈服，主权丧失殆尽。这个时期国内的回民、会道门的起义不断，使清政府穷于应付，经济上外国公司攫取了港口、交通、电力、金融各方面的经营权力，残酷剥削中国人民，中国已经步入了半封建半殖民地社会。这种社会环境势必影响到园林的营造活动。

道光时期国家已无力再建造大型离宫苑囿，甚至连维持旧有园林也已十分困难。畅春园已渐破败，皇太后不得不移居绮春园。塞外的避暑山庄也停止了每年巡狩园居的惯例。咸丰十年（1860年）英法联军陷大沽口，占通州，咸丰皇帝匆忙逃至避暑山庄，八月，侵略军占领北京西郊及圆明园，在大肆劫掠后，将圆明园及附近宫苑全部焚毁。这样一座建设了一百余年，汇集了中国古典园林精华的“万园之园”，就这样毁于帝国主义侵略者之手中。九月，除又一次焚烧圆明园外，又焚烧了清漪园、静明园、静宜园等，经营数百年的北京西北郊的名园风景区，毁于一旦。同治二年（1863年）曾国藩占领南京，平息了太平天国的革命运动，继之又击败捻军，取得暂时的政治稳定局面。遂于同治十二年（1873年）以奉养两宫皇太后的名义，下诏修复圆明园，原拟修复工程22项，但工程只进行了正大光明殿、天地一家春等六项，即因国库空虚，廷臣力谏而终止[6]。光绪十四年（1888年）秉慈禧太后之意，发布上谕重修清漪园，改名颐和园，作为慈禧太后“颐养天年”的宫苑。此时国力已十分艰难，只能挪用兴办海军之经费，充做造园之用，勉强于光绪二十四年（1898年）完工（图4-6）。此次修复颐和园，虽基本按乾隆时的构思意匠进行，但因财力不济，工程只限于前山及东宫门一带，后山、南湖、西堤以外皆未进行。将部分佛寺建筑改为宫殿建筑，如大报恩延寿寺改排云殿，并增加了奏事房，寿膳房等，使园内的宫寝部分明显增多。园林艺术方面明显出现繁琐、浓丽的作风，偏重生活享乐的情调。光绪二十六年（1900年）义和团运动兴起，八国联军攻占北京，圆明园、颐和园等再次被洗劫，清代皇家园林最后“回光返照”的光辉也暗淡下去了。

图4-6 北京颐和园排云殿及佛香阁

这个时期私家园林的变化更为明显，在封建小农经济逐渐解体，工商业兴起，手工业衰落，外来文化及科学技术影响人民生活的各方面，生产方式即将改变之际，各阶层的心态及观念也在产生变化。文人士大夫的避世高洁思想被追逐名利、贪恋享受所代替，工商世俗人士的炫耀财富、赏心悦目、安乐游宴的思想也深入到园林艺术之中，传统的山水意趣仅具形式构图，意蕴内涵逐渐减弱。此时江南的扬州园林在道光以后，由于海运开通，扬州交通地位改变，遂一蹶不振。而苏州经过太平天国之役后，因其毗邻经济中心上海，又有鱼米河湖之利，至同治时期又恢复了繁荣。致仕的官僚、军阀、工商地主纷纷在苏州买屋定居，营建园林。现有的苏州园林大部分建造或复修于此时期。如拙政园、狮子林、沧浪亭、怡园、留园、耦园、木渎羡园等。太湖附近各地私家园林亦建置不少，如吴江同里退思园，南浔小莲庄，青浦曲水园、嘉定秋霞圃、南翔古猗园、松江醉白池、上海也是园、九果园等。北京的宅园如恭王府萃锦园、庆王府花园、三贝子花园、帽儿胡同可园、礼士胡同宾小川宅园、金鱼胡同那家花园等，亦呈一时之盛。岭南园林基本形成特色，出现了如东莞可园，番禺余阴山房、佛山十二石斋等一批特点突出的园林。四川、山东等地亦有不少私园。

此时期的寺庙园林因游览、庙会、节祭等因素的影响更为兴盛，表现出日益社会化的趋向。如杭州灵隐寺、北京白云观、苏州戒幢寺西园等。又如五台、峨眉、普陀、九华四大佛教圣地，及青城、武当道教名山等。这些寺庙园林不仅皆有园林化的庭院，而且还具有十分优美的山林意味的园林环境。这种趋向也发展到祠庙、书院一类建筑中去。特别是名人祠庙，不仅是纪念性建筑，往往也是市民游憩之地，如四川眉山三苏祠、保定古莲池、长沙岳麓书院、成都杜甫草堂等，都是很有艺术价值的祠庙园林。

综观此时期的园林营造有如下特色。第一，作为封建社会最大的私家园林——皇家苑囿，由于封建社会的衰颓，再也无力进行大规模的兴造了，甚至连维持也难以为继。而半封建半殖民地社会所孕生的工商地主、官僚、军阀、政客成为私家园林的重要业主，因此园林欣赏趣味为之一大变。第二，由于人口日繁，地价增值，所以园林逐渐小型化，建筑密度增高。第三，园林欣赏与生活要求相互糅杂，生活园林的性质日渐明显，山水欣赏仅为园林造景的一部分内容，而大量的市民意趣掺入其中，呈“雅俗共赏”的格调。第四，欧风东渐，异域的园林建筑形式浸润到中国园林中，产生明显影响。如岭南园林的几何式布局，规整式花木，甚至颐和园中也建造了西式的清宴舫。

清代园林规模闳阔，实例甚多，现仅从各类型园林中择其主要者，作较详细的论述。包括北京三海、三山五园、承德避暑山庄、江南、北京、岭南有代表性的私家园林、全国重要的寺庙园林、祠庙园林、风景区等。从上述实例可窥知清代园林之概貌。

第二节　北京西苑的改建

北京西苑即清宫紫禁城西部北海、中海、南海的总称，明时即称为“西苑”。清兵入关时未遭战火破坏，清廷继续用为大内的御苑，仍称西苑。三海园林营造起源甚久，北海琼岛一带原为金代中都城郊外的大宁宫离宫，元灭金后，忽必烈曾一度驻跸于此。至元元年（1264 年）元世祖自上都开平迁都北京，建设大都城，即以琼华岛离宫为中心规划整座都城。此时将北海、中海改称太液池。明代继承元代的御苑，又开辟了南海，并在海中堆筑大岛，称为南台，形成三海纵列格局。

清代对西苑的改建基本分为两个阶段。清初随着改造北京皇城之机，除保留少数宫苑、佛寺（如兔园山、大光明殿等）以外，将明西苑西部用地大部改为民居[7]，西苑范围大为缩小。顺治八年（1651 年）首先在琼岛之颠，明代广寒殿旧址上建造藏式喇嘛塔及岛上南坡的永安寺，形成山门、法轮殿、正觉殿、普安殿和白塔一组南北相贯的纵轴线，成为琼岛进一步开发的骨架。但岛上其他点景建筑甚少，仅有明代遗留下来的瀛洲、云壶、玉虹、金露四亭、余为岩洞、嘉木、石林、翠屏等，景色仍以清幽空旷为主调。降至康熙年间，太液池西岸的虎城、羊房、豹房皆废除，原为明宫廷演戏使用的玉熙宫改为马厩，清馥殿改为宏仁寺，北海东岸的凝和殿已塌毁，即环湖两岸景色恢复自然风光为主的风貌特色。团城景观基本沿袭明代旧观，只不过将圆形的承光殿改建成十字形平面的建筑，以加强轴线感。此时的南海南台一带是环境十分清幽的所在，故在南海北岸建造了勤政殿、丰泽园、春藕斋一组宫廷建筑[8]。丰泽园内静谷小园假山是聘请江南叠山名家张然叠制的。在畅春园未建造之前，康熙帝经常在此处理政务，接见臣下及举行耕作“精田”之礼。同时，在南台岛上也做了大规模的建设，构成为一座离宫式的苑囿，自北而南排列着翔鸾阁、涵元殿、香扆殿、蓬莱阁一系列建筑，最后以频水临波的迎薰亭作为结尾，轴线规整，主次分明，具有宫廷气派。而东西两侧则“奇石古木，森列如屏”，“有天然山林之致”[9]。因该岛三面环水，一面为堤，自湖中观览宫室殿宇杂陈于山林之间，有如海中蓬莱之貌，所以将此岛改名“瀛台”。瀛台是清代帝后消夏的胜地，也是宴饮权贵与外藩的重要场所，因其孤悬湖中，交通隔绝，光绪二十四年（1898 年）戊戌变法失败后，光绪帝曾被慈禧太后幽禁于此。康熙时期还在南海东北角建造了园中园的淑春院，院内包括有流水音、蓬瀛在望、葆光室、尚素斋、千尺雪等建筑；在南海东岸建春及轩、蕉雨轩两组庭园式建筑；以及云绘楼，清音阁、鉴古堂等点景建筑。南海经康熙时的经营已初具规模，湖水内外皆已成景，与北海、中海呈鼎足之势（图 4-7～4-10）。

图 4-7　北京西苑南海双环亭

西苑第二次大规模改建起自乾隆时期。自乾隆七年（1742 年）迁建先蚕坛于北海东北角开始，以后又延及北海西岸及北岸和琼华岛，全部工程持续到乾隆末年，前后进行了约 50 余年。当时的规划重点在琼华岛上的西坡、东坡、北坡三面，而南坡依旧以顺治、康熙年间建造的永安寺群组为主。西坡地势较陡、建筑依山就势布置，中部建琳光殿、甘露殿及水精域一组建筑，分层筑台，逐渐升高，前边临湖岸处设置了码头。整组建筑与白塔构成轴线关系。其南侧设一房山及蟠青室两座呈曲尺形布置的小厅，以爬山廊与后部节日观灯的庆霄楼相联系。蟠青室南临一小池，称龙湫池，周围垒砌峭壁奇岩，茂林修竹，形成一处幽静的水景区。琳光殿北侧为弧状建筑阅古楼，楼内庋藏三希堂法帖刻石。西坡建筑充分利用地形之高下，布置合宜，以取得高雅的情趣，即乾隆所说的“室无高下不致情”的文意[10]。北坡地势下缓上陡，不宜建造体量大的建筑物，因此大量应用人工叠石构成崖、岗、峰、壑、洞、穴等山地形貌，以蜿蜒曲折的石洞及小路相联系，忽开忽合，时隐时现，极具空间变化之能事。其间随宜点缀小亭阁，如亩鉴室、酣古堂、得性楼、承露盘、延南薰、环碧楼、交翠亭、看画廊等。这些建筑体量

图 4-8　北京西苑南海万字廊

图 4-9　北京西苑南海流水音

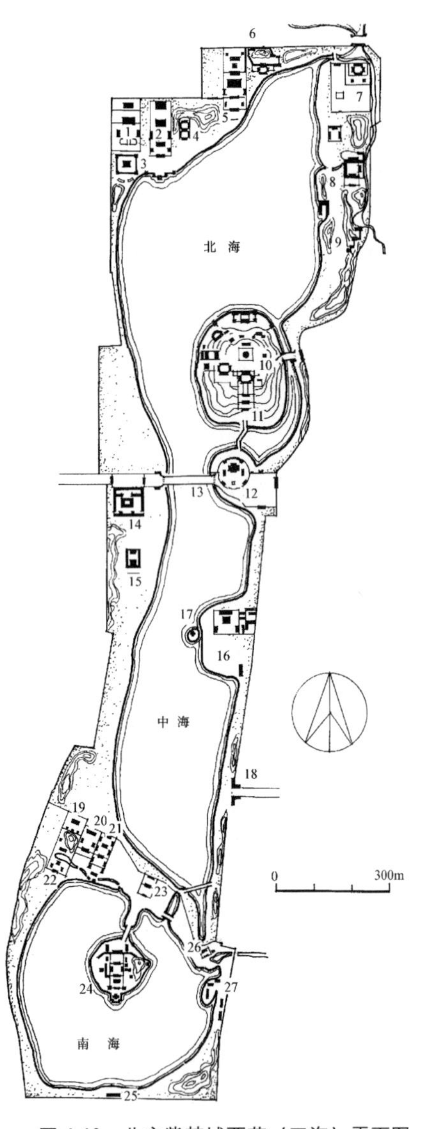

图 4-10 北京紫禁城西苑（三海）平面图

1. 万佛楼 2. 阐福寺
3. 小西天 4. 澄观堂
5. 西天梵境 6. 镜清斋
7. 先蚕坛 8. 画舫斋
9. 濠濮涧 10. 白塔
11. 永安寺 12. 团城
13. 金鳌玉蛛桥 14. 时应宫
15. 紫光阁 16. 万善殿
17. 水云榭 18. 西苑门
19. 春藕斋 20. 崇雅殿
21. 丰泽园 22. 大圆镜中
23. 勤政殿 24. 瀛台
25. 宝月楼 26. 淑春院
27. 云绘楼

瘦小，朝向不一，充分发挥山地建筑变化之态，构成山地景观的特色。北岸临湖建延廊六十间，廊内建道宁斋、漪澜堂、晴栏花韵几组建筑，作为北岸的闭封建筑，同时联络岛北景色，意为模仿镇江临长江构筑的金山江天寺的构图[11]。东坡景色以植物为主，建筑比重极小，仅在山麓建一城堡式半月城，城台上建智珠殿，城台下建般若坊及三孔桥，直对西苑东门——陟山门。山坡上松柏常青，浓荫蔽日，颇具山林意境。琼华岛四面因地制宜地创设各种有特色的景观，规划思想十分丰富细腻，处处考虑成景与观景的双重意义，可谓匠心独运，为此，弘历特别写了“塔山四面记”，以阐述这个构思（图 4-11～4-15）。西苑北海北岸及东岸的建造规模亦十分巨大。北岸共新建了六组建筑，随用地大小，自东而西展开。最东为镜清斋小园，作为皇帝读书休憩之处。除南部两组幽静的小院落外，北部以大假山为主体，山前有小池，围绕山池为轩、堂、廊、亭等建筑，基本为围合封闭空间，完全采用江南宅园的手法，以分隔串联的构图组成丰富的空间层次。西天梵境又名大西天，为一座大型佛寺。内有大慈真如殿、琉璃阁等。其西有跨院，建大圆智境宝殿，现建筑已毁，但庙前的琉璃九龙影壁仍存，是一件十分珍贵的工艺品（图 4-16）。再西为乾隆游览西苑时的休息处——澄观堂。再西为阐福寺，寺内正殿供奉释迦站像，又名大佛殿。寺前深入湖中设立五座亭子，中心对称，形制各异，称五龙亭，是原来明代太素殿前的遗构（图 4-17）。最西为小西天，是乾隆三十六年（1771年）为庆祝皇太后七十寿辰而建。这是一组按藏传佛教的曼陀罗构图形式建造的组群。中为面阔七间的大方阁，内有木制仿南海普陀山的塑形，山顶安奉观音坐像，称极乐世界。阁外四角建角亭，角亭外环以方池，四正面各架石桥，四石桥外立三间琉璃牌坊，每面一座。这组建筑的平面构图为一正四隅，十字对称，组成诸神集聚的坛城形式。小西天北部尚有一座万佛楼。北岸布置的朝向一致的六组建筑，总体景观并无呆板之表现，原因是其建筑体量考虑得比较周密，基本上是居住性建筑与宗教性建筑相间安排，而且组群之间以小土山相隔，大体量建筑安排在后部，临湖增设亭阁、牌坊等小建筑，所以游览空间产生变幻，景观轮廓错落有致。假如说北海北岸景色以“旷”为主的话，则东岸景色以“幽”为题。造园工匠们结合岸东的水渠，建造了云岫厂水景、濠濮涧水景、画舫斋水院及古柯庭的植物景观等一连串的景点，成相对独立的小园林群组。这组园林的西部以小土阜与北海相隔，在湖区、琼岛皆看不到这些景点，创造出水清人静、隔绝尘寰的幽雅环境。此外在东北岸还建了先蚕坛，每年春季宫廷后妃在此举行浴蚕礼；东岸还有龙王庙、大船坞等。另外还在团城上建立石亭，展放元代的大玉瓮“渎山大玉海”（图 4-18、4-19）；南海

图 4-11 北京西苑北海琼岛

图 4-12 北京西苑北海琼岛白塔

图 4-13 北京西苑北海琼岛漪澜堂及道宁斋

图 4-14 北京西苑北海琼岛环廊

图 4-15　北京西苑北海琼岛承露盘

图 4-16　北京西苑北海九龙壁

图 4-17　北京西苑北海五龙亭

图 4-18　北京西苑北海团城

图 4-19　北京西苑北海团城承光殿

南岸添建宝月楼，成为瀛台建筑群组的对景建筑。至此，西苑的新面貌基本形成（图4-20）。

西苑是现存规模较大的大内御苑，在这座园林中反映出许多清代苑囿的造园艺术成就，是十分珍贵的园林实例。首先，该园中所表现的“一池三仙山”的构思是历代帝王苑囿的传统命题。自秦始皇开始的封建帝王，在君临四海，威统天下，极人间荣华富贵之盛的同时，又莫不企求个人能够长生不死，永留于世。先秦神话传说提到东海有三座仙岛，蓬莱、方丈（或方壶）、瀛洲、岛上奇花异树，金玉台观，居住着不老不死的神仙，飞腾于岛间[12]。还说中国西部昆仑山上亦住着仙人，长生不死，山顶有仙境般的瑶池，住着西王母等[13]。为满足帝王的长生愿望，寻求昆仑瑶池、东海仙山就成了帝王憧憬目标，秦始皇即亲自派徐福等人入海寻山求药。这种构思同样表现在园林创作中，即是御苑中设计出以大湖包围着三座孤悬的岛屿的景观，以此象征三仙山，这种模拟的神仙境界实际是云雾迷濛的海岛风景的再现。汉武帝在建章宫太液池中建有三仙山，南朝的建康玄武湖御苑、隋洛阳的西苑北海都建有东海三岛的场景。有时为了突出重点将蓬莱岛单独设置，如唐代大明宫御苑太液池、宋汴梁艮岳北部的曲江池中皆建有蓬莱山或蓬莱宫。元代经营大都太液池御苑时，同样再现了这种三仙山的命题，在池中设计了纵列的琼华岛、圆坻、犀山台三座孤岛，分别代表蓬莱、方丈、瀛洲。明代以后开辟了南海，湖面被分割成三部分，圆坻及

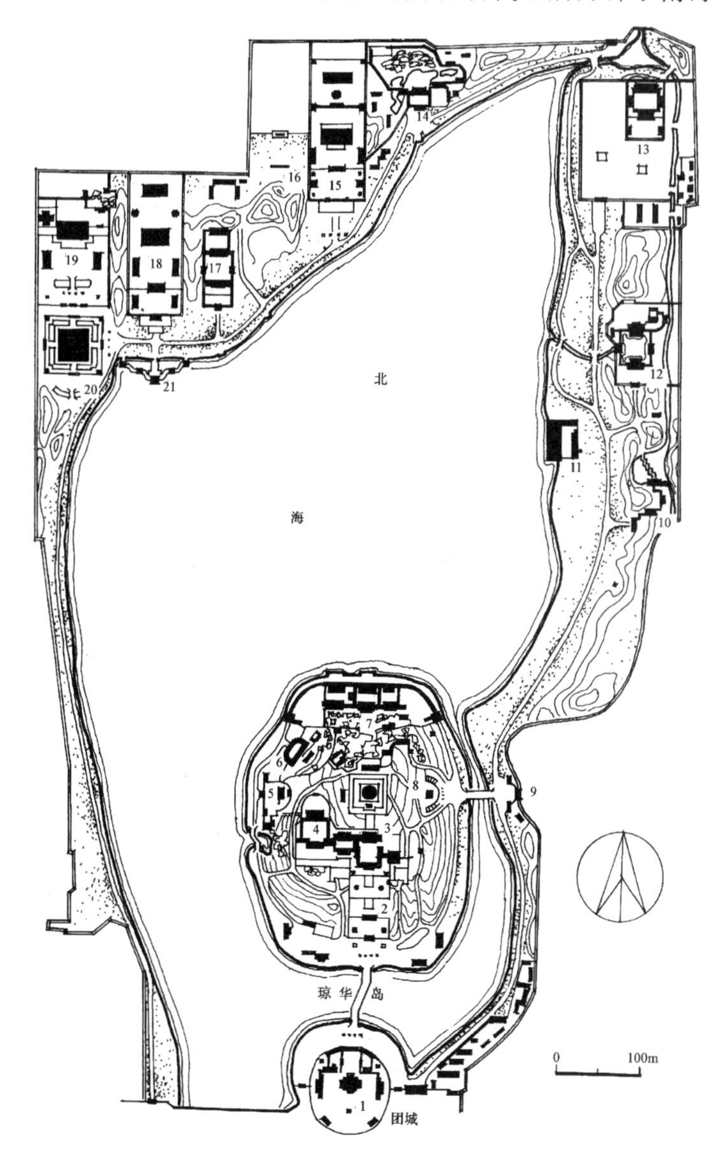

1. 承光殿
2. 永安寺
3. 白塔
4. 庆霄楼
5. 琳光殿
6. 阅古楼
7. 漪澜堂
8. 智珠殿
9. 陟山门
10. 濠濮涧
11. 船坞
12. 画舫斋
13. 先蚕坛
14. 镜清斋
15. 西天梵境
16. 九龙壁
17. 澄观堂
18. 阐福寺
19. 万佛楼
20. 极乐世界
21. 五龙亭

图4-20　北京西苑北海平面图

犀山台与东岸陆地相连，并改造成为团城和蕉园，这样原来的三山构图逐渐削弱。但此时又堆叠了南台岛（瀛台）及云水榭小岛，北中南三海中仍各有一座岛屿，又构成了新的三仙山布局。而清代随着岛上建筑容量的增加，更着重于在形体上描写仙山琼阁的意境。琼华岛南坡佛寺建筑依山叠筑，殿阁辉煌，有如梵宫琼宇；岛北坡山腰建洞窟、游廊，以人工叠石构成峰峦之势，洞窟之幽，旷奥兼备，山峦老木，时隐时现，小型山地建筑穿插其间。并且在北坡临湖建延楼，如腰带般萦绕在山麓水际，映衬着太液清波，湖光浮动，构成一幅海岛仙山的场景。在北海北岸或泛舟湖中远望琼岛，恰如明人诗中赞叹的"玉镜光摇琼岛近，悦疑仙客宴蓬莱"的诗境。至今在漪澜堂西暖阁有一副对联亦是咏叹琼岛的美妙意境的，对联题写"四面波光动襟袖，三山烟霭护瀛洲"，这里所说的蓬莱、瀛洲都是将琼岛比喻为仙山之意。南海的瀛台经康熙、乾隆两朝的修整，建筑齐备，有着丰富的景观，瀛台岛上宫殿巍峨，金碧辉煌，临湖建有牣鱼亭、延薰亭皆深入水中，倒影浮翠，亦呈现出仙境神山的情景。所以在南海东岸特别建了一组建筑，名为"蓬瀛在望"，亦是为欣赏瀛台风景而设。说明"一池三仙山"是元明以迄于清代西苑的主要造园立意。从清代西苑三仙山的形象构图可看出社会思想的演变转化，此时的仙岛已经不再是汉唐时代的奇峰怪石，山村野趣的境界，而是以表现廊阁周回，华堂锦屋，曲栏画槛的琼楼玉宇，及烟柳带桥，鸟语花香的旖旎风光为主旨，勾画出更富有人间生活气息的理想仙境画面。

清代西苑做御苑的性质有了较大的变化。元明时代京郊尚无更多的离宫，因此帝后园居多在西苑，园内居住性宫室较多，建筑素雅，体量合宜，园林风貌清秀质朴，疏朗开阔。而清代帝王多居住在京郊及承德离宫，西苑仅为大内御苑之一，偶尔游玩。且因朝廷推崇佛教，在西苑内建造了大量的佛寺，如琼岛永安寺、智珠殿、北岸的西天梵境、阐福寺、极乐世界、万佛楼、南海的大圆镜中等建筑，还穿插了一些道观和祠庙，如时应宫、龙王庙、先蚕坛等。这样就使园林中的宗教气氛增浓，建筑密度增高。园林景观由于大体量建筑的出现而改变了风景轮廓线，高低起伏的节奏愈趋明显。此外，西苑除作一般游览以外，每年传统活动尚有，冬日北海冰嬉，中海云水榭放荷灯，丰泽园举行耤耕礼，先蚕坛内演浴蚕礼，以及佛寺内举行节日法会等，还有召见臣工，外藩朝觐，征师庆凯等政治性的活动。也就是说西苑成为宫廷特殊活动的游憩园林，而山水意境的观赏价值反而减弱。

清代西苑改建同样要贯彻皇家御苑须宏扬帝王气派的意图。除了增加建筑内容，提高建筑质量标准以外，在规划布局上很重要一点是贯通轴线，将分散的建筑及景点联络成组，相互呼应，分出主从，气势贯通。如乾隆改建以后的琼岛南坡有明确的中轴线，自桥头直达白塔，越塔达揽翠轩结束。东坡陟山门、桥、般若坊、半月城、智珠殿轴线，与西坡的牌坊、琳光殿、甘露殿、水精域、揖山亭轴线，东西相贯，皆对准白塔中心。同时三条轴线为正南北与正东西方向，这样使白塔在琼岛上成为天造地设的构图中心地位。同样瀛台岛上的建筑组群亦是精确的南北轴线贯通全岛，左右建筑均齐对称，隔湖与南岸的宝月楼相对正。团城承光殿组群亦呈南北纵轴之势，正配相辅。有趣的是为了联络团城组群与琼岛永安寺组群的轴线关系，于乾隆八年（1743年）将原来联系琼岛的堆云积翠桥改建为三折转弯石桥，桥的南北段各与上述两组建筑对齐，巧妙地将琼岛与团城之间沟通了轴线关系。在自然式山水园林中加强严整轴线气氛，正是表现帝王威严气派的重要手段。

西苑三海改建在组景方面是比较成功的。明代西苑与清代西苑的环境有很大不同，因此组景方法亦有所不同。明代西苑建筑稀少，树木葱郁，苑内环境空旷，视野开阔，基本是自然野趣的景观，远借西山层峦，近借景山诸峰，摄景粗放，对水面的开发利用亦比较简约。而清代西苑陆地面积缩小，水面和岛屿成为主体，周围市廛用房环绕，视线遮挡，为增加西苑的游览趣味，必须人工组织景色。简略分析可发现除外部环境的制高点景山，北京宫殿楼阙及钟鼓楼以外，三海其他景观皆是内部组成的。其采用的手法：一是突出白塔山。从体量、标高、形象、色彩方面形成全园景色的主景，以大湖、蓝天为衬托，构成气势宏大的空间布局，围绕白塔山组织环游式的赏景路线。其二，是以琼岛为中心，隔湖互为对景。从北海四面湖岸望去皆可摄取到优美的构图。白塔山南为宗教建筑景观；西面为曲折高下的山地建筑景观；北为丘壑洞穴的山村景观；山东为陡崖城堡植物景观[14]。由琼岛四望同样可见到丰富的景色，北岸的梵刹佛宇，东岸的龙王庙、大船坞，南望团城承光殿、中海万善殿、南海瀛台，湖海分隔、层次深远，西望时应宫、紫光阁，楼阁参差。极目所见，皆可成景，这在喧闹的城市环境中是难得的艺术享受。人工组织景色的另一手法即是借鉴江南宅园意境，在三海中创设园中之园。如北岸镜清斋、东岸濠濮涧、画舫斋，南海淑春院等都是有很高水平的小园林。镜清斋建于乾隆二十三年（1758 年）是利用地形高下构成的山景小园佳例（图 4-21～4-23）。为适应基地横长纵短的条件，北部以大假山及爬山廊封闭空

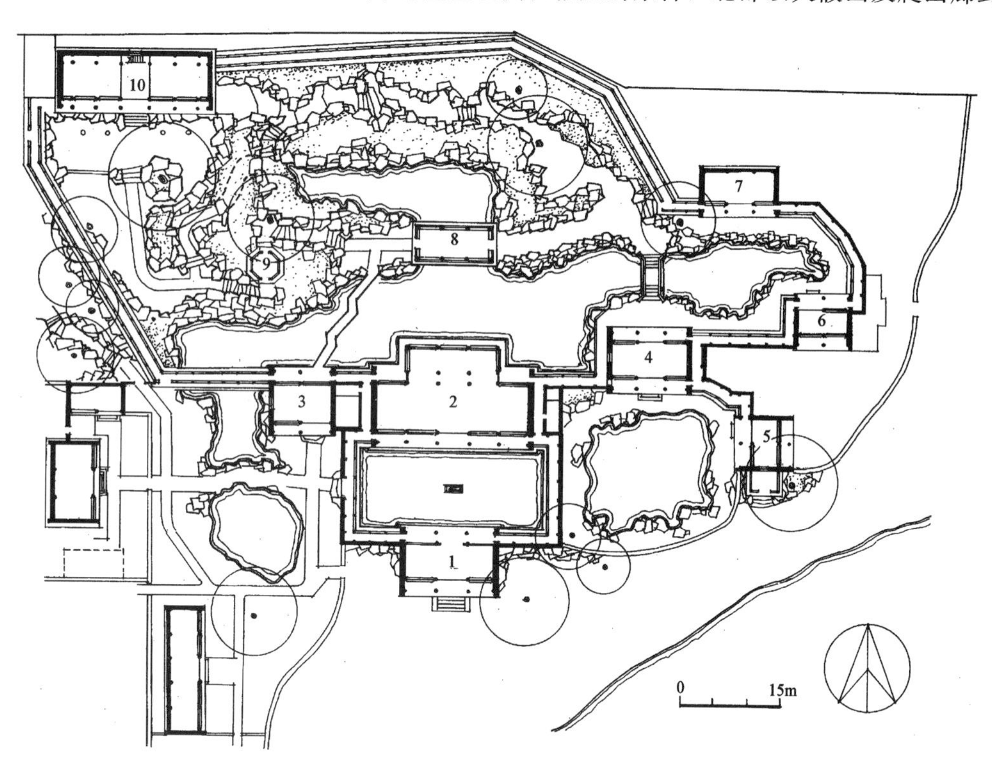

图 4-21　北京北海镜清斋平面图

1. 大门　2. 镜清斋　3. 画峰室　4. 抱素书屋　5. 韵琴斋　6. 焙茶坞　7. 罨画轩　8. 沁泉廊　9. 枕峦亭　10. 叠翠楼

间，使游者重点欣赏山下小湖“水清如镜”，以引发人们产生“明池构屋如临镜”的意境。而东西横向间安排了罨画轩、焙茶坞、单孔小石拱桥、沁泉廊、水榭、梁式五孔曲桥、大假山、枕峦亭、游廊等，高低变幻，层次众多，具有丰富的观赏景深。濠濮涧、画舫斋一组建筑建于乾隆二十年（1755 年），是利用苑东墙下的一条引水渠填筑而成，自南而北形成纵长的园林组合（图4-24、4-25）。南部筑土为山作为起点，山前有大门，山上建云岫厂、崇椒室，皆以爬山游廊相连，具有山居面貌；下山为小池一泓，池周环以叠石，临池敞轩称之为“濠濮涧”，使人产生渊潭的感受；池北有石坊一座，再接狭谷一条，两侧岗坞夹峙，树木葱郁，道路蜿蜒，游者至此如临峪谷。再北即是作为皇帝读书之处的水院一区，前厅称“春雨林塘”，后厅称“画舫斋”，四面房屋包围着方形水池。在纵长 300 余米的地段上，游者可登山，临渊，渡桥，穿谷，入院，把自然山水风景与人文建筑景观交替展现在面前，可谓深得造园艺术移情换景的精髓。南海淑春院为建于康熙年间 的小园林，以水景见长，分为东西两池，池间叠有假山，池中流水叠落发出美妙的声音，其旁

图 4-22 北京西苑北海镜清斋

图 4-23 北京西苑北海镜清斋内院

图 4-24 北京西苑北海濠濮涧

图 4-25 北京西苑北海画舫斋水院

建一方亭，额题“流水音”。并在其西面建造“蓬瀛在望”厅堂，以观赏西面瀛台岛景色。此园清幽寂静，是极有情趣的小园。西苑三海组景的另一手法即是障景。如北海北岸阐福寺与澄观堂之间、西天梵境两侧、濠濮涧两侧皆用小土阜为隔，以增加景观层次及界范，意境不尽。

西苑三海的改建设计亦有瑕疵。如琼岛北岸的六十间延楼体量过大，在尺度上与后山的各类小建筑不协调，同时将岛上楼台、树石、云烟缥缈的湖光倒影全部遮挡住，减弱了仙岛的气氛；再有建筑密度过高，有些建筑体量过大，且距湖面过近，如小西天的大方阁观音殿建筑；另外，乾隆时西苑改建时，对北海西岸、中海西岸的处理比较散漫，造景意识不够浓厚，是为美中不足之处。

第三节　三山五园

自清初至乾隆中期，在北京西北郊海淀镇至西山一带建造了大批行宫御苑及私园、赐园，极目所见，皆为华堂丽馆，美木佳卉，湖光山色连绵不断，形成一个庞大的皇家园林集群。其中规模最大的五座——畅春园、圆明园、万寿山清漪园、玉泉山静明园、香山静宜园号称“三山五园”。它们汇集了中国风景式园林的各种类型，包括人工山水园、自然山水园以及自然山地园，代表着中国古典皇家园林艺术的精华。

一、畅春园

建于康熙二十三年（1684年），是清初建立较早的一座离宫。位于西郊海淀原明代皇亲武清侯李伟的清华园旧址上。占地约60公顷。是康熙皇帝在京城的重要园居地（图4-26）[15]。如今该园已全部废毁，根据有关文献和图档资料可推测出其大致概貌。畅春园占地纵长，宫廷区设在南部，

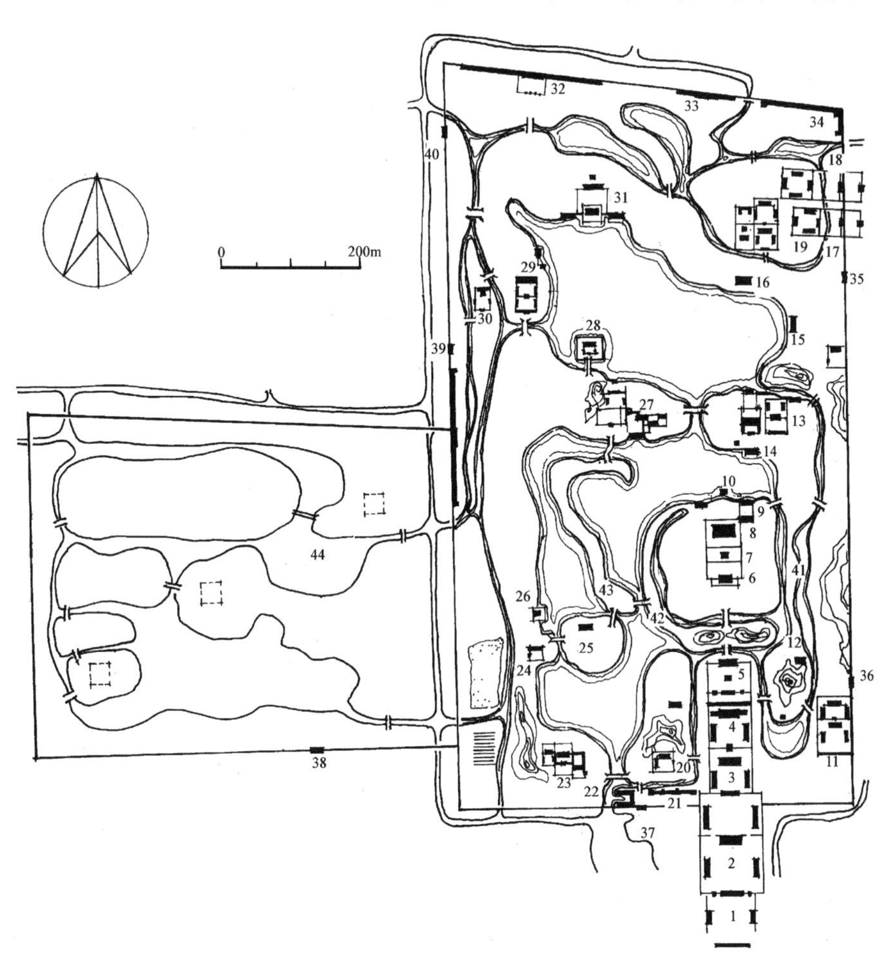

图4-26　北京畅春园想象平面图

1. 大宫门　2. 九经三事殿　3. 春晖堂　4. 寿萱春永　5. 云涯馆　6. 瑞景轩　7. 林香山翠　8. 延爽楼　9. 式古斋　10. 鸢飞鱼跃亭　11. 澹宁居　12. 龙王庙　13. 佩文斋　14. 渊鉴斋　15. 疏峰轩　16. 太朴轩　17. 恩慕寺　18. 恩佑寺　19. 清溪书屋　20. 玩芳斋　21. 买卖街　22. 船坞　23. 无逸斋　24. 关帝庙　25. 莲花岩　26. 娘娘殿　27. 凝春堂　28. 蕊珠院　29. 集凤轩　30. 俯镜清流　31. 观澜榭　32. 天馥斋　33. 雅玩斋　34. 紫云堂　35. 小东门　36. 大东门　37. 船坞门　38. 西花园门　39. 大西门　40. 小西门　41. 丁香堤　42. 芝兰堤　43. 桃花堤　44. 西花园

殿寝建筑呈纵轴排列之势。外朝为两进院落，大宫门、九经三事殿、二宫门；内庭亦为两进院落、春晖宫、寿萱春永殿、后照殿[16]，为前朝后寝之定制。宫廷区之后为苑林区，占全园之绝大部分。又分为前湖、后湖两大水域，湖面以堤岛分割，周围以河道萦回，万泉庄的泉水由西南角入园，委婉曲折，贯穿湖岛，自西北角流出，是一座典型的水景园。苑林区可分为三部分。中路是宫廷区的延续，在后照殿之北设一倒座式院落，称云涯馆，往北渡石桥为一横列的叠石假山，山后即为前湖。这种以假山障景手法在《红楼梦》一书的大观园中即曾描述过，清漪园正殿仁寿殿后亦是用假山与昆明湖为界。前湖中有一大岛，以石桥沟通两岸，桥头两侧各建石坊一座。岛上建筑群以三座主要建筑组成，即瑞景轩、林香山翠、延爽楼，楼后水中建鸢飞鱼跃水亭。延爽楼为九间三层的大楼阁，登楼可南瞻朝寝，北瞰碧波，是周览全园景色的制高点，也是中部主轴的终结。前湖东面有长堤一道，遍植丁香，称丁香堤；西面有长堤两道，称芝兰堤、桃花堤。前湖之北即为后湖，湖面开阔，建筑疏朗。苑林区的东西两路景点多结合环境环绕两湖的堤岛、冈阜的地形状况呈散点式布置，自由灵活，舒朗幽静。东路最南一组建筑为澹宁居，因其靠近外朝，故作为皇帝听政、引见臣工之所，类似北京宫城内的养心殿。澹宁居之北为龙王庙、剑山，再北为渊鉴斋一组建筑，并随河岸曲折布置佩文斋、藏拙斋等一系列小建筑。最北端在水环河绕，四面临水处建清溪书屋建筑群，环境十分清幽，是康熙帝静养休息之处。清溪书屋之东沿宫墙建恩慕寺、恩佑寺两所寺庙，作为康熙及康熙母亲荐福之用的敕建寺庙。西路南部建有玩芳斋、无逸斋两组居住建筑，用作皇帝或皇子读书的地方，周围种有菜园及稻田，显出一派田园村舍风光。由此往北经韵松轩、关帝庙到达凝春堂景点，该处景点沿湖设馆舍、亭桥，利用水面组织建筑，“天光云影”，水殿招凉，具有佳妙的水景景观，曾作为乾隆母亲的寝处。凝春堂与东路的渊鉴斋隔湖相对，成为畅春园中部的观赏重点。西路北部设置了水中的亭阁蕊珠院和临水的观澜榭等建筑，西北角还建造了延楼数十间以为最后的隔障。畅春园西边尚有一座附园称西花园，乾隆时奉皇太后居住畅春园，常在此听政，故进行了扩建。西花园建筑疏朗，环境幽深，是具有自然情调的水景园。

畅春园是离宫型园林，所以必须建造宫廷建筑，以为听政之用。宫廷建筑受礼制的影响，布局规整，严肃端庄，与自然山水风景有较大的距离。因此宫廷部分皆置于外垣入口处，同时也照顾朝觐之便。这种宫苑分置、宫殿设在南部入口处的体例，一直是清代各离宫苑囿的通用做法，避暑山庄、静明园、圆明园等处亦是采用这种办法。这与汉唐宫苑的宫殿散置在园内有很大的不同。为了缓冲轴线布局的宫廷建筑与自由布局的园林景观之间的矛盾，要重点解决好宫廷区与苑林区结合部位的配置。在畅春园宫廷区之北端设计了云涯馆、瑞景轩、延爽楼，至鸢飞鱼跃亭等一系列建筑，仍与宫廷建筑维持纵轴关系，作为宫廷区的延续。但各组建筑的布局渐趋灵活，体型变化多样，中间以水体、坊表、桥梁相分割，尤其是云涯馆北的大假山更起到转换空间氛围的作用，最后以虚轴对应湖中的鸢飞鱼跃亭而结束了轴线关系，转入自由式园林空间，这点是很成功的。

畅春园是因明代清华园之旧址建造的，仍然继承了原来布局中湖泊罗布，以水景见长的特点[17]。在建园初期康熙曾两次到江南巡视（即康熙二十三年；二十八年），对江南秀美的湖山，精巧的园林建筑极为赞赏，故在畅春园规划中，任用了供奉内廷的江南籍画家叶洮参加工作[18]。叶氏生长江南水网地区，一些因水成景、平远变幻的园林手法，当会通过叶洮而移植到该园中。如湖中设岛，水际安亭，长堤卧桥，临水置榭，冈阜障景等园中常用手法皆是因水而设。建在水中的建筑就有四处：鸢飞鱼跃、蕊珠院、娘娘殿、藏辉阁。长堤安排了三条，桥梁不计其数。尤其是凝春堂一组建筑利用堤湖交汇的地形，以桥廊穿插，小山回护，而组织出多层次的景观，是一组内容极为丰富的景点。当时畅春园造园中尚未实行点景命题，但在御制诗文中已经指点出其中的意趣。畅春园有通畅的水上交通。皇帝经常乘御舟沿河湖游览，随从侍臣则在岸上随行，水光花色，交相辉映，通过水路将全园各景点贯穿在一起，这也是借鉴江南风光的水景园特征之一。

畅春园造园意匠是贯彻康熙帝的造园观点，即从自然简朴为主，关键在于意境的表现，而不在雕画粉饰。要“依高为阜，即卑成池，相体势之自然，取石甓夫固有”，“承维俭德，捐泰去雕”。一座成功的园林要做到“寓景无方，会心斯远”。所以畅春园的建筑皆是灰瓦顶的小式建筑，轩楹雅素，不施彩绘，园墙为毛石墙（图 4-27）。园内有稻田、菜畦，土阜平陀，不着意于选用奇

图 4-27　清（康熙万寿图）中的畅春园大门

峰怪石，而把注意力放在植物配置及动物驯养上。长堤上种满丁香、绛桃、黄刺梅，建筑前点种玉兰、腊梅、菉竹、牡丹，葡萄架连数亩。山冈内种山枫、娑罗树，处处枝繁叶茂，四时烂漫，具有应时变化的景观。林间水际有成群麋鹿、禽鸟、白鹤、孔雀、竹鸡、白鸭，游戏成群，真是“芳萼发于四序，珍禽喧于百族”，产生一种由生物环境引发的自然美感。畅春园的自然朴素的艺术美在避暑山庄早期造园艺术中亦有体现。

二、圆明园

位于畅春园之北，原为雍正皇帝为皇子时的赐园，雍正三年（1725 年）经过扩建，开凿福海，建造入口的宫廷区，改造北东西三面河渠水网，形成大型离宫御苑，乾隆时形成的四十景中有二十八景在雍正时期已经建成，说明当时圆明园已初具规模。乾隆二年（1737 年）对该园再次扩建，调整增添景点，至九年（1744 年）告一段落。共计建成四十景。它们是：正大光明、勤政亲贤、九洲清晏、缕月开云、天然图画、碧桐书院、慈云普护、上下天光、杏花春馆、坦坦荡荡、茹古涵今、长春仙馆、万方安和、武陵春色、彙芳书院、日天琳宇、澹泊宁静、多稼如云、濂溪乐处、鱼跃鸢飞、西峰秀色、四宜书屋、平湖秋月、蓬岛瑶台、接秀山房、夹镜鸣琴、廓然大公、洞天深处（以上为雍正时建成），曲院风荷、坐石临流、北远山村、映水兰香、水木明瑟、鸿慈永佑、月地云居、山高水长、澡身浴德、别有洞天、涵虚朗鉴、方壶胜境（以上为乾隆时建成）。乾隆十年（1745 年）又开始在圆明园之东邻建造长春园，准备作为临政六十年，寿登八十五以后归政出游之地。全部工程进行了六年，至乾隆十六年（1751年）完成，总计有澹怀堂、茜园、如园、鉴

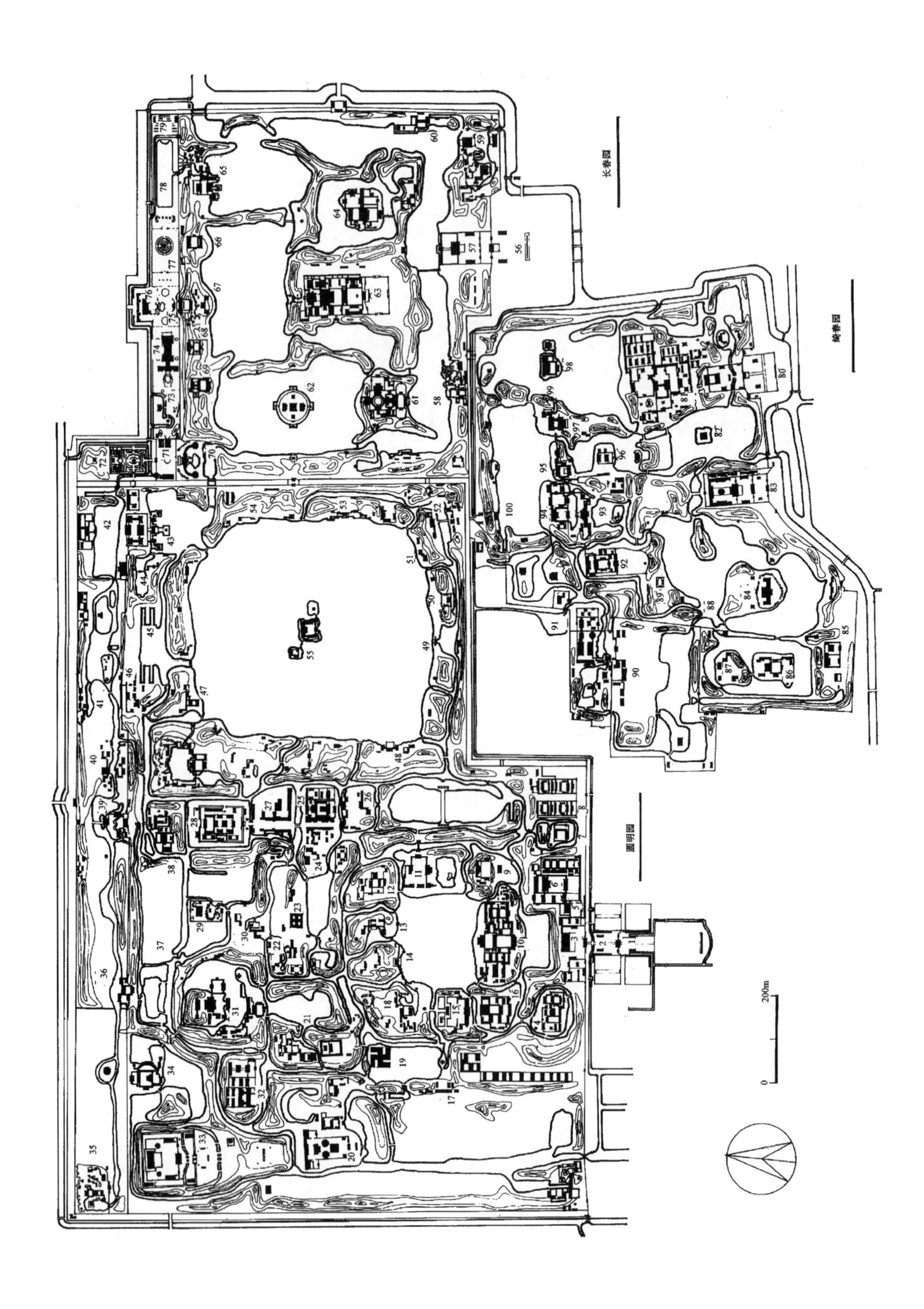
长春园
绮春园
圆明园
0
200m

图 4-28　北京圆明三园总平面图

1. 大宫门　2. 出入贤良门　3. 正大光明　4. 长春仙馆　5. 勤政亲贤　6. 保和太和　7. 前垂天贶　8. 洞天深处
9. 镂月开云　10. 九洲清晏　11. 天然图画　12. 碧桐书院　13. 慈云普护　14. 上下天光　15. 坦坦荡荡　16. 茹古涵今
17. 山高水长　18. 杏花春馆　19. 万方安和　20. 月地云居　21. 武陵春春　22. 映水兰香　23. 澹泊宁静　24. 坐石临流
25. 同乐园　26. 曲院风荷　27. 买卖街　28. 舍卫城　29. 文源阁　30. 水木明瑟　31. 濂溪乐处　32. 日天琳宇
33. 鸿慈永祜　34. 汇芳书院　35. 紫碧山房　36. 多稼如云　37. 柳浪闻莺　38. 西峰秀色　39. 鱼跃鸢飞　40. 北远山村
41. 廓然大公　42. 天宇空明　43. 方壶胜境　44. 三潭印月　45. 大船坞　46. 双峰插云　47. 平糊秋月　48. 澡身浴德
49. 夹镜鸣琴　50. 广育宫　51. 南屏晚钟　52. 别有洞天　53. 接秀山房　54. 涵虚朗鉴　55. 蓬岛瑶台
(以上为圆明园景点)
56. 长春园宫门　57. 澹怀堂　58. 茜园　59. 如园　60. 鉴园　61. 思永斋　62. 海岳开襟　63. 淳化轩
64. 玉玲珑馆　65. 狮子林　66. 转香帆　67. 泽兰堂　68. 宝相寺　69. 法慧寺　70. 谐奇趣　71. 养雀笼
72. 万花阵　73. 方外观　74. 海晏堂　75. 观水法　76. 远瀛观　77. 线法山　78. 方河　79. 线法墙
(以上为长春园景点)
80. 绮春园宫门　81. 敷春堂　82. 鉴碧亭　83. 正觉寺　84. 澄心堂　85. 河神庙　86. 畅和堂　87. 绿满轩
88. 别有洞天　89. 云绮馆　90. 含晖楼　91. 延寿寺　92. 四宜书屋　93. 生冬室　94. 春泽斋　95. 展诗应律
96. 应严法界　97. 涵秋馆　98. 凤麟洲　99. 承露台　100. 松风梦月
(以上为绮春园景点)

园、映清斋、思永斋、海岳开襟、含经堂、淳化轩、玉玲珑馆、狮子林、转香帆、泽兰堂、宝相寺、法慧寺等十余景。乾隆十五年（1760年）在长春园之北部独建一区，名西洋楼。内部建造了远瀛观、万花阵、大水法等仿欧洲式样的宫殿、喷泉、园林建筑。乾隆三十七年（1772年）又于长春园之南组建绮春园。该园是由若干小园林合并而成，规划布局较为零散。嘉庆时又把园西的庄敬和硕公主的赐园含晖园和大学士傅恒的赐园并入绮春园，共同组成绮春园三十景[19]。道光时改名“万春园”。绮春园内包括有敷春堂、鉴碧亭、正觉寺、澄心堂、河神庙、畅和堂、绿满轩、招凉榭、别有洞天、云绮馆、含晖楼、延寿寺、四宜书屋、生冬室、春泽斋、展诗应律、庄严法界、涵秋馆、风麟洲、承露台，松风梦月诸景点。圆明、长春、绮春三园同属圆明园总管大臣管辖，故称“圆明三园”，一般简称圆明园，亦包括长春、绮春二园在内。咸丰十年（1860年）英法联军焚毁该园之后，至今几乎全部建筑均已荡然无存，仅有部分遗址可供凭吊。所幸有关文献史料及图档诗文较多，同时全园地形地貌亦未曾大变，河湖水系清晰可见，据此尚可考查出其盛时概貌。

圆明三园共占地350余公顷，规模庞大（图4-28)。其中成组的建筑群在圆明园内有69处；长春园24处；绮春园30处，总计123处。其中除部分为实用性房屋，如宫殿、住宅、戏楼、市肆、藏书楼、船坞外、绝大部分为饮宴、游赏、寺庙建筑。其内容之丰富为三山五园之冠，被乾隆誉为“天宝地灵之区，帝王豫游之地，无以逾比”[20]的“万园之园”。圆明园是分期陆续扩建而成，占地广阔，可做长时间的游览，因此无法用单一的贯穿始终的布局构图来规范，它是采用按水系特点划分大的景区，景区内又分布着小园、建筑群等景点，这种景区与景点相互结合的规划方式是圆明园的创造，而且在清代大型离宫中多次使用。圆明园的大景区粗略地可以划分为八处，即圆明园宫廷区、九洲景区、福海景区、西北景区、北部景区、长春园景区、西洋楼景区、绮春园景区（图4-29)。宫廷区设在圆明园南部正中位置，轴线突出园外，包括环河、大照壁、大宫门、出入贤良门、正大光明殿等整组外朝建筑。大宫门外有左右朝房及六部、各司、寺、监、府等衙门值房。布局严格按轴线对称布列，最后以大假山及前湖水面与苑林区相隔。正大光明殿之东有勤政亲贤及保和太和两组建筑，为皇帝召见臣工议事及休息之处。殿西有长春仙馆一组建筑，是皇太后颐养的居所。宫廷区布置严整简约，威仪隆重，但仅为圆明园的序幕。宫廷区之北部环绕

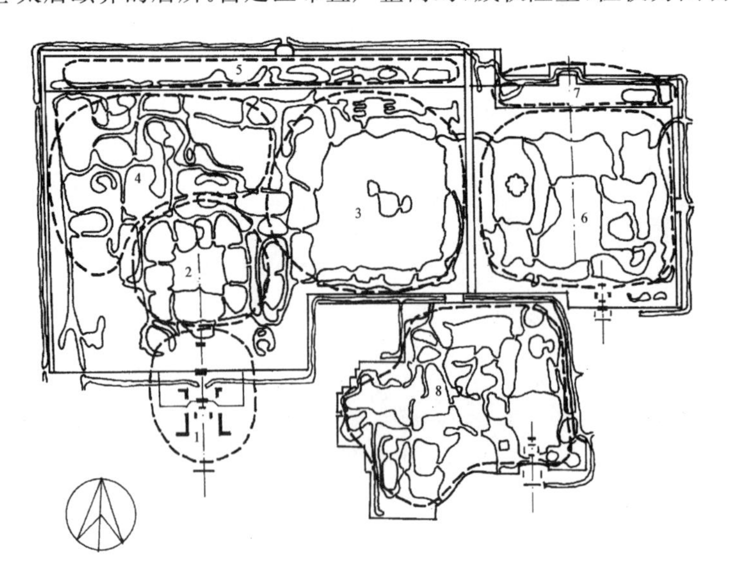

图4-29　北京圆明园景区分布图

后湖湖面布置九个岛屿，组成圆明园中最主要的景区——九洲景区。后湖面积约 4 公顷，沿湖九岛皆可成景，自东转北而西，环湖一周，计有缕月开云、天然图画、碧桐书院、慈云普护、上下天光、杏花春馆、坦坦荡荡、茹古涵今，加上南面大岛上的九洲清晏，一共九处，花团锦簇，雍容多姿，犹如九颗明珠连缀成的练环，体现封建帝王追求的“一统九洲，天下升平”的政治目的[21]。九洲清晏是最大的一组建筑群，中部有圆明园殿、奉三无私、九洲清晏三座殿宇，与前部宫廷区呈轴线垂直关系，是处理政务之处。两侧排列了许多小院落为后妃们的寝宫及帝王书斋等。环湖八景安排了赏花、观鱼、读书、祀祖、赏景等不同内容的建筑。各处景色皆能充分发挥“水”的作用，各岛不仅山环水绕，而且还应用了岛中有池，引水成港，临水设榭，跨水成桥等手法，进一步丰富水的趣味。各景点间以低矮的土冈相隔，隔而不断，构成和谐相配，浑然一体的风景长卷。福海景区在圆明园的东部，是围绕福海水面布置众多景点的布局方式。福海水面辽阔，约计在 20 公顷以上，在这空濛的水体中央安置了三座小岛，构成蓬岛瑶台一景。构思立意是传统园林中常用的东海三仙山的典故，代表帝王求仙求寿的意愿[22]。福海四周及外围水道萦回，构成众多小岛，分布着二十处景点。如南屏晚钟、平湖秋月、三潭印月、曲院风荷是模仿杭州西湖景点(图 4-30)；接秀山房为沿湖的临水建筑组群，可远望西山晴雪；夹镜鸣琴、别有洞天是在封闭的小池中构筑景色；廓然大公是山、池、殿堂相对应的小园；东北角的方壶胜境更是取意于道家，以雄伟的层台峻阁及架设于水上的五座亭台构成的恢弘气势取胜，整组建筑高低参差，对称均齐，水中倒影上下掩映，宛若仙宫琼楼玉宇，把帝王理想中仙境的建筑形象充分表现出来（图 4-31)。福海景区与九洲景区的布局虽皆为一湖居中，多岛环列的态势，但九洲景区的湖小岛大，建筑密集，而福海景区的湖大岛小，建筑小巧疏朗，形成烟波浩渺，笼烟带雾的仙境气氛，与九洲区的人间旖旎风光的艺术风貌完全不同。西北景区在圆明园北部及西部，此区内湖泊罗布，港汊交错，园林用地呈散点式布列，所安排的景点内容也是多样纷呈。如象征市肆的买卖街、城堡式佛寺的舍卫城、园内的宗庙建筑安佑宫、宫内藏书用的文源阁、大戏楼清音阁、观烟火的山高水长楼、万字形平面的万方安和，还有独立成景的武陵春色、濂溪乐处、坐石临流，西峰秀色等。这一区的特点是生活实用与游览观赏功能并重，不求中心的自由布置。北部景区在圆明园的极北部，以围墙隔出的一条狭长地带。东西约长 1500 米，南北约 100 余米，一条河道自东向西蜿蜒流过，湖溪相续，时开时合，沿河建置了若帆之阁、北远山村、鱼跃鸢飞、多稼如云、紫碧山房等十余组临水建筑。建筑舒阔，随河进退，表示出水村野居的风光。可能是乾隆巡视江南，欣赏扬州保障湖一带景色，而将瘦西湖园林化的水景风光移植于此。长春园景区在福海之东，是一组规划整齐

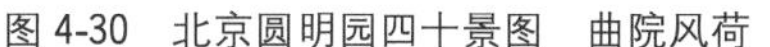

图 4-30 北京圆明园四十景图 曲院风荷

图 4-31 北京圆明园四十景图 方壶胜境

的苑囿。宫门设在南围墙偏东，正殿称澹怀堂，共两进院落，布局比较简单。中部苑林区以水面为主，用岛堤分割成左中右三片湖泊，而湖中有大中小三座岛屿，实暗指三仙山之意。在中央大岛上安排了淳化轩一大组建筑作为全园的主体。共有三路四进，主殿两廊壁间嵌刻淳化阁宋帖刻石 144 块，故以此命名主殿[23]。这组建筑是园中主要宫寝，故建筑面积较多。其他两岛分别建玉玲珑馆及思永斋。长春园之北岸横列狮子林、泽兰堂等五组建筑，以为隔湖对景。而园之南部沿宫墙设有茜园、如园、鉴园、三座园中之园，委婉曲折，自成规模。西部湖区中央设两层圆形石台，上建金阁，名为海岳开襟，隔岸观之有如海市蜃楼，水中宫殿。综观长春园的布局主次分明，尺度得体，建筑疏朗，区划明确，显示出精审的总体构思意向。而且每组景点亦有鲜明特色，应该说在造园艺术上较圆明园更为成功。西洋楼景区在长春园之北，东西长 800 米，宽 70 米，为一条纵长形园林（图 4-32、4-33）。因其风格特殊，故以长墙与长春园隔开，成为独立一区。乾隆时

图 4-32　圆明园西洋楼铜版画　大水法

图 4-33　圆明园西洋楼铜版画　海宴堂

期欧洲工艺品及建筑样式已传入中国，引起皇帝的兴趣，尤其是利用水头压力的喷泉方法（当时中国称之为水法）尤感奇特。于是在乾隆十年（1754年）弘曆帝特命外国传教士蒋友仁（Michael Benoist 法国人）负责水法设计；朗世宁（Joseph Castiglione 意大利人）、王致诚（Jean Denis Attiret 法国人）负责建筑设计；艾启蒙（Ignace Sichelbarth 波希米亚人）负责庭园设计，在长春园北起造西洋楼。全部工程共计包括谐奇趣、蓄水楼、养雀笼、方外观、海晏堂、远瀛观等宫殿建筑六座，大水法及海晏堂前水法、谐奇趣前水法三座，万花阵（迷宫）、线法山、线法墙、线法桥等游乐建筑多座。工程中还有如意馆中的中国画师及中国建筑工匠参加。所有建筑均为欧洲十八世纪中叶盛行的巴洛克风格（Baroque Style）宫殿式样。建筑为墙体承重结构，外檐用汉白玉石柱及装饰雕刻，墙身还嵌贴五色琉璃花砖或抹粉红色石灰，屋顶为坡顶，不起翘，不出檐的琉璃瓦顶。建筑平面、立面柱饰、门窗、栏杆都是西式做法，但在西洋雕刻中夹杂着中国传统花饰（图4-34～4-36）。植物配置多为修剪整齐成行成列的欧式园林手法。在水法设计上除了水柱喷泉、水扶梯外，也有做成十二生肖状喷头的定时喷泉等。总之西洋楼景区是一组实验性建筑，是在中国苑囿中引进西方建筑文化的尝试。绮春园景区是由多数小园集合而成，因此水面分散，总体布局不拘一定章法。宫廷区设在园林东南角，由迎晖殿、中和堂、敷春堂、后殿组成，纵深300余米。苑林区占据西部和北部，北部有春泽斋、四宜书屋、清夏堂几组景点；西部有澄心堂、畅和堂、绿满轩等景点。绮春园中部还插入一座正觉寺佛寺。绮春园布局自由灵活，也具有山村农庄

图4-34　北京圆明园西洋楼景区远瀛观遗址

图4-35　北京圆明园西洋楼景区海晏堂遗址

的自然情调，其水系回环，无过大的湖面，但水面洲岛甚多，达 16 座，每个岛上都布置有建筑，是为组景特色，也是因为该园为诸多小园聚合而产生的必然现象。同治十二年（1873 年）重修圆明园时重点拟放在绮春园方面，将敷春堂旧址改名“天地一家春”。有关建筑设计烫样及内檐装修图样，皆经慈禧太后亲自审阅，并动手修改（图 4-37），但不久即因国库空虚而辍工[24]。圆明园重修工程只不过是日薄西山的封建王朝最后一次昙花一现之举而已（图 4-38）。

图 4-36　北京圆明园西洋楼景区方外观遗址

图 4-37　同治重修圆明园清夏堂烫样

图 4-38　北京圆明园复原图

综观圆明三园可知其造园之骨架在于水体，通过人工巧构，安排出大中小水面相互穿插的湖泊群，以回环萦流的河道为脉络，把这些水面串联成一个完整的水系。圆明三园的水面占全园面积一半以上，大的水面为福海宽达600余米，而小的水面仅10余米，有的湖体坦荡无垠，有的湖泊曲折萦绕，有的自然伸展，有的规则划一，有些水体环境完全形成为冈阜花木组成的自然环境，而有些则以建筑烘托出具有生活情调的景观。各湖泊之间多以土阜、假山和建筑相分隔，起到障景作用，使之成为独立的视觉环境及水域景色。圆明园虽为平地造园，但却能构成山复水转、层层叠叠变化无穷的自然空间，在约350余公顷范围内连续展开各类景观意境，毫无平淡雷同之感，可称为北方水景园中集大成的作品。圆明园在因水成景的立意方面是十分丰富的，完全打破了唐宋文人园中欣赏山村野趣的单一感。这里有反映仙境的蓬岛瑶台、方壶胜境景点，有表现农家的北远山村、多稼如云景点，有政治气氛十分浓厚的九洲清晏、淳化轩景点，有表现隐逸之风的武陵春色、别有洞天景点，有反映书卷环境的碧桐书院，四宜书屋景点，有再现港湾景色的慈云普护、映清斋景点等。同时还借鉴江南水乡已形成的人文景色用于园内，如杭州西湖的三潭印月、曲院风荷、苏堤春晓、平湖秋月等，又借鉴江南水景宅园的手法建造了许多围合空间的水域，如茜园、如园、廓然大公、紫碧山房等。总之天造地设的各种优美水态环境在这里都得到艺术的再现，并提高加工，形成美感的享受。圆明园的总体布局中以路、桥构成陆路观赏系统，同时河湖水系又形成了舟行游览的水路观赏系统，两个系统并行、穿插、跨越，相互配合，更增加景观的层面变化，亦是圆明园造园特色之一。

圆明园建筑群体组合的特点是集锦式布局。即是以山、水、建筑、花木组成独立小环境，即景点，由若干景点组成一个有内在联系的景区，由各景区形成全园。这种分散的集锦式布局非常适合水域变化的特点。各景点的布置中充分发挥亭、廊、桥、榭的变化作用，使规整的院落布局产生无限的生机。所以圆明园的120余处景点无一雷同，各有特色。大部分景点皆以建筑为主体，但布置手法各异，有的是以建筑围合成院落空间，几处大型寝息殿堂即为此式；有的是将建筑与山水环境糅合在一起，空间开敞，视野开阔，景观层面多，如绮春园春泽斋及展诗应律一组景点；有的是以围墙或山冈围护成封闭空间，其内组织建筑、湖池、花木，形成以内视为主的景色，如长春园的如园。圆明园水景园中展示出各种建筑组合方式，说明传统建筑在组织空间方面的巨大生命力与无穷的艺术魅力。

圆明园在组景方面特别注意障景、对景、与岛屿成景的作用。圆明园地势平坦，一览无余，必须有障有闭才能区划出空间，常用手法是堆叠冈阜来隔绝视线，相邻两处景点虽然近在咫尺，但山峦分隔，互不影响。又加之河渠隔绝，桥路引导，使游者产生深远不尽的感受。此外，采用大假山及浓郁的树木亦起到障景的作用。圆明园附近没有高峻的山体，因此无法远借园外之景，故园内各景点的内借作用则十分重要。园内水面两岸的景点都有对景作用，互为因借，即使是山环水复的封闭景点，也要敞开一面，成为观景借景的窗口。平缓的小山上点缀一两座小亭，湖边池畔构筑空透的水榭，皆可起到对景的作用。圆明园中岛屿甚多，岛上皆有建筑群组，一方面增添了湖面景色，更重要的是增加湖面景观层次，造成平远的画面。

圆明园的建筑体量除个别纪念性建筑外，皆比较小巧玲珑，与山体水面相协调。但造型上却突破官式建筑规范的束缚，博采民间建筑形式，千姿百态，不拘一格，形成许多罕见的平面形状。如卍字形、工字形、扇面形、口字形、田字形、亚字形等。除极少数殿堂以外，大部分建筑外观素雅，不施彩绘。为追求民间格调，有些建筑用平顶房、草顶房、竹篱、板门，与周围自然环境比较协调。在植物配置上亦注意花季搭配，成区栽植，保证四季有花，并且还从南方引种驯化一部分花木。

圆明园内建筑较多，没有较高的山峰以衬托湖面，所以在表现自然山水的真实意境方面受到一定影响。同时面积过大，造成游览路线的复杂化，主次线路不明确。同时有的景区布局较为松散，零乱，如绮春园及圆明园西部，这些都是圆明园的不足之处，有些也是先天性因素所造成的。

圆明园的造园成就通过西欧传教士介绍到欧洲以后，引起很大的反响，对当时盛行于欧洲的完全几何式构图的法国路易十四式园林及完全因袭自然风景的英国式园林，产生了冲击。一些建筑师也试图按中国风格的人工创造画意的自然式山水园方式建造园林。如钱伯斯（Chambers）为英国肯特公爵建造的丘园（Kew Garden），就是欧洲第一座中国式园林，以后并影响到欧洲大陆上的法国与德国。

三、静宜园

香山静宜园位于西山之东端。园址占据一个南北侧岭回抱的山坳地带，涧谷穿插，泉水迸流，保持着深邃幽奥的山林野趣，是一座完全的山地园（图 4-39），总面积达 140 公顷。自乾隆十年（1745 年）开始在原康熙时代的香山行宫基础上进行改建扩建。十一年完成，共形成了二十八景。即勤政殿、鹂瞩楼、绿云舫、虚朗斋、璎珞岩、翠微亭、青未了、驯鹿坡、蟾蜍峰、栖云楼、知乐濠、香山寺、听法松、来青轩、唳霜皋、香嵒室、霞标磴、玉乳泉、绚秋林、雨香馆、晞阳阿、芙蓉坪、香雾窟、栖月崖、重翠崦、玉华岫、森玉笏、隔云钟（图 4-40、4-41）。以二十八景题名中的峰、坡、林、泉、岫、窟、坪可知静宜园是表现山地景色的自然风景园。

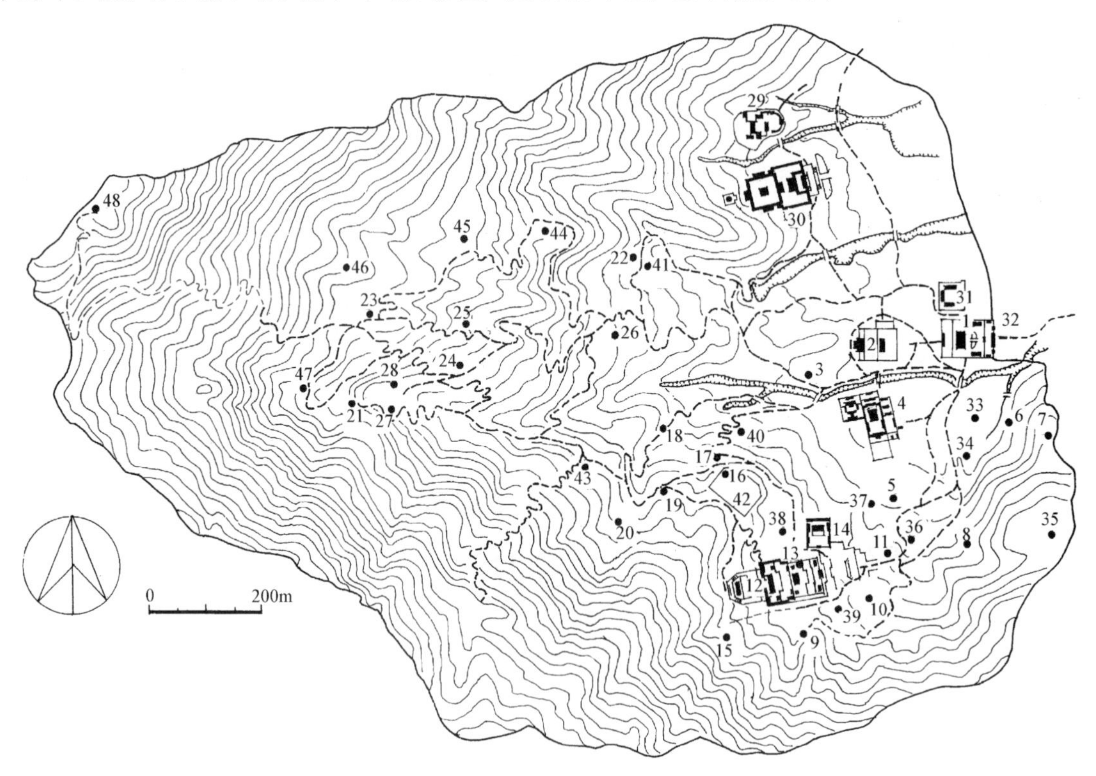

图 4-39 北京香山静宜园平面图

1. 勤政殿 2. 鹂瞩楼 3. 绿云舫 4. 虚朗斋 5. 璎珞岩 6. 翠微亭 7. 青未了 8. 驯鹿坡
9. 蟾蜍峰 10. 栖云楼 11. 知乐濠 12. 香山寺 13. 听法松 14. 来青轩 15. 唳霜皋 16. 香嵒室
17. 霞标磴 18. 玉乳泉 19. 绚秋林 20. 雨香馆 21. 晞阳阿 22. 芙蓉坪 23. 香雾窟 24. 栖月崖
25. 重翠崦 26. 玉华岫 27. 森玉笏 28. 隔云钟 29. 见心斋 30. 昭庙 31. 致远斋 32. 东宫门
33. 屏水带山 34. 云径苔菲 35. 看云起时 36. 买卖街 37. 绿云深处 38. 万松深处 39. 松坞山庄 40. 十八盘
41. 静如太古 42. 洪光寺 43. 阆风亭 44. 颐静山庄 45. 梯云山馆 46. 西山晴雪 47. 朝阳洞 48. 重阳亭

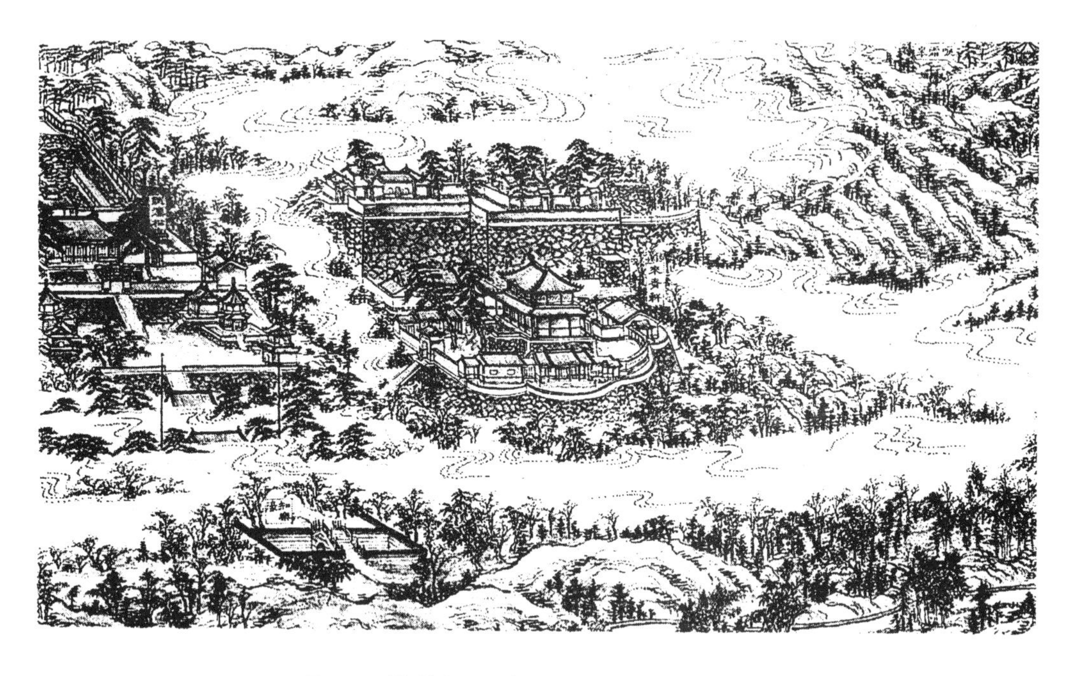

图 4-40　清 静宜园二十八景图卷　来青轩　知乐濠

图 4-41　清 静宜园二十八景图卷　虚朗斋　绿云舫　玉乳泉

图 4-42　北京静宜园香山寺石影壁

根据地势环境，静宜园分为内垣、外垣、别垣三区。内垣占据东南部半山坡及山麓地带，是主要景点及建筑的会聚之区，是全园游览的重点。包括有宫廷区和古刹香山寺、洪光寺两座寺庙。宫廷区在园东，背负香山，面朝玉泉山、万寿山诸御苑，座西面东。宫廷区主殿为勤政殿，两厢朝房左右分列，呈规则式布局。殿后的中轴线上尚有一组建筑，称横云馆、鹂瞩楼，为行宫之内廷。此外勤政殿之北有致远斋，为皇帝接见臣僚的常朝之地。勤政殿之南有“中宫”，为皇帝短期居留之地。香山寺位于静宜园南部的半山坡上，依岩跨壑，层层建台，形成七进院落。依次建山门、正殿、后殿、六方形楼阁、后照楼（图 4-42）。登香山寺旁之来青轩可远眺京师，披烟带雾，景色旷绝[25]。香山寺西北为洪光寺。过洪光寺后山势转陡，沿山道可登香山绝顶。在宫廷区至香山寺、洪光寺沿途，结合谷涧溪流、山峦秀色，形成了一系列自然景观游赏点，如璎珞岩、青未了、蟾蜍峰、松坞山庄（现称双清别墅）、绚秋林等。尤以香山西南坡一带树木森茂，怪石罗列，松柏槐榆杂植，黄栌遍布，入秋以后，漫山涂朱，层林尽染，绚丽异常，形成著名的西山红叶景观[26]。

外垣占据静宜园的高山区，面积广阔，山形峻峭，散布着十五处景点，大部分是欣赏自然风光的绝佳之处，或因景而构的小园林建筑。如晞阳阿、森玉笏皆为赏观奇石之处；香雾窟、鬼见愁为登高望远之处；芙蓉坪、竹垆精舍为山中小园林；山腹中的玉华寺、皋涂精舍等又是欣赏万山群岫、暮霭朝岚等山地风光的好去处。

别垣位于静宜园之北部坡地。建造较晚，主要有两组建筑，即昭庙和正凝堂。昭庙建于乾隆四十七年（1782 年），是为纪念西藏班禅活佛来京给皇帝祝寿这一历史事件而建造。为此原因，同时在承德建造了须弥福寿庙。两座庙宇的造型及布局类似，皆仿日喀则班禅坐床处扎什伦布寺的形制。其建筑主体为前殿及清净法智殿，以两层大白台环绕之，紧随其后接建四层四方围合的大红台，最后以七层琉璃塔为结尾。昭庙以北为正凝堂，它是在原明代一座私园基础上改建的。分为东西两部分，东部为环形廊庑围合的水院，西部地势渐高，以建筑结合山石，透迤高下，自然布置，一园之中兼有山水之态，是一座十分精致的园中园。嘉庆年间改名“见心斋”（图 4-43）。

静宜园组景是充分利用山岩、涧溪、植物在形、声、色方面的特征，攫取其在时间空间上的变幻，从动观静观两方面体察、凝固成可观、可游、可听、可思的自然美态，赋予自然环境以人情味。这也是中国传统的具有主观情感的自然山水欣赏与西方客观实体表现的自然山水欣赏在观念上的差异。

四、静明园

玉泉山在清漪园之西，是突显于西山之东的一座小山丘，高不

图 4-43　北京静宜园见心斋水院

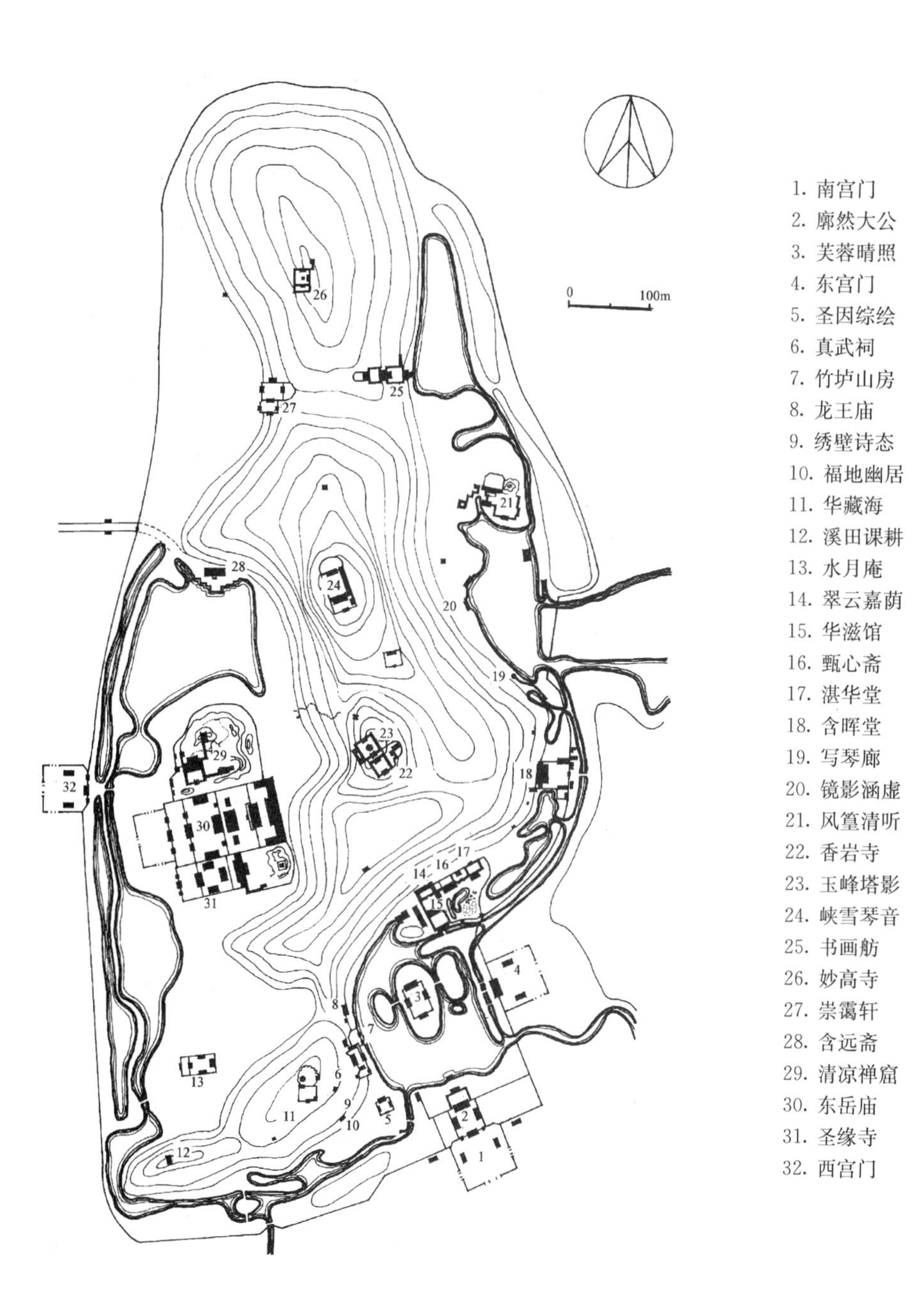

图 4-44　北京玉泉山静明园平面图（摹自《中国古典园林史》）

过50米。山形奇丽，树木葱郁，而且多奇岩、幽洞、泉眼、溪流。康熙时曾在此建行宫澄心园，后改名为静明园[27]（图4-44）。乾隆十五年（1750年）大规模扩建，至十八年完工。经乾隆正式命名的景点计有十六处。为廓然大公、芙蓉晴照、玉泉趵突、圣固综绘、绣壁诗态、溪田课耕、清凉禅窟、采香云径、峡雪琴音、玉峰塔影、风篁清听、镜影涵虚、裂帛湖光、云外钟声、碧云深处、翠云嘉荫。玉泉山为南北走向约长1300米的纵长山形，其东南西三面被连通一起的宝珠湖、镜影湖、裂帛湖、玉泉湖、含漪湖五座湖泊包围，是一座以山景为主，兼有局部水景的自然山水园。

全园可划分为三个景区。南山景区包括玉泉山南坡，坡下的玉泉湖，裂帛湖及西部侧峰的高地。此区背山面水，西北屏蔽，有很好的朝向及造园条件。玉泉湖南为静宜园的南宫门，及廓然大公一组宫廷建筑，与其后部玉泉湖中的乐成阁形成统一的轴线，也是全园惟一的轴线。玉泉湖近方形，中部有三个大岛，仍采用皇家园林"一池三山"的格局。湖北有华滋馆一组小园林，再东有裂帛湖畔的含晖堂等，皆是水景小园。西部侧峰散点式布置了玉泉趵突、圣因综绘、华藏海、水月庵等小建筑，以华藏塔为西部的制高点。在园的西南角濒临河道湖滨皆开辟为水田，极富江南水乡村居野舍的环境，命名为"溪田课耕"。南山景区最主要的景观是在南山之颠的香岩寺，寺后建八角七层琉璃塔，登塔可尽览西北郊湖光山色，村野风光，此塔不仅是静明园的标志性建筑，而且是清漪园的最佳远借景观。

东山景区在玉泉山东麓，主要景色是围绕镜影湖展开。沿湖楼阁错落参差。植物主题以竹丛为盛[28]，风打竹篁，绿影摇曳，清爽异常，湖水澄澈见底，浮藻游鱼，飘于水面，是一处十分清雅的水景园。此外，宝珠湖亦有小园，码头。最后以玉泉山北峰的妙高寺及金刚宝座式喇嘛塔为结束（图4-45）。此塔与玉峰塔、华藏塔分峙北中南三峰，为静明园重要点景建筑。

西山景区在玉泉山西麓，为有一大片平坦地段。坐东朝西布置了三座寺观。中间为四进院落东岳庙，是园内最大的建筑群。东岳庙南邻为佛教圣缘寺，东岳庙北邻为清凉禅窟，周围有楼台亭榭、曲廊平台，随宜构筑，是一组园林化的寺庙群。西山区景观重点为烘托宗教气氛。咸丰十年（1860年）英法联军之役，静明园被焚，大部分建筑破坏殆尽，空余山湖景色依然固在。

静明园各景区虽各有特色，但综观全园之艺术意匠是以"深山藏古刹"为立意宗旨。各景点追求的是山水林木的画意，以表现出自然名山胜景的幽深氛围。尽量利用山崖构成各种洞窟，如罗汉洞、观音洞、水月洞，以加强深山幽谷的环境感觉。在此造景基础上，大量构筑宗教建筑，有大型佛道寺观，亦有民间小型庵堂窟室，暮钟梵唱，明灯檀香，状拟峨眉秀，意仿五台雄，将自然风光与信仰建筑密切结合，构成为带有社会性格的园林风景。

五、清漪园

位于北京城西北郊圆明园之西，始建于乾隆十五年（1750年），至二十九年（1764年）完工，是三山五园中最后建成的一座行宫御苑（图4-46）。清漪园是以瓮山及西湖为造园骨架。此地自元明以来即为风景名胜之地，明代在此建有功德寺、圆静寺等寺庙，明代文人留下不少咏西湖的诗句，称此地"环湖十里为一郡之胜观"。乾隆数次南巡，醉心江南旖旎风光，决心在这块山水形胜之地，按自己造园意图平地起造仿江南景色的自然山水园。在大规模整治西北郊河湖水系，拓宽西湖水面以后，以为皇太后纽祜禄氏六十寿辰祝寿为名，在圆静寺旧址建大报恩延寿寺[29]，改瓮山为万寿山，西湖为昆明湖，并开始了一系列殿、堂、阁、榭等园林建筑的兴造。十六年正式命名为清漪园。

图 4-45 北京静明园妙高塔

图 4-46 北京清漪园平面图

该园占地约 295 公顷，其中山地占 1/3，水面占 2/3，是一座山水结合、以水为主的自然风景园。园内共有建筑景点 100 余处。从文昌阁城关绕北宫墙至西部的宿云簷城关建有围墙，前湖周围皆不建墙，与周围农庄阡陌景色联为一体。由于清漪园的建成，将玉泉山静明园与圆明园、畅春园联为一体，沿长河、玉河水路可达各园，真正形成了御苑群体。1860 年该园被英法联军焚毁。光绪中叶，慈禧太后为庆贺六十寿辰，挪用海军建设经费两仟万两修复此园。光绪十四年（1888 年）完成，基本保持了清漪园的格局，改名颐和园。1900 年再为八国联军破坏了一部分，1903 年修复，但后山建筑一直未复旧貌。

万寿山东西长 1000 余米，山南为宽广的昆明湖，长 1930 米，宽 1600 米，是清代皇家诸园中最大的水面。山背为后溪河，河道曲折，两岸冈阜夹持，景色幽深。全园地形为一峰独耸，前后水环的状貌，是极佳的造园基址（图 4-47）。清漪园的总体规划是以杭州孤山及西湖之状貌为蓝本的，园中的山水关系，前湖与后湖，西堤分割等都近似西湖。在乾隆“万寿山即事”诗中提到的，“背山面水地，明湖仿浙西，琳琊三竺宇，花柳六桥堤”，即已言明此意。清漪园的营建有统一的构思与明确的整体规划，全园分为三部分：即宫廷区、前山前湖景区、后山后湖景区。

宫廷区在园之东南部，东向直对圆明园之御路。此区由东宫门、二宫门、正殿勤政殿组成。因是行宫性质，故布置比较简约，也未使用琉璃瓦，庭院内点缀花木，一派静穆气氛。勤政殿之西绕过大假山后，豁然开朗，一碧千顷的昆明湖呈现眼前，即进入了苑林区。

前后山景区是以万寿山山脊线划分的。前山前湖景区约占全园面积的 88%，背山面湖，视野开阔，西望玉泉、香山，层峦叠嶂；南瞰平畴阡陌，农舍炊烟；东观圆明、畅春诸园，楼台、画阁参差，是具有最佳意趣环境的景区，是清漪园的主景区（图4-48）。万寿山前坡安排了三大组

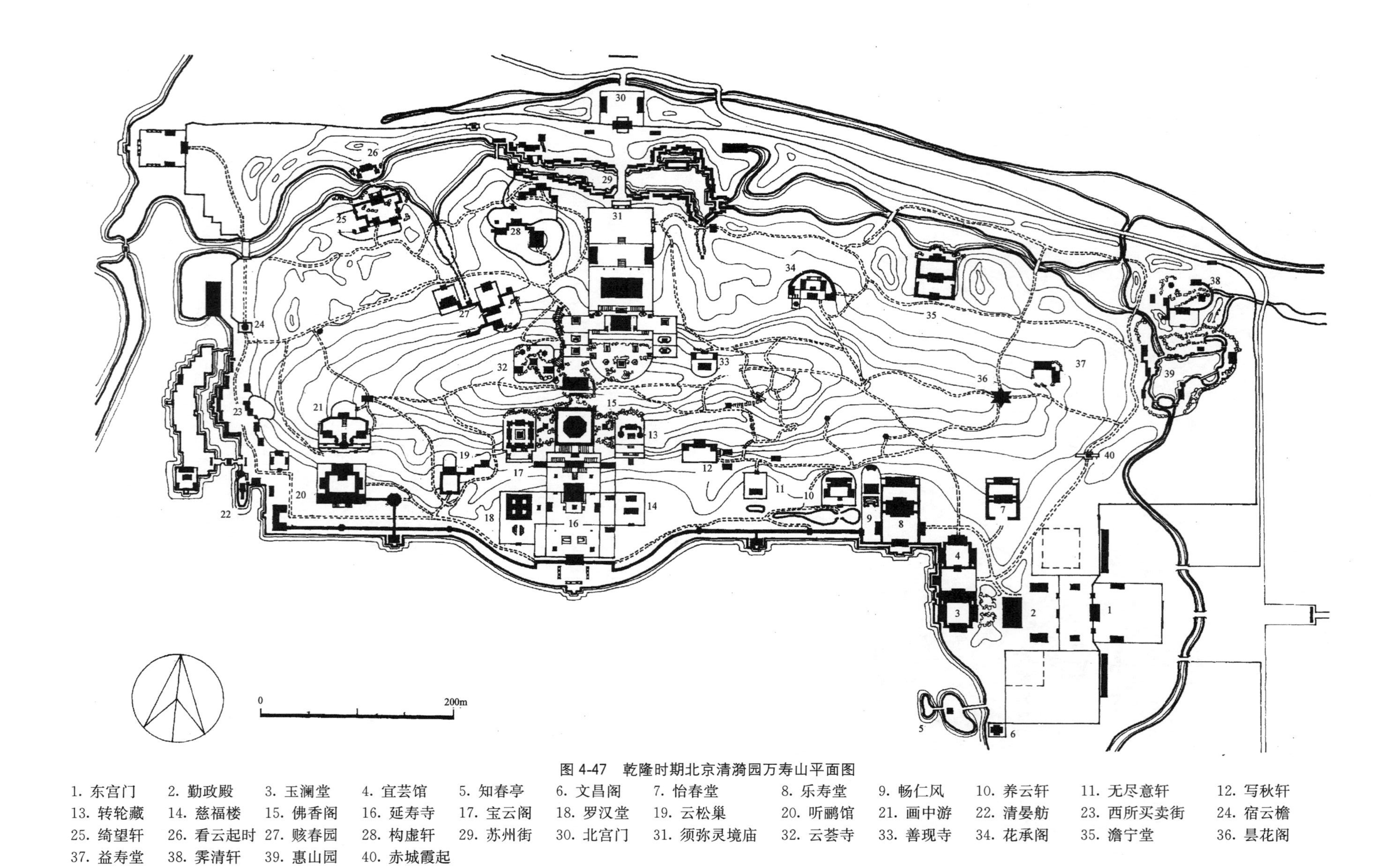

图 4-47 乾隆时期北京清漪园万寿山平面图

1. 东宫门 2. 勤政殿 3. 玉澜堂 4. 宜芸馆 5. 知春亭 6. 文昌阁 7. 怡春堂 8. 乐寿堂 9. 畅仁风 10. 养云轩 11. 无尽意轩 12. 写秋轩 13. 转轮藏 14. 慈福楼 15. 佛香阁 16. 延寿寺 17. 宝云阁 18. 罗汉堂 19. 云松巢 20. 听鹂馆 21. 画中游 22. 清晏舫 23. 西所买卖街 24. 宿云檐 25. 绮望轩 26. 看云起时 27. 赅春园 28. 构虚轩 29. 苏州街 30. 北宫门 31. 须弥灵境庙 32. 云荟寺 33. 善现寺 34. 花承阁 35. 澹宁堂 36. 昙花阁 37. 益寿堂 38. 霁清轩 39. 惠山园 40. 赤城霞起

建筑。中央为大报恩延寿寺，从下而上依次按轴线排列为天王殿、大雄宝殿、多宝殿、佛香阁、智慧海、无梁殿（图 4-49）。佛香阁建于高大石台之上，再加上三层阁身的高度，其绝对高度已经大大超过了万寿山的山峰。突出佛香阁一方面原因是加强中央轴线的主导作用，统率各处景点，形成全园的构图中心；另一方面从形式构图上讲，高耸的佛香阁也补救了万寿山山形平淡无险的先天缺陷。延寿寺东侧沿山坡布置了慈福楼与转轮藏，西侧为罗汉堂与宝云阁（即铜亭子）[30]，分别构成两条次轴（图 4-50、4-51）。大面积的建筑群体复压在山体上，更加强了中央轴线的气势（图 4-52、4-53）。前山东部山脚下建有乐寿堂、养云轩、玉澜堂、宜芸馆等居住建筑，乐寿堂前临水的水木自亲殿两侧建有白粉墙半廊，墙上点缀各式花窗，倒影扶疏，清淡雅致，具有江南水乡情调。东部山上建有六角星状两层的昙花阁是重要的点景建筑，可远望西郊诸园及京畿烟霭。前山西部山脚下建有听鹂馆、画中游等游赏建筑（图 4-54）。山上建有“湖山真意”亭榭，可观玉泉山及高水湖，养水湖等湖山美景（图 4-55）。前山临湖设计了 273 间长廊，东起邀月门，西止石丈亭，像一条腰带将万寿山的所有建筑连缀在一起，行走于长廊之中，每个廊间又似一幅幅画框，将画桥烟柳摄入眼帘，使平直的湖岸构成动态的观赏线（图 4-56、4-57）。在万寿山西部前后湖转换处建有清宴舫石舫一座，及仿江南河街形式建造的西所买卖街。昆明湖水面广阔，湖内由西堤及支堤划分成三块水面，以东湖最大，近东岸处有南湖岛一座，与东岸间以十七孔联拱券长桥相连（图 4-58）。桥头建大型重檐八角亭“廓如亭”。岛上建有龙王庙、鉴远堂，岛北建三层高阁望蟾阁，与昆明湖北岸的佛香阁遥相呼应。西面两块水域中心各有岛屿一座，分别在其上建造圆形城堡式的治镜阁和临水的藻鉴堂。昆明湖上三岛鼎列布局明显地表现出历代皇家园林所追求的“一池三山”的仙境模式。此外，沿昆明湖东岸尚有文昌阁、知春亭、铜牛，西岸有畅观堂、景明楼、耕织图、蚕神庙等。尤其是穿越湖心的西堤上，构筑了六座不同形式的桥梁，明显是仿杭州西湖苏堤六桥形制（图 4-59）。总之，前山前湖景色以“旷”为主，四周形成环闭围合的景点群，四视有景，中列堤岛，北屏寿山，远处西山群峰，麦垄稻畦，形成层次丰富、远近入画的景色。

后山后湖景区占全园用地的 12%，地势陡峻，河湖狭窄，其布局为适应地形特点，以北向为主。后山中央是一座藏传佛教寺院，称须弥灵境庙。该庙自下而上为广场、山门、大雄宝殿，再上为大红台，台中心布置了香岩宗印之阁，环阁安排了四大部洲殿、八小部洲殿、日光殿、月光殿、四色塔等。这种布局是按照佛教经典中所描述的世界构成模式建造的[31]。须弥灵境庙前有三孔石桥跨过后溪河，直对北宫门，这条庙宇轴线是后山景区全部建筑的构图中心。后山西部布置了云会寺、赅春园、味闲斋、绮望轩、看云起时等建筑，东半部有花承阁、澹宁堂等。由于地势险峻，所以这些园林建筑体量都比较小，布置随宜高下，自成一体。在后山东部尽头布置了一座仿无锡寄畅园意境的惠山园和霁清轩，嘉庆十五年（1810 年）改名谐趣园（图 4-60、4-61）。乾隆时期的惠山园内建筑比较疏朗，池北岸一带为山石、林泉，自然幽深，布置有类似寄畅园八音涧那样涧水叠落的溪流“玉琴峡”。东北角为墨妙轩及峭立的山岩，东部跨池建知鱼桥，西部以万寿山、昙花阁为借景，这些手法也都是借鉴寄畅园的。后溪河的中段两岸仿江南河街市肆设置店铺，又名苏州街，每逢皇帝临幸，以宫监扮作店伙、顾客，买进卖出，造成一派江南水乡市镇的景象。总之，后山后湖景区以“奥”为主，景观幽闭，视距狭小，以山涧溪谷景色特征为造景意匠，不求远观，重在内视，随地高下，布置封闭小园林，与前山前湖形成强烈的对比效果。

图 4-48　北京清漪园全景

图 4-49　北京清漪园众香界智慧海

图 4-50　北京清漪园转轮藏

图 4-51　北京清漪园宝云阁西望静明园

图 4-52　北京清漪园昆明湖

图 4-53　北京清漪园昆明湖畔云辉玉宇坊

图 4-54　北京清漪园画中游

图 4-55　北京清漪园湖山真意亭远眺玉泉山

图 4-56　北京清漪园长廊

图 4-57　北京清漪园扬仁风

图 4-58　北京清漪园十七孔桥

图 4-59　北京清漪园玉带桥

图 4-60 北京清漪园谐趣园

图 4-61 北京清漪园谐趣园知鱼桥

清漪园作为传统大型自然山水园在造园艺术上有许多发展与创造，反映出清代园苑极盛期的园林新特点，突出之处有下列几方面。园林艺术中突显呈现皇家气派，与素雅婉约的民间文人园大不相同。园林中采用宏大的宫殿或宗教建筑群做主体，高度与体量俱居全园之首，突出表现君临一切，皇权至上的思想。而且在构图上大胆采用轴线对称布局，一反自然山水园自由布局之惯例。清漪园前后山皆有主体轴线，而且一些次要建筑群体也安排有轴线关系，处处表现出帝王世家统驭寰宇，唯我独尊的气势。但这种规整严肃的布置依靠花木、山石、廊亭、曲径、溪池等园林手段的配合，完全融合于自然多变的山容水态之中，人工与自然二者相包并容，浑然一体，是在自然山水中添加人文意境的成功实例。清漪园建筑有丰富精美的建筑装饰处理，亦表现出雍容华贵的皇家气氛。如应用琉璃瓦屋面、硬木的内檐装修、汉白玉石栏杆及基台、丰富的金线苏式彩画，以及雕刻精致的花台、紫檀木的家具、青铜铸造的鼎炉、象生等。以湖畔的长廊为例，在全部 273 间屋架梁枋上绘制了大小 14000 余幅风景、故事、花卉为题的彩画，无一雷同，美轮美奂，目不暇接，气魄非凡。类似上述这样高贵的建筑装饰与装修，绝非文人市民园林可以比拟。由于以上原因，以清漪园为代表的清代皇家园林形成一种五彩斑斓，瑰丽多姿的北派风格，使宋明以来的素雅疏朗之风为之一变。

清漪园造园艺术在引进民间园林，特别是江南一带的名园胜景方面具有重大的发展，通过这种交流模拟，对中国园林艺术的发展产生深刻的影响。江南水网地区由于气候及自然条件的作用，自六朝以来已经发展成经济富庶地区。其宅园及风景区具有独特的韵味，婉约、细腻、清秀、空灵是其神韵。乾隆六次南巡醉心于此，移天缩地仿建在清漪园中[32]。例如：清漪园整体构图是仿杭州西湖；西堤六桥仿杭州西湖苏堤六桥；大报恩寺即相当于孤山行宫；南部凤凰墩岛仿无锡大运河中的小岛“黄埠墩”；南湖岛上望蟾阁仿武昌黄鹤楼；西堤上景明楼仿洞庭湖畔岳阳楼；西岸畅观堂睇佳榭仿西湖蕉石鸣琴；万寿山西麓长岛小西泠仿杭州孤山的西泠桥；东麓惠山园仿无锡寄畅园。这种模仿又不是机械照搬，而是“师其意，不师其法”。重要的是再现其特定的园林环境，引起人们的回忆与联想，诱发游人的情思与感怀。所以说清漪园仿制的各景点，都是给人们以新意的创造性的新景观。

清漪园是统一设计，一次建成的名园，在形式构图方面十分精审。概括地说是主次分明，对比协调，天成人作相互糅融，创作出意境无尽的景观。清漪园全园及各景区皆有主体景色及建筑以为造园骨骼。如全园以佛香阁为统帅，前山景区以大报恩延寿寺为主导，前山左右翼以乐寿堂、听鹂馆为主体，后山以须弥灵境庙为主干，前湖以南湖岛为重点，后湖以买卖街为轴心。通过这些主体景色联络诸处景点、小园、群体，形成主从分明，顿挫抑扬的系列景观，园容虽大，但聚而不散。对比与协调是形式美学构成的重要因素，尤其是对比的运用更是避免园景平淡无奇的重点。清漪园中开朗景观与幽邃环境交互使用，使得“旷奥兼备”，变化无穷。如前山开阔，后山幽深，屏山面湖，北实南虚。昆明湖的东湖水域开敞坦荡，一望无垠；而西北水域堤、岛、港、湾交替穿插，苇荡芦花，形成幽邃环境。后溪河自西向东，在绮望轩处湖面狭窄，收缩视野，过此湖面渐宽，至买卖街又呈收缩之态，收而再放，至澹宁堂又一次收缩，而至惠山园封闭园林。凡在旷区的建筑群多为敞厅空廊，宜于四望，而奥区的建筑则多为内向封闭，隐于环境之中。这种收放交替，开合有序的造景手法，正是深得旷奥对比的构图精髓，用之以增加变化节奏，激发游人的观赏兴致。

清漪园内有明确而丰富的游览导线及景观特色是其园林艺术的另一特点。进入东宫门，转过宫廷区以后，陆路游览线可分为三条。前路即万寿山前山，以长廊为主干，左右观赏山景水态，以开敞景色取胜。中路沿万寿山脊而行，以昙花阁、智慧海、湖山真意为重点，以远眺景色见长。后路沿后山后溪河而行，须弥灵境及买卖街为高潮，以深山密林、曲径幽谷为景区特色。水路游赏亦可分为数段，自南端绣绮桥过南湖岛至水木自亲，左顾右盼，是观赏湖光山色自然风光的佳境。自水木自亲过云辉玉宇坊至石丈亭，为欣赏仙宫琼宇、蓬岛瑶宫景色，如临人间仙境。自石舫沿后溪河至霁清轩，行驶在两山夹一水的幽谷中，表现的是山间溪谷的景观。而由石丈亭沿西堤，穿玉带桥，至耕织图一带，又表现出河湖纵横，农舍稻田的江南水乡风光。不同水域不同情怀。而水路游览线南通长河，西接玉河，串通西郊各御园，形成游览西北郊苑园群的大水路系统。可见清漪园景观在游览方面的考虑至周至密。

此外，清漪园造景在运用象征含义，增加宗教建筑，巧用景题联对方面亦十分成功。清漪园虽然没有采用圆明园、避暑山庄中标题成景的方法，但事实上处处成景，而且随晨昏、阴晴、寒暑、春秋不同时期而景色变化无穷，引发游者无限遐想。清漪园景观紧凑，作为自然山水式皇家园林，它是观赏性最强的实例。

光绪时重修清漪园，改名颐和园，较乾隆时期的造园设计作了不少改动（图 4-62）。此时集中财力恢复前山，而放弃了后山、西堤以西及耕织图等地域。前山延寿寺改为排云殿，慈福楼、罗汉堂改为介寿堂、清华轩。山脊昙花阁改建为三卷勾连搭式的景福阁。南湖岛望蟾阁改为涵虚堂。重修谐趣园，改建清宴舫。增建德和园及大戏台。扩建西四所及万寿山东麓的供应用房。颐和园改建后大量增加生活用房，宗教气氛减弱，建筑密度增加，使颐和园由行宫变为离宫，但基本上仍保持了清漪园时代的格局及基本景观特色，仍不失为清代皇家苑囿的最重要的实例。

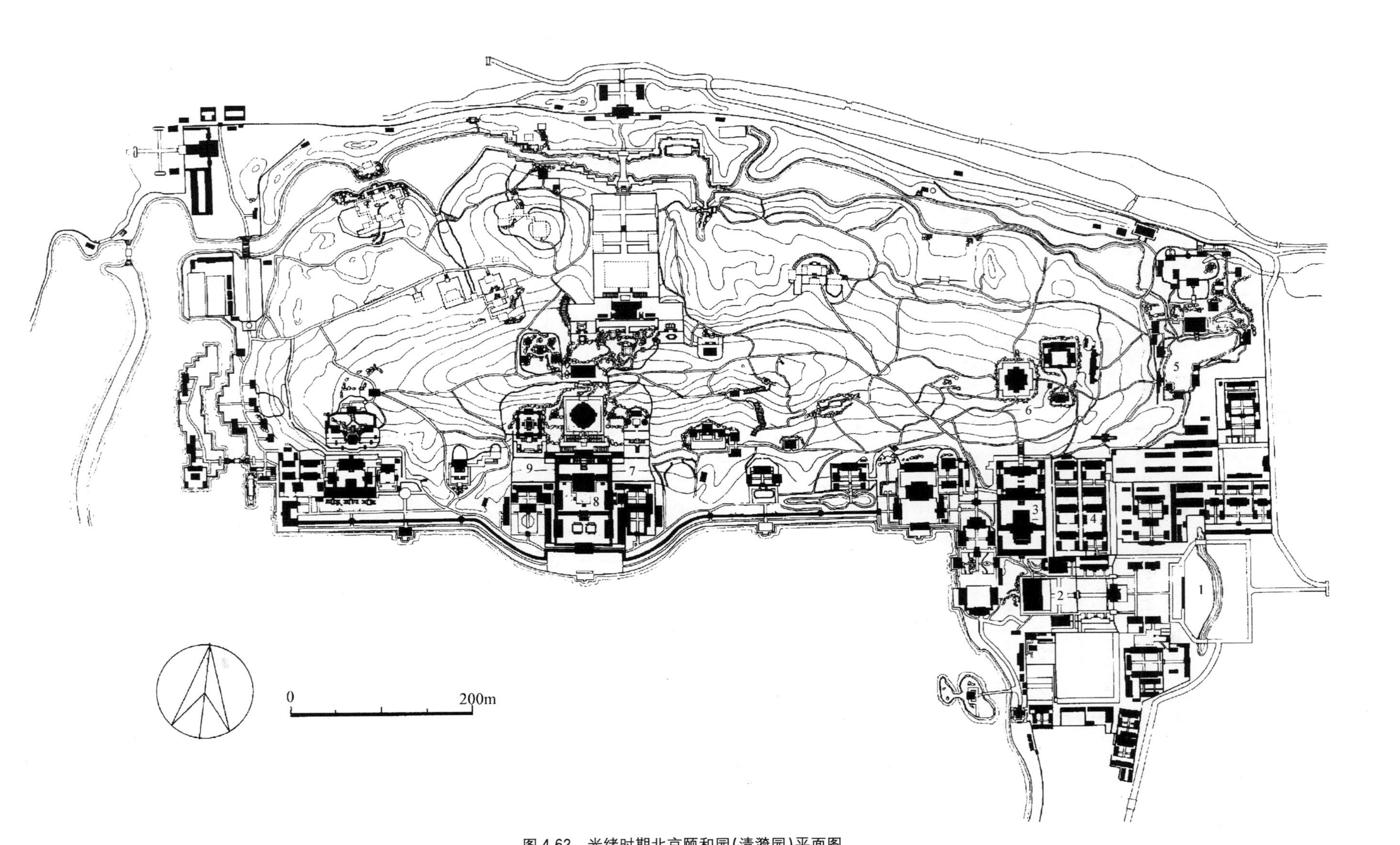

图 4-62 光绪时期北京颐和园（清漪园）平面图

1. 东宫门 2. 仁寿殿 3. 德和园 4. 东八所 5. 谐趣园 6. 景福阁 7. 介寿堂 8. 排云殿 9. 清华轩

第四节　避暑山庄

位于河北省承德市，为清代最大的离宫苑囿，基本形成于康熙至乾隆时期。自康熙四十二年（1703年）始建，至四十七年（1708年）完成了十六景的建设，至五十年（1711年）全部完成了四字题名的三十六景的景点建设[33]。计有延薰山馆、水芳岩秀、云帆月舫、澄波叠翠、芝径云堤、长虹饮练、暖溜渲波、双湖夹镜、万壑松风、曲水荷香、西岭晨霞、锤峰落照、芳渚临流、南山积雪、金莲映日、梨花伴月、莺啭乔木、石矶观鱼、甫田丛樾、烟波致爽、无暑清凉、松鹤清樾、风泉清听、四面云山、北枕双峰、云山胜地、天宇咸畅、镜水云岑、泉源石壁、青枫绿屿、远近泉声、云容水态、澄泉绕石、水流云在、濠濮间想、香远益清。实际上乾隆时期扩建的许多景点此时也已经初具规模，部分已经题署，可以说避暑山庄园林的骨架及主体是康熙时建成的。此时园林艺术创作特点是大部为自然景观或建筑与自然环境的结合，即是以欣赏自然美景为主题。此时园林建筑体量较小，大部为亭榭一类小建筑，外观朴素淡雅，青墙灰瓦，朱赭涂饰，完全体现了康熙的“无刻桷丹楹之费，有林泉抱素之怀”的园林艺术观[34]。乾隆六年（1741年）继续扩建避暑山庄，至五十五年（1790年）完工，前后持续了近50年，工程规模十分巨大。完成了三字题名的三十六景，计有水心榭、颐志堂、畅远台、静好堂、观莲所、清晖亭、般若相、沧浪屿、一片云、苹香沜、翠云岩、临芳墅、涌翠岩、素尚斋、永恬居、如意湖、采莲渡、澄观斋、凌太虚、宁静斋、玉琴轩、绮望楼、罨画窗、万树园、试马埭、驯鹿坡、丽正门、勤政殿、松鹤斋、青雀舫、冷香亭、嘉树轩、乐成阁、宿云檐、千尺雪、知鱼矶。实际上乾隆时修建的远不止此数[35]。如山区建造的创得斋、山近轩、碧静堂、秀起堂、食蔗居、宜照斋、含青斋、敞晴斋、有真意轩、玉岑精舍、静含太古山房等别墅居所，及珠源寺、斗姥阁、广元宫、碧峰寺、水月庵、旃檀林、鹫云寺、广泽龙王庙等内八庙，湖区的戒得堂、烟雨楼、文津阁、文园狮子林等景点，大小不下数十处[36]（图4-63）。乾隆时期的扩建成果，一是完善了宫廷区的建造，使外朝内廷建筑皆具规模，同时在湖区、山区增加不少游幸闲居的山村别墅；二是增加不少祠庙等宗教建筑；三是仿制多处江南名园胜景的小园林，使园林景观更加富丽宏伟，离宫御苑性质更为突出。但对原避暑山庄的山林野趣风格，却产生一定的负面影响。

避暑山庄位于武烈河西岸，北为狮子沟、狮子岭，西为广仁岭、西沟，南为市镇用地，占地面积560公顷，约等于北京圆明园、长春园、万春园三园面积总和。四周围墙长达10公里。园内地形变化复杂，包括有起伏的山岭、峡谷、溪流，亦有广阔的平原、草地及多岛的湖沼，是良好的造园地形。从山庄总体上看，可以划分为四大景区，即行宫区、湖沼区、平原区、山峦区，分别表现出不同的宫苑特色。

行宫区由正宫、松鹤斋、万壑松风、东宫等四组建筑组成。正宫为清帝理政、宴居的地方，根据封建帝王前朝后寝制度，依中轴对称布局原则布置了午门、正宫门、澹泊敬诚殿、四知书屋、万岁照房（十九间房）、烟波致爽殿、云山胜地楼、岫云门等。前朝以澹泊敬诚殿为主体。该殿全部为楠木建造，又称楠木殿（图4-64）。殿前广场空旷，遍植古松，空幽寂静，与紫禁城正朝建筑气氛不同。后寝以烟波致爽殿为主殿。咸丰末期慈禧太后阴谋篡权活动即发生在此地。松鹤斋一组建筑为奉养太后的居地。万壑松风在松鹤斋之北的小台地上，后濒下湖，为行宫区与湖沼区之间的过渡性建筑（图4-65），为康熙读书、批阅奏章的地方。整组建筑用半封闭的回廊连通环抱，不设主轴，各殿堂参差错落，具有丰富的空间变化与层次感。周围“长松数百，掩映周回”，习习

图 4-63 河北承德避暑山庄平面图

1. 正宫 2. 松鹤斋 3. 东宫 4. 万壑松风 5. 芝径云堤 6. 一片云 7. 无暑清凉
8. 沧浪屿 9. 烟雨楼 10. 临芳墅 11. 水流云在 12. 濠濮间想 13. 莺啭乔木 14. 甫田丛樾
15. 苹香沜 16. 香远益清 17. 天宇咸畅 18. 花神庙 19. 月色江声 20. 清舒山馆 21. 戒得堂
22. 文园狮子林 23. 珠源寺 24. 远近泉声 25. 千尺雪 26. 文津阁 27. 蒙古包 28. 永佑寺
29. 澄观斋 30. 北枕双峰 31. 青枫绿屿 32. 南山积雪 33. 云容水态 34. 清溪远流 35. 水月庵
36. 斗姥阁 37. 山近轩 38. 广元宫 39. 敞晴斋 40. 含青斋 41. 碧静堂 42. 玉岑精舍
43. 宜照斋 44. 创得斋 45. 秀起堂 46. 食蔗居 47. 有真意轩 48. 碧峰寺 49. 锤峰落照
50. 松鹤清樾 51. 梨花伴月 52. 观瀑亭 53. 四面云山

凉风，阵阵松涛，产生出一种幽绝的意境[37]。东宫是清帝举行庆典宴会之所，主要建筑有清音阁、福寿园、勤政殿、卷阿胜境殿。其中清音阁是清代三大戏楼之一（另两处是北京故宫畅音阁、颐和园德和园戏楼）。结构三层，内设天井、地井，可演出天降地出等特殊效果的节目。可惜东宫建筑在抗日战争时期被焚毁。整个行宫区从建筑格局上看是封闭的严整的宫廷式体制，但为配合

"山庄"这一主题思想，其殿、堂、室、楼都采用了朴素简洁的北方民居建筑形式，不用琉璃瓦、彩画进行装饰，不采用高大的台座，以疏朗的布置、层叠的廊屋、自然的绿化、雅淡的色彩，造成闭而不塞，整而有变的空间感，与北京大内宫廷建筑具有很大的不同。

湖沼区在行宫区之北，占地约 43 公顷。有如意湖、澄湖、上湖、下湖、镜湖、银湖、长湖、半月湖等大小八个湖泊萦绕，形成了如意洲、青莲岛、金山、月色江声岛等几个较大的岛屿。岛间又以长堤、桥梁串联，浅草微波，急湍漫流，云水苍茫，动静各异，构成以水景为主要题材的景区（图 4-66）。康熙三十六景中此区占有十九处；乾隆三十六景中占有十七处，可见此区景色之丰富。康熙乾隆几次到江南浏览名山胜水，对其玲珑典雅的写意型山水园林深为赞赏，特摹写数处置于园中。如文园狮子林仿苏州狮子林；天宇咸畅仿镇江金山寺；青莲岛烟雨楼仿嘉兴烟雨楼（图 4-67）；沧浪屿仿苏州沧浪亭等。但这些景观创作各有独到之处，往往根据自然环境之不同而有所变通，做到神似，而不拘于形式之雷同，做到出于蓝胜于蓝。例如天宇咸畅一组建筑的布局即是临湖设曲廊环抱，山坡上楼阁穿插，金山岛最高处设六角三层上帝阁为控制点，这些皆缘自镇江金山寺及慈寿塔的布局立意，但它又不完全相似。该景点不仅是湖泊景区内重要点景建筑，同时登阁远眺，千顷碧波，青山翠木，尽入眼底，又是观景的绝佳场所[38]。湖泊区的景观多围绕水面做文章。如芝英洲临北岸建采菱渡；如意洲西南岸边设观莲所；云朵洲中主体建筑称为月色江声；金山脚下设立镜水云岑殿，以及沿澄湖北岸设的濠濮间想亭、水流云在亭等都是因水面景色之感发，意念与环境交融在一起而成景的。湖泊区布局虽然自由灵活，但又忌散漫零乱，因此设计者在湖区组织起几条观赏线路，有程序地展开景点。一条以水心榭为起点，经文园狮子林，过清舒山馆、月色江声岛，回首至岛东戒得堂，所经沿途湖面水域较小，且曲折幽深，冈阜连属，视野郁闭。然后沿曲径至金山，可登高远眺，湖光山色尽收眼底。然后至热河泉，远处永佑寺塔突兀横空，视线为之一振，形成这条游览线的结尾。另一条路线由万壑松风为起点，过弯桥，登芝径云堤，沿途两湖夹岸，视野开阔，步移景异。进入如意洲后，空间感受突然由开阔转入收敛，岛中建筑密集，三面为平冈所掩护，无暑清凉、延薰山馆、一片云及沧浪屿等建筑坐落其间，空间变化较多，观赏情怀形成高潮。再北行以青莲岛上的烟雨楼作为尾声。登楼北望万树园，绿草如茵，古木参天，岸边四亭，点缀其间，意犹未尽。另一条路线为出岫云门，过驯鹿坡，沿左山右湖的林荫路游览，饱览湖光山色，晴雨变幻，最终以水流云在亭为结束而过渡到平原区。这一路完全是动画式景观。总

图 4-64　河北承德避暑山庄澹泊敬诚殿内景

图 4-65　河北承德避暑山庄万壑松风

图 4-66　河北承德避暑山庄水心榭

之，三条路线为游赏者提供了万千变化的景色。

平原区位于湖沼区之北，占地约 50 公顷。包括有万树园、试马埭、永佑寺诸景，以及西部山脚下的宁静斋、千尺雪、玉琴轩、文津阁诸建筑。平原区南部临湖岸边设计了甫田丛樾、濠濮间想、莺啭乔木、水流云在四座形状各异的亭子作为两区之间的缓冲过渡，并可观水赏林。平原区诸景中以东部的万树园最具特色，在数百亩原野间，丛植老干虬枝的榆树数千株，郁郁葱葱，独具北国莽林风光。乾隆时经常召集各兄弟民族政教首领来此野宴，看烟火，放河灯，看马戏杂技等[39]。而西半部的试马埭则是一片如茵的草地，骏马奔驰，表现塞外草原的生态环境。遇事则临时在草场上搭起洁白如雪的蒙古包式毡帐，作为居止之处，再现了狩猎牧放的生活情调。历史上著名的英国特使马戈尔尼和六世班禅都在这里受到乾隆的接见。位于西部的文津阁亦为一著名建筑（图 4-68）。乾隆三十八年（1773 年）开设《四库全书》馆，负责编辑《四库全书》。为收藏全书，分别在北京、承德、盛京以及南方修建了七座藏书楼庋藏此书，文津阁是其中之一。

山峦区在山庄的西北部，据山庄的绝大部分，占地 430 公顷。其中包括有松云峡、梨树峪、松林峪、榛子峪、西峪等数条峪谷。起伏的山峦成为湖沼区及平原区的最好屏障，阻挡住冬季西北风的侵袭。山峦区园林布置的特点是最大限度地保持山林的自然形态，穿插布置一些亭轩廊桥及山居型小建筑，不施彩绘，不加雕镂，清雅古朴，体量低小，并呈散点布置，远远望去完全淹

图 4-67　河北承德避暑山庄烟雨楼

图 4-68　河北承德避暑山庄文津阁

没在林渊树海之中。若是说湖沼区的园林艺术多人工美的话，则山峦区完全是自然美的欣赏。其中最引人入胜的是松云峡。数里长峡，遍植松柏，一路之上松涛鸟语，满目青翠，层峦叠嶂，云雾迷濛，使人们完全进入一个幽静清绝的境界。此外，梨树峪以梨花取胜，建有梨花伴月一组建筑以为赏花之所。山峦区为控制全局，在诸峰中最佳观景处修建了四座大亭，它们是四面云山、北枕双峰、南山积雪、锤峰落照。在这里可以把俯视或远眺的景色收入眼底。在山区内尚修建了许多小型庭园式建筑，如秀起堂、山近轩、食蔗居、碧静堂等（图4-69）。这些建筑都坐落在深山峡谷之中，枕流倚崖，随宜高下，自由灵活地处理空间关系，一反传统院落式民居的布置方式，表现出丰富有致的建筑艺术面貌。有很多处理手法是从我国山区民居建筑中采集吸收来的，这在历代皇家御苑中是独创的一种园林建筑景观，也是乾隆皇帝醉心山水的一种反映[40]。可惜这些精采的建筑大部分已废毁。

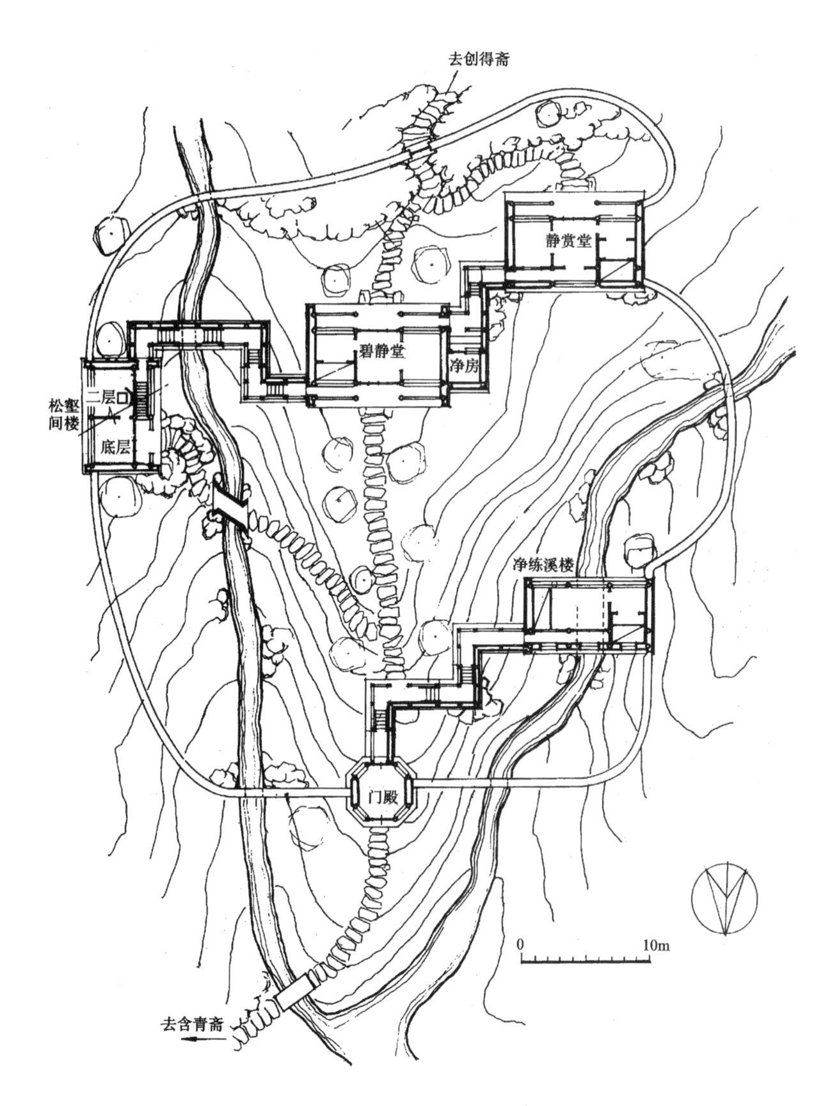

图4-69　河北承德避暑山庄碧静堂平面复原图

避暑山庄园林艺术为我们提供相当丰富的创作经验。首先即是它有广博的造园意匠。凭借着广阔的山林、平原、湖沼等自然条件，布置了山林式苑囿，如松云峡、万树园、驯鹿坡、如意湖；也有自然山水式园林，如梨花伴月，青枫绿屿、万壑松风；有宫室式的建筑园林，如月色江声、延薰山馆；也有山居式园林，如秀起堂、山近轩；有象征性的缩微山水园，如文园狮子林、沧浪屿；也有点景式建筑、亭阁，如北枕双峰亭、观莲所。可以说造园史上曾出现过的各种传统园林类型，在这里都得到再现与发展，是集中国古典园林艺术大成的精彩之作，也可以说是对中国传统园林艺术的总结。避暑山庄取景的素材亦十分丰富，除了大量的山水美景之外，也推延到动物、植物、晨昏四季景色的欣赏，同时也将生活中的寺庙、庵堂、道观、书阁、戏楼等引入园林景色，以其独特的建筑景观成为园林点景重点。此时的园林组景，已跳出宋明以来以简远、天然为美的自然山水园的窠臼，融进相当多的主观审美与人文审美的因素，进一步发展了中国古典园林艺术创作。

避暑山庄园林艺术紧紧抓住了自然特点，各种组景都是密切结合自然地形地貌，因势利导，将人巧寓于地宜之中，以突出景观效果，组成有鲜明特点的景致，而不是一般化、概念化的山水画。如观山景有四面云山、南山积雪、锤峰落照；临崖俯视之景有绿云楼、涌翠岩、罨画窗；玩赏山溪流涧的水景有云容水态、澄泉绕石、清溪远流；听泉声而成景的有远近泉声、风泉清听；观赏瀑布的有泉源石壁、听瀑亭；欣赏湖面烟容水态的有镜水云岑、澄波叠翠、芳渚临流等；在观赏植物方面有万松横渡的松云峡，满栽白梨的梨树峪，北山山坳遍布青枫，万树园的万株古榆，湖塘的荷、菱、蒲苇等都可成景。七十二景中即有许多联系花木的景点，如松鹤清樾、松鹤斋、梨花伴月、曲水荷香、观莲所、金莲映日、香远益清、苹香沜等。此外，马、鹿、莺、雀、鹤、鱼等动物在自然环境中的活动亦成为园林景色构成的要素。避暑山庄对深入挖掘自然美感提供了多方面的探索，开阔了设计思路。

避暑山庄园林建筑布局及设计亦有特色。为了与自然山水协调一致，山庄建筑采用自由布局，很少轴线处理，也不设高大宏伟的主题建筑物，以免喧宾夺主，影响自然景观。景点布局以分散为主，少量成区成组，散聚合宜。大量建筑采用民间形式，不施彩绘，青瓦石墙，朴素无华，与山庄气氛十分协调。摹写江南名园的小园林也都是经过改造提炼的再创造，变化虽然丰富，但装修却简雅适度，融合了南北园林的特征。山庄中的山居式庭园建筑最富有情趣，它们都是结合地形而筑的，利用台地、依崖、跨溪、叠石、修坎、错层、爬廊、悬楼、磴道等山区建筑手法，在地势复杂的山区建造出错落有致，自由灵活，空间变幻，自然意境浓烈的庭园建筑。这类山居式庭园建筑在清代其他御苑中少见，是避暑山庄园林艺术的独特创作。

第五节　私家园林

清代贵族、官僚、地主、富商的私家园林多集中在物产丰裕、文化发达、交通便利的城市及近郊。其数量不仅大大超过了明代，并且大量吸收民间建筑构造及乡土文化，逐渐显露出造园艺术的地方特色，形成北方、江南及岭南三大园林体系。由于宦海浮沉，家道兴衰及战火摧残等原因，一般私园与民居建筑一样，很容易因数度易主、反复改建，或者被拆毁而湮没无存。所以在众多的私园中，若访求建造历史较早，形成于康乾时代的实例则极为难得。大多数私园建于咸丰、同治以后，这些私园更多地表现出市民文化气息及近代建筑的影响，而不尽是最初构园时期的原貌。但清代园林二百余年间的发展并非历史风格剧变时期，因此这些晚期园林实例仍可作为了解清代私园的重要例证，并借鉴这些实例可推测出更早时期的园林状况。

一、北方私园

北方园林当以北京最为集中，最盛时期具备一定规模的宅园达一百五六十处，至20世纪中期尚余五六十处。北方气候寒冷，干燥少雨，水体较少（城内私园引水尤为困难），因此园林建筑形式比较封闭、厚重，室内外的空透性较差。园林假山很少用石山，大部为模拟山的余脉小丘之状，堆培土山，点缀块石。即使石山也是就地取材，用北太湖石、黄石或青片石叠砌，山形雄浑有力，而不显玲珑透漏之风格。私家园林多为贵戚官僚所有，布局上难免受官宦气质影响，注重威仪，应用轴线布局，规整匀称，不尚奇巧。植物配置方面多为常绿与落叶树种交配，冬夏景观变化明显。受气候影响，在冬季落叶，水面封冻以后，园容显出萧瑟之态，故建筑色彩多用比较热烈的色调和图案，朱绿为主，间有五彩。乾隆以后园林中绘制苏式彩画已成为普遍的手法，以补植物环境的缺陷。以上诸因素造成北方园林的浑厚、雍重、粗放的气度，别具一种刚健雄拙之美。

北方及北京私家园林可大致分为王府花园、士绅宅园及贵戚别墅式赐园三种类型。北京贵为帝都，王府花园（包括蒙古亲王府及贝子、贝勒、公主府花园）是北京宅园的特殊类型。自顺治至嘉庆年间京城内共建有王公府第 89 处[41]，文献记载其中带有花园的例子亦相当多[42]。仅现存的十五座王府中就有九座附属有府园。但因为分府改造、获谮夺爵、荣辱升降的变化极大，故保存至今的实例甚少。现仅有前海西街的恭王府花园较完整，后海北沿新醇王府（摄政王府）经改造尚保留有部分园林景观，其他如孚郡王府花园已填平，郑王府、钟郡王府亦已改建新建筑。

恭王府花园又称萃锦园，为前府后园规制，为道光皇帝第六子恭亲王奕䜣的府园（图 4-70）。

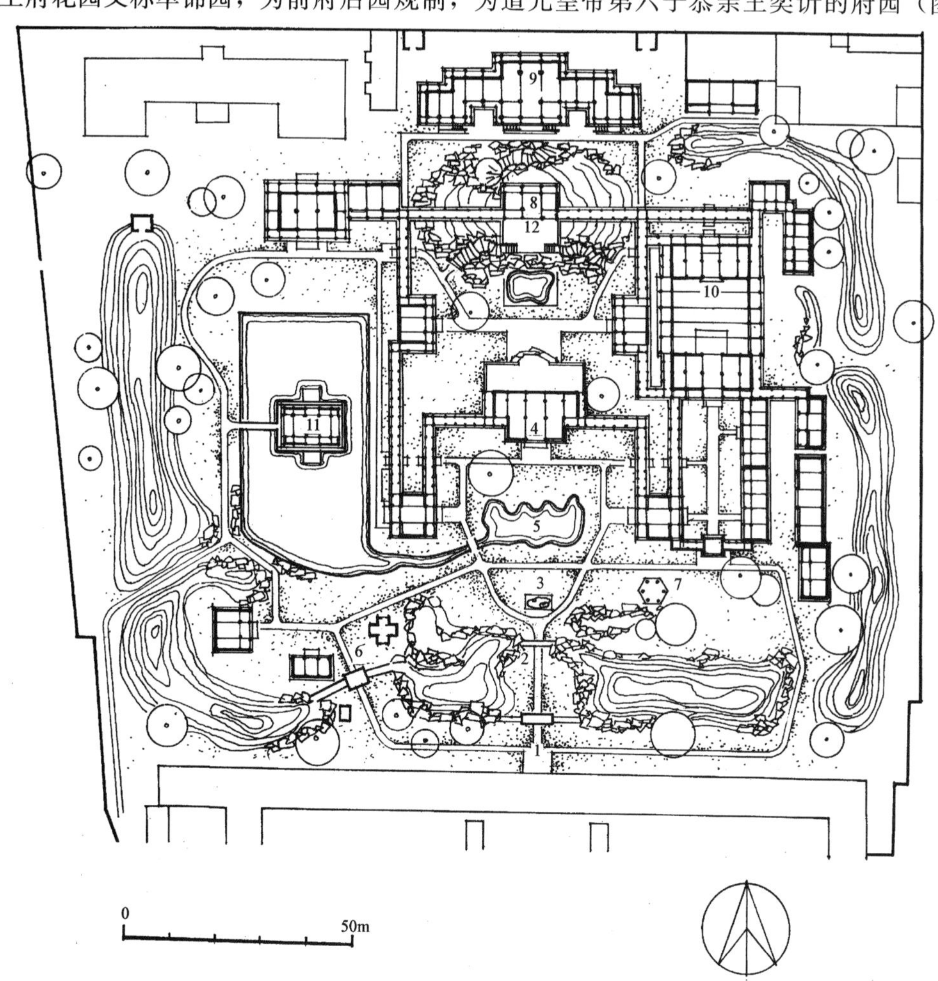

图 4-70　北京恭王府萃锦园平面图

1. 园门　2. 曲径通幽　3. 飞来石　4. 安善堂　5. 蝠河　6. 榆关
7. 沁秋亭　8. 绿天小隐　9. 蝠厅　10. 大戏楼　11. 观鱼台　12. 邀月台

恭亲王是咸同时期左右政局的显赫人物，其府第亦是十分豪华宏阔（图 4-71、4-72）。萃锦园是同治年间扩府时修建的，因此该园反映出清代晚期王府花园的概略模式[43]。全园占地 2.7 公顷，分为中、东、西三路。中路为轴线规整式布局，包括三进院落。进入仿西欧拱券式园门以后，有两座大假山分持左右，迎面立飞来石一座（图 4-73），其后为第一进院落安善堂，正面敞开，左右回廊环抱；第二进院落主体为“滴翠岩”大假山，山上建“绿天小隐”小厅室，可俯瞰全园景色；最后以平面形状类似蝙蝠的蝠厅为结束，取“福”字的谐音。东路以大戏台为主，坐南朝北。南部为两座修长的院落，与大戏台的扮戏楼相连。院内植竹千竿，清幽雅致。西路以大水池为主，池中小岛上建敞厅“观鱼台”。池周围环以游廊、小亭，池北建“澄怀撷秀”厅，成为一区以水景为主的景点。整座萃锦园的东、西、南三面为冈丘所蔽，与南面的王府住屋相隔开，成为独立的园林环境。萃锦园以中路贯穿始终的轴线空间序列为构图骨干，显露出浓厚的皇室气派，而以水体、山石穿插其间，增添自然风景气氛，调节园林环境的严肃性。这种园林手法几乎成为王府花园的共性。例如摄政王府花园亦是以规整的四合院组群为骨干，四周环以水体，再外环以山冈亭廊，使之在规整中见活泼，对称中现自由（图 4-74～4-76）。此外，萃锦园中的建筑密度较高，装饰色彩浓艳华美，建筑和景点题名多使用谐音寓意手法，这些都带有宫廷园林的特征。可以说王府园林是皇家园林与私家园林的过渡体。在自然风景艺术创作中，更注意权威意识的表现，以人力控制成景，刚大于柔，丽胜于朴，故其在私家园林中属于特殊类型。

图 4-71　北京恭王府天香庭院垂花门

图 4-72　北京恭王府庭院

图 4-73　北京恭王府萃锦园入口峰石

图 4-74　北京摄政王府花园

图 4-75 北京摄政王府花园

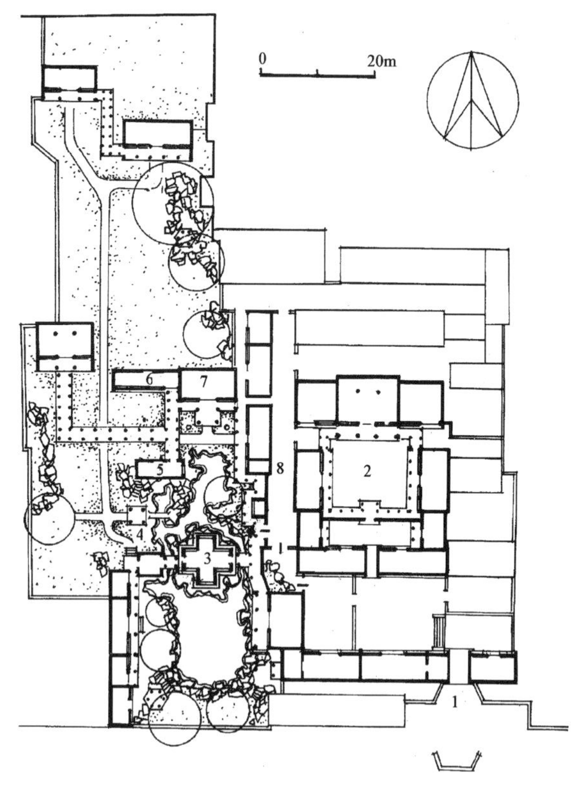

图 4-76 北京摄政王府花园箑亭

1. 大门 2. 住宅 3. 玲珑池馆 4. 留客亭
5. 退思斋 6. 近光阁 7. 云荫堂 8. 曝画阁

图 4-77 北京半亩园平面图（摹自《中国园林地方风格考》）

清代众多的官绅宅园，大部分皆已废毁，仅具其名，如朱竹坨园、孙承泽园、大学士冯溥之万柳堂、兵部尚书王熙的怡园、李笠翁的芥子园。有些则已改建，如明珠的自怡园、纪晓岚的阅微草堂等。据近年调查，尚具有一定规制模样的仅十余处，如荣源的可园、那桐花园、宾小川宅园（后转卖给汪氏律师）、莲园、半亩园、马辉堂宅园等。清末民国初年尚在兴造的有吴家花园、藏园等。

半亩园在城内东城弓弦胡同，为康熙中贾胶侯中丞的私园。该园由当时著名园林家李渔参加设计。乾隆道光以来数度易主，建筑规划进行了改建，但园内叠山仍为李渔原作[44]。道光时期以后的园林格局基本保持到本世纪(图 4-77)。半亩园为左宅右园布局，宅与园之间有南北向夹道以为过渡，类似苏州狮子林的祠与园的处理方式(图 4-78、4-79)。全园分南北两区，南区为园林主体，中心布置了一个狭长形水池。池中岛上建筑了一幢十字形平面的水榭“玲珑池馆”，两边有桥沟通两岸。池南靠南墙堆叠大假山一区，山上有亭。池北为正厅云荫堂，池东西侧有廊榭环属。构成四面成景，多层次的变化。最有创见的是其书房退思斋藏于假山之中，沿磴道可达斋顶平台，并与北面的近光阁二层相联通，不但可登高望远，观赏禁城宫阙，而且增加园内空间变化。北区以空旷为主，除种植物外，沿东墙堆叠青石假山一区，建筑内容较少，与南区形成鲜明的对比。半亩园的叠石采用北方产的片状青石，为顺应石型、石性，采取横向叠砌法，高垛低墩上下错落，空洞与实体交替，与太湖石的柔美之态不同，别有刚健沉雄之气魄，是叠山表现地方风格的优秀实例[45]。半亩园设计中的水、石比重较大，可看出清代北方私园受江南园林影响之迹。

图 4-78　北京半亩园入口

图 4-79　北京半亩园花园

东城帽儿胡同的可园是建于咸丰年间的宅园，园主名荣源。面积约四亩余，呈南北长的狭长地形，南部稍展宽（图 4-80）。中间以花厅分隔成南北两院。南院为主体，院中布置小池一区，及假山一座，山后即为临街的倒座房；北院沿北墙设后花厅一座，院中布置了石假山两组。因该园狭长，所以建筑布置皆呈周边式，以扩大景观视距。同时该处宅院为右宅左园布局，由宅入园的入口皆在西侧，因此东部的建筑设计得灵活多变，形式多样，高低错落，以取得景观的变化。由南至北安排了大假山及东侧的台榭、游廊、四方亭、折廊、小榭，以及北院的六角亭、筑于台上的三间阁等，高低起伏，变化多端。建筑装修亦十分精致，亭阁挂落都采用松、竹、梅等图案。可园假山运用了青石与房山北太湖石两种。尤其南院大假山，其南面用青石，而北面则用北太湖石，并做出悬挂钟乳之态，形成阳刚阴柔的意境。由于环境狭窄，视距受限，所以此假山两面异石并无不协调之感觉。园中树木以古柏为主，兼有槐、榆[46]。假如说半亩园尚存南方水景园的余意，则可园完全代表了北派园林刚健之风格。降至清末，由于取水困难及冬季封冻的原因，北京宅园大多以旱园为主，以土石、假山、亭阁及植物配置取意，如可园近邻的娘娘府宅园[47]。

山东潍坊“十笏园”可作为北方宅园的代表。因其面积小，故以“十笏”为名（图 4-81）。该园建于光绪十五年（1885 年），是在明代旧宅废基上开辟而成，故四周皆为建筑包围。外形较为规整，园中间为一水池，池中建四照亭水榭，以曲桥通岸边。环池四面景色各不相同。池东依墙构筑石假山，近似壁山做法，设磴道、飞梁盘于山上，峰顶建六角小亭。池西为一列游廊。池北为砚香楼及春雨楼围合成的封闭空间，登楼可望全园景色。池南为平地，杂莳花竹，建倒座式的十笏草堂，以为赏花之处[48]。十笏园能于不大的地段上构成四方各有特色的景观，层次丰富，幽静与开敞环境互为对比，并且集饮宴、游憩、藏书、会客诸活动于一体，兼有江南水景柔媚之态及北方粗放浑厚之风的小园，是十分成功的地方宅园实例。

北京的皇亲赐园几乎无有遗存，如嘉庆年间的睿王花园（即是明代米万钟的勺园遗址）及其南部的集贤院，北部的鸣鹤园、镜春园、朗润园等在民国初年划入燕京大学校园内，仅未名湖及石舫尚具以前旧貌，其他则因修建校舍而面目全非。蔚秀园在燕京大学之西，已改建为宿舍区；自得园、一亩园全部废毁；乐善园在乾隆末年即已荒废；仅近春园、熙春园划入清华大学以后，尚保存有清华园一组园林，工字厅及其后部的水木清华水池土山等仍为校园内重要景色。近年经学者研究，对北京西郊的赐园造园规划大致有所了解。据材料分析，可知这些赐园皆是以水取胜

图 4-80　北京帽儿胡同九号可园

图 4-81　山东潍坊“十笏园”

的平地园，建筑密度稀疏，布置自由，山围水护，环境清幽，属于朴素、淡雅的野趣风格[49]。究其形成原因，一则这些赐园多为明代皇庄、府园的基础，保持有宋明以来文人园的气质；更重要的是因为赐园是皇帝所赐，不得任意添置增饰，同时天威难测，随时可能夺园改赐，故不能刻意求新，更改园貌。

二、江南私园

江南一词的地缘一般指苏南、浙北的太湖水网地区，推延包括江北的扬州、泰州、皖南的徽州等地。这一地区因借其雄厚的经济实力、优越的自然条件，自古即为园林兴盛之地。这地区的雨量充沛，河湖密布，所有宅园都具有水池、溪塘。由于水面而产生的波光荡漾的动态景色，滋生繁茂的植物景观及灵活多样的建筑造型，构成以水景取胜的宅园特色。这里又是人口麇集、寸土寸金的高产地区，因此宅园的规模都比较小，一般在3～5亩左右。因此江南宅园描摹的自然山水景色，不可能像皇家御苑采用真山真水的方法，只能“一拳代山，一勺代水”，用象征性的缩微山水概括自然美景，形成“咫尺山林”式的城市园林。虽然游人尚可环游其间，但大部分景观仅适合静观欣赏。假如北方皇苑造园是以剪裁山水、汇集自然美景见长的话，江南宅园则以象征自然、人工创设为特色。因此在山水创意、建筑造型、植物配置等方面与北方园林相比皆有很大不同。

江南宅园总体布局中山水比重较大，叠山理水方面积累了丰富的理论，并出现了一批叠山名家。假山有土山、石山两种，早期多土山，晚期多石山。选用石材以当地出产的太湖石和黄石为主，一柔一刚，石性显然。筑山皆按石的纹理、石性，仿真山之气势脉络组成石景，如岩壑、峰峦、洞隧、坡麓、涧谷等。尤以石峰及洞窟为江南掇山的特色。由于园内面积狭小，假山多做靠墙的“峭壁山”形式。且因太湖石形体怪异，园中常以其透、漏、皱、瘦的造型，作为独峰欣赏。水域多呈自然曲折之态，具有水口、港汊、岛礁、矶岸，刻画出水体景色特征。在水面上并设有步石、桥梁、纤路、码头等附设物，益增流动之感。江南园林建筑造型皆较轻盈空透，廊庑回转，翼角高翘，又使用了大量的漏窗、月洞、围屏、花罩等，似隔非隔，空间层次变化极为丰富。由水景而派生出的水廊、水榭、石舫、云墙等更使得建筑景观变幻莫测。可以说江南园林空间艺术是集中了各种空间形式于一体的总成。这里有纯山水自然空间，有山石与建筑围合空间，有建筑内景空间，有庭院空间，有小天井空间，又有院角、廊侧、墙边的半空间，因此成景最为自由流畅。建筑附属设计方面，如花街铺地、联匾题刻、雕刻镶嵌、家具陈设皆极精湛细致。建筑色彩为赭、黑为主，配以白墙青瓦、恬淡雅致。植物以落叶树为主，兼配以常绿树，再辅以青藤、篁竹、芭蕉、莲荷及各色花木，使得四季常青，繁花翠叶，月月不同。并形成许多以观赏植物为主题的标题景观，如海棠春坞院、荷风四面亭、小山丛桂轩等。江南私家园林赋予游人的综合感觉是灵秀、自由、婉约的轻柔之态，特别在人巧方面更使人留下深刻印象。

江南宅园虽然皆为水景园，但各园立意以及特色各不相同，有的密切结合地形及地区水系，有的以表现自然山水风光意境取胜，有的以建筑空间变化见长，有的叠石精到，有的地虽狭小而意趣盎然，皆有可资鉴赏之处，现分列数例以说明之。

结合水系缩放迂回，构成连续景观最成功的实例为乾隆时期的扬州瘦西湖景区。瘦西湖原称保障河，是扬州府城北郊沟通大运河的一条河道。由于河道曲折，宽狭开合，有如清瘦秀丽的一个长湖，河道两岸密布冈阜、港汊、怪石、老树，自然景色优美，清人将其与杭州西湖相媲美，称其为瘦西湖。自明代起即有不少园林建于河湖两岸。至清代康熙乾隆时期达于极盛，两岸别墅园林鳞次栉比，尤以旧府城北门至西北郊蜀冈平山堂一线最为密集。私家园繁密相接，间杂一部分寺庙、祠堂、酒楼，泛舟湖上，目不暇接，美景层现，无一雷同，形成开放型的带状园林集群，这在中国传统园林史上尚属首见[50]。乾隆中期，里人曾将瘦西湖美景概括为二十四景，其中有的是一园一景，景名即园名，如西园曲水、白塔晴云。有的是一景数园，如四桥烟雨。有的是自然景观，并非园林创作，如平冈艳雪、绿杨城廓。此外也还有一部分私园未曾包括在内，如贺园、徐园等。由于周围园林的带动，瘦西湖本身亦成为一水上游览园地，湖中画舫不断，笙歌不绝，沿河设码头十二座，游人如织。乾隆南巡时，扬州盐商为取悦皇帝，在沿湖两侧空闲之地，用"档子之法"，大搞"装点园林"[51]。实际为临时装饰性的亭台楼阁及花木假山等。尤以高桥至迎恩桥一段最为热闹，题名"华祝迎恩"。这样使瘦西湖的景色更为连续而华美（图 4-82）。

瘦西湖园林集群有十分突出的特色。其一为开放式的布局。封建社会宅园多为家族私用，周围高墙深垒，外人鲜能窥得庐山真貌。这种封闭的园林景观多为内向展开，游者仅周回于院内小世界之中，虽有借景之法，但只能补一隅之缺。而瘦西胡私园一反旧例，各园皆密切结合河湖水体，舒襟展怀。亭阁楼台依水而设，甚至将河中洲岛包孕其中（图 4-83、4-84）。可称为"金粉楼台都面水，""城芜帆影恒无遮，"几乎分不出园内园外。四围景色互为因借，天地水陆混为一体，完全跳出明代文人私园造园艺术的窠臼。这种开放式布局又促成了类似南京秦淮河式的水上游览区，供市民游览。如此大规模而又集中的公共性郊野园林在历史上也是少见的。乾隆十分醉心于扬州的水景园，曾仿制不少佳景于北京御苑中。如清漪园的荇桥、九曲桥、半壁桥、柳桥一带即是仿瘦西湖的四桥烟雨；圆明园的方壶胜境的临水楼阁即取春台祝寿的形态；此外圆明园的北远山村吸收了杏花村舍反映农家的构思；清漪园的耕织图是借鉴了邗上农桑的设计，至于大面积展开的水景构图对平地造园的圆明园更具有深入的影响。清代园林艺术南风北渐的过程中，杭州的山水景致、苏州的私家宅园，及扬州的郊野水景是起了重要作用的三个热点。

其二，瘦西湖上成组成团的景色布局亦为特色之一。沿湖诸园不是平铺直叙的陈列，而是有高潮、有序列地组织在一起，呈景区状分布。以北门桥至平山堂一路为例，计分为四大组团。"城闉清梵"为起点，至丁溪为一高潮。建于丁字形河道四周的有"卷石洞天"、"西园曲水"、"虹桥修禊"、"倚虹园"、"柳湖春泛"；湖面转北过虹桥，经"长堤春柳"的过渡，达到第二个高潮，即"四桥烟雨"，在虹桥、莲花桥、长春桥、玉版桥交汇之地建造了"桃花坞"、"梅岭春深"、"四桥烟雨"、"云水胜概"诸园；过此又达第三高潮，即是围绕湖中大岛小金山的一组园林。包括莲性

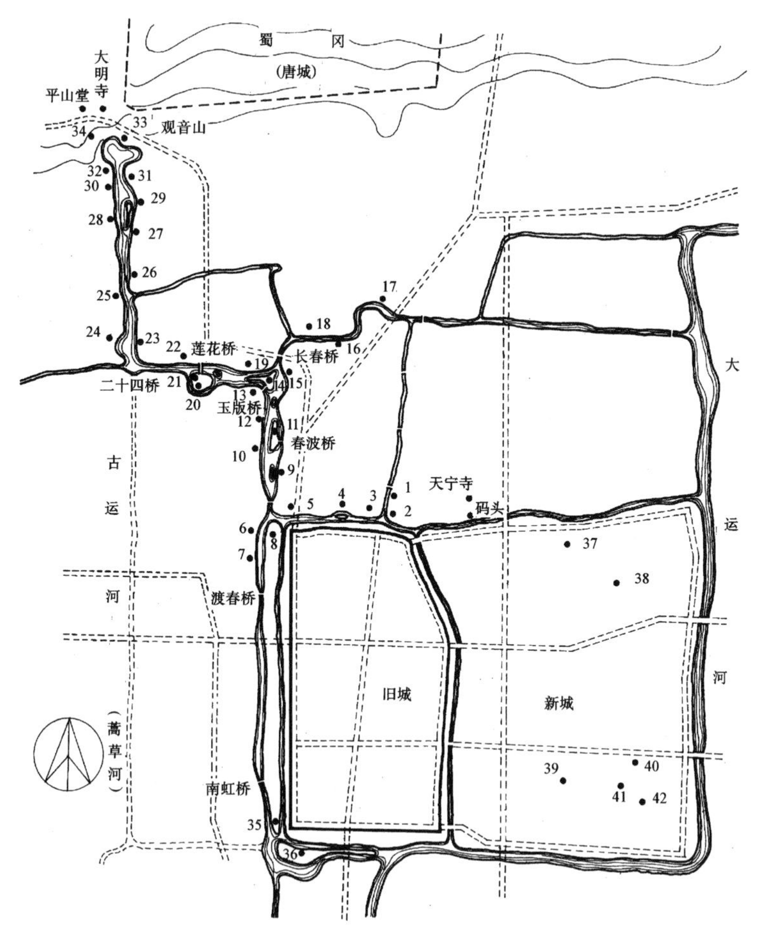

图 4-82　清代扬州园林位置示意图

1. 毕园
2. 冶春园
3. 城闉清梵
4. 卷石洞天
5. 西园曲水
6. 虹桥修禊
7. 柳湖春泛
8. 倚虹园
9. 荷蒲熏风
10. 长堤春柳
11. 香海慈云
12. 桃花坞
13. 徐园
14. 梅岭春深
15. 四桥烟雨
16. 平冈艳雪
17. 邗上农桑
18. 杏花村舍
19. 云水胜概
20. 莲性寺
21. 东园
22. 白塔晴云
23. 望春楼
24. 熙春台
25. 筱园花瑞
26. 花堂竹屿
27. 石壁流淙
28. 高咏楼
29. 曲碧山房
30. 蜀冈朝旭
31. 水竹居
32. 春流画舫
33. 锦泉花坞
34. 万松叠翠
35. 影园
36. 九峰园
37. 个园
38. 汪氏小苑
39. 棣园
40. 小盘谷
41. 何园
42. 片石山房

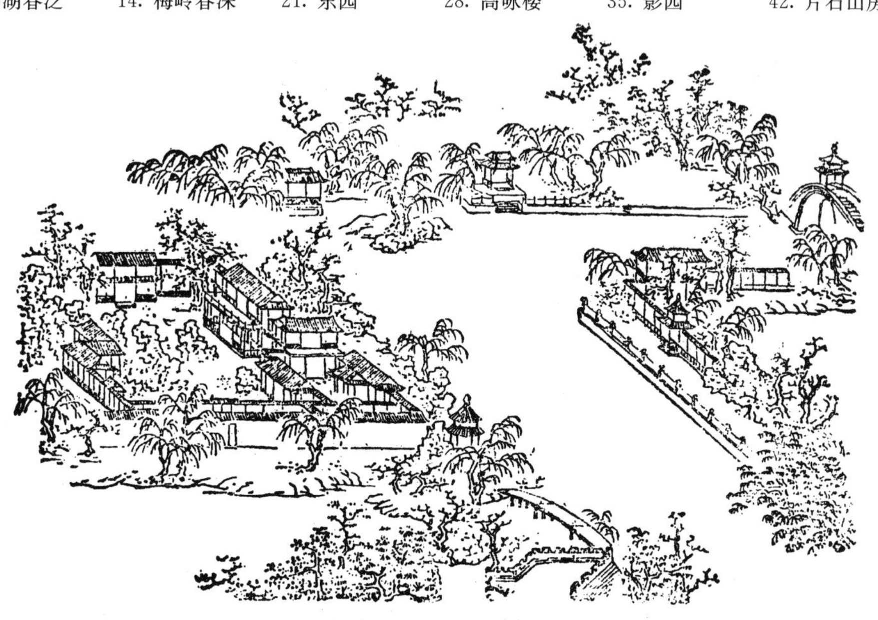

图 4-83　扬州画舫录　卷十　虹桥修禊

寺、白塔、五亭桥、贺园等。此处景观开阔，建筑形体丰富多变，有制高点控制全局，为瘦西湖上的扼要之处（图4-85）。过此湖面转而向北入莲花梗新河，经熙春台、篆园的过渡，达到第四个高潮，即平山堂前园林群。包括"高咏楼"、"曲碧山房"、"蜀冈朝旭"、"春流画舫"、"锦泉花屿"、"尺五楼"等。以蜀冈前的"万松叠翠"作为结束，从而达到大明寺、平山堂等名胜。泛舟沿湖游来，一路高潮迭起，张弛得宜，连绵展开，犹如一幅长卷水景图画。

图4-84 扬州画舫录 卷十三 莲性寺

图4-85 江苏扬州瘦西湖五亭桥及莲性寺白塔

其三为瘦西湖各园皆俱奇思巧构，特点突出。在近十里的连续景色中，最忌呆板，而瘦西湖各景点确实做到千园千面，无一雷同[52]。如倚虹园为三面环水之半岛，建筑规整，院落重重，最大特点为临水广设水厅，窗牖洞开，湖光芳气，尽入园中[53]。虹桥修禊以阁道取胜，或连或断，随处通达。四桥烟雨的锦镜阁是跨园中夹河而建的悬楼，别有新意。临水而建的熙春台则是一座上下三层，左右夹持，屋顶为五色琉璃瓦的大建筑，一片金碧，照耀水中，此外，借水而建的水廊、水阁、水馆、水堂更多不胜数，充分发挥了建筑在园林成景中的作用。植物题材在瘦西湖园林景观中亦十分重要，如平冈艳雪以梅胜；临水红霞以桃胜；卷石洞天以怪石老木胜；万松叠翠以竹胜；而石壁流淙则以水石胜，垒奇峰，潴泉水，颠崖峻壁形成飞瀑。又如"邗上农桑"、"杏花村舍"二景为仿男耕女织之意，设计了仓房、砻房、蚕房、箔房、豚舍、鸡栖，一派农家风貌。

但这些仅是在皇帝巡视时临时设置的，过后，尽皆撤去，仍为普通菜农、渔夫之家。

总之，瘦西湖园林集群充分体现了传统园林中的“构园无格”、“精在体宜”的原理，依据环境巧构景色。可惜的是，随着扬州盐业衰颓，经济萎缩，繁华的瘦西湖园林于嘉庆末年即已完全荒芜湮灭，仅存部分遗迹。当年风光只能从文献笔记中寻求端倪。

清初文人袁枚所经营的江宁（今南京）随园亦是结合地形的园林佳例（图4-86）。随园所在地

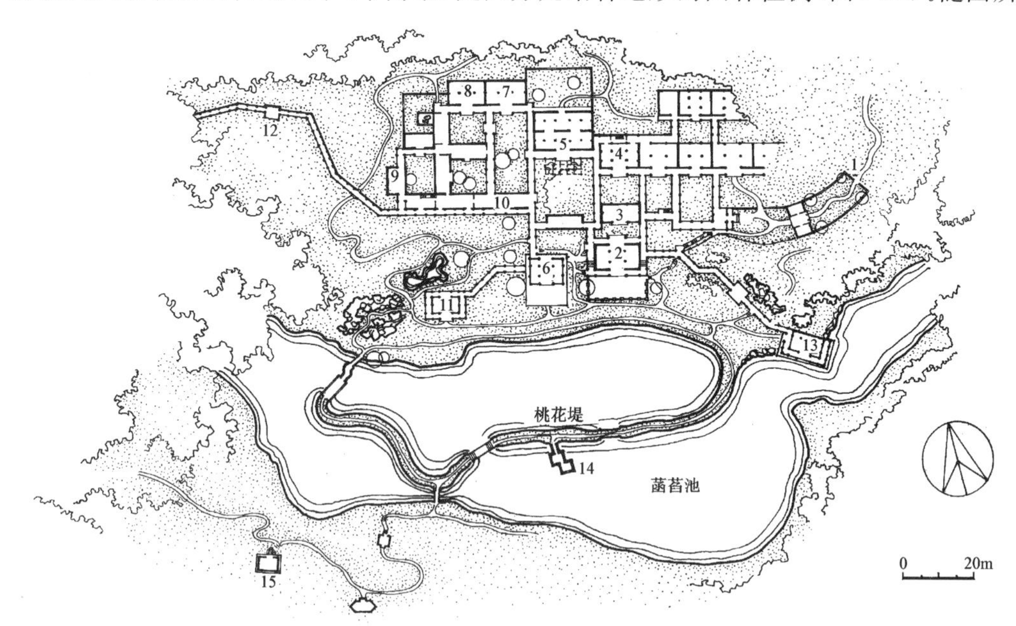

图 4-86　江苏南京随园复原平面图（摹自《随园考》）

1. 大门　2. 因树为屋　3. 诗世界　4. 夏凉冬燠所　5. 小仓山房　6. 判花轩　7. 古柏奇峰　8. 金石藏　9. 水精域　10. 谦山红雪　11. 小栖霞　12. 香雪海　13. 柳谷　14. 鸳鸯亭　15. 山上草堂

小仓山分为南北两脉，北山坡沿等高线布置小仓山房、夏凉冬燠所；谦山红雪、诗世界；判花轩、因树为屋（南台）等三列房屋，分层递降，互以廊阁复道相通。南山坡仅布置了山半亭及山上草堂两座小品建筑，以为对景。两山之间谷地为菡萏池，池中以桃花堤相隔。总体布置成为两山夹一水的格局。楼阁皆随地势高下，以盘旋山道相接。南台有古老银杏一株，则“因树为屋”而建堂室。南山古柏六株纠结互盘，呼之为柏亭。故袁枚在“随园记”中说“随其高为置江楼，随其下为置溪亭，……（对植物而言）或扶而起之，或挤而止之，皆随其丰杂繁瘠，就势取景，而莫之夭阏者，故仍命名为随园”[54]。可见作者造园以随形就势为构景之原则。

表现山水意境的园林可以苏州拙政园、网师园为例。拙政园建于明正德年间（1506～1521年）。初建时仅中部有一水池，环以一楼、一堂、少量亭轩，建筑极少，松林果园、花圃竹树遍布水际，是一座林木翳邃，水色渺茫的平地水乡风光。康乾以后屡变园主，园内增置丘壑及堂榭亭廊，内容逐渐丰富[55]。现存规模大部是清代末年形成的（图 4-87）。该园布局以水为主，利用原有基址的洼地积水成池，配以山丘，环以林木，形成山水兼备的自然风景园(图 4-88)。该园分为三部分。中部为主体仍称拙政园，西部为补园，东部为归田园居。中部园林以水池为中心，池南布置了生活享用的各种建筑，如远香堂、倚玉轩、香洲、小沧浪，及若干观景小院，如海棠春坞、枇杷园、玉兰堂等。水池中累土石构成东西两山，其间隔以小溪，但形势上仍联为一组，成为池北的主要景色构成。山峰上建造雪香云蔚亭及北山亭以为点景。满山遍植林木，四季应时而异，竹丛乔木相掩，浓荫蔽日。岸边散置紫藤，低枝拂水，颇有江南山林湖光的气氛（图 4-89）。叠山以土为主，向阳南坡以黄石点缀池岸，起伏错落，呈临水石脉坡麓之貌，而背阴北坡则全为土坡苇丛，

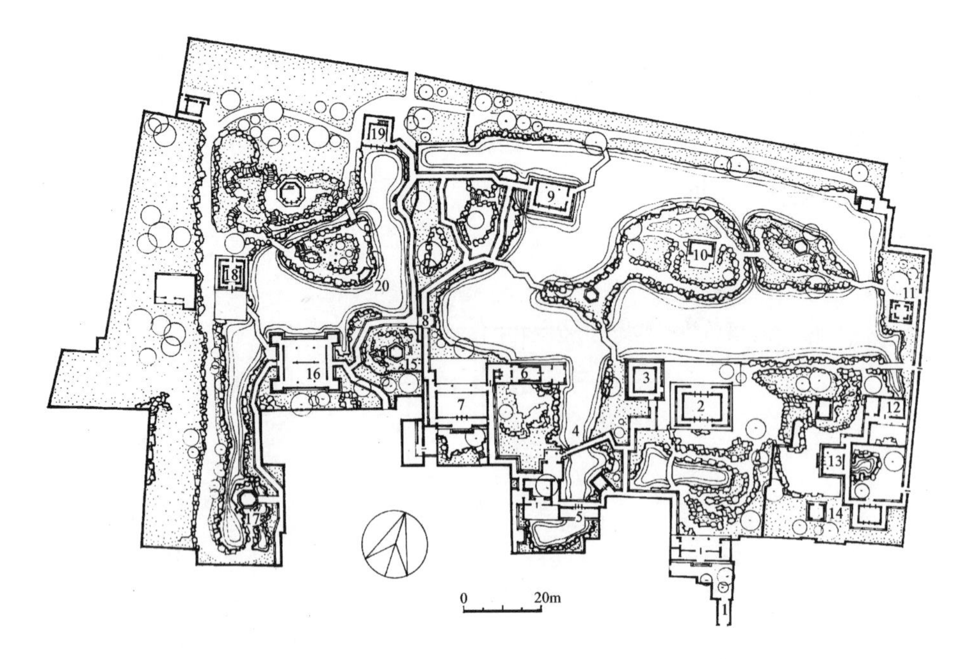

图 4-87 江苏苏州拙政园平面图

1. 园门 2. 远香堂 3. 倚玉轩 4. 小飞虹 5. 小沧浪 6. 香洲
7. 玉兰堂 8. 别有洞天 9. 见山楼 10. 雪香云蔚亭 11. 梧竹幽居 12. 海棠春坞
13. 玉玲珑馆 14. 嘉实亭 15. 宜两亭 16. 三十六鸳鸯馆 17. 塔影亭 18. 留听阁
19. 倒影楼 20. 与谁同座轩

图 4-88 江苏苏州拙政园全景

景色自然。充分表现出小冈缓坡，山势平柔的江南山峦形貌。水池处理亦十分得体，水面有聚有分。远香堂前是集中的大水面，辽阔缥缈，而西部转入小沧浪一带则水面变窄，曲折幽深，廊桥叠架。整体水面皆可互相贯通，并在东、西、西南留出水口，伸出如水湾，以示来龙去脉，使水体有深远不尽之意。概括说，全园北部以自然山水为主调，开阔疏朗，明净自然；而南部以建筑为重点，台馆分峙，廊院回抱，幽闭曲折，精巧多姿。南北区景色特征形成对比，同时又互为因借，在形式美构成上是十分成功的实例。此外入口处进入腰门后的对景黄石大假山，枇杷园内的玲珑馆建筑与假山相结合的布局，跨水临溪的小沧浪、小飞虹（图 4-90），西部补园的凌水若波的水廊（图 4-91），仿画舫形式的香洲，四面观景的远香堂等处景点，都是建筑与山水配合成景的优秀之作[56]。拙政园园林艺术中充分反映出传统园林叠山理水的佳妙之处，可称中国古典园林之杰作。

网师园建于乾隆年间，为一座私宅小园（图 4-92）。占地八亩余，位于住宅之西侧，由住宅的轿厅及正厅后部皆有门可通园内。园的中心位置为一水池。池南有“小山丛桂轩”花厅一座，为待客宴聚之处。池北有书房及画室，如“看松读画轩”、“集虚斋”、“殿春簃”等。水池面积虽不大，但由于采取了以聚为主的方式，加之池岸低矮，池中不植莲蕖，天光山色，回映池中，却有烟水溦漫的水乡情趣。水池的东南和西北角做出水口之状，濒池的亭榭、水阁、石桥皆低凌水面，而且驳岸叠石做出洞穴状，益增水面延广的意趣。园中用石精而不滥，注意大层面的章法组合。池周黄石驳岸，线条粗犷，无堆砌琐碎之弊。尤以池南岸的“云冈”黄石假山最为精彩，刀劈斧截，雄石奇峰，表现出一派雄浑气概。体量大的建筑物皆从水池周围退后若干，中间亘以假山、花台、老树、花丛，以免产生建筑逼压池面之感，同时还增加了园景的层次和深度。网师园的经营特点可概括为主题突出，布局紧凑，尺度合宜，简洁自然。所以整体面积虽小，但仍能体现出山水意境，是属于精巧一类的宅园（图 4-93、4-94）。此外，在江南私家园林中也还有许多表现山水意境的局部的造园设计。如苏州沧浪亭西部清香馆前表现深潭的景观（图 4-95）；耦园东部表现涧谷的景观（图 4-96），都是特色突出的意匠。

江南园林发展到晚期，建筑内容渐多，洞房曲室，相互连属，因此建筑空间的变化，室内外空间的配合亦是造园艺术家的追求目标之一。这方面可以苏州留园为例。留园建于明嘉靖年间，清嘉庆时改建后称寒碧山庄，光绪时又重建，增添建筑，改称留园（图 4-97）。留园之精粹在于中部，其西区以山池为主，东区则以建筑为主。山池一区布局大体上是西北为山，中为水池，东南为曲溪楼、清风池馆等建筑所包围，这种布置为苏州大型宅园之通例。东部建筑区以五峰仙馆、林泉耆硕之馆两座大型厅堂为主体，以及大量的轩廊、辅助建筑组成，是园主人饮宴、鉴赏、读书、活动的处所。留园建筑空间处理极尽开合变化之妙趣。进留园大门，经狭小的小院而达古木交柯一带，空间稍微开露，通过北面成排漏窗隐约可见园中水池亭阁，向西绕至绿荫轩则豁然开朗，益显山池景物宽广敞亮。另一路由古木交柯东转，经曲溪楼等紧凑的室内空间，而达五峰仙馆大楠木厅，厅内面积达 300 平方米，装饰豪华，精神为之一振。过此向东经鹤所、石林小院、揖峰轩、汲古得绠处等小建筑，视觉又为之收敛，而且这些建筑与小院互相穿插，造成多层次多角度的画面，趣味性极强（图 4-98）。再往东就到达了名为林泉耆硕之馆的鸳鸯厅，圆光花罩，精巧木雕，华堂夏屋，空间广阔，与前述的小建筑形成强烈对比（图 4-99）。走至馆外则又是另一番天地，庭园广阔，花木繁茂，尤以冠云三峰奇石，更为游人所注目，使观赏情绪由建筑空间变幻转移到自然花石情韵上（图 4-100）。可以说留园造园在利用建筑空间的大小、明暗、开合、高低、繁简诸因素间的参差对比，形成有节奏感的空间序列，以调动观赏者的视感情绪方面是相当成功的。并且各建筑前后周围的小院皆有点石、芭蕉、竹丛、石笋等装点物，通过空透的月洞、漏窗、隔扇门窗，皆可成为画面， 使空间变化益增趣味。 江南园林建筑

图 4-89 江苏苏州拙政园梧竹幽居亭

图 4-90 江苏苏州拙政园小飞虹

图 4-91 江苏苏州拙政园水廊

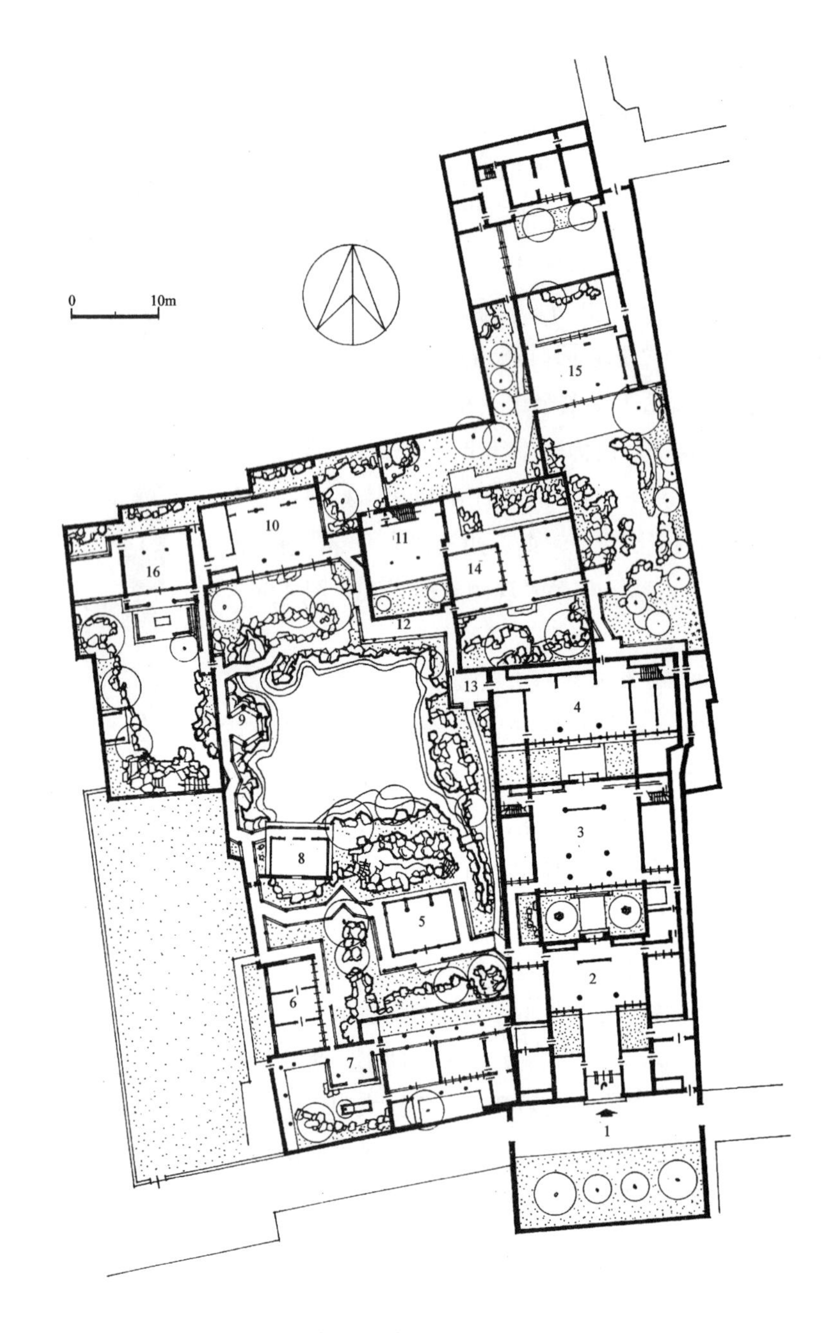

图 4-92　江苏苏州网师园平面图（摹自《苏州古典园林》）

1. 大门　2. 轿厅　3. 大厅　4. 撷秀楼　5. 小山丛桂轩　6. 蹈和馆　7. 琴室　8. 濯缨水阁　9. 月到风来亭
10. 看松读画轩　11. 集虚斋　12. 竹外一枝轩　13. 射鸭廊　14. 五峰书屋　15. 梯云室　16. 殿春簃

图 4-93　江苏苏州网师园

图 4-94　江苏苏州网师园月到风来亭

图 4-95 江苏苏州沧浪亭

图 4-96 江苏苏州耦园叠石与深涧

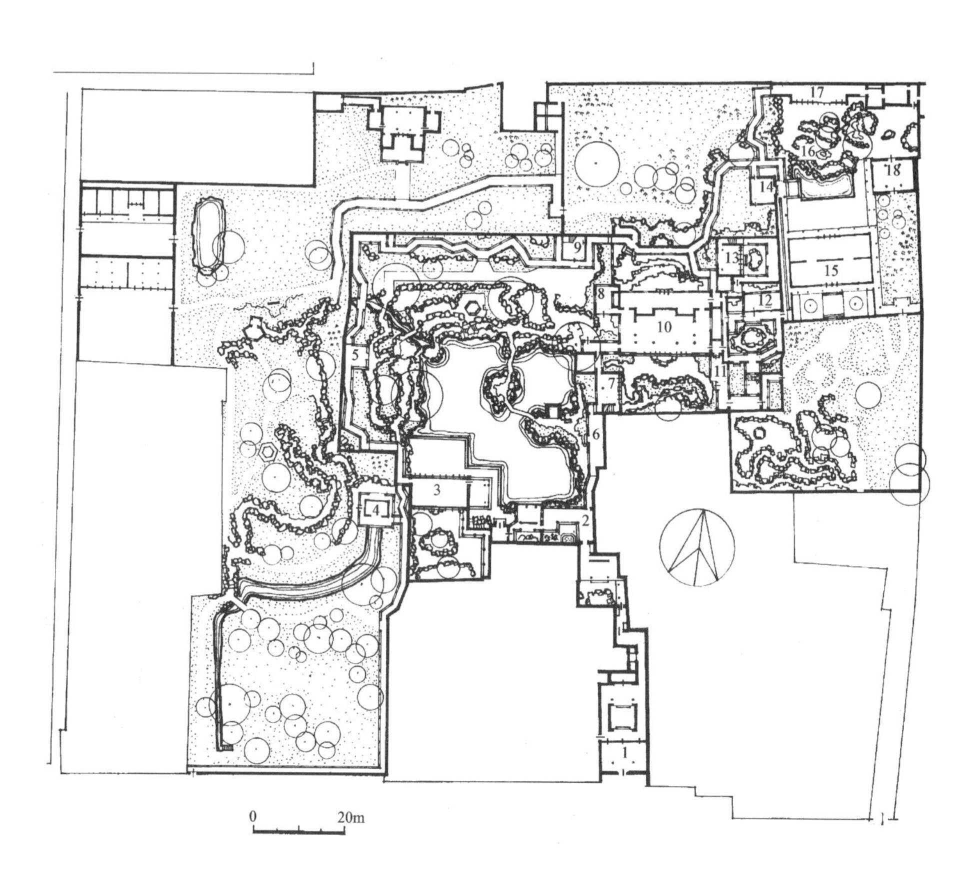

图 4-97 江苏苏州留园平面图

1. 大门　2. 古木交柯　3. 涵碧山房　4. 活泼泼地　5. 闻木樨香轩　6. 曲溪楼
7. 西楼　8. 汲古得绠处　9. 远翠阁　10. 五峰仙馆　11. 鹤所　12. 揖峰轩
13. 还我读书处　14. 佳晴喜雨快雪之亭　15. 林泉耆硕之馆　16. 冠云峰　17. 冠云楼　18. 伫云庵

图 4-98　江苏苏州留园鹤所空窗框景

图 4-99　江苏苏州留园林泉耆硕之馆

图 4-100　江苏苏州留园冠云峰

空间艺术所取得的成就，是由于温和的气候，丰富的水体，精湛的工艺技巧，高水平的文学艺术和造园理论基础，富饶的财力和豪华的生活方式等自然和社会条件所造成的。就全国而言，江南地区在这些条件上占有绝对优势，其他地区无法与之比拟。

苏州虎丘拥翠山庄是建在天然山坡的一座小园，地形狭窄，呈纵长形，依山势分四层布置建筑，逐层升高，形成台地园格式（图 4-101）。此园不求对称，利用筑台、出陛、纳陛、磴道、廊道等各种手法，组织亭轩、厅舍，使之连成一体。并充分利用视角，妙借园外景物，如虎丘塔、狮子山及大山门一带景色，尽入观赏范围。此园是山地空间处理较好的例子。此外，如沧浪亭南部的复廊、怡园的复廊、狮子林立雪堂后的复廊等都是使园林空间更加丰富变幻的成功手法。

江南地区园林叠石技艺十分高超，以此为特色的私园亦不少，如苏州的环秀山庄(图 4-102、4-103)。环秀山庄建于清嘉庆年间，据记载园中湖石大假山是叠山名家戈裕良所设计，艺术水平极高[57]。此园面积不大，仅一亩余，故采用叠山方法，以增加空间的观赏性。园内以山为主，以池为辅，池东为主山，池北靠园角处为次山，池水缭绕于两山之间。主山内空出洞室，并沿西北至东南叠出一条涧谷。外观峭壁巉岩，峰峦叠起，整体气势极佳。在假山堆叠中表现出了山岩的各种形态，如峰、壁、谷、洞、矶岸、垂乳、断崖、飞梁、磴道，并结合理水设计了曲桥、步石、飞瀑、溪流等，充分表现出山水意境之美、奇、雄、险的特征，使之全部展现在有限的空间之内。在区区不足半亩之地的假山上下组织出了长达六七十米的回旋蹊径，游者可在行进中观赏各类山岳景观。环秀山庄假山可称为清中叶叠山技艺的代表作。

扬州小盘谷园林中的假山亦十分著名（图 4-104）。小盘谷用地狭窄，布局十分简练，南部为曲尺形花厅，中部为水池，东北部为一假山所回护。假山高险雄峻，创意以洞窟、山峰取胜。过水池，跨曲桥即可步入洞中，洞内面积较宽广，可置棋桌、石凳，有穴窦可采光。石洞北部临水设步石、崖道，绕过谷口即可登山。石洞南部透过幽曲的窟道可通至复廊，步入花厅，或转向后

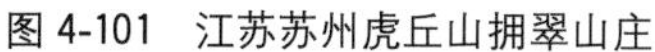
图 4-101 江苏苏州虎丘山拥翠山庄

图 4-102 江苏苏州环秀山庄叠石假山

图 4-103 江苏苏州环秀山庄叠石

图 4-104 江苏扬州小盘谷叠石

部登山。假山上峰石耸立，姿态峥嵘，一向沿称之为“九狮图山”。小盘谷的假山堆筑用材节省，洞隧幽深，奇峰险峻，是中型假山的佳作。

扬州个园亦以假山堆叠的精巧而著名，特别是分峰用石，模拟四季景色，配合植物题材，做成春夏秋冬四种假山，在国内尚称孤例（图 4-105）。入口处以修竹、紫藤点缀湖石及笋石，构成春日山林景色，称春山；园西北叠湖石假山，曲折幽邃，妖娆多变，配以水池茂林，反映出夏山多态的感觉，称夏山；园东又以黄石堆叠假山，山势峻峭，老柏盘根，夕阳西下，全山尽赤，故名秋山（图 4-106）；在园南部的透风漏月厅南，以白色雪石（宣石）堆叠假山，象征积雪未消，称冬山。这种四季假山概括了画论中所说的“春山宜游，夏山宜看，秋山宜登，冬山宜居”的画意[58]。

此外，南京瞻园的大假山是湖石山的巨构，尤其表现山崖与石矶的形貌十分逼真。上海豫园黄石大假山、苏州惠荫园小林屋洞及扬州片石山房假山皆是明代遗作，构图、气势、纹理、石性之表现皆极充分。苏州狮子林假山虽称始建于元代，但经清代大量修改，已失原貌。尤其是洞壑迷离，穿游不止，已类似迷宫，山上怪石林立，排比如刀山，完全失去山形峰态，为叠山之败笔。

在江南园林中尚有一类面积绝小的庭院型园林，在小面积中亦能表现山情水意，艺术上亦具有深刻的造诣。例如苏州残粒园，仅140平方米，相当一座中型厅堂的面积，亦能布置出山水意境。小院中心是水池一方，池岸以石矶挑出水面，围池布置园路、点石、花丛及峰石，使隔池皆可成景。园周围墙上方开设漏窗，植以蔓藤。在池西北角布置壁山一座，内部有洞，峰上有亭，使该园在平面及立体上皆有丰富的造型，又不失山水主题[59]。此外，苏州王洗马巷7号书房庭院、绍兴青藤书屋的天池小院及天台来紫楼庭院等（图4-107、4-108），皆是抓住某些山水景观特征，高度概括，以园林形态表现出的山水小园林。

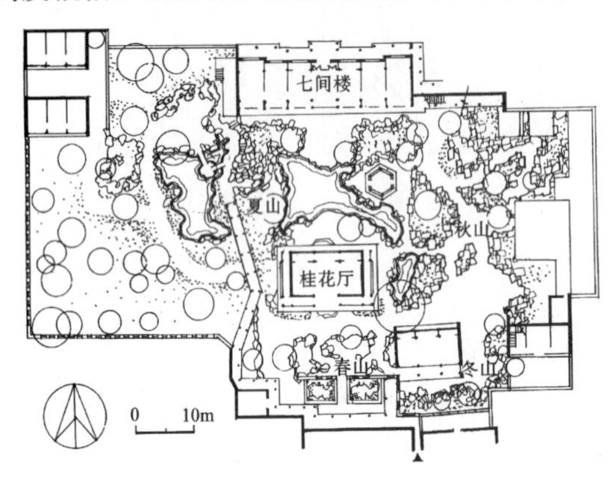

图4-105 江苏扬州个园平面图（摹自《扬州园林》）

图4-106 江苏扬州个园黄石假山（秋山）

图4-107 江苏苏州王洗马巷万宅花园

图4-108 浙江天台光明路4号来紫楼庭园

清代江南私园是全国现存私园最集中之地区，从这些实例中，与少量的明代私园局部及文献资料来对比，可以看出明清两代园林的变化。首先是用地逐渐狭小。自然山水意境中大量增加生活享乐内容的建筑，造成园内建筑密度增加。在叠山方面石土兼容的假山渐少，而代之以各类石山。因此叠山技法由明代的平冈小坂、陵阜逶迤的神韵手法，转而追求奇峰怪石、洞壑纵横的趣味感受。由截山裁水取其一角的联想手法，转而着意于山形石理，兼容并包的象征手法。水体中多做岛洲。花木品种更为繁多、精致。水廊、水榭增多，并形成廊阁周回，围绕水面布局的规式。

三、岭南私园

岭南地区经济开发较早，但在历史上园林方面所遗留的实物及文献记载皆十分缺乏。仅存的少数实例皆是清中期或晚期建造。最著名的有粤中四庭园，即顺德清晖园、番禺余荫山房、东莞可园和佛山十二石斋。此外，还有潮阳西园、澄海西塘等。清晖园约建于嘉庆年间，经多次改建。原来包括三个园子，现清晖园即指中部而言（图 4-109）。全园布局可分为三部分。南部以长方形池塘为中心，沿池有水榭澄漪亭、六角亭、碧溪草堂，西北角为船厅。各建筑间有步廊联系，形成楼阁参差的水景园。东部为一花木园，园中紫藤，年逾百令，一枝玉堂春高达丈余，花大如碗。园中仅有一亭，名花𥫣（音纳）亭。亭旁有狮形叠石一组，是以观赏为主的园地。园西北部则为建筑区。包括惜荫书屋、真砚斋、归寄庐、笔生花馆等，有些建筑还是两层楼房。楼间以一条花径相连，在花径附近安排了竹台、蕉园、斗洞假山等，冲淡了建筑过于密集的压抑感。这一区是以生活、饮宴、读书等内容为主[60]。清晖园布局明确而简练，疏密对比，旷奥兼具，而且空间变化层次亦十分丰富，布局构思比较自由，不强调园林的方向、主次及形式，建筑与山水分区而设。

东莞可园约建于咸丰年间，是一座观赏为主的宅园。可园用地面积较小，而且外形不规整，因此其布局亦因势而构成不规则的连房广厦环绕中庭之式。计有草草草堂、擘红小榭、可楼（双清室）、绿绮楼、博溪渔隐、藏书楼等。全部建筑间皆以沿边回转的游廊相连，让出中间空庭不作分隔。庭中布置拜月台、兰台、狮子上楼台石景、金鱼池等，可从四面八方进行观赏，故此园基本为旱园类型。但可园为弥补其园内景观之不足，而采用两项特殊造景手法。一是在可楼上方建邀山阁，登阁可尽览东莞城景，雁塔及金鳌洲塔耸立眼前，南望江河如带，沃野千里，胸襟为之开阔。另外可园北依可湖，临湖建造有观鱼簃、钓鱼台、小亭等，伸延水中，将湖面延揽入园，增加了庭园的景观范围[61]。岭南其他园林，如余阴山房以池廊取胜；十二石斋以石景见长，各有特色。

综观岭南私园的造园特点，不同于江南一带，由于气候闷热，必须注意自然通风，结合当地民居传统，以庭园式布局较为普遍。在园林中用庭的类别有：平庭，以平地花木为主；水庭，以水域为主；石庭，以观石为主。叠山、理水完全融合在庭园艺术之中，而不构成独立的山水主题。因用地狭小，大部分石山为观赏性石景，绝少可登临的大假山。石景可分壁型、峰型及散石数种。岭南园林所用石材较为自由，如英石、湖石、腊石、石蛋、松皮石，甚至还有用钟乳石、珊瑚石叠造的。叠造石景多用包镶方法，故又称之为塑石，用这种方法起造的石景可塑性强，姿态丰富，可向立体空间发展。后期多曲意模仿生态动植物，组成标题石景，如狮山、虎山、风云际会、狮子上楼台等名称，例如十二石斋即着重观赏姿态各异的十二块散石为主景。岭南私园的水池皆较小巧，驳岸规整，不讲求水口、水源、港汊、涧谷等象征水体特征的形貌。池中养鱼、植荷，使园中水面更具生活观赏性，而很少传统文人园中山水意境构思。如余荫山房的方池与八角池，仅是玲珑水榭与廊桥的组景要素，而不具备湖沼画意。岭南园林的建筑装修十分考究，雕刻繁多。如清晖园碧溪草堂的透雕圆光花罩；余荫山房深柳堂的檀香木名人书画屏；可园亚字厅的全堂装修与家具都是做工精致的艺术品。岭南园林建筑装饰特别喜用灰塑、木雕。木雕技法多样，除一般的通雕（透雕）、浮雕以外，尚有拉花、钉凸等做法，使装饰雕件更为华丽、通透。但有些地方不免过于繁琐。岭南气候温润，一年四季植物常青，花卉不断，所以园林中充分利用这一优越条件组织花木景观。树种多用南方地方品种，如榕树、白兰、水松、棕竹、荔枝。花卉有炮仗花、藤萝、金银花、米兰、素馨等。栽植方式多为孤植，少量片植，很少丛植。如清晖园船厅旁的古老的沙柳树笔直高耸，树身缠绕一株百年紫藤，树叶相交，翠紫互配，景色十分伟岸。又如余荫山房深柳堂前的老榆树与炮仗花相配，构图极佳。由于岭南地区较早与国外通商贸易，园林中突出地表现异国情调之处亦不少。例如，庭园水池喜欢用规则的曲池、方池、回形水面等都是西方古典造园的特色。平庭中布置方整的花台、花坛。建筑中采用彩色玻璃、釉面砖及瓶式栏杆，甚至还引用了罗马式的拱窗，屋顶上用女儿墙等手法。古典园林在融合中西，兼收古今方面，岭南地区是走在前面的。

在气候、商贸、侨居及建筑技法传统方面与广东相近似的福建、台湾地区，其园林亦属于岭南一派，近年修复的台北林本源园林可为代表（图 4-110）。这座园林面积为 1.3 公顷，划分为五个区域，即书斋“汲古书屋”与“方鉴斋”；待宾的“来青阁”；观花的“香玉簃”；宴聚的“定静堂”；登高的“观稼楼”；作山池游赏的“榕荫大池。”前四处皆可围成独立庭院，点缀花木小池亭阁等，彼此间以游廊串联，惟有西北角的榕荫大池是由大假山及水池“云锦淙”组成的山林景色，以自然开阔为景观特色[62]。在林宅宅园中可以看到传统闽南式的建筑，有按江南风格叠制的大假山，亦有西方规整式的花坛、水池及大平台、草坪等，各种造园风格汇聚一处，反映出清末宅园风格的变化趋势。同时，该园布局零碎，建筑朝向不一，游览线组织松弛，显示出多次改建的痕迹。

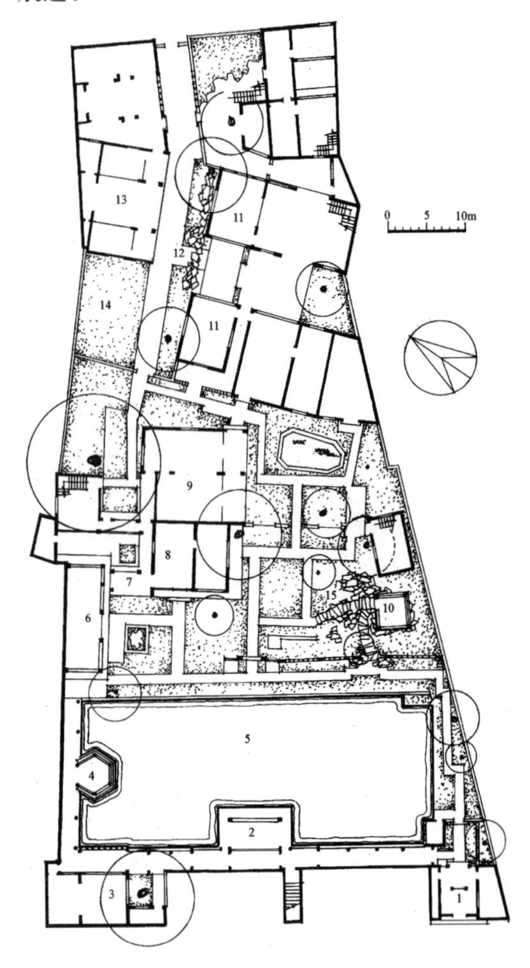

图 4-109 广东顺德清晖园平面图

1. 门厅 2. 澄漪亭 3. 碧溪草堂 4. 六角亭
5. 方池 6. 船厅 7. 绿云深处 8. 惜荫书屋
9. 真砚斋 10. 花甴亭 11. 归寄庐 12. 斗洞石山
13. 笔生花馆 14. 蕉园 15. 狮山

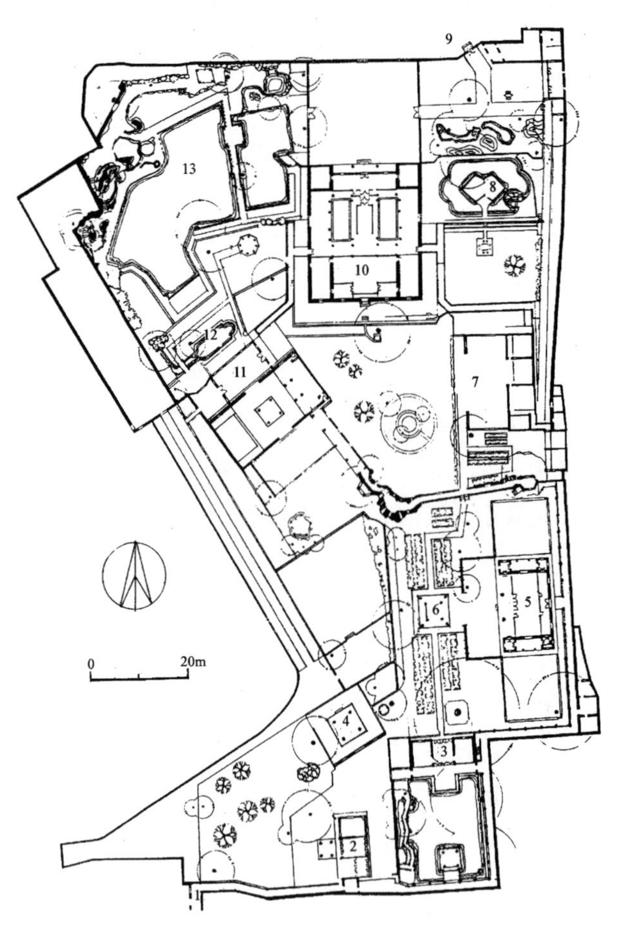

图 4-110 台湾台北林本源园林平面图
(摹自《板桥林本源园林研究与修复》)

1. 长游廊 2. 汲古书屋 3. 方鑑斋 4. 四角亭
5. 来青阁 6. 开轩一笑 7. 香玉簃 8. 月波水榭
9. 后园门 10. 定静堂 11. 观稼楼 12. 海棠池
13. 榕荫大池

岭南私园受气候及用地的限制，庭园面积较小，建筑密度高，因此园林创作亦另辟蹊径。如开辟“庭”园，创制石景，采用丰富的建筑装饰以加强观赏性，组织植物景观，建筑力求空透，并引用其他地区和西方的造园艺术手法等方面都有独到的特色，形成繁丽、精巧、幽奥，适于静观的园林风格，与江南及北方皆不相似，但有些方面不免失之于繁琐与壅闭。

第六节　寺观祠庙园林

清代是寺观祠庙园林极为发达的时期，若是从公共性质及环境意义方面来评价它在园林史上的地位，恐怕与皇家及私家园林类相比而毫不逊色。寺观园林的历史是很悠久的，南北朝时期所盛行的捨宅为寺之风，首先将宅第园林带入了佛寺[63]，东晋慧远所创的佛教净土宗，在庐山建东林寺，又开自然风景式的寺庙园林之先河[64]。道教的教理推崇自然，通常选取环境优美的山林为建观修持之所。东晋时创立十大洞天、三十六小洞天、七十二福地之说，更将道观建筑普遍地与自然风景区结合起来。祠庙建筑与自然原有不可分割的联系，尤其是纪念先贤哲人的祠庙，为体现其高洁的品德，往往选择园林化的布局及风景优美的环境。所以寺观祠庙园林成为广大市民阶层接触最多的园林。

进至清代，一些新的社会环境因素又进一步刺激了寺观祠庙园林的发展。首先是佛教、道教的世俗化。汉传佛教及道教天师道等派别都因为得不到皇室的支持而走向民间。寺庙中结合宗教活动尚开展商贸、游赏等方面内容，出世气氛有所减弱，而生活气息更加浓厚，促成寺庙内容的变化，包括增加公共游览性质的园林。这种现象也反映在祠庙中。其次，清代私家宅园的高水平成就，也对寺庙园林产生积极影响，廊、亭、桥、池、坊、表给枯燥严肃的寺观布局增添了活力。特别是叠山理水艺术技巧使地形利用更加充分，空间更为丰富，打破了早期寺庙园林以花木泉石为主景的模式。文人施主在寺院中的布施、读书、听经、休闲活动，对私家园林艺术传入寺院起了交流作用。再有帝王巡幸驻跸也对寺庙园林发展有过促进。如康熙、乾隆数次下江南，驻跸的扬州天宁寺、高旻寺都有附园[65]。而且皇帝所过之处，参观寺院，多留有赞美寺庙风景的题匾，肯定寺庙园林的艺术价值。

寺观祠庙的选地、规模、内容有很大差别，影响园林创作的因素亦多不相同，表现为多种多样的园林形态。大致可分为庭园、附园、园林化布局、环境园林几种类型；有的突出某一方面，有的兼而有之。这些寺观祠庙园林有的是清代创建的，有的虽为清代重建，但其基础布局可能推导至更早时期，现结合实例论述之。

寺庙祠庙的庭园是最古老的形态，它继承历史上佛寺方丈、禅房院落的园林意匠较多，曾出现过树木花卉庭、山池庭、池泉庭等多种手法，一般多用于寺庙的偏院（图 4-111）。例如北京潭柘寺为晋唐古刹，现存建筑为清康熙年间扩建而成。布局分为中西东三路，中路为殿堂区，西路为次要殿堂区，而东路为生活、园林区。包括有方丈院、地藏殿、石泉斋、竹林院等一系列庭园式院落，花木扶疏，廊榭周回。康熙、乾隆等皇帝多次驻跸于此处。其中以东北部庭院处理最有意味，此处结合地形，引入潺潺泉水，配合叠石假山，层层跌落，下建流杯亭，可作曲水流觞宴集活动，使寺庙中充满了文士气韵。又如北京西北郊大觉寺，是一座明代佛寺，雍正、乾隆时大修。两侧路有方丈院及行宫院，称南北玉兰院。院内有乾隆时期植的白玉兰，还兼植牡丹、芍药、海棠、丁香、太平花等，如锦似绣，姹紫嫣红，是以欣赏花卉为主的庭园。有些寺庙的主要殿堂院落亦广植花木，而成为一方胜景。如北京法源寺中路各进院落，每院皆有花木栽植，如海棠、牡丹、丁香、菊花，尤以第六进藏经阁前的海棠、第五进大悲堂的牡丹最为繁丽。每年应季市民到此赏花，文人吟咏为当时城市生活的盛事。此外，寺庙庭院中的古树名木，老干虬枝，宜于单枝欣赏，亦可构成庭园景观。如潭柘寺、大觉寺中的千年古银杏树，太原晋祠的周柏、唐槐，泰安岱庙的汉柏，峨眉山洪椿坪的古洪椿树，杭州韬光寺的七叶树，长清灵岩寺的古罗汉松等。至于寺院道观庭院中点缀散石，开辟泉池的例子更不胜枚举。在寺观庭园布置中看出文人园林对它们的影响。

寺观祠庙创设附园的例子亦是很多的。在这些园林中除了有塔幢等宗教小品建筑以外，在布局意匠上几乎和私家宅园没有什么区别。如北京白云观的最后部分建有一处附园（图 4-112）。全园分为三部，中部为集云山房，房后靠墙叠制大假山，周围古树苍翠；西部为退居楼组成的三合院，院中叠制青石假山、石洞，题额为“小有洞天”；东部较空旷，院内亦有一假山，山上点缀峰石。三部分以游廊相隔，同时又可互相联系，隔而不断。三部分皆以石山为主，诱发游人对仙居洞府、五岳名山的憧憬。白云观的附园完全表现了北方宅园中的旱园风格[66]。四川眉山三苏祠是纪念宋代著名文学家苏洵、苏轼、苏辙父子三人的祀祠。明洪武时就苏氏故宅改建为祠，清康熙时重建(图 4-113、4-114)。该祠布局特征是中部为祠宇，四周环以池水、园亭，这点是很有特色的。西池称瑞莲池，池南建瑞莲亭，池北建披风榭，中部建百坡亭岛桥以为分割。东池以云屿楼为主景。北池狭长，池上建半潭秋水厅。三面池水之外又环以土山，广植修竹，景象幽深。东西池水又从祠宇中部穿过，形成木假山堂前的水院，水院两侧桥廊空透，景色互补。三苏祠园林特点即是“广栽池上竹，祠在水中央”，突出水与竹在园林中的作用，有岛居的风韵，增加祠庙的活泼、淡雅气质，同时也符合苏氏父子的襟怀与文采[67]。三苏祠基本上属于水院园林。四川崇庆罨画池也是一座祠庙园林，是州文庙的附园。布局以宋代形成的州判官廨后池——罨画池为主体。清末在池之东南角增设厅馆，构成面水的琴鹤堂、依水的半潭秋水一房山水榭和背依假山的暝琴待鹤之轩三组建筑，分别构成平台、水院及山石院三种园林空间，既有布局联系，又有强烈的对比效果，是很有想象力的园林。类似的寺庙附园尚有不少例子，属于水院类型的有苏州戒幢律寺西园（图 4-115、4-116)、保定莲池书院的莲池（图 4-117)、昆明西山太华寺西院、成都武侯祠后园等。

图 4-111　北京万寿寺花园

图 4-112　北京白云观后院附园

1. 大门
2. 二门
3. 正殿
4. 启贤堂
5. 木假山堂
6. 来凤轩
7. 披风榭
8. 百坡亭
9. 瑞莲亭
10. 船亭
11. 半潭秋水
12. 云屿楼
13. 绿洲亭

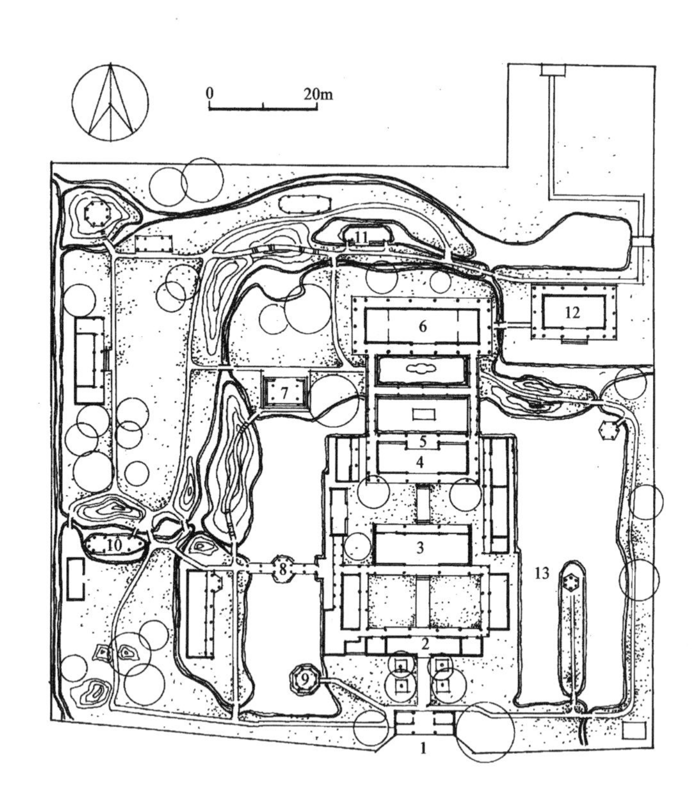

图 4-113　四川眉山三苏祠平面图

图 4-114　四川眉山三苏祠附园

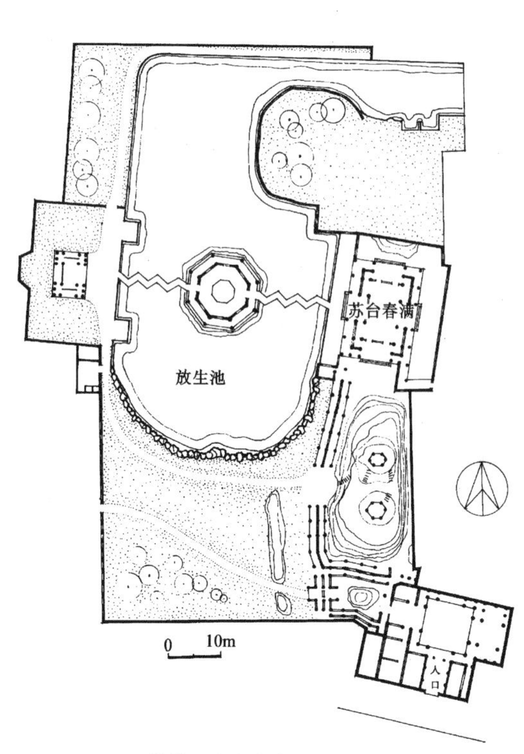

图 4-115　江苏苏州戒幢律寺西园平面图
(摹自《江南园林志》)

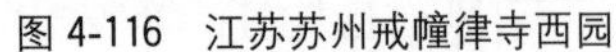

图 4-116 江苏苏州戒幢律寺西园

图 4-117 河北保定古莲池

中国传统园林艺术的高度成就对寺庙布局亦起了很大影响，它们不再拘泥于一正两厢，工整对称，轴线贯穿式的严肃平面，而融进不少灵活变化的新意，形成园林化的寺庙总体布局。例如建于乾隆廿年（1755年）的承德普宁寺，将大规模的叠山手法用于寺院总体规划（图 4-118）。该寺南半部为汉式寺院，北半部则按佛经所描写的世界概念构筑，即中央为须弥山（大乘阁），左右为日月殿，周围布置各为四大部洲、八小部洲的红白台式建筑，又配以四座喇嘛塔，构成一大千世界。建筑群的北部利用山势之起伏，叠筑巨石，形成盘旋的磴道，左右通达，将北俱泸州方殿及两座白台、两座喇嘛塔安置在各级石山上，形成具有园林气氛的格局，而最北端围以呈波浪状的围墙，象征世界周边的铁围山。这座虽然尚维持规整式布局的小园林，但因山就势，堆叠山石，真山与假山交融在一起，又配以浓郁的松林，曲折的山路，色彩斑斓的琉璃塔殿掩映在翠柏怪石之中，使宗教内容与园林形式结合在一起，强烈地渲染出佛国世界的宗教主题。这种运用大体量的叠山手法安排在寺庙中轴线上，并获得协调一致的艺术效果，在传统寺庙中是少见的佳例。乾隆三十九年（1774年）在承德所建的殊像寺后部亦堆叠大假山，并有磴道、涵洞等，以象征文殊菩萨的道场——五台山。在假山之巅建立重檐八角亭式的宝相阁。某些寺庙祠宇往往利用山水自然条件，开创更为自由灵活的园林化布局形式。如成都杜甫草堂布置即突出了水面与植物环境美感。草堂的中轴线仍维持清嘉庆以来形成的大门、大廨、诗史堂、柴门、工部祠等一系列建筑。但由于建筑风格素雅，荷花池水回环穿插，院内古楠参天耸立，使得建筑环境不仅庄严肃穆，而且具有幽雅、朴素的园林气氛。同时柴门两边又融进不少变幻手法，西边沿荷花池水建跨水的水槛，周围遍植修篁，临槛可观鱼赏荷。透过丛竹花墙，隐约可见西北部的梅苑风光。柴门东边沿花径可通浣花祠，工部祠东有草堂茅亭（图 4-119），西有假山平台。所以杜甫草堂虽为一祠宇建筑，但观赏性极强，池水萦绕，林幽花香，布局不拘绳墨，洒脱自然，极富园林意境[68]。而一些踞山而设，或地处山坳幽谷之地的寺观，又可结合地形采用多样的园林化布局。如镇江金山江天寺是占据了长江边的水中孤峰，从岸边江中四面皆可见到全寺的概貌（图 4-120）。因此该寺除南北中轴线仍维持三进殿堂以外，沿孤峰的四周灵活地布置建筑，东部为方丈、客房等附属建筑；北部为留王楼、江天一览亭及楞伽台；西部结合地势布置了仙人洞、法海洞、白龙洞、朝阳洞等一系列洞窟，并在山巅建 9 层的慈寿塔。四面皆有很好的景观，尤其是从南岸北视或由长江上游东视，全寺建筑高低错落，林木葱郁，塔阁高耸，形成不对称的均衡群体构图。杭州黄龙洞道观是选用山麓用地，地形微有起伏，泉水充沛。故其布局采用了修长的寺内甬路，开敞的殿堂庭院，并环绕主殿三清殿的周围堆叠假山，蜿蜒可登山上（图 4-121）。殿庭右部以山石、竹林取胜，而其左部形成一座水院小园林，小桥、溪石、流瀑、亭榭，曲折有致。池东利用山势以太湖石堆筑假山，山后密林烘托，颇有山谷幽深的气氛。在黄龙洞的规划布局中已完全打破标准道观形制规范，“随宜高下”，“地偏为胜”，以组景观念经营全局，是一所有意匠的“园林化寺观”，其园林情趣远远超过宗教氛围。

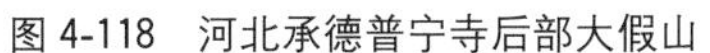

图 4-118 河北承德普宁寺后部大假山

图 4-119 四川成都杜甫草堂

图 4-120 江苏镇江金山江天寺园林化布局

图 4-121 浙江杭州黄龙洞园林布置

有些山林寺观祠庙在园林化方面的重要成就是在环境方面，即寺院以外部分的园林化，从而形成怡情快意，寻幽览胜的环境，深化了寺观建筑内涵。寺观环境园林化着重在两方面，即入口导引艺术及环境借景艺术。山寺不同于城市佛寺道观多设于通衢大道之旁，开门见山，由路旁直接进入寺院。山寺多结合形胜、古迹、水源而设，须通过一段或长或短的香路逐步进入寺院本体，因此这一段入口前路径的园林化处理十分重要。它实际为山林寺观的序曲先导，是尘凡步入净土、仙界的情绪过渡，经营得宜，可扩大寺观建筑艺术的感染力。入口导引艺术并无成法可依，妙在随机而变。概括地讲一般皆具备前导标志、线型景观、空间转换等数种形态，规划得体可获得“渐入佳境”，“出奇制胜”的效应（图 4-122）。例如宁波太白山天童寺是始建于唐代的江南著名禅宗寺院，为“中华五山”之一，现有建筑为清代重建（图 4-123）。该寺的导引部分十分成功，由寺南万松关开始，沿香路夹植松林二十里，乔木参天，虬枝拂地，构成以植物为特色的动态导引景观，本身即是十分动人的园林环境[69]。其他山寺应用类似的处理手法亦不乏佳例，如杭州灵隐寺的“七里云松”、杭州云栖寺前的“云栖竹径”、峨眉山万年寺的杉树林等都是以集中培植树木构成的自然景观。天童寺引导松林中还依据道路曲折，设置了伏虎亭、古山门、修倩亭三座点景

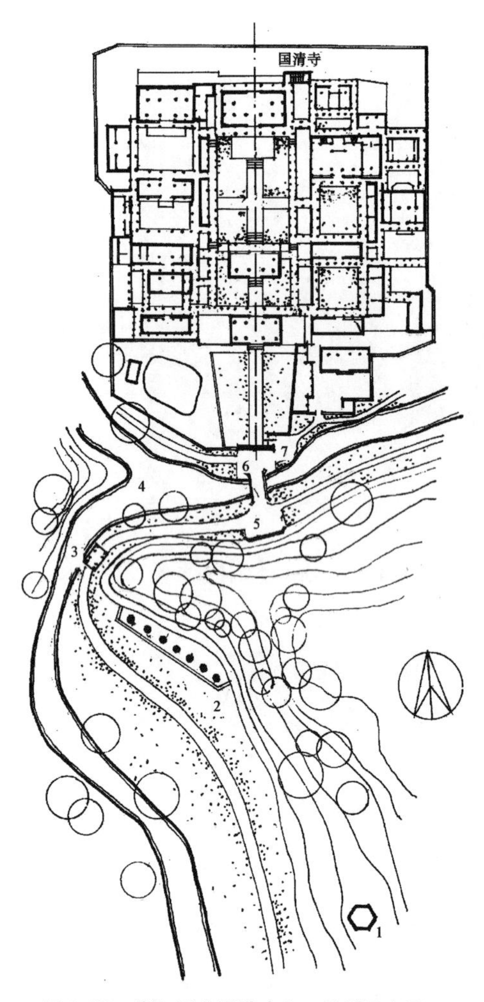

图 4-122 浙江天台国清寺入口导引示意图

1. 国清寺塔　2. 七佛塔　3. 寒山拾得亭
4. 双涧回澜　5. 教观总持壁
6. 隋代古刹壁　7. 国清寺入口

建筑，进入山门前又设计了内外万工池、七塔、障墙及大影壁，使信徒游客至此再经一大转折，才进入山门（天王殿）。在内外万工池之间所立的七座小型佛塔，更将这种观赏路线的转折引发出情绪感受的转折，预示着寺庙主体即将到来。天童寺前导部分园林化处理造就了相当优美的景观，“天童十景”中有“深径回松”、“风岚修竹”、“清关喷雪”、“西涧分钟”等四景分布在这条游览线上。浙江天台国清寺的园林化导引亦十分成功。国清寺是佛教天台宗的发源地，寺院始建于隋代，现存殿宇多为清代重修(图 4-124)。游人未达寺院之前，即可遥见八角九层的宋塔耸立在香路之侧，形成前导的标志。过了宋塔在祥云峰下一字排开七座喇嘛塔，背衬茂密的森林，有如指路标示。香路至此回转一个大弯，过寒山拾得亭，转入祥云峰后，又见另一番境界，规模庞大的寺院豁然在望。跨过涧水上的丰干桥，而达标写“隋代古刹”的寺院影壁前，与此壁相对的桥南还设一座“教观总持”照壁，形成寺前两壁夹一桥的景观小高潮。整条香路之曲折走向完全傍依涧水，一侧青松，一侧溪瀑，在这种幽静曲折的线型景观中，以塔、亭、桥、壁相互点缀映衬，一路行来，佳景辈出，时而清幽密藏，时而豁然开朗，起伏跌宕，自成章法，香客游人完全沉浸在有控制的园林环境之中。四川青城山的古常道观的入口延伸部分则是另一种手法，它以亭、廊、桥等小品建筑与山路，树木相配合，形成线型景观（图 4-125、4-126)。观前约 200 米处，以一座石桥——迎仙桥为始，桥北设一墙门，称五洞天，桥南设一三角形茅亭，自亭内北望，桥与门洞在苍翠林木映衬下，成为很突出的入口标志景组。入门洞后，在山路婉转曲折处设茅亭以点景。遇有溪谷则建廊桥以增加道路的景观效果。渐至道观入口处，远望可见山门前临崖而设的“云水光中”小殿，预示主体即将展开。游人行进在这些山路中，经历着艺术景观的前奏、过渡、高潮、收束的空间变化，情绪随之激荡波动，在诱导性的园林环境中，完全忘记了行路的劳苦与枯燥[70]。在某些道教宫观中，往往根据经书传说的仙界三天门之说，可在香路中设置数座门坊，成为入口导引的手段，如云南昆明太和宫金殿建于城郊鸣凤山上，沿登山磴道设了三道牌坊，使漫长的道路分出层次，而且构成行进中的对景，也是一种简单而又巧妙的导引方法。

环境借景艺术是山寺园林化另一项重要创造。一般山寺都选择在山雄水秀，树繁花茂的自然环境中。因此除了创造寺院本身的建筑艺术形象及园林意境之外，如何延揽周围景色，扩大园林景观，将山寺融洽在大自然环境之中更为重要。例如，四川乐山乌尤寺是建于岷江江边山崖上的寺院，始建于唐，现存建筑为清代建造的。寺院布局利用山崖中的凹地，呈沿江带状展开。东部为上山的香路部分，包括码头、山门、磴道，中间的止息亭、普门殿及二级台地

图 4-123 浙江鄞县天童寺山门及八功德水

图 4-124 浙江天台国清寺入口导引影壁

图 4-125 四川灌县青城山五洞天

图 4-126 四川灌县青城山原木树皮亭

上的天王殿。这部分地区的树木葱郁，竹林繁茂，路径迂回，完全是幽邃静雅的景观。中部为乌尤寺主体院落，坐北朝南，共两进院落，安排了大雄宝殿及藏经阁。西部为田字形平面的罗汉堂。这两部分完全面向江面，呈敞开之势，为了更好地欣赏江景，在两部分建筑前的江崖上设计了扇面亭、弥勒佛殿、过街楼、旷怡亭、尔雅台、听涛轩等一系列小品亭台建筑。过此又转入上山之磴道登上建于第二台地上的附属小园林，以设在西部岸边，可展望岷江广阔的景色的山亭为结束。乌尤寺的殿堂及罗汉堂的建筑布局平平，又卧于山腰台地之内，其外貌环境效果亦不突显，但是由于沿江山路做了很好的安排，巧借岷江雄浑景致，闭放得宜，开合有致，形成园林化的序列游览线，将寺院的各项殿堂串通联系起来，实际上扩大了寺院建筑艺术表现力，是山寺园林化极为成功之例，至今仍为与大佛凌云寺相媲美的乐山游览胜地[71]。青城山古常道观除入口山亭导引之外，在宫观的西北角山坳，结合地势开辟一处山地小园林，引山泉潴汇为小池，建一榭二亭及降魔石、怡乐仙窝等，道路曲折幽深，成为古常道观景观的延续，亦属于环境园林化的手法。此外，如苏州天平山范公祠将建筑前的大水池纳入布局之中（图 4-127）。又如昆明黑龙潭道观将观前的浑水龙潭组织在山门景观之内，皆是利用环境的实例。

过去研究工作多偏重于皇家园林及私家园林，而对寺观祠庙园林的研究没有足够的重视，从它的现存实例及在园林学术上的地位来看，是一份弥足珍贵的历史遗产，值得深入总结。它所反映的园林意匠也多超出皇家与私家园林之外，具有独特的价值。具体讲有三方面。

图 4-127 江苏苏州天平山范公祠前园林布置

其一，是大园林意境的开发。特别是山地景观，即纯自然景观环境的创意。皇家及私家造园多为城市山林，人作大于天然，希望在有限的空间内创立景观，再现自然氛围，但终归是通过联想、思维、感发的过程而体验到的一种意境感受。而寺观祠庙则不同，它们往往选址在名山胜境，所赏鉴的是真山真水，不是思绪的感发，而是真实环境的感受。寺观园林的创作意图更偏重于顺应自然，抉取最佳观赏环境及路线，集中浓缩自然美景，与皇家、私家园林相比较则有明显的不同。从规模上讲，一为咫尺山林，一为宏阔自然；从创作方法上讲，一为造景借景，创意为主，一为选景组景，开发为主；从园林内容上讲，一为生活享受与山水欣赏兼顾，一为自然环境欣赏为主。因此寺观园林的创作更为丰富灵活，大大超出唐宋以来文人园林所反映出的造园理论窠臼。所以今日开发城市郊野园林及风景区，可以从寺观园林中寻取许多参借之处，比私家园林更具有参考价值。古代帝王也注意到这一点，在大型离宫苑囿中也多借鉴寺观园林的景色主题。如避暑山庄的松云峡（仿十里云松）、天宇咸畅（仿镇江江天寺）、圆明园中的苏堤春晓、双峰插云（仿西湖）、颐和园的邵窝（仿苏门山）等。皇家苑囿的大型景观构图无不受寺庙大园林的影响。

其二，为植物题材的利用。传统园林中对植物题材十分重视，有些园林就是以欣赏植物为母题。汉代上林苑中有树木花草达 2000 余种，仅李树就有 15 种，有些还是来自异域的新品种，如安石榴等。扶荔宫更是以培育南方品种果木为主的园林。如菖蒲、柑橘、橄榄、荔枝、桂树、指甲花等。唐朝李德裕经营洛阳平泉庄，即以搜求天下珍木奇花，品种及数量之多著称于当时。宋代私园中仍多以莳花栽木为时尚，有的就以花木造景取胜。但清代以来，山水、建筑成为园林主题，植物降为配属，所以植物品种及质量皆有所下降。但在寺观祠庙中却仍然继承植物景观这一传统，不但形成不少赏花的花园，而且还有景色雄奇的自然景观。如“峨眉天下秀，青城天下幽”，一定程度上是指植物景观而言。又如杭州韬光寺的紫竹林、天台国清寺的朴树林，南京栖霞寺的枫林、杜甫草堂的楠木林等皆是。若以单株古朴见长的实例尚有北京潭柘寺的古银杏树、杭州飞来峰的铜钱树、连云港市孔望山古白皮松等。

其三，是具有广泛的公共游览的实用价值。寺观祠庙是向民众开放的公共场所，它的园林也是任人游览的园地。因此它们都具有开阔的布局，疏朗的建筑，体型巨大不适合山区条件的建筑很少，而以亭榭廊桥取胜，以衬托自然或植物景观为主，形成淡雅幽深的园林风格，各园林要素之间以达到和谐为宗旨。由于寺观祠庙园林的公共开放性质，而形成一些新特点，它们的景色意匠是直观的，没有更多的曲晦、隐奥之意；园林风格是开朗向上的，而较少思古出世之情；建筑格调以粗放为主，较少雕镂。同时因寺庙内游人众多，也带动了饮食、商业活动，进而结合宗教节日及上元、七夕、重阳等民俗节日形成庙会。远郊山寺因交通不便，还设置客舍以安顿远方香客。这些都与皇家、私家园林在内容及形式上不同。总之，寺观祠庙园林是中国传统园林的重要组成部分，它同样提供了相当丰富的造园经验，取得十分卓越的造园成就。

在皇家、私家、寺庙园林之外，尚有一种园林类型，即郊野游憩地及风景区。这种园林类型的开发自古即已进行。因为它是以自然的或人文的条件为基础，群众自发开拓而成，无固定的业主归属，无豪华的园林建设，无明确的界范，因此历来治中国园林史者没有把它固定分列为一种类型。但这种园林形式却有着极为旺盛的生命力，而其服务对象是普通的百姓，因此发展很快很普遍。假若说唐宋时代的风景区仅为少数高僧、道长、文人、隐士的修炼、禅定、遁世之所的话，至清代则已经成为广大士子、市民阶层的重要游息地。这种园林形态大致有三种形式。一是自然奇绝的山川景观，如泰山、华山、黄山、庐山、雁荡山等，景色为天造地设。另一种是以寺庙群为引线的名山胜地，如佛教四大名山，五台、普陀、九华、峨眉诸山、道教武当、齐云、青城诸山，在进香朝拜的过程中同时组织观览山林景色。再一种是城市近郊游憩地，其园林形成内容由多方面组成，有自然景色，也有人文景观，时空变化丰富，欣赏对象多彩，因地因时而变。这些地区往往是群众自发形成的景点。如北京城内什刹海，即为结合湖区的庙宇而形成的游憩地，外城的龙潭湖、西直门外高粱河一带、远郊的西山八大处寺庙群等。其他城市亦有类似的风景点，如南京玄武湖、莫愁湖、钟山、无锡的锡山、惠山、鼋头渚、杭州西湖（图 4-128）、苏州虎丘（图 4-129）、天平山、济南大明湖（图 4-130）、长沙岳麓山、惠州西湖等地。自然风景区及郊野游憩地多经过历代的开发，市民的公认，文人的提炼，而概括成为有标题的景点、集合诸景点而成为游览系列。如西湖十景、普陀十景、九华山十景等。这些组景造景的模式往往成为皇家和私家园林借鉴的素材，如杭州西湖十景几乎在圆明园中皆有仿制景点。在这些风景区实例中我们可发现古代园林艺术家多方面的景观构思能力，情、景、时、空相互交融，山、川、植物、动物、自然现象、季节变幻皆可入景，有着极为丰富的园林内涵，这方面是有待进一步总结的新领域。

造园赏景是汉民族的文化传统，在兄弟民族中亦有一定的反映。如回族的住宅多为汉式四合院建筑，宅内往往也开辟一区园林式庭院，养花种树，改善居住环境。但很少叠山挖池。藏族园林以罗布林卡最为有名。该园位于拉萨的西郊，为乾隆年间清廷驻藏大臣奉旨特为七世达赖格桑嘉错建造的，后来陆续进行三次扩建，形成为达赖的一处行宫性质的园林，供达赖避暑消夏，同时作为处理政务，进行宗教活动的场所（图 4-131、4-132）。全园占地 36 公顷，遍植古树，大门设在东墙。园内包括三座小园林，一为格桑颇章，是最早建造的离宫建筑，小园西部有一长方形水池，遍植荷花。池中并列方形的三座岛屿，左右均齐，与敦煌壁画中所描绘的“西方净土”的极乐国土有某种相似之处，可能是佛教思想对造园的影响（图 4-133）。园内尚有达赖观看藏戏的威镇三界阁（图 4-134）、众喇嘛习经的辩经台和观马宫等建筑。第二组园林建于 1954 年，称新宫，位于格桑颇章之北。第三组园林为金色颇章，是一组供达赖接见臣僚的宫廷建筑。主体三层，南面两侧环以官员等候觐见的廊子，中轴对称，气势威严[72]。从罗布林卡实例可发现藏式园林的地方特点。它没有人工堆叠的山水地形，也没有以回环往复的廊阁划分出的院落环境，而更多的是布置在全园的古树参天的林地、广场及单幢的藏式宫殿，方整的水池，修长的道路，环境幽雅宁静，自然粗放，这可能是藏族累代在大草原自由放牧，与天地为伴所引发的思想情趣在园林建设上的表现。此外，在布达拉宫北面尚有一座开放性园林——龙王潭，中间为一潭湖水，水中有岛，岛上有供奉龙王的神殿，林木葱郁，风景野逸、具有藏式园林的风景特色（图 4-135）。

图 4-128　浙江杭州西湖三潭印月

图 4-129　江苏苏州虎丘山

图 4-130　山东济南大明湖

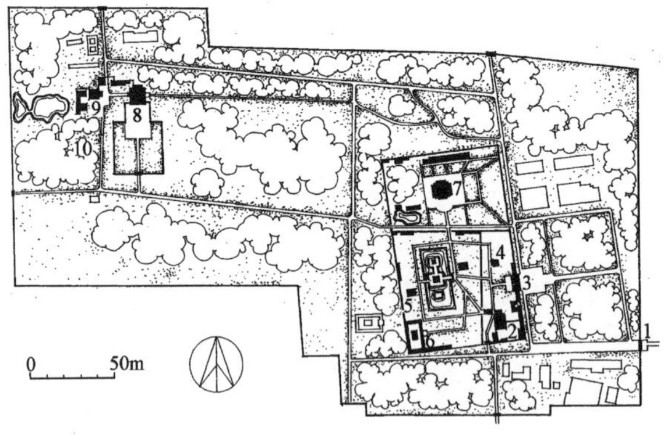

图 4-131　西藏拉萨罗布林卡平面图

1. 大门　2. 格桑颇章　3. 威镇三界阁　4. 辩经台
5. 持舟殿　6. 观马宫　7. 达旦米久颇章
8. 金色颇章　9. 格桑德吉颇章　10. 凉亭

图 4-132　西藏拉萨罗布林卡大门

图 4-133　西藏拉萨罗布林卡湖心宫

图 4-134 西藏拉萨罗布林卡威镇三界阁

图 4-135 西藏拉萨龙王潭

第七节 造园名匠

清代园林发展规模巨大，而且官僚商贾聘师延匠为其建园之风甚盛，因此专业的园林名匠世家亦产生不少。但限于文献材料，许多事迹没有记载下来，传世的仅十余人，而精于叠山者占大半，所以不能完全表现清代造园技艺的实际情况。现择其重要者作简单介绍。

张涟父子　张涟，字南垣，江苏华亭人（今松江），后迁居浙江嘉兴。生于明万历十五年（1587 年），约卒于清康熙十年左右（1671 年），是明末清初著名的造园及叠山艺术家。阮葵生《茶余客话》中称其“少写人物，兼通山水，能以意垒石为假山，悉仿营丘（李成）、北苑（董源）、大痴（黄公望）画法为之，峦屿涧濑，曲洞远峰，巧夺天工……”。他所布置的园林深得宋元画意，是将山水画的构图用于叠山的造园家。张南垣在明末即已成名，曾为王时敏建乐郊园于太仓。清初更得士大夫的尊崇，多延请他营构私园，如吴伟业的梅林、常熟钱谦益的拂水山庄、嘉兴吴昌时的竹亭湖墅等。其作品遍及大江南北，尤以画法入累石，土石相间，因形布置，得山水之真趣而著名。改变了矫揉造作，大肆堆叠的时弊，对清代叠山艺术产生重大影响[73]。

张涟有四子，皆能继承家传，其二子张然，号陶庵；三子张熊，字叔祥，尤为知名。张然生于明末，卒于清康熙二十八年（1689 年），享年七十余岁。其大部造园活动是在顺治、康熙两朝。来北京以前，即已在江南参加了一系列造园活动，如苏州东山席本祯的东园、吴时雅的依绿园、许茭田园等。顺治末年来北京，康熙十六年再度来京，为大学士冯溥在北京营造了万柳园、兵部尚书王熙经营了怡园等。由于两座园林在造园和叠山上的成功，张然名噪京师，一时“诸王公园林皆成翁（张然）手”，江南风格的园林风靡一时。康熙十九年（1680 年）受召参加皇家御苑南海瀛台及玉泉山行宫的建造，后期又参加了海淀畅春园御苑的规划设计。前后供奉内廷三十余载，多次受奖，“御赐翰联颇多”。戴名世的《南山集》中《张家翁传》中称张然“少时学画，为倪云林、黄子久笔法，……治园林有巧思，一石一树，一亭一沼，经君指画，即成奇趣，虽在尘嚣中，如入岩谷。”他为冯氏改筑万柳堂（亦园），标峰置岭，引水开池，又曾绘亦园山水景物设计图一幅，说明张然是一位山水画家而兼造园叠石技艺的艺术家。这种把画境物化为实景的创作方法，对当时造园艺术产生巨大影响。张然的造园艺术特色是继承其父的以土石相间法叠山，山体落落大方，以峰巅数石飞动得势之法取得苍然不群的效果。他主张堆叠山林小景，以截取真山一角的

“平冈小阪”、“陵阜陂陀”来取得山水真意，而不取缩小比例，小中见大的全面表现山林的盆景方式。张然以民间私家匠师得入内廷，主持宫廷禁苑建造，将江南私家园林艺术介绍到北方，并引入皇家御苑，在中国造园史上的功绩斐然[74]。

张然的作品多在江南。如嘉兴朱茂时的放鹤洲、曹氏的倦圃、钱氏的绿溪园等。此外，张然之子张淑亦善画，传承张然之术，继续供奉内廷，掌管叠山事宜。张涟之姪张钺亦为山子匠，曾在康熙年间改建了无锡寄畅园的假山。以上说明张涟叠山之术，一脉相承，直到乾隆时期，前后达百余年，对京师园林的风格影响至大。旧时在北京一带有“山子张”的口碑相传，表明他们高超的技艺深得人们崇信。

李渔　字笠翁，浙江钱塘人，生于明万历三十九年（1611年），卒于清康熙年间。李渔是一位兼擅绘画、词曲、小说、戏剧、造园等多方面才艺的文人。平生漫游各地，饱赏名山胜景，对造园尤感兴趣，曾为友人规划设计宅园多处，如贾汉复的半亩园等。晚年定居北京，自营“芥子园”一处。康熙时流寓金陵，曾著有《一家言》九卷，畅谈自己对各类艺术的心得，其中第四卷《居室部》是他有关建筑和造园方面的理论探讨，计分房舍、窗栏、墙壁、联匾、山石五节内容。李渔的思想活跃，感情奔放，崇尚独创，故其议论多不拘前人规式。此卷内容多为个人认为当时园林建筑的重要问题。如房舍设计须“一榱一桷必出自己之裁”，有独到之处；“居室之制贵精不贵丽，贵新奇大雅，不贵纤巧烂熳”；园路要便于捷，又要妙于迂，兼顾缓急之需；园内建筑物布置要高下相协或峻低相对，要强调出布局特色；窗棂的图案宜新，但“制体宜坚”，并且开窗要注意取景；园林联匾形制要不拘成规，式样要翻新等。山石一节尤多精辟的观点。例如叠大山必须注意整体效果，犹如作文“先有成局，而后修饰词华，故麤览细观亦同一致也”；他主张叠山以土石相间为宜，不必强求土石多少，“土石二物原不相离，石山离土则草木不生，是童山也”，他反对全部用石，如百衲僧衣般的石假山；他提出欣赏石景“俱在透、漏、瘦三字”；叠山用石要“石纹、石色取其相同”，要顺应石性的理路；他提出要重视石壁之堆叠，因为在小面积园林中，峭壁山占地不多，便可取得穷崖绝壑之态；石洞不一定宽大，但可容人则佳，洞内留有漏隙，涓滴之水不绝；洞小则可联建亭阁，散置山石，若断若连等观点。总之，李渔通过对造园术的仔细观察、揣摩及实践，提出不少新的理论观点。《一家言》与《园冶》、《长物志》可称明末清初三部造园理论名著[75]。

叶洮　一称叶陶，字秦川，松江府青浦县人，是清初著名的山水画家及叠山艺术家。其父叶有年亦为著名画家兼工造园艺术，曾受明代肃王之聘，携家至兰州，为肃藩“绘图筑苑，名胜甲于八郡”。叶洮大约在明崇祯九年（1636年）生于兰州。后来返归故里青浦，传乃父绘画及造园之技艺，游业四方。康熙二十年（1681年）前后入北京，以画艺接交王公大吏。康熙二十六年（1687年）为武英殿大学士相国明珠在西郊造自怡园[76]。该园是一处规模较大湖面宽广的水景园，为京城内负有盛名的园林。康熙二十九年（1690年）开始供奉内廷，奉诏画畅春园图，甚得康熙皇帝器重[77]。三十年告病回归故里，三十一年又应召北上，行至涿州病故。叶氏父子以画家兼攻造园艺术，继承了江南士人的风范，在清代初年将江南水景造园艺术传布于北方，叶洮起了重要作用。他的造园意匠仿江南水乡园林意趣，以水面、叠石取胜。自怡园二十一景中，有荷塘、柳汧、芦港、芡汊等景，都是充分发掘植物题材的水景画面。甚至荞麦、蒿莱等农稼野物亦可形成借景。园中建筑多为亭廊、榭屋，简约朴素，说明叶洮的造园艺术尚承续着明代文人园林的自然素雅风格。

戈裕良　字立川，常州人，是清代中叶嘉庆、道光年间的著名造园叠山名家。生于乾隆二十九年（1764年），卒于道光十年（1830年），享年67岁[78]。其所构园亭叠山见于记载的有十处。即苏州一榭园、扬州秦恩复意园、小盘谷、常州洪亮吉西圃、如皋汪为霖文园、绿净园、苏州孙古云（孙均）家书厅前山子一座（即今环秀山庄）、南京孙星衍五松园、五亩园、仪征巴光诰朴园、常熟蒋因培燕谷[79]。现除环秀山庄山子尚存外，余均残毁。戈氏叠山皆为石山，环秀山庄山子可见其功力。全山浑然一体很有气势，而细部丘、壑、洞、壁皆臻其妙，具有精雕细凿之巧，是难得的叠山作品。同时代的洪亮吉曾将其与明末张涟相提并论，称其二人为“三百年来两轶群”，可见其造园叠山技术成就之高超。

释道济　字石涛，号大涤子，又号清湘老人、瞎尊者、苦瓜和尚，是康熙时期著名的山水、花卉画家。笔意纵情豪放，与八大山人朱耷齐名。扬州余氏万石园为道济所叠，因山体巨大，所用太湖石料万数，故名。又扬州片石山房池上太湖石假山一座，传亦为石涛所叠。

袁枚　字子才，号简斋，清康熙五十三年（1714年）生于杭州，嘉庆二年（1797年）卒于江宁，是清初著名文学家，著有《随园诗话》、《小仓山房全集》等。乾隆十四年（1749年）任江宁知县时，曾在清凉山购得隋织造园，按己意改建，更名随园。该园设计中反映出袁枚的造园观点，如“随其高为置江楼，随其下为置溪亭，”对现有植物“或扶而起之，或挤而止之，皆随其丰杂繁瘠，就势取景，而莫之夭阏者，”或“因树为屋，”或因柏结亭，即充分利用自然条件而进行设计。随园不设围墙，逢“春秋佳日，仕女如云，主人亦听其往来，全无遮拦。”这种完全开放式的宅园系继承唐宋以来的传统。模仿名胜自然景观亦是随园特色之一，园中“为堤为井，为里外湖，为花港，为六桥，为南峰北峰，皆仿杭州西湖；小香雪海仿苏州罗浮邓尉等。”随园的建造说明袁枚不仅是文士，而且是高明的造园家[80]。

此外，见于文献记载的叠山家尚有董道士，乾隆时人，曾叠扬州九狮山。仇好石，乾隆时人，曾叠扬州江园怡性堂假山，该山全用宁国县出产的宣石，其色灰白。另外，尚有扬州王天於、张国泰亦为当时叠石家[81]。以及余继之曾参加匏庐、冶春园的叠山工程，以上诸人皆为乾隆时代工匠。至于参加北京皇家禁苑造园叠山工作的当有不少园林家，但苦于文献资料缺乏，仅知内务府造办处宋维胜参加清漪园乐安和（即扇面殿）叠山工程；杨万青主管过清漪园造园工程等。乾隆时期建造长春园西洋楼欧式园林，曾聘用西方传教士郎世宁、蒋友仁、王致诚等人，这些人亦应属参与中国造园的匠师之列。另外，还应注意到康熙及乾隆皇帝在建造北京、承德离宫御苑方面所阐明的造园观点，亦反映出一代园林理论的时尚。

总之，社会需求培育出一代良材，反之专家巧匠之成就亦反映出时代之动向。从清代造园艺术家的业绩可看出清代造园之变化。清初仍续承明代文人园之余脉，叠山师法画意，盛行土石相间，截取真山一角的叠山方法。而至乾隆以后，宅园面积日小，渐盛行全部用石的假山。至嘉庆时才出现了戈裕良这样的高手。咸同以后，商贾之艺术趣味浸润于园林造景之中，叠山重技而少艺，注意洞窟、峰头之堆叠，而少轮廓气势之勾勒，实际叠山之术已走向没落。清代造园对建筑与装饰的作用较明代更为注重，《一家言》中特别论述房舍、窗栏、联匾之设计，处处求新，渐露富贵华丽之气。清代后期国势衰颓，园林建造亦属强弩之末，故优良匠师亦随之匿迹。

第八节　小结

清代二百余年的造园事业经历了蓬勃辉煌时期，而后转入消沉衰颓，它的发展变化预示着中国古典园林的终结，新的历史的启端。这个转承时期的园林状况，若与此前的元明时期相比较，即可体察出它的时代特色，可概括为五方面。

一、规模庞大而普及

明代开国之初，鉴于金元覆灭的教训，严格控制兴造，在舆服制度上规定禁止百官第宅在“宅前后左右多占地，构亭馆，开池塘，以资游眺”[82]。皇家也只限于在京城之内，利用元代旧苑作为御苑。天顺（明英宗）以后，才开始有官私园亭的建造。清代初年迅速恢复了经济，为大规模营造建立了基础，造园之风至乾隆时达于极盛，大批行宫苑囿遍及各地。在总体布局、建筑设计及选景、组景、借景等方面皆有许多创新，出现了一些具有里程碑性质的大型园林作品。从全国范围讲，各地造园之举亦十分普及。从目前遗存下来的实例来看，也多为清代建造的，因此一般人所了解的“中国古代园林”概念，往往就是清代园林。这种状况一方面说明它在中国园林发展史中的重要性，同时也启示我们对它进行分析研究，以利于吸收继承的必要性。

二、南北风格的交融

明代私家园林盛行于江南，而皇家苑囿则在京师，各按自己的特色发展，交流借鉴程度不深。清代打破了这种局面，北京禁苑及官吏私邸多约请江南造园家参与兴造。乾隆下江南遍游名山胜景，图画以归，仿建在御苑中。就是江南地区的苏浙、淮扬、皖南诸地私园之间的交流亦更普遍。入清以来，北方园林中水景园的发展，亭廊水榭等小品建筑的增多，叠山垒石技艺的提高，皇家园林中建造园中园等都与江南园林的影响分不开。砖雕、匾联、铺地等建筑装饰手法亦多受江南园林影响。同时北方的彩绘技艺对江南园林亦有一定启发。这种园林艺术大融糅的现象是历史上少见的。正因为如此，才使得濒临封建末期的古典园林艺术注入生机，有了再现辉煌的助力。这种交流是在尊重地方环境的基础上进行的，所以不但没有形成千篇一律各地雷同的弊端，反而促进并丰富了地方风格的确立，私家园林中的北方、江南、岭南三大派系尤为突显。

三、造园风格大转变

清代是资本主义萌芽，市民阶层壮大的封建社会末期，官私豪富、广大市民对环境产生新的要求，造园风格亦产生明显变化。具体讲，即是文人园逐步衰落，而代之以注重悦目与享乐兼具的市民园林，即使皇家园林也不免流于俗风。造园主旨由创立感情环境为目的进而转变为完善生活环境为要义。明代园林中那种旷奥兼具，追求天趣，开朗舒阔的诗画环境，日趋淡漠。而在园林中大量增建殿、阁、堂、馆等宴集建筑，以及花厅、书房、碑碣、珍石等。皇家园林中甚至包容佛寺、道观、宗庙、戏台、买卖街等内容。总之生活享乐建筑类型充满园林，导致建筑密度大为增加。在造园手法上改变元明以来，随高就下，因势取景的传统，而易为大规模改造地形，人工创意为主。以前造园理论上推崇的借山、借水、借景的因借手法渐少，而更注重仿山水、仿名园、仿市井、仿风情的创景、造景手段。

由于造园风格的转变，使清代园林在某些方面获得空前的成就。例如造景意匠内容大为扩展，不再局限于“乐山乐水”自然隐逸世界的静观欣赏，而兼容并包物质与精神文化领域的一切典型现象，具有活跃的入世观念。若从艺术是典型再现现实生活这一定义出发，则清代园林艺术是一次大进步。其次由于生活建筑增多，导致园林内空间变化更为丰富有趣，以厅屋、门宇、墙廊相分隔，室内室外空间相穿插，形成启闭开合，旷奥疏密，随意自如的环境，比较明代园林以山水植物为主的空间形态要自由生动许多。空间构图艺术是清代园林的重大成就。再有受清代丰富多采的工艺美术技巧的影响，在园林形式美方面，包括门窗、屏栏、铺地、盆栽、月洞、花墙、联匾、题刻、砖木石雕、油饰彩画等园林建筑装饰方面十分精湛，增加了观赏内容。怡情悦目成为园林游赏的一大主旨，是清代在园林艺术方面的发展。再有，市民阶层的园林化要求，促进了寺观祠庙园林、名山胜地、自然风景区及郊野园地等具有公共性质的园林类型的开发。明代徐霞客游览名山胜迹，当时还只是少数人的事情，而清代游览四大佛教名山、五岳、黄山、青城、武当已相当普遍，节日郊游踏青、登高、观花、赏景，已成为市民的重要活动。清代各城镇、名山、大寺的标题性景色，如天台八景、潭柘十景、燕京八景等正是以群众欣赏为主调的园林观的体现。此外，皇家园林所追求的宫廷华贵气氛，规整轴线式布局与自然山水园林构图相结合方面，清代御苑亦有十分成功的经验。随着堆叠大假山潮流的衰落，清代在厅山、壁山、点石方面有着多方面成就，与植物相配合形成图画般的对景。

四、技胜于艺，实践虽多，但缺乏理论性的总结

清代园林之胜概为历史上的一大高潮。但诸多实例都反映出在园林构思意匠方面注意形式与技巧，注意局部与细节的构置，但缺乏全局结构的气势，在艺术表现上尚不成熟。这种现象不仅表现在私家园林方面，即使像圆明园、西苑这样规模的皇家园林亦不免显得零碎与散漫。在清代末期某些园林流于繁琐、堆砌，全然没有生气。在理论探索方面，仅在清初接明代之遗绪，有李渔《一家言》问世。至于李斗的《扬州画舫录》、钱泳《履园丛话》等文献，仅只少量节目论及园林。为名匠、艺术家立传者更无几人。这种理论探索停滞的现象，一方面表明中国古典园林的发展已近尾声，同时也显示出中国园林在新的社会条件下正在转化探索，各类实例优劣互见，鱼龙混杂，形式落后于内容，理论尚无总结实践的基础条件。降至清末，政治经济形势急转直下，园林事业由高峰落入低谷，更无创见可言。

五、初步开始中西方园林艺术间的介绍

世界上的几大园林体系都有着单独传统。中国古典园林除了对近邻日本的园林有过较早的影响外，对以欧洲为代表的西方而言仍是模糊不清的一门艺术。乾隆时期聘用天主教传教士在圆明园建立了欧式亭园，同时也借助这些传教士向欧洲初步介绍了中国式的园林景象。如乾隆八年（1743年）法国传教士王致诚由北京写信给巴黎友人，描述了圆明园景物之妙，称之为“万园之园，惟此独冠。”与此同时英国建筑家钱伯斯（William Chambers）也曾访问过广州地区，观察过中国式的宅园，并著有“Design of Chinese Buildings、Furniture、Dresses、Machines and Utensils”，其中谈了他对中国园林的认识。归国后并在他主持设计的伦敦郊区的丘园（Kew Gardens）内修建了中国式的十层宝塔、孔庙和中华馆等建筑。随后又著有《东方园林论述》（Dissertation of Oriental Gardening），对中国园林赋以高度评价。乾隆五十八年（1793年）英国特使马戛尔尼（George Macartney）到北京觐见乾隆皇帝，曾“奉旨在圆明园万寿山等处瞻仰并观水法”。嗣后英人傅尔通（Robert Fortune）在1842年曾专门来华搜集园林植物，如牡丹、玫瑰、紫藤、银杏等。十八世纪以后，法国亦受英国影响兴起建造“英华园庭”（Jardin Anglo-Chinois）热潮，其中细部点缀物多采用近似中国式的小品[83]。同时期德国造园亦受英法影响，产生了具有龙宫、水阁、宝塔等为点缀品的园林。至此，西欧对中国建筑及园林艺术的了解，不仅限于织物、瓷器上的装饰图案，而且有了实物可观察，尽管这些所谓的中国式园林仅为表层局部的介绍。后来，日本在东

亚崛起，率先进入资本主义，与西欧交往增多，西方对东方园林的研究又转向了日本园林。

19世纪末中国社会论为半封建半殖民地社会、旧的封建传统文化受到剧烈冲击，古典园林日趋没落，而现代园林开始萌芽，除旧布新成为历史的必然规律。所以清代园林可以说是中国古典园林的总结与终结。

注释

[1] 清·王士祯“西湖堤”诗。风烟里为明代名园勺园之一景。

[2]《日下旧闻考》卷七十六 康熙御制《畅春园记》“爰稽前朝戚畹武清侯李伟因兹形胜，构为别墅，当时韦曲之壮丽，历历可考，圮废之余，遗址周环十里。……爰诏内司，少加规度，依高为阜，即卑成池。……”

[3] 同上书

[4] 清 李斗《扬州画舫录》卷一 “康熙间有八家花园，王洗马园即今舍利庵，卞园、员园在今小金山后方家园田内，贺园即今莲性寺东园，冶春园即今冶春诗社，南园即今九峰园，郑御史园即今影园，筱园即今三殿祠。梦香词云‘八座名园如画卷’是也。”

[5] 清 李斗《扬州画舫录》袁枚序“记四十年前余游平山，从天宁门外，拕舟而行，长河如绳，阔不过二丈许，旁少亭台，不过匽潴细流，草树卉歙而已。自辛未岁天子南巡，官吏因商民子来之意，赋工属役，增荣饰观，奢而张之。……其壮观异彩，顾陆所不能画，班扬所不能赋也。”

[6]《东华续录》同治十三年七月二十九日，“见（圆明园）工程浩大，非刻期所能藏功，见在物力艰难，经费支绌，军务未尽平定，各省时有偏灾，朕仰体慈怀，甚不欲以土木之功，重劳民力，所有圆明园一切工程，均著即行停止。”

[7] 清 高士奇《金鳌退食笔记》“我国家龙兴以来，务崇简朴，紫禁城外尽给居人，所有宫殿苑囿，更不及明之三四。”

[8] 清 吴振棫《养吉斋丛録》卷之十八“西苑宫殿大半元明旧址，惟丰泽园为康熙间捌建，自苑内勤政殿西行，有小屋数间，为当时养蚕所，复西行，历稻畦，折而北为丰泽园，殿宇制度朴素，园后种桑树数十株，春时省劝农桑，……。”

[9]《日下旧闻考》卷二十一 国朝宫室 瀛台条。

[10]《日下旧闻考》卷二十六 国朝宫室 《御制塔山西面记》“室之有高下，犹山之有曲折，水之有波澜，故水无波澜不致清，山无曲折不致灵，室无高下不致情。然室不能自为高下，故因山以构室者，其趣恒佳。”

[11]《日下旧闻考》卷二十六 国朝宫室《御制塔山北面记》“南瞻窣堵，北頫沧波，颇具金山江天之概”。

[12]《列子·汤问》“其上台观皆金玉，其上禽兽皆纯缟，珠玕之树皆丛生，华实皆有滋味，食之皆不老不死，所居之人皆仙圣之种，一日一夕飞相往来者，不可胜数。……”

[13]《列子·周穆王》“（穆王）遂宾于西王母，觞于瑶池之上，西王母为王谣，王和之。……”

[14]《日下旧闻考》卷二十六 国朝宫室 《御制塔山四面记》。

[15]《养吉斋丛录》卷之十八 “畅春园在南海淀，……本明武清侯李伟别墅，康熙间加以葺治，视旧址十存六七，赐名畅春，计一岁之中，幸热河者半，驻畅春者又三之二。”

[16]《日下旧闻考》卷七十六 “畅春园宫门五楹，门外东西朝房各五楹，小河环绕宫门，东西两旁为角门，东西随墙门二，中为九经三事殿，殿后内朝房各五楹，二宫门五楹，中为春晖堂五楹，东西配殿各五楹，后为垂花门，内殿五楹为寿萱春永，左右配殿五楹，东西耳殿各三楹，后照殿十五楹。”

[17]《日下旧闻考》卷七十九 “清华园前后重湖，一望漾渺，在都下为名园第一，若以水论，江淮以北亦当第一也。”

《日下旧闻考》卷七十六 康熙《御制畅春园记》“因兹（畅春园）形胜，构为别墅，当时韦曲之壮丽，历历可考，……爰诏内司，少加规度，依高为阜，即卑成池。……”

[18]《养吉斋丛录》卷之十八 “康熙中，命青浦叶陶（洮）作畅春园，称旨，即命监造”。

[19]《养吉斋丛录》卷之十八 “绮春园在圆明园之东，有复道相属，旧为大学士傅恒及其子大学士福康安赐园，殁后缴进。嘉庆间始加修缮，仁宗御制绮春园三十景诗，有宣宗恭跋。先是园西南以缭垣别界一区，名含晖园，莊

敬和硕公主釐降时赐居于此，公主薨逝，额驸索特那木多布齐以园缴进。旧又横界一区，名西爽村，有联晖楼，为成邸寓园。嘉庆间，成邸别赐园宅，西爽含晖皆併入为一园，而规模宏远矣。”

[20]《日下旧闻考》卷八十　乾隆《御制圆明园后记》。

[21]《日下旧闻考》卷八十　乾隆九年《御制九洲清宴诗》“前临巨湖，渟泓演漾，周围支汊，纵横旁达诸胜，仿佛浔阳九派，驺衍谓裨海周环为九洲者九。……”

[22]《日下旧闻考》　卷八十二　《御制蓬岛瑶台诗》“福海中作大小三岛，仿李思训画意，为仙山楼阁之状，岧岧亭亭，望之若金堂五所，玉楼十二也，真妄一如，小大一如，能知此是三壶方丈，便可半升铛内煮江山。”

[23]《日下旧闻考》　卷八十三　《御制淳化轩记》“淳化轩何为而作也，以藏重刻淳化阁帖石而作也。……故言帖必以赵宋为犹近，而宋帖必以淳化为最美，……石刻既成，凡若干页，使散置之，虑其有失，爰于长春园中含经堂之后，就旧有之回廊，每廊砌石若干页，恰得若干廊，而帖石毕砌焉。”

[24]《同治重修圆明园史料》　刘敦桢　《中国营造学社汇刊》四卷二期。

[25]《日下旧闻考》卷八十六　“来青高敞眺京师，斜倚名山涧水清”。“远眺绝旷，尽挹山川之秀，故为西山最著名处。”

[26]《日下旧闻考》卷八十六　“丹黄朱翠、幻色炫采，朝旭初射，夕阳返照，绮缬不足拟其丽，巧匠设色不能穷其工。”

[27]《日下旧闻考》卷八十八　“静明园在玉泉山之阳，园西山势窈深，灵源濬发，奇征趵突，是为玉泉。”“康熙年间创建是园，我皇上（乾隆）几余临憩，略加修葺。”

[28]《日下旧闻考》卷八十五　“竹近水则韵益清，凉飔暂至，萧然有渭浜淇澳之想。”

[29]《日下旧闻考》卷八十四　《御制万寿山诗》“岁辛未，喜值皇太后六旬，初度大庆，敬祝南山之寿，兼资西竺之慈，因就瓮山建延寿寺，而易今名。”

[30]据《日下旧闻考》记载乾隆时期万寿前山中路布局是如此安排，但光绪时慈禧太后重建颐和园时，将西侧田字形的罗汉堂改建为清华轩，东侧慈福楼改建为介寿堂两组居住建筑。

[31]《承德普宁寺与北京颐和园的须弥灵境》　周维权　《建筑史论文集》第八辑　清华大学出版社　1987 年。

[32]清　王闿运《圆明园宫词》　“莫道江南风景佳，移天缩地在君怀。”

[33]避暑山庄的修建过程是据《冷枚及其“避暑山庄图”》一文所提出的分析意见。见杨伯达著《故宫博物院院刊》1979 年 1 期。

[34]《清圣祖御制避暑山庄诗》

[35]乾隆对避暑山庄诸景点仅标注了三十六景，其原意为不超过祖父康熙成景的数目，表示“弗出皇祖旧定”之意。

[36]乾隆四十七年《御制避暑山庄后序》“又数年来，日涉成趣，于向所定景外不无建置，如创得斋、戒得堂之类，不下二十处。”

[37]《御制避暑山庄诗》诗序称：“据高阜，临深流，长松环翠，壑虚风度，如笙镛迭奏声，不输西湖万松岭也。”

[38]《御制避暑山庄诗》中对天宇咸畅的上帝阁赞称：“仰接云霄，俯临碧水，如登妙高峰上，北固烟云，海门风月，皆归一览。”为避暑山庄中最好的观景点之一。

[39]《养吉斋丛录》卷之十五“曩圣驾（乾隆）驻跸避暑山庄，筵宴外藩，辄召至御前赐酒，内廷词臣亦得与赐，观灯或一夕、或三夕，银花火树，无异上元。其地在万树园，平原千亩，大乔繁茂，虽以园名，不施土木，宴时则张穹幕。”

[40]如乾隆咏《山近轩诗》中曾表示“古人入山恐不深，无端我亦有斯心，”“究予非彼幽居者，偶托聊为此畅襟”。说明他十分喜欢山居幽静的环境。

[41]据《啸亭续录》卷四　“京师王公府第”条记载。

[42]《道咸以来朝野杂记》　“京师园林以各府为胜，如太平湖之旧醇王府、三转桥之恭王府、甘水桥北岸之新醇王府，尤以二龙坑之郑王府最有名。其园甚钜丽，奥如旷如，各极其妙。闻当年履亲王府之园亦甚美，以地处东北隅，荒废已久，后遭回禄，一切皆毁。”

[43]参见《恭王府及花园》　赵迅　北京市文物工作队油印稿　1980 年。

[44]《鸿雪因缘图记》第三集“半亩营园”“李笠翁客贾幕时，为葺斯园，垒石成山，引水作沼，平台曲室，奥如

旷如。"

[45]《中国园林地方风格考》——从北京半亩园得到的借鉴 佟裕哲 建筑学报 1981 年第 10 期。

[46]《北京现存明清宅园调查报告之二》 北京林学院园林系资料 1978 年油印本。

[47] 今东城帽儿胡同 35～37 号为宣统帝后婉容的娘家，俗称娘娘府，是一处清代末年的建筑。其东部有花园一区，保存尚完好，园内以大假山为主要构园要素，无水面。

[48]《山东潍坊十笏园》 周维权 冯钟平 建筑史论文集 第四辑 1980 年。

[49]《圆明园与北京西郊园林水系》 何重义 曾昭奋《圆明园》第一辑 1981 年。

[50]《浮生六记》 沈复 "虽全是人工，而奇思幻想，点缀天然，即阆苑瑶池，琼楼玉宇，谅不过此，其妙处在十余家之园亭合而为一，联络至山，气势俱贯。"

[51]《扬州画舫录》 卷一 "档子之法，后背用板墙蒲包，山墙用花瓦，手卷山用堆砌包托，曲折层叠，青绿太湖石山，杂以树木，如松、柳、梧桐、十日红、绣球、绿竹，分大中小三号，皆通景象生……"

[52]《水窗春呓》卷下 维扬胜地条 "扬州园林之盛，甲于天下，由于乾隆六次南巡，各盐商穷极物力以供宸赏，计自北门抵平山，两岸数十里楼台相接，无一处重复。"

[53]《扬州画舫录》卷十 "倚虹园之胜在于水，水之胜在于水厅，自桂花书屋穿曲廊北折，又西建厅事临水，窗牖洞开，使花、山涧、湖光、石壁褰裳而来。夜不列罗帏，昼不空画屏，清交素友，往来如织，晨餐夕膳，芳气竟如凉苑疏寮，云阶月地，其上党熨斗台也。"

[54]《随园记》 袁枚。

[55] 明代拙政园的形制可据明文征明《王氏拙政园记》中的描述推知初建时的面貌。

[56] 参见《苏州古典园林》 刘敦桢 中国建筑工业出版社 1979 年。

[57]《履园丛话》 卷十二 艺能 堆假山"近时有戈裕良者，常州人，其堆法尤胜于诸家，……孙古云家书厅前山子一座，皆其手笔。"(按孙古云即环秀山庄园主孙士敦之孙)。

[58]《扬州园林》 陈从周 上海科技出版社 1983 年。

[59]《苏州古典园林》 刘敦桢 中国建筑工业出版社 1979 年。

[60]《粤中四庭园》 陆元鼎 魏彦钧 中国园林史的研究成果论文集 第一辑（内部资料)。

[61]《岭南古典园林》 刘管平 《建筑师》第 27 辑。

[62]《板桥林本源园林研究与修复》 台湾大学土木工程学研究所都市计划研究室编。

[63] 参见《洛阳伽蓝记》 景明寺、冲觉寺诸条。又城西寿丘里河间王元琛捨宅为寺，称河间寺，规模宏阔，佛诞日市民入寺参观，"入其后园，见沟渎蹇产，石磴礁峣，朱荷出池，绿萍浮水，飞梁跨阁，高树出云……，虽梁王兔苑想之不如也。"

[64]《高僧传・慧远传》 "（慧）远创造精舍，洞尽山美，欲负香炉之峰，傍带瀑布之壑，仍石叠基，即松栽构，清泉环阶，白云满室。……"

[65]《扬州画舫录》卷四"枝上村，天宁寺西园下院也，在寺西偏，今旧御花园。旧有晋树二株，门与寺齐，入门竹径逶迤，花瓦墙周围数十丈，……阁外竹树疏密相间，鹤二、往来闲逸，阁后竹篱，篱外修竹参天，断绝人路。"

[66]《中国古典园林史》称白云观以众石山可"诱发人们对五岳各山的联想从而创造道家仙界洞府之意境。"

[67] 参见《西蜀历史文化名人纪念园林》赵长庚著，书中"眉山三苏祠——三苏名千古、水竹伴祠堂"一节。

[68] 参见《西蜀历史文化名人纪念园林》赵长庚著，书中"成都杜甫草堂——草堂留后世，诗圣著千秋"一节。

[69]《略论中国寺观园林》 乐卫忠《建筑师》第 11 期文中称山区寺院的入口引导有四式：即丛林引导式、溪流引导式、蹬道山道引导式、丛林、溪流、山道综合引导式。

[70] 参见《四川灌县青城山风景区寺庙建筑》李维信《建筑史论文集》第五辑。

[71] 参见《中国古典园林史》 乌尤寺条。

[72] 参见《中国古典园林史》 罗布林卡条。

[73]《张南垣生卒年考》 曹汛《建筑史论文集》第二辑 清华大学建筑系 1979 年。

[74]《清代造园叠山艺术家张然和北京的山子张》 曹汛《建筑历史与理论》第二辑。

[75] 参见《闲情偶寄》"一家言居室器玩部"李渔著。

[76]《自怡园》 曹汛 《圆明园》第四辑 1986 年 中国建筑工业出版社。

[77]《清史稿》 卷五百五 “（叶洮）善画山水，康熙中，祗候内廷，奉敕作畅春园图本，称旨。”

[78]《戈裕良家世生平材料的新发现》 曹汛《建筑史论文集》第十辑 清华大学建筑系。

[79]《履园丛话》卷十二 艺能 堆假山 钱泳著“近时有戈裕良，常州人，其堆法尤胜于诸家。如仪征之朴园、如皋之文园、江宁之五松园、虎丘之一榭园，又孙古云家书厅前山子一座皆其手笔。尝论狮子林石洞，皆界以条石，不算名手，余诘之曰，不用条石易于倾斜奈何，戈曰，只将大小石钩带联络，如造环桥法，可以千年不坏，要如真山洞壑一般，然后方称能事。余始服其言。至造亭台池馆一切位置装修，亦其所长。”

[80]《随园考》 童寯 《建筑师》第三期 1980 年 中国建筑工业出版社。

[81]《扬州画舫录》 卷二“若近今，仇好石垒怡性堂‘宣石山’，淮安董道士垒‘九狮山’，亦藉藉人口，至若西山王天於、张国泰诸人，直是石工而矣。”

[82]《明史》 志第四十四 舆服四。

[83]《中国园林对东西方的影响》 童寯 《建筑师》丛刊 16 期 中国建筑工业出版社。

参考书目

《日下旧闻考》 清 于敏中等撰 北京古籍出版社 1981 年

《养吉斋丛录》 清 吴振棫著 北京古籍出版社 1983 年

《扬州画舫录》 清 李斗著 江苏广陵古籍出版社 1984 年

《中国古典园林史》 周维权 清华大学出版社 1990 年

《江南园林志》 童寯 中国建筑工业出版社 1963 年

《苏州古典园林》 刘敦桢 中国建筑工业出版社 1979 年

《扬州园林》 陈从周 上海科技出版社 1983 年

《中国美术全集·园林艺术编》 潘谷西编 中国建筑工业出版社 1988 年

《中国古建筑大系·皇家苑囿建筑》、《中国古建筑大系·文人园林建筑》 程里尧编 中国建筑工业出版社 1993 年

《清代御苑撷英》 天津大学建筑系·北京园林局编 天津大学出版社 1990 年

《承德古建筑》 天津大学建筑系·承德文物局编 中国建筑工业出版社 1982 年

第五章 各 地 民 居

第一节 清代的社会背景与民居的新发展

清代是封建末期的一个经济、政治带有总结性质的社会阶段，在社会、文化、经济诸方面都有重要变化与进展，这些变化不能不对社会需求量最大的民居建筑产生巨大影响，形成了缤纷多彩的民居面貌，也为建筑史研究提供了大量形象资料。对清代民居深入探讨，将可以发现社会、生活、居住空间与自然环境之间的辩证统一关系，追寻出民居建筑发展变化的轨迹，以更加准确地理解新旧民居之间的嬗递因缘。

1644年清军入关建都北京，进而统一全国，开创了有清近三百年的基业。在此期间不但巩固了这个多民族的国家，而且进一步密切了各民族间的经济文化交流，也带动了民居建筑间的相互借鉴。在统一安定的基础上，经济逐渐复苏发展，康乾时代形成了封建末期的一个经济小高潮，世称“康乾盛世”，特别是工商业有了巨大发展，商品经济孕育着资本主义在中国的萌芽。建筑业也出现了私人经营的木厂（建筑营造厂），以及专为出租使用的商品住宅等现象。随着经济的繁荣，全国人口大量增殖，明朝以前全国总人口数一直在五六千万之间徘徊，至乾隆初期全国人口已突破一亿大关，乾隆中期达两亿，至清朝末年已增至近四亿人口[1]。人口猛增，居住用地日紧，加剧了人与土地间的矛盾，必须为众多的民居建筑寻找新的设计途径。经济宽裕也为人们提高文化要求提供可能性，这时期在审美观点上出现了装饰主义的倾向，导致手工艺技艺的繁荣，美术品、工艺品不仅是帝王、贵族的享受品，而且也进入了庞大的中产阶级，包括官僚、地主、富商等阶层的日常生活中，并转化到民居建筑上，成为内外檐装修的重要装饰手段[2]。这种大量的手工艺型的建筑装饰的出现，开阔了工艺品的创作领域，刺激了技艺的提高。清代以来，海禁松弛，移民海外的人口逐渐增多，华侨在外地的事业成就以后，多寄钱还乡，买房置地，发展生产，华侨成为中国南方社会生产中一支特殊的经济力量。华侨不仅带回资金，同时也带回了海外的文化影响，包括洋式的民居建筑。如广东开平、台山、新会一带华侨所建的庐居、碉楼中大量运用砖石型的拱券、廊柱、山花等模式。清代承明末动乱之余，各地人口损耗，荒芜之地甚多，加之清代前期平定西疆，扩大版图，由此引发的全国人口自然流动及移民实边等项活动规模皆甚巨大。移民不仅发展了生产，也将各族具有特色的民居建筑传播于各地。此外，木材资源经数千年的开发利用，广泛用为建筑材料，至清代木材的积蓄量逐渐减少，甚至皇室工程尚需用小料帮拼出巨料，以解决用材之不足，因此面对数量巨大的民间建筑更需要不断开发新的建筑材料来源，才能解决供需矛盾。清代民居的新面貌正是在这些背景的制约与促进下形成的，与明代民居建筑相比较呈现出更为丰富多彩、精思巧构的风貌。

以上所提到的民族间的融合与交流；人口迅增引发的土地矛盾；资本主义经济萌芽及商品市场

的出现；审美情趣上的变化；华侨引入洋风；生产力重新分布后所引起的移民活动；以及新的建筑材料及技术的应用等社会发展的新特点，都直接地影响到民居的形制、规模及造型特色。过去由于中国民居史的研究尚未深入展开，缺少清代以前或更早的民居实物资料，因此无法明确地比较历代民居间的进展与变化，也就是对中国民居的认识仅限于横向的展开，很容易为现存的各地清代民居的丰富多彩、淳朴精巧所叹服。同时也往往产生一个错觉，即认为中国民居古来即是如此，缺乏历史的认识，而不能从发展渊源去考察民居建筑中纷纭复杂的现象，当然也就无法深入了解民居与社会、民居与经济之间的关系，陷入纯美学的欣赏。近时期明代及以前的民居研究有所进展，史料亦有所发掘，创造了一定的认识历史的条件[3]。清代民居资料是丰富的，从它身上了解到的社会与建筑活动之间的关系最为清晰，可证明五彩纷呈的清代民居正是复杂多元的社会经济形态的反射。

一、清代民族文化交流首先表现为兄弟民族对汉族文化的吸收

满族进关以后，在民居方面很快地接受了四合院的形制，并把这种形制传递到满族肇兴发源地——吉林，今日永吉、乌拉镇等地现存的满族民居基本为四合院形制。八旗贵族以及蒙古八旗贵族王公的王府亦采用四合院形制，蒙古王爷府宅院中以坡顶瓦房为主要用房，而蒙古包反成为宅院中待客的象征性建筑。在北京满族住宅中取消了满族传统的西墙万字炕，而学习汉人方式采用南炕。在宫廷中还使用汉族传统的碧纱橱、炕罩等类的室内装修。至于驻扎在全国各地满族官兵也多接受了当地习用的民居形式。

回族民居也是接受汉族影响较大的实例。在各地回居中，除了布局更为灵活多变以外，其结构方式、开间、举架、装修等皆与汉族雷同。在云南大理白族民居所惯用的“三坊一照壁”及“四合五天井”形制中，可以明显地看出汉族处理院落空间的手法，这种“四合五天井”的平面布局实际就是汉族四合院的基本形态，山西晋东南一带所采用的“四大八小”形制民居，也是四合五天井住宅形制。在大理尚有实例表现为“三堂加两横”形制[4]，这也是引进了赣粤一带汉族民居的基本形态。这些实例表现出民族间不断吸收与交融的进程（图 5-1）。

考察广西壮居也可发现，居住在交通发达，地势平坦地区的壮族人民开始脱离本民族传统的干阑楼居，而逐渐采用地居形式，一般为三间一幢，一堂两卧，与汉族民居类似。居住在昆明地区的彝族人民同样也采用了汉族的“一颗印”形式的民居。居住在海南岛沿海一带的黎族人民，也接受了汉人的建筑技术，放弃了本民族长期使用的船篷形草顶落地棚屋，改用汉族的三角形屋

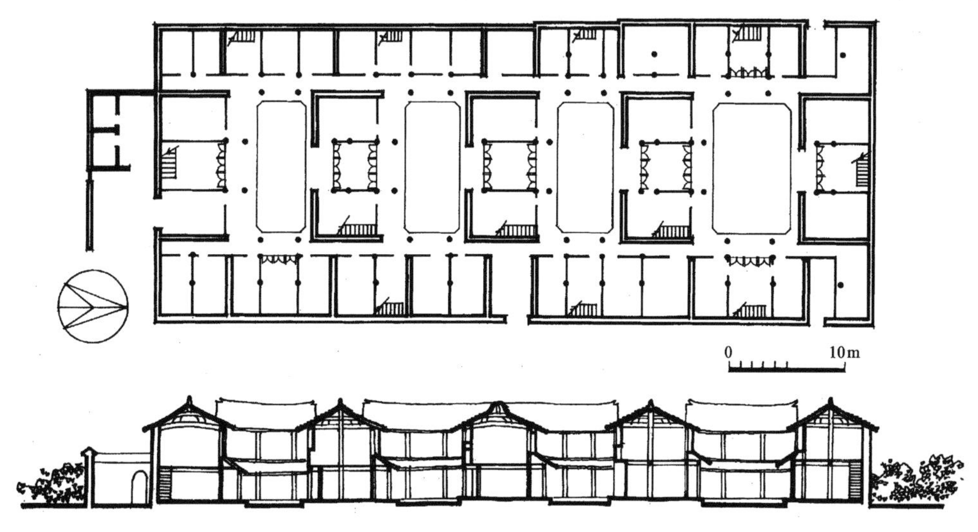

图 5-1　云南大理喜州大界巷 21 号平面剖面图（摹自《云南民居》）

顶构架，当地人称之为“金字屋”。

清代各族民居除吸收汉族民居形制以外，各少数民族之间民居建筑形式的融合交流也是一个重要方面，例如南疆一带维吾尔族民居的托梁密肋式平顶屋盖构架及柱头上的具有花饰雕刻托木的处理方式，与西藏藏族民居建筑处理具有相同的构思。这种雷同之处的历史原因尚未搞清。但自古以来在后藏与南疆之间即有交通联系，为民居形式的交流提供了条件。桂北地区的壮族、侗族、苗族的民居除了体量大小有区别以外，其他如构架、装修、构造等方面皆很近似，各民族在长期共处中，建筑技术上已经糅合为一体了。甘肃南部藏族住宅的装修，特别是密集型棂花格窗是受甘肃临夏地区回居的影响也是至为明显的，同时此地区藏民还放弃了石制碉房形式，而改用了木构的平房或楼房。

总之，清代时期各民族间的民居形式上相互吸收融合、取长补短，各自在地区环境下发展自己的特点，形成为有个性的民族民居形式。

二、清代人口增长迅猛，迫使民居设计寻求节约用地的新途径

由于人口与耕地间的矛盾加剧，人民居住条件受到更大的制约，居住的密集程度较明代提高许多，这一点从各地明清住宅的比较中可明显地看出来，尤其以人多地少的南方及西南地区尤为严重。中国传统民居历来是单层独院式，通行于大江南北，由于用地紧张，各地都在节约用地上对民居进行改进。例如早期的北京四合院，围绕主院四周设更道一周，更道外再围以院墙。中、后期的四合院取消了更道，改为东西厢房直接背靠院墙，或邻院之间的厢房后檐互相靠紧，节省了住宅用地。某些院落过小的四合院民居，由于厢房等次要房间进深过小，而改为“拍子式”平屋顶，如北京的鲁迅故居（图 5-2）。晋中地区民居亦由于用地原因将正房建为两层，至清末甚至将后罩房建为三层，而存在于同一地区的古老的襄汾丁村明代民居的正房皆为高大的单层房屋。在晋东南晋城一带四合院的四面房屋全部为两层，个别尚有为三层的，居住面积密度明显提高，往往一个四合院就可以满足一户人口较多的大家庭居住需要。

东南沿海一带地区的市镇沿街巷或河浜建造的小型住宅多为联排式民居，每户占用一间至两间面阔，单层或两层，彼此共用山墙，联檐通脊，一长串地并联在一起，建筑密度极高。这种联排民居沿街巷伸出有节奏的马头封火山墙（图5-3），以及分隔空间的拱券门洞，成为江南地区村

图 5-2　北京鲁迅故居拍子顶住房

图 5-3　湖北应城街巷的马头封火山墙

镇风貌的独特表征。这类民居的形成估计和经营房地产，以出租房屋为业的房产主出现有关，但节约用地也是极为重要的原因。

闽粤沿海地区用地更为紧张，当地人民创造了一种单开间、长进深的民居形式，进深长达四五间，漳州地区有一实例进深长达11间。此式民居各地名称不同：粤中称“竹筒屋”，潮汕称“竹竿厝”、“竹篙厝”，广州地区称“神后房”，福建称“手巾寮”，浙江、台湾亦有这类房屋（图5-4）。由于这类民居彼此毗邻而建，故山墙面不能开窗，采光通风全靠在进深方向留出的小天井或在屋面上架设天窗、阁楼及屋面上的亮瓦来解决。这种狭长平面布局常有出其不意的布局实例出现。在广东东部大埔县的大麻镇、茶阳镇，这种竹筒屋更向多层发展，建成两层或三层，毗邻的民居层数不同，平面进深不同，再加上出挑及阳台的设置，使得沿街外观体型进退凹凸，错落有致，可称是传统的有丰富体型的高密度住宅。在广州旧城西关，清末曾为商人们建造了一批当地通行的“三堂式”民居，称西关大屋。同样也是利用这种竹筒屋的布局原则，将三列竹筒屋并列在一起而形成面阔三开间的三重院落大宅，用地也十分节省[5]。

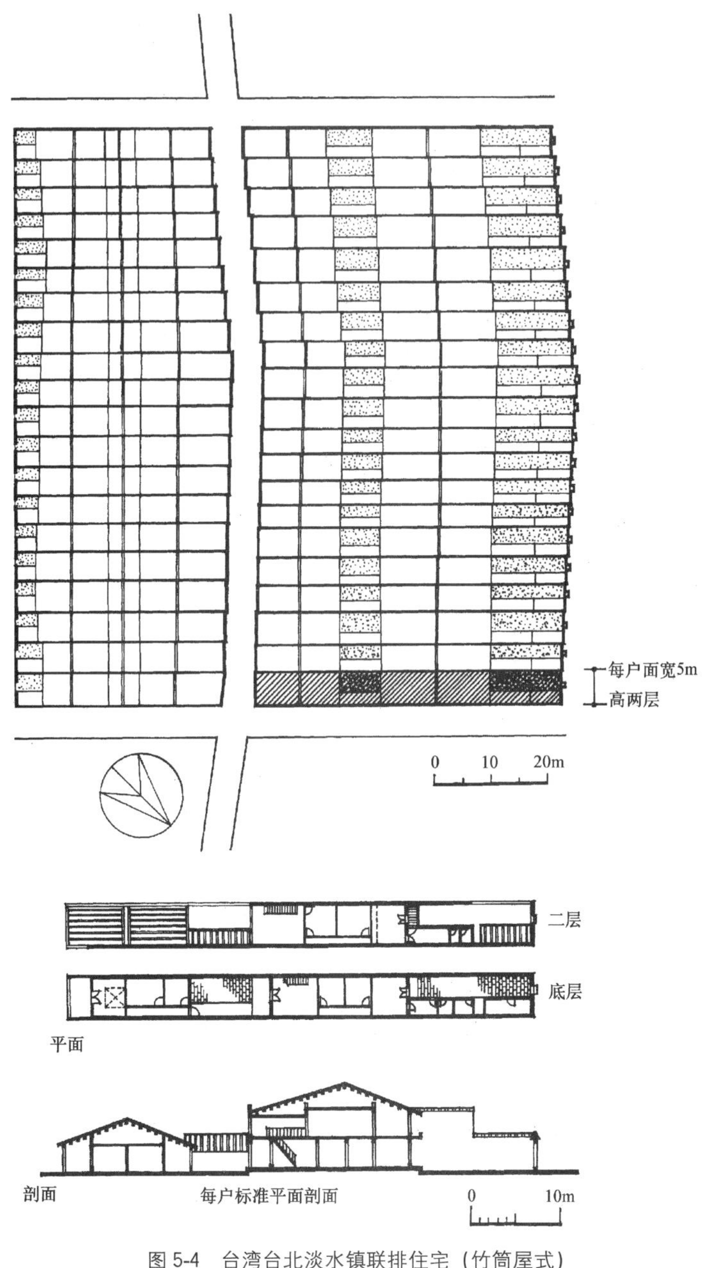

图 5-4　台湾台北淡水镇联排住宅（竹筒屋式）

由于民族间的矛盾，黔桂山区一些少数民族多进山区开发耕地，移家上山。在四川、湖南等地由于人口激增亦向山区移民。因此在地形起伏的山区及丘陵地区建房亦为清代民居的重要特点。四川等地工匠们还总结出一套适应地形变化特点的民居建造手法。在桂北、重庆、湘西、贵州等地沿陡坡、河边建造占天不占地的吊脚楼式民居已成当地惯例（图 5-5、5-6）[6]。

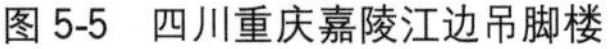

图 5-5　四川重庆嘉陵江边吊脚楼

图 5-6　福建南平吊脚楼民居

紧凑用地、加高层数、拼联建造、加长进深、出挑悬吊等项措施可以说是清代民居的发展新趋势。此外，住宅密集化导致火灾蔓延，不易扑救，为此南方地区砖制的封火山墙应运流行，并创造出各种优美的造型，阶梯形、弓形、曲线型等不胜枚举，往往借助于封火山墙的特异形状可以辨别出民居的地方性。目前对南方马头封火山墙的出现时期尚无确切的论证，但宋元时期尚无这样的山墙，估计应始自明代，清代民居建筑的密集化，更促使这一手法向装饰美奂方面发展。

三、商品经济在民居中的影响逐步具体化

清代资本主义经济因素逐渐增多，手工业及商业有长足的发展，商品交换除了在集市进行以外，在集镇中住宅往往与商店相结合，各地出现了一种前店后宅的住宅形式。在江南水乡集镇往往表现为下作商店上置卧房的形式，它们的门面房具有灵活自由的特点，在南方皆为活动门板，白天完全敞开。这种住宅形式持续了很长时期，一直为传统小商店的基本形式，直到玻璃广泛应用于商店装修以后，才慢慢地改变。前店后房式民居也应用在陕南、四川、湖广等地。此外山西平遥、太谷一带的票号住宅亦为前店后宅式，只不过是规模较大的民居而已。

由于资本主义的扩展，清代后期民居出现了商品化倾向。据《大清会典事例》记载，北京皇室曾数次建造简易民居以供出租[7]。浙江曾有一种“十四间房”的民居，亦是分户租用式。北京东城曾建造了一区民居，中为交通巷道，左右分列数重三合院，专为分院出租而建。这种民居商品化的变化是十分重要的现象，近代沿海大城市中，如上海、天津等地的里弄住宅在初期即脱胎于传统的院落式民居。如南方的石库门式里弄住宅，实际是取用苏州传统住宅的最后一进两层楼的上房形制，并将其分隔成两户使用，形成密度较高的出租里弄住宅（图 5-7）。

自乾隆以后，跟随西方资本主义同时传入了西方近代流行的民居装饰手法，如三角形山花、瓶式栏杆以及券洞式拱门等。这在清代晚期的北京四合院、广东潮汕民居、大理民居门头装饰等处皆有应用（图 5-8、5-9）。

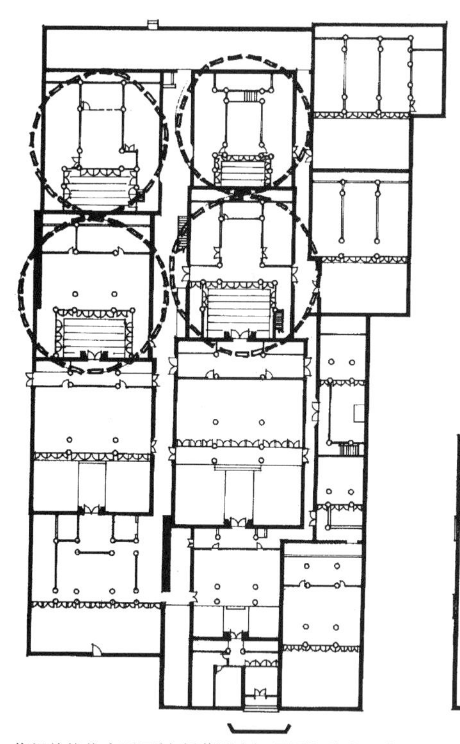

苏州传统住宅平面(大儒巷潘宅),圆圈部分为上房

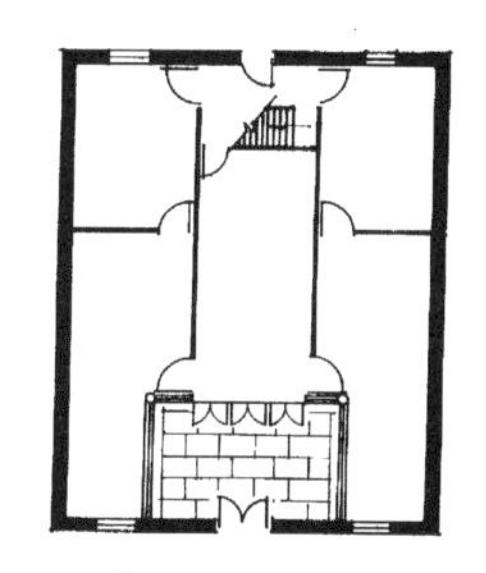

苏州农村典型农房

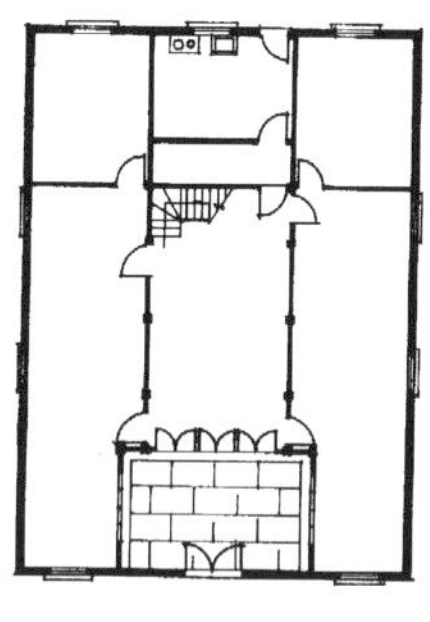

上海昌兴里石库门式住宅

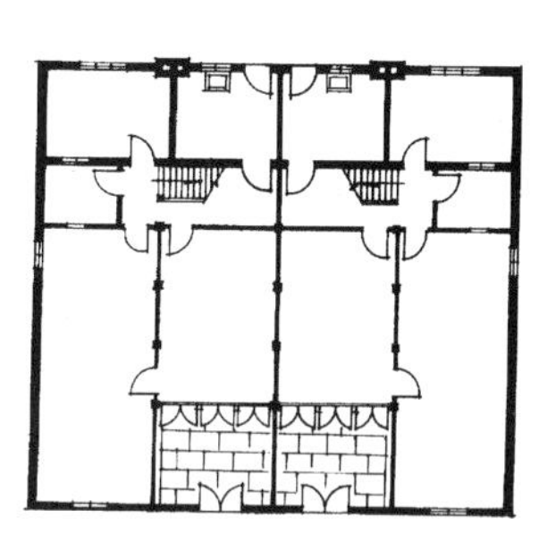

上海均益里石库门式住宅(双联)

图 5-7　上海石库门里弄住宅与苏州传统住宅比较图

图 5-8　北京近代民居入口的拱券及山花形装饰

图 5-9　云南大理无厦门楼

四、工艺美术技艺与民居建筑的结合

清代手工艺美术十分繁荣。制瓷工艺发明了五彩，还发展了玻璃制造工艺，此外玉石雕刻、珐琅制作皆有进步，而对民居装饰艺术影响最大的是砖、木、石三雕技艺。自清代中期以后广泛用于墀头、影壁、门楼、垂花门、撑拱、廊内轩顶、门窗棂格、室内装修、花罩等部位。除木结构构件的装饰加工以外，有些格扇门窗的隔心板亦改用木雕式花板，其中以东阳及大理两地最为繁复精细，大理隔心板木雕有套雕四五层图案的。闽南民居门窗槅心亦有用木雕制品，而且多涂饰彩色油漆。石雕除础石、门枕石、抱鼓石、石栏杆以外，绍兴的石漏窗、潮州的阴刻石刻画是很精彩的作品。在云南大理还广泛用大理石作壁面装饰。四川等地用瓷片装饰屋顶。闽南大型民居油饰中喜用贴金工艺等。以上这些装饰手法各有独到的艺术效果，为各地民居增添了鲜明的地方特色。

从某些民居建筑质量较高的地区情况来看，清代民居明显较明代民居的装饰意味浓重。例如清代徽州民居木装修、木栏杆的雕刻风格较明代更为纤细繁杂；苏州砖门楼的雕刻自乾隆时期以后才大量增加花卉、人物、戏剧等复杂雕饰内容，有的甚至为透雕。大理白族民居墙面贴砖及门楼亦是在清代以后变得丰富起来。

五、居民迁移活动促进了民居形制的交流

清代前期的统一政治局面促进了经济的恢复与发展，同时受到战争破坏的生产力得到重新的调整。清初至清中叶持续地进行频繁的移民活动，以调整劳动力在全国的分布，移民活动将各地的民居形制和技术介绍到其他地区。清中叶政府以“借地养民”的名义移民垦荒，自河北迁徙农民进入哲里木盟，又从山西北部及陕西迁民至集宁、鄂尔多斯市一带，使内蒙古南部牧区逐步农业化。这些新开发区的民居形式多为晋陕形式，即院落狭长，厢房多为“三破二”的短进深的房屋。如当地尚流行一种称“间半房”的住房，即具有晋北民居的特点。又如四川在明末清初之际，由于战乱人口锐减，大量的两湖及广西居民迁入四川，使川南一带的民居明显带有两湖风格，大门采用墙门式样，墙面上浮贴砖牌坊，而不再是四川传统的屋宇屏门式的“龙门”。又如乾隆二十七年（1762 年）平定新疆准噶尔部的叛乱以后，曾经营乌鲁木齐、伊犁一带二十余城，驻兵屯田，以汉兵屯种，携眷移戍，其中还包括有八旗兵、蒙古兵、绿营兵等，造成北疆地区具有各种风格的民居形式共存现象，延续至今。在西南少数民族地区的“改土归流”过程中，也采取了移民、屯田、修路、设学等项配合措施，大量汉民迁入黔桂川滇，这也影响了当地少数民族民居形式的变化，同时汉民的迁入也迫使原居少数民族迁往更高的山区。明末郑成功经略台湾，至清代又有大批闽南人迁居台湾台南、高雄一带，所以现存古代民居大部分为闽南式民居，而原土著的高山族民居反而成为凤毛麟角。又如客家族自唐代以来陆续南迁，至明清时期定居闽西山区，在其现存居住的各型土楼民居中尚可看出与原迁来地区的赣南民居相通之处。外出华侨闽粤籍占绝大多数，故福建、广东素有侨乡之称，华侨成为沟通中外经济及文化的重要媒介，很多海外的装饰风格及构造手法在清末也传入中国，这也是另一种移民活动带来的影响。

六、木材危机刺激民居建筑寻求新材料及新技术

由于连续垦荒及滥伐，大面积森林被毁。可用为建筑材料的成材日趋稀少，这一点对民居的构造方式影响至巨，它逼迫匠人及业主寻求新的结构材料及构造形式。最显著的一点即是硬山搁檩式结构在清中叶以后，在国内南北各地发展起来。甚至广西壮族习惯用的干阑式结构也逐渐为砖石所代替，采用砖柱和砖墙承重（图 5-10、5-11）。一些古老的建造方式，例如土窑洞及石头房

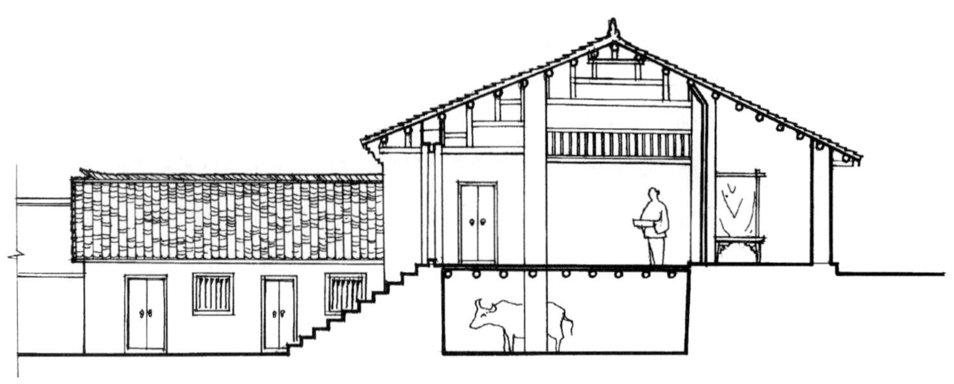

图 5-10　广西宜山壮族砖混结构半麻栏民居剖视图

图 5-11 广西南丹六寨乡龙马村半麻栏式民居

子不仅没有被淘汰，而且进一步焕发了新的生机。就是仍然采用木材为构架的民居，亦经过改进而节约了用材量，简化了构造方式。与明代住宅相较，清代住宅，特别是中后期住宅的柱径、檩径、梁枋尺寸等明显变小变细，一些不必要的斗栱构件全部取消，大的月梁造型也以直梁代替。苏州等江南一带更多发展用圆木作梁架，减少边材的损失，就是扁作式梁架也是用原木为主体，两侧夹贴面板而成。这些木结构的变化可以从徽州明清住宅、苏州明清住宅、襄汾明清住宅等实例比较中得到印证。浙江温州永嘉县的民居形制保守性最大，通行三间加两披的形式，至今尚采用梭柱、斗栱、侧脚、升起等古代制度，俗称"宋式房子"。即使如此，它在内部构架及披屋的构造方面也完全简化了，古老形式仅保留在前廊的三间外檐柱上。可见木架构造的简化及砖石化是民居结构发展的大趋势，引起民居外貌巨大的改变。

清代复杂的社会变化对民居建筑的影响不仅仅限于上述提到的诸点，尚有一些方面亦值得注意。如社会经济发展，财富相对集中于一大批富商、官僚之手，使他们有可能建造规模宏阔，院落相套的大宅院，同时这些宅院的内外檐装修及家具质量也远较明代为考究。在这种大宅院中附建花园、花厅的普及程度也较明代为高。由于阶级矛盾的激化，特别是清代中晚期，大宅院多建碉楼、炮楼以及避难楼等设施，东南沿海村镇亦建有碉楼，或在楼房民居外墙增设炮眼以防盗匪攻击，闽粤客家人重点发展多层集居式大土楼。这些都是基于防卫的原因而采用的建筑措施。

总之，数量巨大的清代民居所反映出的眼花缭乱的发展，正是社会、经济、政治、文化现象的折射，有源有根。它反映出建筑对社会环境条件的依附性，今天分析任何建筑历史现象，必须十分注意其发展变化的历史背景环境，否则无法品评其成败及价值。

第二节 庭院式民居

分布在三个气候带、由 56 个民族所采用的各类民居类型不下 40 余种，对其进行分类研究工作尚处于初始阶段。现行分类方法有按平面形式[8]、按行政区划[9]、按民族或按结构类型进行划分的各种尝试，那一种方法都反映出一定的民居建筑的类型特征，但又都不同程度地存在着混淆不清的疑点。因为古代民居的发展不仅受到上述条件的制约，同时又受到交通条件的影响，一条大山可隔断居民的往来，形成迥然不同风格的民居；一条大川又可把很宽广的地区文化沟通起来，形成类似相通的民居风格。民族之间存在着对立、封闭的心理状态，但是又存在着相互沟通、交融文化的要求，造成现存民居中许多交混的形态。例如，一种民居形式可被许多民族所接受，成为他们喜闻乐见的住家，干阑式建筑就广泛地被壮、傣、侗、苗、景颇、德昂等民族所共用。内蒙一带所习用的碱土平房和云南哈尼族所习用的土掌房则同为土墙平顶房。又如同一民族由于历史迁徙关系而分住在不同的地区，则又选用了不同的民居形式，四川凉山彝族与云南昆明彝族的民居形式风格各异，差距颇大[10]（图 5-12）。再加上各民族间建筑技术与艺术的交流和影响，时代风格的变化与凝滞，更使民居建筑特征复杂化。综合考虑以上因素，目前大家较一致的看法是把中国民居划分为七大类型来研究，即庭院式民居、窑洞式民居、干阑式民居、毡房和帐房、碉房、“阿以旺”式民居及其他特殊类型民居。

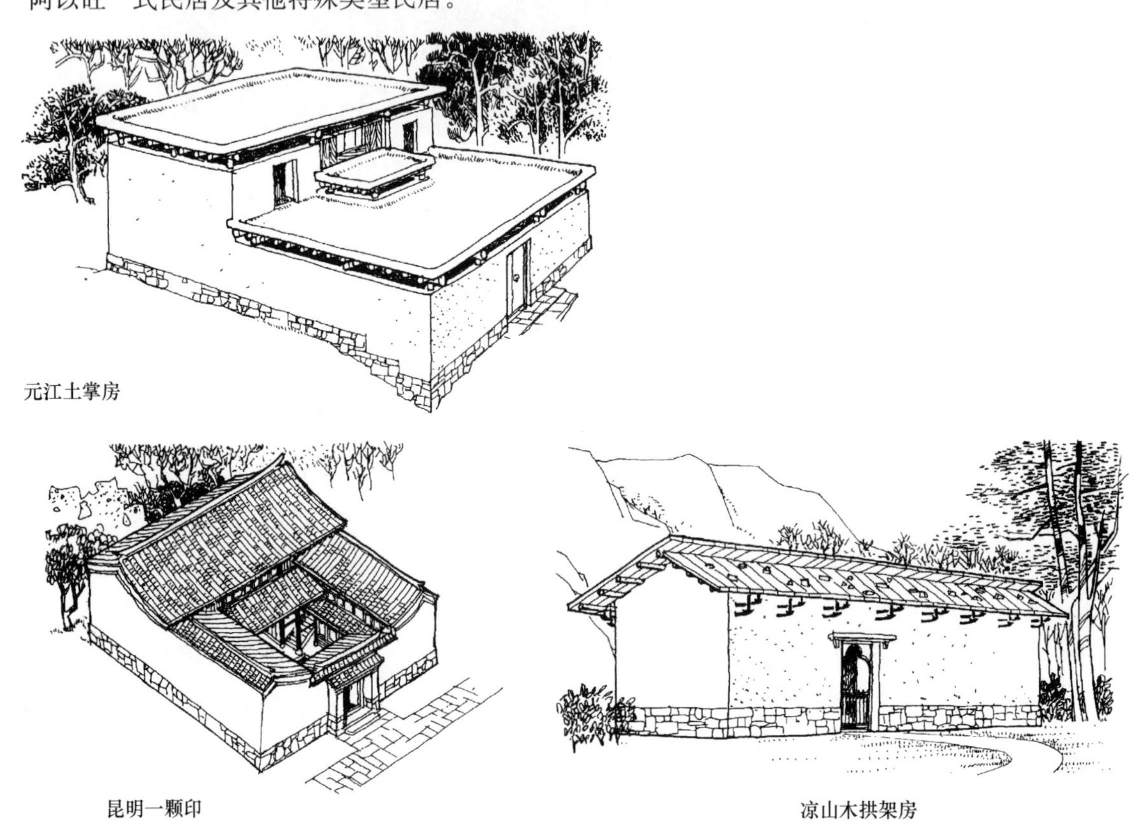

图 5-12 不同地区彝族民居

庭院式民居是汉族及回族、满族、白族长期采用的民居形式，有着悠久的历史，使用范围极广，可以说是中国传统民居的主流。所谓庭院式民居即是以单间组成条状的单幢住屋为基本单位，迴环布置，组成各种形式的院落，成为一种室内、室外共同使用的居住生活空间形态。这种形态具有极大的灵活性，它可以形成从单间、单幢，直到复杂的组合群体的各种规模的民居，它可适应各种气候和使用要求的变化，个别地区尚可建造部分二层或三层，乃至四五层的住屋，进一步增加这种形制建筑空间的变通性。中国东北至华南之间气候差异极大，以及地方传统、习惯、风俗的影响，使这种类型的民居又可分成三类。即合院式、厅井式、组群式（图 5-13）。

合院式的形制特征是组成方形或矩形院落的各幢住屋是分离的，住屋之间以走廊相连或者不相连属。各幢住屋皆有坚实的外檐装修。住屋间所包围的院落较大，有的尚有树木绿化。各幢住屋门窗朝向内院，整幢住宅外部以厚墙包围。根据围合住屋的多少形成二合院、三合院、四合院

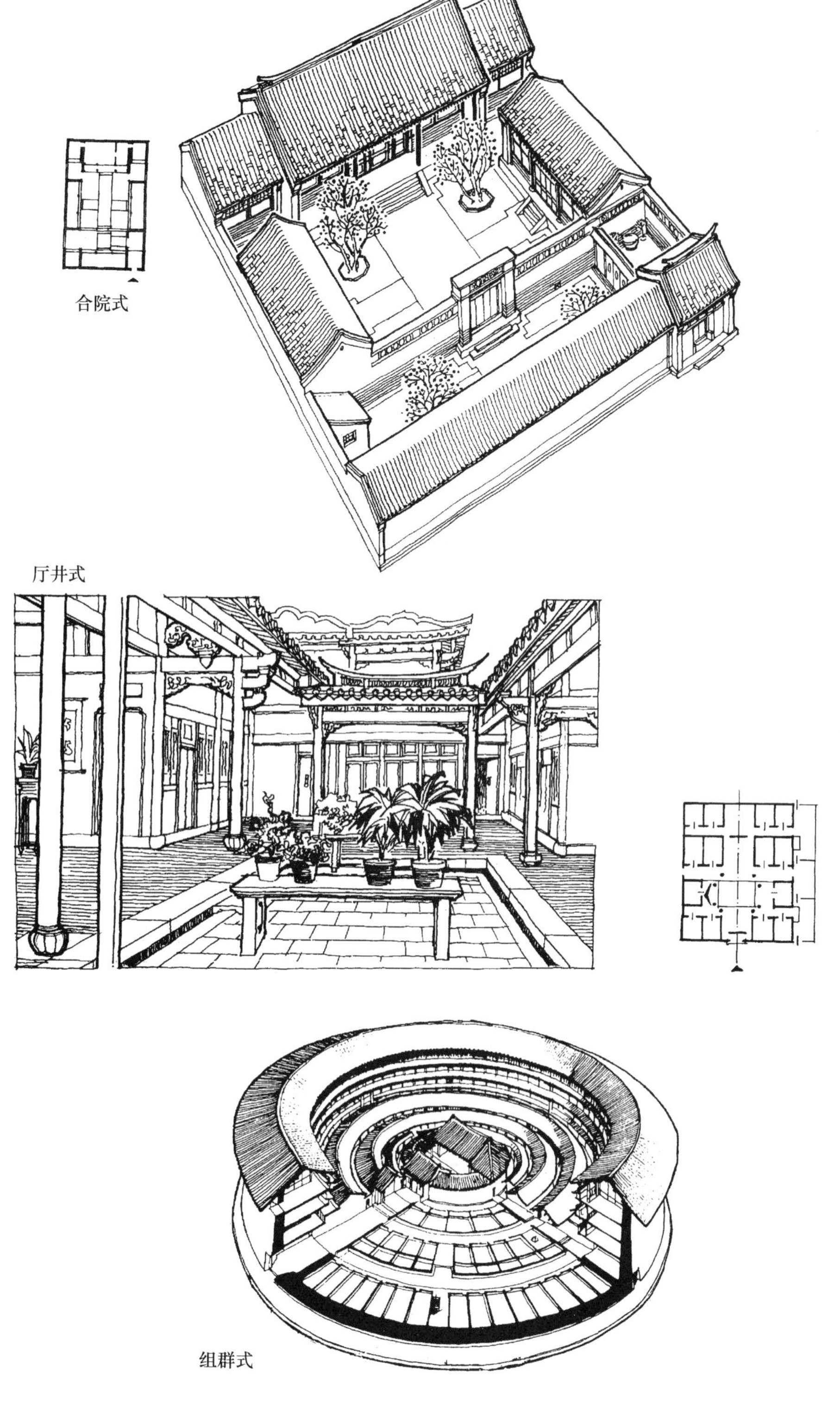

图 5-13 庭院式民居三种类型示意图

及更多的组合院。这种住宅形式在夏季可以接纳凉爽的自然风，冬季可获得较充沛的日照，并可避免西北向寒风侵袭。合院式是中国北方，即东北、华北、西北的通用民居形式，其分布范围的南线以淮河、河南、汉中、甘肃为范界。

厅井式的形制特征是组成方形院落的各幢住屋相互联属，屋面搭接，紧紧包围着中间的小院落。因院落小，与房屋檐高相对比，类似井口，故又称之为天井。天井内一般皆有地面铺装及排水渠道。每幢住屋皆有前廊或宽大的前檐，雨天可串通行走。同时一部分住屋做成敞口厅或敞廊等半室外空间。厅井式民居在湿热夏季可以产生阴凉的对流风，改善小气候，同时有较多的室外、半室外空间，以安排各项生活及生产活动。敞厅与天井成为日常活动中心，而不受雨季的影响。在厅井总面积中，天井面积仅占1/4到1/12，说明天井最重要的作用是通风与采光，而不在于其活动面积的多寡。很多地区将住房建为两层，楼上作为卧室，可获得干爽的居住条件。其结构方式多用穿斗架。厅井式民居虽然采光条件稍差，但在多阴雨地区这个缺点并不突出。它是长江流域及其以南地区的通用形式，尤以江浙、湖广、闽粤为典型。苏北、淮南、豫南、汉中等地区正处于气候变化的过渡地带，因此其民居形式也表现为合院与厅井两类民居形式的混合与交叉。即使在南方某些地区，由于社会因素的影响，也存在着合院式建筑。

组群式民居是一种大型民居，往往是聚族而居的集合式住宅，带有古老的封建传统。它以自己特有的构图模式去组合众多住屋，形成各种形式的院落和雄浑庞大的民居外貌。如福建永定地区的方形、圆形大土楼和五凤楼、赣南及粤东梅县的护厝围垅式民居、广东潮汕地区的杠屋民居等。组群式民居多应用在闽粤赣交界的客家人村落和广东东部地区、闽南漳州地区。

以上三类庭院式住宅，每类又包括了许多地区形式或特异形式，反映出各地自然环境及人文环境的差异。

一、合院式民居

北京四合院[11] 是北方合院式民居的典型形式（图5-14、5-15）。北京冬季气温较寒冷，采暖期为四个月，而夏天不太炎热，全年雨量为600毫米，集中在七、八两个月内。这种冬寒夏爽的自然条件对北京住宅形制的形成有很大影响。北京四合院多按着南北纵轴线对称地布置房屋和院落。完整的四合院皆有前、中、后三进院落。住宅大门多位于东南角上，而不在正中，门内迎面建独立影壁或靠山影壁，以隔绝外部视线（图5-16）。进门转西入前院，院南设倒座房，作为外客厅、书塾、账房或杂用间。前院正中纵轴线上设立二门，富裕人家把二门装饰成华丽的垂花门形

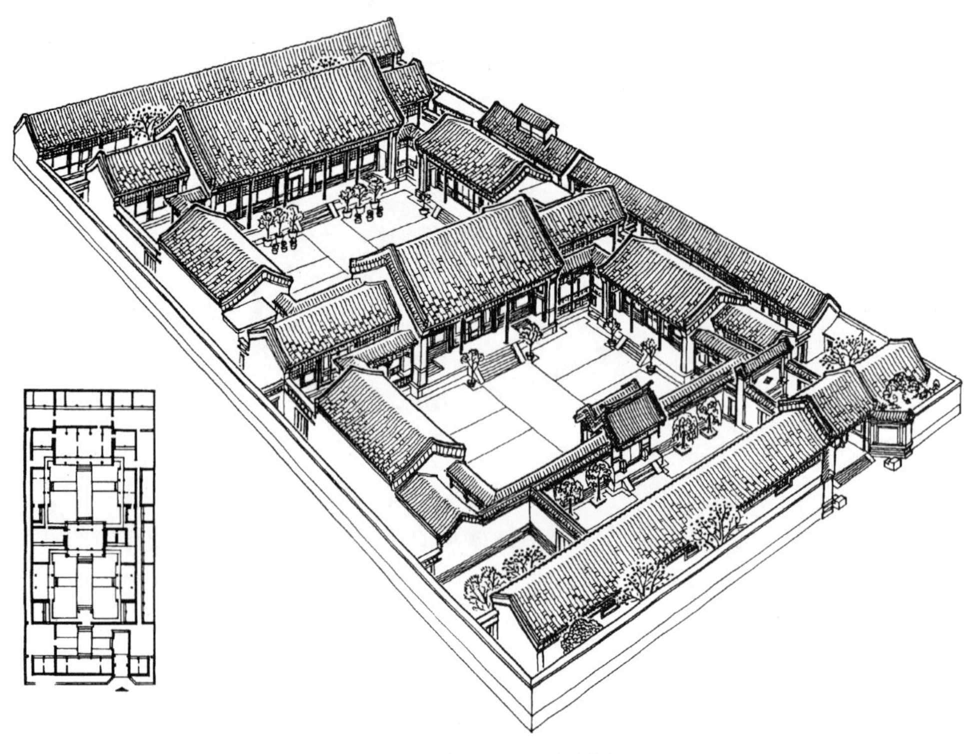

图5-14 北京四合院鸟瞰图

式。进垂花门为面积较大近正方形的中院，院北正房为正厅，供全家活动、待客之用，按清代规定正房面阔不过三间，一明两暗，两边套间的朝向较好，故作为长辈居住房间。中院两侧厢房供晚辈居住。院子四周以抄手游廊及穿山游廊联系起来，成为全宅的核心部分。院内栽植花木或陈设盆景，构成安静舒适的居住环境（图 5-17、5-18）。正房左右附以耳房，作为辅助房间。较大住宅尚有第二进中院，同样布置正房及两侧厢房，作为居住用房。住宅最后边建后罩房一排，形成后院，多安排为储藏、杂物、仆人用房。后罩房西侧留一间作为后门，通后边胡同。此种开门方式按八卦方位，即前门开在“巽”方（东南向），后门开在“乾”方（西北向），形成乾山巽向的卦位，以符合风水学说的吉向。四进院的大住宅的进深约 70 米左右，与北京城市胡同之间的一般净距相近。正房、厢房皆向院内开设门窗，采用采光面积较大的双层支摘窗，可兼顾冬季采光、防寒，及夏季通风换气。门框外设帘架，冬夏可挂棉帘、竹帘。住宅四周由各座房屋后墙或围墙所封闭，一般对外不开窗。厨房多置于中院东厢或后院，厕所多设在角落隐蔽之处。大型住宅除一条主轴线之外，尚可在左右另辟轴线，增加住房或布置书房、花厅及花园。各轴线的建筑通过跨院互相套接起来。至于小户人家，由于宅基地有限，亦可建成仅有一个院落的四合院、三合院、两合院。城镇匠人、手工业者、乡村农户往往仅建正房三间而已。

图 5-15　北京东城金鱼胡同 2 号鸟瞰图

图 5-16　北京东单菜厂胡同 4 号砖影壁

图 5-17　北京礼士胡同某宅内院

图 5-18　北京鲁迅故居

经过长期经验积累，北京四合院的单体建筑形成了一套成熟的结构及构造做法。屋架为抬梁式构架，外墙为非承重的围护砖墙。屋顶形式以硬山屋顶居多，次要房屋则用单坡顶或青灰平顶。由于气候寒冷，墙壁和屋顶都比较厚重，在阴阳板瓦屋面下铺较厚的苫背灰泥。室内设火炕取暖。内外地面铺方砖。室内按生活需要用各种形式的罩、博古架、槅扇等进行分隔，形成丰富的空间变化（图5-19）。室内装裱纸顶棚。建筑色彩方面，一般民居不得用琉璃瓦、朱红门墙和金色装饰，以大面积素雅的灰青色墙面和屋顶为基色，穿插少量的白灰墙和青黑刷饰，外檐装修多用赭红色，内檐装修为栗色，廊子、屏门多用绿色，大门黑色，个别民居梁枋也曾采用简单的“掐箍头”式彩画。乾隆时期及以后的民居受当时风尚的影响，大量采用砖雕，大门墀头、影壁、屋脊、廊心墙是常用的部位。

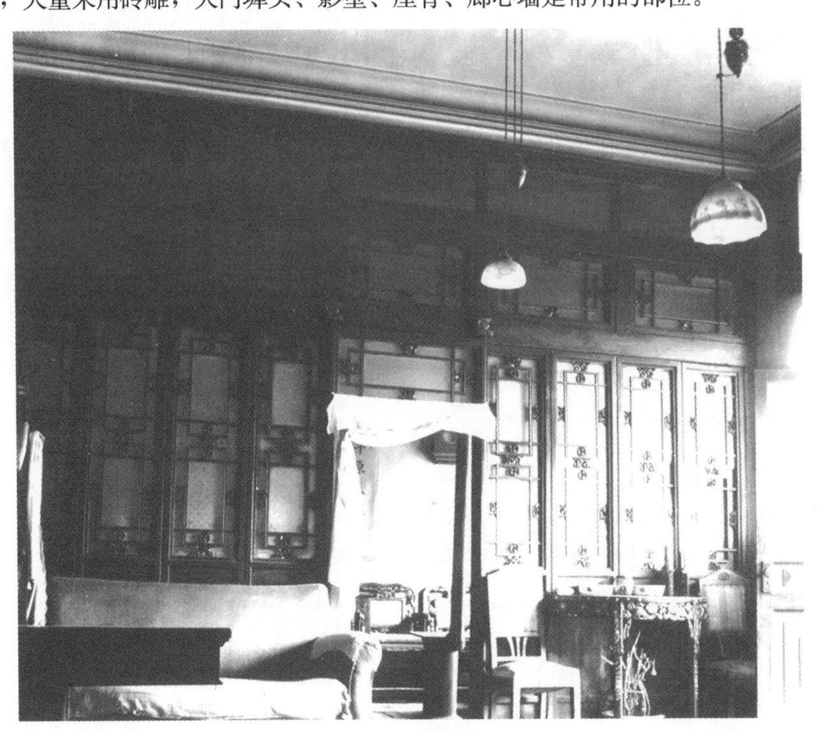

图5-19 北京东单东皇城根21号正房装修

北京四合院的形制是封建社会宗法制度及伦理道德制约下的民居形式，很多地方反映出深刻的等级规定及尊卑差别。全宅的平面构图是按家长作为全家核心的原则布置的，一切房屋皆簇拥着正房，而且在开间尺寸、高矮、脊饰等各方面皆低于正房。正房不仅是实际家庭生活的中心，也是家族精神象征。全部宅院的房屋皆按尊卑、长幼的次序安排使用，而仆役等只能住在外院下房内。全宅分为内外院，中间以垂花门隔绝，外宾、仆役不能随意进入内院，内眷不得轻易到外院，反映出封建家庭关系中内外有别的观念。大门设于偏旁，并有影壁遮挡视线，升堂入室的过程中又有层层屏门、墙垣以为分隔，满足了封建家庭对私密性的要求，以及内向的心理状态。虽然《大清会典》中对庶民房屋的间架没有具体规定，但一般仍沿用明制，即“庶民庐舍不过三间五架”，装饰方面，“只能绘画五彩杂花，柱用青油，门用黑饰”，“台阶高一尺”等。北京四合院的形制反映出民居建筑除了决定于生活要求、气候状况、工程技术等条件之外，同时也受到当时观念形态的巨大影响。

北京是帝都，清代的政治中心，城市内居住着除一般市民、富商、地主、官僚之外，尚有不少王公、贵戚。他们的住宅在封建社会中是最高等级的住宅，是由朝廷的内务府负责选地、督造，御赐给王公使用。这类王府虽然也可以说是四合院形制，但又具有很大的特殊性。他们的封建等级限制较一般民居更为鲜明。按《大清会典事例》规定，亲王、世子、郡王、贝勒、贝子、镇国公、辅国公等的府第皆有定制，府门、正殿、后殿、寝宫、翼楼的间数、台基高度、复瓦种类、吻兽样式及件数、油饰用色、下马桩的设立，皆分成不同的等级，逐级递减[12]。根据规定，可看出王府住宅与一般四合院有明显的不同：大门设在正中轴线上，为了显示王府威势，往往在府门前设东西阿斯门，横绝于门前道路上，前面围以照墙，行人至此须绕道而行；王府主体建筑设计成殿堂形式，不受面阔三间的局限，如亲王府银安殿及后殿面阔皆为七间；殿前左右厢房为楼房，称翼楼，以烘托出殿前的雄伟空间；亲王府殿堂可用绿琉璃瓦及脊吻，部分建筑可用斗栱；后罩房为楼房，如恭王府的后罩楼横贯三组院落，长达48间；王府可使用彩画装饰建筑，使殿堂更为富丽辉煌；而且多数王府皆附建有花园。总之，王府建筑是更具有皇室气派的住宅建筑。据记载，顺治至嘉庆年间在京共有王公府第共89处，由于获罪夺封、死后无嗣、因事革退等原因，府第转赐他人，或改作别用，至光绪时仅余50余处。目前尚存有15处，但大部分已作改造，其中保持尚好的有恭亲王府、新醇亲王府、郑亲王府、顺承郡王府等[13]。

恭王府位于北京西城前海西街。原为乾隆时权相和珅的住宅，后归庆亲王永璘，咸丰时转赐其弟恭亲王奕䜣（图5-20）。恭王府分为府邸和花园两部分，府邸占地46亩，分为东中西三路。中路有府门、正殿、配殿、后殿、嘉乐堂；东路有多福轩、乐道堂；西路有葆光室、锡晋斋等，尤以锡晋斋内雕饰精美的内檐槅扇装修最为著名。东中西三路后背以联檐通脊长达160米的后罩楼环抱，形成宅与园之间的分隔（图5-21）。宅园称萃锦园，是恭王建府以后增设的，约建于同治年间，占地38亩左右，有假山、厅堂、戏台、岛屿、湖沼、花木之设，是尚存的少数北方私园实例之一。

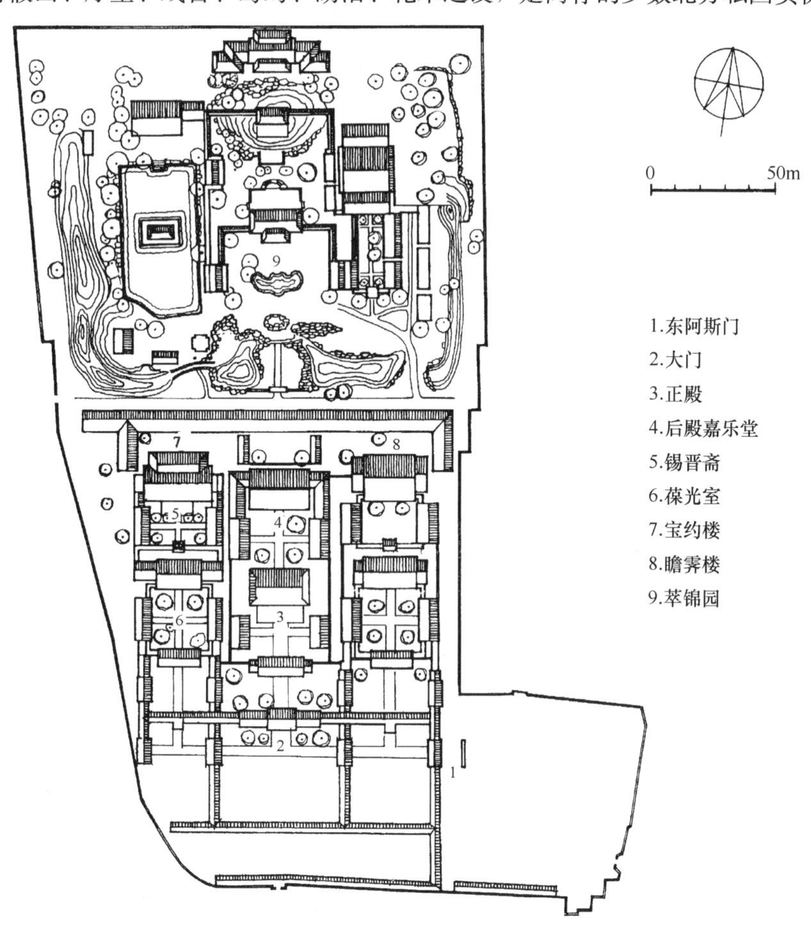

图5-20 北京恭王府及花园平面图

北京四合院是一种地区民居形态，除北京城区及近郊以外，它影响到相当广阔的地域，东至冀东、锦州地区，北至承德、张家口、山西大同、呼和浩特一带，南至河北省中南部。当然各地区在平面形制基本类似的情况下，又有各自的构造及风格特点。冀东、锦州地区的瓦房渐少，多用草砂灰拍实微有起拱的弓形平屋顶，而且庭院广阔（图5-22）。承德一带农村正房多用四间面阔。张家口及口外一带，受山西民居的影响，屋面坡度较缓，院落形状狭长，但基本形制仍属北京四合院。

图 5-21 北京恭王府后罩楼（宝约楼）

图 5-22 辽宁义县平拱顶房民居

北京为清代都城，清初确定内城驻防八旗兵士，这些带眷兵士的居住状况已不可考，但从拱卫京师的郊区各八旗营地带眷兵士住房来看，是很简单的。一般为一明两暗三间房，狭长的小院，只有参领、都统的住宅才构成四合院格局（图 5-23）[14]。又从绥远城（今呼和浩特新城）的八旗兵

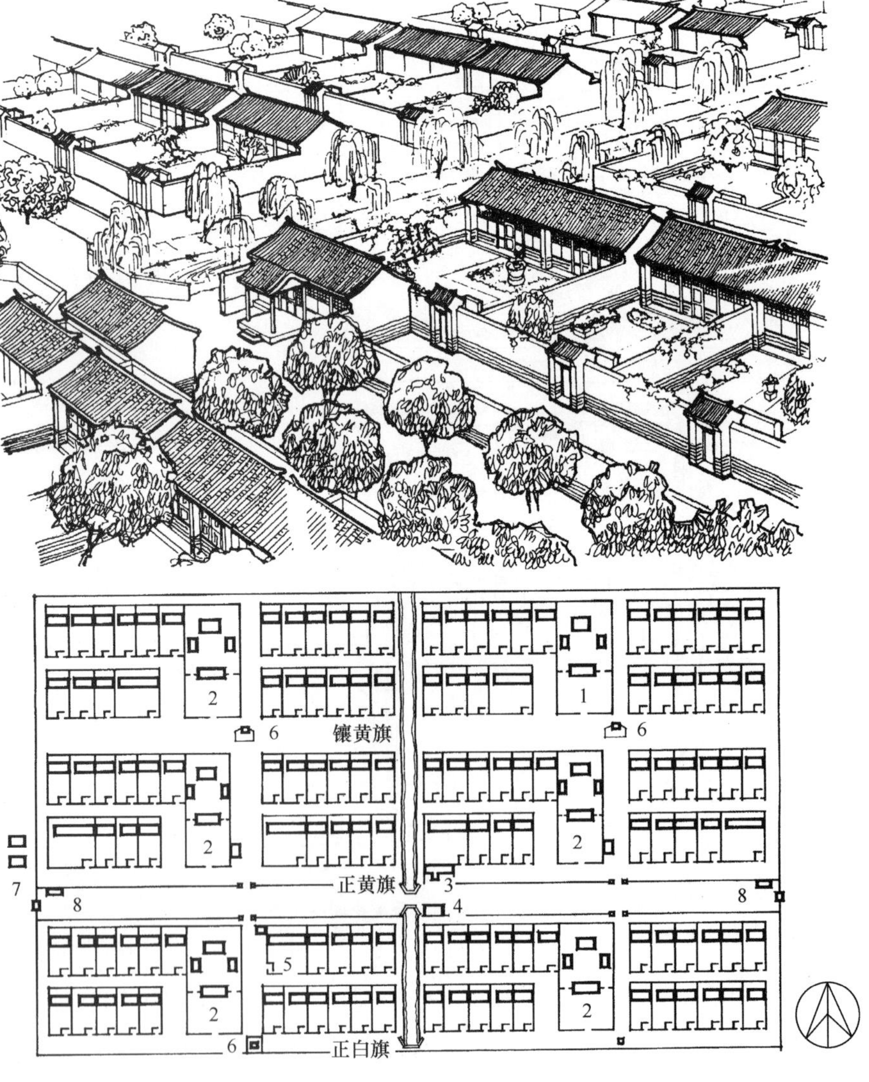

图 5-23 北京海淀清内务府包衣三旗营房平面图（摹自《圆明园附近清代营房的调查分析》）

1. 都统宅 2. 参领宅 3. 官厅 4. 储藏 5. 武器库 6. 庙井 7. 官学房 8. 门房

士住宅来看，亦是十分简易的。每宅中心盖一幢面阔两间的平房，一为卧室，另一间破为两半，半为通道，半为卧房，临窗南向设炕，两宅房屋山墙相靠，呈行列式布局。

晋中民居[15] 自太原、太谷、祁县、平遥，一直到襄汾的汾河流域是山西省的人文荟萃之区，清初从事贸易者甚多，晋商足迹遍及全国。尤其太谷、平遥一带商人兼营“票号”金融生意，即今日之银行，盛时太谷达22家，平遥亦有13家。这个地区的民居为合院式。它的特点是正房多为五间，分成三间两耳，或一字五间排开，正房层高较高；两厢房向内院靠拢，形成南北长，东西短的狭长院落（图5-24、5-25）；厢房间数增多，从三间到十间皆有，中间以垂花门隔开（图5-26），成为内外两院，厢房的分隔间数为内三外三、内五外五、或内五外三等不同方式；富户则以五间过厅式建筑代替垂花门，还有的宅院在院中增设戏台；倒座房为五间，有的做成两层楼；大门入口开在东南角或正中，较为灵活；全宅周围以高墙围绕，墙高超过屋顶，外墙不开窗或仅在上层开小窗，带有明显的防卫性质。以上这些都是与北京四合院不同之处。住宅使用功能亦为正房为客厅和长辈卧房，厢房做一般卧房、书房之用，倒座房用做外客厅及杂用房间。晋中民居外观简素，但内部却极为华丽，富裕者常用砖木雕装饰前檐，甚至有使用斗栱的。正房的前廊，雕饰有精美的槅扇和挂落，个别住宅正房梁架尚有青绿彩绘。太谷、祁县一带正房往往做成两层楼，楼上作为储仓之用（图5-27～5-29）。平遥民居中惯用一部分砖砌窑洞作为主要房屋。襄汾地区正房多带有木柱前廊，这些都是地区的小特点。由于晋中民居的院落狭长，厢房的进深较浅，小者仅3米左右，为了方便使用，多将三间厢房从中间分隔成两间使用，俗称“三破二”，这也是一种变通的方法。由于进深浅，厢房的屋面改为单坡顶，内向排水。厢房屋顶山尖做成阁楼层以贮杂物。卧室内多设火炕。

襄汾县是古代民居保存较多的地区，仅丁村一地即有明万历二十一年（1593年）至清咸丰四年（1854年）的民居32座，还有不少民国初年的民居。排比这些建筑可明显看出明代至清代民居的演化，表现为用材明显节省，明代正房为35厘米以上直径的檐柱，减为27～28厘米。椽子也减细了。前檐用支窗及花窗代替了明代的槛窗。并且用砖量增加，逐步将前檐墙改为砖墙，形成砖楼式样，民国初年并开始应用砖券式门窗洞。清代中叶以后，木雕、砖雕的使用更加普遍。并且全宅院墙逐步加高，增强防御性，伴随前檐墙改为砖墙，原来木柱前廊消失，而代以瓦顶单间的门罩或垂花门罩。为打破高大院墙的沉闷感觉，增加民居的可识别性，以及显示业主的地位，在宅门入口门洞外附加有柱门罩。从晋中民居的发展变化可以看到经济条件对民居的影响，业主可以采用新的坚固材

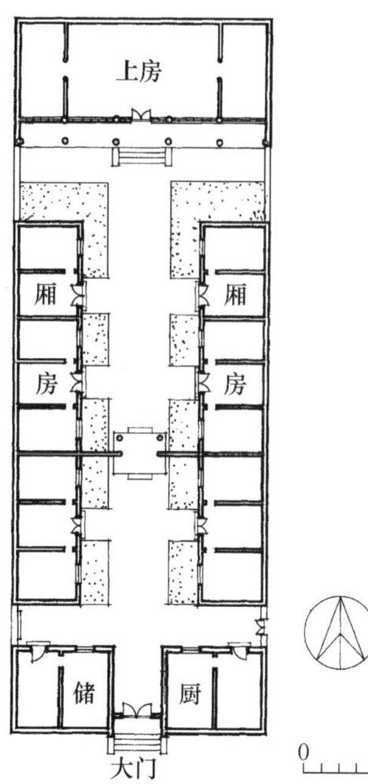

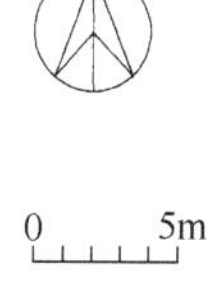

图5-24 山西太谷上观巷1号某宅平面图

图5-25 山西太谷上观巷1号入口大门

图5-26 山西太谷上观巷1号垂花门

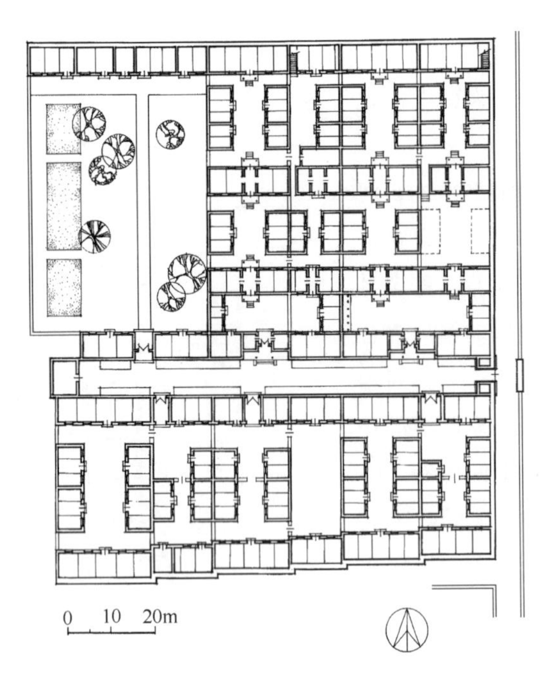

图 5-27 山西祁县乔家堡乔宅平面图

图 5-28 山西祁县乔家堡乔宅入口大门

料——砖；及相应的装饰手法，审美情趣趋向奢华。而且对保卫要求更加关心，至民国初年一些富商大户的宅院还设有碉楼、更道，甚至沿院墙墙顶设置马道，持枪护院。

晋东南民居 清代泽、潞二州（现为晋城、长治两地区）土地丰厚，是山西的富腴之地。当地的民居形式也颇具特色。该地区宅院用地为正方形，每边皆为三间住房，形成正方形院落，另外每边房屋的两侧皆有两间耳房，在全宅四角形成四个抱角天井，这种布局当地称之为“四大八小”式（图 5-30）。另一特色为楼房居多，有的正房达三层，厢房、倒座为二层，在二层住房间有周圈的跑马廊，相互串通。即使正厢房皆为二层，正房屋檐也要高于厢房屋檐，以突出正房的主导地位。正房前檐有精美的木制栏杆及装修。楼梯皆布置在角部小天井或厢房廊下。为扩大庭院面积，正房的前檐廊柱落地，而厢房的二层游廊为悬挑式。晋东南民居入口设置较灵活，可以在东南角、西南角，或者以厢房为入口。厨、杂、厕、贮等房间可利用耳房小院。由于每一院落中已有足够的使用房间，故晋东南多为独院民居，很少套院。在合院式建筑中它是一种布局十分紧凑，密度较高，使用十分方便的类型，可能与当地人多地少的社会状况有一定关系。

图 5-29 山西祁县乔家堡乔宅后楼

图 5-30 山西阳城润城镇某宅内院

陕西关中民居 一般指渭河两岸，宝鸡、武功、西安、华阴一带，俗称“八百里秦川”的民居。该地区为陕西的主要产粮区，也为历代建都之地。这一带民居院落更为狭长，宅基地的宽度仅三丈左右，正房三间，无耳房，两侧厢房向院内收缩以后，造成两厢檐端距离小者仅1.1～1.2米，影响采光效果。各户宅院的正房可以併山连脊，厦房（厢房）为一面坡式，背靠背地修建，各宅之间无甬道界墙，每户入口只能布置在前街后巷。农村中单独修建的民居，其厦房也为单坡屋面，向院内排水。当地习惯正房作为祖堂、客厅，而不住人，以厦房为主要居室。各进院落的中间正房作为敞厅、穿堂以联系前后院。大门开设在临街倒座房的左侧，其余两间作为杂用房（图5-31）。关中民居以平房为主，砖墙木构架，小青瓦屋面，农村民居外墙多为夯土墙或土坯墙，为防雨水冲刷，在土墙上部砌有二三条小青瓦滴水檐，具有特殊的装饰效果。关中民居墙高，院窄，外貌相似，在建筑外观上颇觉单调[16]。

甘肃临夏回族民居[17]　回族是我国人口较多，经济文化较发达的一个少数民族，清代时期已达300余万人，分布在宁夏、甘肃、青海，以及河南、河北、山东、云南、新疆等地。其分布特点是“大分散，小集中”，不论城乡，回民皆喜集中居住。回族是13世纪初（元代），由中亚、波斯、阿拉伯等国迁居至中国经商，为匠或入仕的伊斯兰教民，当时称之为“色目人”，元代官书中称之为“回回”，他们长期与汉民族、维吾尔族及蒙族共居相处，文化经济互济互补，逐步形成了回族。回族文化虽为伊斯兰文化，但受汉文化影响至深，在其民居形态表现尤为突出，他们采用木构架合院式建筑，以及适合地方特点的构造方法和装饰技法。有些地区的回族民居与汉居相差无几，如北京回民亦住四合院房屋，宁夏银川、同心地区回族多用平顶房，与内蒙、辽西的碱土平房同属一个类型。其中较具特色的为甘肃临夏的回族民居。

临夏回居布局采用三合或四合院布局形式，院落方正、宽敞、建筑为抬梁式屋架、瓦顶或草泥顶。其布局不受风水学说及汉族传统的八卦方位的影响，朝向较为随意。典型的宅院可分为居住院（前院）、杂用院（后院）及花园三进院落，但各院的相对位置可灵活布置，可以按居住、杂用、花园序列前后纵线布置；也可以中间居住院为主体，左为花园，右为杂用院；亦可将花园、杂用混为一院。居住院为规整的四合院，每向建筑为三间，附设耳房，主人起居、会客皆在此。杂用院内有厨房、杂用、厕所等，布置灵活，并非四合院式。花园内栽植藤、竹或果木树，设置花台、盆花，园内还可建造花厅。因回民喜欢清洁，院内必定设有水井及水房（浴室），以为净身之用。在临夏八坊地区，水源丰富，几乎家家皆引水入宅，增加了民居内部的动感。单体建筑的进深较浅，采光条件好，邻接的建筑可以背靠背建造。其正房多采用“虎抱头”式，即明间装修退后，形成单间前廊的形式（图5-32）。正房明间为客厅，两次间为卧室，设前檐炕。房门多用四

图5-31　陕西长安农村某宅

图5-32　甘肃临夏回族民居

扇槅扇门，窗用上下扇支摘窗，上为悬扇，下为玻璃扇，窗扇上有精美的棂花格，装饰图案有单八棱、双八棱、枣胡盘尖（盘肠式）等式样。临夏民居的砖雕亦久负盛名，大门、照壁墙、屋脊、廊心墙、勒脚、墀头等处皆有砖刻雕饰，图案为植物纹样。建筑色彩素雅，木材只刷桐油本色。

宁夏亦为回族聚居处，其合院建筑的特点类似陕甘一带汉族民居，为狭长院落，居室多用东西厢房（图5-33）。但其住房建筑亦有民族特色，三间正房或厢房多采用两明一暗式，在明间顺山墙设置满间大炕，约有12平方米以上，这种布置适合回族家庭喜欢一家在炕上团聚的习俗。

从甘宁地区回族民居可以看出民族间建筑文化的交融。采用四合院布局，青瓦顶及木结构梁架和装饰，入口不直对院落等手法显然是接受汉族民居的影响。而居室内设满间大炕，院内设水井、水房，及住房与花园穿插布置等方面又表现出中亚伊斯兰文化的影响。至于“虎抱头”式正房，丰富的砖雕艺术和木花格艺术等又是回族在长期劳动中在民居建筑方面的创造。

吉林满族民居　满族是中华民族中重要的组成民族，清王朝建立以后，八旗子弟遍布全国，与汉族文化的交融过程中逐渐失去了原来的民族特色。吉林省境内松花江上游一带是后金政权的发祥地，今吉林市乌拉镇是其中心，在这里尚保留有更多的满族民居传统。当然清军官吏入关以后，回原籍建宅多受京师建筑影响，带有北京四合院式建筑风格。另外吉林地区气候寒冷，地多人少，木材资源丰富，马车为主要交通工具等因素，当是满族（包括汉族）民居形制形成的决定条件。

满族民居亦为四合院式，其布局特点是用地宽松，正房、厢房之间有一定距离，互不遮挡（图5-34）。正房一般为五间面阔，厢房为三间或五间，因此内院面积较大（图5-35）。外院两侧各有三间厢房，内外院之间隔以腰墙及二门。合院之外围以院墙，院墙与建筑之间留有间距。大门在中轴线上。整体布局的轴线感较强。这种宽松的布局可以获得充裕的光照，同时马车可以赶入院内或绕院行驶。院墙之内，合院以外，尚有许多空地，可供杂务、种菜使用。内院大小视业主财力而定，可采用五正五厢，五正三厢，三正三厢等不同规模，富裕人家的住房还有前廊。满族民居大门有采用三间或一间汉族屋宇式大门的形式，也有采用更有满族建筑风格的四脚落地大门和木板式牌坊门（图5-36），这类木板门保留了古老的乌头门形制，再加上木板制的屋顶，大门涂以朱红色

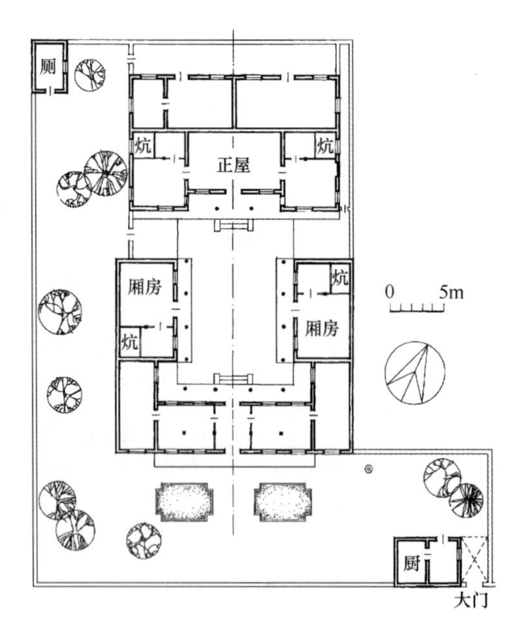

图5-33　宁夏银川马宅平面图

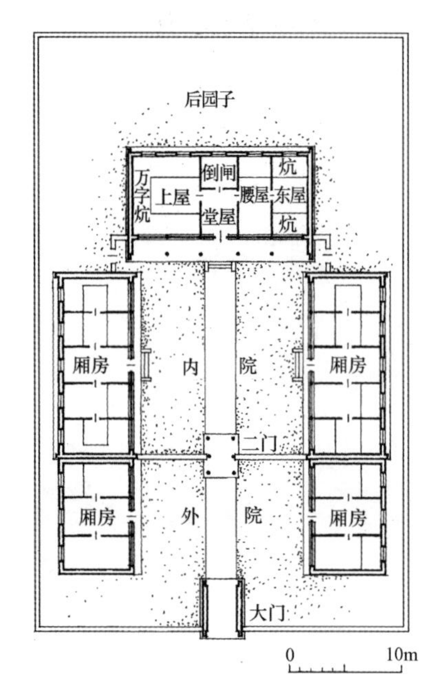

图5-34　吉林吉林市通天区局子胡同9号住宅平面图

图 5-35 吉林永吉某宅正房

图 5-36 吉林永吉某宅大门

油饰，而木板屋面为黑色，风格比较简洁、古朴。满族民居的居室设计中最大特色是以西屋为主，并围绕其南北西三面设火炕，称为万字炕。而以西炕最为尊贵，西炕上置桌子、茶具等，桌两侧铺红毡，为待客之处，而一般人则坐南北炕。紧靠西炕的西山墙上端设置祖宗神龛。为了补充西间炕位的不足，往往向明间扩大半间，称之为“借间”。因之堂屋的面积变得很小，成为一个过渡性空间，真正的生活间为西间。这一点与关内汉族以堂屋为主要生活间的习惯不同。东间往往作为一般居室及厨房。在堂屋的后半部隔出一个小间，称为倒闸，内设小炕，平时可收储衣物，冬季亦可使衣物温暖，便于随时穿用。满族民居的这种布置在清代皇宫的寝殿中也得到反映。正房两侧山墙外分别竖立坐地式烟囱，与室内火炕相连。满族民居的外檐装修较简单，无雕饰，门为平开单扇门，窗为支摘窗，因东北地区风雪大，故糊窗纸贴在棂格外，这一点与朝鲜族民居类似。为抵御严寒，除火炕以外，室内尚可设火盆、火炉、火墙、火地等各种取暖方式，内部设顶棚，外墙厚达 60 厘米，屋面苫背亦较厚，全是出于防寒的目的。

青海庄窠[18] 在青海省东部，黄河及湟水流域的 11 个县市地区，流行一种土墙平顶的四合院式建筑，当地称之为“庄窠”。不仅汉族居民用之，苗族、回族、土族、撒拉族皆习用此式民居，可见这是一种适合当地自然地理条件的民居形式（图 5-37）。它的特点是四合院周围有高厚的夯土墙围护，墙上无窗，高出屋顶 50～100 厘米，远看像一座夯土堡垒。这样做有利于防止春季风砂及冬季

图 5-37 青海民和农村庄窠式民居

寒风，而且当地土地广阔，黄土是取之不尽的材料，夯土筑墙又可以自己施工。院内建筑皆为黄土铺墁的平顶建筑，微有缓坡，适合当地雨水稀少的特点。“庄窠”合院多为四合、三合或两面建筑，每面一组三间建筑，一般带有前廊。堂屋居中，两边为卧室，卧室内有顺山或顺墙的火炕，炕上放衣箱、炕柜、桌等。汉、回民族家具为木材本色，略施墨线风景，而其他民族家具喜用五彩细绘。正房及厢房的开间、柱高等建筑尺寸皆一样，便于施工，只是将正房台基增高，以突出正房的地位。四合院的四个漏角部分往往加上简单的棚顶，做成畜棚、贮 物、厨房或火炕加火处。建筑装饰集中在大门和正房的檐下，门窗棂格图案也较丰富。少数住宅有多院串联，有的还附有车院、果园等。

白族民居　白族聚居在云南大理地区，西依苍山，东临洱海，终年气候温和；雨大风多，而且多地震，因此当地民居在朝向与布局上要考虑避风、防震。内部厦廊宽大，采用硬山山墙，墙头、博风并用石板作封护檐。白族有较高的文化，与汉族有着长期的交流，南诏国时期的崇圣寺塔（824～839年）造型与唐代西安小雁塔有着惊人的相似之处。

白族民居亦为合院形式，其典型布局有“三坊一照壁”与“四合五天井”两类，并由此演变出更复杂的大型住宅（图5-38、5-39）。所谓“坊”即是一栋三开间两层的房屋，底层一明两暗，明间为堂屋，两次间为卧室。明间安设六扇槅扇门，次间安设单扇门加槅扇窗。前有宽大的厦廊，作为日常休息、家务及宴客的地方。上层三间敞通，明间供神龛，其余面积为贮藏，面对天井开设槅扇窗，古老的房子在上层外檐尚加设栅窗。由“坊”围成的三合院，并在面对正房的院墙上建造一垛照壁，这种住宅格局称“三坊一照壁”（图5-40）。由四个“坊”围成四合院，并因之形成中央天井及四角天井布局的称“四合五天井”。大理地区地势西高东低，主导风向为西风，故民居正房朝东。大门一般开在东墙北端，从厢房或漏角天井进入宅内。房屋构架采用穿斗架与抬梁式构架相结合的方式，一般常用五架或七架。梁架中的瓜柱用材以一种带花饰的柁墩代替，剑川地区民居尚有应用

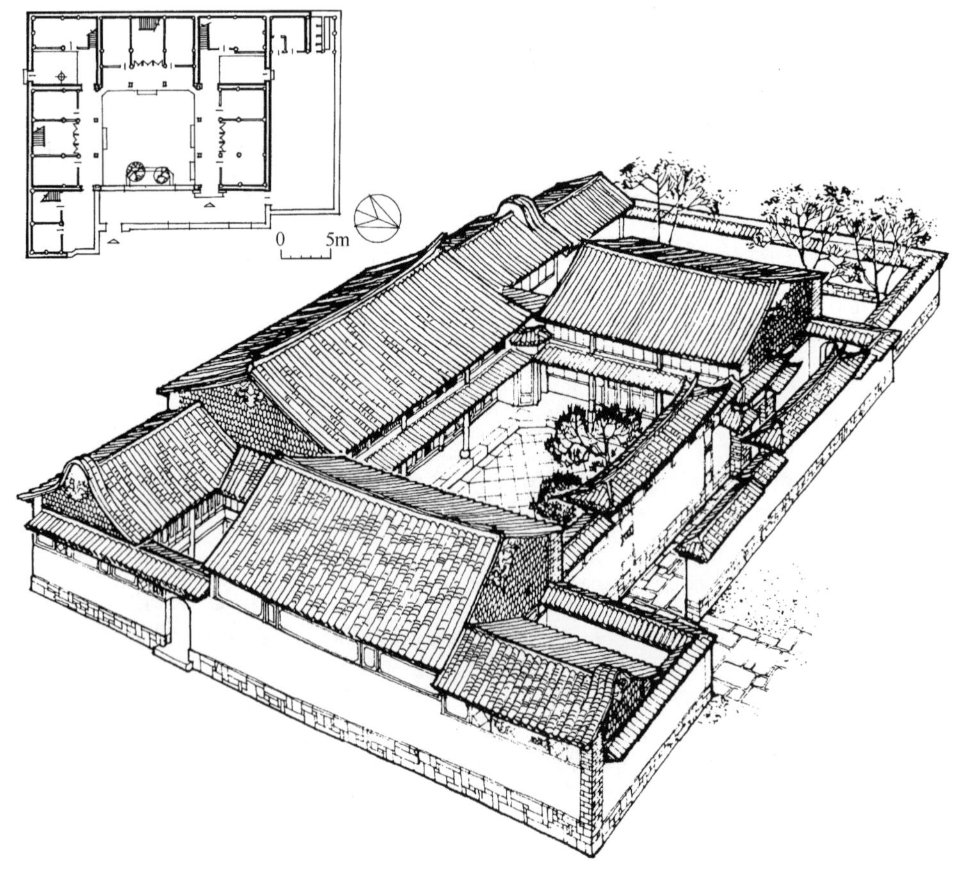

图5-38　云南大理喜州市坪街93号民居（三坊一照壁式）（摹自《云南民居》）

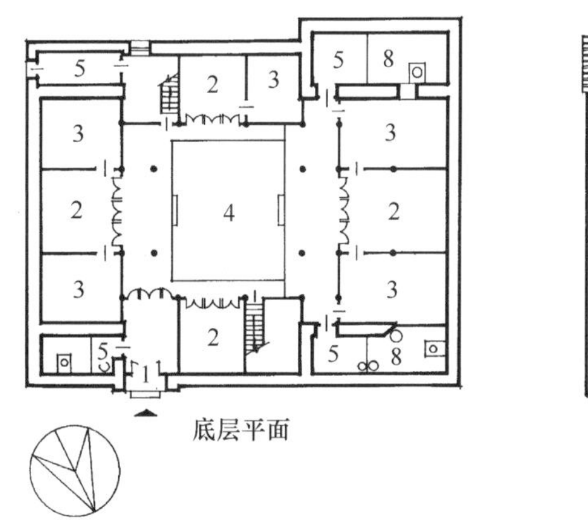

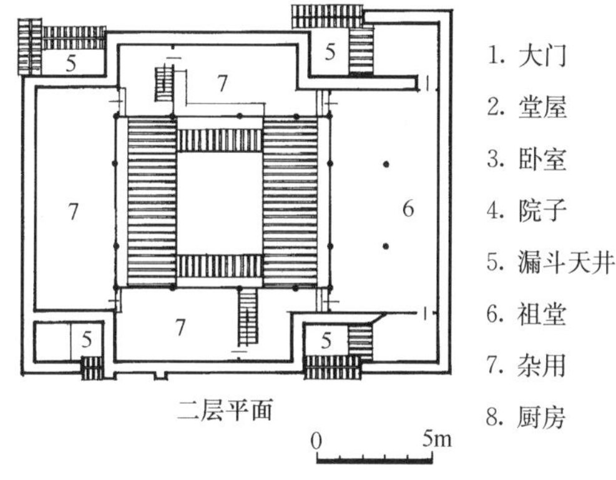

图 5-39 云南大理白族四合五天井民居平面布局图（摹自《云南民居》）

弯曲大梁的。大理白族民居具有丰富的建筑装饰，重点表现在照壁、有厦门楼、墙面贴砖及槅扇门窗棂格雕刻上。照壁有独角照壁与三叠水照壁之分，壁顶瓦檐高翘，白灰粉饰的壁心中央多配以文字或大理石屏画，壁前置葱绿鲜美的花台盆景，十分清秀幽雅（图 5-41）。有厦门楼采用三间牌楼式造型，有尖长的翼角飞翘，檐下斗栱繁密，并有大理石板嵌贴，十分华丽，成为街巷中重要的街景点缀（图 5-42），这点与汉族民居中将砖雕石库门楼向内院展示的向心型装饰心理完全异趣。白族民居的外墙为土坯砖心，片砖贴面，约在清中叶以后，贴砖艺术有了显著变化，拼贴在山墙或墙腰的各式图案，显露出极富装饰效果的建筑外观，青灰色的砖，白色勾缝，编织出类似锦纹印花的效果。剑川为我国重要的木雕盛行区，技艺精湛，这种技巧也广泛应用在槅扇门裙板雕刻中，甚至槅扇门心也改为自然花鸟山水的透雕，高手匠人可以在槅扇门心透雕出五层不同的花纹图案，有巧夺天工之妙。

图 5-40 云南大理喜州白族民居鸟瞰图

图 5-41 云南大理喜州阎宅天井

丽江民居　丽江地区为纳西族主要聚居地，地处玉龙雪山脚下，溪流横贯，气候温湿，终年无雪。明清时期纳西族经济及文化方面有了长足的进步，人民开始居住瓦房，至清初发展为砖木结构的瓦房。他们吸取邻近白族“三坊一照壁”形制及藏族上下带前廊的楼房（当地称为蛮楼）形制，创造了具有本民族特色的民居（图 5-43、5-44）。丽江民居基本上为“三坊一照壁”体系，正房下层为堂屋及卧室，上层为贮存（图 5-45），两厢作为厨房、畜圈及一部分卧室。厢房楼上为闷顶楼，贮存饲料，因此正房明显比厢房高。院中照壁比白族民居要矮小。纳西族匠人设计的“三坊一照壁”十分灵活，不拘于现有规制，除各坊的位置关系依照定例外，住宅朝向、各坊距离、开间大小、耳房的设置、大门开设的位置、花园及花厅的安排等皆可灵活变化。因此，虽然丽江民居的建筑装饰不多，但其空间构图远较大理白族民居要丰富有情。丽江民居的山墙及前后檐墙很少全部用砌体

图 5-42　云南大理喜州杨鸿春宅门楼

图 5-43　云南丽江街巷及水道

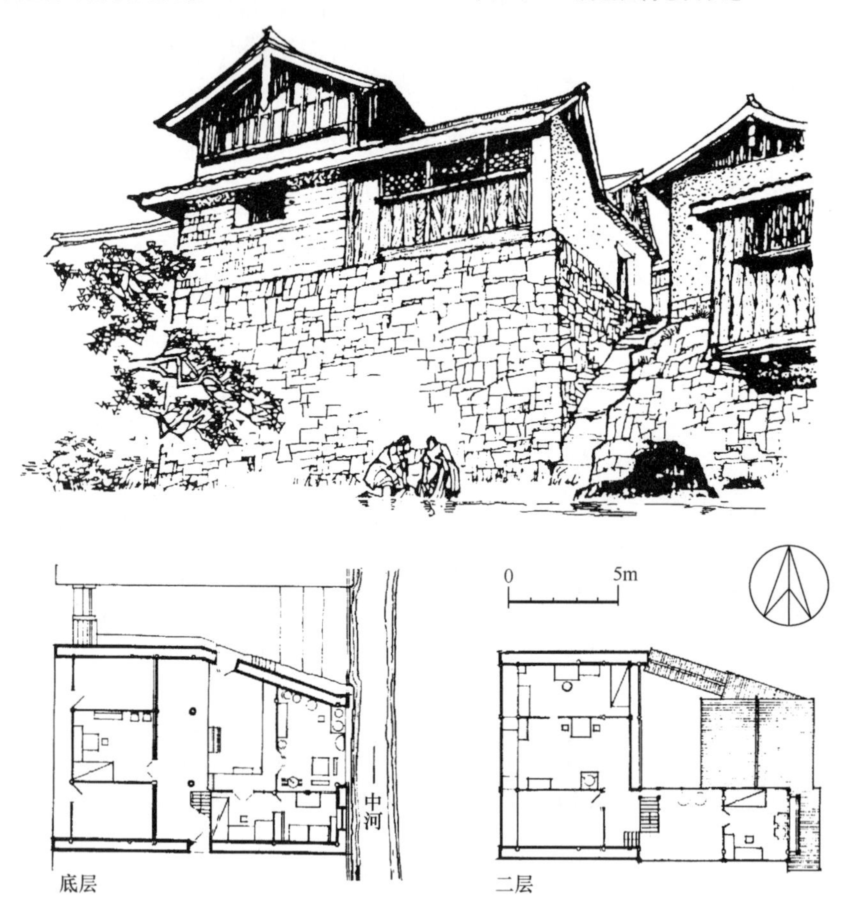

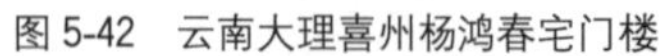

图 5-44　云南丽江七一街八一巷杨宅平面及外观（摹自《云南民居》）

的，选用材料也多样化，下部为毛石墙，中部为土坯墙抹面，而上部多暴露出木结构或木装修，配合以各类花窗，显现出淳朴自然的结构之美。其墙体多有收分，出檐大，屋顶多用悬山顶，正脊两端有起山，清秀的博风板，硕长的木悬鱼，在其外观造型中更多保存了浓郁的古代格调（图 5-46）。

二、厅井式民居

根据各地特色所列举出下列十余种形制，但实际所存当有更多的种类。

苏州民居　它可以作为江南一带厅井式民居的代表。苏州地处太湖之滨，水网交错，土地肥

图 5-45 云南丽江大研镇某宅正房

图 5-46 云南丽江旧城纳西族民居

沃，物产丰裕，自古即为鱼米之乡，是明清以来经济、文化发达的地区。当地气候温和，无严寒酷暑，雨量充沛，年降雨量在1000毫米以上。而且附近出产优良石材及黏土砖，这些都对苏州民居风格的形成产生影响。清代以来，退休官僚、富商定居苏州者极多，造就了不少精美的宅第，有的并将园林、家祠连建在一起。

苏州典型的大宅院是由数进院子组成中轴对称式的狭长布局，可由前巷直抵后巷，坐北朝南（图 5-47、5-48）。大门一般为三间，开设在中间（图 5-49）。巷子南边对着大门建造外影壁，有一

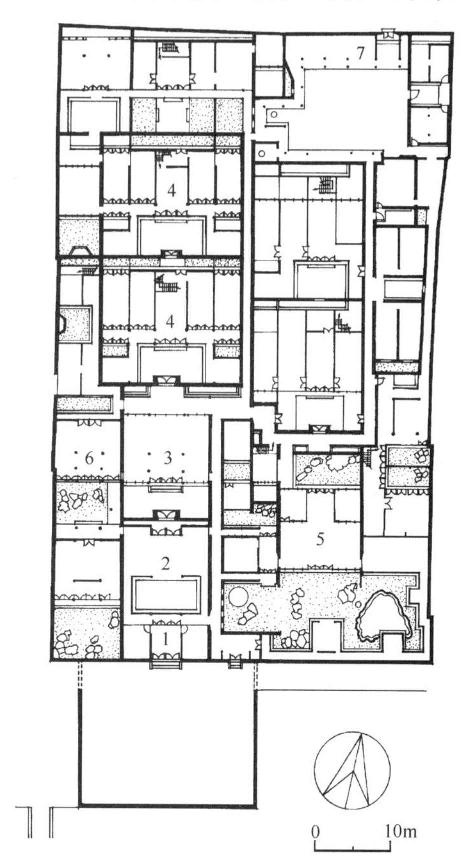

图 5-47 江苏苏州铁瓶巷任宅平面图
（摹自《苏州旧住宅参考图录》）
1. 门厅 2. 轿厅 3. 大厅 4. 上房
5. 花厅 6. 书房 7. 厨房

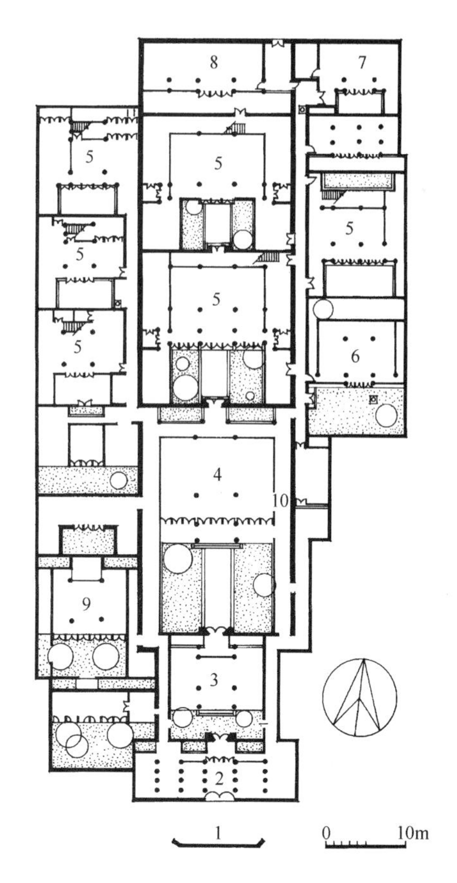

图 5-48 江苏苏州大马篆巷邱宅平面图
（摹自《苏州旧住宅参考图录》）
1. 照壁 2. 门厅 3. 前厅 4. 大厅 5. 上房
6. 书房 7. 厨房 8. 储藏 9. 花厅 10. 避弄

图 5-49　江苏苏州仓米巷某宅大门

图 5-50　江苏苏州阔家头巷网师园住宅正厅内檐装修

图 5-51　江苏苏州东北街旧张宅（忠王府）后楼天井一角

字形、八字形、冂字型等不同形式。进入大门后为轿厅，亦为三间，为富户人家停轿之处，建筑开敞，无门窗装修。一般账房、家塾亦设在轿厅附近。再一进为大厅，一般为三间或五间，进深较大。五间者的天井院较横长，故在两侧稍间处增设漏花墙，将天井院隔为三个小院。大厅的装修、陈设考究，为日常待客、宴会、家族团聚、进行喜庆之处。大厅前廊做有各式轩顶，形制秀美而富于变化（图 5-50）。厅内梁架亦设有草架，形成复水重椽式的顶棚。大厅与轿厅间隔处，有装饰性很强的砖刻门楼，清中叶以后砖雕之风盛行，在砖门楼的上下枋和“兜肚”之内刻满人物、花鸟等各种题材的雕饰，是主人炫耀财富的部位，门楼额枋上有题字匾，多为“清芬奕叶”“日振家声”等颂扬文字。富贵人家在大厅天井中尚建有戏台。再后一进为女厅，亦称上房，这是一幢两层的楼房，一般五开间带两翼，成为冂字形。女厅前后皆有天井。女厅下层中间为堂屋，作为日常起居间，左右间及楼上各间为卧室，楼梯在堂屋后屏门内（图5-51）。女厅亦可设一进或两进、三进，视财力及家庭人口组成情况而定。女厅区的平面布局变化较大，早期多为一厅一砖门楼，以后又产生出 H 形、日字形等式，并且围绕女厅及天井建立高大的封火墙，独立成为一个禁区。纵长的苏州住宅各厅间的交通是依靠建造山墙外的“避弄”（夹道）来联系，避弄盖有小屋顶以防雨，有门通各厅前廊或居室。避弄小者仅通一人，宽者约可通轿，采光是靠壁弄间留出的小天井或避弄屋顶上的天窗、亮瓦来获得。特大型住宅可拥有两条至三条纵轴线，亦可在宅后或侧轴建造模拟自然山水之趣的宅园，湖石花树，亭阁廊桥，至今保留下来的苏州宅园仍是全国最优秀的园林实例。苏州地区地少人多，地价昂贵，建筑密度很高，因此住宅的屋面排水处理皆为内排水，由天井暗沟再排至小巷或河浜。天井地面皆由砖石铺装。这种“四水归堂”式的建筑平面处理是江浙、皖南地区通行的原则。江南地区建筑密集，失火后易延烧成片，故大部分民居采用硬山式山墙，并砌有高耸的马头墙，产生出各种有趣的形式，如五花墙、观音兜等。苏州天井比例横长，与建筑檐高或围墙顶高相比，更觉狭小如井，这种处理可避免夏日阳光照射及湿热的季节风，天井终日阴凉蔽日，可获得凉爽的对流风，加之围墙高耸，厅内为重椽吊顶；更觉阴凉宜人。天井围墙皆为白灰刷饰，反射出的漫射光可增加厅内的照度。建筑色彩以淡雅为基调，白墙灰瓦，木构架不施彩绘，仅涂栗褐色油饰，外部门窗用褐黑色油饰，配以鲜丽的植物，显现出雅素明净之风格。苏州民居各厅堂装修皆为可拆卸的落地长窗，平时可长开不闭，厅井相通；遇有节庆日，卸掉长窗，厅井联为一片，室内外交融，这正是南方湿热地区适用厅井式民居的重要原因。

苏州地区河网密布，水巷亦是城市交通的主要渠道，大户住宅往往前街后河，一切用物皆可由水巷运来，由后门而入，在后门水巷边设有私用码头，可停船、浇灌、取水，并起到消防的作用（图 5-52）。有些小户住宅则临河建宅，可以有靠水、跨水、面水等不同布置。这种小宅的平面多为一堂两厢，前有小天井，后部靠水建码头，或挑出磴石下至水面，以洗菜、淘米，登舟。此类小宅亦可建为两层，上为居室，底层亦可向河面出挑。古人云“人家尽枕河，楼台俯舟楫”即是此状。这类民居为活跃苏州城市面貌，增色不少。

苏州民居有着悠久的历史，传统的施工技术，近郊香山一带即是祖传世袭的建筑工匠之乡。因此在太湖流域地区，苏州营造技艺流布甚广。实际上无锡、常州、扬州、南京、湖州、杭州、上海无不受其影响。以上各地民居与苏州民居大同小异，可属同一类型。

徽州民居　安徽长江以南的屯溪地区，即明清时代的徽州地区，包括绩溪、歙县、屯溪、休宁、黟县、祁门、太平等县市，是古代经济发达的重点地区。明清以来，该地区富商麇集，主要经营盐、茶、典当、木材各业，贸易范围遍及全国。殷实的徽商多在自己家乡兴建奢华的大宅，以炫耀于乡里。至今尚遗留有大量的明清民宅，其中清宅更居大多数。仅黟县宏村一地即有清代民居 137 座，此外，歙县唐模、潜口、太平县陈村等乡亦遗存很多。

徽州民居以平面规整的三合院为基本形制，亦有组成四合院及其他规式者（图 5-53）。住房为两层楼者居多，正房下层为堂屋，供日常起居之用，上层当心间为祖堂，供奉祖先牌位，左右为卧室。两侧厢房较狭窄，作为贮藏和交通之用。楼上各向房屋可以串通。大门开设在正中，门内两侧屋为杂物间。楼梯设在堂屋屏门之后（图 5-54）。徽州地区人多地少，土地宝贵，故民居主体建筑一般为三开间，天井狭小，井窄楼高，光线为间接漫射光，故较阴暗。多数住宅下层堂屋皆不做装修，成为敞厅，与天井共用为生活空间（图 5-55）。大部楼层皆有出挑，屋檐挑出亦较长，有利于解决防雨问题。天井院及阶沿皆用石材铺装，并沿院周设一圈排水沟，利于迅速排水。住宅四周以高大的封火墙和围墙所包围，不开窗，较为封闭。外观重点装饰集中在墙门及墙头上，墙门上方多贴饰垂花门式砖门罩（图 5-56），封火墙作成各式马头墙、弓形墙、云形墙等。入清以来，徽州民居的木装修亦有重要变化，特别是楼层栏杆、栏板及槅扇窗格，由简素的柳条式，如意纹向各种繁杂的图案形式转化，锦纹、菱花是常用的图案（图 5-57）。内部构架为穿斗架与抬梁式混合使用，但主要的是抬梁式。用料较一般南方建筑为粗大，而且进行一定的雕饰，木材表面罩以清油，不施彩绘，仅在宗祠一类建筑上绘制包袱式彩画。徽州民居的空间组合规整而适用，既适合当地气候条件，又比较节约用地，同时也满足了家族私密性的要求。在外观上注意形体轮

图 5-52　江苏苏州角直镇水巷

图 5-53　安徽屯溪李宅外景

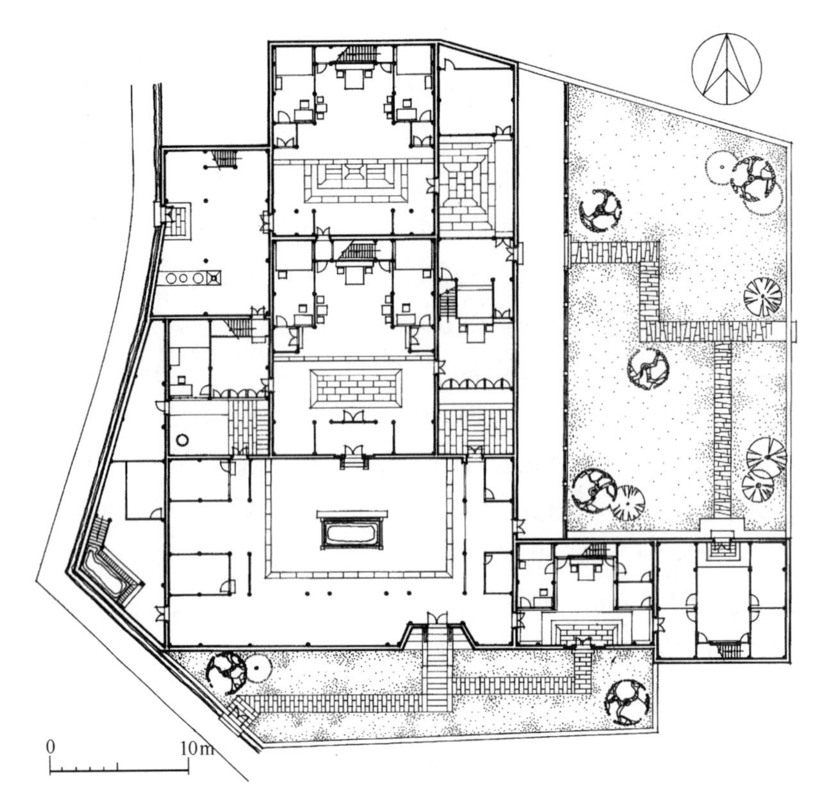

图 5-54 安徽黟县宏村汪定贵宅承志堂平面图（摹自《中国传统民居建筑》）

图 5-55 安徽黟县宏村汪定贵宅承志堂内景

图 5-56 安徽歙县民居砖雕

廊及马头墙的运用，用色十分淡雅清新，内部装饰玲珑华贵，做工精巧，并十分重视庭院绿化及小空间处理。这些都构成了徽州民居的鲜明特色[19]。江西婺源、景德镇地区受徽州民居影响很大，民居建筑属同一形制，亦保存了大量的明清古代住宅，是重要的建筑文物保护区。

东阳民居　浙江省东阳县是浙东经济发达地区。本地的木雕技艺十分精湛，历久不衰，不但生产各种屏风、小器作物，而且在住宅梁架、装修上亦广泛使用，雕工精细，花样繁多。同时东阳县亦是瓦木工集居地，其工艺技术影响到金华、义乌、永康、武义等金华江流域。有些住宅表现出高度的智慧和技艺。东阳一地文风甚盛，宗族观念极强，一村一镇往往为一姓所居，联房通脊的大宅院很多，而且与祠堂、牌坊、台门组合修建在一起。东阳地区夏季较热，故房屋出檐深，进深大，大厅为敞口厅，设小天井及暗楼层等，这些措施都是为解决通风、隔热、纳凉的要求而设计的。

东阳民居平面设计的最大特点为标准平面的运用，即是以正房三间，两厢挟持各五间，组成三合院平面为基本单元，当地人称为“十三间头”，又称“三间两插式”。该单元可以前后串联数进院落，也可以并联两座“十三间头”成为更大型的住宅，组成十分灵活。例如水阁庄叶宅、白坦乡务本堂等皆是典型的“十三间头”式住宅（图5-58、5-59）。正房与厢房之间可留出小天井，亦可联通建造，但正厢房的山墙皆为封火山墙，彼此隔绝，形成纵横交错的各式马头墙的组合体，为东阳民居的一大特色（图5-60）。“十三间头”式民居的正厅轩敞，天井院较大，四周有明沟排水。大门设在中轴线上，具有一定建筑气势。有的“十三间头”可以做成两层楼，正房底层为大厅待客祭祖之处，楼上为卧室，多进房屋则按尊卑、长幼安排居室。东阳民居采用穿斗架构架，每榀屋架的立柱落地，故往往以“千柱落地”来形容住宅规模之大[20]。东阳民居木雕的运用极为突出，主要用于主要立面的易见之处，如柱头与挑梁之间的撑木，多雕成回纹、花草、狮象、人物等形状（图5-61）。正房槅扇门窗棂格雕有粗细套叠的乱纹，裙板部位雕有仕女、花草、博古，正房前廊轩顶亦雕刻各种花饰，或预制成装饰小件贴络在木板上。这些装饰表现出十分精湛的雕刻技艺，但整体效果往往显得过于琐碎、臃肿，损害了其美学价值。东阳木雕所用材质为樟木，表面不施油彩。在厅井式民居中，东阳民居以其庭院大，两厢拉开距离，围墙矮，而显得更为舒展通畅。

“十三间头”式民居是东阳地区习用形式，类似这种三合院形式民居在浙东一带也应用颇广，但变化各不相同。在黄岩、温岭一带的三合院是两层楼房，正房三间，厢房三间，正房两侧各有两间，这两间房可与正房方向一致，亦可与厢房一致，其中间又加上一个弄间解决交通问题。正厢

图5-57 安徽绩溪汪家屯汪宅槅扇

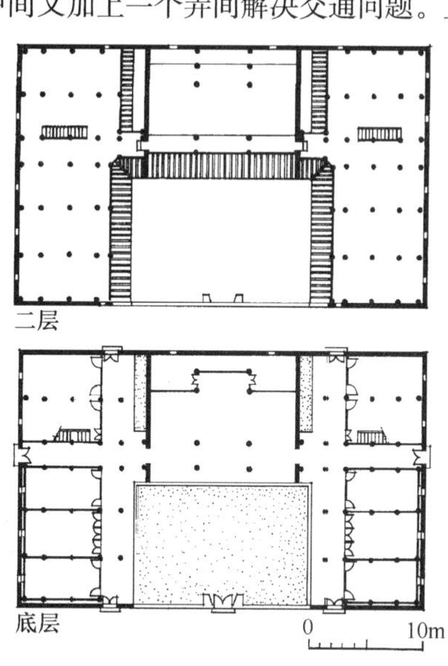

图5-58 浙江东阳水阁庄叶宅平面图（十三间头）

图5-59 浙江东阳水阁庄叶宅透视图

图5-60 浙江东阳白坦乡福兴堂内院

房屋顶相连，厢房的屋顶为歇山顶，当地人称此种民居为“五凤楼”。在浙江丽水、云和、景宁一带居住的畲族，其民居亦为三合院式。正房三间或五间，但进深很深，可以破成前后两间，成为一堂两卧或一堂四卧。正房前有廊，前出两厢构成天井院，正面入口，四周环墙不开窗。在宁波、绍兴一带亦是三合院式民居，正房五间，中夹两个弄间解决交通问题，左右各有三间厢房，称“明轩”，总括称之为“五间两弄带明轩”式。

浙东民居　杭州、绍兴、宁波一带的民居有多种类型，除上述苏州的避弄式，几间几弄堂式以外，尚有一种占地很少，十分经济的纤堂式房屋，这是为劳动人民小型住户使用的。其基本组合是由间、弄、纤堂组成。每间居室面阔350厘米，进深为5～7檩，最深至11檩；弄是正房与侧房的连接体，弄屋的面阔仅为间屋的1/2～1/3，进深同间屋；纤堂是拖于间后的小间，可以为一整间，称正纤，或者半间，称半纤。三者互相组合成一间半纤、两间一纤、三间三半纤以及一直渌（即前一间，后一间，中间夹半纤及半间天井）等不同规模的住宅。若再加上弄间，可以纵深方向延长布局，沟通前后交通，组成规模更大的院落。这类房屋的特点即是天井极小，密度极高，在人口密集区尚可延长进深做成楼房，上层还可出挑。在钱塘江口一带土地宝贵地区，它是一种经济性很高的民居形制[21]。此外，尚有临街建造的一门三吊榻式民居和供出租用的长进深联排房屋“十四间头”等（图5-62、5-63），都是很经济的民居形式。

图5-61　浙江东阳巷山镇水阁庄叶宅前廊

图5-62　浙江嘉兴丁家桥一门三吊榻式民居

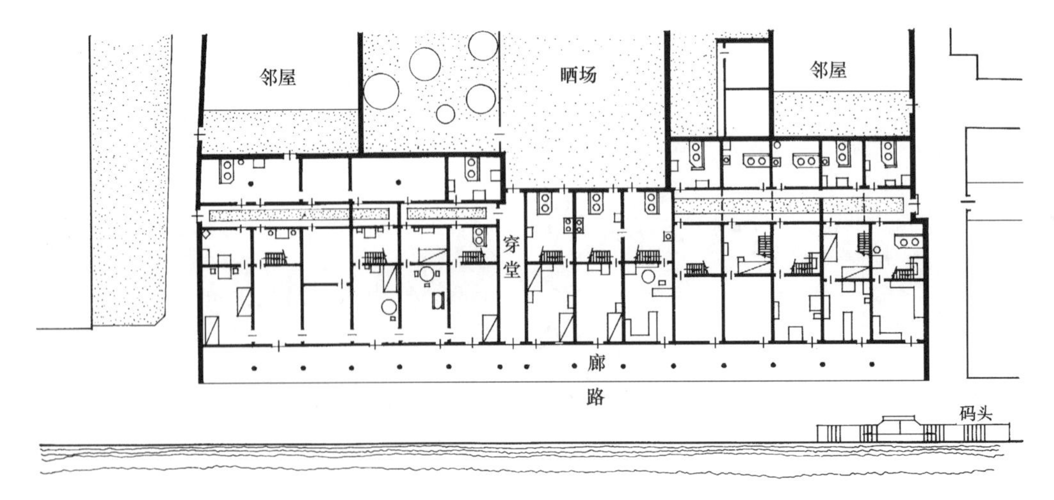

图5-63　浙江鄞县新乐乡姜陇村十四间头式住宅

抚河民居　包括南昌、抚州（临川）、南城、南丰等地沿抚河流域各县市。其平面皆为厅井式。特点是正房面阔进深很大，可分成前后房；而两厢则很小，仅一间，称“塞口”屋，做一般杂用。因此天井院为横长形，而且狭小。天井院全部为石板铺砌。正房的光线除堂屋外皆较幽暗，完全是间接光。正房一般面阔三间或五间，倒座房的进深亦浅，大门开在中轴线上。正房与倒座亦称上堂、下堂。较大型民居有两进天井，三进房屋，称上、中、下三堂制。抚河民居的入口多做凹进式墙门。外墙全部高出屋面，采用不同形式的封火山墙，墙面上不开窗。

抚河三堂制房屋在赣南广昌、宁都地区又增加了两侧的横屋（即沿住宅通长的厢房），横屋与住宅之间留有狭长的天井，转化成三堂两横制。而在于都、瑞金一带着重横向发展，即上下堂皆为五间的四合院，称“上五下五”式。再南则这两种形式都被居住在闽赣粤交界处的客家民居所吸收。从抚河民居形制可以看出各地民居形制之间相互借鉴、影响的脉络[22]。

湘西民居　湘西地区为苗族、土家族、汉族杂居地区。苗族多居于花垣、凤凰两县，吉首、古丈次之，土家族与苗族多混居在一起。长期以来，苗、土、汉族的民居建筑形式相互融合，渐趋一致。湘西城镇内建造的庭院式民居多采用两层楼，楼上有一圈跑马廊，天井狭小，屋檐向内院排水，外围包以高耸的封火墙，十分封闭，远望如一颗官印，又称“印子房”。大门开设在中间。个别住宅的屋顶上搭建一凉楼，夏季可乘凉、晒衣、观望。更大型住宅在四合院子中央增加一亭式建筑。甚至可建两座，这是湘西所特有的形式。在农村的苗族民居多为平房，没有院落，不分间，内设火塘，以火塘中心组织家庭生活。后期受汉居影响，亦开始分间，中为堂屋，左为住房，右为厨房。苗族堂屋前多退入两步架而做外檐装修，形成凹廊，俗称燕窝，尚保留着民族古制。苗族原有席地而坐的习俗，故层高及家具高度亦较汉居为矮。湘西地区多属山区，地形起伏不平，为争取空间，减少土方工程，多用吊脚楼方式在河边、坡地建房。曲折狭小的石板路，高峻细直的吊脚柱，以及白墙、灰瓦，组成湘西民居村寨特有的风情。湘西民居外观十分注意门口装饰处理，在建筑造型上尚保留“侧脚”、“反宇”，正脊两端翘起等古老的做法，增添了不少古朴、柔美的特色[23]。

川中民居　是指以成都为中心的四川盆地的岷、沱江流域，该地区河渠纵横，土地肥沃，史称天府之国，历代即为中国西南地区的经济政治中心，人文荟萃，地美物丰。民居建筑亦达到相当高的水准。一般亦为合院形式，上房3～5间，中为堂屋，为祭祖、待客、家庭活动之处，可做成敞口厅式，亦可突出一部分加简单装修，稍事阻隔，家人可由两侧出入。堂屋之后有的添建抱厦或敞廊以为退路。上房的进深大，出檐深，或在前檐做成柱廊。两侧厢房3～4间不等，多做卧室、书房、客房之用。中间天井院较大是四川民居的特点，院中心铺设甬路，两边尚有余地栽植花木，与北方民居有类似之处（图5-64）。假如为多进院落，则可将厢房重复设置，中间隔以大厅，或者以木屏门花架隔断。院前为大门，开设在中间，两侧倒座房作杂用。一般厨、厕、贮存等集中在后院，单独处理。大户住宅尚在一侧设置花园[24]。在乡村集镇的民居多为冂字形三合院，前面以高大院墙封闭，墙正中设屏门式屋宇式大门，类似北京的垂花门，俗称龙门，形式变化很多，是四川民居的另一特色（图5-65）。四川的天气以阴雨天气较多，故民居的朝向没有严格的要求，比较自由，布局的轴线在地形多变的丘陵地区亦较通变。在农村大宅尚在住宅两厢房的背后，再加一排纵向房屋，称为“围房”，即闽赣地区的横屋，围房与厢房之间留出狭长的天井。围房多作为佃农、雇工居住用房，和农作物加工的磨房、碾房等，有门单独出入。厢房、围房的山墙皆朝向前街，与大门组合成一幅高低变化的构图。成都住宅的装修十分考究，挂落、花罩以及棂花槅扇门窗的使用较普遍，厢房多用支窗。檐下的吊瓜、撑弓、挑梁、角花等多加以雕刻，显示出业主的财力与欣赏趣味（图5-66）。成都民居实际上是川西、岷、沱江流域的普遍形式，在农村丘

图 5-64　四川成都某宅内院

图 5-66　四川南溪李庄张宅

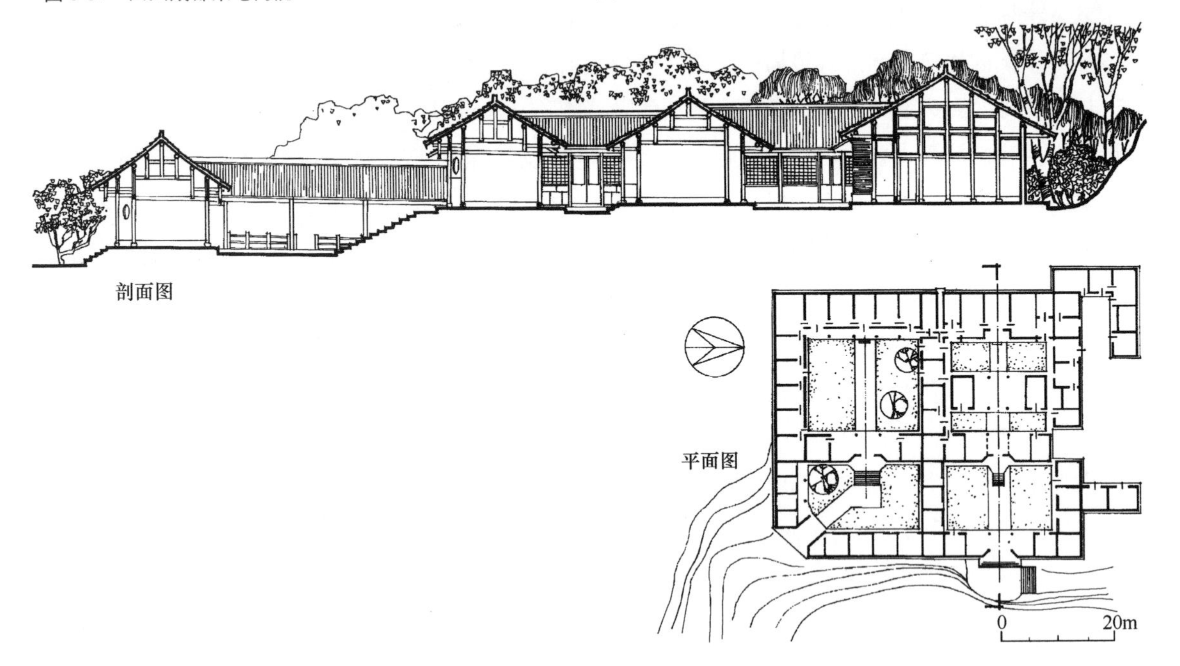

图 5-65　四川资阳临江寺甘家沟桑园湾甘宅

陵地区为了使民居平面更适合地形条件，工匠们创造出了悬挑、分台、吊脚、拖厢等手法，不但节约了施工费用，而且进一步丰富了建筑空间的变化。四川青城山道教建筑及峨眉山佛教建筑，许多方面即是从民居建筑中吸取的营养，进一步演化出来的。

昆明一颗印[25]　普遍应用于以昆明为中心的滇中地区，是一种两层楼的面阔仅三间的小型合院建筑。宅基地盘方正，墙身高耸光平，窗洞甚少，远望之其形如印，故俗名之“一颗印”（图5-67、5-68）。典型的“一颗印”规制为“三间四耳倒八尺式”，即正房三间，两厢称为耳房，每侧两间，共称四耳，另在耳房前端临大门处有倒座房一间，进深仅八市尺，故名“倒八尺”。各方房屋均为两层楼房，在正房与耳房相接处留有窄巷，安设楼梯，称楼梯巷。天井在中央，面阔仅一间，比例狭小如井，是最小形制的天井院。住宅各间用途以正房为主，正房中间为祖堂或佛堂。正房上下楼的次间为卧室。左右耳房的进深较浅，一般作书房、客房之用，农家则作为灶房及畜圈使用。“倒八尺”的大门内，在面向天井的檐柱间安设屏门，以遮内外视线，居者入门后从左右耳房廊下转入正房。正房多为五檩的穿斗构架。另加前檐廊步，双坡顶。而两耳房进深小，仅为三架一面坡式屋顶。小型住宅可以不建“倒八尺”，而设一墙门，形成“三间四耳”或“三间两耳”

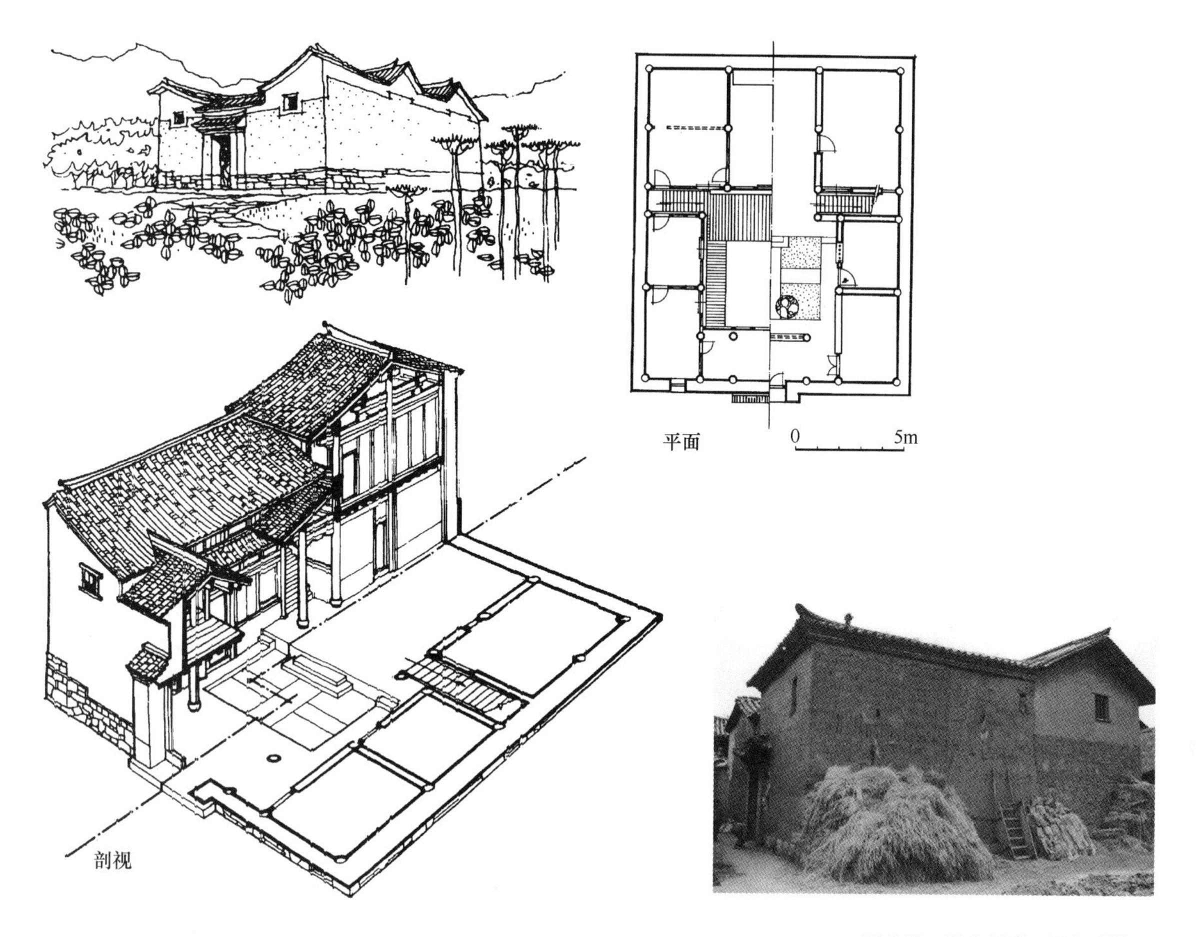

图 5-67 云南昆明一颗印民居示例

图 5-68 云南昆明一颗印式民居

式的三合院，甚至只建三间正房带楼梯的独院小宅。早期一颗印民居，正房和耳房的下层皆有披檐，上下屋檐彼此穿插相掩，正房各檐位置较耳房为高，以“倒八尺”的上檐标高最低，区分出主次关系。这种屋檐叠落的建筑风格具有古朴之风，故这类“一颗印”又称“古老房”或“厦子房”。后期住宅为解决上层各居室间的联系，各居室前面皆扩出前廊，在二层各居室之间形成走马廊，相互串通，而下层的披檐消失了，此式又称“宫楼”，为城乡富裕人家常用的形式，其挑枋、瓜柱、栏杆等处有精细的雕饰。一颗印的外檐装修常用槅扇门及槛窗（当地称为竖窗），但在耳房处常喜用拦脚推窗，即全窗分为上下扇，下扇为固定的拦脚窗，上扇为可向内推起的推窗，上大下小，开启灵活，配以工字格棂条，在透视上产生一种变化不定的闪动感。这种拦脚推窗是川滇一带特有的装修。木质装修一般油饰青黑色，红色线脚，这种油饰色调尚存古意，浙江天台的老式民居亦是这种油饰色彩。槅扇门上还贴有金花。而乡间民居多不施油饰，保持木材本色。

福州民居　福建一地多受中原文化影响，随着历代中原移民入闽，而使各地文化，包括建筑技术与当地文化技术相互融合，成为福建特有的文化风格，在其民居形制中也可看出这种影响。另一方面福建境内多山，交通阻隔，文化交流困难，造成八闽之内，方言众多，建筑风格也遍呈异彩，很难以统一的特征加以概括。福州地区是其中具有典型的民居区域之一。

福州民居的平面是纵向多进布局。一般面阔三面，前为门屋，中为大厅，后为后厅，厅间为横长的天井院（图 5-69、5-70）。住宅之后一般留有家务杂用的小天井。大型民居可有五进院，依次排列门屋、轿厅、过厅、大厅、后厅，在大厅前的天井中还建有亭式建筑一座，称覆龟亭，作为前后房屋的联系，同时也将横长的天井空间分隔为二，更为丰富。个别大宅也有用五开间面阔的厅堂布置全宅。横长的天井两侧可不建房，也可建走廊或进深极浅的厢房。各进房屋中间的厅堂

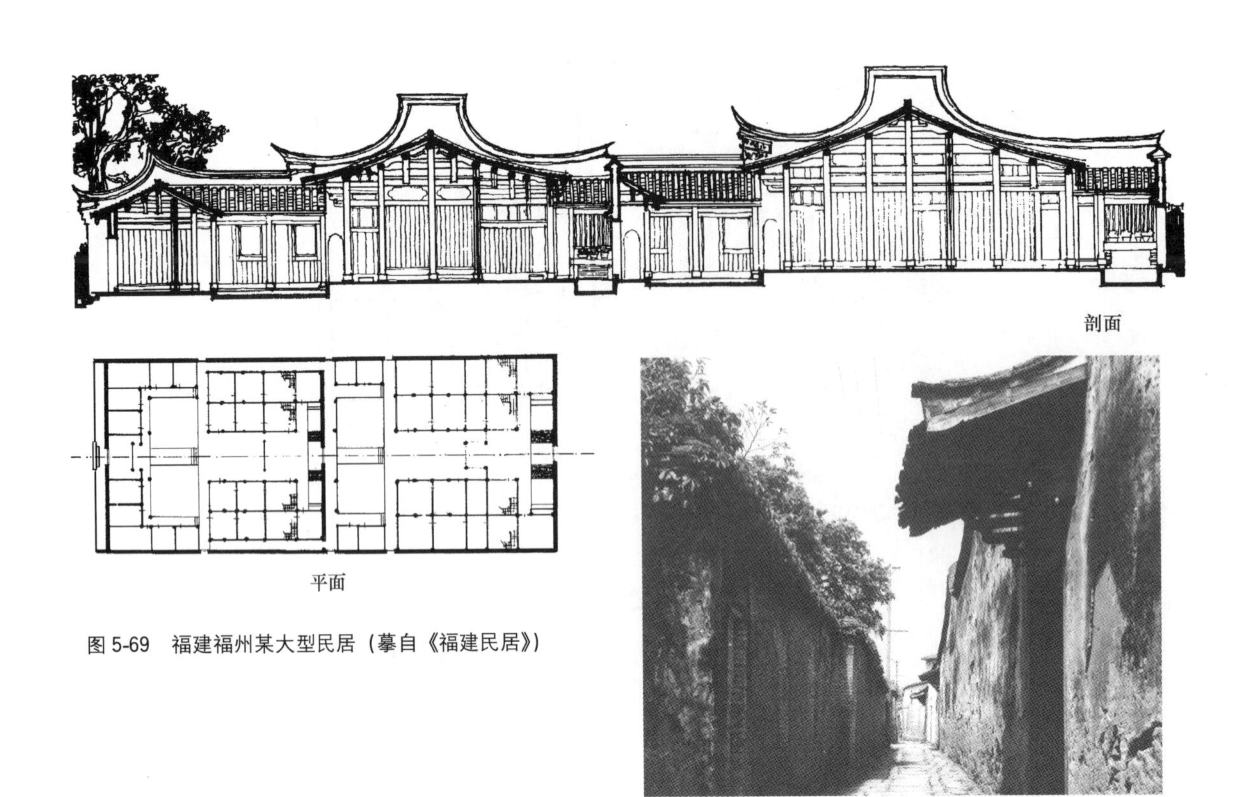

图 5-69　福建福州某大型民居（摹自《福建民居》）

图 5-70　福建福州旧街巷

皆做成敞口厅形式，两侧次间为卧室。福州民居敞厅的面阔明显较次间卧室为大，标明厅堂为全宅的构图中心。宅内主要厅堂的进深较江浙一带更深，故敞口厅往往分为前后厅，而且卧室亦可分为前后间，甚至三间连属，具有很高的建筑密度。福州民居的封火山墙多采用挺拔的观音兜山墙或其他曲线形山墙，墀头高耸，极富于形式的运动感。

泉州民居[26]　闽南是中国经济发达地区，对外交往的历史十分悠久。莆田、仙游、晋江、厦门、漳州的海外华侨众多，当地的建筑技术亦独成派系，称闽南帮。这个地区的民居除了一般通行的三合院建筑外，很多大宅采用“护厝”式建筑。即在中间保留“上三下三”“上五下五”或“三堂”制厅井式住宅，而在住宅东西两侧跨院布置纵向建筑，称为“护厝”，共同组成一个大宅院（图 5-71、5-72）。这类“护厝”，即江西的“横屋”，四川的“围屋”。一个宅院可以是单护厝，亦可为双护厝。护厝与主屋之间形成狭窄的天井，中间以矮墙分隔。天井中可形成凉爽的对流风。护厝不仅可以作杂屋；亦可作居室用。这种护厝式民居在福州至漳州的沿海一线采用极多，广东潮汕地区亦取这种类型民居，而且对广东梅县及赣南一带客家人的集居式建筑亦有较大的影响。隔海的台湾省民居亦受福建闽南民居巨大影响。护厝式民居的外观较为丰富。主立面是由三间或五间门屋及两护厝的山面墙组成，产生横竖尖平的构图变化。两护厝的天井院有外门通向街巷，与大门形成三门对外的气势。泉州一带的门屋屋顶往往分割成三段，中间一段较高，两侧稍低，强调了中轴主体建筑。泉州一带民居大门多采用凹进式门斗，门斗侧壁有精美的砖石雕刻或贴面（图 5-73），这些手法造成泉州民居活跃外向的华丽风格，在封闭内向的封建社会民居中，这是十分突出的一种变异，可能与泉州沿海地区外向经济所造成的文化气质有关。泉州一带盛产佳石，许多民居完全以石材为围护结构。惠安县及沿海村镇不仅围护结构，连承重结构亦为石材，可以说是石头房子。泉州地区砖色十分艳红，称“胭脂红”。这些也为泉州民居添色增彩。

图 5-71 福建泉州民居示例

图 5-72 福建泉州蒋既淑宅入口大门

图 5-73 福建泉州某宅墙面石刻

台湾民居 是属于大陆闽粤民居系统，岛上原土著居民——高山族的民居仅占很小一部分，将在第六节中叙述。大陆居民早于宋元时代即开始迁居澎湖列岛，并设置行政机构，其后在明代及明末郑成功收复台湾时期，以及清初随清军入台，又迁入大量的居民，在西海岸建立了不少村庄，并延伸至北部及东部海岸。至清代末年汉族人口已达 300 余万。入台的居民中以福建漳州、南安、晋江、同安、安溪及广东潮汕、惠州等地居民为多，其中闽南人约占 83%，因此民居形式明显具有闽南风格。即以平房为主，中间为正房，大家庭多建两三层厅房，外围加建护厝。住宅前面建照壁或门屋，中间围成庭院[27]（图 5-74、5-75）。在农村中三合院间的庭院是敞开的，称为“埕”，为进行农业加工和副业之处。

台湾民居与闽南民居对比，其特色表现在：（一）主次关系十分明确，正房开间、进深及屋高占全宅之首，护厝必定低于正房。较长的护厝尚设计成由后至前层高逐间递落的形式，类似福建客家人的五凤楼。（二）大量的住宅为三合院式及两堂式，或沿横向增加护厝，基本上为横向扩展的住宅，在兄弟数支合居的大家庭中，也可将二堂两横式住宅并列数座建造，中间留有防火弄，如新竹郑用锡大厝为五院并列的布局。至于前后数进的纵列式大宅仅是个别的例子，如台北板桥林宅的新大厝即为五进院落纵列式。（三）由于台湾岛地形特点，民居一般不严格规定朝向，朝东西也可。护厝一般亦作为主要房屋使用。（四）一般大宅多带有庭园，其庭园特色是以人工布置的亭榭廊桥为主体，适当点缀假山、池塘、密度较高，人工气息浓厚。（五）清代中期以后，官僚、

图 5-74　台湾台中雾峰镇林宅旧居平面图

1. 廿八间　2. 二房厝　3. 大花厅　4. 宫保第　5. 草厝　6. 颐圃
7. 蓉镜斋　8. 新厝　9. 景薰楼　10. 荷花池　11. 日月池与水亭

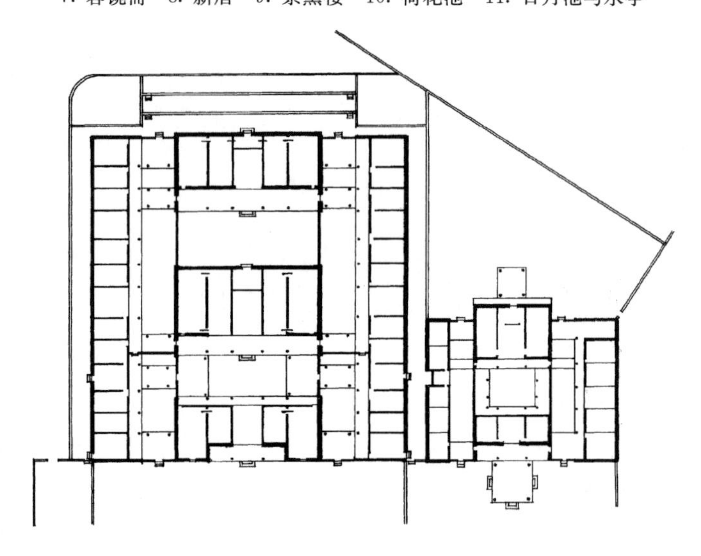

图 5-75　台湾台北板桥林宅旧大厝平面图（三落两护龙式，即三堂两横式）

商人住宅的艺术趣味，趋向精细的木工雕饰，瓜柱发展成叶瓣复杂的瓜筒，以及雀替（托木）、斗座、随枋等构件皆施以透雕的花饰。（六）一般民居中大量应用竹结构及竹材及轻质隔墙，尤其以南部台南、高雄等地应用较为普遍。清代中期以后，商业活动渐次活跃，在城市内发展了一种街面房屋，即面阔仅有 5 米，但进深很长，中间配合以小天井的多进房屋。临街为店面，后部为住房、厅堂。亦有做成两层楼的，相邻房屋互借，形成联幢式。因此房屋采光仅靠屋顶阁楼或亮瓦及小天井，这种布置是东南沿海一带各省为节省住宅用地的共同的设计措施。

潮汕民居[28]　粤东潮州地区地处亚热带，全年无冰雪，气候闷热，雨量充沛，濒临南海，多台风暴雨，因此造成该地民居外围以砖石墙封闭，封护式檐口，硬山屋顶，布局紧凑等特色。另外潮汕地区各式民居具有标准平面布置系列。其基本平面布局为当地称之为“爬狮”的三合院和称之为“四点金”的四合院（图5-76）。“爬狮”为正房三间，一厅两卧，配以左右耳房（厢房）各一间，前以院墙封闭，当中开门，形成狭小的天井院。“四点金”即在“爬狮”的基础上，前面加一倒座房，中为凹进式大门。由此两组形式相互配合，可发展成多种规模的住宅形式，纵联之可成“三厅串”（即三堂式）；通面阔改成五开间、七开间，即成“五间过”、“七间过”；“四点金”纵横相连，并扩大厢房的空间尺度，即成为“四厅相向”、“八厅相向”等大型民居组合。亦有的民居是在三堂制式的基础上左右加秦厝（即横屋、护厝）或后仓（即后罩房）形成大宅，例如潮州著名的许驸马府即是这种类型。潮汕民居布局紧凑、密集，在满足通风采光的基本要求下，很好地解决了防风、防晒、防雨等的要求。同时组合灵活，具有很强的适应性。其组合方式有两种，一种为交叉混合组合，一种为简单重复组合。例如澄海三壁莲式的民居即为若干“爬狮”平面以冂字形的序列排组而成。潮汕民居中大型住宅较多，反映出宗族观念深刻性与宗法制度的牢固性。有例证说明，这种合族居住的大宅制度在潮汕地区是有较长的历史，某些组合形式至少在明代已经形成，而一直延续到今天。

潮汕民居有着丰富的外观造型，突出表现在硬山封顶、灰塑及大门处理上。其封火山墙有尖、圆、曲线、折线、阶梯状等不同形式，分别代表金、木、水、火、土五星的星相，而且沿着脊部有繁复的线条和装饰，组合成一条华丽的装饰带。潮汕地区多风，故外檐椽头封护在檐墙内，并在屋面与墙身过渡的墙楣处施以砖雕或灰塑，上下为板线，中间为花肚，描绘人物花鸟，有的灰塑还施以色彩。潮汕的大门为凹入式，正门立面分两段处理，上为匾额及左右花窗，下为大门框扇及左右装饰性腰墙，富裕人家可以石板雕琢成石板画。在贴近大门外有木造格栅门一樘，直棂双扇平开，门扇正中有八卦图案，以遮挡视线，类似粤中地区的推笼门（图5-77）。

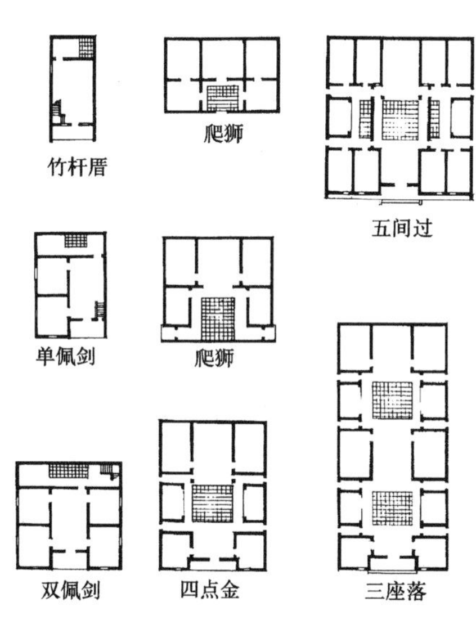

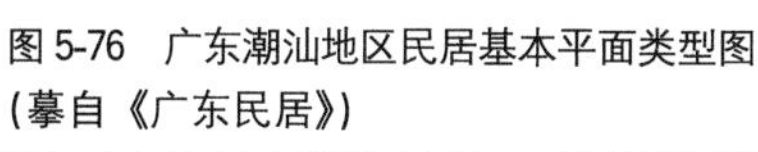
图5-76　广东潮汕地区民居基本平面类型图（摹自《广东民居》）

图5-77　广东潮州某宅门栅

潮汕地区民居建造受风水学说的影响甚大，营造中采用“尺白”、“寸白”制度，凡建筑的开间、进深、檐高、正脊高度等主要尺寸，皆要选用堪舆学中的吉利尺寸，并配合住宅朝向的八卦方位，推算出该宅的具体的吉利尺寸。在风水书中凡属大吉尺寸数字，在九宫配色中皆占白字，故这种制度简称之为“压白”[29]。

粤中民居[30]　是指广州及其附近东莞、番禺、中山、开平、台山等县市的民居。该地区处于珠江三角洲地域，具有悠久的经济及文化开发历史，土地肥沃，但地少人多，建筑用地紧张，全年无雪，夏季达6～7个月，气候潮湿多雨，年降雨日达140余天，而且7月至9月间台风极烈。该地区民居建筑类型较为复杂，特别清代以来，华侨归乡建宅，带入不少西洋建筑风格，增添了新的意趣。众多的传统民居，经分析可归纳为两个系列。

一类为竹筒屋式样。即潮汕地区的竹竿厝，为东南沿海一带人口稠密区通用的形式。即单开间面阔，而进深非常长，深者达20米。中间可以有小天井作为采光通风通道，或用明窗、气楼。其平面布置前为厨房，中夹天井，进而为厅堂，后为卧室。这类民居的内部交通往往是穿屋而过，无明确的走道。有的地区的竹筒屋为楼房。这类单开间民居，可以并联建造，节约地皮，而且便于采用硬山搁檩的构造方式，不但减少了木材用量，而且是规格统一的木檩和木龙骨。还有一种扩大的竹筒屋，为两开间，房间组合原则相同，进一步增加布置的灵活性。粤中地区的大型三座落式（即三堂式）的民居，亦可按照竹筒屋的平面布置和结构原则进行设计。如广州西关大屋，即是一例（图5-78），西关大屋是一组三开间面阔的住宅组群。按纵向划分为三条竹筒屋。中间开间称正屋，布置一系列厅堂，从门厅、轿厅、大厅、头房、二厅、二房等房间；左右间称“书偏”，布置书房、客厅、卧室、厨房及楼梯间等，左右对称，各房间以屏门作为灵活隔断。相邻的两座住宅间以通长的火巷隔开，称为青云巷，可做消防、清粪、交通、晒晾、排水之用。主要厅房皆可做成两层。可以说西关大屋是在传统厅井式布局中进一步重叠、浓缩而成的一种密集型民居。

另一类为“三间两廊”式，即冂字形三合院，潮汕一带称“爬狮”；客家人称“门楼屋”。主房三间，中为敞口厅堂，两侧为卧室，两厢各为半间，用为厨房、杂用房。大门在正中，亦可在侧廊。这种“三间两廊”式可发展成为“四点金”（即双堂式）、三座落（三串厅）及更大型的住宅。但粤中一带汉族民居中仍以“三间两廊”式较为普遍（图5-79），在一些宗族观念深厚的村镇，同姓居住在一起，往往采用“三间两廊”式住宅为基本单元规划全村，形成“梳式布局”的村落（图5-80）。即全村划出南北向巷道若干，巷道间毗联布置若干幢“三间两廊”住宅用地，由巷道宅侧入口，丰裕人家可占用两幢宅基。村中央为祠堂、私塾。村落前为阳埕（广场、谷场）及半圆形池塘。村后及左右为竹林、果树。布局严正划一，通风良好，适应粤中地区气候条件及

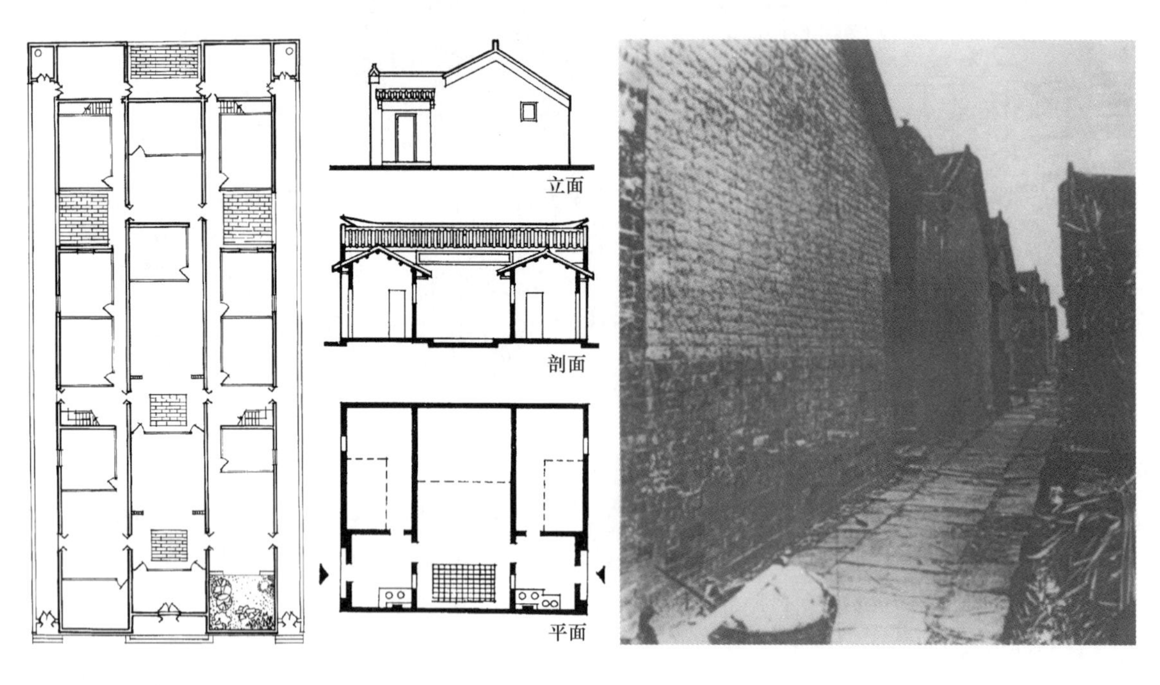

图5-78 广东广州西关大屋平面图

图5-79 广东高要“三间两廊”式民居

图5-80 广东东莞三和乡九曲村“三间两廊”式民居

用地紧张，努力追求紧凑布局的规划意图。民居装饰亦十分丰富，类似潮汕民居。广州一带还盛行于外门之外另加设推笼门，横向推拉，平时大门开启，由稀疏格栅的拉笼门隔断内外，既可观察，又可通风。

三、组群式民居

是院落式民居的一种特殊性发展。在合院式或厅井式民居中，由独院向多院大宅发展时，是按照一定规律，即反复重叠处理院落或天井。外观面貌变化不大，但规模增大，是一种数量上的增加。家庭规模虽大，但经济上是统一体，四世同堂，一锅吃饭，因此平面组合上是卧室及杂用房增多，厅堂、厨房仍为统一使用。而对于客居在闽赣粤一带的客家人及漳州一带沿海的闽南人来说，由于防御外人的攻击，他们喜欢同姓族人居住在一起。一幢大民居中不是一家人，而是一族人，就如同北方的张家乡、李家寨一样。但是他们把众多家庭集居生活的一个村落，浓缩、密集在一幢建筑物中，这里包括了居住、贮藏、饲养、用水、族祭、防御等各种社会的物质的生活内容，这就创造了另一种组群式的民居形制。它们有着独特的构图规律及院落组织，打破了一般院落式民居的习惯图式。它们的外貌有了质的变化，不再基于平房布局而产生出的建筑体量感。大屋顶、长屋顶、穿插屋顶代替单独的小屋顶。在这些民居中可看出各式汉族传统民居的影响，但又都经过了增删及改造，转化成新的民居形式。许多家庭聚族而居的习俗反映在民居形式上也非一成不变，大致可分为四种类型。

方、圆土楼[31]　主要分布在福建永定县东部、南靖县西部山区及龙岩县一部分。圆形土楼平面为环形，规模大小不等，其中最大的永定承启楼，直径达70余米，用三层环形房屋相套，房间达300余间，盛时住八十余户，六百余人（图5-81～5-83）。外环房屋高四层，底层作厨房、杂务

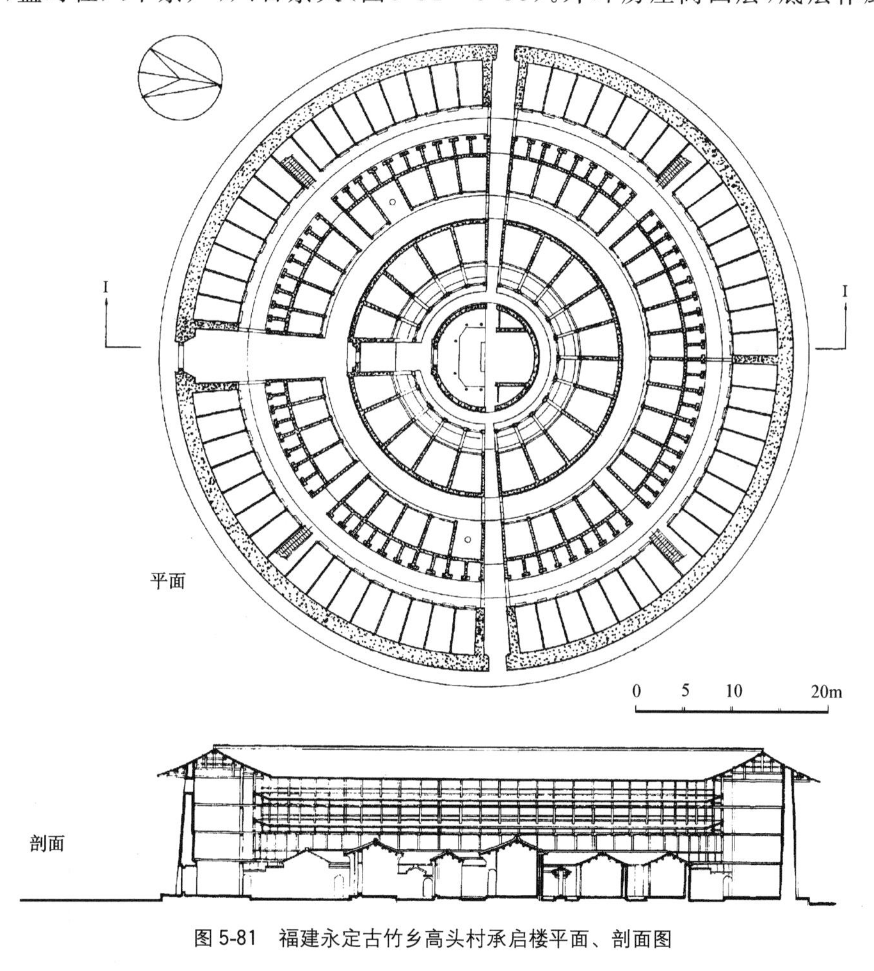

图5-81　福建永定古竹乡高头村承启楼平面、剖面图

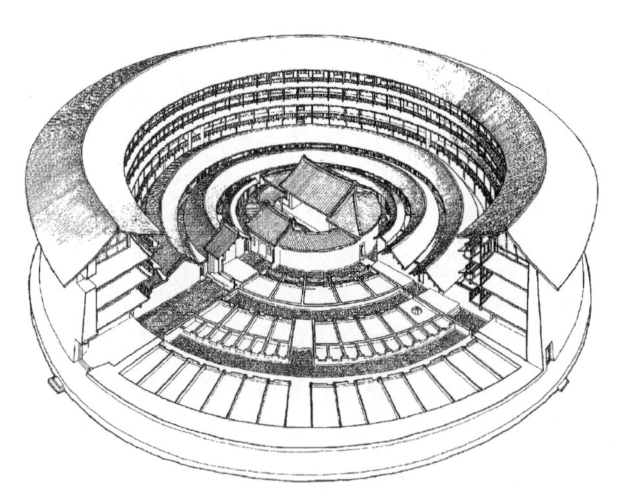

图 5-82　福建永定古竹乡高头村承启楼剖视图

图 5-83　福建永定古竹乡高头村承启楼

用，二层储藏粮食，三层以上住人，各层内侧以迴廊相通。按每一开间的一至四层为一组，分配给住户使用，人口多的家庭可分配两开间。有公共楼梯解决上下交通。内部的其他两环房屋仅高一层，亦按户数分配使用，作为杂务及饲养家畜之用。环楼中央为圆形祖堂，供族人议事、婚丧典礼、祭祖及其他公共活动使用。土楼内尚设有水井。其结构为土木混合结构，外墙用厚达一米以上的夯土承重墙，与内部木构架相结合，并加设若干与外墙垂直相交的隔墙，以增强整体刚性。屋顶为环形，双坡瓦顶，出檐极大，以保护土墙免受雨淋。因安全需要，外墙下部不开窗，上两层开小窗及射孔。底层开设三座大门，厚木板门扇，并有防火措施。圆形土楼外观坚实雄伟，类似一座座堡垒。中小型的圆形土楼仅外圈一环形楼，内院布置猪舍、水井，中间为祖堂，其构造方式与大土楼类同。环形土楼为一整体筒形结构，十分稳固，圆楼向内的回廊由二层以上层层向外挑出，产生内向的倾覆弯矩，使全楼形成向心的内聚力，整体刚度更为增强。说明其结构力学上亦是十分成熟的。现存土楼有的长达200～300年的历史，至今仍然屹立在闽南群山之中（图5-84）。

方形土楼在布局上与圆楼相似，只是平面呈方形或矩形。正面大门外多围成一座前院（图5-85）。南靖县梅林山脚楼是典型实例，土楼高五层，内圈有回廊，四角设楼梯，祖堂在中心，围成一个天井院。但祖堂的正厅退入方楼的底层，以扩展祖堂天井院的空间感觉。有些方形土楼受地形限制可以做成⼌字形，例如南靖石桥村的长源楼（图5-86、5-87）。有的方楼在顶层部分增设一部分对外的木装修、挑台、栏杆等，以丰富立面造型。还有的方形土楼，扩大了门外的埕院，将学塾等内容亦包括在内。

图 5-84　福建永定洪坑村客家土圆楼民居

图 5-85　福建永定洪坑村福裕楼

在广东南雄一带山区中，有一种防御性极强的“围”式建筑，宅主虽不尽是客家人，但其构造方式与福建客家土楼类似，实际即为方形大楼（图5-88）。因当地缺少良土，习惯用卵石、块石或砖来砌外墙，愈发类似碉堡。“围”式建筑外墙全不开窗，高度在四层以上。顶层四角设岗楼、射孔，称“火角”，并斜向突出墙外，防御性极强。“围”式建筑内部仅有各户居室、厨房、公用水井，但无祖堂。天井院落狭小，光线阴暗。在“围”式建筑前有完整的“三堂两横”式民居院落及祖堂、畜圈等建筑，作为日常全族居住之处。仅在匪患猖獗，临难危急之时，全族移居“围”内，据楼固守退敌。可以说这种“围”式建筑是临时居地，是碉堡、望楼的扩大化。这些“围”式建筑大约兴起于太平天国战争时期，是地主富户为了自保而修建起来的。赣南的三南地区（即定南、龙南、全南三县）亦有“围”式建筑，有的规模还很大，亦是聚族而居的大宅[32]（图5-89）。

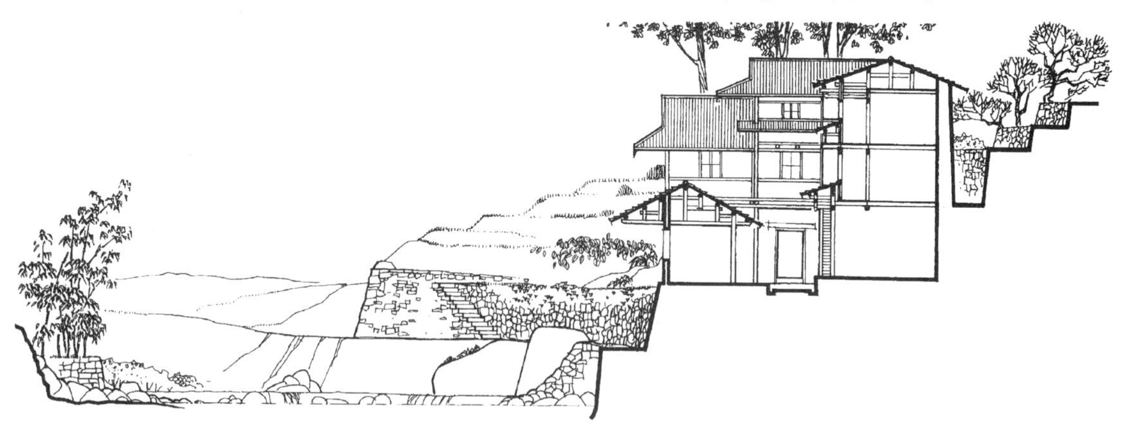

图5-86　福建南靖书洋乡长源楼剖视图

图5-87　福建南靖书洋乡石桥村长源楼

图5-88　广东南雄始兴乡象山村围屋卵石墙

图5-89　江西定南天花乡金鸡村某土围楼

客家人的方、圆大土楼聚居住宅，是将汉族传统的三堂加护厝式民居与漳州地区山城坞堡形式结合起来的产物。在漳州仍有多户汉族人家，为了防卫需要，结堡而居，构成大圆形平面的实例，如华安县仙都乡的二宜楼。这座圆形土楼直径为73.4米，内分12个单元，每一单元都是一座“前三后四”的三层合院式建筑（图5-90、5-91）；又如该乡的南阳楼是分为四户人家的圆楼，每户为“前五后五”的双堂制式，但后堂为三层楼的五间正房带两耳形式[33]。此外，福建闽南及粤东尚发现有用潮汕的竹竿厝单间平面形成的大圆楼，如云霄县的树滋楼、潮安县铁铺区东寨。还有用单间竹竿厝形式构成的大方楼，如潮安县永盛楼、石丘头寨等[34]。说明民居形式的选择在更大程度上是决定于使用要求，而地缘与民族差别并不是主导因素。

五凤楼　主要分布于福建永定县湖雷、坎市、高陂等乡，以高陂的“大夫第”最为完整（图5-92、5-93）。五凤楼全部平面由左中右三部分组成。“三堂”位于中部南北中轴线上，下堂为门屋，门屋后为横狭长的天井院，左右配以敞廊；中堂为全宅的中心，是全族集会之处，前

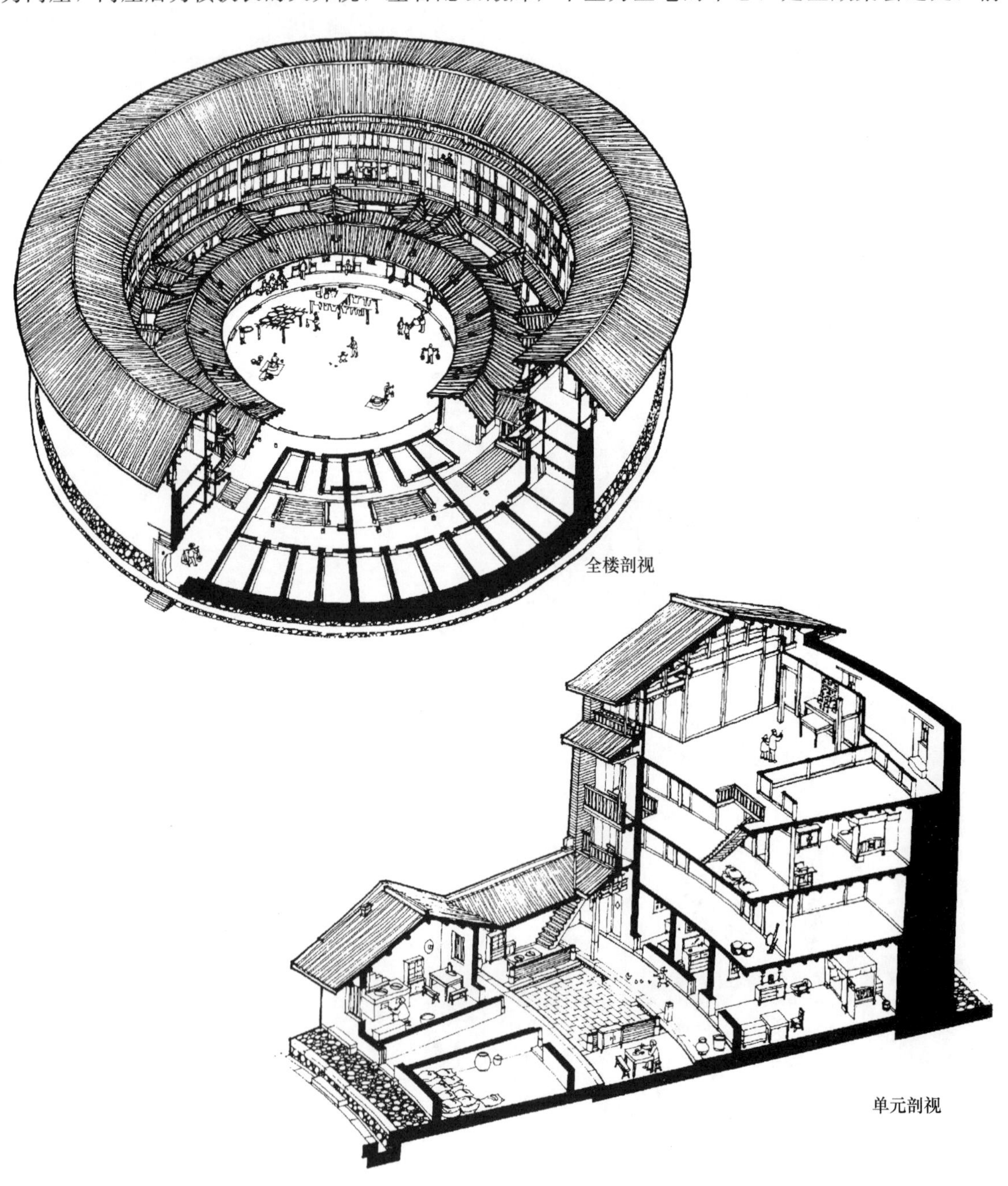

图5-90　福建华安仙都乡二宜楼剖视图（摹自《中国传统民居建筑》）

图 5-91　福建华安仙都乡二宜楼内景

面敞向天井；后边为四层主楼，高矗在中轴线的北端，为全宅最高建筑，可俯瞰全宅，为族长的居处。左右部为横屋，客家人称之为“两落”，分别由三个平面形式相同的单元沿纵向拼接组成。横屋呈阶梯状，由三层逐步递落为两层、单层。其屋顶为歇山式，山面向前。在三堂和两落之间形成狭长的院子，前后有出入口，中间以廊子、漏墙相隔，分成小的天井院。五凤楼的布局显然是从福建广东一带，盛行的“三堂两横”式民居发展而来，增加了体量和层数，扩大了规模。整个住宅布局规整、条理井然，屋面参差，主次分明，犹如一座巨大的太师椅，背依在青山丛绿之中，显现出古朴、庄重、和谐、统一的艺术风格。小型五凤楼有的不带横屋，仅为三堂制。有的只是一简单三合院，但土墙承重的三四层主楼是不可少的，而且各部分屋顶间有一定的参差跌落[35]。

三堂两横加围屋式　多通行于广东梅县一带。其布局特点为中间由三座堂屋纵列，作为全宅布局的主干，一般最前为门屋、中间为祖堂、后部为主楼，为族长居住，以及紧急情况下全族避难之所。也有的将祖堂安排在后堂(图5-94～5-96)。中轴两侧各为纵向的横屋，若每边为两列横

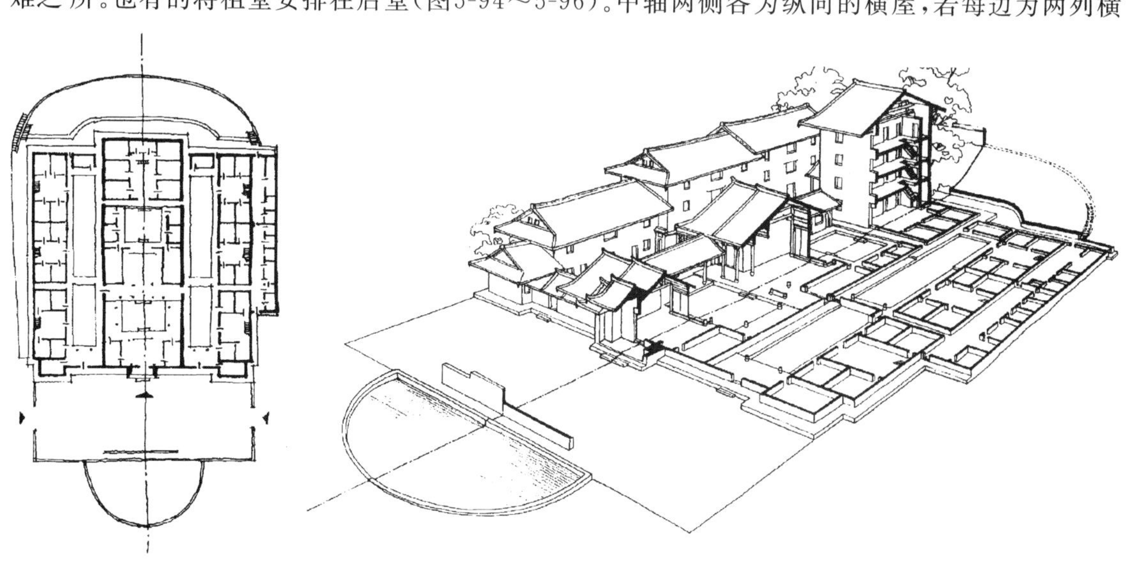

图 5-92　福建永定高陂乡大塘角村大夫第平面及剖视图

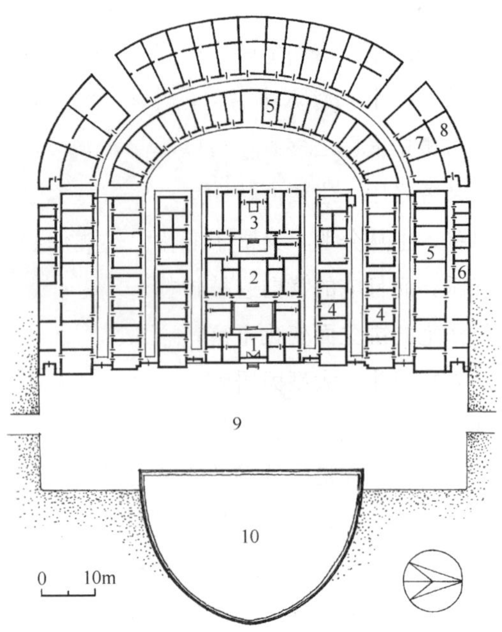

图 5-94　广东梅县蕉城乡白马村某宅平面图

1. 大门　2. 堂屋　3. 祖堂　4. 居室　5. 储藏
6. 厕所　7. 农具　8. 牛舍　9. 禾坪　10. 水塘

图 5-93　福建永定高陂乡大塘角村大夫第

图 5-95　广东梅县蕉城乡白马村某宅（三堂两横加围厝式）

图 5-96　广东兴宁黄陂乡波古村某宅（围厝）

屋，则称之为“三堂四横”，最多可达到“三堂六横”式。大门前面围出一块庭院，称前埕，做禾坪、晒场之用。有的宅院在前埕前方建立倒座房，以收贮谷物。前埕前方为半圆形池塘，池内养鱼，兼有排水、消防功用。在住宅后方建一半圆形房屋，与两横屋的后山墙相环接，称为围屋。围屋可根据横屋之多寡，可以单围，亦可双围。各户皆住在横屋中，围屋按情况分配给各户做厨房，杂务之用。主楼高达四层，而横屋可以是单层或二三层。整座住宅布局态势为前低后高，中轴对称，主从分明，又富于变化。这类住宅选址往往在山坡一侧，依坡而建，建筑顺坡而下，十分气派，而且宅的背向遍植竹林、果树，苍翠葱郁，做全宅的背衬，愈发烘托出全宅布局的雄阔。此类住宅的主立面变化丰富，一般五开间门屋的屋顶分作三段处理。外墙亦做成凹凸状。入口处作凹入式门斗，大型民居尚有一对石柱。各横屋的山墙朝向前方。对外的墙面皆有贴砖及精美的脊饰[36]。

三堂两横式是一种古老的民居形式，至今，江西东部、四川、浙江宁绍一带，以及福建等地尚盛行此形制。客家人对此型制进行变通；向高层发展，突出方正形体，创造了五凤楼形制；向广的方面发展，扩展层次，加设围屋，形成三堂两横加围屋式。此式在闽南厦门一带亦有实例，只不过主厅不是楼房。此类住宅与流行于闽粤的墓穴形制颇多类似之处，是否同受堪舆风水的阴阳宅理论影响值得研究。此外，在赣南的三南地区及寻邬一带亦存在三堂两横加围屋式住宅，但其后围屋为一字式，不作半圆形，且不起楼。

行列式民居　通行于粤东、粤北一带，也是客家人喜用的民居形式，目前尚寻找不出其发展脉络。此式民居可分为两类。一种为纵列式，应用范围在梅县、大埔、兴宁、紫金等地。如梅县松口镇的四杠屋、六杠屋等[37]（图5-97、5-98）。这类民居布局为纵向排列的数列房屋，列间为狭长的天井院。每列前三间组成一天井院，中间为敞口厅堂、作为本列住户的会客、聚会等活动房间。天井院后隔一矮墙，其后所有房间皆为住户，每一开间为一户，一般为两层，下为厨房，上为卧室。在后部有公用楼梯联系上下，二层有迴廊贯通。每列天井院有单独对外的大门。这类住宅内不设祖堂，在村内另辟地建宗祠建筑；同时也无严密的防御措施，规模大小自由，并可不断扩建与分化。

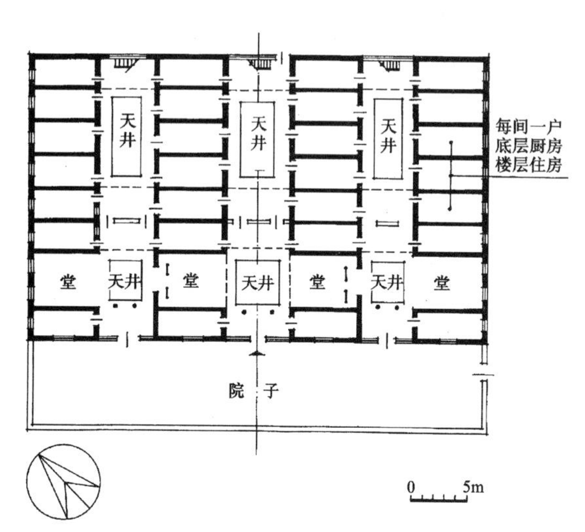

图5-97　广东梅县松口镇客家四杠屋平面图

图5-98　广东梅县程江乡葵明村潘宅（杠屋式民居）

另一类为横列式，多应用在粤北始兴、南雄等地（图5-99）。即以一组三堂式住宅为中心，布置门屋、大厅、祖堂等项内容，当地人称之为“众厅”，是全族公共活动中心。而沿三堂房屋两山墙向东西两面展开，形成联排式房屋，皆为住户使用。视财力不同，每户占用一间或两间，甚至两间不在同一横排上。这类横列式房屋多为两层，下层为住房及厨房，楼上为贮藏；在南雄也有以楼上为厨房的。最前一排对外不开窗，最后一排后墙只能开高窗，各户门窗皆开设在列间巷道中。行列式民居选址多在地形有高下之处，前低后高，后方栽植竹木或樟树，而前方多植榕树。厕所、猪栏、鸡舍不在众厅行列房屋内，多在邻近处建纵列横屋二三列，与众厅行列屋相垂直。横列式房屋是硬山搁檩式结构，各户共用山墙，而且是逐步接建起来的，因此行列端头山墙不一定划一，各户之间的前檐墙也不十分精确一致[38]。

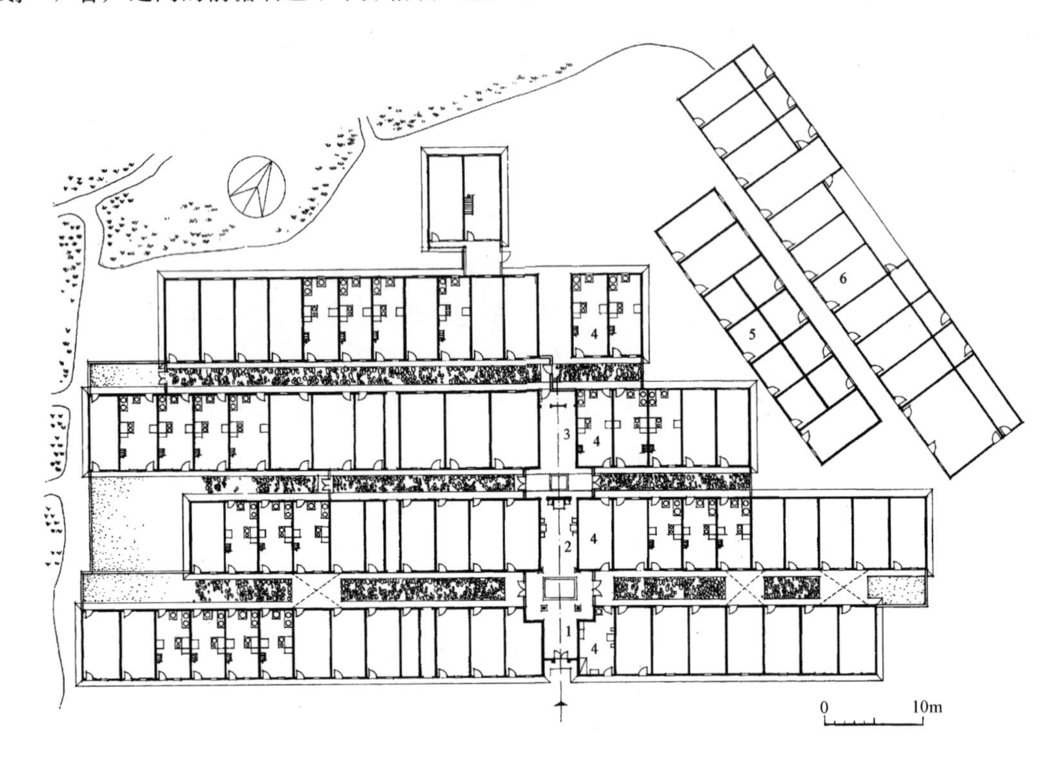

图 5-99 广东南雄湖口乡田心村杨宅平面图

1. 大门 2. 厅堂 3. 祖堂 4. 住屋 5. 厕所 6. 牛舍

行列式民居也有特异形式，如福建诏安县秀篆乡大坪村邱氏民居，即采用半圆形的条形土楼，五列相并组成。内环 50 间，二环 60 间，依次递增至外环为 90 间。宅中心为方形祖堂，祖堂前有一半月形风水池。整个宅第布局犹如孔雀开屏，井然有序。

第三节 干阑式民居

居住在广西、贵州、云南、海南岛、台湾等处亚热带的少数兄弟民族，因为所处地区气候炎热，而且潮湿多雨，为了通风、防潮、防盗、防兽的要求，采用一种下部架空的住宅形式，称为“干阑”。干阑式住宅起源很早，史籍中早就有“依树为巢而居”的记载，这种巢居即为干阑式建筑的原始形态。干阑式建筑还偏布于东南亚地区各国家，甚至扩展至濒临太平洋的各地区。干阑式民居多应用在子女成家后，分居另立家庭的小家庭制度的少数民族地区。因此，这种形式的民居规模不大，无院落，一般日常生活、生产活动皆在一幢房子内。这一点也是受西南地区地形复杂，平坝少，多雨潮湿的自然环境影响而形成的。干阑式民居在中国各少数民族中应用情况有所不同，布局及结构都各有特色，形成地区性的民居，兹分类叙述如下：

傣族民居[39] 傣族聚居在云南的西双版纳及德宏两州，这是一个河谷与山脉交错的地区，地势高差变化大，从海拔 500 米至 1700 米，气候较温和，终年无雪，四季不分，植被丰茂。傣族多居于河谷平坝地区。根据风俗习惯、耕作技术及居住生活状况，可分为水傣（傣泐）和旱傣（傣那）。水傣住干阑式房屋，而旱傣因与汉族长期融合，多采用草顶和瓦顶的平房，组成三合院或四合院，朝向不固定，与汉族民居类似。至于居住在红河元江一带的旱傣，又多习用当地彝族、哈尼族的土掌房，对此不作详述。本节重点介绍水傣的干阑式房屋。

傣族实行一夫一妻制，幼子承继家业，子女成家分居另过，故民居规模较小。西双版纳傣族住宅平面近方形，楼下架空为畜厩、杂用、碓米，楼上以轻质隔断分为堂屋及卧室（图 5-100～5-102）。室内无家具，席地而居。在堂屋设火塘，全家围炉团聚，做饭、活动。卧室为通长大间，席地安设独人铺垫，家人同宿一室。堂屋、卧室以外设有前廊和晒台，廊间有坐凳和铺席，并有宽大的披檐以遮雨、遮阳，为日常起居活动之处。傣族居民称晒台为“展”，有矮栏围护，为盥洗、晒衣、晾谷物的地方。此外，在住宅之外可接建独立的谷仓，其形制与住宅相似。干阑房为竹材绑制的构架，柱距为 1.5 米，排距为 3 米，是根据竹材的承重能力确定的。用竹篾制墙壁，竹竿绑制屋架，稻草顶，屋顶坡度陡峭，约 45°～50°。清代后期逐步改用木梁柱，木檩及竹片挂瓦条，屋面改用称“缅瓦”的小型平板挂瓦，但外观造型、坡度比例，依然如竹制结构房屋。西双版纳地区喜欢用歇山屋顶、墙身外倾，而且在墙面外接建一宽大的披檐（偏厦），上下檐可以将楼层墙身全部盖住，墙面不开窗，十分阴凉。根据底层架空高度，可以分为高楼与低楼。傣族竹楼平面十分灵活，无对称或朝向要求，亦无基本单元的限制，随意搭制。在基本类似的柱距和排距的基础上，以用柱的根数表示住宅规模的大小，如清代西双版纳宣慰府的住宅，即达 120 根。傣族

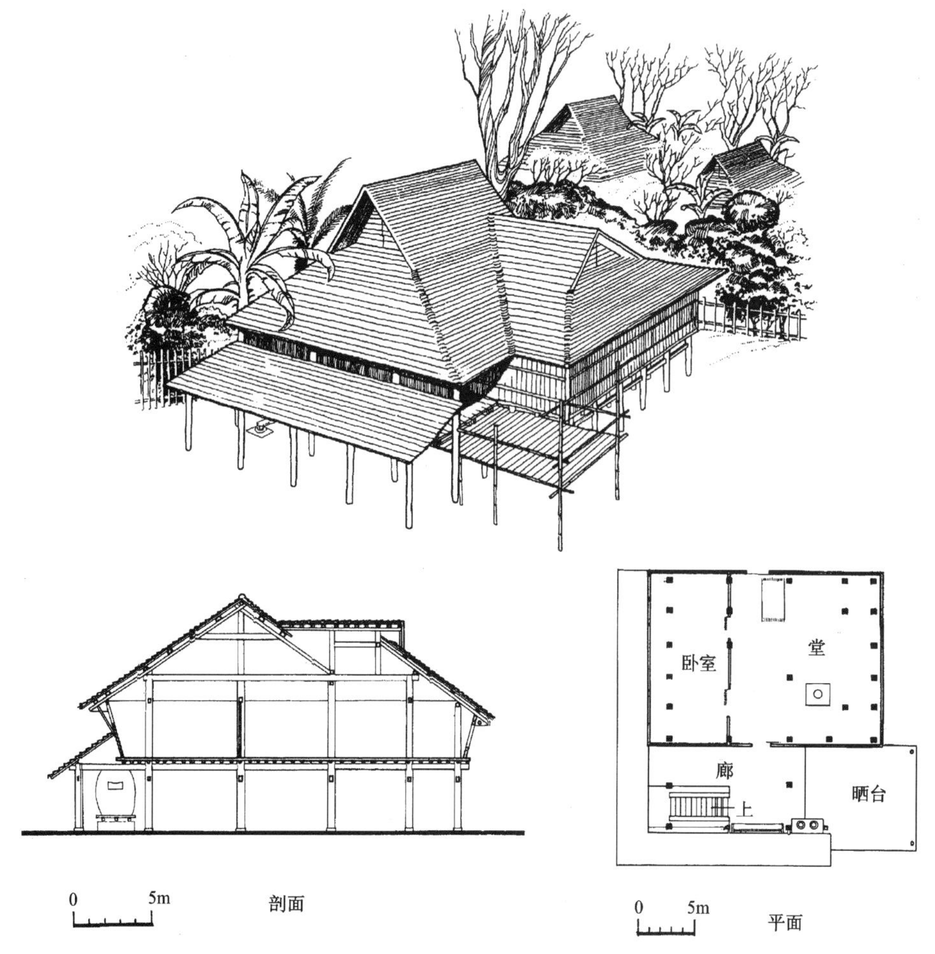

图 5-100 云南西双版纳景洪傣族民居

图 5-101 云南景洪傣族竹楼（带谷仓）

图 5-102 云南景洪勐罕乡曼廷村傣族竹楼

竹楼没有显著的装饰加工，显露结构及材料之本色，屋顶穿插，出檐低深，轮廓变幻，具有朴实、轻柔的建筑美感。

德宏州傣族竹楼基本类似西双版纳，但有自己特色（图 5-103、5-104），即无大披檐，显现二层墙身，上层可以开窗，对流通风及采光皆有改善。架空层亦用粗编竹篾围绕，可以利用为牛厩、谷仓、柴房、舂米等杂用房间。有单独的平房厨房与竹楼居室分开，连建在后方，改善了居室内的生活环境。竹楼内的卧室分为数间，可分室睡眠。德宏州竹楼屋面有歇山式，亦有悬山式加山面披檐，有草顶和瓦顶，尚有个别的椭圆形的毡帽顶。其外观朴素无华，特别是编织的竹席外墙，是用正反两面的竹皮编成，在阳光照射下，显现为各类图案纹样，具有工艺技巧之美感。

壮族“麻栏”[40] 壮族定居在广西、广东、云南、湖南等地，以广西为集中地。他们很早即定居两广，明清以来，汉人亦迁入广西不少，带进了中原文化及工艺技术。壮族民居可分为两大类型，即楼居的“麻栏”，和地居的平房三合院。楼居又分为全楼居“麻栏”，应用在桂北的龙胜地区及桂西的德保、靖西等地；半楼居“麻栏”，应用在桂中的宜山、都安、武鸣等地。

“麻栏”为壮语的音译，意为“回家住的房子”。其结构形式是全木构的干阑式建筑。但壮族麻栏的下层并非简单的支柱层，而是围以半圆形横木做成栅墙，用作畜圈杂用。上层为居室。居室上部尚有阁楼层。“麻栏”中以龙胜地区的体型最大，其平面组合形式亦丰富多样，多采用五开

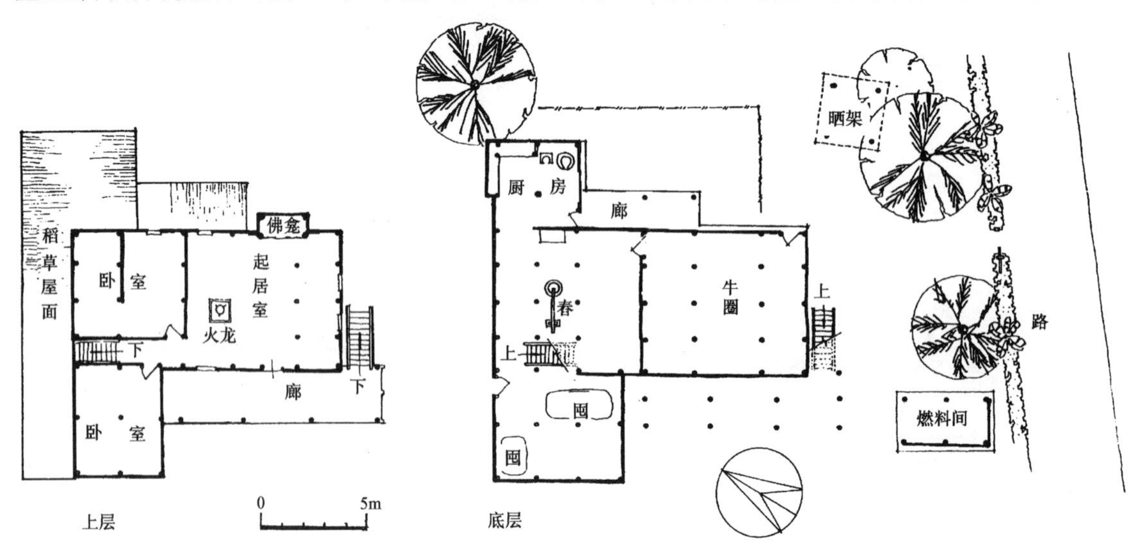

图 5-103 云南瑞丽万楼傣族干阑式民居

图 5-104 云南瑞丽团结乡下卡喊傣族竹楼

间的穿斗构架（图 5-105～5-107）。其居住层的布置是在前面安排一间很大的堂屋。有的横长达五间之广，近 20 米面阔。凡婚丧、迎亲、请客、节日庆祝及晾干谷物等皆在堂屋，平日即为家庭起居之所（图 5-108）。中门两侧设棂花窗。毗邻堂屋有一火塘间，火塘间与堂屋无分隔，为一共有空间，火塘间中设火塘，沿火塘三面摆设矮凳，用餐、烤火、会客皆在此。火塘间前墙为落地窗，后墙多为主妇卧室，侧墙设凸出墙外的碗柜。在堂屋后边并列一排卧室，各间卧室呈横长形，按长幼分间居住，一般卧室内仅有双人床一具，少量家具。也有的卧室排列是⨅字形，包围着堂屋。居住层的后部尚有一杂作间，做舂米、劈柴、放置杂物的地方。除堂屋外，其他房间的上方

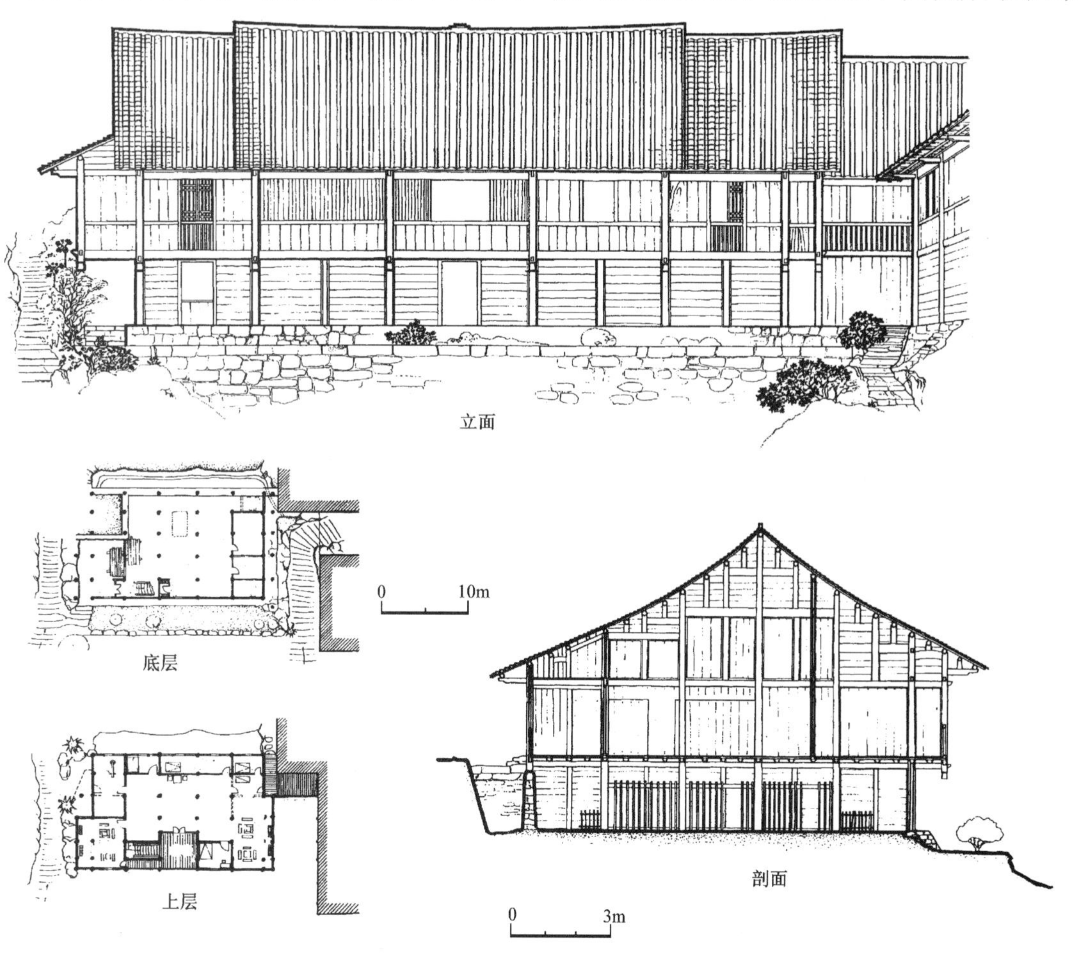

图 5-105 广西龙胜壮族干阑式民居

图 5-106 广西龙胜壮族民居剖视图

图 5-107 广西龙胜金竹寨壮族民居

皆设阁楼层。龙胜壮居在居住层当心间部位向外敞开，形成凹廊，名为“望楼”。在此可放置雨具、笠帽以及长凳，家人可以驻足休息，凭栏远望，是当地“麻栏”的一个特色。有的“麻栏”尚可在前廊添设抱厦，在侧部增加偏厦，或楼层出挑，建造吊廊或吊楼等，进一步增加平面及立面的变化。在主体“麻栏”之外，尚在火塘间附近开一小门，向外架设一座晒排，或另建一单独的谷仓，这点与西南少数民族的习俗相同。

靖西地区的“麻栏”，形制较龙胜地区为小，以三开间者居多，且外墙多为夯土墙或土坯墙，不设阁楼。平面布置为前堂屋后卧室的格局，室内用炉灶，不设火塘。这种三开间的“麻栏”往往是数家联排地设置。凭祥、龙州地区“麻栏”与靖西相似，但用料简陋，多为茅草顶、编竹墙。

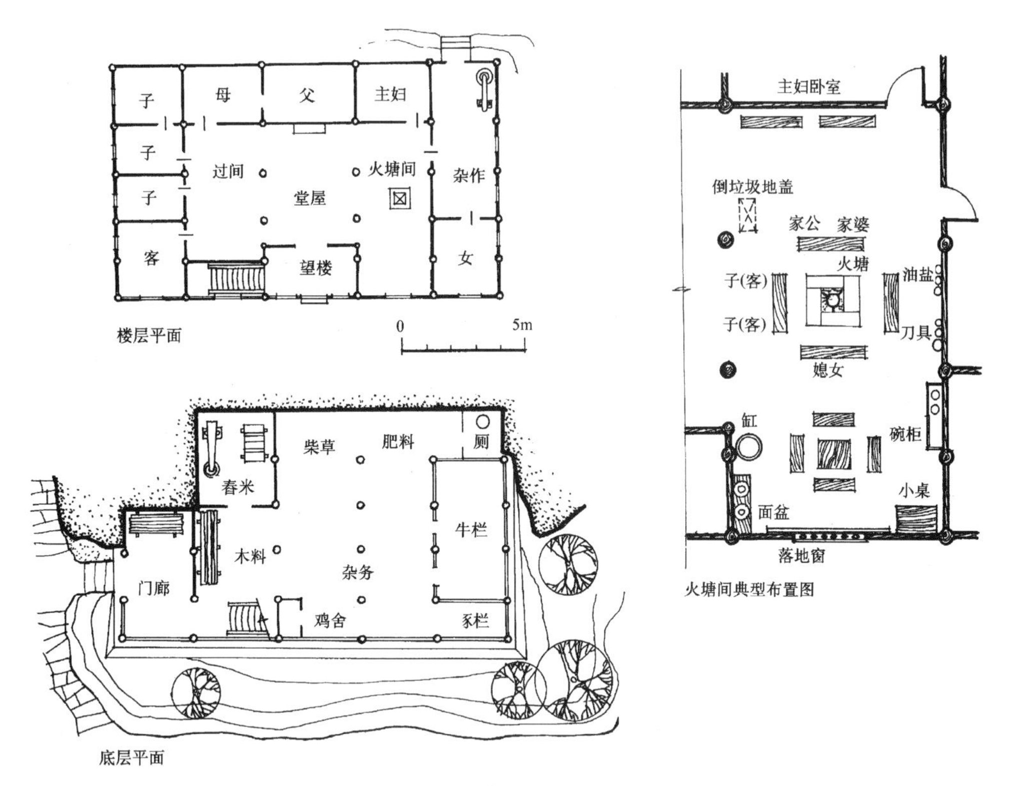

图 5-108 广西壮族全楼居五开间麻栏平面示意图

后期壮族“麻栏”吸收汉族民居手法，逐渐向地居过渡，产生一种半楼居式的“麻栏”。即下部架空层仅为一半，后一半楼层坐在台地上。围护结构亦砖石化，或用夯土墙。居住层平面布置采用汉族的中堂侧房形制。居住在广西平原地带的壮族逐渐采用了与汉族同样的平房或合院式建筑[41]。

侗族民居[42] 侗族居住在广西、贵州、湖南三省交界处，以黎平、榕江、通道、三江等县较为集中。这一地区四季气候变化明显，晨昏多雾，日暖夜凉，有较大的温差。侗族村寨多选在山坡地建造，顺山势等高线呈台阶式布置。每村皆在冲要处建立多层檐的鼓楼。各村鼓楼造型各不相同，成为侗族村寨的重要标志。鼓楼前有晒坪，是全村人民集会、议事、对歌、娱乐的中心。民居围绕鼓楼建造，疏密相间，高低错落（图 5-109）。

侗族民居为木构干阑式的穿斗屋顶构架，高度为两层至四层，结合地形高下采用不同高度的柱脚，可以作成天平地不平或天地皆不平的干阑架（图 5-110、5-111）。一般底层架空，围以木栅，作畜圈、副业及杂物用，上层为居室，顶层作阁楼。居室内主要房间为厅堂，厅中设火塘。卧室较小，分间设置，设在厅旁或楼上，平面布局较灵活，可以沿走廊布置厅堂、卧室；也可由楼梯直入厅堂，然后进入套间卧室；还有的在每间卧室中安置小楼梯通楼上，形成跃层式处理。侗族

图 5-109 广西三江华练寨侗族风雨桥及鼓楼

图 5-110　贵州榕江侗族住宅

图 5-111　贵州榕江乐里乡下寨村杨宅（侗族）

民居外观与壮族类似，但有自己特色。下部普遍有卵石基座，居室部分喜用挑廊或吊楼，有不少凸出的悬挑部分，同时还大量应用披檐。凡挑廊、吊楼，以及窗户上方皆有护檐，廊檐重叠，光影虚实变化的对比度很强。建筑尺度较壮族民居为小，亲切近人。外部无油饰彩绘，古朴自然。封檐板有弧形升起，封檐板下缘刻作卷花，并刷白色，与灰色屋面的对比强烈。

分布在贵州锦屏一带的侗居亦为干阑式，因受汉族民居的影响，多采用三开间方式，中间为堂屋、两侧为卧室、厨房。但同时又保留了外走廊、望楼及晒排（晒台）等侗家的生活习俗。

苗族“半边楼”[43]　黔东南一带为苗族聚居地，在雷山、台江、清水江流域尚保留着传统的民居形式。苗族村寨多依山据险而建；房屋随地形布置，道路弯曲自然，无明显的中心。苗居为干阑式穿斗架结构。一部分为全楼居式干阑，下部架空；但大部分为半楼居，即底层前半部架空，后半部坐于台地上，当地俗称为“半边楼”（图 5-112）。这种半边楼式干阑建筑可灵活选用地形，附崖建造，挖填相济，节约土方，配合以高低不同的干阑柱脚，以及挑梁，可以在坡度很陡的地区建房，具有极大的适应性。苗族“半边楼”多采用“三间两磨头”（磨头即梢间之意）的五开间

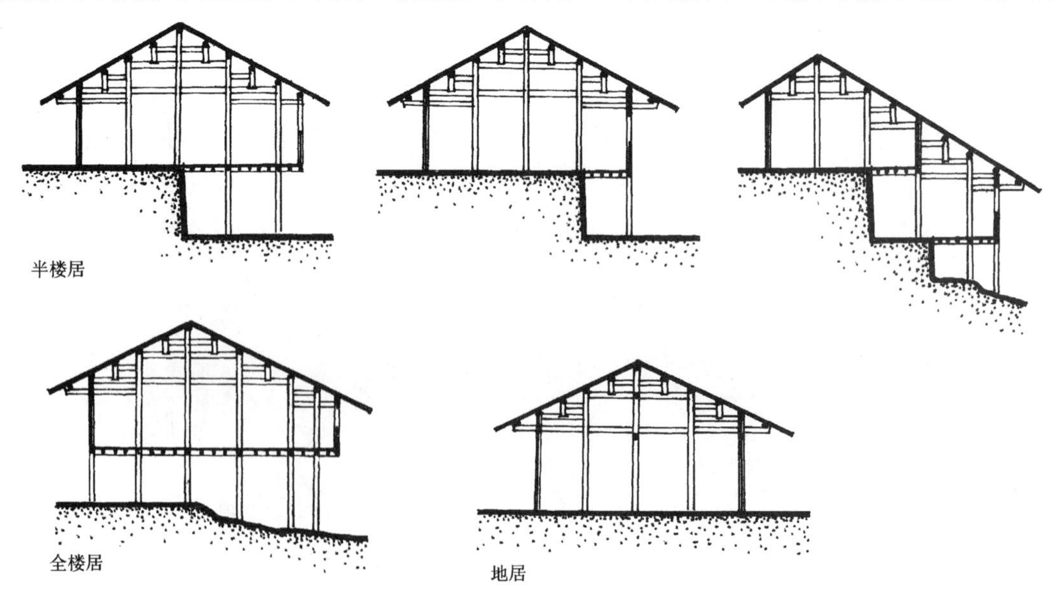

图 5-112　贵州苗族民居剖面示意图

制度，共有三层。下层架空部分围以木栅，做畜圈杂务用，有翻板门可直通楼层堂屋。栅前又接建晒台。中层为居住层，中心为堂屋，另有卧室、火塘间等。堂屋前有一凹廊，称“退堂”，即相当于壮族的望楼，为家人乘凉、眺望之地。有外楼梯直上居住层。上层为阁楼层，贮存谷物。苗族民居与壮、侗属同一系列，只不过因地形复杂，寻找平坝建房更困难，故多发展半边楼式干阑，而且吸收汉民的分间原则，将厨房、火塘间分设。苗居造型尚保存古老的传统做法，例如屋脊向两端翘起，各柱有明显的向心的侧脚，喜用歇山屋顶，翼角微有上翘等作法。

黎族“船形屋”[44] 黎族是一个古老的民族，世居海南岛。这一地区气候湿热，台风大，雨量多，年降雨量为1800～2000毫米。由于长期处于刀耕火种的耕作状态，劳动与分配实行“合亩”方式，即同一氏族合在一起种田，平均分配，生产力低下。逐渐被汉族逼迫由沿海地区退居五指山区，集居在保亭、乐东、琼中三县交界处。黎族为小家庭制度，住宅规模很小，在屋边空地围成小院。其他粮仓、牛栏、猪舍、寮房（青年恋爱交往的房子）皆分布在住宅群外围，整个村子围以木栅。黎族住宅有三种形式即“船形屋”、“金字屋”与砖瓦房，其中最古老最代表民族特点的是“船形屋”。

“船形屋”保留在五指山中心地区，特别是白沙县南溪峒一带（图5-113、5-114）。外形像一条

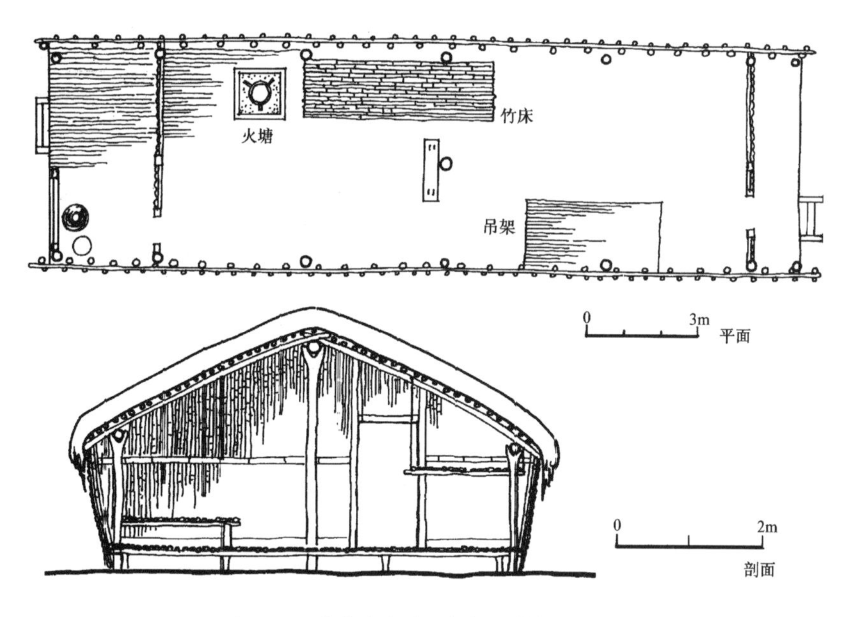

图5-113 海南琼中毛阳乡杂吐村某宅船形屋

图5-114 海南琼中毛阳乡杂吐村大船形屋

被架高起来的纵长的船，上面盖着茅草篷顶，半圆形的拱顶下垂至脚，无墙壁，无窗户。前后有门，门外有船头（作为晒台、前廊使用）。内部间隔像船舱。整座房子用木柱支撑离开地面。架空地板为竹片或藤条编成。“船形屋”外有小梯上下。一般“船形屋”由居室及前廊组成，但有的“船形屋”建有矮墙，将篷顶出挑以形成前廊。前廊为堆放农具、木臼、鸡笼等杂物，亦可防止飘雨侵入居室，日常起居、编织、副业亦常坐在前廊。入口门扇设在前廊左侧。居室内不分间，睡床在入口右侧。三块石头砌成的“三石灶”，设在床的对面。灶周有食具、水缸，灶上有烘物架。室内家具极少，仅有吊钩、吊架陈放物品。室内光线极暗。个别船形屋在后部分隔出一个杂物间。其构架方式是在山面用三根木柱托承顺身方向的直梁，上搭半圆拱圈木，架竹檩、竹椽，盖覆茅草而成。地板由单独立柱架构起来。其前后山墙可用稻草辫挂泥墙，亦有用竹编墙、椰叶墙的。船形屋进一步改造，吸收汉民居的三角架屋架，出现纵向外墙，即成为“金字屋”，以及由纵向墙壁开设入口的砖瓦房。

景颇族民居[45]　景颇族多居住在云南潞西、盈江等边境六县及泸水、昌宁、耿马等地，村落多在海拔1500～2000米的高山区。其民居为架空的楼居形式，依架空高度分为高楼与低楼。竹木为构架主要材料，以片竹、圆竹做成墙围。平面为长条式，在山面布置入口，屋顶为悬山式双坡草顶，脊长檐短，呈倒梯形的外观（图5-115、5-116）。屋面坡度陡峭，四壁低矮无窗。多用原木

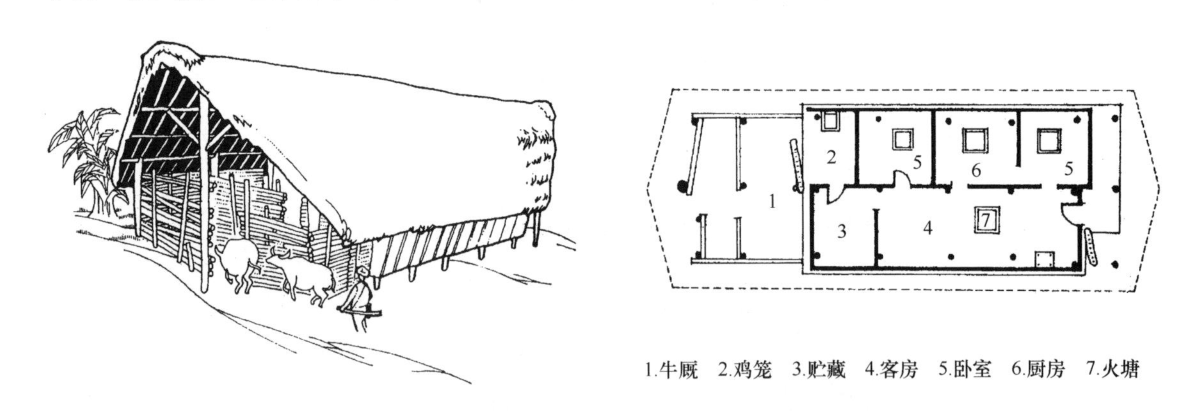

图5-115　景颇族低楼式干阑民居（摹自《中国古代建筑技术史》）

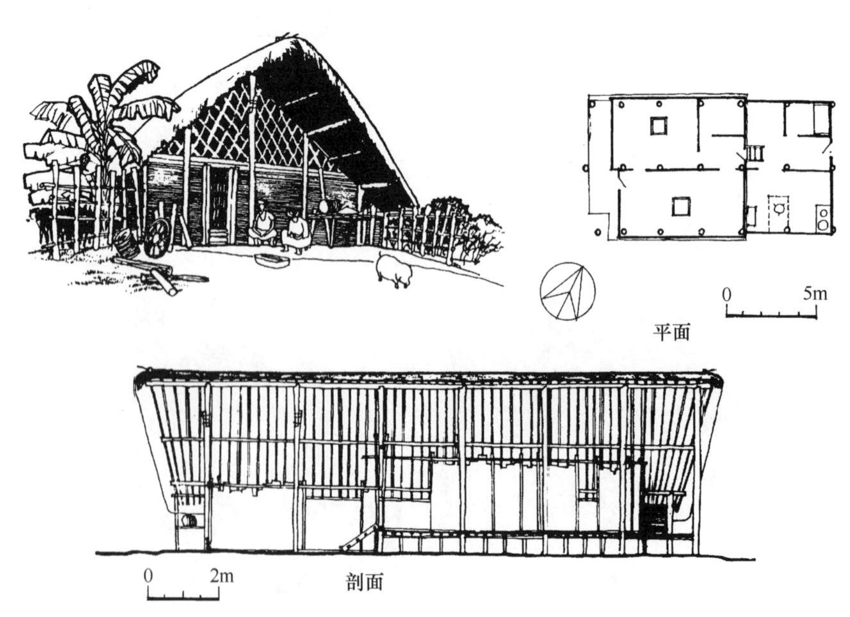

图5-116　云南瑞丽南京里俄奎寨景颇族民居实例（摹自《云南民居》）

或竹筒为架，极少装饰，外形粗犷、简朴，具有原始风情。每户多为单独一幢房屋，谷仓、碓房、畜舍另建于他处。在现存实例中，以低楼式民居历史较久。其平面布置特点是，在山墙入口处有宽阔的前廊，日常副业、编织、舂米、乘凉皆在前廊。前廊的屋面悬挑出来，三面临空，也有在两侧加建竹筒墙的。廊前有一中柱支承山尖屋面前端，该柱十分粗大突出，习惯以中柱的粗细，标志房屋的等级和居住者的财富状况。有独木梯由地坪上至前廊。居室内平面分割有两种：一种为纵向分割为两半，左半安排客房（堂屋），右半安排分间极小的卧室和厨房；另一种为横向分割为三部分，前为厨房，中为客房，后为卧室。客房中布置火塘及吊架。房间的分隔多用竹栅、竹席、隔墙高度不到顶。居室内无床铺、桌椅，席地而坐，围绕火塘烤火、聚会、待客。另在厨房内设专为炊用的火塘、炊具等。景颇族民居的结构形式为三列纵架式，即将成列的中柱和两侧的檐柱埋入地下，柱头托纵向长檩，顺坡搭设长椽，盖以茅草。景颇族的干阑式住宅带有浓厚的船居建筑特色，为研究干阑的起源与演化提供有益的参考材料。

德昂族民居[46]　德昂族原称崩龙族，集居在云南西部瑞丽、潞西等边境六县的山区。因这里属亚热带气候，雨量充沛，盛产“龙竹”，故民居多采用竹材为构架的干阑式建筑，个别也有以木梁柱为骨架的（图5-117、5-118）。其构架方式类似傣族竹楼，无中柱，横向设立竹材绑扎或木穿斗式单榀屋架，以编竹为壁，歇山式草顶，木竹楼面。下层养畜，上边住人。其厨房往往在平地另建，接在干阑楼房的后面，与之共用一个屋顶，或加一披檐。这种建筑形式明显受瑞丽一带傣族民居的影响。少数地区德昂族民居后边的厨房屋顶做成椭圆形，俗称“毡帽顶”，这种处理又与佤族民居相近似。这说明清代各少数民族间的经济发展与民居形式交流皆较前代更为活跃。

德昂族民居另一特色即是还保留有大家庭共居的“大房子”形制。一个大家庭可由三四代有血缘关系的小家庭组成，过着集体生产、共同消费的生活。这类住宅现存实例已十分稀少，据下寨乡姚老大家可知其概貌。“大房子”平面布局为纵长形，山面开门，前后有晒台，入门后中间走廊为堂屋，设火塘两具，为平时吃饭、烤火、聚会之处。走廊两侧为各小家庭居室，以及留客的休息室、谷仓等。因此大房子的跨度较大，已知最大的大房子长达50米，宽约15米。

保留有“大房子”民居形制的民族尚有：澜沧地区的拉祜族、德宏州的景颇族、勐海的布朗族、西双版纳景洪的基诺族。据文献记载，可知拉祜族尚停留在母系民族公社制度的生产方式，以大家庭为单位经营家计，表现在民居上，它在堂屋内仅用一个火塘烧饭。而基诺族已进入父系

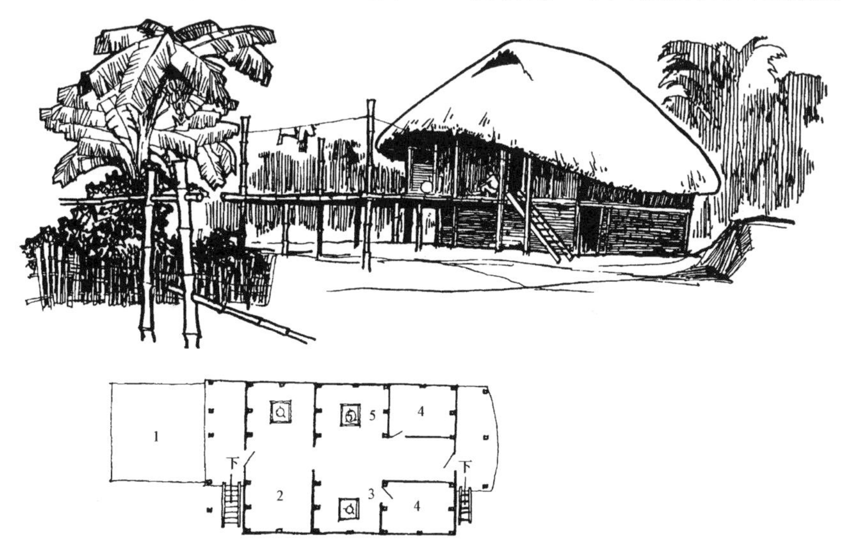

图5-117　云南瑞丽孟休德昂族民居（摹自《云南民居》）

1. 晒台　2. 客房厨房　3. 卧室　4. 卧室　5. 火塘

图 5-118 云南瑞丽孟休乡广卡寨德昂族民居

图 5-119 贵州镇宁石头寨布依族民居

氏族公社制度，每个小家庭有相当独立的经济权力，虽然大家仍住在一起，但每家在堂屋里都保持着一个火塘（灶）。

布依族的石头房　布依族居住在贵州南部、西南部和中部，习惯近水傍山而居，并在住地周围种植树木，绿化环境。布依族为一夫一妻小家庭制，民居规模不大。由于各地区的自然环境不同，布依族民居亦有多种形式。一般为上层住人，下边圈养牲畜的干阑房，构架为木穿斗架，瓦顶或茅草顶；有的建于山坡地带、修成前半部为楼房，后半部为平房的“半边楼”形制；也有的围护结构改为砖石墙砌体。其中最具特色的是居住在镇宁、安顺以及六盘水一带的布依族所居住的石头房（图 5-119）。

石头房平面布局为一明两暗三开间的长方形平面。明间为日常起居处，前为堂屋，后边隔出一个后屋，作烤火杂用间。两侧间亦分为前后间，前间下部利用地形高差。该填土的地方不填土，形成地下室，作畜圈用，对外直接开门，上部地面较堂屋略高，作为卧室。后间分别做卧室与厨房。侧间上部有阁楼。这种布置可反映出干阑式架空房屋向地居式房屋过渡的迹象，虽然是厚重的石头房，但其历史源头仍为干阑房。

贵州省山多田地少，土薄石头多，平坝耕地仅占全省土地的2.4%，所以不宜发展用土量较大的黏土砖及夯土墙。而贵州岩石又是水成石灰岩，具有岩层裸露、硬度适中、节理分层的优点，极易开发成石材，广泛用于民居建筑上。凡基础、墙身、屋面瓦、门樘、窗台、踏步全为石材；甚至石农具、石渡槽、石碑、石桥、石牌坊也全是石头。可以说是用石头交织组合出来的空间环境——石头世界[47]。有些乡镇即以石头命名，如镇宁扁担山黄桷树村的石头寨、贵阳花溪石板哨等。石头房外观质朴无华，率真敦厚，没有多余的装饰，与自然环境和谐一致，显露出有机、纯真的艺术特色。

第四节　窑洞与毡房

窑洞是在黄土断崖处，挖掘横向穴洞的一种民居形式，古代称之为“穴居”。穴居是很古老的居住方式，古代文献中早就有“穴居野处”、“陶覆陶穴”的记载。从考古发掘中已经发现大量的原始社会袋状壁穴遗址；在山西夏县亦曾发现距今四千年前横穴居民点遗址。据宋代文献记载，当时陕西武功一带的窑洞居住区分布范围达数里之遥，居住人口达千余户人家。窑洞民居因其有施工简便，造价低廉，冬暖夏凉，不破坏生态环境，不占用良田等优点，虽然在采光通风方面有一定缺陷，但在北方少雨的黄土地区仍为人民习用的民居形式，黄河流域中上游约有四千万人居住窑洞。挖掘窑洞必须依靠土层深厚的断崖，故陕、甘、晋、豫一带黄土原是我国集中建造窑洞的地区。窑洞民居是一种紧密与自然结合的依附于大地的民居，它在黄土中凿出空间，它没有一般建筑所具有的形体与轮廓，在其艺术风格中突出表现的是黄土的质感美和内部空间构成的巧妙性，具有粗犷、淳朴的乡土气息。窑洞民居有三大类：一为靠崖窑、一为平地窑、另一种为模仿窑洞形式，但在平地上以土坯或砖石发券构成的“锢窑”[48]。

毡房俗名蒙古包，汉代名之为“穹庐”，是一种可以随时拆合的圆形住宅。以木条作成轻骨架，外边覆盖以毛毡，适用于逐水草而居，随时移动居地的游牧民族采用，广泛用于内蒙自治区的草原地带及新疆北部，青海、甘肃一部分地区。不仅蒙古族牧民使用，一些哈萨克族、藏族牧民亦使用。此外，在甘、青、新疆等地因夏季比较温暖，牧民们尚采用另外一种帐篷式的活动房屋，以黑色牦牛毡为篷布，称之为“帐房”。

窑洞与毡房都是比较古老的原始的居住方式，但又是具有极大的实用性的民居形式，至今仍有利用价值，值得进一步研究、创造与开发。

靠崖窑洞　是在天然土壁上向内开挖的券顶式横洞（图5-120）。高宽在 2.2～3.2 米左右，深约 6～10 米，窑顶上至少保留三米以上的土层。根据土质情况，窑顶可以是平圆、满圆或尖圆等不同矢高的拱顶。作为单窑使用时，通常将整个窑洞分为前后两间，中间隔以半截土坯墙。前室为起居与厨房，在窑门的左侧砌灶及面案、桌椅等物；后室为卧室及储藏。若双窑并联使用时，往往在两窑间挖出过洞，形成 H 形，以一孔为主屋，做起居就餐用，有窑门通院外；另一孔则作卧室用，仅开窗向外，窗下安置床炕。若三孔窑相并使用时，各孔可做独立用房，不相沟通，中窑较宽大，用为起居室。此外，窑壁上可挖出大小不同的小龛，放置用具。也可在侧壁挖一高宽各 2 米，深 1 米的龛洞放置板床，称为炕窑。也可挖出大小不同的拐窑，以存放杂物，这些都是土窑洞不断扩大空间面积的措施。

窑洞外边多用土墙围成小院，或者在院内布置若干锢窑式房屋组合成三合院、四合院，甚至两进院等大型住宅（图 5-121、5-122）。在土层深厚的土壁上可以挖成上下双层的窑洞，上层称“天窑”，上下窑之间有楼梯通达。窑洞口处理视业主财力而定，可繁简不等。简单的仅将原土墙清理整齐。或用土坯墙封护，中间开门窗洞口。富裕人家可以在窑洞正面土壁上砌有条砖的护崖墙，

图 5-120　山西五台窑洞式民居

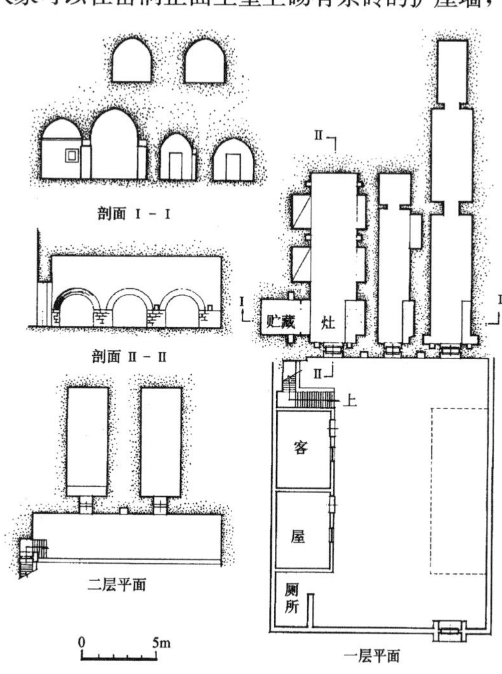

图 5-121　河南巩县巴闰乡巴沟村窑洞民居

俗称“贴脸”，墙顶尚挑出简单的瓦檐。各地区贴脸具有不同的形式，以及砖花雕刻等，是土窑洞表现地区特色的一个重要方面（图 5-123、5-124）。也有的在土窑洞外接长一段石窑或砖窑，称为“咬口窑”。

靠崖窑洞主要分布地区有六处，即陇东区、陕北区、晋中南、豫西区、冀北区、宁夏区。此外陕西渭水流域、河北太行山一带、山西太原附近、河南郑州附近、青海部分地区亦是窑洞民居较多的地区（图 5-125）。

图 5-122　河南巩县巴闰乡巴沟村某宅窑洞院

图 5-123　河南巩县巴闰乡巴沟村某宅窑洞窑脸

图 5-124　河南偃师某宅窑洞窑脸

图 5-125　甘肃庆阳西峰镇窑洞民居

平地窑洞　又称地坑院、地窨院、暗庄子或天井院。即是在平地上向下挖深坑，使坑内四面形成人工土崖，然后向各土崖面的纵深挖横窑而形成的民居。也可以说这种窑洞是由竖穴与横穴组合 而成的窑洞形式(图5-126、5-127)。平地窑的各孔窑洞的窑脸全深藏于地平面以下，故较靠

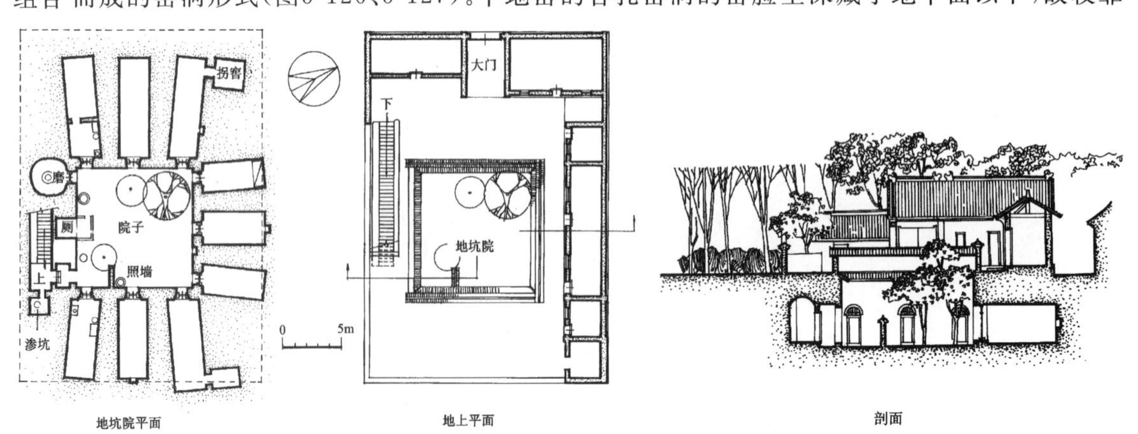

图 5-126　河南孟津负图村魏宅地坑院平面剖面图

崖窑更为隐蔽，谚语称之为“上山不见山，入村不见村，只闻鸡犬声，院落地下存”。这类窑洞多流行于河南巩县、孟津、三门峡、灵宝、甘肃庆阳、山西平陆等地缺少断崖的土岭上。由于受到地形的限制，平地窑院的形状有方形、长方形，以及较特殊的 T 字形、三角形等。最小的窑院面积仅 4 米见方，大的长至 15 米，甚至 40～50米。深度约在 5 米以上。窑院布局类似北方通行的四合院，以北窑为上，用作起居室及长辈的卧室，东西厢窑洞为卧室、厨房或贮藏室，南崖除入口外，多挖作厕所、畜圈等。挖平地窑的土方量较大，故尽量采取措施减少土方工程。例如正面三孔窑洞的两边孔，仅露半孔在院内，以减少窑院的宽度；窑洞的地坪标高低于窑院地坪 50 厘米，皆是节约土方的措施。平地窑洞的入口皆需挖筑坡道进入天井院内，坡道可沿窑院的侧壁下达，也可在院外挖筑，经过洞进入院内。平地窑院的排水至为重要，若临近冲沟地段，皆设法从院内引沟排入其中。否则需在院中掏渗井，聚水渗泄。平地窑的贴脸及墙檐与靠崖窑相似，但其窑院顶部应有土筑矮墙或砖砌花栏，以防行人跌入院内。平地窑亦可成群建造，用过洞将各窑院联系在一起，有的多达五六个院子，甘肃庆阳地区的平地窑，在一个天井院中再分成 2～4 个院子，分住数家。甚至形成一个长胡同（类似深沟），两侧分布着近 10 个院子。

图 5-127　河南陕县张茅乡某宅天井院式窑洞

锢窑　即是在平地上以砖、石、土坯发券建造的窑洞房屋。券顶上敷以土层，做成平顶房。自窑外有阶梯登上屋顶，顶部可用为晾晒粮食的平台（图 5-128、5-129）。锢窑最普遍的形式是三孔锢窑，并以此为基本单元组成三合院或四合院。土坯拱结构的锢窑的各孔之间一般不开设过洞，以免影响强度。宽大的砖石锢窑可以建成两层，也有的实例为下层砖石锢窑，上层加建木构的瓦房。锢窑洞口门窗布置与土窑洞相似，但多数以条砖砌筑贴脸，挑檐及顶部花墙，其门窗棂格往往做出各式图案，门窗框口尺寸也较大，因此锢窑的艺术面貌较上述两类窑洞更为活泼新颖。为增强窑体的抗压能力，其窑顶发券结构多用尖拱券，矢高大于窑宽的二分之一。

图 5-128　山西平顺王曲乡锢窑窑脸

窑洞式房屋具有冬暖夏凉的优点，因此在上述窑洞通行地区的地面木构四合院中，往往也是以锢窑做院落中的上房。在一个院落中融合有发券式平顶房与木构坡顶房屋，相辅相成，并不产生不协调的感觉。

山西西部及陕西北部的民居中采用锢窑形式的实例很多。孔券宽大，正立面多有青瓦屋面的挑檐，出挑达一米多，窑洞前的门窗装修十分考究。另外，在呼和浩特、集宁、张家口、原察哈尔旗一带，流行一种大窑房，亦为土坯砖拱的锢窑，细泥抹面的窑脸，土平顶、土灶、土台，其外观全为泥土，与周围环境混为一体。

图 5-129　河南陕县大营乡温塘村锢窑

土窑洞一般可使用数十年，但年代过长则需另辟新窑，因此很难进行历史性的考察，从现存的高、中、低档次的窑洞的实例情况分析，除了装饰手法、门窗装修的进步变化以外，其结构方式的历史性变化不大。

蒙古包[49]　蒙古包的产生和当地的生产方式、气候条件和材料状况分不开。蒙古族人以游牧生活为主，随水草而迁徙，冬季又需迁至向阳背风之地以躲避风寒，必须采用可拆卸的住屋。当地建筑材料缺乏，木材需靠内地供应，但自产的羊毛毡是当地的特产，因此发展了用木条做轻骨架，羊毛毡为覆体的可拆卸的毡包（图 5-130）。

蒙古包呈圆形，直径约 4 米左右(图 5-131)。包内四周围以毛毡，地面铺毡 2～3 层，起居坐卧皆在毡上。入门右侧为缸、炊具；左侧为马靴、马鞭等。中央设火架或火炉，围炉进餐。按蒙族习惯，正对门口靠后壁的毡面为主人坐卧处，东侧为妇女以及女客的坐席，西侧为男客席。箱柜散置于后壁，佛像供在主人前右方柜子上。壁体高度仅 1.5 米，故室内家具均很低矮。室内通风、采光全靠顶上的圆孔。蒙古包内的取暖多用火炉或火架，也有的在包内地下挖火道，在包外设焚火口及烟囱，烧牛粪取暖，实际为火地形式。蒙古包的壁体骨架用直径约 1 寸的桦木或柳条编成网状体，节点用骆驼皮条串结。圆形壁体可分割成数片，每片在拆卸搬运时可将它收拢成捆。

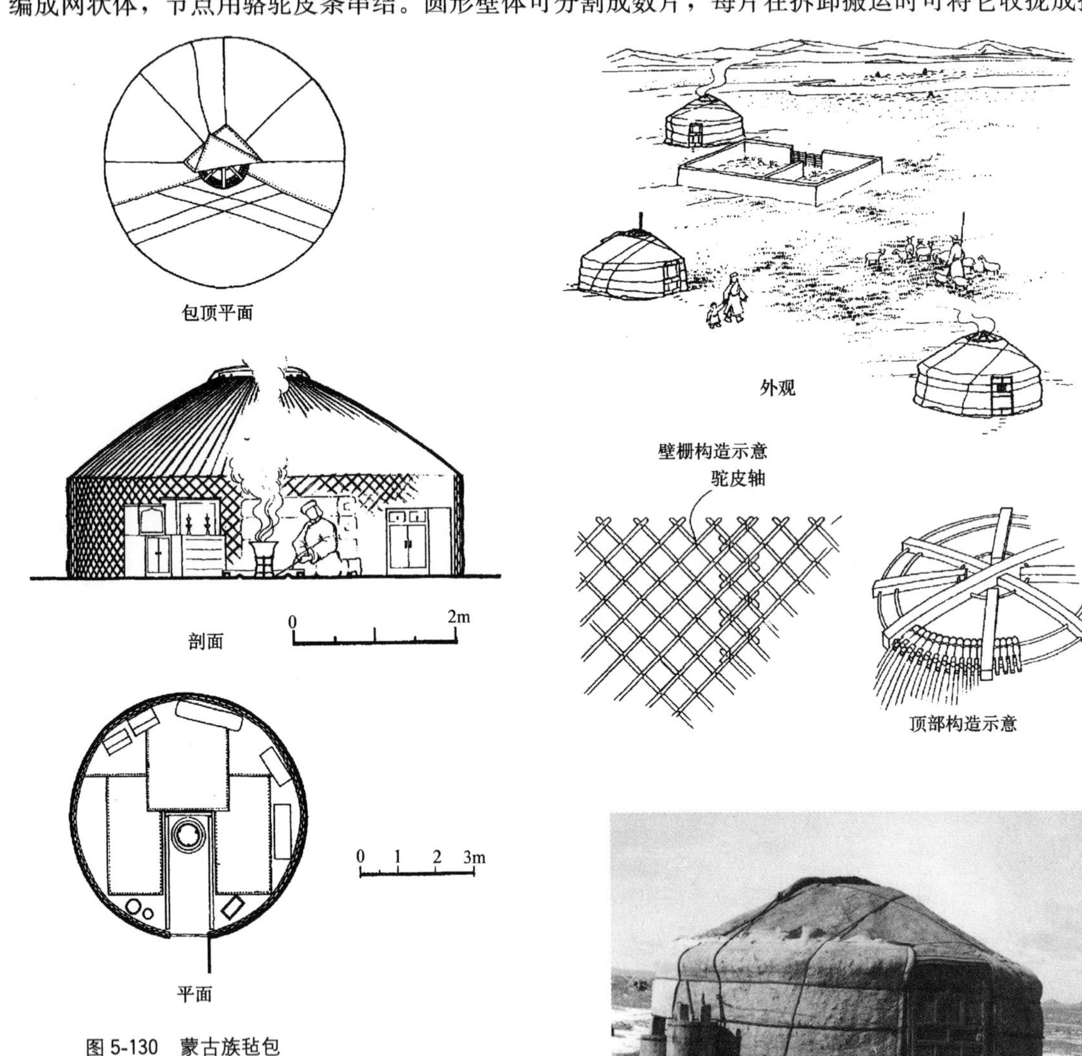

图 5-130　蒙古族毡包

图 5-131　内蒙二连蒙族毡包

屋顶部分则是用许多细木条撑住中间环形的“套脑”而成，形同雨伞。顶盖与壁体联结亦用皮条串结。骨架完成后，再以毡绳沿整个壁体围匝一圈，以增强骨架抗风能力（图5-132）。骨架外覆以毛毡，以毛绳捆扎牢固。每个蒙古包只要一两个小时即可拆卸或安装一次，搬家时只需两三辆牛车。

蒙族统治阶层所用的蒙古包不仅体量大，而且是固定式的，顶部毛毡缝制出各种图案，毡包前方尚与一座坡顶的木板房相连，作为入口的前厅。少数实例尚有琉璃瓦装饰。

在蒙古草原的某些地区，牧民已经定居，蒙古包亦由活动式改为固定式。鄂尔多斯市的固定式蒙古包是以柳条编织壁体骨架、两面墁灰泥，顶上以柳条为骨，上铺羊草，做成三段式的屋盖（图5-133）。而在呼伦贝尔盟，哲里木盟地区，地处高寒，其固定式蒙古包用土坯或草垛泥为墙，草泥顶，包内设半面火坑，与当地汉满的生活习惯相近似。

图5-132 内蒙锡林郭勒盟喇嘛库伦蒙族毡包结构

图5-133 内蒙鄂尔多斯市乌审召蒙族住屋

帐房 这是一种较轻型的帐篷式民居，多应用在甘、青、新、川等省牧区，其中甘肃夏河、青海共和、四川阿坝藏族牧区，以及新疆北部哈萨克族牧区是典型地区（图5-134～5-136）。牧民

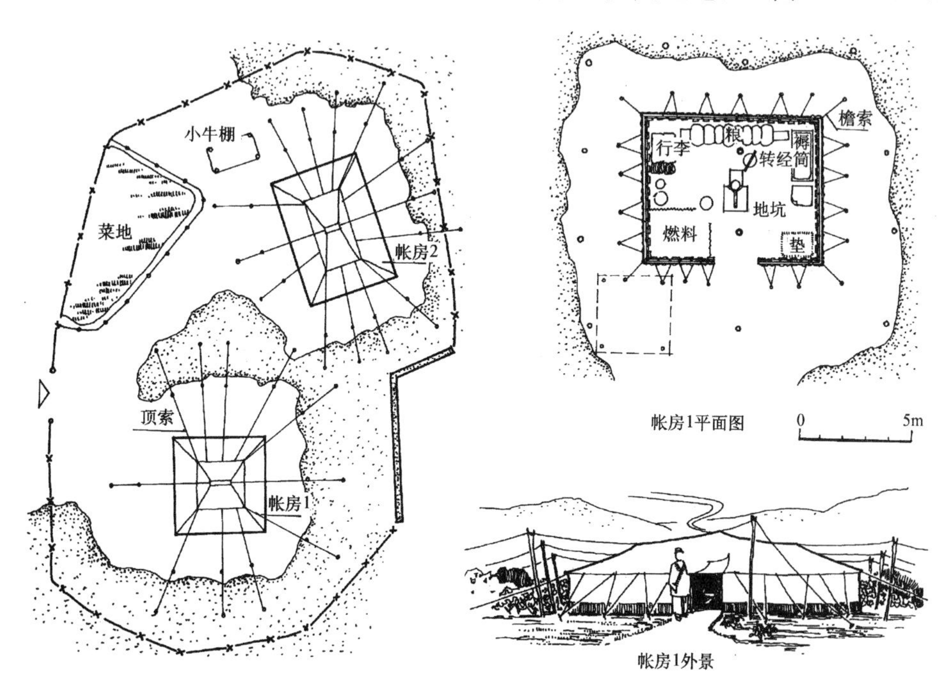

图5-134 四川阿坝藏族帐房举例

图 5-135　甘肃夏河桑科乡藏族帐房

图 5-136　青海共和帐篷城

图 5-137　甘肃合作藏族夏日帐房

常选择地势高爽，水草丰盛的地方建帐篷。帐篷多为长方形或多角形，其构造方法有两种：一种帐内有一根或两根帐竿支顶，形成攒尖或起脊，然后四角以毛索拉扯帐布的腹部，形成四角或多角，以木杆撑住拉索。帐脚棚布以木钉固定在地上。另一种帐内无杆，帐顶、帐腹全用高矮不同的支竿拉索牵引起来，形成帐内空间，帐房四周建 50～80 厘米高的土墙，帐顶留有空隙，以便采光通风，雨天拉篷布遮盖之。室内铺毡或兽皮，平时皆坐卧其上，中心为火灶，灶后为神龛，灶左住男人，灶右住女人，沿帐房四周堆放盛放生活资料的牛毛袋，同时可借用它堵塞帐脚空隙，以阻寒风透入。帐房集居点以部落为单位，数十户住在一起、每户人家有 3～4 个帐房，呈圈式布局。土司、头人帐房则由若干大帐房组成，分别为卧室、办公、会议等专用帐篷[50]。在夏河、共和一带的帐房棚布是用黑牛毛做成的黑毛毡；而新疆哈萨克族用的帐房棚布是白毛毡、毡上有蓝色图案装饰。藏民遇有节日、集会、出游时，尚可临时建造一种更轻型的帐篷，以白色棉布制成，临时支顶，拆卸方便（图 5-137）。

此外，在四川阿坝地区尚有一种类似帐房的固定式民居，称为“冬房”。意思是冬天用的房子。平面方形，用柱承重，木板墙，外用牛粪抹面，泥土平屋顶，顶上开天窗采光，屋顶形式为盝顶式，中间为平顶，四周椽子微斜[51]。说明游牧民族在长期的放牧生活中，对已形成的民居形制有着习惯性的眷恋，虽然生活条件已变，但习俗的改变尚需一段过程。

第五节　藏族“碉房”与维族“阿以旺”民居

居住在青、甘、川、藏高原地区的藏族采用的民居，是以石墙和土坯为外墙，屋顶为平顶的形制，远望如碉堡，故俗称为“碉房”。“碉房”的历史比较久远，汉代即有“邛笼”之称，清代乾隆时，派兵攻打四川的大小金川，因当地藏民的房子易守难攻，使战事数度受阻，故称之为“碉房”，至今藏族居住地区仍习用这种形制。在藏族村寨中，往往另外有一些专司防守的碉楼，与居住的碉房彼此连属、互为策应，是一种防卫措施。根据各地区自然条件的差异，这种碉房式民居，可分为西藏碉房、四川西部碉房，甘南藏族民居等不同类型。另外四川茂汶羌族亦习用碉房建筑，云南红河地区彝族及哈尼族所居住的土掌房与藏族民居有共通之处，亦应属于同一民居建筑系列。

维吾尔族是新疆地区的主要民族，约占全区人口的 70%，大部居住在南疆，信仰伊斯兰教。因为当地干热少雨，风沙大，所以创造了一种土墙、平顶，居室分为冬室和夏室两部分的住宅类型。在维语中“夏室”又称“阿以旺”，所以在南疆这种维族住宅又称“阿以旺”式住宅。以喀什为典型代表，另外和田、于田、叶城、疏勒等地亦十分普遍。此外，在北疆的伊犁地区、吐鲁番地区，维族住宅仍保持着民族生活习惯及建筑基本特征，但由于自然环境的变化，与南疆“阿以旺”式住宅又有所不同。

藏族和维族虽属不同民族，具有不同的信仰与生活习惯，但他们的民居却有一定的共同之处。同为密肋式平顶房，及土墙（或石墙），土顶，方木柱的前廊。西藏西部阿里地区与南疆之间很早即有交往，估计两族之间在古代有着密切的文化交流。

拉萨碉房[52]　西藏碉房可以拉萨地区做代表。拉萨地区标高为海拔3650米，气候温和，土地肥沃，在拉萨河谷地带，以东西向风为主导风向，因此住宅多南向。雨量中等，晴日较多。其民居多为外廊式的二三层楼房，组成一字式、或丅、∟、冂、□、⊟等带院落的形式（图5-138、5-139）。其平面组合不追求轴线对称，只是依照地形，根据生活需要自由发展，构成均衡的构图。进深与面阔皆以2米为模数，组成正方形格网平面，其中尤以4×4米柱网为基本单元，因该平面中仅有一中柱，故藏族人称之为“一把伞”。居室是最主要的房间，位于最好的朝向，为睡眠、起居、贮藏数种功能在一起的房间，部分尚包括佛龛、厨房。碉房层高较矮，仅200～240厘米，家具亦矮小，并且多用拼装方式。例如“卡垫”可做坐具，亦可做床，可拼成单人床、双人床、靠背椅等。床褥在白天皆贮藏起来。居室之间隔墙均不到顶，厨房与居室毗连，多由厨房进入居室。厨房内有炉灶，水缸，牛粪槽等。厕所多设在上层住宅一角，或者与住宅分离另建，彼此之间以天桥联系。厕所为旱厕，下层设粪坑，由街巷入内淘粪。外廊宽约2米，有长、短、凹廊之分。楼梯布置在外廊内，一般交通、晒衣、家务等简单的生产活动皆在外廊内进行。拉萨碉房为城市

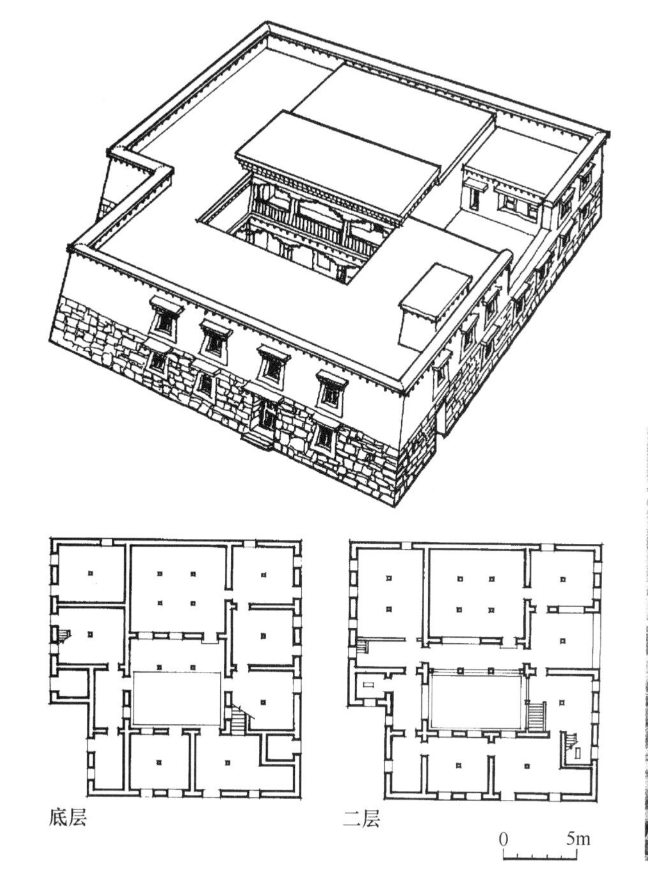

图5-138　西藏拉萨藏族住宅

图5-139　西藏拉萨民居鸟瞰图

型藏居，故一般不设畜圈。郊区及各县农民所住的碉房其畜圈皆设在底层。

贵族、领主的大型住宅多将卧室单独设置，还有经堂、仆人卧室、浴室、车库、作坊等项内容。经堂占据居室的最好位置。在主楼前面多用两层的廊屋围成方形庭院，用为养畜、储存及家奴栖身处。一般庄园主的住宅也在主楼前用围墙围出庭院。

西藏碉房的结构为2米×2米柱网，石砌外墙承重，内部梁柱组成平行外墙的纵架构架，然后横向搭密肋楞木，上面铺板敷土做屋面。梁柱结合为榫接。各层构架独立，但上下层柱位相对。横向刚度靠较厚的外墙（50～100厘米）支持。外墙为花岗石毛砌，平整面朝外，黏土浆砌，墙身微有收分，施工时不立杆、不挂线，全凭工匠的施工经验砌筑。屋面为黏土夯实，上边拍打当地产的垩嘎土一层，屋面微有泛水，用溜水槽排出檐外。

拉萨市区内尚有一种毗联式碉房，联排建造，共用墙身，密度较大，多为领主的出租房屋（图5-140）。西藏其他各地区民居与拉萨地区类似，但多为一二层，结合地形建造。山南地区庄园主宅邸主楼外，围以高墙及壕沟，做成城堡形式（图5-141）。西藏碉房外观十分雄伟，石墙到顶，只有檐部刷紫褐色边线，石板挑檐，顶上设宝瓶、香炉、四周有挂旗幡的树枝。外墙上开小窗洞，上小下大，呈梯形，以与墙面收分相协调，窗口四周涂黑框，窗上由2～3层小木椽叠置，形成窗檐。碉房的窗槛墙较矮，在窗下部设木制栏杆。临街民居常有吊脚楼式窗套，挑出墙面50厘米。碉房入口多设在院落的边角。

图5-140　西藏拉萨八廓街住宅

图5-141　西藏札朗朗色林庄园

四川藏族碉房[53]　四川藏族多聚居在川西阿坝藏族羌族自治州和甘孜自治州。其居民点多建于山腰台地及河谷平原边缘地带，以少占耕地，避风向阳为原则。在坡地上的碉房多垂直于等高线分级筑室，分层出入。一般每户单独建造，互不毗联。平面多为方形或长方形，面积小，不设院落，高度为2～3层。底层为畜圈、草料房，不开设窗户，仅借助门口采光，十分黑暗。二层为起居、厨房、梯井、贮藏等，为主要生活空间。三层为经堂、贮存谷物的敞廊及利用二层屋顶做成的晒台（图5-142、5-143）。由于川西地区高寒、多风，故民居多取南向，北东西三面外墙不开窗，顶层处理在西北两面建房，留南面平顶作晒台。顶层屋顶上还加设女儿墙，这些都是为了防风。而南向外墙多为木装修，开设门窗。甘孜一带较大的碉房在中间设计一个小天井，大型的住宅的天井逐层放大，呈阶梯状，退出的屋顶可做晒台或走廊，以改善采光通风条件。阿坝地区的气候更寒冷一些，碉房的天井缩小为梯井，仅作为联系上下的交通孔道，住宅平面更紧凑。阿坝州南部地区碉房多在二层以上做挑楼、挑廊、晒架、晒台等，有的碉房是逐层加挑，以争取更多的使

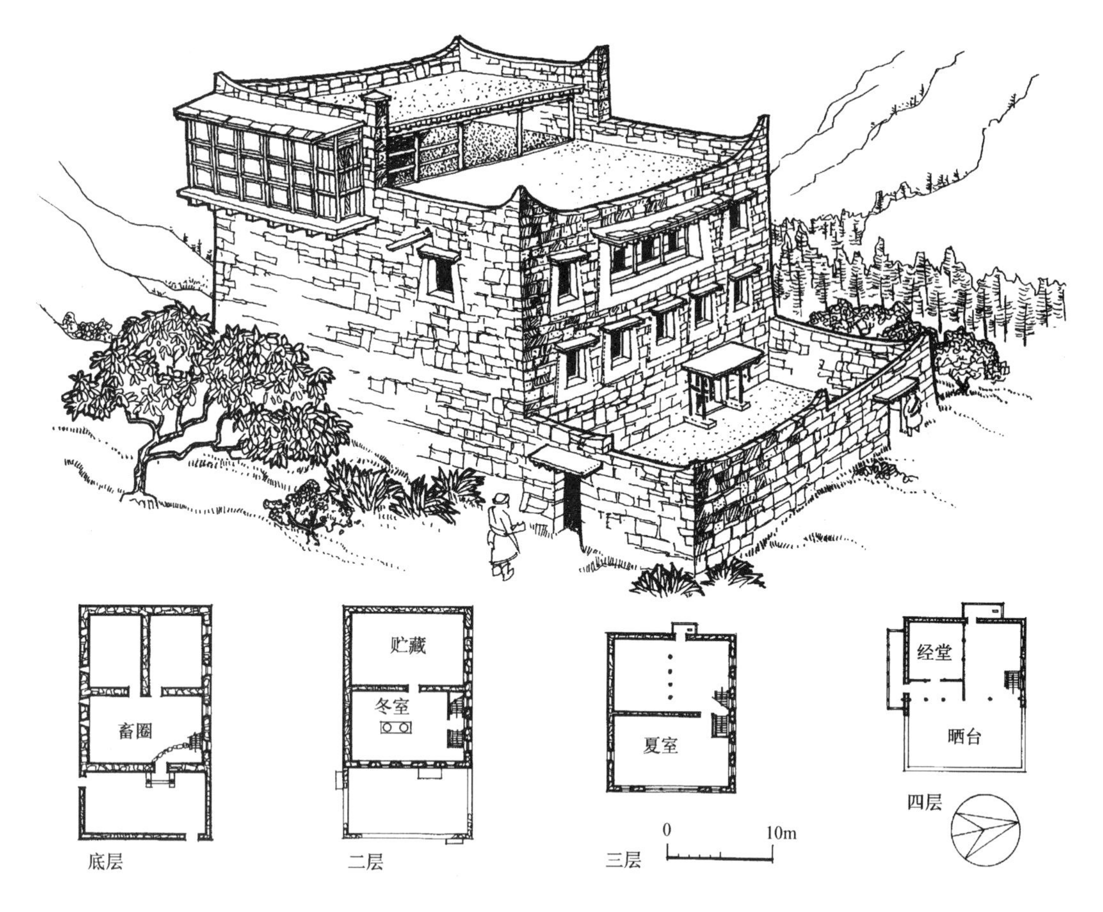

图 5-142 四川马尔康俄尔雅寨格资补住宅（摹自《四川藏族住宅》）

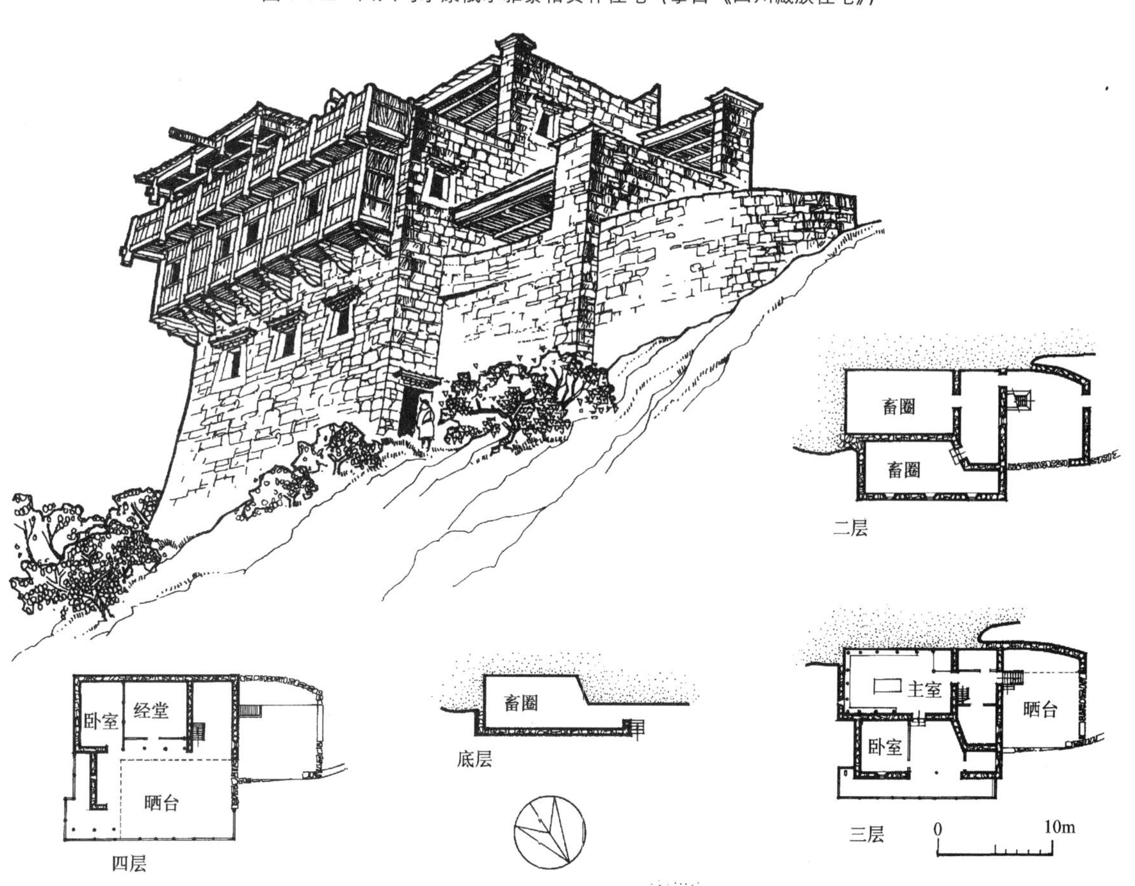

图 5-143 四川马尔康查白寨涅尔住宅（摹自《四川藏族住宅》）

用空间，形成更为活泼的立面造型。四川藏居内部喜欢用壁架、壁龛、壁橱等依壁的家具，减少对室内空间的占用，床具顺墙安置，沿墙有炉灶或火塘，南向向阳面不设家具。四川藏居碉房具有浓郁的地方风格，外形简洁高耸，顶层四角设立“嘛呢堆”，二楼居住部分有木装修及挑楼，对外开设较大的窗子，并与石墙产生对比效果，较西藏地区碉房的外观更富于变化情趣。

图 5-144　甘肃合作上街 6 号尕颉稠段宅（藏族民居）

甘南藏族民居[54]　在甘南藏族自治州大夏河流域的夏河、合作、卓尼、临潭一带的农业区和半农半牧区的藏族居民亦习用平顶楼房式民居，应属于碉房系列（图 5-144）。这个地区的海拔高度在 3000 米以上，谚称“六月炎暑尚著棉，终年多半是寒天”，气候较寒冷。日照时数亦短，但木材资源较丰富，因此民居更注意防寒问题。藏民多选向阳山坡居住，俗称“藏民住一坡”。甘南藏居多为两层小楼，上层居人，下层养畜及贮藏。居住用房有堂屋、居室、经堂、贮藏等。冬季全家在堂屋围炉而眠，夏天老少夫妻各归自己居室寝卧。其结构方式仍采用藏族碉楼的方格形柱网布置，柱距约 2 米左右。堂屋较大，约占 6～9 个方格，而居室仅占 2～3 个方格。内部隔墙为装板木墙，用枋料将墙面分割成不同的格块，不施油饰。外檐为固定的棂格窗，个别为可平开的窗扇。尚有一种水平推拉的窗扇，平拉开后可掩盖了窗的两侧墙壁，装饰效果突出。其棂格图案为方格加 45°斜棂格，图案复杂精美，显然是受回族民居艺术的影响。全部外墙用夹砂黄土的夯土墙，内部用木构架，木板墙，木顶棚，木地面，可称之为“内不见土，外不见木。”甘南藏居楼房前多围成小院，有单院、双院、高低院、上下院、三进院，院落设置密切结合地形起伏之状。甘南藏居外观呈现坚实、浑厚、雄伟的风格，与青海“庄窠”式民居有类似之处。总之，它的外墙很少开窗，夯土墙上用细泥抹面，层数较矮，内外檐装修吸收更多的汉、回民居处理方式，显出与西藏、四川碉房有着不同的艺术特征。

茂汶羌族民居[55]　茂汶地区属四川阿坝藏族羌族自治州管辖，气候冷，雨量少，羌族世居此地，现仍有 5 万余人，信仰原始的拜物教，无庙宇等建筑物。羌族与藏族本为同源，其民居形式亦采用碉房形式（图 5-145）。随山坡等高线布置，分台筑屋，布置密集，有时几座碉房共用墙身，屋顶拼联相通，具有更坚固的防御功能。有的村寨另建独立的碉堡，高达 30～40 米，作为全村的防卫据点。羌居多为二三层的楼房，以片石或土坯垒砌外墙，平面呈纵长形，内部布置有定例。底层为牲畜圈，中层为居住层，上层为敞开的照楼和晒台。因不信佛教，故无经堂之设置。居住层布置正房、厨房、卧室、储藏。正房是主要起居间，面积最大，内部装修考究，四周墙面装以木拼板，正中墙面有供祭祖先的神位。厨房在正房之

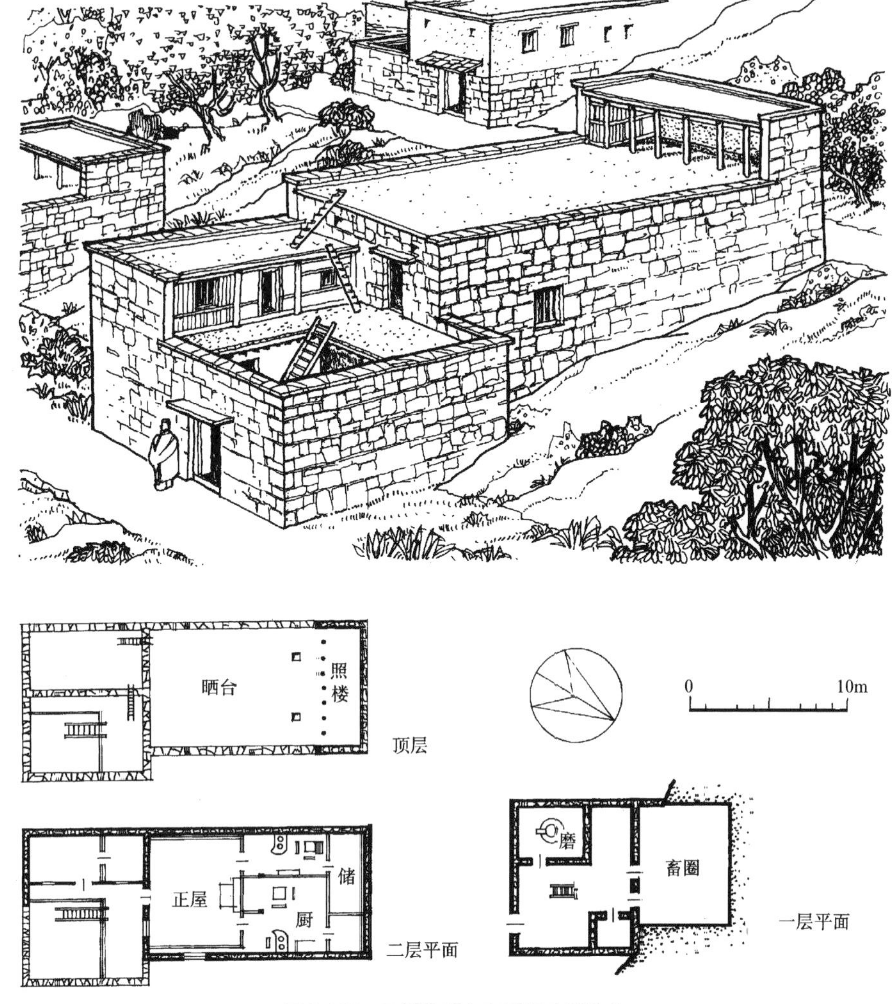

图 5-145 四川汶川小寨子杨士平住宅

后，有灶台、餐桌、火塘。有的民居采用藏居布局，厨房与正房不分，做饭、起居皆在一起。卧室一般在正房之左侧，面积小，因此隐蔽暖和，仅作为冬季睡卧之用。

羌族民居外观具有显明的特色。外墙为片石墙、夯土墙、或下石上土的混合墙体，装饰极少，朴素明朗。各层随地形呈阶梯形层层退进，层次丰富，与川藏立方体型的碉房不同。而且有的住宅相互毗连，或相邻住宅间建过街楼，某些民居顶上还有碉堡，群体变化多，轮廓起落跌宕。顶部后照楼的后墙突起，以抵御北风。后墙正中有白玉石一块，为羌族崇拜的“白玉神”，极富装饰效果。此外，羌居的门窗形式、等厚的墙身、穿斗式梁柱结合、企口楼板技术等都明显地是接受了汉族匠人的工艺技巧。

土掌房[56] 云南红河州的元江、峨山、新平一带彝族居住的民居称之为“土掌房”。这是一种土墙、土顶、外墙无窗的两层楼房，屋顶为平顶，一部分可做晒台（图 5-146）。这种住宅与藏族的碉房有着密切的关系，同时居住在该地区的哈尼族、傣族、汉族等亦采用土掌房的形制（图 5-147）。看来这是一种依附于地区自然气候条件的民居形式。彝族家庭为一夫一妻制的小家庭，民居形制比较小，一宅一户，分有内院和无内院两种。无内院式的土掌房也有正房、厢房、院子的布置，正房两层，厢房一层，类似一颗印的三间两耳房，但院子是有顶的，在上部开天窗采光。形成这种形式的原因是因当地气候炎热，为避免直接的日晒的缘故，同时又增加了晒台的面积，节约了用地，对防盗亦有益处。正房的中心间为堂屋，做敞口厅形式，两侧为卧室，楼上为贮粮

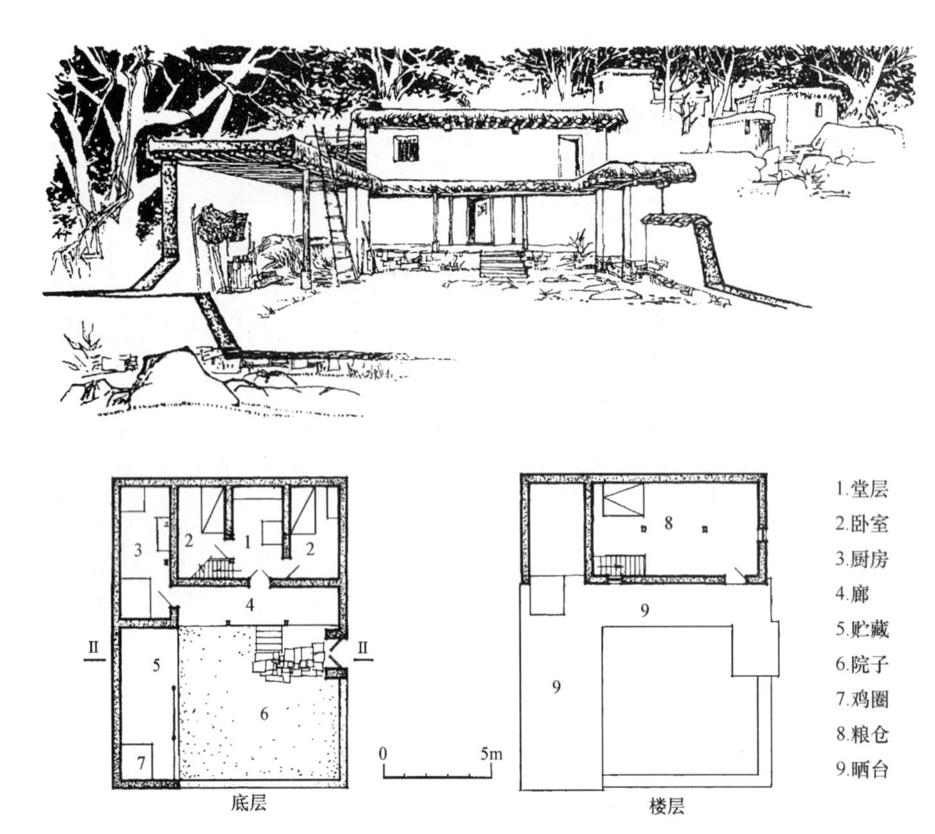

图 5-146　云南红河菲立沙村李宅平面及剖视图（摹自《云南民居》）

图 5-147　云南红河坝罕乡哈尼族民居

的谷仓，木楼板上铺一层黄土，并有门可通晒台，两厢房为厨房、贮藏、杂用房屋。有内院的土掌房多为曲尺形，三间正房，两层带前廊；厢房三间，其屋顶为晒台，两建筑间围出庭院。土掌房外观的最大特色即全为泥土的形象及平展的晒台平顶，窗户极少，底层不开窗，二层仅开小窗。在外墙顶部及平屋顶之间留出缝隙，以为通风换气之用。实际上这种民居是一种泥制的棚屋，可获得阴凉的室内小气候。

在红河州靠南部的元阳、绿春、红河等县，因降雨量逐渐增多，出现了一种坡顶与土掌房相结合的民居形式。正房（主要房间）为两层草顶或瓦顶的硬山、悬山式房屋，在坡顶下有泥土楼面的阁楼层，有防热、储粮的功用。正房前部的两厢为土掌房。顶部作为晒台，晾粮食。这种形式是土掌房在多雨地区的发展变异。

“阿以旺”式民居[57] “阿以旺”在维语中除意为“夏天的居室”外，也有“明亮的住处”的含意，在建筑上意即指带有宽大前廊，供夏天起居活动的住宅形式（图5-148、5-149）。南疆地区

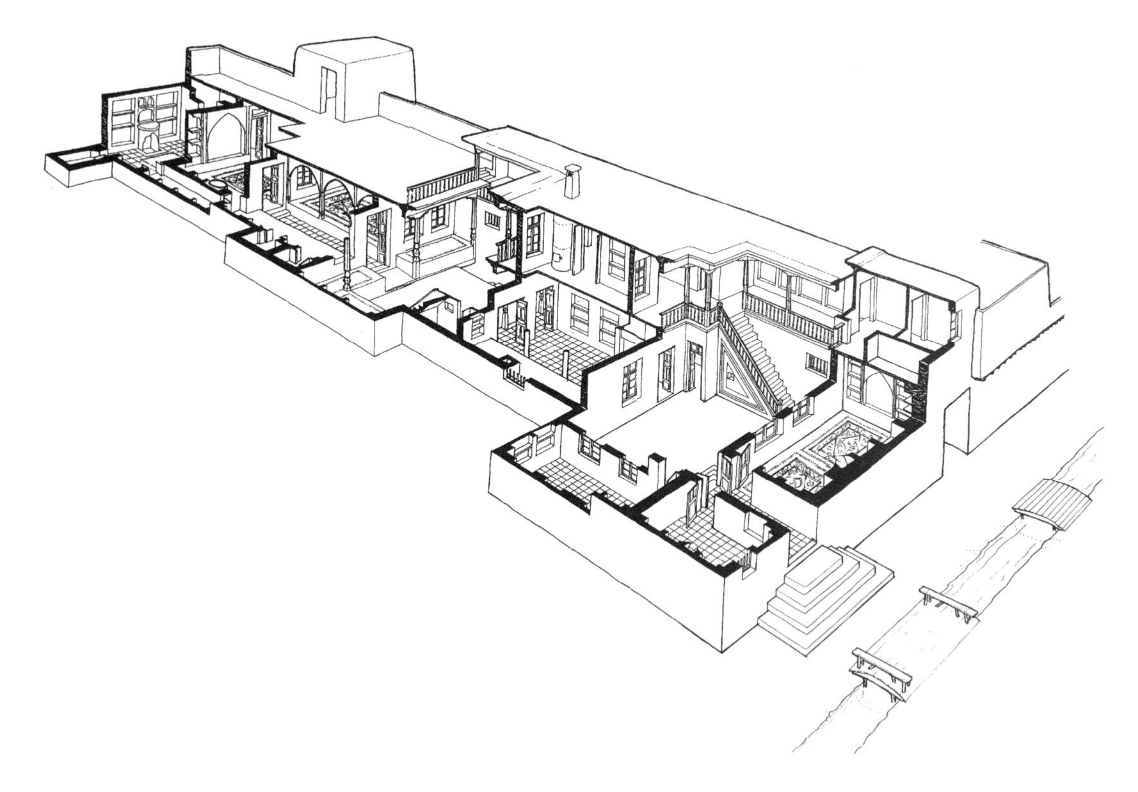

图5-148 新疆喀什某民居剖视图

炎热少雨，年降雨量不足100毫米，主要靠天山雪水溶化作为农业灌溉之用。一年之中绝大部分时间可以在户外活动，因此民居中居室分为冬室与夏室。夏室即位于建筑前部的宽廊，廊子地面较院落地面抬高约1米，形如土炕，平时铺毡毯，白天家务操作、娱乐、吃饭、待客等皆在此进行，晚上铺放卧具亦可睡眠（图5-150、5-151）。5～11月皆可露天睡觉，大型住宅往往将庭院加盖屋顶，留有天窗采光，将院内各面房屋的夏室（宽廊）联系在一起，形成更大的夏日活动空间。冬室内设有壁炉和墙龛，各类墙龛即是储物之所，又是室内很精美的装饰品（图5-152）。冬室地坪

图5-149 新疆喀什维族住宅区小巷

图5-150 新疆喀什维族某宅内院

标高与夏室同高，入室以后居民席地而坐。冬室面向宽廊的墙面开设窗台很低的长窗，从廊内间接采光。为了防止风砂侵入，这种窗户皆在外部加设护板窗。个别过于深大的冬室在后墙开设高窗。冬室之前有一前室，作为过渡空间，亦有防风作用。较富裕人家把茶室（即餐室）从冬室中分离出来单独设置在冬室的一侧。此外居室内尚布置有淋浴间和储藏间。这种分冬室夏室的平面布置方法，在南疆地区的礼拜寺大殿平面中亦为通行的布置原则。“阿以旺”式住宅平面布置十分灵活，不求对称，可以根据财力及基地形状随宜布置，每侧房屋的间数不等，但夏室皆朝向院内。小型住宅的前廊要互接串联，大型住宅可以数座院子套接在一起，各幢房屋的夏室互相连接，而冬室则不要求串通，较为封闭。

一般“阿以旺”式民居皆为单层房屋，喀什地区因用地少，故城市住宅发展为两层的“阿以旺”式住宅。这种住宅无前廊，用楼梯及走马廊串联上下层，其夏室改设在晒台（下层的平屋顶）上，作成敞廊，或者在晒台上搭设架棚遮阴，而且附建半地下室，以为储藏之用。这是“阿以旺”式民居楼房化的变体。为了争取空间，有些民居将部分房间架于街巷之上。

和田、于田一带保留有较老的民居，庭院多加固定天棚，开天窗采光，住房为前室加后室形制，前室以木棂格槅扇与庭院分隔、后室则以木棂花罩与前室分隔。壁炉上部墙面饰以透雕的矩形石膏花板，门框上镶有分格的木雕花板，地方装饰特征十分明显（图 5-153、5-154）。

图 5-151　新疆喀什雅巴夫区维族某宅内院

图 5-152　新疆喀什沃德奥德区 10 号玉素甫宅室内

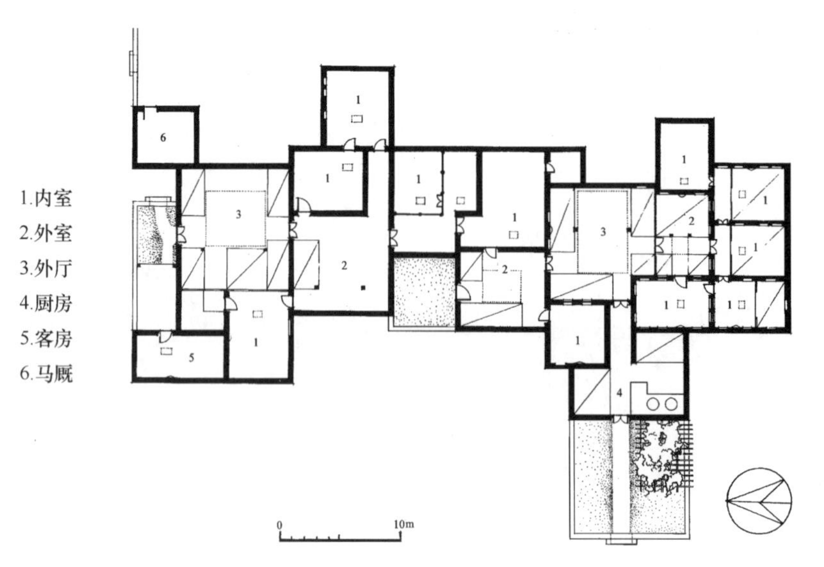

图 5-153　新疆和田某宅平面图

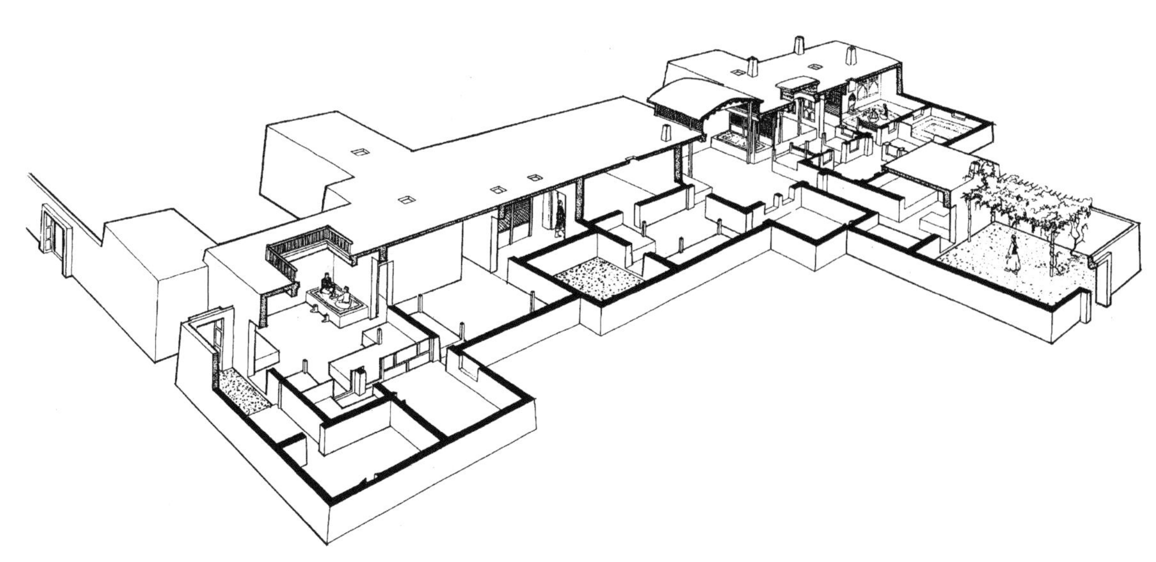

图 5-154 新疆和田某宅鸟瞰剖视图

维族人民喜欢花木，任何民居庭院中皆有棚架、花树等，栽种葡萄、葫芦、牵牛等攀缘植物。花叶扶疏，清凉宜人。南疆维族民居为木制梁柱、密肋平顶构架，外墙为土坯墙、外观朴素无华。但院内各幢房屋的装修精致，夏室前廊木柱的柱头、柱裙有精美的雕刻。晚期受中亚的影响，尚有满雕花纹的木拱券及吊柱装饰的前廊。柱头上的托木亦有卷杀及线脚，这方面可能是接受了藏居的工艺技法。室内天花顶棚及托梁亦有粉饰及彩绘，特别丰富的是沿四周墙壁所开设的大小尖圆不同形式的壁龛，以及装饰墙壁和龛缘的各种石膏装饰，这些图案表现出维族工匠精巧的工艺技术及开阔的构图想象能力。

吐鲁番民居　北疆吐鲁番地处盆地、炎热少雨、夏季最高温度达48℃，素有“火洲”之称，而且当地缺少木材，但土质良好，这些对民居形式的形成产生巨大的影响。吐鲁番民居为单层或带半地下室的两层土拱结构形式，平屋顶，草泥屋面，虽处盛夏室内亦十分凉爽（图 5-155、5-156）。室内布置与喀什住宅类似，地炕略高，炕前设有灶台，冬季可以取暖。沿房屋长向的两侧墙面布置壁龛及窗户，其数目、大小相同，呈对称状态。室内外装饰极少，仅门檐略施雕刻；在细泥抹制的外墙面上多用木模压印出各式装饰图案。住宅与前后院的布置很自由，院中以土坯垒砌花墙，拱门等划分出不同地段，组成多变空间。院内搭建凉棚，种植葡萄等藤蔓植物，形成阴凉的小气候。院内往往引入渠水，配合绿化，清新多情，花香风凉，为蔽日纳凉之所。棚架下多置土台、土炕，日常起居多在院内进行。天棚架高出屋面，有的棚架即是从屋面斜搭至对面花墙

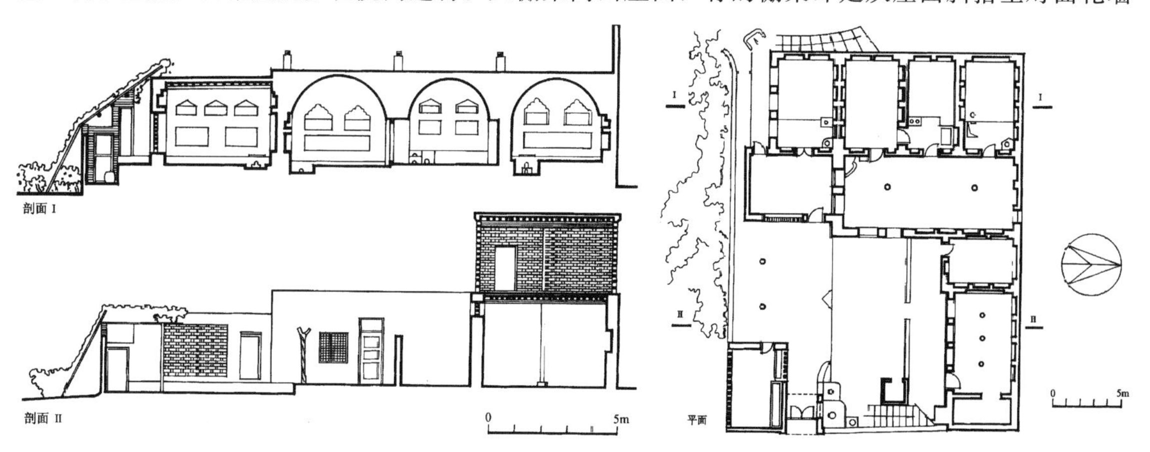

图 5-155 新疆吐鲁番维族某宅（摹自《中国古代建筑技术史》）

图 5-156　新疆吐鲁番某宅内院

头上。棚架的侧面多用木棂花窗遮挡。吐鲁番民居是将维族喜欢在夏室中进行的日常起居活动，改在院中棚架下进行，以适应当地炎热的气候；再则吐鲁番盛产葡萄，每家每户皆有晾葡萄的阴房，以土坯砖砌筑的阴房以其高耸空透的花格墙为民居外貌增加了特殊的格调。吐鲁番民居的建筑风格表现出经济、简朴又很适用的构思。

伊犁民居　北疆伊宁地区古称伊犁，伊犁河流贯全区，夏季温和，但冬季寒冷，多雨雪，地面水资源丰富。当地居住的主要民族为维吾尔族、哈萨克族及乌孜别克族。由于北疆的气候条件，改变了维族喜欢户外生活及席地而坐的习惯，及夏室的建筑设置（图 5-157～5-159）。其民居为砖木结构或土木结构的坡顶房屋，房屋多集中在临街一面，平面为一字形或曲尺形。其后部为面积较

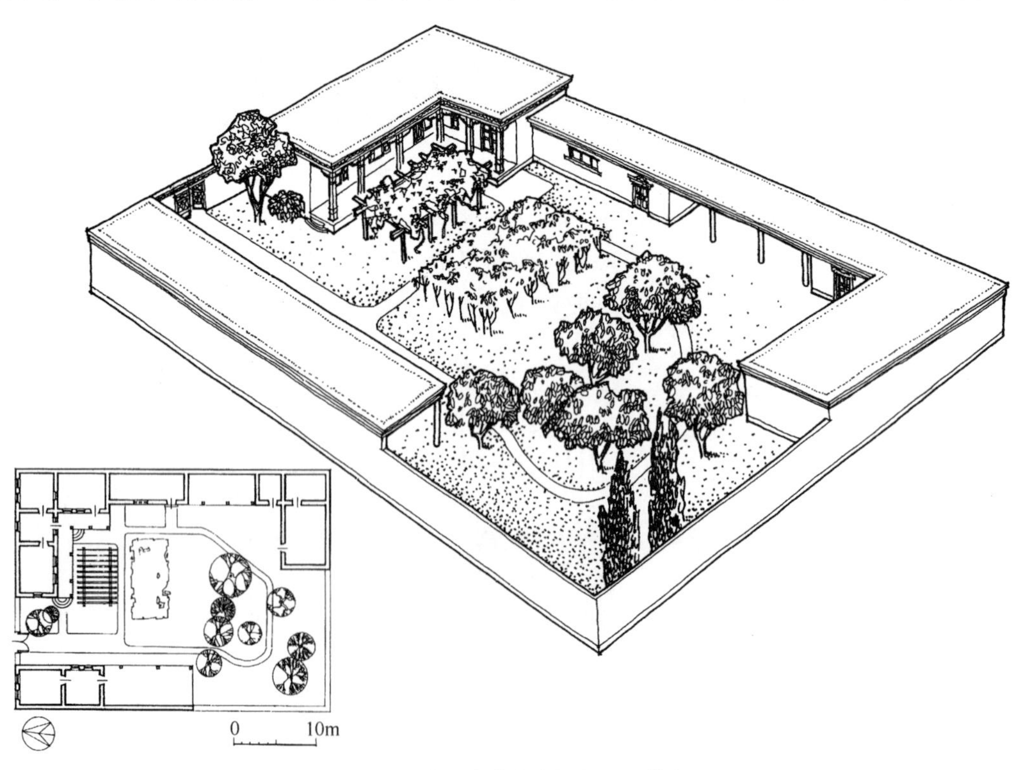

图 5-157　新疆伊宁帕米尔街 10 号某宅

图 5-158 新疆伊宁新城街 7 号某宅

图 5-159 新疆塔城发展街 32 号某宅外景（乌孜别克族）

大的庭院，布置花园、果园、花架等，并引入渠水流灌后园。主要房屋多为套间形式：有中央斗室两侧为套间和前后相套者；也有中央为走道，两侧为数间套间者。富裕人家的居室区分为客房与内室两种。室内取暖采用固定式大铁炉取暖，有的铁炉砌于间隔墙内，可兼顾两相邻的房间。在主要房屋朝向院落一面建有外廊、廊柱为带装饰的方柱，门窗开在朝向内院一侧或临街一侧，其他檐墙全为封护的实墙。主要房屋的外门多建有木制门斗或雨搭，有廊柱式或垂花式不同，并且山花部分向前。窗户为双层窗，内为玻璃窗，外为木板窗，窗扇及窗框皆有线脚，并配以木制的窗套，做成两柱托山花式样，明显带有中亚地区的影响。次要的厨房、杂物间、畜圈等皆设在主房一侧或后院内。主房外廊与院内葡萄架相连，形成阴凉的通道。伊犁民居在室内采取踞坐方式，客堂陈设比较考究，除桌、椅之外，尚有不少工艺刺绣品及壁毯装饰墙面。

第六节 其他类型民居

朝鲜族民居　朝鲜族集居在吉林省延边自治州，人口约 70 余万人。其民居以单体建筑为主，没有形成合院，也无围墙，散落在村镇中，布置自由灵活（图 5-160、5-161）。房屋有前后门，前后皆留出一定范围的空地供作杂用，两端山墙空余极少。由于气候寒冷，居民生活以室内为主。房屋平面为横长矩形，以四开间者居多，个别有拐角房，主要房间为定居间，为日常起居之处，又作为长辈、客人的卧室，房内有炕桌、衣柜，面积较大。在定居间右边布置居室，为子女卧室兼储藏之用；在定居间左边为厨房。厨房与定居间之间设立通长的推拉门，隔而不断，全部拉开后，空间可混为一体。厨房内的灶台与地坪同高，而烧火坑较厨房地坪低下一米。农村住房在厨房外尚有牛舍及草房。定居间之外设有木板地面的外廊，为居住者脱鞋之处，入居室后席地而坐。朝鲜族民居根据房间的多少，可有八间房（五开间）、六间房（四开间）以及通间房的不同平面类型[58]。朝鲜族民居多门而无窗，以门代窗，外门为纸糊条栅棂格门，窗纸糊在外面，室内为双面

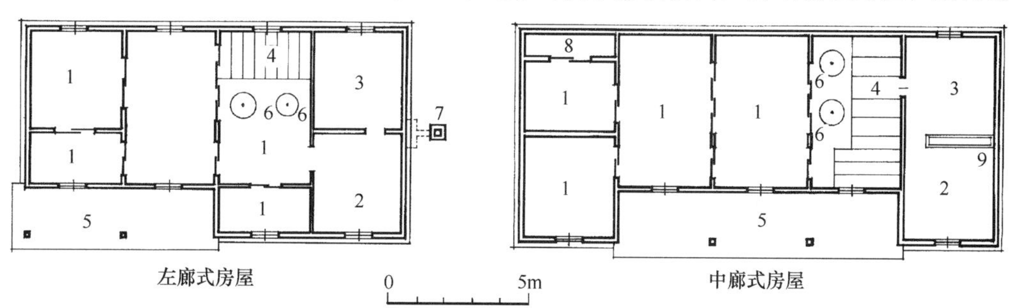

图 5-160 吉林延边朝鲜族民居平面示例
1. 卧室 2. 牛棚 3. 草房 4. 烧火坑木板 5. 前廊 6. 锅 7. 烟囱 8. 橱 9. 牛槽

糊纸推拉门。居室地面全为地炕与灶台相连，在室外设立木板烟囱以排烟气。因其习俗为席地而坐卧，故家具极为简单，墙壁内设立壁柜。因居室内各房间彼此相套，故没有明确的交通面积。

朝鲜族民居是中国北方惟一保持席地而坐生活习惯的民居形制（牧区蒙族毡包除外），也是北方民居中尚保留草顶或瓦顶歇山式、庑殿式的民居形式。这两点都反映出古代民居的传统特色。

井干式民居　这也是一种较古老的民居，在原始社会时期即已应用，汉武帝时曾以这种构造方式建造过高楼。目前仍是世界上森林茂密，木材丰富地区的常用民居形式，如苏联、加拿大、北欧、瑞士等国山区。在我国东北大小兴安岭地区、吉林敦化、抚松、长白等地区、云南北部地区皆存在着井干式民居，云南摩梭人称之为“木楞房”，四川彝族称“木罗罗”。此外西藏墨脱县门巴族、珞巴族人亦采用井干式民居（图5-162、5-163）。其构造方式是以原木（或砍成六角形、方

图5-161　吉林延边朝鲜族民居

图5-162　吉林敦化某宅井干式民居

形），层层相叠，构成墙壁，类似古代的井栏构造，故名井干式。黑龙江兴安岭地区的井干房体型雄大粗犷，吉林地区则形体较小，云南井干构造精细，而且有楼房。井干房平面以两开间横列者居多，无疑这是一种原始居住布局形态的残余，也是稳定井干结构所必需的。井干房的屋架为大柁上架三个瓜柱，支顶檩条，屋面有草顶，木板瓦顶或桦树皮顶。东北地区采用火炕取暖，屋外设立中空树干为排烟的烟囱。敦化一带，原木墙内外多涂草泥，使墙体保温性能更好。

居住在云南宁蒗县永宁、左所一带的纳西族人的一支摩梭人尚保存着原始母系氏族社会的生产生活方式。子女从母亲居住，由老祖母任家长，财产由女性继承。婚姻关系上实行“阿注”（朋友、伴侣）婚制，即男子晚间到女阿注家过偶居生活，清晨返回自己母家。摩梭人的井干房规模较大，多组成四合院。正房为全家就餐、活动、储藏的场所，亦是举行成人礼、丧礼的地方。两厢为经堂及畜圈，对面房为两层楼，上层楼分隔出许多小间，为男女阿注偶居之处。在这种民居形式中保存了较多的原始社会残余形态，在民俗学、历史学及建筑史学上具有重要的参证价值。

凉山彝族民居[59]　四川凉山地区是彝族主要集居地，长期处于奴隶社会阶段，有世袭的统治阶级，信仰祖先和天神，禁止与外族通婚，家庭为小家庭制。奴隶主的住宅为一字长方形，个别有冂形、口形，围绕住宅有墙围绕，墙角并有碉楼。居住建筑内部空间较大，依据使用要求分隔成起居、卧室、杂物、储藏等间（图5-164）。木制隔墙不到顶，墙上有木格小花窗，起居室面积较大，饮食、起居、劳作、会客、取暖皆在其间。夯土地坪，席地而坐，墙面不开窗，完全依靠大门的微弱光线。起居室一端置锅庄（即边置三石的火塘）。富裕人家在木构架前檐挑檐部分有各式雕刻，在起居室另一端附建牲畜棚。劳动者的住室仅为一大通间，起居睡卧同室、人畜同居。

图 5-163 云南宁蒗永宁乡泸沽湖摩梭人木楞房

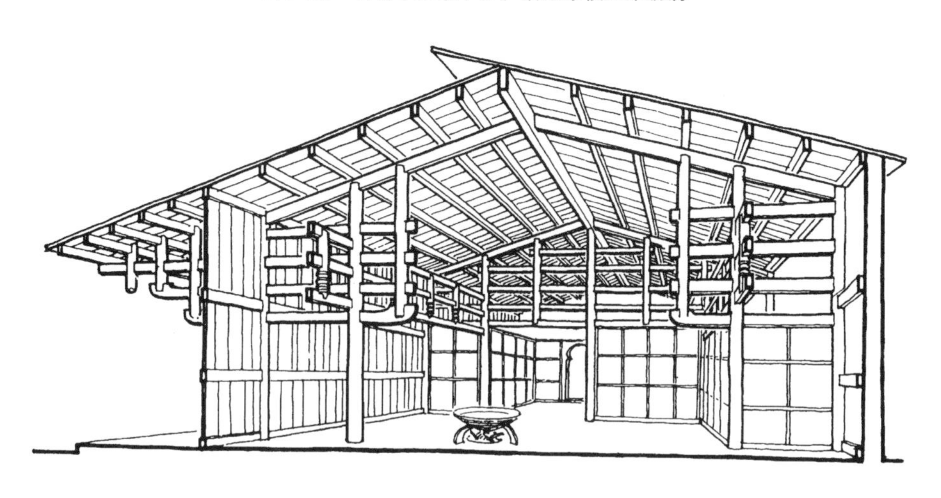

图 5-164 四川凉山彝族民居室内透视图

屋面一般为木板瓦屋面，当地称为“黄板”。彝族中富裕人家民居采用了一种特殊构架的桁架或拱架，其形式约有 5～6 种，拱架是由逐层出挑的悬臂构架组成，类似现代的门式架，有的栱架上有大斜梁，有的无斜梁。此外，在沿房屋的纵向尚有组合起来的构架，有的设在室内，有的设在廊下。这种构架在中国传统木构中尚属罕见，它们是否代表了更古老的构架方式——纵架式，尚无法证明，但这种实例，显然对研究早期木构架形制及其演变具有重要意义。同时也可看出这种构架也吸收了盛行于中国南方的穿斗架的某些构造手法。

“撮罗子” 居住在内蒙呼伦贝尔盟鄂温克族自治旗、额尔古纳自治旗、辉河、伊敏河流域的鄂温克族以狩猎为生，常年活动在大兴安岭林区，他们穿驼鹿皮制的衣服，吃鹿肉、熊肉，饮鹿奶，这种艰苦的游猎生活迫使他们采用一种简易的居住方式——“撮罗子”（图 5-165）。“撮罗子”又名“仙人柱”，是圆形尖顶无墙的帐式棚子，四周以 20 余根松木杆呈攒尖方式支成棚架，外面覆以一层桦树皮，天气寒冷时尚需在树皮外再包一层毛毡或兽皮。内部席地而坐，地上铺松枝及兽皮，中央设置火塘，上吊铁锅做饭，铁锅是以铁链挂在带叉的架杆上。冬天在帐内做饭，夏日移至帐外。撮罗子顶部留有小孔，以通烟气。帐外松林间设有用几根松树杆支起的横架，存放粮肉、物品，上用桦树皮封盖起来，可说是一座空间仓库[60]。鄂温克族游猎在林区，没有大型的运输工具，家产仅用驯鹿和雪橇驮运，不可能从远处运输笨重的建筑材料进山，只能就地取材，用松木或桦木杆及兽皮建造住屋“撮罗子”。北美印第安人因游牧之需要，同样也采用类似的居住形式。

图 5-165　内蒙鄂温克族的“撮罗子”

番禺“水棚”　这是一种渔民住宅，通行于广东沿海珠江口一带，以番禺为代表地域（图 5-166）。这种住宅建于水中，以栈桥与陆地相连，贴水凌波，水陆两达，而且泊船方便。平面为方形，约 6 米见方，分隔成一厅二室，厨房另外搭建在晒台上。这种规模是为了适应竹材的构架要求。房基采用桩柱插入河中，上边以竹木绑扎式构架构成，墙为竹篾或竹席。屋内以竹竿或蔗桿为隔墙，屋面覆盖蔗叶或稻草。荷载较轻，取材便捷，施工方便。“水棚”上部习惯作成一面歇山一面悬山式屋面，独具风格，在一般民居中极少见到。歇山山尖兼可取得通风效能。这种“水棚”民居在东南亚一带国家甚为普遍[61]。

从“水棚”可联想到舟居。在清代一些水上以捕鱼为生的渔户受到政府的歧视，称为“疍民”，不入户籍，不许上陆地居住，终年在船上生活，境况十分困苦。在福建闽侯县水边尚存在有一种船屋，形状纵长，前后有甲板（晒台），前后开门，地坪架空，呈低干阑式，一些船民用具及船体也往往吊挂在建筑侧壁上，显然是船民在上岸定居以后，仍然保持着对水上舟居生活的怀念（图 5-167）。

图 5-166　广东番禺水棚

图 5-167　福建闽侯船屋

高山族民居[62]　高山族为台湾省土著民族，居住在台湾东部沿海及山区。其经济状况不一。居住在山区的布嫩人、朱欧人及部分泰耶尔人尚保留原始公社制度、生产资料公有，集体劳动，共同分配。而大多数高山族人已进入封建社会，土地私有，其中汉化较深的平埔人已经出现严重的阶级分化。住在山地的高山族房屋多为茅草屋顶的竹木结构房屋。按其构架形式可分成两类：

一类为半圆形落地船棚式屋顶；另一类为用三面承重石墙的搁檩式坡屋顶。这两类的构造方式都是以纵列支承方式，中间添加木柱，支承脊檩、檐檩，有些地方尚保留用柱端树杈绑扎檩条的原始方法。尤其是搁檩式屋顶是高山族通用的屋顶结构基本形式，但在文化较高的北部泰雅尔人亦用两坡式的梁架屋顶（图 5-168）。室内平面布置大部分为单间，厨卧不分，在室中央设火塘，并且将谷仓亦放在室内，因为高山族实行一夫一妻的小家庭制，故其民居亦为单幢住宅，绝少组群式建筑。南部岛屿的耶美人，为防止台风袭击，外墙多用卵石砌成，室内地面挖下 2～3 米，故前檐仅距室外地坪 1 米高，建筑匍匐于地下。某些地区头人的住宅院内尚有一司令台，用石板铺成，台子中央竖刻有人像的石板一块，象征祖先神灵，作为部落集会的场地。东部某些部族在村落中还用竹木搭成一个大棚，作为全村会议的集会所。目前台湾高山族民居遗留下来的实例已十分稀少了。

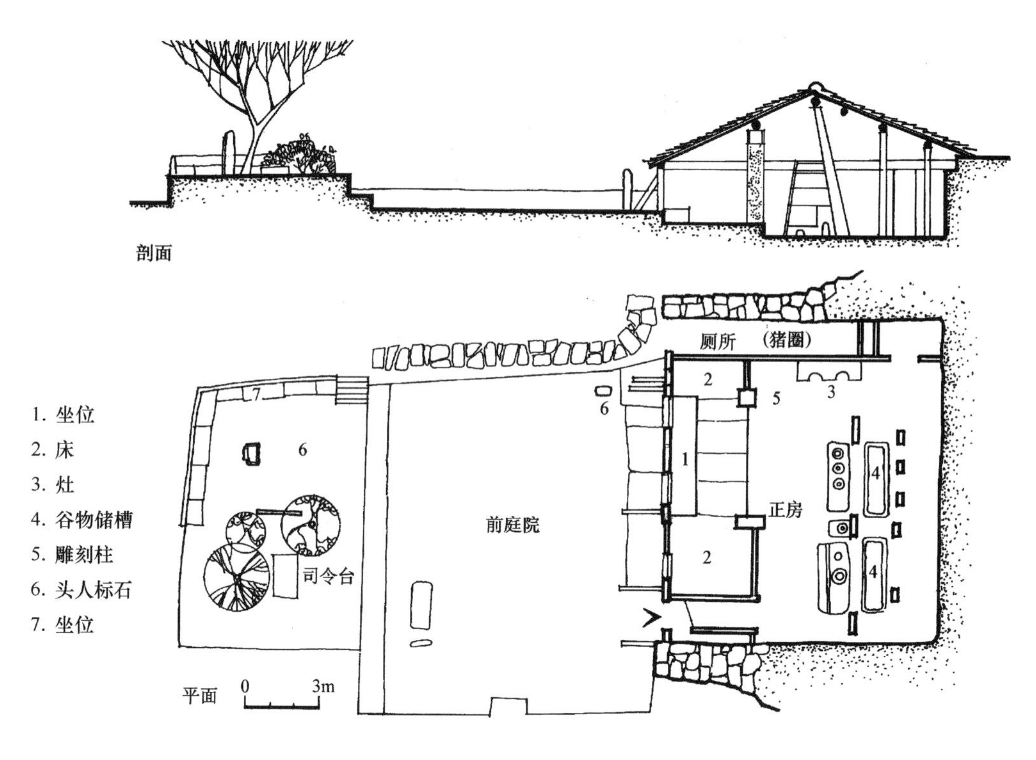

图 5-168　台湾高山族派宛人部落头人之家（摹自《台湾建筑》）

第七节　清代民居建筑设计成就及历史地位

数千年的中国民居史若从建筑实物角度观察，各地除了遗存少数明代民居以外，几乎全是清代民居。元代以前的民居状况仅能从遗址、文献、绘画、明器、画像石等间接材料去考察、了解与推断，总有隔靴搔痒的感觉。明代民居实例数量太少，而无法全面地进行概括分析。因此对中国民居的研究重点，不得不侧重在清代。丰富而广泛的清代民居在设计经验及史学价值方面确实为中国建筑的发展提供出相当有意义的材料，对于整个封建社会居住建筑来讲，某些方面可能具有总结性意义。

一、建筑设计成就评述

清代民居的建造与古代各朝代一样，是依靠本地工匠、邻里朋友，甚至是业主本人共同参加营造的，故其使用要求更注重实际，没有其他附加要求及畸形现象，所以在这方面的任何成就都真实地反映出地方性、历史性、群众性的特色，是社会精神财富的率真表现，而不是哪一位能工巧匠的个人创造。这些成就可能具有自发性，但它确实是劳动人民智慧的长期积淀。就现有材料分析，大致可以从下列方面得到反映。

1. 系列性的平面设计

各地区民居都有独自的典型形式，如北京四合院、云南“一颗印”、浙江“十三间头”等，但又不是简单的定型设计，它们都在推演变化过程中形成各种平面布置，组成系列化的设计，以适应不同业主与环境的要求。北京四合院可以从一正一厢、三合院、四合院、两进院、多进四合院、带侧院及花厅的四合院，以及开设侧轴线的大型四合院，尚有北入口的倒座式四合院，东西厢入口的四合院等（图 5-169）。湖南湘潭地区的通行民居基本平面为一字形、曲尺形、冂 字型、H 字型，当地俗称之为一条墨、推扒钩、一把锁、一担柴，凡较大型的住宅都是在这四种平面基础上相互叠加、复合组成的。潮汕地区的民居基本单元是冂 型和口 型的“爬狮”与“四点金”，以此为基础用反复组合，增加“厝包”、“从厝”、“后包”的办法，可以演化出各种平面组合，如“三壁莲”、“三落二从厝”、“三落四从厝”、“四马拖车”、“八厅相向”，进而发展成碉楼式的方形图库平面等[63]（图 5-170、5-171）。浙江的“几间几厢房”式（图 5-172），闽粤的“三堂加横屋”式，皆为一系列从简到繁的标准住宅形式。这种系列性设计可简化工作程序，保证平面、立面的比例、尺度关系及组合群体的协调性；而且施工简便，构件统一，面积灵活，可适应各种使用要求。由

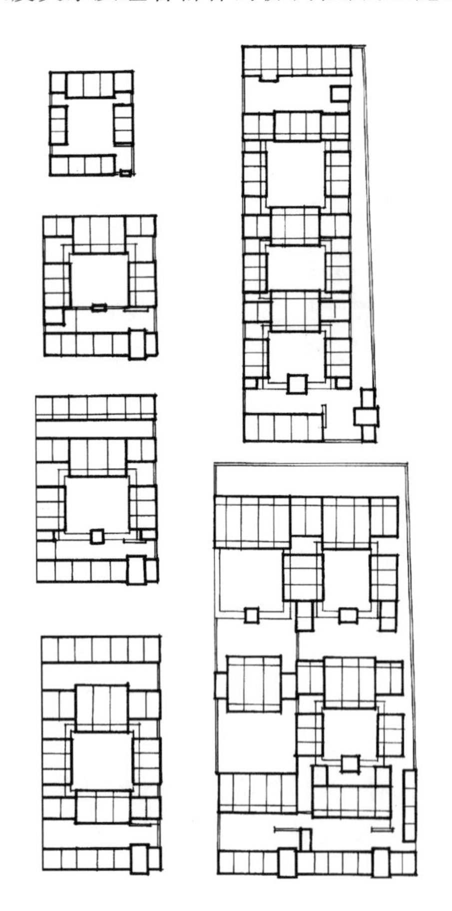

图 5-169　北京四合院平面组合图

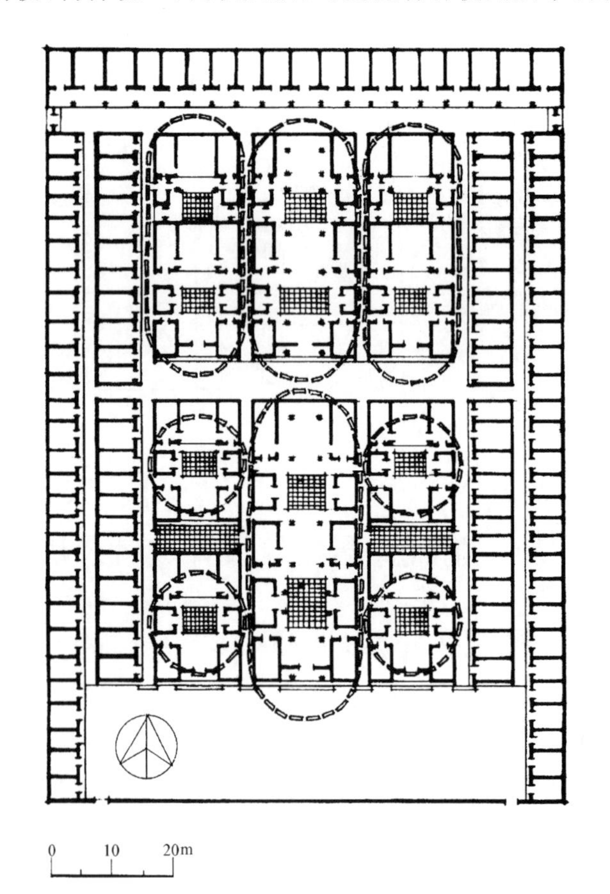

图 5-170　广东揭阳港后乡“四马拖车”式民居
前部四座“四点金”中夹“三座落”
后部并列三座“三座落”
周围东西双护厝加后厝

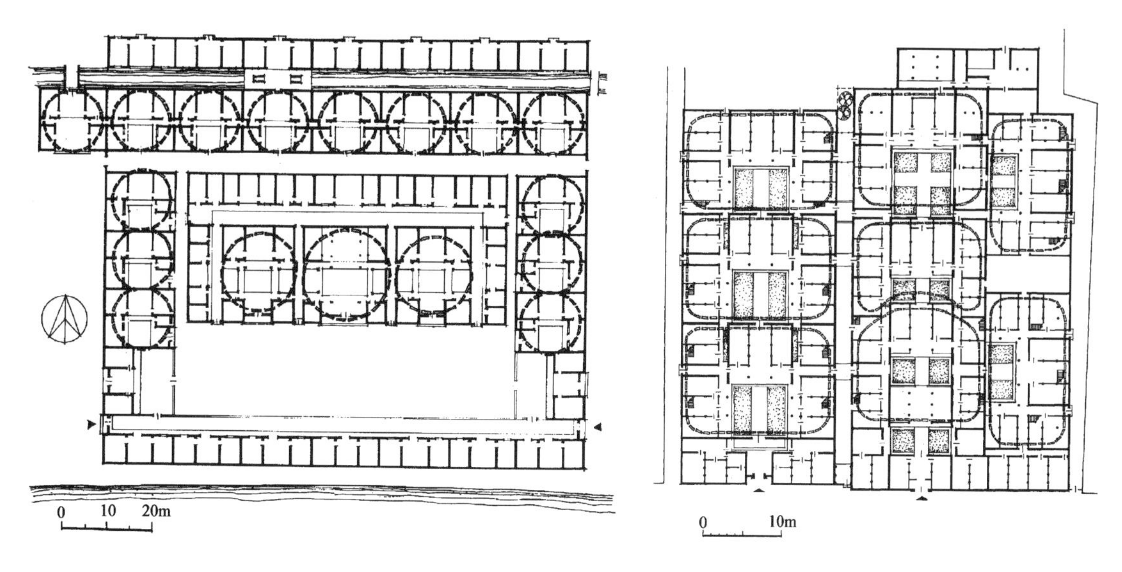

图 5-171 广东澄海南盛里"布袋围"式民居
中央三座"四点金"，周围十四座"爬狮"及护厝

图 5-172 浙江东阳吴宅
（由八个《十三间头》标准单元及配房组成）

于这种系列设计使住宅总图变得十分简单，承包工匠与业主意图十分容易沟通，仅是间架、开间尺寸在容许程度内的选择变动，即可完成全部设计工作。在古代住宅尚未发展为标准单元设计的情况下，这种方法也是十分有效与先进的。

2. 最大限度地创造空间与利用空间

这方面构思包括空间与地形的密切结合，内外空间的交融，空间的层次感，内部空间的充分利用等诸多方面。四川丘陵地区民居曾广泛应用台、挑、吊、拖、坡、梭六种手法在复杂的地形上盖房子。浙江山区亦多利用分层筑台，来争取建房用地（图 5-173～5-176）。尤其是出挑与吊脚

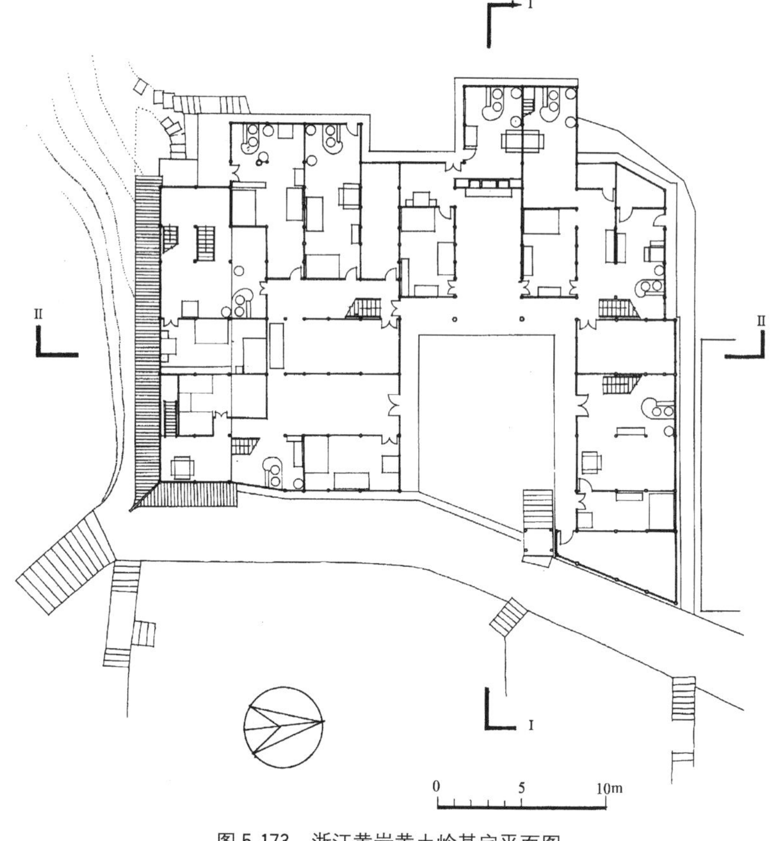

图 5-173 浙江黄岩黄土岭某宅平面图

图 5-174　浙江黄岩黄土岭某宅Ⅰ-Ⅰ剖面图

图 5-175　浙江黄岩黄土岭某宅Ⅱ-Ⅱ剖面图

图 5-176　浙江黄岩县黄土岭某宅透视图

更是滨水地区及西南山区常用的方式。如湘西吊脚楼、重庆吊脚楼，以及黔东南苗族的半边楼，都取得了扩大空间的实效。有的地区尚可在自然地形困难的条件下开发出居住用地，如贵州布依族采用挖填相济，采筑同步，统筹施工的办法建造石头房，一举解决用地、材料与施工现场间的矛盾，同时也保证了建筑石材在色泽、厚度、纹理方面的一致性，创造出较高的艺术质量。河南、陕北的窑洞建筑更是充分利用地形的创造性设计；若按墙壁、屋顶围合成的居住空间为正空间的概念出发，则窑洞创造的是负空间，它外观无形，无色，无变化，它的形体转为室内，是用减法创造的空间。中国民居设计对室外空间予以特殊的重视，把它作为生活空间很好地利用起来。庭院与天井是民居的重要部分，对其形体、收放、花木、墙体、小品、铺地皆有精心选配，形成独立的艺术性格。如北京四合院的舒展，苏州庭院之雅洁，白族民居天井的书卷气，昆明一颗印的小巧，丽江民居的活泼，庄窠式回居的朴实，吉林民居的宏阔，潮州民居的华丽等，室外庭院的艺术风韵为地方民居增加了美感享受。民居的室内外空间的组合也不同，由于气候条件的影响，北方民居内外空间区分严格，具有鲜明壮朗的空间感；而南方民居则采用内外空间渗透的方式，具有模糊不定的灰色阴柔的空间感。至于气候温热的喀什、大理则把室外空间处理成廊厦，而多雨、湿冷的桂北壮族则将室外家务活动完全移入居室内部。清代庭院式民居，非常注意空间层次的序列安排，以增强延续感。层次的取得除了依靠开合空间的交替、体量的变化之外，小建筑形式的分隔也起了很大的作用。如照壁、影壁、垂花门、砖门楼、屏门、游廊、过洞、花墙等的设置，使居民进入住宅后，任何驻留空间都有完整的空间景观。民居建筑大部分为坡屋顶及木制围护结构，因此利用山尖空间及外檐进退，以赢得更多的可利用空间亦是清代民居常用手法。在山尖部分做阁楼层是西南少数民族干阑式民居的普遍作法，可储粮、储物、临时住宿等；侗族喜欢在外檐墙上作挑柜；甘南藏族习惯将橱柜与木隔断结合为一；而在空间利用方面最成功的当属浙江东部一带民居[64]（图 5-177、5-178）。

3. 灵活而随机的房屋构架

民居构架属于荷载轻、跨距小、无斗栱的小式构架，也不受固定程式的约束，各地皆有地区做法，比起高大的宫殿、庙宇的大式木构架具有更强的应变能力。传统民居的木构架，在北方基本上以抬梁式为主，是重屋盖构架，可获得较大的室内空间，但用材较多；而南方以穿斗架为主，是轻屋盖构架，但柱柱落地，影响空间使用。不论哪种构架都具有灵活的优点（图 5-179）。首先民居基本采用硬山顶或悬山顶的两坡顶，统一步距，统一开间，简化了构件种类；其次屋顶各檩位是随宜确定的，可高可低，可设计成直坡（如福建一带），也可设计成曲坡，可以是对称的前后坡，也可前坡长后坡短，还可加设披檐，也可作成叠落檐，总之每副构架可随使用需要变化，不是固定的大式建筑几檩几架的概念；第三，在长期发展中，抬梁穿斗两种体系也产生了交混的现象，穿斗架中融合进抬梁因素，在减柱的穿斗架的部分穿枋也具有承重性质，更增加了民居构架灵活性。如广西壮族、侗族的干阑式构架；第四，穿斗架还可用增加步架、改用长短柱、加拖厢、出挑楼、出披檐、加吊脚等办法来改变构架形式，创造无穷的立面构图[65]。此外，新疆维吾尔族的密肋平顶构架、四川凉山彝族的拱架式构架、福建地区带上弦梁的穿斗架也都各具特色，说明民居建筑在结构学发展上的旺盛生命力。

4. 广泛开发地方性建筑材料

自然材料与人工材料都是民居用材的基础，而更偏重于量大、易取、经济的自然材料。对土的利用不局限在夯土墙、土坯砖，进一步发展应用土坯拱，土坯穹隆（图 5-180）。石材不仅用于柱和墙体，而且可做瓦面、石梁使用。浙江、福建、贵州、台湾等地是利

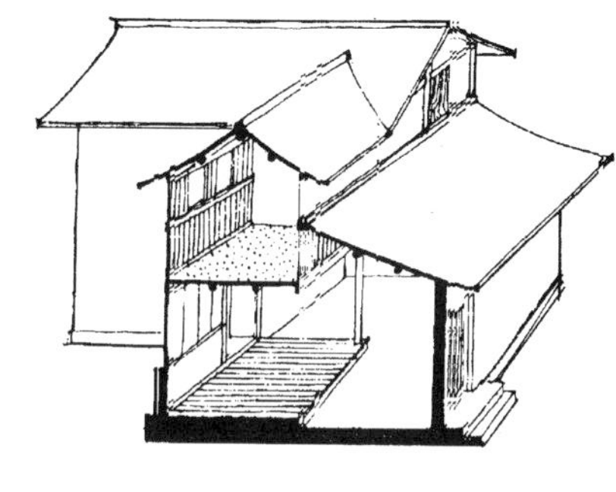

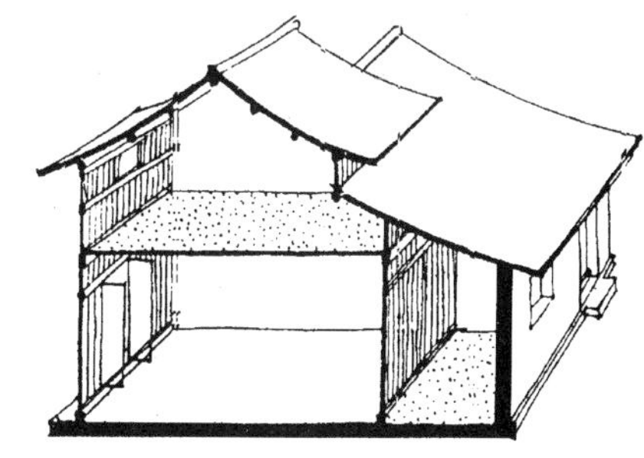

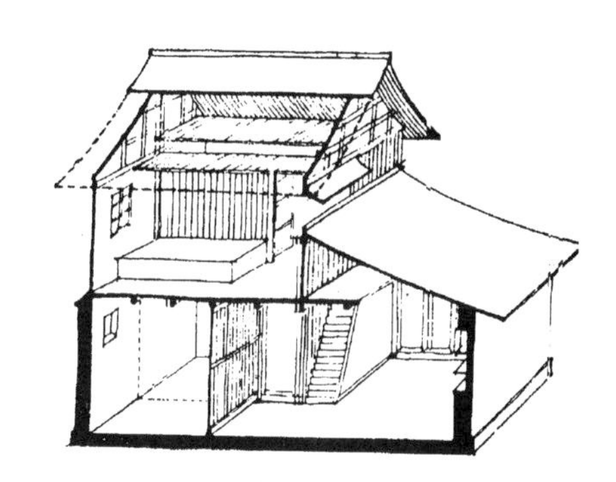

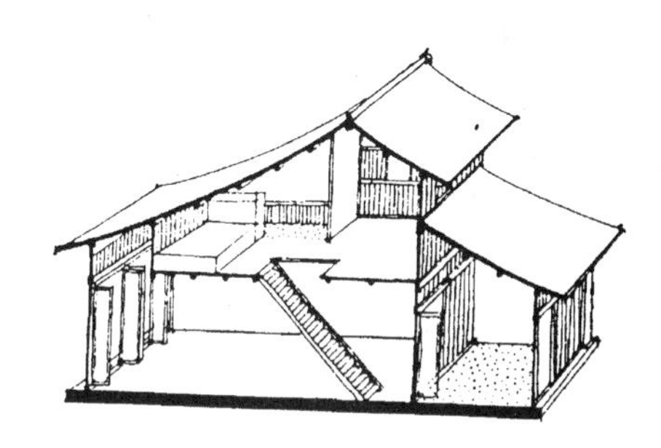

图 5-177　浙江民居室内阁楼空间利用示例

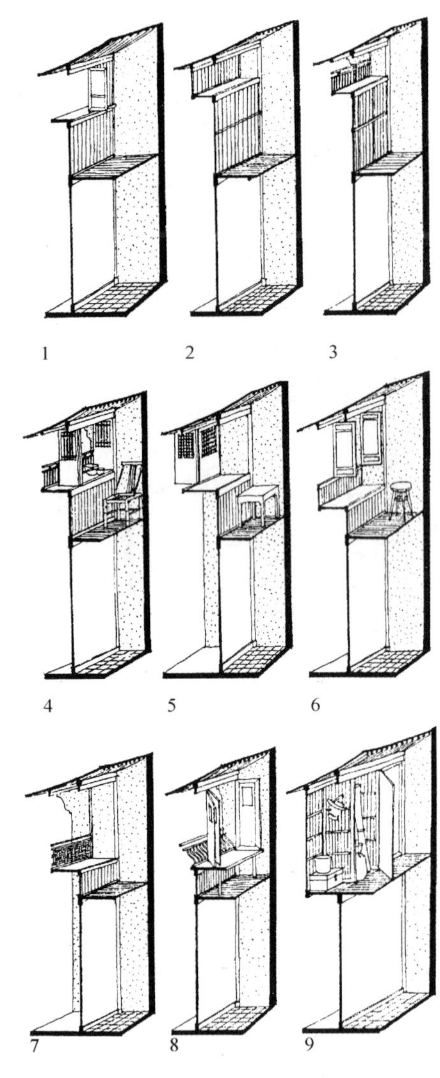

图 5-178 浙江民居外檐出挑方式

1. 挑窗台板 2. 挑檐箱 3、4、7、8. 挑檐口栏杆 5、6. 挑出窗 9. 挑楼层

用石材十分充分的地区，而且各有特色。如天台的水成岩石板（图5-181、5-182）、绍兴的砂石石板、贵州的片石墙（图 5-183）、惠安的花岗石材（图 5-184），澎湖列岛的礁石墙；以及各地山区出产的青石板瓦，都是成功的例子。卵石亦用为墙体材料，如广东南雄地区可筑高达四层的承重卵石墙。竹材是南方民居广泛使用的材料，可做屋架、编竹墙、竹篾墙、竹栅、竹排、编竹夹泥墙。稻麦草可做屋面，草辫墙，东北地区的草辫大泥墙等。个别地区尚有特殊的地方材料做法。如内蒙牧民以牛粪掺泥抹在木板外壁做保温材料，黑龙江地区以黑土胶泥卷成土毡，置于屋面上作防水材料，冀东地区广泛使用青灰做屋面防水材料。地方材料的应用为各地民居建筑增添了形式美。如云南傣族竹楼的编竹墙上由竹篾的光泽形成活泼的几何图案（图 5-185），厦门一带使用的胭脂红砖，艳丽非常，与块石混砌，十分新颖别致（图 5-186），大理民居用面砖贴饰成各种图案的外墙，江浙一带用各种砌法砌筑的空斗砖墙，泉州利用牡蛎壳砌筑的墙体，熠熠闪烁，具有金属感等（图5-187），这些都是因地方材料而形成的民居艺术特色。

5. 丰富而具有实效的建筑装饰艺术

砖木石三雕技艺是全国很多地区民居广泛应用的手法。砖雕盛行于徽州、苏州、番禺、佛山、潮汕、北京、河州（今临夏）等地，木雕盛行于浙江东阳、江苏苏州、云南剑川等地，实际各地民居皆有木雕装饰，石雕盛行于河北曲阳、浙江青田、绍兴、福建惠安、晋江、广东潮汕等地。建筑装饰部位多集中在门窗装修、棂格、墙头、脊饰、大门及结构端点处。民居的门窗形式也较其他类型建筑要灵活丰富，特别是清中叶以后，常见的种类除槅扇门窗以外，尚有长窗、支摘窗、和合窗、满洲窗、推拉门窗、花窗。棂格纹样从简单的直棂格、豆腐块，增繁到海棠纹、步步锦、万川、锦纹、乱纹、夔龙、盘藤纹等，还配以各种木雕饰件。此外，南方地区为防火需要而建造的各种马头墙，东南沿海为防风而采用的封护檐头也进行各种风格的装饰处理。还有不少地方手法，如四川、湖南的嵌瓷，四川、潮汕的灰塑，广东护檐墙头的檐头画，山东掖县一带的炕围画，大理民居的廊心墙，北方民居的各种砖雕照壁心都很有艺术水平。特别是民居建筑的大门处理更为丰富多姿，有特色的宅门不但增加了民居的可识别性，同时也是构成民居艺术风格的重要手段。古代传统民居在形体空间、地方材料及装饰手法三大方面，是表现民居建筑地方特色极为重要的因素。

传统民居是历史形成的建筑形式，就其使用功能来讲，今天早已时过境迁，其具体手法及材料不可能在今日完全沿用。但其设计构思及创作原则对今日实践尚有不少启迪、反思、联想的作用，进而焕发出它的参考借鉴价值。

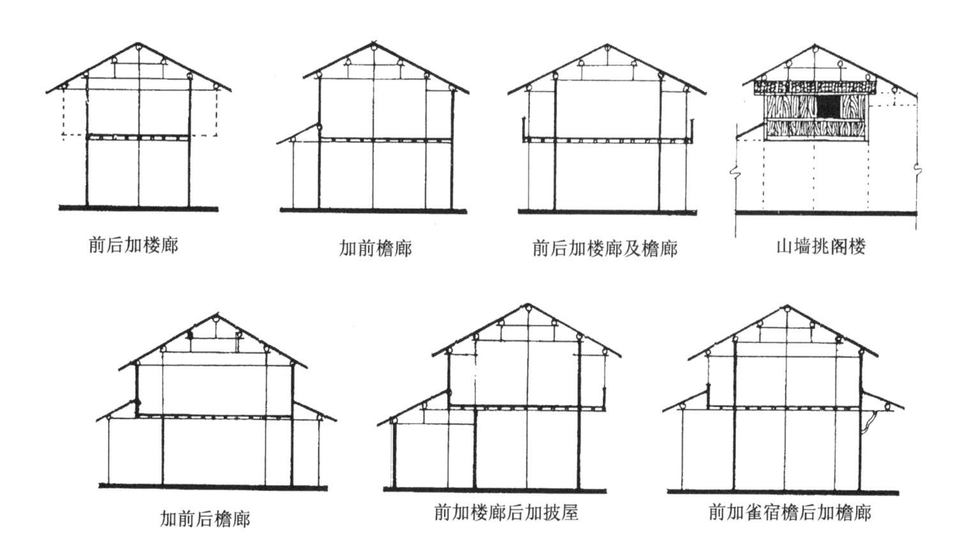

图 5-179　南方穿斗构架形式变化示意

图 5-180　云南红河红星乡哈尼族民居土坯墙

图 5-181　浙江天台义学路六号民居外观

图 5-182　浙江天台民居石板墙

图 5-183　贵州贵阳石板寨民居石板瓦顶及石板墙

图 5-184 福建惠安石材民居（石墙、石楼板、石门窗框）

图 5-185 云南瑞丽团结乡下卡喊村傣族民居编竹墙

图 5-186 福建晋江东海乡石头街民居砖石混筑墙面

图 5-187 福建晋江东海乡临海村民居蛎壳墙

二、清代民居在建筑史学上的地位

1. 清代民居是整个民居发展的剧变时期，是转化至近代建筑的过渡

粗略地分析，清代民居发展可分为三个阶段。首先清初顺治至雍正时期，基本因袭明代制度，从山西丁村、安徽歙县地区的清初建筑可以看出此时期建筑体形变化少，注意结构的艺术加工，如梭柱、斗栱、月梁、撑栱的美化，附加装饰少，用材粗大，楼房的比例少，屋顶坡度缓，具有古朴的风格。而乾隆至道光时期，由于人口突增，引起民居的变化亦甚大。如民居用地开始大量开发利用坡地、台地；平面形式及构架形式向多样化发展；正房进深加深；部分住房建为楼房，以增加使用面积；用材尺寸减小；装饰附加增多，砖木石雕处理极为普遍；门窗棂格的图案纹饰花样翻新；地方性构造技术与装饰艺术的刻意发掘使得各地民居风格特色更为明显。总之，这时期的民居空间变化及艺术美学方面有突出的进步，在艺术上表现出华丽的风格，是属于清代民居的成熟期。降至咸丰以后，中国逐渐沦为半封建半殖民地社会，背景条件的变化引发了民居的剧变。例如结构上砖木混合结构及硬山搁檩的广泛使用，直接影响到民居建筑的外观面貌；同一平面形式的民居成排成组地建造，以供出租的现象，已初具近代里弄住宅的雏形；在平面上简化功能，采用民居局部空间形态组成新民居形式，如江南的石库门式住宅即是苏州民居上房局部的翻新，大理郊区农民喜用的三间石材垒砌的民居，实为“四合五天井”的倒座房的变体；沿海一带首先接受西方建筑的影响，瓶式栏杆、山花、拱券、柱头装饰引入民居之中，如粤西开平一带华侨所造的二三层楼房式的庐居，则完全效仿西欧砖石民居形式，而且进一步引入到防盗的碉楼建筑上，形成裙式碉楼[66]；清代后期推广使用玻璃以后，更使内外檐装修产生质的改变。少数民族

地区民居的变化亦十分巨大，如清末大理盛行的无厦门楼，即是受西方砖柱、三角山花装饰的影响，代替了传统的牌楼式有厦门楼，而成为一时时尚；傣族竹楼逐渐演变为木构架、瓦顶的永久性民居，摆脱了竹干阑草顶的形态；瑞丽地区傣居将下部架空部分安设墙壁供作杂用，同时上部开设窗户，改善采光条件，以后又采用了进口的瓦楞铁屋顶及玻璃窗，已经与传统傣居的状貌相差很大了；新疆喀什的“阿以旺”式住宅，由于用地紧张，至清末发展成楼居，相应地取消了前廊（夏室）的布置方式，利用屋面作为晒台或凉棚，增加拱券式装饰及餐室，这就将这种以农业生活为主体的村镇式民居转变为城市型住宅。总之，这时期的民居已经进入转化期，它脱离了古典建筑的轨迹，打破了几千年的传统，向多元化发展，有些现象已经似是而非，甚至有些混乱，已无法用固定的规制来涵盖各种民居形式，但这正是社会演变对民居建筑的反馈，是历史发展的必然结果。假如不了解清代民居的发展，则很难理解近代民居的若干现象。清代民居是继往开来，转化发展的重要时期，是古典民居的总结，是新式民居的萌动。

2. 清代民居为各种民居形制间的转化及演变提供了实际例证

中国地域广大，地形复杂，民族众多，因此形成众多的民居形制，但彼此之间又存在着互相影响的内在联系，是随着客观环境的变化而相互融会，形成新的形式，这种演变的过程也是民居发展的一项动力。可以举闽粤赣地区客家人的民居为例，说明其间的变化。

客家人是因战乱而逐步南迁的中原汉族人，历史上曾有三次大的迁移。东晋时由并、豫、司州南迁至赣中；唐末黄巢起义时再迁至闽西宁化、汀州、上杭、永定一带；宋末至明代又陆续扩散迁至赣南、粤东、粤北一带。清代以后虽有人迁至桂、滇等地，以及出洋海外者，但都属于小规模的迁移。至今在闽、粤、赣三省交界处居住的客家人都还保持着聚族而居的居住方式，而民居形式却又多种多样，假如我们参照客家人流徙的过程，可以发现它们之间演变的大致线索。客家民居的原始形态是“三堂两横制”，这种形制也是通行于三省交界处的基本民居形制，保留至今。但客家人聚族而居，建筑面积较一般住宅扩大许多，必须对传统形制进行改造。进入龙岩、永定的客家人将“三堂两横”民居的后堂改为四层，两侧横屋改为三层、两层、单层，再结合山坡地形布置，形成前低后高，左右辅翼，中轴对称的“五凤楼”形制。进一步发展则将全宅四围全改为三四层高楼，即形成方形大土楼的形制，更加便于防卫。方形土楼存在着设计上的缺点，如出现死角房间，全楼整体刚度差，构件复杂，较费木材等，因此永定县南部及南靖县一带的客家人接受了漳州一带圆形城堡的形制，创制了圆形大土楼。漳州地处沿海，海盗匪患严重，很早时期居民即已接受了圆形碉堡的形式建造合用民居，又称圆寨，广东潮汕一带也有。它的特点是以三开间双堂制度为基本单元[67]，六户或八户围成一圈，形成圆楼，每户有自己的小院、楼梯、堂屋等。客家人接受了这种形制的基本特点，扩大了规模，按每开间的垂直方向即一至四层划分成一户，中间添设祠堂、畜舍、水井、贮藏间等，形成适合客家人生活的圆形土楼。而进入赣南的定南、龙南、全南、寻邬一带的客家人却发展了另外形制的房屋，他们把“三堂两横式”民居后部加设围屋，即将整座建筑以房屋包围起来。进一步为了防御盗匪的攻击，吸取碉堡形式在住宅的后部加建“围”式建筑，这种“围”是一种小型长方楼，内部有狭小的天井及水源，四周不开窗，顶层有望楼、射孔，只供危急时全族人使用，是平战相结合的民居形式。传至粤东南雄、始兴一带的“围”式建筑更加高大，而且可以全部利用卵石砌造，完全类似堡垒。此外居住在粤东的客家人尚创造了另外一种聚居式民居，即行列式住宅，它是以三堂为中心，作为全族公共聚会处，沿三堂的两侧山墙接建住房，形成三列平行的住房，为各户使用。每户可占两间至三间，亦可跨行组合成一宅，每列长短自由，可以陆续接建。厕所、贮藏、畜圈等附属房屋在住宅的右侧方另择地建造，按户分配使用。这种形式虽然防卫性差，但也满足了聚族而居的要求。而进入粤东梅县、蕉岭一带的客家人，在“三堂两横”式的基础上，尽量扩大横屋，多者可达六行横屋，而且横屋后部加设半圆形的围房，有单围、双围之不同，将整个住宅包起来，有的还在四角加筑角楼、射孔，宅前留有院坝及水塘，形成规模巨大的民居。综上所述，可以看出客家人自迁入闽粤赣以后，他们的民居形式并不是一成不变的，而是跟随时间的推移，环境的变化，不断吸收当地民居的有益因素，创造出更适合生活需要的民居新形式。

民居这种发展特点还可以从广西壮居得到印证。现存的壮居有三种形式，即楼居干阑、半楼居及地居。它们代表了壮居发展的演变过程。干阑楼居的第一步变化是利用下部空间，加设围栅，围墙；再次变化为利用地形坡度，挖填互济，上部楼层后半部座在填土台基上，形成半楼居；随着砖砌体承重结构的引入，其外观面貌亦发生变化；进而学习汉族民居的三间一幢的传统形式，减小体量，改善采光通风条件，简化结构，组成院落解决生活、杂务、畜养问题。这种变化是科学的、合理的，也是自然的。虽然清代政权仅持续了260余年，但在短暂的时间内，我们仍可发现民居建筑的许多变化，有些变化甚至是惊人的。清代民居为我们提供了最实际的建筑发展脉络。

3. 清代民居反映出建筑与自然条件及社会环境之间的影响关系

建筑是一门综合性的应用技术科学，同时在某种特定的条件下又具有审美的艺术要求。它与社会的、自然的、文化的、技术的各种条件有着密切的联系与相互制约关系，建筑与背景条件不可分离。在其他类型建筑中，如宫殿、庙宇、陵墓等，因为受思想意识控制，使得这种关系表现得不十分鲜明，而民居却有着坦直的表现。例如，从适合干爽气候的合院式民居与适应闷热气候的厅井式民居实际分布地区来看，与当前建筑气候分区区划十分一致[68]，表现出建筑与气候的密切关系。又如闽粤沿海多雨多风，故当地民居出檐小，或不出檐，四周墙身矮，瓦面上压砖块或石条，转折处的瓦顶须坐灰。又如福建土楼的出檐十分深远，天津沿海民居以草束覆盖土墙面，称蓑衣墙，目的都是防止飘雨损坏夯土墙。青海庄窠屋面上起女儿墙也是为了防风。喀什民居的敞廊、傣族民居的前廊等都是为了解决夏季乘凉与家务活动之用。至于受各地区、地质、土壤、植被条件的影响而采用不同的地方材料及结构方式建造的民居更是不胜枚举。例如，福建沿海多为火成岩地区，有丰富的石材资源，尤其是惠安县一带大量用石建造民居；浙江温岭石塘半岛，全部用石材建造民居；贵州镇宁石头寨民居亦为石墙、石瓦的全石建筑。我国南方盛产杉木，这种挺拔修长的木材正是南方制作穿斗式屋架的理想材料。北方黄河流域的深厚土层是开发窑洞的绝佳地域。有些地区受自然条件影响而形成的民居形式，甚至比民族、信仰因素还重要，例如云南元江地区盛行的土掌房，即为哈尼族、彝族、傣族、汉族所普遍通用；又如昆明一颗印住宅即为汉、彝所共用；桂北、湘南的侗族、苗族、壮族所采用的干阑形制几乎雷同，仅在体量及村寨组成内容上有所区别而已。这些都说明民居建筑对自然及气候条件的依附关系。

民居空间布局的基础是家庭经济结构的性质，在众多的清代民居形式中，可以明显地看出封建大家庭、分居小家庭、聚族而居的集合家庭及奴隶主庄园式住宅的明显不同。按南方各少数民族地区，如傣、彝、苗、壮、侗等族的习惯，子女成年婚配以后与父母分居，另组家庭，因此家庭人口不过五六口人，故民居多为单幢式的小型住宅，不可能出现类似汉族大家庭那种房屋栉比、院落相套的民居布局方式。反之，四川江孜、阿坝地区藏族头人的官寨住宅又是另一种情况（图5-188），它们集中了生活、生产、政权、神权于一体，除居住生活用房以外，尚有经堂、办公、牢房、仓廒、厩圈，以及奴隶居住的棚屋。寨内即为一个小社会，层层重叠，寨墙高耸，赫然处于村寨的高地之上[69]。聚族而居的客家人采用防卫极强的高大土楼住宅；尚处于原始社会，共同劳

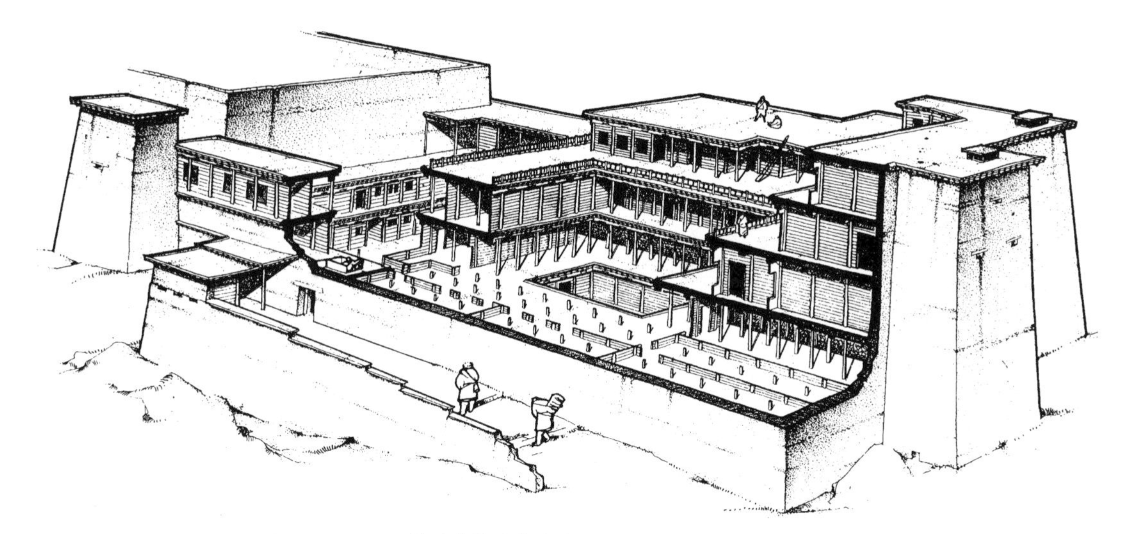

图 5-188 四川甘孜藏族孔萨官寨剖视图（摹自《四川藏族住宅》）

动，集体共有，同灶吃饭的基诺族则采用长条形大房子的住居形式。这些都说明家庭经济结构对民居形式具有决定的意义。

社会意识与道德观念等精神因素同样对民居形制产生巨大影响。在封建社会里，伦理纲常成为社会普遍认同的意识，敬天法祖、尊老敬长、尊卑、长幼、男女、上下皆有秩序，家庭内部存在着森然的等级制度。因此厅堂成为全家的中心，同时也是建筑布局的中心，在这里安设祖堂，立牌位，婚丧典礼、全家议事皆在厅堂，并以此为构图中心，按序排列全家人的住房。封建社会中自给自足的经济造成思想意识上的保守观念，表现在民居建筑上即为封闭性，高墙深院、层层门障、影壁遮挡阻隔，反映出人们的内向心态。此外流行于封建社会的阳宅风水理论亦对民居产生不少影响，居民为了驱邪逐煞，在房屋朝向、间架、高度、入口位置等方面都有诸多考虑，选取吉利尺寸与方位。中国各地民俗观念中对吉祥富贵的企求，也对民居建筑装饰产生直接的影响，其所用图案绝大多数为吉祥图案，以谐音、寓意、象形等方式表达美好的意愿。一部分富裕阶层炫财斗富的观念也在民居中反映出来，一座苏州砖雕门楼的雕工可达两千工以上，大理一座有厦门楼比一坊正房的造价还高，这些都是物质化的美学心理在作祟。丰富的清代民居为我们展示了建筑与自然、建筑与社会之间复杂的矛盾与统一关系，可加深对建筑的综合性及多样化的理解。

4. 利用滞后的民居可研究与推论早期社会民居状态

清代民居尚有一项独特的历史价值，即是“活化石”的作用。由于社会发展的不平衡性，延至清代尚有一部分地区或民族处于原始的社会生产、生活方式中，他们的居住方式依然保持着原始状态，这就为研究推导早期民居及建筑形态提供了实际的参考例证。例如，居住在云南北部宁蒗县的纳西族的一个分支部族——摩梭人，即仍保持着原始母系氏族社会制度。他们的正房较宽大，仅有一个火塘，是全家就餐、活动、储藏的地方，老祖母、老人、未成年子女皆居住于此，全家粮食、财物、工具皆贮于此屋内。屋中左右各有一柱，称男柱、女柱，为子女长大后举行成人礼的地方。婚姻制度为阿注婚制，即成年女子不外嫁，由外族男子定期或不定期在晚间来家中与女方过偶居生活，白天男方仍回原族生活劳动。在摩梭人住房中成年女子居住的偶居小室内，仅有一个取暖的火塘，没有任何私人用具与财物[70]（图 5-189）。居住在云南南部澜沧县的拉祜族亦保留着原始母系家庭制度。婚姻制度为女娶男嫁，男子到女方家中居住，约在清末这种分配制度开始解体。据资料可知拉祜族母系大家庭的住房称“大房子”（图 5-190），为竹木结构，长方形，呈干阑形式，茅草屋面，四坡顶，入口开在山墙正中。室内中间为宽走道，两边为小家庭住

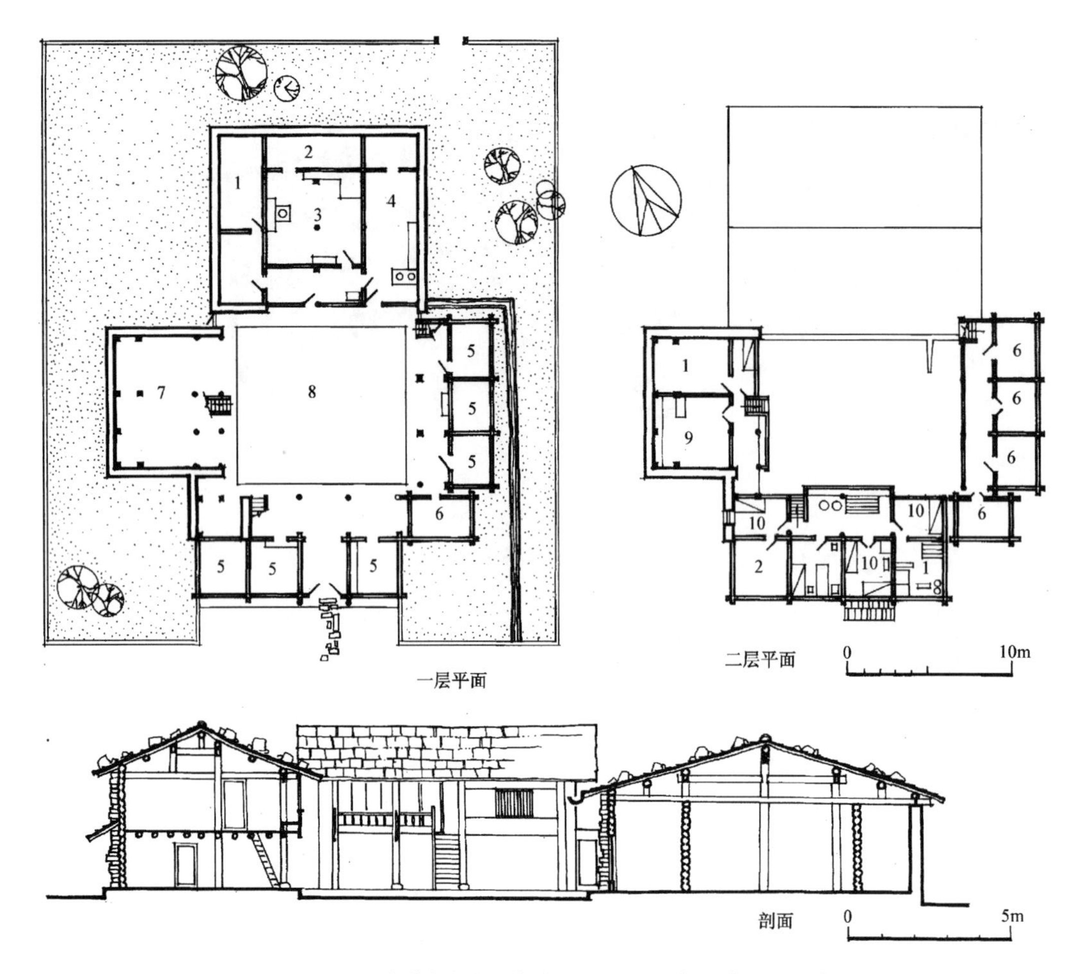

图 5-189　云南宁蒗永宁中开基村平面剖面图（摹自《云南民居》）
1. 贮藏　2. 粮仓　3. 堂屋　4. 厨房　5. 畜厩　6. 偶居室　7. 柴房　8. 院子　9. 经堂　10. 卧室

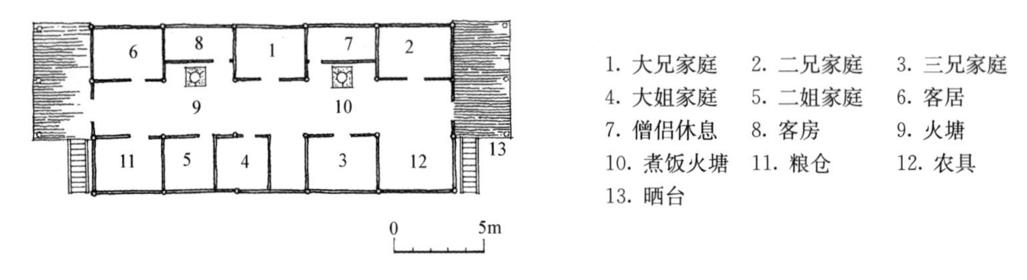

1. 大兄家庭　2. 二兄家庭　3. 三兄家庭
4. 大姐家庭　5. 二姐家庭　6. 客居
7. 僧侣休息　8. 客房　9. 火塘
10. 煮饭火塘　11. 粮仓　12. 农具
13. 晒台

图 5-190　云南镇康下寨姚家大房子平面图（摹自《崩龙族社会历史调查》）

房。宽走道上设炊用火塘，全家共用，若人口太多也可增设火塘。大家庭成员共同劳动，共同消费[71]。居住在云南景洪基诺山龙柏寨的基诺族人亦保持着原始晚期社会制度，但他们已进入父系氏族制度，是由女方至男方家庭中居住，但土地仍为公有，劳动生产是以小家庭为单位进行的，收获归小家庭，仅维持氏族聚居的形态。他们居住的房子称“长房”，即竹木结构的干阑式房子，双坡草顶，山墙端有门。室内中间为宽走道，两边为各小家庭居室。靠入口处设置公共储藏室及客人居留室。走道中每个小家庭各有一个火塘，分灶吃饭[72]。这种原始居住方式在云南德宏地区景颇族、镇康地区德昂族、勐海地区布朗族，以及缅甸克伦族人，越南芒人、婆罗洲达押克人、太平洋复活节岛波利尼西亚人、北美易洛魁印第安人都存在着，而且表现为各种形式，有干阑式长房、地面长房、圆形大房子、土坯垒砌的多层楼房等多种，比目前我国北方黄河流域所发现的仰韶文化居民点的半穴居群体要丰富得多。当然保持至今的原始部族受邻近地区先进民族的影响，在很多方面接受了一定的文明熏陶，已不完全类同于几千年前的原始民族。但可证实，在世界范围内，甚至中国范围内原始文化的多元性是肯定的，原始民居的多样性也是必然的。

清代民居材料也可启发我们对若干史学问题进行新的探讨。例如干阑式建筑起源问题，过去认为是原始人类“架木为巢”发展而来，但也有专家认为是原始船民定居陆地后产生的形式。这从海南岛黎族民居、云南基诺族民居，以及傣族民居中可以看出某些端倪，这些民居皆是纵长形，有些是圆拱形棚顶，从山面入口，前后有晒台（相当船的前后甲板）架空层是由低栏向高栏发展，然后才开始利用下部架空层，这些都与船的形态有直接关联。这些因素也可在壮、侗、苗族民居中看到变化的影子。在福建闽江口一带有些船民的住房就是仿造船形建造的。从清代民居实例中可提供给我们追寻古代民居的线索。

概括地说，清代社会经济的发展为民居建筑的发展注入了新的因素，推动民居建筑向多样化前进，同时也孕育着新的变革，破坏着某些旧的传统。总的来看，清代民居仍然是为封建社会经济及生活方式服务的民居形式，它的封闭性、宗法性，以及自给自足的生活特点，木结构为主体的建筑技术等，仍是继承了长期以来封建社会民居建筑的基本面貌，是属中世纪范畴的民居形式。今天，对清代民居的评价应该用历史的观点，品评其优缺点，把它看成是中国民居发展过程中的一个阶段，一个变化着的阶段，尽管它在许多方面曾取得很大的成就。

注释

[1] 据《中国历代户口、田地、田赋统计》一书资料　梁方仲编著　上海人民出版社　1980年。

[2]《履园丛话》钱泳　卷十二．艺能“又吾乡（常州）造屋，大厅前必有门楼，砖上雕刻人马、戏文，玲珑剔透。”

[3] 已发现的明代民居实例有山西襄汾丁村、甘肃天水、浙江东阳卢宅、安徽歙县、江西景德镇、云南大理周村、广东潮州许府等一大批，分布遍及大江南北。

[4] 参见《云南民居》P. 64　大理喜州大界巷21号“五重堂”的平面布局。

[5]《广州西关大屋》卢文骢　南方建筑　1988年3期。

[6]《重庆吊脚楼民居》邵俊仪　建筑师 第9期。

[7]《大清会典事例》卷一千二百一十九 内务府杂例“乾隆三十年，管理工程处钦奉特旨，于正阳门外空地建盖住房一千八十七间，铺面房一百五十八间，三檩房七间。……三十二年遵旨于崇文门外以西，宣武门外以东，横街以北空地，续建住房四百八十五间，铺面房六十四间。……四十七年遵旨于宣武门外土地庙斜街等处空地，续建住房一千一百八十七间，铺面房十三间。……”

[8] 按《中国住宅概说》分类，“分为圆形、纵长方形、横长方形、曲尺形、三合院、四合院、三合院与四合院的混合体，以及环形与窑洞式住宅九类。”

[9] 自80年代以来，中国建筑工业出版社即组织全国各学术单位，按地区分别编写中国民居建筑专集。已出版的有《浙江民居》、《吉林民居》、《云南民居》、《福建民居》、《广东民居》、《苏州民居》、《陕西民居》、《湘西民居》、《新疆民居》、《北京四合院》等。

[10] 凉山彝族采用单幢式房屋，不分间，木制栱架式构架，造型粗犷，很少开窗；而昆明彝族往往采用汉民族的四合院式建筑，称为一颗印；而云南南部红河一带的彝族则采用夯土厚墙，灰泥平顶式的土掌房，以抵御炎热的气候。

[11] 参阅《北京四合院》王其明、王绍周、建筑科学研究院建筑历史研究室内部资料　1958年。

[12] 按《大清会典事例》卷八百六十九・工部・宅第条。

“顺治九年定，亲王府基高十尺，外周围墙。正门广五间，启门三，正殿广七间，前墀周围石栏。左右翼楼各广九间，后殿广五间，寝室二重，各广五间，后楼一重，上下各广七间。自后殿至楼，左右均列广庑，正门殿寝均绿色琉璃瓦、后楼、翼楼、旁庑均本色筒瓦。正殿上安螭吻、压脊仙人以次凡七种，余屋用五种。凡有正屋、正楼、门柱均红青油饰，每门金钉六十有三，梁栋贴金，绘画五爪云龙及各色花草，正殿中设座高八尺，广十有一尺，修九尺，座基高尺有五寸，朱髹彩绘，五色云龙，座后屏三开，上绘金云龙，均五爪，雕刻龙首有禁。凡旁庑楼屋均丹楹朱户，其府库仑廪厨厩及祗候各执事房屋，随宜建置于左右，门柱黑油，屋均板瓦。

世子府制，基高八尺，正门一重，正屋四重，正楼一座。其间数、修广及正门金钉、正屋压脊均减亲王七分之二。梁栋贴金，绘画四爪云蟒、各色花卉。正屋不设座，余与亲王府同。

郡王府制与世子府同。

贝勒府制，基高六尺，正门三间，启门一，堂屋五重，各广五间，均用筒瓦，压脊二，狮子、海马。门柱青红油饰，梁栋贴金，彩画花草，余与郡王府同。

贝子府制，基高二尺，正房三间，启门一，堂屋四重，各广五间，脊安重兽，余与贝勒府同。

镇国公、辅国公府制均与贝子府同。

又定公侯以下官民房屋，台阶高一尺，梁栋许绘画五彩杂花，柱用素油，门用黑饰。官员住屋中梁贴金，二品以上官正房得立望兽，余不得擅用。”

[13]《北京王府建筑》于振生　建筑历史研究　第三辑　1992年。

[14]《圆明园附近清代营房的调查分析》王其明　茹竞华　建筑师20期。

[15]《内蒙、山西等处古建筑调查纪略》刘致平　建筑历史研究　第一辑　第二辑。

[16]《陕西关中地区农居院落分析》方山寿　左书培　陕西省建筑学会油印稿　1963年。

[17]《甘肃省回族民居调查报告》曾绍奎　渠箴亮　胡子俊　甘肃省设计院油印稿　1964年。

[18]《青海东部民居——庄窠》崔树稼　建筑学报1963年1月。

[19]《村溪·天井·马头墙——徽州民居笔记》建筑史论文集　第6辑。

[20]《东阳民居》建筑科学研究院建筑理论历史研究室油印稿　1958年。

[21]《浙江东部村镇及住宅》曹见宾　戚德耀　建筑理论及历史研究室南京分室　1958年。

[22]《江西抚河流域地区民居》建筑理论历史研究室未刊稿　1960年。

[23]《湖南西部及东部地区民居建筑初步调查》湖南工学院　1958年。

[24]《成都的传统住宅及其他》黄忠恕　建筑学报1981年11期。

[25]《云南一颗印》刘致平　中国营造学社汇刊7卷1期1938年。

[26]《福建泉州民居》戴志坚　中国传统民居与文化　第1辑1991年。

[27]《台湾建筑史》李乾朗。

[28]《广东潮汕民居》陆元鼎、魏彦钧　建筑师13辑1982年。

[29]《压白尺法初探》程建军　华中建筑1988年2期。

[30]《粤中民居调查》金振声　邹爱瑜　华南工学院建筑系油印稿　1958年。

[31][35]《福建永定客家住宅》张步骞　建筑理论及历史研究室南京分室油印稿　1958年。

[32]《江西天井式民居》黄皓　邵永杰　李廷荣　景德镇市城乡建设局　内部资料。

[33]《福建圆楼考》黄汉民　建筑学报1988年9期。

[34] 参见《广东民居》潮汕民居 P76～79。

[36] 参见《广东民居》客家民居 P. 91 围垅屋。

[37] 参见《广东民居》客家民居 P. 84 杠屋。

[38] 据建筑科学研究院建筑理论及历史研究室 1960年调查资料。

[39] 参见《云南民居》傣族民居　建筑工业出版社1986年。

[40][42] 参见《桂北民间建筑》李长杰　建筑工业出版社　1990年。

[41]《广西僮族民居调查总结报告》广西壮族自治区综合设计院油印稿　1963年。

[43]《贵州的干栏式苗居》李先逵　建筑学报　1983年11期。

[44]《海南岛黎族苗族自治州黎族住宅调查报告》广东省建筑设计院油印稿　1964年。

[45]《云南省景颇族民居调查报告》云南省设计院1963年。

[46] 参见《云南民居》德昂族民居。

[47]《石头·建筑·人》罗德启　建筑学报1983年11期。

[48] 有关窑洞的文献可参阅《窑洞民居》侯继尧等 中国建筑工业出版社 1989年

《河南窑洞式住宅》建筑科学研究院建筑理论历史研究室调查资料 1960年

《洛阳黄土窑洞建筑》洛阳市建委 建筑学报 1981年10期

《中国风土建筑—陇东窑洞》 张驭寰 建筑学报 1981年10月。

[49]《蒙古包建筑典型调查报告》内蒙建设厅设计室油印稿 1964年。

[50] [54]《甘南藏族民居》陈耀东 袁必堃 建筑科学研究院建筑理论历史研究室油印稿 1958年。

[51]《雪山草地的藏族民居》徐尚志等 建筑学报 1963年7期。

[52]《拉萨民居》拉萨民居调查组 建筑师9辑。

[53] 参见《四川藏族住宅》叶启燊 四川民族出版社 1992年。

[55]《茂汶羌族自治县羌族民居调查报告》西南工业建筑设计院油印稿 1964年。

[56] 参见《云南民居》。

[57] 参见《新疆维吾尔族传统建筑的特色》韩嘉桐 袁必堃 建筑学报 1963年1期。

《新疆维吾尔自治区民间建筑调查》新疆建设兵团建筑设计处油印稿 1959年。

[58]《朝鲜族住宅的平面布置》张芳远等 建筑学报 1963年1期。

[59]《四川凉山彝族住宅建筑调查报告》西南工业建筑设计院油印稿 1963年。

[60]《鄂温克人的衣食住行》田学夫 实践 1981年1期。

[61] 据天津大学黄为隽教授的调查资料。

[62]《台湾の建筑》藤岛亥治郎 彰国社 昭和二十三年。

[63] 参见《广东民居》潮汕民居 P65～75。"三落"即为"三座落"的简称，表示纵轴安排三进厅堂的住宅平面。"从厝"为三落两侧纵向的配房，若配房与主房之间的院落较宽则称"厝包"；围在主房后边的厝房称"后包"。主房是由三座"四点金"或两座"四点金"及一座"五间过"组成的大宅称"三壁莲"。由三座"三座落"为主房，两侧带"从厝"，后带"后包"称"四马拖车"。把"三座落"的两厢也处理成厅堂形式，加上"从厝"的厅堂称"八厅相向"。中为"三座落"加"厝包"，四周为正方形的"从厝"包围，称"图库"。

[64] 据对浙江地区民居的调查，仅外檐出挑，灵活安排出窗、窗台、窗箱、檐箱、坐凳的方式即达九种之多。至于利用山尖、披檐、突窗、墙龛、楼梯下方等处空间的办法更是层出不穷。

[65]《一种简单、轻巧、机动、灵活的结构体系——我国民间建筑构架的构成与特色》尚廓 建筑学报 1981年12期。

[66] 参见《广东民居》侨乡民居 P125～145 陆元鼎 中国建筑工业出版社 1990年。

[67] 除三开间双堂制为基本单元之外，尚发现有五开间双堂制、前三后四双堂制，甚至为单开间的"竹竿厝"形式，这类圆寨与客家人圆楼已经十分类似了。

[68] 按1959年制定的"全国建筑气候分区"区划草案的划分，合院式民居基本通行于东北的Ⅰc区和华北的Ⅱ区。而厅井式民居多通行在华东、华南的ⅢⅣⅤ区。碉房建筑基本通行于藏青川等地的Ⅵ区。

[69] 参见《四川藏族住宅》P95～125"土司官寨"。

[70]《永宁纳西族的母系制》严汝娴 宋兆麟 云南人民出版社 1983年。

[71]《澜沧拉祜族的母系大家庭》杨鹤书 思想战线 1982年4期。

[72]《基诺族的长房》汪宁生 社会科学战线 1982年3期。

参考书目

《中国住宅概说》刘敦桢 建筑工程出版社 1957年

《中国居住建筑简史——城市、住宅、园林》刘致平 中国建筑工业出版社 1990年

《浙江民居》建筑科学研究院建筑历史研究所 中国建筑工业出版社 1984年

《吉林民居》张驭寰 中国建筑工业出版社 1985年

《云南民居》云南省设计院《云南民居》编写组 中国建筑工业出版社 1986年

《福建民居》高钤明 王乃香 陈瑜 中国建筑工业出版社 1987年

《广东民居》陆元鼎　魏彦钧　中国建筑工业出版社　1990年
《苏州民居》徐民苏　詹永伟　中国建筑工业出版社　1991年
《陕西民居》张壁田　刘振亚　中国建筑工业出版社　1993年
《新疆民居》严大椿　中国建筑工业出版社　1995年
《湘西民居》何重义　中国建筑工业出版社　1995年
《北京四合院》陆　翔　王其明　中国建筑工业出版社　1996年
《四川民居》四川省勘察设计学会　四川人民出版社　1996年
《窑洞民居》侯继尧　任致远　中国建筑工业出版社　1989年
《中国古代建筑史》刘敦桢主编　中国建筑工业出版社　1980年
《四川藏族民居》叶启燊　四川民族出版社　1989年
《中国传统民居与文化》陆元鼎主编　中国建筑工业出版社　1991年
《中国传统民居与文化——第二辑》陆元鼎主编　中国建筑工业出版社　1992年
《苏州旧住宅参考图录》同济大学建筑系　同济大学教材科　1958年
《桂北民间建筑》李长杰　中国建筑工业出版社　1990年
《丽江纳西族民居》朱良文　云南科技出版社　1988年
《中国美术全集·建筑艺术·民居建筑》陆元鼎　杨谷生　中国建筑工业出版社　1988年

第六章 陵 墓

第一节 皇陵建置及布局

清代皇陵共有六处，包括关外四陵，即东京陵、永陵、福陵、昭陵，及关内的河北遵化清东陵、易县清西陵。东京陵位于辽宁辽阳市太子河东35公里的积庆山上，距清代所建的东京城仅一公里，是清太祖努尔哈赤迁都辽阳以后，于后金天命九年（明天启四年，1624年）为其祖父、父、伯父、弟、长子等人所建的陵墓。永陵原称兴京陵，位于辽宁新宾县启运山南麓，前临苏子河，是后金政权的发祥地赫图阿拉的所在地，为努尔哈赤远祖盖特穆、曾祖福满的陵墓。该陵建于明万历二十六年（1598年），顺治十五年（1658年）又将努尔哈赤的祖父觉昌安、父亲塔克世的灵柩，自东京陵迁此，改名永陵[1]，是后金皇族的祖陵。福陵在沈阳东郊35公里天柱山上，又称东陵，是清太祖努尔哈赤及皇后叶赫那拉氏的陵墓，建于后金天聪三年（明崇祯二年，1629年），后经康熙、乾隆两朝增修。昭陵坐落在沈阳市区北郊隆业山，又称北陵。是清太宗皇太极和皇后博尔济吉特氏的陵墓，建于崇德八年（明崇祯十六年，1643年），竣工于顺治八年（1651年），康熙、嘉庆年间均有所增建。清东陵位于河北遵化马兰峪的昌瑞山下，这里建有顺治孝陵、康熙景陵、乾隆裕陵、咸丰定陵、同治惠陵等五座帝陵及昭西陵、孝东陵、定东陵等四座后陵和妃园寝五座、亲王公主园寝七座，清末显赫一时的慈禧太后即埋在这里。陵区东西宽20公里，而昌瑞山前后的前圈和后龙之间，南北总进深达125公里，总面积为2500平方公里，是中国古代最大的集群式的皇家陵区。清东陵始建于顺治十八年（1661年），康熙二年（1663年）建成孝陵，奉安大行皇帝梓宫入地宫。以后康熙死后亦葬东陵。原计划将昌瑞山作为清代历代帝室的统一墓地，传之永久，故规模较大。但传至雍正帝，因其政治上的考虑，而在河北易县另择万年吉地[2]，以后各帝分葬两陵，形成东西并峙的建置。清西陵位于河北易县永宁山下易水河旁，在这里建有雍正泰陵、嘉庆昌陵、道光慕陵、光绪崇陵等四座帝陵及泰东陵、昌西陵、慕东陵等皇后陵三座，和王公、公主、妃子园寝七座。清西陵约始建于雍正八年（1730年），至乾隆二年（1737年）建成泰陵，以后续建各陵，至“民国”四年（1915年）崇陵完工，前后工程进行了180余年。

按清代礼制规定，帝王死后葬入地宫，墓门封闭后不可再启，因此，凡皇后死于帝王之后者，则不能合葬于帝陵中，而需在附近另营兆域[3]。规制虽减帝陵一等，但亦十分辉煌壮美，如孝东陵、泰东陵等皆是，故清代陵区建筑布局较密，为前代所未有。

清朝在东西陵分别设立“陵寝礼部衙门”、“陵寝工部衙门”，分司典礼及工程之事，还有内务府旗人管理各陵寝日常祭扫守护之责，每陵各有一套。这些部门都在陵区分别建造营房，常年驻守，亦为陵区的建筑设置之一。为保护陵区的设施及自然环境，除内圈陵区设陵墙以外，在陵区周围尚开辟出二十丈宽的火道，以为防火之用。沿大道设红桩，红桩以外二十丈设白桩，白桩十里以外设青桩，用三圈桩限围护，禁止闲杂人等进入。青桩以外尚有二十里宽的官山，禁止樵采，保护自然生态环境。在盛京陵附近亦有红白桩之设置。清陵布局受明陵影响颇大，但又各具特色，兹分述如下：

盛京三陵

永陵的建造历史最早，但规模小，规划布置亦简单（图 6-1）。由前院、中院、宝城三部分组成，四周红墙围护，前院正南为正红门，院内横排一列四座碑亭，内立神功圣德碑，颂扬努尔哈赤四世祖先的业绩（图 6-2）。中院为启运门，院中有五间重檐歇山黄琉璃瓦顶的启运殿，殿内四壁嵌有五彩琉璃蟠龙，殿中供大小暖阁四座，供奉神主牌位。该殿为祭祖谒拜的场所，相当历代皇陵的享殿和明陵的祾恩殿。殿东西原有配殿，已毁。殿后地势升高，有踏步相连，台地上环列着五座墓冢宝顶。该陵均为捡骨迁葬或衣冠塚，故无地宫。永陵为早期建造，制度不全，但选址环境极佳，背依启运山，如屏风蔽后，苏子河如带，横亘于前，河对岸的烟筒山与启运山互为呼应，使自然景观成为陵区最佳的衬托。另外，前院四亭并列的布局亦十分新颖，为永陵增添了许多气势。

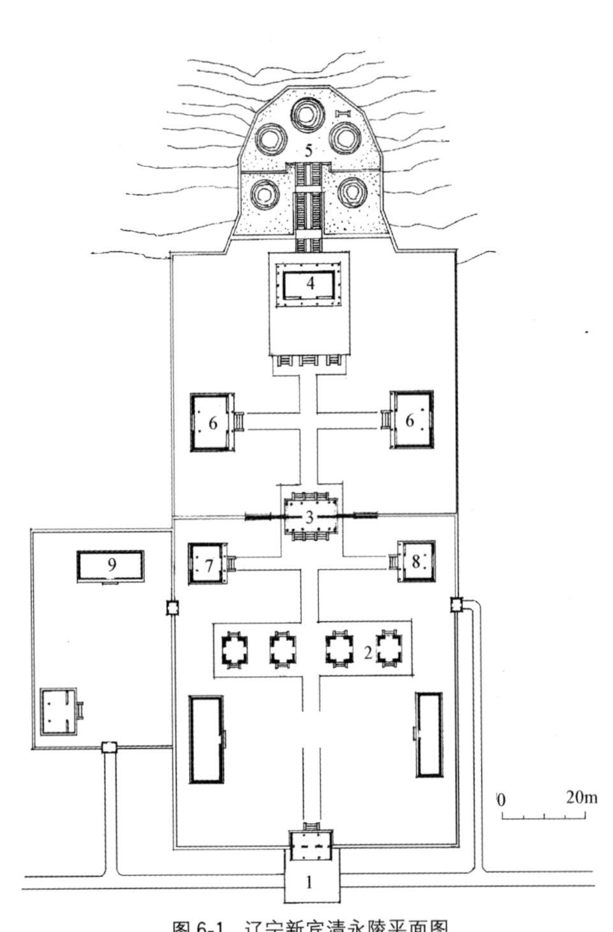

图 6-1 辽宁新宾清永陵平面图

1. 陵门 2. 碑亭 3. 启运门 4. 启运殿
5. 肇祖、兴祖、景祖、显祖之宝顶
6. 配殿 7. 膳房 8. 果房 9. 宰牲亭

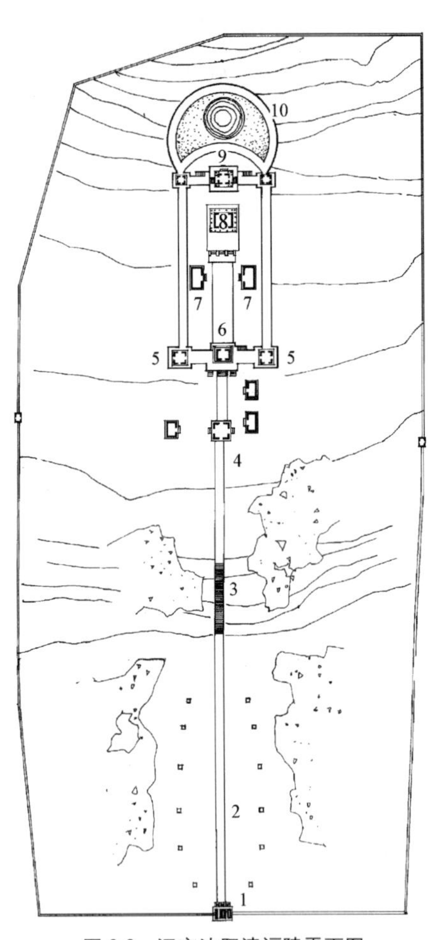

图 6-3 辽宁沈阳清福陵平面图

1. 正红门 2. 石象生 3. 一百零八蹬 4. 碑楼
5. 角楼 6. 隆恩门 7. 配殿 8. 隆恩殿
9. 明楼 10. 宝城

福陵布置在天柱山山坡下，占据部分台地，南有浑河环绕，北有天柱山雄峙，背山面水，雄峙四方，环境景观极佳（图 6-3）。全陵可划分为四部分；正红门、神道、碑亭、方城及宝城。正红门前左右设下马碑、石牌坊、华表、石狮各一对，烘托出门前气概。正红门内地势渐高，神道由此向前伸展，漫长深远，松柏林立，两侧布置石望柱一对、狮、虎、马、驼等石象生各一对。

图 6-2　辽宁新宾清永陵

随地势之增高，设石级一百零八蹬，层叠递上，更增神道“深邃高耸，幽冥莫测”之感。登上台地以后，神功圣德碑亭矗立于前，亭后即为雉堞四围的砖构方城。方城南门隆恩门为三层城门楼形制，建于城台之上。方城四角皆有重檐十字脊歇山顶角楼，与隆恩门相呼应（图 6-4）。面阔五间的隆恩殿（享殿，即明陵的祾恩殿）布置在方城院内中央，左右设配殿，方城北墙正中设重檐歇山顶明楼，内立“太祖高皇帝之陵”石碑。方城与宝城之间有一月牙形院落，称月牙城，又称哑叭院，院内有坡道可达宝城顶部。月牙城是接受明代后期陵寝宝城形制，而定为清陵的通例。福陵的规制明显受明陵影响，其中的长磴道、古松林及城堡式的方城，又反映出后金时期自然牧放环境及占高地经营城堡的民族特色。

昭陵选址用地较平坦，建筑布局亦较紧凑，后有隆业山为障，沿纵轴分为正红门、碑亭院、方城 宝城三部分，形制与福陵类似（图6-5）。正红门前广场左右设下马碑、华表、石狮，中央建

图 6-4　辽宁沈阳清福陵隆恩门

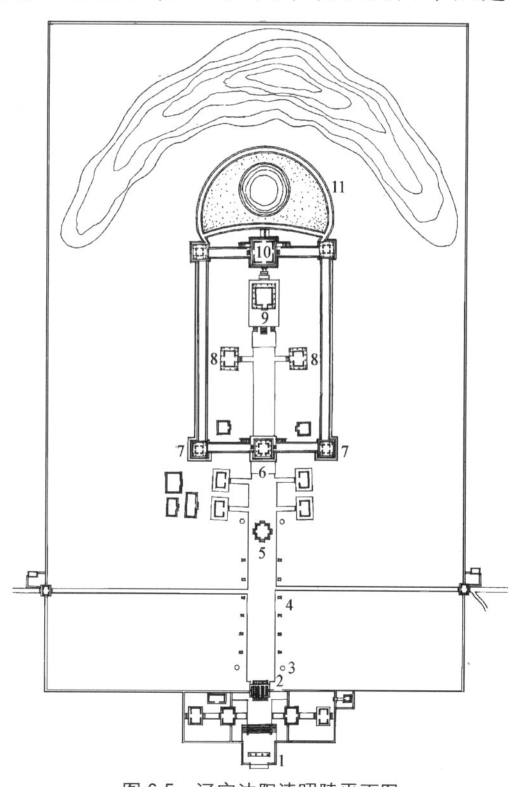

图 6-5　辽宁沈阳清昭陵平面图

1. 石牌坊　2. 陵门　3. 望柱　4. 石象生
5. 碑楼　6. 隆恩门　7. 角楼　8. 配殿
9. 隆恩殿　10. 明楼　11. 宝城

青石石牌坊一座以为前导（图 6-6）。正红门内设石望柱一对，狮、獬豸、麒麟、马、驼、象等石象生六对。这些雕刻物的布局呈梯形排列，愈远则对兽间距愈近，利用透视学原理以增加视觉景深，延长了神道的深邃感(图 6-7)。石象生北面设神功圣德碑亭，碑亭四隅各置华表一座，互为映衬。方城、明楼、隆恩门、隆恩殿一如福陵设置，亦采取城堡式形制(图 6-8)。此外昭陵的另一特点即是宝城后的隆业山不是自然山峰，是人工堆造的假山，说明此时清陵规划亦开始吸取风水景观的某些原则。昭陵建筑布局尺度比较合宜，疏密得体，建筑空间感较强，陵区建筑、石刻、砖刻、琉璃饰面砖应用较多，具有强烈的装饰效果，且刀法刚劲，刻缕深邃，表现出北方艺术特色。

图 6-6　辽宁沈阳清昭陵石牌坊

图 6-7　辽宁沈阳清昭陵石象生

清东陵

东陵选址为一环形盆地，北有燕山余脉昌瑞山为屏蔽，西有黄花山、杏花山，东有磨盘山以为拱卫，南有芒牛山、天台山、象山、金星山以为朝揖。中间 48 平方公里原野坦荡如砥，有西大河、来水河流贯其间，山水灵秀，郁郁葱葱，风景绝佳。文献记载，此处陵域是顺治帝亲自择定的，并未经风水堪舆家参与[4]，这也说明风水绝佳的吉土佳壤就是人们心目中所追寻的优美合宜的自然环境。陵区内以顺治孝陵为主体，左右分列景陵（康熙）、裕陵（乾隆），再西为定陵（咸丰），陵区东为惠陵（同治），陵区南面大红门外东侧为昭西陵，其余三座后陵、五座妃园寝皆埋在相关帝陵附近。清东陵内共埋葬有五个皇帝、十五个皇后、一百三十六个妃子，陵区风水围墙之外，还分布着亲王、公主、皇子等人的园寝，可称是一座规模巨大的皇家陵区。陵区内松柏密布，红墙黄瓦交相辉映，各陵神道势若游龙，显现出清幽肃穆，古朴自然的景色（图 6-9）。

图 6-8 辽宁沈阳清昭陵隆恩殿

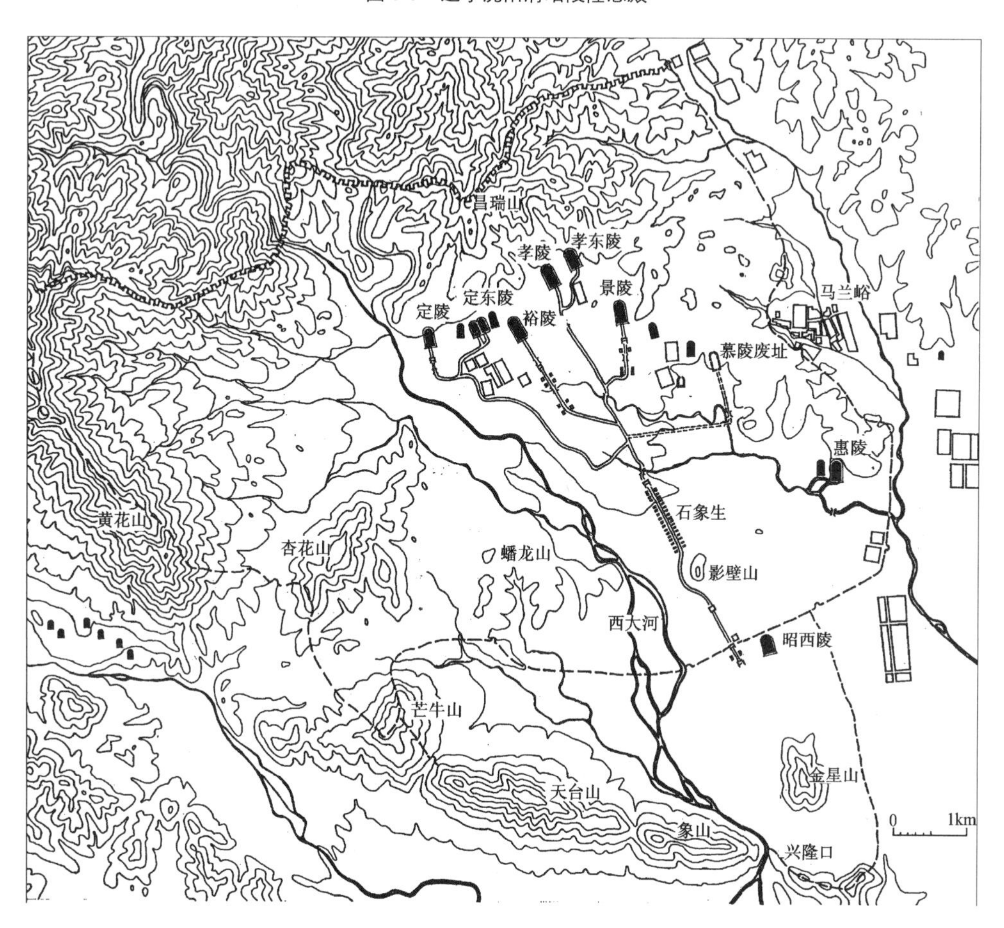

图 6-9 河北遵化清东陵总平面图（摹自《北京历史地图集》）

主陵孝陵的布局主轴线长达 5.5 公里，沿神道井然有序地排列着石牌坊、大红门、更衣殿、神功圣德碑楼、十八对石象生群、龙凤门、七孔桥、五孔桥、三路三孔桥、神道碑亭等建筑，直达孝陵陵园门前。沿途建筑层层叠叠，气魄雄大，其中尤以神道之首的五间六柱十一楼的汉白玉大石坊、30 余米高的大牌楼和长达百米的七孔大石桥，更是孝陵神道上的巨制（图 6-10～6-12）。陵园区可分为前朝后寝两座院落，进隆恩门前院，院中为面阔五间的隆恩殿，殿后经琉璃花门进入后院。院中有二柱门（棂星门）石五供案而达方城明楼及长圆形的宝城（图 6-13）。全部建筑层次分明，脉络清楚，高低错落，疏密相间，以一条宽 12 米的神道贯穿起来，节奏感极强。孝陵布局基本仿效明陵，但运用得十分灵活自由，效果更为突出。清东陵内其他各陵形制与孝陵类似，但规制上稍有减撤，以突出主陵。各陵皆有单独的神道及大碑楼、石象生、龙凤门等（惠陵除外），各陵神道走向皆由孝陵神道接出，干枝分明，融为一体。这点与明十三陵仅设一总神道的做法不同。

图 6-10 河北遵化清东陵大石坊

图 6-11 河北遵化清东陵孝陵（顺治）神道石象生

图 6-12 河北遵化清东陵孝陵神道碑楼

清东陵内各陵规制虽然类同，但又各具特色。例如景陵的陵园布局比较紧凑；三路三孔桥改置于隆恩门前，增加了灵活的气氛（图 6-14、6-15）；景陵大碑楼后的五孔桥宽达 10 米，神道长约百米，与桥端自由蜿蜒布置的石象生相互呼应，形成意匠独特的景观。乾隆皇帝的裕陵神道布置紧凑，石象生雕刻精美，石桥、石柱、石象生及木石混构的冲天牌坊紧密相接，组成观感强烈的组群（图 6-16～6-18）。尤其裕陵地宫的建造更为精美绝伦，地宫是由三座石拱券式殿堂组成，称为明堂、穿堂、金堂，中间以墓道相连，共设四道石门，全长 54 米。在金堂石棺床上，停放乾隆及两个皇后、三个贵妃的棺椁，全部地宫的石壁、石门、券顶等处皆布满雕刻，华丽异常。

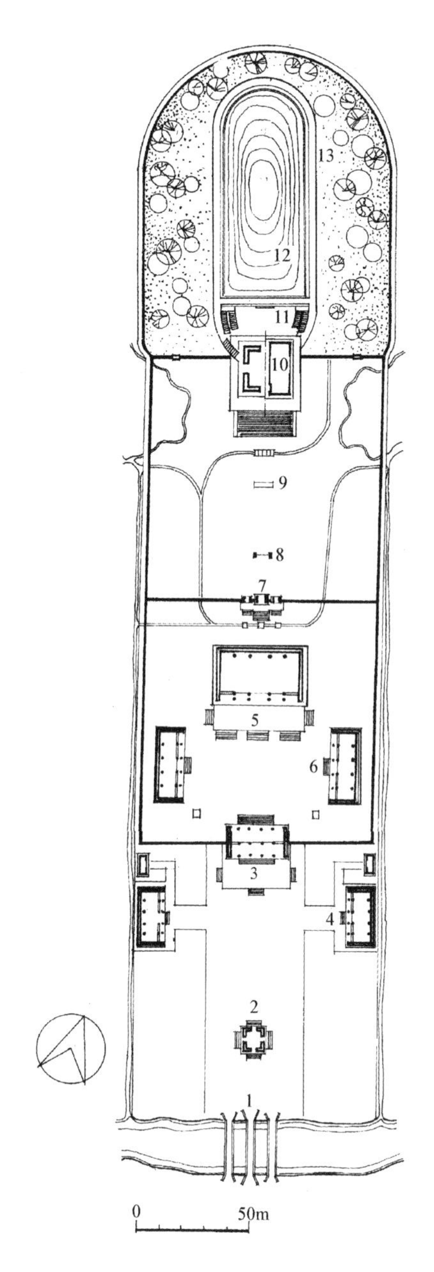

图 6-13 河北遵化清东陵
孝陵（顺治）平面图

1. 三路桥 2. 碑亭 3. 隆恩门
4. 朝房 5. 隆恩殿 6. 配殿
7. 琉璃花门 8. 二柱门 9. 石五供
10. 方城明楼 11. 月牙城
12. 宝顶 13. 宝城

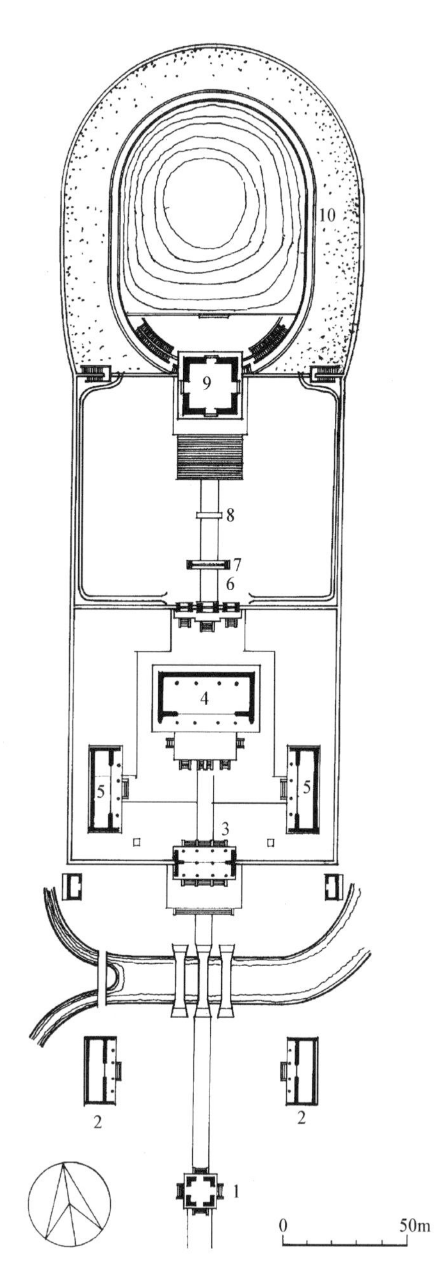

图 6-14 河北遵化清东陵
景陵（康熙）平面图

1. 碑亭 2. 朝房 3. 隆恩门
4. 隆恩殿 5. 配殿 6. 琉璃花门
7. 棂星门 8. 石五供
9. 方城明楼 10. 宝城

图 6-15 河北遵化清东陵景陵（康熙）全景

图 6-16 河北遵化清东陵裕陵（乾隆）神道石象生

图 6-17 河北遵化清东陵裕陵（乾隆）碑亭

此外，清东陵内尚有两处特殊的后陵，一为昭西陵，一为定东陵。昭西陵为清太宗皇太极的孝庄文皇后博尔济吉特氏的陵墓。文皇后死于康熙二十六年（1687 年），理应归葬盛京昭陵，但其本人遗言愿随子孙安葬在遵化东陵[5]。陵墓规制与一般后陵比较有不少特殊之处。首先其陵址选在大红门风水墙之外，孝陵神道之首；其次隆恩殿为五开间重檐庑殿顶，较各帝陵的重檐歇山顶的建筑等级更高；再者陵区之首设立神道碑亭及下马坊，亦不同于一般后陵。这些布置恰当地反映出文皇后的特殊地位。另外陵园墙垣为双重，可以加强防卫，并示尊崇。定东陵为双陵，是咸丰帝的两个贵妃，同治帝时封为慈安皇太后及慈禧皇太后，亦称东、西太后的陵墓。两陵并列，规制一样，西边普祥峪为慈安陵，东边菩陀峪为慈禧陵，这种双陵并列的陵寝可称为历史孤例。二陵规制虽同，但建筑装修质量相差极大。慈安陵建筑仅用一般松木，青绿旋子彩画；而慈禧陵则不然，西太后掌握清末政权四十余年，独断专行，生活奢靡，在陵寝建筑中大量使用花梨木、汉白玉、片金和玺彩画、贴金砖雕等装饰材料，建筑外观豪华富丽，仅用黄金即达四千余两，随葬珍宝无数（图 6-19～6-22）。民国初年，孙殿英武装盗墓，将慈禧陵及裕陵地宫珍宝洗劫一空，即为震惊中外的东陵盗宝案。

图 6-18　河北遵化清东陵裕陵（乾隆）隆恩殿

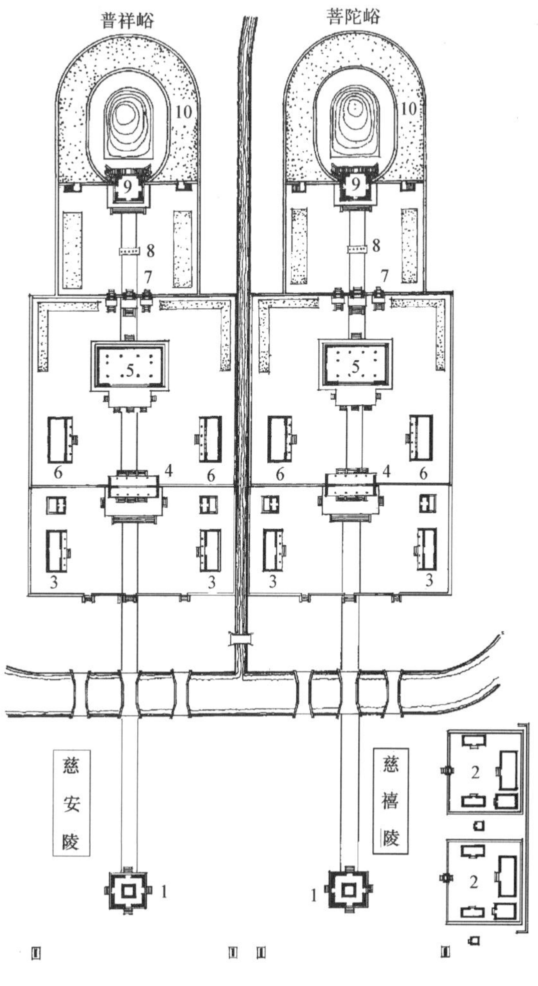

图 6-19　河北遵化清东陵定东陵（慈安、慈禧）平面图
1. 碑亭 2. 神厨 3. 朝房 4. 隆恩门 5. 隆恩殿
6. 配殿 7. 琉璃花门 8. 石五供 9. 方城明楼 10. 宝城

图 6-20　河北遵化清东陵定东陵全景

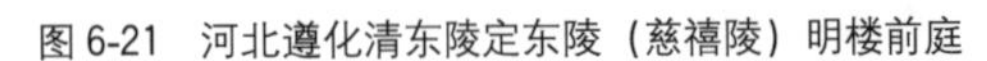

图 6-21 河北遵化清东陵定东陵（慈禧陵）明楼前庭

图 6-22 河北遵化清东陵定东陵（慈禧陵）琉璃门

清西陵

西陵选址虽不如东陵，但周围有永宁山、来凤山、大良山等群山环抱，正南有东西华盖山为门阙，中有元宝山为朝揖，腹地有南易水横穿如带，山川秀丽，景色清幽，加之自然环境保存完好，两万余株苍松翠柏形成碧海青涛，益增神韵，亦可称为风水吉壤。陵区内分布着十四座帝后、妃嫔、王公、公主的陵寝，其中帝陵四座、后陵三座、妃园寝三座、王爷公主坟四座。西陵以雍正帝泰陵为主陵，与西侧嘉庆帝昌陵及后妃陵组成为一区；再西为道光帝慕陵独成一区；光绪帝崇陵则孤悬在东北方的金龙峪。三区各有入口道路，独立成区，若接若离，形成一个带状的陵墓群，故西陵整体气势不如东陵（图 6-23）。泰陵的主神道与孝陵相似，入口处布置着三座巨大的汉

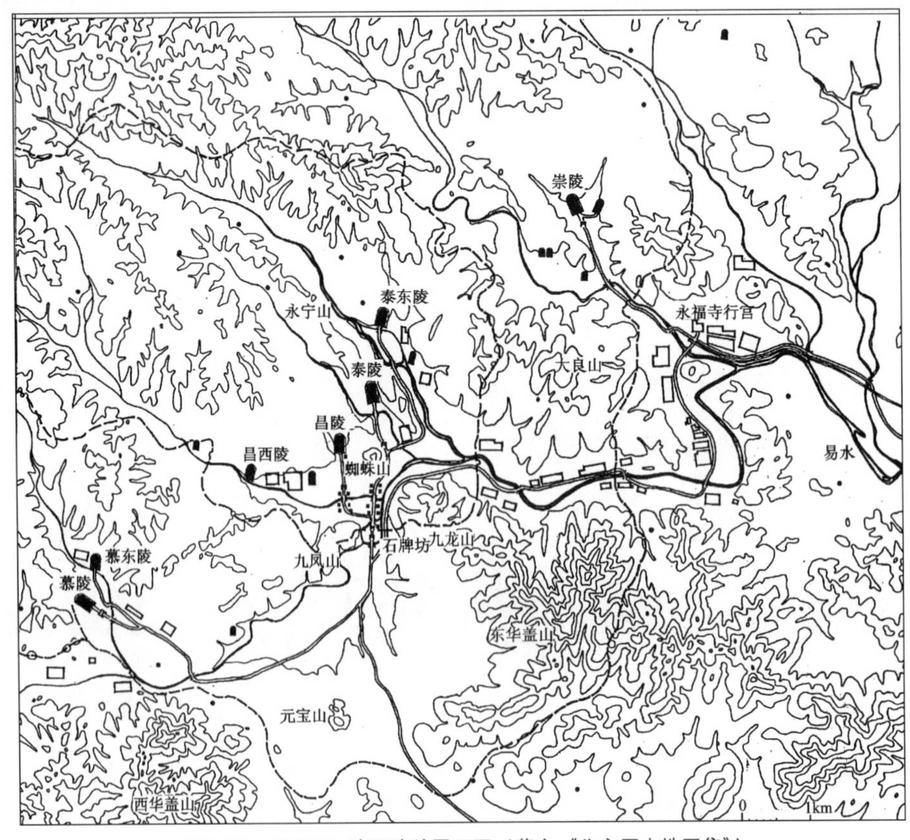

图 6-23 河北易县清西陵总平面图（摹自《北京历史地图集》）

白玉石牌坊，在大红门前围成冂字形，自然地界范出一个门前广场，气概雄伟，强调出神道入口的重要性。这种冂字形布局的牌坊是乾隆时期惯用手法，如景山寿皇殿前、雍和宫门前皆是如此布置。自大红门至终端宝城的泰陵轴线共长 2.5 公里。大红门至蜘蛛山一段为前导，门内布置有神功圣德碑亭，再后为七孔桥及石象生群，包括石望柱、狮、象、马、文臣、武将等，但体积矮小，较明陵相差甚远，再北为蜘蛛山。这段神道南对元宝山，大红门左右有九龙山、九凤山为神道辅翼，行进中两跨流水，自然环境雄伟壮观，是天造地设的陵区入口景观。蜘蛛山后神道微向西偏，布置龙凤门（图 6-24、6-25）、三孔石桥及并列三座石桥，经神道碑亭而达隆恩门。陵区前院内有五间面阔的隆恩殿、后为卡子墙、琉璃花门、二柱棂星门，石五供、方城、明楼、宝城，布局与孝陵无异（图 6-26～6-28）。

图 6-24　河北易县清西陵泰陵龙凤门

图 6-25　河北易县清西陵泰陵龙凤门立面图

昌陵位于泰陵西侧二里，布局与泰陵类似。慕陵在昌陵西南方的龙泉峪，其陵寝制度较清代诸陵有较大变化。该陵规模最小，无石象生、神功圣德碑亭、方城明楼、琉璃花门等；隆恩殿仅为单檐歇山顶建筑，不施油彩；宝城亦较卑狭；最后部分不设宝顶，而以砖围圆坟结束，坟前设一白石牌坊及石桥（图 6-29）。此陵设计是企图反映道光帝俭节谦抑，追慕先祖陵规遗风[6]。但也反映了经鸦片战争、太平天国之役，国内政局不稳，财用匮乏的社会经济状况。但就在这座号称节俭的帝陵中，也大量使用金丝楠木梁柱，繁多的雕刻；建筑虽为素油刷饰，却比金碧彩画的造价还高。崇陵建造已抵民国初年，规制又有所减撤，其宝城更为瘦小，成为南北长的椭圆形。

西陵规模虽比东陵为小，但从建筑保存情况来看，较东陵为完整，对研究清代陵寝制度，提供了极好的例证。清帝后陵寝概况见表 6-1、表 6-2。

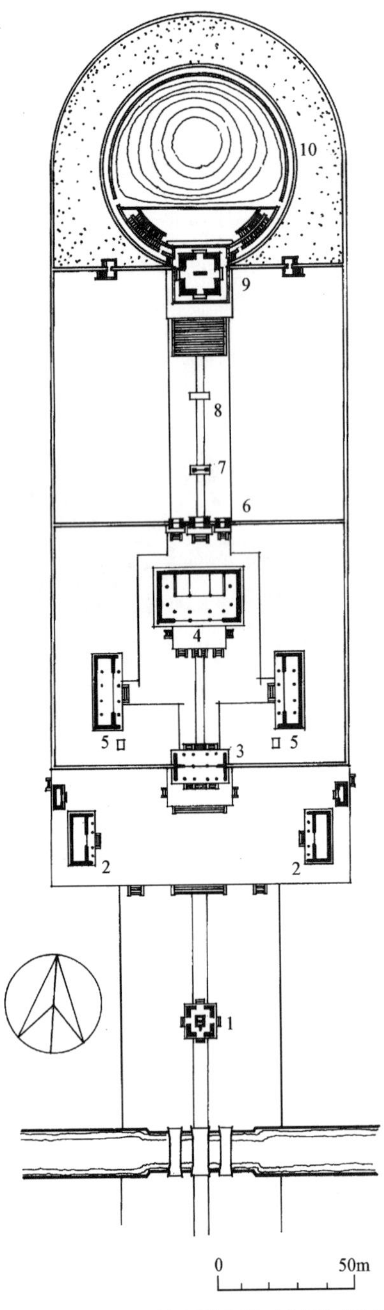

图 6-26 河北易县清西陵泰陵（雍正）平面图
1. 碑亭 2. 朝房 3. 隆恩门 4. 隆恩殿 5. 配殿 6. 琉璃花门 7. 棂星门 8. 石五供 9. 方城明楼 10. 宝城

图 6-27 河北易县清西陵泰陵隆恩殿内景

图 6-28 河北易县清西陵泰陵明楼

图 6-29 河北易县清西陵慕陵宝城

清代皇帝陵墓表 表 6-1

陵 名	陵寝地点	帝 名	年号	庙号	谥号	享年	在位年数	合葬后妃	奉安日期
永 陵	辽宁省 新宾县	远祖盖特穆 曾祖福满 祖父觉昌安 皇父塔克世		肇祖 兴祖 景祖 显祖	原皇帝 直皇帝 翼皇帝 宣皇帝				明万历 二十六年

续表

陵　名	陵寝地点	帝　名	年号	庙号	谥号	享年	在位年数	合葬后妃	奉安日期
东京陵	辽宁省辽阳市	皇伯、弟子、侄五人							
福　陵	辽宁省沈阳市	努尔哈赤	天命	太祖	高皇帝	68	11	孝慈高皇后	天聪三年二月十三日迁葬福陵
昭　陵	辽宁省沈阳市	皇太极	天聪崇德	太宗	文皇帝	52	17	孝端文皇后	顺治元年八月十一日葬昭陵
孝　陵	河北省遵化县清东陵	福临	顺治	世祖	章皇帝	24	18	孝康章皇后 孝献端敬皇后	康熙二年六月初六日
景　陵	河北省遵化县清东陵	玄烨	康熙	圣祖	仁皇帝	69	61	孝诚仁皇后 孝昭仁皇后 孝懿仁皇后 孝恭仁皇后 敬敏皇贵妃	雍正元年九月初一日已时
泰　陵	河北省易县清西陵	胤禛	雍正	世宗	宪皇帝	58	13	孝敬宪皇后 敦肃皇贵妃	乾隆二年三月初二日
裕　陵	河北省遵化县清东陵	弘历	乾隆	高宗	纯皇帝	89	60	孝贤纯皇后 孝仪纯皇后 慧贤皇贵妃 哲悯皇贵妃 淑嘉皇贵妃	嘉庆四年九月十五日卯时
昌　陵	河北省易县清西陵	颙琰	嘉庆	仁宗	睿皇帝	61	25	孝淑睿皇后	道光元年三月二十三日午刻
慕　陵	河北省易县清西陵	旻宁	道光	宣宗	成皇帝	69	30	孝穆成皇后 孝慎成皇后 孝全成皇后	咸丰二年三月初二日
定　陵	河北省遵化县清东陵	奕詝	咸丰	文宗	显皇帝	31	11	孝德显皇后	同治四年九月二十二日未时
惠　陵	河北省遵化县清东陵	载淳	同治	穆宗	毅皇帝	19	13	孝哲毅皇后	光绪五年三月二十六日寅刻
崇　陵	河北省易县清西陵	载湉	光绪	德宗	景皇帝	38	34	孝定景皇后	“民国”二年十一月十六日申刻
	北京市八宝山公墓	溥仪	宣统			62	3		

清代皇后陵墓表 表 6-2

陵　名	地　点	谥　号	姓　氏	皇帝名	去世时间	享　年
昭西陵	河北遵化清东陵	孝庄文皇后	博尔济吉特氏	太宗皇太极（天聪崇德）	康熙二十六年（1687）十二月二十五日	75
孝东陵	河北遵化清东陵	孝惠章皇后	博尔济吉特氏	世祖福临（顺治）	康熙五十六年（1717）十二月初六日	77
泰东陵	河北易县清西陵	孝圣宪皇后	纽祜禄氏	世宗　胤禛（雍正）	乾隆四十二年（1777）正月二十三日	86
昌西陵	河北易县清西陵	孝和睿皇后	纽祜禄氏	仁宗　颙琰（嘉庆）	道光二十九年（1849）十二月十一日	74
慕东陵	河北易县清西陵	孝静成皇后	博尔济吉特氏	宣宗　旻宁（道光）	咸丰五年（1855）七月初九日	44
定东陵	河北遵化清东陵普祥峪	孝贞显皇后	纽祜禄氏	文宗　奕詝（咸丰）	光绪七年（1881）三月初十日	45
定东陵	河北遵化清东陵菩陀峪	孝钦显皇后	叶赫那拉氏	文宗　奕詝（咸丰）	光绪三十四年（1908）十月二十二日	74

第二节　皇陵规制及地宫结构

清代皇陵就大体而言，基本继承了明陵的规制，而有少量创益，故明清两代陵寝应属同一规制。清陵布局以明陵为范本，沿着修长的神道布置六柱五间石牌坊、大红门、神功碑亭及四隅石华表、石象生、龙凤门、石桥、神道碑亭、石桥、月台及东西朝房、隆恩门、隆恩殿及左右配殿、卡子墙及琉璃花门、棂星门、五供祭台、方城明楼、月牙城、宝城封土，最后以罗锅墙结束，层次分明，循序渐进，形成肃穆的空间序列。在整条序列上仅龙凤门及朝房、班房为新增建筑，其余皆依明陵之例。这种规制可以说是总结了历代帝陵规划经验而形成的一套艺术上较成熟的中国式的纪念性建筑方案设计。若以神道碑亭作为划分，则前部神道部分的布置方式繁简、长短变化较大，而碑亭至宝城一段基本成为定制，大同而小异。

清陵与明陵比较仍可显出若干变化。明陵神道前导的神功圣德碑亭及石象生仅在陵区入口安设一组，总括全局，各陵不再分设。但清陵各陵皆设，虽繁简有别，但自成格局（表 6-3）。各陵神道石象生数量皆未超过明代（除石望柱外，明孝陵为 16 对，明长陵为 18 对），但总体数量却达 60 余对之多，成为清陵的重要装饰小品。清陵的主神道中部堆筑小土山一座，称为蜘蛛山，东陵孝陵、西陵泰陵皆如此，为明陵所无。蜘蛛山是按风水理论要求而设置的[7]，神道至此回转而过，使得漫长的神道增加了顿挫、休止、转折，联系神道前部后部更为紧密，是布局中的变化。清陵布局中将明仁宗献陵开始增设的神道碑亭突显出来，并配以五座三孔桥，与隆恩门前的东西朝房、护班房、大月台结合在一起，形成陵前的广场空间，这一点较明陵设计要丰富有趣得多。隆恩殿所在的陵园前后院基本按照明陵布局，惟一特例是盛京福陵、昭陵皆做成城墙雉堞四周回护的城堡式样，正门（隆恩门）为三层高的门楼，四隅角楼高耸，为历代所无（图 6-30）。这点反映出后金政权军事防御观点在建筑上的折射，包括宫室、城池，皆选择高地、台地，或作高台，以居高临下，易守难攻，死后的陵墓同样显露出这种临战的观念。

清陵神道石象生数量表（单位：对）　　**表 6-3**

陵名	石望柱	立狮	卧狮	立狻猊	卧狻猊	立驼	卧驼	立象	卧象	立麒麟	卧麒麟	立马	卧马	文武臣立像	总计
福陵	1	1		1（虎）		1						1			5
昭陵	1	1		1（獬豸）		1		1		1		1			7
孝陵	1	1	1	1	1	1	1	1	1	1	1	1	1	3	16
景陵	1	1						1				1		2	6
泰陵	1	1						1				1		2	6
裕陵	1	1		1		1		1		1		1		2	9
昌陵	1	1						1				1		2	6
慕陵															0
定陵	1	1						1				1		2	6
惠陵	1														1
崇陵	1														1

图 6-30　辽宁沈阳清昭陵碑亭及隆恩门

清陵的宝城开始改变明陵圆形平面，而呈长圆形，如孝陵、景陵、裕陵、昌陵、崇陵、定东陵等。且体量明显较明陵缩小，如明长陵宝城直径为 240 米[8]，平面面积达 45000 平方米，而清孝陵长圆形平面的长短轴为 88 米和 34 米，平面面积为 2700 平方米，降至清末崇陵的宝城长短轴仅为 64 米和 26 米，平面面积仅 1500 平方米。就是雍正泰陵虽仍保持圆形平面，但直径仅 67 米，平面面积 3500 平方米。若考虑到宝顶高度因素，则整个封土的土方量减少甚巨。若与秦始皇陵平面面积达 12 万余平方米的封土相比拟，已不可同日而语。封建帝王数千年来实行的崇坟厚封制度，至此渐归衰颓（图 6-31）。

宝城及封土形状体量的变化，是清代地宫构造变化的结果。清代地宫较明陵地宫规模要小[9]，埋深一般较浅。按样式雷所做咸丰定陵地宫设计图，按金券金井定位大槽挖深仅在地面原生土下 6 米余，而明陵一般挖深在十余米，明定陵地宫深达 27 米。清陵地宫"穴中"选址多在山坡地段，考虑山形的自然坡降，金券室内地平实际比方城前广场的室外地坪还高。所以清代自石五供案处进入方城券洞，皆需要安设较高的礓䃰踏跺。这种山坡浅埋的点穴设计，一则可节约开挖土方量；

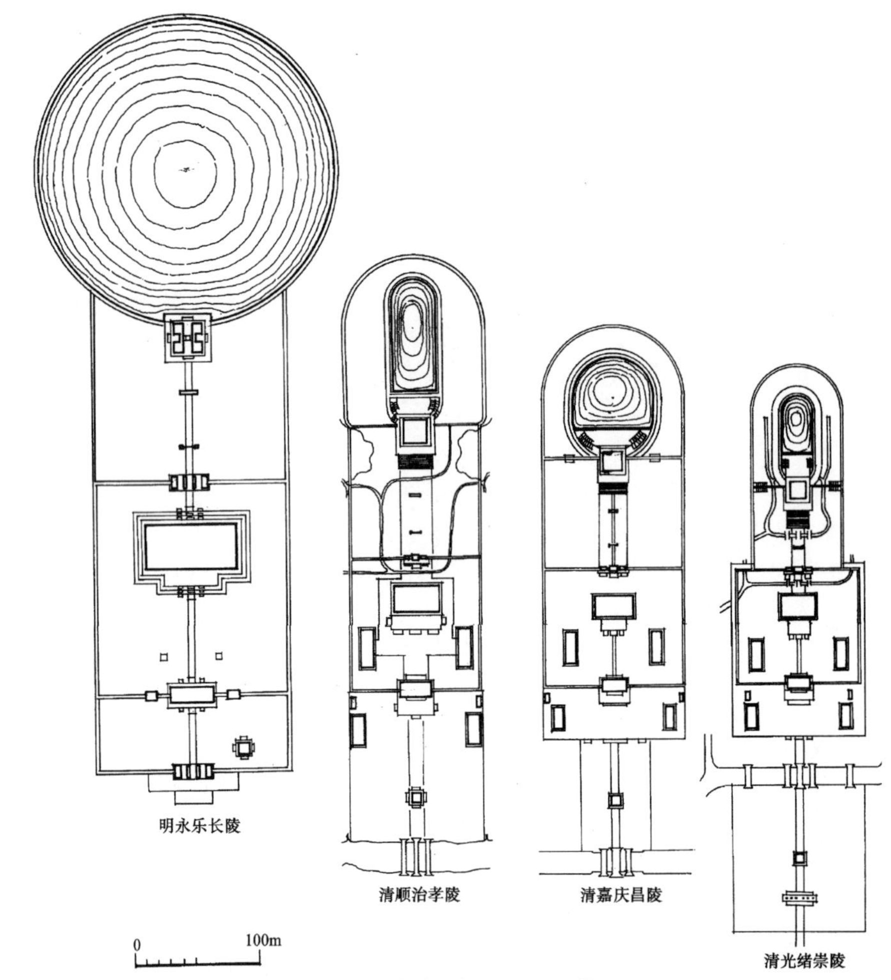

图 6-31 明清陵园布局及宝顶比较图

同时也利于将地宫内少量积水，通过龙须沟排出陵外，是清代工匠建造历代陵寝工程成败的总结（图 6-32）。由于浅埋则入地宫的隧道变短，自然掩护地宫的宝顶（宝城）也变小、变低，加之清

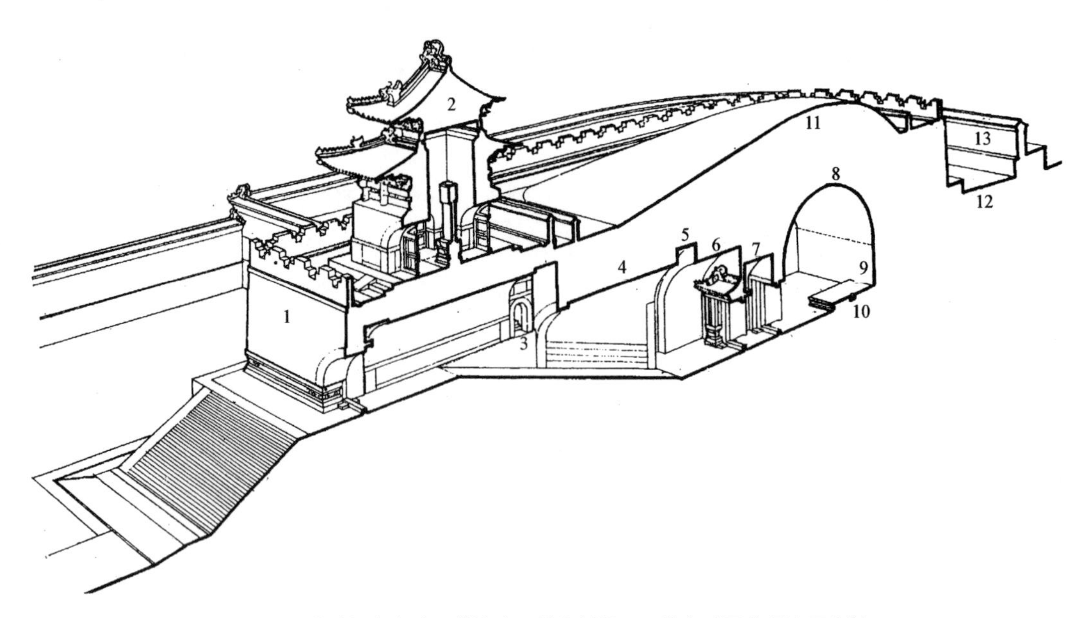

图 6-32 菩陀峪定东陵（慈禧陵）地宫剖视图（摹自《风水理论研究》）

1. 方城 2. 明楼 3. 扒道券券门 4. 隧道券 5. 闪当券 6. 罩门券 7. 门洞券 8. 金券 9. 宝床 10. 金井 11. 宝顶 12. 宝城院 13. 罗圈墙

代地宫皆为纵轴排列罩门券、明堂券、穿堂券及金券等，而不像明陵，除了轴线上宽大的券洞以外，尚在东西方排列配殿券体，占据横宽面积较大。清陵地宫券洞亦普遍较明陵矮小[10]，布局紧凑，长圆形的封土正与地宫布置形式相应，故节约了大量土方，这一点是清陵在规制方面的成功之处。清陵宝城前部皆留出月牙城（哑叭院），在院内安设登宝城及方城的转向踏跺，使宝城外观更为完整，管理更为集中。

清陵中将神厨、神库、宰牲亭等从轴线院中移出，在神道碑亭东侧自成一院，较为整洁。隆恩门前设东西朝房、东西守护班房，亦为清代增设的制度。再则清陵的隆恩殿体量变小。一般为五开间，且屋顶形式由庑殿改为歇山式，这些都是与明陵不同之处[11]。

后陵规制一般皆减帝陵一等，无神道、石象生、龙凤门等前导建筑，自大月台、隆恩门开始至宝城为止，与帝陵设置相同，仅建筑规模稍小。有的后陵亦同时将妃嫔坟茔葬在一起，列于皇后陵墓宝顶之两侧或后方，如孝东陵、慕东陵等（图 6-33）。后陵中亦有特殊之例，如昭西陵、孝东陵、定东陵等，不但规模宏巨，而且形制齐备，与帝陵不异。

妃园寝则规制更简单，一般仅有大门、享殿、宝顶（圆坟），而且建筑为绿色琉璃瓦顶（图 6-34）。但清初的皇妃园寝的宝顶前亦有设方城明楼者，如景妃园寝、裕妃园寝（图 6-35、6-36）。

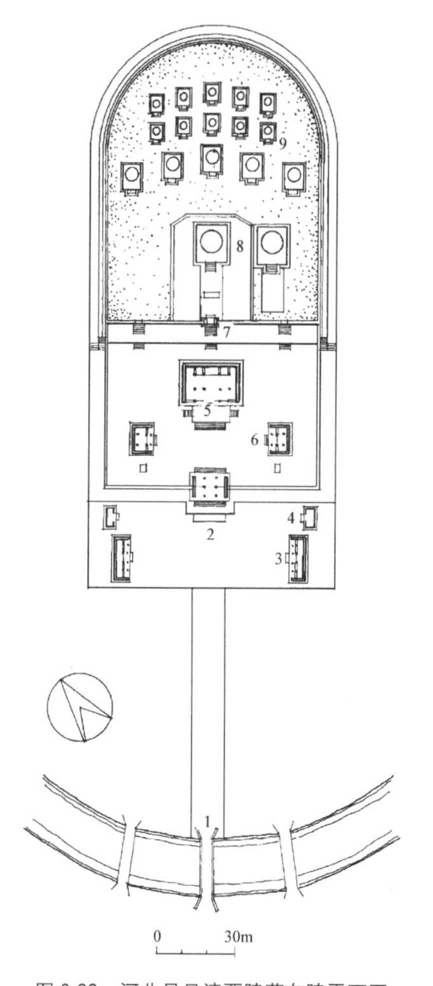

图 6-33　河北易县清西陵慕东陵平面图

1. 三孔桥　2. 隆恩门　3. 朝房　4. 班房　5. 隆恩殿
6. 配殿　7. 琉璃花门　8. 宝顶　9. 嫔妃墓

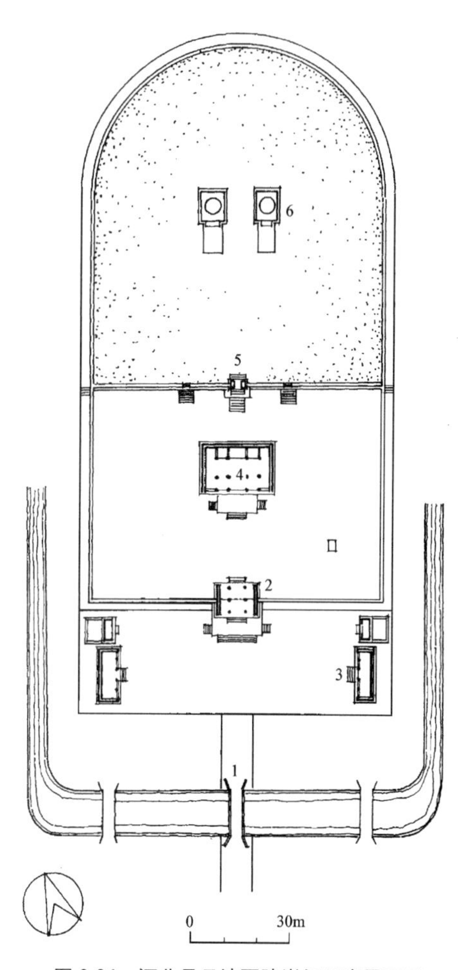

图 6-34　河北易县清西陵崇妃园寝平面图

1. 三孔桥　2. 大门　3. 厢房
4. 享殿　5. 琉璃花门　6. 宝顶

清陵地宫较历代陵寝地宫有较大的变化。先秦时期多为深埋的木椁墓室；西汉时代为了防朽而采用了空心砖结顶的墓室；西汉末年改进为半圆形实心砖筒拱结构；东汉时代还出现了砖穹隆，

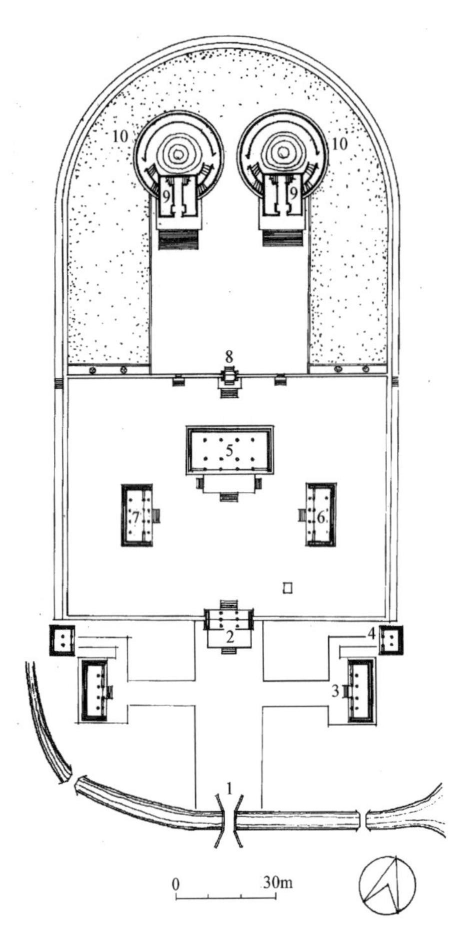

图 6-35 河北遵化清东陵景妃园寝平面图

1. 一孔桥 2. 大门 3. 厢房 4. 班房 5. 享殿 6. 东庑 7. 西庑 8. 琉璃花门 9. 方城 10. 宝城

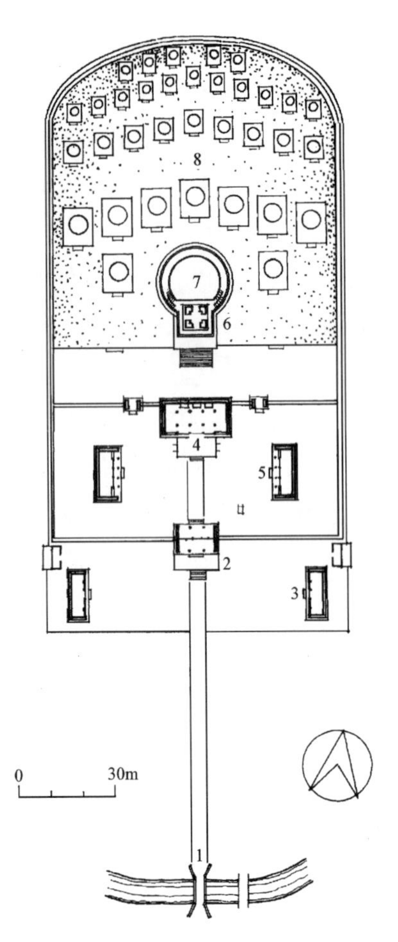

图 6-36 河北遵化清东陵裕妃园寝平面图

1. 一孔桥 2. 大门 3. 庑房 4. 享殿 5. 配房 6. 方城 7. 宝顶 8. 嫔妃墓

砖石成为地宫墓室的主要材料。为了装饰地宫，开始采用在墓壁上绘制壁画，此举客观上为我们保留下许多反映古代社会的生活场景资料。唐代帝室主墓穴多为四方形的攒尖穹隆，墓室四壁还模仿木结构建筑式样，做出柱枋斗栱的形象，并绘有彩画。宋金时代的墓壁上广泛用砖雕手法，雕制出梁枋、门窗、家具，甚至人物活动，使地下宫殿进一步仿真化。至明代，一改历代的设计手法，地宫完全采用砖筒券结构，青石罩面，多用石制家具陈设，室内净化，已无复存在木结构的形式特征，这一点可能与明代地面建筑中大量推广无梁殿结构有关。但布局上仍维持正殿配殿、一正两厢，多进空间的配置。清陵地宫的最大变化是取消配殿，缩短主殿金券面阔，形成更为集中的纵长平面，而且券体高度减低，空间感更为紧凑。

目前清东陵的裕陵、定东陵、清西陵的崇陵地宫经过发掘皆已整理开放，供人参观。再参照样式房雷氏所存清陵地宫设计图，可以大致了解地宫的结构状况。地宫主体殿堂有二，即明堂券和金券，相当于前殿后寝之意，皇帝（后）的宝册放在明堂券内，而梓棺即停放在金券内的宝床上。为了循序渐进，自方城下隧道开始，共有九道券体依次排列，它们是隧道券（穿于月牙城下）、闪当券、罩门券、头层门洞券、明堂券、二层门洞券、穿堂券、三层门洞券、金券（图6-37、6-38）。根据宝顶封土范围大小，可调整隧道券、穿堂券的长短。道光帝为自视节俭，其地宫取消了明堂券及两道门洞券，穿堂券改为极短的梓券，使地宫的长度大为缩短（图 6-39）。其他如慕东陵、昌西陵的地宫亦如此。

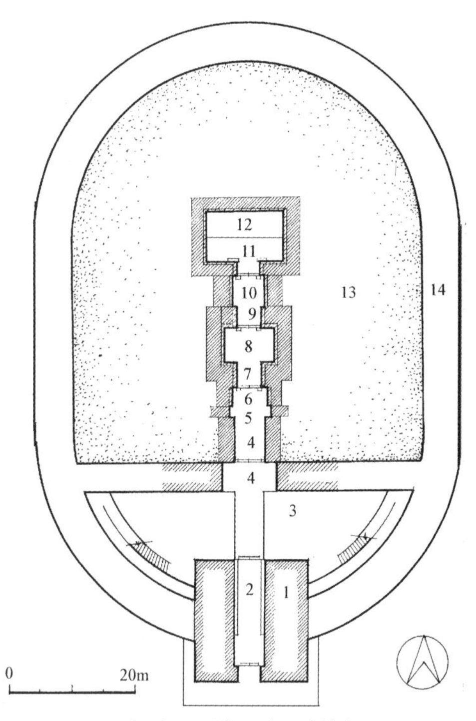

图 6-37　河北易县清西陵昌陵地宫平面图

1. 方城　2. 隧道　3. 月牙城　4. 隧道券　5. 闪当券
6. 罩门券　7. 门洞券　8. 明堂券　9. 门洞券　10. 穿堂券
11. 金券　12. 宝床　13. 厢土　14. 宝城

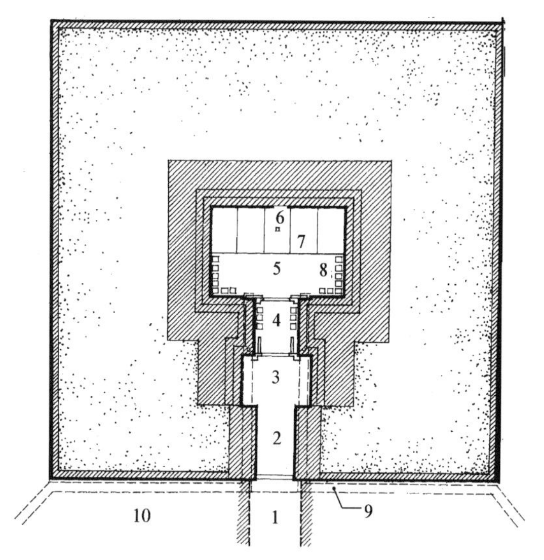

图 6-39　河北易县清西陵慕陵地宫平面图

1. 隧道　2. 隧道券　3. 罩门券　4. 门洞券
5. 金券　6. 金井　7. 宝床　8. 宝册座
9. 龙须沟　10. 大月台

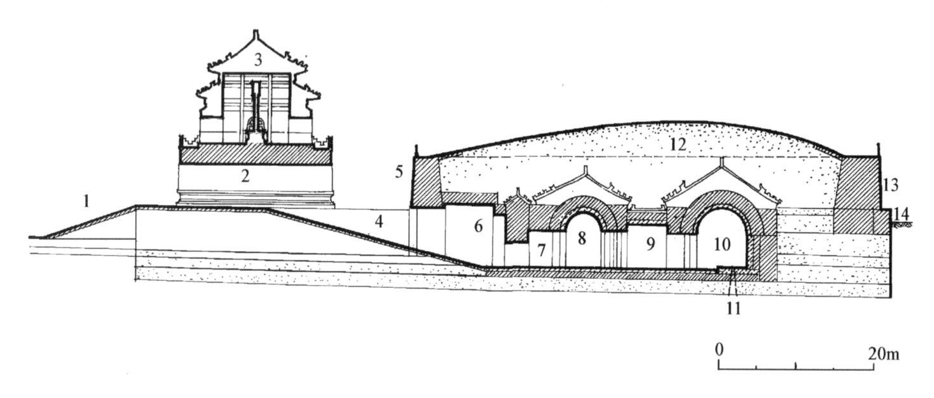

图 6-38　河北易县清西陵昌陵地宫剖面图

1. 礓磜　2. 方城　3. 明楼　4. 隧道　5. 月牙墙　6. 隧道券　7. 罩门券
8. 明堂券　9. 穿堂券　10. 金券　11. 金井　12. 宝顶　13. 宝城　14. 泊岸

大行皇帝归葬地宫以后，即在隧道券的洞口处以砖石封塞。其上部，位于哑叭院月牙墙上建琉璃靠墙影壁一座。在月牙城哑叭院内的隧道亦以砖石填平，形成院落，掩盖了地宫入口。清陵地宫构造确定了地宫隧道入口必定在方城纵轴线上，而早期汉唐地宫则不一定在方上封土中心线上。地宫券顶之上，按宫殿建筑制度，复以起脊琉璃瓦顶，一如地面建筑。道光以后，认为地宫券顶之上再复瓦没有实际意义，传谕加以省略，改为庑殿顶的蓑衣砖。

地宫基础十分重要，一则须负担券体及宝顶封土的荷载，二则须防止地下水回渗，故在基墙槽下皆打下一丈至一丈五尺的柏木椿，椿上用四六灰土夯筑基底，每步虚铺七寸，夯实后为五寸，称作一步灰土，而且要分两次捣筑成活，夯层薄，土质密，称之为小夯灰土。灰土施工有严格的施工程序；即虚铺灰土后要经过纳虚，满打流星拐眼，分活，次加活，次冲活，又次踩活等程序的反复夯打，然后在夯土面上洒水闷土，再次用登皮夯、旋夯方法进一步打实，最后打横硪、竖硪、踹硪各一次，找平，才算完成一步灰土土工[12]。上面继续夯打第二步时，应在下步灰土面层泼洒糯米汁及水，以增强夯土层间的附着力。一般灰土工以一平方丈为度，称为一槽，按此组织配备人力。各槽之间的接茬部分要缩磴，用横竖交错的马连垛夯法，以加强槽间的连接。地宫建筑的填厢灰土及券顶灰土可用大夯灰土，即虚铺一尺，夯实为七寸，但灰土比例仍为四六灰土。陵工灰土做法与其他官式建筑灰土一致，但施工要求更为严格，以达到最高的质量标准。

地宫墙壁及券顶皆用青白石为内壁，以掺和糯米汁、白矾水的石灰浆砌筑，桐油石灰勾缝，石料间以铁锔、铁银锭固定。墙外衬砌城砖砖墙。券顶的砖券一般为五券五伏，类似城门券洞。券上仍夯筑小夯灰土，抹掺灰泥背三层，形成宝顶。从砖石构造上讲，清陵地宫可称为异常坚固。

在地宫最后一进金券的中心，即安置棺木宝床的正中央留出一个穴洞，称之为金井，是地宫的核心部位，也是极富神秘色彩的部位。按风水之说，金井即为万年吉地的主穴位，“直通地中，以交流生气。”在举行帝后丧仪时，要在其中投入贵重珠宝，围绕金井举行仪式，由王公、大臣将建陵兴工动土时掘得的金井吉土复于金井内，加设井盖，再将棺椁安放在金井上面。金井的作用除却其神秘的风水外衣后，可发现它又是陵寝工程设计施工中的重要基准点，以此点控制工程的平面设计和竖向设计。例如地宫中轴线的走向，地宫及地面各项工程设计标高，包括开挖大槽基底、覆土高度、陵寝地面高程、坡降、各殿坐标高等，皆以金井平面坐标及金井穴位原土标高为准（图6-40，6-41）。此外，在定穴之前还要在金井附近挖掘探井，以测土层厚薄，土质优劣，水位高低，以为定穴及设计之参考。金井构造反映出古代工匠在陵寝设计施工中的科学内容与高度水平[13]。

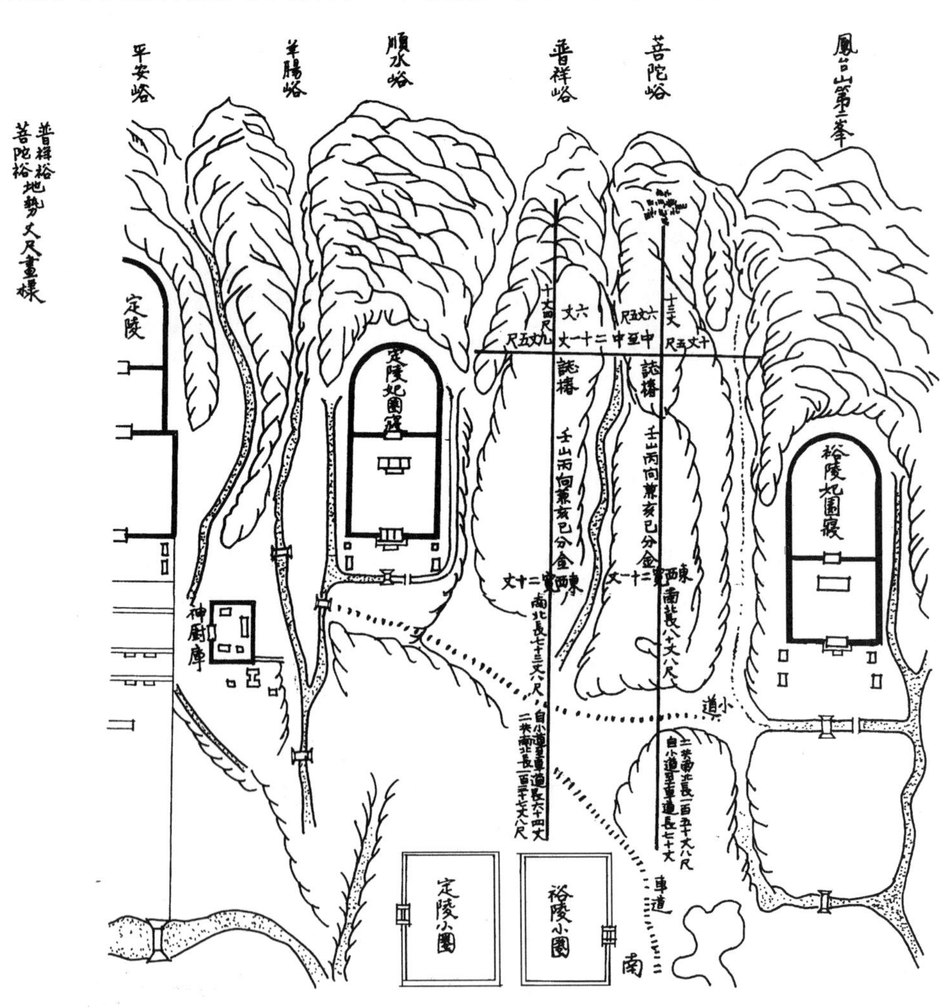

图6-40 清代样式雷《普祥峪菩陀峪地势丈尺画样》

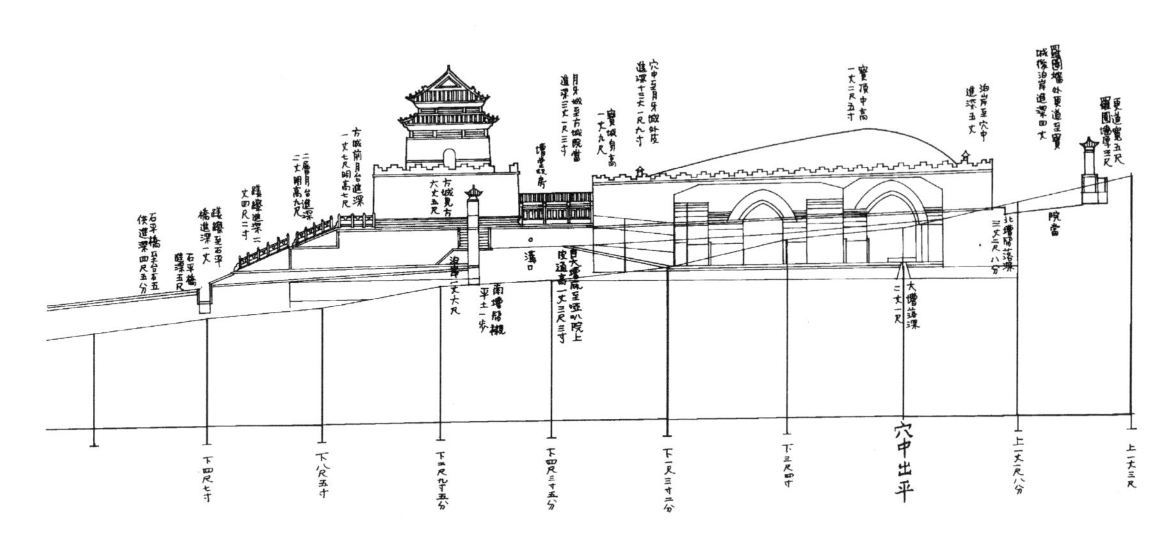

图 6-41　清样式雷《遵照呈览准烫样并按平水合溜尺寸埋头砖穴中立样》(清定陵地宫设计剖面图)

第三节　皇陵的建筑艺术

一、环境景观及风水设计[14]

古代对葬地及居室选址十分重视，俗称阴阳宅，并集合了有关理论研究而形成堪舆学，又称风水学，历代相沿，流派冗杂。风水家为迎合业主以售其术，又增饰以五行生克，阴阳负抱，甚至荒诞迷信之说，以推断人们的吉凶祸福。但去芜存精，可发现古代风水术实为发掘选定最佳葬地及居住处所的各种建筑环境方面的考虑，即今人所称的建筑环境学。风水理论在唐宋以后广泛流传，尤以地形复杂的南方为甚。皇帝以天子之居，帝王体系与天地同构，天人共通，因此其陵寝建筑也要与大地山川相融相配，永存常在，亿年安宅。故在帝陵设计中应用风水理论现象更为鲜明，也确实使建筑环境景观效果更臻完美。

清代皇帝登基后，即简派王公大臣和堪舆人员赴陵区或各处卜选万年吉地[15]，观山峦来往，察水脉去留，最后选定落脉结穴的最佳场所，称为定穴，也就是棺椁埋藏的位置及陵寝布局的轴线走向。并对此穴位作出文字说明及图样，谓之“说帖”，呈报皇帝批准，选址程序十分严肃、慎重。

从风水理论来看，陵寝选址可概括为龙、穴、砂、水、明堂、近案、远朝诸项内容。龙脉即山脉。要求穴位后部山势层叠深远，有源有脉，不是孤峰独立，要群山如屏如帐，中高侧低，成月牙式向穴位拱抱，称为后龙。这样的山势可以遮风，纳阳，避洪水冲刷，并在景观上增加宝城气势。清代各陵后背皆有后龙山及祖山几层，如孝陵昌瑞山、泰陵永宁山、福陵天柱山等皆是。龙脉来向与穴位间的方向也就是将来陵区的轴线方向。一般按“负阴抱阳”思想以南向为宜，但根据环境条件也可适当偏移，或地宫轴线与地上殿座轴线形成微小角度。龙脉主峰也不一定正对建筑群体轴线，只取其大致方向，以维护环境气势为则，自然山体的微小变化更使景色有情有致。具体的龙脉方向与穴位方向按罗盘的二十四山向来定，堪舆家以此定穴位吉凶。但实地考察，吉穴方向大致都是负阴纳阳的好方向。

砂是指砂山。即来龙左右必须有起伏顿挫的小型山冈一重或两重，形成对穴位环抱辅弼之势。又称护砂、龙虎砂山、蝉翼砂山。“龙无砂随则孤，穴无砂护则寒”，说明了龙、穴、砂之间的关系。砂山的作用实际为顺导径流雨水，隔绝左右景象的干扰，视线内敛向心，使穴位景观独立纯净。清代诸陵皆符合这种地势要求，即陵区皆选在峪口之内，如裕陵圣水峪、定陵平安峪、定东陵普祥峪、菩陀峪、泰陵天平峪、昌陵太平峪、慕陵龙泉峪、崇陵金龙峪等。有的砂山过低还可以人工培土加高，如定东陵左右砂山经培高后，取得遮挡东西侧的裕陵妃园寝和定陵妃园寝建筑干扰的效果。这一点与园林设计以树木、假山围隔成独立景区的手法是一致的。但风水学说中的砂山是指大环境，故多选取自然之山体为隔护。

水是指陵区内地面水流。水体在景观形势上是十分重要的。在风水理论上常提到“风水之法，得水为上”。有了水面，则地区小气候必然佳妙。佳穴附近的水流要曲折流动，又不能急湍陡泻，“来宜曲水向我，去宜盘旋顾恋”，即是陵区内水流坡降要小，流速要缓，即容纳水量的能力要强，既要排水顺畅，又不能被急流洪波冲刷，所以曲延萦绕之水最为有情。同时从景观上讲，山生静，水生动，相互对比衬托，更以众多的桥涵、弯径，增加景观意趣。同时水体存聚，养土保墒，必定使陵区草木繁盛，绿化丛郁。

明堂是指穴区附近四至之地。要求“地贵平夷”，土层丰厚，有足够的面积布置陵墓建筑，即所谓“堂局宽厚”，“雍容不迫”[16]。土质要优良，以保证工程需要。且地下水要低，砂石要少，宜于树木生长等项。

近案远朝是指陵区正面近处应有一小山丘为对景，称案山；远处应有一山峰与后龙相对，称朝山。这样后龙、案山、朝山组成陵区轴线，使得构图呼应，气势连贯，使自然山川形势，表现出有目的的情态（图 6-42）。东西陵神道上的影壁山就是人工的案山。此外许多陵区正南龙凤门外皆有土山遮蔽，亦为案山之意。至于朝山更为明显，如孝陵、景陵、裕陵对着金星山，定陵对着天台山，泰陵对着元宝山等。近案远朝的选择还使朝拜者谒陵后的折返景观有了对景中心。对主穴位来讲，陵区南部有了封护屏障，达到“前后照应”、“返顾有情”的效应。清陵亦效仿明十三

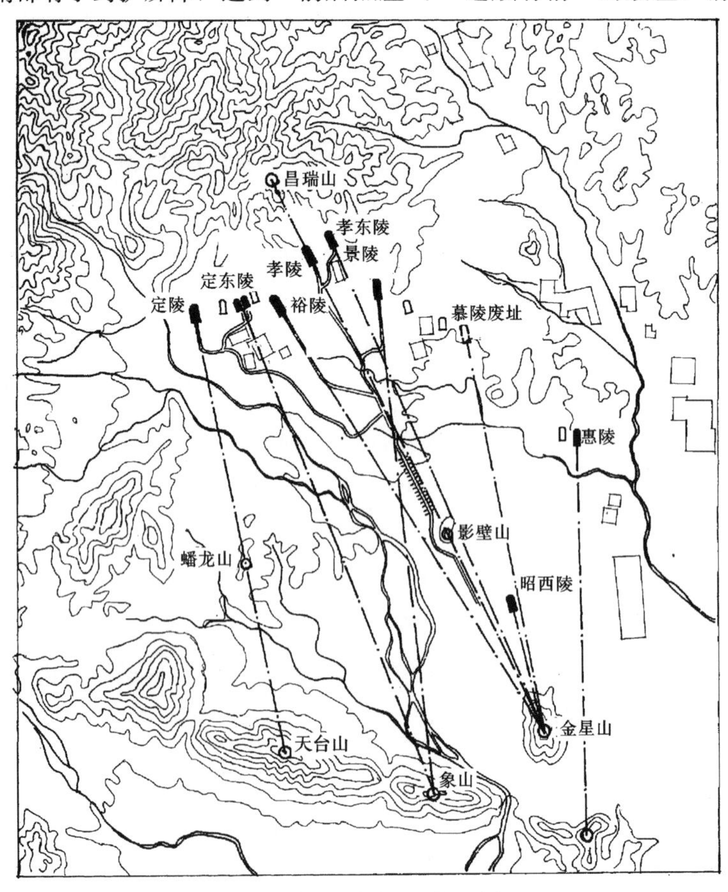

图 6-42　清东陵诸陵案山朝山分析图

陵，往往在陵区南侧选择双峰以为门阙，如东陵的象山、天台山；西陵的东西华盖山及九龙山、九凤山等，更加强了群山朝拱之势。

按照风水理论要求选定的吉壤必定是山川呈现开帐，拱卫，宾主，朝揖，水脉分流，堂局开阔，藏风聚景，树木葱郁，气候湿润的地形地貌。从清代各陵的选址上皆可得到验证[17]。有了良好的自然环境，再与轴线感、对称感、尺度感极强的陵寝建筑相配合，形成天人合一，自然与人工巧配浑融一体的艺术氛围，并取得神圣、崇高、庄严、永恒的艺术效果。自然环境亦产生了纪念性，山川成为建筑艺术空间的一部分，而且是主导的最有感染力的一部分，这种环境景观是中国艺术的独特的创建。所以英国著名科学史家李约瑟称赞中国皇陵是“建筑部分与风景艺术相结合的最伟大的例子。”

二、建筑轴线的组织

陵寝建筑群体组织的实质是安排好中轴线，是“居中为尊”传统观念在纪念性建筑中必然表现。轴线位置之选定是要根据风水地形之所宜，乘势随形而定，力求与山川相称。但轴线之经营，尚须讲求序列、对景、框景、过白与夹景，起伏曲折，才能创造出有机和谐，表情充沛，气势雄大，沉静肃穆的艺术环境。

序列是将典礼制度所需要的各种形式、规模的建筑以准确相宜的尺度和空间组织在一条轴线上，形成顺序展开的富于视觉变化的空间群体。序列安排相宜，则长不觉繁、短不觉简，步移景异，印象逐步加深。以清东陵孝陵为例，其序列安排有七段。入口大红门及门前五间六柱十一楼石牌坊为一段，前以金星山为屏，以大红门为前景，纵览东陵全部山川形势，构成独立而开敞的景观；入门后的神功圣德碑亭及四隅华表柱为一段，北有影壁山，南有大红门，使纪念性、标志性建筑形象更为突出；影壁山北的石望柱及十八对石象生群为一段，以北端龙凤门为底景，是雕刻美术的天地，各对石刻立姿卧姿互换，动静相称，表达拱卫、朝拜的构思；龙凤门北的单孔桥、七孔桥、五孔桥、三路三孔桥为一段，以神道碑亭为底景，突出桥涵、河渠的路径感，有欲张先弛之效果；碑亭及高台上的东西朝房、东西护班房、隆恩门为一段，组成建筑空间感的景观，达到渐入主景的序幕作用；隆恩殿院为一段，为仪式空间，庄严隆重，是主导全部典仪的建筑群体；琉璃花门、棂星门、石五供、方城明楼为一段，宝城作为全局的结束，背依山峦，古木参天，以祭享沉思，哀悼先王的意匠为主线，形成思想升华的空间，也是纪念序列的最后终结。这样长达6公里，大小数十座建筑，空间感觉各异的序列组织，完成了陵寝的全部构思。从孝陵的建筑群体序列安排来看，较明十三陵更为紧凑、有机，是艺术上的进步。

对景也是轴线设计的重要手法，可避免观者按轴线行进过程中的枯燥、呆板感觉，并可产生阶段感。从上述序列各段中，都可看到各种以相应的底景（一座山、一个建筑、一个牌楼等）为依托的实例。对景有引导观者行进的作用，同时也构成美妙的轴线构图。在轴线设计的折返景观中亦考虑了对景设计，同样出现一幅幅的对景。

框景就是利用券洞口、门窗洞口、柱枋构架或树木，组成框边，把景色框限在内，形成优美画面，这一点在轴线设计中尤为重要。通过在固定观赏点所显露的优美的框景景色，可使漫长的轴线序列产生张弛、动静的观赏节奏感。在陵墓建筑序列的框景中尤其要注意“过白”，即在框景画面中必需留出一部分天空，纳阴补阳，虚实相应，灵活生动，以避免产生郁闭堵塞，密不透气的感觉。在清陵中，几乎在所有坊门、券洞、柱枋梁架的构图中，都可看到框景与过白的利用（图6-43）。夹景就是利用树木、建筑、山峦将广阔的视野夹住，形成有质量的画面，对于以自然山川为母题的陵寝建筑艺术设计，则“夹景”显得尤为重要。清陵中广泛利用树木、望柱、桥栏达到夹景的目的，大的景观中的左右砂山、大红门前的左右阙山也有夹景作用。

起伏曲折在轴线景观设计中作用至为明显。例如孝陵神道以影壁山为转折，使方向略有改变；景陵神道在通过碑亭、五孔桥后，沿弧形通路布置石象生（图 6-44）；裕陵的龙凤门、石桥之后，以微弯的道路通过碑亭，都是以曲折达到丰富景观的作用。泰陵神道碑亭正南 250 米处，培置了一个凸形起坡，于是在坡南、坡顶、坡底产生出不同的景观，这些都是补充轴线艺术的高妙手法。

图 6-43　清裕陵龙凤门与碑亭的框景关系

图 6-44　清景陵的曲线形神道

三、建筑形体

清陵建筑的风格取得高度统一效果，不仅统用红墙黄瓦，而且主要殿堂包括隆恩殿皆为歇山式屋顶，而不取明陵庑殿顶大殿，各建筑仅在体量上微有区别。建筑风格形制的统一，有力地衬托出布局艺术之美，而在远景画面中，各建筑协同一致，高低顿挫，融会成统一构图。在建筑体量的选择上，充分考虑风水“形势”说的理论，即具体建筑形象（形）与周围环境空间（势）协调关系的论述。如“远为势，近为形”；“势可远观，形须近察”；“千尺为势，百尺为形”；“驻远势以环形，聚巧形而展势”；“形势相登，则为昌炽之佳域”。以上述学说衡量清陵建筑，凡属近观空间的主题建筑高宽大约在30米以内（百尺），院落也大约在30米左右，凡属综合览视的场景距离大约在300米以内（千尺）。

例如孝陵最高的大碑楼高为九丈九尺，较大的泰陵隆恩殿面阔不足十丈。定东陵的大月台、隆恩殿院、石五供院进深皆为十丈（百尺）左右，从三座三孔桥至后龙山进深共为100丈（千尺）。总之，体量及空间皆有一定制约，以期达到视觉最佳效果。

建筑主从呼应关系在清陵中亦有充分考虑，如神功碑亭四角华表，昭陵石象生两端华表，泰陵大红门外三座石牌坊鼎立（图6-45），隆恩门外东西朝房分列，福陵、昭陵方城四隅角楼等都起了很好的衬托、护卫的构图作用。

图6-45　清泰陵大红门外的三座石牌坊的围合空间

四、建筑装饰

与其他类型建筑一样，清代乾隆以后，建筑装饰、装修技术广泛发展，而在陵寝建筑上更有突出的表现，精雕细刻，不计工本。如乾隆裕陵地宫仅石刻雕工用工即达5万个，八座石门扇皆雕菩萨之像（图6-46），第一道石门洞两侧雕四大天王坐像，中间明堂券顶浮雕五方佛，穿堂券两壁刻五欲供，券顶雕24尊佛像，最后一进金券的东西两壁各雕一尊佛像和八宝图案，券顶刻有三大朵佛花，花心由梵文和佛像组成，金券四壁满刻番文经咒29464个字，梵文经咒6417个字。整个地宫雕刻众多，繁而不乱，各种题材，皆具特色，线条流畅，形态逼真，真可称之为一座雕刻博物馆，件件作品皆闪烁着劳动工匠的智慧光辉。

慈禧太后的定东陵的地面建筑的装修豪华程度是清陵中最高的。不仅隆恩殿四周汉白玉栏杆精致无比，且台基中央的龙凤陛石采用透雕手法，龙凤翻舞，神情飞动。隆恩殿及配殿木构架及门窗槅扇全用贵重的黄花梨木制作，清漆油饰，以沥粉贴金法做出金光灿烂的和玺彩画（图6-47），隆恩殿及配殿64根明柱皆贴盘龙片金。两山墙内壁为清水磨砖，雕刻卍字盘长衬地，五蝠捧寿浮花的雕刻，并贴金出亮，赤金衬底，黄金贴饰，金碧辉煌，浑然一体。为一般陵寝所未见。仅贴金一项即耗费黄金四千五百余两。奢侈、豪华创清陵之最。

其他如昭陵的须弥座栏杆石雕，慕陵隆恩殿楠木装修及高浮雕的“万龙聚会”井口天花，昌陵大殿地面用黄色带紫色花纹的花斑石墁地等，都是极为贵重的装修（图6-48～6-51）。

总之，清陵建筑规划布局和艺术处理与历代陵寝相比较发生了不少变化。如陵寝主题由注重宏大的地宫封土，转向地面建筑变化丰富的空间布局；利用自然方面由注意依山或穿山为陵转向山水相称，形势相登，天人聚会，组成自然与建筑相融合的群体；神路设计由以长取胜，转向形势兼得、空间紧凑、视觉合宜的展开序列设计；陵寝建筑由追求高大、气势，转向强调组合、辅翼及细部装饰等方面的形式美学创意。应该说这些是时代的进步，是纪念建筑艺术上新的成就。

图 6-46　清裕陵地宫门扇石刻

图 6-47　清东陵定东陵（慈禧陵）满金彩画

图 6-48　清昭陵石刻须弥座

图 6-49　清慕陵隆恩殿楠木井口天花

图 6-50　清慕陵隆恩殿楠木雕刻雀替

图 6-51　清慕陵隆恩殿楠木槅扇裙板雕刻

第四节　亲王贵族墓及品官墓

清代亲王与明代亲王的具体待遇有很大的不同，清代所封皇族贵胄或功臣为王，皆是仅有爵位、俸禄，而无封地，皆居住在京城内，甚至王府也为官房赐居[18]。故墓地也只能在京郊或附近选定，规模不大，不敢逾制。不像明代亲王可分封外地，领辖一方，死后即在封地建造规模较大的坟茔。初期清代部分亲王虽有世袭罔替的规定，可以世袭为王，但大部分亲王后裔无此恩赏，或因无功，或因有过而被降级夺爵，故也不能维持庞大的家族墓地，不像明代外藩亲王，世代相承，墓地规模宏大，如分封在桂林的靖江王墓地有十余座之多。再者，清代礼制对葬期规定时间短暂，"亲王期年，郡王七月，贝子以下五月"，所以墓地规模亦不可能铺陈过巨。因此清代亲王贵族墓地较明代大为逊色。

清代亲王、世子、郡王、公主、福晋等贵族的丧仪，如辍朝、敛具、陈仪、成服、会丧、请谥、立碑等项，皆有规定，但有关坟茔制度，在文献中却没有记载。据已知清代实例可知其规制与妃园寝差不多。一般茔地前有河，建桥一座，后为左右班房（或无），正中为宫门，宫门内为左右朝房，院中央为享殿三间（或五间），后为宝顶封土。若有功于朝，皇帝赐谥名，并立碑，则在宫门前（或享殿前）尚有碑亭[19]。个别的亲王墓尚立有石牌坊，如涞水的怡贤亲王墓（图 6-52），及北京朝阳门外佟佳坟。贵族坟茔的主要建筑为红墙绿色琉璃瓦，减皇陵一等，亦有用灰瓦的。墓地周围广栽松柏，郁郁葱葱，环境肃穆。有的亲王坟附近还建有阳宅，作为休闲、守墓之用。亲王、郡王、公主茔地除赐葬东西陵陵区附近的以外，大多选在京郊或畿辅地区，如北京东郊、通县、海淀、西山、房山、易县、涞水等地是为集中地区[20]。坟茔用地不等，少则 20 余亩，多的达 200 余亩，一般约百亩上下。

目前清代亲王贵族坟墓保存下来的不多，少数实例中以七王坟较为完整。七王是指清道光帝第七子醇亲王奕譞，其子载湉为光绪皇帝，其孙溥仪为清末的宣统皇帝，其子载沣在清朝末年为摄政王，祖孙三代是清末的显要人物。北京西北妙高峰一带，层峦叠嶂，翠柏成林，流水潺潺，古迹丛聚，是为风景绝佳之处，奕譞看中此处，选为吉地。该坟茔坐西朝东，依山而建，层层递上，踏上七十余级台阶以后。在轴线上建立碑楼一座，碑楼后为神桥、南北朝房、宫门等，但皆已残破。正中为享殿建筑，最后为亲王与福晋的合葬宝顶，旁侧有三座侧福晋的小宝顶。墓地后方为一片树林，散置的刻石中有奕譞手书的"插云"、"一卷永镇"等文字。墓地北侧有一组四进院落的宅院，称"退潜别墅"，为七王坟守墓的阳宅。从该实例中可见清代贵族墓的一般规制。有关公主墓的资料可以吉林通榆兴隆山公主墓为例[21]。该墓地四周为砖墙，约占地五亩，宫门南向，门内为左右配殿，中间为享殿五间，墓室位于享殿之下，为长方形筒状砖拱券墓，长 3 米，宽 2 米，内部仅有木棺，无墓志石，制度简约，但随葬金银饰件颇丰。

清代品官的茔地大小亦有规定，一至九品官员茔地周长 90 步，递降至 20 步；封土高 16 尺，递减至 2 尺。墓前石象生最多可列石人、望柱、虎、羊、马各一对，逐级递减或无[22]。上述品官坟茔定制基本沿用明代初年的规定，变动甚少，可举吴六奇墓为例[23]。吴六奇为清初重要将领，随尚可喜击败南明，官至总兵官、左都督。死后钦赐祭葬，御制碑文，按一品典式办理葬仪。该墓位于广东大埔湖寮圩。墓茔范围不详，座北朝南，正南为石牌坊一座，题"师辅褒崇"匾额，后为墓道，道两侧排石翁仲（武士）、石马、石羊、石象各一对，和带龟趺坐的墓碑，再后为享堂建筑，再后为三合土坟茔，坟前又有墓碑一通，最后以一座石牌坊结束。整个墓园具有一定规模。

清代士庶平民的葬制较品官又有所减杀，士人茔地面积不得超过二十步（周长），而庶人茔地不得超过九步[24]，但实际上，各地富豪地主的坟茔广大，已无法按制度加以规束。

士庶坟墓的地面建筑多数简略，地下墓穴的质量及内涵差别较大，财力殷厚之家可做成砖筒券墓室，汉白玉的墓志碑、供桌及大批随葬珍宝，如北京德胜门外小西天的姑娘坟[25]。该坟为康熙时权臣索额图之女黑舍里氏之墓，故墓穴建得十分考究（图 7-53）。也有的墓葬建成长方形砖石圹室，大石盖顶，如云南呈贡郭氏墓[26]。但大部分庶人墓是土洞墓穴或土圹墓。砖石墓穴的随葬器物可散置、箱置或置于四壁龛穴中，土圹墓的器物多置于棺内。某些偏远地区的墓穴中还沿用唐宋以来的放置买地券的风俗。

图 6-52　河北涞水清怡贤亲王墓石牌坊

图 6-53　北京西郊小西天黑舍里氏墓（摹自《文物》1963 年 1 期发掘报告）

注释

[1]《清史稿》卷八十六“（顺治）十五年移东京陵改祔兴京，罢积庆山祀，明年，尊称为永陵，飨殿、暖阁如制。”

[2] 雍正改易陵地的借口是借用堪舆说法，认为在景陵（康熙陵）附近已无吉壤可供建陵之用；以后虽又选中“九凤朝阳山”吉壤，“但精通堪舆之臣工，再加相度，以为规模虽大，而形局未全，穴中之土，又带砂石，实不可用”，所以又否定了这处选址。最后根据怡贤亲王及两江总督高其倬的奏议，选定易县泰宁山太平峪为万年吉地，称赞此地为“乾坤聚秀之区，为阴阳和会之所，龙穴砂水，无美不收，形势气理，诸吉咸备”，为上吉之壤。定为陵址，开创清陵东西分列之制。

雍正违背子随父葬制度的真正意图，在历史文献中，虽无明确记载，但从胤禛的性格特点及当时的政治形势可见端倪。雍正帝为人果敢刚毅，自视甚高，甚至对其父康熙帝亦有微词，认为在整顿敝政，端正吏风，消灭政敌，用兵回部，改土归流等方面都取得了巨大成功，使清王朝再现中兴之势，皆为自己的功劳。这种踌躇满志的心态，必然也表现在陵区选择上，他希望废弃东陵，另立陵区，以己为祖，表现他是新时代的开创者。但乾隆继帝位后，为调和东西陵分列之既定形势，乃定后代帝王按昭穆之序，分葬两陵，成为定制。

[3] 这种制度完成于乾隆初年。先此的皇太极妃孝庄文皇后的昭西陵、顺治皇后孝惠章皇后的孝东陵，皆是改变了原后金的火葬习俗，改用保存遗体，棺木成殓的汉人仪制，在陵区内独立建陵。乾隆时，才将此法列为帝室陵寝定制。

[4]《啸亭杂录》卷一“亲定陵寝”“章皇帝尝校猎遵化，至今孝陵处，停辔四顾曰‘此山王气葱郁非常，可以为朕寿宫’，因自取佩韘（射箭用的扳指）掷之，谕侍臣曰‘韘落处定为佳穴，即可因以起工’。后有善青乌者，视邱惊曰‘虽命吾辈足遍海内求之，不克得此吉壤也！’所以奠我国家万年之业也”。

[5] 文皇后昭西陵安厝在遵化东陵的原因，过去多传以为她曾以嫂嫁叔，下嫁多尔衮，故不愿归葬盛京。实际上昭西陵的设置反映了清代帝后丧制的改革。顺治以前的各代帝后，死后按满族习俗皆实行火葬，保存骨灰缸（宝宫）入地宫。入关后接受汉族影响改为保存遗体木棺土葬的方式是从文皇后开始的。文皇后木棺梓宫在初期曾停放在东陵大红门外的暂安奉殿内。直到雍正三年，清皇族内部对保存遗体制度已经熟悉，乃借“海宇升平，兆人康阜”，暂安之处甚吉为由，决定在此营建昭西陵，建地宫，正式移梓宫入土。昭西陵开创了清代帝后死后不行火化，而保存遗体的葬制；并且确定了晚于皇帝去世的皇后可另起陵域，不必合葬的制度。

[6]《东华续录》道光六“朕于嘉庆二十三年随侍皇考仁宗睿皇帝巡幸盛京，恭谒祖陵，瞻仰桥山规制，实可为万世

法守。朕敬绍先型，谨遵前制，……是以节经降旨，概从樽节，俾世世子孙，仰体此意，有减无增。”

[7] 蜘蛛山是按风水堪舆理论中龙脉布局而设立，山陵吉穴除有后龙山为屏障，左右砂山为拱卫，尚需在前方有案山、朝山，近案为几席，远朝为人臣，蜘蛛山即为帝陵的案山。

[8] 关于明长陵宝城直径，文献记载不一，如据《明会典》记载，其直径为一百零一丈八尺，约合 320 米。

[9] 地宫室内长度，明定陵地宫长约 80 米，清裕陵地宫长 54 米，清定陵地宫长 38 米，清定东陵地宫长仅 15 米。

[10] 据已发掘的地宫规模可知，明定陵地宫面积为 1195 平方米，清裕陵地宫面积为 327 平方米，清慈禧定东陵地宫面积为 154 平方米。

[11] 参见“易县清西陵”刘敦桢“中国营造学社汇刊”第五卷第三期。

[12] 参见“清代陵寝建筑工程小夯灰土作法”王其亨“故宫博物院院刊”1993 年第三期。“纳虚”即用脚将虚铺灰土依次踩平；“流星拐眼”即用木柄铁钴的“拐子”，将虚土拐钻成眼，眼位密布，不成行成列；“分活”即按一尺二寸一道钻制拐眼；“加活”即用木夯夯打灰土，头夯打出海窝，二夯打成银锭，三夯打平余土；“冲活”即第二遍夯打，程序如前；“跺活”即第三遍夯打，夯距加密 ，程序如前；“登皮夯”即夯体斜下，要将土皮蹬开；“旋夯”即夯夫跳跃而打，随打随转；“硪”为铁质饼形夯具，周围穿绳十六条，由十六人牵绳举硪，击打土面，令平，称打硪。

[13]“清代陵寝地宫金井研究”王其亨“风水理论研究”天津大学出版社　1992 年。

[14] 参阅“清代陵寝的选址与风水”冯建逵“风水理论研究”P. 138　天津大学出版社 1992 年。

[15]《大清会典》记载，“凡相度风水，遇大工兴建，钦天监委官，相阴阳，定方向，诹吉兴工，典至重也”。顺治十八年六月，帝驾崩，为建享殿、地宫，曾精选识地理人等，内院、礼部、工部、都察院、科道官员率往东陵会拟陵区规划，次年又派风水官详视 。清代有些王公大臣本身即为堪舆学家。如参与永陵、福陵、昭陵、孝陵风水看定工作的钦天监官员杜如预、杨宏量；为雍正帝卜选泰陵的两江总督高其倬；为光绪帝卜选崇陵的大学士、军机大臣翁同和等，都精通堪舆学。

[16]“翁文恭公日记”记载　清末大学士翁同和奉旨为同治选择东陵陵址时，谈到“成子峪龙脉甚真，回抱极紧……上吉地也。唯宽处仅二十丈，与规制未合”，故弃之不用。说明堂局面积大小在选穴设计中亦是重要因素。

[17] 据《清朝文献通考》及《清朝续文献通考》中“王礼”、“山陵”条对各代帝陵选址的描述，可验证出各陵的自然环境质量皆极佳妙。

福陵：“盛京城东北二十里天柱山，近则浑河环于前，辉山兴隆岭峙于后，远则发源长白，俯临沧海，洵王气所锺也。”

昭陵：“盛京城西十里隆业山，自城东北叠巘层峦至此而宽平宏敞，有包罗万象，统御八荒之势，辽水右回，浑河左绕，轮囷葱郁，洵永固之丕基也。”

裕陵：“胜水峪砂抱水环，局尊脉贵，气势绵远，笃厚延洪，黄图万年之庆凝护于此。”遵化州志有“朝案端严，罗城周密，龙翔凤舞，星拱云联”之语。

昌陵：(永宁山)“秀若拱璧，簇若屯云，考其滦洄，延袤千里，计所汇纳，襟带百川，崇寝殿之晙虢，信天造之吉壤也。”昌陵右翼为西护山，左翼为东阳山，易州志称为乾坤聚秀之区，阴阳相会之所。”

定陵：“平安峪形胜，左金星，右天台，砂水回环，龙翔虎伏。”

清东陵：“其形势则前金星山特起一峰，端拱正南，有执笏朝天之象。后分水岭诸山，即太行诸峰，环绕山陵，诸水夹流左右，故名分水，形家所谓成龙山也。左马兰峪、鲇鱼关诸山，千岩错落，文笔插天，势尽西朝，俨然左辅；右宽佃峪、黄花山诸山，万岭奔腾，旗山卓地，势皆东向，俨然右弼。崇陵巩固，于是卜万世之灵长也。”

清西陵。“泰宁山形胜，龙蟠凤翥，源远流长，左右回环，前后拱卫，实如金城玉筍。”

[18]《清史稿》卷二百十五　列传二　诸王一，“诸王不锡土，而其封号但予嘉名，不加郡 国，视明为尤善。”

[19]《清史稿》卷九十三　礼十二“凡亲王至辅国公，御祭二，遣官至坟读文致祭，宗人府请赐谥，撰给碑文，工部树碑建亭，贝勒以下碑自建。……”如北京阜成门外孔王坟、妙峰山下七王坟、东坝公主坟、海淀区北安路孚郡王坟，朝阳区豫王坟、福寿岭礼王坟、房山长沟乡敬谨亲王坟等皆有碑亭。

[20] 清代王公贵族墓地从现有调查的资料可知，在遵化清东陵黄花山的有荣亲王（顺治四子）、裕宪亲王福全（顺治二子）、纯靖亲王隆禧（顺治七子）、理密亲王允礽（康熙二子）、恂勤郡王允禵（康熙十四子）、直郡王允禔（康

熙长子）；磨盘山下有端悯固伦公主（道光长女）、奉圣夫人、保圣夫人、佑圣夫人；在易县清西陵的有果恭郡王弘瞻（雍正六子）、端亲王弘晖（雍正长子）、慧安、慧愍公主（嘉庆五女、九女）、阿哥园寝、端顺固伦公主（太宗十一女）；在北京东郊的有建国门外八王坟英亲王阿济格（太祖十二子）、朝阳门外佟佳坟（顺治妃）、朝阳门外苗家地豫王多铎（太祖十五子）、费扬古墓（多铎八子、康熙时封一等公）、东坝公主坟固伦和敬公主（乾隆三女）、洼里关西庄公主坟和硕和恪公主（乾隆九女）、通县北窑上村五爷坟惇亲王奕誴（道光五子）及载津（奕誴五子）；在北京西郊的有阜成门外定南王孔有德墓、海淀北安河孚郡王奕譓（咸丰九弟，又称九王坟）、小煤厂村公主坟寿臧和硕公主（道光五女）、五路居郑王坟郑献亲王济尔哈朗（太祖侄）、香山福寿岭礼王坟礼烈亲王代善（太祖二子）、西山妙峰山七王坟醇亲王奕譞（道光七子、光绪父亲）、房山长沟乡敬谨庄亲王尼堪（太祖孙、褚英三子）；在涞水县的有怡贤亲王允祥（康熙十三子）。此外，北京四郊尚有未经调查的众多的王爷坟和公主坟，可以说大量集中在京城畿辅之地是清代亲王贵族坟墓选址布置的特点。

[21]“吉林通榆兴隆山清代公主墓”《文物》1984 年 11 期　吉林省文物工作队。

[22]《清史稿》卷九十三　礼十二“一品茔地九十步，封丈有六尺，递杀至二十步，封二尺止。缭以垣，公、侯、伯周四十丈守茔四户；二品以上周三十五丈，二户；五品以上周三十丈，一户；六品以下周十二丈，止二人守之。公至二品，用石人、望柱、暨虎、羊、马各二；三品无石人；四品无石羊；五品无石虎。其墓门勒碑，……刻圹志用石二片，一为盖，书某官之墓，一为底，书姓名、乡里、三代、生年、卒葬月日及子孙葬地，……二石相向，铁束，埋墓中。”

[23]“清初吴六奇墓及其殉葬遗物”　杨豪《文物》1982 年 2 期。

[24]《清史稿》卷九十三　礼十二“士茔地周围二十步，封高六尺，墓门石碣，圆首方趺，圹志二，如官仪。……庶人茔地九步，封四尺，有志无碣。”

[25]“北京西郊小西天清代墓葬发掘报告”北京市文物工作队　《文物》1963 年 1 期。

[26]“云南呈贡王家营明清墓清理报告”云南省文物工作队《考古》1965 年 4 期。

参考书目

《中国美术全集·建筑艺术编·陵墓建筑》杨道明编　中国建筑工业出版社　1988 年

《中国古建筑大系·帝王陵寝建筑》王伯扬编　中国建筑工业出版社、光复书局　1993 年

《清代帝王陵寝》中国第一历史档案馆编　档案出版社　1982 年

《中国历代帝王陵寝》罗哲文　罗扬　上海文化出版社　1984 年

《中国历代陵寝纪略》林黎明　孙家忠　黑龙江人民出版社　1984 年

《清东陵大观》于善浦　河北人民出版社　1984 年

《清西陵纵横》陈宝蓉　河北人民出版社　1987 年

《清东陵与西陵》俞进化　北京出版社　1981 年

第七章 宗 教 建 筑

第一节 藏传佛教建筑

一、清代藏传佛教及其建筑的发展

自明初宗喀巴在藏传佛教内部实行宗教改革，创立格鲁派（俗称黄教）以后，势力大振。16世纪后半期，青海的蒙古族土默特部的俺达汗，邀请黄教首领索南嘉措（当时的哲蚌寺主，后追认为第三世达赖喇嘛）到青海、内蒙等地讲经传法，并赠予其"圣认一切瓦齐尔达赖喇嘛"的尊号，这就是"达赖喇嘛"名称的由来。黄教随即在蒙古各阶层人士中间逐渐传播开来。索南嘉措在返藏途中，又在青、康（今青海及四川西北部）等藏族地区传教建寺，从而使这些地区的喇嘛寺院发展起来。索南嘉措圆寂后，他的转世灵童却选中一位蒙古族王公的幼孩，取法名云丹嘉措，被迎到拉萨成为哲蚌寺寺主，实是黄教教主，后被追认为第四世达赖喇嘛，这说明黄教寺院集团在明代即已和蒙古族的统治阶级紧密结合，宗教有了稳固的政治靠山。传至第五世达赖喇嘛罗桑嘉措（1617～1682年），他一方面与尚未入关的清廷结纳关系，同时和蒙古族和硕特部首领固始汗通好，并借固始汗的兵力摧毁藏地的反对势力，建立噶丹颇章地方政权。此时一些其他教派的寺院纷纷改宗黄教，黄教寺院集团势力迅速增长，在西藏地区新建或扩建一些大型寺院，甘、青、四川、云南等省的藏族地区亦新建不少寺院。面对这种新的形势，黄教集团在拉萨开始营建布达拉宫，作为黄教的首府，也作为达赖喇嘛的宫室[1]。固始汗为了削弱和分散五世达赖在寺院集团中的地位和实力，赠给后藏日喀则扎什伦布寺寺主罗桑却吉坚赞以"班禅博克多"的尊号，成为后藏教主，黄教寺院集团中的班禅活佛系统从此建立起来。

清朝兴起于关外，入关以前努尔哈赤时即已开始确立利用藏传佛教怀柔蒙、藏民族的政策。它不仅对清代蒙、藏族地区的政治、经济、文化发展有着重要影响，而且也影响着清初统一多民族国家的历程。顺治皇帝宣布对新疆等地少数民族政策时就曾说："一切政治，悉因其俗"[2]，康熙认为扶持佛教"事有裨于劝俗，聿弘觉善门"[3]，雍正亦说"因其教，不易其俗，使人易知易从，此朕缵承先志，护持黄教之意也"[4]，乾隆对黄教也认为"不可不保护之，以为怀柔之道而已"。清代利用藏传佛教怀柔蒙藏民族的一项重要举措就是广建寺院。后金政权早期崇德三年（1638年）即在沈阳建立实胜寺，供奉征服察哈尔时得来的元代内蒙藏传佛教的护法神像嘛哈噶喇铜像，以此显示后金统一内蒙的胜利。同时，还在沈阳四城门外建寺，东门外建永光寺，南门外建广慈寺，西门外建延寿寺，北门外建法轮寺，"每寺建白塔一座，云当一统"[5]（图7-1），为统一全国制造舆论。到皇太极时，已认识到藏传佛教是一种巨大的政治力量，故积极和西藏佛教领袖人物建立联系，清崇德七年（1642年，明崇祯十五年）达赖、班禅和固始汗的使臣到达沈阳，皇太极给予隆重接待[6]。

图 7-1　辽宁沈阳永光寺东塔

清入关后，于顺治八年（1651 年）在北京北海建永安寺及白塔，顺治九年（1652 年）在北京北郊建西黄寺作为西藏黄教首领五世达赖喇嘛入京觐见时“驻锡之所”。此后，在京城由政府出资，先后兴建了一批藏传佛寺，如宏仁寺（康熙四年）、嘛哈噶喇庙（康熙三十三年）、福佑寺（雍正元年）、雍和宫（乾隆九年）、阐福寺（乾隆十一年）、嵩祝院（乾隆三十七年）、西黄寺清净化城塔（乾隆四十七年）等。同时还将护国寺、隆福寺、白塔寺、五塔寺等加以改建，从而使北京成为一个内地藏传佛教中心。

康熙四十二年（1703 年）在热河修建避暑山庄以后，同样出于怀柔蒙古的政治需要，康熙、乾隆两朝，于山庄北面及东面陆续修建了 12 座规模宏大，辉煌壮丽的藏传寺庙，俗称“外八庙”（图 7-2）。这些庙宇皆有一定的修建意义，或庆功、或宴赏、或为达赖、班禅来热河的驻居之所，或为内迁之少数民族的礼佛之处等等。其中很多寺庙皆仿效蒙藏地区某地寺庙的原型以便蒙藏领袖有认同之感。所以热河也成为一个藏传佛教中心。

清前期的顺治、康熙、雍正、乾隆等皇帝曾多次以巡幸为名，到五台山佛教圣地作道场参拜，发帑银修缮寺庙，并改造其中十座寺庙为藏传佛寺，让蒙族地区教民到此朝拜，西藏僧侣进京也经此参佛，而形成内地又一处藏传佛教中心（图 7-3）。

康熙三十年（1691 年）在内蒙多伦宴赍喀尔喀蒙古（外蒙）外藩诸部，即著名的多伦会盟，并建“汇宗寺”以为纪念，是为清政府在蒙古建藏传佛寺的先例。其后雍正、乾隆都在蒙古、青海、新疆的蒙族居地敕建寺庙，但大量的寺庙仍是各地部族建造的。

在藏族地区，藏传寺庙亦有较大发展，除继续扩大黄教五大寺（拉萨的甘丹寺、哲蚌寺、色拉寺、日喀则的扎什伦布寺、青海湟中的塔尔寺）以外，又在甘肃夏河建成拉卜楞寺，而形成黄教六大寺院。在札囊县建成红教主寺之一的敏珠林寺。这时期划时代的标志是拉萨布达拉宫的建成，它集中了藏族建筑的传统技艺，它标志着藏族建筑发展到了一个新的水平，进而促使藏传佛寺建筑发展到了新的高峰。

清王朝对藏传佛教的崇奉和扶持除了广建寺庙以外，在政治上还赏给大喇嘛名号，使他们享有很高的社会地位，在经济上，也给予大喇嘛种种特权和优待，如免除喇嘛的差徭、赋税，用不同名目赏赐喇嘛大量钱财等。

藏传佛教及寺院的大量发展，大量平民为僧，宗教势力过大，也对清王朝的政治和经济带来一定的威胁。所以清廷对藏传佛教采取了一定的控制措施，首先在确立各地宗教领袖方面。采用“众建而分其势”的策略，康熙五十二年（1713 年），正式敕封五世班禅罗桑意希为“班禅额尔德尼”，与达赖并称为西藏地区的两大教主，

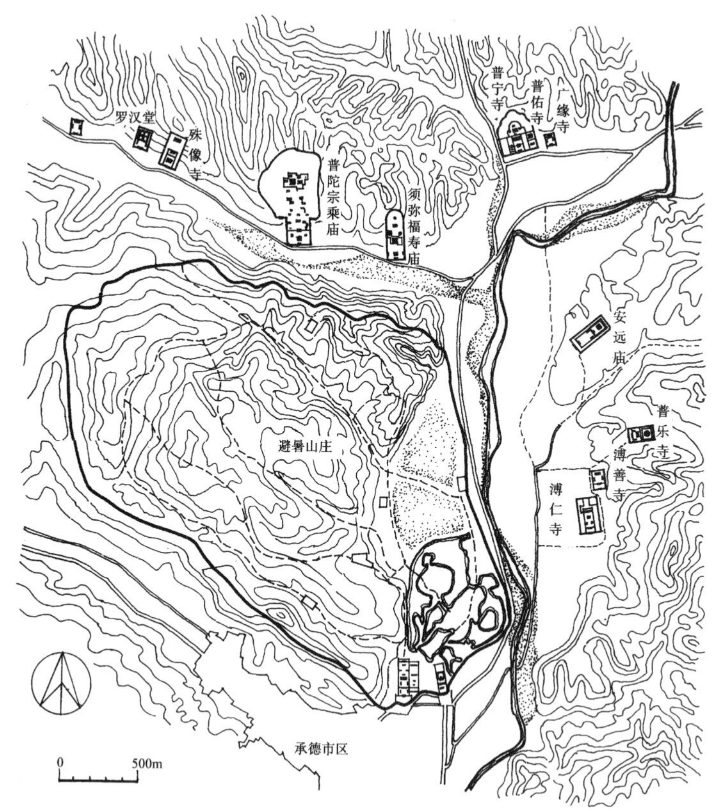

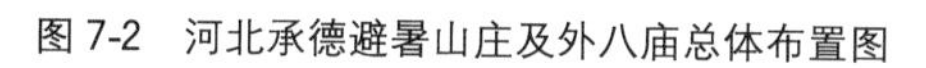

图 7-2 河北承德避暑山庄及外八庙总体布置图

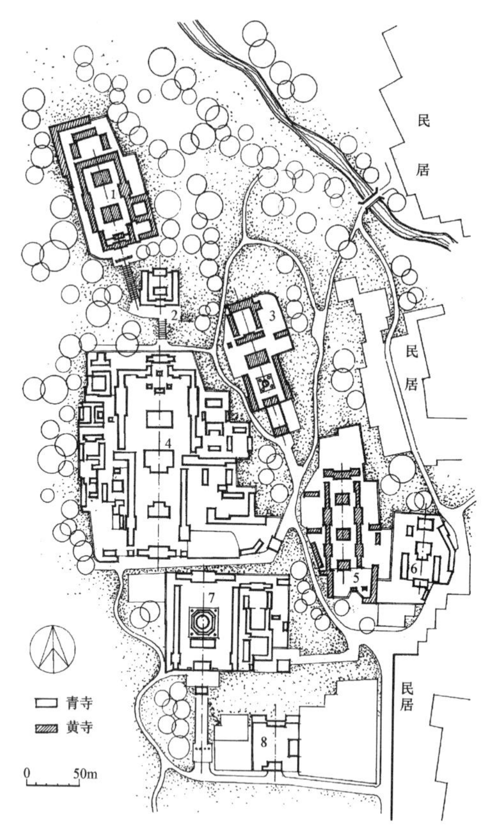

图 7-3 山西五台山台怀佛寺分布图

1 菩萨顶 2. 广宗寺 3. 圆照寺 4. 显通寺
5 罗睺寺 6. 广仁寺 7. 塔院寺 8. 万佛阁

分管前藏与后藏；同时又敕封哲布尊丹巴胡图克图为喀尔喀蒙古宗教领袖，封章嘉胡图克图为内蒙宗教领袖。之后，又封了 160 余名胡图克图，他们各有领地，互不统属，而分辖于清廷派驻各地的大臣，这样，就大大削弱了宗教势力。虽然这时藏传佛教有了很大发展，但它终究不能形成一个强有力的威慑力量。在对蒙藏青新地区的行政管理方面设立了“掌外藩之政令，制其爵禄，定其朝会，正其刑罚”的中央政府机关——理藩院以管理民族地区事务，对“妨害国政”的喇嘛要按律治罪。同时，限制藏传寺庙规模，控制寺院经济，规定僧人“额缺”，即规定出寺院僧人的定额[7]。对京城、内地及蒙古地方包括青海、甘肃等地各寺的喇嘛，颁发度牒、札付。度牒是僧人的身份证，札付是给寺庙任低级管理职务喇嘛的委任书。凡外出的僧人都要持路引，即通行证。对喀尔喀外蒙及西藏的喇嘛，虽不发度牒，但也规定了达赖喇嘛所辖庙宇的喇嘛数目及哲布尊丹巴胡图克图所辖的僧众数目，皆要清查造册，报理藩院备查。

藏传佛教是中国佛教中一个较特殊的宗派，它不仅具有宗教活动内容，同时它又兼有教育及行政管理方面的职能，因此，藏传佛寺及建筑以其庞大而复杂的内容而有别于汉传佛寺。一个完整的藏传佛寺包括有信仰中心——佛殿（藏语称“拉康”）、宗教教育建筑——学院（藏语称“扎仓”）、本寺的护法神殿、室外辩经场、佛塔、瞻佛台等；有活佛用房、僧舍、招待来往香客用房、管理人员用房、厨房、仓库、马厩等生活及服务性用房；在较大的寺院里，有一个或几个管理活佛宗教、生活、财产事务的机构——活佛公署（藏语称“拉章”，或写作“喇让”，甘肃地区称为“囊谦”或“昂欠”，青海地区称“尕哇”），之外，供达赖和班禅驻锡的寺庙中还有宫室建筑，藏语称“颇章”。以上众多的寺院建筑内容说明，藏传佛教寺院建筑到了清初，其建筑类型已经发展齐备，而且已形成固定的格式，技艺也已成熟。现仅对其中代表性的建筑类型简述如下：

1. 进行宗教教育的建筑——扎仓

藏传佛寺内有严格的习经制度，设有专门研究佛学学科的学院，藏语称为“扎仓”。一般寺院仅有一个扎仓，但有的小寺是隶属在某大寺扎仓下管辖，这就形成了主寺、分寺的关系。一座较大型寺院有几个扎仓分别研习各类佛学、医学、因明学、数学等，它们的经济是独立的。每个扎仓有一座能容纳本扎仓僧众习经的聚会殿（藏语称“杜康”，习惯也称经堂），之外还有佛殿、管理用房、库房及僧人住房等内容。一般聚会殿、佛殿、管理用房等是组织在一幢楼房里，而且已形成了特定的形式，人们习惯地称这座楼房为“某某扎仓”。早期寺院及学院规模较小，所以聚会殿面积也较小，如大昭寺、桑耶寺、托林寺等都是佛殿面积大于或等于聚会殿面积，自黄教兴盛，传至清初，寺内僧众骤增，扎仓中聚会殿面积不断扩大，大大超过佛殿面积，如拉卜楞寺闻思学院的聚会殿的面积几乎是后面佛殿的四倍。青海湟中塔尔寺的扎仓（大经堂）一再扩建，最后是底层全是聚会殿，而没有佛殿。

清代扎仓建筑布局有定型化的趋势，其布置是在主体建筑前有庭院，院周有围廊，主体建筑为二层，底层入口前面有前廊，进门以后即是宽敞的聚会殿（俗称经堂），后部或左右为佛殿。第二层仅沿外墙四周有建筑，为管理用房或库房，中央部分是底层经堂中央凸起的屋顶，俯视平面呈回形。经堂四壁不开窗，中央部分空间升高为二层，在上部开高侧窗，以解决殿堂内的通风采光问题。底层后部的佛殿进深不大，但层高为经堂的两层高度。这种定型的平面和空间组合方式，不仅在藏族、土族、裕固族地区的藏传佛寺中使用，甚至蒙族的寺庙也基本类似，只不过外部造型用汉藏混合形式。

扎仓的外部色彩及内部壁画装饰等也都有传承的做法。如外墙多刷简洁明快的白色，前廊入口左右墙面画四大天王及五道轮回、僧人戒律等的壁画，殿内画佛本生故事的壁画，在中部采光口下面，从梁架上悬挂一些用彩色绸缎制成的幢、幡，柱身多裹以柱衣，在高侧窗透入的光线照射下，殿内形成一种光怪陆离的神秘的宗教气氛。

2. 信仰中心建筑——佛殿

很多寺院都有高大的独立式佛殿，以供奉硕大的佛像。如日喀则扎什伦布寺、夏河拉卜楞寺、合作札木喀尔寺等寺内就有高三、四层甚至五、六层的佛殿（图 7-4）。具体形制是在殿前有一小天井，天井三面有围廊，正面是高大的佛殿。佛殿内部空间直通顶层，内供高达十余米至二十余米的佛像，围绕佛像有回廊数层。在这类重要的佛殿上，一般使用铜皮溜金屋顶，以显示该建筑的高贵。至于内地藏传佛寺的佛殿建筑多采用汉族传统殿堂或楼阁形制，但屋顶组合及建筑装饰亦富于藏式建筑风格。

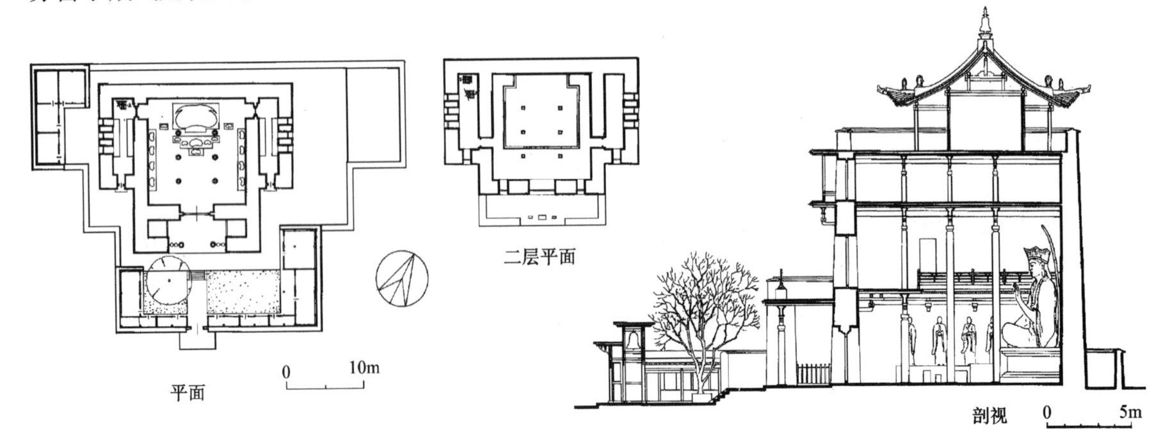

图 7-4　甘肃夏河拉卜楞寺寿禧寺平面、剖面图

3. 辉煌的灵塔殿

历史上藏传佛教不少高僧圆寂以后，将其骨灰或经“荼毗”后的遗体装入塔内，称灵塔，而供奉于殿堂内。如萨迦南寺内就有供奉历辈寺主灵塔的殿堂。黄教始祖宗喀巴圆寂后，其门徒在甘丹寺为其建造灵塔，其灵塔外包金皮，专建殿堂以供奉灵塔，并在殿堂屋顶上，再建歇山式金顶，称之为灵塔殿。自五世达赖以后，每位达赖喇嘛圆寂后，也为其做灵塔，以黄金为质，宝石为饰，供奉在布达拉宫红宫内的专门殿堂里，灵塔殿的屋顶上也做歇山式金顶。今天在红宫顶上仍可见到五座歇山式金顶，即是五世、七世、八世、九世及十三世五位已故的达赖喇嘛灵塔殿顶。日喀则扎什伦布寺后部的高地上，从左至右分列着从四世至九世的六座已故班禅大师的灵塔殿。扎什伦布的灵塔殿是独立的，形制与一般佛殿相同，主殿高三、四层，内部空间直达顶层，内供高10余米的银质灵塔。在主殿的藏式平屋顶上，建一座歇山式金顶。这是一种成熟的建筑形制，比例恰当，造型端庄宏伟，色彩艳丽，具有富丽堂皇的建筑气派。

4. 应用十分普遍的佛塔

藏传佛寺中的佛塔，又称喇嘛塔，其造型基本特征类似一个瓷瓶，故又称瓶式塔。可以用土、石、木、金属、琉璃等材料制成，类型繁多，应用广泛。有的是为纪念佛的事迹而建的佛塔[8]，有的是内藏高僧骨灰的墓塔。有的供奉在殿内，作为崇奉或装饰用，也有的建在室外。有单独建造或数塔成列，也有作门塔、过街塔的。佛塔造型由塔座、塔身、塔刹三部分组成，但在其历史发展演变中早期元明以前的塔与清代在造型比例上有明显的区别，总的趋势是从浑厚向纤丽转变，而明清以后的喇嘛塔的造型渐趋稳定。其原因是因为黄教建塔独尊布顿式塔形，并使之流传下来所致。历史上，布顿大师对佛塔就曾作过研究，之后塔尔寺阿嘉活佛及清初的第巴桑杰嘉措等人不仅从佛学上也从造型比例上进行研究，最后用网格法将塔的总体及各部高、宽比例固定下来，使之规范化。佛塔的规范化，是适应当时各地广泛建寺的需要，无论佛塔体积大小，工匠技艺高低，只要按照规矩比例建造，皆能获得一定的艺术质量。

清代最为高贵的喇嘛塔即是布达拉宫内的达赖喇嘛金灵塔和扎什伦布寺班禅银灵塔。它们在木制的塔外皮上，包上厚厚的金皮和银皮，在金银外皮上，雕刻各种精致生动的花纹、图案，嵌上各种色彩的宝石，整座灵塔造型别致，光彩夺目，华丽辉煌。

在内地和蒙族地区的喇嘛塔造型、比例等都和藏族地区相同，但用材和细部处理上稍有变化，如承德地区有用琉璃件砌筑的色彩艳丽的琉璃塔。有的塔在塔顶的伞盖左右垂下两块耳形饰件，如内蒙呼和浩特席力图召的白塔、北京黄寺的清净化城塔。

5. 庄园式的活佛公署

活佛在寺院中住所的建筑内容除供其本人起居住房和习经礼佛的经堂、佛殿以外，还有一批侍从、管理人员用房及各种库房、马厩等。供活佛本人生活居住及礼佛的佛殿、经堂，用材装修考究，高大豪华。西藏地区的活佛公署多采用当地贵族庄园的形式。即为一幢三、四层的高大主楼，楼前有一个庭院，院周建一两层的围廊，作为侍从人员住房，有的还建有侧院作为生活杂院、马厩等。主楼内底层为库房，二、三层为经堂、佛堂及管理人员用房，顶层是活佛起居用房。蒙族地区及甘肃、青海等地的活佛公署，也如当地的头人大地主庄园一样，由几个院落组成，其中有活佛生活居住的院落；有经堂、佛殿及管理人员使用的院落；有侍从人员使用的院落；有生活杂院及马厩等。

藏传佛教最高领袖达赖和班禅的住所，规模则更为庞大，藏语称“颇章”，意为宫殿，其中以布达拉宫最为宏伟壮丽。它因山为构，集藏族建筑艺术之大成。在拉萨罗布林卡园中，也有一些较小的颇章，是供达赖游憩用的宫殿。

6. 等级分明的僧舍建筑

西藏地区早期僧舍多为院落式平房，如当地一般民居。格鲁派兴起，寺院僧众大增，如拉萨三大寺，每寺都有数千僧众。僧人按来源地区组成“康村”。若某康村人数众多不便管理，则再设下一级管理机构，称“密村”。康村的建筑，总的布局是院落式，有一幢三、四层高的楼房，楼前有庭院，院周有一些不大的楼房或平房。主楼顶层是供僧人平时习经的经堂、礼拜的小佛殿及管理人员用房，下层是僧房、厕所等；院周的建筑为厨房、库房、马厩等。有的康村也可以将经堂、佛殿等分离出来成为一幢建筑，另建一幢楼房为僧房。

藏传寺庙建筑虽皆以藏式建筑形制为根基，但又糅合了蒙、汉、回族的建筑风格，表现出多样性的变化。具体讲可分为藏式、汉式、汉藏混合式三类。西藏地区的寺院建筑均为土（石）木混合结构，木梁柱间一般不用榫卯，只用小的暗梢，上下搭接，密肋平顶。门窗口上有小雨篷，窗口外有黑色梯形窗套。佛殿、经堂外墙多刷红、黄或白色，墙顶部及女儿墙部砌筑有边玛檐墙（即用柽柳枝捆成小束，砌筑在檐口外墙面）。按规定只有具有佛家三宝（佛像、佛经和僧侣俱全，即指寺院）和达赖、班禅、胡图克图等使用的建筑，才能使用边玛檐墙及在外墙面刷色，这是一种高贵的等级标志，一般僧舍及其他建筑不能使用边玛檐墙，外墙也只能刷白或泥土本色，更多的次要建筑外墙只能抹泥。

在青海、甘肃、四川、云南等省靠近西藏地区的藏族寺院，因长期与当地汉、回等民族交往，除一些佛殿、扎仓仍采用藏式做法外，活佛拉章、僧舍等已采用当地做法，与当地的民居相同。甚至有的佛殿、扎仓也采用当地汉、回建筑形制，使用瓦顶屋面，仅在门头、柱头及一些细部装饰上，还保留着藏族建筑的手法。

内蒙地区的藏传佛寺建筑采用藏式、汉式、或汉藏混合式样的实例皆有，以汉藏混合式居多。扎仓的平面、空间组合、柱式及室内外的宗教装饰、壁画等，均与西藏佛寺相同。活佛公署和僧舍多采用西北地区汉、回族习用的单层院落式，屋面为瓦顶或土平顶。至于内地藏传寺庙大部分为汉式，仅在细部装饰上保留藏式建筑风格而已。

清王朝在对各地方各民族的统一过程中，利用藏传佛教，怀柔蒙藏，在没有爆发大规模战争的情况下达到了统一的政治目的，各族人民免受战争之苦。但藏传佛教过度发展，广建佛寺，脱离劳动的僧众日多，崇佛活动奢靡浪费，劳民伤财，激化了社会矛盾，从而加速清王朝的衰败。清中叶以后，政治衰败，外忧内患，藏传佛教的发展处于停滞状态，已无力再建寺院，有的寺院甚至已无力修缮，任其颓毁，藏传佛教建筑伴同清王朝的衰落而衰败了。

二、藏族地区的藏传佛寺

藏族生活地区除西藏外，尚包括青海、四川西部、甘肃南部及云南北部地区。虽全属高原地带，但具体地形、小气候、经济状况皆有差别，同时与汉回蒙羌等族混居情况也不相同，影响到佛寺建筑也不尽相同。

明末，五世达赖喇嘛借蒙古族固始汗之兵力建立噶丹颇章地方政权，后又受清政府的册封，之后班禅也受到清室册封，成了藏族地区两位最高的宗教领袖。至乾隆时期，七世达赖喇嘛当政，集宗教行政权力于一身，实行政教合一的统治。早在清初即开始进行了频繁的建筑活动。首先，扩建哲蚌寺的达赖拉章，作为噶丹颇章的驻地。随即在拉萨原吐蕃红山宫殿的原址上营建布达拉宫，作为黄教的首府，也是教主达赖喇嘛的宫室。之后，在布达拉宫西南面又营建达赖喇嘛的夏宫——罗布林卡。与此同时还扩建了一批黄教寺院，特别是西藏的黄教四大寺院。如扎什伦布寺先后修建了四至九世已故班禅的灵塔殿六座及一座大佛殿（强巴佛殿），使寺院建筑几乎增加一倍。由于寺院僧人数量激增，这些寺院都扩建了僧侣的宿舍，同时还扩建了僧人习经集会的聚会殿。在甘南建成拉卜楞寺、青海扩建塔尔寺，从而形成黄教的六大寺院的格局。昌都类乌齐寺、理塘大寺、查雅寺、云南中甸的归化寺等也都是清代建造的，使藏传佛教在这些地区得到发展并形成中心。此时修缮和扩建藏地有名的古代寺院和圣迹，如对拉萨的大昭寺、小昭寺，山南的雍布拉康、桑耶寺、昌珠寺等。还在一些寺院重要的殿堂上加建金顶，在一些大寺内修建达赖拉章，以备达赖出巡时使用，这也是清代喇嘛教寺院发展的一个侧面。之外，其他教派也在修缮寺院建筑，如宁玛派在清初还在山南兴建敏珠林寺，而成为宁玛派的主寺之一。

清代藏族地区寺院数量创历史最高水平，据《西藏志》载："乾隆二年造送理藩院入一统志"的统计达三千四百七十七座，喇嘛三十一万六千余人[9]。这里还未计入萨迦、噶举、本教等教派的寺院及信徒，以及甘、青、川、滇等地的寺院。有的大寺院占地数公顷甚至十数公顷，宛如一座城市，寺内僧人达数千人。如哲蚌寺额定僧人为七千七百人，色拉寺额定五千五百人，可见寺院僧众人数之多。据统计平均西藏每户百姓要供养两名以上僧人，说明由于宗教的畸形发展，造成人民负担之沉重。

藏族地区清代有代表性的佛教寺院可举布达拉宫、大昭寺、扎什伦布寺、敏珠林寺、拉卜楞寺、塔尔寺为例说明。

1. 布达拉宫

布达拉宫是格鲁派的首府，也是达赖喇嘛的宫室（图7-5、7-6）。它由宫前区的方城、山顶的宫室区及后山的湖区三部分组成。宫前区的方城有东、南、西三面高大的城墙围绕，每面有一座

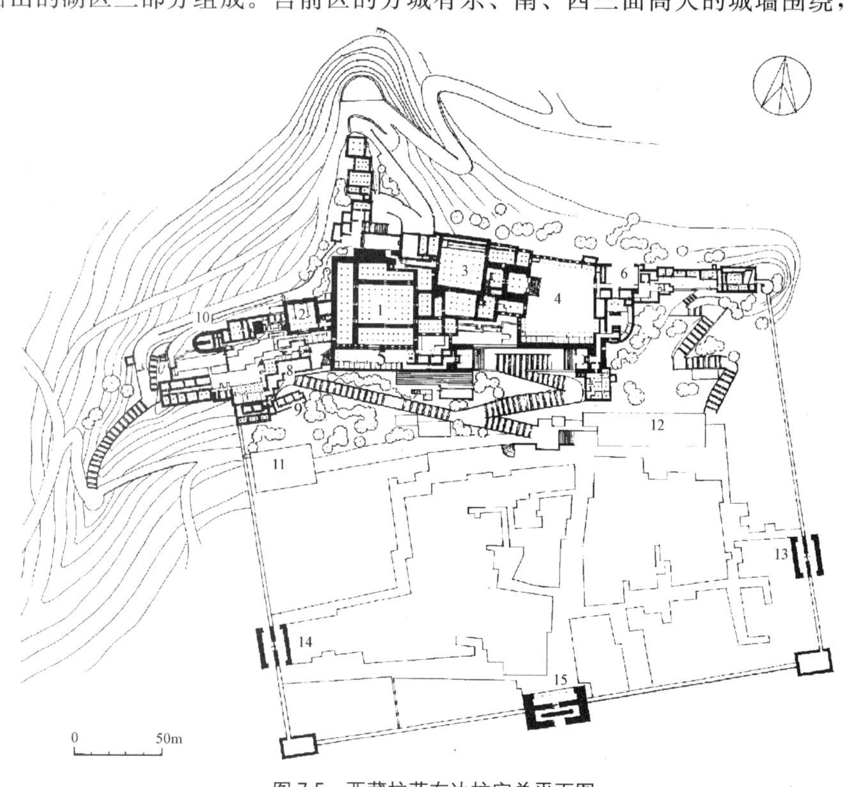

图7-5 西藏拉萨布达拉宫总平面图

1. 红宫 2. 十三世达赖灵塔殿 3. 白宫 4. 东欢乐广场 5. 西欢乐广场
6. 僧官学校 7. 东大堡 8. 上扎厦 9. 下扎厦 10. 西大堡
11. 印经院 12. 原藏军司令部 13. 东宫门 14. 西宫门 15. 南宫门

图 7-6　西藏拉萨布达拉宫

城门，两座角楼。城内布置各类服务性建筑：有行政、司法管理、监狱等用房，有藏军司令部，有造币厂、印经院、供品制作间、僧俗官员及服务人员住宅，此外还有马厩、奶牛圈房等。山顶宫室区有供达赖生活起居的寝宫，有达赖的经师及侍从人员用房，有宗教、行政管理用房及众多的库房，还有许多佛殿、大聚会殿及已故达赖的灵塔殿，有为达赖服务的僧团使用的扎仓及僧舍等。后山湖区龙王庙包括有两个湖泊，以及小岛、水阁、凉亭等，是一处优美的园林。

山顶宫室区建在山顶最高处，以白宫和红宫两座体量庞大的建筑并联在一起构成主体，其东端以东大堡结束，其西部以西大堡为尽端。西大堡的南坡上，有一片从上至下跌落的建筑，为僧舍；红宫后面的北坡上，有一组供达赖的亲属来探视时使用的建筑。从宫城上山到宫室区，需要经Z形大蹬道蜿蜒登坡，分别通往白宫、红宫和僧舍；此外东大堡南面、西大堡西面、红宫后面各有山道通往山下，这是进入山顶宫室区的几个门道。山顶宫室区的建筑体量庞大，随山就势，建筑与山势起伏结合得自然巧妙，犹如从山体的岩石上长出，拔地而起，直冲云霄，从山脚到建筑的顶端最高处为115.7米。布达拉宫建筑手法完全采用藏族传统的建在山顶上的宗山建筑形制，像一座坚固的堡垒。

布达拉宫是一座不断扩建完善的建筑物，始建于清顺治二年（1645年），最早的建筑物是山顶上的白宫，及山前的宫城区、后山的湖区。大约经半个世纪以后由第巴桑结嘉措再次兴建红宫，其内设五世达赖喇嘛灵塔殿及众多的佛殿。之后在红宫顶上陆续添建各世达赖喇嘛灵塔殿及寝宫，直至1933年十三世达赖喇嘛圆寂后，再在红宫西面建造其灵塔殿为止，才形成今天的面貌。布达拉宫占地10万余平方米，东西长420米，南北最宽处达300米，房屋近万间，主体建筑高九层(外观显示为十三层)，群楼高耸，金顶闪烁，气势雄伟，是藏族建筑艺术的优秀代表作。

白宫因外墙刷白而得名，由主楼、楼前庭院（又称东欢乐广场）及围廊等组成，是达赖喇嘛处理政教事务及起居生活的宫室（图7-7）。主楼高七层，东西宽约60米，南北深近50米。下面数层包山而建，主要作为各种库房，第三层高度已至山顶，在此建聚会殿（俗称东大殿），以上数层是管理人员、经师及侍从人员等用房。在聚会殿的上面，从第四层开始，中央是一个大天井，四周有房间，如一座院落式建筑。顶层有两套供达赖起居生活的寝宫——西日光殿和东日光殿（图 7-8）。寝宫前有宽敞的屋顶平台，可做户外活动，并可在此眺望东面的拉萨市区和俯瞰前面的拉萨河。

图 7-7　西藏拉萨布达拉宫白宫

图 7-8　西藏拉萨布达拉宫东日光殿内景

红宫也因外墙刷红而得名，总高九层，也由主楼、楼前庭院（称西欢乐广场）及院周的围廊组成，包括有数十座佛殿及五、七、八、九、十三等五世达赖喇嘛灵塔殿（图 7-9）。下面四层包山而建，仅南面有房间，作贮藏用，第五层中央是一座大聚会殿，称西大殿（图 7-10），达赖坐床及重要的政治、宗教活动都在东、西大殿内举行。大殿壁画中有五世达赖进京觐见顺治的画面，是珍贵的历史纪录。大殿周围有五世达赖灵塔殿及一些佛殿（图 7-11、7-12）。第六层以上，中央是一个天井，四周有建筑，而且每面建筑前面都有外廊，四周外廊相通而形成围绕天井的回廊。在回廊上画满了壁画，内容有佛像、佛本生故事、历史人物及高僧大德画像、西藏历史故事及修

图 7-9　西藏拉萨布达拉宫红宫

图 7-10　西藏拉萨布达拉宫色西平措内景

图 7-11　西藏拉萨布达拉宫五世达赖喇嘛灵塔殿入口

建布达拉宫的过程故事等（图 7-13）。最顶层的北面，是七、八、九世达赖的灵塔殿及超凡佛殿。在这些殿堂及喇嘛拉康殿的平屋顶上，皆建有金顶（图 7-14）。红宫西面的十三世达赖喇嘛灵塔殿与红宫同高，而且联成一体，外观也刷红。然而十三世达赖喇嘛灵塔的平面布局与空间处理却是标准的独立式佛殿的形式，在其平屋顶上，也有一座歇山式金顶（图 7-15、7-16）。巍峨壮观的红宫顶上，金顶林立，金碧辉煌，形成山顶宫室建筑的构图中心。

图 7-12　西藏拉萨布达拉宫五世达赖喇嘛灵塔殿金顶角兽

图 7-14　西藏拉萨布达拉宫九世达赖喇嘛灵塔殿金顶

图 7-13　西藏拉萨布达拉宫内壁画（布达拉宫庆典图）

图 7-15　西藏拉萨布达拉宫十三世达赖喇嘛灵塔殿

图 7-16　西藏拉萨布达拉宫十三世达赖喇嘛灵塔

西大堡是一座楼房，是布达拉宫的护法神殿。其南坡上的僧房因山而建，层层跌下，前面的屋顶就是后面建筑的室外平台，有利于采光、通风和交通。这种台阶式的建筑形式，是吸取民间坡地建筑的传统手法，是一组利用地形的优秀实例。

红宫庭院前面的围廊，是从下面山坡上层层垒砌而成，所以这围廊在院内仅有一层，但在其下却有四层，其下面还有一段很高的墙面才接触山体。围廊外墙和东面入口大门的墙面相连，形成一道高 30 米、宽 70 余米的大墙面。这堵光洁的大墙面，就成了布达拉宫的瞻佛台（又称赛佛台、晒佛台），逢宗教节日时，在此悬展巨大的佛祖画像，供人瞻仰。

布达拉宫采用传统宗山建筑造型，布局合理，而又突出重点，是将藏族传统建筑形式与自然地形结合的最优秀实例。它集合了藏族各种建筑类型，精心安排，组成一个既有变化而又统一的整体。全部建筑，仅在中央部位外墙用红色，其上点缀以金顶，其左右和左下方墙面稍用黄色，其他是耀眼的白色，色彩明快、强烈而突出，取得宏伟壮观而又富丽堂皇的艺术效果。布达拉宫可称是一座辉煌的建筑艺术殿堂。

2. 大昭寺

位于拉萨市中心，始建于松赞干布时代，朗达玛灭法时曾被毁坏，后弘期以后，因为它与民族英雄松赞干布和汉族的文成公主的传说故事联系在一起，大昭寺就一直被各教派尊崇，被尊为圣地，历经改建、扩建，至清代形成一座规模巨大的寺院。大昭寺坐东朝西，占地 13000 余平方米，大部分建筑为 2 层，局部为 3 层或 4 层，高低错落、空间构图富于变化。全寺以觉康大殿（释迦牟尼佛殿）为中心向东、西、南方向展开。觉康大殿高 4 层、方形平面，为周边式群楼、中央庭院加顶式的厅堂式建筑，这种形式近似于都纲大殿（大经堂）的式样。觉康大殿内供养主尊为释迦牟尼。四周群房内配置许多小型佛殿，大殿顶部的四正向皆建有一座金顶建筑，四隅各有一座方形神殿。觉康大殿高大雄伟、金碧辉煌，不但是全寺的主体，而且是拉萨旧城的统率性建筑，是城市构图的核心。觉康大殿四周有一圈转经廊、廊外周围建筑为佛殿及政府行政管理机构。大殿前方为千佛廊院，院子四周环以柱廊，廊后壁面绘满千佛故事的壁画。该院是举行传昭法会的主要集会场所。千佛院前为两层的门殿、底层供养四大天王，二层为威镇三界殿。门殿、千佛廊院、觉康大殿之间具有明确的轴线关系，一根轴线贯穿到底，形成全寺的骨干。在轴线的两侧（南北方向），又布置了大量的库房、灶房、服务用房，以及佛殿、上拉章（达赖公署）、下拉章（班禅及摄政王公署）和各种列空（政府的职能局）。所以说大昭寺是一座很特殊的寺庙（图 7-17～7-20）。

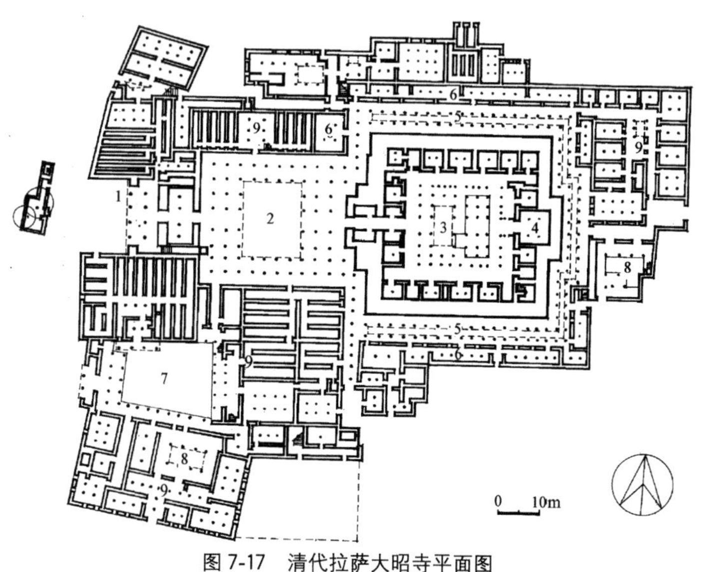

1. 寺门
2. 千佛廊院
3. 主殿
4. 释迦牟尼殿
5. 转经廊
6. 佛堂
7. 南院
8. 灶房
9. 仓库

图 7-17　清代拉萨大昭寺平面图

图 7-18 西藏拉萨大昭寺正门

图 7-19 西藏拉萨大昭寺金顶

图 7-20 西藏拉萨大昭寺内景天花

大昭寺是数百年的建设而逐渐形成的。最早建造的是中心的大殿部分，是一座方形周边式的楼院，形成于唐代。11 世纪时又扩建了这座大殿；12 世纪时增加了周围的转经廊；13 世纪以后新建了大门及护法神殿，将觉康大殿加高为 3 层，增设神殿及其顶部的金瓦殿顶；明初，宗喀巴推行宗教革命，创立格鲁派（黄教教派），在拉萨附近创建三大寺，并以大昭寺为宗教活动中心，为了扩大影响，在寺内定期举行传昭法会（大祈祷性质的聚会），聚集全藏僧人在一起，每次与会僧人达万人，估计寺内的千佛廊院可能兴建于此时期；清初，大昭寺进行了更大规模的扩建，每年举行传昭法会时，五世达赖喇嘛亲临法会，于是在大昭寺内建造了上拉章、下拉章等宫室建筑供达赖及班禅或摄政等人使用。七世达赖时期，为了施政的需要，在寺内成立了噶厦地方政府，于是各种行政机构也建造起来，包括有行政、司法、外事等十余处。清代，还增建了正门、埃旺姆殿，传昭时使用的服务房屋等；并重建了觉康主殿 3 层的佛殿，更换了 4 层上的金瓦顶，增建了四角神殿等，使大昭寺成为一座内容复杂、空间变幻、规模雄伟的大建筑群。

大昭寺与西藏地区其他寺庙相比较，具有与众不同的特点：首先，它是宗教活动的中心，每年要举行大昭、小昭两次法会，正月期间的大昭法会规模最大，多时可达三万人，在寺内进行讲经、传法、考学位等宗教活动。因此寺内必须有广阔的庭院、经堂、回廊建筑，以及大量的仓库、灶房等，以满足传昭活动需要。由于大昭寺在宗教上的崇高地位，成为教徒礼佛的重要对象，故传昭期间或平日有大量人群进行转经礼拜。大昭寺有三圈朝拜道，内圈为觉康主殿周围的转经廊，中圈为大昭寺周围的八廓街、外圈为包围旧城，布达拉宫，药王山在内的城郊环路。特别是八廓街，因为人群繁多、商业拥聚、进而形成城区内的主要商业街。

其次，它又具有行政办公职能。西藏地方政府（噶厦）即设立在寺内，还包括有社会调查、地粮调查、法院、审讯、财政、公款管理、盐茶税务、外事、贵族子弟教育、传昭基金管理等各种政府职能部门。重要的政治活动皆在大昭寺内举行，如决选达赖、班禅转世灵童的“金瓶掣签”仪式即在寺内举行。所以大昭寺可从侧面反映出西藏实行的政教合一的政治制度。

再者，大昭寺具有丰富的历史内涵。因为它始建于唐代，经历代扩建而成，经历了漫长的历史道路，所以各时代遗存较多。例如建造最早的唐代觉康大殿为四方形，周围为两层楼群房包围，佛殿较少，这种形制尚遗留有印度佛寺的影响；大殿内部构架尚遗存有人字叉手托一斗三升的构造形式，与唐代的构架形式十分接近；弥勒佛殿门楣上的木刻浮雕，古朴生动、浑厚有力，亦是唐代的遗存；大昭寺中的佛像，亦反映出历代造像艺术的特色；在寺内尚有大量的壁画，总面积达4000余平方米，虽多为明清时代的作品，但内容广泛，设色生动，构图严谨，亦具有很高艺术价值。所以说大昭寺是一座内容十分特殊的寺庙。

3. 扎什伦布寺

日喀则的扎什伦布寺，建于明正统十二年（1447年），至清代一直是班禅的驻锡之地，也是后藏的政教首府（图7-21、7-22）。自清初班禅受清廷册封后，地位提高，它由一座普通的大型寺院

图7-21　西藏日喀则扎什伦布寺全景

图7-22　西藏日喀则扎什伦布寺强巴佛殿

升为后藏地区格鲁派的主寺，后藏的政教中心。在措钦大殿的西面，建造了为恭迎皇帝圣旨及与驻藏大臣会晤的殿堂，称会晤殿，又称汉地殿。殿内供奉着御赐的乾隆皇帝画像和道光皇帝的“万岁”牌位，说明西藏地方与清朝中央之间的臣属关系。另外在寺内设管理后藏政权事务的勘布会议厅等一系列管理办公用房。由于僧人数量的增加，于是在寺院前部增加大量的僧舍。最为突出的是自康熙元年（1662年）兴建了规模宏大的四世班禅灵塔殿（图7-23），以后陆续修建了五世到九世的班禅灵塔殿，这些灵塔殿都是主楼前带庭院围廊的平面布置形式，外墙刷红色，在三、四层高的藏式平顶主楼上，建歇山式镏金屋顶，与独立式的高层佛殿形制相同，是一种成熟的建筑形制。这些灵塔殿建在措钦殿后面的高地，自东至西布置在同一等高线上，组成一排巍峨壮观

的大建筑群，与它们前面平地上的外墙刷白的低矮僧舍及几座扎仓形成对比。在寺东南方是一片郁郁葱葱的林地，而寺门建在南面的平地上。全寺主次分明，形成低矮的次要建筑在前面平地上，体形高大，色彩艳丽的主体建筑在后部山麓高处横向展开，如壁如屏，再后面以高山为衬，这种特殊布置格局使主体建筑更加光彩夺目，全寺如长卷舒展，浩浩荡荡，气势宏伟。

4. 敏珠林寺

位于西藏山南贡嘎县雅鲁藏布江两岸，是西藏佛教宁玛派（俗称红教）的主寺之一。它是在五世达赖喇嘛的支持下，由宁玛派活佛跌达巴林于康熙十年（1671 年）创建的。寺主的继承是以父子或翁婿传承。寺院除组织僧人学习经论外，还要传授诗歌、语言、天文、历算等方面知识，而且特别注重书法，原西藏噶厦政府下属的僧官学校的校长，向例由敏珠林的僧人中委派。

寺院建在山麓的高地上，主要建筑有祖拉康、杜康、申穹、南木杰等四座殿堂，一座数十米高的大塔及僧舍等。祖拉康及杜康面积最大，高二层，均由前廊、经堂和佛殿等组成（图 7-24）。经堂中央有空间升高为二层，由高侧窗采光。申穹和南木杰是两座小殿堂，平面布局由前廊、前殿和后殿组成，前殿面积最大，面阔也比前廊和后殿大，所以平面呈十字形，前者是寺主的灵塔殿，后者是寺主的拉章。大塔在寺的前面，平面为多角方形，体量较大，塔座第一层有很多佛龛，塔刹部分比例较细长。敏珠林寺的总体布局是依山就势，自由布置，主殿祖拉康及杜康的平面和空间组合及结构用材等均与黄教的扎仓相同，说明黄教宗教文化在西藏的影响力。该寺仅主殿朝东，殿内壁画以暖色为底色，人物形象多有文鼻、深眼、卷发等域外风格是为其特色。

图 7-23　西藏日喀则扎什伦布寺四世班禅喇嘛灵塔殿金顶

图 7-24　西藏贡嘎敏珠林寺大殿内景

5. 拉卜楞寺

位于甘肃夏河境内，它创建于清康熙四十九年（1710 年），曾是甘肃、青海、四川等省交界地区藏族的宗教、文化中心，最盛时有僧众 3500 人。寺院从创建至 19 世纪末一直在不断扩建。全寺建筑共有六座扎仓、十六处佛殿、十八处活佛公署及佛塔、辩经场、印经院及众多的僧舍等，占地约 1300 余亩，是著名的黄教六大寺院之一（图 7-25、7-26）。

寺院建立在大夏河北岸的河谷平原上、西北面紧靠龙山，南临大夏河。寺院的总体布置特点是：将扎仓、佛殿等体量庞大的重要建筑，布置在西北面山麓地势较高处，南面平地上布置体量较小的僧舍等低矮建筑。山脚主体建筑的前面，有一条东西向的大道横贯全寺，东、西两端各设一座寺门。南面平地的大片建筑中，有几条纵横的道路作为交通联系。寺院东、南两面建外墙，墙面外建玛尼噶拉廊，蜿蜒数里，廊内设很多转经筒，供朝佛者转经用，故外围墙成了环绕寺院外围的转经道。转经廊将寺院内高低错落的建筑统一起来，使寺院外观整齐划一，是一种很巧妙的设计手法。

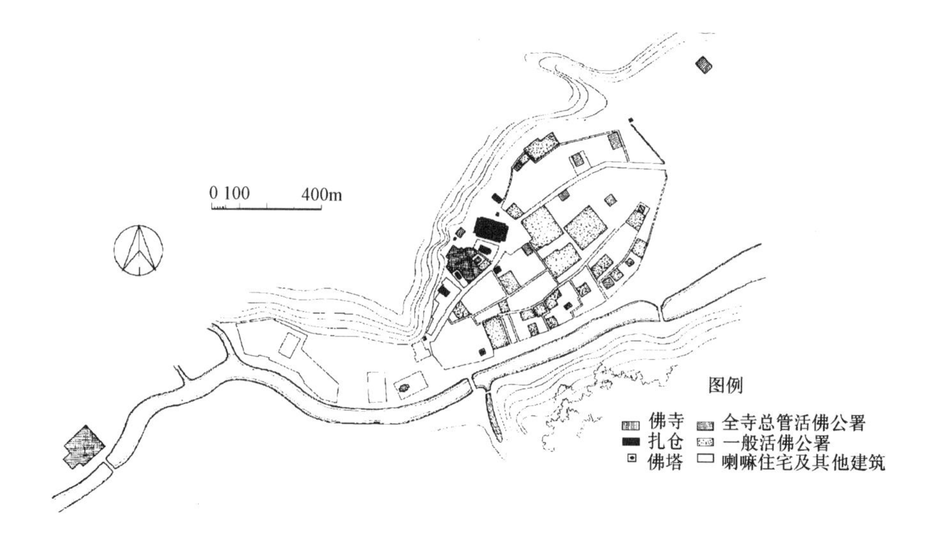

图 7-25 甘肃夏河拉卜楞寺总平面图

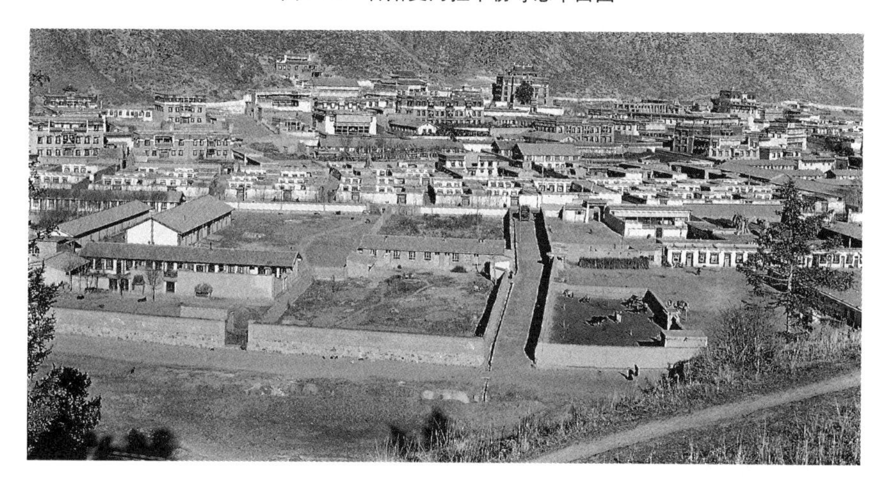

图 7-26 甘肃夏河拉卜楞寺全景

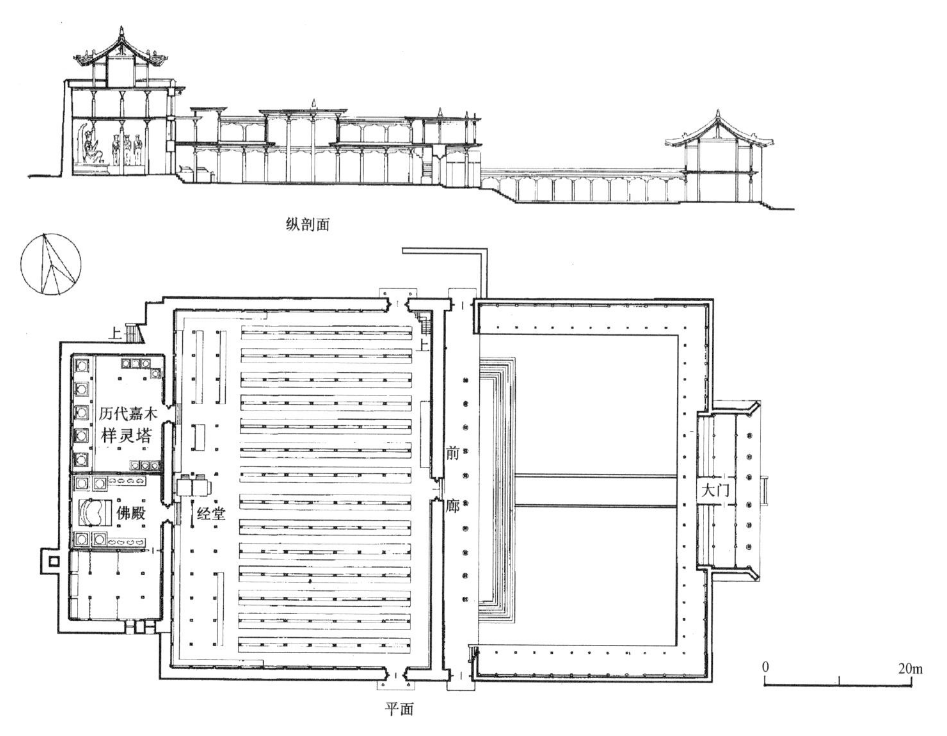

图 7-27 甘肃夏河拉卜楞寺闻思学院经堂平面、剖面图

扎仓中以闻思学院为最大，布局造型也最典型（图 7-27）。它是由主体建筑及前面的庭院、院周的围廊等组成。主体建筑的平面空间组合形式与西藏地区的扎仓一样，底层由前廊、中间的经堂及后部的佛殿组成。经堂面积很大，可容 3000 余喇嘛同时唪经，面阔 15 间，深 11 间，两侧无窗，上部开高侧窗采光。第二层沿外墙四周布置建筑，前部是扎仓的管理用房，两侧是管理、贮藏等用房，后部即为佛殿的上部空间。后部佛殿一排三间，其中左面一间是供奉已故历辈寺主灵塔的灵塔殿。在佛殿的平屋顶上，再建木构建筑，其上覆歇山瓦顶。

图 7-28　甘肃夏河拉卜楞寺寿禧寺佛殿

拉卜楞寺内的佛殿以赛康（寿禧寺）最为典型（图 7-28）。由主殿、庭院及院周的围廊组成。院前的围廊中部设大门，大门和主殿在一条轴线上。主殿平面为凸形，前面凸出部分是前廊，后部佛殿高四层，第一、二层的空间相通，内供高大的佛像，从第二层高窗上透进来的光线，正好照在佛像的头部，从朝拜者看来，昏暗的殿内，只有佛脸部一片金光，这种光影效果处理增强了殿内神秘、严肃的宗教气氛。主楼藏式平顶上建有歇山式金顶，外墙外表刷红色，墙顶用双层边玛檐墙贴缀金色宗教饰徽，造型坚实雄伟，华美艳丽。

图 7-29　甘肃夏河拉卜楞寺贡唐仓金塔

拉卜楞寺的佛殿、扎仓等主要建筑的布局、空间处理、门窗、色彩以至细部装饰等，均采用藏族传统的造型、用材及结构做法，同时也较多地使用歇山式瓦顶及金顶。但活佛公署及僧舍等布局，则采用当地常见的汉、回民居院落式，土墙平顶；外檐装修多用木制棂花槅扇门窗。不少活佛公署内部除用木雕彩绘外，还大量使用西北地区流行的砖雕，说明甘南地区的藏传佛寺已经受到地域及民族文化的影响。但因体量很大的佛殿、扎仓等主要建筑，仍采用藏式做法，而又处于寺内高敞显眼处，所以从总体来看，全寺仍为藏式建筑风格（图 7-29、7-30）。

图 7-30　甘肃夏河拉卜楞寺活佛公署

6. 塔尔寺

青海湟中塔尔寺是为纪念格鲁派创始人宗喀巴在其出生地兴建的寺院。最初始建于明嘉靖间，之后不断得到宗教上层人士的关注、鼓励，在清代又大力发展，而形成具有大小殿堂五十余座，经堂僧舍九千三百余间，占地六百余亩，盛时僧众达三千六百人的大寺，与西藏的甘丹、哲蚌、色拉、扎什伦布及甘肃的拉卜楞齐名，被誉为黄教的六大寺院之一。

塔尔寺在明代仅以宗喀巴纪念塔殿为中心，在附近先后修建了今日所见的弥勒佛殿（明万历五年，1577 年）、大召殿（明万历四十一年，1613 年）、喜金刚殿（明天启七年，1627 年）、三世佛堂（在今九间殿址，天启六年，1626 年）及有 36 根柱子的经堂（在今天大经堂址，崇祯二年，1629 年）等主要建筑，就是说它仅是有几座佛殿、一个不大的经堂的小寺院，明代兴建的这几座佛殿，均采用当地的汉族传统建筑形式。清初以来，清廷对塔尔寺极为重视，康熙年间，在青海地区封了十一个胡图克图，其中塔尔寺内就有两人，同时六世达赖年幼时曾驻锡在寺内，故对塔尔寺亦特别关注，这些对寺院的发展都极为有利。从清初至道光年间，塔尔寺有了巨大的发展，先后兴建了护法神殿（康熙三十一年，1692 年）、长寿佛殿（康熙五十六年，1717 年）、将宗喀巴塔殿改为金顶（康熙五十年，1711 年）、将原有 36 根柱子的经堂扩建为 80 根柱子的中型经堂（康熙二十八年，1689 年），后又扩建为有 168 根柱子的大型经堂，作为全寺的总聚会殿，又称参尼扎仓（显宗学院）。同时兴建居巴扎仓（密宗学院，建于顺治六年，1649 年）、曼巴扎仓（医宗学院，康熙五十年，1711 年）、丁科扎仓（时轮学院，亦即天文学院，道光十年，1830 年）及八宝塔（乾隆四十一年，1776 年），十几座活佛公署及众多僧舍大约也在此时先后兴建，并营建寺周的转经道，至此，寺院形成为一座有四个经学院的大型寺院，而成为青海地区的黄教中心[10]（图 7-31、7-32）。

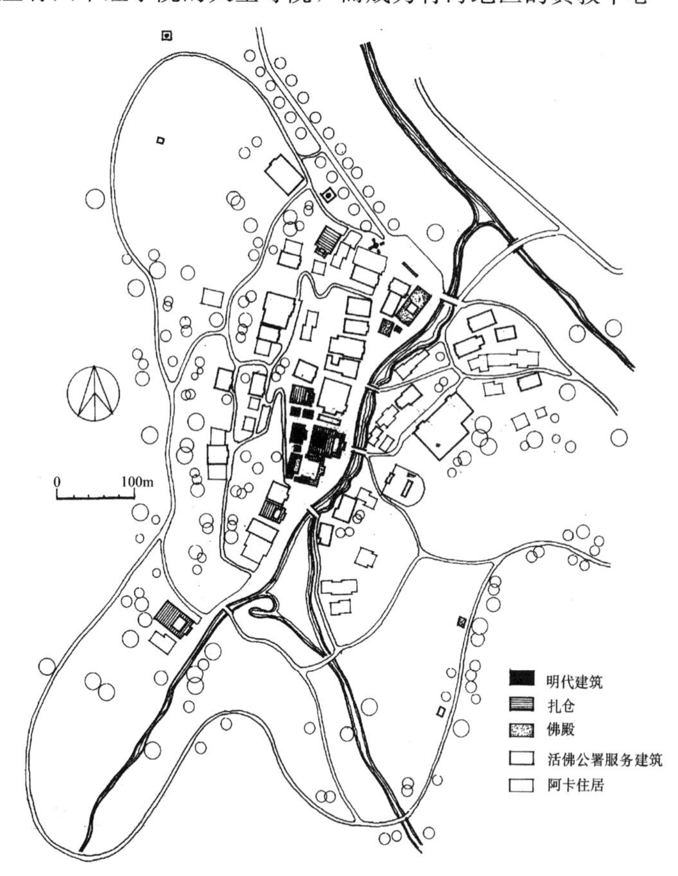

图 7-31　青海湟中塔尔寺明清建筑分布图

塔尔寺的总体布局特点是自由布置。因为寺院是为了纪念格鲁派始祖宗喀巴，在其诞生地建寺而缘起的，即寺址的具体地形不容选择。这里的总地形是一个南北走向的山沟，两山中间有一条弯曲的小溪。最初仅在其出生地建佛塔以兹纪念。因地形限制，清代寺院的发展只能向南、北及小溪对面扩充。基本形成四区：中区最大，以明代形成的宗喀巴纪念塔殿及数座佛殿、经堂为中心，扩建了九间殿、三世达赖灵塔殿、转轮经藏殿一组建筑，以及丁科扎仓、曼巴扎仓、印经院等。同时扩建经堂成为全寺的总聚会殿（显宗学院）。其中还穿插了部分活佛公署及办公处等。南北绵延近 400 米。北区布置在山沟入口处，有长寿佛殿（俗称小花寺）、护法神殿（小金瓦殿）、菩提塔、八宝塔、太平塔等。南区位于山沟的尽端，有居巴扎仓。东区布置在溪河东岸与西岸大经堂相对，其中以夏日经堂（树园子）为主体，配以若干活佛公署及僧舍。全寺形成组团式布局，没有外围墙，用一条随山势起伏弯曲的转经道来标志寺院范围。塔尔寺虽然是由分期发展的团组建筑群形成的，但因经营得当，几个主体建筑群各有特色，从而形成不同的景区系列。如从鲁沙尔镇入寺，上坡进入塔门，旁边有一座菩提塔呼应，标明是进入了寺院范围。继续前进，在小广场上整齐地排列着尺度一致，造型大致相同的八宝塔，具有十分深刻的导引作用（图 7-33）。八塔之后，即是壮丽的红墙金顶的护法神殿。其后在绿树丛中即是绿琉璃瓦屋顶的长寿佛殿，隐约还可

图 7-32　青海湟中塔尔寺

图 7-33　青海湟中塔尔寺八塔

见到太平塔的金色塔顶。再往南行，经过一段低矮的僧房、辅助用房以后，走至大经堂及九间殿前的广场，全寺的主要建筑豁然在目，规模宏钜的大经堂（图 7-34、7-35），金光闪烁的纪念塔殿、琉璃瓦装饰的九间殿、灵塔殿、大召殿、雕制精巧的丁科扎仓、富丽的大法台公署等皆展现出来，充分领略了藏传佛寺建筑的艺术精华，是塔尔寺的高潮。再往南行，经一段树木小溪自然景色，达到居巴扎仓以为结束。在大经堂前溪流的对岸，是绿树环绕的夏经院及众多僧舍、活佛公署等，与主体建筑相比，它们是矮小而无华的建筑，但正是由于这种对比才能显出主体建筑雄壮、华丽。所以说，塔尔寺的建筑是长幅画卷，是流动的艺术，是中国传统园林与寺庙艺术的结合，它既不同于汉传寺庙，也与典型的藏传寺庙不同。

塔尔寺早期（明代）所建的佛殿，完全采用当地汉族传统的建筑形式，用木构架坡顶。而清代所建的建筑除长寿佛殿是用汉式以外，其他佛殿、经堂等全是藏式平顶建筑的形制，土（砖）木混合结构，密肋平顶。塔尔寺的经堂建筑亦有特色，即在庭院前围廊的主入口屋顶上建有一座歇山琉璃瓦顶的小阁，以加强经堂入口的装饰性；同时，经堂的后面及侧面均无佛殿，仅在后面依墙设讲经台及佛龛，是与藏式经堂不同处。

综上所述，可以发现清代藏族生活地区的藏传寺庙建筑，若与早期元明时代相比较，可以发现若干时代特点：

（1）规模宏大

清代是藏传佛教大发展的时期，一些新旧寺庙皆经过上百年、甚至几百年的扩建发展历程而形成，层楼耸立，华丽壮观，有成千上万间房屋，占地数百亩，寺内道路纵横，僧众达数千人，如一个村镇，这是元明以前的藏传佛寺所不多见的，汉地佛寺更不能与之相比拟。

（2）自由式布局

藏区多山，寺庙总体采用自由布置是藏族寺院的一个传统手法，如早期的萨迦寺、夏鲁寺、白居寺等。清代寺庙的自由布局可分为两种情况：一类寺院建在山麓地段，把体量高大的主体建筑布置在较高地段上，其前面布置体量较小的次要建筑，由众多低矮的次要建筑来衬托主体，从而突出主体。如日喀则的扎什伦布寺、夏河的拉卜楞寺等。另一类寺院因地形限制或历史的原因，将后来扩建的几座主体建筑分别建在不同地段，另外配属一些次要建筑，形成一个个独立建筑群，寺院由若干主次有序的组群组成，最后以道路、绿化等相联系而形成全寺。如青海塔尔寺、拉萨哲蚌寺、色拉寺等。

（3）建筑形制定型化

藏传佛寺建筑发展到清初，建筑类型已经完备，而且各类建筑的形制逐渐形成程式。早期扎仓主楼前仅有宽敞的平地，但没有形成封闭的院落，而布达拉宫的白宫、红宫及甘、青、云南等地寺院清代建造的扎仓，如甘肃拉卜楞寺、青海塔尔寺大经堂及其三座扎仓、云南德钦的东珠林寺的扎仓等，主殿前均有宽敞的庭院，院周三面都有一二层的围廊，形成一个封闭的院落。清代扎仓布置呈院落式已成为一种定制。

专供礼佛参拜的佛殿、灵塔殿等的殿堂，内部要供奉高大的佛像或灵塔，所以内部空间高大，直通二层三层甚至四层。形体巍峨高耸。突出的实例是甘肃合作扎木喀尔寺的格达赫（九层楼）佛殿(图7-36～7-38)，内部分为六层，外观显示为九层，是十分壮美的建筑。元明时期的佛殿外

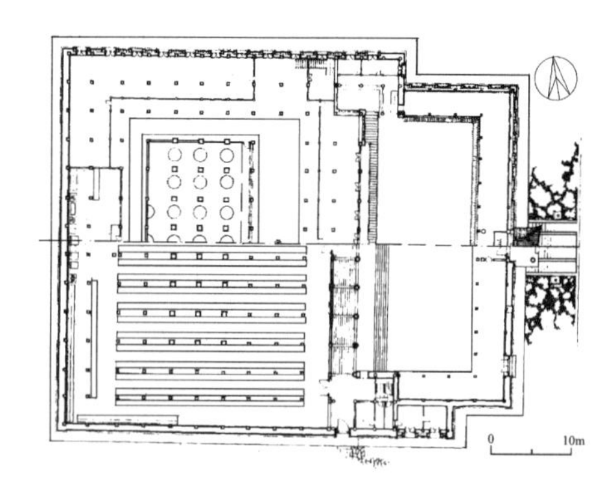

图 7-34　青海湟中塔尔寺大经堂一二层平面图（摹自《塔尔寺》）

图 7-35　青海湟中塔尔寺大经堂

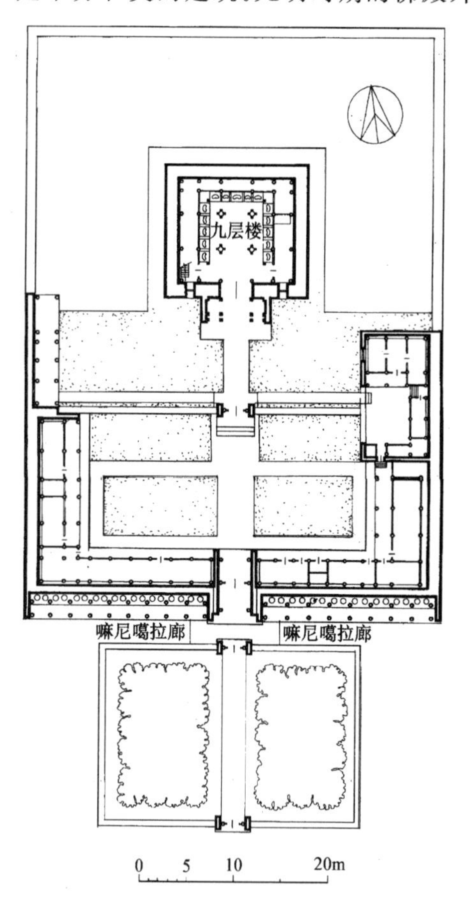

图 7-36　甘肃合作扎木喀尔寺平面图

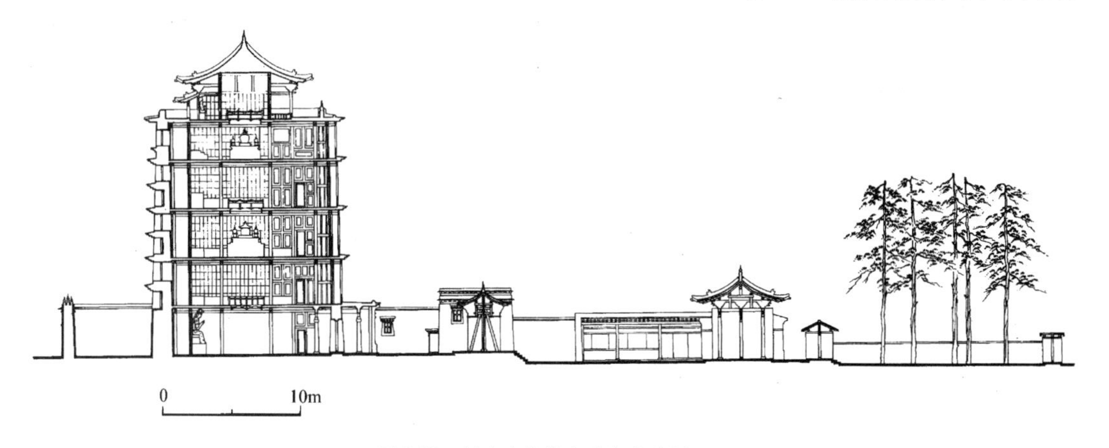

图 7-37　甘肃合作扎木喀尔寺总剖面图

图 7-38 甘肃合作札木喀尔寺格达赫（9 层楼）

尚有一圈礼佛用的转经道（廊），有的还放置一排转经用的嘛呢筒，到了清代佛殿的外围已没有转经道。转经道的有无，可以作为断代的依据。

佛塔形制在清代亦趋向定型，各地佛塔的用材虽有不同，但其风格、造型、比例均大致相同。仅个别佛塔的做法在外观上稍有变化，如西藏扎什伦布在塔瓶顶上，有一圈石板做的屋檐，塔尔寺的门塔及菩提塔的塔瓶上，做一圈瓦檐等。

清代大的寺院皆有瞻佛台。即利用高大建筑的墙面，或砌筑高墙，或利用附近的山岩山坡等来展示巨大的佛画像，在宗教节日时供信徒瞻仰。如布达拉宫的瞻佛台是利用红宫前高大的墙面，扎什伦布寺在寺东北坡地上，专门砌筑了一堵高宽约 30 余米的大墙壁，哲蚌寺是利用寺西的山岩加以修整而形成一堵高大的墙面，青海塔尔寺则利用寺北面的山坡。

清代大的寺院还设置专门的户外辩经场及印经院。

清代活佛公署及僧居建筑大量采用当地世俗贵族庄园及民居形式。如西藏为主楼前有天井围廊的院落式；甘肃、青海地区则采用当地单层或二层院落式，并大量使用砖木雕装饰，仅在门窗口外有黑色的梯形窗套，用边玛檐墙等藏式特点。至于僧舍建筑几乎与当地民居无别。

三、蒙族地区的藏传佛寺

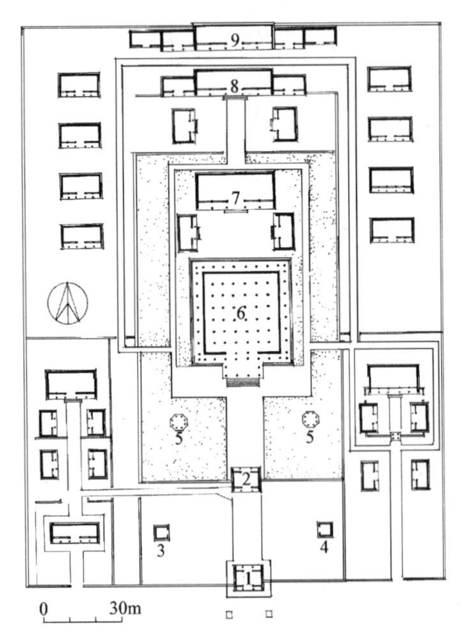

图 7-39 内蒙多伦诺尔善因寺平面图
(摹自《中国古代建筑技术史》)
1. 山门 2. 天王殿 3. 钟楼
4. 鼓楼 5. 碑亭 6. 大经堂
7. 后佛殿 8. 方丈 9. 藏经楼

清康熙三十年（1691 年）康熙与蒙族首领举行了历史上著名的多伦会盟以后，建汇宗寺以为纪念，开创了清政府直接在蒙族地区建寺的先例。雍正时又在其旁建善因寺，安置大喇嘛章嘉胡图克图驻锡[11]，从而使多伦成为内蒙藏传佛教的中心（图 7-39、7-40）。雍正五年（1727 年）清政府发银十万两，在库伦建庆宁寺，安置第一世哲布尊丹巴胡图克图的遗骸，该寺即成为以后历代哲布尊丹巴胡图克图的驻锡地，成为喀尔喀地区（外蒙）藏传佛教的中心[12]。之后，清政府不断拨款在蒙族地区建寺或御赐寺名、匾额。在清朝统治天山南北以后，也由政府出资，在厄鲁特蒙古族游牧地区，兴建一批佛寺。如乾隆二十七年（1762 年）在伊犁建普化寺，乾隆三十二年（1767 年）在科布多建众安庙，乾隆三十五年（1770 年）在塔尔巴哈台建绥静寺等等。于是，藏传佛教建筑在蒙古族地区得到很大发展，据清末统计，仅在内蒙地区各旗召庙约计 1000 余处，平均每旗就有 20 处以上。

内蒙地区藏传佛寺（召庙），大都按照从西藏或五台山朝佛时带回的图样，或参照汉地佛寺形制建造，可概括为西藏式，汉藏混合式和汉式三种形式，其中以汉藏混合式居多。

图 7-40 内蒙多伦善因寺

1. 藏式召庙

著名的实例是位于包头市东柳树沟的五当召，原名巴达嘎尔庙，藏语意为白莲花、汉名广觉寺。蒙语称寺庙为“召”，称柳树为“五当”，故又称五当召。五当召是寺内第一任活佛罗布桑加拉措按照从西藏带回来的建筑图样建造的，始建于康熙年间。

五当召建在两条山谷交汇处的小山岗上，背山向阳，四周群山环绕，苍松掩映，环境优美（图7-41、7-42）。召庙共有六座独宫（蒙语独宫，即藏语之都纲，就是经堂之意）、三府（活佛公

图 7-41 内蒙包头五当召全景

署）、一陵（苏波尔盖陵）及众多的僧舍、附属建筑等组成，占地 300 余亩，屋宇 2500 余间，最盛时僧众达千人。总体布局采取随地形自由布置的方式，将主要殿堂建在中央的山冈及下面的平地上，两侧山谷布置体量较小的僧舍等附属建筑。寺周无围墙，总体效果如众星捧月，很能突出中间山冈上的主体建筑群。独宫建筑采用西藏寺院的扎仓形制，由前廊，中部的经堂及后部的佛殿组成。底层经堂中部升高，设有侧高窗的屋顶。二层四周有建筑，为密肋平顶结构，外檐部有边玛檐墙，墙面大多刷白色。独宫多建在高台上，殿前有宽敞的平地。一般僧舍、附属建筑等，也为独立式二三层藏式平顶建筑形式。外表石墙有明显收分，门窗口处有黑色梯形窗套，上有小雨篷。此外呼伦贝尔盟科尔沁右翼前旗的葛根庙（图 7-43）、巴彦淖尔盟乌拉特中后联合旗的三德庙等也都是藏式寺庙。

2. 汉藏混合式的召庙

这种召庙在内蒙古地区占绝大多数，几乎遍及各旗。如呼和浩特乌苏图召（图 7-44）、额木齐

图 7-42　内蒙包头五当召大召内景

图 7-43　内蒙呼伦贝尔盟科尔沁右翼前旗葛根庙大经堂

召、阿拉善旗的福因寺（图 7-45）、广宗寺、巴音浩特的延福寺（图 7-46）、扎萨克旗的扎萨克召、乌审旗的乌审召、通辽县的莫力庙及达尔汗茂明安联合旗的贝勒庙（百灵庙）、锡拉木伦召等。这类召庙建筑特点主要表现在独宫或佛殿建筑造型上，为藏式平顶建筑加建汉式歇山或庑殿式瓦顶的楼阁。如在经堂上凸出部分及佛殿上部加建汉式屋顶。有的经堂前廊亦改为二三层的楼阁形式，上复汉式屋顶，门窗装修亦改为棂花槅扇门窗。其他部分仍保留藏式做法，如外墙面收分、梯形窗、边玛檐墙、藏式彩画及壁画。但也有的建筑已将边玛檐墙改为红色抹灰墙，仍保持藏式装饰风格。这类汉藏混合式召庙的装饰中，使用琉璃的部位明显加多，如屋面、脊饰、山花、香亭、壁塑等。

图 7-44　内蒙呼和浩特市乌苏图召

图 7-45　内蒙阿拉善旗福因寺克东庙经堂

这类召庙的总体布置各有不同。位于山区、丘陵地带的寺庙多为自由式布局，将独宫及主要佛殿分别布置在地势高爽处，彼此互为对景，如阿拉善旗的福因寺、广宗寺等。在平原地带多吸取汉式寺院的布局传统，采用沿轴线对称布置。在轴线上从前至后的建筑内容大致为：牌坊（或影壁）、山门、天王殿、大经堂、佛殿（或佛楼、佛塔），再配以钟鼓楼、碑亭、喇嘛塔、厢房等，组成重重院落，如额木齐召等。

此外也有许多变化布局的寺庙，如乌审召在中部大经堂轴线之外，又在侧面安排塔院（图 7-47），塔院内除建筑许多佛塔、墓塔之外，也布置有数座小型经堂。又如贝勒庙（百灵庙）是由七、八座庙宇组成，没有总体规划，其中规模最大的是广福寺（图 7-48～7-50）。广福寺建于康熙四十五年（1706年），寺院南向，将山门与主体殿堂布置在一条轴线上，是一组中轴对称格局，但其大经堂却有新的创意。该寺经堂由前后两座建筑组成，前堂为汉藏混合式，后堂为藏式，前后堂之间以花墙相连，组成一幢纵长的建筑。在经堂的左右，与前后堂相对应部位，对称地每边各布置两座小型经堂。这四座小经堂平面均为纵长方形，单层藏式平顶。这种由六座经堂组成的经堂群体的实例十分少见，这种布局有力地烘托了该寺独宫建筑的宏伟气氛。

图7-46 内蒙巴音浩特延福寺经堂

图7-47 内蒙乌审旗乌审召塔院

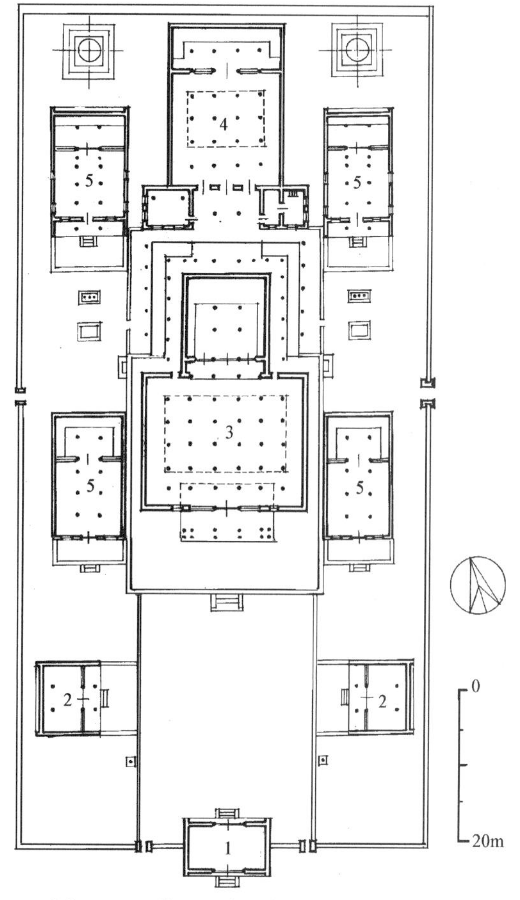

1. 山门 2. 配殿 3. 大经堂 4. 后经堂 5. 小经堂

图7-48 内蒙达尔罕茂明安联合旗百灵庙（广福寺）大经堂平面图

3. 汉式召庙

当地又称“五台式”，因其是根据信徒去五台山朝佛时带回的建筑图样修建的。如锡林浩特的贝子庙（图7-51），东乌珠穆沁旗的喇嘛库伦召（图7-52），多伦诺尔汇宗寺、善因寺、准格尔旗的准格尔西召、阿巴嘎旗的汗白庙，巴林右旗的大板东、西大寺等。其建筑特点从总体布局到单体建筑的形制，均采用汉族寺庙形式。如将主要殿堂建在中轴线上，配殿及钟鼓楼等对称地布置在两厢，形成重重院落。大经堂下基座皆为高台，木结构柱枋斗栱，屋顶为歇山瓦顶，殿堂皆有前廊，或四周有围廊。外檐装修为汉式槅扇门窗。

但细部装饰纹样及壁画仍带有藏式风格，殿堂、厢房等建筑的正脊中央，安装喇嘛塔式的脊饰，表明寺庙为藏传寺庙。在这类召庙里，因为需要用木构坡顶的汉族建筑手法来解决经堂的大

图 7-49 内蒙达尔罕茂明安联合旗百灵庙（广福寺）大经堂

图 7-50 内蒙达尔罕茂明安联合旗百灵庙（广福寺）大经堂内景

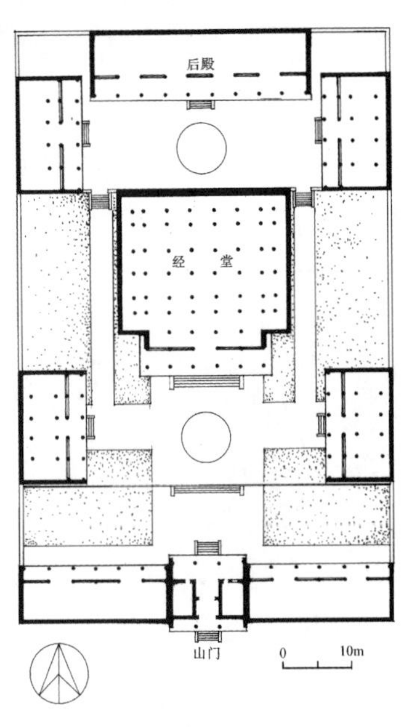

图 7-51 内蒙锡林浩特贝子庙第二庙平面图

体量空间问题，所以其经堂造型往往与传统式样不同，如多个屋顶勾搭连接，前后屋顶叠错相闪，加设周围廊等。其平面格局也不一定循守前廊——经堂——佛殿的黄教扎仓模式，如大板东大寺经堂为7间见方的重檐歇山大殿，贝子庙及喇嘛库伦召经堂皆为7间见方的二层楼阁，前檐接5间大空廊，而善因寺经堂作成9间见方的两层楼阁，四周为短坡顶，中为盝顶形式。这些建筑都没有单独后拖的佛殿。也就是说乾隆碑文中所提到藏传寺庙中的“都纲法式”（经堂的规式）在蒙族地区及内地已有许多改变，但是它的方整大空间特点依然保留。

总之蒙族各类召庙，自明代以来，不断总结，吸收藏汉建筑技艺，已经形成自己的民族特色。如汉藏混合式大独宫（经堂）的平面，空间均按西藏寺院扎仓形式布置组合，这是因为蒙族地区藏传佛教沿袭藏地格鲁派寺院的宗教仪规及习经制度所致。但具体的建筑用材、工艺技术及装饰艺术又必须由当地或汉族工匠完成，所以产生了这种藏汉交融的独宫形式。如采用组合坡屋顶、琉璃瓦、砖墙、木制门窗装修以及用墙顶上的深棕色粉刷装饰横带代替藏族建筑中的边玛檐墙等。内蒙召庙的建筑造型对内地藏传佛教寺院有很大影响，如承德地区很多寺庙即取材于此类型的寺庙。

蒙族地区召庙的喇嘛塔形制比较自由，有新的创意，如塔瓶作成八角形，塔瓶肩部设瓦檐，塔基设置数层或在塔基前加设廊屋，在塔刹两侧加设双耳等手法。呼和浩特的五塔召做成金刚宝座式，但使用了砖雕及琉璃瓦，亦属新意。

在某些蒙族召庙中还设计有钟鼓楼，进一步接近了汉族传统。有的召庙内在主殿前建有蒙古毡包，以显示民族文化特点。如贝子庙第三庙大经堂前的月台上，建蒙古包作为供神的地方。

敖包，是蒙古族民间祭祀的对象，牧民们认为它是神灵的所在地，故用石、土垒成圆圈或圆包，内插写有经咒的小旗以为标志，多建在草原或沙漠的高处或路边，实际上它也是荒漠旅行者的路标，它相当于西藏地区的玛尼堆（图 7-53）。有的召庙内也有敖包，认为它也是神灵棲止的地方。如东乌珠穆沁旗的喇嘛库伦召，将敖包建在大经堂后部的中轴线上。锡林浩特的贝子庙后山，建有一排敖包，与召庙组成一体，这也是蒙族喇嘛庙中一种特有形式。

图 7-52　内蒙东乌珠穆沁旗喇嘛库伦召大经堂

图 7-53　内蒙阿巴嘎旗汉白庙敖包

喀尔喀蒙古地区的寺院亦为数不少。外蒙黄教首领哲布尊丹巴呼图克图的驻锡地在库伦，其宫殿称达钦架耳布音斯墨。在其驻地附近，有各种学习内容的寺庙，总计有二十八所，僧众一万四千余人。其下各旗部皆有寺院，如甘丹寺、阿巴岱寺、庆宁寺、额尔德尼召等。喀尔喀蒙古寺院的形制因文献缺乏，无法确切了解，仅知其风格更近于西藏寺庙，为砖石结构体系，墙面刷黄、红色。庙中尚有蒙古包，以为冬季喇嘛驻锡之地。庙内建有不少喇嘛塔，成塔墙形式[13]，即围绕寺庙的围墙较厚，墙顶上建置喇嘛塔数十，排比成列。这种塔墙在内蒙乌审召，甘肃合作扎木喀尔寺及西藏扎囊桑鸢寺亦曾设置过。

四、内地的藏传佛寺

1. 五台山和北京的藏传佛庙

山西五台山为文殊菩萨道场，很早以来即已成为佛教圣地。明永乐以后，蒙藏佛教徒即已进驻五台山，成为喇嘛教的一个活动点。清初，顺治、康熙、雍正、乾隆等几位皇帝，多次以巡幸为名，到五台山参佛做道场，并拨银重修寺院[14]，将一些原来的汉传佛寺（青寺）改为藏传佛寺（黄寺），并设扎萨克喇嘛进行管理。扎萨克喇嘛驻锡在文殊院（又称菩萨顶、真容院），相传文殊

图 7-54 山西五台山真容院云阶

图 7-55 山西五台山真容院正殿

图 7-56 北京西黄寺清净化城塔

即曾示现于此。该寺建在山顶，视野开阔，高敞宽宏，门前有 108 级云阶及牌坊，具有极强的引导性（图 7-54）。全寺按轴线布置，山门内有天王殿、钟鼓楼、菩萨顶、大雄宝殿等建筑。全部建筑均用三彩琉璃瓦覆顶，显示了一定的皇家气派。文殊院内建筑雕饰较多，彩画辉煌，且柱间装饰有罩牙，是山西一带的特色手法（图 7-55）。

清代前期，在北京地区由政府出资建造和改建了一批藏传佛寺。据《理藩院则例》记载的寺院是：弘仁寺、嵩祝院、福佑寺、妙应寺、梵香寺、大隆善护国寺、嘛哈噶喇寺、长泰寺、慈度寺、大清古刹（察罕喇嘛庙）、资福院、西黄寺、汇宗梵宇（达赖喇嘛庙）、东黄寺、普渡寺、隆福寺、净住寺、三宝寺、三佛寺、圣化寺、慈佑寺、永慕寺、大正觉寺、阐福寺、雍和宫、宝谛寺、功德寺等。这里不包括大内及苑囿中的寺院，如英华殿、中正殿、雨花阁、梵华楼、北海的永安寺、清漪园的须弥灵境庙、静明园的妙高塔、静宜园的召庙、圆明园的舍卫城等。这些寺院大部分为汉式建筑式样，有一定程式化的内容及形制，均按清代官式做法建造。但也有汉藏混合式的寺庙，如召庙、须弥灵境庙。有的寺庙建筑十分有特色，如雍和宫万福阁、须弥灵境的观音殿、静明园妙高塔、西黄寺清净化城塔、禁城雨花阁等。藏传佛教使北京地区的佛教建筑有了新发展，使其建筑艺术达到新高度，今列举数例说明：

（1）西黄寺　位于北京安定门外，创建于顺治九年（1652 年）。主要建筑有天王殿（即山门）、三大师殿、及清净化城塔等，呈轴线布置。两侧对称地布置钟鼓楼、配殿等，形成重重院落。进天王殿以后，左右配置钟鼓楼，正中为一三间垂花门及一道横墙而形成第一进院。其后为正殿五间，两侧配殿各三间，形成第二进院。第三进院为清净化城塔院，塔后有冂字形后围院为结束。该塔建于乾隆四十九年（1784 年），塔内藏六世班禅的经咒和衣履。是因为乾隆四十五年（1780 年），六世班禅从后藏到承德为乾隆祝寿，后来在北京黄寺圆寂，故敕建此塔以为纪念（图 7-56）。

清净化城塔是一座由主塔及四隅四座小塔组成的金刚宝座式塔。塔下部是✢形基座，四周用石栏杆围绕，全部为汉白玉建造。主塔为喇嘛式塔，塔形高矗，塔瓶及上部十三天均较瘦长，塔顶镏金，伞盖下左右还垂下耳形镏金饰件。四隅配塔为八角形石幢式塔，造型更为细瘦。主塔塔瓶及须弥座上遍布雕饰，有三世佛、菩萨立像、佛传故事、彩云、双凤等，刻工极为精美。

塔前后建石牌坊及石狮，以此来衬托五塔主体。该塔是变化了的金刚宝座式塔，如塔基低矮；可由中央踏跺直接登上台基；主塔为喇嘛塔式样，小塔为经幢式；配属牌坊及石狮等；这些都与金刚宝座塔的原型区别甚大。但这种新造型再配以洁白的塔身、闪烁的金顶、茂密的树木、蔚蓝的天空，给人以肃穆、圣洁、崇高的环境感受，达到追慕、纪念的用意，是建筑艺术上十分成功的作品。

(2) 雍和宫　位于北京城的东北隅，清康熙三十三年（1694年）创建，初为雍亲王（康熙第四子胤禛）府，胤禛即位为雍正皇帝，改此王府为雍和宫。雍正驾崩后，在这里停放其棂柩，因而将各主要建筑的绿琉璃瓦改为黄琉璃瓦顶。乾隆九年（1744年）改建为藏传佛寺。该寺在清代直属政府理藩院管辖（图7-57）。

雍和宫坐北朝南，主要建筑布置在一条南北轴线上，从南到北有牌楼（图7-58）、昭泰门、天王殿、雍和宫、永佑殿、法轮殿、万福阁等主要建筑，两侧布置配属建筑，形成前后五重院落。总体布置对称、严整。所有建筑全是汉族传统建筑形式。入昭泰门以后，左右有钟鼓楼及碑亭。法轮殿面阔七间，前轩后厦各五间，平面呈十字形，殿顶上的中心四隅升起五座小阁，以开窗采光，这种五座小顶的处理是象征须弥山的五峰，是藏传佛寺常用的手法（图7-59）。最后面万福阁是左中右三阁并列的形制，万福阁居中，左右为永康阁、延绥阁，以飞阁复道跨空与主阁相连，造成复阁连属的天宫仙阁的气象，是我国早期佛教建筑的做法，在唐代壁画中可见到，所以万福阁是一组可贵的建筑实例（图7-60）。万福阁外观三层，内部全为中空，供奉一尊18米高的弥勒佛站像（图7-61）。这种大空间的多层楼阁，反映出清代建筑结构上的成就，也是明清藏传佛寺中很多佛殿、塔殿的常用手法。

(3) 须弥灵境之庙　位于北京清漪园后山的中轴线上，依山层叠而建，创建于乾隆二十二年（1757年）。前半部为汉式寺庙形制，由牌楼、山门、大殿组成。后半部则以西藏桑鸢寺为规式，以表现佛国世界为主题，布置了观音阁及四周的四大部洲、八小部洲，日月台、四塔台等建筑，形成众星捧月的宏伟布局（图7-62、7-63）。与承德外八庙的普宁寺同期建造。

(4) 碧云寺金刚宝座塔及妙高塔　碧云寺在清初为汉传佛寺，但在乾隆十三年（1748年），在寺庙后部添建了一座藏式的金刚宝座塔[15]（图7-64、7-65）。该塔造型与原制塔型最大区别是在五塔之前又加入两座圆形喇嘛塔，成为七塔，为一种新型的群塔创意。整个塔座布满佛、菩萨、天王、力士的浮雕，刻工极为精美（图7-66、7-67）。

妙高塔位于北京西郊静明园（玉泉山）之北山颠，与玉峰塔、华藏塔并峙于三峰之上。建于乾隆年间，此塔为金刚宝座式塔与其他两座楼阁式、密檐式塔互为对比，彼此呼应。此塔进一步改变金刚宝座塔形制，将五座顶塔皆改为瘦长的喇嘛塔形式，作为景点控制建筑，这种形象十分突出有趣。

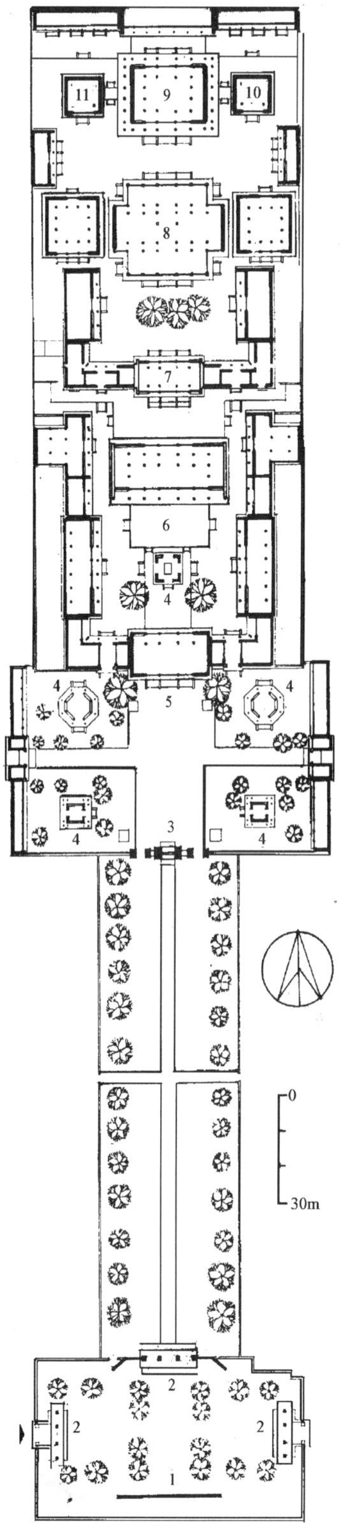

图7-57　北京雍和宫平面图

1. 影壁　2. 牌楼　3. 昭泰门
4. 碑亭　5. 天王殿　6. 雍和宫
7. 永佑殿　8. 法轮殿　9. 万福阁
10. 永康阁　11. 延绥阁

图 7-58　北京雍和宫入口牌楼

图 7-59　北京雍和宫法轮殿内景

图 7-60　北京雍和宫万福阁

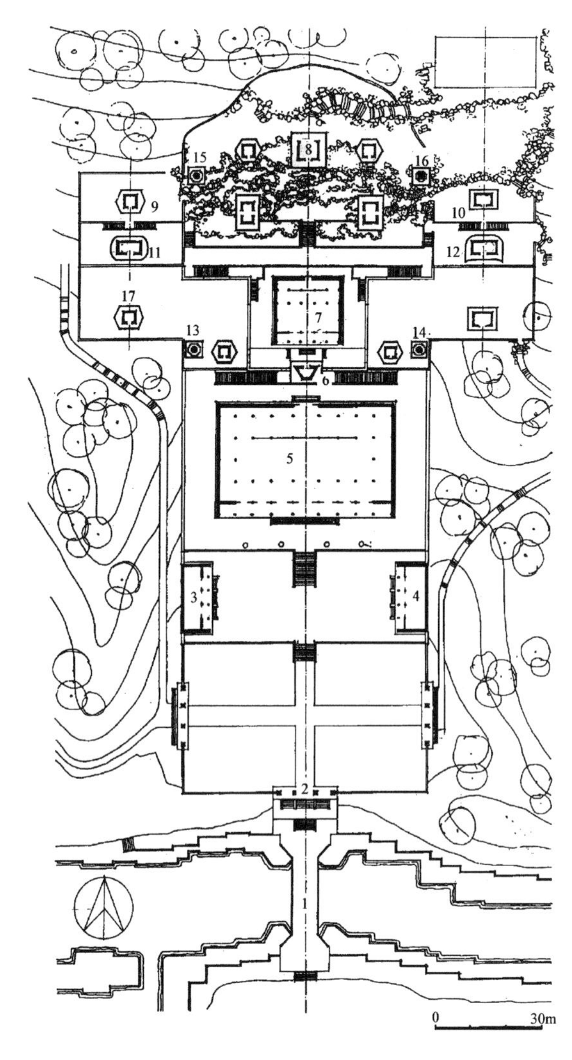

图 7-62 北京清漪园须弥灵境之庙平面图
（摹自《承德的普宁寺与北京颐和园的须弥灵境》）
1. 三孔桥 2. 牌楼 3. 宝华楼 4. 法藏楼
5. 须弥灵境 6. 南瞻部洲 7. 香岩宗印之阁
8. 北俱泸州 9. 月殿 10. 日殿 11. 西牛贺洲
12. 东胜神州 13. 绿塔 14. 红塔 15. 白塔
16. 黑塔 17. 八小部洲

图 7-61 北京雍和宫万福阁内木雕弥勒佛站像

图 7-63 北京清漪园须弥灵境之庙喇嘛塔

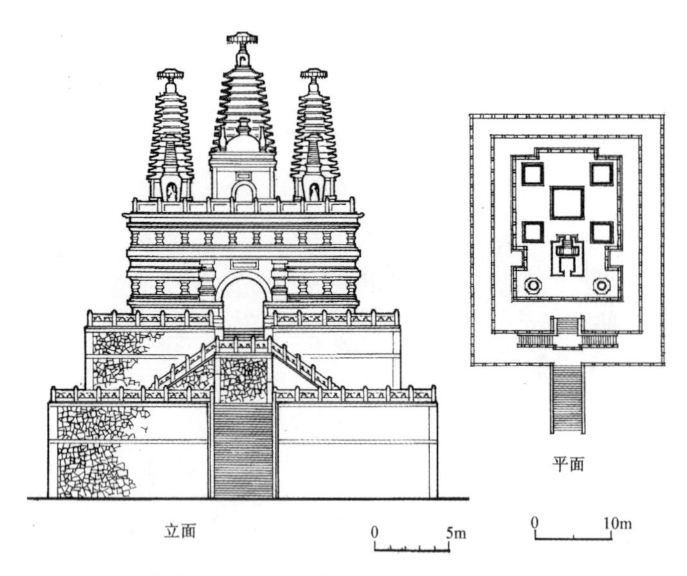

图 7-64 北京碧云寺金刚宝座塔平面、立面图

图 7-65 北京碧云寺金刚宝座塔

图 7-66 北京碧云寺金刚宝座塔细部雕刻之一

图 7-67 北京碧云寺金刚宝座塔细部雕刻之二

2. 承德外八庙

康熙、乾隆执政期间，出于政治原因，在承德避暑山庄的东面和北面，陆续修建了十二座规模宏大、壮丽辉煌、带有藏族建筑风格的藏传佛教寺庙，为清代建筑艺术增添了新的光辉。这些寺庙是溥仁寺、溥善寺、普宁寺、安远庙、普乐寺、普陀宗乘之庙、须弥福寿之庙、殊象寺、广安寺、罗汉堂、普佑寺和广缘寺等[16]。

溥仁寺和溥善寺是康熙五十二年（1713 年），为蒙古各部王公来避暑山庄庆祝康熙六十寿辰而建。是承德最早修建的寺院，规模并不大。如溥仁寺仅有山门、天王殿、主殿慈云普荫殿、后殿宝相长新殿等一组建筑。后殿面阔九间，内部供奉无量寿佛九尊，一字排开、形成全寺结尾，很有气势。这两座寺院的规制与做法一如汉族佛寺，说明康熙时代藏传佛寺建筑对内地的影响尚不强烈。

（1）普宁寺　建于乾隆二十年（1755 年），因初定准噶尔叛乱，乾隆为在避暑山庄宴赏厄鲁特四部首领，特“依西藏三摩耶庙（即桑鸢寺）之式”建造此寺[17]（图7-68、7-69）。全寺的主要建

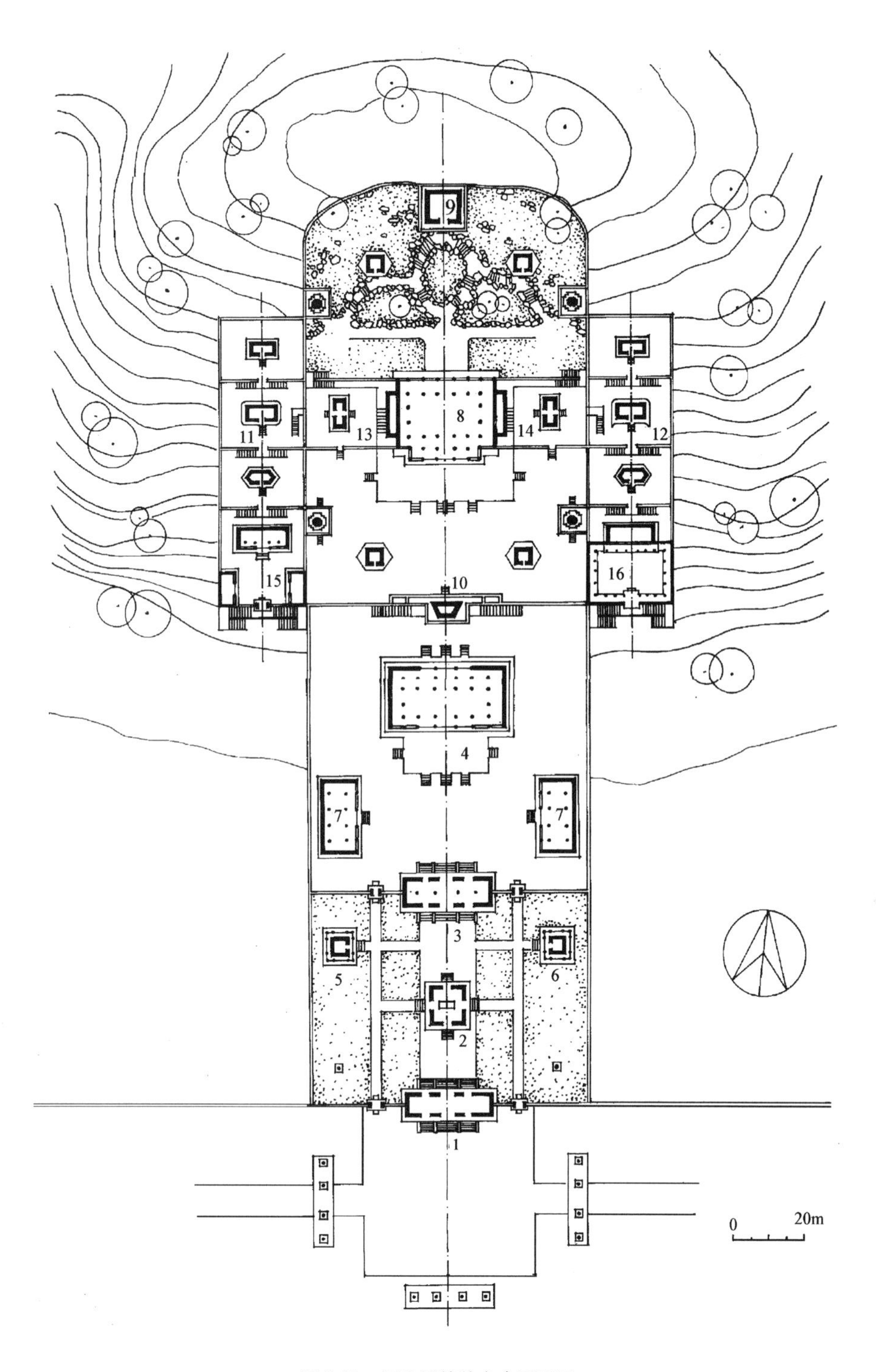

图 7-68 河北承德普宁寺平面图

1. 山门 2. 碑亭 3. 天王殿 4. 大雄宝殿 5. 鼓楼 6. 钟楼 7. 配殿
8. 大乘之阁 9. 北俱泸州 10. 南瞻部洲 11. 西牛贺洲 12. 东胜神州
13. 月光殿 14. 日光殿 15. 讲经堂 16. 妙严室

图 7-69　河北承德普宁寺全景

筑建在一条轴线上，分前后两部分。前部建在平地上，如内地一般佛寺，有山门、天王殿、大雄宝殿等建筑。在大雄宝殿后依山坡砌筑高台，台上建造另一种布局的建筑群，即桑鸢寺式的总体布局。以具有五座屋顶的大乘阁为主体建筑，以此象征须弥山[18]（图 7-70～7-73），主体左右各建一座三间二层小殿，以象征日、月；大乘之阁四正面，各建一座平面形式各异的二层小殿，以象征“四大部洲”[19]，在每“洲”的两侧，又各建一座平面形式不同的二层平顶建筑（俗称“白台”），以象征围绕“须弥山”的“八小部洲”；大乘阁的四隅，各建一座琉璃喇嘛塔，以象征四天王天（图 7-74）；整座建筑群背后以弧形墙围护，象征佛国世界外围的铁围山。这样，这组建筑群

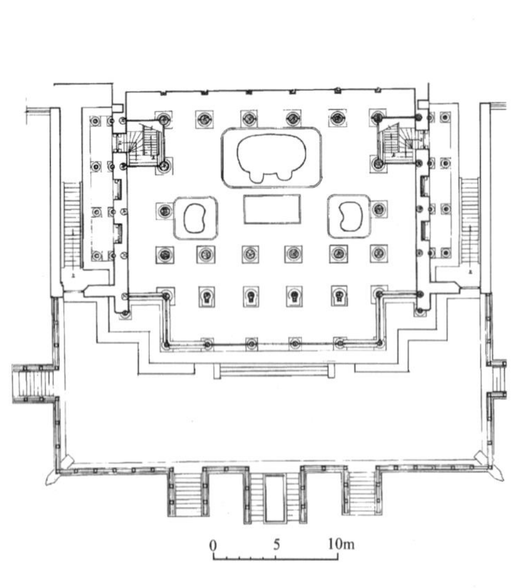

图 7-70　河北承德普宁寺大乘阁平面图

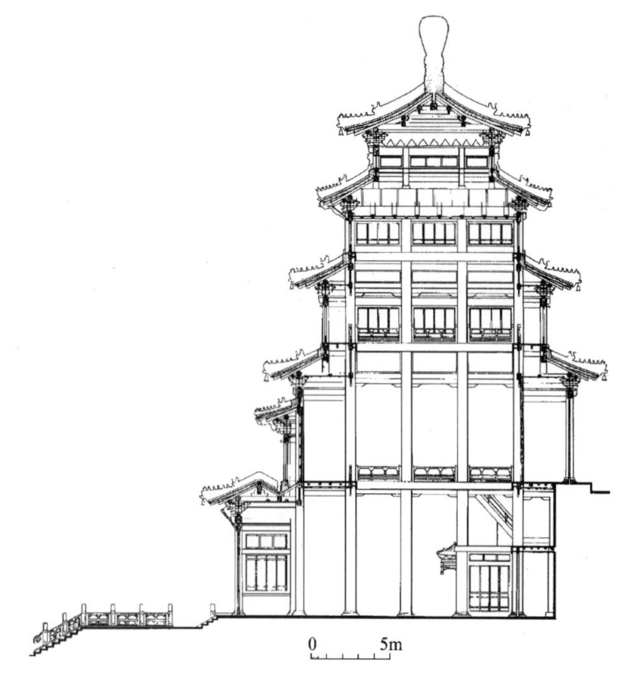

图 7-71　河北承德普宁寺大乘阁纵剖面图

图 7-72 河北承德普宁寺大乘阁南立面图

图 7-73 河北承德普宁寺大雄宝殿及大乘阁

图 7-74 河北承德普宁寺喇嘛塔

图 7-75 河北承德普宁寺大乘阁内木雕千手观音站像

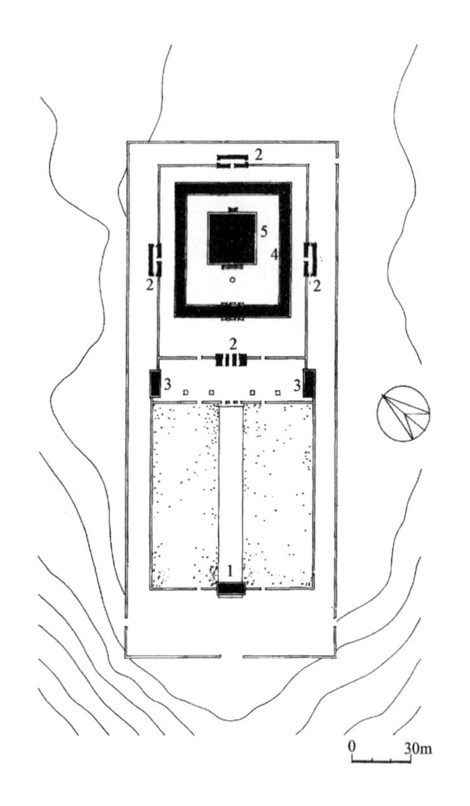

图 7-76 河北承德安远庙平面图
1. 山门 2. 二山门 3. 配殿
4. 群房 5 普渡殿

就将佛教传说中的世界模式，以形象的建筑造型表现出来，它是宗教利用建筑艺术为传播思想信仰的突出实例[20]。

普宁寺虽是“依西藏三摩耶庙之式”而建，但它结合具体地形及汉地信仰习惯，作了相当大的改变。桑鸢寺是建在平地上，规模很大，主殿堂在中心，四周建象征日、月，四大部洲、八小部洲、四天王天等建筑或佛塔；外周有两道象征铁围山的圆形围墙，四面辟门，形成一座直径 300 余米的圆形城镇。普宁寺的布局是轴线型的，前方后圆，而后部象征佛教世界的部分是建在山坡上呈倾斜状台地布置，可更好地展现主从各建筑的布局关系，强调出整体组群布局的宏伟气魄。其次是主殿方向不一致，桑鸢寺主殿坐西朝东，大乘之阁却坐北朝南。第三是建筑形制不同，桑鸢寺是传统的藏族建筑形式，而普宁寺是在汉族建筑形制的基础上，采用一些藏族建筑的装饰手法。第四是主殿内的主尊不同，桑鸢寺是坐式的大日如来，而大乘之阁是立式千手千眼观音。

从建筑学角度来看，此寺有三点重大成就，足以表现清中期的建筑水平。首先，它大胆地用建筑手法表现宗教思想，这在中国古代宗教建筑中颇为少见，而且达到了极好的视觉艺术效果。其所以能取得如此好的成就，是因为它强调了整体性，以配属建筑烘托主体，主从分明。如大乘阁为汉式殿阁，面阔七间，进深五间，外观六层檐，体量高大，造型宏伟而华丽；而周围的各小殿及红白台等体量都很小，对比强烈，愈显主体高耸。另外在组织配属建筑中注意运用和谐与微变的手法，如四大部洲、八小部洲、四座喇嘛塔其造型、体量、尺度皆趋一致，但一致中又有变化。如四大部洲平面不同，南面为梯形、西面为圆形、北面为方形、东面为月牙形；红白台为方形，六角形，长六边形交替使用；四座喇嘛塔为圆形、覆钟、亚字形，仰盂形的塔瓶，且琉璃颜色又分为白、黑、红、绿。这样形成统一中有变化，整体十分和谐，细观又十分丰富多变，艺术感受达到深邃有意。第二点是大乘阁三层六檐的中空木结构，高达 37 米余，是用帮拼技术组成的整体构架形成的。构架合理、坚固、省料，而且形成丰富的形体外观，这些都突破了历代高层木构的格式，是木结构在清代的发展进步。第三点大乘阁中所立的木制千手观音站像高达 24.24 米（不算地下部分），左右臂宽达 15 米，是国内及世界上最大的木制佛像（图 7-75）。它是用内部框架法制造，架外包镶砧板，再包衣纹板，再进行雕制而成，左右十二双大手臂是用悬臂杠杆法交接在胸部脏箱，利用自重形成平衡，这在宗教造像技术上亦是值得赞许的大胆创造。

（2）安远庙　是为纪念平定准噶尔叛乱，并为“绥靖荒服，柔怀远人”，以供迁居承德的厄鲁特蒙古族人的宗教朝拜，于乾隆二十九年（1764 年）建造的（图 7-76）。安远庙以普渡殿为中心，主殿平面为方形，高三层，三重檐，歇山黑琉璃瓦顶（图 7-77），四周建单层群房环绕，前面有大片空地，最前建山门。这种布局与汉地的佛寺有较大的不同，文献称其为仿新疆伊犁的固尔扎庙之形制而建，可能带有西域之遗风[21]。

（3）普乐寺　为供厄鲁特杜尔伯特部和新疆少数民族各部首领，来承德朝觐、礼佛，于乾隆三十一年（1766 年）建造（图 7-78、7-79）。全寺坐东向西分为前后两个部分，前部轴线上有山门、天王殿、宗印殿（即大雄宝殿），完全按汉族佛寺布置。后部在轴线上建方形的群房，中央建两重方形高台，称为“阇城”，在第一层台四周，按四正、四隅建筑各种颜色的琉璃喇嘛塔八座，在第二层台上建圆形重檐攒尖殿阁，名旭光阁（图 7-80）。阁内天花中央是大型的圆形片金藻井，中有二龙戏珠，制作华美，金碧辉煌，具有很高的艺术价值。阁内中心建木制巨型立体坛城，其内供养一尊面向东方的密宗佛像，成为全部阇城的最尊贵的崇拜对象。藏传佛教中，坛城经常作成模型或壁画、唐卡等置于殿内，供人膜拜，而普乐寺却把它建置于建筑群体中，创造出新颖的寺院布局。全寺建筑形制以至细部做法，全是传统的汉族建筑做法，但由于布局的变化，却形成极浓厚的藏传寺院氛围。

图 7-77　河北承德安远庙全景

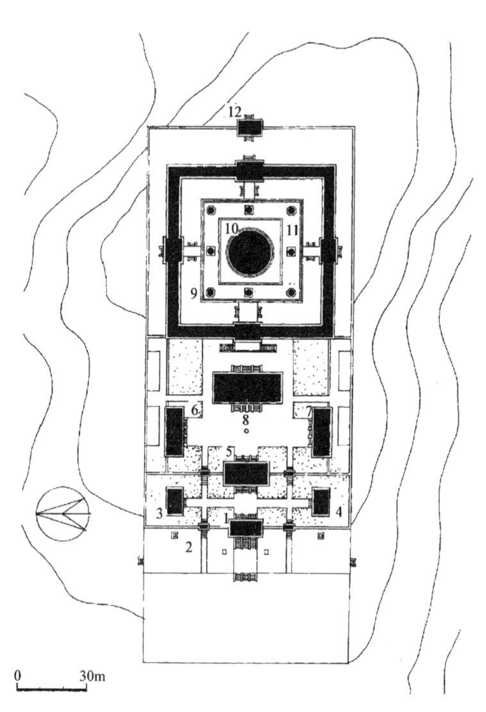

图 7-78　河北承德普乐寺平面图

1. 山门　2. 幢竿　3. 鼓楼　4. 钟楼
5. 天王殿　6. 胜因殿　7. 彗心殿　8. 宗印殿
9. 群房　10. 旭光阁　11. 塔　12. 通梵门

（4）普陀宗乘之庙　是为庆祝乾隆六十寿辰及其母八十寿辰以及纪念土尔扈特返回祖国，于乾隆三十二年（1767 年）下令仿西藏布达拉宫之式而建造的，历时四年建成，占地 22 公顷，规模宏大，清廷规定驻庙喇嘛三百一十二名（图 7-81、7-82）。

庙建在北高南低的缓坡上，由前、中、后三部分组成。

图 7-79　河北承德普乐寺全景

图 7-80　河北承德普乐寺旭光阁

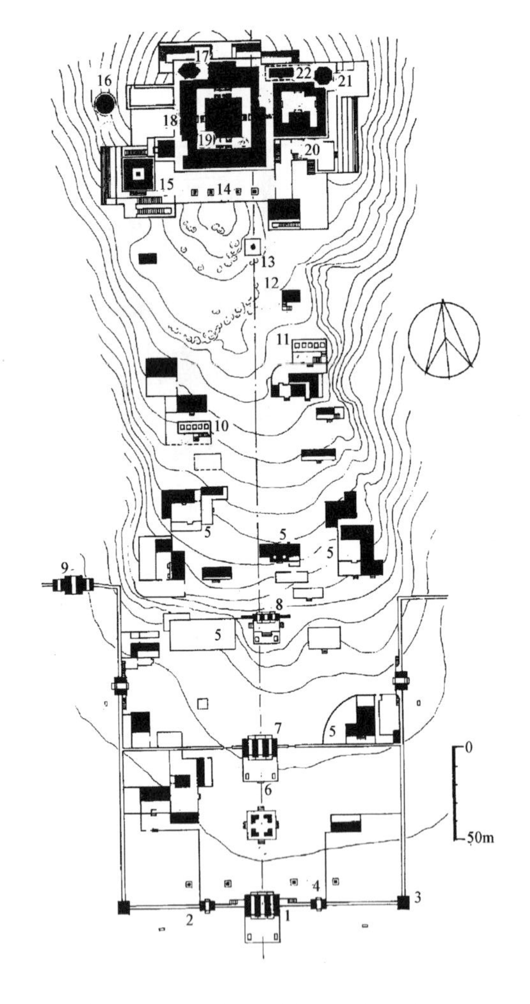

1. 山门
2. 制碑
3. 隅阁
4. 幢竿
5. 白台
6. 碑阁
7. 五塔门
8. 琉璃牌楼
9. 三塔水口门
10. 白台西方五塔
11. 白台东方五塔
12. 白台钟楼
13. 白台单塔
14. 大红台
15. 千佛阁
16. 圆台
17. 六方亭
18. 大红台群楼
19. 万法归一殿
20. 戏台
21. 八方亭
22. 洛伽胜境殿

图 7-81　河北承德普陀宗乘之庙平面图

图 7-82 河北承德普陀宗乘之庙

前部有石桥、山门、御碑亭、五塔门、琉璃牌楼等建筑（图 7-83），呈轴线排列，它们基本是建在平地上的汉式建筑。中部建筑渐上缓坡，山坡上散置若干座大小不同的藏式碉房（图 7-84），称为白台，其中有僧房也有佛殿，呈不规则的无轴线的排列，象征藏地山川风情以烘托主体大红台。

后部主体位于山坡高处，建筑在一座高 17 米的台基上，上面有三组相连的建筑和几座小建筑组成庞大的建筑群，俗称大红台（图7-85）。大红台中间的建筑体量最大，是一座高 25 米，宽近 60 米的七层大楼。其实它下面四层是实心的高台，因在墙面外观上做出四层假窗故显为七层。大楼四周是三层平顶的群楼，群楼中间天井内建一座五间重檐的方形大殿堂，上覆镏金铜瓦顶，名万法归一殿。在群楼平屋顶的前部建两座方攒尖小亭，右部建一座镏金铜瓦六角亭名慈航普度。主体建筑的东面是一座外观四层的平顶群楼，其平屋顶后部建镏金铜瓦八角攒尖重檐亭名权衡三界。主体建筑的西面是千佛阁院。再西以一座独立的圆形平面碉堡形建筑结束。大红台外墙刷红，体量庞大，外墙稍有收分，体形坚实有力。大红台下面高台外表刷白，亦做三层藏式假窗，与大红台相辅相配，增强碉房式宗山建筑的雄伟外观。大红台除了以其体量、色彩取胜之外，它运用藏式的梯形窗套，横线条的檐墙（类似边玛墙），镏金屋顶，更增加了藏式建筑风味。

普陀宗乘之庙布局及造型是仿西藏布达拉宫，并做得十分成功。除形体、色彩到细部都采用了藏族建筑常用的手法外，主要是从总体布局上体会到布达拉宫的意味。布达拉宫由前面的宫城、山顶主体和后山湖区三部分组成，而人们的主要印象大都在宫城和山上的主体两部分。普陀宗乘之庙虽由前、中、后三部分组成，实际给人的印象也是由山下的“城”和山上的主体建筑两部分组成。普陀宗乘之庙山门、角楼、围墙及雉堞，这些组合起来就有“城”的意味。布达拉宫山顶高楼重重，山顶上建筑仅中间体量最大的建筑刷红色，其他全为白色，红宫平顶上有几座镏金瓦顶，西面有半圆形的碉堡式建筑西大堡，布达拉宫与西面药王山之间过去有三座喇嘛塔等。这些形象处理，都可以在普陀宗乘之庙大红台中找到，如红白台，金顶建筑，西部圆形碉堡，西围墙的三塔水门等。普陀宗乘从总体的“形”与“体”及某些细部做法、色彩运用等去仿布达拉宫，

图 7-83 河北承德普陀宗乘之庙琉璃牌楼

图 7-84 河北承德普陀宗乘之庙塔台

效果是成功的，所以被誉为“小布达拉”。乾隆时期从宗教建筑到园林很多仿制名寺胜景的实例，都能做到“师其意，而不宗其形”，具有神似的效果，而且还有创意与改进，反映出文化融合提高的过程，这里边的经验值得进一步探讨。

(5) 须弥福寿之庙　是“扎什伦布”的汉译，位于避暑山庄之北，占地 3.8 公顷，建于清乾

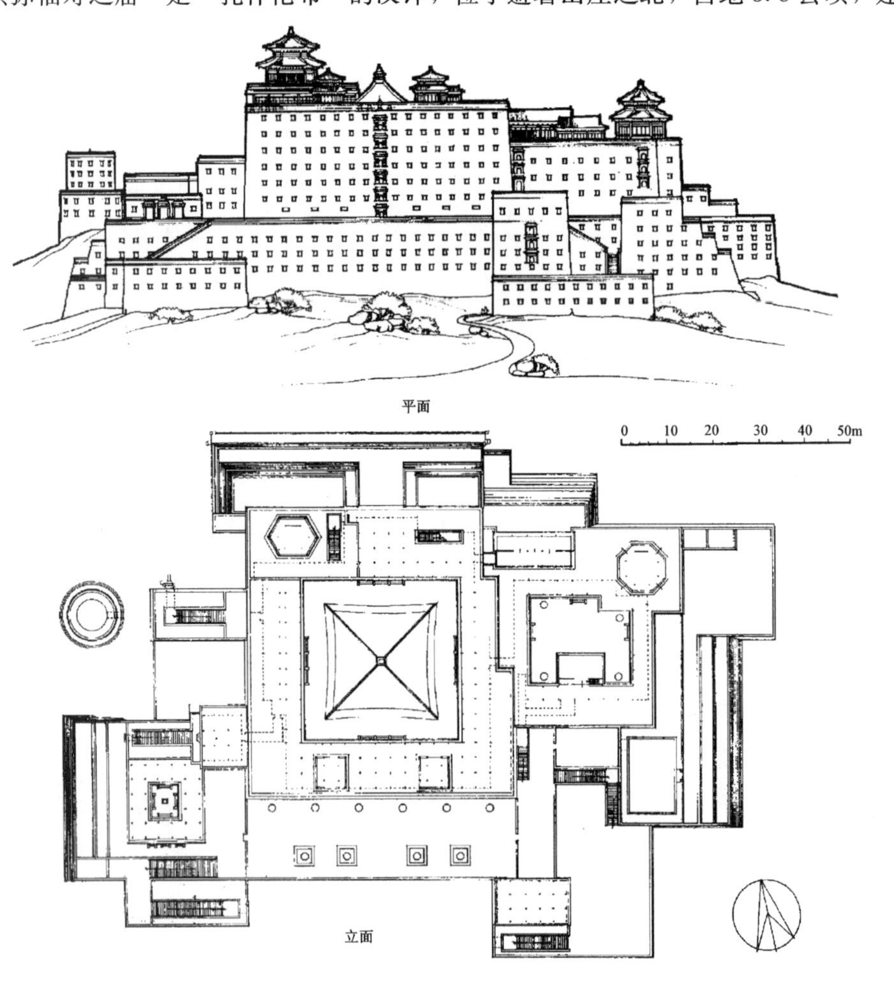

图 7-85 河北承德普陀宗乘之庙大红台平面、立面图

隆四十五年（1780 年），是为前来祝贺乾隆寿辰的六世班禅而修建的行宫，所以它是仿西藏日喀则扎什伦布寺建造的[22]（图 7-86、7-87）。该庙建在南低北高的缓坡上，可分为前后两部分；前部以碑亭为中心，三面环以围墙，三面开门，地势平坦（图 7-88）。后部地形渐升，以人工堆叠的假山为台，沿磴道登山，中部建三间的四柱琉璃牌坊，牌坊后即为主体建筑大红台。台高 3 层，平面为正方形，四周为平顶 3 层群楼（图 7-89）。四隅有楼梯罩亭。天井内，建一座方形三层重檐攒尖的大殿堂，名妙高庄严殿，攒尖顶上用镏金铜瓦，此殿为班禅讲经之所。大红台东面还有一座两层群楼，俗名东红台。西北面是吉祥法喜殿，用重檐歇山式镏金瓦顶，此即为班禅寝殿。大红台后有金贺堂和万法宗源殿，是班禅弟子的住处。轴线最后以七级八角形琉璃塔为结束（图 7-90），其左右尚有几座称为白台的藏式建筑。

主体建筑的群房每边长度近 50 米，高 3 层，体量很大，平顶，外墙刷红色，造型坚实有力。门窗口上有琉璃制成的垂柱型的窗檐，突出了窗户的远视效果。须弥福寿之庙布局的最大特点是将主体建筑大红台布置在前部，开门见山，以其宏大气势，先声夺人。而其后则随山势曲折婉转，自由布置小体量建筑，最后以汉式高塔结束。这样做法，不仅可节约工程造价，而且给信徒以不同于传统佛寺的全新感受，其中也引用了不少园林手法，是有创造性的宗教建筑布局。

从仿制角度看，须弥福寿之庙只能说是一组仿西藏式的建筑，因为扎什伦布寺是建在山麓至平地间的一大建筑群，其内道路纵横，总体布置没有明显的轴线。其中的主要建筑如经堂、佛殿、班禅灵塔殿等十几座体量庞大的建筑，是在总体后部高处沿山麓等高线，从东到西横向蜿蜒地展开的；其前面平地上的大片体量较小的建筑，也是横向布置。而须弥福寿之庙是按纵轴线布置，全然没有扎什伦布寺的特点风貌，但是从艺术角度上它却另有特色，某些方面胜过扎什伦布寺。

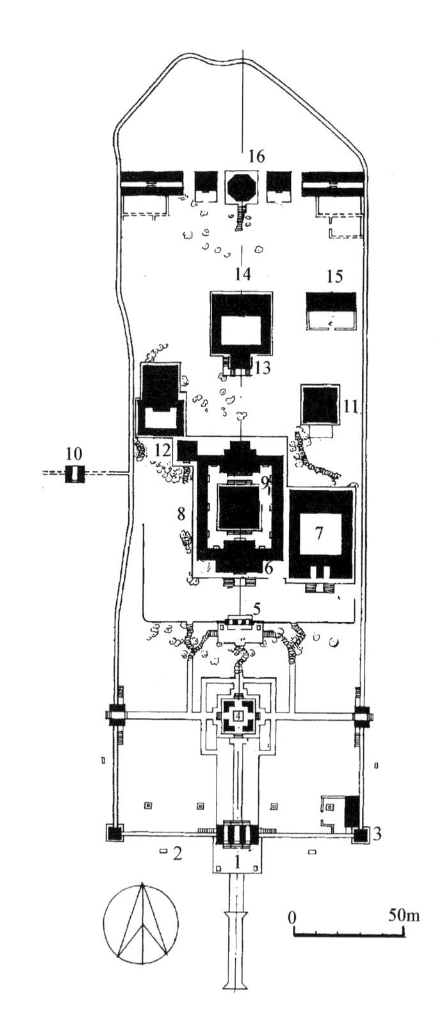

图 7-86　河北承德须弥福寿之庙平面图

1. 山门	9. 妙高庄严殿
2. 制碑	10. 单台白塔
3. 隅阁	11. 生欢喜心殿
4. 碑阁	12. 吉祥法喜殿
5. 琉璃牌楼	13. 金贺堂
6. 大红台	14. 万法宗源殿
7. 东红台	15. 白台
8. 大红台群楼	16. 琉璃宝塔

五、藏传佛教建筑对清代建筑发展的影响

清政府扶持推崇藏传佛教，尊重藏蒙民族习俗，赢得藏蒙民族首领的拥护，这对于维系多民族国家的团结、统一，是一项积极的政治举措。同时对各民族的经济文化交流也起到有力的促进作用。从建筑艺术上来讲，这种促进与影响则更为显著。历来中国古代建筑的发展基本上以汉族建筑为主流，仅在元代掺杂若干民族因素，而清代通过藏传佛教建筑艺术的传导、掺同、糅合，使建筑中的兄弟民族艺术成分大大增强，甚至改变了传统建筑的某些特色和手法，以全新的面貌出现在中国大地，从而使清代成为中华各民族统一文化形成的重要时期。通过藏族建筑艺术的内传，这种影响具体有下列诸方面。

图 7-87　河北承德须弥福寿之庙全景

图 7-88　河北承德须弥福寿之庙碑亭及琉璃牌楼

图 7-89　河北承德须弥福寿之庙妙高庄严殿周围群房

图 7-90　河北承德须弥福寿之庙琉璃塔

从总体建筑构成上出现三种形式，即沿用藏族依山就势自由式布局的建筑传统，采用平顶碉房建筑构造，及浓烈的藏传佛教装饰风格的藏式建筑；仅在细部及装饰处理上吸收藏式手法，而总体仍采用轴线布局及木构坡顶建筑体形的汉式建筑；以及布局及单体建筑处于两类交融状态的汉藏混合式。这三种形式也代表了地形变化的因素，即山地、平地和山坡地结合的三种地段。藏式山地自由式布局与汉族原有的山地不均衡式布局不同，汉族建筑布局强调起承转合的序列关系，各组群之间彼此贯穿，局部仍有轴线对应；而藏族建筑布局强调山势与建筑叠合，山形愈高，建筑愈伟，造成高大体量从空间上控制全局，无轴线对应，彼此并不连属，甚而有联成一排的做法。藏族宗山式布局是汉族传统建筑中所缺少的，是一种新型的布局。

藏传佛教由于宗教仪规，要求建立容纳数百至数千人的唪经的大经堂，即“都纲”建筑，规模庞大，造型简洁有力，是汉传木构建筑所未出现过的建筑形象。传至内地又结合坡屋顶的造型，演化成许多大型的复杂的楼阁形式，如席力图召大经堂（图 7-91、7-92）、善因寺大经堂、安远庙

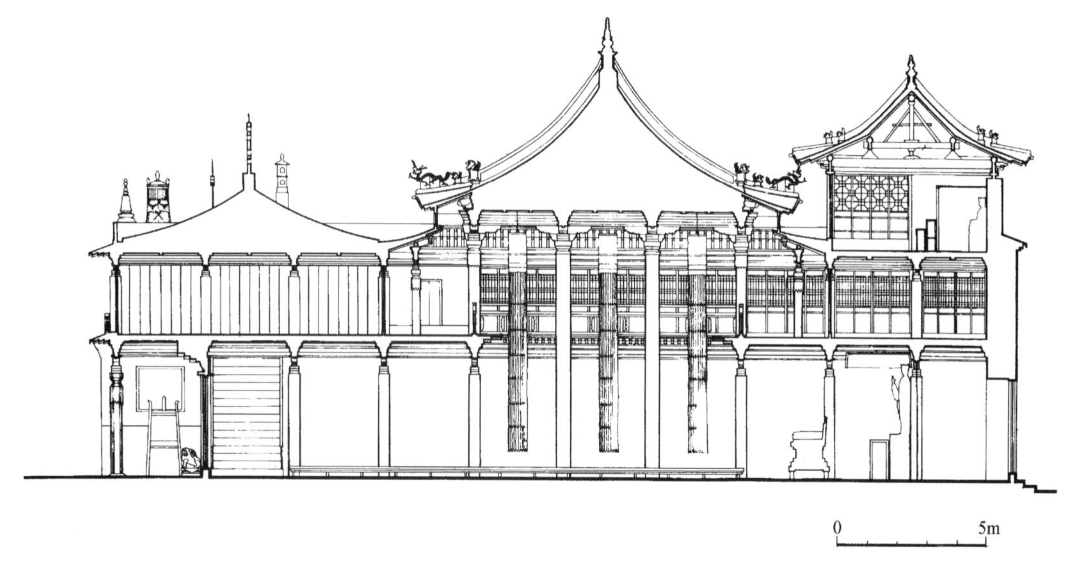

图 7-91　内蒙呼和浩特席力图召大经堂剖面图

图 7-92　内蒙呼和浩特席力图召大经堂

普度殿、须弥福寿庙的妙高庄严殿、塔尔寺的大经堂等。这种大体量的楼阁，与重楼叠加式的，每层由台基、柱身、斗栱瓦檐三段分割的传统立面造型很不相同，为传统楼阁的体型设计提供了广阔的思路。同时藏传佛寺的佛殿、佛阁（包括灵塔殿），室内空间高大，构架技术要求高，促进

了清代木构技术的提高。藏传佛殿、佛阁与观景楼阁及宫廷戏台成为代表清代高层木构技术水平的三种主要建筑类型。

藏传佛寺布局艺术构思引入了强烈的宗教思想，如诸神聚会的坛城，想象中的佛国宇宙，须弥山的五峰并峙等。这些原来停留在经文中的描写或缩微的模型图案中的设想，突然变成气势庞大的空间艺术实体，给信徒以莫大的精神感受，也可以说历代中国佛教建筑艺术实例中，还没有像清代藏传佛教这样能充分地利用建筑为传播宗教服务。使佛寺不仅在使用功能上满足宗教需要，而且要充分发挥其再现某种宗教思想的艺术内涵，其艺术性大为提高了。

藏传佛寺建筑也带进了具有藏族风格的建筑艺术。如基于木梁密肋平顶构架而形成的构造作法，如亚字形断面的木柱、柱鲅及大斗、大的托木及短椽式的梁椽装饰等。由碉房式的砖石墙所引发的各色墙面粉刷，梯形窗、窗口上的挑出的窗檐、边玛草檐墙及墙顶、墙身上各种藏传佛教装饰物等。其他如室内的筒幡、柱衣、壁画、唐卡、酥油花、绚丽的梁枋彩画等更是特色浓郁，这些都是汉传佛寺所没有的。在内地的藏传佛寺中曾大量运用了这些手法，或经过变形、简化处理，这一点对古代建筑艺术的影响至大，如承德外八庙中使用垂花式的窗檐、琉璃龛式的盲窗、藏式镏金铜瓦金顶、檐口上用封檐板、盛京宫殿崇政殿出现的方柱托斗、短椽边饰以及在内蒙、甘青、云南等地使用的类似积木式的金刚结门口边饰等，都是从藏族建筑中吸收的，它们与汉式建筑手法结合在一起互为补充。

总之，藏传佛教建筑为古代建筑带来新的营养，推动着建筑艺术进一步丰富、成熟、美化，促进了多民族建筑文化的形成。

第二节　汉传佛教建筑

一、清代汉传佛教的衰微

清代初年继承明代的制度对汉传佛教进行严格的管理，朝廷设僧录司，各府州县设僧纲司、僧正司、僧会司专司其事。对原有各庙僧人数目进行限制，不许私自剃度，必须持有官给度牒才可为僧[23]，并稽查设教聚会状况。顺治二年诏令禁止京城内外擅造寺庙佛像，这些措施对抑制宗教活动，恢复战乱后衰微的生产有着积极的保证作用，所以延至康熙二年，据官方的礼部统计全国共有寺院79622处，其中官建的仅12482处，大部分为私建寺庙[24]。乾隆十九年（1754年）以后取消了官给度牒制度，佛教的发展才渐有恢复。清初几代帝王虽然也表示出对汉传佛教的一定兴趣，如顺治晚年曾召浙江玉林通琇（1614～1675年）、木陈道忞（1596～1674年）入京说法；康熙时巡视江南，常住名山巨刹与佛教名师讲论佛学；雍正时参拜著名禅僧伽陵性音而悟性大进，并提倡净土信仰，专心念佛，主张儒佛道三教一致，佛教中诸宗一致，禅家中五家一致；乾隆时亦提倡崇佛，并出版了规模巨大的“大藏经”等。但总的讲，出于政治的需要，清朝政府始终没有把汉传佛教提到首要的地位，而使之处于藏传佛教之下，故汉传佛教发展更多依靠民间信徒，而绝少官方的助力。因此也不具备很多宗教特权，这些都影响到清代汉传佛教及其建筑的发展，使得其再也不具备唐宋时的发展规模，但也促使其创造出某些新的特色。

二、寺院地方特色逐渐明显

清代佛教的经济实力多依靠信士，在家的居士对佛教发展作用很大，著名的有乾隆时期的彭绍升、光绪时的杨文会等人[25]，都对佛教的传播起了较大作用。至于寺庙，一般中小寺院的建筑较少受官式建筑规制的拘束，更多地吸收民间工艺技术，采用地方建筑风格，表现出灵活自由的布局规式。即使一些大型寺院如唐代以来即香火极盛的佛教四大名山也都受到地方建筑风格影响，形成富有地方色彩的佛教寺庙。

其中文殊菩萨道场的五台山因距京城较近，历来受宫廷建筑影响较大，如明代成祖修显通寺、塔院寺；正德时武宗重修广宗寺；万历时李太后重修罗睺寺等。清初因推崇藏传佛教，于顺治十七年（1660 年）将台怀山顶的菩萨顶改为藏传佛寺，俗称黄寺。继之于康熙二十二年（1683 年）又将罗睺寺、广宁寺等 10 寺改为黄寺，使五台山成为青黄两类寺院的集中地[26]。同时康、乾两朝对许多寺庙进行了大规模的修整，建筑风格更加富丽堂皇。这些宫廷敕建寺院除维持严整的格局，宏大的殿堂体量外，多增加许多雕饰，有些也是山西地方的工艺手法。如柱枋间的罩形花牙（图 7-93）、外檐梁头的兽形雕饰，殊象寺的悬塑（图 7-94）、广宗寺的铜瓦、碧山寺的戒坛、塑像等都很有特色。尤其是藏式喇嘛塔造型，生发了不少变化（图 7-95），这一点就是在五台十大青寺建筑中也不例外[27]。

图 7-93 山西五台山真容院大殿外檐罩牙

图 7-94 山西五台山殊像寺山墙悬塑

除五台山以外的三处佛教名山（峨嵋山、普陀山、九华山）的地方特色的倾向则更为明显。四川峨嵋山为普贤菩萨道场，山势逶迤，峰峦起伏，海拔 3019 米，植被丰富。自唐宋时山区内已佛寺广布，至明清达于极盛，寺庙近百所。峨嵋山寺庙布置十分强调与地形地势结合，常常利用筑台、引步、纳陛、吊脚、错层等手法将地形高差容纳在总体布局中。例如报国寺、伏虎寺全寺分筑在五级台地上，洪椿坪、仙峰寺分筑在三级台地上，层台高耸，地形自然地赋予建筑以雄伟气势。同时山区用地狭窄不规则，所以峨嵋寺庙多为楼房，有的甚至为三层。而且布局上不强调轴线与朝向，随山势走向而定，再加上灵活的穿斗架屋顶结构，穿插搭接，叠落自由，因此，峨嵋山寺庙外观造型，完全突破了传统寺庙的严肃立面，显现出具有灵活多变的建筑风格，与山势巧妙结合，相得益彰。如洪椿坪偏设在一边的山门入口，与山路结合有机自然（图 7-96）。伏虎寺入口前设立牌坊及三座跨溪桥廊，曲折经大片楠木林，遥见天梯上耸立着布金林牌坊（图7-97），最后达到宽敞的大殿庭院，使信徒通过曲、蔽、攀的空间转换，到达目的地，这种导引手法运用得十分成功。雷音寺从侧面配房的吊脚楼下部引入道路，完全结合地形。华严顶将佛殿与山门结合为一，正面敞开面向山峦、深涧，将山景纳入建筑之中。遇仙寺四周悬岩陡壁，弹丸之地，故仅设正殿三间，山径穿殿而过，路庙结合。息心所将佛殿、客房、僧房全部组织在一起，在高台上筑成一座两层建筑。神水阁、清音阁等都是背依山岩的一字形庙宇，前面安排名胜景点，完全不受传统寺庙格局的拘束，尤其清音阁前设置桥、亭，汇合二条涧流、三向路径，形成二水斗牛心的景观（图 7-98），完全是一处美丽的园林。这些皆是极有特色的宗教建筑[28]。

图 7-95　山西五台山镇海寺章嘉呼图克图塔

图 7-96　四川峨嵋山洪椿坪山门

图 7-97　四川峨嵋山伏虎寺布金林牌楼

图 7-98　四川峨嵋山清音阁前“双桥清音”景观

普陀山为观音菩萨道场，是浙江省舟山群岛中的一个小岛，自五代以后逐渐发展成佛教圣地（图 7-99）。原初只有一座“不肯去观音院”[29]，此后历代建造了不少供奉观音的佛寺庙宇，最宏大的有普济寺、法雨寺、慧济寺三大寺，皆是清初康乾时期建造的（图 7-100）。普陀山佛教建筑的成就不仅在于建造了三座宏大的寺院，而更重要的是它密切结合海岛环境，因水成景，构筑出南海观音的佛国仙界氛围。如在岛南及岛西结合巨石形成南天门、西天门；在“不肯去观音院”附近结合紫斑石，进而栽植紫竹，形成紫竹林；结合海涛浪激山洞而设置潮音洞、雷音洞、梵音洞；因借海雾弥漫，幻变多端的洛迦山岛设置洛迦圣境等，都是很有宗教色彩的景观。

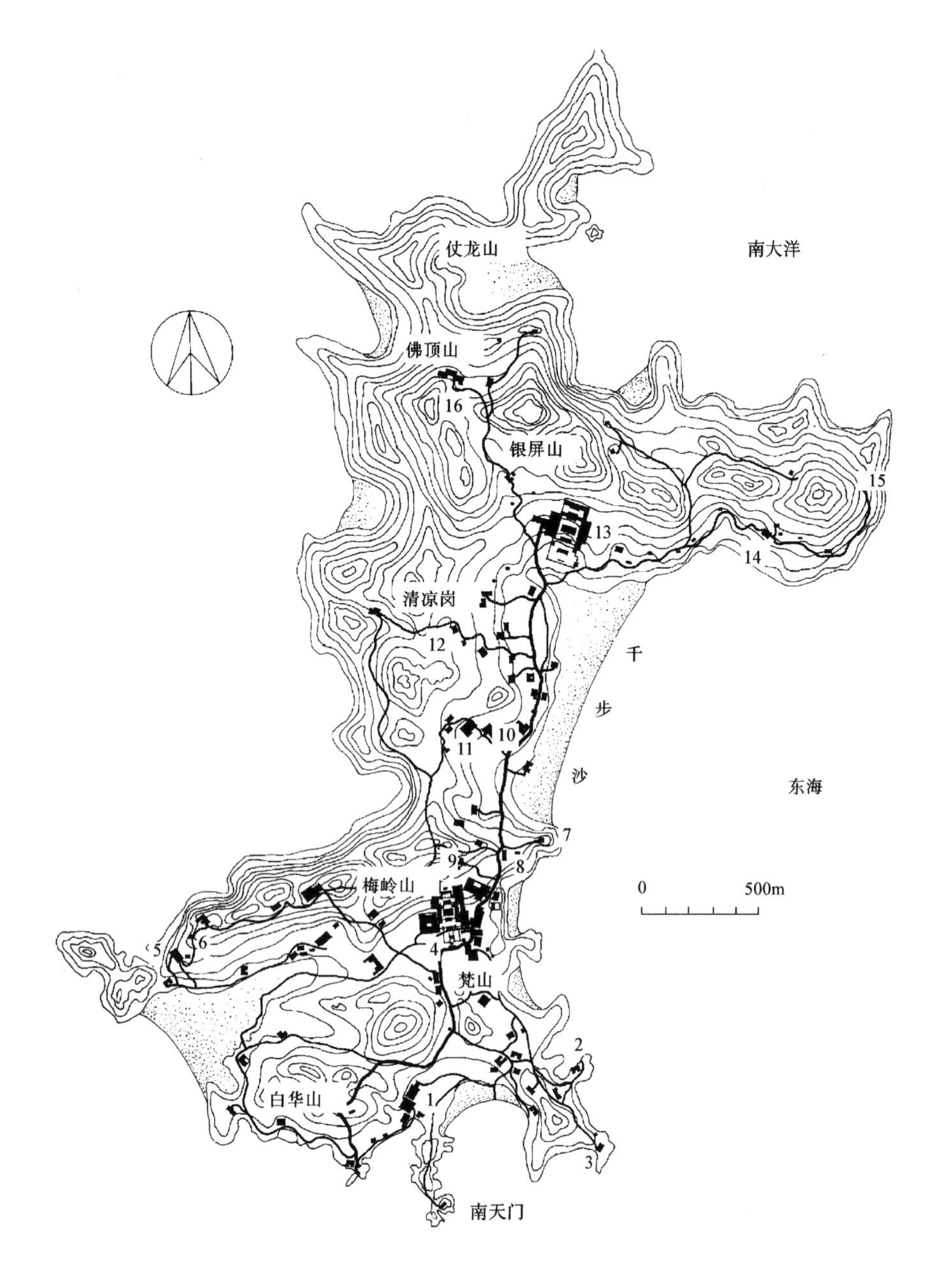

图 7-99 浙江南海普陀山总平面图

1. 白华庵　2. 潮音洞　3. 西庵　4. 普济禅寺　5. 观音洞　6. 磐陀石
7. 朝阳洞　8. 仙人井　9. 东天门　10. 长生庵　11. 大乘庵　12. 清凉庵
13. 法雨禅寺　14. 祥慧庵　15. 梵音洞　16. 慧济禅寺

安徽九华山是地藏菩萨道场，山中寺庙早建于东晋，以后历代屡有兴造，至清代香火旺盛，寺庙达百座之多，但大寺仅化城寺、祇园寺、肉身宝殿、天台寺，其余皆为小寺。因九华僧人以苦修为本，禅农结合，特别是在清中叶以后，沿五溪、九华、天台峰这条进香线上，建造了许多小僧舍、庵堂、茅棚，星罗棋布，左盘右旋，成为九华山的重要特点（图 7-101、7-102）。九华寺庙结合地形，建于山崖陡壁、山谷、丛林，不作严整的布局。如万年禅寺（百岁宫）建在巨大山岩上，连大殿内佛龛都建在隆起的岩石上。九华寺庙多为寺舍合一，形式上吸取皖南民居构造，白墙、黑瓦、马头山墙，空间体量随意，有的还用乱石砌筑，远观与农舍无异。甚至布局上亦受民间风水观念影响，注意村落的水口处理，如祇园寺西侧的迎仙桥旁建一水口寺，成为整个九华庙区的入口。故民舍式寺庙是九华山的重要特点。

图 7-100 浙江普陀山普济寺大殿

图 7-101 安徽九华山静修茅棚

福建地区的寺院建筑多喜用红金装饰，木雕复杂，同时屋顶多采用跌落式，表现闽南建筑风格较明显。两湖一带小型寺院建筑多用外檐砖墙封护，红黄粉刷，出檐短小，有地方民居色彩。而川南寺庙则多用板壁及圆形窗，朴素自然。

三、寺院布局园林化及工程上的进步

清代汉传佛教理论受儒、道影响明显加深，禅宗独领各宗的局面减弱，禅净结合，普遍以念佛为信仰仪式，宗教理论上没有大的突破，具有独特形制的寺庙也不多，一般皆以佛殿为寺院布局之主体，只不过是殿堂多少、大小之区别。但清代却对大量的元明寺庙进行了扩建与改造，如北京香山寺、卧佛寺、碧云寺、戒台寺、潭柘寺，宁波天童寺、育王寺，天台国清寺，福州涌泉寺，杭州灵隐寺，广州光孝寺，成都文殊院等著名寺院，皆有巨大的建设。特别是受道家的影响，更加注意体现山林意境，园林趣味，布局自由灵活，亭阁高下交错，环境美学及空间艺术有很大提高。例如乾隆十三年（1748 年）重新改建的北京碧云寺，在中路之尽端建造了一座金刚宝座塔以为全局之结束，右路仿照杭州净慈寺的型制增建了田字形的五百罗汉堂（图 7-103），左路增建了行宫及水泉院，使全寺呈现出内容丰富，体量参差，空间变幻的新面貌。特别是水泉院结合山坡地形，清泉自山间流下，水声淙淙，回曲婉转，汇聚成池，池上建桥，岩际设亭，松声鸟语，刻画出一幅山林景色，是清代寺庙园林的佳例。四川乐山乌尤寺亦

图 7-102 安徽九华山净土庵

图 7-103 北京碧云寺五百罗汉堂内景

是一座山寺，结合面向岷江的山势，沿江设旷怡亭、尔雅台、听涛轩、景云亭，盘旋而上山顶园林，把寺庙与风景绝妙地结合在一起（图 7-104）。杭州虎跑寺是一座古老的景点，光绪重建时采用回折蹬道、影壁及水院等手法，形成变化多端的空间环境，毫无传统寺庙庄严气氛（图 7-105）。镇江金山寺依山而造，主要殿堂在山坡下半段，以回廊相连属，妙高台在山腰，留玉阁、观音阁在山顶，并在山巅西北方面临长江建立高矗的慈寿塔，饱览江天一色，形成对比度很强的立体构图，使金山岛四面皆可成景，山水相映，殿阁交辉，故清康熙帝南巡过此时赐名为江天寺。此外，厦门南普陀寺与寺院后部的山岩怪石相结合；昆明西山太华寺西侧建立水院；颐和园佛香阁众香界依附主峰；宁波天童寺前十里松林的导引等都取得了感染力强烈的园林效果。

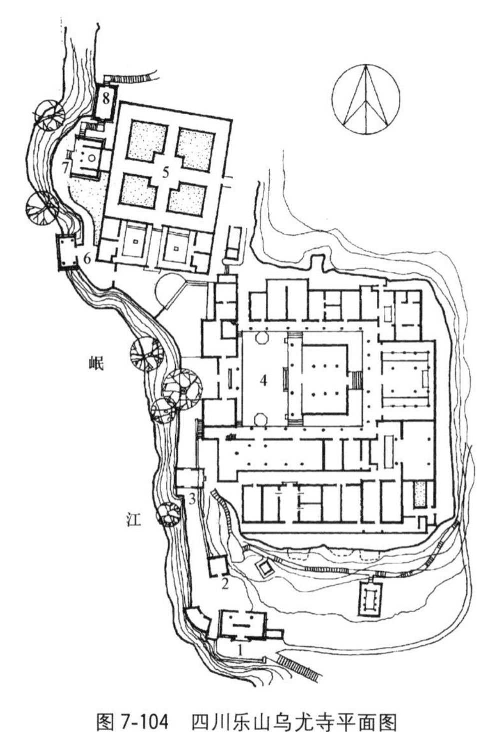

图 7-104　四川乐山乌尤寺平面图

1. 山门　2. 弥陀宝殿　3. 门殿　4. 大雄宝殿
5. 罗汉堂　6. 旷怡亭　7. 尔雅台　8. 听涛轩

图 7-105　浙江杭州虎跑寺园林化布置

清代佛教的塔幢建造活动已经衰退，一般佛寺中很少建造，而代之以道教意味浓厚，企求振兴一方文运的文峰塔（文笔塔、文风塔）或镇压水口的风水塔。少量的佛塔也多结合园林风光建造，如北京玉泉山的三塔（华藏塔、玉峰塔、妙高塔）即建在园内三座山峰上。扬州莲性寺白塔、北京北海白塔都是岛屿景点建筑。在新塔形的创造上值得注意的实例是北京颐和园花承阁的多宝琉璃塔（图 7-106）。该塔八角三层七檐，塔身平面为抹角大小边的八方形，是楼阁式与密檐式相结合的塔形。塔身及屋檐用五色琉璃砖全部包砌，黄、碧、紫、蓝相间错落，其造型及用色皆有新意。宁夏银川城内海宝塔建于乾隆四十三年（1778 年）（图 7-107），在方形平面上每边向外突出一部分，塔身横竖线脚硬朗，没有传统塔形中常见的平坐、瓦檐形式，塔刹具有伊斯兰教建筑风味，是一座很奇特的塔形。

宋代以来兴盛的田字形五百罗汉堂，在清代汉传佛寺中又有较大的发展，如北京碧云寺、杭州灵隐寺、乐山乌尤寺、新都宝光寺、苏州戒幢寺、宁波天童寺等处罗汉堂都是清代建造的实例，其中塑像也不乏佳作。直到清末，昆明筇竹寺邀请四川民间雕塑名家黎广军修塑五百罗汉时，才打破了这种田字形建筑惯例，而改置在大雄宝殿两壁及侧厢的梵音阁和天台来阁内（图 7-108）。

由于工程技术的进步，清代佛寺中出现不少巨大体量的佛殿佛阁。如乾隆二十三年（1758年）北京清漪园万寿山颠在大延寿寺塔的基础上建造的八角三层佛香阁，包括基座在内高达41米，是清代第二大木构建筑。常州天宁寺大殿高达“九丈九尺”，殿内独根铁梨木柱高九丈，宏伟博大。宁波天童寺大殿木构架高达19米，进深17檩，是国内有数的大建筑（图7-109）。又如甘肃张掖宏仁寺的大佛殿，建于康熙十七年（1678年），为了包容殿内身长34.5米的泥塑大卧佛，而将此殿建为面阔九间，进深七间，平面面积达1370平方米的两层佛殿（图7-110），这样的佛殿在历史上亦为少有的实例。建于乾隆八年（1743年）的北京觉生寺（大钟寺）的大钟楼，内部的永乐大钟重达46.5吨，荷载完全悬吊在屋架上，表现出木构工匠在设计与施工中高超的技术。

图7-106　北京清漪园花承阁多宝琉璃塔

图7-107　宁夏银川海宝塔

图7-108　云南昆明筇竹寺五百罗汉塑像

图7-109　浙江宁波天童寺佛殿的木构梁架

清代还建造了大量的附崖建筑，历史上遗留的唐宋摩崖大佛的窟檐楼阁几乎皆是清代建造的。如甘肃敦煌的九层楼、云冈第五、六窟窟檐楼阁、浙江新昌大佛寺窟檐楼阁、四川荣县大佛阁、甘肃甘谷大像山石窟窟檐、陕西彬县大佛寺窟檐等。这些佛阁一般都是依岩建造，层层叠构，高30余米，甚至达到50米。附崖建筑中最巧妙的可称四川忠县石宝寨(图7-111)。该建筑位于长江北岸的玉印山。玉印山为一孤峰，四周峭壁如削，山顶上有一座天子殿，登临此处，可俯瞰长江滚滚巨流，山光帆影尽入眼帘。登顶的惟一通路是一座九层高的附崖楼阁，高50余米，层层递升，直通山顶，最上又复以重檐方亭，累计有十一层檐，犹如一座玲珑宝塔，成为独特的江上奇观。山西浑源悬空寺[30]也是一座奇妙的建筑（图7-112），它不仅附崖建造，而且悬挑在山崖峭壁的半山腰，以悬梁或支柱为承托建造楼阁。楼阁间以栈道相通，登楼俯视，如临幻境，云飘雾漫，渊深流急，在谷底仰望悬空寺，有如仙山楼阁。古人赞之为“凌虚构梵宫，蜃楼疑海上”，宗教建筑的氛围通过建筑而得到浓增。此外如河北井陉福庆寺桥楼殿建于飞桥之上，亦为险工之一（图7-113）。

图7-110　甘肃张掖宏仁寺大卧佛塑像

图7-111　四川忠县石宝寨

图7-112　山西浑源悬空寺

图7-113　河北井陉福庆寺桥楼殿

四、佛教宗派新发展对佛寺建筑的影响

清代汉传佛教中仍以禅宗为主，净土宗、天台宗亦有一定地位。禅宗有四大丛林，即镇江金山寺、扬州高旻寺、宁波天童寺、常州天宁寺。禅宗寺院中临济宗系的杭州灵隐寺、苏州灵岩寺、福清黄檗山万福寺，曹洞宗系的福州鼓山涌泉寺、南京天界寺等也都是名寺。净土宗寺院有杭州梵天寺、北京怀柔红螺山资福寺。天台宗寺院有天台国清寺、苏州报恩寺、当阳玉泉寺。这些寺院虽然宗派不同，但在建筑布局上没有更多的变异，而且有趋同的现象。明代提倡的儒、释、道三教归一的思潮，至清代则更为明显。如明末清初的四大高僧莲池、憨山、紫柏、蕅益，虽然分属净土、禅、法相、天台四个宗派，但他们都倡导各宗兼修融合儒、释、道三教一致的观点。反映在寺院建筑中则是佛殿种类增多，供奉对象各教并存，这种现象尤以北方更为明显。如建于五代的平遥镇国寺，至清代，其佛殿内容有很大改变，除主轴线上的天王殿、万佛殿、三佛楼以外，在各级配殿又增加了财福神祠、土地殿、三灵侯祠、二门神祠等。清代扩建的曲阜石门寺，原为道观，后改为佛寺，但仍保留有万仙楼、玉皇殿、牛马王殿、土地祠等道教内容。宁夏中卫高庙则为一寺两教庙宇，前半部为佛教寺院保安寺，后半部为道教宫观高庙（原称玉皇阁）。而保安寺的山门上又复建魁星阁，高庙的后楼又称大成殿（一般孔庙的主殿），内容交混，三教融合，建筑配置不守常规，已失去佛教建筑的传统面貌。山西浑源县悬空寺，在宗教内容上亦是一座三教融合的寺院。该寺悬依山崖，横向展开，组成三组。右边一组以大雄殿为中心，配属太乙殿、关帝殿，下层为拜佛堂，前方左右为钟鼓楼，大雄殿顶上建地藏殿、送子娘娘殿、千手观音殿、伽兰殿等。中间一组为三层楼阁，自下至上分别为纯阳殿、三官殿、雷音殿。左边一组亦为三层楼阁，安置四佛殿、三圣殿、三教殿。三组之间穿插栈道、飞桥、过洞，点缀石龛、佛像等。悬空寺的布置是把纵列平面型寺庙立体化，横向化，另立新意。三教归一说明传统佛教的衰颓，理论上的贫乏，为了面向文化层次低的村民进行布教，而采取了兼容并蓄，多种信仰的宗旨，这就为建筑布局的改进开拓了新路。

汉传佛教民间化的另一种表现即是创造民间神祇，如同在南方沿海地区人们推崇天后娘娘一样，在福建沿海地区多信仰佛教千手千眼观音，俗称“安海观音”，以保佑船民航行平安顺利。最早建立的庙宇为福建晋江安海镇北面的龙山寺，是康熙二十三年（1684年）在原天竺寺的基础上重修的。此寺支庶甚多，尤以台湾为甚，同名寺院达数百，其中著名的有台北艋舺龙山寺和鹿港龙山寺[31]（图7-114、7-115）。台北龙山寺建于乾隆三年（1738年），经20世

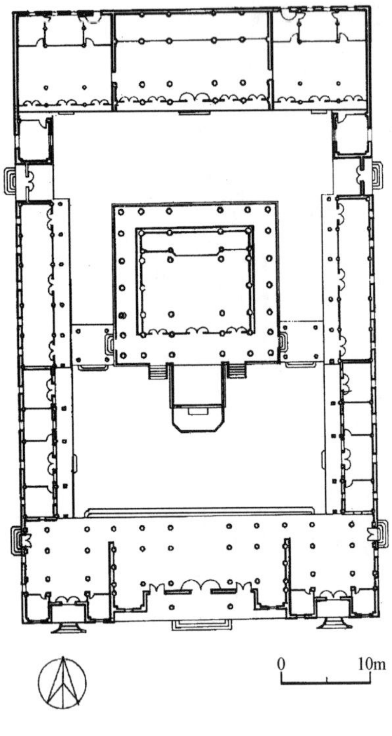

0 10m

图7-114 台湾台北龙山寺平面图

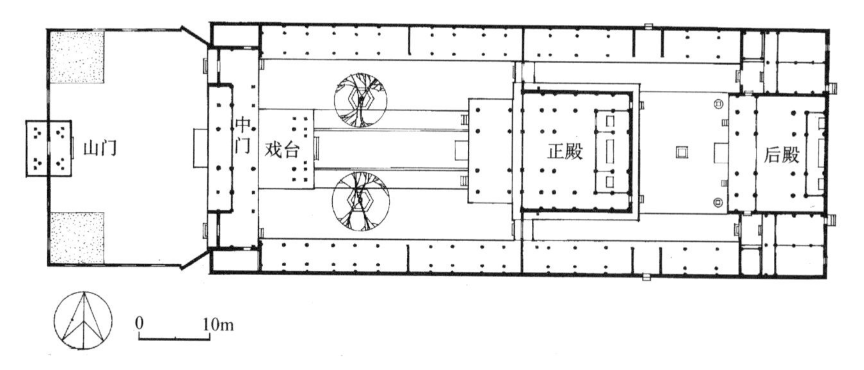

图 7-115　台湾彰化鹿港龙山寺平面图

纪初期改建，成为台湾名寺，一向被认为是闽南泉州籍移民的信仰中心，其主神观音像亦是从福建安海镇请来的。彰化鹿港龙山寺建于乾隆五十一年（1786 年），后代增修，保存尚完整，是台湾规模较大的寺院。有山门、中门、戏台、正殿、后殿等三进院落，两厢联檐通脊，空间比例完美，造型完全为泉州式样。从台湾龙山寺形制特征可看出两岸的人文物质文化的共通性。其构造作法完全遵守闽南做法，使用插栱、吊筒、升山，举架平缓，叠落式分割屋面，脊端起翘，用燕尾脊饰，当心间用雕龙石柱，两厢廊庑包围形成廊院式等。而且主要建筑材料是由福建厦门、泉州一带运来[32]。说明福建移民在开发台湾进程中的巨大作用。

汉传佛教建筑对境外的影响以日本最为显著。唐代鉴真和尚东渡日本，其随行弟子中即有通晓建筑者，在奈良建造了唐招提寺并形成为日本的唐式建筑。南宋时期，经日本僧人重源的引渡输入了福建、浙江一带的建筑形制，形成日本的“天竺样”建筑，代表作为奈良的东大寺。此后又有南宋僧人兰溪道隆受日本北条政权之邀赴日传法，创立建长寺，成为中国式日本寺院的新建筑形式，称“禅宗样”建筑[33]，至清代又再度展现出其影响。福建福清县渔溪镇的黄檗山万福寺是一座古老寺院，于明崇祯十年（1637 年）由僧人隐元重建成一座三进五殿的大寺，传授禅宗的临济宗教义。清顺治十一年（1654 年）日本长崎僧人慕名越海敦清隐元东渡日本传经，深得朝野的重视，并得谒见将军德川家纲。1661 年在京都宇治建“黄檗山万福寺”，以此为基地广传禅法，成为日本佛教黄檗宗的发源地。日本各地的万福寺皆按中国福建万福寺式样建造。此寺之建筑为随隐元来日的建筑家所做，是中国建筑艺术与日本建筑艺术的又一次融合。清初康熙四年（1665 年）潮州临济宗僧人元绍，曾传法越南，陆续建造了弥陀寺、河忠寺、国恩寺，并创立越南佛教的元绍派，亦传布了中国佛教建筑艺术，是清代佛教对境外影响实例之一。

第三节　傣族南传佛教建筑

一、傣族南传佛教

南传佛教是印度佛教传播至邻国地区的三大流派之一。三大流派为汉传佛教，即由犍陀罗（今巴基斯坦）、大月氏（今阿富汗）从西域流传至中国内地的一派；藏传佛教，即由北印度至尼泊尔而传入西藏的一派；南传佛教，即由印度本土传入斯里兰卡并陆续向缅甸、泰国、柬埔寨等东南亚各国及地区发展的一派。

南传佛教又称上座部佛教，因其基本教义是遵循古代印度部派佛教中的上座部教义，认为人生一切皆是空，生老病死皆是苦，因此主张逃避现实，自我拯救的自利观点，以达到完全的解脱，坚持佛陀创教时原始观点。并提倡"赕"(dǎn),即布施的意思,以积个人的善行,达到修来世的目的。南传佛教又称小乘佛教,因其提倡自我解脱,与古代印度部派佛教中主张以菩提度人之道以利他人的大众部教义不同。假如大众部像一只大船,可普渡众生到达涅槃的彼岸,称作"大乘"的话,则上座部仅可称之为小乘。

南传佛教传入中国云南西南边界的傣族居住区约在元明之际,即13～15世纪之间,兴盛于15～16世纪[34]。传播区域包括西双版纳、德宏州及耿马、孟连自治县等地。清初德宏地区的德昂族、澜沧的布朗族、陇川的阿昌族等亦受傣族的影响而信奉南传佛教。但主要集中地为西双版纳及德宏州两地区。

南传佛教与傣族村社制度下封闭的个体小农经济相适应,故一开始即受到统治者的扶持、鼓励,得到广泛的发展,并把宗教与政治统治结合起来。傣族的各级封建政权首领,如召片领(西双版纳最高统治者)、召勐(版纳下县镇一级"勐"的首领)、头人(村寨首领)等又都是宗教上的统治者,都得到佛教的尊称。寺庙中高级僧侣的加封或撤换,须经召片领批准,最高级僧侣多由召片领的亲族充任。德宏州、耿马、孟连的各级僧侣升级时亦由土司承认授权。这些行政统治者也积极从法律上、经济上赞助佛寺[35]。这种政教结合的联系也表现在寺院设置上。傣族是全民信仰佛教,每个村寨皆有一座或二、三座佛寺[36]。佛寺的组织系统与政治上的行政划分相一致,分为若干等级。在召片领宣慰府所在地的宣慰街设"洼龙",是统治全西双版纳的总佛寺;各勐所在地也各有一座"洼龙",是统领全勐佛寺;各"陇"、"播"等下一级行政单位则设中心佛寺一所称作"洼拉甲贫"[37];而一般村寨则设村寨佛寺,称"洼"(在德宏州的德昂族村寨称佛寺为"庄房)[38]。傣族佛寺虽然与西藏地区佛教的政教一体制度不同,但其内在联系仍是十分紧密的。每一座佛寺的规模除根据其地位的高低来确定,也受村寨经济实力的贫富的影响。

按照南传佛教的主张,每个男子在一生中要出家过一段僧侣生活,才能成为新人或受教化的人,受到村社人们的尊重。而且傣族村寨不设学校,在寺庙中可学习傣文,念诵经文,故寺庙又是惟一的受教育的场所。所以傣族群众把小孩从六七岁起便送进寺庙为僧,一般在二十岁左右还俗,只有少部分人是终生做和尚的。僧侣内部也分为不同级别,如小和尚、大和尚、二佛爷、祜巴,依次升迁。因寺院内总有一部分僧人居住,所以不管寺院大小皆设有僧房建筑。

寺院的建筑兴造,佛像妆銮,佛经刊印,日常佛事等经济开支及僧人衣食生活费用全由世俗群众,即是全村村民供养。一种是实物供办;另一种即是"赕"佛活动,遇有宗教节日、斋日、年节、婚丧、患病、祈福等都要在寺院中"赕"佛,向寺院布施金钱。因赕佛活动很多[39],因此寺院中的佛殿的面积较大,成为最主要最高大的建筑物。

二、傣族佛寺的位置及建筑组成

佛寺是村寨中惟一的公共建筑,形体高大,装饰华丽,与周围竹木结构的傣族民居相映衬显得格外突出。它多布置在村寨的显要地位,风景最佳处,周围密植树木,叠落的屋顶,金色塔刹,浮显在绿树丛中,远远望去,未到村寨,已见寺塔,成为村寨居民点的鲜明标志。佛寺在村寨的位置是因地制宜,随机而异。一般置于寨前的佛寺,多直对道路或建于路旁,如勐海的曼贺、景洪的曼景傣、曼龙匡、曼听、曼井栏等。置于村寨中心的佛寺多结合寨树(神树)布置,周围留出空地广场,作为村民活动场所,如景洪橄榄坝曼苏曼、芒市曼黑。地形有高下的村寨,多置于寨后高地上,如勐遮景真、勐海曼垒、景洪曼买。最突出的是景洪宣慰街的大佛寺(图7-116～

7-118），全寺坐落在一个山冈上，四周没有围墙，树木葱郁密茂，在岗上可俯视澜沧江及景洪坝子，视野开阔。自远处瞭望大佛寺高大的佛殿，十分突显壮观。也有的寺院坐落在离开村寨的幽静绿化地段上，如橄榄坝曼听佛寺。因这座佛寺仅供赕佛朝拜，仅有佛殿、佛塔各一座，没有僧人居住的僧房（图 7-119），所以离开村落远些也无大碍。曼听佛殿是佛像横向布置的惟一实例，是否受汉族影响尚不得知。佛寺布置尚受到村社风俗习惯的影响，如佛寺对面及侧面不能盖民居，民居楼面不得超过佛像坐台台面。德宏州规定佛寺墓地不能在村头。这些都保证了佛寺在村寨中的突出地位。傣族佛寺内一般包括佛殿、塔及僧舍三个部分（图 7-120），个别小寺也有不设塔的，

图 7-116　云南景洪宣慰街大佛寺

图 7-117　云南景洪宣慰街大佛寺佛殿内景

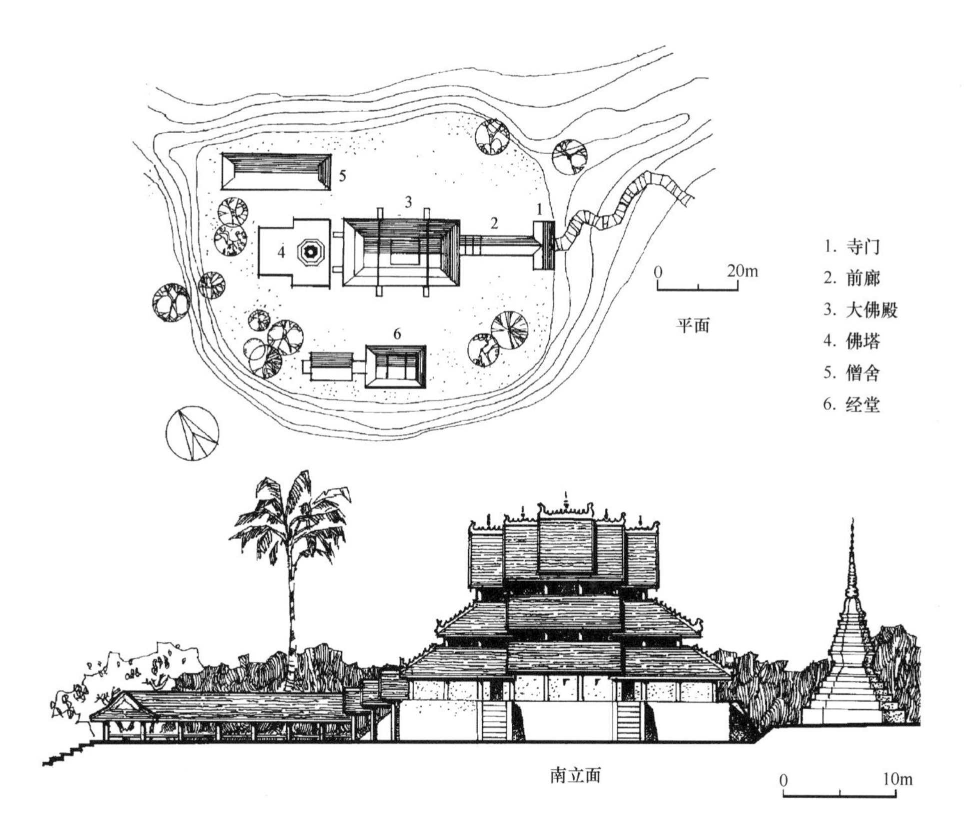

图 7-118　云南景洪宣慰街大佛寺平面立面图（摹自《云南民居》）

图 7-119　云南景洪曼听佛寺佛塔

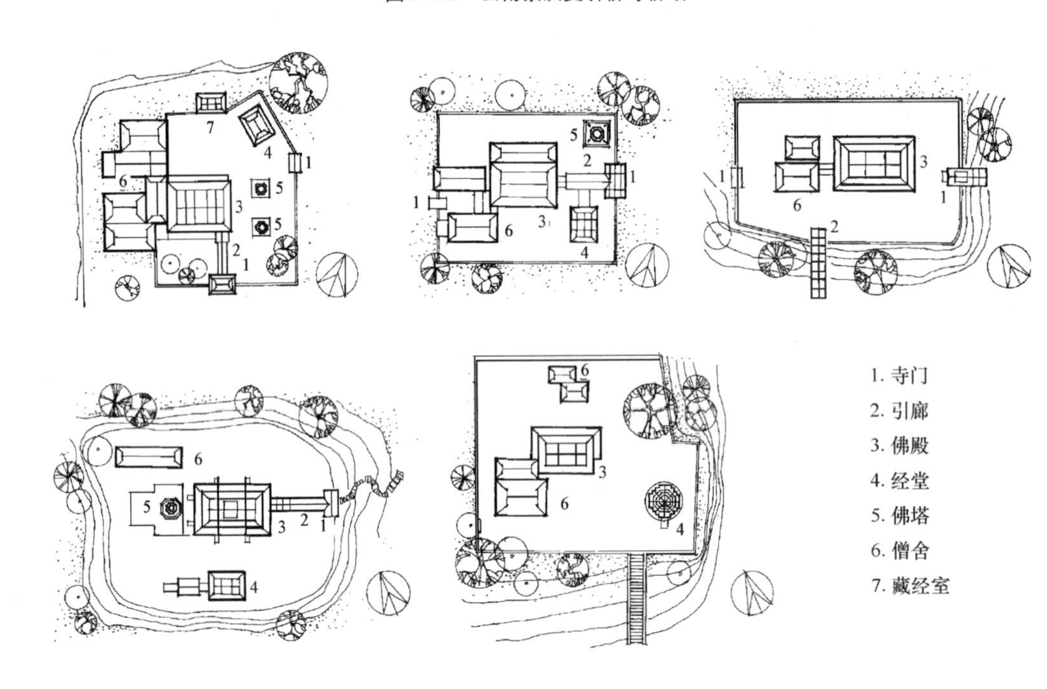

图 7-120　云南西双版纳傣族佛寺平面示意

寺院僧侣多也可设两三座僧舍。佛殿是佛寺的主体建筑，一般平面为东西方向的纵长方形，主尊释迦牟尼像置于殿西，面东而设。佛殿入口设在东山墙，不管寺门设在何方，皆可用引廊将信徒引向佛殿东面。因为佛殿山面有中柱，所以入口多微偏。寺院设有寺门，为空廊式建筑。寺门与佛殿之间多设引廊，有的随地形高下将引廊作成叠落式。佛塔有单塔、双塔或群塔等不同形式，多为佛舍利塔。僧侣死后，以土葬的方式埋在村落公共墓地的僧侣专区内，不设墓塔。僧舍是佛爷、和尚等生活居住的地方。较正规的僧舍内部尚可划分成佛爷宿舍、学经室及小和尚宿舍。有的佛寺尚有鼓房，内部置鼓数面，每月逢七、八、十四、十五四天傍晚，各寺一齐击鼓，镇魔。有的小寺不设鼓房，将鼓置于引廊内。中心佛寺或大的村寨佛寺中尚设有经堂，又称“戒堂”，傣语称“务苏”，作为大和尚日常诵经及和尚受戒之处，或在此召开各寺佛爷会议，研究宗教事务。

有的较大佛寺中还设有经藏，为储存经书之处。在“洼龙”等总佛寺中尚有议事庭建筑。在德宏州地区佛寺中往往不专设经堂，僧房可独建，也可与佛殿联建。此区佛寺内多设浴佛亭，以为泼水节时举行浴佛仪式用，另外还有供男女信徒拜佛时临时住宿的宿舍。由于南传佛教宗教活动的特点，故与汉传佛寺建筑组成有较大的差异，如崇拜对象为单一的释迦牟尼佛，故佛殿仅有一座，不像汉传、藏传佛寺有佛、菩萨系列偶像，可有多座佛殿。又如僧侣饮食由世俗百姓轮流供办，故寺内无香积厨建筑，一般僧人自己做简单饮食亦在僧房中解决。寺院中仪式用鼓设在鼓房或佛殿内、引廊内，无对称设置的钟楼、鼓楼。傣族佛寺属村社信仰，村村皆有，远地进香信徒极少，故无客房建筑。

傣族居住地区毗邻泰国及缅甸，其佛寺亦受到两国佛教建筑的影响。一般西双版纳地区佛教发展较早，受泰国影响较大；而德宏州则受缅甸影响较多，更因与内地交通较畅，又融会了汉族建筑技术，所以形成了版纳与德宏两地佛寺建筑的不同风格。

三、傣族佛寺建筑艺术

1. 佛寺布局

傣族佛寺一般不作对称式布局，各类建筑穿插安排，没有明确的轴线对应。造成这种状况的主要原因是建筑类型皆为单座，体量体型相差悬殊，且地形不规整，难以做出规律性布局，更主要的原因是佛寺皆经多次改建、添建，并非一次形成所致。自由式布局的佛寺可造成对比强烈，均衡构图的艺术效果，所以各村寨的佛寺皆有不同的面貌，变化多端。

一般讲佛殿是最高大的建筑，安排在主要地位。有的还需要加用高台基，以强调其重要性，如宣慰街大佛寺佛殿。佛塔多安置在殿前或殿侧，极少置于殿后者。寺内有两座佛塔时也不一定作对称状。佛塔与佛殿的对比关系十分重要，是寺院主体构图的重要因素，如橄榄坝曼苏曼寺佛塔与经堂同在佛殿一侧，近年改建时将佛塔移在殿前另一侧，与经堂形成构图平衡，就是一例。僧房多布置在佛殿一侧或后部，有廊与佛殿相连。最有变化趣味的是寺门与引廊，寺门一般在东面，若因地形交通原因设在南面，多用道路或空廊引向佛殿东面。有的引廊分成数段屋顶叠落，或者顶部做出小屋顶，如勐遮曼垒佛寺在山冈上，而寺门在山冈下，梯廊屋面共分八级，重叠递升直上山冈，导引作用十分明显（图 7-121）。经堂一般布置在佛殿侧面，因其体型较小，故其屋

图 7-121　云南勐遮曼垒佛寺全景

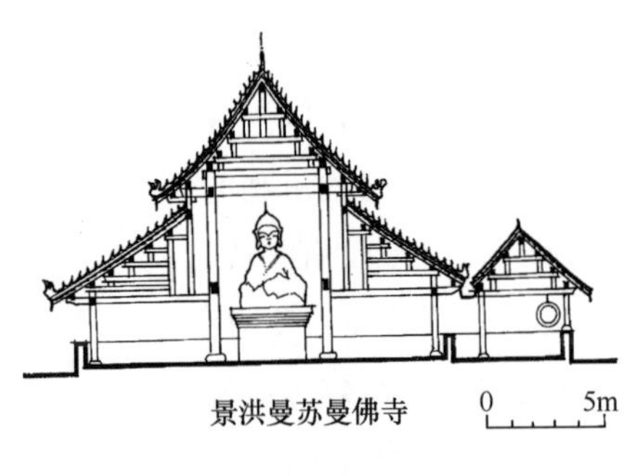

景洪曼苏曼佛寺

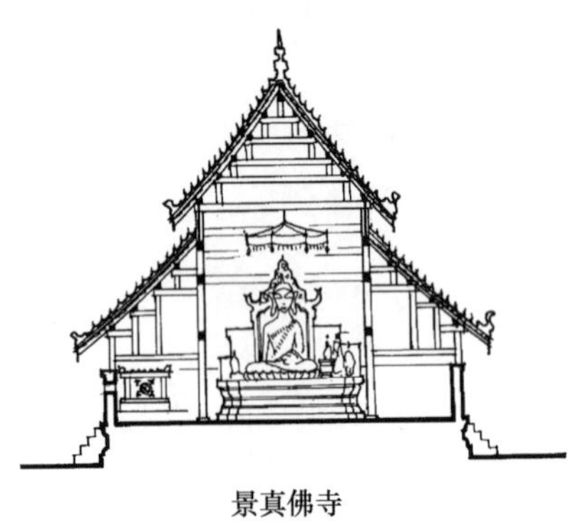
景真佛寺

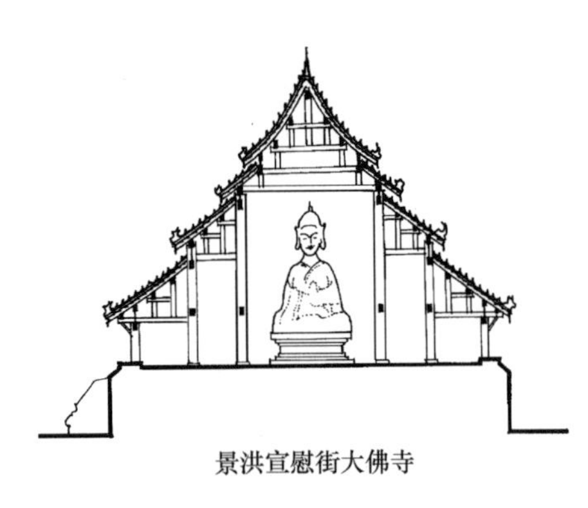
景洪宣慰街大佛寺

勐海佛寺

图 7-122 西双版纳傣族佛寺佛殿构架示意图

顶形式繁杂华丽，以精致取胜。如勐遮景真佛寺八角亭、勐海佛寺经堂、景洪曼洒佛寺经堂等。

2. 佛殿

佛殿为纵长形，在中跨西部安置佛台佛像，前置供桌，大殿右侧（南侧）有一半米高坐台，称上座，为佛爷讲经处。对面偏厦（北侧）为百姓听经处所。版纳与德宏两地的佛寺、佛殿各有特点，版纳州佛殿为平地起建，造在一个须弥座式基台上。殿内为灰土地面，屋面采用平片式挂瓦，俗称缅瓦，一般皆为重檐，上檐为悬山顶，或悬山加山面引檐的类似歇山顶。重要佛殿为三重檐，佛殿纵深 6 至 9 间不等，单双间皆可。横向屋架分为主跨与边跨（亦称中堂、偏厦，屋顶分别叠落，形成上檐与下檐），跨距 5 米左右，特大佛殿尚可分成五跨（图 7-122）。屋架为抬梁式结构，用料细小，屋顶高峻，坡度陡翘，微有凹曲，与殿身及台基相比，屋顶占据大部分高度。屋顶上檐及下檐皆可分割成三段或五段，微有叠落，所以屋顶虽大，但经分割处理并不觉得厚重压人，这种做法是缅甸、泰国古代建筑的惯例。这种叠落屋面构造并不复杂，是将横向各榀屋架柱高微微提高 40～50 厘米，即一博风板高度，即可形成屋面分级叠落形式。佛殿屋顶最雄浑复杂的实例为景洪宣慰街大佛寺，屋面为上中下三重檐，上檐分为五段，中下檐分为三段，既肃穆稳重，又绚丽华美。屋顶最华丽的实例为景洪曼洒佛殿（图 7-123），该殿除纵向上下檐屋面叠落三段以外，又在横向中央穿插六层悬山屋顶，层檐叠落，穿插有序，以简单的结构方法取得多变的屋顶效果，反映出傣族人民的巧思。某些佛殿为加大下檐出檐，还在殿身墙壁上挑出斜撑承托檐口。因傣族居地气候温和湿润，故佛殿为通敞式，不设墙壁。早期佛寺有承重用厚墙或半截挡墙。有些佛寺外墙尚设有龛窗，画有壁画，如勐海曼档佛寺。由于佛殿檐口下皆有空当，无外墙围护所以殿内采光尚可，并不显得神秘。因傣族佛寺兴盛较晚，早期遗留极少，大多为近一二百年的建筑[40]，故研究佛殿结构及艺术的发展历史较困难，但屋顶日趋华美，装饰彩绘增多是发展的规律。

德宏州的傣族佛殿多为干阑式结构，下部架空，全部为木构架（图 7-124）。其柱列方式与版纳佛殿类似，但体量小，四周有木板墙封护。佛殿内的释迦像皆是小型坐像，不像版纳州多设高达八九米的巨像，这可能是受干阑式架空结构的制约。屋顶形式采用汉族歇山屋顶，有重檐或三檐，屋顶平缓，屋面采用筒板瓦，起漏空花脊及脊饰。为了强调东面入口，往往抬高下檐中段屋面或加用小屋顶，形成类似牌楼状的入口。这种屋顶造型明显是受巍山、保山一带建筑风格的影响。近年德宏州地区大量用瓦楞铁板作屋面材料，屋面平缓僵直，随之佛寺风貌也大为改观。德昂族的庄房（佛寺）

图 7-123 云南景洪曼洒佛寺

图 7-124 云南芒市哦兴佛寺

往往仍采用传统竹楼民居形式，竹架草顶，编竹墙，无窗，建筑低矮，与一般民居差异不显著。其他如耿马、沧源一带傣族佛寺佛殿建筑类似德宏州，并更多地吸收了汉族、白族建筑技术，雕刻多为云南剑川工匠所制，如沧源的广允寺[41]。

在傣族佛殿中以景洪宣慰街大佛殿、曼阁佛殿、曼洒佛殿、勐海佛殿、曼贺佛殿、曼档佛殿、橄榄坝曼苏曼佛殿、潞西风平大佛殿、芒市菩提寺、光复寺、哦兴寺、上卡喊庄房等比较有艺术水平，有一定代表性。

3. 佛塔

傣族佛塔一般体量不甚巨大，最高不过十余米。塔外轮廓大体上为尖锥状，有圆缓的曲度，形如喇叭，但各塔的比例权衡、分部形体及线脚层次皆有变化，构成造型各异的塔式，从艺术构图上讲是十分成熟的（图 7-125）。佛塔结构都是砖筑实心，外表为石灰膏浆抹面，呈白色。局部涂饰颜色粉浆。佛塔立面造型可分为三段，下为塔台和塔基，中为塔身，上为塔刹。塔台高约 50～60 厘米，平面为方形或圆形，形制简单。塔基座为须弥座式样，一般为方形或圆形。塔身是由数层逐渐收缩的须弥座垒叠而成，呈锥体状，平面以八方、折角亚字形及圆形为多，也有呈倒锥状者。塔刹部分是喇叭状尖长圆锥体。最下部为覆钟，是塔身至塔刹的过渡部分，状如八角或圆形的覆置钟状。上为圆形仰莲瓣，再上为圆环状相轮数层至十余层，接着为刹杆。杆上端饰以金属环片制成的华盖一层或数层叠置，杆顶端以细长宝瓶结束。西双版纳佛塔在顶端常插小旗一面，德宏州则多在华盖和刹杆上缀以风铎。有的华盖的塔刹还涂以金色，闪烁耀目。

仔细比较佛塔实例，可以分别出版纳与德宏地区佛塔的特点。版纳州佛塔以单塔为主，造型比较简练，塔身以八角或圆形居多，相轮层数少，一般为 7 层以下[42]。塔基座四角有怪兽蹲坐，四面有莲苞短柱围绕。佛塔场地四角有围护短墙，墙顶多塑造龙形。版纳州许多佛塔皆饰彩绘。德宏州佛塔群塔较多，即在主塔四周塔台上配置四座、八座、十六座小塔组成群塔，主从搭配，相辅相成，形体丰富有情。塔身造型较版纳州塔为复杂，塑制花纹亦多，塔身平面多用折角亚字形或圆形，塔身四面配有龛门，具有缅甸风格。塔台、塔身四角设有怪兽、小塔、傧伽、花瓶等立体塑形。最有特点的是重要佛塔在东面尚设有拜殿，这是版纳州所不见的布置。

修长的傣族佛塔塔身布满了横向线脚，但仔细分析，它们的组成乃是数层须弥座的叠合，强调了枭混皮条线，束腰部分不设蜀柱，在中间加饰圆弧或三角形断面线脚，有的还将束腰做成外突弧形，有的下设数层下枋。每一组须弥座线脚的组合都是按下枋面宽最大，上枋次之，束腰最小的规律安排，这样自然形成微凹圆和的塔身外轮廓线，而且内收的束腰增加了塔身进退凹凸的变化。当然每层须弥座的高矮，各层线脚的宽窄，也都对塔形产生重要影响。傣族佛塔中的景洪曼飞龙塔、橄榄坝曼听佛塔、勐海佛塔、潞西风平大佛殿双塔、瑞丽姐勒大金塔等都是艺术风格独特、造型优美的实例。

4. 佛寺装饰艺术

（1）金水刷饰　是流行在版纳地区的一种彩绘做法，即在佛殿和经堂木构柱、梁、枋表面，内檐墙面，涂饰暗红色油漆为底色，上面绘制金色图案，称“金水”（图7-126）。除红金两色以外，无其他颜色，色泽热烈刺激，其构图多为重复的塔、亭、藤蔓、花卉及线路组成，是用一种镂空的模板刷制的。佛殿金水刷饰也是由村民赕佛时捐献绘制，故一幢佛殿的金水制作往往持续若干年。

图7-125　云南景洪大勐龙黑塔

图7-126　云南西双版纳傣族佛寺内的金水装饰涂壁

（2）脊饰　西双版纳佛寺建筑皆为挂瓦轻屋面，不可能做厚重的大脊。为强调屋顶的轮廓线，往往在两坡正脊及排山处抹制灰浆，在交角及正脊中央塑出卷花角叶，正脊两端塑凤形鸱尾，在正脊上插置直立的火焰状花版，傣语称“密打”，在戗脊上插立花片，做成鱼、凤、花、叶形状，傣语称“密来”，强调出了屋顶的转折边缘界限及体积感，使简单的片瓦屋面呈现出丰富、活泼的风格（图7-127、7-128）。有时还在正脊中央安置一座小佛塔，傣语称“帕萨”，代表天界的含义。

（3）神兽　版纳及德宏的佛塔四角，佛殿经堂入口及佛塔塔台踏步垂带，佛塔围墙的墙栏多塑制神兽（图7-129）。犬嘴、尖鼻、短耳、鸡眼、有须、头顶有冠肉，也有的身有鳞片，两胁有翼，若用在栏墙墙顶则延长成龙身，两个方向交会处，兽头相互扭结。这种神兽造型与内地传统狮、龙、麒麟、辟邪皆不相同，是傣族地方宗教雕刻形式。

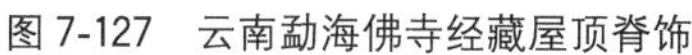

图 7-127 云南勐海佛寺经藏屋顶脊饰

图 7-128 云南勐海景龙曼滚佛寺佛殿脊饰

（4）佛像 佛殿主尊释迦皆为坐像。整体比例头部显大，宽额收颐，面部扁平，双耳巨大而平展，肩窄而体瘦，表情庄重而含微笑，与汉佛、梵像及泰国玉佛之像皆不相同，是傣族传统风格的雕塑（图 7-130）。版纳州多为十余米巨像，而德宏州为小型佛像。另外赕佛活动中亦有善士供养的小型佛像，安置在佛殿佛像前，大小位置无一定规制。材料可由泥塑、玉石、玻璃、铜像

图 7-129 云南景洪橄榄坝曼苏曼寺神兽装饰

图 7-130 云南景洪曼阁佛寺内佛像及龛橱

等。为了增进佛殿内部的神秘感，多在高耸的主跨空间内悬挂佛幡，多少不一。幡形为一长串相同的小佛画、佛塔画，或用各色绸布制成的小筒伞，相缀而成，微风吹拂，旋转不停。此外，佛前的供案、小型佛龛等皆有复杂的造型及雕饰，特色十分明显。

四、傣族佛寺举例

1. 曼苏曼寺

位于景洪橄榄坝村寨中心，四周留有空地，寺前（东面）有较大广场。寺院内有佛殿、经堂、佛塔、寺门引廊及两座僧房，是典型的版纳式佛寺（图 7-131～7-133）。佛殿为七间三跨，上檐悬山顶，殿周无墙，仅有矮栏相隔，完全开敞式。东面为寺门，以引廊与佛殿相连。殿北毗邻接建鼓廊九间。寺门之南为经堂。佛殿之南原为佛塔。故在佛殿内的南边跨专设一区坛场，供信徒在雨天从殿内朝拜佛塔。佛殿背后（西面）有僧房两座，以空廊与佛殿后门相连。曼苏曼寺的佛殿、

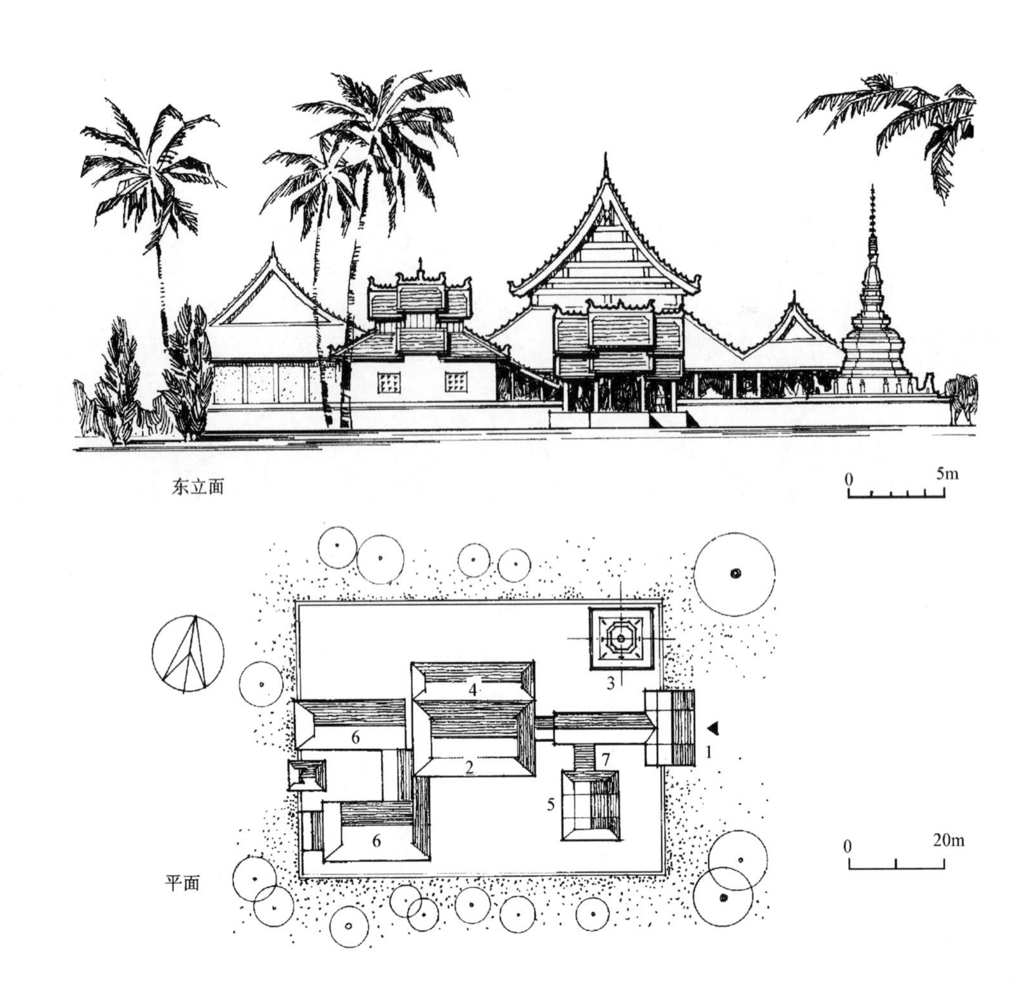

图 7-131　云南景洪曼苏曼佛寺平面立面图

1. 寺门　2. 佛殿　3. 塔　4. 鼓廊　5. 经堂　6. 僧房　7. 前廊

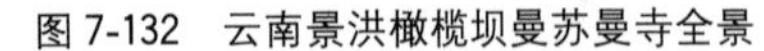

图 7-132　云南景洪橄榄坝曼苏曼寺全景

图 7-133　云南景洪橄榄坝曼苏曼寺佛塔（旧貌）

经堂、寺门之间采用各式叠落屋顶纵横相配，再点缀以尖尖的佛塔，葱绿的树木，形成一组轮廓丰富，高低错落，构图均衡，视角多变的空间组群。近年又将佛塔改建在佛殿之东北角，进一步改善了从广场角度的观赏效果。该寺充分反映出傣族佛寺组群艺术的魅力和特征。

2. 勐遮景真八角亭

即景真佛寺的经堂，建于傣历 1063 年（清康熙四十年 1701 年），因此堂形式独特而名闻四方（图 7-134、7-135）。其平面为折角亚字形，共 16 角，下有高台承托。经堂墙身之上有一 16 角式下

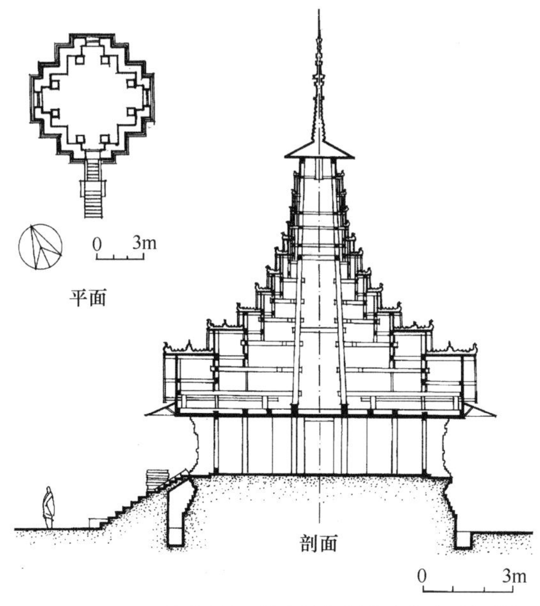

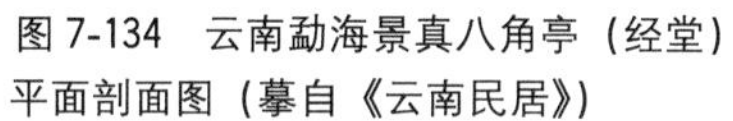
图 7-134 云南勐海景真八角亭（经堂）平面剖面图（摹自《云南民居》）

图 7-135 云南勐海景真佛寺经堂（八角亭）

檐覆盖。檐上屋顶分为八个方向，每向为十层悬山檐口叠落的一组屋顶，共八组，重叠递升，渐次收缩，形成缓和微凹的曲线轮廓，而且四正向叠落屋顶外伸，四隅向屋顶内收，产生一定变化。最后以圆盘结顶，顶上立刹杆。八面十层悬山坡顶的各条脊上插置脊饰陶片，再加上壁画、龛门、檐板、博风上的金水刷饰，使整体造型十分玲珑精巧，有如一座锥形神山，可以说是一件艺术品，反映傣族人民控制建筑造型的熟练技巧。

3. 曼飞龙塔

位于景洪南方的曼飞龙佛寺内，为一座群塔形制佛塔（图 7-136）。历史记载建塔颇早，但现存实物估计建于清代晚期。该塔塔台分为两层，圆形，塔基须弥座亦为圆形，八个方向各设一龛室，内供小佛。在内收的第二层塔基上建了九座佛塔，中间为 16.29 米高的大塔，周环八座小塔各高 9.1 米，皆为圆形平面。大塔塔身为三层须弥座，小塔为一层。塔刹部分都是由覆钵、仰莲、相轮、华盖、宝珠等组成。九塔设置以大塔代表佛舍利塔，八座小塔分别代表佛祖八相成道的仪相[43]，包含着宗教含义。塔身通体白色，龛室、塔基涂有色彩。曼飞龙塔造型挺拔壮观，八塔环绕主塔，竞高争上，如雨后春笋，破土萌发，故傣族又称其为“塔诺”，即笋塔之意。

4. 潞西风平大佛殿

建于清代雍正三年（1725 年），傣历 1087 年，是德宏州地区佛寺的典型（图 7-137、7-138）。该寺主体大佛殿位于寺院中部，平面矩形。主要立面是东山面，为三重檐的汉族木构歇山瓦顶式样，在东面主立面，部分升高下檐，形成牌楼式入口。入口前设立汉式牌坊一座。内檐有吊顶天花及盝式藻井，梁枋有部分彩绘，柱身有缠柱云龙、木雕贴络，殿内悬匾，挂八角宫灯（图 7-139）。说明佛殿的建筑艺术基本接受汉族建筑的艺术手法。寺墙东门外设雁翅影壁，门外有一字照壁。寺门佛殿通路两侧，北为六角阁，南为佛塔。佛殿之南侧亦有一佛塔，塔前并有一座拜殿。风平大佛殿的两座佛塔基本类似，在方形塔基上立四层须弥座构成塔身，上托仰覆莲、覆钵，及十五层相轮，再上接刹顶华盖、宝珠等。在第一层须弥座四正面设小佛龛，四角设四座小塔，第二层坐台四周设神兽、小塔、花瓶等。塔身线脚丰富，雕塑较多，具有缅甸佛塔的风格（图 7-140）。在风平大佛殿建筑中可以看到汉缅文化的交汇状况。

图 7-136　云南景洪勐笼曼飞龙塔

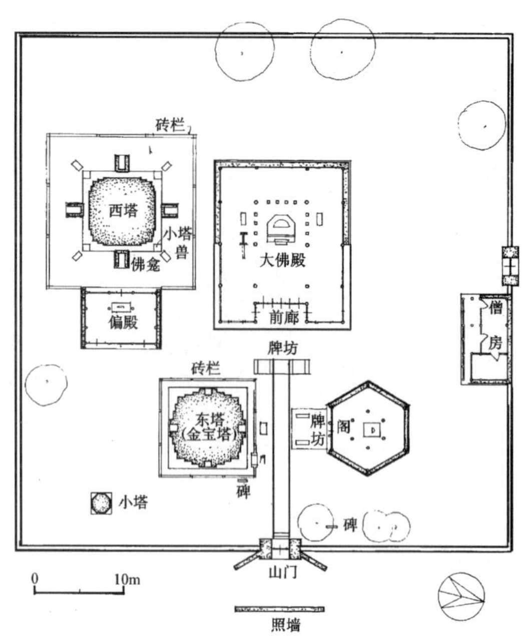

图 7-137　云南潞西风平大佛寺平面图

图 7-138　云南潞西风平大佛寺全景

图 7-139　云南潞西风平大佛寺佛殿内部装修

图 7-140　云南潞西风平大佛寺佛塔

5. 瑞丽姐勒大金塔

亦为群塔形式（图 7-141、7-142）。塔基为直径 35 米的圆形高台，台中央为高 30 余米的中心大塔，周围环台布置方形、圆形、折角方形小塔十六座。大塔塔身为折角亚字形须弥座三层，逐层递收，上为八角形须弥座及环状莲瓣，上为覆钵、覆钟、十五层相轮、刹杆、华盖、刹尖组成的塔刹，华盖周围饰有流苏、风铎。自莲瓣以上全部刷饰金色，阳光照耀闪烁辉煌。群塔四正向尚有四座拜塔殿及神兽、钟架等。群塔的布局具有宗教含义，具体反映出佛国世界的空间序列。中央大塔代表世界中心须弥山，四正向较大的辅塔代表四大部洲，四塔两旁的小塔代表八小部洲，四隅向较大的辅塔代表四天王天。这种布局在西藏桑鸢寺、承德普宁寺中皆曾用过，但是艺术表现形式各有所长。姐勒大金塔均衡统一，比例匀称，对比强烈，布局有层次有变化有呼应，具有韵律感，是傣族南传佛教寺院群塔类型中的最优秀实例，可惜已毁坏。

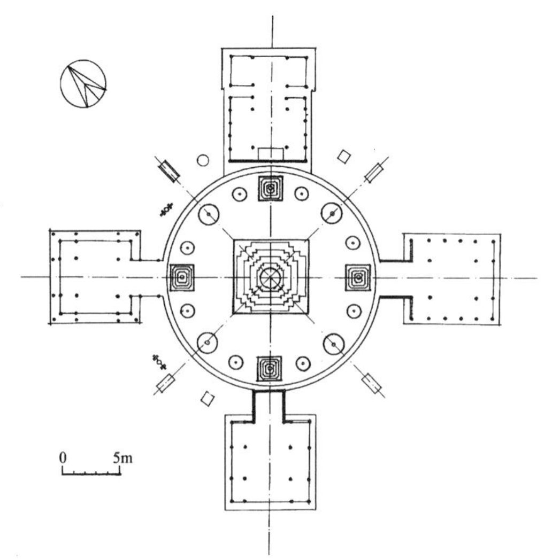

图 7-141　云南瑞丽姐勒大金塔平面图

图 7-142　云南瑞丽姐勒大金塔

第四节　道教宫观

一、清代道教历史状况及对宫观建筑的影响

道教是中国自己创设的土生土长的宗教，与儒、佛并行于中国封建时代，有着自己的宗教体系及经籍，对中国文化有着广泛的影响。其发展可分为四个时期：汉末为初创时期，在太平道、五斗米道基础上形成天师道，又经南北朝时寇谦之、陆修静等人改进，初步形成仪轨；隋唐、北宋为发展时期，经帝王的提倡，普建宫观，北宋汴梁的玉清昭应宫规模达 2620 间；南宋至明代为宗派纷起时期，南方有天师道、上清道、灵宝道、神霄派、净明派，北方有全真道、大道教、太一道，最后形成正一派与全真派南北对峙状态，道教的社会地位及影响，荣衰不定；至清代道教已步入衰颓时期，其社会地位逐步下降。综观清代宗教领域的大势，佛教由于藏传佛教的兴起，招徕更多的信徒，而且可以为统治者怀柔蒙藏等少数民族，因此极为帝王赏识，使得一度衰落的佛教再度振兴。清初以来，国家版图逐步西扩，大量信仰伊斯兰教的民族加入中华民族大家庭，所以伊斯兰教亦有一定宗教势力范围。而道教虽经明代某些帝王提倡，但其教义没有适应新形势而有所发展，虽北方全真派的王常月曾提倡戒律，整顿教规，但影响范围较小[44]。而在南方的正一派所倡导的炼丹符箓等又多无实效，渐渐失去帝王及社会上层人士的依靠与支持。整个清代道

教始终是处于受贬损的地位。在国家宗教政策上受到一定歧视与压制[45]。乾隆即位之初即将雍正时请进宫来的张太虚、王定乾诸道士叱为市井无赖之徒，逐出宫去，送回原籍[46]。并曾一度禁止正一派真人差遣法员传度，限制天师所统率的本山道士数量。《清史稿》一百十五卷记载：乾隆五年，依鸿胪寺卿疏言，停止了天师赴京入觐的旧例，十七年，改正一真人为正五品。宗教活动完全失去了统治者资助，又恢复到原来的民间宗教的形态。因此这时期道教宫观的规模一般都比较小，类似永乐宫、武当山、北京东岳庙等元明时期的大宗教建筑群绝少出现，一般仅为独院式的小庙，或者是在历代原有的宫观内增建一两座殿堂而矣，也有的是利用原有的佛教庙宇改建而成。在建筑形式上更是吸收当地的地方流行形式，带有鲜明的民居建筑风貌。由于全真道在北方亦呈衰落之趋势，故在道观的分布上，明显是南方多于北方，而且多向东南沿海一带人口密集地区发展。面对这种布教上的阻力，清代道教宗教活动表现出面向民间，走向市镇及与佛教融合等特点，这些特点也对道教建筑产生重要影响。

1. 面向民间的重要表现是扩充各地居民习惯崇拜的神祇作为道教的神祇，充实道教神仙系统。如文昌、八仙、吕祖、关帝、天齐王等，在某些情况下甚至比道教的正统神祇如三清、玉皇等更为重要，有的还单独设置宫观[47]。特别是仙真的崇拜最能引发平民的崇敬心情，因为这些仙人都是凡人持道修炼成仙的，其修持事迹都是与平民生活休戚相关、利害与共的行为，堪为人间楷模。

其中最有影响力的是八仙，尤其是八仙中的吕洞宾更被抬到较高地位。各地的吕祖庙、纯阳宫、八仙宫等建造了不少，在一些著名宫观中也增设了吕祖殿等。吕洞宾原为唐末道士，名岩，号纯阳子，传说晚年进士及第，遇钟离权，授以秘法，得以飞升为神仙，主张修持内功，断除贪欲。元代封之为“纯阳演政警化孚佑帝君”，全真派道教奉为北五祖之一。以吕洞宾为题材的传说故事层出不穷，皆是慈悲劝善，除贪镇恶之意，故成为平民直接信仰的对象。由于道观的世俗化，与下层市民关系密切，往往一些民间结社也与宫观结合在一起，如清末北方所发生的义和团运动是反帝的一次重要民间革命，团民们在各处设坛，操练，有的就设在道教宫观之内，如天津吕祖堂即为义和团乾字团的总坛口的所在地。再者各地盛行的与繁荣地方的文运有关的文昌宫、文昌阁中供奉的是四川梓潼人张亚子，称为梓潼帝君，为主宰天下功名、禄位之神，因此得到各地乡绅、士人的崇奉。明清以来又与风水理论相结合，文昌宫阁多选择高爽之地或在城墙上建造，并且多建成楼阁之式。同时又借用佛塔形式，在各地广建文风塔、文峰塔等，以振扬文风，其数量之多，甚至比佛教塔幢还要兴盛。

又如东岳大帝，原为崇拜自然所设的神灵，为东岳泰山之神。自宋以来道家创说，认定东岳大帝为天上主管人间生死，并统领百鬼之神，所以各地普建东岳庙，不仅限于泰山一地，以夏历三月廿八日为祭日，酬神唱戏。庙内建戏台，遇有节日举行盛大庙会，把东岳庙（或称天齐庙）演变成平民造福祈寿的庙宇，带有很大的群众性，著名的实例有北京东岳庙等。

2. 清代道教宫观多建造在市镇内或近郊地，相对讲建于山林野地的宫观日渐稀少。道教创始之初即倡导清静无为，经过修炼，可以长生不死，进而可得道成仙，羽化登天。因此历代道家，不管是主张传习气功，形成养生内丹的，或熔炼药物形成可服用的外丹的，为了专心修炼，多在名山结茅清修。早期鼓吹的仙真遨游人间胜境的三十六洞天、七十二福地，多为著名的山林风景胜地。但至明清以来，道教更加世俗化以后，为建立与广大平民的密切联系，必须走出山林，在人口辐辏的聚居地建观布道。如成都青羊宫、灌县伏龙观、昆明金殿及三清阁（图 7-143）、宝鸡金台观、天水玉泉观、中卫高庙、佛山祖庙等，都是清代建立和重修并位于城镇内规模较大的宫观建筑。即使如历史上早已形成的道教圣地青城山宫观，清代以来，亦从后山区下皇观一带，移前几十里至古常道观一带，以便群众朝山求福，增加宫观收入。可见面向城镇是道教发展的需要。城镇内这些宫观的布局都继承了道教崇尚自然的传统，比较自由，没有固定格式。同时利用建筑构造上的技术条件，尽量表现仙人楼居与登天得道的构思，建造了层数较高的殿堂。城镇内由于道观所接纳的信徒较多，因此殿堂规模也较前更为高大宽敞。总之城市化的宫观建筑表现出很多新特点，对历史上的道教建筑可以说是一种改进。

3. 佛、道混合的趋向更为突出。自宋代以来道教宗教教义上，即开始吸收儒家和佛家的观念，如忠孝仁爱，因果报应等，但是仅限于理论上的融合。明初太祖朱元璋调和宗教矛盾，提倡三教归一，因此出现了佛道结合布局的寺庙宫观新类型。至清代，道教宫观布置相当多的佛教内容，有的甚至与佛教寺院混构，这一点是清代道教建筑的新发展。有的以佛教为主兼有道教内容，如佳县白云山庙；有的佛、道兼半各成系统，如中卫高庙；有的将释、道、儒三方面的信仰内容混合布局，形成整体建筑群，如浑源悬空寺。此外，道教还将佛教的地狱轮回，演化成丰都大帝阎罗王主管的阴曹地府，并有十八层地狱种种酷刑惩罚罪恶的说教，以劝人积德向善。这种内容往往也成为道教宫观的布置内容，如四川丰都县平都山以冥国世界为主题的建筑群设计，把一系列有关阴府地狱的传说，用建筑艺术形式表现出来（图 7-144）。

图 7-143　云南昆明鸣凤山太和宫金殿

图 7-144　四川丰都名山建筑

二、道教建筑实例

1. 灌县青城山道教建筑

青城山为道教名山，又名“天谷山”，为道教十大洞天之一，称第五洞天。因道教创始人张道陵在青城后山的鹤鸣山结茅传道，故历代道家皆视此地为圣地，来此修道，如晋代范长生、隋代赵昱、唐代杜光庭等，故所遗留的文物遗迹颇多。青城山风景极佳，有三十六峰；一百零八处胜景，满山苍翠，古木参天，历来有“青城天下幽”之美誉。原来的古代道观建筑因屡建屡毁，已无可考，现有绝大部分建筑为清代所建，有些延至民国初年。青城道观建筑密切结合自然环境，选址精到，布局自由，是清代山区道教宫观的代表性建筑群。青城山区内大的宫观建筑有七座，即古常道观（天师洞）、上清宫、圆明宫、玉清宫、真武宫、建福宫、朝阳洞。其中以上清宫地势最高，位于第一峰之侧，有四条山路可以分别到达。其他宫观各分置山路之间，规模最大的为古常道观（图 7-145～7-147）。此外沿路弯、山顶、洞边、溪畔，设置一系列门坊、茅亭、桥涵、洞窟等风景建筑，以供人们赏景、休息、避雨、遮阴，形成丰富多变有节奏层次的风景景观。

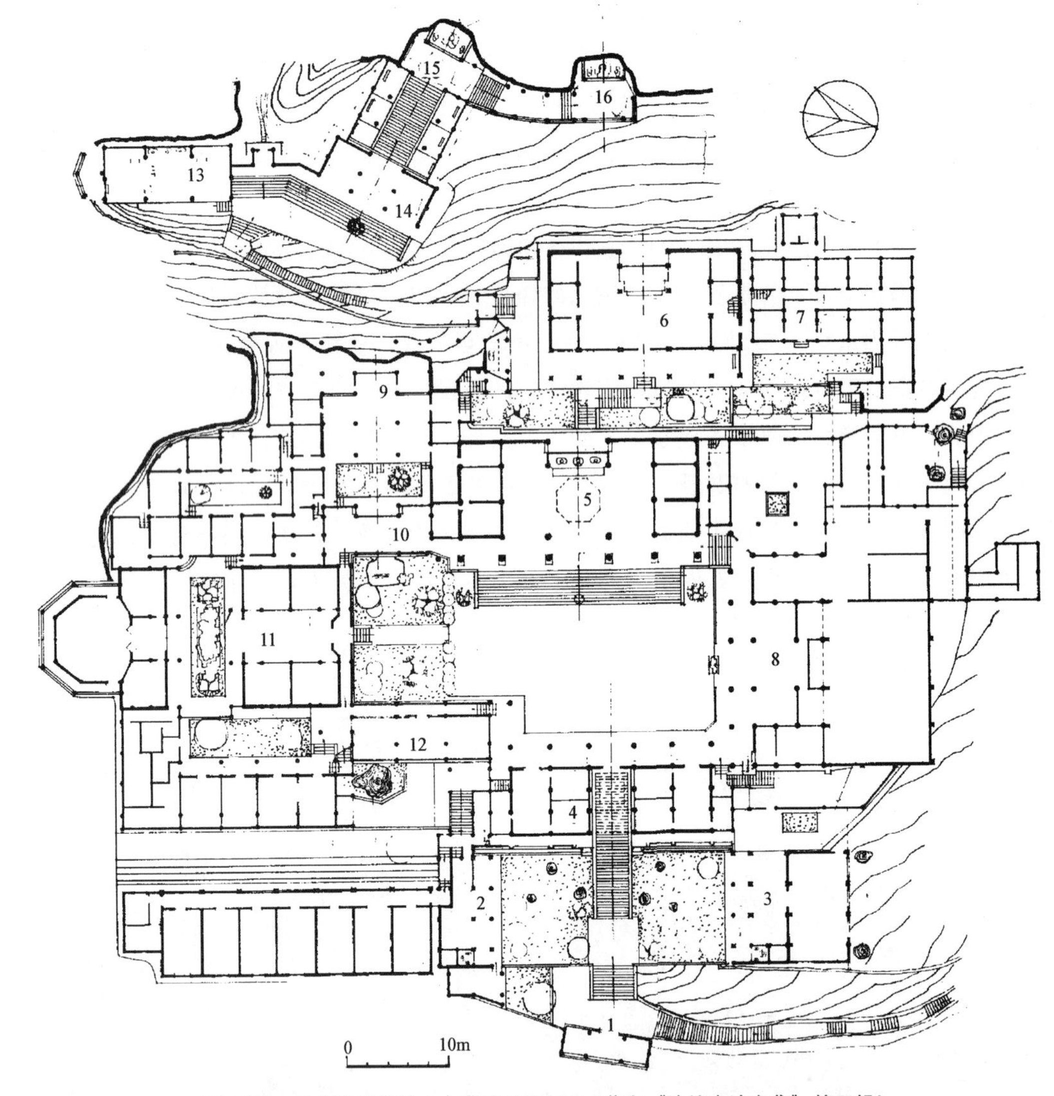

图 7-145 四川灌县青城山古常道观平面图（摹自《建筑史论文集》第五辑）

1. 云水光中 2. 白虎殿 3. 青龙殿 4. 灵官楼 5. 三清殿 6. 古黄帝祠 7. 迎曦楼 8. 客堂 9. 长啸楼 10. 祖堂 11. 客厅 12. 银杏阁 13. 三皇殿 14. 龙矫仙踪 15. 天师殿 16. 天师洞

图 7-146 四川灌县青城山古常道观

图 7-147 四川灌县青城山古常道观三清殿

青城山道教建筑具有很突出的艺术特色。首先在于其宫观选址多在地形绝险，景色清幽，视野开阔，林木丛郁之处，具有十分突出的内在的景观基础，表现出道家喜欢清净自然的内心世界。如古常道观建在混元顶下，真武宫建于轩辕峰绝壁下，以大山做屏障，益增建筑之巍峨，上清宫紧靠绝顶，朝阳洞背依岩洞（图 7-148），都是很具地形特色的。由于山区地形复杂，故大部分建筑群组合都是随山就势，上下衔接的不对称形式，仅在局部显示轴线对称，很少贯穿始终的中轴线，甚至规模最大的古常道观的主殿三清殿庭院也是不对称的。中间为五间两层大殿，与对面灵官楼的轴线相差半间距离，庭院左边的“绛阁仙都”客堂饭堂建筑，与右边由祖堂、银杏阁、客厅组成的三合院建筑亦不对称。但三清殿以其巨大体量与通长的大石阶，仍然保持着群体中的主体地位。组群布局中另一特色为应用穿通式过厅手法较多，不是如平原宫观在建筑物周围绕行，而且将踏步布置在过厅内，解决上下台地间的高差问题，这也是山区宫观的特殊处理手法。如古常道观的灵官楼，圆明宫三官殿的前廊皆是如此。这种手法将动态的交通过程与静态的建筑空间糅合一起，增加上下、明暗、内外等景观感受的变化性。此外其布局设计非常注意入口空间的导引作用，常常成为各个宫观群体艺术的精华所在，这在树木葱郁的山区环境是十分重要的建筑处理。如古常道观的建筑前奏是从奥宜亭开始，经迎仙桥、五洞天墙门、翠然亭、集仙桥、几经宛转，然后经倒座式的“云水光中”楼阁的指引，使观众突然面对巍峨的三重檐的灵官楼，楼前大台阶直通门内，青龙殿、白虎殿左右对峙，一派雄伟气势呈现眼前。在不足二百米的距离内，设计了高低错落，形象各异的三座亭、两座桥、一座墙门、自然景观几度变化，期待之情逐步升级，最后才是主体空间的“亮相”，这是一组非常成功的引人入胜的空间序列设计[48]。圆明宫的入口则是利用宽大的照壁，以及照壁后的修长的楠木参天的林荫道，将信徒自然地从左侧配房引入宫观内。真武宫的入口则是利用侧后方林间小路，从前突的吊脚楼下部进入山门前空间，山门前分植两棵古银杏树作为门前标志，指引参谒者返转方向进入山门，这些都是非常巧妙的处理。

青城道观的单体建筑造型亦十分新颖、独特。为适应地形之变化，广泛利用了分台建造、柱脚下吊、楼层悬挑、后坡梭下等西南山地民居常用的建筑处理手法[49]。特别是层层跌落式的山墙处理，立面各层间使用披檐，以及在屋顶上突出叠楼的手法更是青城山道教建筑特色。古常道观后部进入天师洞入口处的“龙矫仙踪”梯廊即是跌落式处理的优秀实例。此外灌县城隍庙山门入口的十殿也是应用的跌落式山墙处理，取得十分鲜明的艺术效果（图 7-149）。四川的这类手法与

图 7-148　四川灌县青城山朝阳洞

图 7-149　四川灌县城隍庙十殿梯廊

北方建筑不同之处（北方实例如承德避暑山庄的梨花伴月景区亦采用跌落式山墙）在于其顶部翘飞檐更为复杂，常将封山墙顶设计成二三重相间的层层飞檐相叠覆压的美妙形象。叠楼手法是在建筑物明间部位屋顶上叠加一个小楼，其屋面轻巧，装配以栏杆、挂落等精丽的装修，小楼正面敞开，可以使供奉的神像头部光线更加明亮，同时也为沉闷的大屋顶增加趣味与变化（图7-150）。如建福宫下殿、上清宫三官殿、圆明宫三官殿等都使用了这种手法。此外青城山道观主要山门往往设计成八字墙式，上边累加多层披檐并且将披檐中间断开以悬挂匾额，这也是应用民居建筑中门楼屋与牌楼相结合的设计手法。由于采用了上述一系列大胆而灵活的造型手法，使青城宫观不同于一般城市道观建筑，而呈现出灵巧、自然、富于生命力的艺术特色。

图 7-150　四川灌县青城山上清宫戏台

青城山建筑用材、用色亦十分质朴雅素，就地取用竹木石材，显露材料质地本色，或选用青黑的油饰。一般构架应用民居的穿斗木架，用材纤小，青瓦、白墙，无豪华繁琐之态。尤其是散布在林间小径的数十座茅亭、廊桥，皆以原木为构架，杉木树皮为屋盖，树根为挂罩，青苔滴翠，枝干斑剥，有如从地上生根，自然成长起来。总之青城建筑的基调反映出道家的清静无为，崇尚自然的哲学思想。

2. 中卫高庙

在宁夏中卫县城城北，依城墙而建，是一座佛道混合的庙宇。始建于明代，至清代已形成一处规模较大的建筑群，民国时后部焚毁又经重建但基本仍保留原布局（图 7-151、7-152）。全庙分前后两部分，前部称保安寺为佛教庙宇，由山门（魁星阁）、配殿以及中间的大雄宝殿组成，是典型的四合院式布局。后部称高庙为道观建筑，穿过大殿后紧接着二十四级高台阶达到南天门，台阶下贯穿着东西隧洞，故又称天桥。天桥两侧各有一组三合院式的两层转楼，其所包围的庭院称东西天池，安排着灵官殿、阎君殿、诸灵殿、孤魂堂等建筑。天桥上建立“无上法桥”砖雕牌坊一座。登上台阶后正中布置三层中楼一座，每角皆有三个翘角飞檐，造型玲珑秀丽，具有丰富的观赏性。中楼之后为五岳庙，是一座九间三层三檐，高 20 余米的大建筑，坐落在北城墙上，下层为五岳殿，中层为玉皇殿，上层为三清殿。五岳庙之后即庙宇的后墙砖栏，凭栏可俯瞰城郊鳞次栉比的民居建筑。在中楼、五岳庙的两侧各建配楼九间，以及文楼、武楼、钟楼、鼓楼四座配楼，同时在以上各座楼阁的二层之间皆架有飞桥相互联系，将五岳庙、中楼、文武四楼、四仙阁、观景台等联为一体，组合成具有空间联系的复杂建筑群。高庙建筑布局恰当地利用了地形优势，借用城墙的高度组织群体布局，集中建造了密集的高层楼阁，争取空间优势，有效地宣扬道

图 7-151 宁夏中卫高庙全景

图 7-152 宁夏中卫高庙中楼及翼楼

教天宫瑶池的构思之意。而且建筑群的设计考虑了四方的视点，造型均衡，呈环状布置，远望如众星捧月的仙楼琼阁，具有十分华美的艺术外观。高庙建筑群另一特色，是巧妙地安排平面及空间相互间的交通联系，使得高达四层，多进组合的建筑群的每一个部分皆能回环相通，具有无穷的空间游赏趣味，这对以平面院落式组合为特点的中国传统建筑布局来说，是非常大胆的创新。高庙建筑的儒、释、道混融的迹象十分明显，除前后两部为佛道分踞之外，每部分之中也是三教混杂。如前部山门之上层的魁星楼，上塑魁星像，为道教内容；后部的中楼的中层塑观音像及接引佛分明又是佛教内容；五岳庙二层后楼又设有大成殿，以及左右厢设文、武楼等具有儒家的像设。总之“三教归一”、“三教同源”是清代宗教思想的一种转变，也是一种社会现象，由此引起的建筑布局与造型的混交与变异是对建筑艺术发展的促进。

3. 上杭文昌阁

在福建上杭蛟洋村，建于清乾隆十九年（1754 年）。两侧尚建有天后宫及五谷殿，为一组造型丰富的道教建筑（图 7-153、7-154）。文昌阁平面为方形。三层木构式楼阁，总高 32 米。由于使用回廊、挑檐、顶阁的构造手法，外观显露为五层檐。底层方形，每面四开间，为一集会用大厅堂，四周围以回廊，由于层高较高，回廊上半部以编竹夹泥粉墙封护，东西北三面配房与底层相接形成

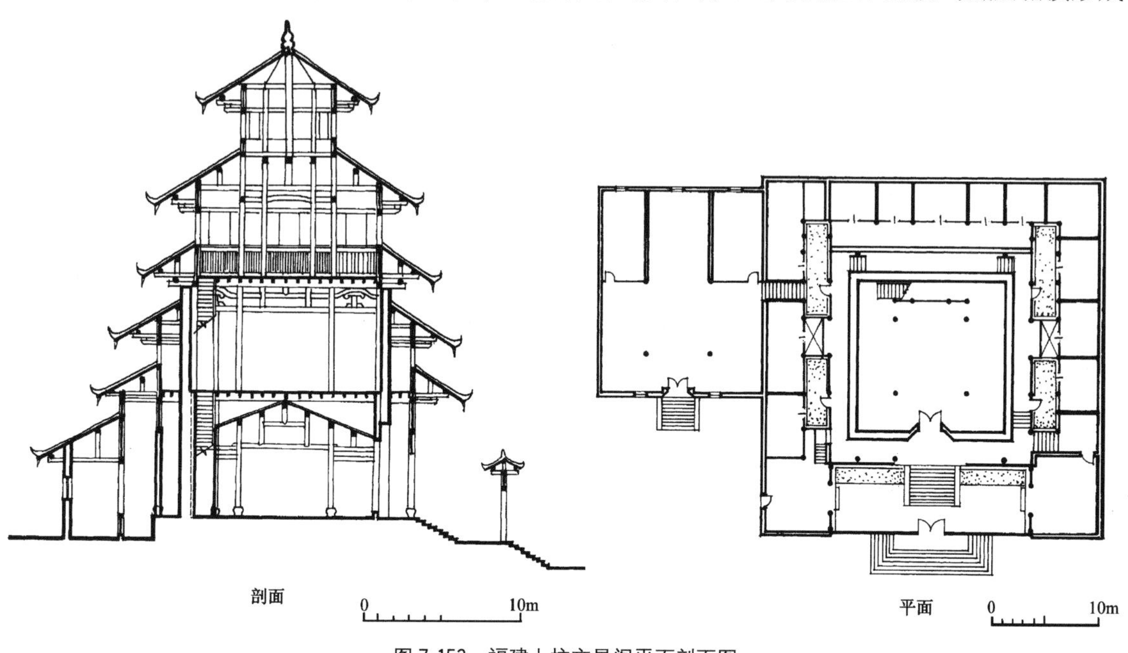

图 7-153 福建上杭文昌阁平面剖面图

三面大披檐，而南部空余出一小型院落。二层平面亦为方形，每面四开间，为文昌神殿，四周亦有一周缠腰式回廊，二层顶部转化成不等边八角形屋檐。三层为不等边八角形平面，八面开窗，为一眺望观景的阁楼，其顶上附建一八角形叠楼，以宝葫芦结顶。因此外观看来，除第一层附房的披檐外，文昌阁本身共有五重屋檐，下二层为四方，上三层为八角，每层挑檐递收合适，中心对称，整体比例端庄挺拔，而且层叠参差，虚实变化，极有韵味感。加之层檐平直，仅在翼角翘起，戗脊鳌尖弯曲向上，角部封檐板外护以凤尾角叶，更增轻灵秀美之态。文昌阁的造型反映出清代道教建筑追求高耸，以接通天地的宗教思想倾向，也进一步丰富了传统楼阁的建筑艺术表现力。

4. 成都青羊宫

亦称青羊观，在成都市西南郊。该宫始建于唐代，现存殿宇为清代康熙七年（1668 年）重建。总计前后有六座殿宇，为山门（灵祖殿）、混元殿、八卦亭、三清殿、斗姥殿、唐王殿，占地长 300 余米，中轴对称布置，严肃庄重，与青城山等地的山林道观依山随势自由灵活的艺术面貌完全异趣（图 7-155）。

青羊宫布局规整，不设配殿，尚继承了宋元以来道观的布局传统。宫内院落空敞，每进院落皆有四五十米的深阔，可容纳众多的信徒香客，每年农历二月花会期间举行庙会，花木齐集，百货

图 7-154　福建上杭文昌阁

图 7-155　四川成都青羊宫斗姥殿

并陈，游客如云，宫内成为居民社会生活的重要场所，这也是道教（包括其他宗教）日益民间化的表现之一。青羊宫轴线中部布置了一座八方式亭阁（八卦亭）（图 7-156），作为主要殿宇，亦是传统宫观布局的一项变革。将八卦方位与爻卦图案融合到建筑中，进而突出老子的哲理思想。八方亭阁造型也打破了重复性的横长方式殿宇的单调感，增加了建筑空间序列的变化。主殿三清殿是一座体量巨大的殿堂，总面积达 1000 平方米，最大开间为 8.2 米，总进深 28.10 米，应用了 17 根檩条，16 个步架，最高一根中柱达 15 米高。如此高大的木构架完全不依靠砖墙加固而独立存在，在清代大型殿堂建筑构架中是少见的实例。三清殿的构架基本属于抬梁式构造，但又吸取了穿斗式构造的某些作法，应用通天中柱，各架抬梁一端皆用透榫穿插入柱身等，使得构架更加稳固，反映清代南方大跨度建筑构架技术的新发展。

5. 涉县娲皇宫

在河北涉县西北凤凰山腰。凤凰山古称中皇山，北齐时曾在此建有离宫，并开凿有佛教石窟。明代改为道院，称娲皇宫，规模甚小，清咸丰年间毁于火后重建始具今日规模（图 7-157）。娲皇为传说中的女娲娘娘，亦属道教造像。自山脚经十八盘山路登山后，至山腰有一条狭窄的崖间平地，用以建造了这座宫观，故整座宫观为横向展开模式，设有中轴线。从右方入蓬壶仙境牌楼门

坊，转而再入娲皇古迹坊，面对为两层的鼓楼，穿过鼓楼紧靠崖壁一字排开三座建筑，中为三层娲皇宫，左为两层的迎爽楼，右为两层的梳妆楼，最后以钟楼结束。全宫各座建筑的体型尺度全不相同，依地势宽窄高低，随宜构筑，并争取利用空间高度，呈灵巧自由的外貌。主体建筑娲皇宫背负高崖，紧依一岩洞建造，洞前作一砖石券洞，在券洞上建造三层木构楼阁，另在券洞前建一门屋，看去很像一座高达20余米的四层建筑。娲皇宫楼后崖壁上凿有“栓马鼻”八个，以铁练与楼体木柱相连，当楼荷载增加，楼体有少量位移时，铁练即绷紧，可分导一部分荷载，故该楼又有“吊楼”之称。娲皇宫是依山附壁建造的楼阁式宫观，有着雄奇、伟丽的艺术形象，远望如天上琼宇嵌于断壁之上，与山西浑源的悬空寺有异曲同工之妙。它既反映天宫胜境的道教宗教思想，又体现出工匠们天巧精绝征服自然的创造才能。

6. 北京白云观

位于北京西便门外，建庙历史较为悠久，金代称太极宫，元代改称长春宫，敕赐给著名道士邱处机居住，掌管全国道教。1227年邱处机病逝，次年其弟子尹志平在长春宫的东侧建白云观，以葬邱之遗蜕。后经明清两次扩建，成为全真派中著名的大型道观，现存建筑皆为清代重建（图7-158～7-160）。该观总平面分为三路、中路按中轴线布置影壁、牌楼、山门、水池、灵官殿、玉

图7-156 四川成都青羊宫八卦亭

图7-157 河北涉县娲皇宫

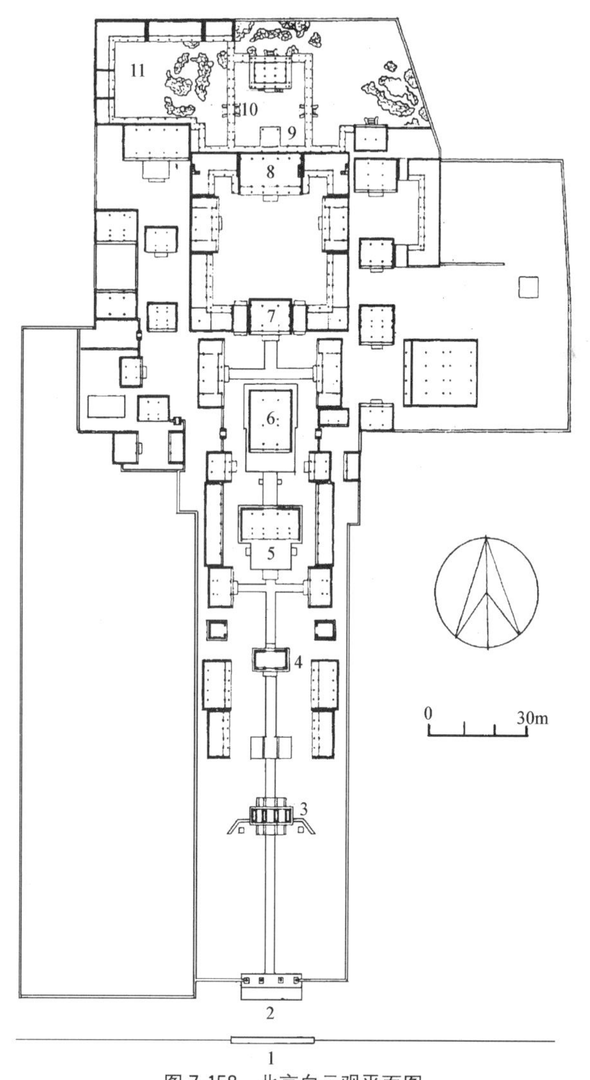

图7-158 北京白云观平面图

1. 影壁 2. 牌楼 3. 山门 4. 灵官殿 5. 玉皇殿 6. 老律堂 7. 邱祖殿 8. 四御殿 9. 戒台 10. 云集山房 11. 花园

图 7-159　北京白云观牌楼及山门

图 7-160　北京白云观老律堂

皇殿、老律堂及邱祖殿、四御殿（二层楼，上层为三清阁）。后两殿以廊庑组成封闭院落。三清四御殿两侧有藏经楼与朝天楼。东路为抱元道院；西路有会仙道院。整个白云观后部在光绪年间又增添了一座清幽的花园，称云集园。园内中部为戒坛，西部为云集仙馆，四面假山环绕，以行廊划分成若干空间。白云观的建筑设计中可以发现许多全真教义的影响，例如建筑设置上融合了儒、释的内容，它吸取了佛教寺庙、儒教文庙的布局特点；观内设园林，反映出全真派注重清修，接近自然的思想；宫观内设道院及戒坛，也说明全真派道士重修炼，持戒律的特点。这些都反映出清代道教宫观建筑吸收借鉴其他宗教文化的事实。

清代道教建筑尚有许多有价值的实例。如青岛崂山太清宫、沈阳太清宫、贵溪龙虎山上清宫、天师府、西安八仙庵、昆明三清阁、太原纯阳宫、鹿邑老君台、许昌天宝宫、灌县伏龙观、周至楼观台、台湾台北指南宫等，以及元明宫观在清代继续进行增建、改建、扩建的如江陵太晖观、佛山祖庙、梓潼七曲山大庙。

三、清代道观建筑设计的新特点

1. 自由多变的建筑群体布局

因教派教义及崇拜的神仙体系的变化，历代道教宫观建筑设计皆有不同的特点，而且不断吸收融合儒、佛各类建筑的特色，所以道观成为最富变化，没有定型程式的宗教建筑。如北京白云观从其清代形成的布局来看，入口牌坊、山门内的泮池、儒仙殿的供奉内容等是吸取了儒家文庙的形制；而钟、鼓楼、东西配殿格局，以三清阁结尾（即佛寺的藏经阁），以及戒台等又是从佛寺中吸取的手法；而后部自然式园林的云集园又保持了道家的特色，使佛、儒、道三家建筑特点融为一体。清代道教民间化以后，又吸取了各地的民居建筑形式，这使自由式布局更得到进一步强化。除选址在山林峰谷之地的道观采用自由布局以外，在城镇、郊野的宫观亦有许多布局上的变化。如成都青羊宫是采用层层主殿，不设配殿的道观布局；太原纯阳宫采用砖窑式四合院，与一正两厢式布局相结合，前后围成四套院落；灌县伏龙观最后一进的玉皇楼设计成两层的冂字形的围楼，突出于绝壁之上，形成岷江上一处绝妙的景观（图 7-161）。配属建筑亦有许多变化，一般道观皆以钟鼓二楼为左右辅翼，而武当山紫霄宫以两碑亭代之，青羊宫中又以降仙台、说法台两座台代之，泉州天后宫在正殿后殿之间配置二亭。有的寺庙又设置青龙殿、白虎殿以为配属，如青城山古常道观、天水玉泉观等处。有的小型道观如玉皇阁、文昌阁等，仅设阁楼一座，亦成为一座宫观。

图 7-161　四川灌县伏龙观后楼

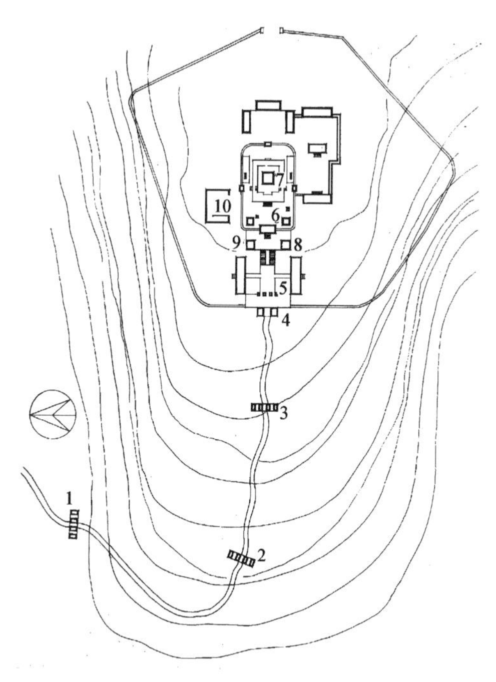

图 7-162　云南昆明鸣凤山太和宫平面示意图
1. 一天门　2. 二天门　3. 三天门　4. 宫门
5. 棂星门　6. 太和门　7. 金殿　8. 钟楼
9. 鼓楼　10. 天师殿

至于某些地方性神祇宫观其布局更是变化多端如台湾台南三山国王庙为三院并列式样[50]。由于宫观内经常举行庙会集市、酬神唱戏等群众活动，故多设有戏台、乐楼，这些建筑在清代宫观中也几乎完全组织到总平面布局之中。

2. 以实体表现“天宫琼宇”宗教艺术构思

在早期道观中对天宫仙界的宣扬描述多借助于壁画雕塑，如元代的永乐宫。也有采用佛寺的天宫楼阁的形式，如晋城二仙观等。自元明以来，更发展为借助建筑造型与群体艺术来表现，尤其是在山林地建造的道观更为明显，现存明清建筑实例很多。其常用手法有数种，一为设置天门，以指引上天通由之路，暗喻宫观为仙界天宫。如四川江油云岩寺在宋代为道观，位于窦圌山上，在笔直的 800 余级登山路的中间，利用天然的两座石峰标注为天门，以示进入天庭。安徽齐云山在登山路上利用一天然洞穴象征为天门。明代武当山在登山路上设置三座天门，最后达到山顶的紫禁城南天门、清初建造的昆明鸣凤山太和宫金殿亦效仿古代成法，设三天门，最后达于紫禁城（图 7-162）。此外如天水玉泉观，在登一段山路进入山门，过通仙桥以后，设置一座天门坊，亦为此意。中卫高庙在前佛后道的总体布局的中间石阶上，于咸丰八年（1858 年）又增设了砖牌楼一座作为象征天门。江陵元妙观在玉皇阁与紫皇殿之间布置了一座三天门建筑。以上例子都是这类手法的应用。象征登天之路尚可利用数字的隐喻作用，常用的数字为 36 与 72，象征三十六天罡星，七十二地煞星，故著名山林皆选出三十六峰，七十二崖，道教仙山有三十六洞天、七十二福地等说法。在总体山路布置亦附会此数如昆明金殿在一天门外及二天门内外选用 72 级及 36 级石阶，昆明三清阁山门前亦选用 72 级石阶，灵官殿至三清阁选用 36 级台阶，北岳恒宗殿前石阶为 108 级，为 36 与 72 之和。表现天宫尚有另一种手法即尽量利用高台基以烘托主体建筑。如中卫高庙利用城墙，银川玉皇阁也是利用了城台，鹿邑老君台则将正殿与配殿共建在 13 米高的高台上。此外，江陵元妙观、开元观、太晖观，宁夏平罗玉皇阁等都是将主殿建于高台上。另外中卫高庙在南天门的两侧随地形建构两组双层三合院建筑，号称天池，其用意也在于象征天庭之意。昆明西山三清阁更利用在绝壁中开凿栈道及山洞的手法，不时临空，不时入穴，忽明忽暗，扑朔迷离，直达会仙台，以增登天云路的缥缈之感。

3. 主体建筑楼阁化，并出现较大的体量的殿堂

道家倡导天人合一，要取得人间天上的共通、融合，故多喜建楼居。如元代长治玉皇观的五凤楼、明代济源阳台宫三层的玉皇阁（高 20 米）、容县三层的真武阁、万荣三层飞云楼、梓潼大庙的百丈楼等，都是著名的楼阁建筑。清代继承明代传统，继续以楼阁表现仙都。如娲皇宫主殿达四层，中卫高庙主殿三层，中楼亦为三层，且平面复杂，翼角层出，平罗玉皇阁亦为三层，上杭文昌阁实为三层，而外观显为六层，屋顶形式变化多样，宁河天尊阁（清康熙年间建）为三层楼阁，贵阳文昌阁亦三层楼阁，而且为九角形，在国内楼阁十分罕见。

此外在殿堂规制上亦出现大体量的建筑。如前述的成都青羊宫三清殿中柱高达 15 米，总面积达 1000 平方米，青城山古常道观三清殿的面阔亦达 30 米，许昌天宝宫内的吕祖大殿面阔达 11 间。丰都名山天子殿的主体建筑是四座建筑采用勾连搭方式连接而成，前三座构成纵长殿堂以表地府的阎罗王及鬼将，室内空间阴暗恐怖，后部又接建二仙楼一座楼阁，可登高瞭望，跳出地府之外，空间变化出人意料。

4. 建筑美学上的偏重装饰意匠

清代道观与其他建筑风格类似，其装饰手法明显加重，如雕饰出动物、花卉的撑栱、挂落，具有狮兽形的石柱础等都是经常应用的手法。总体中的墙门、牌坊应用亦不少。雕饰在南方道观的脊饰上有丰富的表现，多雕饰人物、神话及复杂的动植物题材，这方面以广东佛山祖庙最为突出（图 7-163、7-164）。该庙原称“北帝庙”，因其历史久远为诸庙之首，故称“祖庙”。明清以来曾改建扩建二十余次，很多装修装饰是清代建造的。该庙在南北中轴线上依次布置照壁、万福台、灵应坊、钟鼓楼、山门、中殿、大殿、庆真楼等。其建筑装饰琳琅满目，如瓦脊上的石湾陶塑、墙上的砖雕、灰塑、嵌瓷等。所用题材十分广泛，包括故事、人物、鸟兽花卉，技法细腻传神，具有浓厚的浪漫色彩。但由于装饰手法使用过多，破坏了建筑总体艺术的和谐与质朴，建筑变为雕饰艺术的展示品，掩盖了其原来的建筑艺术特色与表现力。佛山祖庙建筑虽然在整体造型艺术上成就不大，但以其纷繁的装饰手法表现时代风格倾向方面在宗教建筑中却独树一帜。

图 7-163 广东佛山祖庙砖雕

图 7-164 广东佛山祖庙广贞楼观

清代道观装饰中，以龙为题材的现象加多，用于藻井、彩绘及脊饰等，最明显的是用于外檐石柱雕刻，形成盘龙柱。如成都青羊宫八卦亭、济源阳台宫、许昌天宝宫、新乡东岳庙等实例。

某些道观建筑的翼角处理亦十分富丽，成为建筑外观重要的手段。如中卫高庙的三层中楼，每层皆有十二个翼角，层层叠叠。又利用地形高差，分台叠落，将各台建筑山墙组成飞檐并列，十分壮观。青城山古常道观天师殿前两配房亦为一例。最为丰富的是灌县城隍庙的十殿，在长 30 米上梯道两侧对称布局跌落山墙五对，而且四角飞翘的山墙顶又有单檐重檐的小庑殿顶以为装饰，如一群飞腾的鸟翼，充分表现了中国曲线屋顶及翘角的轻扬之美。翼角的装饰美也引入到道观的门楼处理上，如在门楼前檐增加八字墙、披檐、叠楼等手法，形成有分有合，相互叠压的檐口及高翘翼角，以增加建筑外观的观赏性。

总之，清代道观虽然不如藏传佛教及伊斯兰教的建设规模大，但其建筑艺术仍取得不少有价值的进展。特别是在小巧、自由、灵活、细腻的艺术风格形成上较其他宗教建筑更有成效。当然某些技术与艺术方面的成就与其他宗教建筑有共通性，如装饰手法、楼阁构造技术、建筑选址等，有些是从佛、儒建筑中移植的。但是清代道教建筑的民间化、世俗化，以及道教崇尚自然、探索阴阳、贵生无死等宗教观，对建筑发展及创新也起了积极的影响。

第五节　伊斯兰教建筑

一、清代伊斯兰教的发展及对建筑的影响

清代政府推行的多教并存的政策，伊斯兰教在中国亦得到较大的发展，至清末，在中国已有十个民族信仰伊斯兰教。它们包括：回族、维吾尔族，哈萨克族、东乡族、柯尔克孜族、撒拉族、塔吉克族、乌孜别克族、保安族、塔塔尔族等，信教人数达 1000 万以上。其中人数较多的两个民族为回族与维吾尔族。由于伊斯兰教建立之初就把宗教与民族结合为一体，全族人统一入教，宗教活动与生活习俗互相渗透，因此它比其他宗教更深入民间的各阶层，其建筑艺术更具有浓厚的民族特色。

元明以来，由于屯军，从政，经商等各种因素的影响，回民迁移定居于全国各地。例如东南沿海及云南等地皆有大量回民，而且，在政治上皆有一定地位，出了不少有影响的政治家、军事家、文学家等[51]。当时海运兴盛，沿海地区尚居留着大批阿拉伯商人，也对伊斯兰教的传播起了促进作用。入清以来，由于政治经济条件的变化，使得伊斯兰教民的分布产生了巨大的变化，教民多集中于我国北方地区，尤以宁夏、甘肃、青海回族聚居密度最高。此外河北、河南、山东亦不少。考察其原因，可能是与下列诸项因素有关。首先是海禁。清代初年实行封海，断绝海上贸易，中国与阿拉伯国家的传统商业往来受阻，而一般回民商人则多转向陆路贸易路线，增加与中亚的商品交换，故带动了北方回族的经济。其次是因为回民政治地位下降，故在从军、做官，以及从事其他工作中的回民数量减少，大量回民从事农牧业生产，因此以具有广大草场及垦荒地的北方定居条件较好，容易定居。再者回族商人从牧业所引发的皮毛业，亦是以北方为经营重点的大宗商品。当然在南方各地也尚有部分回民居住，但多从事小规模的手工业及商业，人口规模发展不快。由于回民在北方集居，所以重要的伊斯兰教建筑大量在北方建造起来，并且采用北方的建筑构造技术及装饰手法，为建筑艺术比较朴素的北方建筑增添了新的光彩。

清代回族在政治上地位较低，因此以宗教观念为契机的民族团结互助精神加强，各地回民皆

聚居一处，形成回庄。在城市中也多居于一街区之内，与汉民区相隔阻，形成较封闭的生活圈子。例如北京的回民多聚居牛街、崇外、德外马甸等六区，成都回民居于西华门一带，泊镇回民居于镇之南端不与异教杂居。这种现象造成回族居民在一地大量繁殖，而不易分居他处，从而使作为全体居民日常礼拜的清真寺建筑一再改建，增扩，以适应生活要求，形成规模较大的殿堂，这也是清代伊斯兰教建筑的一个特点。

就西北地区而言，信仰伊斯兰教的民族间的相互融合的过程加快。如定居青海循化的撒拉族，在清代已步入封建社会，并与回族汉族同化，其建筑形式与回族建筑属同一类型。与此同时东乡族人、保安族人亦与汉回相融化，采用类似的物质文化形态。在北疆一带，自乾隆廿年（1755年）彻底击溃准噶尔的叛乱以后，统一了南北疆，设伊犁将军府，统领全疆，并在乌鲁木齐以东地区改行府州县的行政制度，缓解了民族间的矛盾，并在各地屯田，此时大量回、汉居民移入。道光年间征伐南疆叛乱分子张格尔之役，亦有川陕部队参加战争，亦不乏回民定居。至于清末左宗棠治疆期间，亦有屯田之举，使不少内地居民迁居北疆各地。北部边疆伊犁、塔城一带，哈萨克族、乌孜别克族与维吾尔族长期共居，在生活习惯上也已完全共通。经二百余年政治、军事上的变动，形成北疆伊斯兰教建筑的维族、回族、乌孜别克族各族风格并有的现象。总之，清代中国北部信仰伊斯兰教的各族之间加快了相互的交流与融合的过程。

元明以来，回民聚居区多建有教坊，称“阁的木”，负责本区的教务，教长是由本区聘任，在组织上不相隶属。明末清初，由于教长集中了土地，其势力范围跨越了原来“阁的木”的局限，要求建立更集中的扩大的教坊，并且将地主与教主的权力合在一起，以期利用宗教势力，巩固经济特权，于是在西北回族地区出现了门宦制度，取义为汉语的“门阀”、“宦门”的意义。门宦制度要求教民不仅崇拜真主，而且也要崇拜圣徒及本教派创始者——教主，并把教主个人神化。门宦又是一种世袭罔替的封建特权制度，教主不再是聘任制，而是世袭制，“始传者之子孙世世为掌教”。一个门宦的教主下辖若干教坊，各教坊教长由教主委任与管辖。教民对门宦之教长有交纳各种捐助与无偿劳役的义务。门宦制度初行于甘肃狄道（今临洮）、河州（今临夏），继之推行于宁夏、青海等地[52]。因此西北回族伊斯兰教建筑中除了清真寺之外，又增添了“拱北”这种建筑。拱北是教主死后的坟墓，供教民礼拜，这些建筑皆十分高大华丽。清代末年大门宦为招揽教民，扩大教区又兴建了规模宏大的道堂建筑，作为本门派布道宣讲，聚众议事，开展活动之处，拱北与道堂成为清代西北回族具有特色的建筑类型。

明代晚期为有效地培养宗教职业者，一部分地区的伊斯兰教坊建立了经堂教育制度，由教长负责，招收学生，传习经典，学习费用由教坊回民负担。初行于陕西，继而推广到河南山东等地[53]。因此回族清真寺中多设有讲堂，较元明时代的清真寺内容更为广泛。在南疆维吾尔族聚居区，这种研习教典的学校称教经堂，单独修建。

清代西北地区战争频仍，包括各种分裂势力与清政府间的战争，新疆区内各小汗国间的战争，回族内部新教与老教的斗争，以及回族下层民众的起义活动等。这些战乱使地区的生命财产造成极大的破坏，包括不少宏丽的清真寺亦毁于战火之中[54]。现存宁、甘、青及新疆地区的清真寺，大部是清中期末期改建、复建的，清初遗留物较少。

二、清代伊斯兰教建筑类型及特点

我国伊斯兰教建筑类型包括清真寺、坟墓及道堂（经堂）等。清真寺在维吾尔族地区称之为礼拜寺，是伊斯兰教民族聚居处必不可少的建筑，为教民每日做祈祷功课之处。其规模大小不一，随教坊内教民人数多寡而异。在新疆尚有居民礼拜寺、主麻礼拜寺及行人礼拜寺之分[55]。清真寺内的主体建筑为礼拜殿，殿内空间广阔，尽端墙壁装饰有圣龛，代表着至高无上的真主，不设偶像。在回族清真寺的后部圣龛部位，往往做成一单独的高耸建筑物，称后窑殿，而维族礼拜殿则做成内外殿的形式。教民祈祷时，席地而坐，因此在北方各地清真寺礼拜殿内皆为架空的木质地板，并铺有毡褥，以保暖隔潮。回族礼拜殿后部立有木制的宣谕台，为礼拜时由阿訇主持仪式之处。由于礼拜殿面积巨大，除由侧面采光之外，有的尚设置天窗采光的。清真寺内除礼拜殿之外尚配置有大门、二门、邦克楼、望月台、讲堂、水房、客房及少量的办公宿舍等。后期的清真寺尚附设小学校（图 7-165）。在维吾尔族礼拜寺内较少其他辅助建筑，但院中设有水池（涝坝）及树木、学员宿舍等，环境较为幽静。著名的清真寺实例有：山东济宁东大寺、西大寺、河北宣化清真北寺、河北泊镇清真寺、宁夏韦州大寺、同心大寺、青海湟中洪水泉清真寺、天津大伙巷清真寺、四川成都鼓楼街清真寺、安徽寿县清真寺、新疆乌鲁木齐陕西大寺、新疆喀什艾提卡儿礼拜寺、吐鲁番额敏塔礼拜寺、库尔勒礼拜寺、库车大寺、莎车大礼拜寺等。

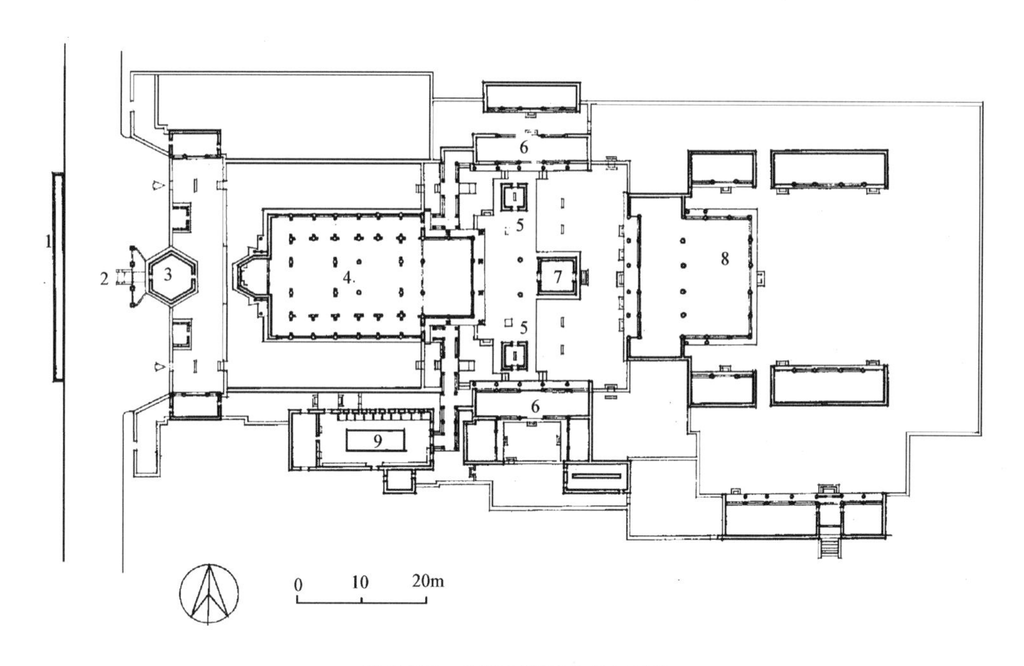

图 7-165 北京牛街清真寺平面图

1. 影壁 2. 牌楼 3. 望月楼 4. 礼拜殿 5. 碑亭 6. 讲堂 7. 邦克楼 8. 教室 9. 水房

伊斯兰教民实行土葬，在地面上仅砌筑一个长方形的坟堆，作为坟墓的标帜。但是维吾尔族的教长或汗王以及部族首领，往往建有华丽的墓祠建筑，称为“麻扎”。有穹隆顶及平顶两种形制，重要的麻扎尚以瓷砖镶嵌壁面。清代后期，甘青宁一带回族伊斯兰教依据门宦制度要求，教长死后亦建筑华贵的“拱北”建筑。这类建筑多采用汉族传统建筑形式，但雕饰十分繁丽，质精工细。著名的坟墓实例有新疆喀什阿巴伙加麻扎、玉素甫麻扎、哈密王陵、甘肃临夏祁静一大拱北、宁夏固原二十里铺拱北、四川阆中巴巴寺等（图 7-166）。回族居住地区的道堂建筑，内容十分广泛，除宗教内容外尚有经济及生活内容的建筑。其中主体建筑是讲经布道的道堂，此外还附有清真寺、拱北、住宅、客房、办公室等，是个庞大的建筑群。其中著名的有吴忠鸿乐府道堂等（图 7-167、7-168）。但因战乱，道堂大部被毁，现有多为民国以后的建筑。维族地区也设有培养职业宗教工作者的学校，称为教经堂。其主体是一座小型礼拜殿，为平日讲课之处，围绕礼拜殿有群房，作为学生、教师的宿舍，这类教经堂的大门都十分雄伟，著名实例为新疆喀什哈力克教经堂（图 7-169）。

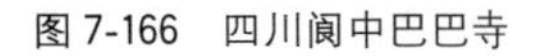

图 7-166　四川阆中巴巴寺

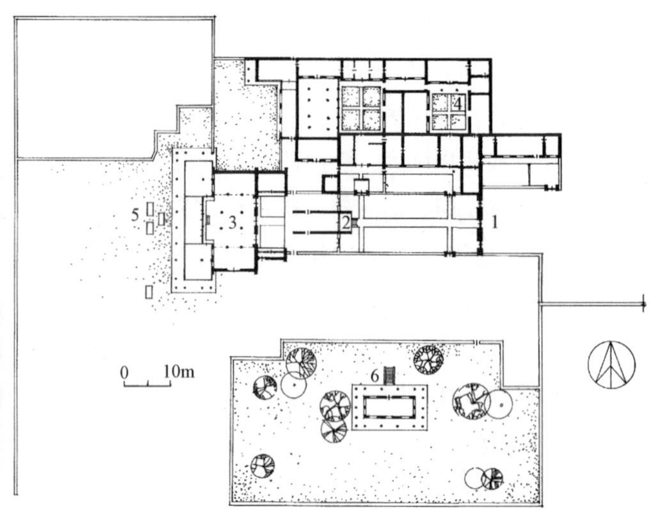

1. 大门　2. 二门　3. 道堂　4. 住宅院落　5. 拱北群　6. 花园

图 7-167　宁夏吴忠鸿乐府道堂平面图

图 7-168　宁夏吴忠鸿乐府道堂礼拜殿内景

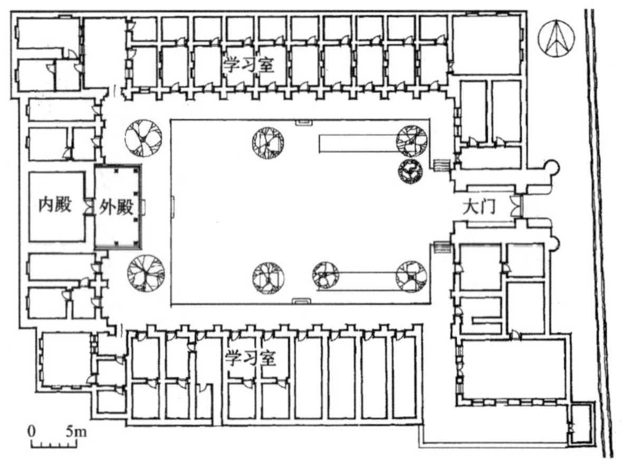

图 7-169　新疆喀什哈力克教经堂平面图

中国伊斯兰教建筑以清真寺（礼拜寺）占绝大多数。从这类建筑的布局、礼拜殿造型、邦克楼、圣龛及建筑装饰诸方面明显地表露出与中国传统建筑的差异，形成伊斯兰教独有的建筑特色。其他如麻扎、拱北、教经堂等建筑的艺术风格，多借鉴于清真寺建筑，除平面上的特色外，其外观、结构、装饰手法、图案特色等皆与清真寺有共通之处。

伊斯兰教建筑明显的艺术特色，表现在如下的各方面：

伊斯兰教礼拜殿的朝向皆为面东背西。按教规规定，教徒礼拜时须面向位于沙特阿拉伯境内的圣城麦加，在中国就是朝向西方。因此礼拜寺入口的位置大致设在街巷的西侧。但由于各种原因礼拜寺入口不能布置在街西侧时，则需通过总体布局路线的引导，使教徒从东面进入礼拜殿，朝西方进行礼拜。由此造成许多不规则的特殊平面布局，突破了中国传统建筑南北轴线对称式布局的惯例，增加了建筑布局艺术上的多样性。太原大南门清真寺即是入口朝西而礼拜殿朝东的设计[56]。

其次，清代伊斯兰教的礼拜殿面积都比较庞大。据规定教徒除每日礼拜五次以外，每周五为聚礼日，所有教徒须集中在礼拜寺礼拜，因此礼拜殿必须保证有足够的面积。而且随着教区的扩大，人口的增殖，礼拜殿还要不断地接建扩建，形成面积大、形式富于变化的主体建筑，可以说没有完全相同的两座礼拜殿建筑。因新疆地区夏季炎热，故维吾尔族礼拜殿往往为横长型敞厅式的平顶房屋，同时分为内外拜殿。回族礼拜殿却采用由多个汉式坡屋顶勾搭在一起组成纵长形大厅。例如山东济宁西大寺礼拜殿为四个屋顶勾搭连，建筑面积达 2000 平方米，是仅次于北京故宫太和殿的巨大建筑。

再者，清代伊斯兰教建筑中的邦克楼形式更加多样化。教徒每日五次礼拜，分晨、晌、脯、昏、宵五礼，礼拜时由阿訇在寺中一高塔形建筑上呼唤，称为“叫邦克”，此塔称邦克楼，汉名唤醒楼。世界各国伊斯兰教寺院中的邦克楼都是具有地方民族特色的建筑。在中国，由于各地风俗习惯及传统技法的影响，邦克楼形式亦多有变化。维吾尔族建筑的邦克楼与大门结合在一起，成为大门形体构图的一部分。回族建筑的邦克楼多与望月结合，又称望月楼，或与二门相结合，形成一种多层门楼式建筑。后期清真寺中由于钟表计时工具出现，亦有取消了邦克楼建筑的寺院。

伊斯兰教崇拜真主，但不设偶像，仅在殿西壁的后窑殿内设立装饰精丽的圣龛。伊斯兰教教义认为真主是独一无二的，能创造一切，主宰一切；而真主又是无形象、无方所的，因此教徒要做到“心里诚信”，但又不做偶像崇拜。因此伊斯兰教的礼拜殿不同于佛道建筑的殿堂，室内充满了雕像以及相应的龛橱、幡帐等装饰品，它的室内空间基本上是建筑内容的，是由梁、柱、窗、壁，以及壁面装饰组成的建筑艺术形式，圣龛成为室内建筑艺术的重点。另外，因为没有偶像，信徒不受“瞻仰神像”视线远近的限制，礼拜殿面积可以按照礼拜的人数进行安排扩建。平面形式可有多种多样的变化，如横长方、纵长方、凸字形、十字形、甚至六角形等，这一点亦打破了汉族传统建筑的横长方体的模式。

世界各地伊斯兰教建筑装饰十分具有特色。装饰图案以几何纹、植物纹及文字图案为主，没有动物纹样。为适应这类纹样的特点，多为平面化装饰手法，很少运用立体的高浮雕装饰。我国清代伊斯兰教建筑，充分利用地方的传统工艺美术技术，如河州砖雕，北京官式彩画、南疆的石膏塑制等技艺，创造出中国特色伊教装饰。所应用的几何纹、植物纹图案组合，十分注意繁简对比的变化，以及构图的均衡谐调，同时又填充色彩以增强其装饰性，装饰效果清新、明快，生活气氛强烈，没有佛道建筑装饰中表现出的那种神秘怪诞气氛。某些阿拉伯建筑的拱券结构形式虽在中国也传播开来，但多限于南疆地区，应用不广。

中国伊斯兰教建筑虽然分布地区广阔、形式多种多样，但它们的艺术形式又都具有与世界伊斯兰教建筑相关联的宗教特色。如装饰性极强，表现生活气息的艺术意匠，大体量殿堂与高细的邦克楼相对比而产生的特有建筑轮廓等，只不过这些特色又都统一于中国民族艺术手法之中。另外，也可看到伊斯兰教建筑艺术是在不断发展的，其艺术风格在继续着，但具体形式却在更新变化着。

三、著名的伊斯兰教建筑实例

1. 山东济宁东、西大寺[57]

东大寺在济宁县城顺河街，为明代成化年间由马化龙出资建造，清代康熙时重建，形成今日规模（图 7-170、7-171）。大殿等主要建筑皆为乾隆时期重修，规模宏巨，为清代少见的大寺。济

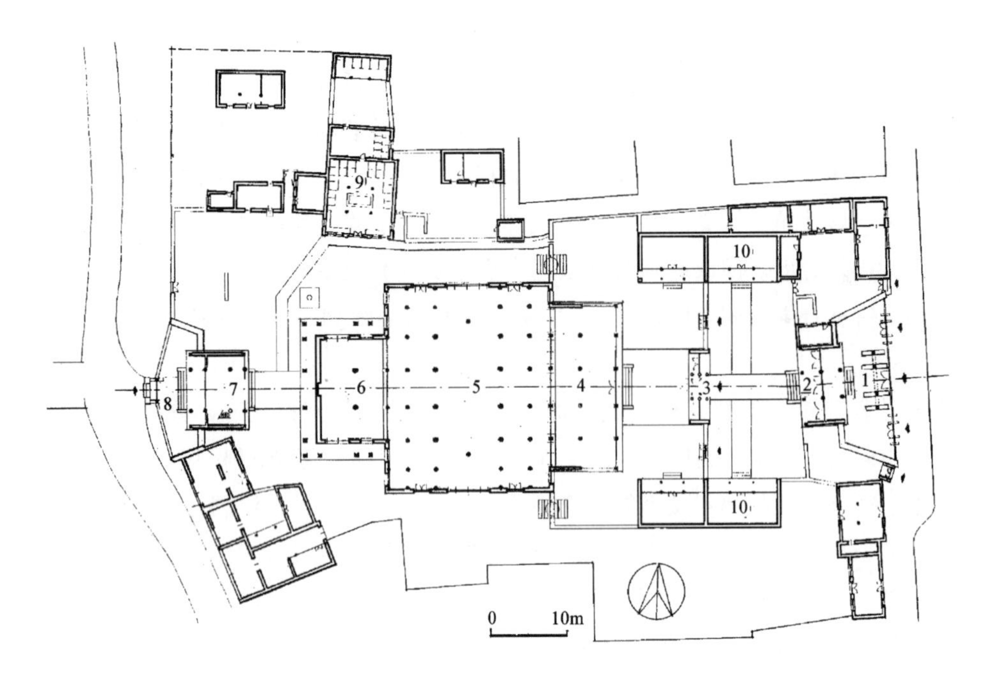

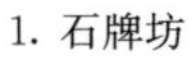

图 7-170 山东济宁清真东大寺平面图

图 7-171 山东济宁东大寺

宁在大运河畔，为南北漕运的枢纽，“舟车辐辏、商贾云集”，回民居住于此地者很多。最多时曾建有男寺七处、女寺二处，东大寺是其中之一。东大寺靠近运河西岸，座西面东，寺前有木栅栏一座，栅内为康熙三十九年（1700 年）雕制的三间四柱冲天石牌坊一座（图 7-172）。牌坊后为大门，左右分设八字墙，墙面为龟背纹磨砖贴面，并配有绿琉璃团花及岔角，八字墙成为石牌坊很好的背衬。大门为三间五檩，中心柱式，屋顶为绿琉璃瓦黄色剪边，正脊为跑龙脊，十分华丽堂皇。大门后为二门，为三间重檐式，下檐并带有垂柱，是一种变体的垂花门制式。门后为礼拜大殿，为面阔七间，进深三跨的大厅堂（图 7-173）。大厅之后尚有一座望月楼，以木牌坊作为清真寺的最后结尾。全寺尚附建有讲堂、水房、宿舍、办公等房间。该寺在总体布置上采取了密集式的分隔，增加空间的层次，取得了成功的效果。该寺的艺术形象上最动人之处在于屋顶组合变化多姿，具有高大雄浑的气势。大殿前部为卷棚屋顶，中部为七间十五檩的巨大歇山屋顶，而后部

图 7-172 山东济宁东大寺入口石坊

图 7-173 山东济宁东大寺礼拜殿内景

为高达三层的后窑殿，下二层为庑殿顶，三层改用六角攒尖顶，加之在后门又添设一座两层的望月楼及后牌楼，从后部望去，屋顶重重叠叠，檐角凹凸进退，气势巍峨，具有中国传统建筑中雄博与细腻相结合的特色。该寺为琉璃瓦屋面，更增加了辉煌耀目的气氛。寺内石雕较佳，如石牌坊的抱鼓石、横枋、后门的盘龙柱、盘花柱等，都是较好的作品。

西大寺位于济宁县城西隅，是清初西域人常葆华所创建。历经康熙、乾隆两朝陆续重修，至道光初年建成（图 7-174）。全寺座西面东。大门面阔十三间，占满了整个寺院的横宽尺度，一座正门，两座角门，气魄甚大。进门有邦克楼一座六角两层，以此将庭院分为内外两部。外院为四合院状，两侧为讲堂各五间。内院两侧为墙壁围护，正面为礼拜大殿，殿前有宽大的月台伸入庭院之中。大殿进深有五跨，长达 72 米，总建筑面积为 1922.6 平方米，是国内回族礼拜殿中最大的殿堂。皆是用勾连搭方式将五跨屋顶组织在一起，它们依次为卷棚顶、单檐庑殿顶、卷棚、重檐歇山顶、高台基带周围廊的重檐歇山顶。屋顶组合层次明确，规制逐渐增高，显示出主体建筑的重点在后部窑殿圣龛部位（图 7-175）。该殿是由于人口增殖，礼拜面积不敷需要，经顺治十三年、康熙二十年及乾隆十年三次逐步扩建而成的。此点也说明回族礼拜殿形成窄而深的纵长平面的历

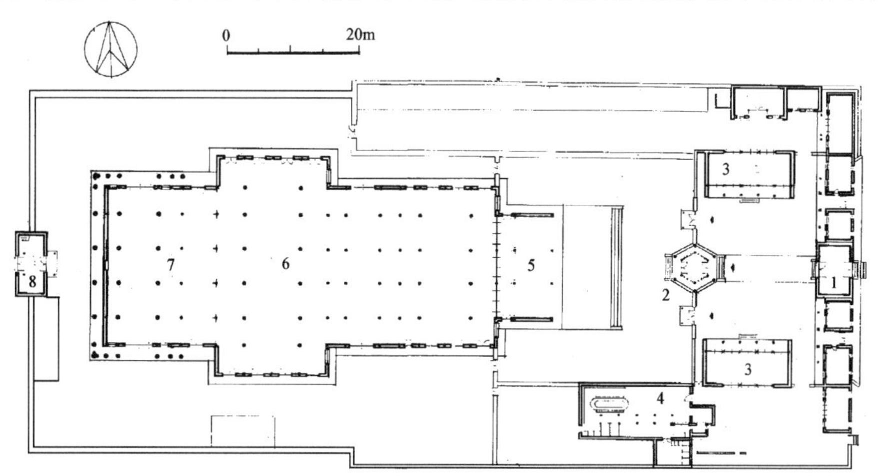

图 7-174 山东济宁清真西大寺平面图

1. 大门 2. 邦克楼 3. 讲堂 4. 水房 5. 卷棚 6. 礼拜大殿 7. 后殿 8. 望月楼

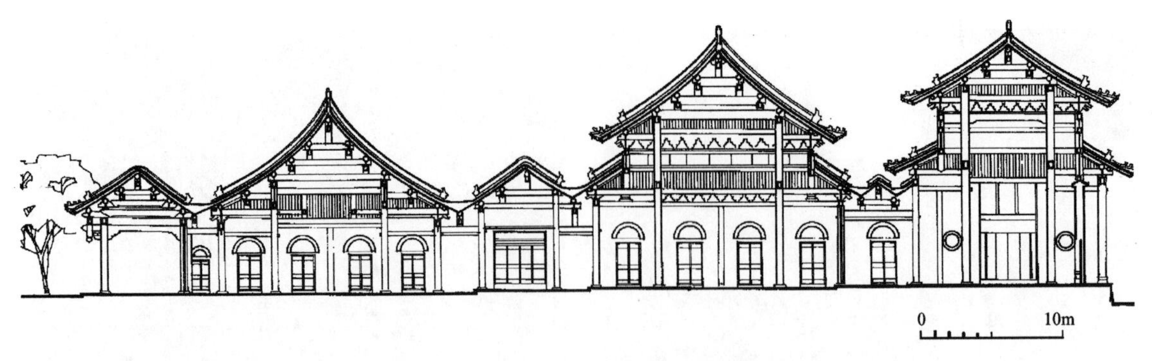

图 7-175　山东济宁清真西大寺礼拜殿剖面图

史原因。礼拜殿内部为彻上明造，全部梁架暴露在外，更显得内部空间高大、宏敞。为了克服室内柱、枋、梁、栱等建筑构件过多造成的零乱效果。全部木构件皆为彩绘，梁架部分刷饰“旋子”彩画，木柱部分刷饰缠枝西番莲彩画，并使用满金地的大匾额，使殿内呈现出一片富丽豪华的意境。

2. 天津清真北寺

天津原有较大的清真寺五座，其中以北寺及南寺较为著名。北寺在旧城西北城角大伙巷内，建于清代乾隆年间（图 7-176～7-178）。寺前隔街有砖照壁，大门三间，门内有左右厢房各三间，对门设礼拜殿。大殿分为三部分勾连在一起，前为卷棚作为殿前的敞厅，并附建有宽大的月台。中为内殿，为单檐庑殿顶两侧山墙配有腰檐。后窑殿较内殿的面阔加宽，两侧各伸出一间。最有趣的是后窑殿的屋顶是在四坡水的屋顶上加盖了五座攒尖亭式顶，两侧四座为重檐六角亭，正中为重檐八角亭。五亭一字排开，高低参差，屋面坡陡，翼角高翘，有冲天挺拔之感。推测其造型意匠可能是受西亚伊斯兰教尖顶邦克楼的影响，而以传统的木构亭阁来表现，才产生这种尖顶耸立的浪漫色彩浓厚的造型。与此相类似还有建于道光二年（1822 年）的天津清真南寺礼拜殿，在它的屋顶上添建了八座攒尖式亭顶，愈显出崇峻而神秘的宗教气氛。这种造型一时成为风尚，在华北、内蒙一带清真寺中曾多次应用。如民国年间改建的呼和浩特清真大寺的屋顶，即建造了五

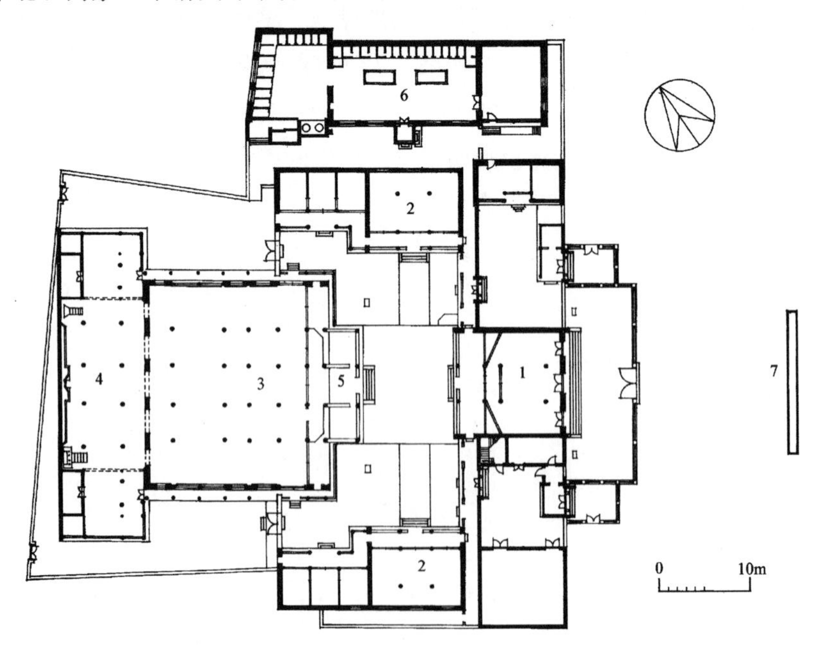

图 7-176　天津清真北寺平面图

图 7-177 天津清真北寺礼拜殿前抱厦

图 7-178 天津清真北寺礼拜殿内景

座亭式屋顶。清代中叶建造的河北沧州清真寺后窑殿，并列三座陡峭的亭式屋顶。尖亭耸立，几乎成为华北的伊斯兰教建筑的特征之一。

3. 宣化清真北寺

建于康熙六十一年（1722 年），其总平面布局较为紧凑（图 7-179、7-180），前为大门三间，两侧各有角门一间，门后建邦克楼一座，进入邦克楼为内院，左右厢建讲堂各三间，正中为礼拜殿。邦克楼与两厢讲堂以抄手前廊相连，组成狭小的院落。礼拜殿规模很大，平面呈十字形，前为卷棚三间，后为窑殿五间。而中殿特大，面阔长达 13 间，50 米，这种浅宽的礼拜殿多应用于新疆一带，在华北一带少见，可能为地形所限。其处理屋顶的手法亦十分成功，中部殿堂吸收了古代宫廷中三殿并列的制度，将屋顶分为三座，中间为五间歇山顶，两侧屋顶稍矮为三间歇山顶，三顶之间有一间过渡空间，克服面阔过长的难题。前后殿皆为稍低的卷棚顶，为了强调后窑殿的重要性，在后部中央加设一座两层的四角攒尖亭阁，高耸于后背（图 7-181）。整个礼拜殿沿四周建造了一圈檐廊，将分散的各座形式各异的屋顶体型联为整体构图。这个设计是大胆吸收传统建筑形制，而用于伊斯兰教建筑中一个较成功的实例。

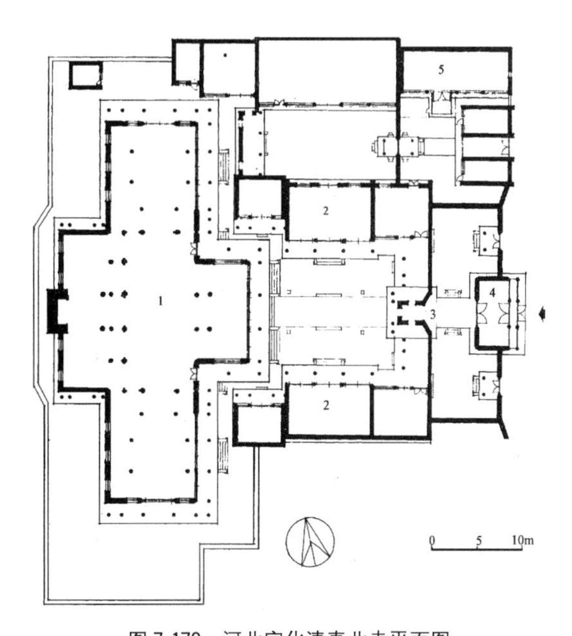

图 7-179 河北宣化清真北寺平面图

1. 大殿 2. 讲堂 3. 邦克楼 4. 大门 5. 水房

图 7-180 河北宣化清真北寺砖刻

4. 宁夏韦州清真寺

在宁夏同心县东韦州镇南街，是宁夏最大最古老的寺院，约建于清朝初年（图 7-182）。全寺座西面东，临街并联设置三开间歇山顶门屋三座，中间门屋高大，雕饰华丽（图 7-183）。全寺设两进院，前院左右厢房各三间，中间为邦克楼。该楼为正方形平面，两层三檐，屋顶为十字歇山顶，两层皆有周廊回护，高耸在两院之间，形体十分雄大，具有晋陕一带城市鼓楼的形态。后院较宽大，左右厢各为五间，作为讲堂。正面大殿是一座三脊两卷屋顶互相勾连的进深很大的厅堂。前为卷棚做成殿前敞厅。中殿屋顶为两座相连的歇山顶，后殿为一卷棚加一重檐歇山顶。该寺礼拜殿的形体设计高低进退，丰富多样，变化中又不失和谐统一。该殿为历次扩建逐步形成，前半建于清初，后半部建于清中叶，两部分的处理完全不同。前部的屋架为彻上明造，殿内空间宽大，进深较浅，木构油饰旋子彩画，显得简朴、雅致。而后窑殿平面近于方形，露明仅两根柱子，空间明敞，屋内设有彩绘的井口天花，不见梁架，壁画装饰华丽，愈发突出了圣龛的重要地位。在前后之间的结合部，设计了木牌坊一座，使得两部分风格不同的室内设计即互相贯通，又互相区别，相辅相成，使得礼拜殿内景设计益加丰富多姿。该寺目前已毁。同心县城内的北大寺亦为清初建造的，建于乾隆三十六年（1771 年），但经光绪时的改建（图 7-184、7-185）。其最大的特点是建在一个高约 10 米的高台上，而且在面西的登台券洞上接建拜克楼，形成突显的寺门效果。

图 7-181　河北宣化清真北寺后窑殿

图 7-182　宁夏同心韦州清真寺

图 7-183　宁夏同心韦州清真寺前廊砖刻廊墙

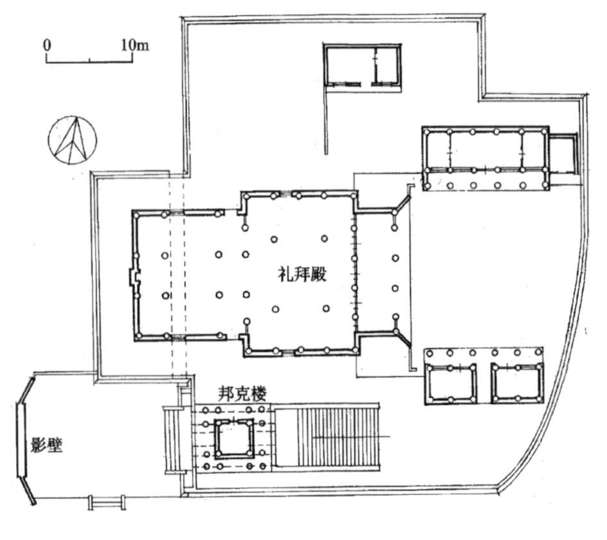

图 7-184　宁夏同心清真北大寺平面图

5. 青海湟中洪水泉清真寺

为清初至清中叶的建筑，是青海地区比较古老，而且建筑艺术精丽的一座清真寺（图 7-186）。其布局十分简单，由南面的厢房部位入口，前部为邦克楼，后为大殿。邦克楼为三层建筑，底层为长方形，二三层转为六角形，各层斗栱各不相同，采用了 45°斜栱及交手栱等做法，手法灵活，形制华丽。礼拜殿仍为传统的前卷棚、中拜殿、后窑殿三部分（图 7-187）。所不同的是前卷棚与中拜殿共用一个大的单檐歇山顶，其三步架深的前廊，即为卷棚部分。而后窑殿为正方形平面，采用重檐十字脊屋顶，与前面邦克楼的三重檐六角形平面的盝形攒尖顶相互对比，体形起伏，十分活泼。洪水泉清真寺的小木作装修极为精美，除了门窗棂格雕刻之外，以后窑殿的木制壁面最为精致（图 7-188）。壁面分上下两部，上部做天宫楼阁式，有平座、栏杆、格门、斗栱，上承天花藻井，下部为槅扇式的木屏风，槅扇心雕各种山水花卉，裙板雕刻寿字。圣龛凹进壁面，边缘雕出卷草花纹，四周为光平的木板，衬托出边饰的精丽。全部小木作装修不施油饰与彩绘，裸露着淡黄褐色的木质纹理，在精丽之中又显露出朴素大方的格调，艺术价值极高。此外，该寺的砖雕艺术技法亦十分高妙，大殿前卷棚的左右桶子墙、八字墙及照壁等处的砖雕皆是精品。

图 7-185 宁夏同心清真北大寺礼拜殿梁架

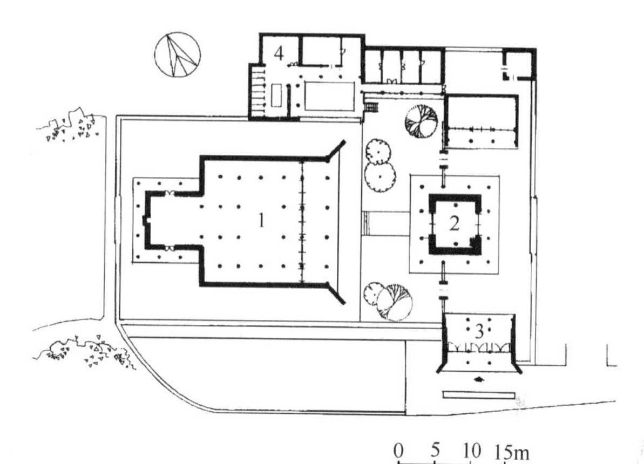

图 7-186 青海湟中洪水泉清真寺平面图
1. 礼拜殿 2. 邦克楼 3. 大门 4. 水房

图 7-187 青海湟中洪水泉清真寺礼拜殿

图 7-188 青海湟中洪水泉清真寺礼拜殿后窑殿

6. 甘肃临夏大拱北

在临夏城西北山脚下，是噶得林耶门宦创始人祁静一的墓地[58]，建于清康熙五十九年（1720年）。临夏大拱北的附近尚有祁静一弟子的拱北七八座，共同组成拱北建筑群，规模巨大（图7-189）。民国初年毁于战火，后重建[59]。大拱北内包括的主要建筑物有拱北、礼拜殿、客厅、客房、阿訇住宅等，并有面积宽敞的后园，种植苍松翠柏及河州著名的牡丹花。大拱北的入口设在东面，及西南面。进门后须经若干曲折弯转的空间才能到达拱北前的主要庭院，以延长主体建筑前的层次来增加建筑物的神秘性。拱北建筑前有磨砖对缝的围墙包围，中间设一砖门楼，进入砖门楼经一段穿堂后进入拱北内部。拱北是一座三重屋檐正八角形建筑，上复以八角攒尖盔顶（图7-190）。这种拱北建筑与回族清真寺中的邦克楼形象相近似，可引发教民产生某种构图上的联想。

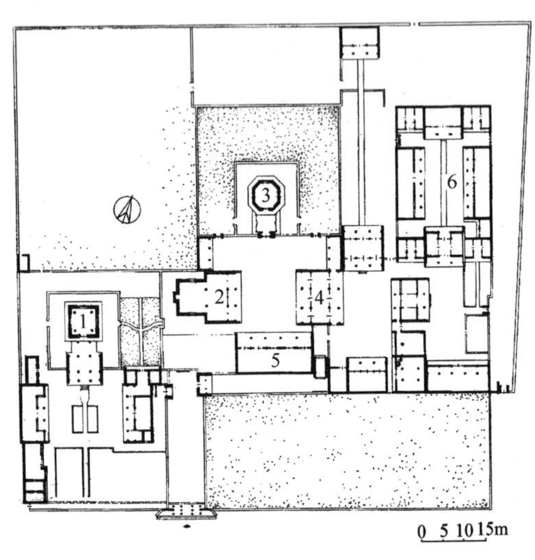

图7-189 甘肃临夏大拱北平面图
1. 拱北 2. 大殿 3. 大拱北 4. 过厅 5. 客厅 6. 住宅院

图7-190 甘肃临夏大拱北

临夏大拱北以其精美的砖雕著名于西北地区，充分体现了河州砖雕的技艺水平。它的砖雕多应用在一系列照壁墙、围墙及拱北建筑底层的围护墙上。照壁墙的照壁心皆为清水磨砖，采用中心四岔图案，具有各种花饰。拱北围护墙的室内一侧以线脚划分成几段墙心，水磨细砖，整洁细腻。室外一侧完全以砖刻装饰起来，分为三段处理，下段为砖雕栏杆，上段为砖雕垂莲柱的檐口、梁头、花芽、莲柱、挂檐板，皆有植物纹样的雕饰，中间一段墙身以壁柱划分三间，当中饰以凹进的大花窗，边饰岔角，花心完全为透雕砖刻，浮悬在窗外框间。花繁工精，枝叶分明，套雕数层，立体感极强。此外大拱北及其附近拱北建筑的小木作门窗棂格设计及加工亦有很强的装饰性。

7. 喀什艾提卡尔礼拜寺

是新疆最大的礼拜寺，位于喀什市中心广场。相传始建于嘉庆三年（1798年）[60]，后经历次扩建直到1838年才形成今日规模，共占地15亩（图7-191、7-192）。礼拜寺总平面呈不规则方形，坐西朝东，布局无明显对称轴线关系。寺门位于东部偏南处，为一穹隆顶建筑，两侧挟持着10余米高的塔楼。进门右绕有通路直通礼拜殿，院内遍植白杨树，并有两座涝坝（水池），绿荫蔽院，环境十分自然宜人。礼拜殿为一横长的建筑，是典型的维吾尔族礼拜殿的形制（图7-193），全长140米，38间，进深15米，4间，是国内最长的建筑，重要节日礼拜殿内外可同时容纳六七千人进行礼拜。大殿分为内外两殿，内殿面阔10间，有砖墙围护，供冬季礼拜之用；外殿为敞口厅形式，采用梁柱密肋式平顶构架，全部为露明的廊柱、油饰绿色，柱上托替木纵梁，交搭密集的楞木，油饰成为白色。为了避免呆板和重点突出，在大殿中部内殿前做抱厦四间，深三间，在抱厦

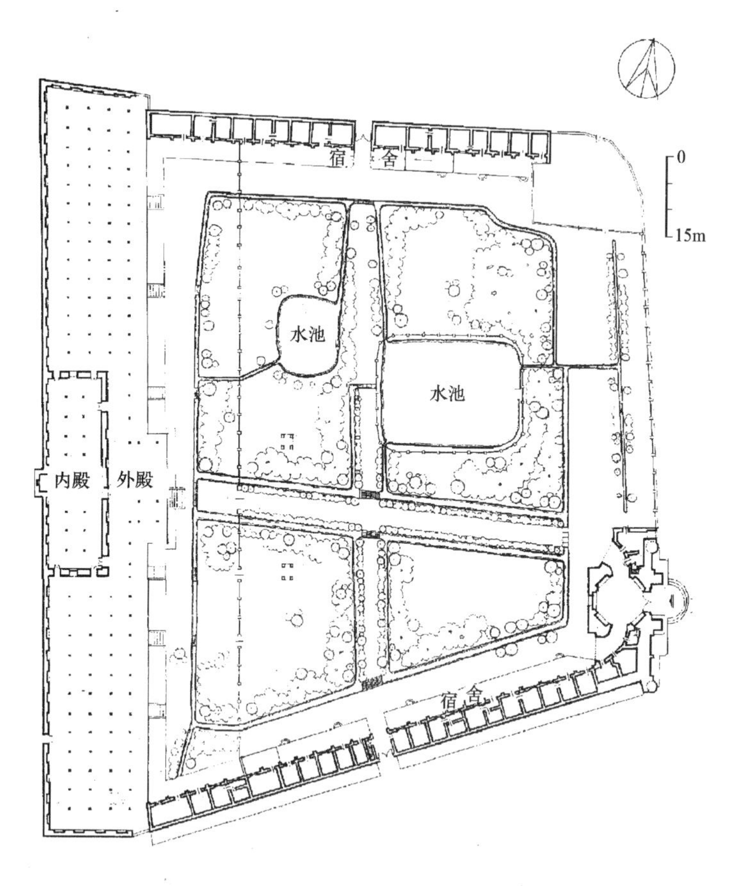

图 7-191 新疆喀什艾提卡尔礼拜寺平面图

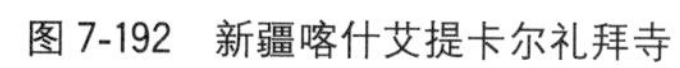

图 7-192 新疆喀什艾提卡尔礼拜寺

图 7-193 新疆喀什艾提卡尔礼拜寺礼拜殿

中部减去若干柱子，使天花上形成一块藻井，以木条浮嵌出各式几何形图像，格间填饰彩绘（图7-194）。内殿入口的券门以彩色石膏花饰装饰，有卍字纹、套八方、花叶纹、半团花等纹样。花纹密集，疏密相间，底色填饰红、蓝、绿、橙、白等色，表现华贵、跳动。纤柔的艺术特色，是伊斯兰教特定的装饰风格。这座礼拜殿的木柱甚高，比例细长，开间与柱高比为1∶1.5,冬季阳光可直射到后墙。虽然殿内木柱达140余根，但不觉闭塞。寺院左右各有厢房20余间，为阿訇、教师、学生的居住之所。从艾提卡尔礼拜寺建筑可以看到西藏、中亚等地建筑艺术的影响，说明维吾尔族建筑艺术形成与各民族交流的历史过程。

8. 新疆吐鲁番额敏塔礼拜寺

该寺是为纪念维吾尔族的吐鲁番郡王额敏和卓而建造。额敏和卓反对割据叛乱，在乾隆二十年（1755年）协助清政府击溃了准噶尔上层贵族达瓦齐，以军功封郡王。死后，其子苏赉满于乾隆四十三年（1778年）为其父树碑修塔，并建一礼拜寺以“恭报天恩”（图7-195、7-196）。由于吐鲁番地区夏天炎热异常，故该礼拜寺与一般维族寺院不同，全部房间皆覆盖有屋顶。礼拜殿略成方形，周围有一圈休息用房，分为内外室，土坯砌穹隆顶结构。东面为高大的入口，由一系列的大小尖拱龛组成，约有三层楼高，具有中亚建筑风格。西面为后窑殿，亦为土坯穹隆结构。四周房间所包围的中庭，面积为33×24平方米，全部立柱架枋，构筑平顶，仅在中央留有一方采光孔。夏日室内阴凉适人。寺院外墙全为土坯实砌，不留窗孔。在寺院东南角建起一座高大的圆筒形邦克楼，俗称额敏塔，或苏公塔。下径11米，高44米，塔壁向上有明显收分，至顶结为半球状，外形轮廓有如一根巨笋。全塔为砖构，内有螺旋蹬道回旋而上，顶部有瞭望窗，登塔四望，吐鲁番城乡景色尽收眼底。此塔在艺术上成就最大之点为塔身全部装饰有砖砌图案，共有七层宽窄不同的装饰带，图案各不相同，有如璎珞锦锈，绮丽非凡（图7-197）。砌筑时须随塔身直径的递减而逐层调整砖的规格及灰缝大小，以保证图案的完整与准确，表示出古代工匠熟练的砌筑技艺，这样的砖工在新疆伊斯兰教建筑中当首屈一指。

图7-194 新疆喀什艾提卡尔礼拜寺礼拜殿藻井

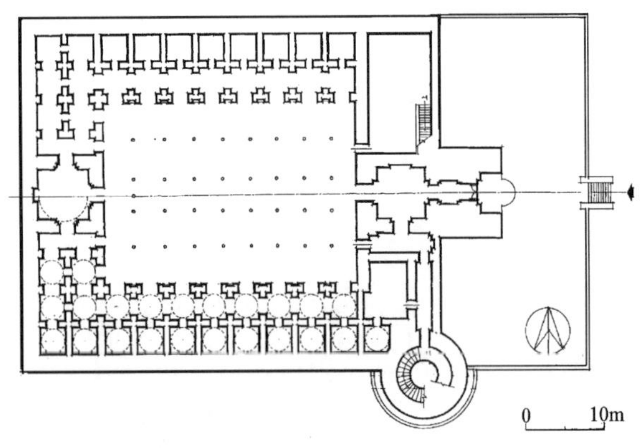

图7-195 新疆吐鲁番额敏塔礼拜寺平面图

图7-196 新疆吐鲁番额敏塔礼拜寺

图7-197 新疆吐鲁番额敏塔礼拜寺塔身砖砌图案

9. 新疆喀什阿巴和加麻札

在喀什近郊，是新疆伊斯兰教白山派领袖阿巴和加及其家属的墓地，葬有阿巴和加及其父玛木特玉素甫等五代子孙共 72 人。传说清乾隆皇帝宫中容妃（又称香妃）为玛木特玉素甫后裔，讹传死后葬于这个麻札，故世人又称之为“香妃墓”。阿巴和加麻札始建于十七世纪下半叶，经陆续扩建成今日规模（图 7-198～7-200）。整个墓地包括墓祠建筑一座。大小礼拜寺四座、教经堂一座、阿訇住宅一所，尚有水房、厨房、涝坝、果园等，以及一般教民的墓地。占地达 16000 余亩，是经历次扩建改建而形成的。由于总体布局、建筑体型和装饰手法处理得宜，加以绿化的衬托，使整个建筑群的艺术环境十分和谐、生动。墓祠建筑为麻札的主体，为一略呈长方形的建筑，中央墓室为一高达 32 米的穹隆顶盖，用四面大小不同的尖拱券拼斗而成（图 7-201～7-204）。穹隆直径为 15 米，穹隆屋面贴砌绿色琉璃花砖。墓祠四角耸立四座邦克楼尖塔，正面入口设在南面，为尖拱龛式，高大雄伟。尖塔、大门及四周墓祠墙壁皆贴饰黄、绿、蓝等色琉璃砖（图 7-205），并在墙顶设花饰砖。这种建筑形制在波斯、印度、中亚等处的伊斯兰教建筑中较为常见，但大量使用光华闪耀的琉璃面砖做装饰的手法更接近中亚一带建筑风格。墓祠全部为土坯砌筑，大穹隆顶是南疆最大的实例，构造做法是在四壁四个大拱券上抹角，再砌四个小帆拱券，逐渐内收成圆形，再砌筑穹隆顶。这座利用交错使用各式拱券构筑出宏大的空间结构的实例，充分表现维族工匠运用生土的高超技艺。墓祠四壁夹层走道开设许多窗洞，其几何纹样的窗格各不相同，精巧纤细，具有浓重的伊斯兰格调。

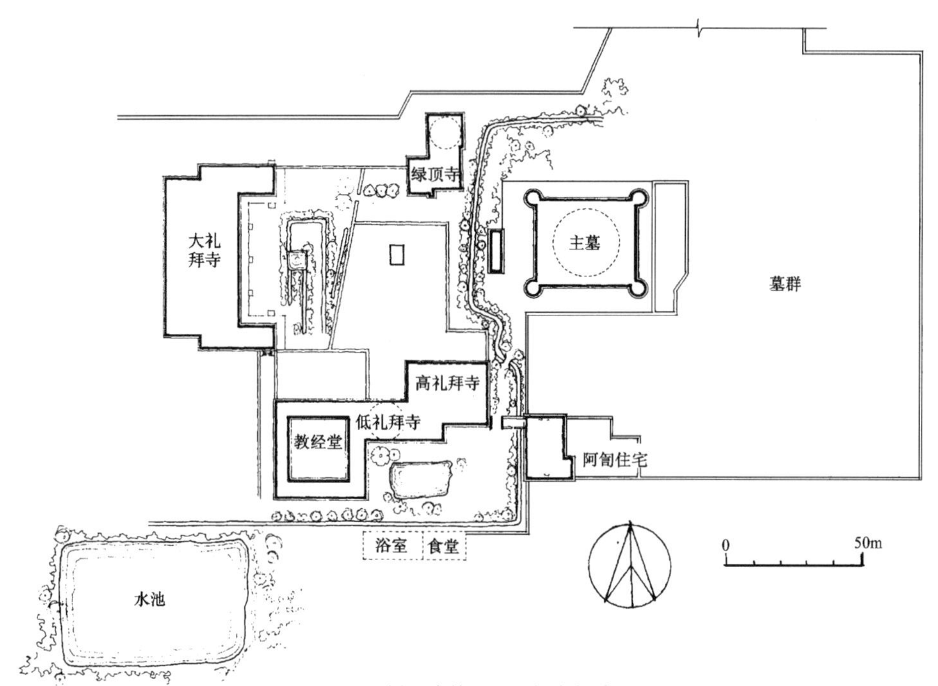

图 7-198　新疆喀什阿巴和加麻札总平面

阿巴和加麻札是新疆伊教中影响很大的麻札，每年在肉孜节前后一个月的祭祀时间内，有几十万来自南疆各地的穆斯林前来祭祀，甚至有搭盖帐篷临时居住的，是一种群众规模很大的集会。为解决教民礼拜的需要，在麻札内建有绿顶礼拜寺、大礼拜寺、高、低礼拜寺等四座寺院。绿顶礼拜寺是较古老的建筑，约与墓祠同时期建造，亦为一穹隆顶构造。因外部嵌贴绿色琉璃面砖故名。内殿为圆穹隆顶内径为 11.6 米，其构造法为抹角叠置尖拱龛的手法，使方形平面变为圆形。底层四方，置四个尖拱券，二层增为八个尖拱券，三层增为十六，最上为三十二券，其上覆以圆穹窿顶。大礼拜寺是 19 世纪下半叶建造的，为传统维吾尔族建筑形式。后部内砖殿八间，前部

图7-199 新疆喀什阿巴和加麻扎鸟瞰图

图 7-200 新疆喀什阿巴和加麻札大门

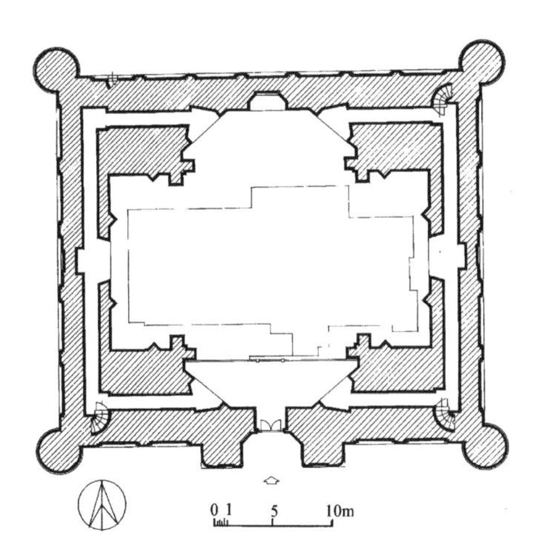

图 7-201 新疆喀什阿巴和加麻札墓祠平面图

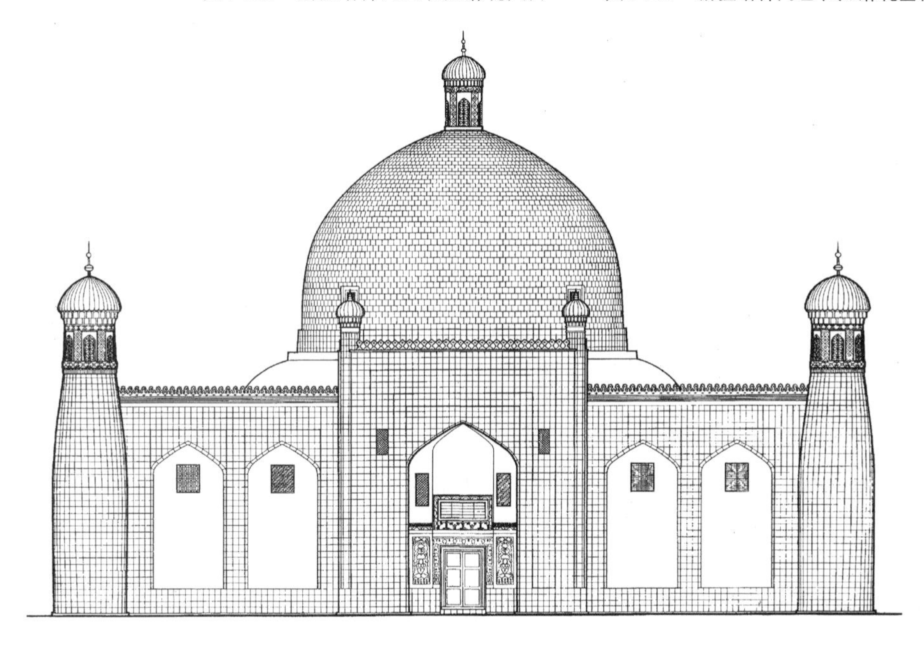

图 7-202 新疆喀什阿巴和加麻札墓祠立面图

图 7-203 新疆喀什阿巴和加麻札墓祠剖面图

图 7-204 新疆喀什阿巴和加麻札墓祠建筑

敞厅十五间，并形成冂字形，殿柱皆油饰成红褐色。另在教经堂东部有两座小礼拜寺相互毗连，一高一低，两者设计风格完全不同（图 7-206、7-207）。高礼拜寺建于高台上，低礼拜寺则建于地下。高礼拜寺亦建于清末，其平面关系、龛位、内外殿间数皆不对称，完全为自由式组合，并在东北、西南两角设立装饰性的尖塔，以为呼应。该寺以装饰华丽著称，其外殿廊柱的木雕工非常精细，柱身、柱头、柱裙满布装饰图案，尤以柱头装饰性最为丰富，全寺不下十余种样式，有小尖龛组成的星状柱头，有凹凸菱形组合的柱头，亦有弓形纹样组成的柱头，明显地是受波斯及两河流域伊斯兰教砖石建筑柱饰的影响（图 7-208）。在外殿的天花中部留有一块藻井，藻井四周设有一圈方形井口，内画花卉、风景等，完全引用近代绘画的技法，失去伊斯兰教传统图案风味。高礼拜寺的设计风格说明新疆清真寺建筑在晚期走向装饰主义的倾向。低礼拜寺低于地面 2 米余，内外殿均有屋顶，内殿为土穹隆顶，外殿为平顶，朴素无华，仅有小窗透入光线，夏日殿内十分凉爽。

10. 新疆喀什玉素甫麻札

是 11 世纪维吾尔族伟大的诗人玉素甫·哈斯哈吉甫的坟墓。玉素甫曾著有著名的长诗《福乐智慧》，是一部具有深刻哲理性的故事性长诗，在维族中有广泛的影响。该陵墓历经重建，直到清

图 7-205　新疆喀什阿巴和加麻札墓祠入口装饰

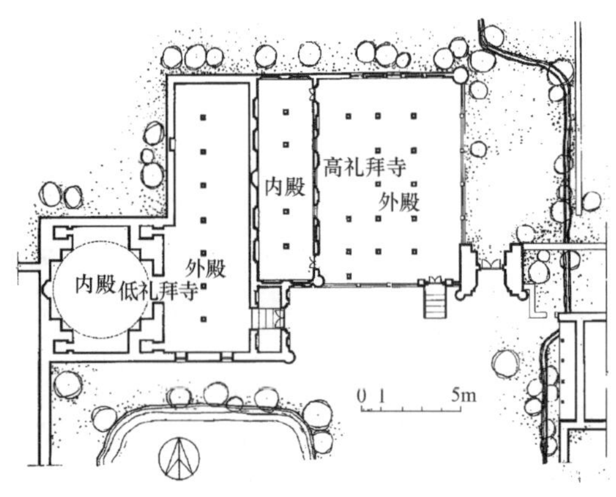

图 7-206　新疆喀什阿巴和加麻札高低礼拜寺平面图

图 7-207　新疆喀什阿巴和加麻札高礼拜寺天花

图 7-208　新疆喀什阿巴和加麻札高礼拜寺柱头

末形成目前规模（图7-209～7-211）。从其形制看可能主要部分修建年代应为清代。麻札包括有墓祠一座、礼拜殿六间、住宅两个套间。墓祠及大门四角皆设立尖顶的装饰性邦克楼，达十余座。墙壁皆隐砌尖拱券龛。墓祠主室及礼拜寺内改为穹隆顶结构。远望整个建筑群，高低参差，主次分明，具有十分丰富的轮廓线。尤其墓祠的外墙面以兰地白花面砖嵌贴，十分素雅高贵，益增墓祠的宗教气氛（图7-212）。这些建筑近期曾经改建，其面貌已大为改观。

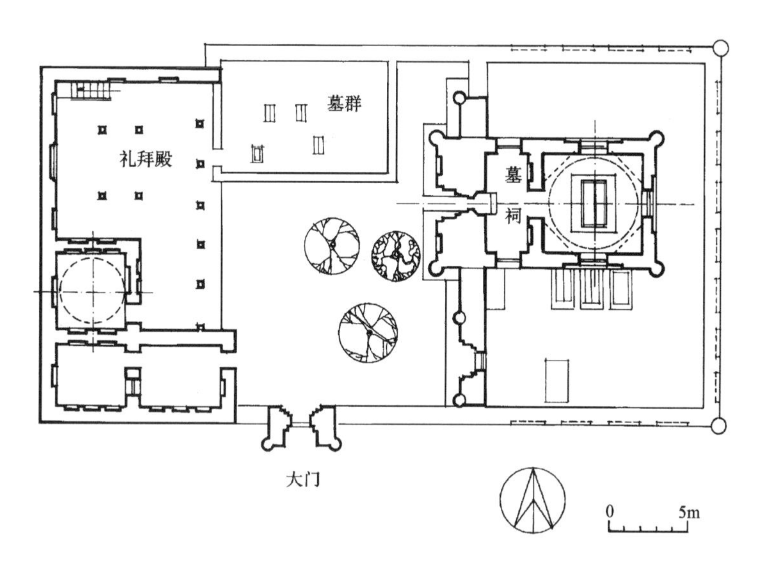

图7-209 新疆喀什玉素甫麻札平面图

图7-210 新疆喀什玉素甫麻札剖面图

图7-211 新疆喀什玉素甫麻札

图 7-212　新疆喀什玉素甫麻札墓祠入口

11. 哈密王陵

在新疆哈密县城西门外，现有两座木结构墓室，一座砖构穹顶墓室（新墓）及一座礼拜殿。陵区内尚有不少露天墓地[61]。据史料记载，两座木结构墓室可能修建于 1706 年（康熙四十五年）以后，是哈密王聘请汉族工匠为其修建王府的同时修造了墓室。其中较大一座是方形平面，土墙，土穹隆顶，在顶上外罩木结构的重檐亭式屋顶，下檐四方，上檐呈八角攒尖形式。较小一座亦为方形平面，每面三间，土木混合结构，顶部罩以重檐圆形亭式盔顶。两座墓室周围皆有围廊，具有早期维族伊教麻札形制特点[62]。亭子及外檐券门皆有细密的木棂格，极富伊教建筑风格。这两座墓室采用新疆伊教麻札的平面格局及结构，但在结顶处理上又吸收汉族建筑形式，是民族文化交流的产物。新墓建于大伯锡尔王时代（1820～1866 年），为砖构墓室，平面为长方形，正面有尖拱形龛门，四角有塔柱，中后部为穹隆顶，墓室外墙贴蓝白花纹瓷砖，大穹顶以绿釉琉璃砖贴面。其造型明显是受中亚建筑影响，与新疆霍城元代建造的吐虎鲁克麻札造型类似。这种形制在南疆、喀什、莎车一带的清代麻札中亦常应用。

四、清代伊斯兰教建筑艺术的两大体系

按建筑形制来分析，清代伊斯兰教建筑可以明确地分为具有汉族建筑传统的木构架回族建筑，与盛行于南疆的土木平顶结构维吾尔族建筑两大体系，各自具有显明的艺术特点。其他如东乡、保安、撒拉等族建筑皆采用与回族类似的建筑，柯尔克孜族、塔吉克族则属南疆维族体系，而哈萨克、乌孜别克、塔塔尔等居住在北疆的各族的建筑既有维族的传统，又更多地接受中亚各地建筑的影响形制带有异国风味。

1. 回族建筑艺术

回族建筑艺术是在大量吸收了汉族传统建筑技艺的基础上发展起来的。同时又十分明确地保持了自己的宗教建筑特色，形成了最具东方情调的伊斯兰教建筑，这一点在世界伊斯兰教建筑中也是很突出的。若与汉族宗教建筑作一对比，可以发现其间显著的异同之处。

回族建筑布局中以烘托主体为主要意匠。回族建筑虽然大部分也是按中轴对称式规则布置，但更强调主体建筑（礼拜殿）或拱北的艺术表现力，寺院中一切建筑都要服从、衬托主题。通常礼拜殿多布置在中轴线的中后方，而前边布置较小的附属建筑，主从建筑体量相差甚大，通过体量与形体的对比达到突出礼拜殿的作用。即使是规模很小的清真寺也要在其前面主轴线上布置一座二门，或邦克楼、花厅之类对比性建筑物[63]。清代回族清真寺为了烘托主题在总图布置上采用几种方式。一种为围廊式布置，这是一种历史较早

的布局方式，仅在少数清真寺中保持，即在礼拜殿的前左右三面有空廊围绕，廊与院的尺度均较小，衬托出礼拜殿的雄伟高大，如广州濠畔街清真寺、河北宣化清真寺、皆为典型实例。另一种为四合院式。即在礼拜殿的左右布置由讲堂、客房等内容组成的南北配房，围成院落。大型清真寺还可在中轴线上增设正厅、楼厅、或邦克楼与过厅接合形式等建筑，形成多进院落。这种布局是吸收了明代清真寺的特点，对邦克楼、碑亭、井亭等做了灵活处理而形成的。因伊斯兰教不设偶像，这些实用的配房一般体量都较小，且由于它所限定的空间，使得礼拜殿的巨大体量得到充分地感知，如安徽寿县清真寺、桂林清真寺、宁夏同心韦州大寺即为实例。又如泊镇清真寺在礼拜殿两侧设两层配房，加深对院落空间的规范作用，也是很好的实例。还有一种方式，为障景式布局。在中轴线上布置一系列的门、牌坊、邦克楼、望月楼（省心楼）等，将进入礼拜殿前的整个寺院前院划分成一进一进的空间，教徒在行进过程中可取得纵深的艺术观赏效果。这种方式比较成功的实例为明代建造的西安华觉巷清真寺，它在纵深方向以小建筑分隔出七进空间院落拉长了空间的距离感。清代以来许多清真寺仍采用此手法，如四川成都鼓楼街清真寺、云南大理老南门清真寺等，皆在中轴线上布置照壁、大门、牌坊、邦克楼等小建筑，增加序列效果。例如济宁东大寺在大殿前布置了四道门，才能达到主体建筑，这种障景式布局与儒家礼制建筑的文庙布局十分类似，具有艺术上的共通性。近代时期沿海城市用地紧张，一些清真寺曾采用楼层方式，下层为辅助房屋，上层为礼拜殿，当然这种方式影响了清真寺布局艺术表现的发挥，总之，清代清真寺布局从明代的配房分列，碑亭对峙，邦克楼居中的格式中解脱出来，而采取了多样的组合与配置方式。

华美多变的屋顶形式是回族建筑艺术的另一特色。清真寺礼拜殿是一座面积巨大的殿堂，尤其回族礼拜殿多为纵长形状，此类建筑屋顶处理是一个新课题。体量较小的礼拜殿往往将后窑殿部分抬高，凸出于前殿大屋顶之上，做成十字歇山等较复杂的屋顶形式，以显示其重要性。有的因为后窑殿开间少，则与大殿结合在一起形成为丁字形屋顶。但规模较大的礼拜殿则推演出各种复杂的屋顶形式，以避免出现过高的沉闷的大屋顶。概括地说有两种构造方式，一种是将一个个屋顶“勾连搭”起来组成纵长的大厅。勾搭数量不等，从二进一直到五进，甚至面阔仅有三间的小殿也可以有纵深达五个相连的屋顶，如镇江剪子巷清真寺。一些著名的大礼拜殿，如清代改建的北京牛街清真寺大殿、清康熙年间扩建的西安华觉巷清真寺大殿、宁夏同心韦州大寺、济宁西大寺、宁夏石嘴山清真寺大殿等都是三、四进乃至五进屋顶勾连在一起的（图 7-213）。为处理好这种屋顶相连建筑的艺术造型，往往按屋面形式的等级关系从前往后排列。例如韦州大寺礼拜殿，最前为卷棚歇山顶，往后是二进起脊歇山顶，最后窑殿部分为重檐歇山顶。又如全国回族清真寺中最大的礼拜殿——清代乾隆年间改建的山东济宁西大寺的屋顶处理方式，最前面为卷棚顶，其次为单檐庑殿顶，再次为重檐歇山顶，最后部分为高台基具有周围廊的重檐歇山顶，层次清楚，一气呵成，屋顶组群的重点自然落在最后的窑殿部分。还有一种处理屋顶造型的办法即是在坡屋顶上再加玲珑精巧的小屋顶，进一步丰富屋顶的外观形体变化。例如济宁东大寺即在后窑殿的屋顶上加了一个六角形的望月楼。宁夏石嘴山清真寺在后窑殿的屋顶上并排加了三座重檐歇山顶小楼，远望崇楼杰阁，气势博大（图 7-214）。天津北大寺的后窑殿部分并排加了五座重檐方亭和六角亭。这些亭阁的屋面陡峻，比例瘦长，冲天挺拔之势异常显著。有的学者认为这种尖亭式的屋顶正是阿拉伯伊斯兰教建筑尖塔式邦克楼形式的汉化。从建筑艺术角度看确实反映出信徒敬天信主的意图。

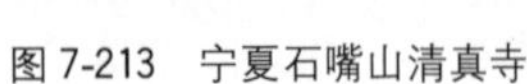
图 7-213 宁夏石嘴山清真寺

图 7-214 宁夏石嘴山清真寺后窑殿

伊斯兰教礼拜殿因为是坐西朝东，从光照角度看东西两面都有充足的艺术表现条件。特别是礼拜殿的造型重点在后部（西部），因此有些礼拜殿非常重视背面的造型，往往添加某些辅助建筑，组成很有表现力的建筑组群。例如济宁东大寺的后殿屋顶为重檐庑殿，上边又加设一座六角攒尖亭，为此在寺院后门建造一座重檐歇山的望月楼及一单檐牌楼门，共同组成一组层层叠叠的建筑群，既有主从关系，又富于体型变化，是很成功的设计（参见图 7-170），这一点与汉族寺庙也极为不同。

明代礼拜殿后窑殿很多采用穹隆式，故屋顶装饰重点在后窑殿部分。清代以来打破了这种传统，全面装饰屋顶整体，使其灵活多变，富于生气。由于交替运用各类屋顶造型手法，使得每座礼拜殿都能显露出自己的特色，绝无雷同之感。回族礼拜殿的多样化屋顶设计为中国传统的建筑外观造型艺术增加了新的营养。

回族建筑往往具有精致的内部空间分隔物，以丰富空间为其特色之一（图 7-215）。由于礼拜殿内部空间过于纵长，往往加设内部隔断以打破柱子林立的空旷感觉，这点与佛寺建筑不同。一般采用可装卸的屏门或花罩、栏杆罩、圆光罩、拱券罩等，以保证室内空间的连续性。装饰手法多运用木雕或彩绘，也有的用木棂格拼逗为回文罩。因礼拜殿的采光皆为侧窗（南北两面），所以每层隔断的空间感觉很强烈。例如清代改建的北京牛街清真寺礼拜殿即很有特色（图 7-216）。该礼拜殿由前殿、中殿、后殿及后窑殿四部分组成，共设计了五道隔断，划分为六个空间。第一道

图 7-215 河南郑州清真寺礼拜殿内景

图 7-216 北京牛街清真寺礼拜殿内檐隔断

为前殿、中殿之间的槅扇门，二三四道为柱间的拱券罩，最后为后窑殿前的几腿罩。为了保证室内空间的完整，在面阔方面的两侧尽间又加设纵向的拱券罩两列。经过分隔后，除后部有两根柱子以外，室内的柱子完全与隔断混为一体，从前殿望去，层层叠叠，显得大殿异常深远。该殿所用拱券为横宽的尖拱，既具有阿拉伯伊斯兰教建筑的特点，又接近中国传统的落地罩形式。罩体为木制，上面布满红地沥粉贴金的缠枝西番莲彩画，拱券边饰为阿拉伯文字图案，在传统的装饰风格中又显露出异国的情调。该礼拜殿的室内空间设计是在民族艺术基础上，吸收借鉴外来艺术手法的优秀实例。又如天津南寺大殿进深达40米，在中间添设了一道拱券墙及两道回文花罩，使得空间层次感丰富起来，充分表现传统分隔手法的艺术性（图7-217）。

回族建筑的装饰艺术具有鲜明的民族特色。回族礼拜殿中的彩画除大量沿用汉族传统旋子彩画之外，另外也创制了某些特定的伊斯兰教彩画。例如大面积金花缠枝莲图案（图7-218）、以阿拉伯文字组成的图案以及在彩画中点缀团窠的手法。在设色方面，总的看来是华北一带多用青绿彩画，西南一带多为五彩遍装，西北一带多用蓝绿点金（图7-219）。砖木雕刻也是回族清真寺建筑的装饰特点。砖雕多用在影壁、墀头、须弥座、八字墙、牌坊等部位，西北地区的清真寺中较华北地区砖雕应用更多（图7-220）。例如西安华觉巷清真寺第三进院落的三座砖雕角门及照壁墙皆满刻植物纹样的砖雕。回族清真寺中的木雕技艺除表现在门窗棂格、雀替、花芽子上外，突出

图7-217　天津清真南寺内檐隔断

图7-218　北京牛街清真寺内檐彩画

图7-219　新疆乌鲁木齐陕西大寺礼拜殿彩画

图7-220　甘肃临夏毕家场拱北砖刻

的是以木刻做大面积的壁面装饰。青海湟中洪水泉清真寺、循化清水乡清真寺的后窑殿后壁用木槅扇门做装饰，槅心雕刻山水花卉，裙板内雕寿字，不施油漆，露出淡黄色的木面，艺术风格十分典雅大方。圣龛处理是回族礼拜殿的重点装饰部位，各寺绝无雷同的设计（图 7-221、7-222）。其艺术处理手法有各种方式。有的作成拱券式，或圆拱，或尖拱，深入墙内少许，拱边缘多为带形装饰。拱外壁面纹样装饰复杂，拱内装饰简素，或反之，拱外简素拱内复杂，皆可取得对比之功效。有的作成为门式，在门框周围横竖组成多层枋木，枋木间装点华丽的图案，以强调圣龛的重要性。有的门式圣龛进一步丰富造型，下部加上栏杆、台座，上部加上飞悬的门罩，完全成为龛橱的形制了。还有的基本上为素平的壁面，仅用绘制阿拉伯文字组成的圆光及其他图案装饰壁面，也能形成一个供教徒朝拜的中心（图 7-223、7-224）。圣龛的纹样以文字图案为主要题材，可以排列成条状，圆形或其他合宜的形状。总之，回族伊斯兰教建筑虽然大量接收了汉族传统建筑的技艺与风格，但在组群布局、主体建筑造型、内部空间处理以及装饰风格等方面又创制了本民族的独有的形制特色，形成了真正东方式的伊斯兰教建筑。回族伊教建筑有极大的感染力，不仅在陕、甘、青一带盛行，保安、东乡、撒拉各族建筑皆受其影响。就是远在北疆亦有很大的发展，如乌鲁木齐的陕西大寺、伊宁的回族大寺等都是著名的寺院，就连居住在伊宁的维族所建的礼拜寺亦采用回族式样。

图 7-221　甘肃临夏王大寺清真寺礼拜殿圣龛

图 7-222　河北定县清真寺礼拜殿圣龛

图 7-223　安徽安庆清真寺礼拜殿内景

图 7-224　云南巍山回回墩清真寺礼拜殿内景

2. 维吾尔族建筑艺术

维吾尔族居住在中国新疆地区，尤以南疆最为集中。由于新疆地区干旱少雨，冬夏分明，以及历史上与中亚交往甚密等社会原因，使得维吾尔族的建筑自成体系。其结构多采用木柱密肋平顶或土坯拱及穹隆形式，与内地有较大的不同。

现有的维族建筑绝大部分是清代建造的。从这些实例中，可以看出，礼拜寺及礼拜殿是非对称式的布局，整个寺院没有严格的轴线。礼拜殿为横长形状，平面柱网也不是以圣龛为中心的左右对称式，一些小型的礼拜寺与民居形式更为接近，布局十分灵活。寺院内皆有较大的庭院，其中栽植树木，有的还有水池（涝坝），布局中自然气氛浓厚。建筑布置没有严格的对称关系，入口可以安排在中央，也可安排在侧面。因此教徒进入寺院完全依靠路径和树木的引导。布局的艺术重点在入口，一般建有穹隆顶的大门及高耸的邦克楼。建筑装饰华丽，成为城市街巷和广场上最醒目的建筑。而寺院内建筑低平，环境幽静，形成一种虔诚礼拜的艺术环境。

礼拜殿分为内殿与外殿，供冬季和夏季做礼拜之用。内殿面积较小，较为封闭，而外殿面积较大，使用时间长，按照地区传统风格作成密肋平顶横长的敞口厅形式，空间变化少，在秋冬时期日照斜射可直达后墙。内殿部分亦为平顶，个别礼拜殿内殿受历史形式影响仍保留穹窿顶形式。据此可知，维吾尔族礼拜寺是追求一种简洁明朗的空间和重点装饰局部的艺术格调（图 7-225）。

礼拜殿的柱梁构架完全袒露，柱网排列规整，平面简单，极少减柱处理，柱身较高且细，故柱列虽多，室内空间并无沉重压抑之感。柱身油饰颜色一致，常用绿色或赭色、蓝色。天花顶棚全为白色。墙壁为乳黄色或灰色。艺术风格简洁、明快、开敞，较少神秘感。

礼拜殿的装饰集中在圣龛、藻井、花窗、柱头几个部位。圣龛周围一般皆用维吾尔族特有的石膏花饰装饰起来，四方连续的几何纹是主要的纹样，线路间填绘彩色颜料，造成纤巧华丽的效果。天花的重点部位点缀着藻井（图 7-226），维族建筑藻井不同于汉族，它是平面性的，没有大的体积变化，仅在檩木下钉木板，板上嵌钉几何纹样的小木条，组成斗方、卍字、套环、套八方等图案，纹路间填涂彩色油饰，这种藻井形式是维吾尔族所特有的。礼拜殿的内外殿之间的门窗常装配有棂花格窗，亦为较细密的几何棂格。某些小型礼拜寺的墙上也装饰着透花窗。柱身装饰有时代的变化，早期寺院柱子雕饰较少，柱头亦无雕饰；晚期寺院的柱子明显分出柱头、柱身、柱裙三部分，柱头用放射状的小尖拱龛点缀，形同盛开的花朵，柱身为八楞形，柱裙为方木墩上

图 7-225　新疆喀什阿巴和加麻札大礼拜寺内外殿

图 7-226　新疆阿图什苏勒坦麻札礼拜寺木制藻井天花

坐八角形类似须弥座的雕刻，并用几何纹、花叶纹装饰。维吾尔族礼拜寺建筑装饰中的型砖拼花技术亦有很高成就，突出的实例为吐鲁番的额敏塔。维吾尔族礼拜寺装饰特点即是大量运用几何纹样，采取并列、对称、交错、连续、循环等各种方式形成两方或四方连续的构图，变化无穷。这种刚直中又带有纤巧的艺术风格，在中国建筑装饰图案中是独具一格的。喀什阿巴和加麻札高礼拜寺、莎车加满礼拜寺等的装饰手法都是十分丰富有趣的实例。

新疆其他信仰伊斯兰教的民族建筑风格基本类似维族。乌孜别克族是信奉伊斯兰教较早的民族，有自己的礼拜寺，在南疆喀什、莎车等地的乌族礼拜寺多按维族形式建造，而北疆伊宁、乌鲁木齐一带乌族礼拜寺多带有中亚民居的风格，即砖石结构、厚墙、双层窗、有窗套、内部有大铁炉取暖，前廊较狭小，屋顶为铁皮顶，有尖形塔楼。塔塔尔族礼拜寺亦采用类似的形制，乌鲁木齐市南梁礼拜寺可为例子（图 7-227）。哈萨克、柯尔克孜、塔吉克族多过游牧生活，居无定所，故一般不设礼拜寺，不封斋，宗教信仰仪式多在家庭内进行。塔吉克族十分重视麻札崇拜，即朝拜圣人的坟墓。这样的麻札在塔什库尔干、莎车等地都有。而且塔吉克族人的坟墓与一般伊教纵长形的形制不同，多为一方形底座，上覆尖圆形的覆钵，与藏式喇嘛塔形制类似。哈萨克的坟墓也有特殊的例子，如新疆北部额尔齐斯河畔的布尔津，有一座哈萨克将军坟，称艾木尔太公墓。墓室为小穹隆顶建筑而前室为矩形，层层收缩，上部举高形成三座尖塔式，具有俄罗斯风格[64]。

图 7-227　新疆乌鲁木齐南梁礼拜寺

注释

[1]《清史稿》卷五百二十五，藩部八“达赖归，兴黄教，重建布达拉及前藏各寺院六十二处，又创修喀木、康等处庙，计三千七十云。”

[2]《清世祖实录》卷五一。

[3] 康熙《五台殊象寺碑文》。

[4] 雍正《善因寺碑文》。

[5]《沈阳县志》。

[6]《清史稿》卷五百二十五，藩部八“达赖、班禅及藏巴汗、顾实汗遣伊喇固散胡图克图等贡方物，献丹书，先称太宗为曼殊师利大皇帝。……使至盛京，太宗躬率王大臣迓于怀远门，御座为起，迎于门阈，立受书，握手相见

升榻，设座于榻右，命坐，赐茶，大宴于崇政殿。间五日一宴，命王、贝勒以次宴，留八阅月乃还。八年报币于达赖曰：'大清国宽温仁圣皇帝致书于金刚大士达赖喇嘛。今承喇嘛有拯济众生之志，欲兴扶佛法，遣使通书，朕心甚悦，兹恭候安吉，凡所欲言，令察罕格龙等口授。'……是为西藏通好之始。"

"（顺治九年）十二月，达赖至（北京）。谒于南苑，宾之于太和殿，建西黄寺居之。……十年二月归，复御殿赐宴。……于代噶封达赖为西天大善自在佛领天下释教普通瓦赤喇怛喇达赖喇嘛。"

[7]《清世宗实录》卷二〇，"嗣后定例：寺庙之房不得过二百间，喇嘛多者三百人，少者十数人，仍每年稽查二次，令首领喇嘛出具甘结存档"。

[8] 湟中塔尔寺小金瓦殿旁的广场上，就建有一排八座造型相同的佛塔，是纪念佛陀一生的八件大事而建。1."八邦曲登"，即八邦塔，是纪念释迦牟尼降生时行走七步，每步生一莲花；2."扎喜果莽曲登"，即四谛塔，是纪念释迦牟尼初转法轮的；3."彦敦曲登"，即和平塔，是纪念释迦劝息诸比丘争端的；4."香趣曲登"，即菩提塔，是纪念释迦修行后成正觉；5."穷比曲登"，即神变塔，是纪念释迦降伏外道的种种奇迹；6."拉瓦曲登"，即降凡塔，纪念释迦由天上重返人间；7."南结曲登"，即胜利塔，纪念释迦战胜一切外道；8."娘德曲登"，即涅槃塔，是纪念释迦涅槃的。

[9]《西藏志》附录"乾隆二年造送理藩院入一统志，内开达赖喇嘛在布达拉白勒蚌庙内居住，……共大城池六十八处，共百姓一十二万一千四百三十八户，寺庙三千一百五十座，共喇嘛三十万二千五百六十众。班禅额尔德尼在札什伦布寺内居住，管寺庙三百二十七座，共喇嘛一万三千六百七十一众，境内大城池一十三处，共百姓六千七百五十二户。……"

[10] 参见《塔尔寺建筑》陈梅鹤著，中国建筑工业出版社，1986年。

[11] 雍正善因寺碑文"发帑金十万两，于汇宗寺之西南里许，复建寺宇，赐额曰'善因'，俾章嘉胡图克图呼毕尔汗主持兹寺"……

[12] 妙丹《蒙藏佛教史》第五编、第一章、第二节，第一世哲布尊丹巴呼图克图。引"庆宁寺碑记"。"雍正五年，命大臣赍币金十万两，即古所居库伦地创建大刹，延及徒众，讲经行法；如达赖喇嘛、班禅额尔德尼在西域时故事。乾隆元年工竣，钦定寺名曰'庆宁'，御题'福祐恒河'以赐。"

[13]《蒙藏佛教史》第七编，寺院。第二章蒙古等处寺院。"（库伦计有各类寺院）统计二十八所，僧众一万四千，其诸寺庙均极壮丽，构造时与西藏拉萨之宫殿等，大寺有僧数千，小寺亦数百人……""（达钦架耳布音斯墨寺）哲布尊丹巴呼图克图始设帐幕于寺旁，以为冬期驻锡之所，光绪十八年一月十五日夜遭于火劫，……（又）新建之帐幕，已全竣工。""（甘丹寺）其西北有白塔二十八座……""嘉庆九年于额尔德尼昭围墙建五十六塔，后三年，围绕额尔德尼昭之塔数增至九十有二。……"

[14] 据《清凉山新志》载"康熙二十二年（1683年）驾临五台各寺，四月发帑金三千两重修五座台顶寺庙；……三十七年（1698年）驾幸清凉山，供银千两，……复发帑金三千两重修碧山、殊象二寺，……"

[15] 据乾隆撰《金刚宝座塔碑文》"乾隆十有三年，西僧奉（铜制的金刚宝座塔形）以入贡，爰命所司，就碧云寺为式建造"故知为藏式佛塔之制。

[16]《承德外八庙建筑》卢绳，文物参考资料1956年10～12期。

《我国统一多民族国家的巩固与发展的历史见证——承德避暑山庄和外八庙》，卫今、黎工，文物1974年12期。

[17] 见乾隆《普宁寺碑文》，三摩耶庙即西藏扎囊的桑鸢寺，是西藏最古的佛寺，也是首先将佛教世界模式引入寺庙布局中的实例。

《普宁寺的建立及其历史作用》李克域，世界宗教研究1982年3期。

[18] 因须弥山有五峰，故以五座屋顶象征之。

[19] 四大部洲即佛教传说中的东胜神州、南瞻部洲、西牛贺洲、北俱泸州。

[20] 乾隆《普宁寺碑文》"肖彼须弥山，巍阁凡三层，日月在两肩，地金水轮风，其内小铁围，大咸海水满……四天王所住，复有四方天……东曰胜神州……南曰瞻部洲……西曰牛贺洲……北曰俱泸州……复为四色塔，义出陀罗尼，四智标功用，懿此避暑庄……"。

[21] 乾隆《安远庙瞻礼书事》序"伊犁河北旧有庙曰固尔扎都纲，三层缭垣，周一里许，……庙之闳瞻，遂甲于漠北，阿逆之叛，贼党肆掠焚劫，庙乃毁废……因思山庄为秋蒐肆觐之所，旧藩新附，络绎鳞集，爰规东北冈阜，

肖固尔扎之制，营建斯庙，名之曰‘安远’……”。

[22] 乾隆《须弥福寿之庙碑记》“今之建须弥福寿之庙于普陀宗乘之左冈者，以班禅额尔德尼欲来觐而肖其所居，以资安禅。且遵我世祖章皇帝建北黄寺于京师，以居第五达赖喇嘛之例也。……”

[23]《清史稿》卷一百十五“僧录司正印、付印各一人，左右善世、阐教、讲经、觉义俱二人。……初天聪六年，定各庙僧、道，以僧录司、道录司综之。凡谙经义，守清规者，给予度牒，顺治二年停度牒纳银例。”“（康熙）十六年，诏令僧录司、道录司稽查设教聚会，严定处分。”

[24] 转引自《世界三大宗教在中国》。

[25] 彭绍升（1740～1796年）法名际清，江苏长洲（苏州）人。早年习儒，曾为乾隆进士，家居不仕，后转而信佛，特崇净土宗，曾建念佛道场，设放生会，主张佛、儒一致，禅、净融合，著有“一乘决疑论”、“净土三经新论”。杨文会（1837～1911年）字仁山，石埭（安徽石台）人，早年学习孔、老、庄诸学，后转信佛教，同治五年创立金陵刻经处，刻印佛经数千卷，并设学教习佛典，晚年任佛教研究会会长。

[26] 五台山五大禅处，显通寺、塔院寺、殊像寺、罗睺寺、菩萨顶，中黄寺占其二即罗睺寺、菩萨顶。

[27] 五台山十大青寺为显通寺、塔院寺、碧山寺、南山寺、金阁寺、殊像寺、广宗寺、圆照寺、永安寺、灵境寺。

[28]《峨嵋山建筑初探》沈庄，建筑学报1981年1期。

[29] 相传五代后梁贞明二年（916年），日僧慧锷从五台山请得观音像归国，船行普陀，遇风受阻，不能成行，乃于此地与居民共建不肯去观音院，以供奉观音像。

[30] 历史记载，悬空寺始建于北魏。地名金龙口，自古此处即为晋冀间跨越太行山的重要孔道，峡谷处常建有栈道，故悬空寺的建造亦应用了栈道技术。悬空寺屡建屡毁，现存建筑约建于同治年间，但其选址、布局构造方法将可推至更远时期。

[31] 参见《台湾建筑史》李乾朗　1980年。

[32]《鹿港龙山寺的研究》汉宝德，1980年。据道光十一年重修鹿港龙山寺《泉厦郊商船户捐题缘金碑》所载，当时从泉州、厦门起运砖石灰等建筑材料达13船及78只驳船。

[33]《中国建筑の日本建筑に及ぼせる影响》饭田须贺斯、昭和28年。

[34] 据《傣族简史简志合编》中国科学院民族研究所编　“直到傣历931（公元1569年）召片领刀应勐才建立了第一批佛寺，又据汉文史料《洪武实录》及《西南夷风土记》记载，德宏地区明初麓川贵族集团已信奉佛教，至明中叶以后已经寺塔遍村落”。

[35] 见上书。

[36] 康熙《永昌府志》卷二十四“八百大甸军民宣慰使司，彝名景迈，……好佛恶杀，一村一寺，每寺一塔，以万计。”

[37] 如景宏坝地区有四个中心佛寺，即洼景兰、洼曼洒、洼栋龙、洼曼播，分别管辖四个陇的各佛寺。

[38] 参阅《中国少数民族宗教概览》西南地区傣族。中央民族学院出版社，1988年。

[39] 据《中国少数民族宗教》记载，西双版纳赕佛的宗教节日有“赕帕、好轮瓦、赕岗、尚罕、赕迫帕召、赕沙兰、赕墨哈班、赕坦木、奥瓦萨、豪瓦萨等”。每个节日群众捐赠的实物不同，有布、稻谷、修佛像费用、衣物、献经书等。此外僧侣还俗，表彰高龄僧侣，表彰模范僧侣皆有专门赕佛仪式。

[40] 参阅《西双版纳傣族的佛寺建筑》文物62年2期，郭湖生。

又据邱宣充《西双版纳景洪县傣族佛寺建筑》（载于云南民族民俗和宗教调查·1985年）一文的资料，景洪一地可知建寺年代的22例中最早为曼广寺1597年建；距今200年以上的3寺；200年以下的6寺；100年以下9寺；50年以下4寺。可知大部分佛寺为一二百年间所建。

[41]《沧源广允寺调查》邱宣充，云南民族民俗和宗教调查，1985年。

[42]《西双版纳景洪县傣族佛寺建筑》邱宣充（载云南民族民俗和宗教调查，云南民族出版社，1985年）笔者根据对景洪地区佛塔的调查认为塔形受缅甸、泰国影响，如圆形的“塔庄莫”形制类似缅甸“善卡来”式塔，圆形带折角亚字形座的“塔专董”受缅甸“巴冈”式塔影响，多边折角亚字形塔与泰国南部塔形类似等。

[43] 释迦牟尼“八相成道”又称“八相示现”、“八相作佛”、“释迦八相”，是指关于释迦成道的八个阶段的。按大乘佛教说法即下天、入胎、住胎、出胎、出家、成道、转法轮、入灭（涅槃）八相；而小乘佛教无“住胎”而在成

道前加“降魔”，称“小乘八相”。

[44] 王常月，明末清初人，死于1680年。为全真道龙门派道士，倡导以持戒为要务的功行。曾在北京白云观六次开坛说戒，主张修道务以修持心法为要，“道源自有正脉，万法不出一心”。

[45]《大清会典》记载在清初未入关以前的崇德年间即禁巫师、道士跳神，犯者处死。康熙时虽准道士行医驱邪，但须经官方批准后才可作法。

[46]《清高宗实录》卷一。

[47] 例如西安的八仙庵、太原的纯阳宫、天津的吕祖堂、洛阳的吕祖庵、广州的纯阳观、台北的指南宫等皆是供奉八仙的道观，各地的东岳庙，文昌阁等多不胜数。

[48]《四川灌县青城山风景区寺庙建筑》李维信，《建筑史论文集》第五辑。

[49]《四川成渝路上民间住宅初步调查报告》叶启燊，1958年油印稿。

[50] 三山国王庙是奉祀潮州揭阳县的独山、明山及巾山之山神，故称三山国王。

[51] 如元代云南平章政事赡思丁、诗人萨都剌、画家高克恭、规划家也黑迭尔丁等。

[52]《中国伊斯兰教派与门宦制度史略》马通　宁夏人民出版社，1983年。

[53]“寺院教育的提倡，相传始于胡登洲。登洲陕西渭南人，字明普，明嘉靖元年（1522年）生，早年他本是读儒书的，后来改业习经，并到满克（Makka）朝觐。归国以后，他大大地感到中国回教的衰败，就立志兴办教育，他招了一些学生在礼拜寺里，自己供给他们生活费用，或给他们找工读的机会。他成就的学生很多，他的弟子、再传弟子及数传弟子中很有些著名的经师。”见白寿彝著“中国回教小史”载于《中国伊斯兰史存稿》。

[54] 如清初新疆维吾尔族的白山派黑山派教派之争；乾隆时平定大小和卓之乱；乾隆四十九年甘肃回民起义；咸丰时云南杜文秀起义；同治年间陕西回民反清大起义等，都对伊斯兰建筑造成极大的破坏。

[55] 居民礼拜寺是基层坊寺，为村庄或街巷里弄居民日常的礼拜寺。主麻礼拜寺为主麻日（七天一次的大礼拜，在星期五举行）的礼拜寺，附近若干居民礼拜寺的教民聚此礼拜，一般面积较大。行人礼拜寺设在郊外路旁，供农民或过路行人做礼拜用的寺院。此外还有设在麻札内的麻札礼拜寺以及较大规模的聚礼礼拜寺。

[56] 清真寺入口与大殿方向（东向）不一致的实例很多，许多历史上著名清真寺皆有先例。如始建宋元时代的广州怀圣寺大门面南，元代的泉州圣友寺大门面南，明代北京牛街清真寺大门面西，明代太原南门清真寺大门面西。

[57] 参阅《中国伊斯兰教建筑》刘致平　新疆人民出版社，1985年

[58] 祁静一，道号西俩弄吉尼（月亮之光），生于顺治十三年（1656年）。祖居河州（临夏）八坊小西关，康熙十三年（1674年）受教于阿拉伯人穆罕默德二十九世后裔阿布都·董拉希，创噶得林耶门宦。布教于四川、陕西、甘肃，门徒无数，康熙五十八年（1719年）病殁于陕西西乡县。

[59] 1928年军阀赵席聘火烧河州八坊，连同大拱北化为焦土，至1932年才按原遗址分部重建，但其艺术风格已渗入清末艺术倾向。

[60] 艾提卡尔礼拜寺修建年代一直无确切记载。据《中国名胜辞典》称“相传始建于1798年，中间经多次修建，直到1838年才形成今日规模”，又据《中国伊斯兰教建筑》一书称“1524年米尔扎阿巴伯克尔扩建为大寺，1788年又加扩建……1804年又修建房屋、水池、栽植树木，1835年由喀什首长罕日丁特别大修，1874年阿古柏进一步扩建。”《新疆丝路古迹》、《中国古代建筑技术史》等书亦取1798年始建一说。

[61]《古建筑游览指南》建筑工业出版社1986年。

[62] 如始建于元代的库车默拉纳额什丁麻扎，即为平顶方形，四围有周廊式建筑。

[63] 据河北宣化清真南寺的历史碑刻可知，在明代已经形成了在大殿前左右配置庑殿各三间，中央为方形邦克楼，再前为山门，山门两侧碑亭、井亭各一，殿前建筑皆是小型建筑。这种布局在明代建造的北京牛街清真寺、太原大南门清真寺平面布局中亦可见到。

[64] 见《新疆丝路古迹》P178。

参考书目

《承德古建筑》天津大学建筑系、承德市文物局　中国建筑工业出版社　1982年

《北京古建筑》建工部建研院建筑理论及历史研究室　文物出版社　1959年

《内蒙古古建筑》内蒙古自治区建筑史编辑委员会　文物出版社　1959 年
《西藏建筑》王世仁、杨鸿勋　建筑工程出版社　1960 年
《中国古建筑》中国建筑科学研究院　中国建筑工业出版社　1983 年
《新疆丝路古迹》新疆建筑学会　中国建筑工业出版社　1983 年
《避暑山庄和外八庙》承德避暑山庄管理处　文物出版社　1976 年
《五当召》内蒙古文物工作队包头文管所　文物出版社　1982 年
《布达拉宫》西藏文物管理委员会　文物出版社　1985 年
《大昭寺》西藏建筑勘察设计院　中国建筑工业出版社　1985 年
《塔尔寺建筑》陈梅鹤　中国建筑工业出版社　1986 年
《中国美术全集・建筑艺术编・宗教建筑》孙大章、喻维国　中国建筑工业出版社　1988 年
《中国伊斯兰教建筑》刘致平　新疆人民出版社　1985 年
《中国古建筑大系・伊斯兰教建筑》邱玉兰　中国建筑工业出版社　1993 年
《中国古建筑大系・佛教建筑》韦然　中国建筑工业出版社　1993 年
《中国古建筑大系・道教建筑》乔匀　中国建筑工业出版社　1993 年
《云南民居》(傣族佛教部分)，云南省设计院　中国建筑工业出版社　1986 年
《台湾建筑史》李乾朗　北屋出版社　1980 年
《鹿港龙山寺的研究》汉宝德　境与象出版社　1980 年
《蒙藏佛教史》释妙丹　上海佛学书局　1935 年
《清政府与喇嘛教》张羽新　西藏人民出版社　1988 年

第八章　工　程　技　术

第一节　清工部《工程做法》及其他匠作则例

一、概述

雍正十二年（1734年）清政府为了便于审查各地官工（包括京畿的内工及地方的外工）做法，验收核销工料经费，进一步加强对建筑工程的管理，由工部制定颁布了一本工程术书——《工程做法》，该书内容比较全面地反映了清代初年宫廷建筑的工程及装饰技艺及诸多方面，是了解清代建筑的重要文献，与宋代末年编制的建筑术书《营造法式》前后辉映（图8-1、8-2）。

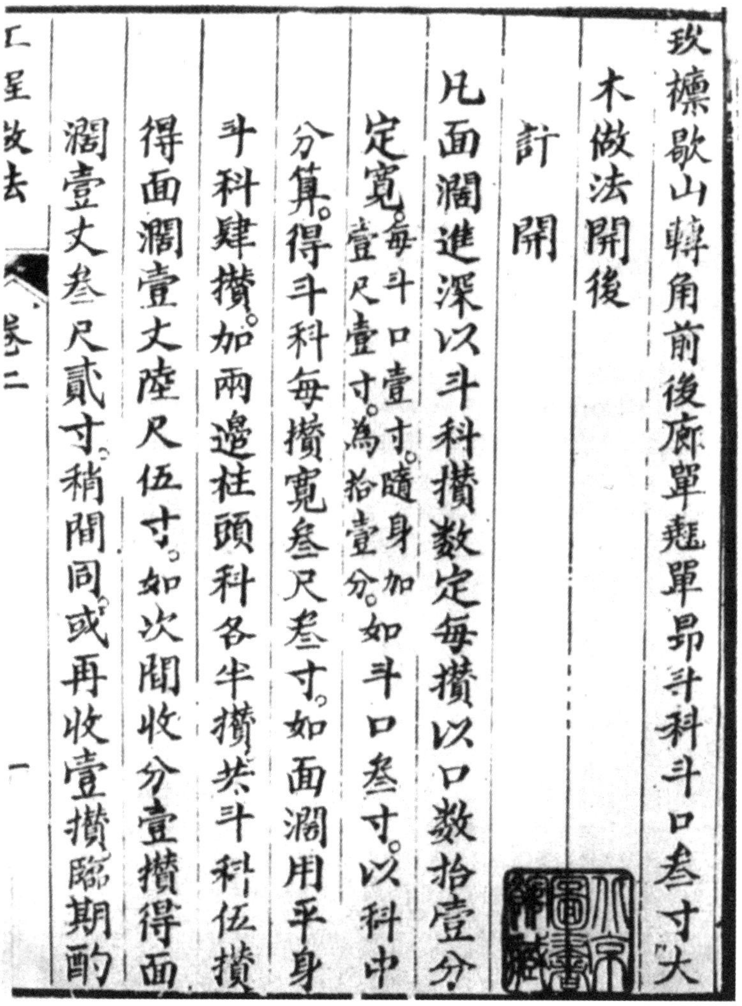

玖檁歇山轉角前後廊單翹單昂斗科斗口叁寸大
木做法開後
計開
凡面闊進深以斗科攢數定每攢以口數拾壹分
定寬。每斗口壹寸。隨身加壹尺壹寸。為拾壹分。如斗口叁寸。以科中
分算。得斗科每攢寬叁尺叁寸。如面闊用平身
斗科肆攢。加兩邊柱頭科各半攢共斗科伍攢
得面闊壹丈陸尺伍寸。如次間收分壹攢得面
闊壹丈叁尺貳寸。稍間同。或再收壹攢臨期酌

工程做法　卷二　一

图8-1　乾隆刻本清工部《工程做法》

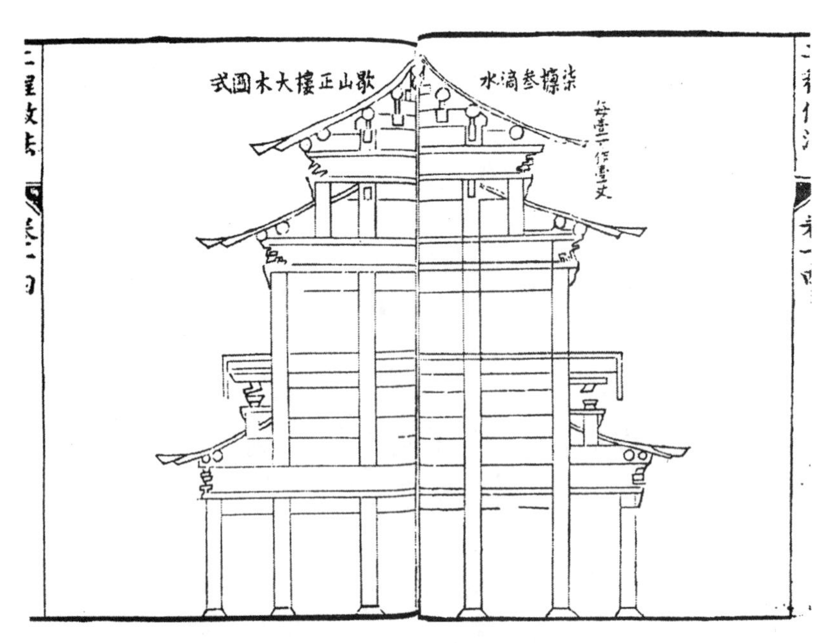

图 8-2 清工部《工程做法》卷十四 柒檩叁滴水歇山正楼大木图式

由于编辑该书的目的是为了控制经费开支，即该书卷首奏疏中所说的，“一切营建制造，……其制度既不可不详，而钱粮尤不可不慎，是以论物值则当第其质料之高下；计工价必当核其造作之精粗。”因此该书重点是记述各工程细目的用工、用料定额。为了核明需用工料数量，所以又规定重点典型建筑及匠作的工程做法，其体例与宋《营造法式》稍有不同。而且本书应用范围是坛庙、宫殿、仓库、城垣、寺庙、王府等政府工程，并不包括民间建筑，内容有取有舍，不可能概括清代建筑工程的全部内容。

该书共 74 卷，其中木构做法 40 卷，工程匠作做法 7 卷，用料定额 13 卷，用工定额 14 卷。木构做法中选择了典型高级工程项目 23 项，称大式大木。包括九檩单檐庑殿、九檩歇山转角等殿堂型建筑及三滴水城门楼、角楼、箭楼、仓房、方圆亭子等项。逐项开列木构名件及尺寸，成为一种示例性的建筑设计方案。另外又列举了进深为七檩至四檩的次要建筑的结构形式，称为小式大木的 4 例。还规定了有 11 种不同斗口宽度的各类斗科名件尺寸。匠作做法中包括了小木作、石作、瓦作、土作的做法规定。用料定额中记述了木作、铜作、铁作、石作、瓦作、搭材作、土作、油作、画作、裱作的有关规定。在用工定额中除以上各作用工外，又补上雕銮作、锭铰作等。总计涵盖了 17 个专业、20 余个工种的工程技术问题。在长期封建社会中，建筑专业人员政治地位低下，营造职务不入仕途，工匠们靠口传心授，传钵添薪来传播承续工艺技术，记载建筑学术的书籍更是凤毛麟角，因此像《工程做法》这样的术书的出现是难能可贵的。

二、学术价值

首先它起到了设计规范及控制预算的作用。清初承战乱之余，皇室仍承用明代旧宫，稍加整修翻建，并无大规模营造之役。康熙朝政治稳定，经济逐步复苏，官工营造随之增多，除大内外尚有畅春园、避暑山庄等园工。而在工程管理方面，自宋《营造法式》颁布之后，元季战乱不断，明朝内廷官工又受江南建筑工艺的影响，南北建筑呈吸收交融阶段，变化较大，因此很难做出定制。又加之明代内工营造工匠皆为供役制的无偿劳动，主要建筑材料皆取之于官库，因此于工料管理上比较混乱，明末亦曾整顿工费、材料用量及定额，但也仅限于工部各厂库所辖的工作范围内[1]。因此至清代雍正年间，全面规范营建工程势在必行。在《工程做法》颁布之前，《大清会典·工部门》中即制定营建房屋审批、定款、工期、料估的有关规定，并专有料估所掌估工料之职[2]。雍正九年（1731年）又编制了《内庭工程做法》八卷，成为编制《工程做法》的先导。此后，雍正十二年（1734年）又编了《工部简明做法册》及这套更全面的《工程做法》，这样对于官工的各个方面有了统一的规范性的文件，使管理工作有了依据。紧接着在乾隆元年（1736年）又编制了《物料价值则例》一书，与《工程做法》相辅并用，使规定与预算款项衔接一起，其规范控制作用更为增强。嘉庆二十二年（1817年）尚编制了《工部续增做法则例》153卷以为补充，说明其影响清代营缮工作有很长时间。

本书整理了明清以来工程各作的标准做法，起到了阶段总结的作用。如大木方面分为大式小式；屋顶可基本划分为庑殿、歇山、悬山、硬山、攒尖五大类；平面归纳为长方形、正方正圆、复杂形体三类；斗科品类分为单昂、重昂、单翘单昂、单翘重昂、重翘重昂、一斗二升交麻叶、外檐品字斗科、内檐品字斗科、隔架科、挑金溜金斗科等十种；确定了斗口模数制度，划分为十一等尺寸的材制；提出各类建筑通行面阔、进深尺寸；确定了屋架叠梁的举架（宋代称举折）法，形成清代较陡的屋面坡度的基本数据；以扒梁和抹角梁法作为庑殿、歇山及复杂屋面转角的基本构造，简化了设计工作；小木作的槅扇门窗、横披、支摘窗、帘架、棋盘大门、实榻大门、木顶槅、隔断、板壁、木栏杆的各种做法；台基做法；瓦作中砌基、砌墙、铺瓦、墁地、抹灰等做法；夯土做法；锭铰做法；披麻抹灰地仗分级及做法；彩画作中划分出琢墨、碾玉、五墨、苏式等四种主要画法；裱作中分为隔井天花、海墁天花、梁柱糊饰、秫秸顶棚等各项；装饰工种中雕饰木件有雕銮匠，制作菱花槅扇有菱花匠，加工铜铁件有锭铰匠，砖刻有凿花匠，镟花有镟花匠等[3]，其他尚有油作、搭材、石作、木材加荒等项，总之，分工十分细密，做法翔实具体，为清代乾隆时期营缮工程大发展及其后的技术工艺改进建立了技术基础。

本书为研究明清之际营缮技艺的历史发展提供了素材。以此书为鉴，对比明代建筑工艺技术，可以发现大部分是接续了明代做法，稍有改变。如确定立面形象必须“柱高不逾间广”即是自宋以来的传承做法；翘昂斗栱的定式；各种屋面形式；装修、瓦作、石作的工程做法。彩画作的地仗、沥粉贴金工艺等，皆是从明代传承下来的。

此外，也有许多方面与传统规定不同，有所改变。如无斗栱的建筑（即柱梁直接榫接）数量日益增多，包括一部分内廷大式工程也可采用，本书27例大木中则有14例这类建筑。另外，清代斗口材制虽然自一寸至六寸分为十一等，但实际应用面很窄，大部分大工程仅采用八、九等材的斗科，说明斗栱节点构造已步入尾声。又如斗口制度虽然仿宋代遗意，但宋制之“材”是一断面概念，具有结构受力的意义，标准材以及扩大材分的梁枋在构架中应用甚广。而斗口制是长度单位，以它确定构件长度、宽度，而更多的常用数据为梁高、各层叠梁高厚。各种柱径，则改用加减两寸选用（小式大木加减一寸半），斗口已不能完全控制梁枋断面比值。开间面阔虽按补间斗科攒数折合斗口定长，但无斗栱建筑的开间不得不按柱径或传统习惯定出具体尺寸的开间进深，门窗装修亦按柱径，角梁、椽子、望板厚按椽径等。说明清代建筑已在探索除去古老的材分制以外的设计定制方法，但并不成熟。

此时大木柱网布列趋于规整，柱间净跨一般宫殿选用2丈，仓房、库房为1丈半，一般房屋为1丈2，廊深4尺至3尺，柱列整齐，呈无缺减的柱网地盘布置。自宋代厅堂制式构架变化用柱，至元代大内额式减柱结构以来，至此时，又恢复规整用柱制度，反映了结构设计概念的变化（图8-3）。

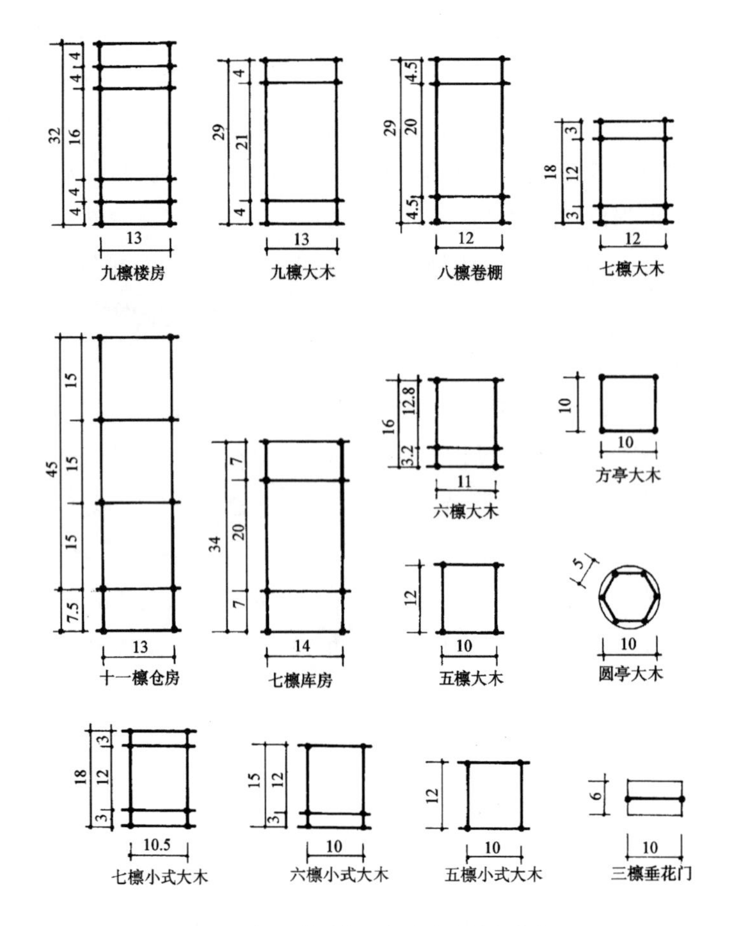

图 8-3 《工程做法》中规定大小式各类房屋通行明间地盘图 单位：营造尺

本书所定的举架制度，即檐步至脊步由五举至九举顺升，这种坡度显然比现存明代实例的屋顶坡度大，其形成原因尚不明了，但显然有利于排水并强调出屋顶气势。

彩画作中提出了苏式彩画名词为明代所无，并举例多项，是清初新创的彩画品类。斗科只列举了翘昂斗科等规则性斗科 9 种，宋元以来的斜栱、翼形栱、多种形式的昂头皆摒弃不用，进一步净化斗栱构造。在装修木作的棋盘大门一条中提出按风水理论中的鲁班尺（门光尺）的吉利尺寸定高宽，称为吉门口，说明盛行于南方的风水理论亦渗透到宫廷建筑中。以上粗略地可看出清初 90 年间建筑工艺技术的发展变化。

三、本书编制的缺漏

体例采用则例方式，即是将规则以实例方式表现出来，而全书又无变通因借法则之阐述，“只将各部分尺寸排列，而这尺寸是书中所举建筑物绝对的尺寸，而不是比例的或原则的度量”，[4]因此显得死板，在实际工作中不可能完全适应千变万化的建筑设计要求。这种缺陷具体地反映在紧接而来的乾隆时期各种大工，全不能引用《工程做法》的规定。这也说明奉旨编书的和硕果亲王允礼及有关官员对营缮事业的了解较肤浅。

在具体匠作做法中诸如庑殿推山、歇山收山[5]、柱列安装的生起与侧脚（清代称掰生）、木件榫接方式规定、大木画线方法、瓦作砌筑技术、画作图案布彩、小木作中佛龛道帐、各类花罩、石作须弥座作法等，都未在书中提到，十分遗憾。

四、其他各种匠作则例

清代有关工匠营作内容的匠作则例书籍尚存不少，据统计约有70种之多，其中涉及的工种有43作。有关土建工程的14作，工艺品实用品的29作，另有舆仪、船只、军器3作，内容范围相当广泛[6]。这是了解各时期匠作作法的宝贵素材，尚有待于进一步整理，其中尤以有关营造的则例占主要份量，这些营造匠作则例可分为官修和私辑两大类。官修又分内工与外工，如雍正九年（1731年）编的《内庭工程做法》八卷为用于宫廷的内工，十二年（1734年）编的《工程简明做法册》为用于仓廪城垣的外工，而《工程做法》七十四卷及乾隆十四年（1749年）编的《工部则例》五十卷为内外兼顾体例。《工部则例》以后又纂修多次，皆进行了刊刻[7]。乾隆时苑囿建设大增，为此内务府还辑录了多种园工则例，如《内庭圆明园内工诸作现行则例》[8]、《圆明园内工则例》、《万寿山工程则例》、《热河工程则例》、《万春园工程则例》。此外皇家陵寝工程亦是大工，工期数年，为积累资料，统一做法，控制预算，这些陵工也编辑了不少工程则例。如《惠陵工程备要》等[9]。这些则例因为是内务府所辑，故有关园工、陵工则例没有刊本，多为传录的抄本。为了控制预算，还配合刊印了当时物料的市场价格表，如雍正时编的《物料价值》四卷，乾隆元年编《九卿议定物料价值》四卷。

另外，供职内廷样房、算房的匠师、小吏，以及民间工匠为了工作方便，也多将工程经验及师徒传授的做法算法辑成小册，世守相传。同时由于清代官府工程改变了明代皆由工部营缮司承办的旧规，而临时指派专员招商承包，由官办改为民办。这些承包、联包、分包的大小厂商为了核算工本，亦积累了大量的工程做法清册，以为包工之用。这些抄本内容更为零碎、多单项工程内容、系统性较差。这些私辑的册本多为抄本，没有刊刻。这类抄本的标题也各不相同，有的叫《工程做法》、《营建津梁》、《营津全书》，有的叫《营津大木做法》，有的叫《大木分法》、《某作做法》，或叫《做法清册》，或叫做《现行则例》，或者直接叫做某工程的《查工簿》、《销算册》等。

这些私辑的匠作抄本从内容上分类大致有五种，1. 分法：即是记载建筑形体设计的比例关系，以确定木、石构件尺寸的规定，这类抄本的数量不多；2. 做法：即有关工程的原则做法、以便确定工料、估定预算；3. 则例：即有关工程中做法、工料、价值、材料重量的定额性的规定。民间的则例抄本，大多取材于清朝政府“营造司”、“估料所”或皇家特定工程（如圆明园、颐和园等）中所规定的则例，摘抄而成；4. 查工簿：即为修缮、保养某项工程之前，厂商实地查活，所拟定的修缮工程项目清单，这类抄本多零碎、潦草；5. 销算簿：即工程材料报销清单[10]。这些私辑的匠作抄本、虽然内容芜杂，但记录了各作做法、构件或各件的名称、算法，具有一定的技术参考价值；同时抄本成书年代不同，经过排列比较，也可发现清代前后各期工程技法上的发展变化，补充了工部《工程做法》的不足。民国初年，著名建筑史学家梁思成先生曾辑录了大量这类抄本、请教工师，删节归纳，整顿次序，编成《清式营造则例》及《营造算例》，即是一项很有价值的研究工作。

第二节　官式大木作制度[11]

中国幅员广大，各地区工艺技术差异很多，表现在建筑结构上亦有很多不同，其中制度最完备，应用较广泛，文献实物资料较多，反映时代水平较具体的是官式大木作制度，也就是用于宫廷或京畿华北一带民间的木构形制。官式大木分为大式及小式。大式建筑指宫殿、庙宇、衙署、坛庙、王府等重要建筑，一般有斗栱及围廊，可采用单檐、重檐的庑殿、歇山等高级屋顶形式和琉璃瓦。小式建筑用于次要房屋及民居，开间较小，面阔三间至五间，无斗栱，屋顶仅为硬山或悬山，布瓦屋面。

一、平面及屋顶形式

一般为长方形平面。有斗栱建筑的开间进深以斗口为据，即按开间内斗栱攒数多少而定。清式斗科攒距为11斗口[12]，故开间进深为11斗口的倍数，以保证外观整齐有序。无斗栱建筑则按惯例确定，一般宫廷建筑开间一丈二尺至一丈四尺，民间建筑为一丈，宫廷建筑进深为一丈六尺至二丈，民间为一丈二尺。至于方形、圆形、多边形、十字形、菱形等杂式建筑亦本此原则。垂花门、廊子等小型建筑开间进深适当减小。总之无斗科建筑的平面尺寸可随宜而定。

清官式屋顶形式可分成庑殿、歇山、悬山、硬山、攒尖五大类（图8-4），又有单檐、重檐之别，在此基础上又派生出十字脊、盝顶、盔顶、扇形等变体，但从构架上讲，主要是矩形构架体系。

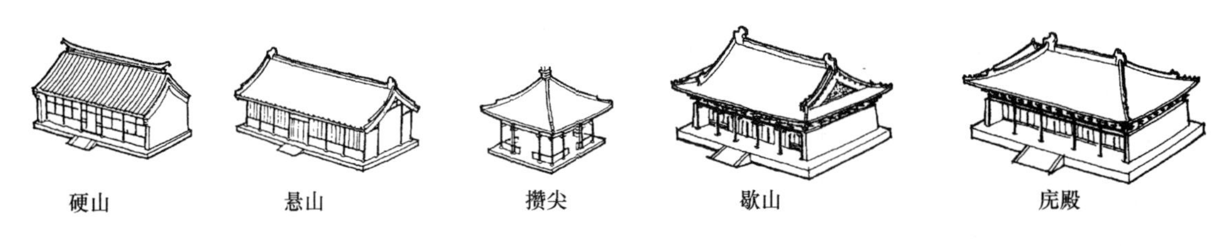

图8-4　清官式五种基本屋顶类型图

二、梁架

官式梁架为抬梁式结构，亦称叠梁式，即在前后檐柱间，搁置大梁，梁上叠小梁，逐步缩减，形成山字架。根据各条梁实际承托的檩条数目称七架梁、五架梁、三架梁等名称。各层梁端纵向安置檩条（桁条），以及拉扯用枋木，檩上搭椽，钉铺望板，承托屋面构造荷载。檐柱柱头之间联以大小额枋及平板枋形成整体框架。这种构架方式历史久远，为北方习用方式（图8-5、8-6）。木构件之间虽仅以浅短的榫卯相联，但在厚重的屋面荷载重压下，各构件紧联一起，可形成稳定整体。有的建筑进深较大，增加廊柱及金柱，其构架亦相应改变，除中央跨仍为抬梁式以外，前后跨用穿梁法，即一端抬在檐柱上，一端穿入金柱内，穿梁上可再托梁，分别称为三穿梁、双步梁、单步梁等。在廊步则称之为桃尖梁或抱头梁，这是一般硬山房屋做法。悬山做法亦同，仅将两山檩条挑出即可。而庑殿、歇山以及方圆攒尖式屋顶构架尚需解决转角部问题，清代官式大木一般通行采用将顺扒梁或抹角梁[13]搁于檩条上的办法来承托45°柱位的荷载，应用起来非常灵活自由（图8-7～8-9），较唐宋以来的挑金和簇角方法[14]简便易行。清式重檐式屋顶构架只不过是将廊步构架降低，形成下檐，其构造原则相通。清代官式大木构件权衡比例确定方法见表8-1（引自《清式营造则例》）。

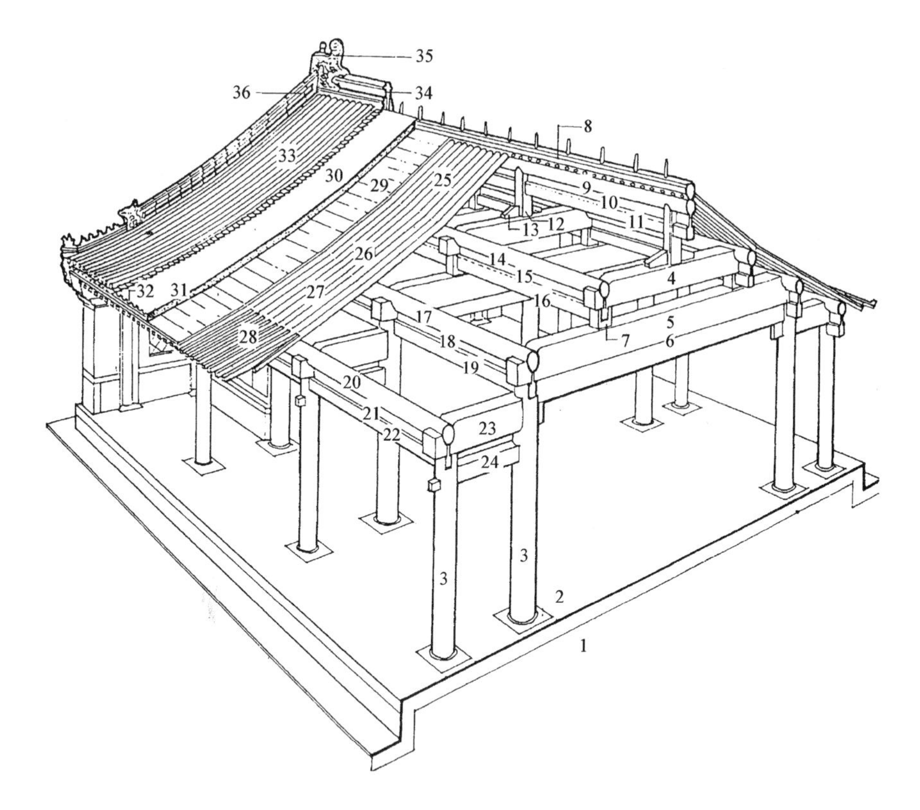

图 8-5　清官式一般房屋构架剖视图

1. 台基　2. 柱础　3. 柱　4. 三架梁　5. 五架梁　6. 随梁枋　7. 瓜柱　8. 扶脊木
9. 脊檩　10. 脊垫板　11. 脊枋　12. 脊瓜柱　13. 角背　14. 上金檩　15. 上金垫板　16. 上金枋
17. 老檐檩　18. 老檐垫板　19. 老檐枋　20. 檐檩　21. 檐垫板　22. 檐枋　23. 抱头梁　24. 穿插枋
25. 脑椽　26. 花架椽　27. 檐椽　28. 飞椽　29. 望板　30. 苫背　31. 连檐　32. 瓦口
33. 筒板瓦　34. 正脊　35. 吻兽　36. 垂兽

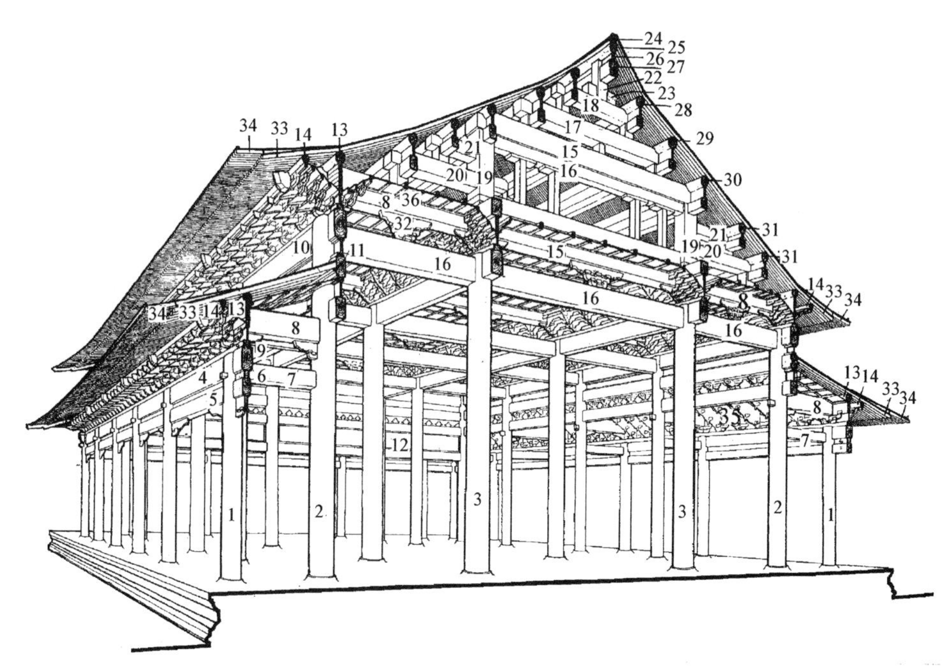

图 8-6　清官式大型殿堂构架剖视图

1. 檐柱　2. 老檐柱　3. 金柱　4. 大额枋　5. 小额枋　6. 由额垫板　7. 桃尖随梁　8. 桃尖梁
9. 平板枋　10. 上檐额枋　11. 博脊枋　12. 走马板　13. 正心桁　14. 桃檐桁　15. 七架梁　16. 随梁枋
17. 五架梁　18. 三架梁　19. 童柱　20. 双步梁　21. 单步梁　22. 雷公柱　23. 脊角背　24. 扶脊木
25. 脊桁　26. 脊垫板　27. 脊枋　28. 上金桁　29. 中金桁　30. 下金桁　31. 金桁　32. 隔架科
33. 檐椽　34. 飞檐椽　35. 溜金斗檐　36. 井口天花

图 8-7 清式八方亭抹角扒梁构架

图 8-8 北京颐和园听鹂馆戏台抹角梁构造

图 8-9 河北承德普宁寺日光殿顺扒梁构造

三、举架

建筑屋顶的坡度及优美的曲度是决定于抬梁式三角形屋架上各檩位的高度。清代确定各檩位举高之法为举架。举高即相邻二檩的垂直距离与水平距离之百分比，如五举为 50％，六五举为 65％，法式规定，最小不低于五举（檐步），最大不过九举（脊步）。由下向上顺序安排屋架各步不同举高，即形成屋面曲线（图 8-10）。与宋代举折法即先定屋架总举高，然后自上而下逐步折减形成屋面曲线方法不同。

清官式各类建筑的举高分配见表 8-2。

清官式大木构件权衡比例

表 8-1

D=檐柱径
HD=桁径（檩径）
CD=角柱柱头径

	大式		小式	
	高	厚	高	厚
梁				
桃尖梁	$\frac{正心桁至挑檐桁}{2}$+4.75斗口	6斗口		
桃尖随梁	$\frac{正心桁至挑檐桁}{2}$+4.75斗口	3.5斗口		
抱头梁			$1\frac{1}{2}$D	$1\frac{1}{5}$D
穿插枋			1D	$\frac{4}{5}$D
桃尖顺梁	同桃尖梁			
随　梁	4斗口+1%长	3.5斗口+1%长	1D	D−2寸
扒　梁	6.5斗口	5.2斗口		
采步金	7斗口+1%长	6斗口		
采步金枋	4斗口	3.5斗口		
递角梁	HD+平水	1CD	HD+平水	1CD
角　云	HD+平水	1CD	HD+平水	1CD
递角随梁	4斗口	3.5斗口	D+2寸	D
抹角梁	6.5斗口	5.2斗口	1.5正心桁径	1.2正心桁径
抹角随梁	5.8斗口	4.7斗口		
七架梁（大柁）	8.4斗口或1.2或1.3厚	7斗口或D+2寸或3寸	1.2或1.3厚	D+2寸
五架梁（二柁）	7斗口或$\frac{5}{6}$大柁高	5.6斗口或$\frac{4}{5}$大柁厚	同大式	同大式
三架梁（上柁）	$\frac{5}{6}$二柁高	4.5斗口或$\frac{4}{5}$二柁厚	同大式	同大式
双步梁	1.2厚	D+2寸	1.2厚	D+2寸
单步梁	$\frac{5}{6}$双步梁高	$\frac{4}{5}$双步梁厚	同大式	同大式
顶　梁	按下架梁收2寸	按下架梁收2寸		
太平梁	同三架梁	同三架梁		
榻角木	4.5斗口	3.6斗口		
穿　梁	2.3斗口	1.8斗口		
天花梁	6斗口+2%长	$\frac{4}{5}$高		
天花枋	6斗口	$\frac{4}{5}$高		
帽儿梁	径=4斗口+2%长			
贴　梁	2斗口	1.5斗口		
枋				
大额枋	6.6斗口	5.4斗口		
小额枋	4.8斗口	4斗口		
重檐上大额枋	6.6斗口	5.4斗口		
单额枋	6斗口	5.5斗口		
平板枋	2斗口	3.5斗口		
檐枋（老檐枋同）			D	$\frac{4}{5}$D
金（脊）枋	3.6斗口	3斗口	D−2寸	$\frac{4}{5}$D−2寸
燕尾枋	3斗口	1斗口	$\frac{1}{2}$D	$\frac{1}{6}$D
支　条	2斗口	1.5斗口		
贴　梁	2斗口	1.5斗口		
天花枋	6斗口	4.8斗口		
承椽枋	7斗口	5.6斗口		
雀　替	长=$\frac{明间净面阔}{4}$	高=$1\frac{1}{4}$D	厚=$\frac{2}{3}$D	
瓜柱				
柁　墩	0.9斗口	按上一层柁厚收2寸	2D	按上一层柁厚收2寸
金瓜柱	厚加1寸	按上一层柁厚收2寸	1D	1D
脊瓜柱	同三架梁	同三架梁	1D	1D
交金墩	4.5斗口	按上一层柁厚收2寸		
雷公柱（庑殿用）		径同脊瓜柱厚		

续表

	大式		小式	
	高	厚	高	厚
角背	长1步架	宽$\frac{1}{2}$脊瓜柱高	厚$\frac{1}{3}$高	
草架柱	2.3斗口	1.8斗口		
脊瓜柱平水	高4斗口或$\frac{2}{3}$D		D−1寸	
桁檩				
挑檐桁	径3斗口			
正心桁	径4.5斗口		径1D	
金桁	径4.5斗口		径1D	
脊桁	径4.5斗口		径1D	
扶脊木	径4斗口			
垫板				
由额垫板	2斗口	1斗口		
金（脊）垫板	4斗口	1斗口	$\frac{1}{2}$D+1寸	$\frac{1}{5}$D
檐垫板			$\frac{1}{2}$D+2寸	$\frac{1}{5}$D
燕尾枋	3斗口	1斗口	$\frac{1}{2}$D	$\frac{1}{6}$D
角梁				
老角梁	4.5斗口	3斗口	3椽径	2椽径
仔角梁	4.5斗口	3斗口	3椽径	2椽径
由戗	4.5斗口	3斗口		
	大式		小式	
	高	径	高	径
柱				
檐柱	60斗口	6斗口（收分1/1000）	$\frac{4}{5}$面阔或11径	$\frac{1}{11}$高
金柱	60斗口+廊步五举	6.6斗口	$\frac{4}{5}$面阔+廊步五举	D+1寸
重檐金柱		7.2斗口		
童柱		6.6斗口		
中柱		7斗口		
山柱				D+2寸

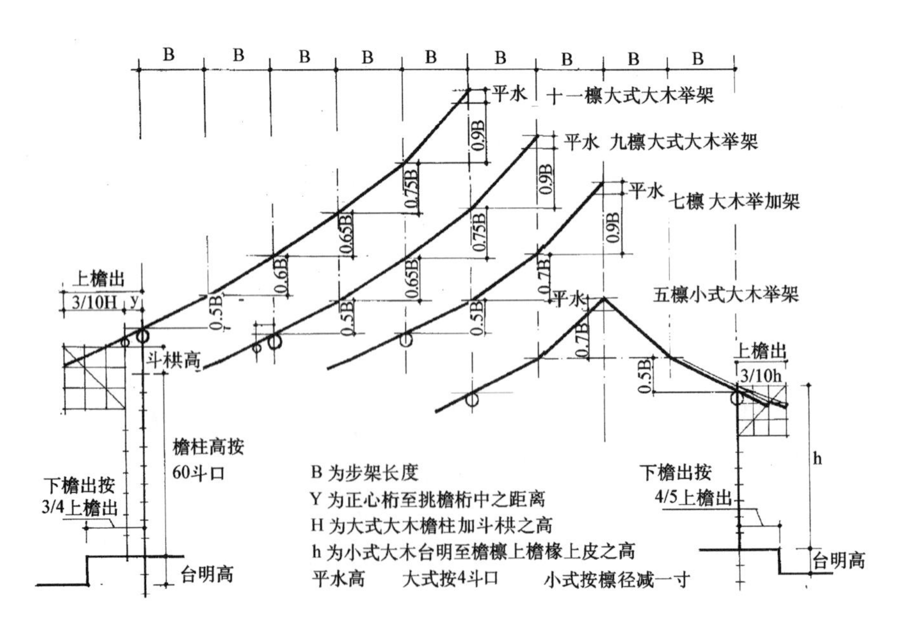

图8-10 清官式大木举架出檐图示

清官式建筑各步举高表　　表 8-2

建筑进深	飞　檐	檐　步	下金步	中金步	上金步	脊　步
五　檩	三五举	五　举				七　举
七　檩	三五举	五　举		七　举		九　举
九　檩	三五举	五　举	六五举		七五举	九　举
十一檩	四　举	五　举	六　举	六五举	七五举	九　举

四、推山及收山

清官式庑殿顶的四角垂脊水平投影并不是45°直线，而是微向外弯的曲线，即使正脊延长，山面外推，称为推山，使得四坡大屋顶更显得婉转飘逸（图 8-11）。推山法是将每步45°由戗[15]水平向外推$\frac{1}{10}$步架，逐步递推而形成，而檐步不推。

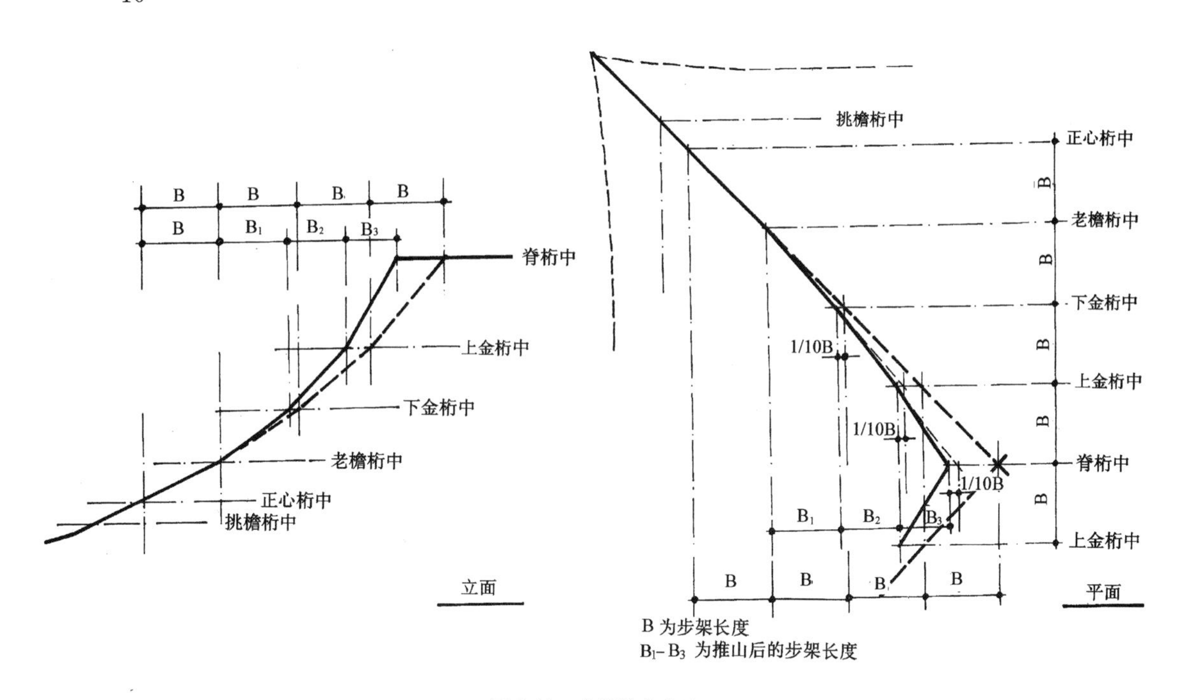

图 8-11　庑殿推山方法

清官式歇山屋顶山面的三角形山花向内收一定距离，称收山。一般规定为一檩径，较宋式收山小得多，而山花以板封闭，与宋式不同。为了增强山花挑出的檩条荷载，而在挑出檩头下加草架柱子、踏脚木，将力传至山面檐椽上。清式收山造成歇山屋面比例的重大变化。悬山屋面山面挑出称挑山，一般将檩条挑出5～8椽径。一般建筑出檐以柱高为准，出檐为30%～33%柱高，即俗称“柱高一丈，出檐三尺”，但要符合“檐不过步”的规定，即出檐长度不可超过内檐步架长度，否则易造成前檐倾覆。清代建筑已经不甚注意宋代以来构架的生起和侧脚构造[16]，即各间柱高一致，仅重要建筑角柱略高一寸左右，外檐柱内倾约7‰，称为“掰生”，仅留遗意而已。清官式角梁一律为二根重叠，后尾抱金的做法（图 8-12）。由于清代构架方式、举架原则及细部处理，使清代构架产生出时代风貌。

五、斗科与斗口制

清官式称斗栱为斗科，分为五大类，用于外檐者尚有柱头科、平身科、角科之区别。

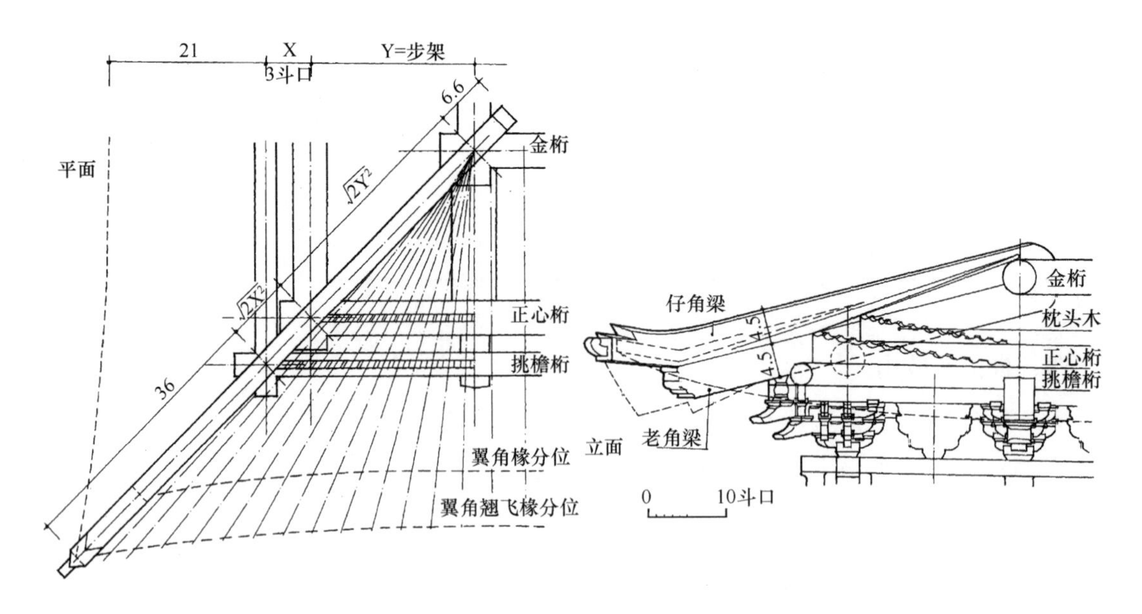

图 8-12 清官式大木翼角及角梁结构图

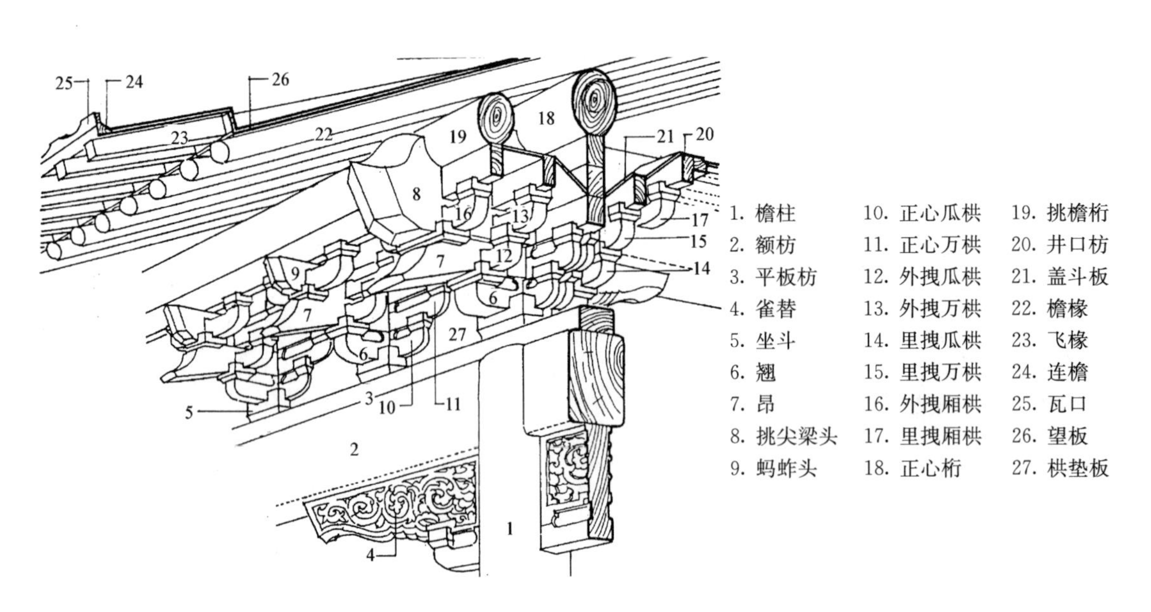

图 8-13 清官式翘昂斗科示意图

1. 翘昂斗科。是最常用的斗科，即由翘昂出跳构成（图 8-13）。每跳皆有瓜栱、万栱，即宋式的计心造。按出跳多少又分斗口单昂、斗口重昂、单翘单昂、单翘重昂、重翘重昂。即从三材（又称踩或彩，指斗科的高度）斗科至九材斗科（图 8-14）。斗科做法皆有定式，尺寸无需变化（图 8-15）。由于斗科里拽与构架脱离了关系，所以其结构价值渐趋削弱，仅作为确定建筑等级的标志物。

2. 一斗二升交麻叶与一斗三升斗科。即大斗上安瓜栱，托两个槽升子，中心一个麻叶头或三个槽升子，不出跳，共二材高度。是较低级的斗科，用于亭榭、垂花门之类建筑上（图 8-16）。

3. 三滴水品字斗科。里外出跳皆用翘，不用昂，形如品字倒置。多用在楼房或城楼平台，或内檐金缝花枋及藻井四周。

4. 隔架科。下为荷叶墩，中贴斗耳，上为瓜栱及两个槽升子托大雀替。多用在内檐上梁与跨空随梁枋之间的空当（图 8-17）。

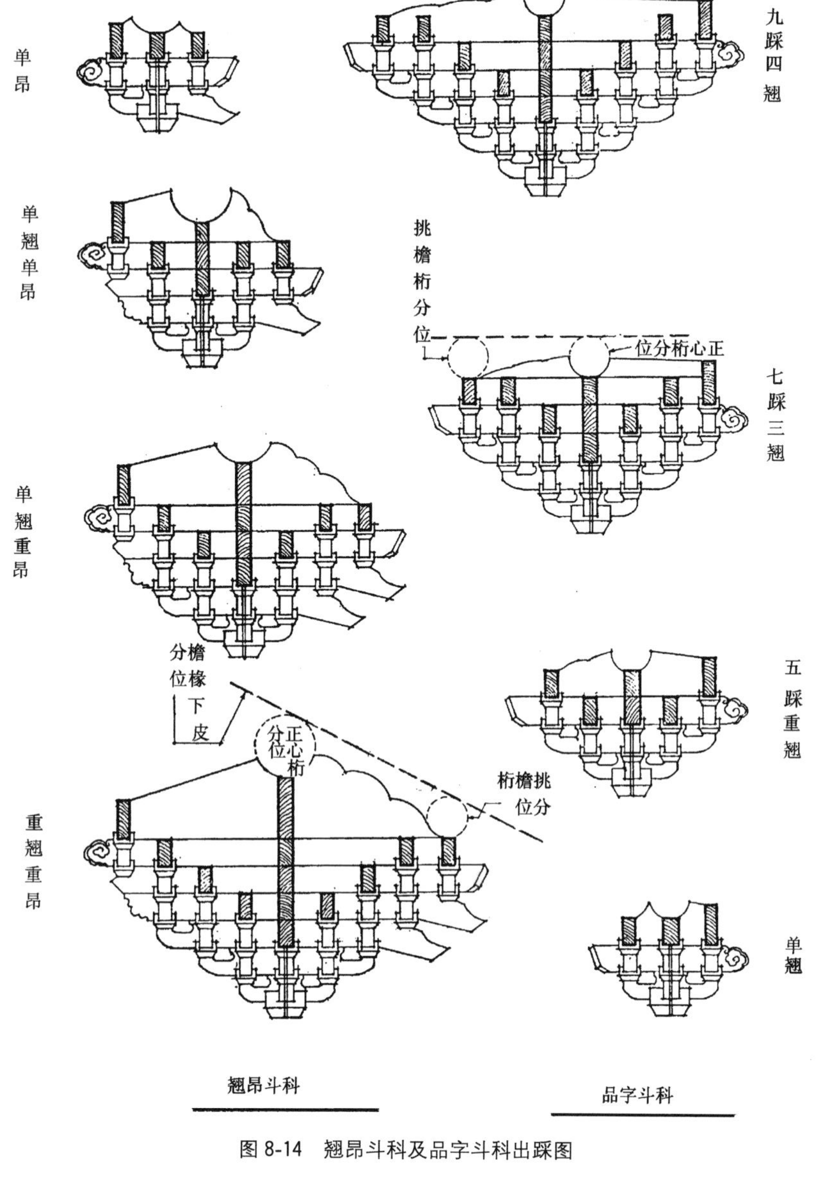

图 8-14 翘昂斗科及品字斗科出踩图

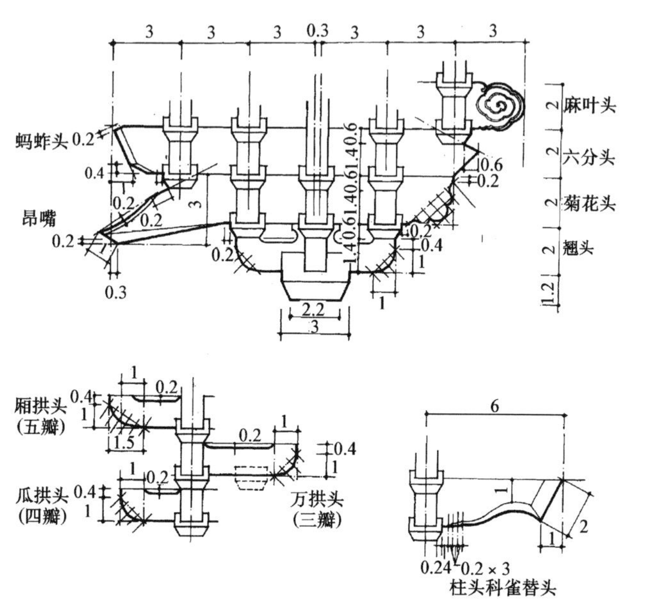

图 8-15 栱头昂嘴做法图

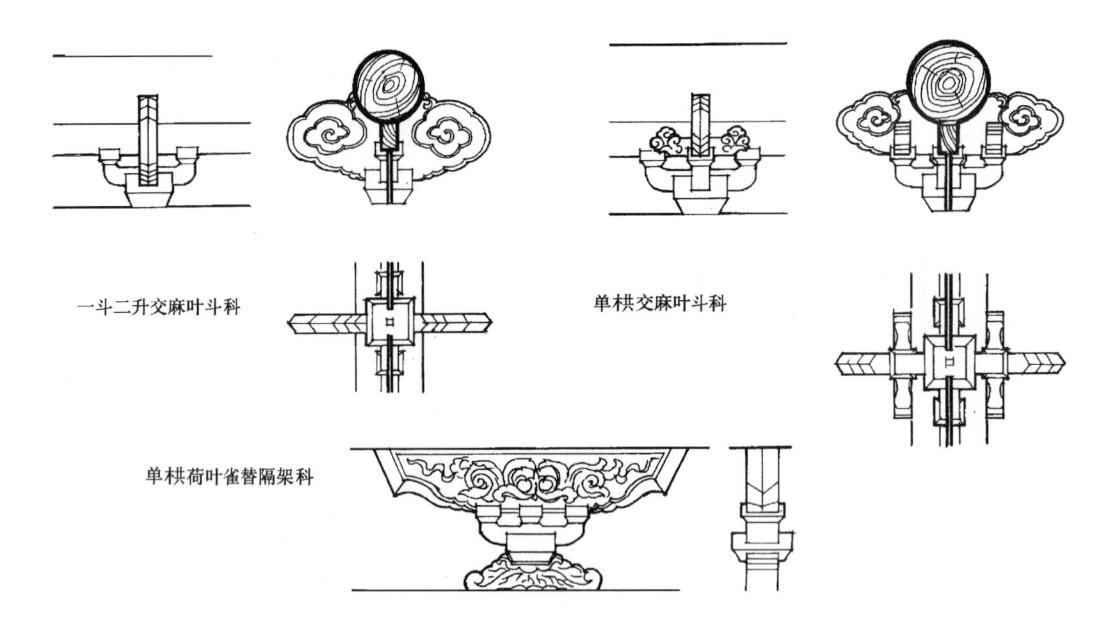

图 8-16 一斗二升交麻叶及隔架科斗科

图 8-17 北京紫禁城太和门梁架上隔架科斗科

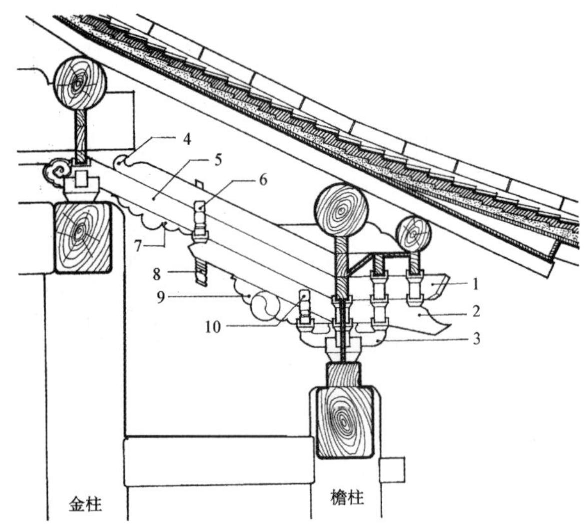

图 8-18 溜金斗科构造图

1. 蚂蚱头 2. 昂 3. 翘 4. 撑头后带夔龙尾 5. 蚂蚱头后起秤杆 6. 三福云 7. 菊花头 8. 覆莲梢 9. 菊花头带太极图 10. 三福云

5. 挑金溜金斗科。是安装在高级建筑外檐平身科斗科里拽（图 8-18）。外拽同翘昂斗栱，里拽改用夔龙尾、秤杆、六分头、菊花头等斜材，直插金檩垫枋之下。这种斗栱是保留唐宋真昂的余意，但已完全装饰化。

清代斗科用材逐渐减小，形制程式化，结构价值逐渐降低，尤其平身科不能联系内外檐檩条，绝大部分建筑构架内檐不用斗科。说明斗栱这种构造节点形式，已经进入其历史发展的尾声。

官式大式大木作设计尺度仍沿用宋代的方法，选用以斗科用材的断面为基本模数，如梁枋断面、柱、檩、椽径、开间、进深等皆以斗口为则，称为“斗口制”。斗口（又称口数、口分）即指平身科坐斗之开口宽度，亦即栱材的宽度。一斗口又划分为十分，清代一足材为宽一斗口，高二斗口的断面。根据建筑物的大小，斗口材分有 11 等，即从斗口尺寸为营造尺六寸开始，每半寸递减一等，至一寸为止（见表 8-3）。材制虽分十一等，但实际应用范围甚窄，一、二、三等材未见使用过，文献记载城楼等高大建筑最多用四等材，一般单层建筑多为七、八等材，如故宫太和殿才用七等材，而大部分建筑多用九等材，如承德外八庙等大型庙宇即用九等材，垂花门用十等材，十一等材或更小仅用在藻井等装修用材上。这一点也表明清代斗口制度已脱离了宋代的“材分八等”，“度屋之大小而用之”的材制原意甚远，仅余象征意义。

清代官式大木结构虽然仅通行在北京、京畿地区及宫廷内外工程上，但这种以抬梁式构架为基准的做法，通行在大江南北，包括回族的伊斯兰教建筑，及蒙族的佛教建筑，白族、纳西族建筑，只不过权衡比例，节点构造，细部加工手法不同，各显出地方特色。

清 代 斗 口 制　　单位：营造尺　　表 8-3

材分等第	斗 口 宽	单材断面宽高 1/1.4	足材断面宽高 1/2
一等材	0.60	0.60×0.84	0.60×1.20
二等材	0.55	0.55×0.77	0.55×1.10
三等材	0.50	0.50×0.70	0.50×1.00
四等材	0.45	0.45×0.63	0.45×0.90
五等材	0.40	0.40×0.56	0.40×0.80
六等材	0.35	0.35×0.49	0.35×0.70
七等材	0.30	0.30×0.42	0.30×0.60
八等材	0.25	0.25×0.35	0.25×0.50
九等材	0.20	0.20×0.28	0.20×0.40
十等材	0.15	0.15×0.21	0.15×0.30
十一等材	0.10	0.10×0.14	0.10×0.20

第三节　官式及北京地区的瓦石构造

一、砖石结构

清代砖石结构技术承继明代之余绪，发展不大。砖无梁殿虽继续应用，但仅用于坛庙的庙门。帝王陵寝地宫及城墙门洞亦为砖石拱券构成，采用各层券砖伏砖砌筑，并无新意。惟有清官式石桥，在园林及陵寝应用较多，工程精确细致，并留有工程档册及工匠秘本，可窥知其工程技术概貌（图 8-19）。造桥之先，先按河口宽度定券门（金门）之宽。从一孔桥至十七孔桥，券宽皆有递减。多孔桥以中孔宽度最大，两侧递减，皆按定份，这样可保证桥面微微拱起，形成优美的曲线及韵律感。清代石桥石券皆为双圆心的尖栱券，又称锅底券。桥身中部窄而桥端宽，如银锭形，这些都使石桥造型显得轻巧有力。其他如金刚墙（分水墙、雁翅墙）、泊岸、桥底装板、桥面石、撞券石、石栏杆等皆有计算分配之法，规矩井然，可保证石桥的技术及艺术质量[17]。清官式石桥可以北京颐和园的十七孔桥及单孔高拱券的玉带桥为代表。官式石桥大部分为礼仪，游赏需要的小桥，真正跨江越水通行车马的巨桥多为民间能工巧匠所造，尤其在索桥及挑臂桥方面清代工匠有突出的贡献。

二、屋面瓦作

清官式屋面分为大式和小式，多为从等级制度上考虑其脊饰、形制的差别，无关构造做法。从瓦材上分类，可分为阴阳板瓦屋面、筒板瓦屋面及琉璃瓦屋面三种。简易用房也用仰瓦灰梗[18]、干槎瓦及青灰顶屋面、石板瓦屋面等。但也有交叉使用的现象，如棋盘心、布瓦琉璃剪边等[19]（图 8-20）。

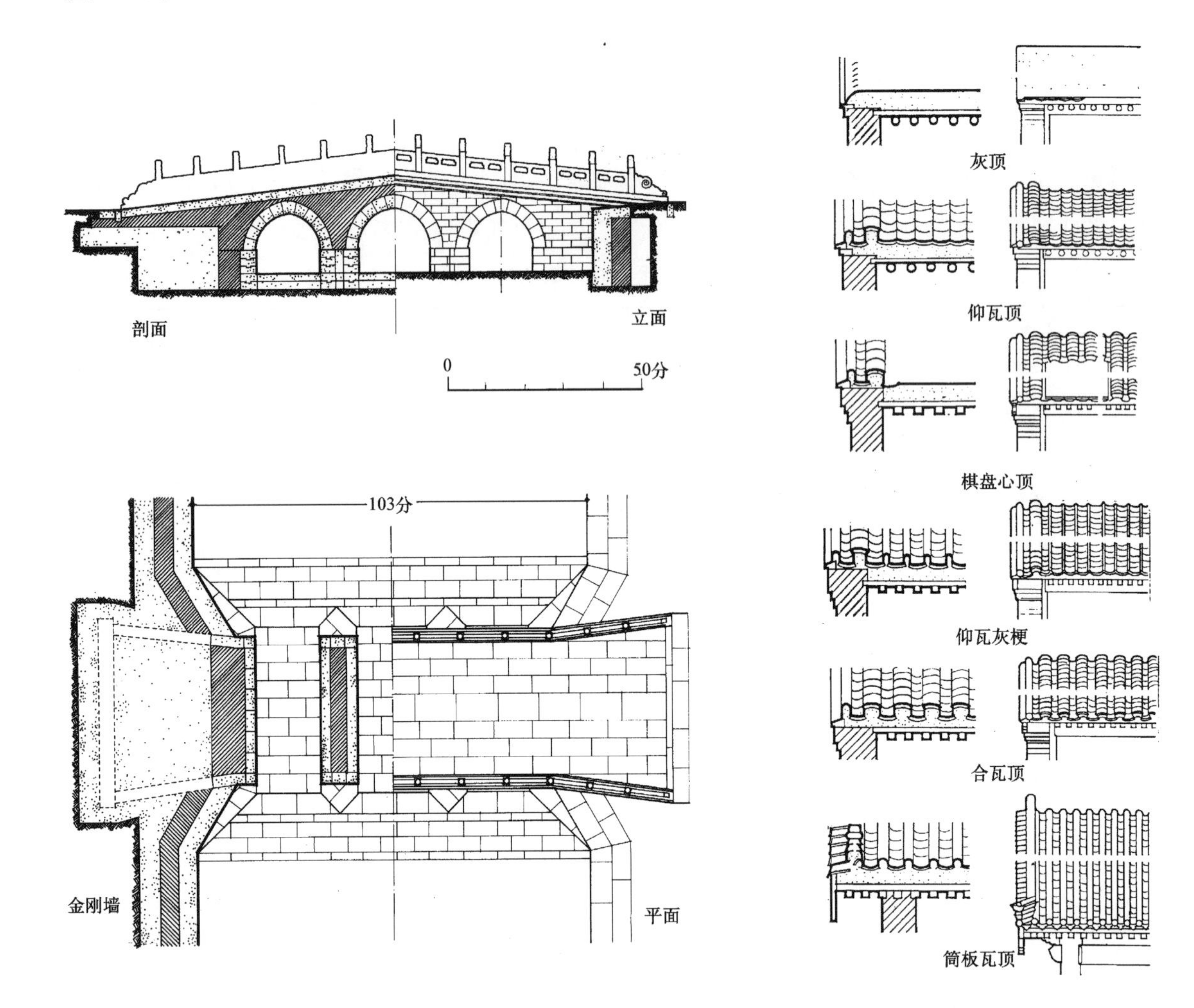

图 8-19　清官式三孔石桥设计图

图 8-20　北京地区常见屋面种类图

阴阳板瓦屋面多用在民居中，多为硬山顶，其脊饰简单，常用的有清水脊、皮条脊、箍头脊。筒板瓦屋面多用于寺庙、王府、衙署等大型建筑上，屋顶有各种形式，构造出正脊、垂脊、戗脊、博脊。按照不同等级装设各种兽件，如正吻、垂兽、戗兽、走兽等，并按建筑等级采用不同大小的型号及数量（图 8-21）。琉璃瓦屋面多用于宫殿、坛庙、庙宇、苑囿建筑。清代琉璃瓦依尺度可分为十种规格，称“十样”，但一样、十样无实物，使用的仅八种。每一规格皆有成套的配件，品种繁多[20]。在颜色方面，以黄色为最尊贵，为皇帝专用，绿色次之用于王府庙宇，蓝、黑、紫、白色瓦各有专用，如紫色用于天坛，黑瓦用在祭祀建筑等。以颜色划分等级在清代建筑中更为鲜明。在承德外八庙中还应用了溜金铜瓦，如须弥福寿之庙的妙高庄严殿及普陀宗乘庙的万法归一殿的鱼鳞铜瓦（图 8-22），西藏的佛寺中还用镀金铜皮作为屋面面层，俗称金顶，是为民族特色的做法。

屋面防水构造可分为数层，即护板灰、泥背、月白灰背、青灰背，通称苫背，然后瓮瓦。这样既可防水，又加强了保温效果。重要建筑尚在护板灰上加苫油衫纸或锡背，进一步提高防水性能[21]。与北方官式屋面相异的是南方建筑的阴阳合瓦屋面，又称蝴蝶瓦。不铺灰，不设望板，将瓦直接架在椽档上，故又称冷摊瓦。是属于轻型屋面，适应南方气候温和，建筑不需要保温的情况。

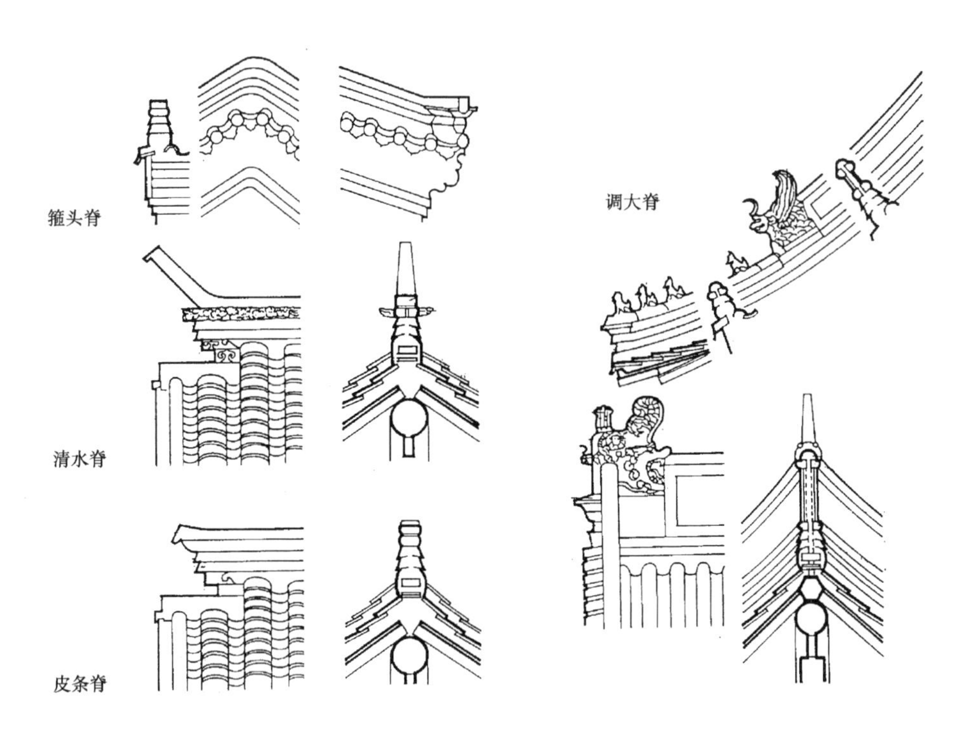

图 8-21 北京地区常见屋脊形式图

三、墙垣及地面

清代制砖业较前有大的发展，因此大部墙垣为砖墙构造。在清官式建筑中按使用部位分为山墙、檐墙、槛墙、廊心墙、室内的夹山墙（隔墙）、扇面墙；室外的院墙、花墙、八字墙、影壁、挡土墙、金刚墙、城墙等。除少量为石砌或掺杂石活以外，绝大部分为砖活瓦作。若按砌筑工艺来分析，可分为四大类，即干摆、丝缝、淌白、糙砌，由精到粗，等级递下。干摆又称磨砖对缝，即所砌用的城砖或条砖皆经过砍磨加工，一般将砖的看面及四侧面砍直磨细，称为五扒皮[22]。砌筑时外皮干摆砖与背里砖要拉接找平垫稳，灌桃花浆，最后表面打点、磨平，基本不露砖缝，光洁美观，质感极强。多用于重要工程墙面或房屋下碱、影壁心等处（图 8-23）。丝缝砌法基本与干摆类似，但露极细的灰缝，约 2～4 毫米，多用于山墙上身。淌白砌法用砖仅砍磨看面一个面，灰缝较宽，约 4～6 毫米，平整度较差。糙砌是用未经砍磨加工的砖直接砌筑，灰缝约 10 毫米，用于民居及简易房屋。四类砌法在使用时可单一使用，也可组合使用，如山墙下碱为干摆，上身为丝

图 8-22 河北承德须弥福寿之庙妙高庄严殿鱼鳞镏金铜瓦屋面

图 8-23 北京某宅干摆刻砖廊墙

缝，而墙心为淌白等。表现清代砖活工艺最充分的莫过于砖影壁，砖影壁分类有座山影壁，一字影壁、八字影壁、撇山影壁[23]。影壁的基本构图是由须弥座，仿木构壁身及瓦顶组成。豪华式砖影壁的须弥座上有雕刻，壁心有中心四岔式的砖雕花卉图案，瓦顶有砖刻斗栱，甚至改用琉璃饰件及瓦件。影壁集中了砖作、石作、瓦作、琉璃作、刻砖等工艺的精细加工，是代表建筑组群的艺术质量及建筑等级的标志性小品建筑[24]。民间建筑墙体大多因地制宜，选用地方材料。如北方的夯土墙、土坯墙、硃泥墙、虎皮石墙、乱石干摆墙，南方的砖空斗墙、编竹夹泥墙、石板墙、毛石墙、甚至蛎壳、陶钵皆可作为墙体材料，随机而用，不拘一格。

清官式房屋地面大部分为砖墁地，可用方砖也可用小砖。按等级可分为金砖墁地、细墁地面、淌白地面及糙墁四种，代表着砖料加工磨制的细粗程度。一般细墁砖须经磨制加工，灰缝很细，表面经桐油浸润，称“钻生”。淌白砖仅磨表面，灰缝较大。糙砌砖为不加工直接墁地。最高贵的金砖墁地，多用于宫殿的主要殿堂，所用地面方砖多取用苏州陆墓生产的上等方砖，地面基层改用白灰砂浆。地面砖打点磨净以后，尚须进行“钻生泼墨”[25]，以增加地面色泽、光洁度及耐久性。金砖地面光洁平整，乌墨油亮，软硬适度，耐磨耐擦，可以说达到了封建时期地面工艺的最高水平。如北京故宫太和殿的地面至今完美而滑润，可为见证。

民间地面则较简单，有灰土地面、三合土地面、卵石地面、石板或片石地面，并掺杂瓦片、瓷片、片砖等材料拼接出各种花饰。

四、台基及栏杆

清官式的台基分为两大类，一为普通民居及一般建筑采用的台明，一为大型宫殿、庙宇、采用的石须弥座。台明为平直的方台，形制承宋元之旧规。基本为砖砌，仅阶条、陡板、埋头、土衬等为石条，以增加牢固性。高度可因建筑而定。但台明自前檐柱伸出长度不应大于上部出檐长度，一般下出约为上出的3/4左右。石造须弥座与明代规式差不多，即由圭角、下枋、下枭、束腰、上枭、上枋数层石条堆叠而成，各层石条高度趋于相同，包括座上的石栏杆、螭首，皆有规格定制，其变化仅表现在座身及栏杆望柱头的雕刻上，整体风格严肃整齐，但稍嫌笨拙（图8-24、图8-25）。清代大规模进行宫廷园囿建设，涉水临河的桥梁、亭榭栏杆增多，宫殿式石栏杆在艺术上已不能满足需要，因此，一些新颖的栏杆形式出现了。除木栏以外，如石制罗汉版，卍字砖刻栏杆，石鼓寻杖栏杆等式样（图8-26）。至于南方园林、寺庙的栏杆形式更是多样纷呈。

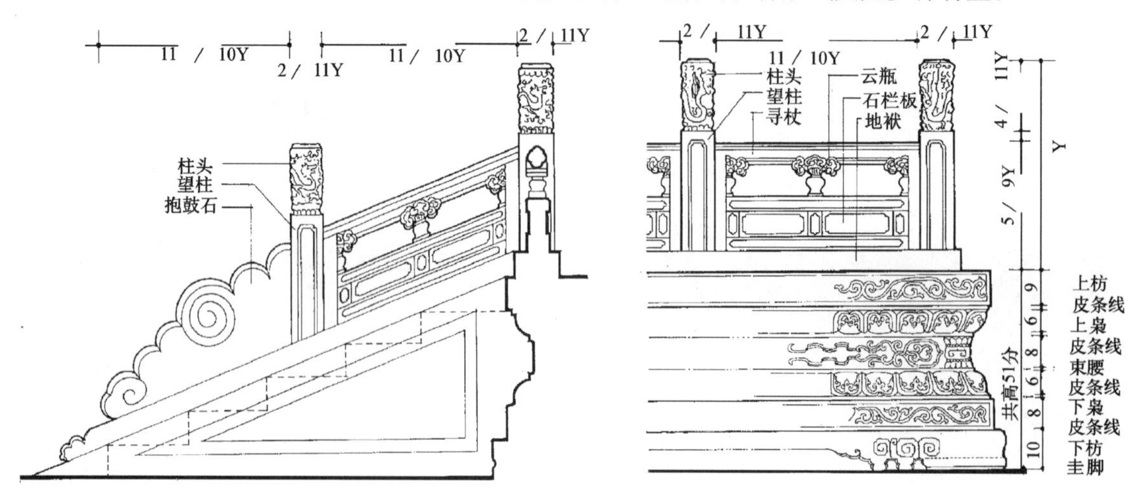

图8-24 清官式石栏杆及须弥座权衡图

图 8-25 河北遵化清东陵定东陵（慈禧陵）石五供须弥座石刻

图 8-26 北京颐和园听鹂馆万字纹砖刻栏杆

总之，清代的砖石瓦作在结构技术方面与元明对比进展不大，基本墨守成规，但在工艺及装饰方面有较突出的变化，这一点和社会时尚也是密切相关的。

第四节 地方大木做法

一、穿斗式构架

穿斗式构架又称“立帖式”，与北方应用的抬梁式并称为传统两大木结构形制。穿斗架应是一项古老的做法，但历史遗留实物甚少，无法考据其源流演变，现存多为清代木构（图 8-27）。穿斗式构架用材细小，构架高度有限制，多用在四川、云贵、两湖、江浙、江西、福建诸省的轻屋面的两层以下的民居建筑中。而南方的大型厅堂、庙宇仍用抬梁式构架或抬梁与穿斗混合式构架。

穿斗架由柱子、穿枋、斗枋、纤子、檩木五种物件组成（图 8-28）。即用穿枋穿透各个立柱组成屋架，各檩条两端直接搭在柱头上，而不用承重大梁，各排架之间以斗枋及纤子相互穿连拉牢，

图 8-27 四川忠县民居穿斗式屋架

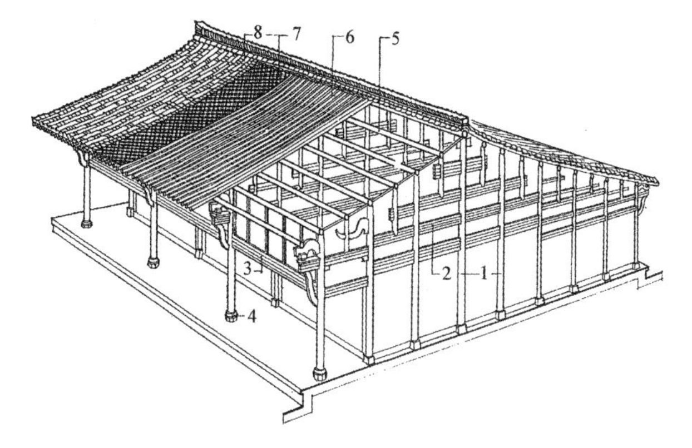

图 8-28 穿斗式构架示意图

1. 柱 2. 穿枋 3. 斗枋 4. 础 5. 檩 6. 椽 7. 竹篾 8. 瓦

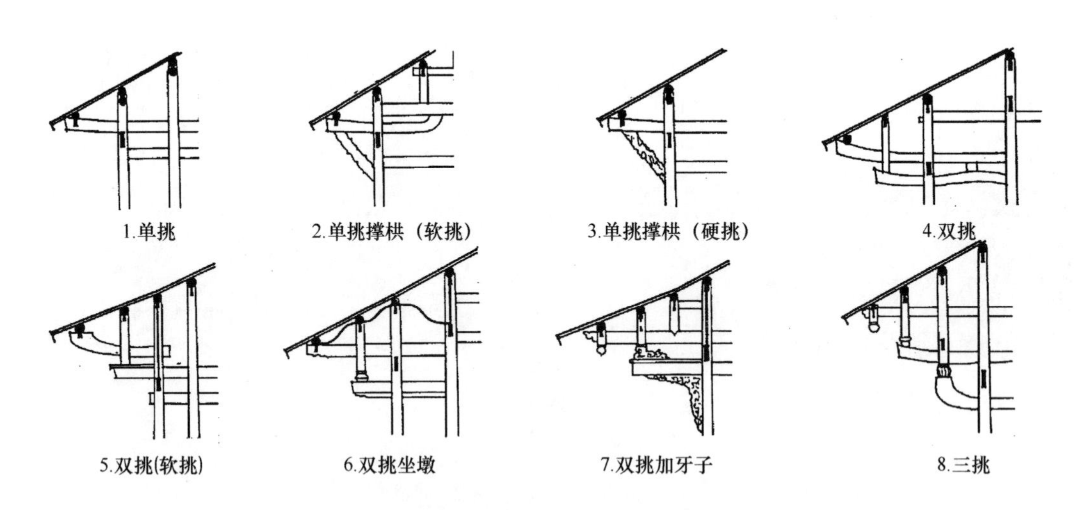

图 8-29　四川地区穿斗架挑檐构造图

形成整体框架。若为楼房则纤子兼有搁栅的作用。一般穿斗架的柱径约20厘米左右，檩距约80厘米左右。柱距相同亦为80厘米左右[26]。为了减少立柱，沟通房间的联系，亦有采用将短的瓜柱驮在穿枋上，形成一柱一瓜的形制。穿枋高而窄约10～20×5～10厘米断面。根据屋架跨度的大小而有单穿、二穿、三穿、四穿之别，南方建筑为了防水，皆有宽大的挑檐。穿斗架的挑檐方式有硬挑与软挑（即从穿枋延长挑出，或是另加挑木从檐柱挑出）和单挑、双挑、三挑等构造方法（图 8-29）。

穿斗架用料较小，一般采用南方盛产的杉木，材直且防蛀。施工时先在地面以穿枋固定列柱形成排架，然后整架拉起，穿联斗枋固定成架。不用脚手，施工简便，工期短。而且整体稳定性好。穿枋、斗枋皆为透榫横穿，不会脱榫，防风防震性能好。所以是南方民间建筑的主要构架形式，也包括干阑式构架。但荷载过大，构架较高的大型建筑则不能使用。

有的地区的穿斗架在三角形屋架上弦增加两根枋木，所有的檩条皆压在枋木上，而不直接压在柱头上，这是穿斗架的一种改造。这样做可以减少立柱，并随意安排檩距，较为自由。这种形式在福州附近及广西南靖地区皆可见到。

二、苏南营造做法

苏南水网地区素有鱼米乡之誉，人文技艺十分发达，其营造工法素有传统，独成风格，清末苏州香山人姚承祖曾将这些地方做法编著成《营造法原》一书[27]，使得这种做法得以总结流传。该书共分十六章，包括有地面、大木、装折、石作、墙垣、瓦作、工限、园林等各方面做法，其主要篇幅为大木。苏南做法的中心地带是苏州，但无锡、常州、南京、上海以至浙北的杭州、湖州等地亦通用此法，可以说是泛太湖地区的通用做法。

苏南地区大木构架，按建筑性质分为三种类型。即平房构架（包括楼屋），为规模较小的三间居住用房；厅堂构架（包括楼厅），为结构较繁，装修考究的大型住宅的会客、集会用的大厅、花厅、门厅及家族宗祠等建筑；殿庭构架，为结构繁杂，屋面厚重，装饰华丽的寺庙建筑大殿。殿庭构架一般皆带有斗栱构造。

平房构架为简单的抬梁式构架，平面规模一般不超过三间五架的规定（图 8-30）。大梁跨度最大为四界（四步架），假若面积不敷使用，则可在前后加设廊步或双步，以扩大进深。山面屋架则加设中柱使构架更为稳固。若为楼房则加高列柱，在柱中腰设承重大梁，上加搁栅及楼板。楼层

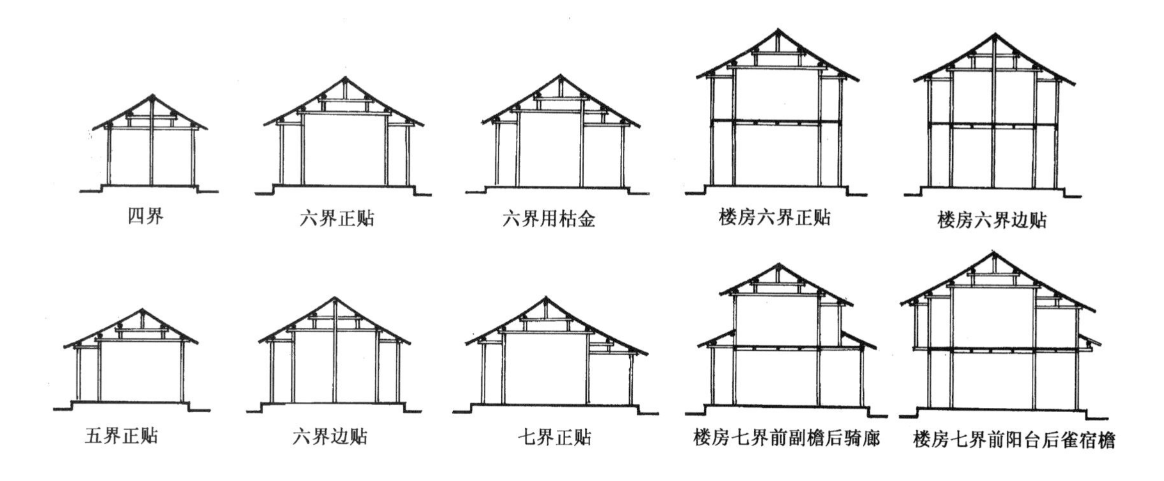

图 8-30 苏式平房及楼房贴式（屋架）图（据《营造法原》）

上可利用承重或穿枋出挑做出阳台或用斜撑支承挑木、挑枋，做成雀宿檐等，使立面造型及空间变化更为丰富。根据用柱之多少及位置可组成不同的贴式[28]，灵活多变，是继承宋代厅堂式构架的构思运用于小型建筑物上。

厅堂构架仍为抬梁式构架，虽然进深较深，但用了檐柱、步柱、金柱等，故进深梁跨最大仍不过五架。这种构架的特点在于用料断面形式，复水重椽式的内天花及丰富的雕饰三方面（图 8-31）。按梁枋断面形式可分为扁作厅及圆堂厅两类。扁作即露明梁架，用料为矩形，圆堂厅的梁架为圆木，还有一种做法将扁作大梁作成折线弓形的月梁形式，称为贡式厅，可算作扁作的变体。若从内部天花处理形式来看又有船厅、鸳鸯厅、花篮厅、满轩等之不同[29]（图 8-32、8-33）。其做法就是将整体屋架分为草架与正架，草架形成外屋面，做出起脊、分坡以便排水，正架按内部空间所需要的顶式设计，另增设一部分椽子望砖，苏州称之为复水重椽，也可以说是斜吊顶的一种。最有趣味的是位于前廊的天花，多以各式弯椽做成天花顶棚，根据弯椽形状各有其名[30]（图 8-34）。厅堂构架往往附加雕饰。如梁头、托梁斗栱、梁垫、蜂头、机枋等处，又如扁作厅大梁及三界梁作成月梁形式，梁面浅刻花饰等。

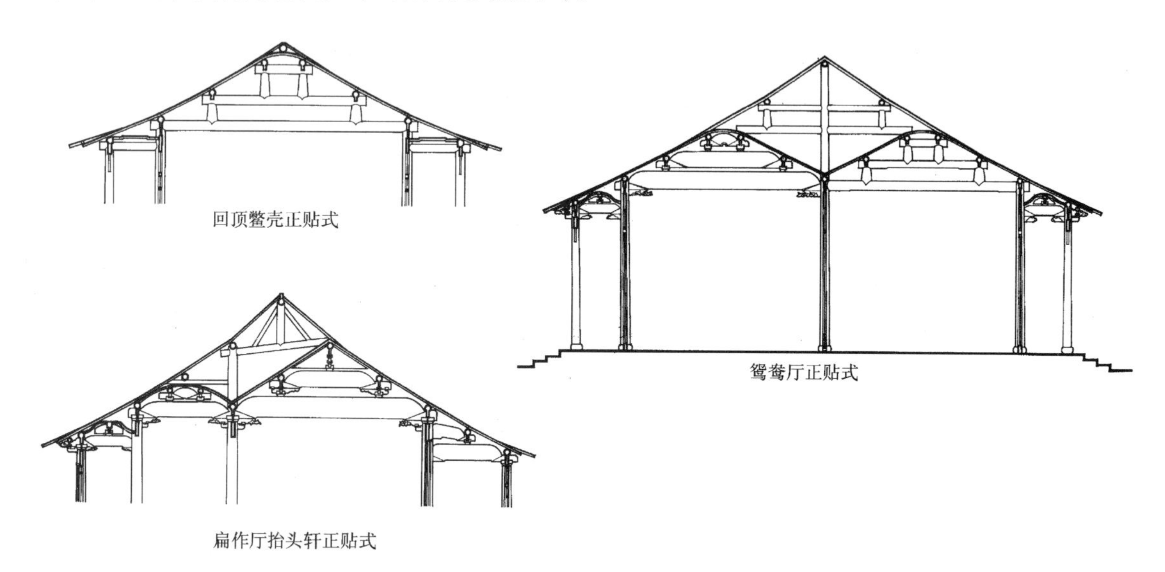

图 8-31 苏式建筑构架图（据《营造法原》）

图 8-32 江苏苏州拙政园三十六鸳鸯馆

图 8-33 江苏苏州狮子林某厅梁架

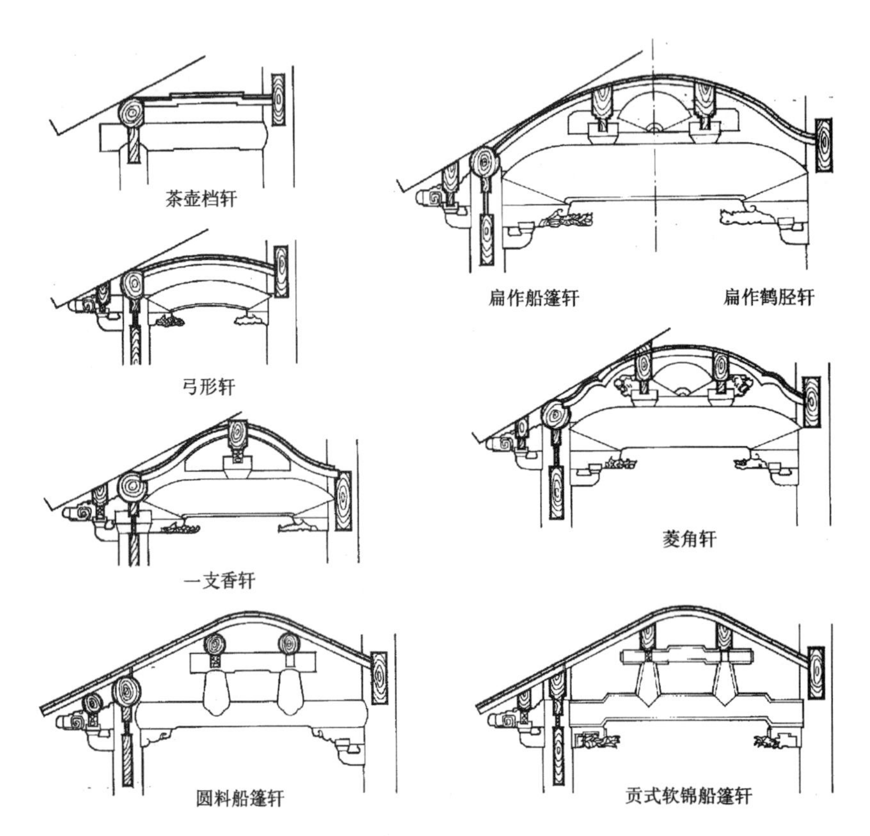

图 8-34 苏式轩顶做法图

殿庭构架亦为抬梁式构架，开间三、五、七不等，最大可至九间，进深亦深，有硬山、悬山及单檐重檐的歇山顶、庑殿顶。殿庭构架除用料较大外，使用牌科（斗栱）及翼角发戗为其特色。苏南建筑牌科与北方官式斗科规制相似，但栱身用料高度较小且为单材栱。材制仅分为三种[31]，不像官式分为十一种材制。牌科出参（出踩）自三参至九参。牌科之种类有六种：①一斗三升，②一斗六升（即重栱造），③丁字科（即仅出外拽栱），④十字科（内外拽栱同出），⑤琵琶科（即类似北方官式的溜金斗栱），⑥网形科（即十字科间出 45°斜栱，北方称之为如意斗栱），比较简约。苏南建筑翼角高翘，耸起如半月状，十分轻巧灵动。这种曲线是因为在角部将嫩戗（子角梁）插在老戗（老角梁）之上而构成的。随之，翼角飞椽、封檐板的做法也不同于北方官式。

苏南地区建筑将确定屋面坡度及曲度之法称提栈（举架），亦以桁条垂直高差与界深之百分比确定之。如 35%为三算半，40%为四算……高可至九算十算。一般步柱、金童柱、脊柱提栈依次升高，形成曲面。苏南地区惯用的提栈数据较北式为小，但殿庭构架的脊部较陡，亭子建筑则可达到十算，甚至还要陡。

综观苏南大木构架做法，其具有用材较小，工艺细致，雕饰增多，牌科、翼角、复水椽、轩顶皆具浓厚的地方特色。此外皖南、赣北的民居大木结构与苏南亦较类似，但梁身构件造型皆取月梁形式，雕饰流畅。

苏南地区瓦石作技艺与传统技法有共通之处，如须弥座、水磨细砖等。但筑驳岸、空斗墙、封火山墙是较为有特色的。空斗墙的砌法就有花滚、单丁、镶思、大小合欢等不同种类（图 8-35）。封火山墙有观音兜、五山屏风墙之区别[32]。推而广之，南方各省的封火墙皆各有不同，成为识别地区建筑的重要特征。苏州地区的石制牌楼亦十分丰富有趣，石材细薄，雕饰空透，以仿木构牌楼形制而独创一格。

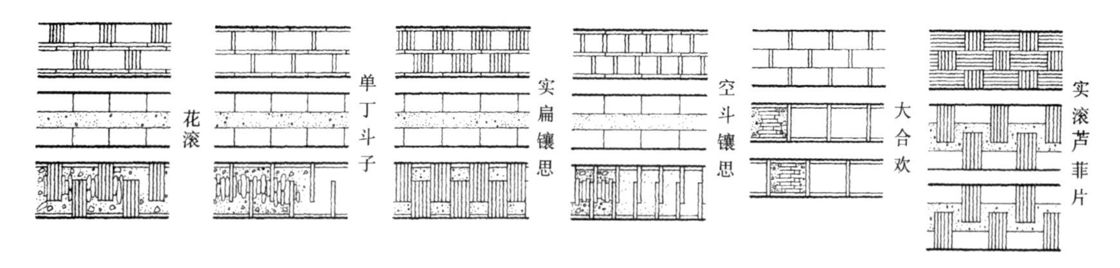

图 8-35　苏式空斗墙砌法图（据《营造法原》）

苏南地区建筑构件名称与清代官式建筑构件名称不完全相同，与宋代称谓更有较大的不同，兹列附表比较之。见附表 8-4。

清式、宋式及苏南做法大木构件对照表　　表 8-4

清官式	宋式	苏南做法	清官式	宋式	苏南做法
地盘		地面	盝顶		
面阔		开间	卷棚		
进深		进深	举架	举折	提栈
通面阔		共开间	举		算
通进深		共进深	掰生	侧脚生起	
明间	当心间	正间	推山		推山
次间	次间	次间	山面挑出	出际	
梢间	梢间	落翼	收山		
尽间			平台	平坐	阳台
围廊	副阶	廊、双步	檐柱	副阶柱	廊柱
庑殿	四阿殿、吴殿、五脊殿	四合舍	老檐柱	檐柱	步柱
歇山	厦两头造、曹殿、九脊殿	歇山	金柱	内柱	金柱（步柱）
悬山	不厦两头造	悬山	中柱	分心柱	脊柱
硬山		硬山	角柱	角柱	边廊柱
攒尖	斗尖		山柱		边脊柱
盝顶			通柱（镫金柱）	永定柱	镫金柱

续表

清官式	宋式	苏南做法	清官式	宋式	苏南做法
童柱		童柱（矮柱）	燕尾枋		
垂柱	垂柱、虚柱	垂莲柱	博脊枋		
脊瓜柱	蜀柱、侏儒柱	脊童柱	间枋		四平枋
柁墩		（童柱）	顺梁枋	顺栿串	随梁枋、抬梁枋
交金墩			承椽枋		承椽枋
雷公柱（亭子）	枨杆	灯心木	脊枋		脊枋
角背	合楮	荷叶榥	金枋	襻间	步枋
屋架	缝	贴	随檩枋		连机
步架	椽栿	界	檩（桁）	槫	桁、栋
三架梁	平梁	山界梁	上金檩（桁）	上平槫	金桁
三步梁	三椽栿	四界大梁	下金檩（桁）	下平槫	步桁
五架梁	四椽栿		脊檩（桁）	脊槫	脊桁
七架梁	六椽栿		檐檩、正心桁	檐槫	廊桁
七步梁	七椽栿		挑檐檩	撩檐枋、撩风槫	梓枋
九架梁	八椽栿		扶脊木		帮脊木
单步梁	劄牵	川、廊川轩梁	踏脚木		踏脚木
双步梁	乳栿	双步	穿梁		草架桁条
月梁	月梁	荷包梁	草架柱子		草架柱
顺扒梁	丁栿		槫缝板	槫风板	槫风板
采步金	阁头栿		脑椽		头仃椽
抹角梁	抹角梁	抹角梁	花架椽		花架椽
太平梁			檐椽	檐椽	出檐椽
递角梁	递角栿		飞椽	飞子	飞椽
老角梁	大角梁	老戗	翼角飞椽		摔网椽、立脚飞椽
仔角梁	子角梁	嫩戗	罗锅椽		弯椽、顶椽
由戗	续角梁	担檐角梁	承重		承重
亭子角梁	簇角梁		楞木	铺版枋	搁栅
抱头梁		廊川	楼板	地面板	楼板
穿插枋		廊夹底	骑枋板		
桃尖梁		川	由额垫板	垫板	夹堂板
桃尖随梁			正心枋	柱头枋、素枋	高连机
月梁(层架最上一层)		荷包梁月梁	井口枋	平綦枋、算桯枋	
角云			拽枋	罗汉枋	牌条
大额枋	阑额	枋子、步枋、廊枋	踊	抄、跳	出参
小额枋	由额		攒（斗栱）	朵	
平板枋	普拍枋	斗盘枋	柱头科	柱头铺作	柱头牌科
花台枋		水平枋	角科	转角铺作	角牌科
天花梁			平身科	补间铺作	桁间牌科
天花枋	平綦枋	脚手木	里外拽	内外跳	
帽儿梁			三踩（斗栱）	四铺作	三出参

续表

清官式	宋式	苏南做法	清官式	宋式	苏南做法
五踩	五铺作	五出参	斜角昂	角昂	斜昂
七踩	六铺作	七出参	由昂	由昂	
九踩	七铺作	九出参	宝瓶	角神	宝瓶
十一踩	八铺作	十一出参	蚂蚱头	要头	
一斗三升	把头交项造		挑杆	昂尾（挑斡）	琵琶撑
单材栱	单材栱	亮栱	菊花头	鞾楔	大小连檐
足材栱	足材栱	实栱	撑头木	衬方头、切几头	
溜金斗科		琵琶科	垫栱板	栱眼壁板	垫栱板
如意斗科		网形科	蔴叶头		云头
斗科	铺作	牌科	六分头		
坐斗、大斗	栌斗	坐斗	栱眼	栱眼	鞋麻板
十八斗	交互斗	升	三幅云		
三才升	散斗	升	盖斗板	遮椽板	
槽升子	柱头枋上的散斗	升	覆莲梢		千斤销、冲天销
贴升耳	平盘斗		枕头木	生头木	戗头木
斗耳	耳	上斗腰	滴珠板	雁翅板	
斗腰	平	下斗腰	雀替	角替	梁垫
斗底	欹	斗底	瓦口	蹩额板	瓦口板
正心瓜栱	泥道栱	一斗三升栱	排山瓦口	狼牙板	
正心万栱	泥道慢栱	斗六升栱	大小连檐	大小连檐	眠檐、里口木
里(外)拽瓜栱	瓜栱	桁向栱	壁板	照壁板	
厢栱	令栱	一斗三升栱			挑头
		枫栱			斜撑
翘	华栱、卷头	栱			山露云
	杪				抱梁云
插栱	丁头栱		柱顶石	础石	磉石
斜头翘	角华栱	斜栱	古镜	覆盆	
昂	昂（飞昂、下昂）	靴脚昂、凤头昂		櫍	鼓磴

三、闽南木构做法

闽南地区是泛指福建南部晋江、九龙江、漳江、粤东的韩江流域的泉州、漳州及潮汕地区，这些地区皆靠近海岸，互有联系，它们的建筑做法为同一类型。但因地属丘陵，交通不便，具有一定的闭塞性，所以各地建筑又互有差别。闽南地区做法至今尚无技术典籍留传，仅有少量的研究调查报告，因此尚无法作出系统的总结。

这个地区宗教庙宇及府第大宅的木构架基本上属于抬梁式。木柱为梭形。柱根有各种形式的鼓形石础，而且为防白蚁，柱身下部多为石柱墩。大梁为圆木，微砍作月梁形，梁下有楂木以为装饰，实际为随梁枋的变体。梁上驮瓜柱，一般瓜柱距为一米左右，瓜柱下部作成鹰嘴插入大梁。最有特色是瓜柱间以多层栱枋穿插托垫，具有穿斗架的某些特色。有些栱枋是相联通长构件，而且是向上弯曲的月栱，栱端作成凤嘴。纵向柱身间也以多层装饰过的栱枋相连，成为室内空间的重要装饰。柱头上一般不作成攒斗栱，仅以丁头栱或穿柱的平衡栱分解荷载，带有内地木构的古意。前檐挑出多用垂莲柱，垂柱头的雕刻十分精美。闽南构架屋面平缓，约为三五举至五举（当地称为三分半水或五分水）之间，屋面微有凹曲，不作计算。屋内为彻上明造，不作天花遮盖。闽南建筑屋面翘曲不大，但两山升起，形成两翼翚飞、脊端上翘的正脊。所以山架构架的构件标高皆比明间抬高，称为"升山"。总结以上可见密檩、梭柱、月栱、雕饰、直坡、升山共同形成闽南建筑构架的特色。至于构造细节，各地皆有地区特点，如晋江的花篮垂柱头，潮州的铰打叠斗[33]等，皆代表一个地区的习尚。

这个地区建筑的建筑营造方法皆由掌案工师按业主需要制定出"厝局"（即房屋的平面图），有时还画一张"厝样"（房屋的立体图画）。此外，所有单体建筑的构件高宽长短尺寸俱都标示在一个长木杆上，潮州称为丈杆（泉州称之为稿尺），以丈杆指导工匠施工，称之为丈杆法[34]。杆长18.6木行尺[35]折合公制为5.58米。杆上的大刻度为1.8尺一格，左右两向推导，一般平面尺寸皆在尺内选择，如各间开间、进深、廊宽、门厅的内外凹肚、庭院宽、阔等。至于细部构件的尺寸选定还可加用小的模数差，即0.6尺来计算。至于如何选定各类房屋的各种尺寸，掌班匠师尚有习惯做法的口诀。这种口诀皆是师徒相承，口传心授，门派不同也可能有小的差异。在闽南地区确定房屋规矩尺寸时尚有符合风水学上的"压白"和"过白"理论[36]，虽然其中不少迷信色彩，但是也包含了某些实用因素。

四、藏族碉房

藏族碉房虽然外部石墙厚重，但内部仍为木构架承重，平房的屋面及楼房的楼面荷载皆由简支的梁柱系列支承（图8-36）。藏族建筑的平面尺度标准以"穹都"作单位，一穹都等于成年人手掌一卡加一大拇指的距离，约等于23厘米[37]。这种方法和四川藏族建筑尺度以排、卡、跪等单位一样[38]，皆是以人体本身尺度为度量标准，方法虽粗略，但简便易行。

藏族建筑的平面柱距视建筑物类型而异。一般民居约8～10穹都即2～2.3米，这个长度是西藏以牦牛驮运木料的通用长度。贵族重要用房可达12个穹都即2.8米左右。而寺庙佛殿大经堂等公共建筑可采用6米×6米至9米×6米等较大距离的柱网。建筑层高一般为10～11个穹都，即2.3米左右，经堂可至12个穹都，即2.8米左右或5米以上。藏族建筑木构架是由木柱（一般为方柱）直接承托大梁，梁上架椽木或榻栅而成。梁柱榫接不用铁件，有时在檐廊或室内的柱头上加设替木，以使大梁交接处更为平稳。寺庙殿堂建筑的木柱有多种形式的截面，如方形、圆形、八角、亚字形等形状。柱身下大上小有显著收分，柱顶部尚刻出柱披或莲瓣及大斗等。替木做成圆角或波浪状。大梁部分亦变成复杂的叠合梁，分别由盖板、间枋、连珠枋、莲瓣枋、花牙枋[39]组成，上部横搭椽木。在布达拉宫等重要殿堂中，在花牙枋之上还叠加两层短椽，椽头雕饰成蹲兽状（图8-37、8-38）。一般藏式建筑不设斗栱，但在重要建筑的大门入口处常用2～4攒斗栱，

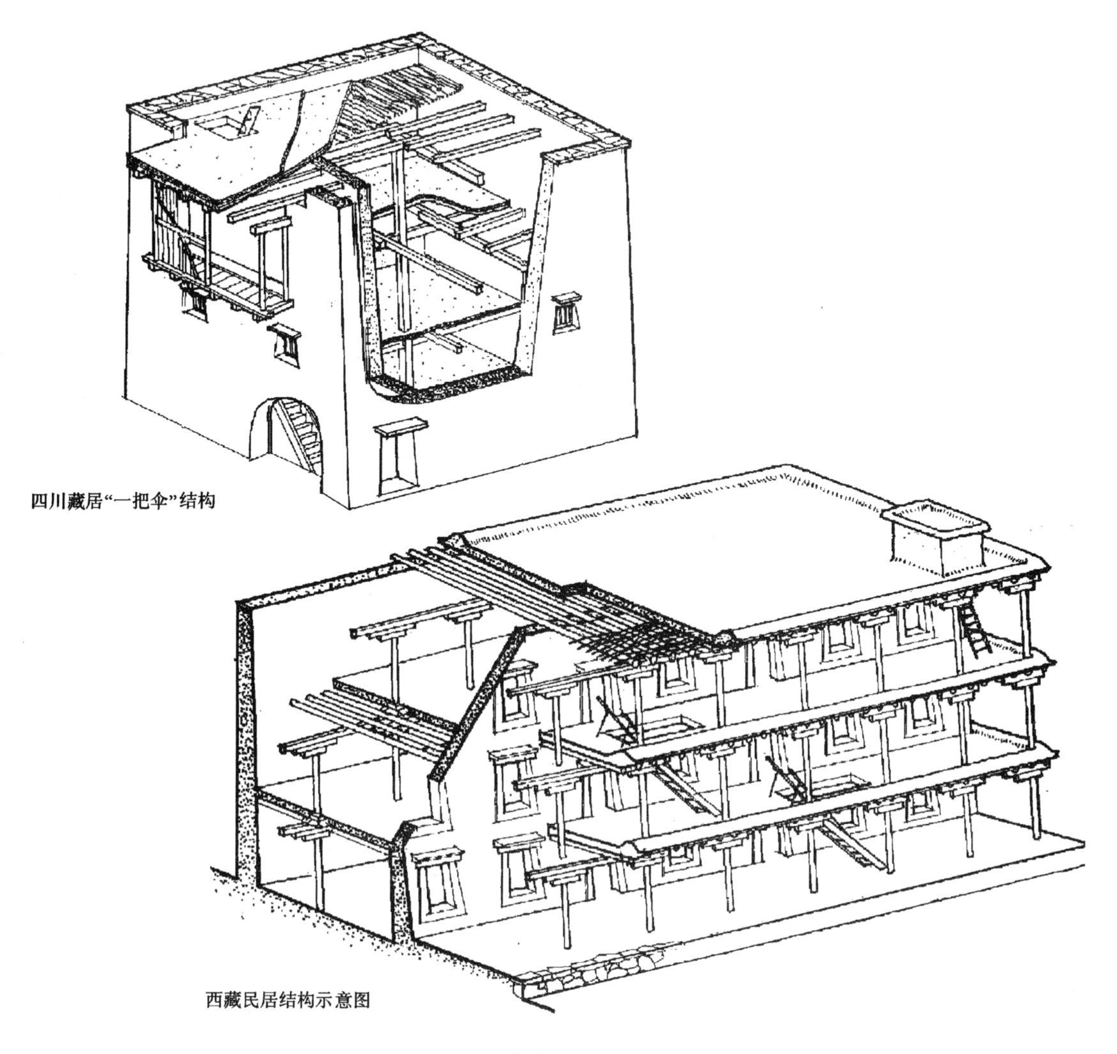

图 8-36　藏族民居结构示意图

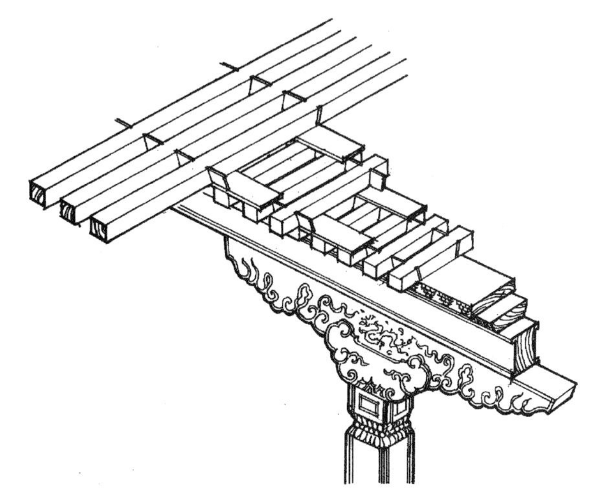

图 8-37　藏式寺庙殿堂装饰性梁柱构造图

图 8-38　西藏拉萨布达拉宫色西平措殿托梁式构架

以华栱出挑，托厢栱，栱上托带奇数（3、5、7）的小斗，再上为挑檐枋。栱身粗壮，斗座高厚，不同于汉式斗栱权衡。藏族建筑的石墙砌筑技术水平高超，一般多采用毛石、片石，石墙内壁垂直，外壁有收分，每层收进约一穹都（图8-39）。施工时不挂线，不立杆，不用外脚手架，全凭手工砌筑，而能达到平直、美观。石墙有干摆与胶泥垫浆两种，但全需将石材摆放平稳，以小石、片石铺垫严实。西藏地区少雨，屋面做法是用砂土为基层，上铺7～10厘米的阿噶土[40]，夯实压光而成。富者常在土中掺少量糌粑面，则防水性能更好。

四川茂汶地区的羌族亦采用类似藏族的柱梁平直搭接的构架，说明自古以来羌、藏即为同一的文化体系。

新疆维吾尔族建筑亦为柱梁平接的平顶构架，但是细部构造不同，一般维族建筑木柱较高细，梁枋不分，呈井字状搭接在柱头上。柱头上尚托有雀替状的替木，梁上檩木较稀疏，不用天花板，而用半圆形的白杨木条密排在檩上，形成有装饰意味的顶棚（图8-40）。维族建筑木柱身一般分为顶部、柱身及柱座上下可变化的截面，且通体皆有雕饰，尤以柱顶雕饰最为华丽。屋面为庄稼秸秆，黄泥为基层，上抹草拌泥压实，但须经常修补屋面。有泛水坡，檐口伸出极长的滴水木槽。檐口挑出不多，但不做女儿墙，而有砖木封护的图案装饰化的挂檐板。

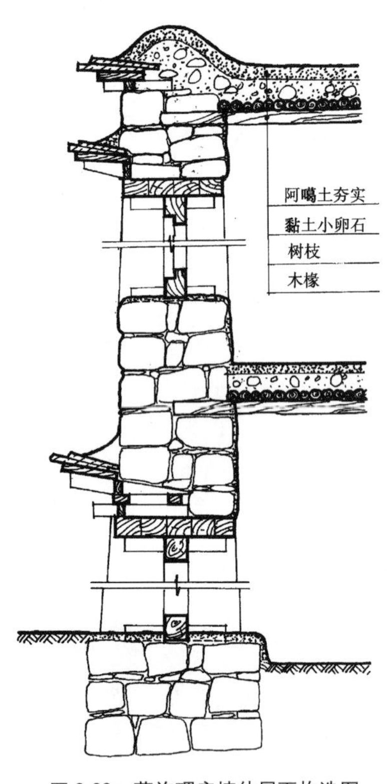

图8-39 藏族碉房墙体屋面构造图

图8-40 新疆喀什阿巴和加麻札高礼拜寺托梁式构架

五、井干构架

是以木墙承重的搁檩式构架。因木墙是由原木横竖垒叠，井字交搭而成，类似古代井干（井台的木栏），故名井干式。这是一种很原始的构造方式，多应用在山势起伏，交通阻隔的森林地区，在中国的黑龙江、吉林及滇北通用此式。黑龙江地区的井干构架多为2间的矩形，墙料较粗大，直径20～30厘米。并在前后檐墙的中部内外各立一柱以夹持木墙。房中央立木柱托大梁，梁上置三个瓜柱托金、脊檩，俗称“三炷香”。两山则以木墙承重，两山挑出悬山，构造比较简单、粗犷。许多井干式建筑为防寒多在木墙内外抹泥，屋顶亦为草泥顶。

滇西北傈僳、纳西、怒、独龙等族所用的井干房平面亦为矩形，木墙用材较小，一般直径为20厘米，断面有圆形、六角形，故称“木楞房”（图8-41）。在房间中央立柱托大梁及瓜柱檩条，山墙则直接搁檩。屋面无椽子，直接铺长约2米的木板瓦，以石块压紧。建筑装修质量以宁蒗县的纳西族摩梭人最为考究。在重要房间，如主室、佛堂等处，有龛室，并且外檐还结合建造汉式的檐廊。

图8-41　云南南华马鞍山井干式住宅

六、彝族拱架

四川西部大小凉山的彝族民居，使用了一种特殊的木构架——拱架，是一种十分新颖的形制（图8-42）。凉山彝族住宅为矩形平面，木构架，土墙围护，外墙不开窗，仅有极小的方洞，房间依靠门口采光，故室内较暗。入口门扇为双层，板门向内开，花格门向外开。木板瓦屋面，当地人称之为“黄板”，顶上以石压紧。间或有小青瓦或稻草顶屋面。彝族民居构架十分丰富，山墙部位多用类似汉式穿斗架做法，而室内为了取得较大的空间，减去内柱，形成前后檐柱支承的拱架。拱架是由柱身上层层挑出的小栱，托承垂柱，柱上承檩，各垂柱间以横枋（即栱身）穿透拉接，前后檐的挑架至脊檩处搭接在一起，整榀屋架为一拱券，也像是将中间所有内柱减去的穿斗架。还有一种简化的拱架，即在前后檐柱向内出挑两层以后，改用两条斜梁在脊檩处斗接，如人字形。所有檩条皆坐在斜梁上，如一榀门式屋架。也有跨度较小的木构架不用挑栱，直接将各根垂柱压在横向大梁上。彝族民居在房间的各榀屋架之间以及廊檐下，还设计有纵向拉枋组成的纵架，以加强稳定性[41]（图8-43）。总之，彝族民居构架反映出结构方式的独特创意，其中包含着抬梁、穿斗的构造做法，同时也遗存着汉魏以来的纵架方式，值得我们深思。

七、其他结构形制

除了木构屋架为清代大量使用的结构形式以外，由于中国幅员广阔，各地地方材料、气候冷暖干湿、雨雪风雾等自然条件差别很大，所以建筑结构及构造也产生出更多的形制。如蒙古族、哈萨克族的毡房（蒙古包），是一种活动构架；藏族使用的冬夏帐房，是属于拉索结构；黄土高原地带的窑洞是原始穴居的演化；土坯墙、碜泥墙、土拱、砖锢窑等亦有悠久的历史。这些在民居一章中已有记述。硬山搁檩式结构在清中叶以后也逐渐被重视，开拓了近代建筑的先声。

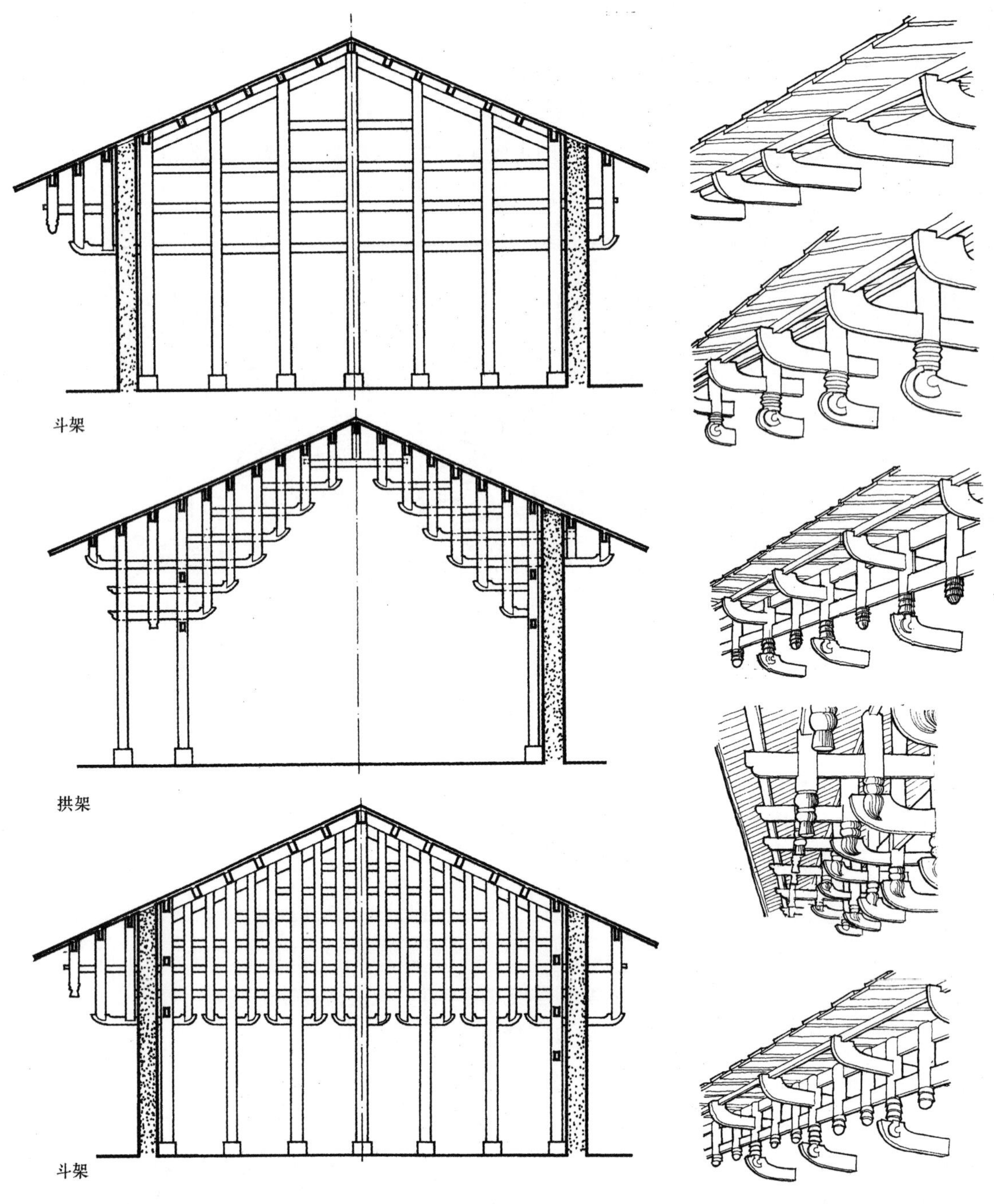

图 8-42　凉山彝族民居构架图

图 8-43　凉山彝族民居外檐出挑构造

此外，四川藏族地区及羌族地区的碉楼砌造技术亦十分高超，在四川阿坝黑水佳山寨的石造碉楼高达 33 米，而底面积只有 5 米×5 米。粤北客家围屋用卵石砌筑石墙高达 4 层楼。砖拱券、砖穹隆在明代技术基础上又有提高，喀什阿巴和加麻扎的绿顶礼拜寺是由多层多角拱券斗结成的砖穹隆顶，技术上已十分纯熟（图 8-44）。

竹材绑扎式的结构在南方河湖水域地区亦很普遍。如广州江边的“水棚”，海南岛黎族的船形屋，云南西双版纳傣族的竹楼、云南佤族、拉祜族民居亦皆为竹结构，四川重庆嘉陵江边的吊脚楼大部分也是竹结构的，有的可高达 4 层。

清代的桥梁结构除木石梁式桥、砖石拱桥以外，值得注意的是索桥与挑臂桥的应用[42]。如贵州安南盘江桥、四川天全万安桥、伏龙桥，云南腾冲惠人桥、丽江梓里铁索桥、贵州黄平重安江索桥等较大型的铁索桥皆建于清代。其中尤以四川泸定县的泸定桥最为有名（图 8-45）。该桥建于

图 8-44 新疆喀什阿巴和加麻札绿顶礼拜寺穹隆顶

图 8-45 四川泸定泸定铁索桥

康熙四十年（1701 年），横跨大渡河上，桥长 31.1 丈（约合 100 米），宽 9 尺，以 9 条铁索悬于两岸，两侧各以 2 条铁链为栏，上铺木板，可通人马。1935 年红军长征，强渡大渡河，十八勇士飞夺泸定桥，使之成为革命历史名桥。在西南深山密林中尚有以竹索为缆的索桥，以及用藤条为索，编织成筒网，人行其间，称为藤网桥，如西藏墨脱县门巴族珞巴族人尚习用之（图 8-46）。此外四川松潘、天全，云南澜沧江地区尚通行溜索，或称溜筒。即以大竹索固定在两岸，索中穿竹筒，行人可缚于筒上，沿索溜向对岸。

挑臂木梁桥盛行于明代中叶。这类桥的构造是在石制桥墩上搭叠排木数层，层层伸出，以缩短两墩间之距离，最后中间搭设木梁即可通行（图 8-47）。这类桥梁在清代亦有发展，如浙江义乌的东江桥、湖南醴陵的渌水桥等皆为明代所建挑臂桥，而清代进一步改建增高增宽。建于顺治七年（1650 年）的拉萨积木桥，单跨长度达 34.16 米。这类桥也盛行在广西、湖南的侗族村寨中，著名的为广西三江程阳桥（图 8-48）。全长 76 米，共有五座桥墩，墩上大木叠架四层，桥上建有廊屋以保护桥身。在桥墩上有五座三檐亭阁，形式各异，层檐欲飞，多姿有情，是一座艺术上十分成功的作品。

图 8-46 西藏墨脱藤网桥

图 8-47 四川木里木悬臂桥

图 8-48　广西三江程阳桥

第五节　清代大木设计的发展变化及技术成就

一、大木结构的发展变化

封建社会发展到清代已步入尾声，数千年来应用木材构筑房屋的结果已使木材濒临枯竭的地步，加之人口剧增，宫殿坛庙以及宫苑园林建造数量超过前代，更加重了木材供应的紧张程度，必须寻求木构技术改进措施。此时施工方式已由明代班匠供役，无偿劳动，转为厂商承造，发标估价的雇用制，因此要求结构技术更为规范化。同时社会审美意识的变化也对技术产生影响。这些因素表现在木构架设计方面有如下的特征：

1. 柱网更加规格化、程式化，开间、柱距更为划一。早期建筑地盘的减柱、移柱的做法很少采用，各间缝梁架规式一致。

2. 材分制名存实亡。虽然在某些大型建筑中采用斗口模数制，但已不可能规范所有的建筑尺度。大量的建筑尺度是以惯用数据为则[43]。

3. 以顺梁、扒梁、抹角梁来解决角部构架及上檐上层柱位的方法成为通用构造方法。

4. 斗栱退化为等级性的装饰名件，而代之以榫卯交接的穿梁，用来组织梁柱节点构造。尤其是内檐更为明显，仅平台部分选用的品字形斗科尚具结构意义外，其他斗科仅徒具其式。官式建筑斗科不再选用斜栱、翼形栱、雕花栱等特殊式样，而民间建筑还在采用如意斗栱，以突出其装饰效果。

5. 唐宋以来传承的檐柱侧脚、生起，逐渐减弱以至消失[44]。为了加强房屋构架的整体稳定性，采用双重额枋，选用雀替，加设廊步的抱头梁及穿插枋，甚至柱间加用一部分剪力墙等办法，以代替侧脚。

6. 为增强纵向构架承载力，普遍采用檩、垫、枋三件合一的组合件。

7. 木构件的修饰，从传统的技术美学观点转向装饰美学观点。即由承重构件外形加工（如月梁、梭柱、卷杀、讹角等手法）转向构件表面的装饰。在北方多简化构件形式以重彩油饰表面；而南方除保留月梁造型以外，主要将注意力放在构件表面的雕饰及附件（如撑栱、托斗、挑头木等）的雕刻造型上。

8. 内外檐分离设计。即外檐以承重为主，内檐以创造空间环境为主。广泛使用天花吊顶，南方多用轩顶及重椽。这一时期官私建筑的藻井皆十分发达。

总之，构架设计向简化及美化方向发展。当然在这种转化过程中，尚遗留着许多不合理的做法，如斗栱的存在削弱了柱梁间的连接，平身科斗栱力学性能甚微，近于方形的梁枋断面受力不合理，加重了荷载，梁柱连接榫卯过浅，南方厅堂（祠堂、庙宇）用梁过于肥大，月梁形式浪费用材，雕刻撑栱有伤材质等。有些缺点不仅保持到清代末年，甚至变得更为严重。

但从宏观来分析，清代大木构架的某些方面亦曾取得历史性的成就。如拼合梁柱技术、多层楼阁构架、大体量建筑构架、重椽草架、复杂的结顶技术等。

二、拼合梁柱

以小木拼合成大木料使用之法在宋代即有，称“合柱”、“缴贴”。但大规模使用拼合材料则是清代突出的现象，以解木材缺乏之急。清初工部《工程做法》中即提出“分瓣剁攒”[45]柱料及“剁攒长盖”梁柁的做法（图 8-49）。清代拼合梁柱采用拼合、斗接、包镶三种方法。一般柱身长度不够可用两木对接，接口用十字榫或巴掌榫；梁的断面不够可用二根或三根拼合，拼缝用燕尾榫，内缝用暗榫，外用铁箍形成拼合梁；也可用一根断面较大的料，周围用较小料包镶，外加铁箍而成包镶梁；柱身亦可内用心柱，外用瓜皮形小料包镶成大柱，包镶料有八瓣、十二瓣之分；特长柱身的心料亦可墩接，外加斗接的包镶料，形成长柱。如承德普宁寺大乘阁中直径为 74 厘米，柱高 24.47 米的 16 根镟金柱，即用此法制成。剁攒拼合的木料也促进了地仗工艺的发展。南方大型建筑中习惯使用曲度很大的月梁，亦称猫儿梁，为节约材料，亦使用拼合方法，将矩形板材按抛物线锯开，以上补下，形成月梁。

图 8-49 清代大木结构构件为拼合梁柱

三、多层楼阁结构

清代由于使用拼合柱，梁柱榫卯交接及扒梁、抹角梁的构造方式，使结构体系更为灵活多变，创造了许多高大的木构楼阁建筑。如承德普宁寺大乘阁、北京颐和园佛香阁、颐和园德和园大戏台、雍和宫万福阁、承德安远庙普渡殿、须弥福寿庙妙高庄严殿、福建上杭文昌阁等。兹分述如下：

1. 普宁寺大乘阁

建于乾隆二十年（1755 年），是仿桑鸢寺的乌策大殿形制，面阔七间，进深五间，前部及东西附以抱厦。楼高 3 层，外观显 6 层檐。内部 3×5 间为通高空间，以安置 24 米高的大佛。建筑总高

39.16米，构架高度为32.32米，是清代最高的独立的木结构（参见图7-71）。其构架为两圈通柱围绕大佛而形成的三层木框架。用柱皆为拼接的组合柱，高达24.47米。顶层最大梁跨为12.20米，上部还做成五个小攒尖顶，以象征须弥山五顶攒聚之形。该楼阁梁柱交接简洁，受力均匀，室内空间宽敞，而且外观变化多样而完整，打破了传统塔式楼阁的立面造型，经多次地震考验，证明构架稳定安全。

2. 颐和园佛香阁

建于乾隆二十五年（1760年），在原报恩延寿塔的高达20米的台基上建造，后毁于英法联军之役，光绪十七年（1891年）按原式复建。阁为八角三层楼阁式，底层每面11米，外观四层檐，三层皆有周围廊，内部为两圈柱网布置。内圈柱用八根通柱直达三层，每层均用梁枋与外圈柱及廊檐柱相连接，成为一个整体框架结构体系。构架全高约36.48米（图8-50）。该阁华丽大方，雄踞在万寿山巅，是控制颐和园全园的主要景点。

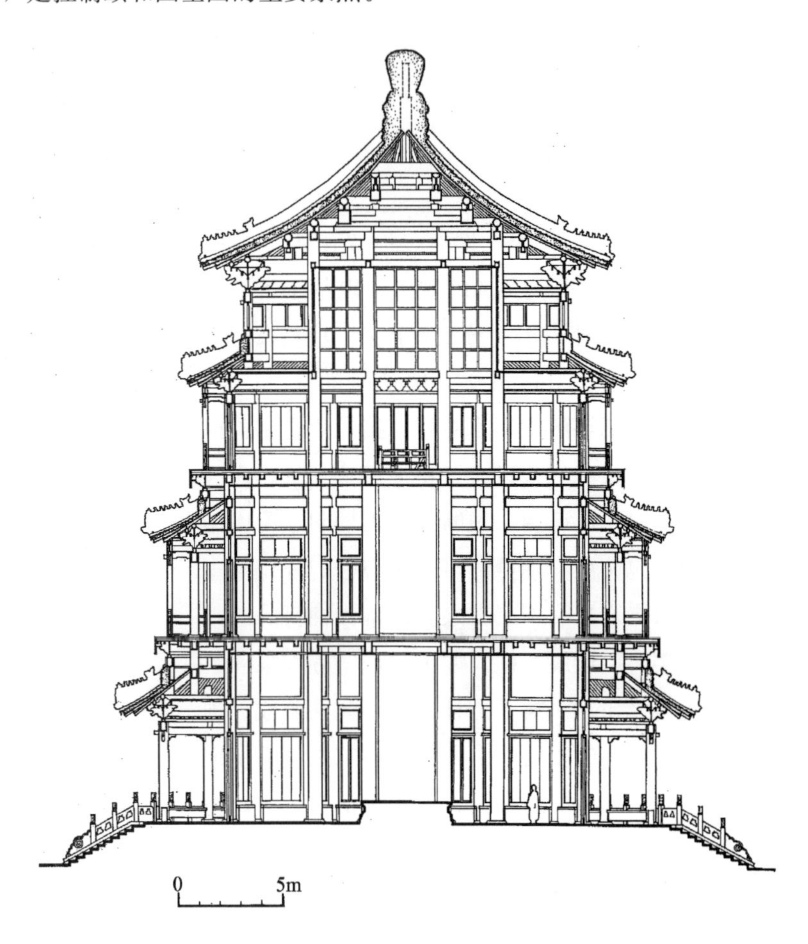

图8-50　北京颐和园佛香阁纵剖面图（北京颐和园管理处提供资料）

3. 颐和园德和园大戏台

建于光绪十七年至二十一年（1891～1895年），是清末颐和园重建工程中的重大项目。是清代三大戏台（另两座为故宫畅音阁、避暑山庄清音阁）中最大的一座。大戏台分为两部分，南部为扮戏楼，高两层，北部为戏台高三层，高21米。底层台面宽17米，下边并设有地井。每层皆可演出，凡天神鬼怪的剧目，演员可由天井飞降或由地井涌出，并可表演喷水节目。为演出的特殊需要，大戏台的柱网布局每面仅为四柱，尽量舒朗。台前两柱凌空，以便不妨碍观看的视线。内部用巨大的搭于柱上的抹角梁承托上层结构。大戏台结构处理可看出以斗栱为特色的传统结构方式已退居次要地位（图8-51）。

4. 雍和宫万福阁

建于乾隆九年（1744年）。面阔七间，两层三檐，内部中空，安置18米高的旃檀大佛站像。结构

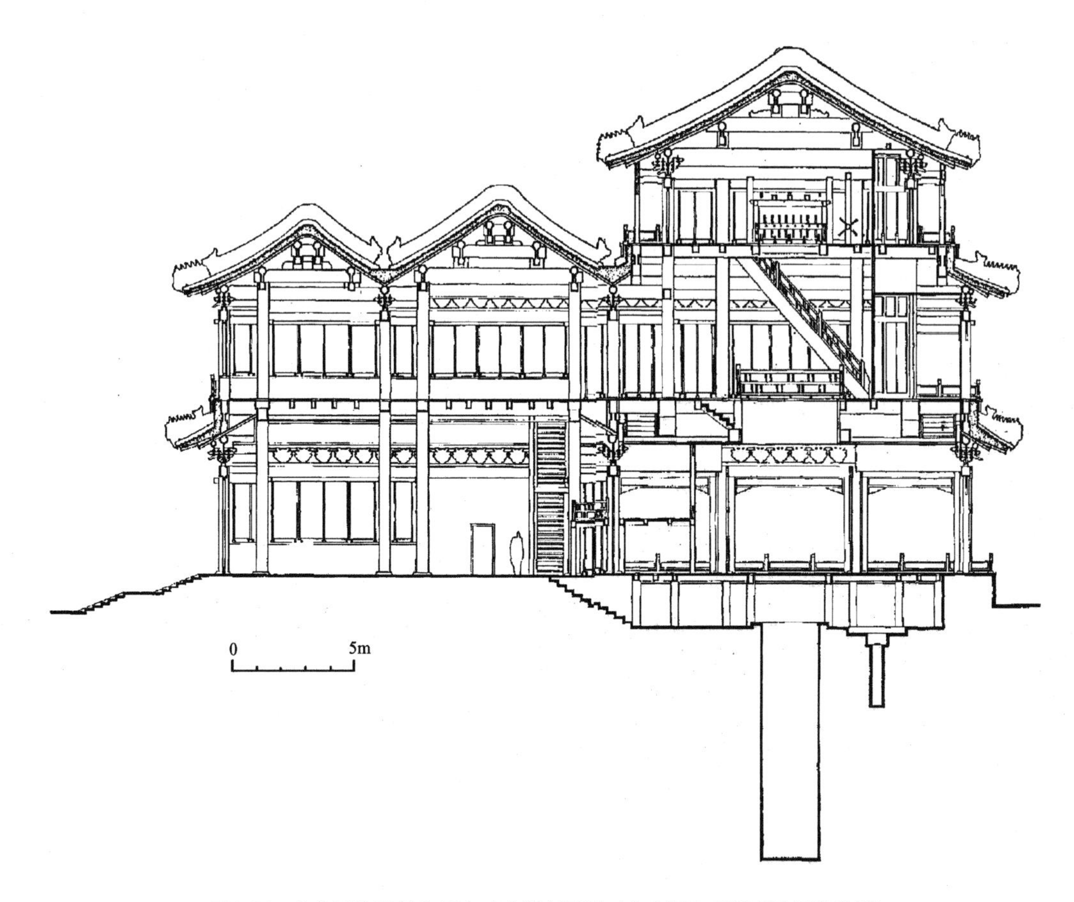

图 8-51　北京颐和园德和园大戏台纵剖面图（北京颐和园管理处提供资料）

高约 25 米，其构架方式与大乘阁雷同（图 8-52）。该建筑另一特色即是三阁并列，中间万福阁与东西两层的永康阁、延绥阁之间以复道飞廊相连，形成组群式建筑，雄伟而灵活，具有天宫楼阁的艺术效果。

5. 安远庙普渡殿

建于乾隆二十九年（1764 年）（图 8-53、8-54）。该殿面阔进深俱为七间，呈正方形。开间相等，皆为一丈，由檐柱、老檐柱、金柱环布四周。正中三间为空井，3 层上下贯通，顶部天花并伸入梁架之中，显得空井异常高耸。全楼高 3 层，下两层围以实墙，第三层开棂花窗。全部构架高度为 26.50 米。梁柱直接榫接形成正方形框架，用柱皆为通柱，构架规整而严密。

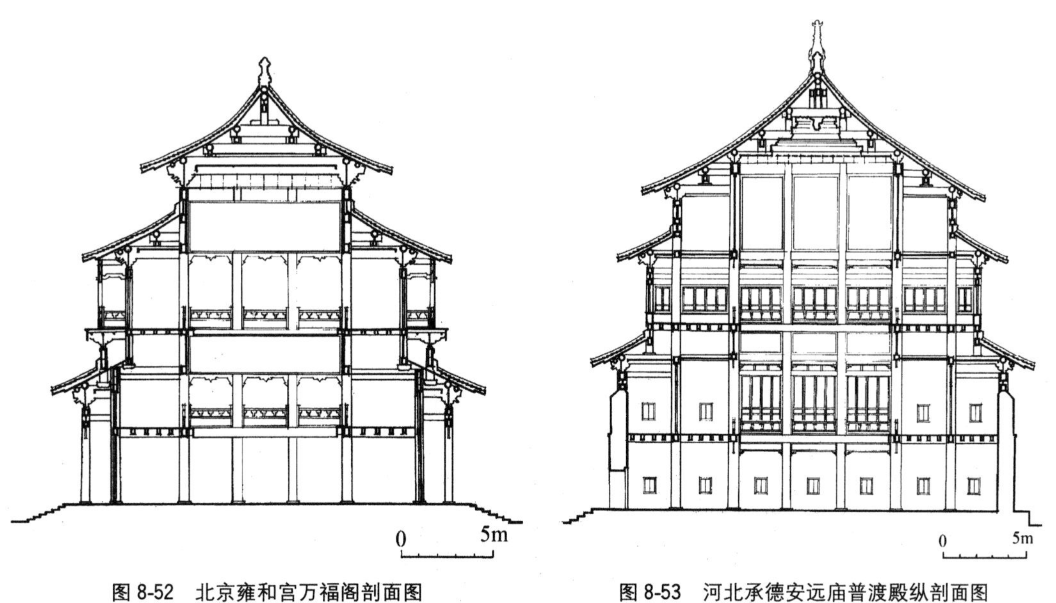

图 8-52　北京雍和宫万福阁剖面图　　图 8-53　河北承德安远庙普渡殿纵剖面图

6. 须弥福寿之庙妙高庄严殿

建于乾隆四十五年（1780年）。该殿建于大红台群房之中央庭院中（图8-55、8-56），平面呈

图8-54 河北承德安远庙普渡殿构架内视

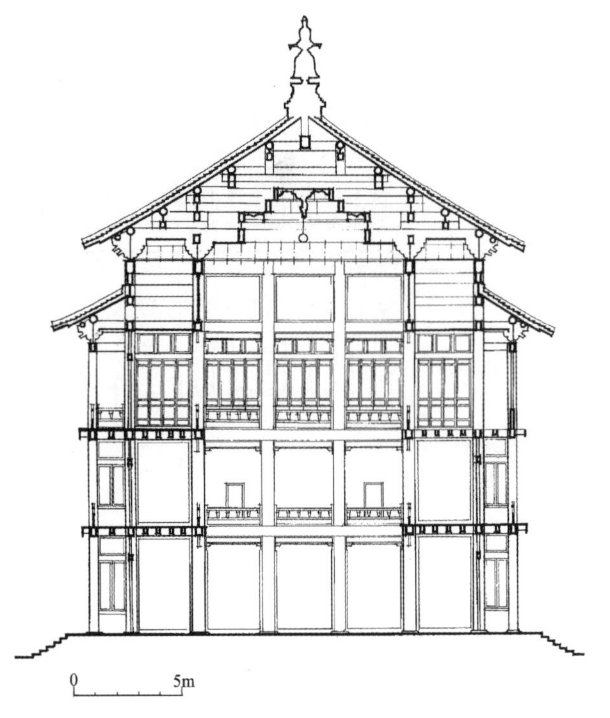

图8-55 河北承德须弥福寿之庙妙高庄严殿剖面图

图8-56 河北承德须弥福寿之庙妙高庄严殿构架内视

正方形，各七开间，柱距相等，一律为一丈，三层重檐，溜金铜瓦顶。该殿各层没有收缩，三层平面一致，由檐柱、老檐柱、金柱三周回环，形成中央3×3间空井。顶部藻井直贯到梁架之中，梁架为框架式构架，四周正方对称。

根据上述清代著名木构楼阁建筑实例，从技术角度可总结出几点规律性的做法，这些也就是清代在多层楼阁方面的进步之处。

(1) 通柱式的框架结构

梁枋与柱身之间取消了斗栱这项薄弱环节，使传力更直接，构造更简单，分布更均匀，杆件拉接互济更为有利。摆脱了宋辽以来楼阁由多层构架重叠而成的叠圈方法。通柱框架结构也改变了外观形式，可随意加设挑台、披檐、檐廊、立面丰富多变，一反过去的柱身、瓦檐、平坐的三段式构图(图8-57)。为了解决柱身长材的选料问题，采取了包镶斗接柱的方法。这种方法也为多层框架的施工创造了便利条件，当柱心木、包镶木按设计尺寸预制好以后，在现场分成零材，根据工程进展情况，分段逐层拼接组装成材，与梁枋榫接固定，可用简单的吊装设备组装大构件（图8-58）。同时框架式结构本身在施工过程中也是吊装工具的承托架。同时拼合柱还可根据不同层位的荷载变化而改变截面[46]。

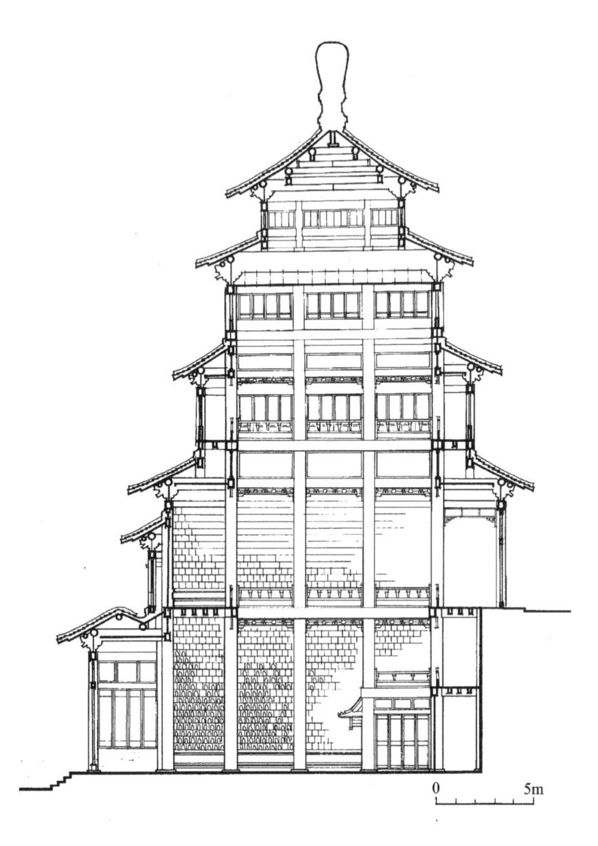

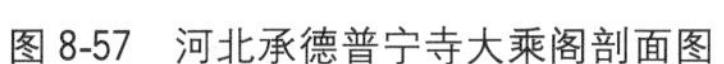

图8-57　河北承德普宁寺大乘阁剖面图

图8-58　河北承德普宁寺大乘阁构架内视

(2) 以童柱承檐

多层建筑的各层檐口多采用在下层的挑尖梁或大梁上立童柱（短柱）的办法承托，以上各层类推，每层檐口收进多少，决定于童柱的位置。以此法构成的楼阁外貌自然呈锥体形状，稳固而均衡（图8-59）。童柱与内柱间以挑尖梁、随梁、穿插枋相交接，随梁及穿插枋两端透榫入柱，增强固接能力。这种方法也通行于多重檐的建筑，如重檐、三檐的亭阁。推而广之，如密檐层接，造型奇特的侗族村寨的鼓楼，也是运用这类童柱承檐的方法[47]。

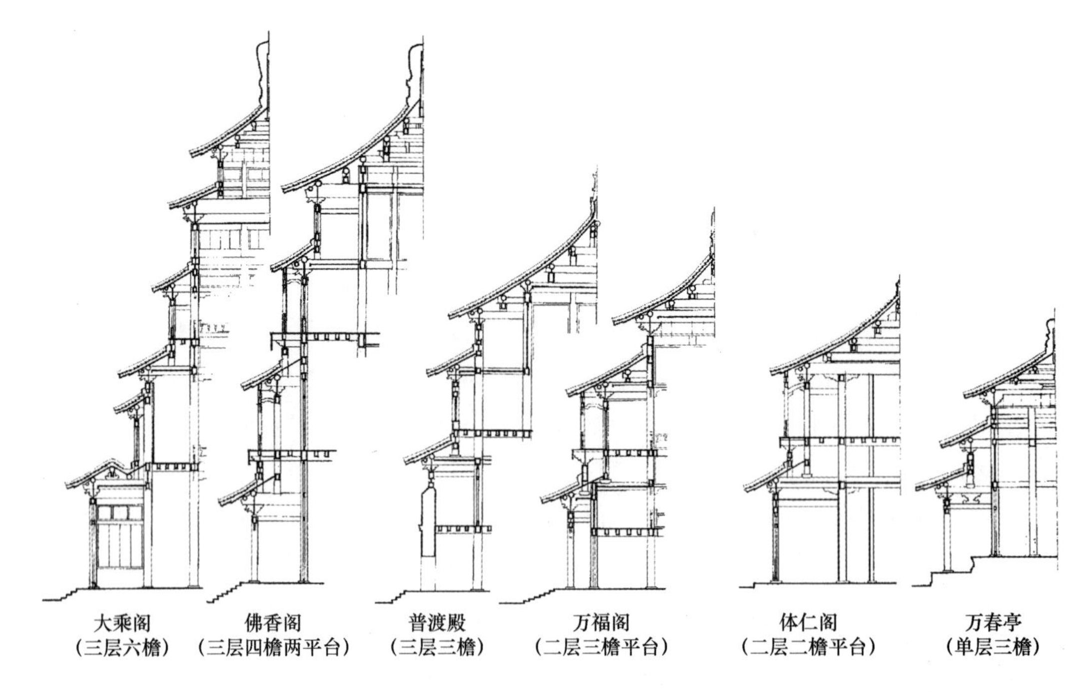

图 8-59 清式大木童柱承檐构造示例图

（3）抹角梁的运用

矩形建筑各层平面的角部收缩后的柱位承托问题一直是传统构架的关键。历史上曾应用过叉柱造的方法（童柱叉于铺作华栱后尾）但并不灵活，元代以后出现了抹角梁法，至清代成为一项普遍的技术。抹角梁一般扒在檐檩上皮，若荷载过大时则扒在额枋上，或榫接在角部两侧的柱身上。抹角梁法同时解决了楼层柱位、多层檐角柁墩位，以及多角平面（如三角、四角、六角、八角、扇面）的角部构造问题。使结构方式大为简化。

（4）刚性墙加固

为增强多层构架的稳定性，多在柱间加设实体砖墙。如大乘阁两山墙及底层后檐附崖墙，普渡殿的底层二层檐墙。就像须弥福寿之庙妙高庄严殿这样空透平直的造型中，也在底层四角设置了 1 丈×5 尺的砖垛。这些墙明显地有抵抗构架水平位移而引发的剪力作用，与木框架相结合即成为今天结构学中所称的框剪结构。在清代刚性墙设置虽然尚无规律可循，但匠师们对其能稳定框架的作用是认识到了。

四、大体量的建筑

清代大体量的建筑结构如宫殿、庙堂等，亦有不少的改进。具体表现在增大了开间及柱高，室内空间更为轩敞明亮，气势磅礴。清代殿堂建筑中面积在 1500 平方米以上的甚多。如北京皇城天安门城楼、紫禁城午门城楼等，其中尤以北京故宫太和殿最为宏巨。该殿重建于清康熙三十四年（1695 年）。是北京宫殿的主殿，皇帝登基、颁布诏书、举行重典皆在此举行，它本身即象征着皇权的无上威严。该殿建于高 7 米的 3 层汉白玉石须弥座上，建筑面积达 2002 平方米（按柱中～中计算），是现存木构大殿中最大的一座（图 8-60）。屋顶为重檐庑殿黄琉璃瓦顶，规制上也是最高的等级。该殿面阔 11 间，60.08 米（柱中～中），进深 5 间，33.33 米。前后分为下檐柱、上檐柱、金柱三列柱列，柱网布置十分规整。明间开间达 8.44 米，以便安排殿内宽大的皇帝宝座。而且明间室内六根金柱、檐柱皆为满金装饰的龙柱，更强调出君主的天子权势。开间增大是此时殿堂的惯例，如天安门城楼明间开间达 8.52 米，午门城楼明间开间 9.15 米，是历史上仅次于明长陵祾恩殿的巨大开间尺寸[48]。现存唐宋巨构最大开间不过 6.48 米（华林寺大殿），一般皆为 5 米左右。太和殿内金柱高 12.63 米，加上屋架高度使殿身结构

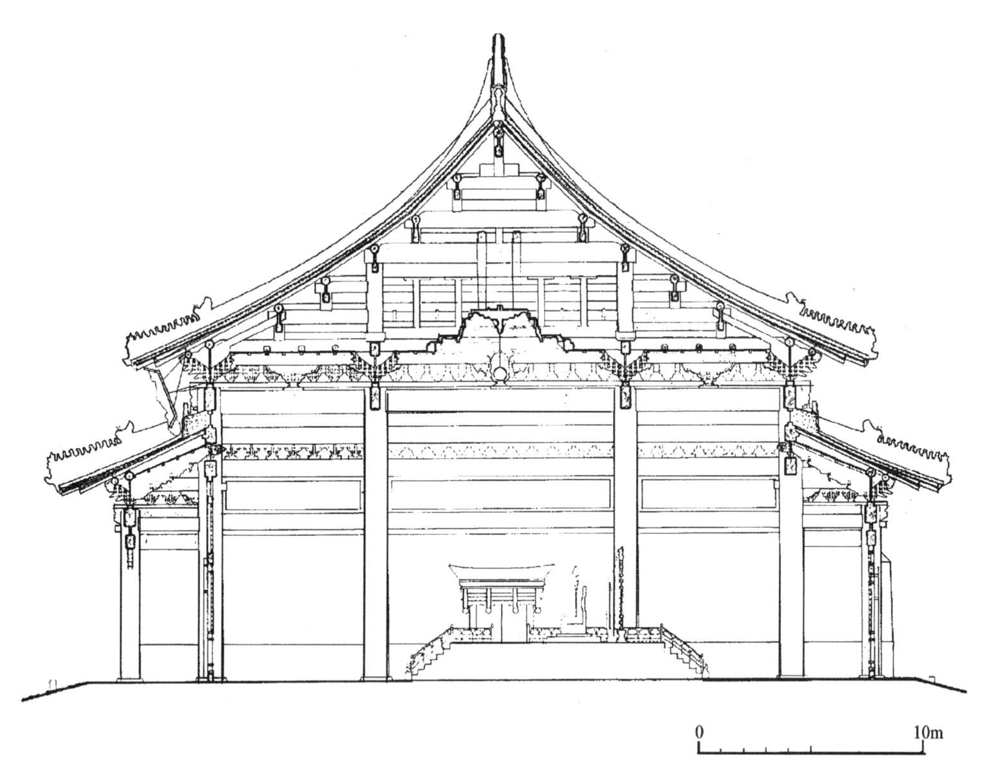

图 8-60　北京紫禁城太和殿剖面图

总高达到 24.14 米，在古代单层建筑实例中也以此为最高。其他清代重要建筑的高度亦多在 20 米以上[49]。若与宋辽建筑实例比较亦增高许多[50]。为了追求空旷高大的室内空间，要尽量扩大柱距，增加大梁跨度。太和殿金柱间跨距为 11.17 米，已经十分宏大了，所用七架梁及随梁两条构件总高度达 1.50 米。北京北海小西天观音殿为了不遮挡信徒观赏殿中央的须弥山群塑，而减少内金柱，使两根将军柱间的跨距达 13.59 米，在以木材为结构材料的简支结构中，这可算是极限了（图 8-61、8-62）。也只有在广泛使用帮拼包镶的组合材才可以解决如此巨大的跨度。

清代大体量建筑尚广泛使用几座建筑的屋顶勾搭在一起，用水平天沟排水办法，来构成巨大的平面。如颐和园的景福阁、雍和宫的法轮殿皆是三卷屋顶。勾连搭式屋顶在中国北方的回族清真寺大礼拜殿中应用更为普遍，因为按伊斯兰教规定在聚礼日来清真寺礼拜的人很多，故需要广

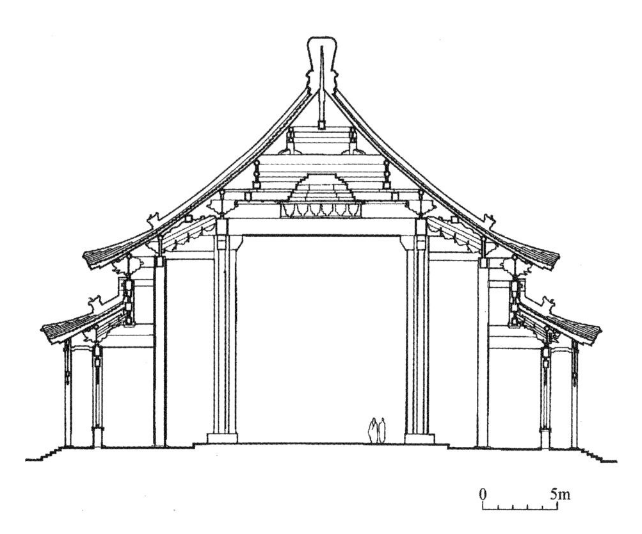

图 8-61　北京西苑北海观音殿剖面图

图 8-62　北京北海小西天观音殿构架内视

大的殿堂，而且是朝西面东的布局，因此多采用勾连搭屋顶。最突出的例子是山东济宁西大寺大礼拜殿，该殿建于康熙至乾隆年间，总面积达1800余平方米。它按纵向分为五个屋顶勾连在一起，形成进深达71.7米的大殿堂。且每座屋顶形式皆不相同，形成参差多变的造型。其他清真寺如北京牛街清真寺为四卷，宁夏同心韦州清真寺为四卷，宁夏石嘴山清真寺为五卷，天津清真寺为五卷等皆采用勾连搭结构。

清真寺礼拜殿内为净化空间减少柱位，亦使木架结构产生重大的革新，突出的例子是甘肃兰州的两座清真寺。桥门街清真寺大殿建于康熙六十一年（1722年），西关（解放路）清真寺大殿建于康熙二十六年（1687年）。这两座大殿内部皆采用了一柱托两柱的办法，使三跨五间的大空间仅有落地金柱四根（图8-63）。其构造法是在柱顶托一横梁（称千斤牛），梁端各挑插在金柱中部，又在柱腰设大梁（称万斤梁），承托金柱底部，以两层顶托加强承载能力。这种结构方法比元明以来的大横额承重要巧妙得多[51]，在西北地区的清真寺建筑中，多有采用的实例（图8-64）。

图8-63 甘肃兰州解放路清真寺构架

图8-64 甘肃临夏王大寺礼拜殿构架

此外西藏、甘青等地藏族地区使用密梁平顶房屋，利用局部抬高屋面，形成侧天窗采光，也可形成面阔、进深皆很大的平面。例如夏河拉卜楞寺的大经堂（闻思学院）平面面积达2580平方米，面宽达50米，总进深55.2米。主要经堂空间采用12×16列平柱，将中央部位的三间平柱纵向升高，解决了殿堂中心的采光。湟中塔尔寺大经堂为12×14列平柱柱网，将其中4×7间的柱列抬高形成天窗，亦是同一手法。

五、承重墙及附崖

中国传统木构中，砖石墙一直作为围护结构看待，起一定剪力墙的作用，未考虑承载力。但在清代已经开始应用承重的山墙。这种现象首先出现在南方轻屋面地区，如广东单开间的竹筒屋即是硬山墙密集搁檩结构，一般墙厚40厘米。其他如二开间明字屋、三开间的广州西关大厝等都是砖墙承重体系。广西壮族民居的传统构架是木构干阑式的楼居，称麻栏，多分布在桂北地区。但在桂西的靖西一带，因木材缺乏，已经有部分建筑采用山墙搁檩结构。而宜山、武鸣、都安一带丘陵区的半楼居式麻栏，大多为夯土墙砖柱承重，使其干阑建筑的面貌大改。藏族碉房式建筑亦为木构架外包毛石维护墙，但清代后期也出现了承重性的石墙做法，说明在木材日渐匮乏的压力下，传统木构已开始寻求新的途径。

附崖式构架是背靠山崖构筑的多层构架，在清代也十分成熟。这类构架一般皆由于保护摩崖大佛的需要而建造。洛阳龙门奉先寺大佛、乐山凌云寺大佛历史上皆有木构楼阁覆盖，但早已坍毁，不可窥其原貌。但现存的敦煌九层楼、云冈五窟、六窟窟檐、四川潼南大佛、四川江津石门大佛、浙江新昌大佛等皆有多层附崖殿阁，均系清代所建。最有特色的当属四川忠县长江岸边的石宝寨。该建筑坐落在江边玉印山，建于嘉庆年间，分为寨门、寨身层楼及寨顶的天子殿三部分。寨身层楼为一 9 层高阁，附建于山崖峭壁，层层递收，自山脚至山巅约高 50 米，为登玉印山的惟一通道。阁上接建三层方亭，远望全阁为一座飞檐层叠的宝塔，为长江上的一个重要景点（参见图 7-111）。此外在古代栈道修建技术的影响下，清代还建造了一些悬挑式建筑，也很具特色，如山西浑源县悬空寺为著名的一处。该寺主要殿阁皆附崖悬挑在半山腰间，殿阁之间以栈道相连，行走其上如临深渊，如悬谷间，景观奇绝，表现出工匠高超的营造技艺。

第六节　样房、算房及烫样制作

清代官工向有工部与内府之别，凡大内各宫殿、离宫、苑囿、陵寝按例属内务府营造司掌管；外工由工部营缮司掌管。乾隆年间又在内务府营造司下设样式房、销算房，负责设计图纸，制作烫样，及估工算料，核实经费等项工作。明清以来在官工设计方面曾涌现出一批有经验的匠师。如明代的蒯祥、徐杲、郭文英、冯巧，清初的梁九等人皆是。此外清初又出现了一位高手匠师，即是雷发达。雷发达字明所，生于明万历四十七年（1619 年）。原籍江西建昌，后迁居南京。清初应募来北京供役内廷[52]，掌管皇室建筑的设计工作，至康熙三十二年（1693）逝世。其长子雷金玉继承父业，任营造所长班，后又投内务府包衣旗，任圆明园楠木作样式房掌案[53]。其孙雷声澂续任职样式房。其后子孙家玮、家玺、家瑞、景修、思起、廷昌等六代皆供职样式房任掌案职务，历 200 余年。曾负责过大内宫殿、三海、圆明园、颐和园、静宜园、静明园、热河避暑山庄、南苑、清东陵、西陵及外省各路行宫、堤工等重要工程。可以说清代宫廷大工皆出雷氏之手，故同行中称这一家族为“样式雷”，雷氏一家对清代建筑工程贡献颇大[54]。

样式房虽然归内务府管辖，但兼办内外工程。乾嘉以后装饰美术兴起，有关内檐硬木装修、花罩、槅扇等项及宫中年例彩灯、西厂烟火、乾隆八十寿典灯景楼台工程、同乐园演剧鳌山、珠灯、屉画、道具等皆归样式房设计、制作、备办，其工作性质除工程大木以外，又兼有建筑装饰、工艺美术方面的内容，范围广泛。故雷氏的技术素养，已不是唐宋以来营办工程大木的都料匠可比拟，也反映出社会需求促进工程技术人才的素质的提高。

雷氏家族进行建筑设计时首先根据地盘图绘制出建筑物的草图，然后反复修改绘出详图。详图种类约有七、八种，如平面图、局部平面图、总平面图、透视图、平面与透视结合图、局部放大图、装修花纹大样图等（图 8-65～8-68）。一般按 1/100 或 1/200，1/300 比例绘制，分别称一分样、二分样、三分样。从样式雷的图纸可看出当时的设计表现方法已相当细致。为便于审定方案，重要的建筑还按百分之一或二百分之一比例先制成模型，进呈内廷（图 8-69、8-70）。这种模型是以草板纸热压制成，故名“烫样”。烫样之法估计为从江南传来，据道光间吴人钱泳称“以纸骨按画仿制屋几间、堂几进、街几条、廊庑几处谓之烫样，苏杭扬人皆能为之。”可见烫样久行于江南。雷氏烫样做工极细，台基、瓦顶、柱枋、门窗、花罩，以及床榻桌椅，无不具备，有的甚至做成可拆卸的活动模型。烫样皆涂饰彩色。在精巧、细腻、色彩等方面皆较过去匠师所制作的“木样”（木制模型）有较大的提高。这些烫样遗物至今仍是了解清代建筑和设计程序的重要资料[55]。

为了估工算料，报销经费，统一做法，在清廷工部营缮司设有“料估所”，另外内务府下属设有“销算房”，又称算房，专司此事。这项书办制度亦是清代所特有的。遇有大工，还要委任大臣

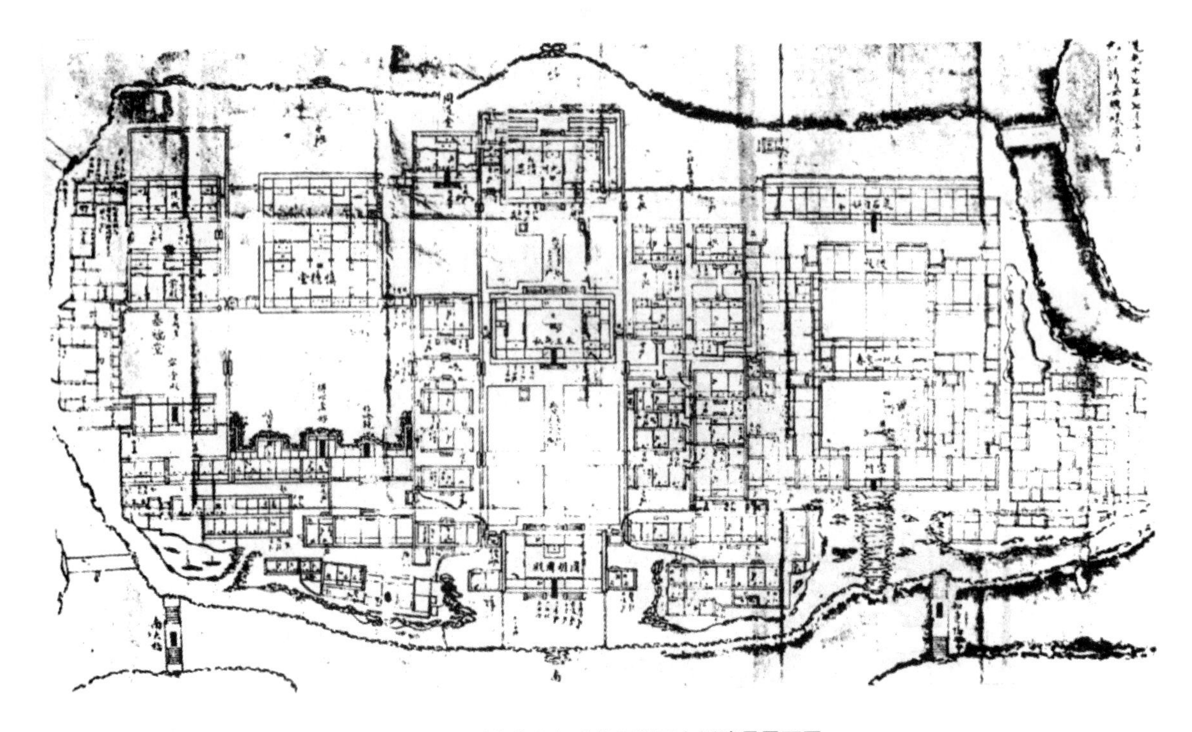

图 8-65　道光十七年重修圆明园九洲清晏平面图

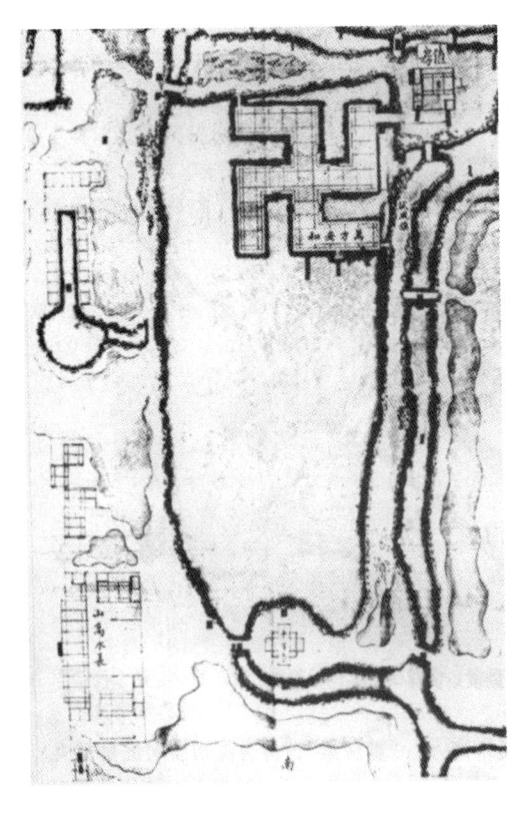

图 8-66　同治重修圆明园万方安和平面图

图 8-67　同治重修圆明园天地一家春内檐装修大样（天然罩）

组成总理工程事务处来主持，并调任有司官吏参加，与明代官工专任宦官不同。算房掌案也多为世代相传的匠师家族。其著名的有“算房刘”，即指刘廷瓒、刘廷琦、刘廷琳诸人；“算房梁”，传为清初著名匠师梁九之后代，有梁椿、梁宇安；“算房高”，有高芸、高芬；又有吕德山、陈文焕、王云汉等人。清代流传于民间的作法清册、营造算法等手抄本，大部分为内廷算房匠师的工作秘本，记录了当时工程技术及工程概算的具体情况，是一批很宝贵的资料。民国年间梁思成先生曾据此归纳整理成“营造算例”一文，对了解清代营造技术帮助甚大。

清代著名匠师应当不少，但因土木之工不入士流，文献十分缺乏。据记载有姚蔚池、史松乔、谷丽成、潘承烈诸人，皆善于构制图样，设计室内装修，皆是乾隆时代的名匠。谷、潘二人曾为内府制作内工装修，是否供职样房已不可知[56]。另外乾隆时在圆明园首创西洋巴洛克风格的洋式建筑，是由西洋传教士郎世宁、蒋友仁、王致诚等担任设计及监工。这些具体的欧风建筑对传统建筑设计亦产生借鉴作用。

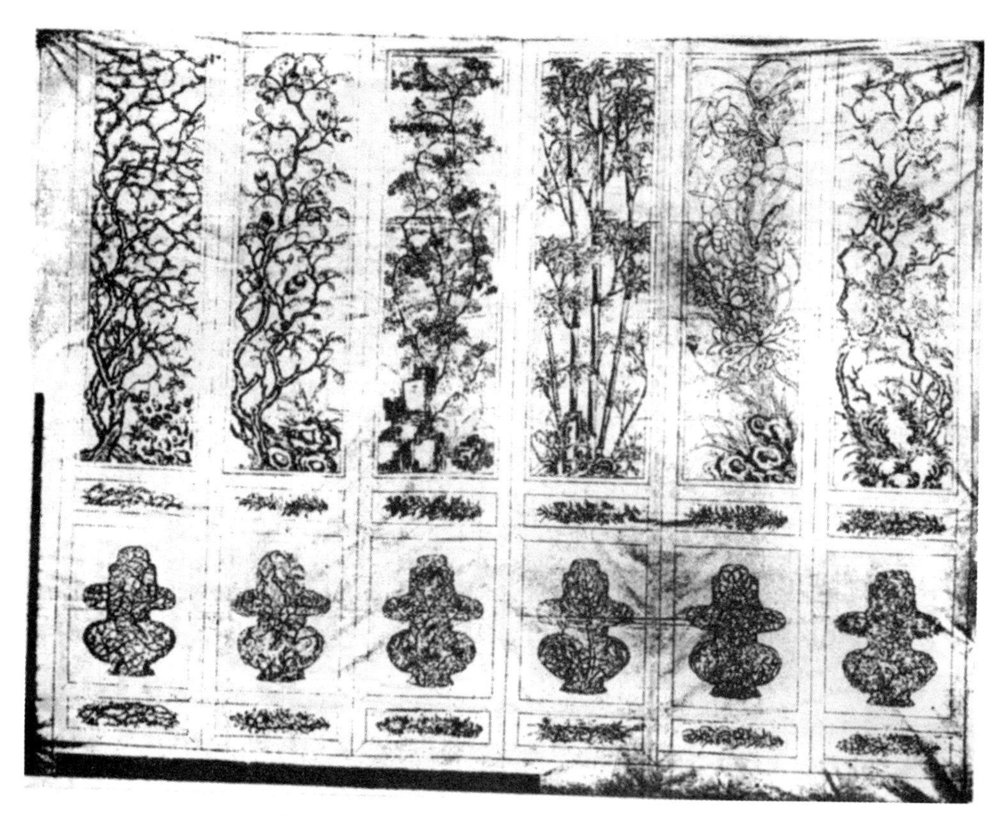

图 8-68　同治重修圆明园天地一家春内檐装修大样（槅扇）

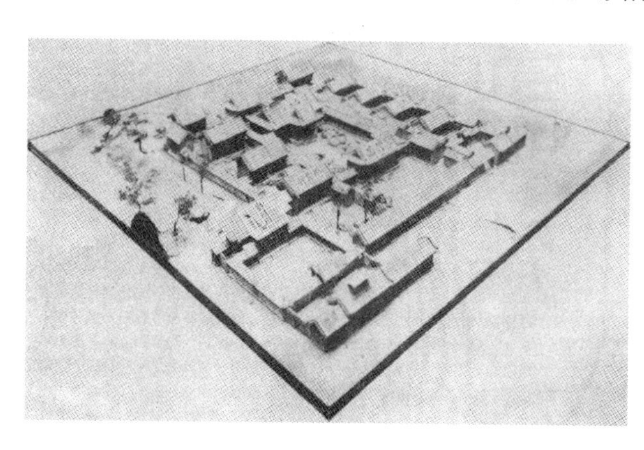

图 8-69　同治重修圆明园勤政殿烫样

图 8-70　同治重修圆明园上下天光烫样

注释

[1]《工部厂库须知》 万历乙卯年六月（1615年） 见《玄览堂丛书续集》 第105～116册。其中有关营造的有营缮司所辖的大石窝、都重城、修仓厫、清匠司、缮工司、琉璃厂、黑窑厂、神木厂、山西大木厂、台基厂等厂库。

[2] 见《大清会典》 卷五十八、六十一。

[3] 镟花，即在裱糊的顶棚或墙壁等处加贴纸绫剪作的花饰，一般采用中心四岔式，即中央为顶花，四角为角云。

[4]《营造算例》序 梁思成 中国营造学社1934。

[5]"推山"即在处理大型庑殿型屋顶构架时，将四角垂脊作成外弯曲线，使屋面造型更为柔美，并可增长正脊。"收山"即歇山型屋顶两侧三角形山面，自山墙柱缝退后若干，历代做法及比例皆不同。

[6]《清代的匠作则例》 王世襄 文物63年7期 各种则例涉及的匠作有：土作、搭材、大木、石、瓦、琉璃、装修（家具、陈设）、雕銮、镟、漆、泥金、油、画、裱、佛、门神、金、银、镀金、铜、锭铰、铁、�、钖、玉、珐瑯、竹、簾子、藤、棕、缠筋、灯、弓箭鲍头、绣作、裁缝、毛袄、绦、缨、皮、毡、墨、香、刻书、乘舆仪仗、般只、军器等43作。

[7]《工部则例》在乾隆廿四年（1759年）增编为九十五卷，乾隆五十八年（1793年）增为九十八卷，嘉庆廿年（1815年）增编为一百四十二卷、光绪九年（1883年）又编定为一百二十卷。

[8] 为多种则例的汇合本。其中以工程做法则例为主，还有桥梁并栏杆则例、修理船只则例、铺面房装修拍子及招牌幌子则例、谐奇趣旧水法、簾幌、壁衣则例、增塑包纱漆庄严定例、营房定例、内工用铅及玻璃则例、内工琉璃活较比则例、内外檐装修及运远则例。

[9]《惠陵工程备要》 延昌著 光绪七年（1881年）抄本。

[10] 参见《科技史文集》第7辑"略谈清代营造业手抄本的内容和性质"律鸿年撰文。据作者个人所见到的部分清代营造业匠作抄本即达49种182册，若经过仔细发掘、研究，这将是一批很重要工程技术资料。

[11] 参见《清式营造则例》 梁思成著。

[12] 实际每攒斗科实际宽度为9.6斗口，攒间留出1.4斗口空隙，相当一个三才升的宽度，故攒距为11斗口。

[13] 屋架上按90°方向搭在梁檩上的梁称顺扒梁，细分又将后尾插入金柱的称顺梁，后尾搭在大梁上者称扒梁。按45°方向或其他角度搭在檩上的梁称抹角梁。

[14] 自角檐柱依靠铺作构造的45°斜昂伸长至内檐金檩交角以承角荷载的结构法称挑金法，宋元时常用。攒角构架，由各角向内斜伸的角梁会集中心一点或一个构件上而形成稳定构架称簇角法，亦为宋元旧法。

[15] 由戗，即45°斜梁，檐步者称角梁，以上各步称由戗，攒尖亭阁亦然。

[16] 外檐柱自明间起至角部逐间升高，形成檐头的上翘曲线，称"生起"。外檐柱向内倾斜，增强构架的内聚力，称"侧脚"，为宋式建筑常用手法。

[17] 参见《清官式石桥作法》 王璧文 中国营造学社汇刊 五卷四期。

[18] 仅铺仰瓦（板瓦）一层，仰瓦交接的纵缝以灰泥压缝起陇，称仰瓦灰梗。若仰瓦两肩对严，不作灰梗，则称干槎瓦。

[19] 棋盘心指屋面中间为青灰顶，两山及脊部为阴阳板瓦。剪边作法为筒板瓦顶的边缘部分（檐口、两山、脊部）用相同瓦号的琉璃瓦砌造。

[20] 参见《清式营造则例》一书 琉璃瓦尺寸表。

[21] 参见《中国古建筑瓦石营法》 刘大可 中国建筑工业出版社 1993年。

[22] 五扒皮，即将干摆砖以看面为准将两肋（上下看面）两头（左右两面）砍成楔形，并将看面及四楞磨平，形成直角，故称五扒皮。

[23] 座山影壁用于大门内背靠厢房房山，面向大门；一字影壁用于大门外，与大门相对；八字影壁位于大门外，一字型平面两端伸出八字；在南方也有做成冂字式的；撇山影壁位于大门两侧45°斜置，若在大门两侧伸出一段平直影壁再接建撇山影壁则称"一封书"，撇山影壁又称雁翅影壁。

[24] 参见《中国古建筑瓦石营法》。

[25] 钻生泼墨是最高级的地面修饰方法。在磨净的砖地面上先泼黑矾水二次，干透，钻生桐油浸足，以生石灰青灰面

铺撒，使之吸油固化，名为“守生”，刮平，擦净，然后烫蜡，软布擦亮。

[26] 如湖南湘中地区，习惯称柱距为“孔”，一孔为2.2~2.4市尺（一市尺=33厘米）约为73~80厘米。

[27]《营造法原》一书为姚承祖根据家传秘籍及多年从事住宅、寺庙、庭园工程实践编成的工艺专著，原为讲稿。后经张至刚教授整理、释义、补充图版而成。

[28]“贴式”即构架立面形式，苏州人称木屋架为贴，即宋《营造法式》中所称的“缝”。

[29] 船厅，又名“回顶”。即内部椽望的顶端施弯椽（即北方官式的锣锅椽），形成卷棚式内顶。这类建筑多建在园林水际。鸳鸯厅是指大厅堂中间有中柱，以装修分隔成前后相同的两个厅，一厅用扁作梁架，一厅用圆堂梁架，称之鸳鸯厅。花篮厅是指大厅堂的金柱不落地而代之以垂莲柱，柱下端雕饰花篮，故名。满轩指厅堂内部自前至后由数个轩顶组成的天花。

[30] 轩顶名称有船篷轩、鹤胫轩、菱角轩、海棠轩、一枝香轩、弓形轩、茶壶档轩。

[31] 即五七式、四六式、双四六式，相当清官式斗口的八等材、九等材和五等材，常用的为五七式。

[32] 各地封火山墙的形式十分丰富：有观音兜、五山屏风墙、小僧帽式、弓背式、三滴水、如意式、五岳朝天、人字式。有的并加以砖雕彩绘、嵌瓷等装饰。

[33] 参见《开元寺天王殿建筑构造》 吴国智 铰打叠斗是由许多栌斗及十字栱堆叠而成的栱枋系列，代替瓜柱，以承托檩桁，具有纵横方向的稳定性，同时又具有华美的装饰性。

[34] 参见《广东民居》“设计与构造——木行尺与丈杆法”一节。

[35] 闽南营造用尺称木行尺，每尺长29.8厘米，一般按30厘米计算，比北方官式应用的营造尺短2厘米。

[36] 按传统风水学，木行尺中1、6、8寸为吉数，故建筑物的各类尺寸尾数要尽量选用上述数字、此三数字在《阴阳书》中的星色为白色，故称之为“压白”。另外从正厅后壁的条案高度（称之为香炉面）向外院望去，在檐口下及门厅的正脊上方尚须留有1.8~2.2尺的高度，可望见天空，称之为“过白”。

[37] 一卡即手掌伸平后大拇指尖至中指尖的距离约20厘米，一大拇指是指大拇指端部第一节长度。

[38] 一排即两臂平举的长度约1.70米，一跪即手掌攥拳姆指平伸后拳顶距离，约12厘米。

[39] 花牙枋亦称蜂窝枋、金刚结枋，藏语名曲夹（**chos-brtsegs**）为外观呈现层层堆叠的小木块状的装饰枋。

[40] 阿嘎土为西藏特有的一种黏土，带有一定水泥特性。

[41] 参见《四川凉山彝族住宅建筑调查报告》西南工业建筑设计院 油印稿 1963年。

[42] 参见《中国古桥技术史》 茅以升主编 北京出版社 1986年。

[43] 小式建筑开间以一丈为则，大式多为一丈二、库房一丈四；小式建筑进深多为一丈二，大式多为一丈六；小式建筑前出廊步为三尺，大式建筑多为四尺五寸等。又如乾隆时所建的外八庙建筑开间柱距一律采用一丈为律。

[44] 清代生起已完全消失，侧脚仅在外檐柱施工时将柱脚微微外移1~2厘米而已。

[45] 刎，音宾（bīn），分开的意思；攒，音篡（cuán），凑集的意思。刎攒即由分开的数木凑集在一起。

[46] 如承德普宁寺大乘阁的底层、二层、三层的镶金柱柱径分别为74厘米、67厘米、64厘米。

[47] 侗族鼓楼的密檐形成是基于其各层水平檩距短，童柱矮的原因，但为了增强童柱的稳定性，往往将其向下伸长二~三层檐口与内柱之间增加数根斗枋，以资固济。

[48] 午门构架建于顺治四年（1647年），为了解决明间檩木跨度过大的问题（9.15米），在上部屋架部分做了改进措施。即在金柱缝上加设大的纵向天花枋（72×50厘米^2），在枋上重新按6米左右架距安设抬梁式屋架，中间五开间共设七榀屋架，缩小了檩木长度。

[49] 如北海小西天观音殿结构总高23.00米，曲阜孔庙大成殿23.50米，北京午门城楼20.43米，北京鼓楼20.12米。

[50] 宋辽实例中，单檐单层殿堂以奉国寺大殿最高，为15.91米，重檐殿堂以正定隆兴寺牟尼殿最高，为15.65米。

[51]《兰州地区减柱造的方式和特点》 骆震乾 《古建园林技术》总第18期。

[52] 据朱启钤《样式雷考》引古老传闻称：“康熙中叶营建三殿大工，……金梁举起，卯榫悬而不下，工部从官相顾愕然，……（雷发达）袖斧猱升，斧落榫合，礼成。上大悦，面敕授工部营造所长班”等情况，经曹讯先生考证与事实有误。三大殿工程始于康熙三十四年（1695年） 而雷发达逝世于三十二年，已故两年，若健在的话年龄亦77岁，不可能临空上架，故参与三大殿工程者为其子雷金玉。

[53] 即负责建筑方案设计的机构。古代称设计为打样，故称此机构为样式房。此名称初见于清代雍正朝，隶属内务

府，为承担园工设计而置。乾隆以后大工增多，样式房的作用更为增强。

[54]《样式雷考》 朱启钤 载中国营造学社汇刊 四卷一期 哲匠录附录。《样式雷和烫样》 蒋博光 《古建园林技术》第38期。

[55] 样式雷烫样早期遗物较少，而同治重修圆明园时进呈内廷的设计方案烫样尚有不少，现一部分存于北京图书馆，一部分存于故宫博物院。

[56]《扬州画舫录》 卷二、卷十二。

参考书目

《工程做法》雍正十二年（1734年）刊行 1986年《古建园林技术》杂志曾全文连载 《工程做法注释》 王璞子主编 中国建筑工业出版社 1995年

《清式营造则例》 梁思成 中国营造学社 1934年

《中国古建筑修缮技术》 文化部文物保护科研所编 中国建筑工业出版社 1983年

《中国古建筑木作营造技术》 马炳坚 科学出版社 1991年

《承德古建筑》 天津大学建筑系，承德市文物局编 中国建筑工业出版社 1982年

《中国古代建筑技术史》 中国科学院自然科学史研究所编 科学出版社 1985年

《营造法源》 姚承祖 中国建筑工业出版社 1959年

《中国古建筑瓦石营法》 刘大可 中国建筑工业出版社 1993年

第九章 建 筑 艺 术

第一节 清代建筑艺术总述

除了园林及陵墓两门具有特殊艺术意境构思的建筑类型以外，清代建筑艺术的发展状况可从建筑群体布局、单体造型和装饰艺术三方面来了解。

一、群体布局

清代建筑群的规模、气势，一般讲较前代略有逊色。宏伟的北京城中轴线，庞大的天坛祭祀建筑群体，规模雄浑的曲阜孔庙建筑群等，皆是明代建筑的骄傲，像这样宏巨的群体，清代时期比较少见。但清代建筑群体另有艺术上的追求，反映在如下方面。

1. 群体象征艺术

即将建筑群当作某种意念或事物的反映实体，通过建筑群布局及建筑类型和形体，创造出有可读意义的空间环境，如佛国、天界等。典型的实例为承德普宁寺。该寺建于乾隆廿年（1755年）。普宁寺后半部建筑布局是模仿西藏扎囊桑鸢寺的布局[1]，而桑鸢寺建筑又是按照佛教诸佛集会的坛城形式布置的（图 9-1）。宗教上称之为“曼拏罗”，又称“曼荼罗”，是梵语的音译，汉意为“坛”和“道场”，表示诸佛聚集的意思，而诸佛所处的空间环境即是佛国世界。在佛教经典中

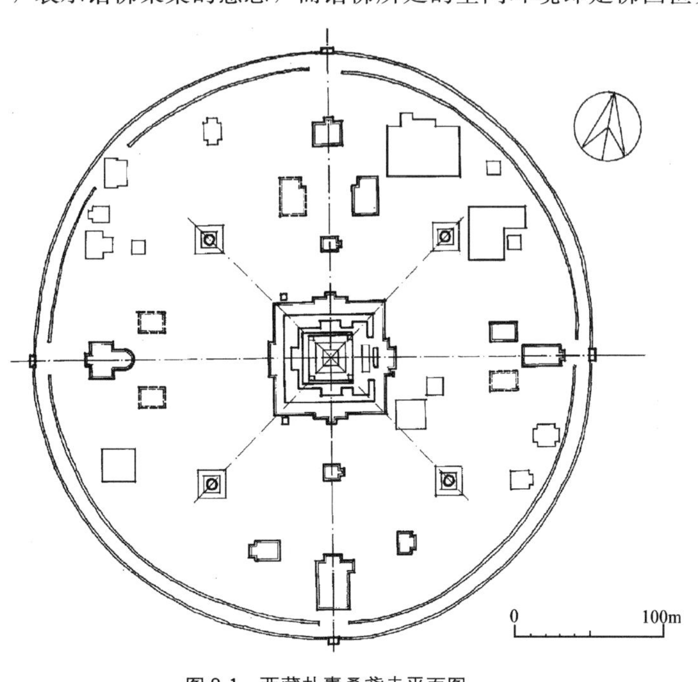

图 9-1 西藏扎囊桑鸢寺平面图

对佛国世界有一整套的设想[2]。认为宇宙为一风轮，轮上有水积聚为大海，大海之上，中央有一高山名须弥山，是佛祖居住的地方。山之四方各有陆地，称为洲，为东胜神州、南瞻部洲、西牛贺洲、北俱泸州，合称四大部洲。每一部洲左右各有两个小洲，合称八小部洲。须弥山半腰尚有四天王天，住着护法的四大天王。山顶为五座山峰并峙，称三十三天，住着帝释天。三十三天之上尚有欲界四天、色界、无色界诸天，这些地方皆住着神仙。须弥山及部洲之外尚有一圈铁围山环绕，总括构成一小世界。此外尚有无数世界，延绵不绝。普宁寺建筑“曼荼罗”正是依据这种佛国构思布置出来的（图 9-2）。将大乘阁喻为须弥山，其他各洲及四天王天皆有一象征性台塔为表征，周围以弧形墙代表铁围山。全部建筑群造型统一，繁而不乱，众星拱月，主题突出，而且是沿山坡分梯级布置，具有十分有利的观赏角度。类似的布局在北京颐和园后山的须弥灵境庙亦采用。

图 9-2 河北承德普宁寺全景

承德殊像寺是供奉文殊菩萨的地方，建于乾隆三十九年（1774 年）。其建筑是仿五台山殊像寺。在其后半部结合地形布置了一个大假山，沿山磴道重叠，洞窟相套。在假山之上建八角形的宝相阁，供养骑狮的文殊菩萨木雕像。这种手法也是象征主义的，以大假山代表五台山文殊道场，衬托宗教环境的崇高幽深，也是寺庙内结合园林手法的佳例。

中卫高庙后半部为一座道教宫观（图 9-3、9-4）。它利用依附城墙的高差，建立了天桥、左右天池、中楼、文武四楼、四仙阁、观景台等建筑。建筑之间以飞桥联系，亦是为取得天穹仙界、琼楼绮阁的空间错觉。最后一进三层楼高阁五岳庙，亦是安排下层为五岳殿，中层玉皇殿，上层三清殿，以反映人间、天上、穹宇的递升关系，目的是利用建筑布局和体量来表现宗教世界的空间构成。此外，宁夏平罗的玉皇阁、灵武高庙也是利用高台及形体复杂的建筑及亭阁楼台的拱卫而形成的雄伟群组建筑（图 9-5、9-6）。建于山林中的道教建筑往往沿登山路设置天门、三天门或东西南北四天门等手法来达到烘托主体，表征天宫的作用。这种做法自明代即已采用，清代宫观继续发展变化。如昆明鸣凤山三天门，天水玉泉观设立天门坊等例。

四川丰都名山同样是利用坊、殿、桥、楼等建筑，结合地势安排出报恩殿、寥汤殿、奈何桥、鬼门关、望乡台、天子殿等一系列生死轮回，幽冥世界的空间景象，发挥了建筑布局的艺术作用。

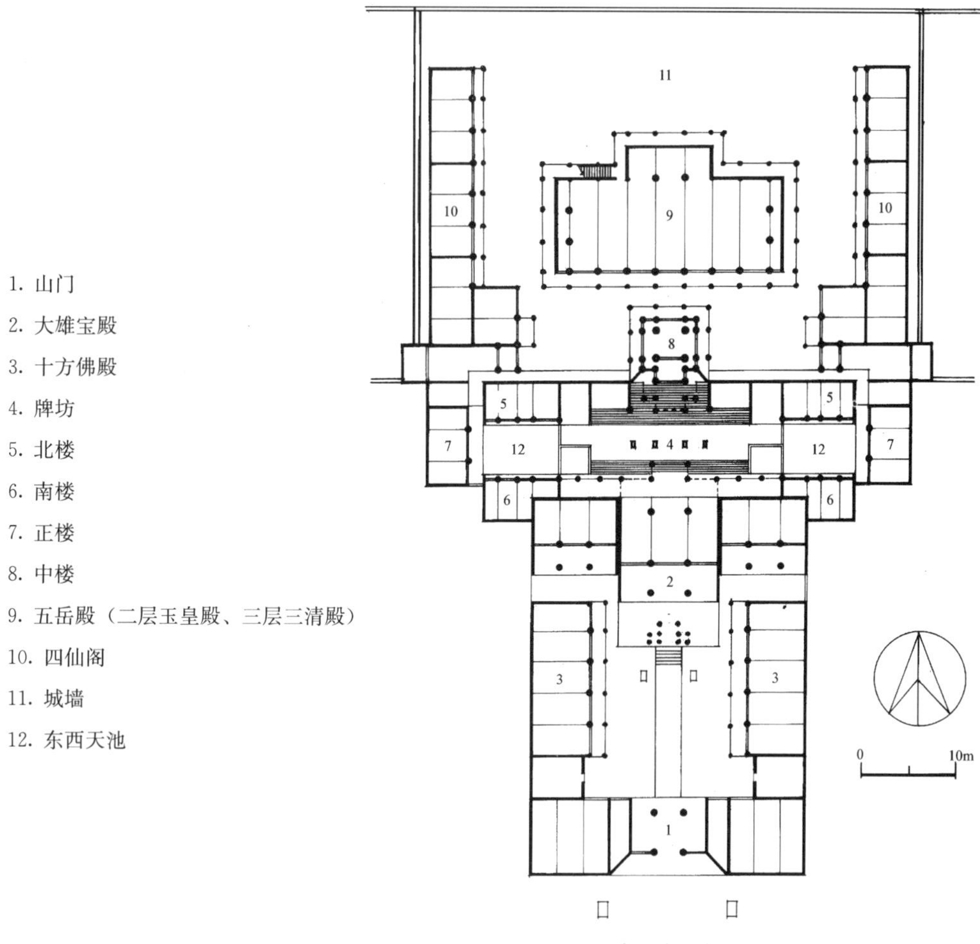

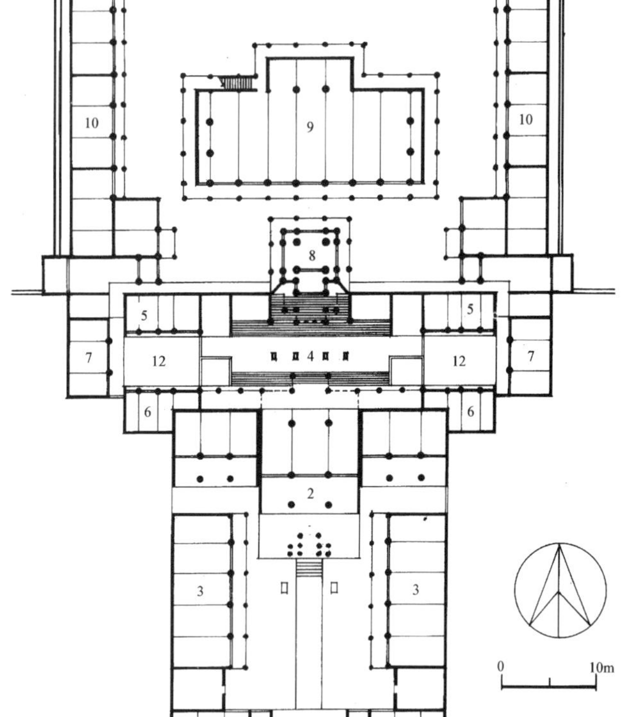

图 9-3　宁夏中卫高庙平面图

图 9-4　宁夏中卫高庙

图 9-5　宁夏平罗玉皇阁

2. 结合地形构筑多变空间

清代的建筑规模庞大，大量的庙宇宫观园林祠院是建造在起伏蜿蜒的山坡丘壑，因此从民间建筑技术中吸收经验，结合地形的布局使技术得到充分发挥，手法巧妙各有不同。例如陡崖处建附崖建筑，依山就势，利用悬挑枋木，吊脚支撑，随山而升，形如空中楼阁。如敦煌的九层楼（图 9-7）、四川忠县石宝寨、山西浑源悬空寺、河北涉县娲皇宫等处。

图 9-6　宁夏灵武高庙

图 9-7　甘肃敦煌石窟九层楼

分层筑台亦是大量使用的处理方法。皇家工程往往集中砌筑高台，如颐和园佛香阁、承德普乐寺阇城。而民间寺庙多分散筑台，随机应变。如四川峨嵋山寺庙，为了充分利用地形地势，与筑台相配合，还多使用纳陛（即将踏步深入到建筑物内）、吊脚楼、悬挑、错层（即建筑两面层数不同），以及不规则平面，非轴线式的平衡等手法。坡度过陡处采用迂回引导，延长磴道以减少坡降，最典型的实例是四川灌县二王庙。

在沟壑陡崖处建筑寺庙，尚采用道路与建筑混交，道路穿寺而过。如峨眉遇仙寺，这种情况在九华山、武当山等处亦多见，设桥亦是布局联络的方法，如河北井陉福庆寺桥楼殿等。

3. 平面布局构图规律的运用

古代匠师在大面积总图规划中对控制各建筑基址的位置，取得协调统一的构图及有序的韵律感方面，曾使用过规律性的手法。据研究，明代北京宫殿坛庙的平面规划中就曾应用过基本院型的方式，以控制各种不同大小院落间的关系，（如故宫以后三殿院落为基准，安排前三殿院落的长宽各增一倍；东西六宫及五所面积之和与后三宫院落相等)。在多层院落中以外重之宽为内重之长；在一所院落中把主建筑安置在全院几何中心；宫殿建筑院落矩形长宽比往往采用9：7之数据等[3]。

清代重要建筑的平面布局构成亦存在着形制规律。初步归纳有三项，即$\sqrt{2}$矩形、相似形及半庭手法。$\sqrt{2}$矩形即长短边比例为$\sqrt{2}$：1的矩形，这个比例在清代院落平面上经常使用。例如承德普宁寺总平面中即有六个$\sqrt{2}$矩形，前院为横长$\sqrt{2}$矩形，中院大殿配殿前围拢的广庭亦为$\sqrt{2}$矩形，后部“曼荼罗”以大乘阁为中心，除去大乘阁所占的位置则其前后分别为两个$\sqrt{2}$矩形，且八小部洲、四座喇嘛塔及南北两大部洲建筑中心全都落在$\sqrt{2}$矩形的对角线上，此外大乘阁、日月殿、东西部洲的平面皆近似于$\sqrt{2}$矩形。这种现象也存在于其他建筑群。如须弥福寿之庙的总图是由四个$\sqrt{2}$矩形纵联而成，分成四级台地布置。$\sqrt{2}$矩形的在中国广泛应用，而世界公认最优美的黄金比矩形反而很少采用，是有其工程及美学的考虑的。因$\sqrt{2}$长度是由正方形的对角线求得，施工操作简单，一次求出，而黄金比需经三次几何制图分割才能求出，数学计算更为繁复。再者，传统建筑是轴线对称直线形平面形制，$\sqrt{2}$矩形中间分割后仍为两个$\sqrt{2}$矩形，有无限推演相似形的便利；黄金比矩形减去一个矩形正方形，所余仍为黄金比矩形，无限推演至无穷，但其分割点的连线为螺旋形曲线，且为偏心，在传统建筑中应用范围极少。这也就是$\sqrt{2}$矩形在中国传统建筑中的妙用。

相似形即指总图布局中同样比例的形体反复出现。如承德普宁寺中重复利用$\sqrt{2}$矩形及正方形两种图形。属于$\sqrt{2}$矩形有大乘阁主构架、日月殿、东西部洲、长方形白台等平面，属于正方形的有北部洲、白台上层、喇嘛塔、大雄宝殿、碑亭、钟鼓楼、讲经堂、妙严室平面。又如北京故宫的相似形为7：9矩形，这个比例在明代已经形成，但乾隆时改建的宁寿宫庭院亦为7：9矩形。相似形的运用可取得规律性的形体关系，全部线条有和谐一致的视觉美感。

半庭布局是指一正两厢的殿堂布置，其主殿前檐阶基线正当整体庭院之横向中分线，前边留出一半庭院作为殿前场地。以此规律校合妙严室院，以及明代碧云寺院落，长陵祾恩殿院落等皆相符。而一般廊院式庭院多将其主殿的几何中心定位在庭院纵横轴心上，这是两者的不同之处，也是从空间视觉考虑的结果。

二、单体造型

由于清代木结构构造上变化的原因，使得一般矩形建筑的传统风貌有了变化。反映在柱身加高，斗科层变矮，屋顶坡度变陡，出檐减少等几方面。传统建筑那种斗栱雄大，出檐深远，低矮沉稳的风格减退，而代之以轻巧、规整、华美的面貌。南方建筑的翼角飞起更加突出。清代单体建筑的艺术创作更主要的是反映在下列几方面。

1. 多变的楼阁造型

唐宋以来的木构楼阁皆是按单层殿阁构架叠置的构造方式创制，所以立面造型上是柱身、铺作、屋檐（或平坐）三段构图的多层反复。而上下层的柱位推移不可过大，因此外形轮廓平稳。清代楼阁结构有了较大的发展，如斗栱构造减弱，内部采用拼接的直通柱；采用童柱承檐的方式，位置随意；选用抹角梁、扒梁的方式可改变各层的平面柱网；部分采用挑梁、垂柱增加空间变化，因此楼阁造型大为改观。出现了像承德普宁寺大乘阁那样三层六檐，前出挑厦，顶覆五峰的复杂造型（图9-8)。也有像须弥福寿之庙妙高庄严殿那种三层四方大阁式的形式，各层不设腰檐、斗栱、平台等。也出现了像福建上杭文昌阁那样三层六檐每层檐皆变换平面形式的多层高阁。以及广西侗族村寨中，充分利用穿插枋以承童柱的方式组成的密檐式鼓楼（图9-9）。此外如清代武昌黄鹤楼、山西万荣秋风楼、河北宣化清远楼（图9-10）、河北保定大慈阁（图9-11）、山西运城解州关帝庙春秋楼等都是很有特色的楼阁。木构楼阁形体的变化也影响到砖塔的造型，如宁夏银川海宝塔、承天寺塔等。

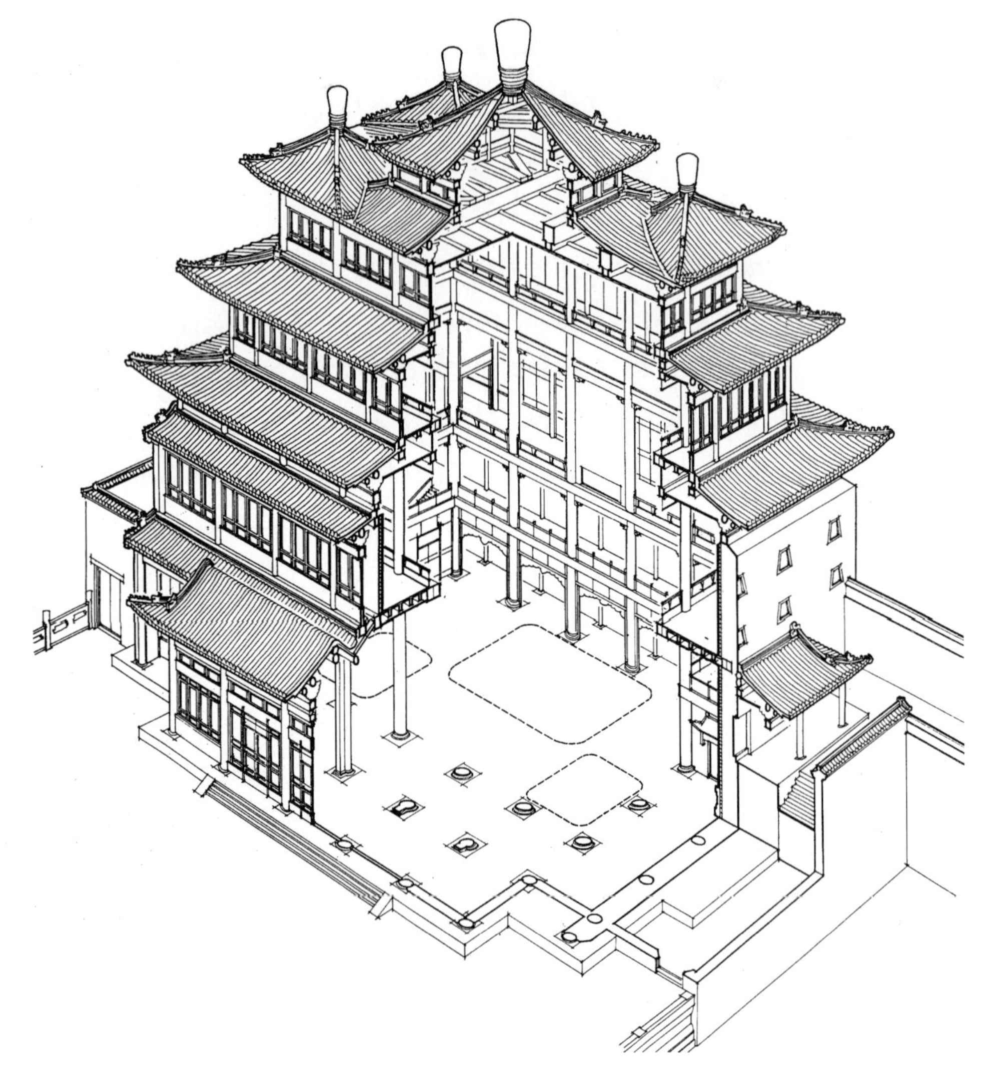

图9-8 河北承德普宁寺大乘阁结构剖视图

图9-9 广西三江八协村侗族鼓楼

图9-10 河北宣化清远楼

2. 汉藏建筑艺术形式的融合

清代多民族国家，存在着多种文化的交流。从建筑上讲，以藏式建筑对汉族传统建筑影响最大。清初数帝皆以藏传佛教怀柔蒙藏，随着藏传佛寺的兴建而将藏式建筑引入中原及蒙古地区。如平顶高台、刷饰墙面、华丽的女儿墙、梯形窗、金顶、方柱、天窗采光，以及藏传佛教的装饰手法及纹样。这些具有独异情调的砖石体系的建筑手法，对木构建筑来说是很新颖的，二者结合而创出异于常规的空间形体（图 9-12）。历史上的多次民族交流皆以汉族文化为主体，而清代却创彼此融会的新风。

图 9-11　河北保定大慈阁

图 9-12　河北承德普宁寺大乘阁

3. 形体变异与组合

清代利用已成熟的木构技术，大胆地变异行之已久的矩形平面，创出奇形怪状的建筑来。如北京颐和园扬仁风内的扇面殿、圆明园内的万方安和的卍字殿、北京西苑内的双环亭、杭州三潭印月的三角亭、乾隆清漪园内的六角星状昙花阁，这些建筑极大地丰富了清代园林的艺术构思及表现力。清代喇嘛塔变异形态亦十分丰富。可运用八角、四角、锥形、层台、琉璃、石雕、流云垂带、眼光门等各种手法，形成状貌各异的塔形。同时清代亦广泛应用单体建筑形体的组合，以开拓创新思路。如明代开创的金刚宝座式塔，在清代又融进了喇嘛塔、经幢等形式，成为独特的形制。如北京碧云寺金刚宝座塔、西黄寺清净化城塔。承德内蒙藏传寺庙中的塔门，（包括独塔门、三塔门、五塔门等）即为城门与喇嘛塔的结合。还有的用喇嘛塔装点建筑。如承德普乐寺的阇城。以及用喇嘛塔装点墙垣，如内蒙鄂尔多斯市乌审召塔墙。也有的建筑是集合数种建筑类型于一体而成，如颐和园西湖的治镜阁，即由二层楼阁、四方门殿、环状曲廊及台座组合成的一座圆形楼阁。

4. 坡屋顶形式的新发展

传统屋顶的五大类即庑殿、歇山、悬山、硬山、攒尖，至清代已完全成熟，并已推演出盝顶、囤顶、盔顶、扇形顶，等异形屋顶。在此基础上，清代又在屋顶组合上有了更大的发展（图9-13）。首先是勾连搭式屋顶的推行，如颐和园景福阁为三卷歇山顶。至于回族清真寺纵长形的礼拜殿大

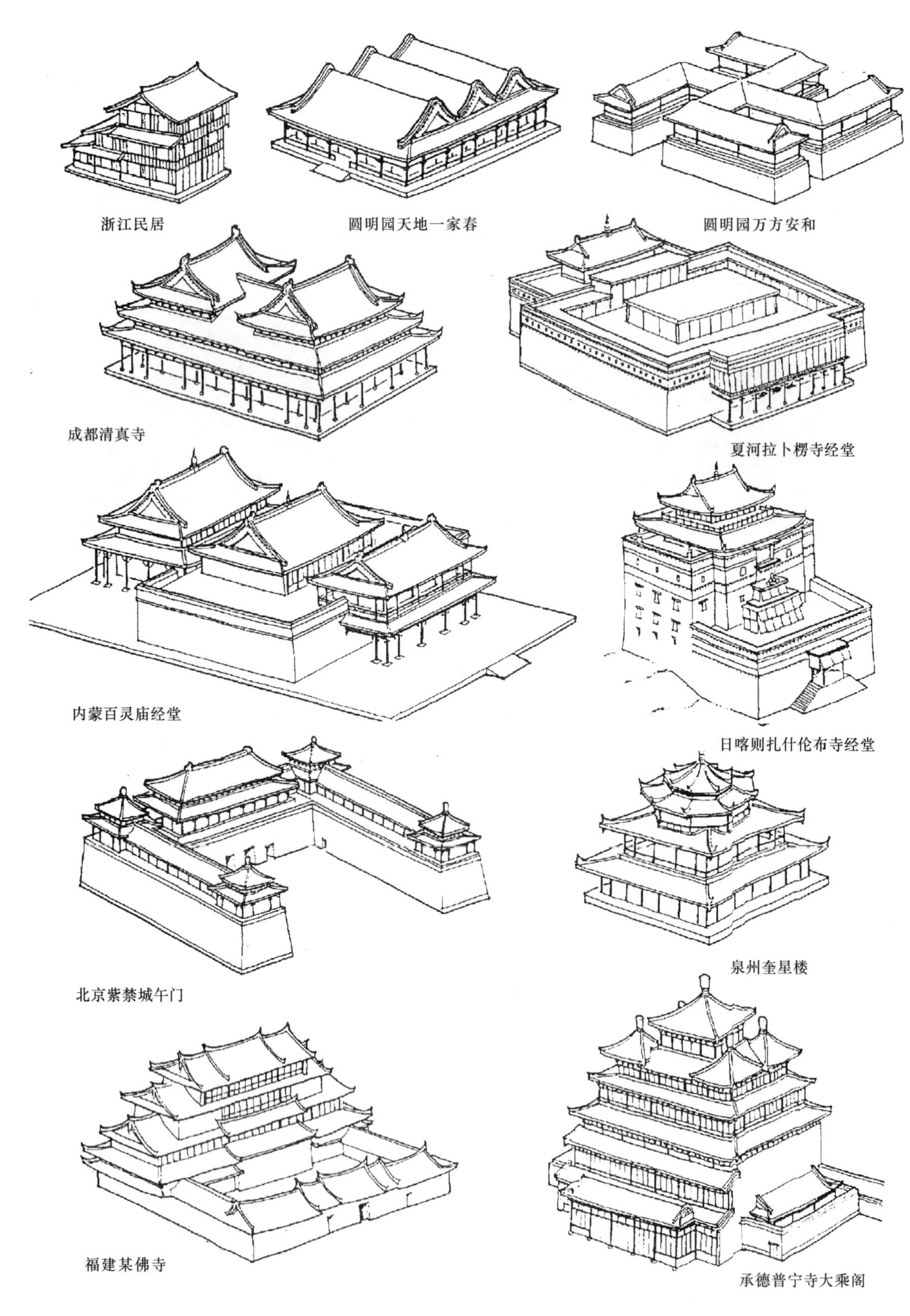

图 9-13 清代建筑屋顶组合图

半是勾连搭式屋顶，有的深达五卷。虽然这种屋顶出现水平天沟，但在使用油纸、多层灰背及青灰麻刀灰的防水面层的技术措施下，解决北方雨季渗漏问题是有保证的。

屋顶叠落穿插也是清代屋顶变化的一种形式。闽南一带常将门屋屋顶一分为三，做成中高侧底的叠落屋顶。也有的做成十字脊歇山对穿式，甚至加设龟头厦屋，如万荣飞云楼、秋风楼。有的在大屋顶上叠造小屋顶，如承德普宁寺大乘阁的五顶、北京雍和宫法轮殿的五顶。清真寺建筑中常将邦克楼高阁结合到门屋之上，或在大殿上叠加多座亭阁。如天津清真北寺、呼和浩特清真大寺，也有的局部抬高出一个歇山屋顶，称为叠楼。如四川灌县青城山建福宫下殿、上清宫三官殿等。贵州织金县财神庙为二层楼阁，外观为四层歇山屋顶重叠，前出披厦，而且上两层屋顶逐层内收，形成宝塔形的楼阁外貌。也有的利用台地叠落而形成的层叠屋面。如承德避暑山庄梨花伴月的歇山顶叠落。至于灌县城隍庙的十龙殿，不仅两列五层屋顶叠落，而且每层屋顶山际又横向叠加一个重檐庑殿小屋顶，真是屋角层叠，众翼争飞，反映传统屋顶设计的巧妙变化。湖广、四川地区还常把两翼屋顶做45°切割，显出宽厚的博缝板。如四川西秦会馆的入口，它汇集了叠楼、多檐、主副屋顶（破中手法）及切割山面诸种手法形成的华丽的屋顶组合。

屋顶形式序列化亦是清代对建筑设计考虑的因素，最明显的实例为山东济宁西大寺大殿勾连的四座屋顶，自前至后分别为卷棚、单檐庑殿、重檐歇山、带周围廊的重檐歇山，逐层渐进，混为一体。

其他如坡屋顶与平屋顶结合；使用不同材料瓦材装饰屋顶；在脊饰上添加雕饰等，都是清代常用手法，为屋顶造型艺术增颜添色。

三、建筑装饰艺术

清代建筑装饰艺术丰富多彩，盛况空前，可称是封建社会的巅峰时期，使中国传统建筑走向一个绚丽斑斓、华美多姿的自我表现时代。不论从形体色彩、质地、工艺技巧、构图、艺术立意诸方面都有大量创新，代表着一个时代的美学倾向，反过来对建筑的发展也产生了积极的影响。综观清代建筑装饰艺术的发展主要表现在下列方面：

1. 装饰手段急剧增多

除了历史形成的彩绘、琉璃、油饰、雕刻以外，又引入了镶嵌、灰塑、嵌瓷。从材料上讲有砖、木、石、瓦、油漆、颜料、玉石、金银、螺蚌、纸张、绢纱、景泰蓝、硬木、铜锡、玻璃等无所不用，扩大了装饰艺术创作范围。这一时期的建筑装饰艺术与手工艺制作广泛结合，引用手工艺手法装饰建筑，使建筑装修与装饰表现出精巧、细腻的风格。有些装饰处理是直接与工艺品的结合。如天然式花罩雕刻、藻井雕刻、槅扇棂心的雕版及花饰、屋顶灰塑花脊，以及槅扇门、屏门上的装裱字画、墙壁上的贴络、多宝格与文玩等。有些建筑装饰是受工艺美术的启发而产生的创意。如十锦窗型与苏式团扇扇形间的相互沟通；宫廷汉白玉花台是对家具造型的模仿；铺地、花窗、门窗棂格、彩画图案可从锦缎图案中得到借鉴，灰塑题材可从泥塑、盆景、木雕等方面采集。总之，欣赏趣味的日新月异，导致装修装饰手段不断充实、扩展。

2. 地方风格及流派风格的形成

中国北、中、南的气候、地形及人文背景皆有差异，表现在建筑上亦有区别。清代装饰艺术风格的地方差别十分鲜明（图9-14）。总的讲，北方质朴，江南细腻，岭南繁丽。至于特殊地区尚有各自的风格，如北京宫廷建筑装修要反映帝王统驭天下的思想，故质量上乘，风格庄严、富丽。藏传佛教要反映密宗教义，故其建筑装修十分诡秘、刺激等。此外，各种装饰手段亦产生流派风格，诸派共存，有利于技术交流及提高。如砖雕、木雕、家具，皆有派系。由于装饰手段增多，

北京宫殿宁寿宫乐寿堂

浙江民居

新疆维族民居

四川藏族民居

蒙古包

窑洞住宅

图 9-14 清代各地建筑内檐装修示意

风格各异，因此内外檐装饰部件及陈设、家具更讲求配套。如门窗装修、联匾字画、家具陈设应该风格相近，协调统一，以达到更为完美的装饰效果。

3. 装饰技法的密切交流

清代建筑技术交流是广泛的，在装修装饰技术交流方面，南方影响北方及宫廷甚巨。宫廷中由南匠供役或者部分装修小器作直接由南方承造的事例十分普遍，南式成为社会时尚。这种交流也反映在民族之间。如藏传佛教的佛八宝，广为应用；甘南藏族建筑多采用回族棂窗及砖雕等。清代中西方交流也有发展，如欧式花叶雕刻、三角或拱形山花、西洋柱式及室内陈设的西洋玻璃灯、西洋银箱、西洋绿天鹅绒桃式盒、西洋幔子等，甚至大水法左右圆亭上内顶裱糊的亦是西洋窝子纸。特别是进口的净片玻璃对清代中后期的装修装饰影响甚大。

4. 建筑装饰的普及化

建筑装饰发展到清代，已不仅限于宫廷、寺庙、陵寝、苑囿，而且进入中产阶级的官宦、地主及富商的建筑中，私家园林及祠堂、大宅也皆有精工细刻的建筑装饰处理。同时有清一代对官民府第房屋的规制限定并不严格，只不过是沿用明制的三间五架，不许用斗栱、彩画的规定，至于装修、装饰方面并无更多的明文禁令，因此官民建筑装饰得到普及和发展。

5. 建筑装饰向纯艺术方向倾斜

建筑装饰艺术作为建筑艺术的辅助手段，在不违背建筑结构及材料性能的前提下，协助改善或增强建筑空间的表现力。因此历来的建筑装饰多是图案式的表面性处理，用几何纹或经图案变形的动植物纹样来间接地表现其构思内涵。但清代建筑装饰明显有自然主义倾向，为求以逼真写实的图案传递信息，甚至要概括一部分情节内容，抽象想象力减弱，具象表现性增强。后期发展到艺术内容与建筑内容脱离，追求纯艺术（绘画性的、雕塑性的）的表现。再加上炫耀财富观念的作祟，形成繁琐、堆砌、臃肿、柔弱的风格，完全背离了建筑装饰的原则与主旨。

清代建筑装修与装饰有多方面成就，将按匠作手段在下列诸节中逐一论述。

第二节　建筑彩画及油饰

建筑彩画是伴随着古代传统木构建筑的发展而产生的一种装饰及防朽手段，历数千年而不衰，成为中国建筑艺术中极富民族特色的表现形式。降至清代在社会审美思潮的影响下，其艺术造诣更达于顶峰，新品种不断出现，规范更为严密，色调及装饰感大为增强，取得了非凡的艺术成就。

一、宫廷彩画三大类别的形成

在众多的宫廷建筑彩画中（包括北方地区大型庙宇、王府等建筑彩画），就其主体，即梁枋檩垫部位的图案布局及题材来分析，可概括为三大类三种艺术风格（图 9-15），即和玺彩画、旋子彩画和苏式彩画，与明式宫廷的单一的旋子彩画相比较要丰富得多。

1. 和玺彩画

为最高等级的彩画，大约形成于清代初年或更早[4]，是为了渲染皇家富贵气氛及皇权至上的构思而创造出来的，专门用于朝寝或坛庙正殿、重要的宫门或宫殿主轴线上的配殿、配楼等处。彩画构图华美，设色浓重艳丽，用金量大，显出一派豪华气概。和玺彩画的构图框架仍保持了旋子彩画的格式（图 9-16），即将枋、檩或梁的正身分为找头、枋心、找头三大段，大约各占 1/3，称为“分三停”。找头外两端头各加一个箍头线，找头两端不再用 60°角的皮条线，而改用尖角笏板式的折线，称为圭线的来分割。枋心部分四周加楞线。假如梁枋过长则找头部分可在端部另加一箍头，两箍之间形成盒子，等于是一个加宽的大箍头。和玺彩画纹饰题材一律用龙、凤、西番莲、吉祥草，尤以龙凤纹为主，而不采用花卉、锦纹、几何纹等。同时和玺彩画的布局框架线路一律为沥粉贴金，不采用墨线，细部纹饰上也大量采用沥粉贴金作法。

根据枋心、找头、盒子、平板枋、檩条、垫板上所用龙凤纹样及西番莲、吉祥草图案搭配的状况，和玺彩画又可细分为数种。①金龙和玺（图 9-17、9-18），即所有构件部位上皆绘制龙图案，

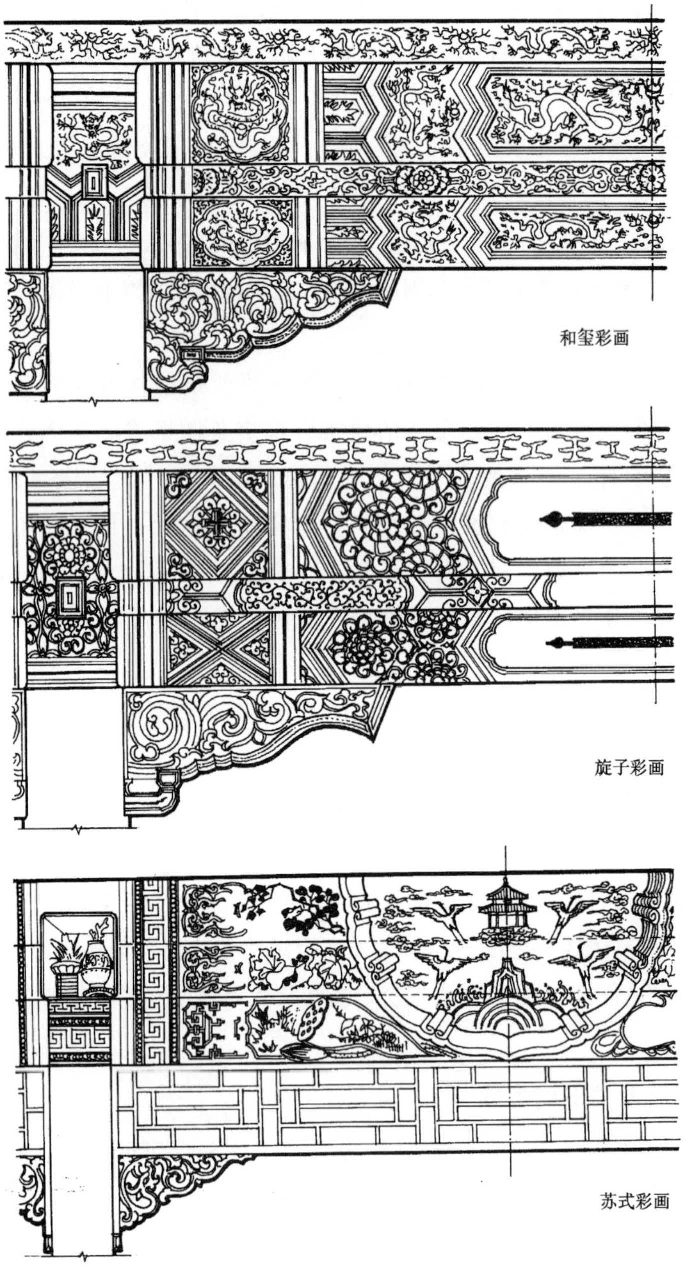

和玺彩画

旋子彩画

苏式彩画

图 9-15　清代彩画三种基本类型

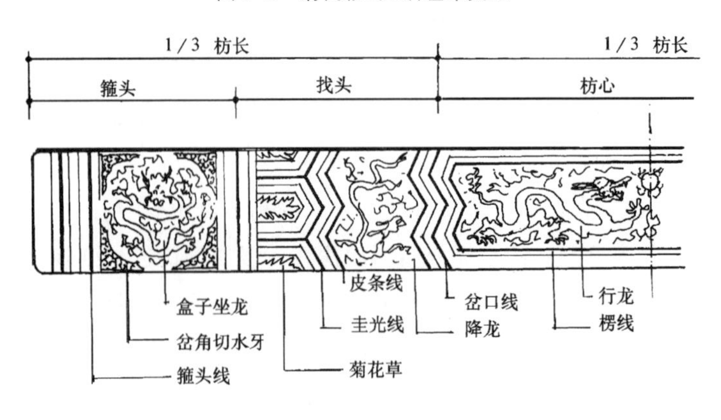

图 9-16　和玺彩画构图格式

图 9-17 金龙和玺彩画（北京摄政王府）

图 9-18 金龙和玺井口天花彩画（北京摄政王府）

图 9-19 龙凤和玺彩画（北京紫禁城坤宁宫）

图 9-20 龙凤和玺彩画（北京紫禁城永寿宫）

各种升龙、降龙、行龙、坐龙遍布，这种图案仅用于大内宫殿中皇帝登基、理政的主要殿堂，如太和殿和坛庙的主殿。②凤和玺，即构件上遍绘凤形图案，多用于皇后的寝宫及祭祀后土神的殿堂。③龙凤和玺（图 9-19、9-20），即由龙纹和凤纹相互匹配组合而成，如大额枋青地画龙，小额枋绿地画凤，隔间变化，较之单一的龙纹或凤纹更多些变化意韵，多用于帝后的寝宫和祭天坛庙的主殿，如天坛祈年殿。④龙凤枋心西番莲灵芝找头和玺，亦属于较高贵的和玺图案，用于较重要的殿堂或坛庙。⑤龙草和玺，即在梁枋大木的枋心、找头、盒子及平板枋、垫板等处以龙纹和吉祥草纹互换排列组合的布局方式，属于低级的图案，多用于宫门配殿等建筑物上。此外尚有金琢墨和玺，即在龙草和玺的部分图案上采用青绿攒退晕色沥小粉的做法。在佛教建筑中应用的和玺彩画中常加入代表宗教含义的梵文、宝塔和莲花等图案（图 9-21）。更有的建筑在和玺彩画中引入苏式彩画画风，将枋心、找头、盒子中的龙凤草纹去掉，改画苏式花卉、景物等，这些只是清代后期个别建筑的彩画尝试。

在应用和玺彩画的建筑其他部位亦多采用相配的图案，如团龙团凤井口天花圆光，行龙纹饰的椽肚等[5]。这类建筑的斗栱一律为青绿攒退的彩画，金边压楞，以增强金碧辉煌的效果。

和玺彩画的艺术魅力皆在于金色与青绿底色的强烈反差，以及满金装饰的辉煌上，有的建筑还特意采用库金（色调偏红）赤金（色调偏黄）两种金色，进一步增加金光闪烁之感（图 9-22）。

图 9-21　清官式井口天花彩画图案两种

图 9-22　和玺彩画天花藻井（北京天坛皇穹宇）

2. 旋子彩画

是继承明代宫廷旋子彩画进一步丰富演化而成，也是宫廷庙宇、坛台、宫观所大量应用的一种彩画图案。其主要构图原则仍是在整个梁枋长度上划分为找头——枋心——找头三段，各占1/3梁枋长度。两端头加设箍头及盒子。各段之间以锦枋线[6]划分开来（图9-23）。找头两端的岔口线为60°的折线。旋子彩画纹饰的主要特点是找头部分一律以旋花瓣组成的团花为母题。随找头的长短增减团花及线路的数量。而枋心及盒子的图案可以变化。根据图案组成、用色、用金量可分为九个等级的旋子彩画[7]。①浑金旋子彩画，即整个构件底面不敷色彩，显示木件本色。全部旋花、

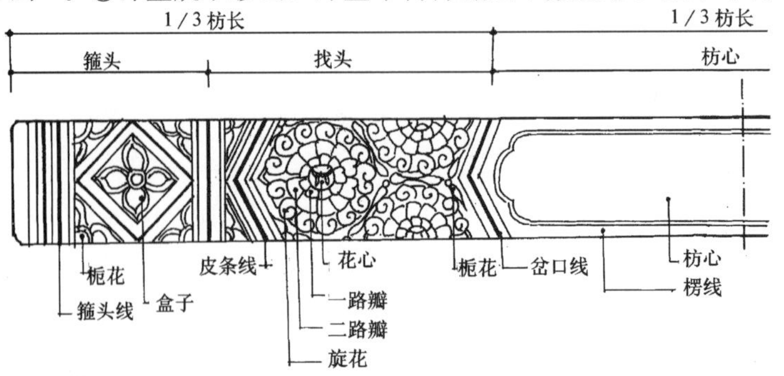

图 9-23　旋子彩画构图格式

锦枋线及纹样皆贴饰金箔。金色灿烂，是属于最高级的类型。②金琢墨石碾玉[8]（图 9-24），其锦枋线、旋瓣、旋眼、栀花心、菱角地、枋心及盒子图案皆加沥粉贴金和片金，用金量大。主要线路及旋花瓣全部为青绿色叠晕做法。这类彩画的枋心及盒子内多绘龙凤纹或锦纹（图 9-25），图案生动艳丽，颜色感十分丰富，亦属于较高等级的旋子彩画，多用于帝后祭祖或陵寝的主体殿堂。③烟琢墨石碾玉，构图用色同金琢墨，但其旋瓣不用金线而用墨线，用金量稍少。④金线大点金。即锦枋线、旋眼、栀花心、菱角地为沥粉贴金，枋心图案沥小粉片金龙纹，而锦枋线为青绿叠晕，其他均为墨线勾描。枋心纹饰多为龙纹、锦纹交替使用，术语称为“龙锦枋心”。此类图案多应用在宫廷，园囿的主要殿堂，亦为较高级的彩画。⑤金线小点金，较上略逊一等，即减去菱角地及枋心片金龙的沥粉贴金，其余如大点金。⑥墨线大点金。即锦枋线、旋花瓣皆为墨线沥粉，贴金部分仅保留在旋眼、栀花心、菱角地等团花重点部分，枋心内偶尔亦有片金龙纹，即在大面积的青绿色调中偶有星星点点金片。⑦墨线小点金，即在上述构图中，将菱角地及枋心片金龙减去，效果更为素雅。同时枋心内可不设图案，留青绿地，画一黑线，称“一字枋心”，或在青绿地上画黑叶花卉。⑧雅伍墨，构图用色如上，但完全不用金，艺术风格更为简单、素雅，是最低等级的旋子彩画。

图 9-24　金琢墨石碾玉旋子彩画（北京碧云寺）

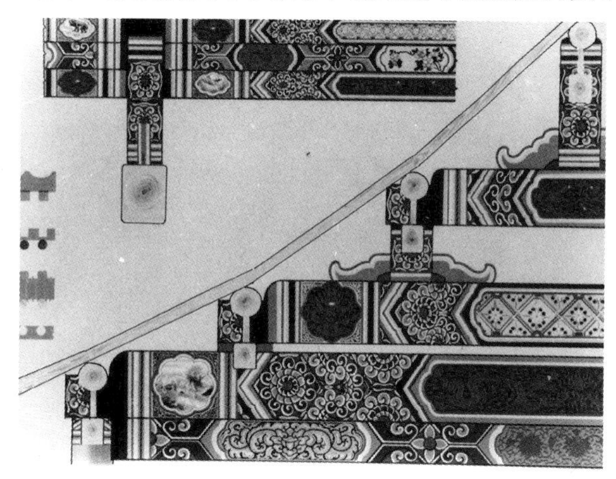

图 9-25　锦枋心旋子彩画图案

在墨线及雅伍墨彩画中的椽头亦为墨线栀花、卍字、龙眼、宝珠，盒子图案多用死盒子[9]。雅伍墨及墨线彩画多用于次要建筑。⑨雄黄玉，构图与雅伍墨类同，但用色大变，主色调不用青绿而用雄黄色或丹色为底，以墨线勾描，团花中以三青或三绿（即极浅的青绿色）叠晕色。整体色调刺激，黑色线描更为明显，艺术格调更为粗放。雄黄玉是一种专用彩画类别，主要用于陵寝中的整治祭品的宰牲所、神厨等建筑上。北海阅古楼为藏书楼，为防虫蛀，该建筑亦用雄黄玉彩绘。

应用旋子彩画建筑的其他构件，如椽头、斗栱、柁头、柁帮、角梁、霸王拳、三岔头、雀替、花牙、花板、绦环板等处的彩画规制亦应与梁枋旋子彩画等级相匹配。

3. 苏式彩画

是指大量用于苑囿建筑中的一种自然活泼富于生活气息的彩画。它源出于江南苏州一带，是随着清初建筑技术和艺术的大量北移而在帝京形成的一种新式彩画。它与江南彩画有着某种联系，又有自己独立特色。目前所见到的最古老的苏式彩画为乾隆时期[10]。

苏式彩画从构图上分析可分为三种，即枋心式、包袱式、海墁式。①枋心式苏画的构图与旋子彩画的构图相似，只是将找头部分的旋花删除，换绘以锦纹、团花、卡子、聚锦一类的图案，枋心未变，仍然绘龙纹、凤纹、西番莲等纹样，有时还绘些博古、花卉、写生画等（图 9-26）。枋心苏画仍未脱离北方宫廷彩画的窠臼，估计是一种较早期的苏画。②包袱式苏画的构图有较大变化，即在构件的中心部位画一个倒置的半圆形（半椭圆形）的画框，因其像一个下垂的锦袱，故称之为包袱（图 9-27、9-28）。包袱内多在白地上绘寿山福海、花卉、植物、人物故事等形象的写

图 9-26　枋心式苏式彩画（北京颐和园走廊）

图 9-27　包袱式苏式彩画（北京颐和园）

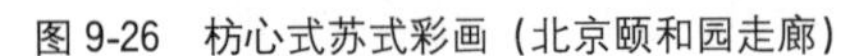

生题材。包袱两侧找头内可画锦纹、卡子、聚锦等，布置自由，随宜而定。因为包袱画框是将檩子、垫板、额枋三个构件统一画在一起，所以它只能应用在没有斗栱的小式建筑及园林建筑中。③海墁式苏画的构图更打破了传统规律，梁枋两端只保留箍头，其他不设任何画框，作为统一画面绘制卷草、蝠磬纹、黑叶子花卉等，底色可以是青绿也可是朱红。这种画风可能较多保留了江南民间的意蕴。总之，苏画是一种写生意味更浓，题材更广，可读性更强的装饰彩画。

苏式彩画在北方宫廷彩画中亦经过一段确立及变化的过程。大体上讲清代道光以前的早中期苏画，与咸、同以后晚期苏画在题材及画风上有较大的不同。早期主要线路及包袱边框有花边式和烟云式两种[11]，而晚期则屏弃了花边式，全用烟云式。箍头图案亦从素箍头发展为万字纹、回纹、贯套纹、连珠纹的花纹箍头。更重要的是包袱、枋心、池子等处的纹饰由早中期的以龙凤饰纹图案画为主，转为以写生画为主，人物、山水、花鸟、楼阁、水墨渲染、西洋线法等无所不包，其纹饰寓意除吉祥福庆以外，也有故事情节等。

苏式彩画的等级划分不甚严格，随意性较大，但从用金量及画法工艺角度可分为三等，即金琢墨金线苏画、金线苏画及黄线苏画。

4. 其他官式彩画

除以上三类主要的官式彩画以外，尚有一些建筑上的彩画表现出不同的艺术构思。如绘于乾隆时期的北京故宫午门正楼彩画（图 9-29），是一种以朱红色作为梁枋通体底色，两端绘箍头，中间绘一组由三宝珠及卷草纹组成犹如一个“反搭包袱”的梯形图案，靠箍头处绘制反向的岔角形卷草纹。花纹皆为青绿烟琢墨画法，宝珠以沥粉金线勾描，整体画面色彩火炽，构图简洁，装饰效果强，反映出清初宫廷彩画的一些尝试。类似的包袱式彩画在沈阳故宫崇政殿梁架上亦曾使用过，反搭包袱图案为金龙流云，两端有箍头及搭袱子。该彩画估计为乾嘉时重修沈阳故宫时所绘。此外沈阳故宫清宁宫大梁、北京故宫保和殿大梁、景阳宫大梁等亦是包袱式彩画（图 9-30～9-32）。另外还有一种在椽望、上下架大木的所有木构件上遍涂纹饰的彩画做法，可称之为海墁彩画。其花色多为绿色，绘制的纹样有斑竹纹[12]、串枝牡丹、爬蔓藤萝等。也有的实例底色为青色，上绘五彩流云。还有的实例为追求观赏的奇妙，在室内造成室外效果，而将大木以及天花绘成竹架式样，布满藤萝。如北京故宫宁寿宫倦勤斋戏台（图 9-33）。总的看来海墁彩画虽可造成一种新颖的感受，但因为脱离与建筑构件形体之间的联系，故其建筑装饰的意韵并不高雅，有臃肿、累赘之嫌。

图 9-28 包袱式苏式彩画（北京颐和园）

图 9-29 北京紫禁城午门内檐彩画

北京宫殿保和殿大梁底面彩画（系袱子）

北京宫殿景阳宫大梁及随梁枋彩画（搭袱子）

图 9-30 清代初期包袱式彩画示例

图 9-31 北京紫禁城保和殿彩画

图 9-32 北京紫禁城景阳宫包袱式彩画

官式彩画非常讲究匹配关系，除上述大木彩画之外，尚有天花彩画、椽子彩画、斗科彩画，以及棋枋板、藻井、门窗棂花格扇、裙板雕饰、雀替、花饰、花板等处，皆应绘制与大木彩画等级相应的图案及色彩，如井口天花彩画按等级可分为片金、金线、金琢墨、烟琢墨、玉作、黄线等级别。建筑重点部分尚有特殊处理，如故宫太和殿中心八根遍金云龙大柱（图 9-34）及天坛皇穹宇中心四根红底贴金缠枝西番莲大柱，都是很有设计意匠的彩画处理，对烘托室内建筑艺术氛围起了很好的作用（图 9-35）。

图 9-33　北京紫禁城宁寿宫倦勤斋戏台配景彩画

图 9-35　北京天坛皇穹宇红地沥粉贴金缠枝花柱

图 9-34　北京紫禁城太和殿遍金云龙柱

二、风采各异的地方彩画

遍布全国各地绘有彩画的古代建筑实例甚多，大量的是清代彩画。这些彩画做法代表了不同地区的风格特征，有些是十分精彩的，这些民间彩画正是宫廷彩画的艺术之源，不断地为其提供营养。根据现存状况大致有下列数类。

1. 江南苏式彩画

它是泛指苏杭一带的民间大宅厅堂，或祠堂庙宇的彩画，也包括了皖南、赣北的民间彩画在内。这类彩画大多描绘在内檐大木上，外檐较少使用。江南苏画的最显著的特色是构图布局不作生硬的对称式，在对称的檩梁上图案形制并不完全一致，可根据梁枋长短采用不同布局（图 9-36）。

通常的构图是在梁枋中间画一斜三角式的锦纹图案，称为袱子，即北方苏画的“包袱”。根据梁枋断面的长短，可有“搭袱子”，即锦纹图案尖角向下；“系袱子”，图案尖角向上；和“直袱子”，即为方形包袱直系在梁上。还有的过于宽大的梁枋则用三块包袱重叠绘制的构图，或在矩形包袱上叠绘菱形包袱。因南方建筑应用圆形或近圆形的梁檩大木居多，故包袱形状以系袱子为主。除中央包袱以外梁枋两端尚有“包头”，即北式的箍头。上下包头图案可以不同，也不必对齐。包袱与包头之间为“地”，一般为赭红或原木色，或绘成木纹色，称之为素地。有的华贵建筑的梁枋彩画的地亦绘成锦纹状，称锦地。清代中晚期建筑的梁枋枋心部分亦有不用包袱图案的，而用一扁长形画框，内画山水、人物、花卉、鱼虫或锦纹，称之为“堂子”，这种画法与北方宫廷的枋心苏画类似。此外，有的建筑物的梁枋断面过于狭小，故仅在正面作长方形枋心图案，两端绘包头，而枋底面另涂底色，绘二方连续图案，以强调出枋子的体积感，但这种画法的整体感较差。

江南建筑大木多系原木制成（大量应用楠木、杉木等），故其彩画工艺尚保留不作地仗[13]的传统，在原木构件上绘制彩画，所以其构图特点是分离式的，即以包袱与包头相结合而成，而无找头的概念。南方建筑色彩素雅，黑柱、褐窗、白粉墙，为增强内檐彩绘的装饰性，多采用五彩包袱锦，间有片金贴饰，形成繁丽热烈的气氛，而青绿晕染仅在局部使用。江南苏画自明代即形成以锦纹装饰为其特色，一直延续至清代，这一点与江南自南宋以来即为全国锦绣产品的集中地有关。延至清末，才逐渐增加写生花卉等题材。以上诸点皆是南方苏画不同于宫廷苏画的主要特色。

2. 贴金彩饰

是一种大量金饰装点梁架大木的手法，多盛行于福建闽南的泉州、厦门、漳州一带。这类彩画的特点是在梁架辅助构件上，如顺梁枋、柁墩、大斗、小斗、雀替、撑栱、小月梁面、绰木等处，全部贴金，并且与木雕技艺相结合，按构件形体雕出适形的各种人物、动植物立体纹样，更增加了金色闪耀的效果。而承重梁枋、栱身则一律为黑红刷饰，即构件正面刷黑漆，底面刷红漆，充分表现构件体积感。这种作法尚保留有宋代以来“解绿刷饰”或“丹粉刷饰”的余意。与此相应的槅扇门窗往往也涂饰成朱红，局部点金，可能是继承了元代以来的“朱金琐窗”的遗韵。闽南贴金彩饰为黑红金三色，相间互隔，对比强烈，整体气氛呈现一种瑰丽、华靡的风格，与黑柱及胭脂红砖壁共同构成闽南建筑的色彩特征。这类贴金彩饰也通行于赣北一带，但是用色更为素雅，多以清水栗色漆为底色，小构件及花饰贴金，饰件多为浅雕，与构件形体相吻合，装饰有节，华美而不伤本，具有较高的艺术品味及技巧。云南西双版纳傣族佛寺中常在朱红的柱枋上刷饰金色花饰，名“金水装饰”，其艺术类型亦应属此类（图 9-37）。

图 9-36　江苏苏州南显子巷程公祠彩画

图 9-37　云南景洪勐罕曼苏曼寺佛殿木构金水刷饰

3. 伊斯兰教建筑彩画

由于回族伊斯兰教建筑吸收了汉族建筑中的大木结构方式，故同时也引进了彩画装饰艺术。在装饰题材上因为伊斯兰教义禁止表现动物纹样，故大量使用的是植物纹样和几何图案，同时还引用了变形的阿拉伯文字作为图案装饰。其中常用题材为西番莲、旋花、写生花、流云、卷草，阿拉伯文字多作成边饰或圆光图案，点缀在整体图案中。彩画构图布局没有一定规式，从实例中看，梁枋彩画主要是借鉴旋子彩画的构图，但箍头、找头、枋心的分割界限及比例并不固定。而且满绘图案，素枋心者甚少，晚期彩画并引用了苏式写生画法。各地伊斯兰教建筑木构多采用圆形截面构件，故其彩画构图也是围绕梁身作整体处理。早期的梁枋彩画还可看出包袱彩画构图的痕迹[14]。伊斯兰教彩画构图另一特点即是满装，梁枋、花板、天花、甚至柱身皆涂彩画，而且圣龛壁、拱券壁也要进行绘制。因其选用图案多为二方连续或四方连续图案，可自由展开，如北京牛街清真寺（图 9-38）、山西太原清真寺的柱身及拱券壁皆为沥粉贴金缠枝西番莲。西安华觉巷清真寺、江苏松江清真寺圣龛是由纵横交错的文字装饰带组成。在用色方面，华北一带多为青绿梁枋旋子彩画为主，辅以红金柱身壁面彩画装饰，与外檐彩色相协调。西北一带多为蓝绿色调，而且蓝色成分较多，适当点金。东北一带则习用五彩遍装。此外，在河南还采用一些地方性画法，即黑线勾描，墨色叠晕旋子彩画，十分素雅。新疆维吾尔族伊斯兰教建筑一般不施彩画，仅用石膏花饰装饰墙顶，但天花上的密肋檩条亦有简单彩画，中心为斜置菱形纹样，自梁底包向两颊，而梁端仅在底部描绘图案，色彩较为热烈。

伊斯兰教建筑彩画在满装饰，植物纹样的运用，及点金手法上取得十分优异的成就，在形成中国式的伊斯兰教建筑风格上起很大的作用（图 9-39）。

图 9-38　北京牛街清真寺窑殿圣龛彩画

图 9-39　新疆喀什阿巴和加麻札大礼拜寺天花彩画

4. 藏式彩画

盛行在西藏地区，以及青海、四川等地的藏传佛教寺院建筑，多施绘于内檐部位。因其建筑构造为纵梁（或附加横架）密肋式结构，密肋梁及天花板皆为红、蓝单色刷饰，故彩画集中在柱身、柱头、托木、纵梁等部位，组成为一条华丽的装饰带。其构图方式皆为条形连续图案，如纵梁上下各描一边饰，内部分成若干小画框（池子），或在每间纵梁中部留一枋心，内画花草图案或佛梵字，纵梁上方一般由仰莲瓣及小方块叠涩成的倒三角形饰带，称为“金刚结”组成。莲瓣皆为宝装瓣，青绿相间，金刚结亦为红绿蓝朱相间。整条纵梁虽由数条横带组成，但雕饰及彩画技法不同，区分明显。装饰重要大门门框的饰带亦用纵梁的装饰方法。柱头部主要强调大斗斗面，一般贴片金，有的在大斗下作柱披，以五色云纹装饰。柱头上托木一般涂红，不作雕饰彩画，或作少量五彩云纹，托木边缘以双勾金线界道。

藏式彩画设色基本为红、朱、蓝、绿、黄，原色平涂，不作退晕，完全依靠蓝绿相间冷暖对比产生效果。同时用色有阴阳之分。阳色即硬色，用于凸出的部位，多为纯原色，如红、黄、蓝等。阴色又称软色，用于凹下部位或底板，多为调和色、复合色，如橙色、紫色等。藏式彩画较少用黑线，多用白线或金线划分图案及形体，重点处可用双勾金线。藏式彩画强调表面装饰意图，仅装饰构件立面，构件底面皆平涂红色，柱身也大半为红色。由于不用黑白色，色彩虽丰富但明暗反差小，图案琐碎，再加上大量金、红的渲染刺激，使观者产生一种诡奇变幻、光怪陆离的神秘感受，这也是藏传佛教的艺术特色之一。

青海湟中塔尔寺建筑彩画受黄南“五屯”艺术的影响，喜用红、黄、蓝三种原色，并掺杂黑白色，改变了藏式彩画的色调，黑白两色起了协调作用。梁枋彩画图案也糅合了汉式箍头、枋心、池子的构图形制。甘肃地区，藏式彩画亦受其影响（图 9-40）。

图 9-40　甘肃夏河拉卜楞寺加木样活佛公署藏式天花彩画

各地民间彩画数量众多，不胜枚举。概括地讲，北方应用盛于南方。构图上，北方以三段划分的梁枋构图为主，南方多为中心重点装饰，而藏族装饰则多为满装饰。在图案特征上，北方以宋元以来的如意头及旋花为主体，南方以包袱装饰和小池子为多数，青藏佛寺建筑以宝珠、梵字、云纹等为主要绘制题材。颜色上，北方多青绿冷调，南方多五彩或红、金暖调，藏族建筑为五彩交混色调，各有所长。

三、清代彩画的发展及艺术成就

清代二百余年间的建筑彩画是历经了一个发展变化的过程，代表最高水平的宫廷彩画在这种变化中更十分明显。虽然大量建筑是延续明代旋子彩画的规式和工艺，但细部做法逐渐变化，图案构图日趋规整，画法变得简单，用金量分出等级，色调更加素雅纯洁，装饰性更强烈，对于大量以朱红油饰为特色的宫廷建筑其对比效果十分突出，青绿色的旋子装饰带，使宽大出檐造成的檐下阴影部分产生出丰富的变化。明代旋子彩画做法仅可分出琢色、晕色、彩色、间色[15]，尚无等级形制的规范。清初已明确划分出琢墨彩画、碾玉彩画、五墨彩画[16]。至乾隆以后又按金线、墨线、石碾玉、大点金、小点金、雅伍墨划分为七种等第的旋子彩画。枋心细部纹样早期多为龙凤、流云、宋锦，较明代大多用素枋心已有进步，后又引用苏画中的夔龙、夔凤、卷草等。晚期还出现了以黑叶子花及苏画的白活[17]做法，来装饰枋心及盒子，并在园林及民间寺庙建筑中大量应用。

以金饰及龙凤纹表示最高等级的和玺彩画，是清代初年创立的新意。据雍正十二年（1734 年）所颁布的清工部《工程做法》卷五十八所载画作 75 例中，仅一例提名“合细”（即和玺）彩画[18]，其他皆为旋子彩画及苏式彩画。从该例用料分析，其用金量尚不如金琢墨金龙枋心旋子彩画用量大[19]，且银朱黄丹用量反比后者多。说明此时期和玺彩画尚未形成金龙和玺等辉煌闪耀的艺术风格，用彩成分以青绿为主，但仍夹杂五彩点装，因此估计和玺彩画的成熟当在乾隆时期[20]。和玺彩画构图布局应是吸收了南方直包袱及直包头的做法，同时继承明代如意头的线脚演化成圭线分区方式。晚期和玺彩画亦吸收了苏画白活画法，用以描绘枋心及找头内盒子。苏式彩画早期实例甚少，据工部《工程做法》画作记载的十二例苏画中，仅三例为搭袱子式彩画，其余均为枋心式或海墁式苏画，说明雍正时期的包袱式苏画仅为初始阶段，参照北京北海快雪堂苏式彩画，也反映出枋心苏画仍占主要地位（图9-41）。估计在咸、同以后，包袱式苏画才占了主流。同时宫廷如意馆画工的画风及题材也影响到苏画的题材，枋心包袱内绘制各种花卉、人物、风景，组合成吉祥寓意画幅或故事，而很少应用南式彩画的宋锦图案。这时的箍头、卡子皆有定式，枋子、垫板、檩条的找头部分分别画聚锦、池子、花卉也成为习惯画法。慈禧太后时期重建颐和园为苏式彩画的推广提供了极大的场所，奠定了苏画基本格式（图9-42）。另外关于海墁式彩画亦是初期采用的彩画。在工部《工程做法》中就提到过有云秋木[21]、螺青三色五墨、流云仙鹤、海墁葡萄、冰裂梅、百蝶梅等式样。虽没有提明用在何部位，但从上下文推导估计为梁枋彩画。但这类彩画的装饰效果不够突出，没有发展成主要画种，仅在垫板、走马板、骑枋板部位偶尔采用。海墁式彩画估计源于北方民间彩画，至今仿木纹、流云仙鹤、喜鹊梅等图案仍在民间流行。

清代彩画在装饰艺术方面的成就可归纳为如下几个方面，即等级规制明确，制作规范简易，题材广泛丰富，色彩明亮而有意韵。从宫廷彩画来讲三大类皆可分出若干等级，可分别用在不同级别，及主次关系的建筑中，这一点可强调出建筑空间构图的重点，提高建筑群体的艺术表现力。这种等级制度确定的核心已经不是仅从图案题材出发，而是以装饰效果的豪华程度而定，是直接反映建筑价值的等第观。

由于乾隆以后宫廷建筑数量剧增，随之彩画工作量加大，为了保证彩画工艺质量，所以其构图设色皆有了成套的规矩作法，匠人称之为规矩活。如构图上梁枋大线“分三停”，“里打箍头外打楞”[22]，“串上箍头线，对上岔口线”[23]。颜色上的“上青下绿”、“整青破绿”、“升青降绿”[24]，“青绿串色”[25]、“上下相闪”。其他如垫板上画的“长流水”、“小池子半啦瓢”，平板枋上的“降幕方”、“工王云”等皆有构图划分比例。旋子彩画的主体旋花也走向规矩化，一律绘成正圆形，而不像明代旋花有椭圆形、如意头形等多种变化，花心亦定型，旋瓣为圆瓣，取消了明代旋花的凤翅瓣。为了适应找头宽窄的不同，采用一整二破团花加活的办法调整构图，组成一整二破、加一路、加金道冠、加两路、加勾丝咬、加喜相逢等不同宽度的找头图案（图9-43）。岔口线、皮条线等大线亦改为30°角直线。即使自由程度较高的苏式彩画的构图亦有规矩可循。总之，彩画规矩活充分反映了艺术形式美中的对位、成单、互换、找方、布圆、整破交替等各种构图法则。彩画工艺中最关键的工序是起谱子（即定画稿），它决定了整体装饰效果的艺术质量，由于有矩可循，则一般艺术水准较差的工匠，甚至多人共绘一座建筑，亦可作出符合质量的彩画图案来，对于彩画工艺的普及及推广是十分有利的一项措施。由于构图规格化，使得檐下梁枋彩画显示出统一感、韵律感，色调更为强烈，对立统一律运用得十分成功，从而提高了彩画的装饰性能。过去认为清式彩画规矩活限制了工匠才艺的发挥，艺术走向僵化，这种看法不全面。清代规矩彩画构图正是宋元明以来数百年彩画构图经验积累的总结，反映出高度的水平及纯熟技巧。清代彩画的发展正是在此基础上，继续在品类、布色、图案、纹样以及创造新品种诸方面追求发展，只不过是重点不同而已，丰富多彩的清代彩画实例是为明证。

清式彩画的图案纹样、题材较明代更为丰富，宫廷彩画除原有的代表皇权的龙、凤、宋锦流云、西番莲外，也加入了卷草、吉祥草、三宝珠、缠枝花及佛教的八宝、六字真言等。苏式及民间彩画中的画题更多，除传统锦纹以外，有人物、花卉、虫鸟、博古、风景、传奇故事、太极、八仙等，以及由花鸟、植物搭配的吉祥图案，如寿山福海、锦上添花、年年如意、海屋添筹、一统万年青。晚期更增加具有透视感及阴影凹凸的西洋画法风景。带状的连续图案则有卷草、回文、卍字、连珠、贯带、流水、流云等。清代彩画纹样向两个方向发展，一为图案化，一为写生化。图案化中又按线路曲折、直转分为软硬、活死，如软卡子、硬卡子、活箍头、死箍头、活盒子、

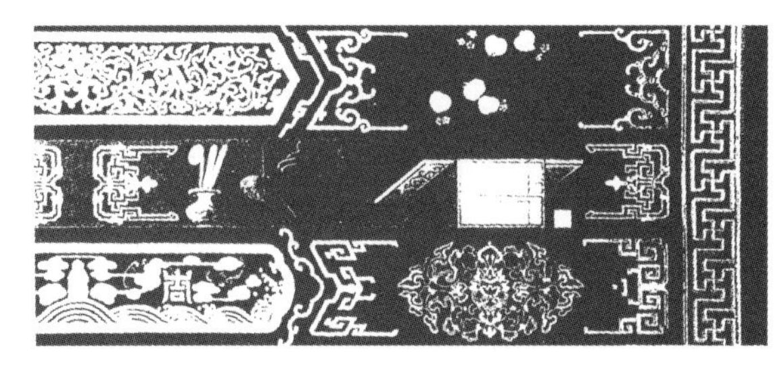

图 9-41　北京北海快雪堂浴兰轩早期苏式彩画

图 9-42　北京颐和园长廊苏式彩画

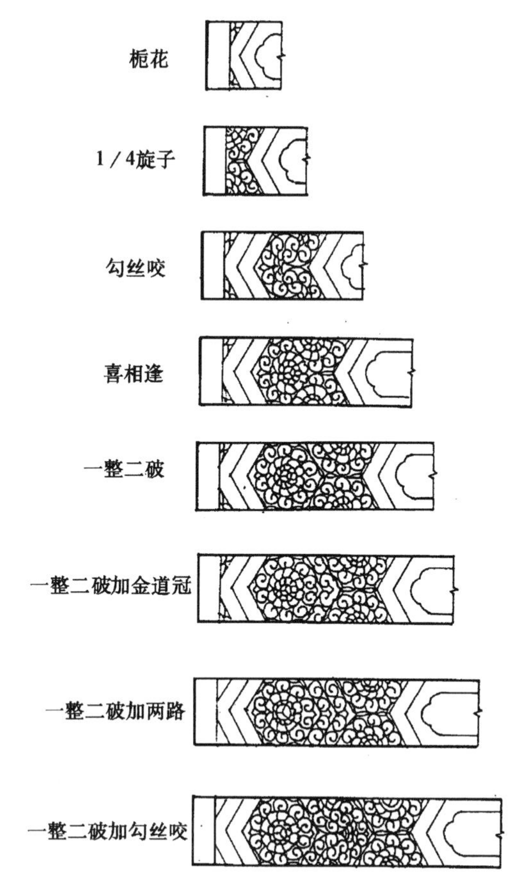

图 9-43　旋子彩画找头构图调整方式图

死盒子、软硬包袱烟云。龙形亦有游龙与夔龙之分。写生画法纹样的绘制工艺亦有多样，如先以淡墨起稿，渲染颜色后以墨线勾描的硬抹实开法；有的以重墨起稿，罩胶后进行填色的落墨搭色法；也有淡墨起稿，分层罩胶，分层加染的作染法，以适应不同的写生画，有的图案还加饰阴影。清代彩画制作已经完全消除了古代留传的贴络花纹加彩的办法，这种造成彩绘立体感的手法被沥粉及叠晕所代替。沥粉有沥大粉、沥二粉、双勾粉线之别，叠晕有退晕、攒晕、三退晕、四退晕之分，苏式包袱烟云最多达到九道晕。总之，清代彩画是大有规矩，小有变化，图案纹样是装饰构图最具变化之意的一部分，但又要服从整体需要。

清代彩画的用色用线技巧亦十分纯熟。工匠们一般将颜色分为大色、二色（和晕色）、白活小色[26]，以区分出颜色的主体框架。决定一樘彩绘色调的是大色。由众多的原色涂染成的彩画，却又显露出柔和华美的印象，主要是因为匠师们充分利用色混现象的结果，即众多的颜色在一定距离的视感会产生色彩的混合而生成另一种颜色。假如是冷或暖色调相近的调和颜色混在一起，则可产生柔和的感觉，这正是青绿彩画色调形成原因。官式彩画中非常注意对比色的运用，除常用的红绿搭配之外，在苏画烟云及托子之间用黑云紫托，青云黄托，紫云绿托，绿云红托，使得色相对比强烈。黑、白、金色的运用亦十分恰当，金色可以提神，闪亮自不待言。白色可以提高明亮度，二色、晕色及白底子都含白色。黑色可增加颜色感，如箍头一侧压黑老，头栱中心的压黑老都可提高色度。另外以金线、黑线描饰色块的界线，增加图案形体感，也是清代彩画常用手法。并在黑线一侧还靠拉一条白线，更强调出线条的力度。这些措施使近观檐下彩画时，图案组织明确丰富，颜色鲜艳华丽，对比性强；而远观之，又觉得柔和统一，富于色调感。远观近赏皆有所得。至于传统的沥粉贴金技术更为建筑彩画提神增辉。

清代彩画步入晚期与其他艺术门类一样产生出一些衰颓的倾向。如装饰过度，主次不分，以炫富意向代替了美学感受，写生画法的泛滥背离了建筑装饰的特色，尤其某些海墁式装饰彩画，完全不顾构件形体特征，成为锦装绣铺的花纸。用色方面过多追求五彩纷呈，而忽略了色调的表现，这些都给彩画的发展带来不良的影响。但从全部艺术表现来看，清代彩画以其繁复绚烂、金碧辉煌，形成一种炫目的光彩，使建筑装饰艺术达到一个新的高峰。

四、油饰技术

古代建筑的柱、枋、檩、椽、望板、门窗装修、栏杆、花罩，及不施彩画的梁架等木质构件俱涂饰油漆。清代建筑油饰技术在总结历代经验基础上，已经形成一套完整技艺，称之为油作[27]，各种各色作法达四五十种。清代宫廷大木构件多为帮拼组成，为保证油饰质量必须在事前铺作地仗，俗称“披麻捉灰”。按用灰的道数及用麻或麻布的层次，分为三麻一布七灰、二麻一布七灰、一麻一布六灰、二麻五灰、二麻四灰、一麻三灰、单披灰等不同等级。施工中须首先斩砍见木，撕缝，下竹钉，汁浆，使表面平整，然后将不同粗细的砖灰、桐油、土子面、樟丹、白面，按比例熬制成油灰，分层涂在木构件表面。高级做法尚加裹麻丝或麻布以增强韧性，最后表面要磨细，刷生桐油一遍，名之为“钻生”。表面油饰材料分为大漆与桐油两种。一般北方官私建筑大部分使用桐油，南方建筑喜用大漆。普通油活分为三道成活，即糙油、垫光油、光油。桐油或大漆内渗入颜料，即成色油，常用颜色有红、黄、蓝、白、黑、绿，以红绿为主，高级油活尚贴金饰，如门窗槛框边楞起金线，槅扇绦环、裙板起金线图案等。

清代建筑油饰亦受等级限制，一般红、金为皇帝专用，亲王、郡王府第的门柱为红青油饰，一般民舍只准做黑漆油饰门柱[28]。清末制度渐弛，民间才有红漆油饰。地方建筑的油饰色彩习惯不同，江南多喜用栗色大漆油饰外檐；西藏惯用朱红柱枋、梁、椽；甘肃藏民多用原木色刷饰；而新疆维吾尔族建筑柱身、门窗喜用蓝色、绿色。

第三节　木、砖、石三雕及灰塑、石膏装饰

一、木雕

木雕是中国古代建筑长期使用的一种装饰手法。周代已有专业匠人从事小木作制造，至迟在南北朝时期已用在建筑上，如曲木、斜撑等处，宋《营造法式》一书中明确记载有雕木作，雕作制度分为四种：即混作、雕插写生华、起突卷叶华、剔地洼叶华，包括有圆雕、突雕、插雕等各种手法。清代木雕在历史基础上又有新的发展，表现在几个方面。

1. 雕饰从大型重要殿堂、庙宇建筑扩展到一般祠堂、民居、会馆等民用建筑上。而且雕饰部位也增多了，如枋木、平台挂檐板、梁枋头、月梁、撑木、吊瓜，及各种内檐构架的附件，如纱帽翅、山雾云等[29]，使用范围更为广泛。

2. 雕刻内容从花卉、动物，扩大为吉祥图案、人物图案、历史故事、民间戏剧等，甚至作成成套、成樘的连续画面。表意更为充分，构图更为丰富，为一般大众所熟悉，且津津乐道，如四季花卉、梅兰竹菊、西厢故事、三国演义、水浒全传等皆是经常采用的题材。

3. 工艺技法上从平雕起突，而向立体化的高难技法发展，出现了透雕、镂雕、玲珑雕等多层次的雕刻技法，力图在有限的画面上增饰更丰厚的内容。花叶形象更为生动饱满，掏地突花，穿枝过梗，灵活流畅，最高的代表作是清宫内的透雕花罩。为了考虑工艺操作的简便性，在清代后

期也出现了贴雕和嵌雕，即利用胶液或钉接方法，将数层雕制品贴在一起，或将雕件嵌于其他雕刻板上，同样达到多层叠压的效果。

木雕使用部位多在内檐或檐下，如内部梁架的梁栿端头、侏儒柱、托斗、月梁表面、吊柱、花篮头、井口天花板，槅扇门窗的棂花心、花罩，外檐的撑拱、吊瓜、雀替，槅扇的裙板、绦环板等处，总之在木制品的可见表面皆可进行装饰（图 9-44～9-46）。故进入木雕装饰丰富的建筑物中有目不暇接之感。建筑木雕图案的选择，受到构件形体及表面形状的限制，必须采用适形图案，即适合被加工构件的形体状况的图案，如裙板为方形或圆形图案（图 9-47），绦环板为扁长形，枋木为横长连续纹样，撑拱为立柱形（图 9-48），如仙人、狮子之类，枋头为端首造型，如龙头、凤头等。清代在这方面运用得十分纯熟，因此各类构件所适用的题材也基本定型化了。

木雕在全国各地几乎全有采用，但较为集中的有三大地区。北方以北京宫廷为中心，兼及民居园林，多为内檐装修木雕，而外檐及构架的装饰多依靠彩画。山西、陕西一带多盛行在外檐廊柱两侧雕饰木制罩牙[30]。总的讲，北方木雕应用较少，但也不乏佳例，如易县清西陵的道光帝慕陵隆恩殿楠木蟠龙井口天花板，龙头为透雕，龙身及云彩为高浅浮雕，排列匀齐，精粗得体，产生“万龙聚会、腾云喷香”的艺术效果。此外如北京故宫乐寿堂的楠木天花板（图 9-49）、北京恭

图 9-44　安徽歙县洪氏宗祠梁枋及撑拱木雕

图 9-45　浙江东阳东街 183 号胡宅正厅前廊贴络及木雕

图 9-46　云南大理周城某宅槅扇心木雕

图 9-47　安徽绩溪汪家屯汪宅槅扇门裙板木雕

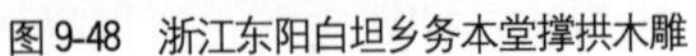

图 9-48 浙江东阳白坦乡务本堂撑拱木雕

图 9-49 北京紫禁城乐寿堂楠木雕刻井口天花

王府的内檐装修，以及北京故宫各寝宫的木雕花罩、皆为精巧奢华之作品。江南地区以浙江东阳为代表，影响所及遍及江、浙、皖、赣。东阳历来为木雕之乡，各种小器作[31]工艺十分发达，至清代更发展到建筑装饰上来，其中以撑栱、前廊月梁（亦称猫儿梁）、轩顶雕刻、及槅扇门窗棂格等部位的雕饰最为繁丽。江南木雕多不做油饰或刷桐油、大漆，显露木质的本色美。所用材质有楠、樟、椴、黄杨等，皆为木质细腻，纹理明显，软硬合度的木材。题材内容包括动植物、人物，雕法细腻，突雕圆雕的图案比例大，因此造型生动，立体感强，标题性鲜明。南方以广东潮汕为代表，分布在闽粤沿海地区，并影响到台湾省及东南亚一带华人聚居地区。这些木雕更注意雕品的立体性，动物、人物题材大增，尤其在梁架构件上（托斗、柁墩、瓜柱、撑拱、吊瓜柱、梁头等）应用尤多，并且多油饰红、黑油漆，刷金贴金，气氛华贵而热烈，刺激性较强。

除上述三大地区之外，云南剑川木雕亦有盛名，影响到附近的大理及丽江地区，剑川木雕特别喜欢用于外檐槅扇的棂花心，多为锦纹及花鸟图案，复杂者可套雕五层。清代末期还发展成将槅扇心作成预制的商品构件出售，随业主需要选定形样，按样雕琢。四川地区的木雕应用亦较普遍，如自贡的西秦会馆即有众多的木雕饰件。新疆维族建筑的木构件亦有不少雕饰，有些作品具有十分清新雅致的图案（图 9-50、9-51）。

图 9-50 新疆喀什某礼拜寺大梁侧面木雕

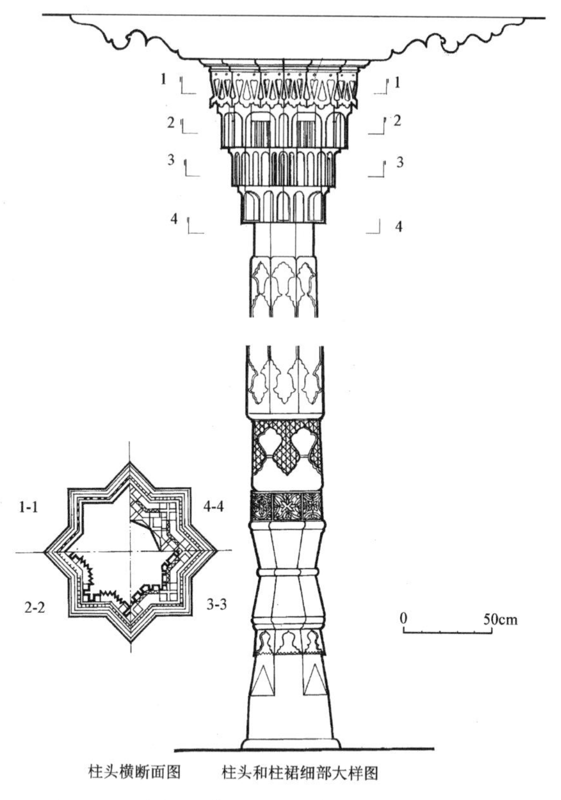

图 9-51　新疆喀什阿巴和加麻札高礼拜寺柱饰

二、砖雕

砖雕是明清时期逐渐兴起的一项装饰技术。早期砖装饰多为模制的画像砖一类，辽宋砖塔的栏板、斗栱、莲瓣也仅为粗略的砍活。宋《营造法式》中提到了砖雕琢这项工艺，具体内容较为疏略，但据唐南禅寺、宋六和塔的砖制须弥座束腰上砖雕图案，可见当时砖雕技术已有相当水准。明清制砖业大发展，出现了高质量的雕琢用砖。形成“凿花匠”这一专业工种。明清之际以雕砖装饰门庭，没有法制规定，不会产生逾制之嫌，故大量民居、祠堂、会馆多有采用。加之砖雕有一定的耐久性，适合作外檐装饰材料，材料成本低，易于雕琢，故得到迅速的发展。清代砖雕在明代剔地雕的基础上，大胆地吸收木雕技法，形成更为多样化的构图，如脊花等处的透雕，墀头部位的高浮雕，透空的砖雕花窗，整条横枋表面的缠枝花卉及戏剧故事等手卷式构图等，并借鉴嵌雕方法，用砖榫卯挂镶立体花卉等。

砖雕应用较多的有三大地区，即北京、徽州、河州。北京为畿辅之地，官商麇集，民居质量较高，黑活（即砖雕工艺）使用亦多。砖雕多用在墀头的戗檐砖及博缝头、清水脊的盘子、平草砖、攒尖宝顶、什锦窗边框、砖影壁及廊心墙的中心四岔雕花、铺面房的挂檐板等处（图 9-52～9-54）。从实例来看，北京砖雕工艺发展较晚，估计在乾隆时期受南方影响而推广。徽州砖雕历史较久，现有明代砖雕实例尚不少，徽州砖雕的兴盛与商贾官宦的提倡有直接关系。情趣爱好偏重世俗文化内容。题材多为情节化的人物、故事，就是动物也多翻腾、舞跃的姿态。徽州砖雕的使用部位集中在大门的门罩或门楼上，垂莲柱、上下枋、砖刻斗栱及字匾是最多使用部位（图 9-55、9-56）。尤其是上下枋的横长砖面是故事情节展开的极好的画面。此外，八字墙及神龛也有砖雕制作的。苏州砖雕与徽州砖雕有着密切的关联，使用部位及手法基本类似，所不同的是砖雕门楼用在内部天井，炫富而不外露。甘肃临夏地区古称河州，多为回民聚居之地，当地砖雕是河州的一绝，广泛用于民居、商店、清真寺、拱北（即墓地）等处。影响所及遍布甘肃、宁夏、青海、陕西等回民居地（图 9-57）。河州砖雕的使用部位异常广泛，包括槛墙、墙头、透雕砖花窗、砖斗栱、砖门楼、砖牌坊，甚至内壁的壁面亦为砖刻，如西宁东大寺礼拜

图 9-52　北京广宁伯街如意门墀头砖雕

图 9-53　北京东四礼士胡同某宅大门侧壁砖雕

图 9-54　北京东四九条某宅檐廊砖雕

图 9-55　安徽歙县打箍井 21 号砖雕门楼

图 9-56　浙江宁波某宅砖雕门楼

图 9-57　甘肃临夏毕家场拱北砖雕

殿前殿的墙面即为雕刻的博古、花卉竖向砖槅扇。河州砖雕的题材皆为植物花卉图案，这是伊斯兰教教义所规定的。

清代砖雕技艺显然受木雕影响，其使用部位及构图形制皆脱胎于木雕，只不过是用于室外。在砖门楼的上下枋、枋心中所使用的包袱锦或戏剧人物图案也是木雕常用的构图，但材料粗脆，不能作精细加工，其图案适合砖材特性而作适宜的变动，如人物、树鸟、建筑的比例粗壮，某些细部如山石、树木采用示意性模画，少做透雕手法，采用高视点鸟瞰构图，以拉开图面层次，而不至于图面叠压。

三、石雕

石雕在建筑装饰中应用历史最久，两汉的石阙、石室、画像石是艺术性很高的雕品。其后随佛教传入而大量雕琢的须弥佛座、莲花柱础、佛塔、经幢等更不胜枚举。宋代总结石雕技法为剔地起突、压地隐起、减地平钑、素平四种，概括了当时的雕镌水平。明清以来，石雕以其坚固耐久，防水防潮，质感高贵，色彩明快的优良品质，仍是宫廷建筑、寺庙祠堂及富商大户的常用装饰手法。除石佛像、石塔、石幢、摩崖以外，石雕装饰部位一般多用于柱础、石须弥座及石栏杆、石牌坊、石花台、石券脸、石狮、民居的门枕石、木牌坊的夹杆石、御路等处，晚期的石柱、石枋上亦施雕琢。清代石雕与明代相较可以看出其在技法上力求简化，全形雕（混雕）逐渐减少，采地雕的突面由混面演变为缓平的曲面，晚清的花纹图案多趋向为平面或凹面表现。但其构图布局却更为装饰化及图案化。虽然图案中分枝布叶不够活泼生动，但整体效果考虑较纯熟，装饰意味浓重，如清东陵乾隆帝裕陵地宫石门的菩萨像，北京西黄寺清净化城塔石雕佛像皆是采地雕的精品（图 9-58）。裕陵地宫内券门顶部佛八宝石刻及金券拱顶的佛经石刻，都是分朱布白，构图严谨的装饰石刻。沈阳清北陵隆恩殿石须弥座石刻是一组花饰厚重，刀法深刻，纹样统一，风格富丽的作品。此外，如清西陵雍正泰陵的石牌坊、四川富顺县文庙的石坊及陛石，也都是采地雕的珍品。民间石刻中，江南民居的石柱础是装饰性很强的部位，有八角、圆形、鼓形、钵形、倒盂形、带角柱形、复合形，花样不胜枚举。江南民居祠堂大门的门枕石亦十分硕大，石座雕成各种花式。在苏州称之为砷石，有挨狮砷、纹头砷、书包砷、葵花砷之区分（图 9-59）。最有趣味的是浙江绍兴、天台一带使用石板墙的地区，在墙上往往开设通气漏窗，凿出各种装饰图案，各不相同，简朴无华，但装饰性极强。福建泉州一带大门的廊心墙或两侧余塞墙往往贴砌线刻青石板，兰菊梅竹映在青石上，仿佛一幅水墨丹青，具有高雅的装饰风格（图 9-60）。

清代乾隆时期建造圆明园长春园北部欧洲建筑——西洋楼，仿效欧洲的巴洛克式样的宫廷建筑，而采用了许多西洋雕刻手法。如

图 9-58 北京西黄寺清净化城塔石雕

图 9-59 江苏吴县圣恩寺山门门枕石

图 9-60 福建泉州某宅入口看墙浅石刻图案

自然主义的花叶雕刻、卷曲的山花、繁杂的几何线脚、以及中国传统所没有的壁龛、壁柱、牛腿撑栱等雕刻，这是对传统中国雕刻的一次冲击，也是有益的补充。虽然砖瓦结构在很长一段时期尚未能占据主要地位，使这种新风格的砖石雕刻也未得到充分发挥，但对清末的建筑及装饰的影响是显而易见的。

四、彩描、灰塑与嵌瓷

彩描是通行于闽粤地区的民间手法，即在平整的灰面上，以颜料或墨汁描画图案，多用在檐下或室内的墙楣部位，以避免雨水淋湿。它虽然是平面性装饰，但因具有彩色效果，且为灰色墙面的砖墙与顶部的过渡提供了视觉补正，增加了出檐的效果。用在外檐立面墙楣下的彩描带宽30～60厘米，分割成若干画幅，题材多为山水、人物、故事等。用于内檐山墙山尖部分的彩描多为文房四宝等题材，而门窗框边的彩描多为几何图案。

山东掖县一带民居多盛行炕围画，即在火炕的周围的墙壁上，绘制各种花纹图案，以美化室内环境气氛，应亦属彩描的一种。

灰塑是盛行于南方的一种装饰手法，即用泥灰成型，类似雕刻的效果。因它是湿法制作，较砖刻、石刻有较大的灵活性，也简单便宜，有一定的耐久性，故多用于民间建筑的装饰上。其工艺做法是用铁钉、铁丝为骨架，上敷纱筋灰成型，然后表面抹纸筋灰或灰膏勾勒出细部纹饰，最后涂色。灰塑可用在墙头、瓦脊、窗楣、门额等处，也可作为单独画幅装饰墙面。某些祠堂的垂鱼、山花、鸱尾皆为灰塑，甚至可塑出戏剧人物置于屋面之上。北京一带灰塑、抹灰制法称之为“软花活”，是与砖瓦雕琢的“硬花活”对映而言。软活又可分成“堆活”与“镂活”两种。堆活即用麻刀灰及纸筋灰堆出浮雕图案，同样可取得砖刻效果。镂活是在白灰抹面上面刷烟子浆一层，然后以竹片按图案进行镂画，显出白灰底色，这种镂活为平面性装饰，多用在廊心墙、广亮大门屋架的象眼部位等处。

嵌瓷是工匠们利用破碎瓷片作为材料来装饰外檐的方法。多盛行于广东潮州、福建漳州、莆田等沿海地区的民间建筑。既可防止海风侵蚀，又十分经济美观。四川、湖广也有的地方应用。嵌瓷工艺多用在屋脊或翼角等处，也有在影壁墙面上制作的，根据部位不同可制成平瓷、半浮瓷、浮瓷。为了粘牢瓷片，除须选用上等灰浆以外，还要熬制糖灰作为黏结剂。

陶塑是用陶土塑出所需形状以后，入窑烧制而成的饰件，南方地区较多采用。北京砖雕亦有一部分是先塑成形，烧结以后，再作精细加工的做法，称为窑作花砖。

上述所提的彩描、灰塑、嵌瓷、陶塑虽不属于雕刻技艺，但装饰效果却是异曲同工，这些做法都是在雕刻技艺的启发下，在清代逐渐成熟起来，并作为简便易行的装饰手法在民间广为流传。

五、石膏花饰

石膏花饰是新疆维吾尔族人民最喜欢应用的一种建筑装饰，广泛用于民居、礼拜寺的装修、墙面、天花上。石膏装饰分为两种，即刻花与模制。大量使用的是刻花，其工艺做法是先在墙面上打底，然后抹一层添加蓝色的石膏层，再抹一层白石膏面层，趁面层未干即开始刻花，露出蓝色底层，类似北方“软花活”的“镂活”。刻花多用在圣龛边饰、居室壁龛、壁柱等处（图9-61、9-62）。模制是用模板浇铸成花卉预制块，粘贴在墙面上（图9-63）。模制石膏花皆是花形复杂的图案，多用在室外檐口、室内墙面上部装饰带等处。

伊斯兰教教义规定装饰花纹不准用动物纹样，故石膏花饰也一律为几何纹及植物纹。规矩准确、布置复杂的四方连续图案成为维族装饰的特色。多层几何图案套叠在一起繁而不乱，蔓藤婉转花叶均布的自然植物图案，显露出疏密有致、生意盎然的趣味。而且这些规矩图案皆可适应拱形、尖券、宽窄不同的墙面，图形设计与纹样协调一致，表现维族工匠在图案设计方面的高超技艺。某些重要圣龛石膏边饰还加用五彩填色，益增图案之美（图 9-64、9-65）。纹样断面也有平形、弧形、尖角形、凹槽形的不同，形成光影变化与纹路体量的错觉。

图 9-61 新疆喀什塔哈拉麦得密再德礼拜寺圣龛石膏花饰

图 9-62 新疆喀什建设路第三提尼巷 1 号某宅石膏花饰

图 9-63 新疆喀什恰斯区某宅石膏花饰

图 9-64 新疆喀什艾提卡尔礼拜寺内殿入口石膏花饰

图 9-65 新疆喀什奥大西克礼拜寺内殿圣龛石膏花饰

六、清代建筑雕刻艺术的极盛及衰颓

砖木石三雕至清代可称达到极盛时期，在建筑的可见部位无不充满着雕刻的图案，不论题材的多样性，还是技法的高难程度，都远超前代。有的木雕、砖雕作品甚至可以将门扇雕成可转动的活扇，图案套雕四五层。一樘18扇槅扇门的裙板、绦环板全部雕刻戏剧故事，扇扇不同。一般匠人但以“涂汰作生涯，雕花为能事”。但是从美学意义上却逐渐减弱了其审美价值，而犯了装饰过度的弊端。造成这种状况的原因有着深刻的社会因素，即社会经济发展与传统建筑技术停滞不前的矛盾。新的富裕阶层（包括帝王、官僚、富商）把他们对居住环境的质量追求，很大程度上投入到艺术质量上去，而这时的带有商品经济特征的新贵或商贾们的审美观又以炫耀财富与追求新奇为主要目标，导致建筑雕刻的创作忽视艺术美学价值的开发，单纯追求耗资和难度[32]。于是产生千工床、两千工的砖门楼这样的艺术品。大理白族一座有厦门楼，竟比三间正房的造价还高。这时期的东阳木雕、河州砖雕皆有繁褥琐碎的趋向，往往一个构件的艺术加工过度，甚至损伤了其本来的结构意义。如挑梁下的撑栱变成虚悬在梁头下的舞狮，完全违背了结构逻辑。这种现象在商品经济开发较早的岭南地区尤为严重，突出的例子就是广东佛山祖庙、广州陈家祠堂（图9-66）。

图9-66　广东广州陈家祠堂石雕栏杆

佛山祖庙是供奉北帝的道教神庙。相传建于北宋，明洪武五年重修，明清以来又改建扩建达二十余次。布局为纵长形，自南至北排列着照壁、万佛台、灵应牌坊、锦香池、山门、中殿、大殿、庆真楼等明清时期的建筑。祖庙的建筑装饰异常富丽繁琐，各个庙堂的屋脊皆为石湾陶塑制品，脊吻高耸，布满千万人物组成的传说故事，琳琅满目，五彩争辉，就像一册连环画书平展眼前。祖庙的砖壁上还嵌满砖雕和灰塑，殿堂槅扇遍施木雕等。从这些基本修建于清代的饰件中，可以看出雕饰工艺的高度水平，及岭南装饰风格的浪漫气息。

广州陈家祠建于清末光绪十六年至二十年（1890～1894年），为陈氏家祠及书院建筑。家祠内所有建筑的内外均布满陶塑、泥塑、砖雕、石刻、木雕、铁雕，有如一座雕刻博物馆。题材除习用的山水、花卉、戏剧人物外，尚有珠海风光、岭南佳果、仙翁神女、亭台楼阁等，是业主的精神意境通过建筑装饰的表现。从建筑美学的角度看有些部位的处理尚较成功，如前座外壁墙楣的大型砖雕，就起到了很好的突出重点、强调轴线的作用。家祠正堂雕饰深邃厚重的石栏杆，对烘托主体建筑也是很有益的。

总之，清代雕饰从建筑美学上讲所取得的成就不显著，可称已进入尾声，它变成游离在建筑之外的美术品。今天我们欣赏这些实例时，也往往仅是从雕塑艺术的角度去品味评价。

第四节　内外檐木装修

木装修是指室内外所用的木制围护结构，南方称装折。它除了具有实用功能以外，也是美学装饰的重要部位，对建筑艺术风格的形成作用很大。木装修的制作工艺一般称小木作，至迟在宋代已从加工结构的大木作中分化出来，专门从事细微纤巧的木件加工，是一门工艺性很强的技术工种。清代建筑受时代审美观影响，装修技术更向精巧华美方向发展，并取得很高的成就。木装修一般划分为外檐与内檐两部分。外檐包括门、窗、栏杆等；内檐装修包括隔断、藻井天花、龛橱之类。

一、门

清代的门可称集历史之大成，种类繁多，但概括起来仍不外乎不透光的板门与具有透花棂格的槅扇门两大类。各种门窗都须在柱枋间安设上、中、下槛及抱框、间柱，以确定门窗大小尺寸及固定门窗扇之用。

1. 板门

主要用于宫殿、庙宇、府第的大门及民居的外门，全为木板造成。根据构造方法又分为棋盘大门及实榻大门（图 9-67、9-68）。棋盘门扇是由框料组成。内部填板，外观显出框档。而实榻门是由数块厚料拼合而成，横向加设数根穿带木条，防卫作用更强。清代的宫门、城门、庙门为了加强建筑气势，多突出门板上加固用的门钉，门钉尺寸比实际需要大得多，横竖成排成列，镏金闪耀，雄伟壮观。以门钉数定建筑等级，宫廷最重要的门可设九排九列八十一钉，另外还加用兽面饕餮门环。民居大门往往刻制出“门对”以为装饰，如“忠孝传家、诗书继世”之类，黑门红对朴素幽雅。在江南一带为了保护门扇，有的木板外皮加钉铁皮，所用铁钉也钉出各种图案。湖州一带尚有一种竹皮护面的板门。苏州内院砖门楼为了防火，在其板门内壁加贴厚重的方砖一层。南方的祠堂、大宅的门扇尚喜欢用刻制彩色的门神装饰门扇，内容有神荼、郁垒、敬德、叔宝之类，或者是财神、将军、朝官等[33]。藏传佛教寺庙大门常绘制各种怪兽，门框做成覆莲瓣、金刚

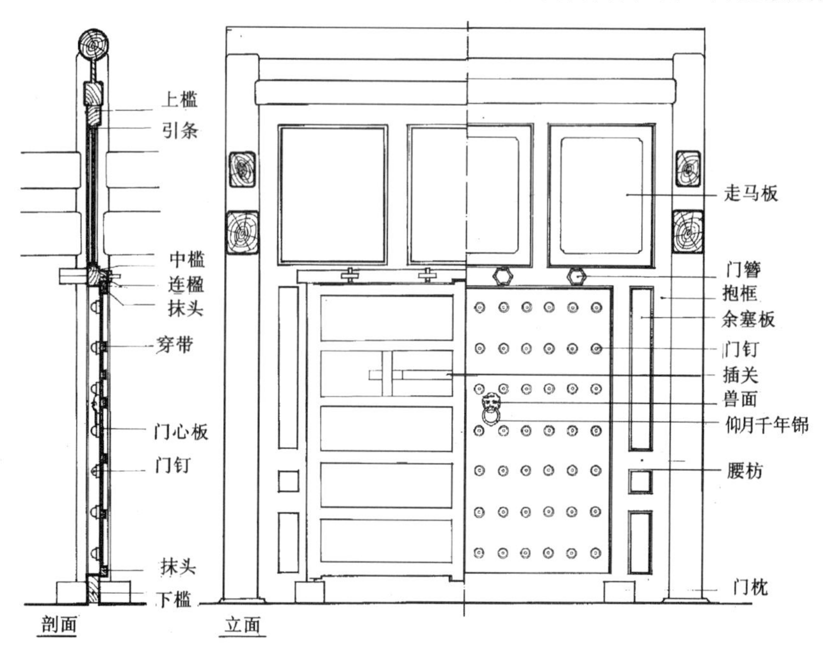

图 9-67　清官式棋盘大门构造图

图 9-68　北京某宅棋盘式大门

结等复杂的线脚以为装饰，用色亦十分浓烈刺激。

2. 槅扇门

自唐末五代出现槅扇门以后，南风北渐，因其透光，并可摘卸的优点，发展成为全国通用的门型（图 9-69）。一般每间可用四扇、六扇、八扇，愈晚近的槅扇门比例愈高瘦。苏州一带称外檐槅扇门为长窗。门中最富于变化的是槅扇心部分，图案变化繁多，不胜枚举。北方图案较朴素、如直棂、豆腐块、步步锦、灯笼框等。宫廷中多用三交六碗、双交四碗棂花窗或古老钱等（图 9-70）。南方图案则十分灵活，有万川、回纹、书条、冰纹、万字、拐子八角、六角套叠、灯景、井字嵌棂花等式。而且复杂者其棂条还分为粗细两套，棂条端部做出

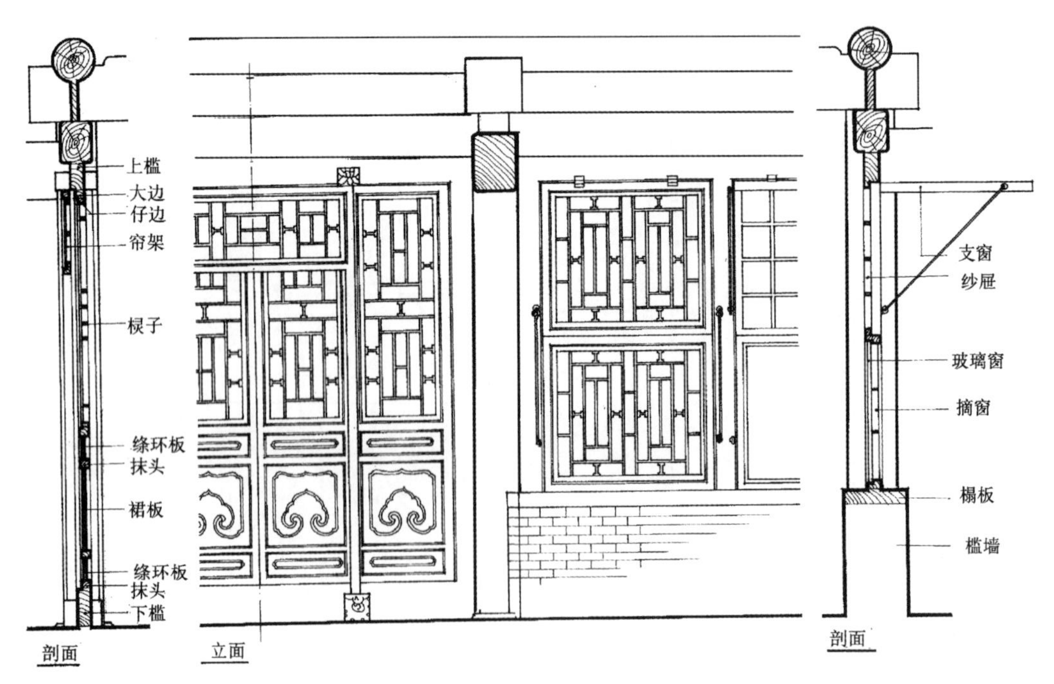

图 9-69　清式槅扇门及支摘窗构造图

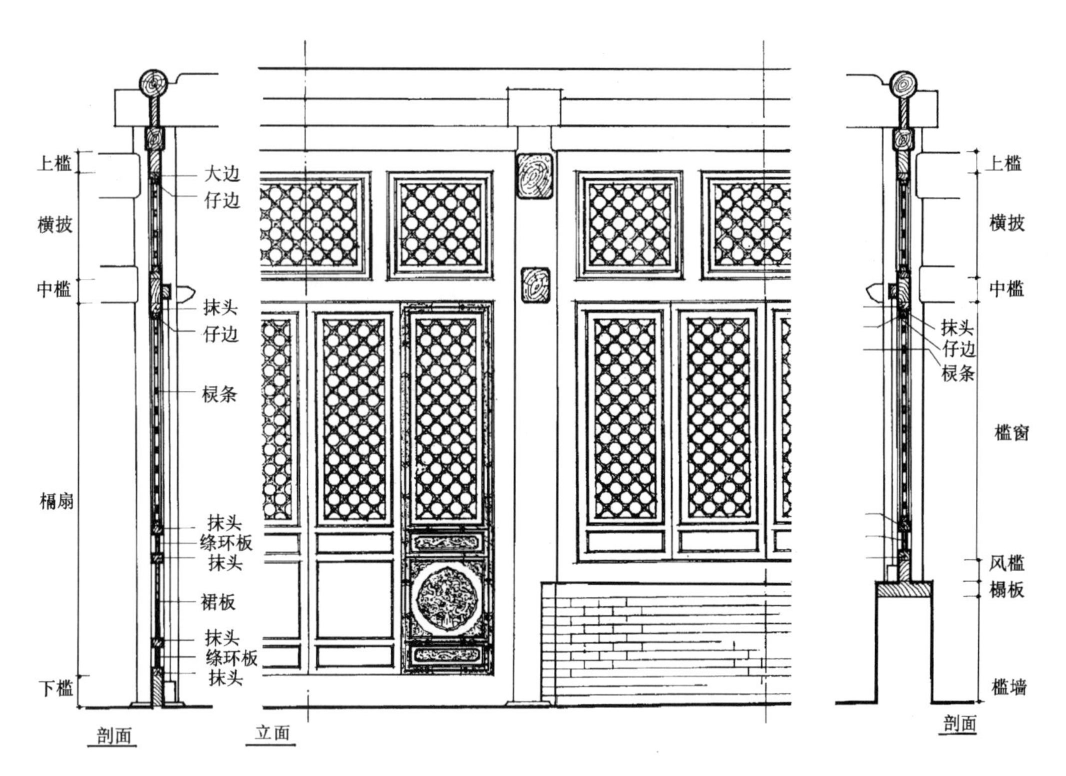

图 9-70 清官式棂花槅扇门及槛窗构造图

夔龙钩式装饰，称夔式。棂条之间尚加用许多结子、卡子等，有工字、卧蚕、方胜、蝙蝠、团云等。在古代槅扇门棂间以糊纸采光，所以所有棂条图案皆是以 9～10 厘米间距为则组织出的图案。自采用玻璃以后，图案规律大变，构图更为自由，内心仔条还嵌玻璃宕子。在浙江东阳、云南剑川等木雕发达地区还用整块木板精雕细刻，组成套叠的龙凤、花鸟图案，实际成为一件雕刻美术品，完全失去采光装修的原意。还有一种槅扇最为精美，即全部以棂条组成，而无裙板，叫落地明造。玲珑剔透，光影扶疏，就像一幅装饰图案。如苏州拙政园远香堂的装修。

清代槅扇门的裙板、绦环板部位亦经过重点装饰，一般皆有雕刻，如如意纹，夔龙纹、团花、五蝠捧寿、云龙、云凤等，在南方还可雕出四季花卉、人物故事等标题化图案。

遇有婚丧大事可拆下槅扇门，打通内外，形成敞厅，扩大使用面积。住宅正厅为了冬夏季悬挂棉帘、竹帘、在槅扇门中间两扇的外部还可装立帘架，或在帘架上装永久性风门。槅扇门图案不仅外观美丽，而且在室内外望时所形成的剪影图案，更优美异常，具有东方特有的图案美。

3. 屏门

为一种类似槅扇门式的板门，一般为四～六扇。多用在北京四合院内院垂花门，以隔绝内外（图 9-71）。屏门为绿色油饰，红地金字斗方，十分雅致。在南方有些民居中，亦在入口处安设屏门。

4. 其他

地方上多变通处理各种门式，各有特色（图 9-72）。如四川常用的三关六扇，即中为两扇板门，左右各两扇隔扇门。浙江的一门三吊榻，即是板门分为上下两部分，上部可支起，下部可开启。在南方尚通行腰门，即在正门外加一矮小的平开门，又称矮挞，或短扉，平时大门敞开，腰门关闭，隔而不死。广东潮州的栅栏门、广州的推笼门也是这个用意（图 9-73、

图 9-71 北京东单赵堂子胡同甲 2 号垂花门

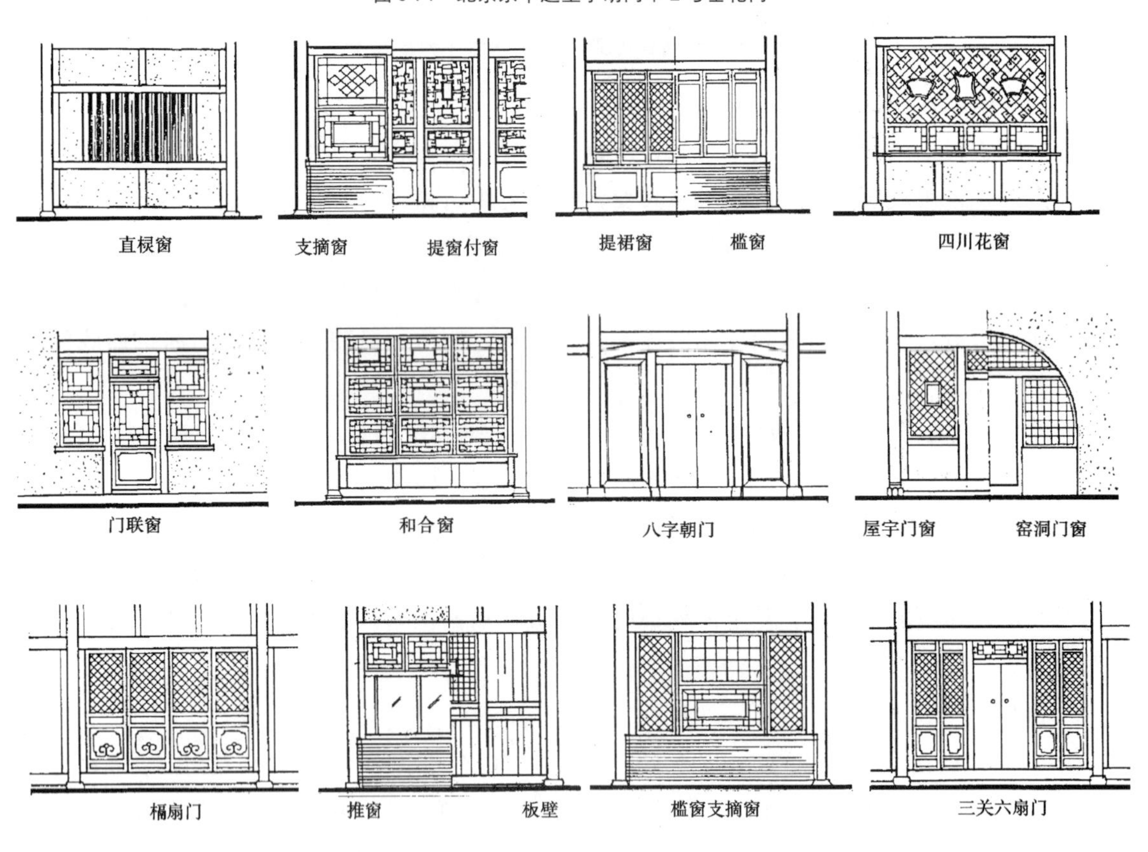

图 9-72 各地外檐门窗组合形式图

9-74)，有隔绝之效，又收通风观赏之功。四川成都的民居正厅往往做一樘不到顶的门窗，以为屏蔽，称抱厅门。有些民居还在板门上刻意装饰：如刻门对，钉铁钉，贴竹皮护面等，以加强美观效果（图 9-75）。

图 9-73 广东潮州民居栅门

图 9-74 广东中山沙冲村某宅推笼门

图 9-75 浙江湖州马军巷 41 号贴竹皮大门

二、窗

古代最通用的死扇直棂窗在清代已很少用，仅在库房、厨房、禽房等简易的房中使用。应用最广泛的是槛窗。

1. 槛窗

是立于砖槛墙上的窗。其构造一如槅扇门，只是把槅扇门的裙板部分去掉（图 9-76）。槛窗的比例及棂格芯与槅扇门需协同考虑，组成统一的构图，成樘配套。每间装 2～6 扇。在南方则不用砖槛墙，而改用木板壁，称为提裙。槛窗及木板壁皆可拆下，将厅堂变为敞口厅，这种窗称半窗。园林中的半窗槛墙较低，外加靠背栏杆，可凭栏小坐，眺望窗外景物。

2. 支摘窗

是北京、华北一直到西北常用的民居窗（图 9-77）。这种窗型一般在槛墙上立柱分为两半，每

图 9-76　棂花槅扇门及槛窗（北京卧佛寺）

图 9-77　支摘窗（北京恭王府戏台）

半再分上下两段装窗，上段可支起，内部附有纱扇或卷纸扇，以达到通风换气的目的；下段可将外部油纸扇摘下，内部另有纸扇或玻璃扇，可用于照明，故称支摘窗。其棂窗图案大部为步步锦，也有灯笼框、盘肠、龟背锦等图式。而西北地区多几何形图案。民间多剪梅红纸窗花贴在窗棂格中央部位，作为装饰。山西大同地区则制作窗画，糊在窗上，增加民俗文化风味。江南的支摘窗又称和合窗。多装于民居次间，或亭阁、旱船等处（图 9-78）。窗下装木栏杆，内钉裙板，栏杆花纹向外，栏杆上安捺槛，上立杴木两根，将窗户分成三排，每排上下又分三扇，上下两扇为固定扇，中扇可支起，以便通风换气。和合窗扇呈扁长形，棂格图案亦多为矩形、八方式图案。

3. 满周窗

又称满洲窗，通行于广东民间。它的分格是规则地将窗户分为三列，上下三扇共和九扇。窗扇可上下推拉至任意位置，以调节室内小气候。这类窗扇棂格较自由，晚期并安装彩色玻璃以为装饰。

4. 横披窗

即在窗扇上部，开设在上槛与中槛之间的横向固定窗。以补充整个装修立面，调整开启窗扇的大小。这种窗南北通用，其棂格多与下边的窗扇、门扇配套。

5. 花窗

为四周有花式棂格边的固定窗。多用于园林建筑中，用以溶透室外景色，构成美妙画幅（图 9-79）。如苏州网师园殿春簃的后檐三个大花窗，分别透出室外小院的独石、竹丛和芭蕉，形成三个画面，构思巧妙。花窗边框不仅可做成矩形，亦可六方、八方、圆形，还可在下半部设窗栏、护栅。

6. 其他窗形

园林中为增加廊庑的空透性，多设什锦灯窗。如东北地区为防盗在支摘窗内部增设一扇木板窗，俗称吊搭，白天吊起，晚上放下。西北地区多应用横向推拉的棂花格窗，推扇多设在外，白天推向两旁，形成华美的装饰壁面（图 9-80）。云南大理民居有的安设圆形的大花窗。安徽歙县民居次间多在两扇格扇窗外加设腰栅（图 9-81）。有的地区还使用中旋的“翻天印”窗。新疆喀什伊犁多使用双层窗，内为采光窗，外扇为木板窗，以解决一年内气候的剧变。

图 9-78　江南建筑中的和合窗（江苏扬州某宅）

图 9-79　园林建筑中的花窗（江苏苏州网师园殿春簃）

图 9-80　甘肃民居中的推拉栅窗（甘肃临潭某宅）

图 9-81　江南建筑中的窗栅（浙江东阳六雅堂）

三、隔断

是指室内作为间隔用的装修。包括完全隔绝的做法，如砖墙、板壁；可以开合的如槅扇门；

半隔断性质的，如太师壁、博古架、书架；仅起划分空间作用，仍可通行的花罩类。清代在室内隔断方面积累了多样化的处理方式，表现出无穷的智慧及丰富的想象力，是清代建筑的重要成就（图 9-82、9-83）。

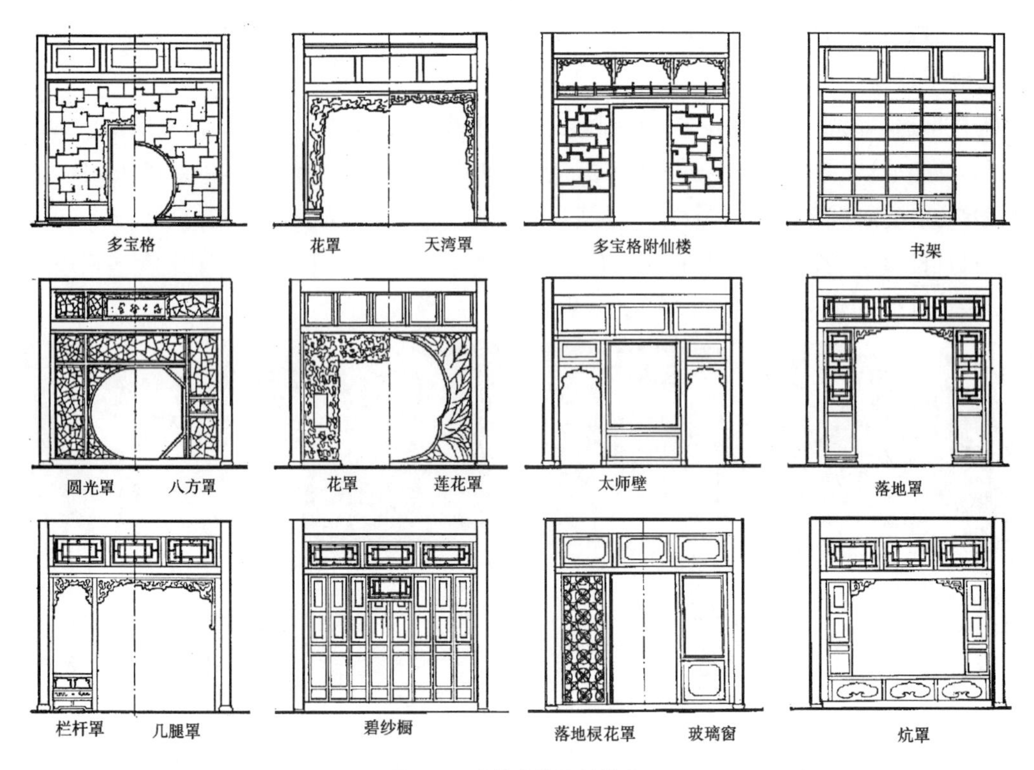

图 9-82　清代内檐隔断种类图

图 9-83　清代建筑内檐花罩数种

1. 木板壁

北方多以砖墙做隔断，表面多为抹灰面，清水砖做细，或做壁画。清代宫廷墙壁多刷黄色的包金土或贴金花纸[34]，或在墙上裱糊贴络[35]。清代宫廷建筑尚用预制的木格框，裱糊夏布、毛纸，粉刷成白色，然后固定在墙壁毛面上，称“白堂篦子”，是一种高级的预制墙面。在南方民居中多用木板壁或编竹夹泥壁作为隔断墙，色调淡雅、简洁，墙壁装饰多依靠挂附的字画、挂屏来取得。另外四川、西北、青海藏居也喜欢用木板壁隔断。

2. 碧纱橱

即室内使用的槅扇门。满间安装，六扇、八扇、十几扇不等，一般为死扇，仅中央两扇可开启，上边安设帘架，以挂珠帘（图 9-84）。用于室内的碧纱橱多为硬木制作，如紫檀、红木、铁梨、黄花梨等，民居中亦可使用楠木、松木制作。这类隔断的槅扇心往往做成双层，两面可看。棂格疏朗，以灯笼框式最常用，中间糊纸或纱，称夹堂或夹纱，并在纸上、纱上书写诗词，绘制图画，成为室内很有书卷气的装饰品。宫廷中尚在槅扇门上嵌镶宝石、螺钿。南方园林中的槅扇门有的做成实心槅扇心板，裱贴整幅字画，文化气息更为浓厚。

3. 罩

罩为一种示意性的隔断物，隔而不断，有划分空间之意，而无分割阻隔之实。具体形式分为数种情况。

①落地罩　即开间左右各立隔扇一道，上部设横披窗，转角处设花芽子，中间通透可行（图 9-85）。

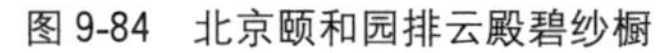

图 9-84　北京颐和园排云殿碧纱橱

图 9-85　北京颐和园乐寿堂落地罩及博古架

②几腿罩　即开间左右各有一短柱，不落地，上部悬以木制雕刻图样，弯弯地挂在上面，故四川亦称之为天弯罩（图 9-86）。

③栏杆罩　即开间两侧各立两柱，柱间设木栏杆一段，中间部分上悬几腿罩。

④花罩　是落地的几腿罩，整樘雕刻花板具有母题，如松鼠葡萄、子孙万代、岁寒三友、缠枝花卉等（图 9-87）。雕法自然、空透，两面成形，花团锦簇，是极昂贵的工艺品。花罩品类极多，可有各种组合形式，有一种花罩在整个开间雕满装饰花纹，仅在通行处设八方、圆形门口，称之为八方罩、圆光罩等（图 9-88）。

⑤炕罩　是将落地罩形式置于北方民居的火炕炕沿木上，冬天可在罩上挂帐。

4. 博古架及书架

博古架又称多宝格，为专门陈设古玩的多层庋架。在大宅或宫廷中往往将整开间做成博古架，两面可欣赏藏品，也起到隔断的作用（图 9-89）。博古架皆为硬木制作，分割成拐子纹式的小空格，有的在边缘还加饰花牙，下为橱柜，上为顶龛，是一种高贵典雅的室内装修，著名的有颐和园排云殿的博古架。大宅及宫廷往往将书架整间布置，形成隔断，架外挂设蓝缎罩帘，亦是很好的装饰。如故宫养心殿、避暑山庄澹泊敬诚殿的书架。

图 9-86　北京紫禁城养心殿几腿罩

图 9-87　北京紫禁城重华宫花罩

图 9-88　北京颐和园八方罩

图 9-89　北京紫禁城宁寿宫养性殿多宝格隔断

5. 太师壁

多用于南方住宅中。堂屋的后壁中央做出木雕团龙凤或木棂窗，或为板壁悬挂字画，两侧靠墙处各开一小门，通往后边隔间、楼梯，壁前设条案及八仙桌椅。这种处理几乎成为厅堂的定制。

6. 屏门

多用在堂屋后金柱之间。一般为四～六扇板门，平时不开，仅婚丧大事才启用，一般为白色镜面做法。但在南方园林建筑中也可将屏门做成纱槅，或装裱字画的槅扇门，或在髹饰大漆显露木质的屏门上雕制线刻图案，亦可将六扇屏门的槅扇心统一构图，形成整幅画面。总之，通过对屏门的艺术加工进一步美化室内环境。

7. 组合体

传统建筑的室内隔断在运用中往往呈组合状态，即是将屏门、槅扇门、罩类、龛橱等组合使用，平面布置上可进退凹凸，形成丰富的变化空间。如苏州的园林厅堂、故宫宁寿宫、乐寿堂及符望阁的室内隔断皆是成功之作（图 9-90～9-93）。

1 北京四合院

2 苏州住宅

图 9-90 清代住宅内檐装修图

图 9-91 北京史家胡同某宅内檐装修及陈设

图 9-92 江苏苏州拙政园三十六鸳鸯馆装修及陈设

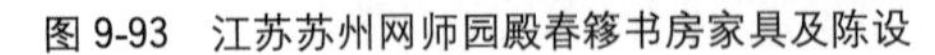

图 9-93　江苏苏州网师园殿春簃书房家具及陈设

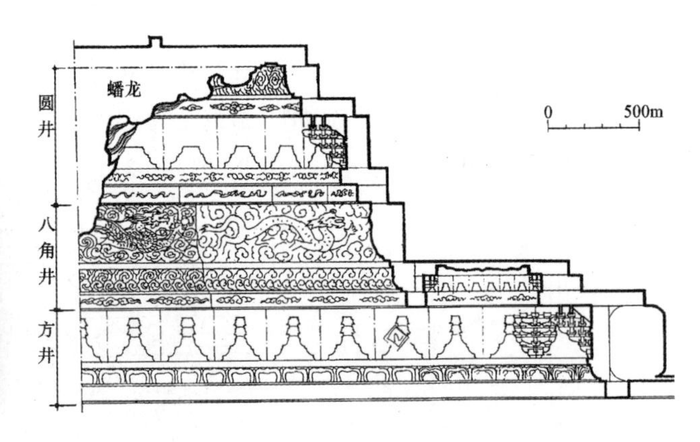

图 9-94　北京紫禁城太和殿龙井剖面图

四、藻井及天花

藻井是用在宫殿、庙宇殿堂室内天花中央的装饰，以烘托佛像或宝座的庄严气势，是一项历史很久远的装饰手法。大致说来，南北朝以前藻井的构造多为方井或抹角叠置方井。六朝隋唐时为用斜梁支斗的斗四、斗八井。辽宋金时期大量用斗栱装饰藻井，在宋《营造法式》中有专文介绍斗八藻井及小斗八藻井。元明时的藻井式样变得更为细致复杂，增加了斜栱等异形斗栱，在井口周围添置小楼阁及仙人、龙凤图案等，除斗八以外，尚有菱形井、圆井、方井、星状井等形式。

清代藻井与前代相比较有几点较突出。即是雕饰工艺明显增多，龙凤、云气遍布井内，尤其是中央明镜部位多以复杂姿势的蟠龙为结束，而且口衔宝珠，倒悬圆井，使藻井构图中心更为突出，繁简对比明显。北京故宫太和殿龙井是优秀实例（图 9-94）。其次即是用金量大增（图 9-95～9-97），不仅宫廷建藻井遍贴金饰，即是一般会馆、祠堂也大量贴金，使藻井在室内装修中形成突显的地位。第三在民间藻井中多不受斗栱形制的约束，大量用单挑斜栱，以形成涡流回转的螺旋井藻井，成为一时风尚（图 9-98）。如天津广东会馆、上海木商会馆、三山会馆等例。而盛行于宋明时代的天宫楼阁等小建筑在清代已不再应用，即以藻井象征天国的构图意匠让位给纯装饰美化的意图。

图 9-95　北京紫禁城交泰殿龙井

图 9-96　河北承德普乐寺旭光阁藻井

图 9-97 河北承德普陀宗乘之庙万法归一殿藻井

图 9-98 上海木商会馆戏台螺旋式藻井

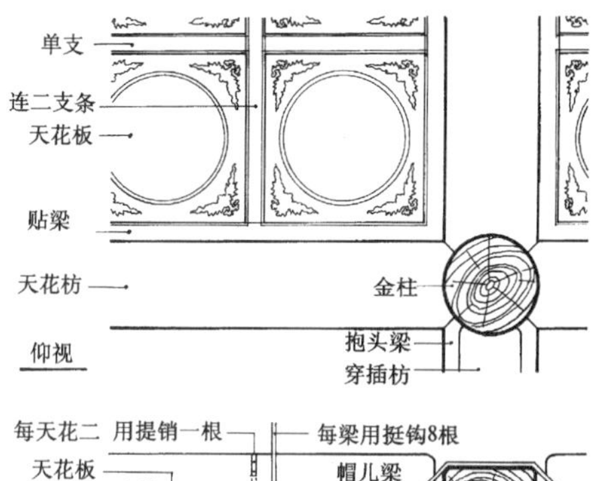

图 9-99 清官式井口天花做法

天花在古代称承尘、仰尘，唐宋时有平棋、平暗等做法区别，清代已规格化为几等做法：第一为井口天花（图 9-99），即在天花梁之下吊悬井口支条，于井口方格内托背板，每格一板，规格相同，具有规整的韵律美。清代井口天花彩画亦形成一套严密的画法，这点与宋代平棋天花施用大背板的做法不同。有的高级殿堂的井口天花全为楠木雕制，不施彩绘，华贵素雅。第二为海漫天花，即用木条钉成方格网架，悬于顶上，架上钉板或糊花纸，或按井口天花规式绘制彩画裱糊其上。第三为木顶格，是在木条网架上糊纸，用于一般宅第。普通住宅多改用高粱秆扎架，糊纸，比较简易。在江南一带民居中往往用复水重椽做出两层屋顶，椽间铺以望砖，在廊部处还变化做成各种形式的轩顶，也属于天花吊顶的一种做法。

斗栱在室内外空间亦起到一定的装饰作用。清代斗栱的结构意义已十分微弱，有些外檐仍保留它，是作为概念延续的标志及装饰美化的手段。在南方，建筑斗栱多不拘形制，用材高薄，并增加附件，如纱帽翅、凤翅、凤嘴、云栱等。尤其在重要门、坊、牌楼檐下，多用如意斗栱，即不分柱头、平身之别，通用 45°斜交斗栱托斗，逐层上挑，形成网状，湖南地区称之为“蝼蜂窠”[36]。北京北海陟山桥端的牌坊是官式建筑采用如意斗栱的孤例。另外如意斗栱也常用于藻井之内。在晚清的南方建筑为简化檐下处理，采用鹤胫护檐，即用弯曲的细椽及椽板封护住檐下，有的还绘以彩画，逐渐摆脱了斗栱作为檐下装饰的用意。

五、清代建筑装修的艺术特色

装修是建筑的内外围护结构，它首先要注意气候因素，这是确定不移的原则，清代装修也不例外。如同样的槅扇门窗，江南建筑为了防雨而用半透明的蛎壳代替糊纸，称“明瓦”；而东北地区为了防止积雪，而将纸糊在棂格之外；为了防风，在东北、西北地区多加设木板窗扇；北京宫殿的大隔扇门棂格除糊纸之外，尚需糊纱一层，或铁丝数道亦为防风；江南地区闷热，所以大部分槅扇窗皆可拆卸；而北京宫殿的槅扇门在冬季却要裱糊缝隙，称为糊饰博缝，以绝寒气[37]，这些都是气候因素的影响而变更设计做法。至于空透的隔断也大半盛行在南方气候温和地区，以取得空间相续，隔而不断的效用。由上述可知南北方之艺术面貌当有差异。但清代是艺术交流的时代，很多迹象表明南方装修艺术亦对北方影响不小。例如清宫样式房、如意馆中皆有许多南匠供役，楠木作、硬木装修多由南方工匠掌案。其中大型装修如宫室中的罩类，皆于南京制样开雕，然后送北京安装[38]。乾隆时期圆明园的许多匾额皆是苏州承造，然后运京[39]。直至清末同治重修圆明园时，花罩等硬木装修还是委托粤海关在广州开雕制造。因此北京宫廷建筑的艺术风格肯定受南方较大影响。

图 9-100　横竖棂子窗棂（江苏苏州忠王府）

图 9-101　横竖棂子门棂（浙江东阳卢宅）

总结清代装修的艺术特点可归纳为三方面，即空透性、装饰性及综合性。空透性即清代装修较前代装修更为疏密相间，隔而不断，不仅透气性增加，而且隐约可见，有如轻纱薄雾，暝色飞烟。把丝帐罗帏的构想建筑化，在这方面以各种花罩、纱隔和菱花窗及博古架最为突出。特别是意向型隔断，即虽有隔断之名，而无隔断之实的飞罩、横披窗等，可称是清代的创造，将室内空间的区划与交融联为一体，层次意韵无限伸延，把原本规整简单的传统建筑造出玄妙难测的空间变化来。以同治十三年重修的圆明园为例，仅天地一家春一座殿堂即安设葡萄式天然栏杆罩、子孙万代天然罩、瓜蝶天然罩等 14 樘[40]。花罩是南方装饰手法影响宫廷及园囿建筑的极成功之处。自雍正以来，玻璃的应用更为装修的空透性开创了创作的新天地。

装饰性是指清代装修不再拘泥于一般建筑构造规制的限制，而转向形式美的追求，即图案构图的美观。以槅扇门窗棂格为例，在众多的棂格图案可归纳为四大类，即横竖棂子、拐子纹、菱花、雕花饰板。横竖棂子是棂格的初始形态，即井字格、斜方格、一码三箭等，也包括稍具美化的回字、步步锦、书条式等（图 9-100、9-101）。这些明代常用的棂格式样，都不离开直棂条构造原则。而清代盛行的拐子纹，包括书条万字、回纹万字、软脚万字、如意纹，以及更为复杂的整纹、乱纹、夔脚式、插角式等都是将棂条做成小段折曲状，拼斗起来的（图 9-102～9-104），而且交角皆抹成圆角，还穿插了许多花结、花牙。菱花纹是直棂的另一种发展，即每条棂条皆用线锯修饰成有各种曲线的花条，拼装成菱花，加饰棱线、钉帽，其工艺复杂性增加很多。四川地区采用的三交六碗套六方、蛛网纹等窗格都属这一类。至于雕花板则完全放弃棂条构图，走自然主义雕饰美术品的道路（图 9-105、9-106）。正因为上述的变化，才造成清代离奇诡谲的丰富图案。

图 9-102　拐子纹窗棂（北京紫禁城宁寿宫符望阁）

图 9-103　拐子纹窗棂（江苏苏州花驳岸某宅）

图 9-104　拐子纹窗棂（浙江东阳白坦乡某宅）

图 9-105　雕花板门棂（云南大理喜州村某宅）

图 9-106　雕花板窗棂（浙江东阳德正街 2 号）

图 9-107　北京紫禁城宁寿宫养性殿装修细部

图 9-108 北京紫禁城宁寿宫乐寿堂嵌玉石木雕栏杆

综合性是指清代装修广泛吸取各种工艺美术成就，熔于一炉，综合表现出新的艺术形态。如字画装裱与槅扇门窗的结合，不同木质的贴嵌，门窗小五金的镂作配合，雕刻品与装修的结合（花罩）。在这方面突出的例子是清乾隆晚期建造的北京故宫宁寿宫乐寿堂装修，它汇集了硬木雕刻、黄杨贴络、丝绸装裱、字画装裱、珐琅玉石镶嵌、螺钿嵌贴、竹丝镶嵌等各种工艺手法，来装修内部门窗壁面，是集合各项艺术创作于一体的大成之作（图 9-107、9-108）。其中尤以乐寿堂内硬木嵌景泰蓝、玉石的碧纱橱，三友轩紫檀嵌玉槅扇、三友轩松竹梅月亮门、符望阁嵌玉透绣槅扇、倦勤斋嵌竹丝底百鹿图裙板等，更是建筑装饰方面的工艺精品。

第五节 建筑琉璃

一、清代琉璃艺术的发展

琉璃在建筑上的应用起始于屋面瓦件，由剪边至全顶，由单色至多彩，至明代已呈全盛时代，并开始将琉璃作为墙壁的饰面材料，以进一步发挥它的闪光多彩的装饰特点，出现了一批琉璃照壁、琉璃塔、琉璃牌坊，琉璃门等新建筑形式。

清代继明之成规，不但扩大建筑琉璃瓦件的应用范围，而且继续在皇家特殊工程中大量应用琉璃。例如著名的北海九龙壁及故宫宁寿宫前九龙壁，都是乾隆时期的作品（图 9-109）。北海九龙壁位在北海北岸，天王殿之西。壁长 25.86 米，为双面大型浮雕壁。表面采用高浮雕塑成的九条巨龙，翻滚在海水江崖之间。龙身游弋扭曲，首尾接续，左右呼应，以黄色坐龙居中，左右分置蓝、白、紫、黄四条游龙，构图对称，但又十分活泼灵动，有极强的动势感。该壁设色浓艳，色块搭配和谐，并且注意到色块基本体量及雕饰的粗细程度，以保证在一定视距下的图案观赏效果。全壁由 420 块预制琉璃砖组成，说明工匠在整体构图及装配方面的高超技艺。

宫殿坛庙中的琉璃墙门及琉璃照壁也是常用的手法[41]（图 9-110）。在这类建筑的壁面上常安设岔角及盒子雕饰。清代琉璃盒子是十分有成绩的制品，以故宫为例，盒子题材有缠枝宝相花、仙鹤流云、缠枝牡丹花、西番莲、云龙纹、双凤、鸳鸯戏水等式。每门不同，花色翻新，并且皆由黄绿蓝各色琉璃制成，突出的花团及玲珑穿插的枝叶，搭配合宜，对比明确，具有十分流畅的构图美。清代琉璃牌楼亦有大量的发展，如北海华藏界牌坊、北海小西天观音殿四面牌坊、北京国子监“圜桥教泽”牌坊、颐和园“众香界”牌坊、北京卧佛寺牌坊、承德须弥福寿牌坊（图 9-111、9-112）。这些牌坊都有巨大的体量，复杂的琉璃面砖，特别是花板

图 9-109　北京北海九龙壁琉璃塑壁

图 9-110　北京紫禁城乾清门琉璃八字墙

图 9-111　北京静宜园昭庙琉璃牌楼

图 9-112　北京北海天王殿前琉璃牌楼

浮雕更是精美异常。清代琉璃塔不多，但也有些精品，如北京静宜园昭庙琉璃塔（图 9-113）。北京颐和园后山的花承阁多宝琉璃塔，以其华贵秀丽的风貌，精巧多变的色彩，为广大游客所称道。该塔七层，总高 16 米，平面为八方形，由四正面与四小面组成。立面造型为楼阁式与密檐式结合方式。每层塔身的琉璃颜色不同，并且细部做法也不同，故全塔所用砖瓦饰件规格极多。此外，在承德及五台山佛寺中，亦开始以琉璃装点喇嘛塔，从而产生出迥异于元明以来洁白的喇嘛塔形制，而给它披上了锦绣彩装。

清代在琉璃技术运用上的突出成就反映在琉璃阁及园林建筑上。琉璃阁是在砖券无梁殿建筑的外壁面全面镶贴琉璃面砖，并受千佛壁龛装饰的启发，多以众多的佛龛来做贴面。重要实例有北京北海天王殿琉璃阁、颐和园智慧海、北海白塔下的善因殿等（图 9-114、9-115）。颐和园智慧海建于乾隆年间，为两层砖拱券结构的无梁殿，通体上下全部满嵌黄绿琉璃砖，立面装饰仿木构梁枋、斗栱及彩画制度，壁面满镶佛龛，歇山顶的正脊、垂脊为吉祥云图案加饰花朵，脊中设琉璃佛塔，总之将琉璃的色泽充分应用在建筑的各个方面，达到了华丽、欢畅的效果。

清代园苑建筑也大量引入琉璃装饰，如颐和园的画中游、转轮藏、佛香阁，北海的永安寺，南海瀛台沿湖亭阁，故宫御花园的千秋亭、万春亭，乾隆花园的碧螺亭等都是彩色屋顶的建筑。它对于清代园林中所要表现的帝王气概、蓬莱仙境，具有很大的作用。

此外，沈阳盛京宫殿亦采用大量琉璃，如琉璃墀头、琉璃博风、琉璃裙肩都十分具有特点，而且选色偏重孔雀蓝，与官式用色差异较大（图 9-116）。

图 9-113 北京静宜园昭庙琉璃塔

图 9-114 北京颐和园智慧海琉璃阁

图 9-115 北京北海西天梵境琉璃阁

图 9-116 辽宁沈阳盛京宫殿崇政殿琉璃墀头及博风砖

明清时期宫廷建筑琉璃瓦用色已有定制。如黄色用于宫殿、坛庙或敕建寺观；绿色用于佛寺王府；黑色用于祭祀建筑；蓝色专用于祭天建筑；杂色用于园林等，反映出封建礼制思想影响。

二、清代琉璃工艺

琉璃釉是一种含铅量较大的玻璃釉，在不透水性、耐酸性及其他化学物理性能方面都与玻璃相类似，但熔点较低，一般为800～900℃。琉璃釉烧制熔化后，可在砖瓦表面形成玻璃样光泽，并具有色彩，外观流光陆离，故古代称之为“流离”或“瑠璃”。

琉璃釉的主要成分是氧化硅（SiO_2），在自然界中的原始形态即是石英砂。为了使氧化硅较易熔化，还要增加助熔剂，主要用料为铅，常用的原料为铅丹（黄丹）或密陀僧（Pb_3O_4 或 PbO）。为了使琉璃釉呈现各种不同的美丽色泽，尚需加入一定数量的呈色剂，一般为铜、铁、钴、锰等金属氧化物。

宋《营造法式》一书中对制作琉璃釉提出“以黄丹、洛河石和铜末，用水调匀”之法，说明宋代绿釉是以铜作为呈色剂的。明代有关制造彩色琉璃釉的配方中所用材料，除马牙石（石英）以外，尚有铁矿石、铜末、硝石、画碗石、铅丹等，可分别制成正白、牙白、梅红、黄、绿、青、黑等色。根据所采用的矿石成分可知，黄釉为铁化合物，绿釉为铜化合物，青色为钴化合物，紫色为锰化合物等作为呈色剂。琉璃瓦的烧制皆采用两次烧窑法。第一次烧砖瓦坯，烧成后出窑上釉，第二次入窑再烧，称烧色窑。一般素烧可达1100℃，而色烧仅为900℃或以下。

琉璃釉的配制是琉璃工艺的关键。但由于琉璃工匠是家传世袭的行业，口传心授，其配方原则秘不传人，即使是同行匠人也互不切磋，这种状况妨碍了琉璃技艺的提高，甚至一些佳美的配方技术年久失传，甚为可惜。另外琉璃釉所取原料大部分为天然矿石，纯度不齐，有效成分含量各异，内部夹杂微量金属氧化物也各不相同，因此无法确定准确的化学成分配方。在这种技术保密的情况下，清代曾记载了部分配方是难能可贵的。明万历四十三年（1615年）所著的《工部厂库须知》中曾提供了一个琉璃釉配方（见表9-1），但较简单。清初康熙时孙廷铨著《颜山杂记》，其中有关于琉璃釉配方的技术。但从文意看似指玻璃的炼制配方，对炼制琉璃釉仅具参考[42]。但近年发现一本北京门头沟琉璃窑的老账，记载较为详尽，足可供研究之用（见表9-2）。从这份配方中，可发现清代釉药配制工作更为精细，根据瓦坯在窑中的位置，考虑瓦件所受炉温高低不同的影响，同一颜色釉分别配制成不同熔化度的通用方、硬方、软方。某些特殊颜色如紫色、孔雀蓝等，尚需配制出经两次烧制的熟釉[43]。另外过去一般认为琉璃釉为铅釉，即以铅为助熔剂的软釉，但从这份配方中可发现某些颜色的铅的用量不大，而钾的用量不小，如天青、翡翠、紫色等，应该说是铅钾合熔的釉料。在这份材料中也可发现某些配方仍有着技术保密的现象，如16、18项的紫色、黑色软方，似不完全，16项注中称尚需加紫料半锅，约7斤，但紫料成分如何不详。

明代《工部厂库须知》琉璃釉原料配方　单位：斤　**表9-1**

	黄　丹	马牙石	黛赭石	硝	铅　末	苏嘛呢青	紫英石	铜　末	无名异
黄色釉	306	102	8						
青色釉		10		10	7	0.8	0.6		
绿色釉		102			306			15.8	
蓝色釉		10		10	1.4		0.6	0.1	
黑色釉		102			306			22	108
白色釉	50	15							

注：1. 每一料釉料可浇瓦片1000片。

2. 黄丹为四氧化三铅 Pb_3O_4，马牙石为石英 SiO_2，黛赭石为铁氧化物，硝为钾硝石 KNO_3，苏嘛呢青为锰或钴的氧化物，紫英石为三氧化二铁 Fe_2O_3，无名异为锰的氧化物。

清光绪三十年（1905年）北京门头沟琉璃窑配颜料各色方 　　**表9-2**

		铅	马牙石	紫石	铜	铜绿	挠砂	火硝	粉	洋青	硼砂	大碌	红铜	青紫	大青石	红赭	土子
1	黄色硬方	三十斤	十一斤	二十八斤													
2	绿色方	三十斤	十二斤		二斤												
3	绿色硬方	三十斤	十三斤			二斤	四两										
4	绿色软方	三十斤	十一斤		三十两												
5	天青色方		七斤四两	三斤				二十二斤	十八斤	七斤	二斤四两						
6	翡翠色熟料方		五十斤					一百斤			二斤	六斤					
7	翡翠色方		十九斤	二斤半				三十一斤	九斤		二斤半	一斤四两	半斤				
8	炼料紫色方	十斤	十四斤	三斤十二两				二十二斤	八斤		二斤半			三斤十二两			
9	大青色		四两		二斤半			十一斤	九斤	八斤半					四两		
10	白色方软方	一斤	半斤						五钱								
11	黑色软方	十五斤	五斤半									一斤四两			十两	一斤	一两五钱
12	黑色硬方	一斤	五两九钱			一两三钱										一两四钱	八钱
13	紫色炼方	十九斤	十四两	三斤半				二十四斤半			四两			四斤			
14	黑色软方	一斤	五两			五斤									五钱	一两	一两五钱
15	翠色炼料方	七斤半	二十五斤					五十斤			二斤	七斤					
16	紫色软方	三斤	一斤														
17	翠色软方	三斤	七两			一斤四两									八两	一斤四两	一斤
18	黑色软方	十五斤	五斤半														

注：1. 2号方中，原注每两铅用铜六分六厘，每料约合二斤。
5号方中，粉即铅粉
6号方中，熟料已有铅
7号方中，粉即铅粉
8号方中，原写官粉，即铅粉
9号方中，官粉即铅粉
10号方中，原写官粉即铅粉
13号方中，火硝原写硝
16号方中，除马牙石、铅料还有半锅紫料七斤。
17号方中，除马牙石、铅料还有半锅紫料七斤。

2. 马牙石为石英SiO_2，紫石即氟石，主要成分为氟化钙CaF_2，铜绿为氧化铜CuO，挠砂即硇砂，为氯化铵NH_4Cl，火硝为钾硝石KNO_3，粉为铅粉PbO，洋青、青紫、大碌均为矿物性颜料，硼砂为硼酸钠$Na_2B_4O_7 \cdot 10H_2O$，大青石为碳酸铜$CuCO_3-Ca(OH)_2$，红赭为铁矿Fe_2O_3，土子又称无名异为锰的氧化物。

清代琉璃瓦的另一项改进即是统一型号制度，使得配置安装更为准确，为估工算料增加了科学依据。康熙二十年（1681年）核准官窑屋面琉璃瓦件定为十样（十种规定）[44]，每样包括从正吻、正脊开始，各种脊件、兽件、筒板瓦、勾头、滴水、博缝、线砖等约65种。其中除一样与十样向无需用外，经常应用的有八种。雍正时还将各样成品皆烧成样品一件，永存窑场，作为标准瓦件，饬令窑户照依定式造办。嘉庆年间将八样琉璃瓦件的长宽高尺寸作了详尽规定，以为规矩准绳。琉璃瓦定样以后除了便于施工、订货以外，在经济上亦产生很大效益。顺治初年琉璃瓦不分大小，按件估价，康熙以后按样估价，价银约减少30%，乾隆时又核减了10%～20%。对于各式花色瓦件饰件，如板椽、磉墩、斗科、龟纹砖、莲瓣、宝塔、竹节瓦等项，在乾隆时议定，各按面积尺寸与相应板片议价，雕刻花卉饰件酌加30%。总之，清代将造价昂贵的手工业制品琉璃瓦，纳入了规范管理范畴之内，不但保证了它的艺术质量，而且降低了造价。

清代琉璃的造型艺术较明代更为丰富，纹样题材更加繁多。以照壁岔角及盒子图案为例，花形变化万千，有西番莲、菊花、荷花、飞禽、水草，也有松、竹、梅、鸳鸯、鹭鸶、仙鹤、花篮、飘带等，比明代仅以牡丹花、龙、凤等为题材广泛得多。而且许多图案都有背锦作衬托，如万字、云纹、龟纹、吉祥草等，显出丰富的层次。

颜色方面除了黄、绿、青、蓝、黑、白、孔雀蓝、葡萄紫以外，清代又增加桃红、宝石蓝、翡翠绿、天青、紫晶。皇室建筑专用的黄色琉璃瓦则更分化出正黄、金黄、明黄等深浅不同的釉色。

由于琉璃饰面砖的广泛使用，为了保证嵌砌牢固，大部分面砖皆需掏空、加肋，并留有钉眼、栓孔，以便固定在砖体或木构件上。为此必须设计出不同造型的坯体。有的花饰还可用挂榫挂在浮雕壁上，产生舒展茁壮的立体花雕效果。总之清代琉璃面砖的制作技术已经十分复杂而精巧。

清代官窑原设在宣武门外琉璃厂，因元明之旧址进行生产，乾隆时因其逼近宫阙，迁至西郊门头沟琉璃渠村，称西窑。掌窑窑户为山西迁来的赵姓，世守其业，直到清末。另有苏姓窑户，亦从山西太原马庄迁来。

三、地方琉璃

中国琉璃砖瓦的繁盛地区在山西，包括晋东南的阳城、晋中汾阳、平遥、文水、介休、河津，还延伸到了河南修武、陕西朝邑等地。各地琉璃窑户皆为子传父业，世袭传承，自成派系，其中以阳城乔氏最为有名。乔氏自明代的常字辈开始（常大、常兴、常远、常正），历经顺治、康熙、乾隆、嘉庆诸朝，带有题刻乔氏姓名的琉璃作品不绝于世，其间传承关系有据可查者达370年之久。此外，太原马庄苏氏、河津东尧头吕氏，皆为清代著名匠家。

现存山西清代琉璃实例仍然不少，著名的如大同云岗第五、六窟窟檐琉璃，建于顺治八年（1651年）。其鸱吻为巨龙盘绕造型，比例高瘦，尾尖竖起，腰部急收，生动活泼，具有特殊风格。临汾大云寺琉璃塔，建于康熙五十四～五十七年（1715～1718年）。塔身壁面满嵌琉璃砖，计用黄、绿、蓝、白、褐色五彩。题材为各种佛传故事及佛尊罗汉等。浑源永安寺传法正宗殿琉璃屋面建于乾隆二十六年（1761年）。屋面为黄绿杂花图案，色调浓重，尤其是正脊、垂脊皆为琉璃花脊，计用黄、黄绿、黄蓝、绿白、蓝白、褐黄等色组成，斑斓绚丽，装饰感极为强烈。太谷大佛山天宁寺琉璃塔，建于乾隆二十九年（1764年）。八角十级，高21米。塔身四周全用40厘米×40厘米孔雀蓝面砖嵌贴，色感极强。又如嘉庆二十年（1815年）所添造的平遥镇国寺万佛殿正吻，亦是造型色彩极为优美的作品。

地方琉璃窑制品多为就地砌筑的小窑烧造，用釉料亦多为地方产品，因此往往会出现意想不到的艺术效果。如介休的金黄琉璃瓦，耀目纯正，色调饱满，金色灿然，可称佳品。平遥、河津一带生产的孔雀蓝砖，晶莹透彻，鲜翠欲滴，非蓝非绿，沉稳深邃，在国内可称极品。

除山西以外，辽宁沈阳因常年修缮盛京宫殿的需要，亦在海城缸窑岭设立琉璃厂。掌窑窑户为侯姓，为明代末年自山西介休贾村迁来。山东曲阜为修缮孔庙建筑，在明代即在兖州琉璃厂村设厂，后迁曲阜城西大庄，设窑烧造至今。掌窑窑户为朱姓，亦为山西人。清末广东石湾亦兼烧琉璃，大部分作为花窗、花栏的饰件，颜色为暗绿色，色泽较差。

第六节　装裱与镏金

装裱，即是将绢布、纸张粘贴在墙壁、天花、门窗槅扇或联匾、屏风之表面，以改善建筑构件和部位的色彩质感，达到美化的目的。也可以说装裱是室内设计中很重要、很有装饰效果的一项设计。早在先秦时代就已用麻丝织物装饰建筑、帐幔、床榻等，但多为悬挂物。唐代出现“装潢匠”工种，即今之裱作，工作范围多局限在小器物或书画。建筑构件仍多以油饰彩绘为装饰手段，一直延续到明代。清代宫廷的后宫居寝建筑改用裱糊方法装点室内，使居室更具有柔和、温暖、精丽的生活气息。具体装裱部位有槅井天花、海墁天花（软天花）、白堂篦子、木板墙、梁柱构架、室内碧纱橱菱花槅心、外檐门窗槅扇心及博缝、屏风、匾联等处。宫廷建筑裱糊底架多用木格栅架（白堂篦子），裱糊用料为白棉纸、苧布、高丽纸、山西绢等，殿堂门窗博缝及屏风、匾额表层多托裱绫缎。寝宫天花、墙壁的面层多用银花纸，即在白纸上印有银花图案，闪烁发光。同时在四角及中心还贴有黑光纸的簇花，具有素雅大方的格调。在室内双层屉心的槅扇门夹堂中间裱糊各色纱绫，有青色纱，有织绣花文，或裱以字画，使隔断装修增加不少艺术品味。明间屏风多用黄绫心，石青缎镶边，配以硬木边框，显示出高贵富丽的气派。至于匾联中用绫纱更为丰富多样。清代还盛行将大幅字画直接裱贴在墙壁上的方法，称为“贴络”。数年后可揭下，换用新作。这些字画多为近臣或如意馆画师承意制作，内容与装饰性并重。清代贴络的方法较唐宋以来的壁画要灵活自由得多，且为预制，用在宫廷建筑内上墙十分快捷简单，节省时间。

民间住宅以秫秸扎制的格架作为天花底架，糊大白纸，墙壁也用白纸裱糊，俗称“四白落地”，亦十分清洁素雅[45]。

清代裱作用料有纸张、锦绫两大类，品种繁多，各有其宜。纸张方面由内务府颜料库供应的有高丽纸、毛边纸、毛头纸、白鹿纸、黄棉榜纸、白棉榜纸，竹料连四纸等大宗纸张。同时尚有不少外购的纸张，如白栾纸、蜡花纸、蜡光纸、黄色高丽纸、裱料纸、锦纸等。锦绫品类有锦、绫、绸、绢、纱、缎、布等。在装裱工艺中常用的有香色杭细纱、杏黄杭细纱、白纱、天蓝纱、石青绫、石青片金绫、石青花绫、红绫、白绫、杏黄绫、明黄绫、片金缎、香色绢、山西绢、画绢、蓝布、白布、苎布等项。清代裱作所以取得优美的艺术效果，很大程度上是因为材料品种的丰富与质量的优良所获得的[46]。

镏金技术是在银、铜器物或构件表面镀上黄金涂层。这是一项很古老的技术，考古发现我国早在战国时代已经掌握了其工艺方法。至清代，随着其他工艺美术的发展而技艺更为提高。乾隆时期出现了繁荣局面，在内务府造办处设有镏金作，供应内廷及园囿的各类活计。至今在紫禁城、颐和园等处仍可见到相当多的镏金铜亭、铜缸、铜狮、铜狻猊、铜铺首、门窗看叶等。藏传寺庙建筑中尚有大面积的镏金铜瓦屋面及镏金铜塔刹、铜幢、铜法轮等。镏金技术为传统建筑增加了华丽的色彩，成为艺术形象的提神妙笔。

镏金技法主要是将黄金热熔于水银中，涂于器件表面，经加热，水银蒸发，而黄金形成镀膜留在表层。操作程序有煞金（熔金）、抹金、开金（加热蒸发水银）、压光等过程。藏族工匠对镏金技术亦掌握得十分纯熟，留下不少的大型作品，如金顶建筑（又称金瓦殿）及金塔、金盘、金双鹿、倒钟、宝幡等屋面饰物。其工艺技术与汉族差不多，特别是以铜板制的器件，更需在造型、出垢、成型、出光后才能进行镏金[47]。

第七节 园林建筑装饰

园林建筑美观要求较高，要做到步移景异，目不暇接，极目所致，皆可成景，一门一窗，一槅一架，顶棚护栏，花墙锦地，莫不蕴藏多种情怀，融会若干意境。园林中有关建筑装修、装饰等项，上节已有叙述。现仅就漏窗、月洞、花墙、铺地等在清代园林建造中应用广泛，特点突出的项目介绍如下。

一、漏窗

一般用于隔墙或院墙上，可用为透气的气窗、弄巷的采光窗，但大量是作为园林廊、墙的障景窗，可使墙内外景色似隐似现，隔而不断，层次丰富，意境相联。本身又可组成各种美丽图案，尤以南方应用最广，苏州一带称之为花墙洞、漏墙。漏窗可分为三类：一类为预制窗，如天台、绍兴、潮州的石刻窗（图 9-117），清代末年广东的琉璃砖漏窗。一类为叠砌窗，如江浙常用的以片砖或布瓦叠砌出各种图案花纹的漏窗，工艺虽简朴，但创意却无穷（图 9-118）。一类为塑制窗，多以木片、竹片、竹筒、铁丝、铁皮为骨，外用灰泥包塑，图案自由，翎毛花卉，无所不能。并能将木刻棂花的手法融会进去，如加花、起线、正乱纹、软硬景等（图 9-119、9-120）。

清代园林设计中运用漏窗十分纯熟，如游廊的半面廊及复廊，运用漏窗可打破廊墙的单调感。成排使用漏窗的院墙可形成漏墙，类似一片花格，春光映透，树影摇曳，内外交流（图 9-121）。

图 9-117　浙江绍兴长桥直街 58 号石刻窗

图 9-118　江苏苏州东北街李宅板瓦叠砌窗

图 9-119　江苏苏州留园五峰仙馆瓦胎塑制花窗

图 9-120　浙江杭州西湖三潭印月塑制花窗

在逆光情况下运用漏窗可获得变化的光影及落地影像（图 9-122）。成排的漏窗可增加墙垣的透视感。面积狭小的院落内运用漏窗，可增大空间感，丰富艺术观赏性。书斋、画舫后墙的漏窗可起到补壁的作用。尤其在叠砌窗砌筑方面，工匠们所表现出的高度图案美学创造能力，亦令人赞佩。仅一块板瓦可横竖排比出无限的图案，如鱼鳞、栀花、海棠、银锭、索子、破月、金钱、套环、风车、水浪，以及各种图案搭配，或内外套叠诸式，心裁别出，思路天成，规则中寓变化，简朴中有情景（图 9-123）。

图 9-121　浙江杭州西湖三潭印月漏窗花墙

图 9-122　江苏苏州留园漏窗光影效果

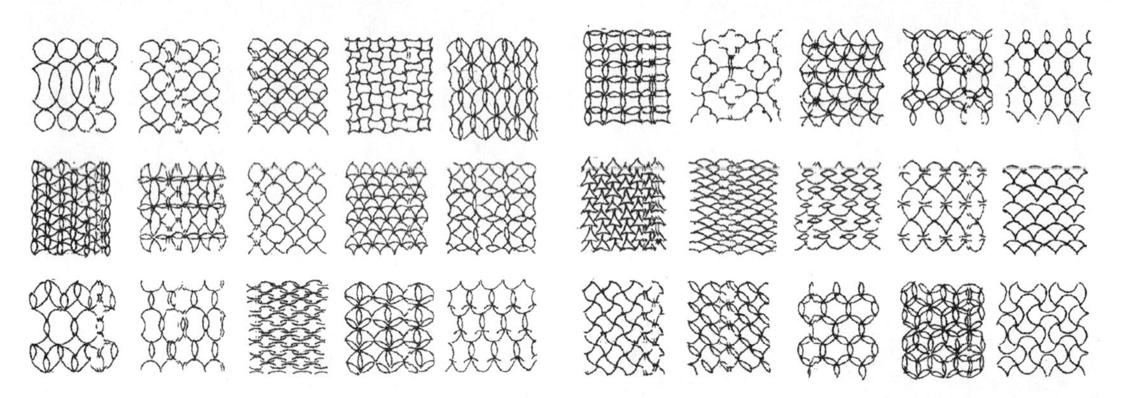

图 9-123　瓦花墙图案组合数种

二、月洞与地穴

月洞即是各种框形的不装窗扇的窗洞。苏州称月洞，或称空窗，园林中常用之。月洞最明显的作用是起到借景、框景作用，将窗外四时景色、人物活动纳入窗中，形成画幅，构成真实而可变的天然图画。即李渔在《一家言》中所倡导的尺幅牕之意境。著名的实例为苏州网师园竹外一枝轩的大空窗、苏州留园鹤所空窗。设立空窗、月洞之原意在于取景，故其外形皆为简单的窗框，如长方、六角、圆形等。但也有的园林中将空窗作为装饰，采用复杂形式，如瓶式、蕉叶、扇形、十字、葫芦等，罗列杂陈，变幻增趣，称为什锦窗。乾隆时北方苑囿亦采用之，而且两面镶玻璃，中间点烛，形成十锦灯窗。著名实例为北京颐和园乐寿堂临湖半廊的十锦灯窗，湖面倒影婆娑，白日看两列画锦，夜晚观双行彩灯，十分有趣（图 9-124）。

地穴即园林墙垣上的不装门板的门洞。也是为了增加观赏趣味的要求，而做成各种形状，圆形、八方、长八方、海棠、瓶形、叶形等。但以便于通行为原则，门中腹应较宽。地穴上方多有题额，以点景（图 9-125～9-127）。考究的做法尚在水磨细砖门框上做出精细的线脚。地穴顶部两角尚可做出繁杂的砖刻角花。地穴用于室内者多加门扇，称为门景。北方园林多用圆形地穴，又称月亮门。

图 9-124　北京颐和园乐寿堂临湖什锦窗

图 9-125　江苏苏州狮子林月洞之一

图 9-126　江苏苏州狮子林月洞之二

图 9-127　江苏苏州留园曲溪楼八方月洞

三、铺地

园林中室外的月台、园路、小院等的地面铺装皆经过艺术加工，取材皆废砖弃石，但意趣丰富，美观典雅，苏州称之为花街铺地。明代《园冶》一书即载有铺地一章，有乱石、鹅子、冰裂、诸砖等诸种铺地及各色式样。清代园林亦不出上述诸式，但变化增多，尤以锦纹及多种材料并用的图案最有特色。铺地是为了增强建筑环境的艺术效果，因此图案与环境关系密切。从实例中观察，各种图案的使用多依处所而不同。如自然式铺砌的乱石或片石、冰裂纹多结合山林野趣之处；规整式或方格网式图案的人字纹、芦菲片、斗方多用于小巧之处，如廊下；锦纹式图案，如六方、八方、龟背、卍字、套方、海棠等使用最多最方便，图案繁简变化多，适合院庭大面积铺装（图

9-128～9-130)；独立图案，如鹤、鱼、八仙等多用于正厅前后、小径回转处、入口门前、亭子中心处。此即《园冶》中所说的“路径盘蹊，长砌多般乱石，……中庭或宜疊胜，近砌亦可回文，……吟花席地，醉月铺毡，……”因环境而选用铺地图案的原意。

铺地艺术的最大特点是创造图案美（图9-131）。这种图案效果的取得依靠两方面因素：其一，明确的骨骼用线。一般多由砖瓦立砌组成，或变化相邻材料，形成图案架构，所以铺地的名称皆由此而定。其二，即运用鲜明的色彩对比。一般是依靠浅淡色的石材、卵石与深暗的砖片的对比。重点处以瓷片、银炉渣提神，形成有个性的图案。较为成功的实例有：苏州拙政园枇杷园中冰裂套六方铺地、狮子林荷花厅的卍字锦点五色梅花铺地。北方铺地较简单，但北京紫禁城御花园的卵石嵌花式图案铺地亦为精细之作。

图9-128 江苏苏州拙政园枇杷园铺地

图9-129 江苏苏州网师园殿春簃铺地

图9-130 江苏苏州网师园后园铺地

图9-131 清代江南园林铺地数种

四、花墙

园林中的墙垣有乱石墙、竹栅、土坯墙、清水砖墙、粉墙、黄墙等，不仅取材多样，而且墙顶变化亦多，可做成阶梯状、波浪状、云朵状、龙游状。如上海豫园的龙形花墙即为一例（图 9-132）。有的花墙平面做成曲折蜿蜒之势，力求变化多端，但从美学角度来看，勉强做成的起伏回转之势并无高雅的艺术效果。而素壁粉墙，嵌刻水磨题刻，少植花木，反觉朴素大方。因此花墙之设，成功之作甚少。

图 9-132　上海豫园花墙

第八节　家具、陈设、匾联及小品

一、家具

家具设计发展到明代形成高峰，工艺技巧及艺术风格都已十分成熟，创造出了闻名于后世的明式家具，其特点是：形体简洁舒展，朴素大方，比例适度，用材瘦细；榫卯精密而牢固；注意材料的质感与色泽，大量运用黄花梨木、紫檀、铁栗木等硬木为原料；雕饰及小五金质量上乘，并重点突出。清初家具仍然继承明代家具的做法和风格，很少改变，今日我们所称的明式家具中即包括有大量的清初实物。

清代乾隆年间，家具设计又有了较大变化。首先，由于黄花梨木的材源日渐稀少，而代之以红木、鸡翅木、花梨木等，硬木用材范围较前更为扩大。民间多用柴木家具，即中等硬度的木材，如榆木、榉木、楠木、樟木、柞木，核桃木等材料也大量使用。家具用材的扩大为传统家具增多了色泽纹理的艺术表现力。如黄花梨木（海南檀）[48]，偏紫红色，也有偏黄色者。这种材质色彩鲜美而有香味，质硬而不太重，纹理或隐或现，生动多变，文静柔和，不噪不喧；紫檀木[49]，为紫黑色，类似犀牛角色，年轮纹呈绞丝状，鬃眼细密，质硬料重，静穆沉古，纹理美观；红木[50]，花纹美丽，年轮为直丝状，心材呈枣红色，鬃眼较紫檀木大，漆饰时易染色，质坚耐腐；鸡翅木[51]，木质较硬，有紫褐色深浅相间的蟹爪纹，细看类似鸡

图 9-133 清代家具之一（苏作）（江苏苏州沧浪亭翠玲珑馆）

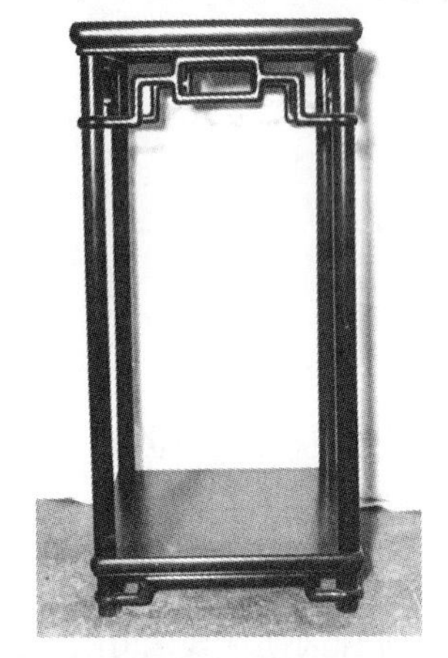

图 9-134 清代家具之二（苏作）

翅，尤其是纵切面，木纹浮动，变化无穷，可形成各种山水图案，可用为嵌板装饰用材；铁栗木，暗红色，偏黑紫，纹路细美，类似鸡翅木。其他如乌木，色黑质细；瘿木[52]，花纹构成各种图案；榆木有深邃的纹理；榉木，黄中带赤，花纹层叠如山；楠木，色暗黄；樟木，有香气；柞木，色灰白，材质细密均匀等。

乾隆以后家具制作的地方风格增多。明代硬木家具制作中心在苏州，称“苏作”，一直延续到清及现代。清代苏做家具是泛指苏南、长江下游一带生产的家具（图 9-133、9-134）。它们多继承明式家具传统，造型简练，格调朴素，线条流畅，用料瘦细节俭，结构稳健，雕饰精而不繁。制作上多用插嵌的饰件。为节省用料，常用贴料及薄板包镶做法。雕饰纹样多为树木、山水、缠枝花卉等。腿枨用圆料或方料，故有“圆透方精”之誉。苏作家具多用红木制作。晚期的苏作家具走向富丽繁琐，但总体风格仍不失俊秀、精巧之韵味。此外，苏州还擅长作文竹、斑竹、天然木家具，以及剔红、髹漆家具，别具风格。

广州继起亦为硬木家具制作中心，称“广作”。广州地处南海，为对南洋的货物进出口岸，得地利之便，故广作家具多用红木、紫檀等东南亚进口木植制作（图 9-135）。家具风格厚重，用料宽大，不论杆件弯曲度有多大，习惯用一木挖成。色调沉暗，雕刻繁多，且多为阳刻浮雕，花纹高出面板达 5 毫米。整件家具大多为一种木材制成，不掺杂其他木材。装饰题材受西方文化影响，多用花叶式的牡丹花，叶形饱满、流畅、对称。家具造型的空透率小，还多嵌镶有大理石、象牙、珐琅等，追求隆重的气派及豪华的装饰。广作家具以其华贵雍容的气质而得到清廷帝室的赏识，在清宫造办处内除“木作”之外，尚设立“广木作”，在广东招募工匠，专为宫廷制作广式家具。

北京宫苑家具又称“京作”，它是在大量吸取“苏作”、“广作”的设计特色以后形成的。以清宫造办处“木作”所制家具为代表（图 9-136～9-138）。用料较广式要小，较苏式要实，外表更近于苏作，但不做包镶，用料纯正。纹饰上多吸取三代古铜器及汉代石刻纹样，夔龙、夔凤、拐子纹、螭纹、雷纹、蝉纹、勾卷纹皆用，显示出古色古香，文静典雅的艺术形象。京做家具除用硬木制作以外，也有楠木、榆木家具。这种柴木家具用料粗细适度，仅有少量雕活，喜用拐子纹、色调较明快。有些民间家具因用料质量较差，多用大漆油饰。

清代后期上海开埠，亦成为家具制作中心之一，称为“海作”。海作家具多用红木，喜用大花及浓烈的红色，有些家具受欧陆巴洛克式家具的影响。扬州亦为家具制作中心之一，称“扬作”。扬州

图 9-135　清代家具之三（广作）

图 9-136　清代家具之四（京作）

图 9-137　清代家具之五（京作）

镶嵌螺钿玉石的“周制”家具创始于明末，极负盛名，对清代中期、后期宫廷家具及内檐装修、陈设小件影响甚大[53]。其他如宁波和福州的彩漆家具，江西的嵌竹家具，山东潍县的嵌金银家具，也名噪一时。总之，清代家具在材料、手法、工艺各方面都有巨大的进步，在“华丽、稳重”的总格调上，又创造出各种独具特色的地方风格，代表着一个时代的丰富文化内涵。

清代家具造型艺术呈多样并举状况。一方面明代洗练的造型仍在传承着，特别是在民间和园林中广泛使用。但另一方面受当时社会风尚及上层人士欣赏趣味的影响，家具的工艺美术性增强。

图 9-138 清代家具之六（京作）

自乾隆时期开始，广泛吸收各种工艺美术手法、技法和材料，用在家具的装饰上，五光十色，琳琅满目。如金漆描绘、雕漆、填漆等混水漆饰家具，及螺钿镶嵌、玉石象牙、珐琅瓷片、金银嵌丝、竹黄、椰壳、黄杨贴络等嵌贴手法，使清代家具形成富丽华贵风格，创历代家具观赏美学价值的极致。

从造型艺术角度，清代家具较明代有如下几点变化。第一，即不再受建筑大木构架形式的约束。明代家具盛行的侧脚、圆腿、上小下大的腿子收分、及枨木牙子等皆源于建筑构架的形式特征[54]，而至清代，这些特征不再那么明显。而大部分家具采用截面为矩形的垂直腿子。家具整体造型也趋向方正平直。同时更有一部分家具脱离矩形体系，而采用圆形、多角形，甚至是自然形状的树根家具、鹿角家具。清末苏式家具出现了曹式（朝阳式）。即家具台面束腰部分的起线增多，腿部矮宽，呈外翻的如意头状，已脱离了木腿的原型。假如说明式家具注意线型、线脚及杆件构成体系等家具形式要素的话，而清代家具则更多地注意板面及板面组成的体量感，所以总的印象是明代轻巧，而清代厚重。第二，明代家具中柔滑手感极佳的曲线型扶手及背板、微弯的腿子等渐次少用，而改为折线型扶手、平直式的背板及直腿，进而发展成具有山字外形或繁杂外形的背板。与明代以横搭脑杆件[55]为造型构图基准的背椅完全异趣。清代盛行的厚重华丽、雍容气派的太师椅，用材肥大，雕刻繁多，镶嵌珍贵，通过追求形式变化，以达到精神炫耀的目的，完全脱离了日用品设计的准则。“广作”桌椅厚大的灵芝纹图案可称为这种倾向的代表。第三，清代家具的雕刻加工日益增多。初期多集中在牙条及背板上。以后在箱柜的镶板上亦施浮雕，贵重家具增加面板下束腰部分的雕饰，或者开设各种花饰的禹门洞、炮仗洞。方桌的上枨木完全雕成夔龙纹或弓璧扎带[56]式装饰。宫廷架子床、立柜顶上还有的加设雕刻华美的毗卢帽顶。清代的木鼓墩开光部分大部填以雕花板，几乎成为一件雕刻品。光绪朝以后的宫廷家具更着意于雕饰数量的堆砌，风格更流于纤细繁琐，产生市侩的庸俗气质。总括地说，家具选材范围的扩大，地方流派的形成与交流，工艺与技法的糅合，注意板面造型的处理等方面的进步为清代家具增光溢彩，开创了空前的繁荣局面；而追求气派，繁琐雕饰，又将其引入歧途。

清代家具讲求与建筑空间的配合关系，即成组成套配置家具的概念更为明确，出现了厅堂、卧室、书房等不同的家具组合(图 9-139、9-140)。至于宫廷、府第往往将家具作为室内设计的一部分，与内檐装修一同考虑。根据建筑物进深、开间和使用要求，确定家具的种类、式样、尺度等，进行成套的配置。厅堂多以后檐墙为背景安置条案或架几条案，案前设方桌、对椅，北方建筑也有

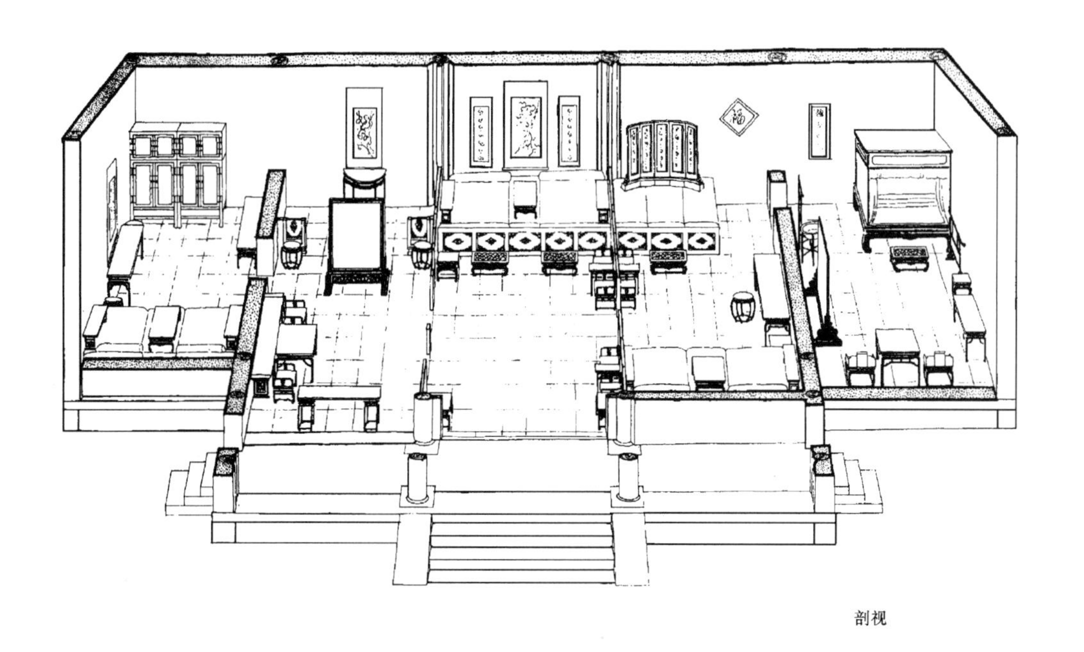

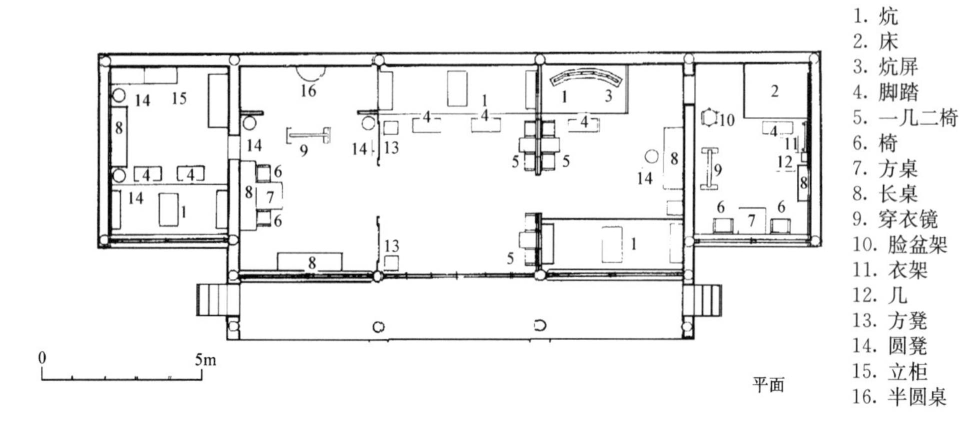

图 9-139 清代住宅室内家具布置示意图

图 9-140 清代住宅室内明间家具布置

以炕为中心，配以炕桌、脚踏，两侧设茶几、椅子或方、圆凳。卧室内除炕、架子床或床柜以外，则设立柜、大柜、连二橱、炕柜、被阁、围屏、凳、墩、盆架、衣架等。书房内设书案、书架、书橱、博古架、椅凳等。清代的立屏渐少用，而代之以穿衣镜。清代的香几、茶几、杌凳、花架、

图 9-141　浙江湖州某宅家具布置

图 9-142　北京鲁迅故居北房内景（普通住宅家具布置）

图 9-143　北京紫禁城内挂屏

半月桌、套桌等小件家具的应用很普遍，布置灵活自由，可充分利用室内的空余面积，增加使用的方便性。同时也增强了室内空间环境的变异性，丰富了居住气氛。总之，成套家具配置统一了家具形制，增强了室内设计的艺术水平，与陈设、小品的配合更为有机，密切（图 9-141、9-142）。

清代家具，尤其是宫廷家具尚有两项特色，较前代更为突出。即是艺术风格的交融现象增多，同时精工细制程度达到历史的巅峰。清宫家具制作有两个渠道。一为由地方政府、官吏采办，运送北京，进呈内廷；一为宫廷内务府造办处的木作及广木作按旨意承做。地方进贡的家具数量极大，雍、乾、嘉三朝连续不断，年年进奉。如以乾隆三十六年为例，仅一年即由两江总督、山西巡抚、广东巡抚、福州将军、两淮盐政、江西巡抚、两广总督、杭州织造、江宁织造等九处向宫中进贡家具150 余件[57]。如果加上历年积累的数量则更为可观。官府采办的家具中有一部分国外家具，如日本家具亦流入中国。如此众多的各地家具汇集一处，必然会产生相互借鉴、融合。长短互济，产生新意。这种交融也对民间家具产生影响。内务府制办家具除木作、广木作以外，在家具装饰、修饰方面还有漆作、铜作、玉作、珐琅作参与，这些活计都是不计成本，尽力精雕细作，务求新意、精美，有的甚至改易重作数次，等于是一项艺术品创作。这就使有清一代产生出许多华美精致的传世之作。

二、陈设

清代的室内陈设增多。乾隆时期在清宫内专设如意馆，集中全国工艺品制作方面的巧匠，制作宫廷装修及陈设品[58]。郎世宁、艾启蒙、冷枚、丁观鹏等一大批中外画家及工艺品制作者皆供职其间。如意馆的作品融汇了南北风格、中西流派，对清代建筑室内环境艺术产生很大影响。陈设品可分为两大类：一为供观赏品味的艺术品，如古玩、字画、盆景、盆花等。一为具有一定实用价值的高档工艺品，如炉、盘、屏、灯、扇、架等。若按陈列部位又可分为四种情况：

1. 墙上挂贴的陈设

有挂屏、挂镜、字画、贴络等。宫廷及府第的这类挂贴多配套陈列，有对镜、四扇屏、八扇屏等（图 9-143、9-144）。字画装裱亦呈变化之势，清初仅有“中条、斗方及横批三式”，乾隆时又增合锦式，“使大小长短，以至零星小幅皆可配合用之”[59]，样式增多变异。在宫廷园林中还有贴于墙上的贴络，有成篇的文章（图 9-145），也有大幅绘画，称通景画，或仿西洋画法的线法画。对于一般住宅、堂屋、后壁多悬中堂一幅，左右对联一副，是常用的格局（图 9-146、9-147）。

图 9-144 北京颐和园乐寿堂寿屏

图 9-145 北京颐和园乐寿堂贴络

图 9-146 北京紫禁城宫室陈设及挂屏

图 9-147 北京颐和园玉澜堂壁挂条幅

2. 案几上陈列的陈设

有文玩、瓷器、盆景、盆花等项。书案上的文房四宝、水洗、笔架、烛台，以及进口的自鸣钟、座钟等物。凡陈设于几案之上的物件，皆有精美的硬木架座，宫廷内尚有玻璃罩盒。这些文玩名瓷也可陈列在博古架、多宝格上，并可经常变换位置，调换品种。

3. 地上陈列的陈设

有炉架、炉罩、围屏、插屏、帽架、书架、书匣、果盒等项（图 9-148～9-150）。这些陈设品是非常灵活的，增减随宜，品种多样。在清宫苑囿内，皇帝的居室皆需设宝座、御榻及香几、香炉、背扇、围屏等成套的设施。仅圆明园内就有 23 套之多，每套不同，皆是十分精美的工艺品（图 9-151）。

图 9-148　北京颐和园仁寿殿薰炉

图 9-149　北京颐和园座屏

图 9-150　北京颐和园玉澜堂室内装修及陈设

图 9-151　北京颐和园宝座

4. 顶棚悬挂的陈设

有灯笼、花罩上张挂的帐幔等。一般民间多用纸灯、纱灯、羊角灯，而宫廷内的宫灯则用硬木制作，款式翻新，有六角、八角、团形、扇形、串灯、子母灯，并加饰各种流苏、璎珞。宫灯形式也流传至民间，成为一项重要的装饰品（图 9-152～9-155）。

清代陈设品有许多时代特点。即大量使用硬木制造，色泽纹理明显，温润流畅，手感极佳；雕工细致，题材广泛；充分利用新的装饰材料，如玻璃、景泰蓝及镶嵌技艺（周制）来丰富工艺品的观赏性，使得陈设品的个性突出。尤其是宫廷陈设皆由如意馆或交外府承办，务求新颖，斗奇斗巧，绝无雷同。例如乾隆三十七年（1772 年）将长春园内保存的《钦定重刻淳化阁帖》拓印 60 套，需做套匣，传旨令江苏巡抚、苏州织造、杭州织造、江宁织造、两淮盐政、长芦盐政分作。结果送呈的套匣精彩纷呈，匣壳用料有紫檀木、铁梨木、花梨木、楠木、雕漆、鸿鹕木、楠木填漆、木底贴竹皮、文竹包楠木、竹丝包楠木等。匣签上的字有硬木

图 9-152 北京紫禁城宫灯及座灯

图 9-153 北京紫禁城储秀宫宫灯

图 9-154 浙江天台国清寺大殿吊灯

图9-155 浙江天台国清寺妙法堂吊灯

图 9-156　北京颐和园排云殿的联匾

图 9-157　北京紫禁城养心殿满汉文云龙斗子匾

图 9-158　北京颐和园内的木框匾

雕字、银母字、木金字、犀角字、青玉字、铜镀金字、银字、黑角字象牙地、油竹字、黄杨木字等。匣壳上还起各种材料的线脚，可以说件件是工艺品[60]。清代宫廷中大量采用南方制造的工艺品。如乾隆时交由苏州织造承办的陈设品，即有锦褥、锦套、乐器、插屏小器作等，以及装修槅扇、题匾、套匣、锦盒、架子、地毯、扇子、毡门帘等。所以清代陈设品的造型受南方制品风格的影响甚大。

三、匾联

在传统建筑上题额挂匾，书写联对，是最具中国特色的装饰手段。它对于建筑艺术形象有如画龙点睛，把建筑的性质、意义、观赏价值、居住感受、环境关系，甚至居住者的深思妙想，都烘托出来，是文学、书法、装饰艺术与建筑的巧妙结合。匾额的历史已经很久远，自古以来即有为各类建筑命名的习惯。一般建筑用匾可分为两大类。一为题名匾，即为建筑命名；一为抒意匾，即为建筑本身或建筑内供养对象或使用者提出的表彰、赞赏、抒情等的文字匾。如曲阜孔庙大成殿中即有历代帝王书写的御匾，“万世师表”、“斯文在兹”、“与天地参”等十一块。对联的兴起与诗词文学有直接关系，左右联句必须对仗工整，与建筑物和谐，而且要起伏跌宕，抒情写意，以少胜多，言简意赅，是很高难的文学创作。如云南昆明大观楼悬挂的乾隆时孙髯所撰的 180 字长联，称为海内长联佳作。

匾联艺术发展到清代已经十分普遍，不仅年节贴纸对、横批，而且发展成建筑固定装修。尤其是宫殿、坛庙、寺观、祠堂、园林建筑等具有深刻纪念性、观赏性、思想性的建筑，匾联起了很大的艺术表现作用（图 9-156）。清代宫廷坛庙多用斗子匾，宋代称之为“风字匾”，作为外檐题名的主要匾额。即四边框为倾斜的花板，上框出头，侧框垂尾、类似风字（图 9-157）。匾框满雕云龙花卉，红地镶金纹样，匾地为扫青地金字，满汉文并列，气势雄壮，宏伟大方。而园林、寝宫、书房的用匾则比较灵活。据现存实例及文献记载可知[61]，除斗子匾之外，多用木边框木匾及一块玉式木匾（即素面无边框木匾）。在殿堂内的用匾尚可采用重量较轻的木格栅上面裱糊绢绫的壁子匾（图 9-158）。园林中还应用了许多花式匾，如蝠式匾（蝙蝠式）、书卷匾（卷轴画式）、如意匾（状如如意）等（图 9-159～9-162）。

清代宫廷园囿用匾多为硬木边，有紫檀、花梨及楠木、鸿鶒木等，油饰大漆，保存原色。也有用雕龙彩漆泥金的花边框者。匾心多为黄柏木，油饰各种颜色，如黑、白、青、香色等。因与红色的建筑装修相对比，故绝少用红、紫一类底色。字体多阳文，有铜镀金字、铜字、木胎泥金字、煤渣字、石青石绿字、松花石字、彩漆地金字。用壁子架的绢绫匾多为御书墨字，绢有黄绢、粉红绢、粉绢等，绢边多为黄

图 9-159　北京颐和园内的书卷匾

图 9-160　北京颐和园内的蝠式匾

图 9-161　北京颐和园内的蝠式匾

图 9-162　北京颐和园内的书卷匾

绫、蓝绫边托裱，或在外边再加红片金双灯草小线等。清代用匾亦受时代风潮的影响。如雍正朝至乾隆初年盛行黑漆地铜镀金字匾；乾隆中期则盛行黑漆金字一块玉匾，多为木字阳文或阴文。铜字老匾此时多经改制。而至乾隆中后期则流行粉油板蓝字一块玉，即白地蓝字的简明匾式，在园林内五颜六色的建筑色彩中，反而清爽醒目。清代宫廷用匾很多是由江宁织造在苏州制作的，多为南漆底板，题字用材，花样繁多。记载称有青绿字、槟榔字、树根字、万年子字、雕漆字、银母字等。乾隆朝开始使用玻璃作为装修材料，有些特殊用匾用玻璃制作，如蓝金星玻璃字波罗漆匾。乾隆朝装修水法殿（估计为长春园西洋楼的远瀛观），还采用过摆锡玻璃心紫檀木边匾（实为玻璃镜式匾），而且御批注明“大边准照西洋式花纹，用楠木做成，彩漆金花，其金花要高些”。这完全是准照西洋式镜框、画框的模式制造的匾式，说明了中西建筑装饰文化的交流情况。

据李笠翁《一家言》里专门谈论联匾的记载[62]，可知南方园林中使用匾联的花样亦甚多。如秋叶匾（状如秋叶）、虚白匾（将题字刻透，背糊锦纸，可使透光）、石光匾（即以虚白匾之式置于山石偶断处）、册页匾（如打开的册页）、手卷额（即书卷式）、碑文额（即方正如碑首）。与此相对应的联对亦可做成蕉叶联（状如蕉叶），此君联（即以巨竹中剖两半而成联）。但从现存实物

图 9-163　北京紫禁城太和门前铜狮

图 9-164　北京颐和园仁寿殿前铜獬豸

图 9-165　北京颐和园仁寿殿前铜香炉

看，江南园林中多用原色硬木板匾地的一块玉式，上刻阴文，石青石绿或粉白煤黑的字体者为多数，与江南素雅轻淡的建筑色彩相匹配，别有一番书卷气质。

四、小品

在建筑群体中称独立于建筑物外的小型建造物为小品建筑。如现代建筑中的花架、花台、休息椅、标牌、布告栏等。在中国古代木结构建筑组群中，因主体建筑体量受到技术条件的限制，因此小品建筑对建筑空间环境的形成占有相当重要的地位。一般讲古代小品建筑包括有阙、华表、影壁、碑碣、牌楼、座狮、台座、香炉、石景，以及特殊的装饰物，如日晷（计时表）、嘉量（标准容器）、铜龟、铜鹤（表示长寿永年）、龙、凤、狻猊、石五供等（图 9-163～9-166）。清代的小品建筑除阙门以外，各类皆在应用着，而且产生新的变化。如作为门前标志的牌楼一项为例，不仅材料上木、石、砖构皆有，而且琉璃牌楼更独树一帜，造型华丽异常。牌楼的平面形式有两柱、四柱牌楼、六柱五间十一楼大型牌楼、还有两层柱列的八柱牌楼、两端为三角形的凤凰牌楼、两端为悬挑垂莲柱式牌楼，不一而足。而且匠师尚总结出牌楼构造尺寸，形成算例。影壁的种类也很多。从地位上讲有大门对面的照壁、大门两侧的撇山影壁、顺墙影壁、大门内的靠山影壁、垂花门内影壁。材料上有木、石、砖，以及琉璃、磨砖、抹灰等影壁（图9-167）。平面上讲有一字影壁、八字影壁、冂字影壁、组合影壁。影壁上的装饰物有琉璃贴面、砖刻、大理石嵌贴、彩绘字画，以及与花台相结合的影壁。

清代宫廷、王府、衙署建筑门前的石狮是应用很广泛的小品建筑，也是历史久远的装饰物。清代石狮更注重装饰美，如鬃毛、口鼻、眉毛、利爪、铃铛、垂缨、绣球等的描绘，十分细致。但身形、比例失真，矮身、短腿，失去狮子威武雄强的气势。南方寺庙的石狮则更加变形，身体瘦弱，面貌滑稽，抱球舞带，类似玩耍中的一个小动物，这可能受民俗舞狮表演的影响而形成的审美情趣（图 9-168）。

清代小品的另一特色，即是形制上的相互糅合兼容，以期形式上创新。例如琉璃牌楼不仅仿木构牌楼，将构件比例放大，以便琉璃砖贴制，而且引用了石券门洞，将其作为入口通道，形成独特造型。清代许多地方的墙门形式都是将牌楼形制浮雕化，贴在外墙上而成，如川南、湖北、湖南、江西一带常应用。又如北京的店铺，为了增强商业的广告气氛，也是将变形后的木牌楼贴在店面之前，并加强龙头挑的装饰作用。又如石制汉白玉花台，虽然仍取上下枋、枭混、束腰的须弥座的形制，但为取得高瘦的比例，而采用两层或三层不同比例的须弥座叠置的形式，有的还引用了家具中的矮几形式接于台下（图 9-169）。又如琉璃影壁的中心盒子加四岔花的构图，可引用到墙门的两侧垛墙的装饰上。总之，小品建筑本为填空补白之物，形制不应拘于成法，随机而设，应变而作，总以有情有致为主导。

图 9-166 北京紫禁城太和殿前日晷

图 9-167 北京某宅磨砖对缝砖影壁

图 9-168 福建福州兴安会馆石狮

图 9-169 北京颐和园石花台

第九节 店面、招牌、幌子

清代商业进一步发展，零售业十分繁荣，因此加强商业建筑特征，以招徕顾客，推销商品，则显得十分重要，故店面以其特殊的面貌出现于街市之中。商业店面一般皆是住宅改建的，两者在基本平面与构架方面没有什么不同，仅是临街一面普设装修，着意装潢。由于南北气候的差异，店面风格也不同。北方有严密的外檐装修以防寒，而南方大部为可拆卸的板门式，日间可敞开售货。北方店面以帝都北京为例，大致有四类。

一为滴水檐式。构造如普通民居，仅临街的后檐墙全部改为槅扇门窗装修，可装可卸，滴水瓦檐朝前。若为三开间铺面，则两次间在装修外加设较高的木栏杆。如营业面积不够，则在房前接建一跨，形成勾连搭式屋顶。

二为拍子顶式（图 9-170）。即在临街铺面房前接建一跨平顶房，称为拍子。拍子平顶略向前仰，向后泄水，以防前檐滴水妨碍顾客出入。拍子前檐有冰盘檐及挂檐板封护。板上满施雕刻，如卍字锦、喜鹊梅、缠枝花、博古、瓦当等图案。拍子顶上竖通面阔的木栏杆，栏杆上标写店名或宣传文字。较考究的店铺还在柱间加设花罩或横眉等装饰物。

三为牌楼式（图 9-171）。即为了醒目在铺面前面建立起一座高大的牌楼，高出房檐以上，柱

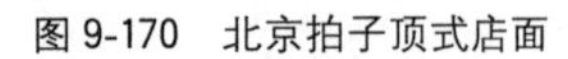

图 9-170　北京拍子顶式店面

图 9-171　北京牌楼式店面

顶有云罐宝珠一类装饰。牌楼柱间有横枋数重，间缀雕刻华板及铺面字号。牌楼宽随铺面房宽。这类店面的装饰性极强，柱身中部横排出龙形挑头方木，以备挑挂招牌幌子。

四为重楼店面（图 9-172）。一般两层，有多至三四层者。其立面形式有带下檐前廊式，或拍子顶加楼式。底层装修同上述诸类，而上层多做成有廊的木装修式样，其商业气势更为增强。

总之，商业建筑是在传统建筑技艺的基础上，在没有使用玻璃橱窗前，力图创造有吸引力的立面效果[63]。有些行业的店面积久相沿而成为定型设计，如木厂前多用二柱牌楼式。当铺为了安全起见，店面前加设高峻的木栅围护；粮店前有竹片栅栏；染房在店前牌楼上伸出晒布的木架；肉铺的肉案置于前檐装修的下部，使店外顾客亦可见到；糕点店的檐枋、牌匾皆为深雕细刻，描色贴金；古玩业往往为四合院式，除临街外柜以外、贵重文玩多在内院上房选购成交。清末的绸布店因营业面积不够，除将四合院四面房屋辟为营业厅以外，同时将庭院上方加建屋顶，四周开天窗，作为营业大厅，如北京大栅栏的瑞蚨祥等布号。有些规模较大的饭庄亦采用这种办法。山西票号（今之银行）多为前店后房制度，后房多为银库，这种票号的庭院上方多用铁网包罩，以防盗贼。

南方店铺的店面大多为可拆卸的板门，营业时全部卸掉，柜台向外，商品种类，一目了然，故外檐装修较少。也有的做成两层楼，上层出挑，做出万字栏杆及花格窗，以华丽争夺顾客注意。杭州胡庆余堂药店是一座院落式的商店，前面敞厅为营业厅，后部两进院落为药材加工作坊，建筑装修极为精美，是江南著名的药店（图 9-173、9-174）。

古代商业建筑没有橱窗，为增强顾客对本店商品的注意力，多借助招牌和幌子，尤其对北方封闭式的商店更为重要。招牌是书写店名字号的标记，多为木板制成，悬于檐下或牌楼华板上、牌楼立柱上、顶部朝天栏杆上、两侧墙壁上。招牌采用匾额或对联形式，根据使用部位可有横招（店匾）、竖招（楹招）、坐地招、冲天招[64]、墙招等五种。内容可写店名，也可写商品的宣传文字。如贡品名香（香烛店）、生熟药材、丸散膏丹（药店）、猴头燕窝、鱼翅银耳（食品店）、金鸡未唱汤先热，红日东升客满堂（澡堂）等。也有一般吉利文字，如开市大吉、招财进宝、言不二价、童叟无欺、生意兴隆通四海，财源茂盛达三江等（图 9-175）。

商品宣传品中最有特色的是代表商店业务内容的悬挑在龙头挑枋上的各种幌子，一见便可认

图 9-172　北京重楼式店面

图 9-173　浙江杭州胡庆余堂药店通廊

图 9-174　浙江杭州胡庆余堂药店内柜

图 9-175　北京店铺招幌（药店冲天招）

明商店性质，成为一种特定的行业标志（图9-176～9-179）。最早的幌子是古代酒店的酒旗，村野道旁若见青帘高挑，即是酒家所在。宋画《清明上河图》中可见许多招幌，但大部是以文字宣传为主的字招、字幌。如“新酒”、“饮子”、“正店”、“王家罗锦匹帛铺”等，尚未见形象的店幌。南宋以后出现了形象幌[65]，历经金、元，至明清已大为丰富。按类型可分为文字幌、标志幌、实物幌、形象幌四类。文字幌，为书写简单文字的幌子，如茶、酒、药、米、烟、成衣、当（当铺）、堂（澡堂）等字的悬挑木牌或布旗。银楼多在金漆幌牌上贴金锭纹饰，书写“专卖锭金赤叶”文字。晚清店面也有在遮阳布上书写宣传文字者。标志幌，有旗幌（酒店、运输、车铺、理发店的标志）、灯幌（饮食店、妓院的标志）等。实物幌，就是将商店的经营物品悬挂于门外，如麻绺（麻店）、琉璃串珠（料器店）、各色绒线缠成的圆团（绒线店），以小方镜作成灯笼状（镜子店）、挂一串大小铜锣（响器店）等，以表明商店经营业务。至于席店将一捆苇席、竹席立于店前，染房将染好的布匹挂在店前晒架上，以及大木厂将一捆杉木杆立于店前木架上，更是不言自明的商店标志。但清代最突出的店幌是形象幌，即以商品模型或借用与经营项目密切相关的物象为标记制成幌子。一则经久耐用，二则光彩醒目，宣传效果强烈。这种形象幌至迟在乾隆时期已广为应用[66]，经工匠传承创意，约定俗成，形成一套做法。如一只大毡靴（鞋店）、一根大蜡烛（香烛店）、高大的幌杆垂下一串大小铜钱，尾端系一条红布（当铺）、一片烟叶形木板（烟店）、上为荷叶宝盖，下为荷花托子，中间串饰一系列桃果模型（糕点铺）、酒罐或酒葫芦（酒店）、藤圈外糊金银纸，圈周贴红色或蓝色纸条，或者为横长木板，周贴多层黄纸穗子（切面铺）、黑木牌上画金色葫芦（米醋作坊）、整贴及半贴膏药（药店）、巨型袜子（袜店）、四个白色木质馒头插于铁架上（馒头铺）、倭瓜形的米包模型（粮行）、竹篓模型（酱园）、挑竿上以竹篾制成圆球状，上端插许多白色小圆球，象征元宵（点心铺）、烟袋锅（烟店）、特制的大型木篦子（梳篦铺）、将不同颜色的布卷挂于檐下（颜料铺）、龙头挑下悬三支木质毛笔模型（笔墨店）、木板上画寿衣寿具（杠房）等[67]，花样繁多，色彩艳丽，有些还十分有趣。这些幌子也是商业街景的重要构成要素。清末，玻璃及电灯照明开始应用，商业橱窗随之而出现，实物宣传代替了标志宣传，旧式店面及招幌也受到冲击与改造，而走向除旧布新的道路。

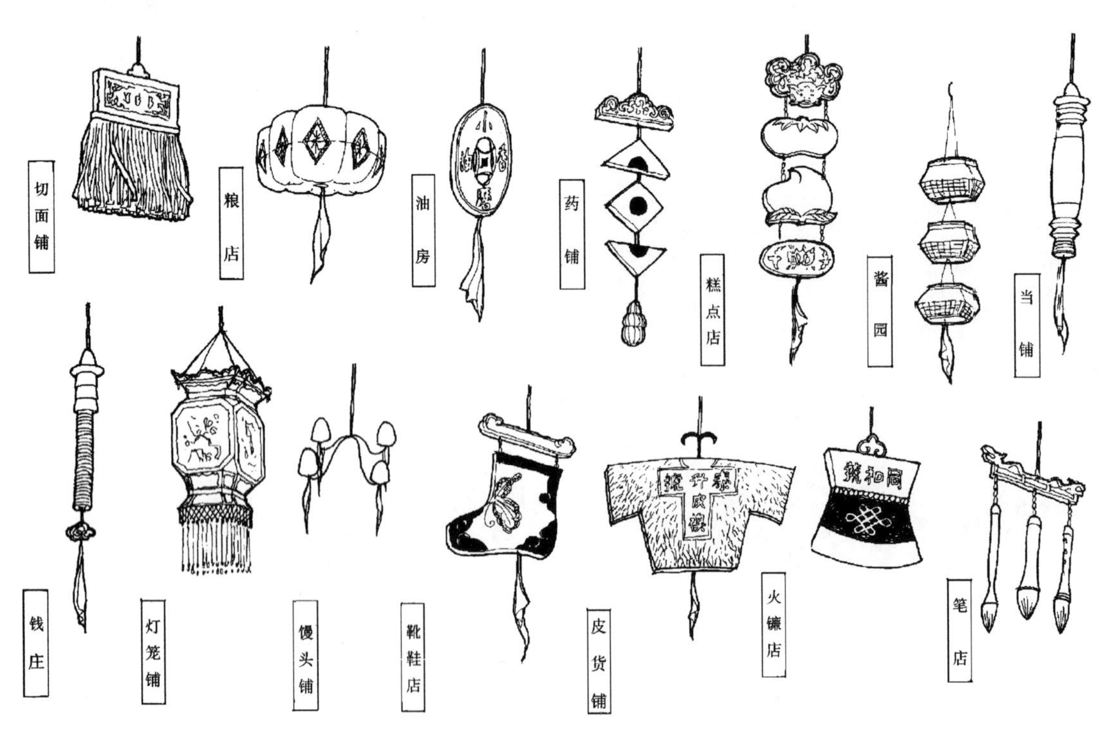

图9-176 清代北京店铺幌子

图 9-177 北京店铺招幌之一（裱糊铺）

图 9-178 北京店铺招幌之二（香烛店）

图 9-179 北京店铺招幌之三（烟店）

第十节 建筑装饰图案设计

清代建筑装饰极为发达，创造出不少优秀的实例，它把古典的传统建筑美学引向了新的境地。清代不仅建筑装饰材料不断更新扩展，工艺技术日益精美，更重要的是在图案设计方面也表现出很高的造诣，突出表现在图案构图及吉祥图案两个方面。

一、建筑装饰图案构图

1. 图案构成

图案美学的基本原则仍是对立统一律的运用，即在图案构成中要保持和谐统一，又要体现出变化与对比，并能形成节奏或韵律。具体图案构成不外乎用于中心、局部的单独图案，用于梁枋、边带的二方连续图案，用于壁面、地面的大面积的四方连续图案三类。单独图案多取整形式，或圆或方，半月，八角，轴线对称严整，多与装饰部位的外形相适应。如槅扇门的绦环板、裙板、影壁心、须弥座束腰花饰、栱眼壁等处。自由式图案极少应用，仅在苏式彩画中有所采用。二方连续图案多用波线（卷草纹）、折线纹（回纹）及散点纹。如彩画的旋花图案、工王云、长流水、贯套箍头、石须弥座上下枋的卷草西番莲。很少用斜线和立线组织二方连续图案。四方连续图案多采用几何连缀纹式，形成网状构图。可有90°、45°、60°各种网式组构，如门窗棂花格、花瓦墙、铺地及各种衬地锦纹。有的图案是两种几何纹饰的套叠，或几何连续图案与单独图案的交插。这种大面积的图案很少用自由散点式或条纹式。总之，图案特征强调严正、规律、轴线、对称，而不取变形、松散、自由、均衡之构图。

2. 用线

清代建筑装饰图案多为短线、折线、云纹卷曲线组成，表现出一种轻快、运动、繁多的感觉，绝少使用长线、松弛的波线、或散点纹等使人产生沉闷、压抑、急促的感觉的线型。这种特征的形成，一方面固然受木构建筑构架的影响，但也是社会心理状态的反映。带有商品经济特征的清代统治阶级和上层官宦、富商，追求变幻、富丽、纷繁，以感觉上的新颖为审美的目标，建筑艺术上的新鲜性与多样性压倒了过去封建社会长期奉行的稳定、清淡、和谐的形式美观念。

传统建筑装修与装饰中线脚处理不发达，这一点也与木结构有关。木构杆件本身不具备巨大的体面和长度，因此并不像砖石建筑那样依赖线脚强调出体面的终止、区分、增强关系，它更注重建筑构件的形体轮廓加工和表面装饰。线脚的使用在清代有所变化，除槅扇装修中过大的边挺、抹头加饰线脚以外，家具及磨砖清水墙也加多了线脚，但多为微型线脚。

3. 图案组合

清代的建筑装饰图案多使用在构件、装修件或单独墙面上，因此常是成组出现，组成有序的构图，在统一中显现变化。若与宋元时代相较，其组合关系更为紧密有致，这点与西方建筑相比亦有很大的不同。作为独立图幅的图案组合，多取中轴对称式，如周边图案、抱角图案和中心四岔图案。用于影壁墙、廊心墙、扇面墙、大花窗、栅门等处。尤其是中心四岔式可称为清代普遍使用的图形，甚至成为民族特征的代表。配套图案亦是清代建筑图案的大宗，如槅扇门的裙板、绦环板、槅扇心雕刻、壁面的四扇挂屏形式，隔断中的横披窗心的装裱字画。至于建筑彩画中这种图案配套现象更为突出。配套图案如何追求变化是设计的主旨，从清代实例可总结出若干手法。如一主两从模式；或利用繁简、色调、纹饰交替重复模式；或用规制雷同，细部变化模式；或用统一构图，均等分割模式；或者全无变化模式。形成建筑图案变化的因素很多，如画题、漆色、材料变化、字体、经营位置、疏密简繁等可造成变异感觉，例如江南园林中内檐隔断屏门及槅扇门的图案装饰手法即达数十种（图9-180）。

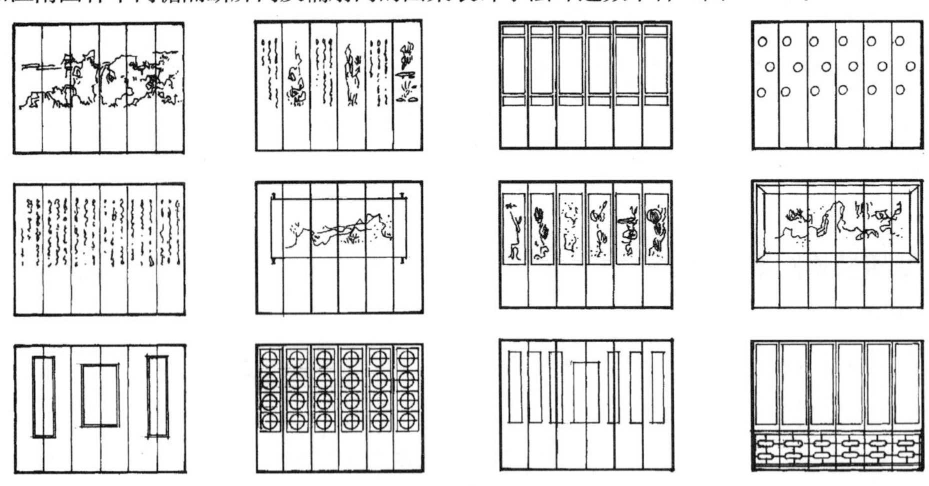

图9-180　江苏苏州内檐隔断屏门及槅扇门图案装饰手法图

二、吉祥图案

1. 抽象与具象图案

中国历代积累下来的图案题材不下数百种，如新石器时代的几何纹、水纹、鱼纹、人面纹，商周时代的饕餮纹、夔龙纹、雷文、鸟纹、云纹、蝉纹，两汉的四神纹（青龙、白虎、朱雀、玄武）、麒麟、鹿、羊纹、南北朝的莲纹、卷草纹、忍冬纹、璎珞纹、花绳纹、辟邪，唐代的狮子、天马、鹤纹、宝相花、葡萄纹、仰覆莲花、牡丹花，宋代的锦纹、化生等皆为有时代特色的图案，有些图案反映在建筑装饰上。有些随着时代的推移而衰落消失，但总的讲图案题材日益繁多是大趋势。

装饰图案不外乎抽象与具象两类，中国历来抽象图案应用较少，仅在伊斯兰教建筑或棂格装饰中采用。大量应用的是动植物或器物、人物等有形象的图案，同时也带来图案表征的意义内涵，图案学中称之为表号图案，这也是中外装饰美学的共同现象。例如埃及的有翼球，代表太阳神及知识，莲花代表丰收；天主教国家的十字架代表痛苦、丧失，恶龙代表罪障，王冠代表权力，军旗代表胜利，这些都是通过图案符号表现出联想意念。由于各国各族人民的社会生活实践不同，也会出现同样符号的表征意义却不相同的状况。如卍字纹，在希腊、罗马代表上帝，宇宙运转的创造神，在印度有功德圆满之意，在中国为无穷尽之意，而日本则代表不祥。又如在中国龙纹为高贵，而西方则代表邪恶。在中国蝙蝠代表幸福，而西方则为不净。在中国仙鹤为长寿，而西方则代表多子孙等。清代具象图案多取吉祥之意，不用凶丧之形，以反映人们心理上趋吉避凶，福顺吉利，称吉祥图案。这类图案在清代种类繁多，应用广泛，纺织品、器物、工艺品中皆用，尤其在建筑装饰中的雕刻、彩绘，陈设中更有长足的发挥，是清代装饰美术方面重要的成就。

2. 吉祥意义的表征方式

①直描　即直接取材于历史故事、典故、佛教传说等以示吉祥的题材。如佛教八宝（轮、螺、伞、盖、花、罐、鱼、肠)、道教八仙（汉钟离、吕洞宾、李铁拐、曹国舅、蓝采和、张果老、韩湘子、何仙姑)、八宝物（珠、方胜、磬、犀角、金钱、菱镜、书、艾叶）（图 9-181)、四神（青龙、白虎、朱雀、玄武)、四灵（麟、凤、龟、龙)、竹林七贤（阮籍、嵇康、山涛、向秀、刘伶、王戎、阮咸)、商山四皓（东园公、绮里奇、夏黄公、甪里先生等四人，为汉初隐士)、四艺（琴、棋、书、画)、桃园三结义（刘备、关羽、张飞)、汉初三杰（萧何、张良、韩信)、八音（金钟、石磬、丝琴、竹箫、匏笙、土埙、皮鼓、木祝敔）等。

②象征　即取有吉祥合顺意义的动植物、器物为装饰母题，暗示吉意。如龙（天子、君权)、凤（皇后、美丽)、虎（除魔)、龟（长寿)、鹤（长寿)、鸳鸯（相爱)、牡丹（富贵)、桃（仙人所食、长寿)、松（长生)、竹（君子、高节)、佛手（握财宝之手，有福禄之意)、梅（佳人)、荷花（高洁)、石榴（多子)、灵芝（如意、吉祥)、萱草（忘忧)、莲座（佛法)、暗八仙（即道教八仙手执器物，扇、剑、葫芦、拍板、花篮、渔鼓、笛、荷花)、牡丹与狮子（花王与兽王、美艳与庄严、阴与阳)、蝉纹（居高饮清、高洁之意)、云朵（祥瑞）等(图 9-182)。

③借音　即借动植物、器物名称之音韵以示吉意，这也是中国所特有的装饰意匠，也是中国传统字音汉字及同音异字在装饰图案上的运用。如羊（吉祥、羊祥音通)、喜鹊（喜)、鲤（利)、蝠（福)、鹿(禄)、金鱼（金、玉)、芙蓉（富)、水仙（仙)、大橘（大吉)、寿石（寿)、桂花（贵)、瓶（平安)、屏(平安)、扇（善)、磬（庆)、卍（万福)、竹（祝福)、金钱（元）等。

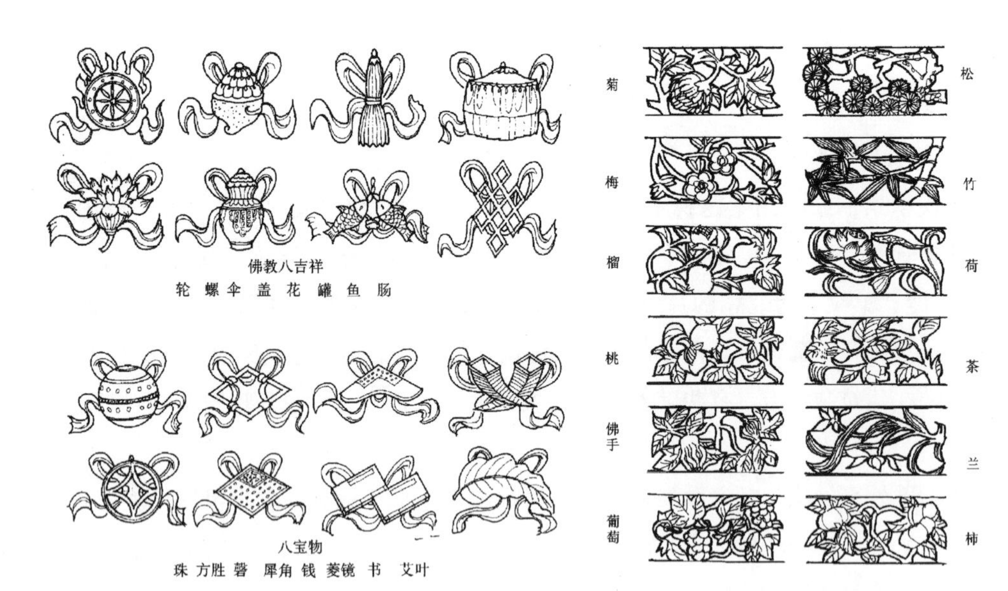

图 9-181 吉祥图案组合

图 9-182 植物题材木雕花结

④组配 即将直描、象征、借音的各种图案音义并用，组合搭配形成一幅图案或图画，表示出吉祥话语。这种寓意图案也是中国所特有，明显是引用中国传统谚语的若干手法。例如一品当朝（鹤立于潮水前）、岁寒三友（松、竹、梅）、三多（以佛手、桃、石榴代表多福、多寿、多子）、四君子（梅、兰、竹、菊）、四季花（芍药、踯躅、寒菊、山茶）、五福祥集（中央祥字，五蝠围之）、五福捧寿（中间寿字，五蝠围之）、梅花八吉（梅花及盘肠八结）、四季连元（四季花、连钱）、三元攀桂（连钱、桂花）、喜上眉梢（喜鹊、梅枝）、江山万代（山形、波纹、卍字）、寿山福海（寿字、山形、蝠、海波）、福寿绵长（蝠、桃、飘带）、海屋添寿（海波、楼阁、双鹤衔筹）、喜沐恩波（喜鹊浴波）、忠义双全（葵、萱草）、松鹤遐龄（松、鹤、灵芝）、寿居耄耋（石、菊、猫、蝶）、荣贵万年（芙蓉、桂花、万年青）、福禄寿（福字、鹿、桃）、清风高节（风竹、舞鹤）、麒麟送子（麒麟、童子）、金玉富贵（金鱼、牡丹）、必定如意（笔、锭形墨，如意）、百事如意（百合、柿子、如意）、金玉满堂（金鱼游于池塘）、玉堂富贵（玉兰花、海棠、牡丹）等，可列举者不下二三百种。其中某一种皆可派生出多种，如三多，即有大三多、小三多、蝴蝶三多、菊三多、柳条三多、万字三多、四季三多、福寿三多、余庆三多、富贵三多、芝仙三多等式。在吉祥图案中福、寿、喜三字运用最为广泛，因此可直接用文字表示，并将其图案化（图 9-183、9-184）。

图 9-183 山西太谷武家巷白宅百寿影壁

图 9-184 北京某宅门洞雕刻万寿砖框

3. 吉祥图案的数目画题

图案与建筑相配合，则必须考虑建筑分间，每间槅扇门窗的数目，以及分间而引发的栏杆、撑栱等的数目。为了使应用在每间相同部位的吉祥图案相谐，成套的吉祥图案则成为建筑装修装饰的特点，因槅扇多为四、六、八扇，故其中尤以三、四、六、八、十二、十八等数目画题为常用题材。如三多、三友、四季花、四友、六妍、八仙、八宝等，可分别应用在槅扇上。此外，尚有十二月历花、二十四番花信图案、二十四孝图、西湖十二景图等，这些都是中国特定的木结构建筑构造对建筑装饰图案的影响所致。

4. 变形

图案的装饰效果往往与变形有关。一般具象图案不易变形，但如蝙蝠、寿桃、盘肠等简易图形往往也可变出方、圆、扁长的形状来，以适应装饰部位的需要。其中尤以福寿字变异最大，可简化变体，形成圆、方、长、扁各式，并引用书法笔意，做出百寿图、百福图的文字图案，在内檐屏壁及院落照壁上常有应用。

第十一节 《造像量度经》与佛作

中国佛教造像初期大多以西来经像为楷模，如云冈石窟造像。至唐宋之际，宗教艺术名家辈出，画塑皆呈繁荣之势，如韩伯通、杨惠之等皆为名手，佛像艺术完全变化成中国式样，后世称之为汉像。至元代忽必烈尊藏传佛教为国教，设梵像提举司，命尼泊尔国的著名匠师阿尼哥掌两都佛像抟塑缕铸之工，带进了藏传佛教的密宗造像，风格为之一变，后世称之为梵像。至明清之际，几乎成为中国佛教造像的主流。在藏传佛教五明之中，造像属工巧明，是一门长期传承的艺术，皆有规度尺寸可依。但一直未有经传传入内地，匠师只能口传心授，无法规矩绳墨。

乾隆时，西番学总管兼番蒙译事的工布查布，曾受西藏法王的传授，熟悉造塔及佛像尺寸，又得到藏文的《造像量度经》，遂译为汉文，阐述经解，并搜集例证，补足原书之缺漏，另成续补一篇。该书全面地记述了释迦佛像、菩萨像、天王像等的造型比例、尺度、装饰细部等，为佛教造像的重要图籍[68]（图 9-185）。梵像

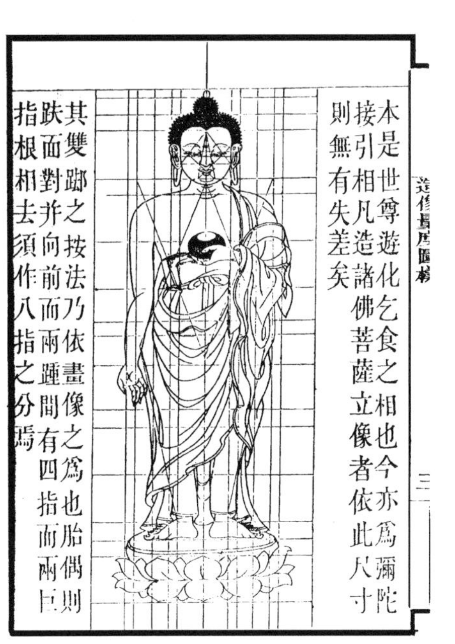

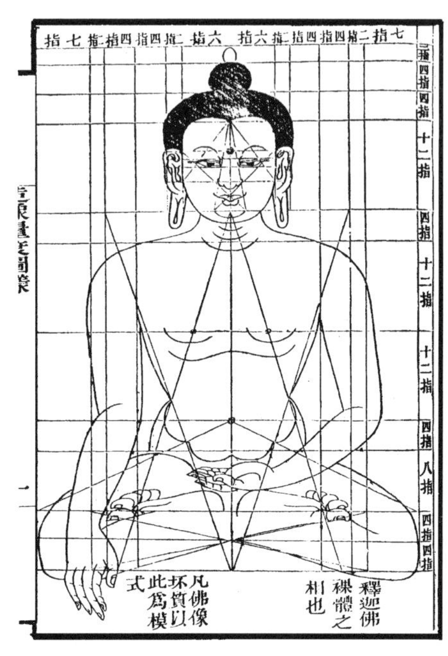

图 9-185 《造像量度经》所录佛站像、坐像比例图样

造像各部分尺度皆以指宽为准，以百二十指为释迦本尊高度。十二指为一拃，即面相的高度。全身高十拃，称为十拃度法。其余罗汉、佛母为九拃度像，明王、护法为八拃度像，分别采用不同比例。

此外，在内廷工程则例及民间艺人抄本中，如《营津全书》、《各项工程做法》亦有关于佛作的记载。其造像比例口诀有"站九、坐七、涅盘五"之制，即以面长为一，则站像高为九，挂脚坐像为七，盘膝坐像为五。每一面相长又分为十二分，为各部位长度的模数，与造像量度经之法相同。但具体造像尚需根据视觉环境予以增减，如承德普宁寺大乘阁内高达 24 米的千手观音站像，其面长与全身高度之比仅为 1∶8.2，腿部比规定要短半拃度，形成头大身短的比例（图 9-186）。这是因为阁内空间高耸，观者需仰视观赏观音像，为调整透视误差而改变了造像比例。佛作工艺细致，而且需求量大，故在清代已积累了一套有关佛像艺术加工的功限。如镌刻衣纹、眉眼、撕发等，每方尺用工十三工半；花冠透雕，每方尺用雕匠八工；璎珞珠子径二寸，每十个用镟匠一工等[69]。

图 9-186　河北承德普宁寺大乘阁剖面图

清代佛作成就可反映在大型木雕佛像的制造上。如普宁寺大乘阁四十二臂观音站像，主体身躯高度达 19.88 米，约为六层楼高度。四十二臂如轮辐般伸展，横向距离达 18.20 米。其构造法是内部先立一座三层高的木构架，中间为一根贯穿到顶的主心木，周围为戗木及边柱，组成像身。周围装臓板，板外再贴衣纹板，雕刻衣纹。四十只胳膊均交接在第三层的构架上，以栓卯、铁条拉牢。中空大型木雕像是清代佛作高度技巧的表现。

注释

[1] 乾隆撰普宁寺碑文"蒙古向敬佛，兴黄教，故寺之式即依西藏三摩耶庙之式为之"又称"爰作大利益，肖彼三摩

耶，为奉天人师，作此曼拏罗。”

[2] 参见《西藏王统记》、《法苑珠林》。

[3] 参阅“关于明代宫殿坛庙等大建筑群总体规划手法的初步探讨”傅熹年，《建筑历史研究》第三辑，建筑历史研究所编 1992 年。

[4] 目前尚无明代和玺彩画实例发现，北京大内宫殿历经清代改绘，已不可知明代图案形制，但从明十三陵石牌坊、湖北武当山金殿等重要陵寝、神庙仍用旋子彩画，可推论和玺彩画制度当时尚未成熟。

[5] 见北京故宫后三殿乾清宫及宁寿宫皇极殿彩画。

[6] 锦枋线即箍头线、枋心线、岔口线、皮条线等主体线路的总称。

[7] 旋子彩画种类繁多，各类书籍中所列举的小有差异，汇总后可得 9 种。

[8] 碾玉装一词自宋代即已使用，它是指多层色阶的青绿颜色按深浅叠合在一起，形成叠晕，以表现圆润而丰富的线条体积感。这种画法艺术效果宛如磨光的碧玉，故称之为碾玉装。金琢墨之意为彩画的线稿（墨稿）以金色装点，而若以墨线装点，则称之为烟琢墨。在这里皆是指团花旋瓣的线路而言。

[9] 盒子图案中若采用团形边框内画花卉、动物等称软盒子。而采用菱形图案化的栀花纹样者称死盒子，在绘制上比软盒子要简约。相应的箍头的画法亦有活、死之分，箍头线上带花纹者叫活箍头，仅为墨线者叫死箍头。

[10] 目前知道的最早苏画为北京北海快雪堂的彩画，绘于乾隆十一年及四十四年（1746、1779 年）。

[11] 烟云包袱即是沿曲线式的画框边线内侧画各种颜色由深至浅的叠晕，形成烟雾、云彩的渲染效果，故称烟云包袱。

[12] 斑竹纹海墁彩画的实例有北京故宫御花园内的绛雪轩。

[13] 地仗，即在帮拼成材的木构件表面，以桐油、血料、面粉等调制的胶质砖灰涂刷，布满压实使之光洁，以便于油饰，为增强地仗的韧性，地仗灰内可掺麻刀或麻布，根据用灰麻的层数，其作法分为单披灰、一麻五灰、两麻六灰、两麻一布七灰等。

[14] 西安华觉巷清真寺大礼拜殿建于明代，扩建于康熙年间。其彩画的特色十分突出，中部绘系袱子，袱底面作团窠贴络，围绕贴络作缠枝花蔓，大梁两端有箍头、找头绘一整两破如意头式旋花，花瓣硕大，图案舒展。

[15] 琢色，指线条沥粉以后，贴金线或描黑线。晕色，为叠晕。彩色，为五彩。间色，一般指以两种颜色为主，间隔使用。

[16] 见雍正十二年颁布的清工部《工程做法》。琢墨即线条沥粉后着金或黑，碾玉即青绿叠晕线条，五墨即五彩，不描金线。

[17] 白活，为北京彩画术语。指在白色衬地上绘制彩色图案，山水、花卉、人物，稍加晕染，具有写生画意。白活一般皆有标题寓意。

[18] 清工部《工程做法》卷五十八“合细五墨金云龙凤沥粉方心青绿地仗上五彩”。又据《内廷工程做法》卷七，画作工料中，亦仅一例为合细五墨。

[19] 同上书，“……金琢墨金龙枋心，……（用金箔）见方三寸红金四贴二张，见方三寸黄金四贴二张，……合细五墨……（用金箔）见方三寸红金二贴六张五分，见方三寸黄金二贴六张五分。”

[20] 据承德普陀宗乘之庙万法归一殿彩画实例（建于乾隆三十二年，1767 年），可知此时和玺彩画已成熟。

[21] 云秋木，估计为以黄色颜料为底色，画出木质纹理，退染年轮的仿木质彩画。

[22] 即梁枋分为三停线后，岔口线由枋心楞线向外一定距离画定，而皮条线则由箍头线向里一定距离画定。

[23] 即指檩垫枋的箍头线、枋心线、皮条线、岔口线等必须上下相对齐。

[24] 以明间上檩的箍头底色为准，按上青下绿的原则变化大额枋及小额枋的底色。明间旋花及盒子底色按整团、半团布置青色绿色。和玺彩画的盒子中的龙纹按升降布置青绿底色。

[25] 每间构件颜色以青箍头、青找头、青楞线、绿枋心、绿旋花串色，而同间下一构件或次间同一构件，改用绿箍头、绿找头、绿楞线、青枋心、青旋花布色。

[26] 大色，指各种不掺白粉的原质颜色，如石绿、佛青、樟丹、锭粉、银末、石黄、烟子；或原色调出的色，如紫色、香色。二色，指加入较多白粉的原色，与原色的色阶明显。白活小色是苏画中的国画颜料。

[27] 清代油作与画作分设，不同于宋代合称彩画作。

[28] 见《大清会典事例》卷八六九．工部、第宅。

[29] 纱帽翅，又名棹木，是苏州木构架建筑大梁端部托栱上的雕板，类似纱帽的帽翅，故名。山雾云，是指苏州木构架山尖部分的雕饰板。

[30] 罩牙，即沿额枋及两侧柱身装制的类似飞罩式的装饰木雕，多为花卉题材，山陕地区习用。

[31] 小器作，是指以木材为原料制作的各种屏风、盆架、箱盒、摆设等物，作工细致，多附以丰富的雕刻手法。

[32]《履园丛话》丛话十二　雕工。"雕工随处有之，宁国、徽州、苏州最盛，亦最巧。乾隆中高宗皇帝六次南巡江浙，各处名胜俱造行宫，俱列陈设，所雕象牙、紫檀、花梨屏座，并铜、瓷、玉器架垫，有龙凤、水云、汉纹、洋花、洋莲之奇，至每件有费千百工者，自此雕工日益盛云。"

[33] 除了固定的门神装饰以外，民间过年也多用门神纸贴在大门门扇上。这种习俗也影响到清代宫廷内，宫内专有门神匠作，绘制门神，裱制成樘，年节悬挂在大门上。门神题材有四种，将军、福神（神判）、仙子、童娃，较传统门神题材丰富许多。

[34] 包金土，为一种土黄色浆粉。

[35] 贴络，是预先绘制的画幅或字幅，以数层毛边纸装裱成画页，贴在宫廷墙壁上。一段贴络皆依墙壁面积大小制作，有的规格是很大的。用过一段时间以后，尚可揭取下来，换贴新的作品。清宫贴络皆由如意馆专门画工制作。

[36]"福禄宫'蝼蜂窠'制作技术初探"　闫家瑞　《古建园林技术》总 18 期。

[37] 糊饰博缝，即是将格扇门窗的缝隙糊严，固定扇间缝糊硬博缝，开启扇间缝糊软博缝。据《钦定工部续增则例》卷七十六记载"每两年粘补糊饰一次。硬博缝用黄绫面，黄榜纸托裱，内衬合褙用裱料纸拾层，使亮钉成锭；软博缝用黄绫面，衬黄榜纸一层。黄绫纸张每折见方拾尺加耗五寸。"

[38]《履园丛话》丛话十二　周制　"嘉庆十九年，圆明园新构竹园一所，上夏日纳凉处。其年八月有旨命两淮盐政承办紫檀装修大小二百余件，其花样曰榴开百子、曰万代长春、曰芝仙祝寿。二十二年十二月圆明园接秀山房落成，又有旨命两淮盐政承办紫檀窗棂二百余扇，鸠工一千余人。其窗皆高九尺二寸。又多宝架三座，高一丈二尺。地罩三座，高一丈二尺，俱用'周制'。其花样又有万寿长春、曰九秋同庆、曰福增贵子、曰寿献兰孙诸各色，皆上所亲颁。"

又见朱启钤《样式雷考》"嘉庆中，大修南苑工程，（雷）家瑞承办楠木作内檐硬木装修，至南京采办紫檀、红木、檀香等料，并开雕于南京。"

[39]"内务府造办处各作成做活计清档"乾隆十六年十月十八日（苏州）条记载"十七年五月十四日员外郎白世秀将苏州织造安宁送到'如是观'青绿字漆匾对一分；'烟云舒卷'槟榔字漆匾对一分；'乐意寓静观'树根字漆匾对一分；'寓意于物'万年子字匾对一分，……十七年七月十五日员外郎白世秀将苏州织造安宁送到'得佳趣'匾对一分与'和气游'匾对一分持进。……"

转引自清代档案史料《圆明园》，上海古籍出版社。

[40] 清代档案史料《圆明园》三八〇"总管内务府奏，遵旨酌拟天地一家春等殿内桌张尺寸摺"中叙述同治十三年重修圆明园天地一家春，殿内计用各类花罩 14 樘。计有：葡萄式天然栏杆罩一樘、梅花式碧纱橱二樘、几腿罩一樘、玉佛字昆卢帽几腿罩一樘、四季花大飞罩一樘、多宝格一樘、万福流云栏杆罩一樘、玉福字昆卢帽几腿罩一樘、四季花碧纱橱二樘、瓜蝶天然罩一樘、子孙万代天然罩一樘、天然罩一樘。

[41] 宫廷中常用的琉璃门有四种：一、高出宫墙的歇山顶琉璃花门，二、低于宫墙的庑殿顶随墙花门，三、随墙琉璃垂花门，四、随墙琉璃牌楼门。

[42] 孙廷铨，字枚先，山东益都人。明崇祯进士，顺治时任户部侍郎、兵部尚书，康熙时拜大学士。其所著《颜山杂记》中有关琉璃记载"琉璃者以石为质，硝以后之，礁以锻之，铜铁丹铅以变之。非石不成，非硝不行，非铜铁丹铅则不精。三合然后生白如霜。廉削而四方，马牙石也；紫如英，扎扎星星，紫石也；棱而多角，其形似璞，凌子石也。白者以为干也，紫者以为软也，凌子者以为莹也。是故白以干则刚，紫以为软则乐之为薄而易张，凌子为莹则镜物有光。""其辨色也，白五之，紫一之，凌子倍紫，得水晶。进其水，退其白，去其凌子得正白。白三之，紫一之，凌子如紫，加少铜及铁屑，得梅萼红。白三之，紫一之，去其凌子，进其铜，去其铁，得蓝。法如白，钩以铜，得秋黄。法如水晶，钩以画磁石，得映青。法如白，加铅焉，多多益善，得牙白。法如牙白，加铁焉，得正黑。法如水晶，加铜焉，得绿。法如绿，退火铜，加少磺焉，得鹅黄。凡皆以焰硝之数为之程。"过去一直认为这段记载是有关琉璃釉配方的记述。但仔细辨证，可知文中所指琉璃是指玻璃而言。证明有三：一、该配方中所用铅及铅的化合物极少，或没

有。助溶剂主要用硝石，应为钾玻璃，而不是通常琉璃釉所用的铅琉璃釉。二、正黄色琉璃瓦是应用大宗，在此配方中没有列出，绿釉也为多用，但其配方仅列在次要地位。此方首列的水晶釉（无色透明釉）根本在琉璃瓦中无有，其他如梅萼红釉亦不见于建筑。三、该文上下文中所举琉璃器中，有青帘、华灯、屏风、璎珞、念珠、棋子、风铃、簪珥、鱼瓶、葫芦、砚滴、佛眼、火珠等，皆为日用玻璃器物，而未及琉璃瓦。

[43] 窑上部瓦件的温度低，故釉料中增加铅的含量，减少石英用量，增加可熔性，称之为软方。窑下部瓦件所受温度高，故釉料中用铅减少，提高熔点，称硬方。翡翠色和紫色的釉料，按比例混合后，须先放入窑中煅烧，烧成后，碾碎，过筛，混成釉浆，刷在瓦件上，二次烧窑成活，称之为熟釉。

[44]《大清会典事例》卷八七五　工部　物材条　“康熙二十年议准琉璃瓦大小不等，共有十样，除第一样与第十样向无需用处，毋庸置疑，其余砖瓦，如各工需用。今管工官先将应用实数覈算具呈，该监督照数请领钱粮、黑铅，予行备办。……”

[45]《明清古建筑裱糊工艺及材料》　蒋博光　《古建园林技术》总 36 期。

[46] 参见清工部《工程做法》卷六十　裱作用料。

[47] 藏族建筑饰件大部不是用铸铜成型，而是用铜板制作的。故首先将铜板冲打敲击，形成需要的造型，除垢以后，以特制的胶泥充填在其后背，粘固在木板上，钉铰成完整造型，然后再进行镏金工艺。

[48] 据《中国古代家具》一书论述：花梨木分为两种，一为黄花梨木，又称海南檀。产于我国海南岛及越南、南洋诸地。颜色较深，纹理清晰，是明代家具用材的主要品种。一为花梨木，又称花榈木。产于两广及崖州诸地。色泽紫红微泛黄，较黄花梨木色为浅，纹理色彩较差。

[49] 紫檀木，主要产于南洋群岛，为最贵重的木材。至明代材源已枯竭，清代所用大半为明代余料，大料更少。

[50] 红木，产于云南、广东及南洋群岛。质量虽次于紫檀，但来源尚多，选择范围大，为清代贵重家具的主要用材。

[51] 鸡翅木，又称“鸂鶒木”、“杞梓木”，因其籽色艳红，称红豆，可做装饰品，故又称其为“红豆木”。是清代家具装饰板材及小器物的主要用材。

[52] 瘿木，亦称“影木”。为各种树木瘿瘤部位的木材，有楠木影、桦木影、花梨木影、榆木影等。其材质切面出现多种花纹图案，可以拟出山水、花鸟之形。

[53]《履园丛话》丛话十二　周制　“周制之法，惟扬州有之。明末有周姓者始创此法，故名‘周制’。其法以金银、宝石、珍珠、珊瑚、碧玉、翡翠、水晶、玛瑙、玳瑁、砗渠、青金、绿松、螺钿、象牙、密腊、沉香为之，雕成山水、人物、树木、楼台、花卉、翎毛，嵌于檀、梨、漆器之上。大而屏风、桌椅、窗槅、书架，小则笔床、茶具、砚匣、书箱，五色陆离，难以形容，真古来未有之奇玩也。乾隆中，有王国琛、卢映之辈，精于此技，今映之孙葵生亦能之。”

[54] 枨木，为腿子相互间的联系杆件，类似建筑物的额枋、间枋的作用。牙子，是腿子与面板、腿子与枨木交接处的加固件，类似建筑中的雀替、替木的作用。有的牙子做成通长的牙条，或沿腿子面板呈兜圈设置，称卷口牙子，或圈口牙子。

[55] 搭脑，是指椅背最上方的横木，或衣架上端的横木，是靠背椅、扶手椅的主要杆件，要求手感好，圆滑。

[56] 弓璧扎带，为江南地区用于家具和花窗棂格的一种花式。即两侧为元宝式撑（窗格中称之为卧蚕），中间为圆璧（即圈式玉璧）、二者间联以丝带的图式。

[57] 据《中国古代家具》一书引内务府奏销清册资料。

[58] 清・昭梿　《啸亭杂录》续录　卷一　如意馆条，“如意馆在启祥宫南，馆室数楹，凡绘工、文史及雕琢玉器、裱褙帖轴之诸匠皆在焉。乾隆中，纯皇万几之暇，尝幸馆中看绘士作画。”乾隆以后，如意馆的工作减少，名存实亡。同治以后，慈禧太后大治园林，恢复如意馆的工作，但仅昙花一现，旋即撤销。

[59] 参阅清・李渔《李笠翁一家言》偶集、卷四。

[60] 见清代档案史料《圆明园》“内务府造办处各作成做活计清档”第 729 页“乾隆三十七年十一月初五日行文”。

[61] 有关清代宫廷用匾可参阅清代档案史料《圆明园》中所摘录的雍正元年至乾隆六十年“内务府造办处各作成做活计清档”的记载。

[62] 参阅清・李渔《李笠翁一家言》偶集、卷四，居室器玩部。

[63] 按《内庭圆明园内工诸作现行则例》第十八册，《圆明园内拟定铺面房装修拍子及招牌、幌子则例》中列举诸条

可知，当时圆明园内买卖街及点景用商业建筑已有槅扇门窗式、铺面拍子式和铺面牌楼式三种。说明清代乾隆时店面形式已大备。虽未见重楼店面记载，但也可能是苑囿中没有必要设置之故。

[64] 坐地招，即在店门前立一插屏式招牌，高约 2 米左右，在宋画《清明上河图》中常见；冲天招，是在牌楼或门面房的侧柱柱身上纵向竖立一对招牌，长大高耸，直冲屋面之上，以长文字记述店铺经营范围，在药店中常用。

[65]《梦梁录》卷十六　茶肆、酒肆条“酒肆门首排设杈子及栀子灯等，盖因五代时郭高祖游幸汴京，茶楼酒肆俱如此装饰，故至今店家仿效成俗也。……又有挂草葫芦、银马杓、银大碗，亦有挂银裹直卖牌。”

[66] 据《圆明园内拟定铺面房装修拍子以及招牌幌子则例》中所列举的模型幌子有蜡样、门神幌子、葫芦样式酱醋牌、胭脂幌子、烟斗子、槟榔箱子、荷叶托、剃头幌子、假火腿（南货铺）、各样饽饽（糕点店）、假靴、假鞋袜、假靴包、粉山、靴鞋楦头、假书、手卷、册页、假东瓜、山药、假团粉、烟袋杆子、鼻烟幌子、雕枝梗桃等。说明乾隆时期商店招幌已十分丰富多样。

[67] 杠房，即办理丧葬事情的店铺，主要负责装殓，起运，掩埋等，类似现在的殡仪馆。它与棺材铺、寿衣店、棚店、扎采铺共同为丧事服务。

[68]《造像量度经》清・工布查布著译，乾隆十三年刊本，同治十三年金陵刻经处复刻。

[69]《清代匠作则例汇编、佛作门神作》王世襄汇编　油印本。

参考书目

《中国古代建筑技术史》　中国科学院自然科学史研究所主编　科学出版社　1985 年

《中国建筑彩画图集》　古建园林技术编辑部，北京古代建筑设计所编　内部资料　1993 年

《清式营造则例》　梁思成编撰　中国营造学社　1934 年

《中国建筑彩画图案》　北京文物整理委员会编　人民美术出版社　1955 年

《中国民居装饰装修艺术》　陆元鼎　陆琦　上海科学技术出版社　1992 年

《中国建筑类型及结构》　刘致平　中国建筑工业出版社　1956 年

《中国古建筑琉璃技术》　李全庆　刘建业　中国建筑工业出版社　1987 年

《山西琉璃》　柴泽俊　文物出版社　1992 年

《建筑设计参考图集—店面》梁思成　刘致平　中国营造学社　1936 年

《老北京店铺的招幌》林岩　黄燕生等　博文出版社　1987 年

《新疆维吾尔族建筑装饰》中国建筑技术发展中心建筑历史研究所　新疆人民出版社　1982 年

《明式家具研究》王世襄　香港三联书店　1989 年

《中国古代家具》　胡德生　上海文化出版社　1992 年

《中国花梨家具图考》　古斯塔夫・艾克　地震出版社　1991 年

《徽州明清民居雕刻》汪立信等人　文物出版社　1986 年

《中国江南古建筑装修装饰图典》中国建筑技术发展中心建筑历史研究所　中国工人出版社　1994 年

第十章 结　语

第一节 清代建筑是中国建筑史发展的重要阶段

数千年发展变化的中国古代文明史，也包括古代建筑史，至1840年中英鸦片战争而画了一个句号，宣告古代史的终结，中国进入了半封建半殖民地的近代史时期。灿烂的中国古代建筑至此也发展到了极点，而逐步转化，派生出新的建筑类型、技术手段及艺术风格。在中国全部历史进程中，清王朝作为封建时代的最后王朝统治全国二百余年，从时间上看虽然是短暂的，但其建筑发展却是巨大的，比早先时代发展速度要快，建筑数量要多，艺术水准要高，营造领域要广，当然成就也是很突出与鲜明的，例如园林、佛寺、民居诸方面都显现出历代所不曾出现过的发展热潮。为什么一个宣告时代终结，走入暮年的政治时代在建筑上却产生出如此丰盛的成绩？这个问题要从多方面进行考察。首先，应该看到一个濒临末年的时代，同样有其时代高潮，自己的辉煌时代，对于清代来讲，就是康乾盛世。若按综合国力分析，此时并不亚于汉唐时代，统计材料表明，乾隆末期（乾隆五十九年），各省库存仓米达4500万石；乾隆三十九年户部库存实银7400万两，而康熙初年时仅为200万两，说明当时国家经济实力空前壮大。辉煌富裕的时代，自然会引发建筑事业的繁荣，今天我们所看到的清代建筑成就大部分是形成或奠基于康乾时期，此时期的建筑成就可说是清代建筑的代表。其次，清代是中国版图大扩展，人口大增殖的时期，建筑需要量激增，因此对建筑技术及艺术质量都提出了新要求，这也是建筑事业提高、发展的重要原因。再者，建筑是日常物质生产中不可缺少的生产资料和生活资料，它的发展是一个不间断的过程。建筑术是人类智慧长期积淀的财富，随着时间推移，建筑的技术与艺术只会愈来愈精湛，而不可能倒退。所以社会发展的盛衰会影响建筑发展速度的快慢，但建筑事业依然会在社会生产、社会需求的推动下不断前进，这是建筑与其他艺术门类所具有的不同性质所决定的。而不能用简单的社会发展来类比建筑的兴衰成败。

第二节 清代建筑是对明代建筑高潮的充实与完善

全部建筑发展史是变革、发展、完善、再变革的过程，有高潮，有过渡，每个历史时期都相应地起到一定的作用，占有一定的地位。大家都公认汉、唐、明是我国文化史，也是建筑史发展的三个高潮时期，而紧随其后的南北朝、宋辽及清代则是它们充实、提高、完善的历史时期，相辅相成，各有所长。秦汉时期的中国建筑已经确立了土木混合的承重结构、堆叠式的屋顶构架及简单的屋檐出挑斗栱构造，以筒瓦覆盖屋面，加上巨大的台基及平直的建筑体型，使汉式建筑产生雄大的气势。除了窗、栏部位具有简单图案棂格以外，建筑装饰主要依靠饰件（玉石、青铜等）

及帷帐，应属装饰美学早期阶段。但进至两晋南北朝时期，由于民族的融合，宗教思想的确立，使得建筑面貌更加成熟，建筑类型特征（宫殿、庙宇、衙署……）更为明显，斗栱构造划分出柱头与铺间的区别，室内天花藻井、构件彩绘及柱身装饰已普遍应用，建筑形式美学更趋完善。

唐代建筑是另一发展高潮，独立的木构架体系完全确立，铺作体系更为严密，使建筑出檐更为深远，屋顶反宇及角翘已经出现，屋顶形式也在庑殿、悬山基础上展扩出歇山、攒尖等形式，廊院制的建筑布局已十分普遍，院落相套，基台高耸，唐代的建筑艺术是建筑空间艺术极为辉煌完美的时代，尤其是壁画艺术更为唐代建筑添彩增辉。而辽宋时期，除了木结构屋架分槽制度更完善，殿堂式、厅堂式构架并举等结构上的进步以外，并着重在建筑美学上的提高。外檐装修的槅扇式门窗的出现，代替了僵直的直棂窗与板门；彩画工艺形成制度化；内檐藻井、天花的设计更为华美；琉璃制品大量用于建筑屋面防水及建筑装饰等，使早期刚劲的建筑风格转化为华美、纤柔之体态。

明代是汉族继续统治全国的时代，开创了新的文化高潮。在建筑上引进了南方建筑工艺，构架制度进一步规范化，屋顶造型增多，工艺技巧更加细腻，布局中采用轴线合院制及小品建筑，而呈现出多变的形式。同时受儒家礼制思想的影响，群体艺术多追求总体的肃穆及规整有序的效果。传统的文人山水园林的营造活动再度繁盛。明代的建筑成就标志着中国古代建筑的主要方面达到了成熟阶段。紧随其后的清代时期更把这种成熟推向灿烂的高峰，特别是在布局构思，建筑空间组合，工艺美术技艺与建筑的结合，园林的民间化与生活化，内檐装修的华丽程度等方面，都有新的发展，可说是创历史最高水平。我们所获得的中国古代建筑完美印象，实际上就是从清代建筑的艺术魅力中感知的。若是概括清代建筑的历史地位，可以说是中国古代建筑最后发展高潮的进一步完善阶段，是中国古代建筑历史的终结，是一个集过去之大成，而且酝酿着新的转机的时期，应该说是中国建筑历史的一个很重要的时期。

第三节　清代建筑发展具有巨大的历史成就

清代建筑的发展是多方面的，有些是非常突出的，例如，园林、藏传佛寺的丰富程度都达到历史最高水平；城乡民居及世俗建筑，如戏园、会馆、钱庄、店铺等不仅数量增多，而且各具特色；维、回两族的伊斯兰教建筑更有长足的发展；人文类型祠庙及自然风景式的园林更是方兴未艾，可以说清代建筑是在数量的基础上全方位的进展。若从全局观察其发展特点，可概括为如下的成就：

一、多民族建筑艺术的综合

清代的中国是以满族为统治集团的多民族国家，在整体建筑文化中虽然仍是以汉族建筑为主体，但是大量地融合了其他各兄弟民族的文化，形成综合体，尤其是藏蒙回族的建筑受到历史从未有过的重视。在古代中国虽出现多次由少数民族统治全国或半壁江山的政治局面，但在建筑文化上都以改变习俗，全面接受汉族建筑技术与艺术为主流趋势。元代虽然保留并发展了游牧建筑的一些特点，如在大内建造了帐殿、幄殿、棕毛殿、盝顶殿，殿内铺设毡毯等蒙古族习俗，但也仅限于宫城之内，对全国各地建筑影响不大。历史上对中国传统建筑影响最大的是从印度经西域传入的佛教建筑，但在千百年的吸收融合过程中，其域外特色也仅在装饰纹样、题材方面留下痕迹。而清代时期则不同于以往，对各民族建筑都给予发展的空间，从不歧视民族建筑。而且统治阶层还大力提倡民族建筑的综合，例如，承德外八庙建筑、盛京宫殿建筑都是民族建筑融合的例证。内蒙地区的藏传寺庙及以甘肃、青海、四川藏区的寺庙都是民族特征十分浓郁的民族建筑，甚至传统的五台山佛教寺庙中也融进不少蒙藏建筑特点。回族的伊斯兰教建筑更是吸收中亚与汉族建筑特点，创造出拱券与木构并用的中国式的伊斯兰教建筑。中国建筑自古即没有排他性，善于吸收借鉴，清代建筑的这种兼容性，更为中国古代建筑的进一步融合创造了有利的条件。

二、江南建筑技艺的北移

中国是个幅员辽阔的国家，在这块土地上的建筑文化与其他文化因素一样是多元发展的。从原始的新石器时代就存在着红山文化、仰韶文化、河姆渡文化等不同的源流。在封建社会的前期，政治中心在北方，因此成熟的建筑文化在中原黄河流域较早的形成，但是南北方之间的建筑技术的交流在不断地进行，互相促进。中国北方的几次大战乱，促使汉人南迁，而使中国建筑移植南方，如两晋十六国时期的汉人大量南迁，唐代黄巢起义再一次迫使一部分北人南迁，金人南侵，宋室迁都临安等都是建筑技术南传的契机。而自两晋以后繁盛起来的江南文化也对北方产生影响，如北朝统治者即承认南朝文化为正宗，各种建设多仿效南朝；金代的技艺工匠取自宋朝者颇多，建筑亦然，使得建筑装修及工艺水平由唐辽以来的雄大之风向柔美格调转变；最显著的是明代成祖朱棣自南京迁都北京，带回大批南匠营建北京宫殿，使南式工程做法与辽金元流传下来的北式做法有一次大融合、大提高。

至清代，这种借鉴学习江南建筑技艺的风气，由于帝室的倡导而变得更为普遍，尤其在建筑装饰美学方面更为突出。如装修棂格、木雕花罩、砖木雕饰、镶嵌玉石、山水园林、月洞铺地等方面，无不受江南的影响，讲求材质精良、工艺细腻、构思巧妙、变化繁多，这样就大大提高了建筑的使用价值及观赏性。实际上清代的技艺交流也不是仅限于南艺北移，而是多向流动，如回族清真寺建筑及云南德宏州傣族佛寺引入了汉族木构殿堂形制；南疆维族礼拜寺引入中亚、西亚的形制；甘南藏族建筑引入了回族建筑的装饰手法；两湖的建筑技术随着移民传入川南地区；甚至接触西方较早，海运方便，华侨众多的广东地区建筑还引入了不少西方建筑的手法及风格。可以说，清代时期由于政策、经济及交通条件的改善，在建筑技艺交流方面开创了历史最佳环境。

三、建筑群体艺术的深化

中国传统建筑的布局自古即以建筑群体组合见长，院落式布局成为华夏建筑特色，并在历史上形成廊院式及合院式两种基本形制，辗转套用，益增变化。发展到清代在群体布局上又有多项发展，内容及形式逐步深化。例如，在空间上改变原来以单层建筑为主体的形式，而引入多层楼阁建筑，建造厢楼、群楼、后罩楼，甚至有的建筑将楼阁作为山门处理（如山西陵川崇安寺）。乾隆时仿藏传佛寺的“都纲法式”而建造的大经堂式佛殿，亦是楼阁式建筑，这种佛殿的空间宏巨，多层相叠，而且周围还簇拥着两三层的群楼，这样就把原来平面展开的建筑群，增饰出立体变化效果。清代还建造了一批依坡的台地建筑，利用上下相错的地形，以纳陛、悬挑、错层、回旋等处理手法组织各类建筑，同样形成有立体变化的组群。另外，在群体意匠构思上力求反映某种思维观念，深化建筑表现力，如承德普宁寺体现佛国境界的“曼荼罗”，承德普乐寺的坛城构思，普陀宗乘之庙依西藏布达拉宫形制仿建，宁夏中卫高庙布局表现道教三清胜境等，这些建筑群都是意匠深刻的实例。此外，在群体建筑的内涵上亦有突破性的发展，如紫禁城宁寿宫改建中将世俗的戏楼、书房、佛阁及文人园林引入严肃的宫廷建筑之中。宫苑建造改变了纯观赏的特质，增加了不少生活游乐建筑及市廛、庙宇、道观等内容。即使在山水园林中亦因地制宜地区划出山水园、水景园、山地园等不同类型。这些都表明清代社会环境及人们思想观念上的新变化，同时也为建筑艺术的发展扩充了领域。

四、环境艺术的开拓

对自然的热爱及欣赏是中国人的传统精神特质，首先将这种欣赏融于建筑之中是从园林艺术开始，而园林艺术又渗透到宫廷、宅第、寺庙之中，形成宫苑、宅园、寺庙园林等不同园林类型。在清代又将这种园林观念扩展为环境艺术，将自然风貌与建造活动融为一体，形成有特色的人居环境。例如，热河行宫地区的开发，不仅避暑山庄将四五条山谷、十数个湖泊包容在内，而且星罗棋布地将十二座寺庙撒布在周围群山间，把罗汉山、磬锤峰、狮子山、武烈河等尽数包含在景区范围内，形成山、水、园林相映衬、相补充、相协调的大环境，这种景观是历史上所没有的。再如北京西郊园林区的建设，亦是开湖、引渠，串联成片，将宫苑园林与农庄、村社的田园景色组织在一起，互为因借，景色无边，成为大环境的园林。其他如四川青城山将沿山路途中景观组织为一体；乐山乌尤寺将山顶园林与岷江水景尽皆包容在寺庙景观之中；又如扬州瘦西湖景区，将沿十余里长的保障河两岸皆建成开放式的私园、别墅、酒楼、寺庙，组成连续成景的线型大景区，这种城市园林化的环境是十分舒畅诱人的。总之，清代的建筑群体艺术多从环境出发，形成天人合一的活动场。

五、建筑装饰艺术的工艺品化

建筑是一门综合艺术，它虽然是土木工程技术的反映，显示了建筑体形的形式美感，但同时又包含了各类艺术的表现力。以中国建筑的情况而论，早期多以浮挂的装饰品，如玉石、金属、丝绸、幔帐等来美化建筑，或者用少量的彩绘，严格讲尚不能称之为建筑型的装饰。中期始在建筑构件、配件上进行雕刻（木、石、砖雕），加强形式美感，这时的装饰手段与建筑物的特质结合得更为密切，同时又加上壁画及木构件上的彩画，使建筑在色彩及传意方面的表现力愈加丰富，可以说雕刻与绘画都融进了建筑之中。但是清代的建筑装饰在历史成就的基础上，又大量引入了日用工艺品的装饰技术。如在家具、纺织品、瓷器、景泰蓝器皿、金属铸件、竹工艺器具、牙雕、席编、制扇、小器物、镏金物品、灯具、书画装裱、装帧等方面的技艺手法，用之于建筑物室内室外装修上，不仅装饰题材、纹饰变化多样，而且装饰材料品类也大为扩展，例如仅装饰用纸即达 60 余种之多，装饰用纺织品包括有绫、绸、纱、缎、棉布、苎布、麻布、冷布、丝绵等，几乎概括了所有民间衣物用料各个品种织物，至于纺织品的颜色、织法、图案的变化则更是不胜枚举。装饰材料的丰富进一步改变了建筑物的色泽、质感、亮度的对比变化，开创了一代装饰之新风。有些建筑装饰手法，如罩类、屏类、槅扇类、联匾类、藻井及轩顶类、彩画类等都是清代极为发达的建筑装饰部类，创作出了不少极为成功的佳品，是清代建筑装饰光彩动人的实际成就。

六、简化木构构造，发展整体式构架

清代建筑结构基本摆脱了斗栱构造的束缚，采用梁枋柱檩直接榫接的构造方法，更直接地传递建筑构件间的受力关系。柱枋用材进一步节约，而在建筑物的刚度方面更注意构架的整体安排，力求构架平稳均衡，柱网设置规则划一，一般不做减柱的排列。由于梁枋搭接简单自由，为形成

多变化的屋面及形体创造了便利条件。多种屋顶重叠及各类形式的亭子是清代单体建筑的造型特色之一。同时由于大的木构件都是由短小的木材帮拼剔攒而成，这种方法又为多层楼阁的分层施工创造了条件，使得设计制造高大建筑物较前更为简单易行。

当然清代的建筑成就不仅局限于上述诸项，如城市及村镇用地选址，山区建筑利用地形地势，就地选用地方材料及变废为用，解决大跨度的构架方法，屋面防水处理的经验，丰富的室内陈设品及室外的小品建筑，彩画的程式化与自由化，在施工方面，宫廷建筑从根本上废除了军工和征工的劳动制度，改为和雇制度或私商包工等，以上诸方面都取得不少进展与成绩，同样值得深入研究与总结。

第四节　清代若干建筑历史问题的思考

一、关于建筑装饰问题

清代建筑装饰艺术的发展确实胜过历代，在形式和技艺上有着多样化的表现，对于这种现象，见仁见智，诸多学者的看法评价并不一致。有的学人认为清代建筑“装饰走向过分繁琐，定型化的花纹也失去了清新活泼的韵味”、“家具和装修往往使用大量奢侈的美术工艺，如玉、螺钿、珐琅、雕漆等，花纹堆砌，违反了原来功能上、艺术上的目的”，认为这种过分注意建筑装饰的现象是艺术的倒退。有的人评价清代建筑为中国古典建筑的巴洛克（Baroque）时代，意即为畸形的艺术发展时代。

但是我们仔细考查历史，这种现象有其必然性，应该用一分为二的观点重新认识。近年研究世界建筑史的学者，也对巴洛克风格在建筑发展史中的积极作用予以肯定，而不是一味贬斥，全盘否定。

巴洛克式建筑是流行于17世纪意大利的建筑流派，其后又传到西班牙及美洲，欧洲各国均受其巨大影响。它的主要特征是追求新奇，标新立异，打破文艺复兴以来建筑设计遵循的严谨的柱式规律，追求动态的实体空间，喜欢用曲线曲面。而在建筑细部上突出装饰效果，喜用贵重材料来炫财耀富，综合运用各种装饰手段达到欢乐的气氛。这种建筑风格之所以产生有其时代背景，15～16世纪的欧洲，由于资本主义的萌芽，在文化上要摆脱神权的控制，追求个人的价值，要表现个人在现实世界中的发展，所以掀起一股学习发展古代希腊罗马时代艺术的热潮，称之为文艺复兴。文艺复兴首先在意大利繁盛起来，以后迅速席卷欧洲。文艺复兴式的建筑兴盛百年以后，其具有时代特色的穹隆、拱券、山花、柱式等建筑造型手法已成定型，这种司空见惯、形式雷同的建筑风格已不能刺激人们的美感，满足人们对建筑美的无限需求。而当时产业革命尚未冲击到建筑行业，没有引起建筑技术及建筑形式的根本变革，因此充满了世俗欲望的地主、贵族、甚至天主教会对建筑艺术的进一步要求，则表现在建筑外观及室内外细部装饰的求新求异上，使人惊叹而且捉摸不定的装饰效果，悦目而豪华的室内装修成为一时风尚，产生了巴洛克风格。这种风格直到19世纪钢铁、玻璃、水泥、混凝土材料的应用，以及新建筑运动兴起，建筑形式有了突变以后，才宣告了它的消亡。

以这段世界建筑史为背景，反观中国清代建筑的发展也正是如此。应用了长达约两千年的传统木构架体系至此时已经完全成熟，基于木结构的各种配件、装修、防水、保温的技术措施也已齐备，形式模式开始固定，过分基于结构观点的形式美的欣赏热潮也开始降温，新材料、新技术的新生尚未到来。而此时却逢封建末期的最后一次经济发展高潮——康乾盛世，经济繁荣引发的建筑消费欲望，都发泄到建筑外观形式及建筑装饰上，形成中国古代建筑史上最辉煌的装饰艺术高潮，这也是顺理成章的历史现象。

同样的情况也存在于日本的建筑发展中。日本江户时代（1603～1868年，相当于中国明末清初至清末时期）的建筑，在经过了长时期木构建筑形制的反复改进，不断引进中国木构技术及形制，次第出现了唐式、和式、天竺样、禅宗样等形式以后，追求整体造型的热潮逐渐减弱，而代之以豪华的装饰，日本建筑史上称之为“日本的巴洛克”时代。建筑全部为雕刻、绘画所湮没，圆雕、透雕、浅浮雕等精巧繁杂、金银玉石饰片贴满各处构件之表面，眩色丽彩，涂刷粉饰，集建筑装饰之大成。其代表性建筑有日光东照宫本殿（1615年）及阳明门，还有大猷院、灵庙等。这种风格还影响到纯日本式的神社建筑上，如鹫子山神社等。当然江户时代的装饰主义倾向与清代建筑风格之间，是否有因借影响关系，现尚无明显的证据，但从世界建筑发展经常处于周环更替、繁简反复的过程，不同时期总是在追求新的，有刺激性，自身尚未达到的建筑形制（有些是引进域外的）的趋势来看，古典建筑在末期走向装饰主义也是可以理解的。

对在建筑发展中的一定历史时期出现形式及装饰热潮的评价，历来无肯定的意见，或功或过，莫衷一是。对欧洲巴洛克风格，以前建筑界多持否定态度，近年治史者也开始肯定它的历史功绩。因为建筑是人类一项原始的，但又是复杂的活动，它包括了功能、技术、经济、艺术等各方面要素，而在不同时期建筑要素的侧重点又各不相同，正因为建筑是在各项要求此消彼长，循环往复的推动下，才呈现出丰富多彩的历史面貌。例如，宣传“装饰就是罪恶”，主张净化建筑，取消装饰，纯粹表现材料质感美的技术主义美学观的现代建筑，在经过几十年发展以后，也开始使人感觉到其枯燥、乏味。现代建筑也需要表现历史，表现情感，表现人们对美的追求，走向装饰美的新阶段，甚至室内外装修与装饰已经发展成建筑业的重要分支。当然，后现代主义建筑的装饰学是在新材料、新工艺、新技术的基础上创造的，已不能和以砖、木、石雕，贴金挂银为手段的封建时代装饰术相提并论的。所以说，建筑理论是绝对的，又是相对的；是现实的，又是发展的，脱离社会背景则不能评价社会活动的功过。

二、关于清代的建筑技术成就问题

过去在建筑史学研究上曾认为作为中国古代建筑主要特征的木构架体系，在唐宋时期是最辉煌成熟的阶段，而在此后则呈衰颓迹象，即认为唐宋是顶峰。在这种观点的影响下，对明清建筑研究，特别是技术研究，往往没有给以足够的重视及恰当的评价。对于中国传统木结构的发展若从总体来看，特别是其构架体系，一直是处在不断演进，变化，提高的过程，应该说明、清时代要比以前更先进。例如，摆脱斗栱构造，梁柱直接搭接组成框架；柱网布列更注意均衡受力，发挥全架联合作用；适当增设剪力墙以增强构架刚度；用拼接※攒方法组成巨材；采用标准化、规格化的构架；分层施工建造楼阁建筑；取消了生起、侧脚等做法，简化施工操作等。从实际效果来看，建筑的单方用材量日渐节约，而空间容量则日益宽敞，这就是它的进步之处。

当然清代木构架仍然有许多不合理的地方，如仍未能摆脱斗栱构造概念，而使之沦为装饰品；梁枋断面肥厚，不符合杆件受力原则；起联系作用的枋木过于粗大等，但不能因为这些原因而否定清代木构技术的进步作用。并且这些问题在民间地方建筑中已经出现解决它的端倪。

过去对清代木构技术的成就估计不足，一个重要原因就是对斗栱的发展看得过于重要。认为“这种方法由唐宋沿袭到明清，前后千余年，由此可见斗栱在中国古代较高级的建筑中居于重要地位”，进而认为斗栱是中国木构最具特色、最本质的构造形式，斗栱的兴衰即代表了中国古代木构技术的兴衰，这种观点实际有失偏颇。因为说到底斗栱只不过是木构架中梁柱交接和其他杆件交接的一种构造做法，这种作法是随着构架技术的发展而发生、变化、完善、衰退的，它本身同样有一个发展过程，而不是凝固不变的，斗栱的衰退不等于木构建筑技术的衰退。

从现有的资料可查知斗栱发展的脉络。先秦时代即已出现了作为柱头与枋木连接的中介物的“斗”，进而在斗上出现替木及挑木（栱的雏形），而产生支持挑檐的作用。汉代时曾广泛利用柱身上部的层层插栱以支持挑檐。南北朝时完善了柱头上成攒的斗栱构造，顺身可以承枋，出挑可以承檐，并且增加了柱间枋上的人字形补间斗栱。盛唐以后人字栱消失，代以不完全的成攒补间斗栱。这时最大的成绩是将柱头各攒斗栱之间的各层枋木全部联系起来，在柱头上形成周匝相连的枋木层（铺作层），大大加强了柱梁之间的过渡区的刚度，形成以柱网、铺作层、梁架三者结合的槽式构架形制。这时期还增加出挑栱（华栱）的数目，以增加出檐的深度；以斜插的栱（昂）代替部分挑栱，以降低檐口的高度，以期有效地保护外檐土墙。所以形成了唐宋辽时期建筑“斗栱雄大，出檐深远”的建筑艺术风貌。元代建筑在宋代厅堂式构架基础上更注意纵向构架的变化，特别是采用大内额的方法，以期减少室内柱位，保持灵活的平面。因此破坏了宋辽以来的分槽式斗栱系统，斗栱开始变成孤立的小型的攒组，柱头与补间斗栱的体量渐趋一致，假昂代替了真昂，而且增加了45°斜栱、翼形栱等，斗栱的装饰成分增加。

至清代，几乎大型建筑的构架内檐部分全取消了斗栱，代之以梁柱直接榫接，仅余外檐斗栱成为表示建筑等级的装饰标志。由于明清以来大型建筑外墙皆为砖石墙，因此无须建造深远的出檐，故斗栱的出跳距离及体量进一步缩小，檐檩与挑檐檩几乎相并，同时也影响到补间斗栱的攒数增加、间距密集。在清代建筑中从结构角度上看斗栱完全成为多余之物，并在某些建筑中已经开始取消了斗栱，直接以梁枋檩柱组织构架，如会馆、戏台、仓廪、府库、南方的庙宇、宫廷的一些大式建筑，说明斗栱已完成其历史使命，走完了它自己的全部道路。故我们考察中国建筑历史的时候，也应该历史地看待斗栱在木构技术上的作用。

三、关于清代园林生活化问题

清代园林集中国古代园林之大成，开创历史上极盛的一段园林发展史，不论皇家苑囿或私家园林、寺观园林皆取得了巨大的成绩。但同时也可看到园林内容上的生活化，功能上的物质化是这时期的特点之一，“园林已由赏心悦目，陶冶性情为主的游憩场所，转化为多功能的活动中心”，“文人园林风格虽然更广泛地涵盖私家造园活动，但它的特点却逐渐消溶于流俗之中”。对这种现象如何评述，是发展，还是倒退？目前还无深入探讨的文章，这里只能谈谈编者个人的粗浅看法。

很难限定园林的确切定义，时代不同，园林内涵也不同。中国古代园林最早起源于“囿”，即在划出的一处自然山水佳美的专用地域内蓄养禽兽，供奴隶主猎取，以这种再现原始时代以狩猎为生存条件的活动，来取得愉悦身心的目的。这种娱乐不是视觉的艺术，是一种体能的逸乐。当然在囿中也还种植树木、果蔬，连同狩猎物供作宫廷的膳食品及祭品的补充。在以后的囿中又增加了台榭、游观、水池、湖泊，以及生活的宫室建筑，形成内容更广泛的园林区，古代称之为“苑”。这种以实用功能为主的园林从殷周兴起，一直持续到西汉末年。自东汉开始狩猎之风渐消，而欣赏山水自然之美的艺术观念兴起。不仅私家开始建造园林，而且宫廷园林的兴造地域也由远郊向城郊及城内发展。南北朝以至隋唐时期由于山水诗、山水画的影响，以及文士参与造园，使得自然山水式风景园成为中国古典园林兴造的主题意匠，园林成为纯视觉欣赏的艺术创作，而且大量的园林是人工创意的自然山水园，而不是天然山水园。至宋代，文人自然风景园几乎成为私园的主流，甚至皇家苑囿亦受其影响。同时园林开始向小型化发展，出现缩微式的自然山水园。明代的工商经济开始发展，除文人官僚以外，一批市民阶层亦开始造园，由于土地的限制，所以这时期缩微式的自然山水式私园得到巨大发展，可以说文人园发展到这个时期，各种类型的山水风景园皆已具备。

清代的社会环境又有了变化，资本主义工商业经济更有巨大发展，水陆运输也促进了商业的腾飞，粮商、布商、杂货商纷起，尤以北方的票号及南方的盐商是其代表。此时的造园主已不仅是文士、官僚知识界，而扩展到工商地主等市民大户中，就是一部分官僚亦同时是工、商、地主，文人画家变成为这些大户造园服务的幕客。这些新兴阶层的物质消费欲望要比历史任何市民阶层都高，他们不满足纯观赏性的自然山水园，而是将自然山水意境融会到物质环境之中，成为一种可游、可观、可住、可用的综合艺术，即宅园合一式的园林，中国古典园林的这种发展是历史的必然。这种物质追求同样反映到帝王宫苑之中，只不过帝王的生活环境更为庞大，他们不仅要欣赏名山大川、胜地仙境，还要宴赏、雅集、歌舞、听戏、祭祖、拜佛、临朝听政，甚至还要聆听村歌渔唱、参加市廛交易，亲身体验一下普通市民的生活趣味，不一而足，无所不包，所谓“移天缩地在君怀”，即是在有限的空间里，最大限度地享受人间乐趣，而不是拘泥于静观的自然欣赏。由于中国具有近两千年的风景式园林造园的经验，所以尽管清代园林的生活内容如此之多，但仍能统一在有序的环境中，仍能显露出风景式园林的主脉，成为古典园林的最终结束曲，这就是清代园林的最大成就。

园林是一项不断发展的人类社会活动，人类由追求自然到享受自然，由陶情怡性到改变生活环境，都是建造园林的目的。但封建社会的努力具有很大的局限性，所有的造园活动仅局限于某些上层人士的私人范围，真正的普通人民仅能享受到郊野踏青，庙会游山，或者城市约定的“八景”、“十景”的固定的风景欣赏中，距真正的园林化环境相差甚远。欧美资本主义发展而兴起建造花园式住宅的浪潮，以扩大私人绿化面积来改善环境。社会主义国家大力发展公共绿地，建立从文化休息公园到道路、街坊绿化的城市绿地系统来改进居住环境。近年世界各国更引入生态学理论到城市园林学中来，这些都有助于园林艺术走向环境艺术的广阔天地，而踏上新的发展阶段。

第五节　清代建筑的时代危机

清代是漫长的中国封建社会终结时期，社会各方面充满着矛盾与冲突，物质生产与社会需求已不相适应，封建文化再也没有昔日的光辉，就建筑来讲，不论技术和艺术也都产生了新的危机，它们表现在下列诸方面：

清代二百余年期间是人口剧增的时期，一下翻了八九倍，是历史上所不曾出现过的现象，人口与土地的矛盾尖锐起来。为了维持农业生产，人们必须在节约土地的前提下建造房屋，高密度、加层、联排、利用坡地等各种建筑手法出现了，使得传统的宽松的院落式布局受到冲击，产生变化，时代逼迫人们必须改变旧的住宅形式，这就为近代沿海城市的里弄住宅，以及其他节约用地住宅形式的出现创造了条件。

人口增加，大量垦荒，破坏了自然生态环境，同时千百年来人们为建房，烧材，日用而大量砍伐森林，使得木材资源几乎濒临绝迹状态，在此情况下，再继续维持传统的木构架式房屋建造方法已经是很困难了。所以必须用各种结构材料代替木材、如土、竹、石、砖等，尤其是砖石结构的房屋，从形式上根本改变了木构房屋的外貌，必须重新追求新的形式规律。

资本主义工商业经济发展，影响到家庭结构的变化，家庭脱离了土地，流动性加强，四海为家，不可能再维持封建式的四世同堂大家庭，而夫妻子女的小家庭增多。这一点也极大影响了传统合院式的住宅形制。

资本主义经济的发展也要求有新的建筑类型来适应，如宽敞的有一定规模的大商店，对外展示商品有宣传作用的铺面房，有防卫性能的金融建筑——票号，可容纳众多观众的戏楼、茶园，具有综合使用功能的会馆等。这些建筑类型虽然利用旧形式加以改造添补尚可勉强应用，但总是权宜之计。到清代末期铁路、银行、剧场、百货商店、议会等资本主义经济性质更强的建筑需求出现的时候，则完全冲垮了传统建筑形制的束缚。

新兴的资本主义因素必然在文化领域内表现出来，这时期的建筑审美观亦有新的变化。在长期封建社会中，宫廷、府第以庞大雄壮为美，以表现其权势；民居、书院以简朴野逸为美，以表现其清高脱俗；园林以妙造自然为美，以表现“君子比德”的哲学思想，建筑的形式美总是围绕着某种审美观念展开着。而至清代，人们的审美情趣中又夹杂着一种炫耀财富的意念，以表现自己拥有财富为美感享受。在宫廷建筑中即是追求皇家气派，民间建筑中则是讲求装饰，滥用工料，所以才出现千工床、万工门楼等繁杂琐碎的装饰物，建筑内外无处不雕，无材不刻的局面。这种急于表现自我物质状况的艺术观，把建筑艺术的探求引入歧途。

清代中后期社会矛盾加剧，阶级关系紧张，农民起义此起彼伏，社会不安定。这种状况一方面阻滞了建筑的发展，另一方面也引发了某些不正常的现象。例如地主、富户住宅普遍建造碉堡、炮楼，类似西汉时期的坞壁建筑又出现了，粤西华侨的庐居也作成堡垒形式，闽西客家及漳州一带聚族而居的大土楼不仅没有消失，而且更为加强，甚至非同族的异姓住户也聚居在一楼之中。

以上这些状况说明，中国古典建筑已发展到了极点，就是没有帝国主义的殖民侵略，因而改变了中国社会性质的话，也已到了必然要改革变化的时代。1840 年中英鸦片战争促进了这种改变的进程，结束了漫长的中国古代建筑发展史。

附　录　清代建筑大事年表

公元 1598 年	明万历二十六年	建新宾永陵，为后金政权努尔哈赤的祖陵。
公元 1625 年	明天启五年后金天命十年	后金政权定都沈阳，改建明代的沈阳中卫城，向东西南三面扩展，将十字街道改为井字形街道网，创设坛庙、学舍、阅武场，并在城中心始建盛京宫殿。后又经皇太极、弘历两朝增建，形成东西三组建筑并列的大建筑群，是研究清初建筑的重要实例。
公元 1629 年	明崇祯二年后金天聪三年	在沈阳东郊建福陵，为后金皇帝努尔哈赤的陵墓。
公元 1636 年	明崇祯九年清崇德元年	皇太极即皇帝位，国号大清，改元崇德，营建太庙，追谥列祖。创建盛京宫殿中路大清门、崇政殿、清宁宫及东西六宫。
公元 1638 年	明崇祯十一年清崇德三年	在沈阳建实胜寺，供奉从征服察哈尔得来的内蒙藏传佛教护法神嘛哈噶喇神像，以显示后金（清）政权统一内蒙的胜利。
公元 1643 年	明崇祯十六年清崇德八年	在沈阳北郊建昭陵，为清太宗皇太极的陵墓。
公元 1644 年	清顺治元年	是年四月，农民军李自成在山海关为吴三桂及清兵联军所败，二十九日回京后在紫禁城武英殿登基称帝，当晚焚烧北京宫殿，弃城率军趋西安，数百年的雄伟宫殿毁于一旦。 睿亲王多尔衮领兵入关，五月，占领北京，福临登基为帝，定都北京，建元顺治。以盛京（今沈阳）为陪都。 议准于北京内城分置八旗营地，拱卫皇居。镶黄旗居安定门内，正黄旗居德胜门内，并在北方；正白旗居东直门内，镶白旗居朝阳门内，并在东方；正红旗居西直门内，镶红旗居阜成门内，并在西方；正蓝旗居崇文门内，镶蓝旗居宣武门内，并在南方，以寓制胜之意。
公元 1645 年	清顺治二年	五世达赖取得政教大权，在西藏拉萨修建布达拉宫。经历届达赖多次扩建，形成为巨大的规模。布达拉宫外观十三层，高 115.7 米，集宫殿、佛寺、灵塔及行政办公建筑于一体、形成一座瑰丽的综合性建筑，它集中地反映了藏族建筑艺术的优秀技艺与成就。
公元1645～1646 年	清顺治二年至三年	改定北京紫禁城前朝门殿名为太和殿、中和殿、保和殿、太和门、昭德门、贞度门、协和门、雍和门（后改熙和门）、中左门、中右门、体仁阁、弘义阁等。重建外朝诸门殿及内朝乾清宫。
公元 1647 年	清顺治四年	重建北京紫禁城午门城楼。该楼明间开间达 9.15 米，是历史上传统建筑开间最大的实例。
公元 1650 年	清顺治七年	在杭州府城的中心地带，沿西湖设置满城，屯驻八旗兵民。
公元 1651 年	清顺治八年	重建皇城南门承天门，改名天安门。 在北京西苑琼华岛南坡建佛寺永安寺。在山顶元明时期“广寒殿”旧址改建白色喇嘛塔，构成前山的主轴线，开辟了西苑北海的新景观。 重建四川峨嵋山伏虎寺。
公元 1652 年	清顺治九年	建北京西黄寺（达赖庙），为达赖五世进京觐见时的驻锡之地，同时也是西藏来京朝贡的官员和喇嘛的住地。
公元 1653 年	清顺治十年	重建北京紫禁城慈宁宫，为皇太后居地。后于乾隆三十四年（1769 年）大规模改建，正殿改为重檐庑殿顶。
公元 1654 年	清顺治十一年	福建福清黄檗山万福寺禅僧隐元应邀东渡日本传法，留住日本。并建京都宇治“黄檗山万福寺”，形制全仿福建祖寺。开创了日本佛教的黄檗宗。

公元1655年	清顺治十二年	重修北京紫禁城乾清、交泰、坤宁后三宫，及东六宫之锺粹、承乾、景仁三宫，西六宫之储秀、翊坤、永寿三宫。
公元1656年	清顺治十三年	清世祖福临亲自选定河北遵化马兰峪为清王朝的陵域，史称清东陵。十八年（1661年）始建孝陵于昌瑞山主峰之下。兆域内共建有帝陵五座、后陵四座、妃园寝五座，占地面积达2500余平方公里，是中国最大的皇陵区。东陵区内"山苞川拱"，"峰峙川长"，峦嶂叠秀，曲水有情，是理想的风水佳壤，具有优美的风景景观。
公元1657年	清顺治十四年	重建紫禁城奉先殿，前后殿各七间。后康熙十八年（1679年）重建，改为各九间。
公元1662～1722年	清康熙年间	康熙初年改建北京西苑南台，建勤政殿、涵元殿、香扆殿、丰泽园等一组建筑，并请江南叠山家张然主持叠山工程。 康熙初年改建北京西苑中海东岸崇智殿，改称万善殿。 康熙初年著名文人及造园家李渔参与规划北京弓弦胡同半亩园，亲自指导叠山工程。 康熙二十年前后重建山东济宁伊斯兰教东大寺及西大寺。该两寺规模宏钜，大殿庞大，屋顶组合变化多姿，是国内清真寺建筑的重要实例。 建福建永定承启楼。该楼为客家人聚族而居的夯土大楼，圆形，直径70余米，四层，是目前发现最大的圆形土楼。
公元1662年	清康熙元年	恢复内务府，改惜薪司为内工部，十六年（1677年）又更名营造司，负责大内及行宫园囿工程事宜。前在顺治初年曾裁撤明代内府二十四衙门，改设内务府，总管内廷服务事务。后于顺治十三至十八年（1656～1661年）一度分置为十三衙门。至此时又恢复内务府，并为七司三院，设衙署于西华门内，原明代仁智殿旧址。 四世班禅圆寂后，在扎什伦布寺内为他修建了规模宏大豪华的灵塔殿。
公元1664年	清康熙三年	方以智《物理小识》记载有：用青矾蒸煮木材可防白蚁的方法。
公元1665年	清康熙四年	梁化风建西安普济桥。记载称其"石盘作底，石轴作柱，水不激而沙不停留"，开石轴柱桥作法之前例。以后当地的灞、浐、沣三桥皆仿此制。
公元1667年	清康熙六年	重建北京皇城端门，与天安门规制相同，以符三朝五门之古制。（即正阳门、大清门、天安门、端门、午门）
公元1668年	清康熙七年	重建成都青羊宫，该宫是四川重要的道观。院中八卦亭造型独特，主殿三清殿面积达1000平方米，规模巨大，结构简练。
公元1669年	清康熙八年	重建北京紫禁城太和殿。
公元1670～1672年	清康熙九年—十一年	李渔著《李笠翁一家言》。其中偶集卷四居室器玩部中对建筑装修、装饰及园林方面有不少论述，反映出清初士人的建筑审美观点。
公元1672年	清康熙十一年	重建四川成都武侯祠。
公元1673年	清康熙十二年	重建苏州玄妙观弥罗宝阁，为江南大型楼阁建筑实例之一。
公元1677年	清康熙十六年	在北京西郊香山原香山寺旧址建香山行宫。
公元1678年	清康熙十七年	建甘肃张掖宏仁寺大佛殿。面阔九间，进深七间，面积达1370平方米，内有34.5米长的大卧佛。
公元1679年	清康熙十八年	北京紫禁城太和殿等处失火，三大殿全部焚毁。
公元1680年	清康熙十九年	建北京玉泉山行宫"澄心园"。康熙二十三年（1684年）改名静明园。 工部建琉璃窑于北京。
公元1681年	清康熙二十年	建康熙景陵于遵化清东陵。 在塞外的木兰地区（今河北省围场县）建立广大的围场，定期举行"木兰秋狝"，以习武行猎，训练军伍。行围期间并召见、赏赐蒙古各部王公、大臣，以示怀柔优宠。 议准核定各色琉璃瓦的规格尺寸为十样。除一样及十样无实例外，共有八样应用，为进一步科学安装琉璃瓦屋面及核算工料建立技术基础。
公元1683年	清康熙二十二年	重建北京紫禁城文华殿及西六宫的咸福、长春、启祥三宫。 先于顺治十七年（1660年）福临朝礼五台山，将台怀山顶的菩萨顶改为藏传佛寺，俗称黄寺，以区别原来汉传佛寺的青寺。继之康熙二十二年又将罗睺寺、寿宁寺、三泉寺等十座庙宇改为黄寺，使得传统的汉传佛教四大名山之一的五台山成为青黄两教传承寺院的集中地。
公元1684年	清康熙二十三年	在北京西郊海淀明代皇亲李伟"清华园"废址上改建成御园"畅春园"，由江南籍山水画家叶洮参与规划，延聘江南叠山家张然主持叠山工程。二十六年（1687年）完工，二十九年（1690年）设畅春园总管大臣之职。 首次纂修《大清会典》，内工部各条记载有关营造规定的内容。此书后经雍正、乾隆、嘉庆、光绪四次增修。乾隆以后更增编《大清会典事例》一书，内容更为详尽。

续表

公元 1686 年	清康熙二十五年	重建北京紫禁城东六宫之景阳、永和、延禧三宫，至此时东西六宫咸备。
公元 1687 年	清康熙二十六年	赐畅春园东侧水磨村地予武英殿大学士明珠，建自怡园。聘江南画家及叠山家叶洮设计该园。雍正二年（1724 年）收归内务府，乾隆十四年（1749 年）并入长春园。 始建甘肃兰州解放路清真寺，该寺大殿采用横担挑梁方法，减少厅内柱位，创造了一种新型的构架方式。
公元 1689 年	清康熙二十八年	在明代紫禁城仁寿宫旧址处建宁寿宫。后于乾隆三十七年（1772 年）大规模改建，增加了九龙壁、皇极门、皇极殿、养性殿、乐寿堂、畅音阁、景福宫及宁寿宫花园等建筑，作为太上皇的居处，是清代对紫禁城规划的重大改造。
公元 1691 年	清康熙三十年	康熙皇帝在内蒙多伦诺尔与蒙古各部族首领举行会盟，宴赉各外藩君长。并从各部之请，在多伦建汇宗寺以为纪念。命百二十旗各选一僧居之。开创了清政府直接在蒙藏地区敕建藏传佛寺的先例。
公元 1693 年	清康熙三十二年	雷发达卒。雷发达生于明万历四十七年（1619 年），清初参加内廷工程设计，授工部营造所长班。其后子孙七代，世掌内务府楠木作样式房达 200 余年。负责内廷、三海、三山五园、避暑山庄、东西陵寝工程，是清代著名建筑世家，世称样式雷。
公元1694～1734 年	清康熙三十三年—雍正十二年	建北京雍和宫。原为雍亲王府，雍正即位后改为雍和宫，乾隆时又改建为佛寺，是北京地区最大的藏传佛寺。
公元 1694 年	清康熙三十三年	将北京紫禁城东华门外的睿亲王多尔衮的王府改建为嘛哈噶喇庙。乾隆四十年（1775 年）进行扩建，改名普度寺。
公元 1695 年	清康熙三十四年	重建紫禁城三大殿，至三十七年（1698 年）竣工。这次复建取消了太和殿、保和殿两侧的斜廊，改为封火墙；两庑亦增加隔火墙；体仁阁、弘义阁独立出来不与联庑相接。 老工师梁九手制太和殿木模型进呈御览，长宽“不逾数尺，规模悉具”，表现出高度工艺技巧。太和殿平面面积 2002 平方米，是现存清代木构殿堂中最大的一座。
公元 1696 年	清康熙三十五年	重建呼和浩特席力图召大经堂。
公元 1701 年	清康熙四十年	建云南西双版纳勐海景真佛寺经堂，俗称“八角亭”。该建筑为折角亚字形，共 16 角，屋顶为八个方向，由八组十层悬山屋顶递接，造型玲珑剔透，是傣族重要的艺术性建筑。 建四川泸定泸定桥。该桥为铁悬索桥，位于长江上游之金沙江上。水平跨度约 100 米，计用铁索 9 根，两侧护栏索各 2 根。1935 年红军长征过此，受敌人阻击，十八勇士飞夺此桥，强渡大渡河，故该桥成为革命历史名迹。
公元 1702 年	清康熙四十一年	重建山西运城解州关帝庙。该庙总面积达 18000 余平方米，按宫殿规制建造，有二门、角楼、城墙，布局严谨，规模宏阔，是全国最大的关帝庙。
公元 1703 年	清康熙四十二年	在承德兴建规模宏大的离宫御苑避暑山庄，康熙四十七年（1708 年）建成，占地 800 余亩，完成四字命题的康熙三十六景景点建设。皇帝每年大半时间驻跸于此园，处理政务，接见臣僚，围场行猎。此园成为清廷的第二政治中心。 始建天津大伙巷清真寺。
公元 1704 年	清康熙四十三年	重建武昌黄鹤楼。清式形制，平面为折角十字形，楼高三层，高十八丈。
公元 1706 年	清康熙四十五年	建内蒙贝勒庙（百灵庙）的广福寺。是一座按汉藏蒙混合式建造的召庙，其中大经堂为一个组群建筑，具有鲜明特色。 始建新疆哈密王陵。陵区内有两座土木混合结构的墓室，是带有汉族建筑风格的伊斯兰教麻扎。
公元 1709 年	清康熙四十八年	建北京西郊圆明园，为雍亲王的赐园，并亲自题名为“圆明园”。
公元 1710 年	清康熙四十九年	建甘肃夏河拉卜楞寺，工程前后历时近 200 年，为藏传佛教六大寺之一。包括有六座扎仓、十六座佛殿、十八座活佛公署及佛塔、辩经场、僧舍等，其中大经堂（闻思学院）可容 3000 喇嘛同时唪经。该寺是甘南藏传佛教的中心寺院。
公元 1711 年	清康熙五十年	进一步扩建青海湟中塔尔寺。将宗喀巴的纪念塔殿改为镏金铜瓦屋顶，故又称大金瓦寺。
公元 1713 年	清康熙五十二年	建承德溥仁寺、溥善寺，为热河行宫地区建造藏传寺庙之始。寺庙规制仍取汉式布局及建筑造型。
公元 1720 年	清康熙五十九年	回族噶得林耶门宦创始人祁静一于康熙五十八年病殁陕西西乡县，次年归葬于河州（今临夏）八坊，建大拱北，又称祁家拱北，是回族伊斯兰教的重要拱北。
公元 1722 年	清康熙六十一年	建河北宣化清真北寺。
公元 1725 年	清雍正三年	扩建北京西郊圆明园，完成其中二十八景景点的建设。雍正帝长期居住于此听政。 建云南潞西风平大佛殿，该寺为德宏州傣族典型的南传佛教寺院，建筑形制受汉族建筑影响，寺内佛塔两座明显有缅甸佛塔风格。

续表

公元1725～1730年	清雍正三年至八年	雍正二年山东曲阜孔庙被雷火击毁，延烧大成殿整个建筑群。翌年重建大成殿、大成门、寝殿、及东西庑、碑亭等，并将原来大成殿、大成门绿色琉璃瓦改宄黄色琉璃瓦。至雍正八年工成。
公元 1727 年	清雍正五年	建内蒙呼和浩特慈灯塔。
公元 1730 年	清雍正八年	清世宗胤祯选定易县永宁山为万年吉地，开始营建泰陵，至乾隆二年（1737 年）建成，为清西陵之始建。陵区内先后共建造了帝陵四座、后陵三座、妃园寝三座。泰陵选址及大红门前石牌坊群等在建筑艺术上是成功之作。
公元 1731 年	清雍正九年	建北京紫禁城内斋宫。
		重建浙江普陀山普济寺圆通宝殿。
公元 1734 年	清雍正十二年	清工部《工程作法》编成，十四年刊行。共 74 卷，内分各种房屋作法条例及料例、工限。目的是统一房屋营造标准，加强对宫廷建设内工及外工的工程管理。
公元 1735 年	清雍正十三年	扩建北京香山行宫。并在卧佛寺旁增建园林建筑。
公元 1736～1795 年	清乾隆年间	在宫廷内设如意馆，集中全国绘画、雕琢、玉器、裱褙、金银器皿等方面的能工巧匠，专门负责制作宫廷及苑囿内的陈设及装饰品。如西洋著名画师郎世宁、艾启蒙、中国画师冷枚、金廷标、丁观鹏等皆供奉于馆内。如意馆的作品中融汇有南北风格，中西流派，对清中期以后的美术及工艺品的发展有着很大的影响。
		西藏七世达赖格桑嘉措在拉萨布达拉宫之西建罗布林卡别墅式园林，后经八世及十三世达赖陆续增建。园林内以大片绿化及植物组成粗犷的原野风光，点缀碉房式的藏式宫殿，为藏式园林的重要实例。
		著名叠山家戈裕良造苏州环秀山庄大假山。
公元 1736 年	清乾隆元年	乾隆帝继位之初即将前龙潜之地的乾西二所改建为重华宫。续后又改一所为漱芳斋，作为听戏之处。十年（1745 年）重修殿宇，前接抱厦。
		建四川自贡西秦会馆。该建筑讲求华丽的建筑装饰，大量运用木雕，是四川著名的会馆建筑之一。
公元 1737 年	清乾隆二年	开始扩建北京圆明园，至乾隆九年（1744 年）完成圆明园四十景的布局，大小景点 69 处，并命宫廷画师沈源、唐岱绘成绢本设色的“圆明园四十景图”珍藏。同年还出版了殿刻本配画的《圆明园图咏》。
公元 1738 年	清乾隆三年	扩建北京南郊的南苑。并于三十七年（1772 年）在苑内新建团河行宫及衙署、寺庙多处。
		建台北龙山寺。
公元 1740 年	清乾隆五年	将北京紫禁城内乾西四所、五所改建为建福宫及静怡轩、敬胜斋、延春阁等，俗称西花园，是宫城内清代创始的第一座御园。1923 年失火焚毁。
公元 1742 年	清乾隆七年	将先蚕坛从北京西苑北海北岸迁至西北角。在北海北岸改建澄观堂，乾隆四十四年（1779 年）改名快雪堂。
		工布查布译番文“造像量度经”，并撰经解一卷、续补一卷。为中国唯一的讲述“梵像”造像规矩尺度的典籍。
公元 1743 年	清乾隆八年	始建裕陵于遵化清东陵，嘉庆四年（1799 年）梓宫入葬。裕陵地宫内雕刻繁丽，精致生动，是清陵中雕刻艺术水平最高的一处陵寝。
公元 1744 年	清乾隆九年	将原雍正帝的潜邸雍和宫改建为藏传佛寺，并于乾隆十五年（1750 年）建主殿万福阁，完成寺庙全部布局，成为内地藏传佛教的中心寺院。
公元 1745 年	清乾隆十年	在北京圆明园东始建长春园，约于十六年（1751 年）完成，计有景点 24 处。
		扩建香山行宫，十一年（1746 年）完工，分内垣、外垣、别垣三部分，大小景点五十余处。十二年（1747 年）改名“静宜园”。
公元 1746 年	清乾隆十一年	将紫禁城内原撷芳殿改为东三所（现称南三所），以居皇子。
		在北京西苑北海北岸明代太素殿旧址建阐福寺，寺前五龙亭仍为明代之旧物。
		创建沈阳盛京宫殿中路的东所、西所两处行宫，以为巡视驻跸之所。
公元 1747 年	清乾隆十二年	重建北京钟楼，全部改为砖石结构，做工精致、坚固，与木结构的鼓楼形成对比的和谐。
公元 1748 年	清乾隆十三年	重修北京碧云寺，增建中路金刚宝座塔、右路罗汉堂及左路行宫、水泉院等，使之成为风景优美，内容丰富的大寺院。
公元 1749 年	清乾隆十四年	改建天坛、圜丘坛，加大圜丘直径，改绿琉璃砖的坛面及栏杆为艾叶青石。至乾隆十七年（1752 年）又将祈年殿的青、黄、绿三色琉璃瓦屋面改为三层一律用青色瓦。
		著名文学家袁枚在江宁（今南京）清凉山下建随园。
		重修始建于康熙年间的内蒙包头五当召，该寺是一座完全藏式的召庙。

续表

公元 1750 年	清乾隆十五年	扩建北京玉泉山静明园，十八年（1753 年）完工。扩建后的静明园将玉泉山山麓的河湖水体包容在宫墙之内，形成静明园十六景，大小景点 30 余处。 在北京西郊瓮山和西湖基址上建造清漪园，二十九年（1764 年）完工。改瓮山为万寿山，西湖为昆明湖。与此同时，系统地全面地改造北京西北郊水系，聚敛西山、香山泉水，开凿玉河，拦坝扩充昆明湖水域，疏通长河沟通城内，以保证宫廷御苑用水，补给通惠河上游水量，并形成十余里的皇家专用水上游览线。 建北京清漪园内玉带桥。 建北京紫禁城雨花阁。
公元 1751 年	清乾隆十六年	在北京景山之巅的五峰上各建一座亭子，中名万春，左名观妙、周赏，右名辑芳、富览。早在二年前曾移建寿皇殿于景山之北中轴线上，至此进一步增强了北京城中轴线的布局艺术。 清帝弘历巡视江南各地，并于二十二年、二十七年、三十年、四十五年、四十九年屡次南巡。在巡视中十分欣赏江南自然风光及名胜佳园，命随行画工将佳景绘成稿本，仿建于北京御园之中，促进了南北园林的交融。 扩建承德避暑山庄，于五十五年（1790 年）完工，历时近 40 年。完成三字命题的乾隆三十六景景点建设。同时还围绕山庄东北两面建造了寺庙十一座，环拱星布，成为气势宏大的建筑群组。 在北京清漪园内仿照无锡寄畅园建惠山园。嘉庆十六年（1811 年）在园内增建涵远堂及延廊，改名谐趣园。
公元1751～1795 年	清乾隆十六年至乾隆末年	扬州盐商为迎合乾隆南巡之举，在瘦西湖、保障河一带大事增建园林，形成自城东北，经漕河、保障河、莲花埂新河，抵北边蜀冈大明寺的瘦西湖园林集群体，蜿蜒十余公里，大小园林 60 余座。
公元1754～1760 年	清乾隆十九年至二十五年	重建北京皇城大清门及长安左右门。
公元 1754 年	清乾隆十九年	改建承德避暑山庄澹泊敬诚殿，新建东宫清音阁。是年夏，乾隆皇帝在山庄内接见新归附的都尔伯特蒙古三策凌，在园内万树园大宴五日，放烟火，演杂技，举行盛况空前的游园活动。 在北京以东的蓟县盘山建成山地离宫御苑“静寄山庄”，又名“盘山行宫”，苑内计有静寄山庄十六景的景点建设。 建福建上杭蛟洋文昌阁。三层五檐、总高 32 米，各层屋檐变化丰富，是造型十分优美的高层楼阁。
公元 1755 年	清乾隆二十年	建承德普宁寺。该寺为纪念平定准噶尔部达瓦齐叛乱的胜利而建。其后部布局仿西藏桑鸢寺形制，以表现佛国世界的构思主题。主体建筑为大乘阁，是清代著名楼阁建筑，内部供养的千手千眼观世音菩萨木雕站像，高 24.46 米，是国内最高大的木雕像。故此庙又称大佛寺。
公元 1756 年	清乾隆二十一年	在北京西苑北海北岸罗汉堂前添建琉璃九龙壁一座。
公元 1757 年	清乾隆二十二年	建北京清漪园须弥灵境之庙。亦仿西藏桑鸢寺形制，象征佛国世界构图，与承德普宁寺规制相同。 在北京西苑南海南岸建宝月楼（今中南海南门），成为南海瀛台的对景建筑。 在西苑北海东岸建濠濮间。二十三年（1758 年）在北岸建镜清斋（光绪年间改名静心斋）。二十四年（1759 年）在北海东岸建画舫斋，使北海周围的景色更为丰富有致。
公元 1758 年	清乾隆二十三年	在北京清漪园万寿山大延寿寺塔的基础上建造八角三层佛香阁。阁身高 36.48 米，是清代第二高层楼阁建筑。咸丰十年（1860 年）被英法联军焚毁，光绪十七年（1891 年）按原式复建。
公元 1759 年	清乾隆二十四年	于北京西苑北海北岸明代北台旧址建西天梵境庙，庙内的大型琉璃阁是清代最大的琉璃饰面的无梁殿。
公元 1760 年	清乾隆二十五年	修缮北京西苑中海紫光阁。仿汉代凌烟阁图绘功臣像之故事，将平定回部及大小金川之役的功臣像绘置于阁内。 在北京西郊长春园之北建西洋楼一组建筑。包括谐奇趣、养雀笼、蓄水楼、方外观、海晏堂、远瀛观等六处，及三座大型喷泉（水法）和线法山、线法墙等点景建筑。是由西洋传教士王致诚、蒋友仁、艾启蒙、郎世宁等人设计。建筑形式全为欧洲 18 世纪流行的巴洛克形式。是欧洲建筑体系和中国建筑园林体系的首次结合。在中西建筑文化交流方面有一定的历史意义。 建承德普佑寺，为普宁寺的属院。

续表

公元 1764 年	清乾隆二十九年	建承德安远庙。仿新疆伊犁固尔扎庙形制、又称伊犁庙。主殿为三层的普度殿，屋面全用黑色琉璃瓦。
公元 1765 年	清乾隆三十年	宋宗元在苏州渔隐园基址上改建成网师园。以水池为中心，周围环布小的建筑空间。“地只数亩，而有迂回不尽之致。……”
公元 1766 年	清乾隆三十一年	建承德普乐寺。后半部规划布局呈藏传佛教的坛城形制，台上建两层圆形的旭光阁。
公元 1767 年	清乾隆三十二年	建承德普陀宗乘之庙。该庙仿西藏拉萨布达拉宫，依山就势，布列大小红白台，最高处以大红台结束，气势雄浑博大，反映出高超的建筑布局艺术。
公元 1769 年	清乾隆三十四年	在北京圆明园、长春园之南，合并若干私园及赐园，稍加增扩，形成绮春园，至乾隆三十七年（1772 年）完成，计有景点 30 处。该园亦并入圆明园总理大臣的管辖范围。圆明、长春、绮春合称之为“圆明三园”。
公元 1770 年	清乾隆三十五年	建福建华安县二宜楼，是一座比较典型的单元式的圆形大土楼。
公元 1771 年	清乾隆三十六年	在北京西苑北海北岸建小西天，又名观音阁，为皇太后七十寿辰祝厘。殿内有仿南海普陀山的泥塑大山，周置神仙塑像数百，殿内额悬“极乐世界”大匾。 在北海琼华岛北坡建延楼六十间，及楼后的道宁斋、漪澜堂等建筑。 建宁夏同心北大寺。
公元 1772 年	清乾隆三十七年	建北京宫城宁寿宫花园（又称乾隆花园）。四十一年（1776 年）完工，作为皇帝临朝六十年归政以后，颐养休闲之处。 建北京嵩祝院，为内蒙章嘉胡图克图活佛在京的驻锡之地。
公元 1774 年	清乾隆三十九年	敕建文渊阁于紫禁城文华殿之后，以皮藏《四库全书》，建筑规式全仿宁波天一阁。此后又陆续建造圆明园文源阁（乾隆三十九年）、热河避暑山庄文津阁（乾隆三十九年）、镇江金山寺文宗阁（乾隆四十四年）、扬州大观堂文汇阁（乾隆四十五年）、盛京宫殿文溯阁（乾隆四十七年）、杭州圣因寺文澜阁（乾隆四十八年）。俗称七阁，分藏四库全书抄本，为中国文坛的历史盛事。 建承德殊像寺及罗汉堂。
公元 1776 年	清乾隆四十一年	扩建青海塔尔寺大经堂为 144 根内柱的大建筑。大经堂始建于明崇祯二年（1629 年），康熙二十八年（1688 年）扩建为 80 根内柱的大建筑，至此规模益大。
公元 1778 年	清乾隆四十三年	建盛京天坛、地坛，并移建太庙于盛京宫殿大清门东侧。 新疆吐鲁番郡王苏赉满为其父额敏和卓修建额敏塔礼拜寺。该寺的砖构邦克楼高达 44 米，全身为砖砌图案，表现出高超的砌筑技艺。 重修宁夏银川海宝塔。
公元 1780 年	清乾隆四十五年	是年为乾隆七十寿辰，为迎接六世班禅来承德参加庆典，建须弥福寿之庙以为班禅行宫。该庙建筑仿西藏日喀则扎什伦布寺形制，大红台在前部，而后部山顶以琉璃塔为结尾。 建北京香山静宜园别垣内的宗镜大昭之庙，是为班禅额尔德尼六世来京为皇帝祝寿而建的驻所。建筑形式仿日喀则扎什伦布寺，与承德须弥福寿之庙同时建成。
公元 1781 年	清乾隆四十六年	在盛京宫殿西路建文溯阁、仰熙斋、嘉荫堂、戏台等建筑，为皮藏四库全书副本。
公元 1782 年	清乾隆四十七年	在北京西黄寺内建清净化城塔，该塔是一座经过创意改造的金刚宝座式塔。以纪念班禅六世来京为皇帝祝寿，病逝于西黄寺而建造的。
公元 1783 年	清乾隆四十八年	仿古代明堂辟雍泮水之制，在北京国子监内建造一座方形攒尖大殿——辟雍。该建筑四面环水，是数千年来古明堂制度的最后一次的复原想象设计。 北京紫禁城前朝体仁阁失火焚毁，同年重建。
公元 1786 年	清乾隆五十一年	建台湾彰化鹿港龙山寺，是台湾现存较大的寺庙，其形式完全为闽南形制。供养对象的安海观音亦是从福建晋江安海镇龙山寺请来。
公元 1795 年	清乾隆六十年	李斗著《扬州画舫录》，记述扬州园林甚详，后附《工段营造录》记述内府工程做法。
公元1796～1820 年	清嘉庆年间	刘蓉峰在明代徐氏东园基础上重建苏州寒碧山庄（今留园）。 建四川灌县安澜桥，为竹索桥的重要实例。
公元 1796 年	清嘉庆元年	始建昌陵。八年后竣工。
公元 1797 年	清嘉庆二年	北京紫禁城内朝乾清宫、交泰殿火灾，次年重建。
公元 1798 年	清嘉庆三年	始建新疆喀什艾提卡尔礼拜寺，历经多次扩建，至 1838 年才完成今日规模。该寺大殿面阔 38 间，共长 140 米，是国内最宽的木构建筑物，可容 6000～7000 人同时礼拜。内殿入口券门的彩色石膏花饰亦十分精美华贵。
公元 1801 年	清嘉庆六年	在北京圆明三园中的绮春园内添建敷春堂、展诗应律两组建筑。

续表

公元 1807 年	清嘉庆十二年	新疆喀什近郊阿巴和加麻扎始建于康熙年间，嘉庆、道光年间大加扩建，直至清末形成今日规模。该麻扎是维族伊斯兰教白山派首领阿巴和加的家族墓地。包括墓祠建筑一座、大小礼拜寺四座、教经堂一座、阿訇住宅一所及大片墓地。是维族地区最大的麻扎。其墓祠、礼拜寺皆具有独特的风韵，可为维族建筑艺术的代表作品。
公元 1809 年	清嘉庆十四年	在北京圆明三园南部，将庄敬和硕公主赐园含晖园和西爽村成亲王的寓园，合并入绮春园西路，使该园面积进一步扩大。
公元 1812 年	清嘉庆十七年	在圆明园北部添建省耕别墅一组建筑。
公元 1818 年	清嘉庆二十三年	盐商黄应泰将扬州小玲珑馆旧地改建为个园。园中以不同石材及植物，堆叠营构出四季假山。
公元 1819 年	清嘉庆二十四年	建四川忠县石宝寨九层附崖楼阁，以为登山之径。
公元1821～1850 年	清道光年间	建北京恭王府花园萃锦园，同治、光绪年间皆曾重修。该园融规整与自由布局于一体，是北方现存的大型私家园林实例。 北京畅春园日渐破败，皇太后移居绮春园，改名“万春园”。
公元1822～1832 年	清道光二年～十二年	建天津清真南大寺，该寺以丰富的顶部尖阁群而著称。
公元 1832 年	清道光十二年	始建慕陵于易县清西陵，四年后竣工，慕陵殿堂皆为楠木制作，不施彩绘，雕饰精细，装修工艺极高。
公元 1833 年	清道光十三年	建西安灞桥。采用石轴柱，柱小且圆，不阻水，不停沙，坚固耐久。
公元 1836 年	清道光十六年	重修圆明园中的圆明园、奉三无私、九洲清晏三殿。
公元 1839 年	清道光十九年	建云南建水双龙桥。桥长 148 米，17 孔石拱桥。中央三孔处建两层飞檐亭阁五间，是国内著名长桥。
公元 1840 年	清道光二十年	林则徐在广州禁烟，引发中英鸦片战争。清廷战败，于道光二十二年（1842 年）签订中英江宁条约，允租香港、赔款，并开放沿海五个口岸通商。中国进入半封建半殖民地社会，标志着中国古代社会的终结，但中国传统建筑仍然在继续建造、应用，并逐步进行改造。
公元 1847 年	清道光二十七年	建浙江泰顺县泗溪下桥，为木拱式桥梁，拱跨达 31 米。
公元 1852 年	清咸丰二年	建武汉三镇浮桥。太平天国军队自岳州攻武汉三镇，以船连成浮桥横跨于长江、汉水中，一夜成桥，沟通武昌、汉阳。
公元 1860 年	清咸丰十年	英法联军攻陷大沽口，自通州直趋北京西北郊，八月占领圆明园，大肆抢掠园中珍宝。劫后，于十月十八日联军统帅额尔金下令将圆明园及附近宫苑全部焚毁。九月再次抢焚圆明园及其西的清漪园、静明园、静宜园。
公元1862～1874 年	清同治年间	重修山西浑源恒山金龙口悬空寺。该寺梯岩架险，悬挑附崖，为清代著名的险工。远望有如仙山琼阁、海上蜃楼，风景奇特而惊险。 建番禺余荫山房。形体规整，雕饰精丽，花木繁茂，是岭南私家园林的代表。
公元 1869 年	清同治八年	北京紫禁城武英殿焚于火，同年修复。 重建四川灌县青城山上清宫。
公元 1873 年	清同治十二年	在两宫皇太后垂帘听政多年之后，同治帝第一次亲政，以奉养两宫为名，下诏修复圆明园。但因国库空虚，次年停工。 始建清东陵的定东陵，为慈安、慈禧太后的两座后陵。两陵并列、形制相同，是历代陵寝中少见的例子。六年后建成，归葬慈安太后。
公元1875～1908 年	清光绪年间	改建苏州拙政园。该园始建于明正德年间，后屡有兴废。清咸丰年间，归太平军忠王李秀成，作为王府后园。光绪时归官署所有。 大官僚盛康在苏州原寒碧山庄址上改建留园。西部以山水景观为主；东部以建筑景观为主，以“密”托“疏”，空间极尽变化之能事。 建四川雅安雅江桥。桥墩系用厚竹篾编成竹笼，中盛大块卵石，使之成为一个厚重、庞大，并可透水的整体，可防止水力冲击。
公元 1887 年	清光绪十三年	重建四川灌县青城山建福宫。 任兰生在江苏吴县同里镇建退思园。
公元 1888 年	清光绪十四年	北京紫禁城太和门毁于火。次年重建太和门、贞度门、昭德门。 光绪帝发布上谕重修清漪园，作为慈禧太后颐养天年的离宫，改名颐和园。工程费用为挪用海军的建设经费。于光绪二十四年（1898 年）完工。此次改建基本按照乾隆建园构思进行的，但因财力不济，后山、西湖、南湖等处景点未恢复，并改造了部分建筑原貌，增建了部分宫寝建筑，将行宫性质改造成离宫。 林本源在台湾台北板桥镇林氏邸宅内建大型私园，建筑形式为闽南式。
公元 1890 年	清光绪十六年	十五年天坛祈年殿被雷火焚毁，是年重建祈年殿。

续表

公元 1890～1894 年	清光绪十六年～二十年	建广州陈家祠堂。其建筑装饰多姿多采，建筑内外上下布满雕饰，题材广泛，反映出岭南建筑艺术特色，也是清末建筑艺术唯美主义思潮的突出实例之一。
公元 1891～1892 年	清光绪十七年～十八年	甘肃临潭西道堂建成（1930 年重修）。
公元 1891～1895 年	清光绪十七年～二十一年	建北京颐和园德和园大戏台。戏台全高 21 米，分为上下三层，每层皆可表演。而演出天神鬼怪的剧目，由天井飞降，或由地板涌出，是清代三大戏台（另两座为宫城畅音阁，避暑山庄清音阁）中最大的一座。 谢甘棠重建江西建昌府南城县万年桥。该桥 23 孔，118 丈，为江南巨工。并著有“万年桥志”八卷，对堰水、筑基诸法图释详明，为清代桥工的重要文献。
公元1895～1908 年	清光绪二十一年～三十四年	重修慈禧太后定东陵。此陵地上建筑豪华奢侈，大量使用楠木及清水磨砖、贴金工艺，仅用金即达 4500 余两，在清代陵寝中是独一无二的。
公元 1900 年	清光绪二十六年	八国联军占领北京，洗劫宫城禁苑，并再度劫掠圆明园、颐和园。焚毁部分建筑。
公元 1903 年	清光绪二十九年	建天津广东会馆。该建筑采用了广东式样，如曲梁、圆窗、五花山墙及精美的雕刻和内檐装修。特别是戏台的设计更具有粤式风格。
公元 1909 年	清宣统元年	于易县清西陵建造光绪帝的崇陵，“民国”三年（1913 年）完成。

插 图 目 录

第二章　城市及集镇建设　插图目录

第三章　宫殿　插图目录

第四章　园林　插图目录

第五章　各地民居　插图目录

第六章　陵墓　插图目录

第七章　宗教建筑　插图目录

第八章　工程技术　插图目录

第九章 建筑艺术 插图目录